建筑工程常用数据系列手册

建筑结构常用数据手册（第二版）

下册

《建筑工程常用数据系列手册》编写组　编

中国建筑工业出版社

图书在版编目（CIP）数据

建筑结构常用数据手册　下册/《建筑工程常用数据系列手册》编写组编 .—2版 .—北京：中国建筑工业出版社，2006

（建筑工程常用数据系列手册）

ISBN 978-7-112-08792-1

Ⅰ.建…　Ⅱ.建…　Ⅲ.建筑结构—数据—技术手册　Ⅳ.TU3-62

中国版本图书馆 CIP 数据核字(2006)第 116873 号

建筑工程常用数据系列手册

建筑结构常用数据手册（第二版）

下册

《建筑工程常用数据系列手册》编写组　编

*

中国建筑工业出版社出版、发行（北京西郊百万庄）

新　华　书　店　经　销

北京密云红光制版公司制版

北京市彩桥印刷有限责任公司印刷

*

开本：850×1168 毫米　1/32　印张：32½　字数：900 千字

2007 年 6 月第二版　　2007 年 6 月第四次印刷

印数：10001—13000 册　　定价：**55.00** 元

ISBN 978-7-112-08792-1

（15456）

本社网址：http://www.cabp.com.cn

网上书店：http://www.china-building.com.cn

本书为建筑工程常用数据系列手册之一——《建筑结构常用数据手册》的下册。

该书按国家现行标准对第一版的内容进行了订正和补充，包括钢结构制图标准、普通钢结构、冷弯薄壁型钢结构、门式刚架轻型钢结构、钢结构的防火、钢结构的除锈和防腐、钢—混凝土组合结构、建筑物结构加固改造、地基与基础、后锚固建筑锚栓连接、预埋件设计等方面的内容。

本书可供广大建筑结构设计人员、施工人员、监理人员、管理人员在工作中查阅使用，也可作为大中专院校相关专业师生的学习参考书。

*　　*　　*

责任编辑：刘　江　范业庶
责任设计：赵明霞
责任校对：张景秋　关　健

第二版说明

《建筑工程常用数据系列手册》自 1997 年 10 月出版以来，由于内容新颖，覆盖面广，数据准确翔实，查阅方便实用，受到建筑行业广大读者的欢迎，多次重印。随着我国建筑行业科学技术水平的进一步发展，不断对建筑的新技术、新工艺、新材料、新设备提出新的需求，国家和行业的标准规范也随之更新修订。为适应客观发展的需要，本系列手册在第一版的基础上，作了较大的更改和补充，对第一版保留部分的内容按照现行标准规范，特别是将建设部 2000 年 4 月发布的《工程建设标准强制性条文》的全部内容按不同专业分别全部增补到各分册的有关章节中，补充革新了许多新技术、新材料内容，更加突出了本套手册作为资料性工具书的特色。在跨入 21 世纪之际，以其崭新的面貌奉献给土木建筑行业的广大读者。

为方便读者选购、查阅，本系列手册共分为七个分册。第一分册为《建筑设计常用数据手册》，第二分册为《建筑结构常用数据手册》（上、下册），第三分册为《建筑施工常用数据手册》，第四分册为《暖通空调常用数据手册》，第五分册为《给水排水常用数据手册》，第六分册为《建筑电气常用数据手册》，第七分册为《建筑预算常用数据手册》。

限于我们的能力和水平，这套系列手册难免存在不足之处和缺点，欢迎广大读者提出意见和建议。

中国建筑工业出版社

本书第二版说明

本书是1997年出版的《建筑工程常用数据系列手册——建筑结构常用数据手册（第二版）》的下册。

为适应建筑结构在材料、技术、结构型式以及设计方面的飞速发展和满足新规范和新技术标准的要求，本书第二版做了较大的更新、补充和调整，力求内容较新，涵盖面广，使用便捷。篇幅上较第一版有了很大的增加，为了更好满足读者的需要，将书分为上册、下册。本书为下册，主要包括“钢结构制图标准”、“普通钢结构”、“冷弯薄壁型钢结构”、“门式刚架轻型钢结构”、“钢结构的防火”、“钢结构的除锈和防腐”、“钢—混凝土组合结构”、“建筑物结构加固改造”、“地基与基础”、“后锚固建筑锚栓连接”、“预埋件设计”等方面的内容。全书以表格为主，个别处为便于使用，有少量文字叙述。本书在编写过程中，参考了大量的设计规范、规程及其他同行的作品，在此表示衷心的感谢。

本书可供广大建筑结构设计人员、施工人员、监理人员、管理人员在工作中查阅使用，也可作为大中专院校相关专业师生的学习参考书。

建筑工程常用数据系列手册编委会

主　编　苗若愚

副主编　何一民

编　委　袁培霖　王成祥　朱　林

　　　　　王海山　秦万城

本书编写人员名单

主　编　王亚波　何一民　段文峰

副主编　赵希平

第 1 章　万晓东　徐炳范

第 2 章　赵希平　王亚波　王　岩

第 3 章　何一民　王亚波　王福杰

第 4 章　王亚波　何一民　张新丽

第 5 章　何一民　王福杰　于　泳

第 6 章　王亚波　何威环　吕宝庆

第 7 章　刘殿中　何一民

第 8～11 章　庞　江　施晓颖　段文峰

目录

1 钢结构制图标准

1.1 总 则

1.1.1 为了保证钢结构专业制图质量，提高钢结构施工图制图效率，做到图面清晰、简明，符合设计、施工、存档的要求，特制定本标准。

1.1.2 本标准适用于手工及计算机绘制钢结构方案图、施工图、竣工图。

1.1.3 钢结构专业制图除应符合本章规定外，尚应符合《房屋建筑制图统一标准》（GB/T 5001—2001）、《建筑结构制图标准》（GB/T 50105—2001）以及国家现行的有关强制性标准的规定。

1.2 一 般 规 定

1.2.1 图线

（1）图线宽度 b、线宽组应按《房屋建筑制图统一标准》（GB/T 5001—2001）中的规定。

（2）钢结构专业制图应选用表 1.2-1 所示的图线。

图 线 **表 1.2-1**

名称		线 型	线 宽	一 般 用 途
实线	粗	▬▬▬▬	b	螺栓结构平面图中的单线结构构件、钢支撑及系杆，图名下横线、剖切线

续表

名称		线　型	线　宽	一　般　用　途
实线	中		0.5b	结构平面图及详图中剖到或可见的钢构件轮廓线
	细		0.25b	可见的钢筋混凝土构件的轮廓线、尺寸线、标注引出线，标高符号，索引符号
虚线	粗		b	不可见的钢筋、螺栓线，结构平面图中不可见的单线结构构件线及钢支撑线
	中		0.5b	结构平面图中的不可见钢构件轮廓线
	细		0.25b	不可见的钢筋混凝土构件轮廓线
单点长画线	粗		b	柱间支撑、垂直支撑、设备基础轴线图中的中心线
	细		0.25b	定位轴线、对称线、中心线
双点长画线	细		0.25b	原有结构轮廓线
折断线	细		0.25b	断开界线

（3）在同一张图纸中，相同比例的各图样，应选用相同的线宽组。

（4）绘图时根据图样的用途被绘物体的复杂程度，应选用表1.2-2中的常用比例，特殊情况下也可选用可用比例。

比　　例　　　　**表 1.2-2**

图　　名	常用比例	可用比例
结构平面图 基础平面图	1:50、1:100 1:150、1:200	1:60
圈梁平面图、总图中管沟、地下设施等	1:200、1:500	1:300
详　　图	1:10、1:20	1:5、1:25、1:4

（5）当构件的纵、横向断面尺寸相差悬殊时，可在同一详图中的纵、横向选用不同的比例绘制。轴线尺寸与构件尺寸也可选用不同的比例绘制。

1.2.2 图样画法

（1）结构图应采用正投影法绘制（图 1.2-1）。

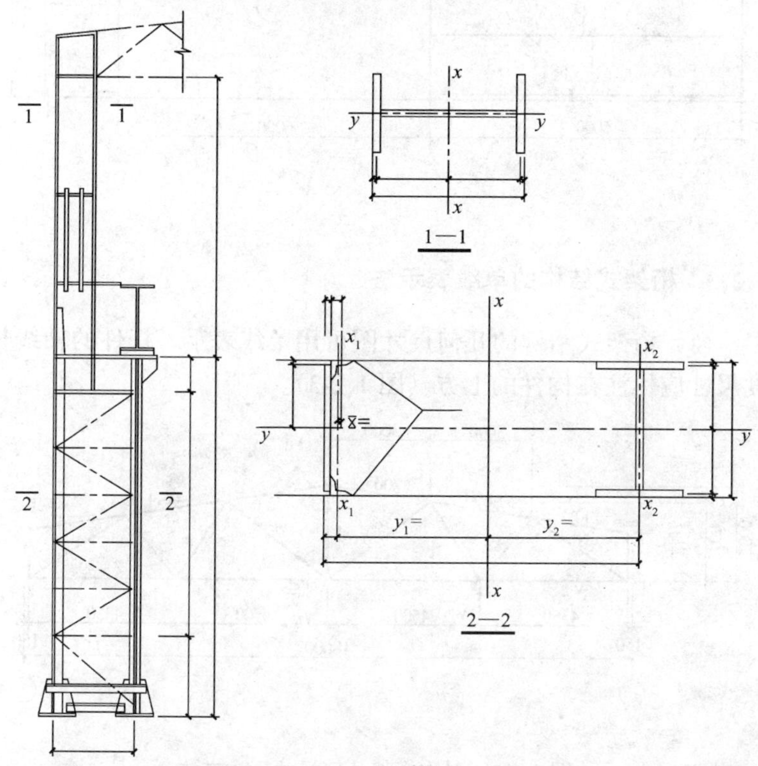

图 1.2-1

（2）在结构平面图中，构件应采用轮廓线表示，如能用单线表示清楚时，也可用单线表示。定位轴线与建筑平面图或总平面图一致，并标注结构标高。

（3）在结构平面图中，如若干部分相同时，可只绘制一部分，并用大写的拉丁字母（A、B、C……）外加细实线圆圈表示相同部分的分类符号。分类符号圆圈直径用 8mm 或 10mm。其他相同部分仅标注分类符号（图 1.2-2）。

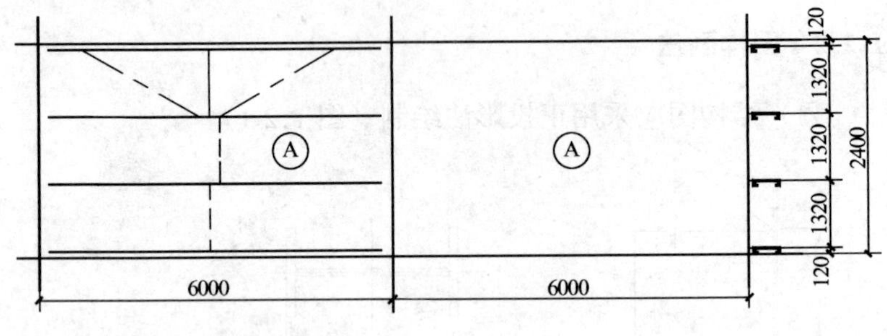

图 1.2-2

1.2.3　桁架式结构的单线表示法

（1）桁架式结构的几何尺寸图可用单线表示。杆件的轴线长度尺寸应标注在构件的上方（图 1.2-3）。

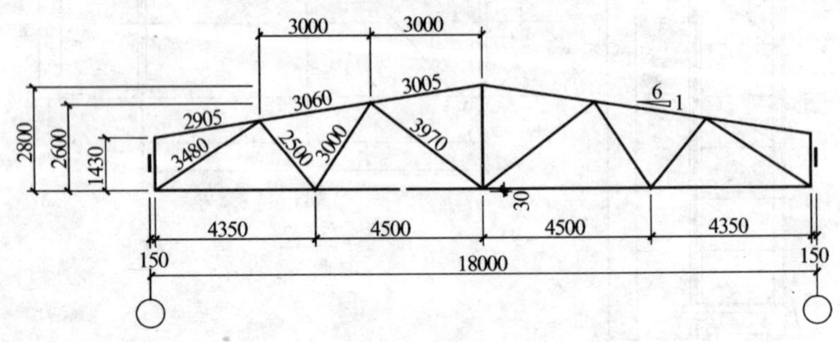

图 1.2-3　对称桁架几何尺寸标注方法

（2）在杆件布置和受力均对称的桁架单线图中，若需要时可在桁架的左半部分标注杆件的几何轴线尺寸，右半部分标注杆件的内力值和反力值；非对称的桁架单线图，可在上方标注杆件的几何轴线尺寸，下方标注杆件的内力值和反力值。竖杆的几何轴线尺寸可标注在左侧，内力值标注在右侧。

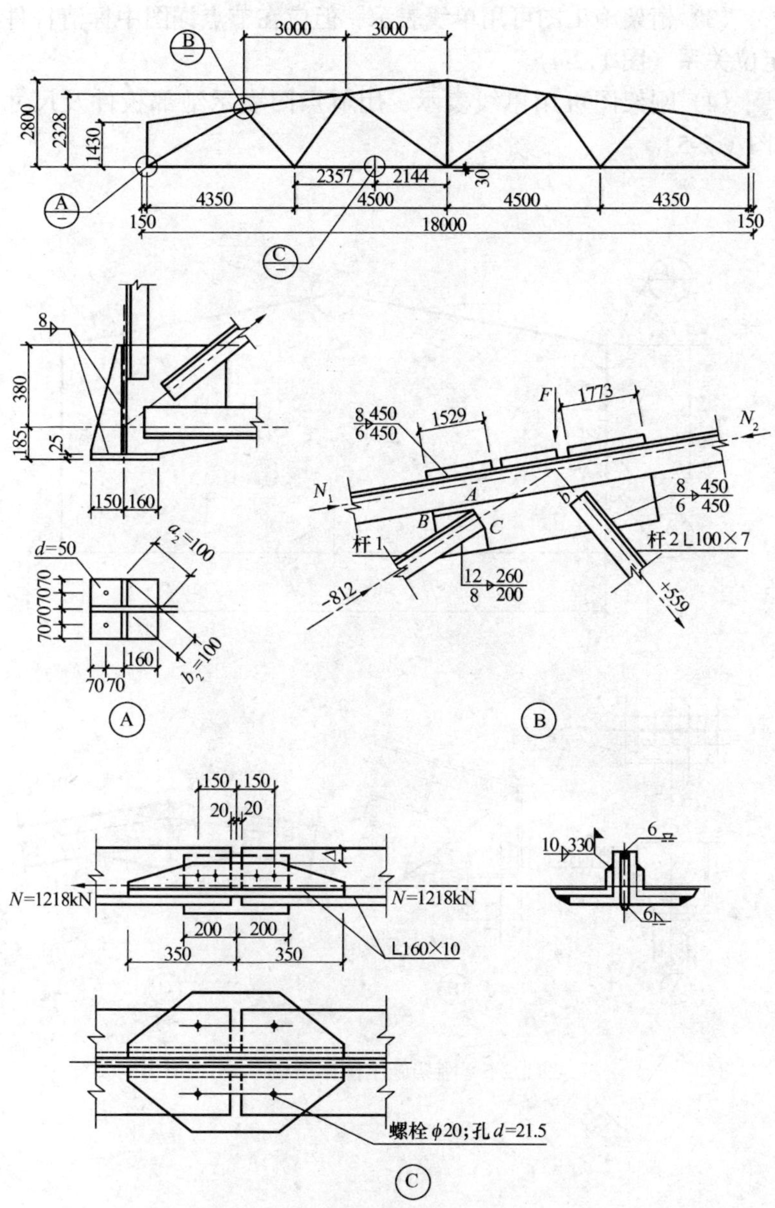

图 1.2-4 桁架施工图单线示意图

（3）桁架施工图可用单线表示，但应在节点详图中标清杆件定位关系（图 1.2-4）。

（4）刚架图可用单线表示，用节点图表示细部板件及尺寸（图 1.2-5）。

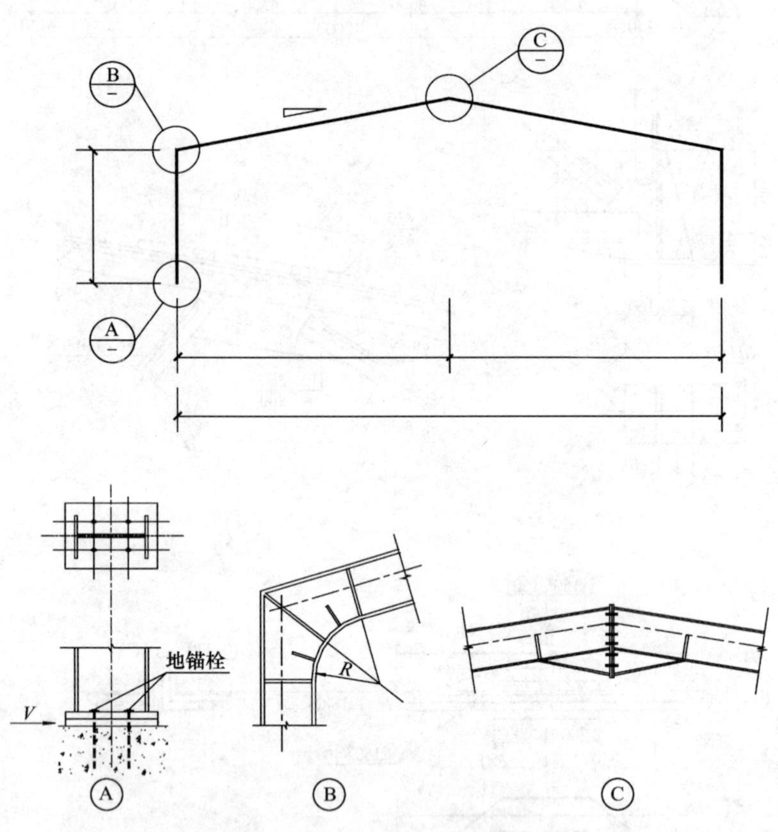

图 1.2-5　刚架施工图单线图示意

1.3 常用构件代号

常用构件代号见表 1.3-1。

表 1.3-1

序号	名　称	代号	序号	名　称	代号
1	板	B	18	墙　板	QB
2	屋面板	WB	19	天沟板	TGB
3	空心板	KB	20	梁	L
4	槽形板	CB	21	屋面梁	WL
5	折　板	ZB	22	吊车梁	DL
6	檩　条	LT	23	单轨吊车梁	DDL
7	屋　架	WJ	24	轨道连接	DGL
8	托　架	TJ	25	车　挡	CD
9	天窗架	CJ	26	柱间支撑	ZC
10	框　架	KJ	27	垂直支撑	CC
11	刚　架	GJ	28	水平支撑	SC
12	支　架	ZJ	29	梯	T
13	柱	Z	30	雨　篷	YP
14	框架柱	KZ	31	阳　台	YT
15	构造柱	GZ	32	梁　垫	LD
16	挡水板或檐口板	YB	33	预埋件	M
17	吊车安全走道板	DB	34	天窗端壁	TD

1.4 常用型钢的标注方法

常用型钢的标注方法应符合表 1.4-1 中的规定。

常用型钢的标注方法 **表 1.4-1**

序号	名　称	截　面	标　注	说　明
1	等边角钢	∟	∟$b \times t$	b 为肢宽，t 为肢厚

续表

序号	名　称	截　面	标　注	说　明
2	不等边角钢	B	└B×b×t	B 为长肢宽，b 为短肢宽，t 为肢厚
3	工字钢		N　Q N	轻型工字钢加注 Q 字 N 工字钢的型号
4	槽钢		N　Q N	轻型槽钢加注 Q 字 N 槽钢的型号
5	方钢	b	□b	
6	扁钢	b	—b×t	
7	钢板		$\frac{-b\times t}{l}$	$\frac{宽\times厚}{板长}$
8	圆钢		ϕd	
9	钢管		DN×× d×t	内径 外径×壁厚
10	薄壁方钢管		B□b×t	
11	薄壁等肢角钢		B└b×t	薄壁型钢加注 B 字，t 为壁厚
12	薄壁等肢卷边角钢	a	B└┘b×a×t	

续表

序号	名称	截面	标注	说明
13	薄壁槽钢		B $h \times a \times t$	薄壁型钢加注 B 字，t 为壁厚
14	薄壁卷边槽钢		B $h \times b \times a \times t$	
15	薄壁卷边Z型钢		B $h \times b \times a \times t$	
16	T型钢		TW× × TM× × TN× ×	TW为宽翼缘T型钢 TM为中翼缘T型钢 TN为窄翼缘T型钢
17	H型钢		HW× × HM× × HN× ×	HW为宽翼缘H型钢 HM为中翼缘H型钢 HN为窄翼缘H型钢
18	起重机		QU××	详细说明产品规格型号
19	轻轨及钢轨		××kg/m 钢轨	

1.5 螺栓、孔、电焊铆钉的表示方法

螺栓、孔、电焊铆钉的表示方法应符合表 1.5-1 中的规定。

螺栓、孔、电焊铆钉的表示方法　　表 1.5-1

序号	名称	图例	说明
1	永久螺栓	$\frac{M}{\phi}$	1. 细“+”线表示定位线 2. M 表示螺栓型号 3. ϕ 表示螺栓孔直径 4. d 表示膨胀螺栓、电焊铆钉直径 5. 采用引出线标注螺栓时，横线上标注螺栓规格，横线下标注螺栓孔直径
2	高强螺栓	$\frac{M}{\phi}$	

续表

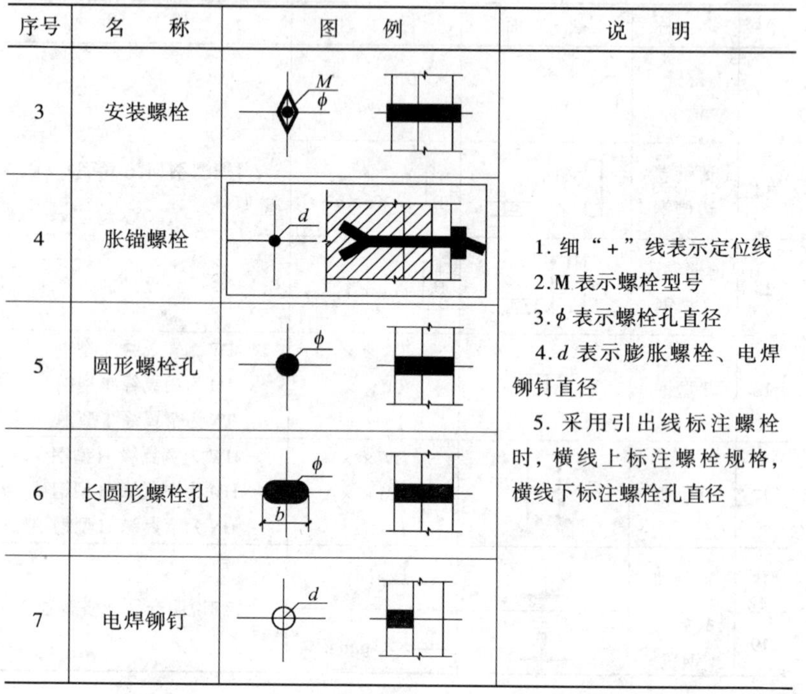

序号	名　称	图　例	说　明
3	安装螺栓	M φ	1. 细“+”线表示定位线 2.M 表示螺栓型号 3.φ 表示螺栓孔直径 4.d 表示膨胀螺栓、电焊铆钉直径 5. 采用引出线标注螺栓时，横线上标注螺栓规格，横线下标注螺栓孔直径
4	胀锚螺栓	d	
5	圆形螺栓孔	φ	
6	长圆形螺栓孔	φ b	
7	电焊铆钉	d	

1.6　常用焊缝表示方法

1.6.1　焊接钢构件的焊缝除应按现行的国家标准《焊缝符号表示法》（GB 324）中的规定外，还应符合本节的各项规定。

1.6.2　单面焊缝的标注方法应符合下列规定：

（1）当箭头指向焊缝所在的一面时，应将图形符号和尺寸标注在横线的上方（图 1.6-1a）；当箭头指向焊缝所在另一面（相对应的那面）时，应将图形符号和尺寸标注在横线的下方（图 1.6-1b）。

（2）表示环绕工作件周围的焊缝时，其围焊焊缝符号为圆圈，绘在引出线的转折处，并标注焊角尺寸 K（图 1.6-1c）。

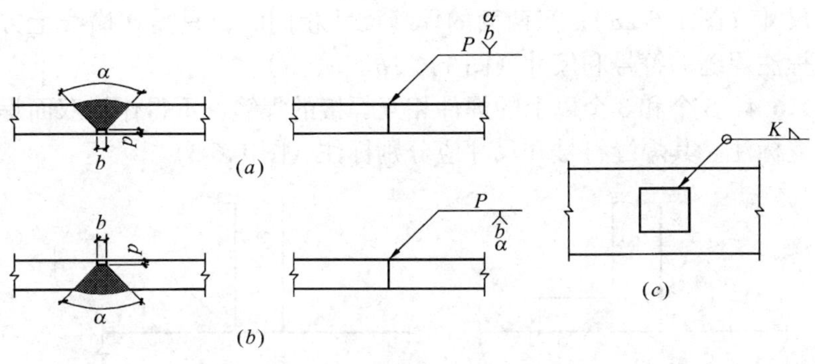

图 1.6-1 单面焊缝的标注方法

1.6.3 双面焊缝的标注，应在横线的上、下方都标注符号和尺寸。上方表示箭头一面的符号和尺寸，下方表示另一面的符号和

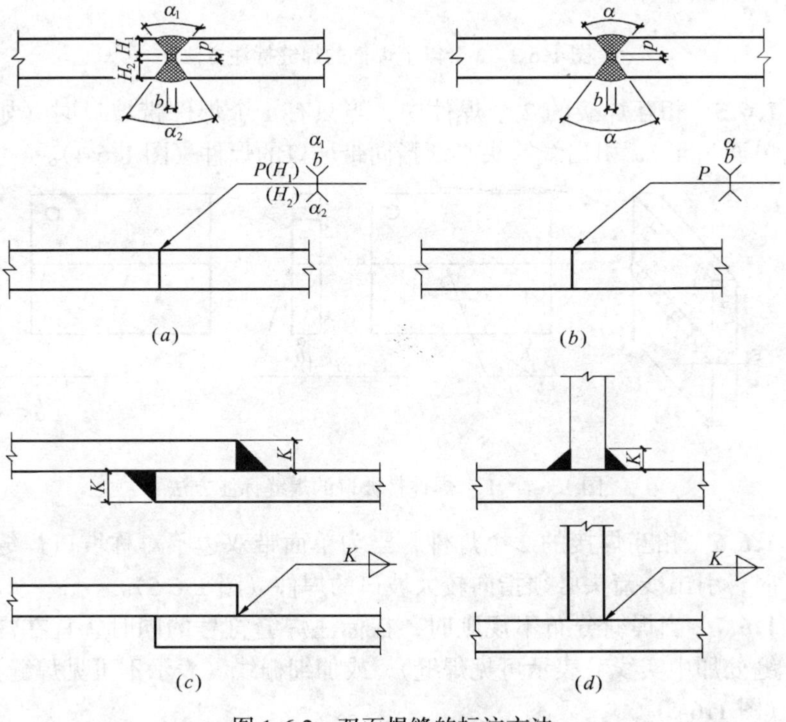

图 1.6-2 双面焊缝的标注方法

尺寸（图 1.6-2*a*）；当两面的焊缝尺寸相同时，只需在横线上方标注焊缝的符号和尺寸（图 1.6-2*b*、*c*、*d*）。

1.6.4　3 个和 3 个以上的焊件相互焊接的焊缝，不得作为双面焊缝标注。其焊缝符号和尺寸应分别标注（图 1.6-3）。

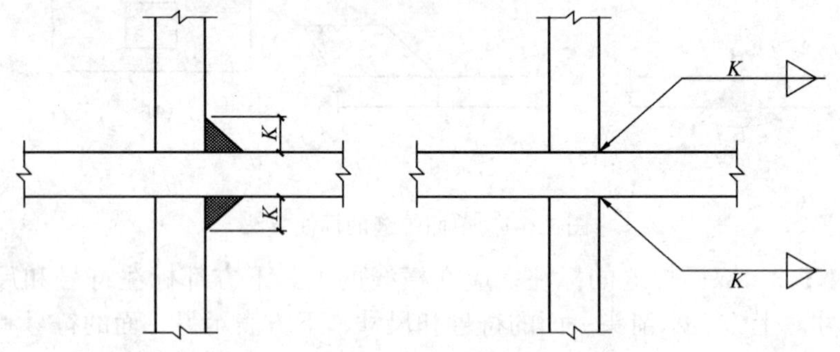

图 1.6-3　3 个以上焊件的焊缝标注方法

1.6.5　相互焊接的 2 个焊件中，当只有 1 个焊件带坡口时（如单面 V 形），引出线箭头必须指向带坡口的焊件（图 1.6-4）。

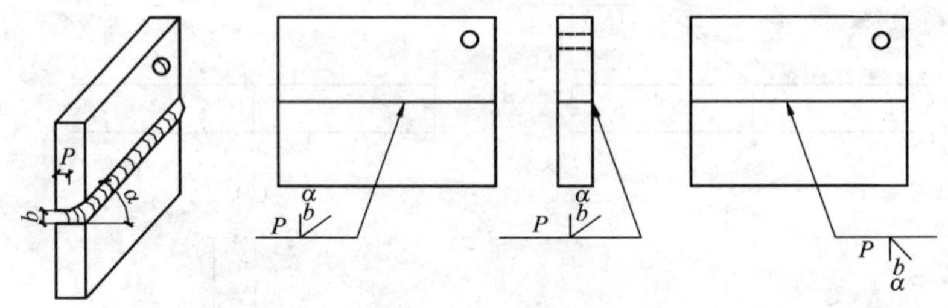

图 1.6-4　1 个焊件带坡口的焊缝标注方法

1.6.6　相互焊接的 2 个焊件，当为单面带双边不对称坡口焊缝时，引出线箭头必须指向较大坡口的焊件（图 1.6-5）。

1.6.7　当焊缝分布不规则时，在标注焊缝符号的同时，宜在焊缝处加中实线（表示可见焊缝），或加细栅线（表示不可见焊缝）（图 1.6-6）。

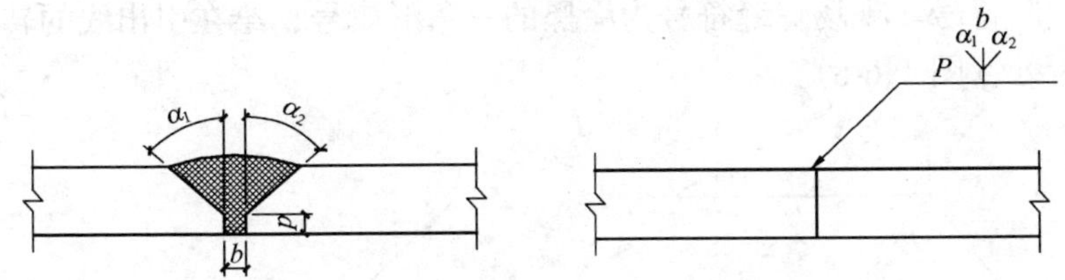

图 1.6-5 不对称坡口焊缝的标注方法

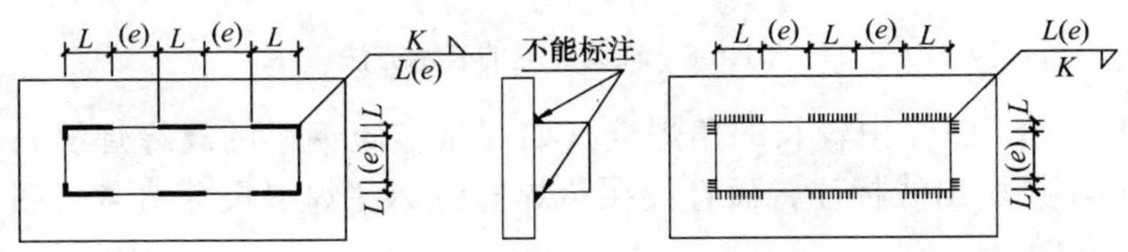

图 1.6-6 不规则焊缝的标注方法

1.6.8 相同焊缝符号应按下列方法表示：

（1）在同一图形上，当焊缝形式、断面尺寸和辅助要求均相同时，可只选择一处标注焊缝的符号和尺寸，并加注“相同焊缝符号”，相同焊缝符号为 3/4 圆弧，绘在引出线的转折处（图 1.6-7*a*）。

（2）在同一图形上，当有数种相同的焊缝时，可将焊缝分类编号标注。在同一类焊缝中可选择一处标注焊缝符号和尺寸。分类编号采用大写的拉丁字母 A、B、C……（图 1.6-7*b*）。

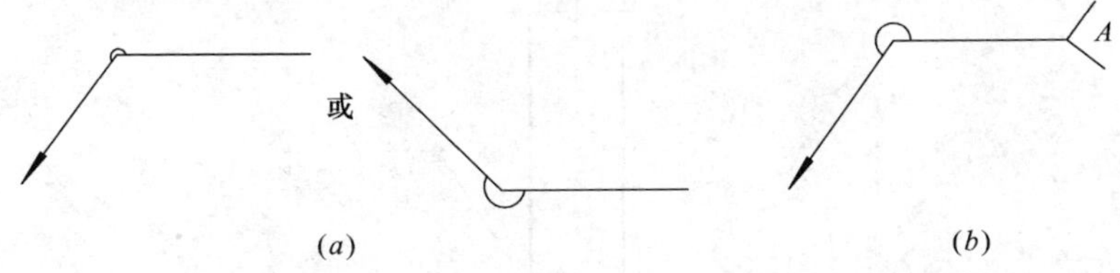

图 1.6-7 相同焊缝的表示方法

1.6.9 需要在施工现场进行焊接的焊件焊缝，应标注“现场焊缝”符号。现场焊缝符号为涂黑的三角形旗号，绘在引出线的转折处（图 1.6-8）。

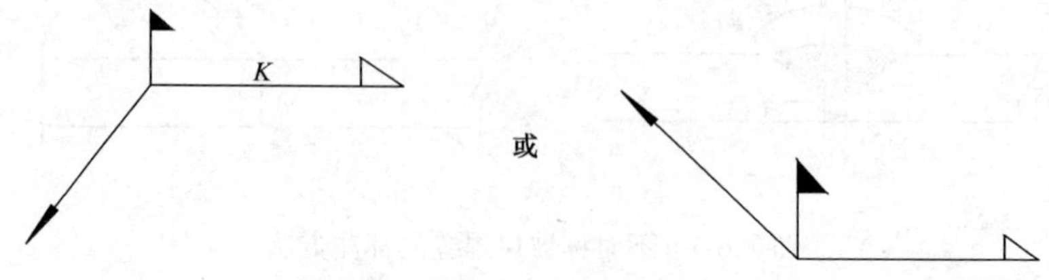

图 1.6-8　现场焊缝的表示方法

1.6.10　图样中较长的角焊缝（如焊接实腹钢梁的翼缘焊缝），可不用引出线标注，而直接在角焊缝旁标注焊缝尺寸值 *K*（图 1.6-9）。

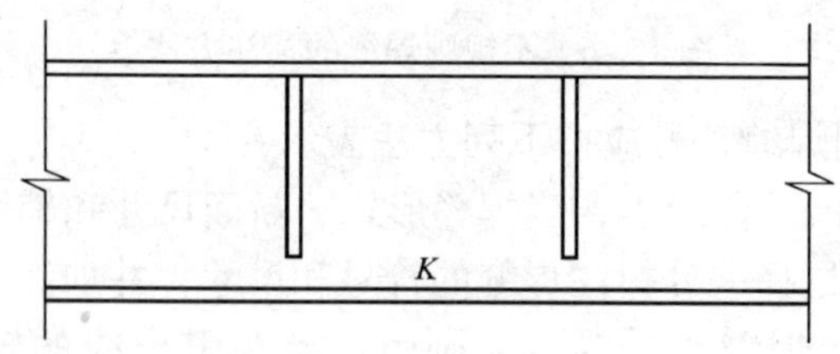

图 1.6-9　较长焊缝的标注方法

1.6.11　熔透角焊缝的符号应按图 1.6-10 方式标注。熔透角焊缝的符号为涂黑的圆圈，绘在引出线的转折处。

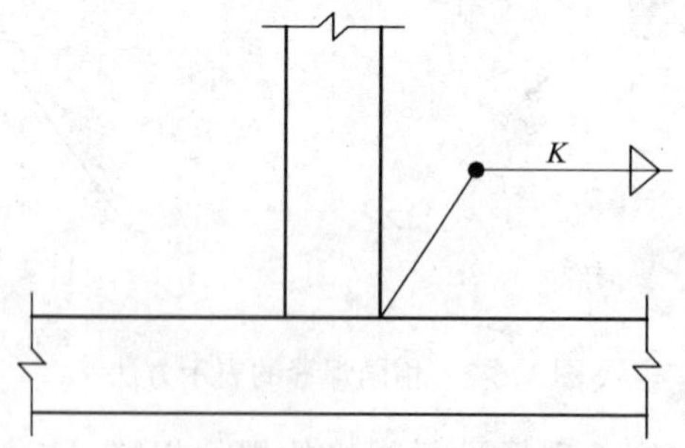

图 1.6-10　熔透角焊缝的标注方法

1.7 尺 寸 标 注

1.7.1 两构件的两条很近的重心线，应在交汇处将其各自向外错开（图 1.7-1）。

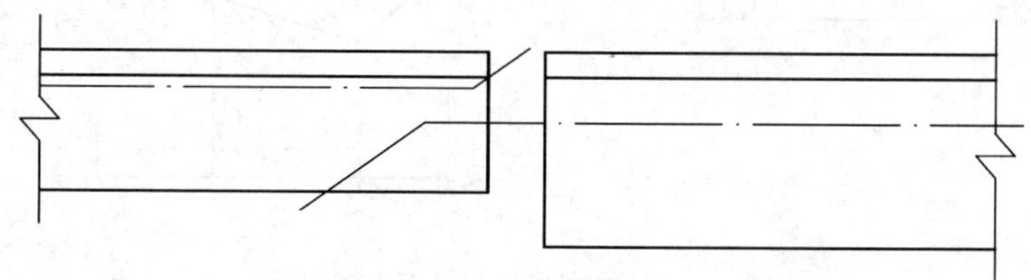

图 1.7-1 两构件重心线不重合的表示方法

1.7.2 弯曲构件的尺寸应沿其弧度的曲线标注弧的轴线长度(图 1.7-2)。

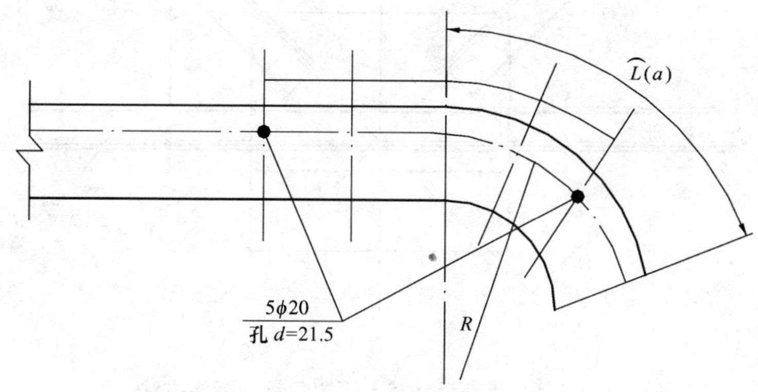

图 1.7-2 弯曲构件尺寸的标注方法

1.7.3 切割的板材，应标注各线段的长度及位置（图 1.7-3）。

1.7.4 不等边角钢的构件，必须标注出角钢一肢的尺寸（图 1.7-4）。

1.7.5 节点尺寸，应注明节点板的尺寸和各杆件螺栓孔中心或中心距，以及杆件端部至几何中心线交点的距离（图 1.7-4、图

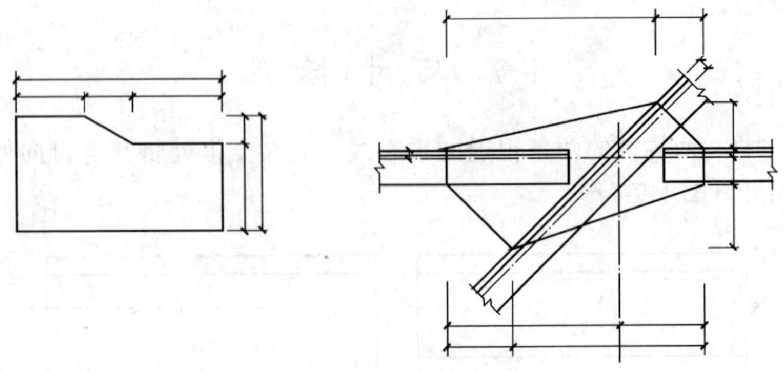

图 1.7-3　切割板材尺寸的标注方法

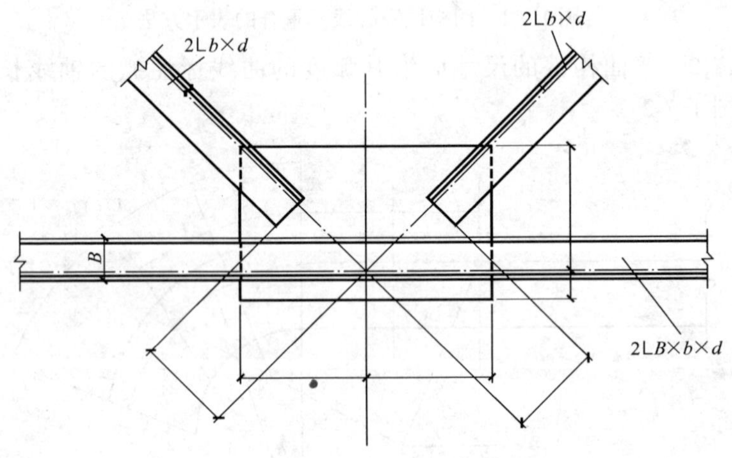

图 1.7-4　节点尺寸及不等边角钢的标注方法

1.7-5)。

1.7.6　双型钢组合截面的构件，应注明缀板的数量及尺寸（图 1.7-6)。引出横线上方标注缀板的数量及缀板的宽度、厚度，引出横线下方标注缀板的长度尺寸。

1.7.7　非焊接的节点板，应注明节点板的尺寸和螺栓孔中心与几何中心线交点的距离（图 1.7-7)。

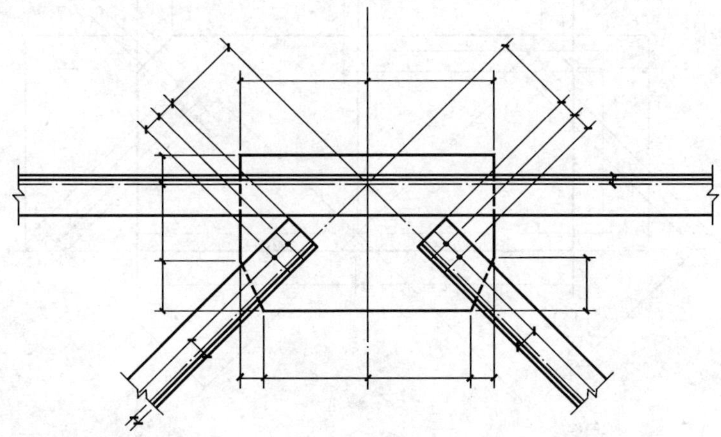

图 1.7-5 节点尺寸的标注方法

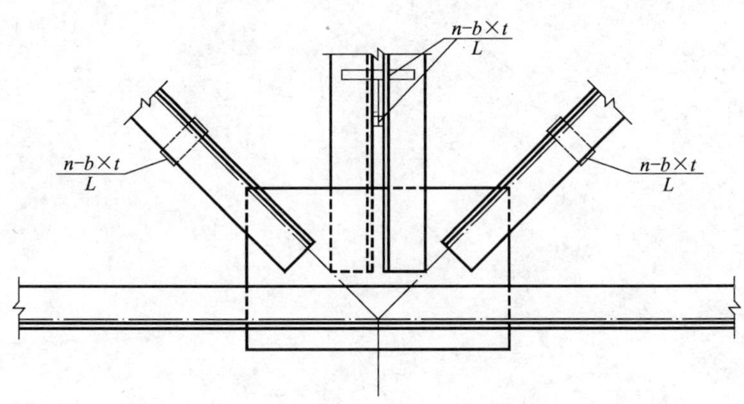

图 1.7-6 缀板的标注方法

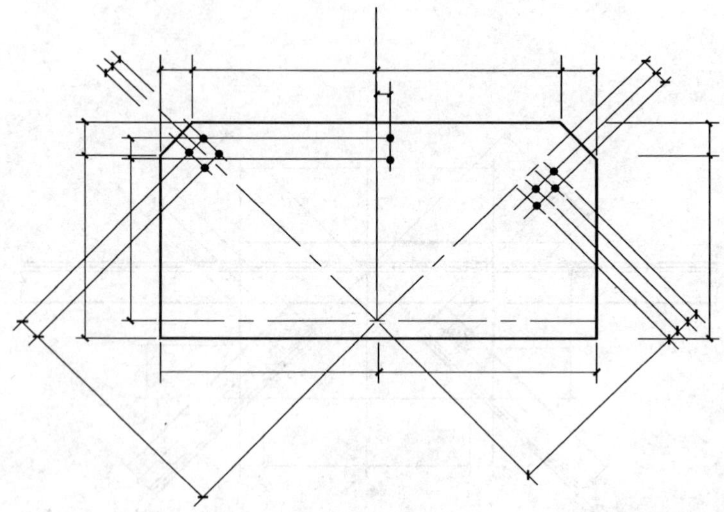

图 1.7-7　非焊接节点板尺寸的标注方法

2 普通钢结构

2.1 钢材及连接材料

2.1.1 建筑结构的主要钢材

建筑结构钢材主要为普通碳素结构钢、低合金结构钢和桥梁及普通低合金钢。承重钢结构的材料宜采用现行国家标准《碳素结构钢》（GB/T 700）中的Q235钢和《低合金高强度结构钢》（GB/T 1591）中的Q345钢、Q390钢和Q420钢。在钢结构设计图纸和钢材订货文件中，应注明所采用的钢牌号（对普通碳素钢尚应包括钢类、炉种、脱氧程度等），对钢材所要求的力学性能和化学成分的附加保证项目（见表2.1-1、表2.1-2）。

钢材的力学性能 **表2.1-1**

标准代号	钢材牌号	厚度（mm）	一般机械性能				V型冲击试验		
			屈服点 f_y（N/mm²）	抗拉强度 f_u（N/mm²）	伸长率 δ_5（%）	180°冷弯试验 d=弯心直径 B=试样宽度 a=试样厚度	质量等级	温度	冲击功（纵向）J 不小于
GB/T 700—1988	Q235	≤16	235	375~500	26	$B=2a$，$d=1.5a$（试样方向为横向）$d=a$（试样方向为纵向）	B	20	27
		17~40	225		25		C	0	
		41~60	215		24		D	−20	

续表

标准代号	钢材牌号	厚度（mm）	一般机械性能				V型冲击试验		
			屈服点 f_y（N/mm²）	抗拉强度 f_u（N/mm²）	伸长率 δ_5（%）	180°冷弯试验 d=弯心直径 B=试样宽度 a=试样厚度	质量等级	温度	冲击功（纵向）J 不小于
GB/T 1591—1994	Q345	≤16	345	470～630	21（22）	$d=2a$	B	20	34
		17～35	325			$d=3a$	C	0	
		36～50	295			$d=3a$	D	－20	
							E	－40	27
	Q390	≤16	390	490～650	19（20）	$d=2a$	B	20	34
		17～35	370			$d=3a$	C	0	
		36～50	350			$d=3a$	D	－20	
							E	－40	27
	Q420	≤16	420	520～680	18（19）	$d=2a$	B	20	34
		17～35	400			$d=3a$	C	0	
		36～50	380			$d=3a$	D	－20	
							E	－40	27

注：1. 质量等级为A级不要求V型冲击试验。

2. δ_5 括号内数值适用于C～E级。

钢材的化学成分 **表 2.1-2**

标准代号	钢材牌号		化学成分（%）				
			C	S ≤	P ≤	Si ≤	Mn
GB/T700—1988	Q235	A级	0.14～0.22	0.050	0.045	0.30	0.30～0.65
		B级	0.12～0.20	0.045			0.30～0.70
		C级	≤0.18	0.040	0.040		0.35～0.80
		D级	≤0.17	0.035	0.035		
GB/T1591—1994	Q345	A级	0.20（0.18）		0.045	0.55	1.00～1.60
		B级			0.040		
		C级			0.035		
		D级			0.030		
		E级			0.025		

续表

标准代号	钢材牌号		化学成分（%）				
			C	S	P	Si	Mn
				≤		≤	
GB/T 1591—1994	Q390	A级	0.20	0.045		0.55	1.00～1.60
		B级		0.040			
		C级		0.035			
		D级		0.030			
		E级		0.025			
	Q420	A级	0.20	0.045		0.55	1.00～1.70
		B级		0.040			
		C级		0.035			
		D级		0.030			

注：1. Q235A、B级沸腾钢锰含量上限为0.60%。
2. 括号内含碳量C仅适用于D、E级。

2.1.2 普通碳素钢的分类

根据《碳素结构钢》（GB/T 700—1988）按以下方法分类：

（1）按冶炼方法可分为氧气转炉钢、平炉钢及电炉钢。承重结构钢一般采用平炉和氧气转炉Q235钢。

（2）按炼钢脱氧程度分为沸腾钢（F），半镇静钢（b），镇静钢（Z）及特殊镇静钢（TZ）。

（3）按钢的牌号和化学成分分类。钢的牌号按钢的屈服点数据值命名，钢的质量等级分为A、B、C、D四级，这四个等级与钢的化学成分、力学性能及冲击试验性能要求有关。

2.1.3 普通碳素钢牌号的表示方法及性能

钢的牌号由代表屈服点的字母、屈服点数值、质量等级符号、脱氧方法符号等四个部分按顺序组成，例如Q235—A·F。

（1）符号

Q——钢材屈服点，“屈”字汉语拼音首位字母；

A、B、C、D——分别为质量等级；

F、b、Z、TZ——分别为沸腾钢“沸”字，半镇静钢“半”字，镇静钢“镇”字，特殊镇静钢“特镇”字汉语拼音首位字母。

在牌号组成表示方法中，“Z”与“TZ”符号省略。

(2) 牌号和化学成分。

普通碳素钢的牌号和化学成分应符合表 2.1-2。

2.1.4 承重结构钢的牌号及低合金结构钢牌号对照表

普通碳素结构钢一般采用 Q235 钢，低合金高强度结构钢采用的是 Q345、Q390、Q420 钢。新旧低合金结构钢标准牌号对照见表 2.1-3。

新旧低合金结构钢标准牌号对照　　表 2.1-3

GB/T 1591—94	GB 1591—88
Q295	09MnV、09MnNb、09Mn2、12Mn
Q345	12MnV、14MnNb、16Mn、16MnRE、18Nb
Q390	15MnV、15MnTi、16MnNb
Q420	15MnVN、14MnVTiRE
Q460	

2.1.5 材料和连接的设计指标

(1) 钢材的强度设计值。

钢材的强度设计值见表 2.1-4。

钢材的强度设计值（N/mm^2）　　表 2.1-4

钢材		抗拉、抗压和抗弯 f	抗剪 f_v	端面承压（刨平顶紧）f_{ce}
牌号	厚度或直径 (mm)			
Q235 钢	≤16	215	125	325
	>16~40	205	120	
	>40~60	200	115	
	>60~100	190	110	

续表

钢材		抗拉、抗压和抗弯 f	抗剪 f_v	端面承压（刨平顶紧）f_{ce}
牌号	厚度或直径（mm）			
Q345钢	≤16	310	180	400
	>16~35	295	170	
	>35~50	265	155	
	>50~100	250	145	
Q390钢	≤16	350	205	415
	>16~35	335	190	
	>35~50	315	180	
	>50~100	295	170	
Q420钢	≤16	380	220	440
	>16~35	360	210	
	>35~50	340	195	
	>50~100	325	185	

注：表中厚度系指计算点的钢材厚度。

(2) 钢铸件的强度设计值。

钢铸件的强度设计值按表2.1-5采用。

钢铸件的强度设计值（N/mm^2） **表2.1-5**

钢号	抗拉、抗压和抗弯 f	抗剪 f_v	端面承压（刨平顶紧）f_{ce}
ZG200—400	155	90	260
ZG230—450	180	105	290
ZG270—500	210	120	325
ZG310—570	240	140	370

(3) 铆钉连接的强度设计值。

铆钉连接的强度设计值按表2.1-6采用。

铆钉连接的强度设计值（N/mm²）　　**表 2.1-6**

铆钉钢号和构件钢材牌号		抗拉（钉头拉脱）f_t^r	抗剪 f_v^r		承压 f_c^r	
			Ⅰ类孔	Ⅱ类孔	Ⅰ类孔	Ⅱ类孔
铆钉	BL2 或 BL3	120	185	155	—	—
构件	Q235 钢	—	—	—	450	360
	Q345 钢	—	—	—	565	460
	Q390 钢	—	—	—	590	480

注：1. 孔壁质量属于下列情况者为Ⅰ类孔：

(1) 在装配好的构件上按设计孔径钻成的孔；

(2) 在单个零件和构件上按设计孔径分别用钻模钻成的孔；

(3) 在单个零件上先钻成或冲成较小的孔径，然后在装配好的构件上再扩钻至设计孔径的孔。

2. 在单个零件上一次冲成或不用钻模钻成设计孔径的孔属于Ⅱ类孔。

(4) 焊缝连接的强度设计值。

焊缝连接的强度设计值按表 2.1-7 采用。

焊缝连接的强度设计值（N/mm²）　　**表 2.1-7**

焊接方法和焊条型号	构件钢材		对接焊缝				角焊缝
	牌　号	厚度或直径（mm）	抗压 f_c^w	焊缝质量为下列等级时，抗拉 f_t^w		抗剪 f_v^w	抗拉、抗压和抗剪 f_f^w
				一级、二级	三级		
自动焊、半自动焊和 E43 型焊条的手工焊	Q235 钢	≤16	215	215	185	125	160
		>16~40	205	205	175	120	
		>40~60	200	200	170	115	
		>60~100	190	190	160	110	
自动焊、半自动焊和 E50 型焊条的手工焊	Q345 钢	≤16	310	310	265	180	200
		>16~35	295	295	250	170	
		>35~50	265	265	225	155	
		>50~100	250	250	210	145	

续表

焊接方法和焊条型号	构件钢材		对接焊缝				角焊缝
	牌　号	厚度或直径（mm）	抗压 f_c^w	焊缝质量为下列等级时，抗拉 f_t^w		抗剪 f_v^w	抗拉、抗压和抗剪 f_f^w
				一级、二级	三级		
自动焊、半自动焊和E55型焊条的手工焊	Q390钢	≤16	350	350	300	205	220
		>16～35	335	335	285	190	
		>35～50	315	315	270	180	
		>50～100	295	295	250	170	
自动焊、半自动焊和E55型焊条的手工焊	Q420钢	≤16	380	380	320	220	220
		>16～35	360	360	305	210	
		>35～50	340	340	290	195	
		>50～100	325	325	275	185	

注：1. 自动焊和半自动焊所采用的焊丝和焊剂，应保证其熔敷金属抗拉强度不低于相应手工焊焊条的数值。

2. 焊缝质量等级应符合现行国家标准《钢结构工程施工质量验收规范》（GB 50205—2001）的规定。

3. 对接焊缝抗弯受压区强度设计值取 f_c^w，抗弯受拉区强度设计值取 f_t^w；

4. 同表2.1-4注。

（5）螺栓连接的强度设计值。

螺栓连接的强度设计值按表2.1-8采用。

螺栓连接的强度设计值（N/mm²）　**表2.1-8**

螺栓的钢材牌号（或性能等级）或构件的钢材牌号		普通螺栓						锚栓	承压型连接高强度螺栓	
		C级螺栓			A级、B级螺栓					
		抗拉 f_t^b	抗剪 f_v^b	承压 f_c^b	抗拉 f_t^b	抗剪 f_v^b	承压 f_c^b	抗拉 f_t^a	抗剪 f_v^b	承压 f_c^b
普通螺栓	4.6级、4.8级	170	130	—	—	—	—	—	—	—
	8.8级	—	—	—	350	250	—	—	—	—

续表

螺栓的钢材牌号（或性能等级）或构件的钢材牌号		普通螺栓						锚栓	承压型连接高强度螺栓	
		C级螺栓			A级、B级螺栓					
		抗拉 f_t^b	抗剪 f_v^b	承压 f_c^b	抗拉 f_t^b	抗剪 f_v^b	承压 f_c^b	抗拉 f_t^a	抗剪 f_v^b	承压 f_c^b
锚栓	Q235钢	—	—	—	—	—	—	140	—	—
	Q345钢	—	—	—	—	—	—	180	—	—
承压型连接高强度螺栓	8.8级	—	—	—	—	—	—	—	250	—
	10.9级	—	—	—	—	—	—	—	310	—
构件	Q235钢	—	—	305	—	—	405	—	—	465
	Q345钢	—	—	385	—	—	510	—	—	590
	Q390钢	—	—	400	—	—	530	—	—	615
	Q420钢	—	—	425	—	—	560	—	—	655

注：1. A级螺栓用于 $d \leqslant 24$mm 和 $l \leqslant 10d$ 或 $l \leqslant 150$mm（按较小值）的螺栓，B级螺栓用于 $d > 24$mm 或 $l > 10d$ 或 $l > 150$mm（按较小值）的螺栓。d 为公称直径，l 为螺杆公称长度。

2. A、B级螺栓孔的精度和孔壁表面粗糙度，C级螺栓孔的允许偏差和孔壁表面粗糙度，均应符合现行国家标准《钢结构工程施工质量验收规范》（GB 50205—2001）的要求。

（6）钢材和钢铸件的物理性能

钢材和钢铸件的物理性能指标按表2.1-9采用。

钢材和钢铸件的物理性能指标　　**表2.1-9**

弹性模量 E（N/mm²）	剪变模量 G（N/mm²）	线膨胀系数 α（1/℃）	质量密度 ρ（kg/m³）	泊松比 ν
206×10^3	79×10^3	12×10^{-6}	7850	0.3

2.1.6　钢材及其连接强度设计值折减系数

结构构件或连接的强度设计值的折减系数见表2.1-10。当几种情况同时存在时，其折减系数应连乘。

强度设计值折减系数 **表 2.1-10**

<table>
<tr><th>项次</th><th colspan="3">结构构件连接情况</th><th>折减系数</th></tr>
<tr><td>1</td><td rowspan="4">单面连接的单角钢</td><td colspan="2">按轴心受力计算强度和连接</td><td>0.85</td></tr>
<tr><td>2</td><td rowspan="3">按轴心受压计算稳定性</td><td>等边角钢</td><td>$0.6+0.0015\lambda$，但$\leqslant 1.0$</td></tr>
<tr><td>3</td><td>短边相连的不等边角钢</td><td>$0.5+0.0025\lambda$ 但$\leqslant 1.0$</td></tr>
<tr><td>4</td><td>长边相连的不等边角钢</td><td>0.70</td></tr>
<tr><td>5</td><td colspan="3">施工条件较差的高空安装焊缝和铆钉连接</td><td>0.9</td></tr>
<tr><td>6</td><td colspan="3">沉头和半沉头铆钉连接</td><td>0.8</td></tr>
<tr><td>7</td><td colspan="3">在节点处或拼接接头的一端，或受力方向的连接长度 $l_1>15d_0$ 的螺栓或铆钉连接</td><td>$1.1-\frac{l_1}{15d_0}$</td></tr>
<tr><td>8</td><td colspan="3">采用塑性设计时，钢材和连接</td><td>0.9</td></tr>
<tr><td>9</td><td rowspan="5">轻型钢结构</td><td colspan="2">拱的双圆钢拉杆及其连接</td><td>0.85</td></tr>
<tr><td>10</td><td colspan="2">平面桁架式檩条和三铰拱斜梁的端部主要受压腹杆</td><td>0.85</td></tr>
<tr><td>11</td><td colspan="2">其他杆件和连接</td><td>0.95</td></tr>
<tr><td>12</td><td rowspan="2">单圆钢杆件连接于节点板一侧</td><td>杆件受压时应考虑偏心按压弯构件计算连接可按轴心受力计算，但应乘以折减系数</td><td>0.85</td></tr>
<tr><td>13</td><td>杆件受拉时，杆件和连接按轴心受力计算</td><td>0.85</td></tr>
</table>

2.1.7 结构钢材选用表

结构钢材可按表 2.1-11 选用。

结构钢材选用表 **表 2.1-11**

<table>
<tr><th colspan="3" rowspan="2">结构类型</th><th rowspan="2">计算温度</th><th rowspan="2">采用的钢号</th><th colspan="2">要求保证的项目</th></tr>
<tr><th>已在基本保证中的项目</th><th>需补充提出的附加保证项目</th></tr>
<tr><td rowspan="3">焊接结构</td><td rowspan="3">直接承受动力荷载的结构</td><td rowspan="3">重级工作制吊车梁或类似结构</td><td rowspan="3">—</td><td>Q235 钢（不宜用沸腾钢）</td><td>抗拉强度，伸长率，磷、硫的含量</td><td>屈服点，冷弯，冲击韧性（常温或 −20℃），碳的含量</td></tr>
<tr><td>特类 Q235 钢</td><td>抗拉强度，伸长率，屈服点，冷弯，碳、磷、硫等的含量</td><td>冲击韧性（常温或 −20℃）</td></tr>
<tr><td>Q345 钢
Q390 钢</td><td>抗拉强度，伸长率，屈服点，冷弯，碳、磷、硫等的含量</td><td>冲击韧性（常温或 −40℃）</td></tr>
</table>

续表

<table>
<tr><th colspan="3" rowspan="2">结构类型</th><th rowspan="2">计算温度</th><th rowspan="2">采用的钢号</th><th colspan="2">要求保证的项目</th></tr>
<tr><th>已在基本保证中的项目</th><th>需补充提出的附加保证项目</th></tr>
<tr><td rowspan="10">焊接结构</td><td rowspan="4">直接承受动力荷载的结构</td><td rowspan="4">中、轻级工作制吊车梁或类似结构</td><td rowspan="3">等于或低于－20℃</td><td>Q235钢（不宜用沸腾钢）</td><td>抗拉强度，伸长率，磷、硫的含量</td><td>屈服点，冷弯，冲击韧性（－20℃）[①]，碳的含量</td></tr>
<tr><td>特类Q235钢</td><td>抗拉强度，伸长率，屈服点，冷弯，碳、磷、硫等的含量</td><td>冲击韧性(－20℃)[①]</td></tr>
<tr><td>Q345钢
Q390钢</td><td>抗拉强度，伸长率，屈服点，冷弯，磷、磷、硫等的含量</td><td>冲击韧性(－40℃)[①]</td></tr>
<tr><td>高于－20℃</td><td>Q235钢</td><td>抗拉强度，伸长率，磷、硫的含量</td><td>屈服点，冷弯，碳的含量，冲击韧性(常温)[①]</td></tr>
<tr><td colspan="2" rowspan="6">承受静力荷载或间接承受动力荷载的结构</td><td rowspan="3">等于或低于－30℃</td><td>Q235钢（不宜用沸腾钢）</td><td>抗拉强度，伸长率，磷、硫的含量</td><td>屈服点，冷弯，碳的含量</td></tr>
<tr><td>特类Q235钢</td><td>抗拉强度，伸长率，屈服点，冷弯，碳、磷、硫等的含量</td><td>—</td></tr>
<tr><td>Q345钢</td><td>抗拉强度，伸长率屈服点，冷弯碳、磷、硫等的含量</td><td>—</td></tr>
<tr><td rowspan="3">高于－30℃</td><td rowspan="3">Q235钢（当计算温度高于－15℃时可采用甲类Q235空气转炉钢）</td><td rowspan="3">抗拉强度，伸长率，磷、硫的含量</td><td>主要构件：屈服点，冷弯，碳的含量</td></tr>
<tr><td>次要构件：屈服点，碳的含量</td></tr>
<tr><td>由构造决定的构件：碳的含量</td></tr>
</table>

续表

结构类型			计算温度	采用的钢号	要求保证的项目	
					已在基本保证中的项目	需补充提出的附加保证项目
非焊接结构	直接承受动力荷载的结构	重级工作制吊车梁或类似结构	等于或低于 -20℃	Q235 钢（不宜用沸腾钢）	抗拉强度，伸长率、磷、硫的含量	屈服点，冲击韧性（-20℃）
				特类 Q235 钢	抗拉强度，伸长率，屈服点，冷弯、碳、磷、硫的含量	冲击韧性（-20℃）
				Q345 钢 Q390 钢	抗拉强度，伸长率，屈服点，冷弯，碳、磷、硫的含量	冲击韧性（-40℃）
			高于 -20℃	Q235 钢（不宜用沸腾钢）	抗拉强度，伸长率，磷、硫的含量	屈服点，冲击韧性（常温）
		中、轻级工作制吊车梁或类似结构	—			屈服点，冲击韧性（常温或 -20℃）①
	承受静力荷载或间接承受动力荷载的结构		—	Q235 钢（当计算温度高于 -15℃时，可采用甲类 Q235 空气转炉钢）	抗拉强度，伸长率，磷、硫的含量	主要构件：屈服点
						次要构件：屈服点
						由构造决定的构件：—

① 仅对重量大于或等于 50t 的中级工作制吊车梁要求保证冲击韧性；

注：1. 冬季计算温度应按现行《采暖通风和空气调节设计规范》中规定的冬季空气调节室外计算温度确定，对采暖房屋内的可按规定值提高 10℃采用；

2. 按现行国家标准 GB 700 与 GB 1591，要求保证项目之内容均取消，只需选 A、B、C、D 哪一类即可以。

2.1.8 焊接材料

（1）手工电弧焊焊条型号应与主体金属强度相适应，可按表 2.1-12 选用。

手工电弧焊焊条型号选用表　　表 2.1-12

构件名称	主体金属钢号	采用焊条型号
重级工作制吊车梁、吊车桁架或类似构件	Q235 钢	E4315、E4316
	Q345 钢	E5015、E5016、E5018
	Q390 钢	E5516、E5516、E5518
其他构件	Q235 钢	E4300 ~ E4313
	Q345 钢	E5001 ~ E5014
	Q390 钢	E5500 ~ E5513

（2）自动焊接或半自动焊接的焊丝和焊剂应与主体金属强度相适应，可按表 2.1-13 选用。

自动焊接或半自动焊接的焊丝、焊剂选用表　　表 2.1-13

主体金属钢号	采用的焊丝、焊剂
Q235 钢	H08，H08A，H08E 配合中锰型或高锰型焊剂 H08Mn，H08MnA 配合无锰型或低锰型焊剂
Q345 Q390	H08A，H08E 配合高锰型焊剂 H08Mn，H08MnA 配合中锰型或高锰型焊剂 H10Mn2 配合无锰型或低锰型焊剂

2.1.9　螺栓材料

（1）普通螺栓可采用 Q235 钢制作。

（2）高强度螺栓。

高强度螺栓具有较高的强度、塑性与冲击韧性，其机械性能见表 2.1-14。

高强度螺栓机械性能表　　表 2.1-14

螺栓种类	性能等级	采用的钢号	抗拉强度 f_u （N/mm²）
大六角头高强螺栓	8.8 级	45 号钢、35 号钢	830 ~ 1030
	10.9 级	20MnTiB 钢、40B 钢、35VB 钢	1040 ~ 1240
扭剪型高强度螺栓	10.9 级	20MnTiB 钢	1040 ~ 1240

2.2 基本设计规定

2.2.1 荷载及荷载效应组合

设计钢结构时，荷载效应组合及其取值见表 2.2-1。

荷载及荷载效应组合 **表 2.2-1**

<table>
<tr><th colspan="2">设计方法</th><th>计算内容</th><th>荷载效应组合</th><th>荷载取值要求</th></tr>
<tr><td rowspan="2">极限状态</td><td>承载力极限状态</td><td>承载力（包括连接）及稳定性</td><td>基本组合，必要时尚应考虑偶然组合</td><td>荷载设计值——为标准值乘以荷载分项系数；对直接承受动力荷载的结构，动力荷载设计值应再乘动力系数；对重级工作制吊车梁（桁架）及其制动结构，吊车的横向水平荷载应再乘增大系数</td></tr>
<tr><td>正常使用极限状态</td><td>变形、局部损坏、振动等</td><td>除钢与混凝土组合梁外应只考虑短期效应组合</td><td>恒载和第一可变荷载取标准值，其他可变荷载取荷载组合值</td></tr>
<tr><td colspan="2">允许应力幅法</td><td>疲劳——应力幅或折算应力幅</td><td>短期效应组合</td><td>荷载标准值，不乘动力系数，吊车荷载应按作用在跨间内起重量最大的一台吊车确定</td></tr>
</table>

有关荷载的标准值、分项系数、荷载组合值系数、动力荷载的动力系数等均见《建筑结构荷载规范》（GB 50009—2001）或其他有关资料。

2.2.2 吊车横向水平荷载的增大系数

吊车横向水平荷载的增大系数 **表 2.2-2**

吊车类别	吊车起重量（t）	计算吊车梁（或吊车桁架）、制动结构的强度和稳定性	计算吊车梁（或吊车桁架）、制动结构、柱相互间的连接强度
软钩吊车	5～20	2.0	4.0
	30～275	1.5	3.0
	≥300	1.3	2.6

续表

吊车类别		吊车起重量(t)	计算吊车梁(或吊车桁架)、制动结构的强度和稳定性	计算吊车梁(或吊车桁架)、制动结构、柱相互间的连接强度
硬钩吊车	夹钳或刚性料耙吊车	—	3.0	6.0
	其他硬钩吊车		1.5	3.0

2.2.3　荷载折减系数

计算冶炼车间或其他类似车间的工作平台结构时，由检修材料所产生的荷载，可乘以下列折减系数：

主梁　0.85

柱（包括基础）　0.75

2.2.4　温度区段长度

单层房屋和露天结构的温度区段长度（伸缩缝的间距）不超过表 2.2-3 中的数值时，可不计算温度应力。

温度区段长度（m）　表 2.2-3

结构情况	纵向温度区段（垂直屋架或构架跨度方向）	横向温度区段（沿屋架或构架跨度方向）	
		柱顶为刚接	柱顶为铰接
采暖房屋和非采暖地区的房屋	220	120	150
热车间和采暖地区的非采暖房屋	180	100	125
露天结构	120	—	—

注：1. 厂房柱为其他材料时，应按相应规范的规定设置伸缩缝，围护结构可根据具体情况参照有关规范单独设置伸缩缝；

2. 无桥式吊车房屋的柱间支撑和有桥式吊车房屋吊车梁或吊车梁桁架以下的柱间支撑，宜对称布置于温度区段中部。当不对称布置时，上述柱间支撑的中点（两道柱间支撑时为两支撑距离的中点）至温度区段端部的距离不宜大于表 2.2-3 纵向温度区段长度的 60%。

2.2.5　结构变形容许值

(1) 受弯构件的容许挠度（见表 2.2-4）。

受弯构件的挠度容许值 **表 2.2-4**

项次	构件类别	挠度容许值	
		$[v_T]$	$[v_Q]$
1	吊车梁和吊车桁架（按自重和起重量最大的一台吊车计算挠度） (1) 手动吊车和单梁吊车（含悬挂吊车） (2) 轻级工作制桥式吊车 (3) 中级工作制桥式吊车 (4) 重级工作制桥式吊车	 $l/500$ $l/800$ $l/1000$ $l/1200$	
2	手动或电动葫芦的轨道梁	$l/400$	
3	有重轨（重量等于或大于38kg/m）轨道的工作平台梁 有轻轨（重量等于或小于24kg/m）轨道的工作平台梁	$l/600$ $l/400$	
4	楼（屋）盖梁或桁架，工作平台梁（第3项除外）和平台板 (1) 主梁或桁架（包括设有悬挂起重设备的梁和桁架） (2) 抹灰顶棚的次梁 (3) 除(1)、(2)款外的其他梁（包括楼梯梁） (4) 屋盖檩条 支承无积灰的瓦楞铁和石棉瓦屋面者 支承压型金属板、有积灰的瓦楞铁和石棉瓦等屋面者 支承其他屋面材料者 (5) 平台板	 $l/400$ $l/250$ $l/250$ $l/150$ $l/200$ $l/200$ $l/150$	 $l/500$ $l/350$ $l/300$
5	墙架构件（风荷载不考虑阵风系数） (1) 支柱 (2) 抗风桁架（作为连续支柱的支承时） (3) 砌体墙的横梁（水平方向） (4) 支承压型金属板、瓦楞铁和石棉瓦墙面的横梁（水平方向） (5) 带有玻璃窗的横梁（竖直和水平方向）	 $l/200$	 $l/400$ $l/1000$ $l/300$ $l/200$ $l/200$

注：1. l 为受弯构件的跨度（对悬臂梁和伸臂梁为悬伸长度为2倍）。
2. $[v_T]$ 为全部荷载标准值产生的挠度（如有起拱应减去拱度）的容许值；
$[v_Q]$ 为可变荷载标准值产生的挠度的容许值。

(2) 多层框架和单层厂房的水平位移容许值（见表2.2-5、表2.2-6）。

框架结构水平位移及位移角容许值　　表2.2-5

项次	结构类别	风荷载标准值作用下	水平地震作用下	
			弹性层间位移角	弹塑性层间位移角
1	无桥式吊车的单层框架的柱顶位移	$H/150$	—	—
2	有桥式吊车的单层框架的柱顶位移	$H/400$	—	—
3	多层框架的柱顶位移	$H/500$	—	—
4	多层框架的层间相对位移	$h/400$	1/300	1/50

注：1. H 为自基础顶面至柱顶的总高度；h 为层高。
2. 对室内装修要求较高的民用建筑多层框架结构，层间相对位移宜适当减小。无墙壁的多层框架结构，层间相对位移可适当放宽。
3. 对轻型框架结构的柱顶水平位移和层间位移均可适当放宽。

柱（吊车梁）水平位移（挠度）的计算容许值　　表2.2-6

项次	位移（挠度）的种类	按平面结构图形计算	按空间结构图形计算
1	厂房柱的横向位移（A7、A8）	$H_c/1250$	$H_c/2000$
2	露天栈桥柱的横向位移（A4～A8）	$H_c/2500$	—
3	厂房和露天栈桥柱的纵向位移（A4～A8）	$H_c/4000$	—
4	吊车梁或其制动结构水平挠度（A7、A8）	$l/2200$	—

注：1. H_c 为基础顶面至吊车梁或吊车桁架顶面的高度。
2. 计算厂房或露天栈桥柱的纵向位移时，可假定吊车的纵向水平制动力分配在温度区段内所有柱间支撑或纵向框架上。
3. 在设有A8级吊车的厂房中，厂房柱的水平位移容许值宜减小10%。
4. 以上均取一台最大吊车水平荷载（按建筑结构荷载规范取值）所产生的位移或挠度。

2.3 钢材规格及截面特性表

2.3.1 型钢规格及截面特性表

（1）热轧等肢角钢规格及截面特性（根据 GB 9787—88 计算）（见表 2.3-1）。

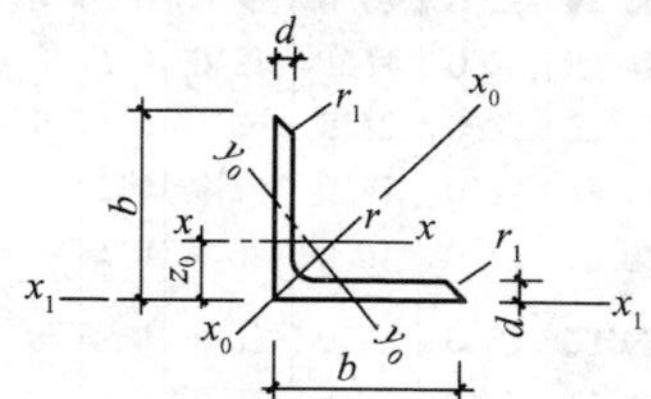

b—肢宽；I—截面惯性矩；z_0—质心距离；
d—肢厚；W—截面抵抗矩；$r_1=d/3$（肢尖内弧半径）；
r—内圆弧半径；　i—回转半径

表 2.3-1

型号	尺寸 b (mm)	尺寸 d (mm)	尺寸 r (mm)	截面面积 ×10² (mm²)	线密度 (kg/m)	外表面积 (m²/m)	x—x: I_x ×10⁴ (mm⁴)	x—x: W_x^{max} ×10³ (mm³)	x—x: W_x^{min} ×10³ (mm³)	x—x: i_x ×10 (mm)	x_0—x_0: I_{x0} ×10⁴ (mm⁴)	x_0—x_0: W_{x0} ×10³ (mm³)	x_0—x_0: i_{x0} ×10 (mm)	x_1—x_1: I_{x1} ×10⁴ (mm⁴)	y_0—y_0: I_{y0} ×10⁴ (mm⁴)	y_0—y_0: W_{y0}^{max} ×10³ (mm³)	y_0—y_0: W_{y0}^{min} ×10³ (mm³)	y_0—y_0: i_{y0} ×10 (mm)	z_0 ×10 (mm)
L20×3	20	3	3.5	1.13	0.89	0.08	0.40	0.66	0.29	0.59	0.63	0.45	0.75	0.81	0.17	0.23	0.20	0.39	0.60
4	20	4	3.5	1.46	1.15	0.08	0.50	0.78	0.36	0.58	0.78	0.55	0.73	1.09	0.22	0.29	0.24	0.38	0.64
L25×3	25	3	3.5	1.43	1.12	0.10	0.82	1.12	0.46	0.76	1.29	0.73	0.95	1.57	0.34	0.37	0.33	0.49	0.73
4	25	4	3.5	1.86	1.46	0.10	1.03	1.34	0.59	0.74	1.62	0.92	0.93	2.11	0.43	0.47	0.40	0.48	0.76
L30×3	30	3	4.5	1.75	1.37	0.12	1.46	1.73	0.68	0.91	2.31	1.09	1.15	2.71	0.61	0.56	0.51	0.59	0.85
4	30	4	4.5	2.28	1.79	0.12	1.84	2.08	0.87	0.90	2.92	1.37	1.13	3.63	0.77	0.71	0.62	0.58	0.89
L36×3	36	3	4.5	2.11	1.66	0.14	2.58	2.59	0.99	1.11	4.09	1.61	1.39	4.67	1.07	0.82	0.76	0.71	1.00
4	36	4	4.5	2.76	2.16	0.14	3.29	3.18	1.28	1.09	5.22	2.05	1.38	6.25	1.37	1.05	0.93	0.70	0.04
5	36	5	4.5	3.38	2.65	0.14	3.95	3.68	1.56	1.08	6.24	2.45	1.36	7.84	1.65	1.26	1.09	0.70	1.07
L40×3	40	3	5.0	2.36	1.85	0.16	3.59	3.28	1.23	1.23	5.69	2.01	1.55	6.41	1.49	1.03	0.96	0.79	1.09
4	40	4	5.0	3.09	2.42	0.16	4.60	4.05	1.60	1.22	7.29	2.58	1.54	8.56	1.91	1.31	1.91	0.79	1.13
5	40	5	5.0	3.79	2.98	0.16	4.53	4.72	1.96	1.21	8.76	3.10	1.52	10.74	2.30	1.58	1.39	0.78	1.17

续表

型号	尺寸 b	尺寸 d	尺寸 r	截面面积	线密度	外表面积	x—x				x_0—x_0			x_1—x_1	y_0—y_0				z_0
							I_x	W_x^{max}	W_x^{min}	i_x	I_{x0}	W_{x0}	i_{x0}	I_{x1}	I_{y0}	W_{y0}^{max}	W_{y0}^{min}	i_{y0}	
	(mm)	(mm)	(mm)	$\times 10^2$ (mm^2)	(kg/m)	(m^2/m)	$\times 10^4$ (mm^4)	$\times 10^3$ (mm^3)	$\times 10^3$ (mm^3)	$\times 10$ (mm)	$\times 10^4$ (mm^4)	$\times 10^3$ (mm^3)	$\times 10$ (mm)	$\times 10^4$ (mm^4)	$\times 10^4$ (mm^4)	$\times 10^3$ (mm^3)	$\times 10^3$ (mm^3)	$\times 10$ (mm)	$\times 10$ (mm)
L45×3	45	3	5.0	2.66	2.09	0.18	5.17	4.25	1.58	1.39	8.20	2.58	1.76	9.12	2.14	1.31	1.24	0.90	1.22
4	45	4	5.0	3.49	2.74	0.18	6.65	5.29	2.05	1.38	10.56	3.32	1.74	12.18	2.75	1.69	1.54	0.89	1.26
5	45	5	5.0	4.29	3.37	0.18	8.04	6.20	2.51	1.37	12.74	4.01	1.72	15.25	3.33	2.04	1.81	0.88	1.30
6	45	6	5.0	5.08	3.09	0.18	9.33	6.99	2.95	1.36	14.76	4.64	1.71	18.36	3.89	2.38	2.06	0.88	1.33
L50×3	50	3	5.5	2.97	2.33	0.20	7.18	5.36	1.96	1.55	11.37	3.22	1.96	12.50	2.98	1.64	1.57	1.00	1.34
4	50	4	5.5	3.90	3.06	0.20	9.29	6.70	2.56	1.54	14.69	4.16	1.94	16.69	3.82	2.11	1.96	0.99	1.38
5	50	5	5.5	4.80	3.77	0.20	11.21	7.90	3.13	1.53	17.79	5.03	1.92	20.90	4.63	2.56	2.31	0.98	1.42
6	50	6	5.5	5.69	4.46	0.20	13.05	8.95	3.68	1.51	20.68	5.85	1.91	25.14	5.42	2.98	2.63	0.98	1.46
L56×3	56	3	6.0	3.34	2.62	0.22	10.19	6.86	2.48	1.75	16.14	4.08	2.20	17.56	4.24	2.09	2.02	1.13	1.48
4	56	4	6.0	4.39	3.45	0.22	13.18	8.63	3.24	1.73	20.92	5.28	2.18	23.43	5.45	2.69	2.52	1.11	1.53
5	56	5	6.0	5.42	4.25	0.22	16.02	10.22	3.97	1.72	25.42	6.42	2.17	29.33	6.61	3.26	3.98	1.10	1.57
8	56	8	6.0	8.37	6.57	0.23	23.63	14.06	6.03	1.68	37.37	9.44	2.11	47.24	9.89	4.85	4.16	1.09	1.68
L63×4	63	4	7.0	4.98	3.91	0.25	19.03	11.22	4.13	1.96	30.17	6.77	2.46	33.35	7.89	3.45	3.29	1.26	1.70
5	63	5	7.0	6.14	4.82	0.25	23.17	13.33	5.08	1.94	36.77	8.25	2.45	41.73	9.57	4.20	3.90	1.25	1.74
6	63	6	7.0	7.29	5.72	0.25	27.12	15.26	6.00	1.93	43.03	9.66	2.43	50.14	11.20	4.91	4.46	1.24	1.78
8	63	8	7.0	9.51	7.74	0.25	34.45	18.59	7.75	1.90	54.56	12.25	2.39	67.11	14.33	6.26	5.47	1.23	1.85
10	63	10	7.0	11.66	9.15	0.25	41.09	21.34	9.39	1.88	64.85	14.56	2.36	84.31	17.33	7.53	6.37	1.22	1.93

续表

型号	尺寸 b	尺寸 d	尺寸 r	截面面积 ×10² (mm²)	线密度 (kg/m)	外表面积 (m²/m)	x—x I_x ×10⁴ (mm⁴)	x—x W_x^{max} ×10³ (mm³)	x—x W_x^{min} ×10³ (mm³)	x—x i_x ×10 (mm)	x₀—x₀ I_{x0} ×10⁴ (mm⁴)	x₀—x₀ W_{x0} ×10³ (mm³)	x₀—x₀ i_{x0} ×10 (mm)	x₁—x₁ I_{x1} ×10⁴ (mm⁴)	y₀—y₀ I_{y0} ×10⁴ (mm⁴)	y₀—y₀ W_{y0}^{max} ×10³ (mm³)	y₀—y₀ W_{y0}^{min} ×10³ (mm³)	y₀—y₀ i_{y0} ×10 (mm)	z_0 ×10 (mm)
	(mm)																		
L70×4	70	4	8.0	5.57	4.37	0.28	26.39	14.16	5.14	2.18	41.80	8.44	2.74	45.74	10.99	4.32	4.17	1.40	1.86
5	70	5	8.0	6.88	5.40	0.28	32.21	16.89	6.32	2.16	51.08	10.32	2.73	57.21	13.34	5.26	4.95	1.39	1.91
6	70	6	8.0	8.16	6.41	0.27	37.77	19.89	7.48	2.15	59.93	12.11	2.71	68.73	15.61	6.16	5.67	1.38	1.95
7	70	7	8.0	9.42	7.40	0.27	43.09	21.68	8.59	2.14	68.35	13.81	2.69	80.29	17.28	7.02	6.34	1.38	1.99
8	70	8	8.0	10.67	8.37	0.27	48.17	23.79	9.68	2.13	76.37	15.43	2.68	91.92	19.98	7.85	6.98	1.37	2.03
L75×5	75	5	9.0	7.41	5.82	0.29	39.96	19.73	7.30	2.32	63.30	11.94	2.92	70.36	16.61	6.10	5.80	1.50	2.03
6	75	6	9.0	8.80	6.91	0.29	46.91	22.69	8.63	2.31	74.38	14.02	2.91	84.51	19.43	7.14	6.65	1.49	2.07
L75×7	75	7	9.0	10.16	7.98	0.29	53.57	25.42	9.93	2.30	84.96	16.02	2.89	98.71	22.18	8.15	7.44	1.48	2.11
8	75	7	9.0	11.50	9.03	0.29	59.96	27.93	11.20	2.28	95.07	17.93	2.87	112.97	24.86	9.13	8.19	1.47	2.15
10	75	10	9.0	14.13	11.09	0.29	71.98	32.40	13.64	2.26	113.92	21.48	2.84	141.71	30.05	11.01	9.56	1.46	2.22
L80×5	80	5	9.0	7.91	6.21	0.31	48.79	22.70	8.34	2.48	77.33	13.67	3.13	85.36	20.25	6.98	6.66	1.60	2.15
6	80	6	9.0	9.40	7.38	0.31	57.35	26.16	9.87	2.47	90.98	16.08	3.11	102.50	23.72	8.18	7.56	1.59	2.19
7	80	7	9.0	10.86	8.53	0.31	65.58	29.38	11.37	2.46	104.07	18.40	3.10	119.70	27.10	9.35	8.85	1.58	2.23
8	80	8	9.0	12.30	9.66	0.31	73.50	32.36	12.83	2.44	116.60	20.61	3.08	136.39	30.39	10.48	9.46	1.57	2.27
10	80	10	9.0	15.13	11.87	0.31	88.43	37.68	15.64	2.42	140.09	24.76	3.04	171.71	36.77	12.65	11.08	1.56	2.35
L90×6	90	6	10.0	10.64	8.35	0.35	82.77	33.99	12.61	2.79	131.26	20.63	3.51	145.87	34.28	10.51	9.95	1.80	2.41
7	90	7	10.0	12.30	9.66	0.35	94.83	38.28	14.54	2.78	150.47	23.64	3.50	170.30	39.18	12.02	11.19	1.78	2.48

续表

型号	尺寸 b (mm)	尺寸 d (mm)	尺寸 r (mm)	截面面积 ×10² (mm²)	线密度 (kg/m)	外表面积 (m²/m)	x—x I_x ×10⁴ (mm⁴)	x—x W_x^{max} ×10³ (mm³)	x—x W_x^{min} ×10³ (mm³)	x—x i_x ×10 (mm)	x₀—x₀ I_{x0} ×10⁴ (mm⁴)	x₀—x₀ W_{x0} ×10³ (mm³)	x₀—x₀ i_{x0} ×10 (mm)	x₁—x₁ I_{x1} ×10⁴ (mm⁴)	y₀—y₀ I_{y0} ×10⁴ (mm⁴)	y₀—y₀ W_{y0}^{max} ×10³ (mm³)	y₀—y₀ W_{y0}^{min} ×10³ (mm³)	y₀—y₀ i_{y0} ×10 (mm)	z_0 ×10 (mm)
8	90	8	10.0	13.94	10.95	0.35	106.47	42.30	16.42	2.76	168.97	26.55	3.48	194.80	43.97	13.49	12.35	1.78	2.25
10	90	10	10.0	17.17	13.48	0.35	128.58	49.57	20.07	2.74	203.90	32.04	3.45	244.08	53.26	16.31	14.52	1.76	2.59
12	90	12	10.0	20.31	15.94	0.35	149.22	55.93	23.57	2.71	236.21	37.12	3.14	293.77	62.22	19.01	16.49	1.75	2.67
L100×6	100	6	12.0	11.93	9.37	0.39	114.95	43.04	15.68	3.10	181.98	25.74	3.91	200.07	47.92	13.18	12.69	2.00	2.67
7	100	7	12.0	13.80	10.83	0.33	131.86	48.57	18.10	3.09	208.97	29.55	3.89	233.54	54.74	15.08	14.26	1.99	2.71
8	100	8	12.0	15.64	12.28	0.39	148.24	53.78	20.47	3.08	235.07	33.24	3.88	267.09	61.41	16.93	15.75	1.98	2.76
10	100	10	12.0	19.26	15.12	0.39	179.51	63.29	25.06	3.05	284.68	40.26	3.84	334.48	74.35	20.49	18.54	1.96	2.84
12	100	12	12.0	22.80	17.90	0.39	203.90	71.72	29.47	3.03	330.95	46.80	3.81	402.34	86.84	23.89	21.08	1.95	2.91
14	100	14	12.0	26.26	20.61	0.39	236.53	79.19	33.73	3.00	374.06	52.90	3.77	470.75	98.99	27.17	23.44	1.94	2.99
16	100	16	12.0	29.63	23.26	0.39	262.53	85.81	37.82	2.98	414.16	58.57	3.74	539.80	110.89	30.34	25.63	1.93	3.06
L110×7	110	7	12.0	15.20	11.93	0.43	177.16	59.78	22.05	3.41	280.94	36.12	4.30	310.64	73.38	18.41	17.51	2.20	2.96
8	110	8	12.0	17.24	13.53	0.43	199.46	66.36	24.95	3.40	316.49	40.69	4.28	355.21	82.42	20.70	19.39	2.19	3.01
10	110	10	12.0	21.26	16.69	0.43	242.19	78.48	30.60	3.38	384.39	49.42	4.25	444.65	99.98	25.10	22.91	2.17	3.09
12	110	12	12.0	25.20	19.78	0.43	282.55	89.31	36.05	3.35	448.17	57.62	4.22	534.60	116.93	29.32	26.15	2.15	3.16
14	110	14	12.0	29.06	22.81	0.43	320.71	99.07	41.31	3.32	508.01	65.31	4.18	625.16	133.40	33.38	29.14	2.14	3.24
L125×8	125	8	14.0	19.75	15.50	0.49	297.03	88.20	32.52	3.88	470.89	53.28	4.88	521.01	123.06	27.18	25.86	2.50	3.37
10	125	10	14.0	24.37	19.13	0.49	361.67	104.81	39.97	3.85	573.89	64.93	4.85	651.93	149.46	33.01	30.62	2.48	3.45
12	125	12	14.0	28.91	22.70	0.49	423.16	119.88	47.17	3.83	671.44	75.96	4.82	783.42	174.88	38.61	35.03	2.46	3.53

续表

型号	尺寸 b	尺寸 d	尺寸 r	截面面积 ×10²	线密度	外表面积	x—x I_x ×10⁴	W_x^{max}	W_x^{min}	i_x ×10	x_0—x_0 I_{x0} ×10⁴	W_{x0} ×10³	i_{x0} ×10	x_1—x_1 I_{x1} ×10⁴	y_0—y_0 I_{y0} ×10⁴	W_{y0}^{max}	W_{y0}^{min}	i_{y0} ×10	z_0 ×10
	(mm)			(mm²)	(kg/m)	(m²/m)	(mm⁴)	×10³ (mm³)		(mm)	(mm⁴)	(mm³)	(mm)	(mm⁴)	(mm⁴)	×10³ (mm³)		(mm)	(mm)
14	125	14	14.0	33.37	28.19	0.49	481.65	133.56	54.16	3.80	763.73	86.41	4.78	915.61	199.57	44.00	39.13	2.45	3.61
L140×10	140	10	14.0	27.37	21.49	0.55	514.65	134.55	50.58	4.34	817.27	82.56	5.46	915.11	212.04	41.91	39.20	2.78	3.82
12	140	12	14.0	32.51	25.52	0.55	603.68	154.62	59.80	4.31	958.79	96.85	5.43	1099.28	248.57	49.12	45.02	2.77	3.90
14	140	14	14.0	37.57	29.49	0.55	688.81	173.02	68.75	4.28	1098.56	110.47	5.40	1284.22	284.06	56.07	50.45	2.75	3.98
16	140	16	14.0	42.54	33.39	0.55	770.24	189.90	77.46	4.26	1221.81	123.42	5.36	1470.07	318.67	62.81	55.55	2.74	4.06
L160×10	160	10	16.0	31.50	24.73	0.63	779.53	180.77	66.70	4.97	1237.30	109.36	6.27	1365.33	321.76	55.63	52.76	3.20	4.31
12	160	12	16.0	37.44	29.39	0.63	916.58	208.58	78.98	4.95	1455.68	128.67	6.24	1639.57	377.49	65.29	60.74	3.18	4.39
14	160	14	16.0	43.30	33.99	0.63	1018.36	234.37	90.95	4.92	1665.02	147.17	6.20	1914.68	431.70	74.63	68.21	3.16	4.47
16	160	16	16.0	49.07	38.52	0.63	1175.02	258.27	102.63	4.89	1805.57	164.89	6.17	2190.82	484.59	83.70	75.31	3.14	4.55
L180×12	180	12	16.0	42.24	33.16	0.71	1321.35	270.03	100.82	5.59	2100.10	165.00	7.05	2332.80	542.61	83.60	78.41	3.58	4.89
14	180	14	16.0	48.90	38.38	0.71	1514.48	304.57	116.25	5.57	2407.42	189.15	7.02	2723.48	621.53	95.73	88.38	3.57	4.97
16	180	16	16.0	55.47	43.54	0.71	1700.99	336.86	131.35	5.54	2703.37	212.40	6.98	3115.29	698.60	107.52	97.83	3.55	5.05
18	180	18	16.0	61.95	48.68	0.71	1881.12	367.05	146.11	5.51	2988.24	234.78	6.94	3508.42	774.01	119.00	106.79	3.53	5.13
L200×14		141		54.64	42.89		2103.55	385.08	144.70	6.20	3343.26	236.40	7.82	3734.10	863.83	119.75	111.82	3.98	5.46
16		16		62.01	48.68		2366.15	426.99	163.65	6.18	3760.88	265.93	7.79	4270.39	971.41	134.62	123.96	3.96	5.54
18	200	18	180	69.30	54.40	0.79	2620.64	466.45	182.22	6.15	4164.54	294.48	7.75	4808.13	1076.74	149.11	135.52	3.94	5.62
20		20		76.50	60.06		2867.30	503.58	200.42	6.12	4554.55	322.06	7.72	5347.51	1180.04	163.26	146.55	3.93	5.69
24		24		90.66	71.17		3338.20	571.45	235.78	6.07	5294.97	374.41	7.64	6431.99	1381.43	190.63	167.22	3.90	5.84

(2) 热轧不等肢角钢规格及截面特性（根据 GB/T 9788—1988 计算）（见表 2.3-2）。

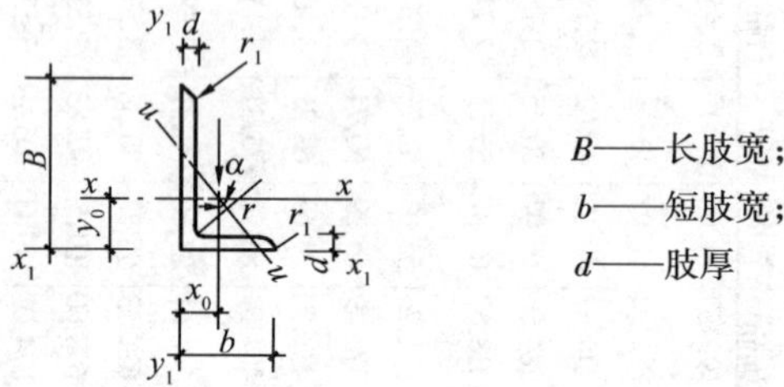

型　号	尺	寸			截面面积 $\times 10^2$ (mm^2)	线密度 (kg/m)	外形面积 (m^2/m)	x—x			
	B	b	d	r				I_x $\times 10^4$ (mm^4)	W_x^{max}	W_x^{min}	i_x $\times 10$ (mm)
	(mm)								$\times 10^3$ (mm^3)		
L×25×16×3	25	16	3	3.5	1.16	0.91	0.08	0.70	0.82	0.43	0.78
4	25	16	4	3.5	1.50	1.18	0.08	0.88	0.98	0.55	0.77
L32×20×3	32	20	3	3.5	1.49	1.17	0.10	1.53	1.41	0.72	1.01
4	32	20	4	3.5	1.94	1.52	0.10	1.93	1.72	0.93	1.00
L40×25×3	40	25	3	4.0	1.89	1.48	0.13	3.08	2.32	1.15	1.28
4	40	25	4	4.0	2.47	1.94	0.13	3.93	2.88	1.49	1.26
L45×28×3	45	28	3	5.0	2.15	1.69	0.14	4.45	3.02	1.47	1.44
4	45	28	4	5.0	2.81	2.20	0.14	5.70	3.67	1.91	1.43
L50×32×3	50	32	3	5.5	2.43	1.91	0.16	6.24	3.89	1.84	1.60
4	50	32	4	5.5	3.18	2.49	0.16	8.02	4.86	2.39	1.59
L56×36×3	56	36	3	6.0	2.74	2.15	0.18	8.88	5.00	2.32	1.80
4	56	36	4	6.0	3.59	3.82	0.18	11.45	6.28	3.03	1.79
5	56	36	5	6.0	4.42	3.47	0.18	13.86	7.43	3.71	1.77
L63×40×4	63	40	4	7.0	4.06	3.19	0.20	16.49	8.10	3.87	2.02
5	63	40	5	7.0	4.99	3.92	0.20	20.02	9.62	4.74	2.00
6	63	40	6	7.0	5.91	4.64	0.20	23.36	11.01	5.59	1.99
7	63	40	7	7.0	6.80	5.43	0.20	26.53	12.27	6.41	1.97
L70×45×4	70	45	4	7.5	4.55	3.57	0.23	22.97	10.28	4.82	2.25
5	70	45	5	7.5	5.61	4.40	0.23	27.95	12.26	5.92	2.23
6	70	45	6	7.5	6.64	5.22	0.23	32.70	14.08	6.99	2.22
7	70	45	7	7.5	7.66	6.01	0.22	37.22	15.75	8.03	2.20

I——截面惯性矩；x_0、y_0——重心距离；

W——截面抵抗矩；r——内圆弧半径；

i——回转半径；$r_1 = d/3$（肢尖内弧半径）

表 2.3-2

$x_1—x_1$		$y—y$				$y_1—y_1$		$u—u$			tanα
I_{x1} ×10⁴ (mm⁴)	y_0 ×10 (mm)	I_y ×10⁴ (mm⁴)	W_y^{max} ×10³ (mm³)	W_y^{min} ×10³ (mm³)	i_y ×10 (mm)	I_{y1} ×10⁴ (mm⁴)	x_0 ×10 (mm)	I_u ×10⁴ (mm⁴)	W_u ×10³ (mm³)	i_u ×10 (mm)	
1.56	0.86	0.22	0.53	0.19	0.44	0.43	0.42	0.13	0.16	0.34	0.392
2.09	0.90	0.27	0.60	0.24	0.43	0.59	0.46	0.17	0.20	0.34	0.381
3.27	1.08	0.46	0.93	0.30	0.55	0.82	0.49	0.28	0.25	0.43	0.382
4.37	1.12	0.57	1.08	0.39	0.54	1.12	0.53	0.35	0.32	0.43	0.374
6.39	1.32	0.93	1.59	0.49	0.70	1.59	0.59	0.56	0.40	0.54	0.386
8.53	1.37	1.18	1.88	0.63	0.69	2.14	0.63	0.71	0.52	0.54	0.381
9.10	1.47	1.34	2.08	0.62	0.79	2.23	0.64	0.80	0.51	0.61	0.383
12.14	1.51	1.70	2.49	0.80	0.78	3.00	0.68	1.02	0.66	0.60	0.380
12.49	1.60	2.02	2.78	0.82	0.91	3.31	0.73	1.20	0.68	0.70	0.404
16.65	1.65	2.58	3.36	1.06	0.90	4.45	0.77	1.53	0.87	0.69	0.402
17.54	1.78	2.92	3.36	1.05	0.03	4.70	0.80	1.73	0.87	0.79	0.408
23.39	1.82	3.74	4.43	1.36	1.02	6.31	0.85	2.21	1.12	0.78	0.407
29.24	1.87	4.49	5.09	1.65	1.01	7.94	0.88	2.67	1.36	0.78	0.404
33.30	2.04	5.23	5.72	1.70	1.14	8.63	0.92	3.12	1.40	0.88	0.398
41.63	2.08	6.31	6.61	2.07	1.12	10.86	0.95	3.76	1.71	0.87	0.396
49.98	2.12	7.31	7.36	2.43	1.11	13.14	0.99	4.38	2.01	0.86	0.393
58.34	2.16	8.24	8.00	2.78	1.10	15.17	1.03	4.97	2.29	0.86	0.389
45.68	2.23	7.55	7.43	2.17	1.29	12.26	1.02	4.47	1.79	0.99	0.408
57.10	2.28	9.13	8.64	2.65	1.28	15.39	1.06	5.40	2.19	0.98	0.407
68.54	2.32	10.62	9.69	3.12	1.26	18.59	1.10	6.29	2.57	0.97	0.405
79.99	2.36	12.01	10.60	3.57	1.25	21.84	1.13	7.16	2.94	0.97	0.402

型号	尺寸 B	尺寸 b	尺寸 d	尺寸 r	截面面积 ×10² (mm²)	线密度 (kg/m)	外形面积 (m²/m)	x—x I_x ×10⁴ (mm⁴)	x—x W_x^{max} ×10³ (mm³)	x—x W_x^{min} ×10³ (mm³)	x—x i_x ×10 (mm)
	(mm)										
L75×50×5	75	50	5	8.0	6.13	4.81	0.25	35.09	14.65	6.87	2.39
6	75	50	6	8.0	7.26	5.70	0.24	41.12	16.86	8.12	5.38
8	75	50	8	8.0	9.47	7.43	0.24	52.39	20.79	10.52	2.35
10	75	50	10	8.0	11.59	9.10	0.24	62.71	24.15	12.79	2.33
L80×50×5	80	50	5	8.0	6.38	5.00	0.26	41.96	16.11	7.78	2.57
6	80	50	6	8.0	7.56	5.93	0.25	49.21	18.58	9.20	2.55
7	80	50	7	8.0	8.72	6.85	0.25	56.16	20.87	10.58	2.54
8	80	50	8	8.0	9.87	7.75	0.25	62.83	23.00	11.92	2.52
L90×56×5	90	56	5	9.0	7.21	5.66	0.29	60.45	20.81	9.92	2.90
6	90	56	6	9.0	8.56	6.72	0.29	71.03	24.06	11.74	2.88
7	90	56	7	9.0	9.88	7.76	0.29	81.22	27.12	13.53	2.87
8	90	56	8	9.0	11.18	8.78	0.29	91.03	29.98	15.27	2.85
L100×63×6	100	63	6	10.0	9.62	7.55	0.32	99.06	30.62	11.64	3.21
7	100	63	7	10.0	11.11	8.72	0.32	113.45	34.59	16.88	3.20
8	100	63	8	10.0	12.58	9.88	0.32	127.37	38.33	19.08	3.18
10	100	63	10	10.0	15.47	12.14	0.32	153.81	45.18	23.32	3.15
L100×80×6	100	80	6	10.0	10.64	8.35	0.35	107.04	36.24	15.19	3.17
7	100	80	7	10.0	12.30	9.66	0.35	122.73	40.96	17.52	3.16
8	100	80	8	10.0	13.90	10.95	0.35	137.92	45.40	19.81	3.15
10	100	80	10	10.0	17.17	13.48	0.35	166.87	53.54	24.24	3.12
L110×70×6	110	70	6	10.0	10.64	8.35	0.35	133.37	37.80	17.85	3.54
7	110	70	7	10.0	12.30	9.66	0.35	153.00	42.82	20.60	3.53

续表

x_1—x_1		y—y				y_1—y_1		u—u			tanα
I_{x1} ×10^4 (mm^4)	y_0 ×10 (mm)	I_y ×10^4 (mm^4)	W_y^{max} ×10^3 (mm^3)	W_y^{min} ×10^3 (mm^3)	i_y ×10 (mm)	I_{y1} ×10^4 (mm^4)	x_0 ×10 (mm)	I_u ×10^4 (mm^4)	W_u ×10^3 (mm^3)	i_u ×10 (mm)	
70.23	2.40	12.61	10.75	3.30	1.43	21.04	1.17	7.32	2.72	1.09	0.436
84.30	2.44	14.70	12.12	3.88	1.42	25.37	1.21	8.54	3.19	1.08	0.435
112.50	2.52	18.53	14.39	4.99	1.40	34.23	1.29	10.87	4.10	1.07	0.429
140.82	2.60	21.96	16.14	6.04	1.38	43.43	1.36	13.10	4.99	1.06	0.423
85.21	2.60	12.82	11.23	3.32	1.42	21.06	1.14	7.66	2.74	1.10	0.388
102.26	2.65	14.95	12.71	3.91	1.41	25.41	1.18	8.94	3.23	1.09	0.386
119.32	2.69	16.96	13.96	4.48	1.39	29.82	1.21	10.18	3.70	1.08	0.381
136.41	2.73	18.85	15.06	5.03	1.38	34.32	1.25	11.38	4.16	1.07	0.381
121.32	2.91	18.33	14.70	4.21	1.59	29.53	1.25	10.98	3.49	1.23	0.385
145.59	2.95	21.12	16.65	4.97	1.58	35.58	1.29	12.82	4.10	1.22	0.384
169.87	3.00	24.36	18.38	5.70	1.57	41.71	1.33	14.60	4.70	1.22	0.383
194.17	3.01	27.15	19.91	6.11	1.56	47.93	1.36	16.34	5.29	1.21	0.380
199.71	3.21	30.91	21.69	6.35	1.79	50.50	1.43	18.12	5.25	1.38	0.394
233.00	3.28	35.26	21.06	7.29	1.78	59.11	1.47	21.00	6.02	1.37	0.393
266.32	3.32	39.39	26.18	8.21	1.77	67.88	1.50	23.50	6.78	1.37	0.391
333.06	3.40	47.12	29.83	9.98	1.75	85.73	1.58	28.33	8.21	1.35	0.387
199.83	2.95	61.24	31.03	10.16	2.40	102.68	1.97	31.65	8.37	1.73	0.627
233.20	3.00	70.08	34.79	11.71	2.39	119.98	2.01	36.17	9.60	1.71	0.626
266.61	3.04	78.58	38.27	13.21	2.37	137.37	2.05	40.58	10.80	1.71	0.625
333.63	3.12	94.65	44.45	16.12	2.35	172.48	2.13	49.10	13.12	1.69	0.622
265.78	3.53	42.92	27.36	7.90	2.01	69.08	1.57	25.36	6.53	1.51	0.403
310.07	3.57	49.02	30.48	9.09	2.00	80.83	1.61	28.96	7.50	1.53	0.402

型　号	尺　寸				截面面积 $\times 10^2$ (mm^2)	线密度 (kg/m)	外形面积 (m^2/m)	x—x			
	B	b	d	r				I_x $\times 10^4$ (mm^4)	W_x^{max} $\times 10^3$ (mm^3)	W_x^{min}	i_x $\times 10$ (mm)
	(mm)										
8	110	70	8	10.0	13.94	10.95	0.35	172.04	47.57	23.30	3.51
10	110	70	10	10.0	17.17	13.48	0.35	208.39	56.36	28.54	3.48
∟125×80×7	125	80	7	11.0	14.10	11.07	0.40	227.98	56.81	26.86	4.02
8	125	80	8	11.0	15.99	12.55	0.40	256.77	63.28	30.41	4.01
10	125	80	10	11.0	19.71	15.47	0.40	312.04	75.35	37.33	3.98
12	125	80	12	11.0	23.35	18.33	0.40	364.41	86.34	41.01	3.95
∟140×90×8	140	90	8	12.0	18.04	14.16	0.45	365.64	81.30	38.48	4.05
10	140	90	10	12.0	22.26	17.48	0.45	445.50	97.19	47.31	4.47
12	140	90	12	12.0	26.40	20.72	0.45	521.59	111.81	55.87	4.44
14	140	90	14	12.0	30.46	23.91	0.45	594.10	125.26	64.18	4.42
∟160×100×10	160	100	10	13.0	25.31	19.87	0.51	668.69	127.69	62.13	5.14
12	160	100	12	13.0	30.05	23.59	0.51	784.91	147.54	73.49	5.11
14	160	100	14	13.0	34.71	27.25	0.51	896.30	165.97	84.56	5.08
16	160	100	16	13.0	39.28	30.84	0.51	1003.05	183.11	95.33	5.05
∟180×110×10	180	110	10	14.0	28.37	22.27	0.57	956.25	162.37	78.96	5.81
12	180	110	12	14.0	33.71	26.46	0.57	1124.72	188.23	93.53	5.78
14	180	110	14	14.0	38.97	30.59	0.57	1286.91	212.46	107.76	5.75
16	180	110	16	14.0	44.14	34.65	0.57	1443.06	235.16	121.64	5.72
∟200×125×12	200	125	12	14.0	37.91	29.76	0.64	1570.90	240.10	116.73	6.44
14	200	125	14	14.0	43.87	34.44	0.64	1800.97	271.86	134.65	6.41
16	200	125	16	14.0	49.74	39.04	0.64	2023.35	301.81	152.18	6.38
18	200	125	18	14.0	55.53	43.59	0.64	2238.30	330.05	169.33	6.35

续表

$x_1—x_1$		$y—y$				$y_1—y_1$		$u—u$			tanα
I_{x1} ×10^4 (mm⁴)	y_0 ×10 (mm)	I_y ×10^4 (mm⁴)	W_y^{max} ×10^3 (mm³)	W_y^{min} ×10^3 (mm³)	i_y ×10 (mm)	I_{y1} ×10^4 (mm⁴)	x_0 ×10 (mm)	I_u ×10^4 (mm⁴)	W_u ×10^3 (mm³)	i_u ×10 (mm)	
354.39	3.62	54.87	33.31	10.25	1.98	92.70	1.65	32.45	8.45	1.53	0.401
443.13	3.70	65.88	38.24	12.48	1.96	116.83	1.72	39.20	10.29	1.54	0.397
454.99	4.01	74.42	41.24	12.01	2.30	120.32	1.80	43.81	9.92	1.76	0.108
519.99	4.06	83.49	45.28	13.56	2.29	137.85	1.84	49.15	11.18	1.75	0.407
650.09	4.14	100.67	52.41	16.56	2.26	173.40	1.92	59.45	13.64	1.74	0.401
780.39	4.22	116.67	58.46	19.43	2.24	209.67	2.00	69.35	16.01	1.72	0.400
730.53	4.50	120.69	59.15	17.31	2.59	195.79	2.04	70.83	14.31	1.98	0.411
913.20	4.58	146.03	68.91	21.22	2.56	245.93	2.12	85.82	17.48	1.96	0.409
1096.09	4.66	169.79	77.38	21.95	2.54	296.89	2.19	100.21	20.54	1.95	0.406
1279.26	4.71	192.10	84.68	28.54	2.51	348.82	2.27	114.13	23.52	1.94	0.403
1362.89	5.24	205.03	89.94	26.56	2.85	336.59	2.28	121.71	21.92	2.19	0.390
1635.56	5.32	239.06	101.28	31.28	2.82	405.91	2.36	142.33	25.79	2.18	0.388
1908.50	5.40	271.20	111.53	35.83	2.80	476.42	2.43	162.23	29.56	2.16	0.385
2181.79	5.48	301.60	120.37	10.24	2.77	518.22	2.51	181.57	33.25	2.15	0.382
1910.40	5.89	278.11	113.91	32.49	3.13	447.22	2.44	166.50	26.88	2.42	0.376
2328.38	5.98	225.03	129.03	38.32	3.11	533.91	2.52	194.87	31.66	2.40	0.374
2716.60	6.06	369.55	142.41	43.97	3.08	631.95	2.59	222.30	36.32	2.39	0.372
3105.15	6.14	411.85	154.26	49.44	3.05	726.46	2.67	248.94	40.87	2.37	0.369
3193.85	6.54	483.16	170.46	49.99	3.57	787.74	2.83	285.79	41.23	2.75	0.392
3726.17	6.62	550.83	189.24	57.44	3.54	922.47	2.91	326.58	47.34	2.73	0.390
4258.85	6.70	615.44	206.12	64.69	3.52	1058.86	2.99	366.21	53.32	2.71	0.388
4792.00	6.78	677.19	221.30	71.74	3.49	1197.13	3.06	404.83	59.18	2.70	0.385

（3）热轧普通工字钢规格及截面特性（根据 GB/T 706—1988 计算）（见表 2.3-3）。

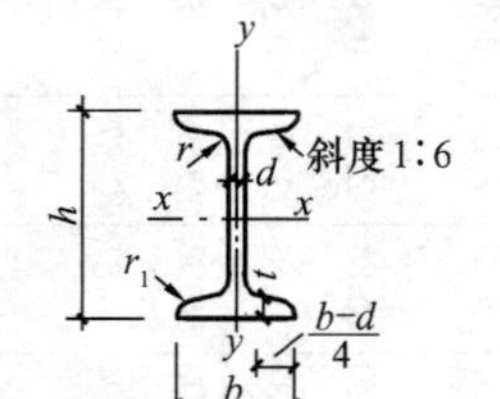

I——截面惯性矩；S——半截面面积矩；

W——截面抵抗矩；i——回转半径

表 2.3-3

型号	尺寸 (mm)						截面面积 ×10² (mm²)	线密度 (kg/m)	外表面积 (m²/m)	x—x				y—y		
	h	b	d	t	r	r_1				I_x ×10⁴ (mm⁴)	W_x ×10³ (mm³)	S_x ×10³ (mm³)	i_x ×10 (mm)	I_y ×10⁴ (mm⁴)	W_y ×10³ (mm³)	i_y ×10 (mm)
I 10	100	68	4.5	7.6	6.5	3.3	14.33	11.25	0.43	245	49.0	28.2	4.14	32.8	9.6	1.51
I 12.6	126	74	5.0	8.4	7.0	3.5	18.10	14.21	0.50	488	77.4	44.4	5.19	46.9	12.7	1.61
I 14	140	80	5.5	9.1	7.5	3.8	21.52	16.89	0.55	712	102	59.3	5.76	64.4	16.1	1.73
I 16	160	88	6.0	9.9	8.0	4.0	26.13	20.51	0.62	1130	141	81.9	6.58	93.1	21.2	1.89
I 18	180	94	6.5	10.7	8.5	4.3	30.76	24.14	0.68	1660	185.4	107.8	7.36	122	26.0	2.00
I 20a	200	100	7.0	11.4	9.0	4.5	35.58	27.93	0.74	2370	237	137.8	8.15	158	31.5	2.12
I 20b	200	102	9.0	11.4	9.0	4.5	39.58	31.07	0.75	2500	250	147.9	7.96	169	33.1	2.06
I 22a	220	110	7.5	12.3	9.5	4.8	42.13	33.07	0.82	3400	309	179.9	8.99	225	40.9	2.31
I 22b	220	112	9.5	12.3	9.5	4.8	46.53	36.52	0.82	3570	325	190.9	8.78	239	42.7	2.27
I 25a	250	116	8.0	13.0	10.0	5.0	48.54	38.11	0.90	5020	402	232.4	10.20	280	48.3	2.40
I 25b	250	118	10.0	13.0	10.0	5.0	53.54	42.03	0.90	5280	423	247.9	9.94	309	52.4	2.40
I 28a	280	122	8.5	13.7	10.5	5.3	55.40	43.49	0.98	7110	508	289.0	11.3	345	56.6	2.50
I 28b	280	124	10.5	13.7	10.5	5.3	61.00	47.89	0.98	7480	534	309.1	11.1	379	61.2	2.49

续表

型号	尺寸 (mm)						截面面积 ×10² (mm²)	线密度 (kg/m)	外表面积 (m²/m)	x—x				y—y		
	h	b	d	t	r	r_1				I_x ×10⁴ (mm⁴)	W_x ×10³ (mm³)	S_x ×10³ (mm³)	i_x ×10 (mm)	I_y ×10⁴ (mm⁴)	W_y ×10³ (mm³)	i_y ×10 (mm)
I 32a	320	130	9.5	15.0	11.5	5.8	67.16	52.72	1.08	11100	692	403.6	12.8	460	70.8	2.62
I 32b	320	132	11.5	15.0	11.5	5.8	73.56	57.71	1.09	11600	726	428.0	12.6	502	76.0	2.61
I 32c	320	134	13.5	15.0	11.5	5.8	79.96	62.77	1.09	12200	760	455.2	12.3	544	81.2	2.61
I 36a	360	136	10.0	15.8	12.0	6.0	76.48	60.04	1.18	15800	875	514.7	14.4	552	81.2	2.69
I 36b	360	138	12.0	15.8	12.0	6.0	83.68	65.69	1.19	16500	919	544.6	14.1	582	84.3	2.64
I 36c	360	140	14.0	15.8	12.0	6.0	90.88	71.34	1.19	17300	962	578.6	13.8	612	87.4	2.60
I 40a	400	142	10.5	16.5	12.5	6.3	86.11	67.60	1.29	21700	1090	636.4	15.9	660	93.2	2.77
I 40b	400	144	12.5	16.5	12.5	6.3	94.11	73.88	1.29	22800	1140	678.6	15.6	692	96.2	2.71
I 40c	400	146	14.5	16.5	12.5	6.3	102.11	80.16	1.29	23900	1190	719.9	15.2	727	99.6	2.65
I 45a	450	150	11.5	18.0	13.5	6.8	102.45	80.42	1.41	32200	1430	834.2	17.7	855	114	2.89
I 45b	450	152	13.5	18.0	13.5	6.8	111.45	87.49	1.42	33800	1500	889.5	17.4	894	118	2.84
I 45c	450	154	15.5	18.0	13.5	6.8	120.45	94.55	1.42	35300	1570	938.8	17.1	938	122	2.79
I 50a	500	158	12.0	20.0	14.0	7.0	119.30	93.65	1.54	46500	1860	1086.4	19.7	1120	142	3.07
I 50b	500	160	14.0	20.0	14.0	7.0	129.30	101.50	1.54	48600	1940	1146.2	19.4	1170	146	3.01
I 50c	500	162	16.0	20.0	14.0	7.0	139.30	109.35	1.55	50600	2080	1210	19.0	1220	151.1	2.96
I 56a	560	166	12.5	21.0	14.5	7.3	135.44	106.32	1.69	65600	2340	1375	22.0	1370	165	3.18
I 56b	560	168	14.5	21.0	14.5	7.3	146.64	115.11	1.69	68500	2450	1451	21.6	1490	174	3.12
I 56c	560	170	16.5	21.0	14.5	7.3	157.84	123.90	1.69	71400	2550	1529	21.3	1560	183	3.07
I 63a	630	176	13.0	22.0	15.0	7.5	154.59	121.36		94004	2984	1747	24.7	1702	194	3.32
I 63b	630	178	15.0	22.0	15.0	7.5	167.19	131.35		98171	3117	1847	24.2	1771	199	3.25
I 63c	630	180	17.0	22.0	15.0	7.5	179.79	141.14		102339	3249	1946	23.9	1842	205	3.20

（4）热轧轻型工字钢规格及截面特性（根据 YB 163—1963 计算）（见表 2.3-4）。

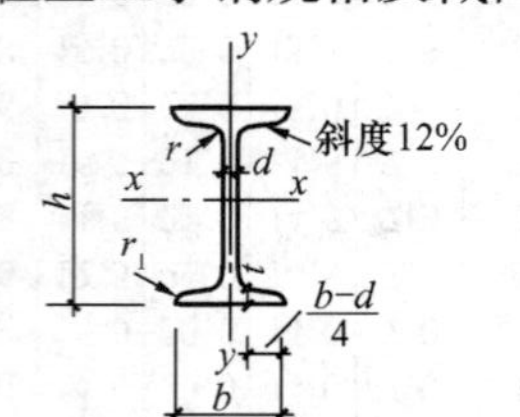

I——截面惯性矩；S——半截面面积矩；

W——截面抵抗矩；I——回转半径

表 2.3-4

型号	尺寸						截面面积	线密度	外表面积	x—x				y—y		
	h	b	d	t	r	r_1	$\times 10^2$	(kg/m)	(m^2/m)	I_x	W_x	S_x	i_x	I_y	W_y	i_y
	(mm)						(mm^2)			$\times 10^4$ (mm^4)	$\times 10^3$ (mm^3)		$\times 10$ (mm)	$\times 10^4$ (mm^4)	$\times 10^3$ (mm^3)	$\times 10$ (mm)
Ⅰ10	100	55	4.5	7.2	7.0	2.5	12.05	9.46		198	39.7	23.0	4.06	17.9	6.5	1.22
Ⅰ12	120	64	4.8	7.3	7.5	3.0	14.71	11.55	0.46	351	58.4	33.7	4.88	27.9	8.7	1.38
Ⅰ14	140	73	4.9	7.5	8.0	3.0	17.43	13.68	0.53	572	81.7	46.8	5.73	41.9	11.5	1.55
Ⅰ16	160	81	5.0	7.8	8.5	3.5	20.24	15.89	0.60	873	103.2	62.3	6.57	58.6	14.5	1.70
Ⅰ18	180	90	5.1	8.1	9.0	3.5	23.38	18.35	0.67	1288	143.1	81.4	7.42	82.6	18.4	1.88
Ⅰ18a	180	100	5.1	8.3	9.0	3.5	25.38	19.92	0.71	1431	159.0	89.8	7.51	114.2	22.8	2.12
Ⅰ20	200	100	5.2	8.4	9.5	4.0	26.81	21.04	0.75	1840	184.0	104.2	8.28	115.4	23.1	2.08
Ⅰ20a	200	110	5.2	8.6	9.5	4.0	28.91	22.69	0.79	2027	202.7	114.1	8.37	154.9	28.2	2.32
Ⅰ22	220	110	5.4	8.7	10.0	4.0	30.62	24.04	0.83	2554	232.1	131.2	9.13	157.4	28.6	2.27
Ⅰ22a	220	120	5.4	8.9	10.0	4.0	32.82	25.76	0.87	2792	253.8	142.7	9.22	205.9	34.3	2.50

续表

型号	尺寸						截面面积	线密度	外表面积	x—x				y—y		
	h	b	d	t	r	r_1	$\times 10^2$	(kg/m)	(m^2/m)	I_x	W_x	S_x	i_x	I_y	W_y	i_y
	(mm)						(mm^2)			$\times 10^4$ (mm^4)	$\times 10^3$ (mm^3)		$\times 10$ (mm)	$\times 10^4$ (mm^4)	$\times 10^3$ (mm^3)	$\times 10$ (mm)
Ⅰ24	240	115	5.6	9.5	10.5	4.0	34.83	27.35	0.89	3465	288.7	163.1	9.97	198.5	34.5	2.39
Ⅰ24a	240	125	5.6	9.8	10.5	4.0	37.45	29.40	0.92	3801	316.7	177.9	10.07	260.0	41.6	2.63
Ⅰ27	270	125	6.0	9.8	11.0	4.5	40.17	31.54	0.98	5011	371.2	210.0	11.17	259.6	41.5	2.54
Ⅰ27a	270	135	6.0	10.2	11.0	4.5	43.17	33.89	1.02	5500	407.4	229.1	11.29	337.5	50.0	2.80
Ⅰ30	300	135	6.5	10.2	12.0	5.0	46.48	36.49	1.08	7084	472.3	267.8	12.35	337.0	49.9	2.69
Ⅰ30a	300	145	6.5	10.7	12.0	5.0	49.91	39.18	1.11	7776	518.4	292.1	12.48	435.8	60.1	2.95
Ⅰ33	330	140	7.0	11.2	13.0	5.0	53.82	42.25	1.15	9845	596.6	339.2	13.52	419.4	59.9	2.79
Ⅰ36	360	145	7.5	12.3	14.0	6.0	61.86	48.56	1.23	13377	743.2	423.3	14.71	515.8	71.2	2.89
Ⅰ40	400	155	8.0	13.0	15.0	6.0	71.44	56.08	1.34	18932	946.6	540.1	16.28	666.3	86.0	3.05
Ⅰ45	450	160	8.6	14.2	16.0	7.0	83.03	65.18	1.46	27446	1219.8	699.0	18.81	806.9	100.9	3.12
Ⅰ50	500	170	9.5	15.2	17.0	7.0	97.84	76.81	1.59	39295	1571.8	905.0	20.04	1041.8	122.6	3.26
Ⅰ55	550	180	10.3	16.5	18.0	7.0	114.43	89.83	1.73	55155	2005.6	1157.7	21.95	1353.0	150.3	3.44
Ⅰ60	600	190	11.1	17.8	20.0	8.0	132.46	103.98	1.86	75456	2515.2	1455.0	23.07	1720.1	181.1	3.60
Ⅰ65	650	200	12.0	19.2	22.0	9.0	152.80	119.94	1.99	101412	3120.4	1809.4	25.76	2170.1	217.0	3.77
Ⅰ70	700	210	13.0	20.8	24.0	10.0	176.03	138.18		134609	3846.0	2235.1	27.65	2733.3	260.3	3.94
Ⅰ70a	700	210	15.0	24.0	24.0	10.0	201.67	158.31		152706	4363.0	2547.5	27.52	3243.5	308.9	4.01
Ⅰ70b	700	210	17.5	28.2	24.0	10.0	234.14	183.80		175374	5010.7	2941.6	27.37	3914.7	372.8	4.09

(5)普通低合金钢热轧轻型工字钢规格及截面特性(根据冶暂1257号文件规定的尺寸计算)(见表2.3-5)。

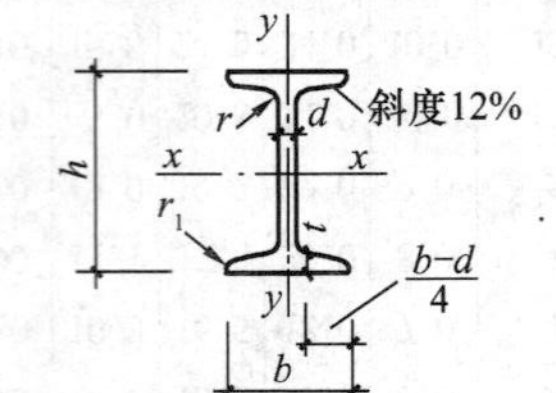

I——截面惯性矩；S——半截面面积矩；

W——截面抵抗矩；I——回转半径

表 2.3-5

型号	尺寸 (mm) h	b	d	t	r	r_1	截面面积 $\times 10^2$ (mm²)	线密度 (kg/m)	外表面积 (m²/m)	x—x I_x $\times 10^4$ (mm⁴)	W_x $\times 10^3$ (mm³)	S_x $\times 10^3$ (mm³)	i_x $\times 10$ (mm)	y—y I_y $\times 10^4$ (mm⁴)	W_y $\times 10^3$ (mm³)	i_y $\times 10$ (mm)
I 12	120	65	4.4	7.1	7.1	2.5	14.17	11.12	0.47	344	57.4	32.9	4.93	28.3	8.7	1.41
I 14	140	75	4.6	7.4	7.4	2.5	17.17	13.48	0.54	573	81.9	46.7	5.78	44.7	11.9	1.61
I 16	160	80	4.8	7.7	7.7	3.0	19.59	15.37	0.60	849	106.1	60.5	6.58	56.0	14.0	1.69
I 18	180	85	5.0	8.0	8.0	3.0	22.16	17.39	0.66	1209	134.3	76.6	7.39	69.6	16.4	1.77
I 20	200	90	5.2	8.8	8.8	3.0	25.77	20.23	0.72	1741	174.1	99.2	8.22	91.6	20.4	1.89
I 22	220	100	5.5	9.4	9.4	3.5	30.36	23.83	0.79	2498	227.1	129.0	9.07	132.9	26.6	2.09
I 25	250	110	6.0	10.2	10.2	3.5	36.81	28.90	0.89	3895	311.6	177.1	10.29	191.9	34.9	2.28
I 28	280	120	6.5	11.0	11.0	3.5	43.87	34.44	0.98	5803	414.5	235.7	11.30	268.6	44.8	2.47
I 32	320	130	7.0	12.0	12.0	4.0	52.75	41.41	1.10	9064	566.5	322.5	13.11	372.6	57.3	2.66
I 36	360	140	7.5	12.8	12.8	4.0	61.87	48.57	1.21	13364	742.4	423.2	14.70	496.3	70.9	2.83
I 40	400	150	8.0	13.6	13.6	5.0	71.66	56.25	1.33	18985	949.2	541.9	16.28	645.3	86.0	3.00
I 45	450	160	8.5	14.5	14.5	5.0	83.38	65.45	1.46	27737	1232.8	705.1	18.24	836.3	104.5	3.17
I 50	500	170	9.0	15.3	15.3	6.0	95.55	75.00	1.60	38908	1556.3	892.0	20.18	1053.6	123.9	3.32
I 56	560	180	10.0	17.0	17.0	6.0	115.43	90.62	1.75	53222	2079.4	1196.6	22.46	1406.6	156.3	3.49

（6）热轧普通槽钢规格及截面特性（根据 GB/T 707—1988 计算）。

表 2.3-6

型号	尺寸 (mm)						截面面积 $\times 10^2$ (mm^2)	线密度 (km/m)	外表面积 (m^2/m)	x—x				y—y				y_1—y_1	
	h	b	d	t	r	r_1				I_x $\times 10^4$ (mm^4)	W_x $\times 10^3$ (mm^3)	S_x $\times 10^3$ (mm^3)	i_x $\times 10$ (mm)	I_y $\times 10^4$ (mm^4)	W_y^{max} $\times 10^3$ (mm^3)	W_y^{min} $\times 10^3$ (mm^3)	i_y $\times 10$ (mm)	I_{y1} $\times 10^4$ (mm^4)	z_0 $\times 10$ (mm)
[5	50	37	4.5	7.0	7.0	3.50	6.92	5.44	0.23	26.0	10.4	6.4	1.94	8.3	6.2	3.5	1.10	20.9	1.35
[6.3	63	40	4.8	7.5	7.5	3.75	8.45	6.63	0.26	51.2	16.3	9.8	2.46	11.9	8.5	4.6	1.19	28.3	1.39
[8	80	43	5.0	8.0	8.0	4.00	10.24	8.04	0.31	101.3	25.3	15.1	3.14	16.6	11.7	5.8	1.27	37.4	1.42
[10	100	48	5.3	8.5	8.5	4.20	12.74	10.00	0.36	198.3	39.7	23.5	3.94	25.6	16.9	7.8	1.42	54.9	1.52
[12.6	126	53	5.5	9.0	9.0	4.50	15.69	12.31	0.43	388.5	61.7	36.4	4.98	38.0	23.9	10.3	1.56	77.8	1.59
[14a	140	58	6.0	9.5	9.5	4.75	18.51	14.53	0.48	563.7	80.5	47.5	5.52	53.2	31.2	13.0	1.70	107.2	1.71
[14b	140	60	8.0	9.5	9.5	4.75	21.31	16.73	0.48	609.4	87.1	52.4	5.35	61.2	36.6	14.1	1.69	120.6	1.67
[16a	160	63	6.5	10.0	10.0	5.00	21.95	17.23	0.54	866.2	108.3	63.9	6.28	73.4	40.9	16.3	1.83	144.1	1.79
[16b	160	65	8.5	10.0	10.0	5.00	25.15	19.75	0.54	934.5	116.8	70.3	6.10	83.4	47.6	17.6	1.82	160.8	1.75
[18a	180	69	7.0	10.5	10.5	5.25	25.69	20.17	0.60	1272.7	141.4	83.5	7.04	98.6	52.3	20.0	1.96	189.7	1.88
[18b	180	70	9.0	10.5	10.5	5.25	29.29	22.99	0.60	1369.9	152.2	91.6	6.84	111.0	60.4	21.5	1.95	210.1	1.84
[20a	200	73	7.0	11.0	11.0	5.50	28.83	22.63	0.65	1780.4	178.0	104.7	7.86	128.0	63.8	24.2	2.11	244.0	2.01
[20b	200	75	9.0	11.0	11.0	5.50	32.83	25.77	0.66	1913.7	191.4	114.7	7.64	143.6	73.7	25.9	2.09	268.4	1.95
[22a	220	77	7.0	11.5	11.5	5.75	31.84	24.99	0.71	2393.9	217.6	127.6	8.67	157.8	75.1	28.2	2.23	298.2	2.10

续表

型号	尺寸 h	b	d	t	r	r_1	截面面积 $\times 10^2$ (mm^2)	线密度 (km/m)	外表面积 (m^2/m)	x—x I_x $\times 10^4$ (mm^4)	W_x	S_x	i_x $\times 10$ (mm)	y—y I_y $\times 10^4$ (mm^4)	W_y^{max}	W_y^{min}	i_y $\times 10$ (mm)	y_1—y_1 I_{y1} $\times 10^4$ (mm^4)	z_0 $\times 10$ (mm)
	(mm)										$\times 10^3$ (mm^3)				$\times 10^3$ (mm^3)				
[22b	220	79	9.0	11.5	11.5	5.75	36.24	28.45	0.71	2571.3	233.8	139.7	8.42	176.5	86.8	30.1	2.21	326.3	2.03
[25a	250	78	7.0	12.0	12.0	6.00	34.91	27.40	0.77	3359.1	268.7	157.8	9.81	175.9	85.1	30.7	2.24	324.8	2.07
[25b	250	80	9.0	12.0	12.0	6.00	39.91	31.33	0.78	3619.5	289.6	173.5	9.52	196.4	98.5	32.7	2.22	355.1	1.99
[25c	250	82	11.0	12.0	12.0	6.00	44.91	35.25	0.78	3880.0	310.4	189.1	9.30	215.9	110.1	34.6	2.19	388.6	1.96
[28a	280	82	7.5	12.5	12.5	6.25	40.02	31.42	0.85	4752.5	339.5	200.2	10.90	217.9	104.1	35.7	2.33	393.3	2.09
[28b	280	84	9.5	12.5	12.5	6.25	45.62	35.81	0.85	5118.4	365.6	219.8	10.59	241.5	119.3	37.9	2.30	428.5	2.02
[28c	280	86	11.5	12.5	12.5	6.25	51.22	40.21	0.85	5484.3	391.7	239.4	10.35	264.1	132.6	40.0	2.27	467.3	1.99
[32a	320	88	8.0	14.0	14.0	7.00	48.50	38.07	0.95	7510.6	469.4	276.9	12.44	304.7	136.2	46.4	2.51	547.5	2.24
[32b	320	90	10.0	14.0	14.0	7.00	54.90	43.10	0.95	8056.8	503.5	302.5	12.11	335.6	155.0	49.1	2.47	592.9	2.16
[32c	320	92	12.0	14.0	14.0	7.00	61.30	48.12	0.95	8602.9	537.7	328.1	11.85	365.0	171.5	51.6	2.44	642.7	2.13
[36a	360	96	9.0	16.0	16.0	8.00	60.89	47.80	1.05	11874.1	659.7	389.9	13.96	455.0	186.2	63.6	2.73	818.5	2.44
[36b	360	98	11.0	16.0	16.0	8.00	68.09	53.45	1.06	12651.7	702.9	422.3	13.63	496.7	209.2	66.9	2.70	880.5	2.37
[36c	360	100	13.0	16.0	16.0	8.00	75.29	59.10	1.06	13429.3	746.1	454.7	13.36	536.6	229.5	70.0	2.67	948.0	2.34
[40a	400	100	10.5	18.0	18.0	9.00	75.04	58.91	1.14	17577.7	878.9	524.4	15.30	592.0	237.6	78.8	2.81	1057.9	2.49
[40b	400	102	12.5	18.0	18.0	9.00	83.04	65.19	1.15	18644.4	932.2	564.4	14.98	640.6	262.4	82.6	2.78	1135.8	2.44
[40c	400	104	14.5	18.0	18.0	9.00	91.04	71.47	1.15	19711.0	985.6	604.4	14.71	687.8	284.4	86.2	2.75	1220.3	2.42

（7）热轧轻型槽钢规格及截面特性（根据 YB 164—63 计算）（见表 2.3-7）。

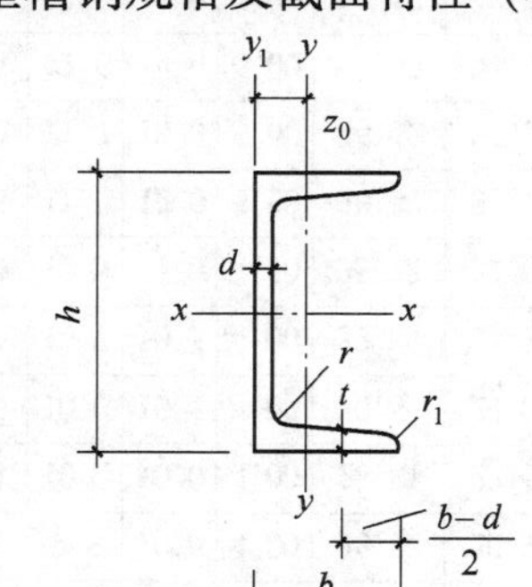

I—截面惯性矩；i—回转半径；z_0—质心距离

W—截面抵抗矩；S—半截面面积矩

表 2.3-7

型号	尺寸						截面面积	线密度	外表面积	x－x				y－y				y₁－y₁	
	h	b	d	t	r	r_1				I_x	W_x	S_x	i_x	I_y	W_y^{max}	W_y^{min}	i_y	i_{y_1}	z_0
	(mm)						$\times 10^2$ (mm^2)	(kg/m)	(m^2/m)	$\times 10^4$ (mm^4)	$\times 10^3$ (mm^3)		$\times 10$ (mm)	$\times 10^4$ (mm^4)	$\times 10^3$ (mm^3)		$\times 10$ (mm)	$\times 10^1$ (mm^4)	$\times 10$ (mm)
[5	50	32	4.4	7.0	6.0	2.50	6.16	4.84	0.16	22.8	9.1	5.6	1.92	5.6	4.8	2.8	0.95	13.9	1.16
[6.5	65	36	4.4	7.2	6.0	2.50	7.51	5.90	0.25	48.6	15.0	9.0	2.54	8.7	7.0	3.7	1.08	20.2	1.24
[8	80	40	4.5	7.4	6.5	2.50	8.98	7.05	0.30	89.4	22.4	13.3	3.16	12.8	9.8	4.8	1.19	28.2	1.31
[10	100	46	4.5	7.6	7.0	3.00	10.94	8.59	0.36	173.9	34.8	20.4	3.99	20.4	14.2	6.5	1.37	43.0	1.44
[12	120	52	4.8	7.8	7.5	3.00	13.28	10.43	0.42	303.9	50.6	29.6	4.78	31.2	20.2	8.5	1.53	62.8	1.54
[14	140	58	4.9	8.1	8.0	3.00	15.65	12.28	0.48	491.1	70.2	40.8	5.60	45.4	27.1	11.0	1.70	89.2	1.67

续表

型号	尺寸						截面面积	线密度	外表面积	x－x				y－y				y_1-y_1	
	h	b	d	t	r	r_1				I_x	W_x	S_x	i_x	I_y	W_y^{max}	W_y^{min}	i_y	i_{y_1}	z_0
	(mm)						$\times 10^2$ (mm²)	(kg/m)	(m²/m)	$\times 10^4$ (mm⁴)	$\times 10^3$ (mm³)		$\times 10$ (mm)	$\times 10^4$ (mm⁴)	$\times 10^3$ (mm³)		$\times 10$ (mm)	$\times 10^1$ (mm⁴)	$\times 10$ (mm)
[14a	140	62	4.9	8.7	8.0	3.00	16.98	13.33	0.50	544.8	77.8	45.1	5.66	57.5	30.7	13.3	1.84	116.9	1.87
[16	160	64	5.0	8.4	8.5	3.50	18.12	14.22	0.55	747.0	93.1	54.1	6.42	63.3	35.1	13.8	1.87	122.2	1.80
[16a	160	68	5.0	9.0	8.5	3.50	19.54	15.34	0.56	823.3	102.9	59.4	6.49	78.8	39.4	16.4	2.01	157.1	2.00
[18	180	70	5.1	8.7	9.0	3.50	20.71	16.25	0.61	1086.3	120.7	69.8	7.21	86.0	44.4	17.0	2.04	163.6	1.94
[18a	180	74	5.1	9.3	9.0	3.50	22.23	17.45	0.62	1190.7	132.3	76.1	7.32	105.4	49.4	20.0	2.18	206.7	2.14
[20	200	76	5.2	9.0	9.5	4.00	23.40	18.37	0.67	1522.0	152.2	87.8	8.07	113.4	54.9	20.5	2.20	213.3	2.07
[20a	200	80	5.2	9.7	9.5	4.00	25.16	19.75	0.69	1672.4	167.2	95.9	8.15	138.6	60.8	24.2	2.35	269.3	2.28
[22	220	82	5.4	9.5	10.0	4.00	26.72	20.97	0.73	2109.5	191.8	110.4	8.49	150.6	68.0	25.1	2.37	281.4	2.21
[22a	220	87	5.4	10.2	10.0	4.00	28.81	22.62	0.75	2327.3	211.6	121.1	8.99	187.1	76.1	30.0	2.55	361.3	2.46
[24	240	90	5.6	10.0	10.5	4.00	30.64	24.05	0.80	2901.1	241.8	138.8	9.73	207.6	85.7	31.6	2.60	387.4	2.42
[24a	240	95	5.6	10.7	10.5	4.00	32.89	25.82	0.82	3181.2	265.1	151.3	9.83	253.8	95.0	37.2	2.78	488.5	2.67
[27	270	95	6.0	10.5	11.0	4.50	35.23	27.66	0.88	4163.3	308.4	177.6	10.87	261.8	105.8	37.3	2.73	477.5	2.47
[30	300	100	6.5	11.0	12.0	5.00	40.47	31.77	0.96	5808.3	387.2	224.0	11.98	326.6	129.8	43.6	2.84	582.9	2.52
[33	330	105	7.0	11.7	13.0	5.00	46.52	36.52	1.04	7984.1	483.9	280.9	13.10	410.1	158.3	51.8	2.97	722.2	2.59
[36	360	110	7.5	12.6	14.0	6.00	53.37	41.90	1.11	10815.5	600.9	349.6	14.24	513.5	191.3	61.8	3.10	898.2	2.68
[40	400	115	8.0	13.5	15.0	6.00	61.53	48.30	1.21	15219.6	761.0	444.3	15.73	642.3	233.1	73.4	3.23	1109.2	2.75

（8）普通低合金钢热轧轻型槽钢规格及截面特性（根据冶暂 1257 号文件规定的尺寸计算）（见表 2.3-8）。

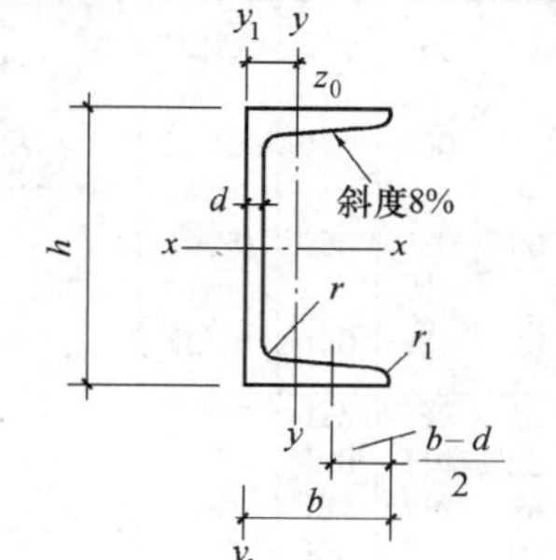

I—截面惯性矩；i—回转半径；
W—截面抵抗矩；z_0—质心距离；
S—半截面面积矩

表 2.3-8

型号	尺寸						截面面积	线密度	外表面积	x－x				y－y				y₁－y₁	
	h	b	d	t	r	r_1				I_x	W_x	S_x	i_x	I_y	W_y^{max}	W_y^{min}	i_y	i_{y_1}	z_0
	(mm)						$\times 10^2$ (mm²)	(kg/m)	(m²/m)	$\times 10^4$ (mm⁴)	$\times 10^3$ (mm)		$\times 10$ (mm)	$\times 10^4$ (mm⁴)	$\times 10^3$ (mm³)		$\times 10$ (mm)	$\times 10^4$ (mm)	$\times 10$ (mm)
[10	100	45	4.0	6.7	6.7	2.50	9.63	7.56	0.36	154.9	31.0	18.1	4.01	17.5	12.7	5.6	1.35	36.0	1.38
[12	120	55	4.2	7.2	7.2	2.50	12.52	9.83	0.44	296.6	49.4	28.5	4.87	34.1	20.4	8.9	1.65	69.2	1.67
[14	140	60	4.4	7.5	7.5	2.50	14.68	11.52	0.50	471.9	67.4	38.9	5.67	47.2	26.7	11.1	1.79	92.9	1.76
[16	160	65	4.6	7.8	7.8	3.00	16.97	13.32	0.55	709.8	88.7	51.1	6.47	63.2	34.1	13.6	1.93	121.6	1.85
[18	190	70	4.8	8.2	8.2	3.00	19.54	15.34	0.61	1032.6	114.7	66.1	7.27	81.0	42.8	16.7	2.07	159.0	1.96
[20	200	75	5.0	9.0	9.0	3.00	22.86	17.94	0.67	1498.7	149.9	86.2	8.10	113.7	53.8	21.1	2.23	215.7	2.11
[22	220	80	5.4	9.7	9.7	3.50	26.64	20.91	0.73	2101.8	191.1	110.0	8.88	150.0	67.3	26.0	2.37	282.3	2.23
[25	250	85	5.8	10.5	10.5	3.50	31.48	24.71	0.81	3176.5	254.1	146.6	10.05	199.0	85.8	32.2	2.51	368.4	2.32
[28	280	90	6.0	10.8	10.8	3.50	35.32	27.72	0.88	4434.2	316.7	183.0	11.21	247.0	103.6	37.3	2.64	447.7	2.38
[32	320	95	6.2	11.2	11.2	4.00	40.12	31.49	0.98	6501.0	406.5	235.5	12.73	307.4	126.7	43.4	2.77	543.4	2.43
[36	360	105	6.5	11.7	11.7	4.00	46.88	36.80	1.10	9614.0	534.1	309.2	14.32	434.4	165.3	55.2	3.04	758.2	2.63
[40	400	115	7.0	12.6	12.6	4.00	55.72	43.74	1.22	14086.4	704.3	407.8	15.90	616.9	216.3	71.3	3.33	1070.0	2.85

(9) 钢轨截面特性（轻轨摘自 YB 222—63；重轨摘自 350—63，GB 181—63 ~ GB 183—63；起重机钢轨摘自 GB 3426—82）（见表 2.3-9）。

I—截面惯性矩；W—截面抵抗矩；z_0—质心距离

表 2.3-9

名称	简图	型号	尺寸 h (mm)	尺寸 B (mm)	尺寸 b (mm)	尺寸 d (mm)	截面面积 $\times 10^2$ (mm²)	线密度 (kg/m)	x－x I_x $\times 10^4$ (mm⁴)	x－x W_x^{max} $\times 10^3$ (mm)	x－x W_x^{min} $\times 10^3$ (mm)	y－y I_y $\times 10^4$ (mm⁴)	y－y W_y $\times 10^3$ (mm³)	z_0 $\times 10$ (mm)	标准长度 (m)
轻轨 (kg/m)		5	52	38	20	4.5	5.93	4.65	23.1	9.8	8.1	3.0	1.58	2.36	5 ~ 10
		8	65	54	25	7.0	10.76	8.42	59.3	20.6	16.4	9.6	3.56	2.89	5 ~ 10
		11	80.5	66	32	7.0	14.31	11.20	125.0	31.7	30.5	15.1	4.58	3.96	6 ~ 10
		15	91	76	37	7.0	18.80	14.72	222.0	51.0	46.6	30.2	7.94	4.35	612
		18	90	80	40	10.0	23.07	18.06	240.0	56.1	51.0	41.1	10.30	4.29	7 ~ 12
		24	107	92	51	10.9	31.24	24.95	486.0	91.6	90.1	80.5	17.49	5.31	9 ~ 12
重轨 (kg/m)		33	120	110	60	12.5	42.50	33.29	821.9	142.6	131.8	165.1	30.0	5.76	12.5；25
		38	134	114	68	13.0	49.50	38.73	1204.4	180.6	178.9	209.3	36.70	6.67	12.5；25
		43	140	114	70	14.5	57.00	44.65	1489.0	217.3	208.3	260.0	45.00	6.90	12.5；25
		50	152	132	70	15.5	65.80	51.51	2037.0	287.2	251.3	377.0	57.10	7.10	12.5；25
起重机钢轨		QU70	120	120	70	28.0	67.30	52.80	1082.0	182.5	178.1	327.2	54.53	5.93	9.0；9.5
		QU80	130	130	80	32.0	81.13	63.69	1547.4	240.7	235.5	482.4	74.21	6.43	10；10.5
		QU100	150	150	100	38.0	113.32	88.96	2861.7	376.9	387.1	941.0	125.45	7.60	11；11.5
		QU120	170	170	120	44.0	150.44	118.10	4923.8	584.1	574.5	1694.8	199.39	8.43	12；12.5

注：W_x^{max} 是指轨底一边的截面抵抗矩，W_x^{min} 是轨顶一边的截面抵抗矩。

（10）热轧无缝钢管的规格及截面特性（按 GB/T 8162—1999 计算）（见表 2.3-10）。

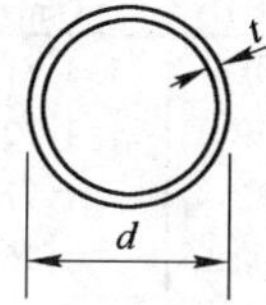

I—截面惯性矩；

W—截面抵抗矩；

i—截面回转半径

表 2.3-10

尺寸（mm）		截面面积	线密度	截面特性		
d	t	A （cm^2）	（kg/m）	I （cm^4）	W （cm^3）	i （cm）
32	2.5	2.32	1.82	2.54	1.59	1.05
	3.0	2.73	2.15	2.90	1.82	1.03
	3.5	3.13	2.46	3.23	2.02	1.02
	4.0	3.52	2.76	3.52	2.20	1.00
38	2.5	2.79	2.19	4.41	2.32	1.26
	3.0	3.30	2.59	5.09	2.68	1.24
	3.5	3.79	2.98	5.70	3.00	1.23
	4.0	4.27	3.35	6.26	3.29	1.21
42	2.5	3.10	2.44	6.07	2.89	1.40
	3.0	3.68	2.89	7.03	3.35	1.38
	3.5	4.23	3.32	7.91	3.77	1.37
	4.0	4.78	3.75	8.71	4.15	1.35
45	2.5	3.34	2.62	7.56	3.36	1.51
	3.0	3.96	3.11	8.77	3.90	1.49
	3.5	4.56	3.58	9.89	4.40	1.47
	4.0	5.15	4.04	10.93	4.86	1.46
50	2.5	3.73	2.93	10.55	4.22	1.68
	3.0	4.43	3.48	12.28	4.91	1.67
	3.5	5.11	4.01	13.90	4.56	1.65
	4.0	5.78	4.54	15.41	6.16	1.63
	4.5	6.43	5.05	16.81	6.72	1.62
	5.0	7.07	5.55	18.11	7.25	1.60

续表

尺寸（mm）		截面面积	线密度	截 面 特 性		
d	t	A （cm^2）	（kg/m）	I （cm^4）	W （cm^3）	i （cm）
54	3.0	4.81	3.77	15.68	5.81	1.81
	3.5	5.55	4.36	17.79	6.59	1.79
	4.0	6.28	4.93	19.76	7.32	1.77
	4.5	7.00	5.49	21.61	8.00	1.76
	5.0	7.70	6.04	23.34	8.64	1.74
	5.5	8.38	6.58	24.96	9.24	1.73
	6.0	9.05	7.10	26.46	9.80	1.71
57	3.0	5.09	4.00	18.61	6.53	1.91
	3.5	5.88	4.62	21.14	7.42	1.90
	4.0	6.66	5.23	23.52	8.25	1.88
	4.5	7.42	5.83	25.76	9.04	1.86
	5.0	8.17	6.41	27.86	9.78	1.85
	5.5	8.90	6.99	29.84	10.47	1.83
	6.0	9.61	7.55	31.69	11.12	1.82
60	3.0	5.37	4.22	21.88	7.29	2.02
	3.5	6.21	4.88	24.88	8.29	2.00
	4.0	7.04	5.52	27.73	9.24	1.98
	4.5	7.85	6.16	30.41	10.14	1.97
	5.0	8.64	6.78	32.94	10.98	1.95
	5.5	9.42	7.39	35.32	11.77	1.94
	6.0	10.18	7.99	37.56	12.52	1.92
63.5	3.0	5.70	4.48	26.15	8.24	2.14
	3.5	6.60	8.18	29.79	9.38	2.12
	4.0	7.48	5.87	33.24	10.47	2.11
	4.5	8.34	6.55	36.50	11.50	2.09
	5.0	9.19	7.21	39.60	12.47	2.08
	5.5	10.02	7.87	42.52	13.39	2.06
	6.0	10.84	8.51	45.28	14.26	2.04
68	3.0	6.13	4.81	32.42	9.54	2.30
	3.5	7.09	5.57	36.99	10.88	2.28
	4.0	8.04	6.31	41.34	12.16	2.27
	4.5	8.98	7.05	45.47	13.37	2.25
	5.0	9.90	7.77	49.41	14.53	2.23
	5.5	10.80	8.48	53.14	15.63	2.22
	6.0	11.69	9.17	56.68	16.67	2.20

续表

尺寸（mm）		截面面积	线密度	截面特性		
d	t	A (cm^2)	(kg/m)	I (cm^4)	W (cm^3)	i (cm)
70	3.0	6.31	4.96	35.50	10.14	2.37
	3.5	7.31	5.74	40.53	11.58	2.35
	4.0	8.29	6.51	45.33	12.95	2.34
	4.5	9.26	7.27	49.89	14.26	2.32
	5.0	10.21	8.01	54.24	15.50	2.30
	5.5	11.14	8.75	58.38	16.68	2.29
	6.0	12.06	9.47	62.31	17.80	2.27
73	3.0	6.60	5.18	40.48	11.09	2.48
	3.5	7.64	6.00	46.26	12.67	2.46
	4.0	8.67	6.81	51.78	14.19	2.44
	4.5	9.68	7.60	57.04	15.63	2.43
	5.0	10.68	8.38	62.07	17.01	2.41
	5.5	11.66	9.16	66.87	18.32	2.39
	6.0	12.63	9.91	71.43	19.57	2.38
76	3.0	6.88	5.40	45.91	12.08	2.58
	3.5	7.97	6.26	52.50	13.82	2.57
	4.0	9.05	7.10	58.81	15.48	2.55
	4.5	10.11	7.93	64.85	17.07	2.53
	5.0	11.15	8.75	70.62	18.59	2.52
	5.5	12.18	9.56	76.14	20.04	2.50
	6.0	13.19	10.36	81.41	21.42	2.48
83	3.5	8.74	6.86	69.19	16.67	2.81
	4.0	9.93	7.79	77.64	13.71	2.80
	4.5	11.10	8.71	85.76	20.67	2.78
	5.0	12.25	9.62	93.56	22.54	2.76
	5.5	13.39	10.51	101.04	24.35	2.75
	6.0	14.51	11.39	108.22	26.08	2.73
	6.5	15.62	12.26	115.10	27.74	2.71
	7.0	16.71	13.12	121.69	29.32	2.70
89	3.5	9.40	7.38	86.05	19.34	3.03
	4.0	10.68	8.38	96.68	21.73	3.01
	4.5	11.95	9.38	106.92	24.03	2.99
	5.0	13.19	10.36	116.79	26.24	2.98
	5.5	14.43	11.33	126.29	28.38	2.96

续表

尺寸（mm）		截面面积	线密度	截面特性		
d	t	A（cm^2）	（kg/m）	I（cm^4）	W（cm^3）	i（cm）
89	6.0	15.75	12.28	135.43	30.43	2.94
	6.5	16.85	13.22	144.22	32.41	2.93
	7.0	18.03	14.16	152.67	34.31	2.91
95	3.5	10.06	7.90	105.45	22.20	3.24
	4.0	11.44	8.98	118.60	24.97	3.22
	4.5	12.79	10.04	131.31	27.64	3.20
	5.0	14.14	11.10	143.58	30.23	3.19
	5.5	15.46	12.14	155.43	32.72	3.17
	6.0	16.78	13.17	166.86	35.13	3.15
	6.5	18.07	14.19	177.89	37.45	3.14
	7.0	19.35	15.19	188.51	39.69	3.12
102	3.5	10.83	8.50	131.52	25.79	3.48
	4.0	12.32	9.67	148.09	29.04	3.47
	4.5	13.78	10.82	164.14	32.18	3.45
	5.0	15.24	11.96	179.68	35.23	3.43
	5.5	16.67	13.09	194.72	38.18	3.42
	6.0	18.10	14.21	209.28	41.03	3.40
	6.5	19.50	15.31	223.35	43.79	3.38
	7.0	20.89	16.40	236.96	46.46	3.37
108	4.0	13.06	10.26	177.00	32.78	3.68
	4.5	14.62	11.49	196.35	36.36	3.66
	5.0	16.17	12.70	215.12	39.84	3.65
	5.5	17.70	13.90	233.32	43.21	3.63
	6.0	19.22	15.09	250.97	46.48	3.61
	6.5	20.72	16.27	268.08	49.64	3.60
	7.0	22.20	17.44	284.65	52.71	3.58
	7.5	23.67	18.59	300.71	55.69	3.56
	8.0	25.12	19.73	316.25	58.57	3.55
114	4.0	13.82	10.85	209.35	36.73	3.89
	4.5	15.48	12.15	232.41	40.77	3.87
	5.0	17.12	13.44	254.81	44.70	3.86
	5.5	18.75	14.72	276.58	48.52	3.84
	6.0	20.36	15.98	297.73	52.23	3.82
	6.5	21.95	17.23	318.26	55.84	3.81

续表

尺寸（mm）		截面面积	线密度	截　面　特　性		
d	t	A (cm²)	(kg/m)	I (cm⁴)	W (cm³)	i (cm)
114	7.0	23.53	18.47	338.19	59.33	3.79
	7.5	25.09	19.70	357.58	62.73	3.77
	8.0	26.64	20.91	376.30	66.02	3.76
121	4.0	14.70	11.54	251.87	41.63	4.14
	4.5	16.47	12.93	279.83	46.25	4.12
	5.0	18.22	14.30	307.05	50.75	4.11
	5.5	19.96	15.67	333.54	55.13	4.09
	6.0	21.68	17.02	359.32	59.39	4.07
	6.5	23.38	18.35	384.40	63.54	4.05
	7.0	25.07	19.68	408.80	67.57	4.04
	7.5	26.74	20.99	432.51	71.49	4.02
	8.0	28.40	22.29	455.57	75.30	4.01
127	4.0	15.46	12.13	292.61	46.08	4.35
	4.5	17.32	13.59	325.29	51.23	4.33
	5.0	19.16	15.04	357.14	56.24	4.32
	5.5	20.99	16.48	388.19	61.13	4.30
	6.0	22.81	17.90	418.44	65.90	4.28
	6.5	24.61	19.32	447.92	70.54	4.27
	7.0	26.39	20.72	476.63	75.06	4.25
	7.5	28.16	22.10	504.58	79.46	4.23
	8.0	29.91	23.48	531.80	88.75	4.22
133	4.0	16.21	12.73	337.53	50.76	4.56
	4.5	18.17	14.26	375.42	56.45	4.55
	5.0	20.11	15.78	412.40	62.02	4.53
	5.5	22.03	17.29	448.50	67.44	4.51
	6.0	23.94	18.79	483.72	72.74	4.50
	6.5	25.83	20.28	518.07	77.91	4.48
	7.0	27.71	21.75	551.58	82.94	4.46
	7.5	29.57	23.21	584.25	87.86	4.45
	8.0	31.42	24.66	616.11	92.65	4.43
140	4.5	19.16	15.04	440.12	62.87	4.79
	5.0	21.21	16.65	483.76	69.11	4.78
	5.5	23.24	18.24	526.40	75.20	4.76
	6.0	25.26	19.83	568.06	81.15	4.74
	6.5	27.26	21.40	608.76	86.97	4.73

续表

尺寸（mm）		截面面积	线密度	截面特性		
d	t	A (cm^2)	(kg/m)	I (cm^4)	W (cm^3)	i (cm)
140	7.0	29.25	22.96	648.51	92.64	4.71
	7.5	31.22	24.51	687.32	98.19	4.69
	8.0	33.18	26.04	725.21	103.60	4.68
	9.0	37.04	29.08	798.29	114.04	4.64
	10	40.84	32.06	867.86	123.98	4.61
146	4.5	20.00	15.70	501.16	68.65	5.01
	5.0	22.15	17.39	551.10	75.49	4.99
	5.5	24.28	19.06	599.95	82.19	4.97
	6.0	26.39	20.72	647.73	88.73	4.95
	6.5	28.49	22.36	694.44	95.13	4.94
	7.0	30.57	24.00	740.12	101.39	4.92
	7.5	32.63	25.62	784.77	107.50	4.90
	8.0	34.68	27.23	828.41	113.48	4.89
	9.0	38.74	30.41	912.71	125.03	4.85
	10	42.73	33.54	993.16	136.05	4.82
152	4.5	20.85	16.37	567.61	74.69	5.22
	5.0	23.09	18.13	624.43	82.16	5.20
	5.5	25.31	19.87	680.06	89.48	5.18
	6.0	27.52	21.60	734.52	96.65	5.17
	6.5	29.71	23.32	787.82	103.66	5.15
	7.0	31.89	25.03	839.99	110.52	5.13
	7.5	34.05	26.73	891.03	117.24	5.12
	8.0	36.19	28.41	940.97	123.81	5.10
	9.0	40.43	31.74	1037.59	136.53	5.07
	10	44.61	35.02	1129.99	148.68	5.03
159	4.5	21.84	17.15	652.27	82.05	5.46
	5.0	24.19	18.99	717.88	90.30	5.45
	5.5	26.52	20.82	782.18	98.39	5.43
	6.0	28.84	22.64	845.19	106.31	5.41
	6.5	31.14	24.45	906.92	114.08	5.40
	7.0	33.43	26.24	967.41	121.69	5.38
	7.5	35.70	28.02	1026.65	129.14	5.36
	8.0	37.95	29.79	1084.67	136.44	5.35
	9.0	42.41	33.29	1197.12	150.58	5.31
	10	46.81	36.75	1304.88	164.14	5.28

续表

尺寸（mm）		截面面积	线密度	截面特性		
d	t	A (cm²)	(kg/m)	I (cm⁴)	W (cm³)	i (cm)
168	4.5	23.11	18.14	772.96	92.02	5.78
	5.0	25.60	20.10	851.14	101.33	5.77
	5.5	28.08	22.04	927.85	110.46	5.75
	6.0	30.54	23.97	1003.12	119.42	5.73
	6.5	32.98	25.89	1076.95	128.21	5.71
	7.0	35.41	27.79	1149.36	136.83	5.70
	7.5	37.82	29.69	1220.38	145.28	5.68
	8.0	40.21	31.57	1290.01	153.57	5.66
	9.0	44.96	35.29	1425.22	169.67	5.63
	10	49.64	38.97	1555.13	185.13	5.60
180	5.0	27.49	21.58	1053.17	117.02	6.19
	5.5	30.15	23.67	1148.79	127.64	6.17
	6.0	32.80	25.75	1242.72	138.08	6.16
	6.5	35.43	27.81	1335.00	148.33	6.14
	7.0	38.04	29.87	1425.63	158.40	6.12
	7.5	40.64	31.91	1514.64	168.29	6.10
	8.0	43.23	33.93	1602.04	178.00	6.09
	9.0	48.35	37.95	1772.12	196.90	6.05
	10	53.41	41.92	1936.01	215.11	6.02
	12	63.33	49.72	2245.84	249.54	5.95
194	5.0	29.69	23.31	1326.54	136.76	6.68
	5.5	32.57	25.57	1447.86	149.26	6.67
	6.0	35.44	27.82	1567.21	161.57	6.65
	6.5	38.29	30.06	1684.61	173.67	6.63
	7.0	41.12	32.28	1800.08	185.57	6.62
	7.5	43.94	34.50	1913.64	197.28	6.60
	8.0	46.75	36.70	2025.31	208.79	6.58
	9.0	52.31	41.06	2243.08	231.25	6.55
	10	57.81	45.38	2453.55	252.94	6.51
	12	68.61	53.86	2853.25	294.15	6.45
203	6.0	37.13	29.15	1803.07	177.64	6.97
	6.5	40.13	31.50	1938.81	191.02	6.95
	7.0	43.10	33.84	2072.43	204.18	6.93
	7.5	46.06	36.16	2203.94	217.14	6.92

续表

尺寸（mm）		截面面积	线密度	截面特性		
d	t	A (cm²)	(kg/m)	I (cm⁴)	W (cm³)	i (cm)
203	8.0	49.01	38.47	2333.37	229.89	6.90
	9.0	54.85	43.06	2586.08	254.79	6.87
	10	60.63	47.60	2830.72	278.89	6.83
	12	72.01	56.52	3296.49	324.78	6.77
	14	83.13	65.25	3732.07	367.69	6.70
	16	94.00	73.79	4138.78	407.76	6.64
219	6.0	40.15	31.52	2278.74	208.10	7.53
	6.5	43.39	34.06	2451.64	223.89	7.52
	7.0	46.62	36.60	2622.04	239.46	7.50
	7.5	49.83	39.12	2789.96	254.79	7.48
	8.0	53.03	41.63	2955.43	269.90	7.47
	9.0	59.38	46.61	3279.12	299.46	7.43
	10	65.66	51.54	3593.29	328.15	7.40
	12	78.04	61.26	4193.81	383.00	7.33
	14	90.16	70.78	4758.50	434.57	7.26
	16	102.04	80.10	5288.81	483.00	7.20
245	6.5	48.70	38.23	3465.46	282.89	8.44
	7.0	52.34	41.08	3709.06	302.78	8.42
	7.5	55.96	43.93	3949.52	322.41	8.40
	8.0	59.56	46.76	4186.87	341.79	8.38
	9.0	66.73	52.38	4652.32	379.78	8.35
	10	73.83	57.95	5105.63	416.79	8.32
	12	87.84	68.95	5976.67	487.89	8.25
	14	101.60	79.76	6801.68	555.24	8.18
	16	115.11	90.36	7582.30	618.96	8.12
273	6.5	54.42	42.72	4834.18	354.15	9.42
	7.0	58.50	45.92	5177.30	379.29	9.41
	7.5	62.56	49.11	5516.47	404.14	9.39
	8.0	66.60	52.28	5851.71	428.70	9.37
	9.0	74.64	58.60	6510.56	476.96	9.34
	10	82.62	64.86	7154.09	524.11	9.31
	12	98.39	77.24	8396.14	615.10	9.24
	14	114.91	89.42	9579.75	701.84	9.17
	16	129.18	101.41	10706.79	784.38	9.10

续表

尺寸（mm）		截面面积	线密度	截面特性		
d	t	A （cm^2）	（kg/m）	I （cm^4）	W （cm^3）	i （cm）
299	7.5	68.68	53.92	7300.02	488.30	10.31
	8.0	73.14	57.41	7747.42	518.22	10.29
	9.0	82.00	64.37	8628.09	577.13	10.26
	10	90.79	71.27	9490.15	634.79	10.22
	12	108.20	84.93	11159.52	746.46	10.16
	14	125.35	98.40	12757.61	853.35	10.09
	16	142.25	111.67	14286.48	955.62	10.02
325	7.5	74.81	58.73	9431.80	580.42	11.23
	8.0	79.67	62.54	10013.92	616.24	11.21
	9.0	89.35	70.14	11161.33	686.85	11.18
	10	98.96	77.68	12286.52	756.09	11.14
	12	118.00	92.63	14471.45	890.55	11.07
	14	136.78	107.38	16570.98	1019.75	11.01
	16	155.32	121.93	18587.38	1143.84	10.94
351	8.0	86.21	67.67	12684.36	722.76	12.13
	9.0	96.70	75.91	14147.55	806.13	12.10
	10	107.13	84.10	15584.62	888.01	12.06
	12	126.80	100.32	18381.63	1047.39	11.99
	14	148.22	116.35	21077.86	1201.02	11.93
	16	168.39	132.19	23675.75	1349.05	11.86
377	9	104.00	81.68	17628.57	935.20	13.02
	10	115.24	90.51	19430.86	1030.81	12.98
	11	126.42	99.29	21203.11	1124.83	12.95
	12	137.53	108.02	22945.66	1217.28	12.81
	13	148.59	116.70	24658.84	1308.16	12.88
	14	159.58	125.33	26342.98	1397.51	12.84
	15	170.50	133.91	27998.42	1485.33	12.81
	16	181.37	142.45	29625.48	1571.64	12.78
402	9	111.06	87.23	21469.37	1068.13	13.90
	10	123.09	96.67	23676.21	1177.92	13.86
	11	135.05	106.07	25848.66	1286.00	13.83
	12	146.95	115.42	27987.08	1392.39	13.80
	13	158.79	124.71	30091.82	1497.11	13.76
	14	170.56	133.96	32163.24	1600.16	13.73
	15	182.28	143.16	34201.69	1701.58	13.69
	16	193.93	152.31	36207.53	1801.37	13.66

续表

尺寸（mm）		截面面积	线密度	截面特性		
d	t	A (cm²)	(kg/m)	I (cm⁴)	W (cm³)	i (cm)
426	9	117.84	93.00	25646.28	1204.05	14.75
	10	130.62	102.59	28294.52	1328.38	14.71
	11	143.34	112.58	30903.91	1450.89	14.68
	12	156.00	122.52	33474.84	1571.59	14.64
	13	168.59	132.41	36007.67	1690.50	14.60
	14	181.12	142.25	38502.80	1807.64	14.47
	15	193.58	152.04	40960.60	1923.03	14.54
	16	205.98	161.78	43381.44	2036.69	14.51
450	9	124.63	97.88	30332.67	1348.12	15.60
	10	138.61	108.51	33477.56	1487.89	15.56
	11	151.63	119.09	36578.87	1625.73	15.53
	12	165.04	129.62	39637.01	1761.65	15.49
	13	178.38	140.10	42652.38	1895.66	15.46
	14	191.67	150.53	45625.38	2027.79	15.42
	15	204.89	160.92	48556.41	2158.06	15.39
	16	218.04	171.25	51445.87	2286.48	15.35
465	9	128.87	101.21	33533.41	1442.30	16.13
	10	142.87	112.46	37018.21	1592.18	16.09
	11	156.81	123.16	40456.34	1740.06	16.06
	12	170.69	134.06	43848.22	1885.94	16.02
	13	184.51	144.81	47194.27	2029.86	15.99
	14	198.26	155.71	50494.89	2171.82	15.95
	15	211.95	166.47	53750.51	2311.85	15.92
	16	225.58	173.22	56961.53	2449.96	15.88
480	9	133.11	104.54	36951.77	1539.66	16.66
	10	147.58	115.91	40800.14	1700.01	16.62
	11	161.99	127.23	44598.63	1858.28	16.59
	12	176.34	138.50	48347.69	2014.49	16.55
	13	190.63	149.08	52047.74	2168.66	16.52
	14	204.85	160.20	55699.21	2320.80	16.48
	15	219.02	172.01	59302.54	2470.94	16.44
	16	233.11	183.08	62858.14	2629.09	16.41
500	9	138.76	108.98	41860.49	1674.42	17.36
	10	153.86	120.84	46231.77	1849.27	17.33
	11	168.90	132.65	50548.75	2021.95	17.29

续表

尺寸（mm）		截面面积	线密度	截面特性		
d	t	A（cm^2）	（kg/m）	I（cm^4）	W（cm^3）	i（cm）
500	12	183.88	144.42	54811.88	2192.48	17.26
	13	198.79	156.13	59021.61	2360.86	17.22
	14	213.65	167.80	63178.39	2527.14	17.19
	15	228.44	179.41	67282.66	2691.31	17.15
	16	243.16	190.98	71334.87	2853.39	17.12
530	9	147.23	115.64	50009.99	1887.17	18.42
	10	163.28	128.24	55251.25	2084.95	18.39
	11	179.26	140.79	60431.21	2280.42	18.35
	12	195.18	153.30	65550.35	2473.60	18.32
	13	211.04	165.75	70609.15	2664.50	18.28
	14	226.83	178.15	75608.08	2853.14	18.25
	15	242.57	190.51	80547.62	3039.53	18.22
	16	258.23	202.82	85428.24	3223.71	18.18
550	9	152.89	120.08	55992.00	2036.07	19.13
	10	169.56	133.17	61873.07	2249.93	19.10
	11	186.17	146.22	67687.94	2461.38	19.06
	12	202.72	159.22	73437.11	2670.44	19.03
	13	219.20	172.16	79121.07	2877.13	18.99
	14	235.63	185.06	84740.31	3081.47	18.96
	15	251.99	197.91	90295.34	3283.47	18.92
	16	268.28	210.71	95786.64	3483.15	18.89
560	9	155.71	122.30	59154.07	2112.65	19.48
	10	172.70	135.64	65373.70	2334.78	19.45
	11	189.62	148.93	71524.61	2554.45	19.41
	12	206.49	162.17	77607.30	2771.69	19.38
	13	223.29	175.37	83622.29	2986.51	19.34
	14	240.02	188.51	89570.06	3198.93	19.31
	15	256.70	201.61	95451.14	3408.97	19.28
	16	273.31	214.65	101266.01	3616.64	19.24

续表

尺寸（mm）		截面面积	线密度	截面特性		
d	t	A (cm²)	(kg/m)	I (cm⁴)	W (cm³)	i (cm)
600	9	167.02	131.17	72992.31	2433.08	20.90
	10	185.26	145.50	80696.05	2689.87	20.86
	11	203.44	159.78	88320.50	2944.02	20.83
	12	221.56	174.01	95866.21	3195.54	20.79
	13	239.61	188.19	103333.73	3444.46	20.76
	14	257.61	202.32	110723.59	3690.79	20.72
	15	275.54	216.41	118036.75	3934.55	20.69
	16	293.40	230.44	125272.54	4175.75	20.66
630	9	175.50	137.83	84679.83	2688.25	21.96
	10	194.68	152.90	93639.59	2972.69	21.92
	11	213.80	167.92	102511.65	3254.34	21.89
	12	232.86	182.89	111296.59	3533.23	21.85
	13	251.86	197.81	119994.98	3809.36	21.82
	14	270.79	212.68	128607.39	4082.77	21.78
	15	289.67	227.50	137134.39	4353.47	21.75
	16	308.47	242.27	145576.54	4621.48	21.72

(11) 电焊钢管的规格及截面特性（按 YB 242—63 计算）(见表 2.3-11)。

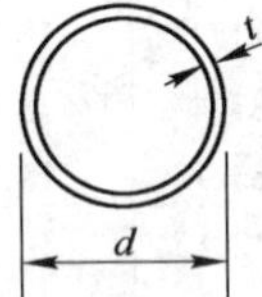

I—截面惯性矩；
W—截面抵抗矩；
i—截面回转半径

表 2.3-11

尺寸（mm）		截面面积	线密度	截面特性		
d	t	A (cm²)	(kg/m)	I (cm⁴)	W (cm³)	i (cm)
32	2.0	1.38	1.48	2.13	1.33	1.06
	2.5	2.32	1.82	2.54	1.59	1.05

续表

尺寸（mm）		截面面积	线密度	截面特性		
d	t	A (cm^2)	(kg/m)	I (cm^4)	W (cm^3)	i (cm)
38	2.0	2.26	1.78	3.68	1.93	1.27
	2.5	2.79	2.19	4.41	2.32	1.26
40	2.0	2.39	1.87	4.32	2.16	1.35
	2.5	2.95	2.31	5.20	2.60	1.33
42	2.0	2.51	1.97	5.04	2.40	1.42
	2.5	3.10	2.44	6.07	2.89	1.40
45	2.0	2.70	2.12	6.26	2.78	1.52
	2.5	3.34	2.62	7.56	3.36	1.51
	3.0	3.96	3.11	8.77	3.90	1.49
51	2.0	3.08	2.42	9.26	3.63	1.73
	2.5	3.81	2.99	11.23	4.40	1.72
	3.0	4.52	3.55	13.08	5.13	1.70
	3.5	5.22	4.10	14.81	5.81	1.68
53	2.0	3.20	2.52	10.43	3.94	1.80
	2.5	3.97	3.11	12.67	4.78	1.79
	3.0	4.71	3.70	14.78	5.58	1.77
	3.5	5.44	4.27	16.75	6.32	1.75
57	2.0	3.46	2.71	13.08	4.59	1.95
	2.5	4.28	3.36	15.93	5.59	1.93
	3.0	5.09	4.00	18.61	6.53	1.91
	3.5	5.88	4.62	21.14	7.42	1.90
60	2.0	3.64	2.86	15.34	5.11	2.05
	2.5	4.52	3.55	18.70	6.23	2.03
	3.0	5.37	4.22	21.88	7.29	2.02
	3.5	6.21	4.88	24.88	8.29	2.00
63.5	2.0	3.86	3.03	18.29	5.76	2.18
	2.5	4.79	3.76	22.32	7.03	2.16
	3.0	5.70	4.48	26.15	8.24	2.14
	3.5	6.60	8.18	29.79	9.38	2.12
70	2.0	4.27	3.35	24.72	7.06	2.41
	2.5	5.30	4.16	30.23	8.64	2.39
	3.0	6.31	4.96	35.50	10.14	2.37
	3.5	7.31	5.74	40.53	11.58	2.35
	4.5	9.26	7.27	49.89	14.26	2.32

续表

尺寸（mm）		截面面积	线密度	截面特性		
d	t	A（cm^2）	（kg/m）	I（cm^4）	W（cm^3）	i（cm）
76	2.0	4.65	3.65	31.85	8.38	2.62
	2.5	5.77	4.53	39.03	10.27	2.60
	3.0	6.88	5.40	45.91	12.08	2.58
	3.5	7.97	6.26	52.50	13.82	2.57
	4.0	9.05	7.10	58.81	15.48	2.55
	4.5	10.11	7.93	64.85	17.07	2.53
83	2.0	5.09	4.00	41.76	10.06	2.86
	2.5	6.32	4.96	51.26	12.35	2.85
	3.0	7.54	5.92	60.40	14.56	2.83
	3.5	8.74	6.86	69.19	16.67	2.81
	4.0	9.93	7.79	77.64	13.71	2.80
	4.5	11.10	8.71	85.76	20.67	2.78
89	2.0	5.47	4.29	51.75	11.63	3.08
	2.5	6.79	5.33	63.59	14.29	3.06
	3.0	8.11	6.36	75.02	16.86	3.04
	3.5	9.40	7.38	86.05	19.34	3.03
	4.0	10.68	8.38	96.68	21.73	3.01
	4.5	11.95	9.38	106.92	24.03	2.99
95	2.0	5.84	4.59	63.20	13.31	3.29
	2.5	7.26	5.70	77.76	16.37	3.27
	3.0	8.67	6.81	91.83	19.33	3.25
	3.5	10.06	7.90	105.45	22.20	3.24
102	2.0	6.28	4.93	78.57	15.41	3.54
	2.5	7.81	6.13	96.77	18.97	3.52
	3.0	9.33	7.32	114.42	22.43	3.50
	3.5	10.83	8.50	131.52	25.79	3.48
	4.0	12.32	9.67	148.09	29.04	3.47
	4.5	13.78	10.82	164.14	32.18	3.45
	5.0	15.24	11.96	179.68	35.23	3.43
108	3.0	9.90	7.77	136.49	25.28	3.71
	3.5	11.49	9.02	157.02	29.08	3.70
	4.0	13.07	10.26	176.95	32.77	3.68

续表

尺寸（mm）		截面面积	线密度	截面特性		
d	t	A (cm²)	(kg/m)	I (cm⁴)	W (cm³)	i (cm)
114	3.0	10.16	8.21	161.24	28.29	3.93
	3.5	12.15	9.54	185.63	32.57	3.91
	4.0	13.32	10.88	209.35	36.73	3.89
	4.5	15.48	12.15	232.41	40.77	3.87
	5.0	17.12	13.44	254.81	44.70	3.86
121	3.0	11.12	8.73	193.69	32.01	4.17
	3.5	12.92	10.14	223.17	36.89	4.16
	4.0	14.70	11.54	251.87	41.63	4.14
127	3.0	11.69	9.17	224.75	35.39	4.39
	3.5	13.58	10.66	259.11	40.80	4.37
	4.0	15.46	12.13	292.61	46.08	4.35
	4.5	17.32	13.59	325.29	51.23	4.33
	5.0	19.16	15.04	357.14	56.24	4.32
133	3.5	14.24	11.18	298.71	44.92	4.58
	4.0	16.21	12.73	337.53	50.76	4.56
	4.5	18.17	14.26	375.42	56.45	4.55
	5.0	20.11	15.78	412.40	62.02	4.53
140	3.5	15.01	11.78	349.79	49.97	4.83
	4.0	17.09	13.42	395.47	56.50	4.81
	4.5	19.16	15.04	440.12	62.87	4.79
	5.0	21.21	16.65	493.76	69.11	4.78
	5.5	23.24	18.24	526.40	75.20	4.76
152	3.5	16.33	12.82	450.35	59.26	5.25
	4.0	18.60	14.60	509.59	67.05	5.23
	4.5	20.85	16.37	567.61	74.69	5.22
	5.0	23.09	18.13	624.48	82.16	5.20
	5.5	25.31	19.87	680.06	89.48	5.18
159	4.5	21.84	17.15	652.27	82.05	5.46
	5.0	24.19	18.99	717.88	90.30	5.45
	5.5	26.52	20.82	782.18	98.39	5.43
	6.0	28.84	22.64	845.19	106.31	5.41
	6.5	31.14	24.45	906.92	114.08	5.40
	7.0	33.43	26.24	967.41	121.69	5.38
	7.5	35.70	28.02	1026.65	129.14	5.36
	8.0	37.95	29.79	1084.67	136.44	5.35
	9.0	42.41	33.29	1197.12	150.58	5.31
	10	46.81	36.75	1304.88	164.14	5.28

续表

尺寸（mm）		截面面积	线密度	截面特性		
d	t	A （cm^2）	（kg/m）	I （cm^4）	W （cm^3）	i （cm）
168	4.5	23.11	18.14	772.96	92.02	5.78
	5.0	25.60	20.10	851.14	101.33	5.77
	5.5	28.08	22.04	927.85	110.46	5.75
	6.0	30.54	23.97	1003.12	119.42	5.73
	6.5	32.98	25.89	1076.95	128.21	5.71
	7.0	35.41	27.70	1159.35	136.83	5.70
	7.5	37.82	29.69	1220.38	145.28	5.68
	8.0	40.21	31.57	1290.01	153.57	5.66
	9.0	44.96	35.29	1425.22	169.67	5.63
	10	49.64	38.97	1555.13	185.13	5.60
180	5.0	27.49	21.58	1053.17	117.02	6.19
	5.5	30.15	23.67	1148.79	127.64	6.17
	6.0	32.80	25.75	1242.72	138.08	6.16
	6.5	35.43	27.81	1335.00	148.33	6.14
	7.0	38.04	29.87	1425.63	158.40	6.12
	7.5	40.64	31.91	1514.64	168.20	6.10
	8.0	43.23	33.93	1602.04	178.00	6.09
	9.0	48.25	37.95	1772.12	196.90	6.05
	10	53.41	41.92	1936.01	245.11	6.02
	12	63.33	49.72	2245.84	240.54	5.95
194	5.0	29.69	23.31	1326.54	136.76	6.68
	5.5	32.57	25.57	1447.86	149.26	6.67
	6.0	35.44	27.92	1567.21	161.57	6.65
	6.5	38.29	30.06	1684.61	173.67	6.63
	7.0	41.12	32.28	1800.08	185.57	6.62
	7.5	43.94	34.50	1913.64	197.28	6.60
	8.0	46.75	36.70	2025.31	208.79	6.58
	9.0	52.31	41.06	2243.08	231.25	6.55
	10	57.81	45.38	2453.55	252.94	6.51
	12	68.61	53.86	2853.25	294.15	6.45

续表

尺寸（mm）		截面面积	线密度	截 面 特 性		
d	t	A（cm^2）	（kg/m）	I（cm^4）	W（cm^3）	i（cm）
203	6.0	37.13	29.15	1803.07	177.64	6.97
	6.5	40.13	31.50	138.81	191.02	6.95
	7.0	43.10	33.84	2072.43	204.18	6.93
	7.5	46.06	36.16	2203.94	217.14	6.92
	8.0	49.01	38.47	2333.37	229.89	6.90
	9.0	54.85	43.06	2586.08	254.79	6.87
	10	60.63	47.60	2830.72	278.89	6.83
	12	72.01	56.52	3296.49	324.78	6.77
	14	83.13	65.25	3732.07	367.69	6.70
	16	94.00	73.79	4138.78	407.76	6.64
219	6.0	40.15	31.52	2278.74	208.10	7.53
	6.5	43.39	34.06	2451.64	223.69	7.52
	7.0	46.62	36.60	2622.04	239.46	7.50
	7.5	49.83	39.12	2789.96	254.79	7.48
	9.0	53.03	41.63	2955.43	269.90	7.47
	9.0	59.38	46.61	3279.12	299.46	7.43
	10	65.66	51.54	3593.29	328.15	7.40
	12	78.04	61.26	4193.81	383.00	7.33
	14	90.16	70.78	4758.50	434.57	7.26
	16	102.04	80.10	5288.81	483.00	7.20
245	6.5	48.70	38.23	3465.46	282.89	8.44
	7.0	52.34	41.08	3709.06	302.78	8.42
	7.5	55.96	43.93	3949.52	322.41	8.40
	8.0	59.56	46.76	4186.87	341.79	8.38
	9.0	66.73	52.38	4652.32	379.78	8.35
	10	73.83	57.95	5105.63	416.79	8.32
	12	87.84	68.95	5976.67	487.89	8.25
	14	101.60	79.76	6801.68	555.24	8.18
	16	115.11	90.36	7582.30	618.96	8.12

（12）螺旋焊钢管的规格及截面特性（按 GB 9711—1988，SY 5036～37—1983 计算）（见表 2.3-12）。

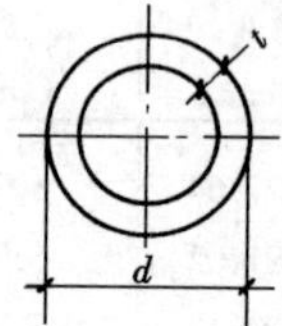

I—截面惯性矩；

W—截面模量；

i—截面回转半径

表 2.3-12

尺寸（mm）		截面面积	线密度	截面特性		
d	t	A (cm^2)	(kg/m)	I (cm^4)	W (cm^3)	i (cm)
219.1	5	33.61	26.61	1988.54	176.04	7.57
	6	40.15	31.78	2822.53	208.36	7.54
	7	46.62	36.91	2266.42	239.75	7.50
	8	53.03	41.98	2900.39	283.16	7.49
244.5	5	37.60	29.77	2699.28	220.80	8.47
	6	44.93	35.57	3199.36	261.71	8.44
	7	52.20	41.33	3686.70	301.57	8.40
	8	59.41	47.03	4611.52	340.41	8.37
273	6	50.30	39.82	4888.24	328.81	9.44
	7	58.47	46.29	5178.63	379.39	9.41
	8	66.57	52.70	5853.22	428.81	8.37
323.9	6	59.89	47.41	7574.41	467.70	11.24
	7	69.65	55.14	8754.84	540.59	11.21
	8	79.35	62.82	9912.63	612.08	11.17
325	6	60.10	47.70	7653.29	470.97	11.28
	7	69.90	55.40	8846.29	544.39	11.25
	8	79.63	63.04	10016.50	616.40	11.21
355.6	6	65.87	52.23	10073.14	566.54	12.36
	7	76.62	60.68	11652.71	655.38	12.33
	8	87.32	69.08	13204.77	742.68	12.25
377	6	69.90	55.40	11079.13	587.75	13.12
	7	81.33	64.37	13932.53	739.13	13.08
	8	92.69	73.30	15795.91	837.98	13.05
	9	104.00	82.18	17628.57	935.20	13.02

续表

尺寸（mm）		截面面积	线密度	截面 特性		
d	t	A（cm^2）	（kg/m）	I（cm^4）	W（cm^3）	i（cm）
406.4	6	75.44	59.75	15132.21	744.70	14.16
	7	87.79	69.45	17523.75	862.39	14.12
	8	100.09	79.10	19879.00	978.30	14.09
	9	112.31	88.70	22198.33	1092.44	14.05
	10	124.47	98.26	24482.10	1204.83	14.02
426	6	79.13	62.65	17464.62	819.94	14.85
	7	92.10	72.83	20231.72	949.85	14.82
	8	105.00	82.97	22958.81	1077.88	14.78
	9	117.84	93.05	25646.28	1206.05	14.75
	10	130.62	103.09	28294.52	1328.38	14.71
457	6	84.97	67.23	21623.66	946.33	15.95
	7	98.91	78.18	25061.79	1096.80	15.91
	8	112.79	89.08	28453.67	1245.24	15.88
	9	126.60	99.94	31799.72	1391.67	15.84
	10	140.36	110.74	35100.34	1536.12	15.81
	11	154.05	121.49	38355.96	1678.60	15.77
	12	167.68	132.19	41566.98	1819.12	15.74
478	6	88.93	70.34	24786.71	1037.10	16.69
	7	103.53	81.81	28736.12	1202.35	16.65
	8	118.06	93.23	32634.79	1365.47	16.62
	9	132.54	104.60	36483.16	1526.49	16.58
	10	146.95	115.92	40281.65	1685.43	16.55
	11	161.30	127.19	44030.71	1842.29	16.52
	12	175.59	138.41	47730.76	1997.10	16.48
508	6	94.58	74.78	29819.20	1173.98	17.75
	7	110.12	86.99	34583.38	1361.55	17.72
	8	125.60	99.15	39290.06	1546.85	17.67
	9	141.02	111.25	43939.68	1729.91	17.65
	10	156.37	123.31	48532.72	1910.74	17.61
	11	171.66	135.32	53069.63	2089.36	17.58
	12	186.89	147.29	57550.87	2265.78	17.54

续表

尺寸（mm）		截面面积	线密度	截面特性		
d	t	A（cm^2）	（kg/m）	I（cm^4）	W（cm^3）	i（cm）
529	6	98.53	77.89	33719.80	1274.85	18.49
	7	114.74	90.61	39116.42	1478.88	18.46
	8	130.88	103.29	44450.54	1680.55	18.42
	9	146.95	115.92	49722.63	1879.87	18.39
	10	162.97	128.49	54933.18	2076.87	18.35
	11	178.92	141.02	60082.67	2271.56	18.32
	12	194.81	153.50	65171.58	2463.95	18.28
	13	210.63	165.93	70200.39	2654.08	18.25
559	6	104.19	82.33	39861.10	1426.16	19.55
	7	121.33	95.79	46254.78	1654.91	19.52
	8	138.41	109.21	52578.45	1881.16	19.48
	9	155.43	122.57	58832.64	2104.92	19.45
	10	172.39	135.89	65017.85	2326.22	19.41
	11	189.28	149.16	71134.58	2545.07	19.39
	12	206.11	162.38	77183.36	2761.48	19.34
	13	222.88	175.55	83164.67	2975.48	19.31
610	6	113.79	89.87	51936.94	1702.85	21.36
	7	132.54	104.60	60294.82	1976.88	21.32
	8	151.22	119.27	68568.97	2248.16	21.29
	9	169.84	133.89	76759.97	2516.72	21.25
	10	188.40	148.47	84868.37	2782.57	21.22
	11	206.89	162.99	92894.73	3045.73	21.18
	12	225.33	177.47	100839.60	3306.22	21.15
	13	243.70	191.90	108703.55	3564.05	21.11
630	6	117.56	92.83	57268.61	1818.05	22.06
	7	136.94	108.05	66494.92	2110.95	22.03
	8	156.25	123.22	75631.80	2401.01	21.99
	9	175.50	138.33	84679.83	2688.25	21.96
	10	194.68	153.40	93639.59	2972.69	21.93
	11	213.80	168.42	102511.65	3254.34	21.89
	12	232.86	183.39	111296.59	3533.23	21.85
	13	251.86	198.31	119994.98	3809.36	21.82

续表

尺寸（mm）		截面面积	线密度	截面特性		
d	t	A（cm^2）	（kg/m）	I（cm^4）	W（cm^3）	i（cm）
660	6	123.21	97.27	65931.44	1997.92	23.12
	7	143.53	113.23	76570.06	2320.31	23.09
	8	163.78	129.13	87110.33	2639.71	23.05
	9	183.97	144.99	97552.85	2956.15	23.02
	10	204.1	160.80	107898.23	3269.64	22.98
	11	224.16	176.56	118147.08	3580.21	22.95
	12	244.17	192.27	128300.00	3887.88	22.91
	13	264.11	207.93	138357.58	4192.65	22.88
711	6	132.82	104.82	82588.87	2323.18	24.93
	7	154.74	122.03	95946.79	2698.93	24.89
	8	176.59	139.20	109190.20	3071.45	24.86
	9	198.39	156.31	122319.78	3440.78	24.82
	10	220.11	173.38	135336.18	3806.93	24.79
	11	241.78	190.39	148240.04	4169.90	24.75
	12	263.38	207.36	161032.02	4529.73	24.72
	13	284.92	224.28	173712.76	4886.44	24.68
720	6	134.52	106.15	85792.25	2383.12	25.25
	7	156.72	123.59	99673.56	2768.71	25.21
	8	177.85	140.97	113437.40	3151.04	25.17
	9	200.93	158.31	127084.44	3530.12	25.14
	10	222.94	175.60	140615.33	3965.98	25.11
	11	244.89	192.84	154030.74	4278.63	25.07
	12	266.77	210.02	167331.32	4648.09	25.04
	13	288.60	227.16	180517.74	5014.38	25.00
762	7	165.95	130.84	118344.40	3106.15	26.69
	8	189.40	149.26	134717.42	3535.90	26.66
	9	212.80	167.63	150959.68	3962.20	26.62
	10	236.13	185.95	167071.28	4385.07	26.59
	11	259.40	204.23	183053.12	4804.54	26.55
	12	282.60	222.45	198905.91	5220.63	26.52
	13	305.74	240.63	214630.33	5633.34	26.49
	14	328.82	258.76	230227.09	6042.71	26.45

续表

尺寸（mm）		截面面积	线密度	截面特性		
d	t	A（cm^2）	（kg/m）	I（cm^4）	W（cm^3）	i（cm）
813	7	177.16	139.64	143981.73	3541.99	28.50
	8	202.22	159.32	163942.66	4033.03	28.46
	9	227.21	178.95	183753.89	4520.39	28.43
	10	252.14	198.53	203416.16	5004.09	28.39
	11	277.01	218.06	222930.23	5484.14	28.36
	12	301.82	237.55	242296.83	5960.56	28.32
	13	326.56	256.98	261516.72	6433.38	28.29
	14	351.24	276.36	280590.63	6902.60	28.25
820	7	178.70	140.85	147765.60	3604.04	28.74
	8	203.97	160.70	168256.44	4103.82	28.71
	9	229.19	180.50	188594.94	4599.88	28.68
	10	254.34	200.26	208781.84	5092.24	28.64
	11	279.43	219.96	228817.91	5580.93	28.60
	12	304.45	239.62	248703.90	6065.95	28.57
	13	329.42	259.22	268440.55	6547.33	28.53
	14	354.32	278.78	288028.62	7025.09	28.50
	15	379.16	298.29	307468.86	7499.24	28.47
	16	413.93	317.75	326766.02	7969.81	28.43
914	8	227.59	179.25	233711.41	5114.04	32.03
	9	255.75	201.37	262061.17	5734.38	32.00
	10	283.86	223.44	290221.72	6350.58	31.96
	11	311.90	245.46	318193.90	6962.67	31.93
	12	339.87	267.44	345978.57	7570.65	31.89
	13	367.79	289.36	373576.55	8174.54	31.86
	14	395.64	311.23	400988.69	8774.37	31.82
	15	423.43	333.06	428215.82	9370.15	31.79
	16	451.16	354.84	455258.77	9961.90	31.75
920	8	229.09	180.44	238385.26	5182.29	32.25
	9	257.45	202.70	267307.72	5811.04	32.21
	10	285.74	224.92	296038.43	6435.62	32.17
	11	313.97	247.06	324578.25	7056.05	32.14
	12	342.13	269.21	352928.00	7672.35	32.11
	13	370.24	291.28	381088.55	8284.53	32.07
	14	398.28	313.31	409060.74	8892.62	32.04
	15	426.26	335.23	436845.40	9496.64	32.00
	16	454.17	357.20	464443.38	10096.60	31.97

续表

尺寸（mm）		截面面积	线密度	截面特性		
d	t	A (cm^2)	(kg/m)	I (cm^4)	W (cm^3)	i (cm)
1020	8	254.21	200.16	325709.29	6386.46	35.78
	9	285.71	229.89	365343.91	7163.61	35.75
	10	317.14	249.58	404741.91	7936.12	35.71
	11	348.51	274.22	443904.22	8704.00	35.68
	12	379.81	298.81	482831.80	9497.29	35.64
	13	411.06	323.34	521525.58	10225.99	35.61
	14	442.24	347.83	559986.50	10980.13	35.57
	15	473.36	372.27	598215.50	11729.72	35.53
	16	504.41	396.66	636213.50	12474.77	35.50
1120	8	279.33	219.89	432113.97	7716.32	39.32
	9	313.97	247.09	484824.62	8657.58	39.28
	10	348.54	274.24	537249.06	9593.73	39.25
	11	383.05	301.35	589388.32	10524.79	39.21
	12	417.49	328.40	641243.45	11450.78	39.18
	13	451.88	355.40	692815.48	12371.71	39.14
	14	486.20	382.36	744105.44	13287.60	39.11
	15	520.46	409.26	795114.35	14198.47	39.07
	16	554.65	436.12	845843.26	15104.34	39.04
1220	10	379.94	298.90	695916.69	11408.47	42.78
	11	417.59	328.47	763623.03	12518.41	42.75
	12	455.17	357.99	830991.12	13622.81	42.71
	13	492.70	387.46	898022.09	14721.67	42.68
	14	530.16	416.88	964717.06	15815.03	42.64
	15	567.56	446.26	1031077.17	16902.90	42.61
	16	604.89	475.57	1097103.53	17985.30	42.57
1420	10	442.74	348.23	1001160.59	15509.30	49.85
	11	486.67	382.73	1208714.17	17024.14	49.82
	12	530.53	417.18	1315807.13	18532.49	49.78
	13	574.34	451.58	1422440.79	20034.38	49.75
	14	618.08	485.94	1528616.74	21529.81	49.71
	15	661.76	520.24	1634335.48	23018.81	49.68
	16	705.37	554.50	1739599.14	24501.40	49.64

（13）热轧圆钢、方钢的规格及截面特性（按 GB 702—86 计算）（见表 2.3-13）。

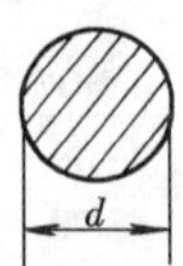

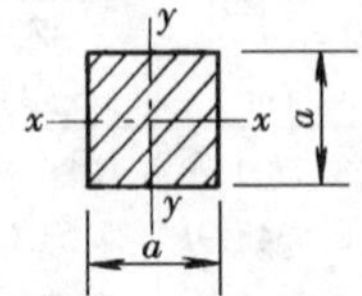

I—截面惯性矩；W—截面抵抗矩；
i—回转半径

表 2.3-13

d 或 a（mm）	圆钢					方钢				
	截面面积（cm^2）	线密度（kg/m）	截面特性			截面面积（cm^2）	线密度（kg/m）	截面特性		
			I（cm^4）	W（cm^3）	i（cm）			I_x（cm^4）	W_x（cm^3）	i_z（cm）
8	0.503	0.395	0.0202	0.0503	0.200	0.640	0.502	0.0341	0.0853	0.231
9	0.636	0.499	0.0322	0.0716	0.225	0.810	0.636	0.0547	0.1215	0.260
10	0.785	0.617	0.0491	0.0982	0.250	1.000	0.785	0.0833	0.1667	0.289
12	1.131	0.888	0.1018	0.1696	0.300	1.440	1.130	0.1728	0.2880	0.346
14	1.539	1.208	0.1886	0.2694	0.350	1.960	1.539	0.3201	0.4573	0.404
15	1.767	1.387	0.2485	0.3313	0.375	2.250	1.766	0.4219	0.5625	0.433
16	2.011	1.578	0.3217	0.4021	0.400	2.560	2.010	0.5461	0.6827	0.462
17	2.270	1.782	0.4100	0.4823	0.425	2.890	2.269	0.6960	0.8188	0.491
18	2.545	1.998	0.5153	0.5726	0.450	3.240	2.543	0.8740	0.9720	0.520
19	2.835	2.226	0.6397	0.6734	0.475	3.610	2.834	1.086	1.143	0.548
20	3.142	2.466	0.7854	0.7854	0.500	4.000	3.140	1.333	1.333	0.577
21	3.464	2.719	0.9547	0.9092	0.525	4.410	3.462	1.621	1.544	0.606
22	3.801	2.984	1.150	1.045	0.550	4.840	3.799	1.952	1.775	0.635
24	4.524	3.551	1.629	1.357	0.600	5.760	4.522	2.765	2.304	0.693
25	4.909	3.853	1.917	1.534	0.625	6.250	4.906	3.255	2.604	0.72
26	5.309	4.168	2.243	1.720	0.650	6.760	5.307	3.808	2.929	0.751
28	6.158	4.834	3.017	2.155	0.700	7.840	6.154	5.122	3.65	0.808
30	7.069	5.549	3.976	2.651	0.750	9.000	7.065	6.750	4.500	0.866
32	8.042	6.313	5.147	3.217	0.800	10.24	8.038	8.738	5.461	0.924
34	9.079	7.127	6.560	3.859	0.850	11.58	9.075	11.14	6.551	0.981
36	10.18	7.990	8.245	4.580	0.900	12.96	10.17	14.00	7.776	1.039

续表

d 或 a (mm)	圆钢 截面面积 (cm^2)	线密度 (kg/m)	截面特性 I (cm^4)	W (cm^3)	i (cm)	方钢 截面面积 (cm^2)	线密度 (kg/m)	截面特性 I_x (cm^4)	W_x (cm^3)	i_z (cm)
38	11.34	8.903	10.24	5.387	0.950	14.44	11.34	17.38	9.145	1.097
40	12.57	9.865	12.57	6.283	1.000	16.00	12.56	21.33	10.67	1.155
42	13.85	10.87	15.27	7.274	1.050	17.64	13.85	25.93	12.35	1.212
45	15.90	12.48	20.13	8.946	1.125	20.25	15.90	34.17	15.19	1.299
48	18.10	14.21	26.08	10.86	1.200	23.04	18.09	44.24	18.43	1.386
50	19.64	15.42	30.68	12.27	1.250	25.00	19.63	52.08	20.83	1.443
52	21.24	16.67	35.89	13.80	1.300	27.04	21.23	60.93	23.43	1.501
60	28.27	22.19	63.62	21.21	1.500	36.00	28.26	108.0	36.00	1.732
63	31.17	24.47	77.33	24.55	1.575	39.69	31.16	131.3	41.67	1.819
65	33.18	26.05	87.62	26.96	1.625	42.25	33.17	148.8	45.77	1.876
68	36.32	28.51	105.0	30.87	1.700	46.24	36.30	178.2	52.41	1.963
70	38.48	30.21	117.9	33.67	1.750	49.00	38.46	200.1	57.17	2.021
75	44.18	34.68	155.3	41.42	1.875	56.25	44.16	263.7	70.31	2.165
80	50.27	39.46	201.1	50.27	2.000	64.00	50.24	341.3	85.33	2.309
85	56.75	44.55	256.2	60.29	2.125	72.25	56.72	435.0	102.4	2.454
90	63.62	49.94	322.1	71.57	2.250	81.00	63.59	546.8	121.5	2.598
95	70.88	55.64	399.8	84.17	2.375	90.25	70.85	678.8	142.9	2.742
100	78.54	61.65	490.9	98.17	2.500	100.0	78.50	833.3	166.7	2.887
105	86.59	67.97	596.7	113.6	2.625	110.3	86.55	1013	192.9	3.031
110	95.03	74.60	718.7	130.7	2.750	121.0	94.99	1220	221.8	3.175
115	103.8	81.50	858.5	149.3	2.875	132.3	103.8	1458	253.5	3.320
120	113.1	88.78	1018	169.6	3.000	144.0	113.0	1728	288.0	3.464
125	122.7	96.33	1198	191.7	3.125	156.3	122.7	2035	325.5	3.608
130	132.7	104.2	1402	215.7	3.250	169.0	132.7	2380	366.2	3.753
140	153.9	120.8	1886	269.4	3.500	196.0	153.9	3201	457.3	4.041
150	176.7	138.7	2485	331.3	3.750	225.0	176.6	4219	562.5	4.330

(14) 热轧扁钢的规格及重量（按 GB 704—1988）（见表 2.3-14）

表 2.3-14

宽度	厚度 t (mm)																				
b	3	4	5	6	7	8	9	10	11	12	14	16	18	20	22	25	28	30	32	36	40
(mm)	线密度 (kg/m)																				
10	0.24	0.31	0.39	0.47	0.55	0.63															
12	0.28	0.38	0.47	0.57	0.66	0.75															
14	0.33	0.44	0.55	0.66	0.77	0.88															
16	0.38	0.50	0.63	0.75	0.88	1.00	1.15	1.26													
18	0.42	0.57	0.71	0.85	0.99	1.13	1.27	1.41													
20	0.47	0.63	0.78	0.94	1.10	1.26	1.41	1.57	1.73	1.88											
22	0.52	0.69	0.86	1.04	1.21	1.38	1.55	1.73	1.90	2.07											
25	0.59	0.78	0.98	1.18	1.37	1.57	1.77	1.96	2.16	2.36	2.75	3.14	—	—	—	—	—	—	—	—	—
28	0.66	0.88	1.10	1.32	1.54	1.76	1.98	2.20	2.42	2.64	3.08	3.53	—	—	—	—	—	—	—	—	—
30	0.71	0.94	1.18	1.41	1.65	1.88	2.12	2.36	2.59	2.83	3.30	3.77	4.24	4.71	—	—	—	—	—	—	—
32	0.75	1.00	1.26	1.51	1.76	2.01	2.26	2.55	2.76	3.01	3.52	4.02	4.52	5.02	—	—	—	—	—	—	—
35	0.82	1.10	1.37	1.65	1.92	2.20	2.47	2.75	3.02	3.30	3.85	4.40	4.95	5.50	6.04	6.87	7.69	—	—	—	—
40	0.94	1.26	1.57	1.88	2.20	2.51	2.83	3.14	3.45	3.77	4.40	5.02	5.65	6.28	6.91	7.58	8.79	—	—	—	—
45	1.06	1.41	1.77	2.12	2.47	2.83	3.18	3.53	3.89	4.24	4.95	5.65	6.36	7.07	7.77	8.83	9.89	10.60	11.30	12.72	—
50	1.18	1.57	1.96	2.36	2.75	3.14	3.53	3.93	4.32	4.71	5.50	6.28	7.06	7.85	8.64	9.81	10.99	11.78	12.56	14.13	—

续表

宽度 b (mm)	厚度 t (mm)																				
	3	4	5	6	7	8	9	10	11	12	14	16	18	20	22	25	28	30	32	36	40
	线密度 (kg/m)																				
55	—	1.73	2.16	2.59	3.02	3.45	3.89	4.32	4.75	5.18	6.04	6.91	7.77	8.64	9.50	10.79	12.09	12.95	13.82	15.54	—
60	—	1.88	2.36	2.83	3.30	3.77	4.24	4.71	5.18	5.65	6.59	7.54	8.48	9.24	10.36	11.78	13.19	14.13	15.07	16.96	18.84
65	—	2.04	2.55	3.06	3.57	4.08	4.59	5.10	5.61	6.12	7.14	8.16	9.18	10.20	11.32	12.76	14.29	15.31	16.33	18.37	20.41
70	—	2.20	2.75	3.30	3.85	4.40	4.95	5.50	6.04	6.59	7.69	8.79	9.80	10.99	12.09	13.74	15.39	16.49	17.58	19.78	21.98
75	—	2.36	2.94	3.35	4.12	4.17	5.30	5.89	6.48	7.07	8.24	9.24	10.60	11.78	12.95	14.72	16.48	17.66	18.84	21.20	23.56
80	—	2.51	3.14	3.77	4.40	5.02	5.65	6.28	3.91	7.54	8.79	10.05	11.30	12.56	13.82	15.70	17.58	18.84	20.10	22.61	25.12
85	—	—	3.34	4.00	4.67	5.34	6.01	6.67	7.34	8.01	9.34	10.58	12.01	13.34	14.68	16.68	18.68	20.02	21.35	24.02	26.69
90	—	—	3.35	4.24	4.95	5.65	6.36	7.07	7.77	8.48	9.89	11.30	12.72	14.13	15.54	17.66	19.78	21.20	22.61	25.43	28.26
95	—	—	3.37	4.47	5.22	5.97	6.71	7.46	8.20	8.95	10.44	11.93	13.42	14.92	16.41	18.64	20.88	22.37	23.86	26.85	29.83
100	—	—	3.92	4.71	5.50	6.28	7.06	7.85	8.64	9.42	10.99	12.56	14.13	15.40	17.27	19.26	21.98	23.55	25.12	28.26	31.40
105	—	—	4.12	4.95	5.77	6.59	7.42	8.24	9.07	9.89	11.54	13.19	14.84	16.48	18.13	20.61	23.08	24.73	26.38	29.67	32.97
110	—	—	4.32	5.18	6.04	6.91	7.77	8.04	9.50	10.36	12.09	13.82	15.54	17.27	19.00	21.59	24.18	25.90	27.63	31.09	34.54
120	—	—	4.71	5.65	6.59	7.54	8.48	9.42	10.36	11.30	13.19	15.07	16.96	18.48	20.72	23.55	26.38	28.26	30.14	33.91	37.68
125	—	—	—	5.89	6.87	7.85	8.83	9.81	10.79	11.78	13.74	15.70	17.66	19.62	21.58	24.53	27.48	29.44	31.40	35.32	39.25
130	—	—	—	6.12	7.14	8.16	9.18	10.20	11.23	12.25	14.29	16.33	18.37	20.41	22.45	25.51	28.57	30.62	32.66	36.74	40.82
140	—	—	—	—	7.69	8.79	9.89	10.99	12.09	13.19	15.39	17.58	19.78	21.93	24.18	27.48	30.77	32.97	35.17	39.56	43.96
150	—	—	—	—	8.24	9.42	10.60	11.78	12.95	14.13	16.48	18.84	21.20	23.55	25.90	29.44	32.97	35.32	37.68	42.39	47.10
160	—	—	—	—	8.79	10.05	11.30	12.56	13.82	15.07	17.58	20.10	22.61	25.12	27.63	31.40	35.17	37.68	40.19	45.22	50.24
170	—	—	—	—	9.34	10.68	12.01	13.34	14.68	16.01	18.68	21.35	24.02	26.64	29.36	33.36	37.37	40.04	42.70	48.04	53.38
180	—	—	—	—	9.89	11.30	12.72	14.13	15.54	16.96	19.78	22.61	25.43	28.26	31.09	35.32	39.56	42.39	45.22	50.87	56.52
190	—	—	—	—	—	—	13.42	14.92	16.41	17.90	20.88	23.86	26.85	29.83	32.81	37.29	41.76	44.74	47.73	53.69	59.66
200	—	—	—	—	—	—	14.13	15.70	17.27	18.84	21.98	25.12	28.26	31.40	34.54	39.25	43.96	47.10	50.24	56.52	62.80

(15)热轧宽翼缘H形钢规格及截面特性(根据GB 11263—1998计算)(见表2.3-15)。

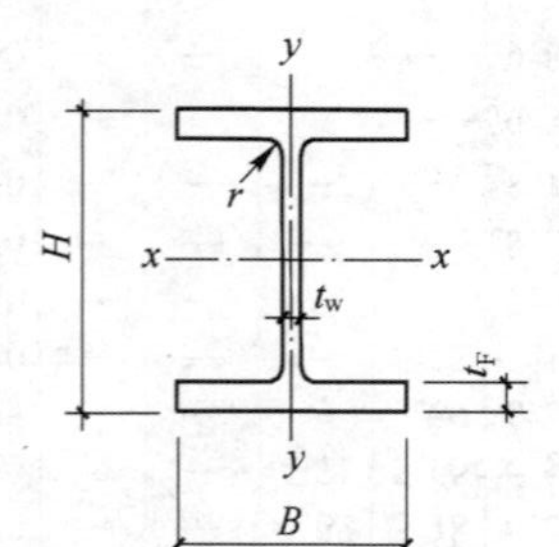

I—截面惯性矩；
W—截面抵抗矩；
i—截面回转半径

表2.3-15

型号	截面尺寸(mm)					截面面积	线密度	截面特性					
								x—x			y—y		
	H	B	t_W	t_F	r	(cm^2)	(kg/m)	I_x(cm^4)	W_x(cm^3)	i_x(cm)	I_y(cm^4)	W_y(cm^3)	i_y(cm)
HK100a	96	100	5.0	8.0	12	21.2	16.7	349	72	4.1	133	25	2.51
b	100	100	6.0	10.0	12	26.0	20.4	449	89	4.2	167	33	2.53
c	120	106	12.0	20.0	12	53.2	41.8	1142	190	4.6	399	75	2.74
HK120a	114	120	5.0	8.0	12	25.3	19.9	606	106	4.9	230	38	3.02
b	120	120	6.5	11.0	12	34.0	26.7	864	144	5.0	317	52	3.06
c	140	126	12.5	21.0	12	66.4	52.1	2017	288	5.5	702	111	3.25
HK140a	133	140	5.5	8.5	12	31.4	24.7	1033	155	5.7	389	55	3.52
b	140	140	7.0	12.0	12	43.0	33.7	1509	215	5.9	549	78	3.58
c	160	146	13.0	22.0	12	80.6	63.2	3291	411	6.4	1144	156	3.77

续表

型号	截面尺寸 (mm)					截面面积 (cm^2)	线密度 (kg/m)	截面特性					
								x—x			y—y		
	H	B	t_W	t_F	r			I_x(cm^4)	W_x(cm^3)	i_x(cm)	I_y(cm^4)	W_y(cm^3)	i_y(cm)
HK160a	152	160	6.0	9.0	15	38.8	30.4	1672	220	6.6	615	76	3.96
b	160	160	8.0	13.0	15	54.4	42.6	2491	311	6.8	889	111	4.05
c	180	166	14.0	23.0	15	97.1	76.2	5098	566	7.2	1758	211	4.26
HK180a	171	180	6.0	9.5	15	45.3	35.5	2510	293	7.4	924	102	4.52
b	180	180	8.5	14.0	15	65.3	51.2	3830	425	7.7	1362	151	4.57
c	200	186	14.5	24.0	15	113.3	88.9	7482	748	8.1	2579	277	4.77
HK200a	190	200	6.5	10.0	18	53.8	42.3	3691	388	8.3	1335	133	4.08
b	200	200	9.0	15.0	18	78.1	61.3	5695	569	8.5	2003	200	5.06
c	220	206	15.0	25.0	18	131.3	103.1	10641	967	9.0	3650	354	5.27
HK220a	210	220	7.0	11.0	18	64.3	50.5	5409	515	9.2	195	177	5.51
b	220	220	9.5	16.0	18	91.0	71.5	8090	735	9.4	2842	258	5.59
c	240	226	15.5	26.0	18	149.4	117.3	14604	1217	9.9	5011	443	5.79
HK240a	230	240	7.5	12.0	21	76.8	60.3	7762	674	10.1	2768	230	6.00
b	240	240	10.0	17.0	21	106.0	83.2	11253	938	10.3	3922	326	6.08
c	270	248	18.0	32.0	21	199.6	156.7	24288	1799	11.0	8152	657	6.39
HK260a	250	260	7.5	12.5	24	86.8	68.2	10453	836	11.0	3666	282	6.50
b	260	260	10.0	17.5	24	118.4	93.0	14918	1147	11.2	5133	394	6.58
c	290	268	18.0	32.5	24	219.6	172.4	31305	2159	11.9	10447	779	6.90
HK280a	270	280	8.0	13.0	24	97.3	76.4	13671	1012	11.5	4761	340	7.00
b	280	280	10.5	18.0	24	131.4	103.4	19268	1376	12.1	6593	470	7.08
c	310	288	18.5	33.0	24	240.2	168.5	39546	2551	12.8	13161	914	7.40

续表

型号	截面尺寸（mm）					截面面积 (cm^2)	线密度 (kg/m)	截面特性					
								x—x			y—y		
	H	B	t_W	t_F	r			$I_x(cm^4)$	$W_x(cm^3)$	$i_x(cm)$	$I_y(cm^4)$	$W_y(cm^3)$	$i_y(cm)$
HK300a	290	300	8.5	14.0	27	112.5	88.3	18261	1259	12.7	6307	420	7.49
b	300	300	11.0	19.0	27	149.1	117.0	25163	1677	13.0	8561	570	7.58
c	320	305	16.0	29.0	27	225.1	176.7	40948	2559	13.5	13734	900	7.81
d	340	310	21.0	39.0	27	303.1	237.9	59198	3482	14.0	19401	1251	8.00
HK320a	305	203	7.8	13.0	27	80.8	63.4	13783	903	13.1	1819	179	4.75
b	311	205	9.6	16.0	27	98.6	77.4	17137	1102	13.2	2306	225	4.84
c	308	254	9.0	14.5	27	105.0	82.4	18619	1209	13.3	3968	312	6.15
d	311	254	9.4	16.0	27	113.8	89.3	20516	1319	13.4	4379	344	6.20
e	310	300	9.0	15.5	27	124.4	97.6	22926	1479	13.6	6983	465	7.49
f	320	300	11.5	20.5	27	161.3	126.7	30821	1926	13.8	9237	615	7.57
g	359	309	21.0	40.0	27	312.0	245.0	68132	3795	14.8	19707	1275	7.95
HK340a	330	300	9.5	16.5	27	133.5	104.8	27690	1678	14.4	7434	455	7.46
b	340	300	12.0	21.5	27	170.9	134.2	36654	2156	14.6	9688	645	7.53
c	377	309	21.0	40.0	27	315.8	247.9	76369	4051	15.6	19709	1275	7.90
HK360a	342	203	7.7	13.5	27	85.3	67.0	18235	1066	14.6	1889	186	4.71
b	345	204	8.5	15.0	27	94.2	74.0	20322	1178	14.7	2130	208	4.76
c	347	205	9.6	16.5	27	104.0	81.7	22391	1290	14.7	2378	232	4.78
d	351	255	10.8	18.0	27	132.1	103.7	29721	1693	15.0	4985	391	6.14
e	359	257	12.8	22.0	27	159	125.3	36920	2056	15.2	6239	485	6.25
f	350	300	10.0	17.5	27	142.8	112.1	33087	1890	15.2	7885	525	7.43
g	360	300	12.5	22.5	27	180.6	141.8	43191	2399	15.5	10139	675	7.49

续表

型号	截面尺寸 (mm)					截面面积 (cm^2)	线密度 (kg/m)	截面特性					
								x—x			y—y		
	H	B	t_W	t_F	r			$I_x(cm^4)$	$W_x(cm^3)$	$i_x(cm)$	$I_y(cm^4)$	$W_y(cm^3)$	$i_y(cm)$
HK360k	395	308	21.0	40.0	27	318.8	250.3	84864	4296	16.3	19520	1267	7.82
HK400a	390	300	11.0	19.0	27	159.0	124.8	45066	2311	16.8	8562	570	7.34
b	400	300	13.5	24.0	27	197.8	155.2	57678	2883	17.1	10817	721	7.40
c	432	307	21.0	40.0	27	325.8	255.7	104116	4820	17.9	19333	1259	7.70
d	452	417	30.0	50.0	27	526.9	415.2	182051	8055	18.6	60533	2903	10.7
e	492	432	45.0	70.0	27	769.5	604.0	289894	11784	19.4	94376	4369	11.1
HK430a	415	260	10.0	17.0	27	132.8	104.2	41765	2012	17.7	4990	383	6.13
b	420	261	11.2	19.5	27	160.7	118.3	48140	2292	17.9	5791	443	6.20
c	431	265	14.8	25.0	27	195.1	153.2	63620	2952	18.1	7775	586	6.31
d	425	203	13.5	22.0	27	147.0	115.4	44652	2101	17.4	3085	303	4.56
HK450a	440	300	11.5	21.0	27	176.0	139.7	63718	2896	18.9	9463	630	7.29
b	450	300	14.0	26.0	27	218.0	171.1	79884	3550	19.1	11719	781	7.33
c	473	307	21.0	40.0	27	335.4	263.3	131481	5501	19.8	19337	1259	7.59
HK550a	490	300	12.0	23.0	27	197.5	155.1	86971	3549	21.0	10365	691	7.24
b	500	300	14.5	28.0	27	238.6	187.3	107172	4286	21.2	12622	841	7.27
c	524	306	21.0	40.0	27	344.3	270.3	161926	6180	21.7	19153	1251	7.46
HK550a	540	300	12.5	24.0	27	211.8	166.2	111928	4145	23.0	10817	721	7.15
b	550	300	15.0	29.0	27	254.1	199.4	136687	4970	23.2	13075	871	7.17
c	572	306	21.0	40.0	27	354.4	278.2	197980	6922	23.6	19156	1252	7.35

续表

型号	截面尺寸(mm)					截面面积(cm²)	线密度(kg/m)	截面特性					
								$x—x$			$y—y$		
	H	B	t_W	t_F	r			$I_x(cm^4)$	$W_x(cm^3)$	$i_x(cm)$	$I_y(cm^4)$	$W_y(cm^3)$	$i_y(cm)$
HK600a	590	300	13.0	25.0	27	226.5	177.8	141204	4786	25.0	11269	751	7.05
b	600	300	15.5	30.0	27	270.0	211.9	171037	5701	25.2	13528	901	7.08
c	620	305	21.0	40.0	27	363.7	285.5	237443	7659	25.6	18973	1244	7.22
HK650a	640	300	13.5	26.0	27	241.6	189.7	175174	5474	26.9	11722	781	6.97
b	650	300	16.0	31.0	27	286.3	224.8	210612	6480	27.1	13982	932	6.99
c	668	305	21.0	40.0	27	373.7	293.4	281663	8433	27.5	18977	1244	7.13
HK700a	690	300	14.5	27.0	27	260.5	204.5	215296	6240	28.7	12177	811	6.84
b	700	300	17.0	32.0	27	306.4	240.5	256883	7339	29.0	14439	962	6.87
c	716	304	21.0	40.0	27	383.0	300.7	329273	9197	29.3	18795	1236	7.01
HK800a	790	300	15.0	28.0	30	285.8	224.4	303435	7681	32.6	12636	842	6.65
b	800	300	17.5	33.0	30	334.2	262.3	359076	8976	32.8	14901	993	6.68
c	814	303	21.0	40.0	30	404.3	317.3	442590	10874	33.1	18624	1229	6.69
HK900a	890	300	16.0	30.0	30	320.5	251.6	422066	9484	36.3	13545	903	6.50
b	900	300	18.5	35.0	30	371.3	291.4	494056	10979	36.5	15813	1054	6.53
c	910	302	21.0	40.0	30	423.6	332.5	570425	12536	36.7	18449	1221	6.60

(16)热轧窄翼缘H形钢规格及截面特性(根据GB 11263—89计算)(见表2.3-16)。

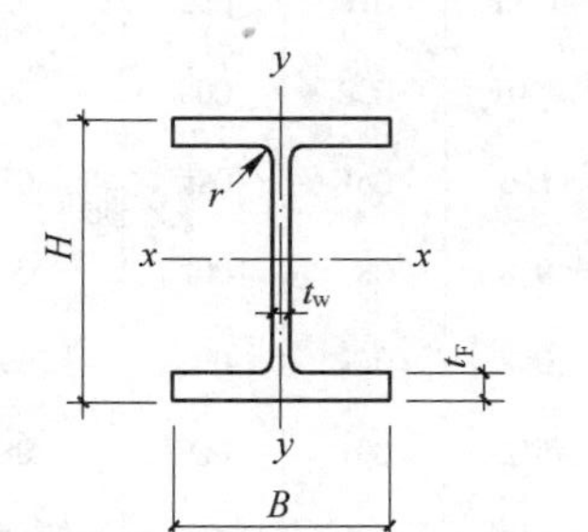

I—截面惯性矩;
W—截面抵抗矩;
i—截面回转半径

表 2.3-16

型号	截面尺寸 (mm)					截面面积 (cm^2)	线密度 (kg/m)	截面特性					
								x—x			y—y		
	H	B	t_W	t_F	r			I_x(cm^4)	W_x(cm^3)	i_x(cm)	I_y(cm^4)	W_y(cm^3)	i_y(cm)
HZ80	80	46	3.8	5.2	5	7.6	6.0	80	20	3.2	8	3	1.04
HZ100	100	55	4.1	5.7	7	10.3	8.1	171	34	4.0	15	5	1.23
HZ120	120	64	4.4	6.3	7	13.2	10.4	317	52	4.9	27	8	1.45
HZ140	140	73	4.7	6.9	7	16.4	12.9	541	77	5.7	44	12	1.65
HZ160	160	82	5.0	7.4	9	20.1	15.8	860	108	6.6	68	16	1.84

续表

型号	截面尺寸 (mm)					截面面积 (cm^2)	线密度 (kg/m)	截面特性					
								x—x			y—y		
	H	B	t_W	t_F	r			I_x(cm^4)	W_x(cm^3)	i_x(cm)	I_y(cm^4)	W_y(cm^3)	i_y(cm)
HZ180	180	91	5.3	8.0	9	23.9	18.8	1316	146	7.4	100	22	2.05
HZ200	200	100	5.6	8.5	12	28.5	22.4	1943	194	8.3	142	28	2.24
HZ220	220	110	5.9	9.2	12	33.4	26.2	2771	251	9.1	204	37	2.43
HZ240	240	120	6.2	9.8	15	39.1	30.7	3891	324	10.0	283	47	2.69
HZ270	270	135	6.6	10.2	15	45.9	36.1	5789	428	11.2	419	62	3.02
HZ300	300	150	7.1	10.7	15	53.8	42.2	8355	557	12.5	603	80	3.35
HZ330	330	160	7.5	11.5	18	62.6	49.1	11766	713	13.7	787	98	3.55
HZ360	360	170	8.0	12.7	18	72.7	57.1	16264	903	15.0	1043	122	3.79
HZ400	400	180	8.6	13.5	21	84.5	66.3	23127	1156	16.5	1317	146	3.95
HZ450	450	190	9.4	14.6	21	98.8	77.6	33741	1499	18.5	1675	176	4.12
HZ500	500	200	10.2	16.0	21	115.5	90.7	48197	1927	20.4	2141	214	4.31
HZ550	550	210	11.1	17.2	21	134.4	105.5	67114	2440	22.3	2666	253	4.45
HZ600	600	220	12.0	19.0	24	156.0	122.4	92080	3069	24.3	3386	307	4.66

(17)宽、中、窄翼缘 H 形钢规格及截面特性(根据 GB/T 11263—1998)(见表 2.3-17)。

表 2.3-17

类别	型号(高度×宽度)	截面尺寸(mm)				截面面积(cm^2)	线密度(kg/m)	截面特性参数					
								惯性矩(cm^4)		惯性半径(cm)		截面模数(cm^3)	
		$H\times B$	t_1	t_2	r			I_x	I_y	i_x	i_y	W_x	W_y
HW	100×100	100×100	6	8	10	21.90	17.2	383	134	4.18	2.47	76.5	26.7
	125×125	125×125	6.5	9	10	30.31	23.8	847	294	5.29	3.11	136	47.0
	150×150	150×150	7	10	13	40.55	31.9	1660	564	6.39	3.73	221	75.1
	175×175	175×175	7.5	11	13	51.43	40.3	2900	984	7.50	4.37	331	112
	200×200	200×200	8	12	16	64.28	50.5	4770	1600	8.61	4.99	477	160
		# 200×204	12	12	16	72.28	56.7	5030	1700	8.35	4.85	503	167
	250×250	250×250	9	14	16	92.18	72.4	10800	3650	10.8	6.29	867	292
		# 250×255	14	14	16	104.7	82.2	11500	3880	10.5	6.09	919	304
	300×300	# 294×302	12	12	20	108.3	85.0	17000	5520	12.5	7.14	1160	365
		300×300	10	15	20	120.4	94.5	20500	6760	13.1	7.49	1370	450
		300×305	15	15	20	135.4	106	21600	7100	12.6	7.24	1440	466
	350×350	# 344×348	10	16	20	146.0	115	33300	11200	15.1	8.78	1940	646
		350×350	12	19	20	173.9	137	40300	13600	15.2	8.84	2300	776
	400×400	# 388×402	15	15	24	179.2	141	49200	16300	16.6	9.52	2540	809
		# 394×398	11	18	24	187.6	147	56400	18900	17.3	10.0	2860	951
		400×400	13	21	24	219.5	172	66900	22400	17.5	10.1	3340	1120
		# 400×408	21	21	24	251.5	197	71100	23800	16.8	9.73	3560	1170
		# 414×405	18	28	24	296.2	233	93000	31000	17.7	10.2	4490	1530

续表

类别	型号（高度×宽度）	截面尺寸(mm)				截面面积(cm^2)	线密度(kg/m)	截面特性参数					
								惯性矩(cm^4)		惯性半径(cm)		截面模数(cm^3)	
		$H \times B$	t_1	t_2	r			I_x	I_y	i_x	i_y	W_x	W_y
HW	400×400	#428×407	20	35	24	361.4	284	119000	39400	18.2	10.4	5580	1930
		*458×417	30	50	24	529.3	415	187000	60500	18.8	10.7	8180	2900
		L*498×432	45	70	24	770.8	605	298000	94400	19.7	11.1	12000	4370
HM	150×100	148×100	6	9	13	27.25	21.4	1040	151	6.17	2.35	140	30.2
	200×150	194×150	6	9	16	39.76	31.2	2740	508	8.30	3.57	283	67.7
	250×175	244×175	7	11	16	56.24	44.1	6120	985	10.4	4.18	502	113
	300×200	294×200	8	12	20	73.03	57.3	11400	1600	12.5	4.69	779	160
	350×250	340×250	9	14	20	101.5	79.7	21700	3650	14.6	6.00	1280	292
	400×300	390×300	10	16	24	136.7	107	38900	7210	16.9	7.26	2000	481
	450×300	440×300	11	18	24	157.4	124	56100	8110	18.9	7.18	2550	541
	500×300	482×300	11	15	28	146.4	115	60800	6770	20.4	6.80	2520	451
		488×300	11	18	28	164.4	129	71400	8120	20.8	7.03	2930	541
	600×300	582×300	12	17	28	174.5	137	103000	7670	24.3	6.63	3530	511
		588×300	12	20	28	192.5	151	118000	9020	24.8	6.85	4020	601
		#594×302	14	23	28	222.4	175	137000	10600	24.9	6.90	4620	710

续表

类别	型号（高度×宽度）	截面尺寸(mm)				截面面积(cm^2)	线密度(kg/m)	截面特性参数					
								惯性矩(cm^4)		惯性半径(cm)		截面模数(cm^3)	
		$H\times B$	t_1	t_2	r			I_x	I_y	i_x	i_y	W_x	W_y
HN	100×50	100×50	5	7	10	12.16	9.54	192	14.9	3.98	1.11	38.5	5.96
	125×60	125×60	6	8	10	17.01	13.3	417	29.3	4.95	1.31	66.8	9.75
	150×75	150×75	5	7	10	18.16	14.3	679	49.6	6.12	1.65	90.6	13.2
	175×90	175×90	5	8	10	23.21	18.2	1220	97.6	7.26	2.05	140	21.7
	200×100	198×99	4.5	7	13	23.59	18.5	1610	114	8.27	2.20	163	23.0
		200×100	5.5	8	13	27.57	21.7	1880	134	8.25	2.21	188	26.8
	250×125	248×124	5	8	13	32.89	25.8	3560	255	10.4	2.78	287	41.1
		250×125	6	9	13	37.87	29.7	4080	294	10.4	2.79	326	47.0
	300×150	298×149	5.5	8	16	41.55	32.6	6460	443	12.4	3.26	433	59.4
		300×150	6.5	9	16	47.53	37.3	7350	508	12.4	3.27	490	67.7
	350×175	346×174	6	9	16	53.19	41.8	11200	792	14.5	3.86	649	91.0
		350×175	7	11	16	63.66	50.0	13700	985	14.7	3.93	782	113
	#400×150	#400×150	8	13	16	71.12	55.8	18800	734	16.3	3.21	942	97.9
	400×200	396×199	7	11	16	72.16	56.7	20000	1450	16.7	4.48	1010	145
		400×200	8	13	16	84.12	66.0	23700	1740	16.8	4.54	1190	174
	#450×150	#450×150	9	14	20	83.41	65.5	27100	793	18.0	3.08	1200	106
	450×200	446×199	8	12	20	84.95	66.7	29000	1580	18.5	4.31	1300	159
		450×200	9	14	20	97.41	76.5	33700	1870	18.6	4.38	1500	187
	#500×150	#500×150	10	16	20	98.23	77.1	38500	907	19.8	3.04	1540	121
	500×200	496×199	9	14	20	101.3	79.5	41900	1840	20.3	4.27	1690	185

续表

类别	型号(高度×宽度)	截面尺寸(mm)				截面面积(cm^2)	线密度(kg/m)	截面特性参数					
								惯性矩(cm^4)		惯性半径(cm)		截面模数(cm^3)	
		$H\times B$	t_1	t_2	r			I_x	I_y	i_x	i_y	W_x	W_y
HN	500×200	500×200	10	16	20	114.2	89.6	47800	2140	20.5	4.33	1910	214
		#506×201	11	19	20	131.3	103	56500	2580	20.8	4.43	2230	257
	600×200	596×199	10	15	24	121.2	95.1	69300	1980	23.9	4.04	2330	199
		600×200	11	17	24	135.2	106	78200	2280	24.1	4.11	2610	228
		#606×201	12	20	24	153.3	120	91000	2720	24.4	4.21	3000	271
	700×300	#692×300	13	20	28	211.5	166	172000	9020	28.6	6.53	4980	602
		700×300	13	24	28	235.5	185	201000	10800	29.3	6.78	5760	722
	*800×300	*792×300	14	22	28	243.4	191	254000	9930	32.3	6.39	6400	662
		*800×300	14	26	28	267.4	210	292000	11700	33.0	6.62	7290	782
	*900×300	*890×299	15	23	28	270.9	213	345000	10300	35.7	6.16	7760	688
		*900×300	16	28	28	309.8	243	411000	12600	36.4	6.39	9140	843
		*912×302	18	34	28	364.0	286	498000	15700	37.0	6.56	10900	1040

注：1.“#”表示的规格为非常用规格。

2.“*”表示的规格，目前国内尚未生产。

3.型号属同一范围的产品，其内侧尺寸高度是一致的。

4.截面面积计算公式为“$t_1(H-2t_2)+2Bt_2+0.858r^2$”。

（18）H形钢桩规格及截面特性（根据GB/T 11263—1998）（见表2.3-18）。

表2.3-18

类别	型号（高度×宽度）	截面尺寸(mm)				截面面积（cm^2）	线密度（kg/m）	截面特性参数						
								惯性矩(cm^4)		惯性半径(cm)		截面模数(cm^3)		表面面积（m^2/m）
		$H\times B$	t_1	t_2	r			I_x	I_y	i_x	i_y	W_x	W_y	
HP	200×200	200×204	12	12	16	72.28	56.7	5030	1700	8.35	4.85	503	167	1.16
	250×250	244×252	11	11	16	82.05	64.4	8790	2940	10.4	5.98	720	233	1.45
		250×255	14	14	16	104.7	82.2	11500	3880	10.5	6.09	919	304	1.46
	300×300	294×302	12	12	20	108.3	85.0	17000	5520	12.5	7.13	1150	365	1.74
		300×300	10	15	20	120.4	94.5	20500	6760	13.1	7.49	1370	450	1.75
		300×305	15	15	20	135.4	106	21600	7110	12.6	7.24	1440	466	1.76
	350×350	338×351	13	13	20	135.3	106	28200	9380	14.4	8.33	1670	535	2.02
		344×354	16	16	20	166.6	131	35300	11800	14.6	8.43	2050	669	2.04
		350×350	12	19	20	173.9	137	40300	13600	15.2	8.84	2300	776	2.04
		350×357	19	19	20	198.4	156	42800	14400	14.7	8.53	2450	809	2.06

续表

类别	型号（高度×宽度）	截面尺寸(mm)				截面面积（cm^2）	线密度（kg/m）	截面特性参数						
								惯性矩(cm^4)		惯性半径(cm)		截面模数(cm^3)		表面面积（m^2/m）
		$H\times B$	t_1	t_2	r			I_x	I_y	i_x	i_y	W_x	W_y	
HP	400×400	388×402	15	15	24	179.2	141	49200	16300	16.6	9.52	2540	809	2.31
		394×405	18	18	24	215.2	169	59900	20000	16.7	9.63	3040	986	2.33
		400×400	13	21	24	219.5	172	66900	22400	17.5	10.1	3340	1120	2.33
		400×408	21	21	24	251.5	197	71100	23800	16.8	9.73	3560	1170	2.35
		414×405	18	28	24	296.2	233	93000	31000	17.7	10.2	4490	1530	2.37
		428×407	20	35	24	361.4	284	119000	39400	18.2	10.4	5580	1930	2.40
	*500×500	*492×465	15	20	28	260.5	204	118000	33500	21.3	11.4	4810	1440	2.77
		*502×465	15	25	28	307.0	241	147000	41900	21.9	11.7	5860	1800	2.79
		*502×470	20	25	28	332.1	261	152000	43300	21.4	11.4	6070	1840	2.80

注：1．“*”表示的规格，目前国内尚未生产。

2．型号属同一范围的产品，其内侧尺寸高度是一致的。

3．截面面积计算公式为“$t_1(H-2t_2)+2Bt_2+0.858r^2$”。

（19）部分T形截面钢规格及截面特性（根据GB/T 11263—1998）（见表2.3-19）。

表 2.3-19

类别	型号（高度×宽度）	截面尺寸(mm)					截面面积（cm^2）	线密度（kg/m）	截面特性参数							对应H型钢系列
									惯性矩（cm^4）		惯性半径（cm）		截面模数（cm^3）		重心（cm）	
		h	B	t_1	t_2	r			I_x	I_y	i_x	i_y	W_x	W_y	C_x	型号
TW	50×100	50	100	6	8	10	10.95	8.56	16.1	66.9	1.21	2.47	4.03	13.4	1.00	100×100
	62.5×125	62.5	125	6.5	9	10	15.16	11.9	35.0	147	1.52	3.11	6.91	23.5	1.19	125×125
	75×150	75	150	7	10	13	20.28	15.9	66.4	282	1.81	3.73	10.8	37.6	1.37	150×150
	87.5×175	87.5	175	7.5	11	13	25.71	20.2	115	492	2.11	4.37	15.9	56.2	1.55	175×175
	100×200	100	200	8	12	16	32.14	25.2	185	801	2.40	4.99	22.3	80.1	1.73	200×200
		#100	204	12	12	16	36.14	28.3	256	851	2.66	4.85	32.4	83.5	2.09	
	125×250	125	250	9	14	16	46.09	36.2	412	1820	2.99	6.29	39.5	146	2.08	250×250
		#125	255	14	14	16	52.34	41.1	589	1940	3.36	6.09	59.4	152	2.58	
	150×300	#147	302	12	12	20	54.16	42.5	858	2760	3.98	7.14	72.3	183	2.83	300×300
		150	300	10	15	20	60.22	47.3	798	3380	3.64	7.49	63.7	225	2.47	
		150	305	15	15	20	67.72	53.1	1110	3550	4.05	7.24	92.5	233	3.02	
	175×350	#172	348	10	16	20	73.00	57.3	1230	5620	4.11	8.78	84.7	323	2.67	350×350
		175	350	12	19	20	86.94	68.2	1520	6790	4.18	8.84	104	388	2.86	

续表

类别	型号（高度×宽度）	截面尺寸(mm)					截面面积（cm^2）	线密度（kg/m）	截面特性参数							对应H型钢系列
									惯性矩（cm^4）		惯性半径（cm）		截面模数（cm^3）		重心（cm）	
		h	B	t_1	t_2	r			I_x	I_y	i_x	i_y	W_x	W_y	C_x	型号
TW	200×400	#194	402	15	15	24	89.62	70.3	2480	8130	5.26	9.52	158	405	3.69	400×400
		#197	398	11	18	24	93.80	73.6	2050	9460	4.67	10.0	123	476	3.01	
		200	400	13	21	24	109.7	86.1	2480	11200	4.75	10.1	147	560	3.21	
		#200	408	21	21	24	125.7	98.7	3650	11900	5.39	9.73	229	584	4.07	
		#207	405	18	28	24	148.1	116	3620	15500	4.95	10.2	213	766	3.68	
		#214	407	20	35	24	180.7	142	4380	19700	4.92	10.4	250	967	3.90	
TM	74×100	74	100	6	9	13	13.63	10.7	51.7	75.4	1.95	2.35	8.80	15.1	1.55	150×100
	97×150	97	150	6	9	16	19.88	15.6	125	254	2.50	3.57	15.8	33.9	1.78	200×150
	122×175	122	175	7	11	16	28.12	22.1	289	492	3.20	4.18	29.1	56.3	2.27	250×175
	147×200	147	200	8	12	20	36.52	28.7	572	802	3.96	4.69	48.2	80.2	2.82	300×200
	170×250	170	250	9	14	20	50.76	39.9	1020	1830	4.48	6.00	73.1	146	3.09	350×250
	200×300	195	300	10	16	24	68.37	53.7	1730	3600	5.03	7.26	108	240	3.40	400×300
	220×300	220	300	11	18	24	78.69	61.8	2680	4060	5.84	7.18	150	270	4.05	450×300
	250×300	241	300	11	15	28	73.23	57.5	3420	3380	6.83	6.80	178	226	4.90	500×300
		244	300	11	18	28	82.23	64.5	3620	4060	6.64	7.03	184	271	4.65	
	300×300	291	300	12	17	28	87.25	68.5	6360	3830	8.54	6.63	280	256	6.39	600×300
		294	300	12	20	28	96.25	75.5	6710	4510	8.35	6.85	288	301	6.08	
		#297	302	14	23	28	111.2	87.3	7920	5290	8.44	6.90	339	351	6.33	

续表

类别	型号（高度×宽度）	截面尺寸(mm)					截面面积（cm^2）	线密度（kg/m）	截面特性参数							对应H型钢系列
									惯性矩（cm^4）		惯性半径（cm）		截面模数（cm^3）		重心（cm）	
		h	B	t_1	t_2	r			I_x	I_y	i_x	i_y	W_x	W_y	C_x	型号
TN	50×50	50	50	5	7	10	6.079	4.79	11.9	7.45	1.40	1.11	3.18	2.98	1.27	100×50
	62.5×60	62.5	60	6	8	10	8.499	6.67	27.5	14.6	1.80	1.31	5.96	4.88	1.63	125×60
	75×75	75	75	5	7	10	9.079	7.14	42.7	24.8	2.17	1.65	7.46	6.61	1.78	150×75
	87.5×90	87.5	90	5	8	10	11.60	9.11	70.7	48.8	2.47	2.05	10.4	10.8	1.92	175×90
	100×100	99	99	4.5	7	13	11.80	9.26	94.0	56.9	2.82	2.20	12.1	11.5	2.13	200×100
		100	100	5.5	8	13	13.79	10.8	115	67.1	2.88	2.21	14.8	13.4	2.27	
	125×125	124	124	5	8	13	16.45	12.9	208	128	3.56	2.78	21.3	20.6	2.62	250×125
		125	125	6	9	13	18.94	14.8	249	147	3.62	2.79	25.6	23.5	2.78	
	150×150	149	149	5.5	8	16	20.77	16.3	395	221	4.36	3.26	33.8	29.7	3.22	300×150
		150	150	6.5	9	16	23.76	18.7	465	254	4.42	3.27	40.0	33.9	3.38	
	175×175	173	174	6	9	16	26.60	20.9	681	396	5.06	3.86	50.0	45.5	3.68	350×175
		175	175	7	11	16	31.83	25.0	816	492	5.06	3.93	59.3	56.3	3.74	

续表

类别	型号（高度×宽度）	截面尺寸(mm)					截面面积（cm^2）	线密度（kg/m）	截面特性参数							对应H型钢系列
									惯性矩（cm^4）		惯性半径（cm）		截面模数（cm^3）		重心（cm）	
		h	B	t_1	t_2	r			I_x	I_y	i_x	i_y	W_x	W_y	C_x	型号
TN	200×200	198	199	7	11	16	36.08	28.3	1190	724	5.76	4.48	76.4	72.7	4.17	400×200
		200	200	8	13	16	42.06	33.0	1400	868	5.76	4.54	88.6	86.8	4.23	
	225×200	223	199	8	12	20	42.54	33.4	1880	790	6.65	4.31	109	79.4	5.07	450×200
		225	200	9	14	20	48.71	38.2	2160	936	6.66	4.38	124	93.6	5.13	
	250×200	248	199	9	14	20	50.64	39.7	2840	922	7.49	4.27	150	92.7	5.90	500×200
		250	200	10	16	20	57.12	44.8	3210	1070	7.50	4.33	169	107	5.96	
		#253	201	11	19	20	65.65	51.5	3670	1290	7.48	4.43	190	128	5.95	
	300×200	298	199	10	15	24	60.62	47.6	5200	991	9.27	4.04	236	100	7.76	600×200
		300	200	11	17	24	67.60	53.1	5820	1140	9.28	4.11	262	114	7.81	
		#303	201	12	20	24	76.63	60.1	6580	1360	9.26	4.21	292	135	7.76	

注："#"表示的规格为非常用规格。

（20）焊接工字钢的截面特性（见表 2.3-20）。

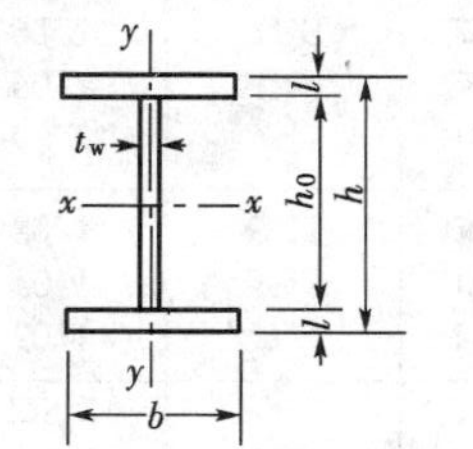

I—截面惯性矩；
W—截面模量；
S—半截面面积矩；
i—截面回转半径

表 2.3-20

尺寸 (mm)			截面面积	线密度	截面特性						
					x－x 轴				y－y 轴		
h	$h_0 \times t_w$	$b \times t$	A (cm^2)	(kg/m)	I_x (cm^4)	W_x (cm^3)	i_x (cm)	S_x (cm^3)	I_y (cm^4)	W_y (cm^3)	i_y (cm)
300	280×6	200	56.8	44.6	9511	634.1	12.94	348.8	1334	133.4	4.85
		250×10	66.8	52.4	11614	774.3	13.19	421.3	2605	208.4	6.24
		300	76.8	60.3	13718	914.5	13.36	493.8	4501	300.0	7.66
	276×6	200	64.6	50.7	11010	734.0	13.06	402.7	1600	160.0	4.98
		250×12	76.6	60.1	13500	900.0	13.28	489.1	3125	250.0	6.39
		300	88.6	69.5	15990	1066	13.44	575.5	5400	360.0	7.81
	268×8	200	70.1	55.0	11361	757.4	12.73	421.8	1601	160.1	4.78
		250×12	82.1	64.4	13850	923.4	12.99	508.2	3126	250.1	6.17
		300	94.1	73.9	16340	1089	13.18	594.6	5401	360.1	7.58

续表

尺寸（mm）			截面面积	线密度	截面特性						
					x－x 轴				y－y 轴		
h	$h_0 \times t_w$	$b \times t$	A (cm²)	(kg/m)	I_x (cm⁴)	W_x (cm³)	i_x (cm)	S_x (cm³)	I_y (cm⁴)	W_y (cm³)	i_y (cm)
300	268×8	200 250×16 300	85.4 101.4 117.4	67.1 79.6 92.2	14202 17432 20661	946.8 1162 1377	12.89 13.11 13.26	526.2 639.8 753.4	2134 4168 7201	213.4 333.4 480.1	5.00 6.41 7.83
	276×10	200 250×12 300	75.6 87.6 99.6	59.3 68.8 78.2	11711 14201 16691	780.7 946.7 1113	12.45 12.73 12.95	440.8 527.2 613.6	1602 3127 5402	160.2 250.2 360.2	4.60 5.97 7.36
	268×10	200 250×16 300	90.8 106.8 122.8	71.3 83.8 96.4	14523 17752 20982	968.2 1183 1399	12.65 12.89 13.07	544.2 657.8 771.4	2136 4169 7202	213.6 333.5 480.1	4.85 6.25 7.66
	268×12	200 250×16 300	96.2 112.2 128.2	75.5 88.0 100.6	14843 18073 21303	989.6 1205 1420	12.42 12.69 12.89	562.1 675.7 789.3	2137 4171 7204	213.7 333.6 480.3	4.71 6.10 7.50
360	340×6	200 250×10 300	60.4 70.4 80.4	47.4 55.3 63.1	14219 17282 20345	789.9 960.1 1130	15.34 15.67 15.91	436.7 524.2 611.7	1334 2605 4501	133.4 208.4 300.0	4.70 6.08 7.48
	336×6	200 250 300 ×12 350	68.2 80.2 92.2 104.2	53.5 62.9 72.3 81.8	16435 20069 23704 27339	913.0 1115 1317 1519	15.53 15.82 16.04 16.20	502.3 606.7 711.1 815.5	1601 3126 5401 8576	160.1 250.0 360.0 490.0	4.85 6.24 7.66 9.07

续表

尺寸（mm）			截面面积	线密度	截面特性						
					$x-x$ 轴				$y-y$ 轴		
h	$h_0 \times t_w$	$b \times t$	A （cm^2）	（kg/m）	I_x （cm^4）	W_x （cm^3）	i_x （cm）	S_x （cm^3）	I_y （cm^4）	W_y （cm^3）	i_y （cm）
360	336×8	200×12	74.9	58.8	17067	948.2	15.10	530.5	1601	160.1	4.62
		250×12	86.9	68.2	20702	1150	15.44	634.9	3126	250.1	6.00
		300×12	98.9	77.6	24336	1352	15.49	739.3	5401	360.1	7.39
		350×12	110.9	87.0	27971	1554	15.88	843.7	8576	490.1	8.79
	328×8	200×16	90.2	70.8	21300	1183	15.36	658.0	2135	213.5	4.86
		250×16	106.2	83.4	26037	1446	15.65	795.6	4168	333.4	6.26
		300×16	122.2	96.0	30774	1710	15.87	933.2	7201	480.1	7.68
		350×16	138.2	108.5	35510	1973	16.03	1071	11435	653.4	9.09
	336×10	200×12	81.6	64.1	17699	983.3	14.73	558.7	1603	160.3	4.43
		250×12	93.6	73.5	21334	1185	15.10	663.1	3128	250.2	5.78
		300×12	105.6	82.9	24968	1387	15.38	767.5	5403	360.2	7.15
		350×12	117.6	92.3	28603	1589	15.60	871.9	8578	490.2	8.54
	328×10	200×16	96.8	76.0	21888	1216	15.04	684.9	2136	213.6	4.70
		250×16	112.8	88.5	26625	1479	15.36	822.5	4169	333.6	6.08
		300×16	128.8	101.1	31362	1742	15.60	960.1	7203	480.2	7.48
		350×16	144.8	113.7	36099	2005	15.79	1098	11436	653.5	8.89
	328×12	200×16	103.4	81.1	22476	1249	14.75	711.8	2138	213.8	4.55
		250×16	119.4	93.7	27213	1512	15.10	849.4	4171	333.7	5.91
		300×16	135.4	106.3	31950	1775	15.36	987.0	7205	480.3	7.30
		350×16	151.4	118.8	36687	2038	15.57	1125	11438	653.6	8.69

续表

尺寸（mm）			截面面积	线密度	截面特性						
					x－x 轴				y－y 轴		
h	$h_0 \times t_w$	$b \times t$	A (cm^2)	(kg/m)	I_x (cm^4)	W_x (cm^3)	i_x (cm)	S_x (cm^3)	I_y (cm^4)	W_y (cm^3)	i_y (cm)
360	320×12	200×20	118.4	92.9	26423	1468	14.94	833.6	2671	267.1	4.75
		250×20	138.4	108.6	32210	1789	15.26	1004	5213	417.0	6.14
		300×20	158.4	124.3	37997	2111	15.49	1174	9005	600.3	7.54
		350×20	178.4	140.0	43783	2432	15.67	1344	14296	816.9	8.95
400	380×6	200×10	62.8	49.3	17957	897.8	16.91	498.3	1334	133.4	4.61
		250×10	72.8	57.1	21760	1088	17.29	595.8	2605	208.4	5.98
		300×10	82.8	65.0	25564	1278	17.57	693.3	4501	300.0	7.37
	376×6	200×12	70.6	55.4	20729	1036	17.14	571.6	1601	160.1	4.76
		250×12	82.6	64.8	25247	1262	17.49	688.0	3126	250.1	6.15
		300×12	94.6	74.2	29764	1488	17.74	804.4	5401	360.0	7.56
		350×12	106.6	83.6	34282	1714	17.94	920.8	8576	490.0	8.97
	376×8	200×12	78.1	61.3	21615	1081	16.64	607.0	1602	160.2	4.53
		250×12	90.1	70.7	26133	1307	17.03	723.4	3127	250.1	5.89
		300×12	102.1	80.1	30650	1533	17.33	839.8	5402	360.1	7.27
		350×12	114.1	89.6	35168	1758	17.56	956.2	8577	490.1	8.67
	368×8	200×16	93.4	73.4	26929	1346	16.98	749.8	2135	213.5	4.78
		250×16	109.4	85.9	32831	1642	17.32	903.4	4168	333.5	6.71
		300×16	125.4	98.5	38732	1937	17.57	1057	7202	480.1	7.58
		350×16	141.4	111.0	44634	2232	17.76	1211	11435	653.4	8.99

续表

尺寸（mm）			截面面积	线密度	截面特性						
					x－x 轴				y－y 轴		
h	$h_0 \times t_w$	$b \times t$	A (cm^2)	(kg/m)	I_x (cm^4)	W_x (cm^3)	i_x (cm)	S_x (cm^3)	I_y (cm^4)	W_y (cm^3)	i_y (cm)
400	376×10	200×12	85.6	67.2	22501	1125	16.21	642.3	1603	160.3	4.33
		250×12	97.6	76.6	27019	1351	16.64	758.7	3128	250.3	5.66
		300×12	109.6	86.0	31536	1577	16.96	875.1	5403	360.2	7.02
		350×12	121.6	95.5	36054	1803	17.22	991.5	8578	490.2	8.40
	368×10	200×16	100.8	79.1	27760	1388	16.59	783.7	2136	213.6	4.60
		250×16	116.8	91.7	33661	1683	16.98	937.3	4170	333.6	5.97
		300×16	132.8	104.2	39563	1978	17.26	1091	7203	480.2	7.36
		350×16	148.8	116.8	45465	2273	17.48	1244	11436	653.5	8.77
		400×16	164.8	129.4	51366	2568	17.65	1398	17070	853.5	10.18
	368×12	200×16	108.2	84.9	28590	1430	16.26	817.5	2139	213.9	4.45
		250×16	124.2	97.5	34492	1725	16.67	971.1	4172	333.8	5.80
		300×16	140.2	110.0	40394	2020	16.98	1125	7205	480.4	7.17
		350×16	156.2	122.6	46295	2315	17.22	1278	11439	653.6	8.56
		400×16	172.2	135.2	52197	2610	17.41	1432	17072	853.6	9.96
	360×12	200×20	123.2	96.7	33572	1679	16.51	954.4	2672	267.2	4.66
		250×20	143.2	112.4	40799	2040	16.88	1144	5214	417.1	6.03
		300×20	163.2	128.1	48026	2401	17.15	1334	9005	600.3	7.43
		350×20	183.2	143.8	55252	2763	17.37	1524	14297	817.0	8.83
		400×20	203.2	159.5	62479	3124	17.53	1714	21339	1067	10.25

续表

尺寸(mm)			截面面积	线密度	截面特性						
					x－x轴				y－y轴		
h	$h_0 \times t_w$	$b \times t$	A (cm^2)	(kg/m)	I_x (cm^4)	W_x (cm^3)	i_x (cm)	S_x (cm^3)	I_y (cm^4)	W_y (cm^3)	i_y (cm)
450	426×8	200×12	82.1	64.4	28181	1252	18.53	707.1	1602	160.2	4.42
		250×12	94.1	73.9	33938	1508	18.99	838.5	3127	250.1	5.77
		300×12	106.1	83.3	39694	1764	19.34	969.9	5402	360.1	7.14
		350×12	118.1	92.7	45451	2020	19.62	1101	8577	490.1	8.52
	418×8	200×16	97.4	76.5	35020	1556	18.96	869.1	2135	213.5	4.68
		250×16	113.4	89.1	42557	1891	19.37	1043	4168	333.5	6.06
		300×16	129.4	101.6	50095	2226	19.67	1216	7202	480.1	7.46
		350×16	145.4	114.2	57633	2561	19.91	1390	11435	653.4	8.87
		400×16	161.4	126.7	65170	2896	20.09	1564	17068	853.4	10.28
	418×10	200×16	105.8	83.1	36237	1611	18.51	912.8	2137	213.7	4.49
		250×16	121.8	95.6	43774	1946	18.96	1086	4170	333.6	5.85
		300×16	137.8	108.2	51312	2281	19.30	1260	7203	480.2	7.23
		350×16	153.8	120.7	58850	2616	19.56	1434	11437	653.5	8.62
		400×16	169.8	133.3	66387	2951	19.77	1607	17070	853.5	10.03
	410×10	200×20	121.0	95.0	42750	1900	18.80	1070	2670	267.0	4.70
		250×20	141.0	110.7	52002	2311	19.20	1285	5212	416.9	6.08
		300×20	161.0	126.4	61253	2722	19.51	1500	9003	600.2	7.48
		350×20	181.0	142.1	70505	3134	19.74	1715	14295	816.9	8.89
		400×20	201.0	157.8	79757	3545	19.92	1930	21337	1067	10.30

续表

尺寸（mm）			截面面积	线密度	截面特性						
					x－x 轴				y－y 轴		
h	$h_0 \times t_w$	$b \times t$	A （cm^2）	（kg/m）	I_x （cm^4）	W_x （cm^3）	i_x （cm）	S_x （cm^3）	I_y （cm^4）	W_y （cm^3）	i_y （cm）
450	418×12	200	114.2	89.6	37454	1665	18.11	956.5	2139	213.9	4.33
		250	130.2	102.2	44992	2000	18.59	1130	4173	333.8	5.66
		300×16	146.2	114.7	52529	2335	18.96	1304	7206	480.4	7.02
		350	162.2	127.3	60067	2670	19.25	1477	11439	653.7	8.40
		400	178.2	139.9	67605	3005	19.48	1651	17073	853.6	9.79
	410×12	200	129.2	101.4	43899	1951	18.43	1112	2673	267.3	4.55
		250	149.2	117.1	53150	2362	18.87	1327	5214	417.1	5.91
		300×20	169.2	132.8	62402	2773	19.20	1542	9006	600.4	7.30
		350	189.2	148.5	71654	3185	19.46	1757	14298	817.0	8.69
		400	209.2	164.2	80905	3596	19.67	1972	21339	1067	10.10
	410×16	200	145.6	114.3	46196	2053	17.81	1196	2681	268.1	4.29
		250	165.6	130.0	55448	2464	18.30	1411	5222	417.8	5.62
		300×20	185.6	145.7	64699	2876	18.67	1626	9014	600.9	6.97
		350	205.6	161.4	73951	3287	18.97	1841	14306	817.5	8.34
		400	225.6	177.1	83203	3698	19.20	2056	21347	1067	9.73
	400×16	200	164.0	128.7	53742	2389	18.10	1383	3347	334.7	4.52
		250	189.0	148.4	65044	2891	18.55	1648	6524	521.9	5.88
		300×25	214.0	168.0	76346	3393	18.89	1914	11264	750.9	7.25
		350	239.0	187.6	87648	3895	19.15	2179	17878	1022	8.65
		400	264.0	207.2	98950	4398	19.36	2445	26680	1334	10.05

续表

尺寸（mm）			截面面积	线密度	截面特性						
					x－x 轴				y－y 轴		
h	$h_0 \times t_w$	$b \times t$	A (cm^2)	(kg/m)	I_x (cm^4)	W_x (cm^3)	i_x (cm)	S_x (cm^3)	I_y (cm^4)	W_y (cm^3)	i_y (cm)
500	476×8	200×12	86.1	67.6	35773	1431	20.39	812.2	1602	180.2	4.31
		250	98.1	77.0	42919	1717	20.92	958.6	3127	250.2	5.65
		300	110.1	86.4	50065	2003	21.33	1105	5402	360.1	7.01
		350	122.1	95.8	57210	2288	21.65	1251	8577	490.1	8.38
	468×8	250	117.4	92.2	53702	2148	21.38	1187	4169	333.5	5.96
		300	133.4	104.8	63075	2523	21.74	1381	7202	480.1	7.35
		350×16	149.4	117.3	72449	2898	22.02	1574	11435	653.4	8.75
		400	165.4	129.9	81823	3273	22.24	1768	17069	853.4	10.16
		450	181.4	142.4	91196	3648	22.42	1961	24302	1080	11.57
	468×10	250	126.8	99.5	55410	2216	20.90	1242	4171	333.6	5.74
		300	142.8	112.1	64784	2591	21.30	1435	7204	480.3	7.10
		350×16	158.8	124.7	74158	2966	21.61	1629	11437	653.6	8.49
		400	174.8	137.2	83531	3341	21.86	1823	17071	853.5	9.88
		450	190.8	149.8	92905	3716	22.07	2016	24304	1080	11.29
	460×10	250	146.0	114.6	65745	2630	21.22	1465	5212	417.0	5.97
		300	166.0	130.3	77271	3091	21.58	1705	9004	600.3	7.36
		350×20	186.0	146.0	88798	3552	21.85	1945	14296	816.9	8.77
		400	206.0	161.7	100325	4013	22.07	2185	21337	1067	10.18
		450	226.0	177.4	111851	4474	22.25	2425	30379	1350	11.59

续表

尺寸（mm）			截面面积	线密度	截面特性						
					x－x 轴				y－y 轴		
h	$h_0 \times t_w$	$b \times t$	A (cm^2)	(kg/m)	I_x (cm^4)	W_x (cm^3)	i_x (cm)	S_x (cm^3)	I_y (cm^4)	W_y (cm^3)	i_y (cm)
500	468×12	250	136.2	106.9	57119	2285	20.48	1297	4173	333.9	5.54
		300	152.2	119.4	66492	2660	20.90	1490	7207	480.4	6.88
		350×16	168.2	132.0	75866	3035	21.24	1684	11440	653.7	8.25
		400	184.2	144.6	85240	3410	21.51	1877	17073	853.7	9.63
		450	200.2	157.1	94613	3785	21.74	2071	24307	1080	11.02
	460×12	250	155.2	121.8	67367	2695	20.83	1517	5215	417.2	5.80
		300	175.2	137.5	78894	3156	21.22	1757	9007	600.4	7.17
		350×20	195.2	153.2	90420	3617	21.52	1997	14298	817.0	8.56
		400	215.2	168.9	101947	4078	21.77	2237	21340	1067	9.96
		450	235.2	184.6	113474	4539	21.96	2477	30382	1350	11.37
	460×16	250	173.6	136.3	70611	2824	20.17	1623	5224	417.9	5.49
		300	193.6	152.0	82138	3286	20.60	1863	9016	601.0	6.82
		350×20	213.6	167.7	93665	3747	20.94	2103	14307	817.6	8.18
		400	233.6	183.4	105191	4208	21.22	2343	21349	1067	9.56
		450	253.6	199.1	116718	4669	21.45	2583	30391	1351	10.95
	450×16	250	197.0	154.6	82723	3309	20.49	1889	6526	522.1	5.76
		300	222.0	174.3	96837	3874	20.89	2186	11265	751.0	7.12
		350×25	247.0	193.9	110952	4438	21.19	2483	17880	1022	8.51
		400	272.0	213.5	125067	5003	21.44	2780	26682	1334	9.90
		450	297.0	233.1	139181	5567	21.65	3070	37984	1688	11.31

续表

尺寸（mm）			截面面积	线密度	截面特性						
					x－x 轴				y－y 轴		
h	$h_0 \times t_w$	$b \times t$	A (cm^2)	(kg/m)	I_x (cm^4)	W_x (cm^3)	i_x (cm)	S_x (cm^3)	I_y (cm^4)	W_y (cm^3)	i_y (cm)
500	440×16	250	220.4	173.0	94308	3772	20.69	2150	7828	626.2	5.96
		300	250.4	196.6	110898	4436	21.04	2502	13515	901.0	7.35
		350×30	280.4	220.1	127488	5100	21.32	2855	21453	1226	8.75
		400	310.4	243.7	144078	5763	21.54	3207	32015	1601	10.16
		450	340.4	267.2	160668	6427	21.73	3560	45578	2026	11.57
550	526×8	200	90.1	70.7	44441	1616	22.21	922.3	1602	160.2	4.22
		250 ×12	102.1	80.1	53126	1932	22.81	1084	3127	250.2	5.53
		300	114.1	89.6	61811	2248	23.28	1245	5402	360.1	6.88
		350	126.1	99.0	70495	2563	23.65	1406	8577	490.1	8.25
	518×8	250	121.4	95.3	66314	2411	23.37	1336	4169	333.5	5.86
		300	137.4	107.9	77724	2826	23.78	1550	7202	480.1	7.24
		350×16	153.4	120.5	89134	3241	24.11	1764	11436	653.5	8.63
		400	169.4	133.0	100513	3656	24.36	1977	17069	853.4	10.04
		450	185.4	145.6	111953	4071	24.57	2191	24302	1080	11.45
	518×10	250	131.8	103.5	68631	2496	22.82	1403	4171	333.7	5.63
		300	147.8	116.0	80041	2911	23.27	1617	7204	480.3	6.98
		350×16	163.8	128.6	91450	3325	23.63	1831	11438	653.6	8.36
		400	179.8	141.1	102860	3740	23.92	2044	17071	853.5	9.74
		450	195.8	153.7	114270	4155	24.16	2258	24304	1080	11.14

续表

尺寸（mm）			截面面积	线密度	截面特性						
					x－x 轴				y－y 轴		
h	$h_0 \times t_w$	$b \times t$	A (cm^2)	(kg/m)	I_x (cm^4)	W_x (cm^3)	i_x (cm)	S_x (cm^3)	I_y (cm^4)	W_y (cm^3)	i_y (cm)
550	510×10	250	151.0	118.5	81313	2957	23.21	1650	5213	417.0	5.88
		300	171.0	134.2	95364	3468	23.62	1915	9004	600.3	7.26
		350×20	191.0	149.9	109416	3979	23.93	2180	14296	816.9	8.65
		400	211.0	165.6	123468	4490	24.19	2445	21338	1067	10.06
		450	231.0	181.3	137519	5001	24.40	2710	30379	1350	11.47
	518×12	250	142.2	111.6	70947	2580	22.34	1470	4174	333.9	5.42
		300	158.2	124.2	82357	2995	22.82	1684	7207	480.5	6.75
		350×16	174.2	136.7	93767	3410	23.20	1898	11441	653.8	8.11
		400	190.2	149.3	105176	3825	23.52	2111	17074	853.7	9.48
		450	206.2	161.8	116586	4239	23.78	2325	24307	1080	10.86
	510×12	250	161.2	126.5	83523	3037	22.76	1715	5216	417.3	5.69
		300	181.2	142.2	97575	3548	23.21	1980	9007	600.5	7.05
		350×20	201.2	157.9	111627	4059	25.55	2245	14299	817.1	8.43
		400	221.2	173.6	125678	4570	23.84	2510	21341	1067	9.82
		450	241.2	189.3	139730	5081	24.07	2775	30382	1350	11.22
	510×16	250	181.6	142.6	87945	3198	22.01	1845	5226	418.1	5.36
		300	201.6	158.3	101997	3709	22.49	2110	9017	601.2	6.69
		350×20	221.6	174.0	116048	4220	22.88	2375	14309	817.7	8.04
		400	241.6	289.7	130100	4731	23.21	2640	21351	1068	9.40
		450	261.6	205.4	144152	5242	23.47	2905	30392	1351	10.78

续表

尺寸（mm）			截面面积	线密度	截面特性						
					x－x 轴				y－y 轴		
h	$h_0 \times t_w$	$b \times t$	A （cm^2）	（kg/m）	I_x （cm^4）	W_x （cm^3）	i_x （cm）	S_x （cm^3）	I_y （cm^4）	W_y （cm^3）	i_y （cm）
550	500×16	250	205.0	160.9	102865	3741	22.40	2141	6527	522.2	5.64
		300	230.0	180.1	120104	4367	22.85	2469	11267	751.1	7.00
		350×25	255.0	200.2	137344	4994	23.21	2797	17882	1022	8.37
		400	280.0	219.8	154583	5621	23.50	3125	26684	1334	9.76
		450	305.0	239.4	171823	6248	23.74	3453	37986	1688	11.16
	490×16	250	228.4	179.3	117199	4262	22.65	2430	7829	626.3	5.85
		300	258.4	202.8	137502	5000	23.07	2820	13517	901.1	7.23
		350×30	288.4	226.4	157804	5738	23.39	3210	21454	1226	8.62
		400	318.4	249.9	178107	6477	23.65	3600	32017	1601	10.03
		450	348.4	273.5	198409	7215	23.86	3990	45579	2026	11.44
600	576×8	200	94.1	73.9	54235	1808	24.01	1037	1602	160.2	4.13
		250 ×12	106.1	83.3	64609	2154	24.58	1214	3127	250.2	5.43
		300	118.1	92.7	74983	2499	25.20	1390	5402	360.2	6.76
		350	130.1	102.1	85357	2845	25.62	1567	8577	490.1	8.12
	568×8	250	125.4	98.5	80445	2681	25.32	1491	4169	333.5	5.77
		300	141.4	111.0	94091	3136	25.79	1724	7202	480.2	7.14
		350×16	157.4	123.6	107736	3591	26.16	1958	11436	653.5	8.52
		400	173.4	136.2	121382	4046	26.45	2191	17069	853.5	9.92
		450	189.4	148.7	135028	4501	26.70	2425	24302	1080	11.33

续表

尺寸（mm）			截面面积	线密度	截面特性						
					x－x 轴				y－y 轴		
h	$h_0 \times t_w$	$b \times t$	A (cm^2)	(kg/m)	I_x (cm^4)	W_x (cm^3)	i_x (cm)	S_x (cm^3)	I_y (cm^4)	W_y (cm^3)	i_y (cm)
600	568×10	250	136.8	107.4	83499	2783	24.71	1571	4171	333.7	5.52
		300	152.8	119.9	97145	3238	25.21	1805	7205	480.3	6.87
		350×16	168.8	132.5	110790	3693	25.62	2038	11438	653.6	8.23
		400	184.8	145.1	124436	4148	25.95	2272	17071	853.6	9.61
		450	200.8	157.6	138082	4603	26.22	2506	24305	1080	11.00
	560×10	250	156.0	122.5	98768	3292	25.16	1842	5213	417.0	5.78
		300	176.0	138.2	115595	3853	25.63	2132	9005	600.3	7.15
		350×20	196.0	153.9	132421	4414	25.99	2422	14296	816.9	8.54
		400	216.0	169.6	149248	4975	26.29	2712	21338	1067	9.94
		450	236.0	185.3	166075	5536	26.53	3002	30380	1350	11.35
	568×12	250	148.2	116.3	86553	2885	24.17	1652	4175	334.0	5.31
		300	164.2	128.9	100199	3340	24.71	1886	7208	480.5	6.63
		350×16	180.2	141.4	113845	3795	25.14	2119	11442	653.8	7.97
		400	196.2	154.0	127490	4250	25.49	2353	17075	853.7	9.33
		450	212.2	166.5	141136	4705	25.79	2586	24308	1080	10.70
	560×12	300	187.2	147.0	118522	3951	25.16	2210	9008	600.5	6.94
		350	207.2	162.7	135348	4512	25.56	2500	14300	817.1	8.31
		400×20	227.2	178.4	152175	5072	25.88	2790	21341	1067	9.69
		450	247.2	194.1	169002	5633	26.15	3080	30383	1350	11.09
		500	267.2	209.8	185828	6194	26.37	3370	41675	1667	12.49

续表

尺寸（mm）			截面面积	线密度	截面特性						
					x－x 轴				y－y 轴		
h	$h_0 \times t_w$	$b \times t$	A (cm²)	(kg/m)	I_x (cm⁴)	W_x (cm³)	i_x (cm)	S_x (cm³)	I_y (cm⁴)	W_y (cm³)	i_y (cm)
600	560×16	300	209.6	164.5	124375	4146	24.36	2367	9019	601.3	6.56
		350	229.6	180.2	141202	4707	24.80	2657	14311	817.8	7.89
		400×20	249.6	195.9	158029	5268	25.16	2947	21352	1068	9.25
		450	269.6	211.6	174855	5829	25.47	3237	30394	1351	10.62
		500	289.6	227.3	191682	6389	25.73	3527	41686	1667	12.00
	550×16	300	238.0	186.8	146246	4875	24.79	2761	11269	751.3	6.88
		350	263.0	206.5	166923	5564	25.19	3121	17883	1022	8.25
		400×25	288.0	226.1	187000	6253	25.52	3480	26685	1334	9.63
		450	313.0	245.7	208277	6943	25.80	3839	37988	1688	11.02
		500	338.0	265.3	228954	7632	26.03	4199	52102	2084	12.42
	540×16	300	266.4	209.1	167335	5578	25.06	3148	13518	901.2	7.12
		350	296.4	232.7	191725	6391	25.43	3576	21456	1226	8.51
		400×30	326.4	256.2	216115	7204	25.73	4003	32018	1601	9.90
		450	356.4	279.8	240505	8017	25.98	4431	45581	2026	11.31
		500	386.4	303.3	264895	8830	26.18	4858	62518	2501	12.72
700	668×8	300	149.4	117.3	132178	3777	29.74	2088	7203	480.2	6.94
		350	165.4	129.9	150895	4311	30.20	2361	11436	653.5	8.31
		400×16	181.4	142.4	169613	4846	30.57	2635	17070	853.5	9.70
		450	197.4	155.0	188331	5381	30.88	2909	24303	1080	11.09

续表

尺寸（mm）			截面面积	线密度	截面特性						
					$x-x$ 轴				$y-y$ 轴		
h	$h_0\times t_w$	$b\times t$	A (cm^2)	(kg/m)	I_x (cm^4)	W_x (cm^3)	i_x (cm)	S_x (cm^3)	I_y (cm^4)	W_y (cm^3)	i_y (cm)
700	668×10	300×16	162.8	127.8	137146	3918	29.02	2199	7206	480.4	6.65
		350×16	178.8	140.4	155863	4453	29.52	2473	11439	653.7	8.00
		400×16	194.8	152.9	174581	4988	29.94	2747	17072	853.6	9.36
		450×16	210.8	165.5	193299	5523	30.28	3020	24306	1080	10.74
	660×10	300×20	186.0	146.0	162718	4649	29.58	2585	9006	600.4	6.96
		350×20	206.0	161.7	185845	5310	30.04	2925	14297	817.0	8.33
		400×20	226.0	177.4	208971	5971	30.41	3264	21339	1067	9.72
		450×20	246.0	193.1	232098	6631	30.72	3604	30381	1350	11.11
	668×12	300×16	176.2	138.3	142114	4060	28.40	2311	7210	480.6	6.40
		350×16	192.2	150.8	160831	4595	28.93	2585	11443	653.9	7.72
		400×16	208.2	163.4	179549	5130	29.37	2858	17076	853.8	9.06
		450×16	224.2	176.0	198267	5665	29.74	3132	24310	1080	10.41
	660×12	300×20	199.2	156.4	167510	4786	29.00	2693	9010	600.6	6.73
		350×20	219.2	172.1	190636	5447	29.49	3033	14301	817.2	8.08
		400×20	239.2	187.8	213763	6108	29.89	3373	21343	1067	9.45
		450×20	259.2	203.5	236890	6768	30.23	3713	30385	1350	10.83
		500×20	279.2	219.2	260016	7429	30.52	4053	41676	1667	12.22

续表

尺寸（mm）			截面面积	线密度	截面特性						
					x－x 轴				y－y 轴		
h	$h_0\times t_w$	$b\times t$	A (cm²)	(kg/m)	I_x (cm⁴)	W_x (cm³)	i_x (cm)	S_x (cm³)	I_y (cm⁴)	W_y (cm³)	i_y (cm)
700	660×16	350	245.6	192.8	200219	5721	28.55	3251	14314	818.0	7.63
		400	265.6	208.5	223346	6381	29.00	3591	21356	1068	8.97
		450×20	285.6	224.2	246473	7042	29.38	3931	30398	1351	10.32
		500	305.6	239.9	269599	7703	29.70	4271	41689	1668	11.68
		550	325.6	255.6	292726	8364	29.98	4611	55481	2017	13.05
	650×16	350	279.0	219.0	236044	6744	29.09	3798	17887	1022	8.01
		400	304.0	238.6	264533	7558	29.50	4220	26689	1334	9.37
		450×25	329.0	258.3	293023	8372	29.84	4642	37991	1668	10.75
		500	354.0	277.9	321512	9186	30.14	5064	52106	2084	12.13
		550	379.0	297.5	350002	10000	30.39	5486	69345	2522	13.53
	640×16	350	312.4	245.2	270783	7737	29.44	4337	21459	1226	8.29
		400	342.4	268.8	304473	8699	29.82	4839	32022	1601	9.67
		450×30	372.4	292.3	338163	9662	30.13	5342	45584	2026	11.06
		500	402.4	315.9	371853	10624	30.40	5844	62522	2501	12.46
		550	432.4	339.4	405543	11587	30.62	6347	83209	3026	13.87
	640×20	350	338.0	265.3	279521	7986	28.76	4542	21480	1227	7.97
		400	368.0	288.9	313211	8949	29.17	5044	32043	1602	9.33
		450×30	398.0	312.4	346901	9911	29.52	5546	45605	2027	10.70
		500	428.0	336.0	380591	10874	29.82	6049	62543	2502	12.09
		550	458.0	359.5	414281	11837	30.08	6552	83230	3027	13.48

续表

尺寸（mm）			截面面积	线密度	截面特性						
					x－x 轴				y－y 轴		
h	$h_0 \times t_w$	$b \times t$	A (cm^2)	(kg/m)	I_x (cm^4)	W_x (cm^3)	i_x (cm)	S_x (cm^3)	I_y (cm^4)	W_y (cm^3)	i_y (cm)
		350	377.6	296.4	319315	9123	29.08	5169	25767	1472	8.26
		400	413.6	324.7	359035	10258	29.46	5767	38442	1922	9.64
700	628×20	450×36	449.6	352.9	398755	11393	29.78	6364	54717	2432	11.03
		500	485.6	381.2	438474	12528	30.05	6962	75042	3002	12.43
		550	521.6	409.5	478194	13663	30.28	7560	99867	3632	13.84
		300	157.4	123.6	177737	4443	33.60	2471	7203	480.2	6.76
	768×8	350×16	173.4	136.2	202327	5058	34.15	2785	11437	653.5	8.12
		400	189.4	148.7	226916	5673	34.61	3099	17070	853.5	9.49
		450	205.4	161.3	251506	6288	34.99	3412	24303	1080	10.88
		300	172.8	135.6	185287	4632	32.75	2619	7206	480.4	6.46
800	768×10	350×16	188.8	148.2	209876	5247	33.34	2932	11440	653.7	7.78
		400	204.8	160.8	234466	5862	33.84	3246	17073	853.7	9.13
		450	220.8	173.3	259056	6476	34.25	3560	24306	1080	10.49
		300	196.0	153.9	219141	5479	33.44	3062	9006	600.4	6.78
	768×10	350×20	216.0	169.6	249568	6239	33.99	3452	14298	817.0	8.14
		400	236.0	185.3	279995	7000	34.44	3842	21340	1067	9.51
		450	256.0	201.0	310421	7761	34.82	4232	30381	1350	10.89

续表

尺寸（mm）			截面面积	线密度	截面特性						
					x－x 轴				y－y 轴		
h	$h_0 \times t_w$	$b \times t$	A (cm^2)	(kg/m)	I_x (cm^4)	W_x (cm^3)	i_x (cm)	S_x (cm^3)	I_y (cm^4)	W_y (cm^3)	i_y (cm)
800	768×12	300×16	188.2	147.7	192836	4821	32.01	2766	7211	480.7	6.19
		350×16	204.2	160.3	217426	5436	32.63	3080	11444	654.0	7.49
		400×16	220.2	172.8	242016	6050	33.16	3394	17078	853.9	8.81
		450×16	236.2	185.4	266605	6665	33.60	3707	24311	1080	10.15
	760×12	300×20	211.2	165.8	226458	5661	32.75	3206	9011	600.7	6.53
		350×20	231.2	181.5	256884	6422	33.33	3596	14303	817.3	7.87
		400×20	251.2	197.2	287311	7183	33.82	3986	21344	1067	9.22
		450×20	271.2	212.9	317738	7943	34.23	4376	30386	1350	10.59
		500×20	291.2	228.6	348164	8704	34.58	4766	41678	1667	11.96
	760×16	350×20	261.6	205.4	271517	6788	32.22	3885	14318	818.1	7.40
		400×20	281.6	221.1	301943	7549	32.75	4275	21359	1068	8.71
		450×20	301.6	236.8	332370	8309	33.20	4665	30401	1351	10.04
		500×20	321.6	252.5	362797	9070	33.59	5055	41693	1668	11.39
		550×20	341.6	268.2	393223	9831	33.93	5445	55484	2018	12.74
	750×16	350×25	295.0	231.6	319115	7978	32.89	4516	17890	1022	7.79
		400×25	320.0	251.2	356667	8917	33.39	5000	26692	1335	9.13
		450×25	345.0	270.8	394219	9855	33.80	5484	37994	1689	10.49
		500×25	370.0	290.5	431771	10794	34.16	5969	52109	2084	11.87
		550×25	395.0	310.1	469323	11733	34.47	6453	69349	2522	13.25

续表

尺寸 (mm)			截面面积	线密度	截面特性						
					x - x 轴				y - y 轴		
h	$h_0 \times t_w$	$b \times t$	A (cm^2)	(kg/m)	I_x (cm^4)	W_x (cm^3)	i_x (cm)	S_x (cm^3)	I_y (cm^4)	W_y (cm^3)	i_y (cm)
		400	358.4	281.3	409950	10249	33.82	5715	32025	1601	9.45
		450	388.4	304.9	454440	11361	34.21	6293	45588	2026	10.83
	740×16	500×30	418.4	328.4	498930	12473	34.53	6870	62525	2501	12.22
		550	448.4	352.0	543420	13585	34.81	7448	83213	3026	13.62
		600	478.4	375.6	587910	14698	35.06	8025	108025	3601	15.03
		400	388.0	304.6	423457	10586	33.04	5989	32049	1602	9.09
		450	418.0	328.1	467947	11699	33.46	6566	45612	2027	10.45
800	740×20	500×30	448.0	351.7	512437	12811	33.82	7144	62549	2502	11.82
		550	478.0	375.2	556927	13923	34.13	7721	83237	3027	13.20
		600	508.0	398.8	601417	15035	34.41	8299	108049	3602	14.58
		400	433.6	340.4	484877	12122	33.44	6826	38449	1922	9.42
		450	469.6	368.6	537448	13436	33.83	7513	54724	2432	10.80
	728×20	500×36	505.6	396.9	590020	14750	34.16	8201	75049	3002	12.18
		550	541.6	425.2	642591	16065	34.45	8889	99874	3632	13.58
		600	577.6	453.4	695163	17379	34.69	9576	129649	4322	14.98
		300	182.8	143.5	242068	5379	36.39	3063	7207	480.5	6.28
900	868×10	350 ×16	198.8	156.1	273329	6074	37.08	3417	11441	653.7	7.59
		400	214.8	168.6	304591	6769	37.66	3771	17074	853.7	8.92
		450	230.8	181.2	335853	7463	38.15	4124	24307	1080	10.26

续表

尺寸（mm）			截面面积	线密度	截面特性						
					x－x 轴				y－y 轴		
h	$h_0 \times t_w$	$b \times t$	A (cm^2)	(kg/m)	I_x (cm^4)	W_x (cm^3)	i_x (cm)	S_x (cm^3)	I_y (cm^4)	W_y (cm^3)	i_y (cm)
900	860×10	300×20	206.0	161.7	285365	6341	37.22	3565	9007	600.5	6.61
		350×20	226.0	177.4	324091	7202	37.87	4005	14299	817.1	7.95
		400×20	246.0	193.1	362818	8063	38.40	4445	21341	1067	9.31
		450×20	266.0	208.8	401545	8923	38.85	4885	30382	1350	10.69
	868×12	300×16	200.2	157.1	252967	5621	35.55	3252	7212	480.8	6.00
		350×16	216.2	169.7	284229	6316	36.26	3605	11446	654.0	7.28
		400×16	232.2	182.2	315490	7011	36.86	3959	17079	854.0	8.58
		450×16	248.2	194.8	346752	7706	37.38	4313	24312	1081	9.90
	860×12	300×20	223.2	175.2	295966	6577	36.41	3749	9012	600.5	6.35
		350×20	243.2	190.9	334692	7438	37.10	4189	14304	817.4	7.67
		400×20	263.2	206.6	373419	8298	37.67	4629	21346	1067	9.01
		450×20	283.2	222.3	412146	9159	38.15	5069	30387	1351	10.36
		500×20	303.2	238.0	450872	10019	38.56	5509	41679	1667	11.72
	860×16	350×20	277.6	217.9	355894	7909	35.81	4559	14321	818.3	7.18
		400×20	297.6	233.6	394621	8769	36.41	4999	21363	1068	8.47
		450×20	317.6	249.3	433347	9630	36.94	5439	30404	1351	9.78
		500×20	337.6	265.0	472074	10491	37.39	5879	41696	1668	11.11
		550×20	357.6	280.7	510801	11351	37.79	6319	55488	2018	12.46

续表

尺寸（mm）			截面面积	线密度	截面特性						
					x－x 轴				y－y 轴		
h	$h_0\times t_w$	$b\times t$	A (cm^2)	(kg/m)	I_x (cm^4)	W_x (cm^3)	i_x (cm)	S_x (cm^3)	I_y (cm^4)	W_y (cm^3)	i_y (cm)
900	850×16	400	336.0	263.8	464800	10329	37.19	5820	26696	1335	8.91
		450	361.0	283.4	512665	11393	37.68	6367	37998	1689	10.26
		500×25	386.0	303.0	560529	12456	38.11	6914	52112	2084	11.62
		550	411.0	322.6	608394	13520	38.47	7461	69352	2522	12.99
		600	436.0	342.3	656258	14584	38.80	8008	90029	3001	14.37
	840×16	450	404.4	317.5	590137	13114	38.20	7284	45591	2026	10.62
		500	434.4	341.0	646927	14376	38.59	7936	62529	2501	12.00
		550×30	464.4	364.6	703717	15638	38.93	8589	83216	3026	13.39
		600	494.4	388.1	760507	16900	39.22	9241	108029	3601	14.78
		700	554.4	435.2	874087	19424	39.71	10550	171529	4901	17.59
	840×20	450	438.0	343.8	609894	13553	37.32	7636	45619	2027	10.21
		500	468.0	367.4	666684	14815	37.74	8289	62556	2502	11.56
		550×30	498.0	390.9	723474	16077	38.12	8941	83244	3027	12.93
		600	528.0	414.5	780264	17339	38.44	9594	108056	3602	14.81
		700	588.0	461.6	893844	19863	38.99	10900	171556	4902	17.08
	828×20	450	489.6	384.3	699622	15547	37.80	8712	54730	2432	10.57
		500	525.6	412.6	766846	17041	38.20	9490	75055	3002	11.95
		550×36	561.6	440.9	834069	18535	38.54	10270	99880	3632	13.34
		600	597.6	469.2	901293	20029	38.84	11050	129655	4322	14.73
		700	669.6	525.6	1035740	23016	39.33	12600	205855	5582	17.53

续表

尺寸 (mm)			截面面积	线密度	截面特性						
					x－x 轴				y－y 轴		
h	$h_0 \times t_w$	$b \times t$	A (cm^2)	(kg/m)	I_x (cm^4)	W_x (cm^3)	i_x (cm)	S_x (cm^3)	I_y (cm^4)	W_y (cm^3)	i_y (cm)
900	820×20	450×40	523.4	411.3	758015	16845	38.03	9421	60805	2702	10.77
		500×40	564.0	442.7	832028	18490	38.41	10280	83388	3336	12.16
		550×40	604.0	474.1	906041	20134	38.73	11140	110971	4035	13.55
		600×40	644.0	505.5	980055	21779	39.01	12000	144055	4802	14.96
		700×40	724.0	568.3	1128081	25068	39.47	13720	228721	6535	17.77
1000	968×10	300×16	192.8	151.3	307989	6160	39.97	3533	7208	480.5	6.11
		350×16	208.8	163.9	346722	6934	40.75	3926	11441	653.8	7.40
		400×16	224.8	176.5	385456	7709	41.41	4320	17075	853.7	8.72
		450×16	240.8	189.0	424189	8484	41.97	4714	24308	1080	10.05
	960×10	300×20	216.0	169.6	361888	7238	40.93	4092	9008	600.5	6.46
		350×20	236.0	185.3	409915	8198	41.68	4582	14300	817.1	7.78
		400×20	256.0	201.0	457941	9159	42.29	5072	21341	1067	9.13
		450×20	276.0	216.7	505968	10120	42.82	5562	30383	1350	10.49
	962×12	300×16	211.4	166.0	318604	6411	38.82	3735	7214	480.9	5.84
		350×16	227.4	178.5	356867	7180	39.61	4127	11447	654.1	7.09
		400×16	243.4	191.1	395130	7950	40.29	4518	17081	854.0	8.38
		450×16	259.4	203.7	433393	8720	40.87	4909	24314	1081	9.68

续表

尺寸（mm）			截面面积	线密度	截面特性						
					x－x 轴				y－y 轴		
h	$h_0 \times t_w$	$b \times t$	A (cm²)	(kg/m)	I_x (cm⁴)	W_x (cm³)	i_x (cm)	S_x (cm³)	I_y (cm⁴)	W_y (cm³)	i_y (cm)
1000	960×12	300	235.2	184.6	376634	7533	40.02	4322	9014	600.9	6.19
		350	255.2	200.3	424660	8493	40.79	4812	14305	817.5	7.49
		400×20	275.2	216.0	472687	9454	41.44	5302	21347	1067	8.81
		450	295.2	231.7	520714	10414	42.00	5792	30389	1351	10.15
		500	315.2	247.4	568740	11375	42.48	6282	41680	1667	11.50
	960×16	350	293.6	230.5	454151	9083	39.33	5273	14324	818.5	6.98
		400	313.6	246.2	502178	10044	40.02	5763	21366	1068	8.25
		450×20	333.6	261.9	550205	11004	40.61	6253	30408	1351	9.55
		500	353.6	277.6	598231	11965	41.13	6743	41699	1668	10.86
		550	373.6	293.3	646258	12925	41.59	7233	55491	2018	12.19
	950×16	400	352.0	276.3	589733	11795	40.93	6680	26699	1335	8.71
		450	377.0	295.9	649160	12983	41.50	7289	38001	1689	10.04
		500×25	402.0	315.6	708587	14172	41.98	7899	52116	2085	11.39
		550	427.0	335.2	768015	15360	42.41	8508	69355	2522	12.74
		600	452.0	354.8	827442	16549	42.79	9117	90032	3001	14.11
	940×16	450	420.4	330.0	746055	14921	42.13	8315	45595	2026	10.41
		500	450.4	353.6	816645	16333	42.58	9042	62532	2501	11.78
		550×30	480.4	377.1	887235	17745	42.98	9770	83220	3026	13.16
		600	510.4	400.7	957825	19156	43.32	10500	108032	3601	14.55
		700	570.4	447.8	1099005	21980	43.89	11950	171532	4901	17.34

续表

尺寸（mm）			截面面积	线密度	截面特性						
					x－x 轴				y－y 轴		
h	$h_0\times t_w$	$b\times t$	A (cm²)	(kg/m)	I_x (cm⁴)	W_x (cm³)	i_x (cm)	S_x (cm³)	I_y (cm⁴)	W_y (cm³)	i_y (cm)
		450	458.0	359.5	773741	15475	41.10	8757	45625	2028	9.98
		500	488.0	383.1	844331	16887	41.60	9484	62563	2503	11.32
	940×20	500×30	518.0	406.6	914921	18298	42.03	10210	83250	3027	12.68
		550	548.0	430.2	985511	19710	42.41	10940	108063	3602	14.04
		600	608.0	477.3	1126691	22534	43.05	12390	171563	4902	16.80
		450	509.6	400.0	886276	17726	41.70	9961	54737	2433	10.36
		500	545.6	428.3	969952	19399	42.16	10830	75062	3002	11.73
1000	928×20	550×36	581.6	456.6	1053627	21073	42.56	11700	99887	3632	13.11
		600	617.6	484.8	1137303	22746	42.91	12560	129662	4322	14.49
		700	689.6	541.3	1304654	26093	43.50	14300	205862	5882	17.28
		450	544.0	427.0	959701	19194	42.00	10760	60811	2703	10.57
		500	584.0	458.4	1051915	21038	42.44	11720	83395	3336	11.95
	920×20	550×40	624.0	489.8	1144128	22883	42.82	12680	110978	4036	13.34
		600	664.0	521.2	1236341	24727	43.15	13640	144061	4802	14.73
		700	744.0	584.0	1420768	28415	43.70	15560	228728	6535	17.53
		400	287.2	225.5	585715	10649	45.16	6005	21349	1067	8.62
		450	307.2	241.2	644042	11710	45.79	6545	30390	1351	9.95
1100	1060×16	500×20	327.2	256.9	702368	12770	46.33	7085	41682	1667	11.29
		550	347.2	272.6	760695	13831	46.81	7625	55474	2017	12.64
		600	367.2	288.3	819022	14891	47.23	8165	72015	2401	14.00

续表

尺寸（mm）			截面面积	线密度	截面特性						
					x－x 轴				y－y 轴		
h	$h_0 \times t_w$	$b \times t$	A （cm^2）	（kg/m）	I_x （cm^4）	W_x （cm^3）	i_x （cm）	S_x （cm^3）	I_y （cm^4）	W_y （cm^3）	i_y （cm）
1100	1060×16	400	329.6	258.7	625415	11371	43.56	6567	21370	1068	8.05
		450	349.6	274.4	683742	12432	44.22	7107	30411	1352	9.33
		500×20	369.6	290.1	742069	13492	44.81	7647	41703	1668	10.62
		550	389.6	305.8	800395	14553	45.33	8187	55495	2018	11.93
		600	409.6	321.5	858722	15613	45.79	8727	72036	2401	13.26
	1050×16	450	393.0	308.5	804506	14627	45.24	8252	38005	1689	9.83
		500	418.0	328.1	876746	15941	45.80	8924	52119	2085	11.17
		550×25	443.0	347.8	948985	17254	46.28	9596	69359	2522	12.51
		600	468.0	367.4	1021225	18568	46.71	10268	90036	3001	13.87
		700	518.0	406.6	1165704	21195	47.44	11611	142953	4084	16.61
	1040×16	500	466.4	366.1	1008882	18343	46.51	10188	62535	2501	11.58
		550	496.4	389.7	1094772	19905	46.96	10991	83223	3026	12.95
		600×30	526.4	413.2	1180662	21467	47.36	11793	108035	3601	14.33
		700	586.4	406.3	1352442	24590	48.02	13398	171535	4901	17.10
		800	646.4	507.4	1524222	27713	48.56	15003	256035	6401	19.90
	1040×20	500	508.0	398.8	1046377	19025	45.38	10729	62569	2503	11.10
		550	538.0	422.3	1132267	20587	45.88	11532	83257	3028	12.44
		600×30	568.0	445.9	1218157	22148	46.31	12334	108069	3602	13.79
		700	628.0	493.0	1389937	25272	47.05	13939	171569	4902	16.53
		800	688.0	540.1	1561717	28395	47.64	15544	256069	6402	19.29

续表

尺寸（mm）			截面面积	线密度	截面特性						
					x－x 轴				y－y 轴		
h	$h_0 \times t_w$	$b \times t$	A (cm²)	(kg/m)	I_x (cm⁴)	W_x (cm³)	i_x (cm)	S_x (cm³)	I_y (cm⁴)	W_y (cm³)	i_y (cm)
1100	1028×20	500	565.6	444.0	1200338	21824	46.07	12218	75069	3003	11.52
		550	601.6	472.3	1302265	23678	46.53	13176	99894	3632	12.89
		600×36	637.6	500.5	1404193	25531	46.93	14133	129669	4322	14.26
		700	709.6	557.0	1608048	29237	47.60	16048	205869	5882	17.03
		800	781.6	613.6	1811903	32944	48.15	17964	307269	7682	19.83
	1020×20	500	604.0	474.1	1301001	23655	46.41	13201	83401	3336	11.75
		550	644.0	505.5	1413415	25698	46.85	14261	110985	4036	13.13
		600×40	684.0	536.9	1525828	27742	47.23	15321	144068	4802	14.51
		700	768.0	599.7	1750655	31830	47.87	17441	228735	6535	17.30
		800	844.0	662.5	1975481	35918	48.38	19561	341401	8535	20.11
	1028×25	500	617.0	484.3	1245603	22647	44.93	12878	75134	3005	11.04
		550	653.0	512.6	1347531	24501	45.43	13836	99959	3635	12.37
		600×36	689.0	540.9	1449458	26354	45.87	14794	129734	4324	13.72
		700	761.0	597.4	1653313	30060	46.61	16709	205934	5884	16.45
		800	833.0	653.9	1857168	33767	47.22	18624	307334	7683	19.21
	1020×25	500	655.0	514.2	1345218	24459	45.32	13851	83466	3339	11.29
		550	695.0	545.6	1457632	26502	45.80	14911	111049	4038	12.64
		600×40	735.0	577.0	1570045	28546	46.22	15971	144133	4804	14.00
		700	815.0	639.8	1794872	32634	46.93	18091	228799	6537	16.76
		800	895.0	702.6	2019698	36722	47.50	20211	341466	8537	19.53

续表

尺寸（mm）			截面面积	线密度	截面特性						
					x－x 轴				y－y 轴		
h	$h_0 \times t_w$	$b \times t$	A (cm^2)	(kg/m)	I_x (cm^4)	W_x (cm^3)	i_x (cm)	S_x (cm^3)	I_y (cm^4)	W_y (cm^3)	i_y (cm)
1100	1000×25	500	750.0	588.7	1587500	28864	46.01	16250	104297	4172	11.79
		550	800.0	628.0	1725417	31371	46.44	17563	138776	5046	13.17
		600×50	850.0	667.3	1863333	33879	46.82	18875	180130	6004	14.56
		700	950.0	745.8	2139167	38894	47.45	21500	285964	8170	17.35
		800	1050.0	824.3	2415000	43909	47.96	24125	426797	10670	20.16
1200	1160×12	400	299.2	234.9	713103	11885	48.82	6738	21350	1068	8.45
		450	319.2	250.6	782730	13045	49.52	7328	30392	1351	9.76
		500×20	339.2	266.3	852356	14206	50.13	7918	41683	1667	11.09
		550	359.2	282.0	921983	15366	50.66	8508	55475	2017	12.43
		600	379.2	297.7	991610	16527	51.14	9098	72017	2401	13.78
	1160×16	400	345.6	271.3	765133	12752	47.05	7411	21373	1069	7.86
		450	365.6	287.0	834759	13913	47.78	8001	30415	1352	9.12
		500×20	385.6	302.7	904386	15073	48.43	8591	41706	1668	10.40
		550	405.6	318.4	974013	16234	49.00	9181	55498	2018	11.70
		600	425.6	334.1	1043639	17394	49.52	9771	72040	2401	13.01
	1150×16	450	409.0	321.1	979502	16325	48.94	9254	38008	1689	9.64
		500	434.0	340.7	1065804	17763	49.56	9989	51123	2085	10.96
		550×25	459.0	360.3	1152106	19202	50.10	10723	69362	2522	12.29
		600	484.0	380.0	1238408	20640	50.58	11458	90039	3001	13.64
		700	534.0	419.2	1411013	23517	51.40	12926	142956	4084	16.36

续表

尺寸 (mm)			截面面积	线密度	截面特性						
					x－x轴				y－y轴		
h	$h_0 \times t_w$	$b \times t$	A (cm^2)	(kg/m)	I_x (cm^4)	W_x (cm^3)	i_x (cm)	S_x (cm^3)	I_y (cm^4)	W_y (cm^3)	i_y (cm)
1200	1140×16	500	482.4	378.7	1224439	20407	50.38	11374	62539	2522	11.39
		550	512.4	402.2	1327129	22119	50.89	12252	83226	3026	12.74
		600×30	542.4	425.8	1429819	23830	51.34	13129	108039	3601	14.11
		700	602.4	472.9	1635199	27253	52.10	14884	171539	4901	16.87
		800	662.4	520.0	1840579	30676	52.71	16639	256039	6401	19.66
	1140×20	500	528.0	414.5	1273824	21230	49.12	12024	62576	2503	10.89
		550	558.0	438.0	1376514	22942	49.67	12902	83264	3028	12.22
		600×30	588.0	461.6	1479204	24653	50.16	13779	108076	3603	13.56
		700	648.0	508.7	1684584	28076	50.99	15534	171576	4902	16.27
		800	708.0	555.8	1889964	31499	51.67	17289	256076	6402	19.02
	1128×20	500	585.6	459.7	1459003	24317	49.91	13657	75075	3003	11.32
		550	621.6	488.0	1580983	26350	50.43	14705	99900	3633	12.68
		600×36	657.6	516.2	1702962	28383	50.89	15752	129675	4323	14.04
		700	729.6	572.7	1946921	32449	51.66	17847	205875	5882	16.80
		800	801.6	629.3	2190881	36515	52.28	19943	307275	7682	19.58
	1120×20	500	624.0	489.8	1580288	26338	50.32	14736	83408	3336	11.56
		550	664.0	521.2	1714901	28582	50.82	15896	110991	4036	12.93
		600×40	704.0	552.6	1849515	30825	51.26	17056	144075	4802	14.31
		700	784.0	615.4	2118741	35312	51.99	19376	228741	6535	17.08
		800	864.0	678.2	2387968	39799	52.57	21696	341408	8535	19.88

续表

尺寸（mm）			截面面积	线密度	截面特性						
					$x-x$ 轴				$y-y$ 轴		
h	$h_0 \times t_w$	$b \times t$	A (cm^2)	(kg/m)	I_x (cm^4)	W_x (cm^3)	i_x (cm)	S_x (cm^3)	I_y (cm^4)	W_y (cm^3)	i_y (cm)
		500	642.0	504.0	1518805	25313	48.64	14452	75147	3006	10.82
		550	678.0	532.2	1640785	27346	49.19	15500	99972	3635	12.14
	1128 × 25	600 × 36	714.0	560.5	1762764	29379	49.69	16547	129747	4325	13.48
		700	786.0	617.0	2006724	33445	50.53	18643	205947	5884	16.19
		800	858.0	673.5	2250683	37511	51.22	20738	307347	7684	18.93
		500	680.0	533.8	1638827	27314	49.09	15520	83479	3339	11.08
		550	720.0	565.2	1773440	29557	49.63	16680	111063	4039	12.42
1200	1120 × 25	600 × 40	760.0	596.6	1908053	31801	50.11	17840	144146	4805	13.77
		700	840.0	659.4	2177280	36288	50.91	20160	228813	6537	16.50
		800	920.0	722.2	2446507	40775	51.57	22480	341479	8537	19.27
		500	775.0	608.4	1931458	32191	49.92	18156	104310	4172	11.60
		550	825.0	647.6	2096875	34948	50.41	19594	138789	5047	12.97
	1100 × 25	600 × 50	875.0	686.9	2262292	37705	50.85	21031	180143	6005	14.35
		700	975.0	765.4	2593125	43219	51.57	23906	285977	8171	17.13
		800	1075.0	843.9	2923958	48733	52.15	26781	426810	10670	19.93

（21）焊接槽钢的截面特性（见表 2.3-21）。

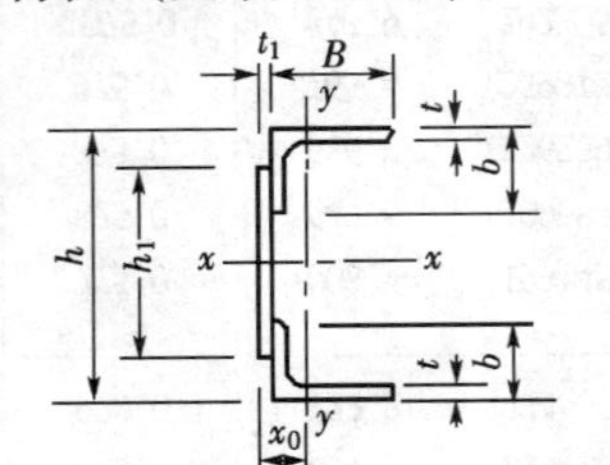

I—截面惯性矩；

W—截面模量；

i—截面回转半径

表 2.3-21

尺寸（mm）			截面面积	线密度	截面特性							
						x－x 轴			y－y 轴			
h	$h_1 \times t_1$	$B \times b \times t$	A (cm²)	(kg/m)	x_0 (cm)	I_x (cm⁴)	W_x (cm³)	i_x (cm)	I_y (cm⁴)	W_{ymax} (cm³)	W_{ymin} (cm³)	i_y (cm)
400	300×10	125×80×7	58.2	45.7	2.68	11737	586.9	14.20	754.1	280.9	69.7	3.60
		8	62.0	48.7	2.86	12963	648.1	14.46	837.9	293.7	78.7	3.68
		10	69.4	54.5	3.13	15339	766.9	14.86	993.4	316.9	95.8	3.78
		12	76.7	60.2	3.37	17615	880.7	15.15	1138	337.4	112.4	3.85
		140×90×8	66.1	51.9	3.23	14128	706.4	14.62	1143	354.0	97.1	4.16
		10	74.5	58.5	3.53	16775	838.8	15.00	1356	383.6	118.3	4.27
		12	82.8	65.0	3.79	19338	966.9	15.28	1555	410.3	138.7	4.33
		14	90.9	71.4	4.01	21782	1089	15.48	1743	434.5	158.6	4.38

续表

尺寸（mm）			截面面积	线密度	截面特性							
						x－x 轴			y－y 轴			
h	$h_1 \times t_1$	$B \times b \times t$	A (cm^2)	(kg/m)	x_0 (cm)	I_x (cm^4)	W_x (cm^3)	i_x (cm)	I_y (cm^4)	W_{ymax} (cm^3)	W_{ymin} (cm^3)	i_y (cm)
400	300×10	160×100×10	80.6	63.3	4.10	18558	927.9	15.17	1961	477.6	152.0	4.93
		12	90.1	70.7	4.38	21432	1072	15.42	2250	513.5	178.3	5.00
		14	99.4	78.0	4.62	24222	1211	15.61	2524	546.4	203.9	5.04
		16	108.6	85.2	4.83	26885	1344	15.74	2785	576.9	228.8	5.06
	300×12	125×80×7	64.2	50.4	2.62	12187	609.4	13.78	796.3	303.4	71.9	3.52
		8	68.0	53.4	2.79	13413	670.6	14.05	885.6	317.2	81.2	3.61
		10	75.4	59.2	3.08	15789	789.4	14.47	1051	341.6	99.0	3.73
		12	82.7	64.9	3.32	18065	903.2	14.78	1205	362.9	116.2	3.82
		140×90×8	72.1	56.6	3.15	14578	728.9	14.22	1204	382.0	100.0	4.09
		10	80.5	63.2	3.46	17225	861.3	14.63	1429	412.6	121.8	4.21
		12	88.8	69.7	3.73	19788	989.4	14.93	1640	439.9	142.9	4.30
		14	96.9	76.1	3.96	22232	1112	15.15	1838	464.5	163.4	4.35
		160×100×10	86.6	68.0	4.01	19008	950.4	14.81	2059	513.1	156.2	4.88
		12	96.1	75.4	4.30	21882	1094	15.09	2363	549.3	183.2	4.96
		14	105.4	82.8	4.55	24672	1234	15.30	2650	582.4	209.5	5.01
		16	114.6	89.9	4.77	27335	1367	15.45	2923	612.9	235.1	5.05

续表

尺寸(mm)			截面面积	线密度	截面特性							
						x－x 轴			y－y 轴			
h	$h_1 \times t_1$	$B \times b \times t$	A (cm^2)	(kg/m)	x_0 (cm)	I_x (cm^4)	W_x (cm^3)	i_x (cm)	I_y (cm^4)	W_{ymax} (cm^3)	W_{ymin} (cm^3)	i_y (cm)
400	300×16	125×80×7	76.2	59.8	2.58	13087	654.4	13.11	877.1	340.0	76.1	3.39
		125×80×8	80.0	62.8	2.74	14313	715.6	13.38	977.1	356.2	86.0	3.50
		125×80×10	87.4	68.6	3.03	16689	834.4	13.82	1163	384.0	105.0	3.65
		125×80×12	94.7	74.3	3.28	18965	948.2	14.15	1336	407.7	123.4	3.76
		140×90×8	84.1	66.0	3.07	15478	773.9	13.57	1320	429.4	105.4	3.96
		140×90×10	92.5	72.6	3.39	18125	906.3	14.00	1570	463.2	128.6	4.12
		140×90×12	100.8	79.1	3.66	20688	1034	14.33	1803	492.6	151.0	4.23
		140×90×14	108.9	85.5	3.90	23132	1157	14.57	2022	518.8	172.8	4.31
		160×100×10	98.6	77.4	3.90	19908	995.4	14.21	2247	576.0	164.0	4.77
		160×100×12	108.1	84.9	4.20	22782	1139	14.52	2580	613.8	192.5	4.88
		160×100×14	117.4	92.2	4.47	25572	1279	14.76	2894	648.0	220.3	4.96
		160×100×16	126.6	99.4	4.70	28235	1412	14.94	3191	679.3	247.4	5.02
450	350×10	140×90×8	71.1	55.8	3.04	18916	840.7	16.31	1178	387.8	98.5	4.07
		140×90×10	79.5	62.4	3.34	22357	993.6	16.77	1400	418.5	120.1	4.20
		140×90×12	87.8	68.9	3.60	25692	1142	17.11	1607	445.9	141.0	4.28
		140×90×14	95.9	75.3	3.83	28886	1284	17.35	1801	470.6	161.2	4.33

续表

尺寸（mm）			截面面积	线密度	截面特性							
					x_0	$x-x$ 轴			$y-y$ 轴			
h	$h_1\times t_1$	$B\times b\times t$	A（cm^2）	（kg/m）	（cm）	I_x（cm^4）	W_x（cm^3）	i_x（cm）	I_y（cm^4）	W_{ymax}（cm^3）	W_{ymin}（cm^3）	i_y（cm）
450	350×10	160×100×10	85.6	67.2	3.89	24683	1097	16.98	2022	519.3	154.3	4.86
		12	95.1	74.7	4.18	28432	1264	17.29	2322	555.7	181.1	4.94
		14	104.4	82.0	4.42	32077	1426	17.63	2605	589.2	207.2	5.00
		16	113.6	89.1	4.64	35569	1581	17.70	2875	620.0	232.5	5.03
		180×110×10	91.7	72.0	4.45	26964	1198	17.14	2799	628.7	192.4	5.52
		12	102.4	80.4	4.77	31139	1384	17.44	3220	675.6	226.2	5.61
		14	112.9	88.7	5.03	35206	1565	17.66	3616	719.3	258.8	5.66
		16	123.3	96.8	5.25	39110	1738	17.81	3994	760.1	290.6	5.69
	350×12	140×90×8	78.1	61.3	2.96	19631	872.5	15.86	1241	419.8	101.4	3.99
		10	86.5	67.9	3.27	23072	1025	16.33	1476	452.0	123.7	4.13
		12	94.8	74.4	3.53	26407	1174	16.69	1695	480.3	145.3	4.23
		14	102.9	80.8	3.76	29600	1316	16.96	1902	505.8	166.3	4.30
		160×100×10	92.6	72.7	3.79	25398	1129	16.56	2125	560.5	158.5	4.79
		12	102.1	80.2	4.08	29147	1295	16.90	2441	597.6	186.1	4.89
		14	111.4	87.5	4.34	32792	1457	17.16	2740	631.6	213.0	4.96
		16	120.6	94.6	4.56	36284	1613	17.35	3023	662.6	239.2	5.01

续表

尺寸（mm）			截面面积	线密度	截面特性							
						x－x 轴			y－y 轴			
h	$h_1 \times t_1$	$B \times b \times t$	A （cm^2）	（kg/m）	x_0 （cm）	I_x （cm^4）	W_x （cm^3）	i_x （cm）	I_y （cm^4）	W_{ymax} （cm^3）	W_{ymin} （cm^3）	i_y （cm）
450	350×12	180×110×10	98.7	77.5	4.33	27679	1230	16.74	2934	677.7	197.3	5.45
		180×110×12	109.4	85.9	4.65	31853	1416	17.06	3375	725.1	232.0	5.55
		180×110×14	119.9	94.1	4.93	35920	1596	17.31	3789	769.0	265.5	5.62
		180×110×16	130.3	102.3	5.17	39825	1770	17.48	4184	809.7	298.2	5.67
	350×16	140×90×8	92.1	72.3	2.88	21060	936.0	15.12	1360	472.6	106.9	3.84
		140×90×10	100.5	78.9	3.18	24501	1089	15.61	1621	509.2	130.5	4.02
		140×90×12	108.8	85.4	3.45	27836	1237	16.00	1865	540.7	153.5	4.14
		140×90×14	116.9	91.8	3.69	31029	1379	16.29	2096	568.5	175.9	4.23
		160×100×10	106.6	83.7	3.67	26827	1192	15.86	2319	632.3	166.5	4.66
		160×100×12	116.1	91.1	3.97	30576	1359	16.23	2668	672.2	195.7	4.79
		160×100×14	125.4	98.5	4.23	34221	1521	16.52	2996	708.0	224.1	4.89
		160×100×16	134.6	105.6	4.47	37713	1676	16.74	3307	740.5	251.8	4.96
		180×110×10	112.7	88.5	4.17	29108	1294	16.07	3186	764.5	206.4	5.32
		180×110×12	123.4	96.9	4.50	33282	1479	16.42	3668	814.3	243.0	5.45
		180×110×14	133.9	105.1	4.79	37349	1660	16.70	4119	859.7	278.0	5.55
		180×110×16	144.3	113.3	5.05	41254	1834	16.91	4548	901.3	312.5	5.61

续表

尺寸（mm）			截面面积	线密度	截面特性							
						x－x 轴			y－y 轴			
h	$h_1 \times t_1$	$B \times b \times t$	A (cm^2)	(kg/m)	x_0 (cm)	I_x (cm^4)	W_x (cm^3)	i_x (cm)	I_y (cm^4)	W_{ymax} (cm^3)	W_{ymin} (cm^3)	i_y (cm)
500	400×12	160×100×10	98.6	77.4	3.60	32945	1318	18.28	2184	606.9	160.5	4.71
		12	108.1	84.9	3.89	37688	1508	18.67	2511	645.2	188.7	4.82
		14	117.4	92.2	4.15	42304	1692	18.98	2820	680.0	216.0	4.90
		16	126.6	99.4	4.37	46740	1870	19.22	3113	711.8	242.7	4.96
		180×110×10	104.7	82.2	4.12	35837	1433	18.50	3014	732.2	199.8	5.36
		12	115.4	90.6	4.44	41123	1645	18.88	3469	780.7	235.1	5.48
		14	125.9	98.9	4.72	46278	1851	19.17	3897	825.4	269.2	5.56
		16	136.3	107.0	4.97	51242	2050	19.39	4304	866.8	302.4	5.62
		200×125×12	123.8	97.2	4.97	44634	1785	18.99	4646	934.4	286.3	6.13
		14	135.7	106.6	5.27	50313	2013	19.25	5225	992.1	327.9	6.20
		16	147.5	115.8	5.52	55822	2233	19.46	5778	1046	368.6	6.26
		18	159.1	124.9	5.75	61211	2448	19.62	6308	1096	408.3	6.30
	400×16	160×100×10	114.6	90.0	3.47	35079	1403	17.49	2382	687.0	168.6	4.56
		12	124.1	97.4	3.76	39821	1593	17.91	2744	729.1	198.4	4.70
		14	133.4	104.7	4.03	44438	1778	18.25	3086	766.6	227.4	4.81
		16	142.6	111.9	4.26	48873	1955	18.52	3411	800.5	255.7	4.89

续表

尺寸（mm）			截面面积	线密度	截面特性							
						x－x 轴			y－y 轴			
h	$h_1 \times t_1$	$B \times b \times t$	A (cm²)	(kg/m)	x_0 (cm)	I_x (cm⁴)	W_x (cm³)	i_x (cm)	I_y (cm⁴)	W_{ymax} (cm³)	W_{ymin} (cm³)	i_y (cm)
500	400×16	180×110×10	120.7	94.8	3.94	37971	1519	17.73	3272	829.7	209.0	5.21
		180×110×12	131.4	103.2	4.28	43256	1730	18.14	3772	881.7	246.2	5.36
		180×110×14	141.9	111.2	4.57	48412	1936	18.47	4241	928.7	282.1	5.47
		180×110×16	152.3	119.5	4.82	53375	2135	18.72	4687	971.7	317.2	5.55
		200×125×12	139.8	109.8	4.78	46768	1871	18.29	5025	1051	298.8	5.99
		200×125×14	151.7	119.1	5.09	52446	2098	18.59	5653	1111	342.4	6.10
		200×125×16	163.5	128.3	5.36	57955	2318	18.83	6251	1165	385.0	6.18
		200×125×18	175.1	137.4	5.61	63344	2534	19.02	6823	1217	426.7	6.24
		200×200×14	173.3	136.0	4.75	54466	2179	17.73	5802	1222	344.3	5.79
		200×200×16	188.0	147.6	4.98	60233	2409	17.90	6443	1293	387.7	5.85
		200×200×18	202.6	159.0	5.19	65831	2633	18.03	7060	1360	430.2	5.90
		200×200×20	217.0	170.4	5.38	71322	2853	18.13	7649	1423	471.5	5.94
		200×200×24	245.3	192.6	5.71	81773	3271	18.26	8776	1538	552.2	5.98
	400×20	160×100×10	130.6	102.5	3.42	37212	1488	16.88	2571	752.2	176.3	4.44
		160×100×12	140.1	110.0	3.71	41954	1678	17.30	2967	799.5	207.7	4.60
		160×100×14	149.4	117.3	3.97	46571	1863	17.65	3342	841.0	238.2	4.73
		160×100×16	158.6	124.5	4.21	51007	2040	17.94	3697	878.0	268.1	4.83

续表

尺寸 (mm)			截面面积	线密度	截面特性							
						x－x 轴			y－y 轴			
h	$h_1 \times t_1$	$B \times b \times t$	A (cm^2)	(kg/m)	x_0 (cm)	I_x (cm^4)	W_x (cm^3)	i_x (cm)	I_y (cm^4)	W_{ymax} (cm^3)	W_{ymin} (cm^3)	i_y (cm)
500	400×20	180×110×10	136.7	107.3	3.86	40104	1604	17.13	3515	910.9	217.8	5.07
		180×110×12	147.4	115.7	4.19	45389	1816	17.55	4059	968.1	256.8	5.25
		180×110×14	157.9	124.0	4.48	50545	2022	17.89	4568	1019	294.4	5.38
		180×110×16	168.3	132.1	4.75	55508	2220	18.16	5052	1065	331.2	5.48
		200×125×12	155.8	122.3	4.67	48901	1956	17.72	5382	1153	310.5	5.88
		200×125×14	167.7	131.7	4.99	54580	2183	18.04	6058	1215	356.1	6.01
		200×125×16	179.5	140.9	5.27	60089	2404	18.30	6702	1272	400.6	6.11
		200×125×18	191.1	150.0	5.52	65477	2619	18.51	7318	1325	444.1	6.19
		200×200×14	189.3	148.6	4.73	56600	2264	17.29	6161	1303	356.8	5.71
		200×200×16	204.0	160.2	4.98	62367	2495	17.48	6839	1375	401.7	5.79
		200×200×18	218.6	171.6	5.20	67965	2719	17.63	7491	1441	445.8	5.85
		200×200×20	233.0	182.9	5.39	73455	2939	17.76	8112	1504	488.5	5.90
		200×200×24	261.3	205.1	5.75	83907	3356	17.92	9300	1619	572.2	5.97
550	450×12	160×100×10	104.6	82.1	3.43	41726	1517	19.97	2235	652.4	162.3	4.62
		160×100×12	114.1	89.6	3.72	47580	1730	20.42	2573	692.0	190.9	4.75
		160×100×14	123.4	96.9	3.97	53284	1938	20.78	2893	727.7	218.7	4.84
		160×100×16	132.6	104.1	4.20	58778	2137	21.06	3196	760.3	245.9	4.91

续表

尺寸（mm）			截面面积	线密度	截面特性							
						x－x 轴			y－y 轴			
h	$h_1 \times t_1$	$B \times b \times t$	A （cm^2）	（kg/m）	x_0 （cm）	I_x （cm^4）	W_x （cm^3）	i_x （cm）	I_y （cm^4）	W_{ymax} （cm^3）	W_{ymin} （cm^3）	i_y （cm）
550	450×12	180×110×10	110.7	86.9	3.93	45305	1647	20.33	3084	785.7	201.9	5.28
		12	121.4	95.3	4.25	51835	1885	20.66	3554	835.5	237.8	5.41
		14	131.9	103.6	4.53	58210	2117	21.00	3995	881.1	272.4	5.50
		16	142.3	111.7	4.78	64362	2340	21.27	4415	923.2	306.2	5.57
		200×125×12	129.8	101.9	4.77	56226	2045	20.81	4756	997.1	289.5	6.05
		14	141.7	111.3	5.07	63264	2301	21.13	5351	1056	331.7	6.14
		16	153.3	120.5	5.33	70104	2549	21.37	5918	1110	373.0	6.21
		18	165.1	129.6	5.57	76800	2793	21.57	6462	1161	413.3	6.26
	450×16	160×100×10	122.6	96.3	3.29	44763	1628	19.11	2437	740.0	170.4	4.46
		12	132.1	103.7	3.58	50618	1841	19.57	2812	784.5	200.6	4.61
		14	141.4	111.0	3.84	56322	2048	19.96	3167	823.9	230.2	4.73
		16	150.6	118.2	4.08	61815	2248	20.26	3503	859.3	259.0	4.82
		180×110×10	128.7	101.1	3.75	48343	1758	19.38	3348	893.2	211.2	5.10
		12	139.4	109.4	4.08	54843	1995	19.84	3865	947.7	249.0	5.27
		14	149.9	117.7	4.37	61248	2227	20.21	4350	996.5	285.6	5.39
		16	160.3	125.8	4.62	67400	2451	20.51	4811	1041	321.2	5.48

续表

尺寸（mm）			截面面积	线密度	截面特性							
						x－x 轴			y－y 轴			
h	$h_1 \times t_1$	$B \times b \times t$	A （cm^2）	（kg/m）	x_0 （cm）	I_x （cm^4）	W_x （cm^3）	i_x （cm）	I_y （cm^4）	W_{ymax} （cm^3）	W_{ymin} （cm^3）	i_y （cm）
550	450 × 16	200 × 125 × 12	147.8	116.0	4.56	59263	2155	20.02	5147	1127	302.1	5.90
		200 × 125 × 14	159.7	125.4	4.88	66302	2411	20.37	5795	1189	346.5	6.02
		200 × 125 × 16	171.5	134.6	5.15	73141	2660	20.65	6412	1245	389.8	6.11
		200 × 125 × 18	183.1	143.7	5.40	79837	2903	20.88	7002	1297	432.2	6.18
		200 × 200 × 14	181.3	142.3	4.57	69443	2525	19.57	5923	1295	347.9	5.72
		200 × 200 × 16	196.0	153.9	4.81	76693	2789	19.78	6579	1367	391.9	5.79
		200 × 200 × 18	210.6	165.3	5.03	83745	3045	19.94	7210	1435	435.0	5.85
		200 × 200 × 20	225.0	176.6	5.21	90668	3297	20.07	7812	1499	476.7	5.89
		200 × 200 × 24	253.3	198.9	5.55	103894	3778	20.25	8964	1614	558.6	5.95
	450 × 20	160 × 100 × 10	140.6	110.4	3.25	47801	1738	18.44	2629	809.8	178.2	4.32
		160 × 100 × 12	150.1	117.8	3.53	53655	1951	18.91	3039	860.8	210.1	4.50
		160 × 100 × 14	159.4	125.1	3.79	59359	2159	19.30	3428	905.2	241.2	4.64
		160 × 100 × 16	168.6	132.3	4.02	64853	2358	19.61	3797	944.6	271.6	4.75
		180 × 110 × 10	146.7	115.2	3.66	51380	1868	18.71	3595	981.0	220.0	4.95
		180 × 110 × 12	157.4	123.6	3.99	57910	2106	19.18	4157	1042	259.7	5.14
		180 × 110 × 14	167.9	131.8	4.28	64285	2338	19.57	4686	1096	298.0	5.28
		180 × 110 × 16	178.3	139.9	4.54	70437	2561	19.88	5188	1144	335.5	5.39

续表

尺寸 (mm)			截面面积	线密度	截面特性								
						x－x 轴			y－y 轴				
h	$h_1 \times t_1$	$B \times b \times t$	A (cm²)	(kg/m)	x_0 (cm)	I_x (cm⁴)	W_x (cm³)	i_x (cm)	I_y (cm⁴)	W_{ymax} (cm³)	W_{ymin} (cm³)	i_y (cm)
550	450×20	200×125×12	165.8	130.2	4.45	62301	2265	19.38	5511	1239	314.0	5.77
		200×125×14	177.7	139.5	4.76	69339	2521	19.75	6212	1305	360.3	5.91
		200×125×16	189.5	148.7	5.04	76179	2770	20.05	6878	1364	405.6	6.03
		200×125×18	201.1	157.8	5.30	82875	3014	20.30	7516	1419	450.0	6.11
		200×200×14	199.3	156.4	4.54	72481	2636	19.07	6297	1386	360.7	5.62
		200×200×16	214.0	168.0	4.79	79730	2899	19.30	6993	1460	406.3	5.72
		200×200×18	228.6	179.5	5.01	86782	3156	19.48	7663	1528	451.1	5.79
		200×200×20	243.0	190.8	5.21	93705	3407	19.64	8301	1593	494.5	5.84
		200×200×24	271.3	213.0	5.57	106931	3888	19.85	9520	1709	579.5	5.92
600	500×12	160×100×10	110.6	86.8	3.27	51814	1727	21.64	2281	697.0	163.8	4.54
		160×100×12	120.1	94.3	3.56	58899	1963	22.14	2629	738.0	192.8	4.68
		160×100×14	129.4	101.6	3.82	65807	2194	22.55	2958	774.8	221.1	4.78
		160×100×16	138.6	108.8	4.05	72473	2416	22.87	3271	808.2	248.7	4.86
		180×110×10	116.7	91.6	3.75	56158	1872	21.93	3148	838.5	203.8	5.19
		180×110×12	127.4	100.0	4.08	64065	2136	22.42	3631	889.6	240.2	5.34
		180×110×14	137.9	108.3	4.36	71792	2393	22.81	4085	936.2	275.3	5.44
		180×110×16	148.3	116.4	4.61	79261	2642	23.12	4516	979.0	309.6	5.52

续表

尺寸（mm）			截面面积	线密度	截面特性							
						x－x 轴			y－y 轴			
h	$h_1 \times t_1$	$B \times b \times t$	A （cm^2）	（kg/m）	x_0 （cm）	I_x （cm^4）	W_x （cm^3）	i_x （cm）	I_y （cm^4）	W_{ymax} （cm^3）	W_{ymin} （cm^3）	i_y （cm）
600	500×12	200×125×12	135.8	106.6	4.59	69440	2315	22.61	4857	1059	292.3	5.98
		200×125×14	147.7	116.0	4.89	77987	2600	22.98	5467	1118	335.1	6.08
		200×125×16	159.5	125.2	5.15	86304	2877	23.26	6048	1174	376.9	6.16
		200×125×18	171.1	134.3	5.39	94452	3148	23.50	6605	1225	417.8	6.21
	500×16	160×100×10	130.6	102.5	3.14	55981	1866	20.70	2486	791.3	171.9	4.36
		160×100×12	140.1	110.0	3.43	63065	2102	21.22	2872	838.5	202.6	4.53
		160×100×14	149.4	115.3	3.68	69974	2332	21.64	3238	879.9	232.6	4.66
		160×100×16	158.6	124.5	3.91	76639	2555	21.98	3586	916.9	262.0	4.76
		180×110×10	136.7	107.3	3.58	60325	2011	21.00	3415	955.0	213.1	5.00
		180×110×12	147.4	115.7	3.90	68232	2274	21.51	3948	1012	251.5	5.18
		180×110×14	157.9	124.0	4.19	75958	2532	21.93	4449	1063	288.5	5.31
		180×110×16	168.3	132.1	4.44	83428	2781	22.27	4925	1109	324.9	5.41
		200×125×12	155.8	122.3	4.37	73607	2454	21.73	5256	1202	305.1	5.81
		200×125×14	167.7	131.7	4.68	82154	2738	22.13	5923	1265	350.1	5.94
		200×125×16	179.5	140.9	4.96	90471	3016	22.45	6558	1323	394.0	6.04
		200×125×18	191.1	150.0	5.21	98619	3287	22.72	7165	1376	437.1	6.12

续表

尺寸（mm）			截面面积	线密度	截面特性							
						x－x 轴			y－y 轴			
h	$h_1 \times t_1$	$B \times b \times t$	A (cm^2)	(kg/m)	x_0 (cm)	I_x (cm^4)	W_x (cm^3)	i_x (cm)	I_y (cm^4)	W_{ymax} (cm^3)	W_{ymin} (cm^3)	i_y (cm)
600	500×16	200×200×14	189.3	148.6	4.41	86686	2890	21.40	6034	1367	351.1	5.65
		16	204.0	160.2	4.65	95603	3187	21.64	6704	1440	395.6	5.73
		18	218.6	171.6	4.87	104291	3476	21.84	7349	1509	439.3	5.80
		20	233.0	182.9	5.06	112827	3761	22.00	7964	1573	481.6	5.85
		24	261.3	205.1	5.41	129181	4306	22.23	9141	1690	564.5	5.91
	500×20	160×100×10	150.6	118.2	3.10	60147	2005	19.98	2679	865.1	179.8	4.22
		12	160.1	125.7	3.37	67232	2241	20.49	3103	920.0	212.1	4.40
		14	169.4	133.0	3.62	74141	2471	20.92	3504	967.4	243.7	4.55
		16	178.6	140.2	3.85	80806	2694	12.27	3887	1009	274.7	4.67
		180×110×10	156.7	123.0	3.49	64491	2150	20.28	3664	1049	222.0	4.84
		12	167.4	131.4	3.81	72399	2413	20.79	4245	1114	262.2	5.04
		14	177.9	139.7	4.09	80125	2671	21.22	4790	1171	301.1	5.19
		16	188.3	147.8	4.35	87594	2920	21.57	5310	1221	339.2	5.31
		200×125×12	175.8	138.0	4.25	77774	2592	21.03	5627	1323	317.0	5.66
		14	187.7	147.4	4.56	86320	2877	21.44	6349	1392	364.1	5.82
		16	199.5	156.6	4.84	94637	3155	21.78	7037	1454	410.1	5.94
		18	211.1	165.7	5.09	102785	3426	22.07	7695	1511	455.1	6.04

续表

尺寸（mm）			截面面积	线密度	截面特性							
						x－x 轴			y－y 轴			
h	$h_1 \times t_1$	$B \times b \times t$	A (cm²)	(kg/m)	x_0 (cm)	I_x (cm⁴)	W_x (cm³)	i_x (cm)	I_y (cm⁴)	W_{ymax} (cm³)	W_{ymin} (cm³)	i_y (cm)
600	500×20	200×200×14	209.3	164.3	4.37	90853	3028	20.84	6420	1468	364.2	5.54
		16	224.0	175.9	4.62	99769	3326	21.10	7134	1544	410.5	5.64
		18	238.6	187.3	4.85	108457	3615	21.32	7820	1614	455.9	5.73
		20	253.0	198.6	5.05	116993	3900	21.50	8475	1680	499.9	5.79
		24	281.3	220.6	5.41	133347	4445	21.77	9725	1798	586.2	5.88
700	600×12	160×100×10	122.6	96.3	3.01	76214	2178	24.93	2360	783.7	166.3	4.39
		12	132.1	103.7	3.29	86115	2460	25.53	2727	827.8	196.1	4.54
		14	141.4	111.0	3.55	95781	2737	26.02	3074	867.0	225.1	4.66
		16	150.6	118.2	3.77	105133	3004	26.42	3404	902.2	253.5	4.75
		180×110×10	128.7	101.1	3.46	82316	2352	25.29	3258	941.4	207.0	5.03
		12	139.4	109.4	3.78	93379	2668	25.88	3766	995.7	244.2	5.20
		14	149.4	117.7	4.06	104202	2977	26.36	4242	1044	280.2	5.32
		16	160.3	125.8	4.31	114694	3277	26.75	4696	1089	315.4	5.41
		200×125×12	147.8	116.0	4.26	102037	2887	26.14	5033	1181	297.2	5.84
		14	159.7	125.4	4.57	113047	3230	26.60	5672	1242	341.0	5.96
		16	171.5	134.6	4.83	124760	3565	26.97	6281	1299	383.8	6.05
		18	183.1	143.7	5.08	136246	3893	27.28	6864	1352	425.7	6.12

续表

尺寸（mm）			截面面积	线密度	截面特性							
						x－x 轴			y－y 轴			
h	$h_1 \times t_1$	$B \times b \times t$	A (cm²)	(kg/m)	x_0 (cm)	I_x (cm⁴)	W_x (cm³)	i_x (cm)	I_y (cm⁴)	W_{ymax} (cm³)	W_{ymin} (cm³)	i_y (cm)
700	600×16	160×100×10	146.6	115.1	2.89	83414	2383	23.85	2567	889.7	174.5	4.18
		12	156.1	122.5	3.16	93315	2666	24.45	2975	942.4	206.0	4.37
		14	165.4	129.9	3.40	102981	2942	24.95	3362	988.2	236.8	4.51
		16	174.6	137.0	3.63	112333	3210	25.37	3730	1029	267.0	4.62
		180×110×10	152.7	119.9	3.29	89516	2558	24.21	3529	1074	216.3	4.81
		12	163.4	128.3	3.60	100579	2874	24.81	4091	1137	255.6	5.00
		14	173.9	136.5	3.87	111402	3183	25.31	4619	1192	293.7	5.15
		16	184.3	144.7	4.12	121894	3483	25.72	5122	1242	330.9	5.27
		200×125×12	171.8	134.9	4.04	108237	3092	25.10	5445	1348	310.0	5.63
		14	183.7	144.2	4.34	120247	3436	25.58	6146	1415	356.2	5.78
		16	195.5	153.5	4.62	131960	3770	25.98	6815	1476	401.3	5.90
		18	207.1	162.5	4.87	143446	4098	26.32	7455	1532	445.5	6.00
		200×200×14	205.3	161.1	4.13	128370	3668	25.01	6230	1508	356.7	5.51
		16	220.0	172.7	4.37	141173	4034	25.33	6928	1584	402.2	5.61
		18	234.6	184.2	4.59	153680	4391	25.59	7599	1655	446.8	5.69
		20	249.0	195.5	4.79	165982	4742	25.82	8240	1721	490.1	5.75
		24	277.3	217.7	5.14	189654	5419	26.15	9464	1841	575.0	5.84

续表

尺寸(mm)			截面面积	线密度	截面特性							
						x－x 轴			y－y 轴			
h	$h_1 \times t_1$	$B \times b \times t$	A (cm^2)	(kg/m)	x_0 (cm)	I_x (cm^4)	W_x (cm^3)	i_x (cm)	I_y (cm^4)	W_{ymax} (cm^3)	W_{ymin} (cm^3)	i_y (cm)
700	600×20	160×100×10	170.6	133.9	2.85	90614	2589	23.04	2764	969.2	182.4	4.02
		12	180.1	141.4	3.11	100515	2872	23.62	3209	1032	215.5	4.22
		14	189.4	148.7	3.35	110181	3148	24.12	3634	1086	248.0	4.38
		16	198.6	155.9	3.56	119533	3415	24.54	4040	1134	279.8	4.51
		180×110×10	176.7	138.7	3.21	96716	2763	23.39	3781	1177	225.2	4.63
		12	187.4	147.1	3.51	107779	3079	23.98	4393	1251	266.4	4.84
		14	197.9	155.4	3.78	118602	3389	24.48	4969	1315	306.3	5.01
		16	208.3	163.5	4.03	129094	3688	24.90	5519	1371	345.5	5.15
		200×125×12	195.8	153.7	3.92	115437	3298	24.28	5823	1486	322.1	5.45
		14	207.7	163.1	4.22	127447	3640	24.77	6585	1561	370.3	5.63
		16	219.5	172.3	4.49	139160	3976	25.18	7311	1628	417.6	5.77
		18	231.1	181.4	4.74	150646	4304	25.53	8008	1690	463.9	5.89
		200×200×14	229.3	180.0	4.08	135570	3873	24.32	6634	1626	370.2	5.38
		16	244.0	191.6	4.32	148373	4239	24.66	7381	1707	417.6	5.50
		18	258.6	203.0	4.55	160880	4597	24.94	8100	1781	464.1	5.60
		20	273.0	214.3	4.75	173182	4948	25.19	8785	1850	509.2	5.67
		24	301.3	236.5	5.12	196854	5624	25.56	10095	1973	597.9	5.79

（22）钢板的规格及尺寸（见表 2.3-22、表 2.3-23、表 2.3-24）。

轧制薄钢板的规格及尺寸（按 GB 708—1988）　　**表 2.3-22**

钢板种类	钢板厚度 (mm)	钢板宽度 (mm)												
		500	600	710	750	800	850	900	950	1000	1100	1250	1400	1500
		钢板长度 (mm)												
热轧钢板	0.35, 0.4		1200		1000									
	0.45, 0.5	1000	1500	1000	1500	1500		1500	1500					
	0.55, 0.6	1500	1800	1420	1800	1600	1700	1800	1900	1500				
	0.7, 0.75	2000	2000	2000	2000	2000	2000	2000	2000	2000				
					1500	1500	1500	1500	1500					
	0.8, 0.9	1000	1200	1420	1800	1600	1700	1800	1900	1500				
		1500	1420	2000	2000	2000	2000	2000	2000	2000				
	1.0, 1.1				1000			1000						
	1.2, 1.25	1000	1200	1000	1500	1500	1500	1500	1500					
	1.4, 1.5	1500	1420	1420	1800	1600	1700	1800	1900	1500				
	1.6, 1.8	2000	2000	2000	2000	2000	2000	2000	2000	2000				
								1000						
	2.0, 2.2	500	600	1000	1500	1500	1500	1500	1500	1500	2200	2500	2800	
	2.5, 2.8	1000	1200	1420	1800	1600	1700	1800	1900	2000	3000	3000	3000	3000
		1500	1500	2000	2000	2000	2000	2000	2000	3000	4000	4000	4000	4000

续表

钢板种类	钢板厚度 (mm)	钢板宽度 (mm)												
		500	600	710	750	800	850	900	950	1000	1100	1250	1400	1500
		钢板长度 (mm)												
热轧钢板	3.0, 3.2 3.5, 3.8 4.0	500 1000	600 1200	1420 2000	1000 1500 1800 2000	1500 1600 2000	1500 1700 2000	1000 1500 1800 2000	1500 1900 2000	2000 3000 4000	2200 3000 4000	2500 3000 4000	2800 3000 3500 4000	3000 3500 4000
冷轧钢板	0.2, 0.25 0.3, 0.4	1000 1500	1200 1800 2000	1420 1800 2000	1500 1800 2000	1500 1800 2000	1500 1800 2000	1500 1800		1500 2000				
	0.5, 0.55 0.6	1000 1500	1200 1800 2000	1420 1800 2000	1500 1800 2000	1500 1800 2000	1500 1800 2000	1500 1800		1500 2000				
	0.7, 0.75	1000 1500	1200 1800 2000	1420 1800 2000	1500 1800 2000	1500 1800 2000	1500 1800 2000	1500 2000		1500 2000				
	0.8, 0.9	1000 1500	1200 1800 2000	1420 1800 2000	1500 1800 2000	1500 1800 2000	1500 1800 2000	1500 1800 2000		1500 2000	2000 2200	2000 2500		
	1.0, 1.1 1.2, 1.4 1.5, 1.6 1.8, 2.0	1000 1500 2000	1200 1800 2000	1420 1800 2000	1500 1800 2000	1500 1800 2000	1500 1800 2000	1800 2000		2000	2000 2200	2000 2500	2800 3000 3500	2800 3000 3500

续表

钢板种类	钢板厚度（mm）	钢板宽度（mm）												
		500	600	710	750	800	850	900	950	1000	1100	1250	1400	1500
		钢板长度（mm）												
冷轧钢板	2.2，2.5	500	600											
	2.8，3.0	1000	1200	1420	1500	1500	1500							
	3.2，3.5	1500	1800	1800	1800	1800	1800	1800		2000				
	3.8，4.0	2000	2000	2000	2000	2000								

热轧厚钢板的规格及尺寸（按 GB/T 709—1988） 表 2.3-23

宽度（m）	厚度（mm）	4.5~5.5	6~7	8~10	11~15	16~20	21~25	26~30	32~34	36~40	42~50	52~60
0.6~1.2	最大宽度（m）	12	12	12	12	12	12	12	12	10	9	8
>1.2~1.5		12	12	12	12	12	11	10	9	8	8	6
>1.5~1.6		12	12	12	12	12	11	9	8	7	7	6
>1.6~1.7		12	12	12	12	10	10	9	7	7	7	6
>1.7~1.8		12	12	12	12	10	9	9	7	6.5	6.5	5.5
>1.8~2.0		6	10	12	12	9	8	8	7	6.5	6	5
>2.0~2.2		—	—	9	9	8	7	7	7	5.5	5	4.5
>2.2~2.5		—	—	9	8	7	6	6	7	5.5	4	4
>2.5~2.8		—	—	—	8	7	6	6	6	5	—	—
>2.8~3.0		—	—	—	8	7	6	6	5	—	—	—

花纹钢板的规格及尺寸（按 GB/T 3277—1991） **表 2.3-24**

名称	菱形花纹钢板		扁豆形花纹钢板	
	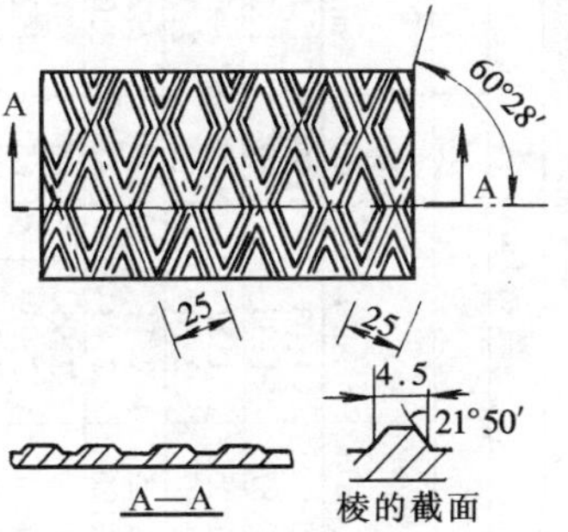		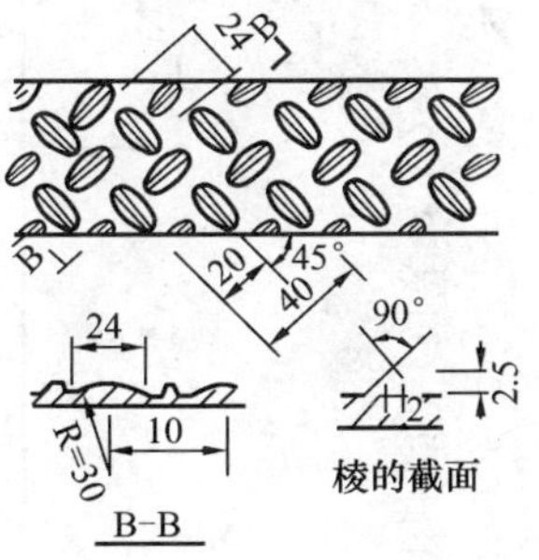	
基本厚度（mm）	纹高（mm）	质量（kg/m^2）	纹高（mm）	质量（kg/m^2）
2.5	1.0	21.6	2.5	22.6
3.0	1.0	25.6	2.5	26.6
3.5	1.0	29.5	2.5	30.5
4.0	1.0	33.4	2.5	34.4
4.5	1.0	37.3	2.5	38.3
5.0	1.5	42.3	2.5	42.3
5.5	1.5	46.2	2.5	46.2
6.0	1.5	50.1	2.5	50.1
7.0	2.0	59.0	2.5	58.0
8.0	2.0	66.8	2.5	65.8

注：花纹纹高不小于基板厚度的 0.2 倍

2.3.2　型钢组合截面特性

（1）两个热轧等边角钢的组合截面特性（按 GB/T 9787—1988 计算）（见表 2.3-25）。

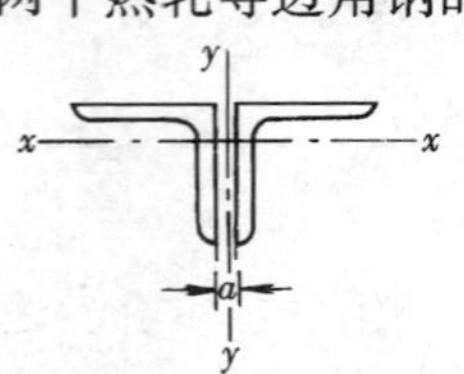

I—截面惯性矩；

W—截面抵抗矩；

i—截面回转半径

表 2.3-25

角钢型号	截面面积 A (cm^2)	线密度 (kg/m)	截面特性									
			x－x 轴				y－y 轴 当 a (mm) 为					
							0		4		6	
			I_x (cm^4)	W_{xmax} (cm^3)	W_{xmin} (cm^3)	i_x (cm)	W_y (cm^3)	i_y (cm)	W_y (cm^3)	i_y (cm)	W_y (cm^3)	i_y (cm)
2L20×3	2.26	1.78	0.80	1.33	0.57	0.59	0.81	0.85	1.03	1.00	1.15	1.08
2L20×4	2.92	2.29	0.99	1.55	0.73	0.58	1.09	0.87	1.38	1.02	1.55	1.11
2L25×3	2.86	2.25	1.63	2.25	0.92	0.76	1.26	1.05	1.52	1.20	1.66	1.27
2L25×4	3.72	2.92	2.05	2.69	1.18	0.74	1.69	1.07	2.04	1.22	2.21	1.30
2L30×3	3.50	2.75	2.91	3.44	1.35	0.91	1.81	1.25	2.11	1.39	2.28	1.47
2L30×4	4.55	3.57	3.69	4.16	1.75	0.90	2.42	1.26	2.83	1.41	3.06	1.49
2L36×3	4.22	3.31	5.16	5.18	1.98	1.11	2.60	1.49	2.95	1.63	3.14	1.70
2L36×4	5.51	4.33	6.59	6.36	2.57	1.09	3.47	1.51	3.95	1.65	4.21	1.73
2L36×5	6.76	5.31	7.90	7.36	3.13	1.08	4.36	1.52	4.96	1.67	5.30	1.75
2L40×3	4.72	3.70	7.18	6.56	2.47	1.23	3.20	1.65	3.59	1.79	3.80	1.86
2L40×4	6.17	4.85	9.19	8.11	3.21	1.22	4.28	1.67	4.80	1.81	5.09	1.88
2L40×5	7.58	5.95	11.06	9.44	3.91	1.21	5.37	1.68	6.03	1.83	6.39	1.90

2L45×3	5.32	4.18	10.35	8.50	3.15	1.39	4.05	1.85	4.48	1.99	4.71	2.06
4	6.97	5.47	13.31	10.58	4.11	1.38	5.41	1.87	5.99	2.01	6.30	2.08
5	8.58	6.74	16.07	12.39	5.02	1.37	6.78	1.89	7.51	2.03	7.91	2.10
6	10.15	7.97	18.65	13.98	5.89	1.36	8.16	1.90	9.05	2.05	9.53	2.12
2L50×3	5.94	4.66	14.35	10.72	3.92	1.55	5.00	2.05	5.47	2.19	5.72	2.26
4	7.79	6.12	18.51	13.41	5.12	1.54	6.68	2.07	7.31	2.21	7.65	2.28
5	9.61	7.54	22.43	15.79	6.26	1.53	8.36	2.09	9.16	2.23	9.59	2.30
6	11.38	8.93	26.10	17.90	7.37	1.51	10.06	2.10	11.03	2.25	11.56	2.32
2L56×3	6.69	5.25	20.38	13.72	4.95	1.75	6.27	2.29	6.79	2.43	7.06	2.50
4	8.78	6.89	26.37	17.26	6.48	1.73	8.37	2.31	9.07	2.45	9.44	2.52
5	10.83	8.50	32.03	20.43	7.94	1.72	10.47	2.33	11.36	2.47	11.83	2.54
8	16.73	13.14	47.25	28.13	12.05	1.68	16.87	2.38	18.34	2.52	19.13	2.60
2L63×4	9.96	7.81	38.06	22.43	8.27	1.96	10.59	2.59	11.36	2.72	11.78	2.79
5	12.29	9.64	46.35	26.67	10.16	1.94	13.25	2.61	14.23	2.74	14.75	2.82
6	14.58	11.44	54.24	30.51	11.99	1.93	15.92	2.62	17.11	2.76	17.75	2.83
8	19.03	14.94	68.89	37.18	15.49	1.90	21.31	2.66	22.94	2.80	23.80	2.87
10	23.31	18.30	82.19	42.68	18.79	1.88	26.77	2.69	28.85	2.84	29.95	2.91
2L70×4	11.14	8.74	52.79	28.33	10.28	2.18	13.07	2.87	13.92	3.00	14.37	3.07
5	13.75	10.79	64.42	33.78	12.65	2.16	16.35	2.88	17.43	3.02	18.00	3.09
6	16.32	12.81	75.54	38.78	14.95	2.15	19.64	2.90	20.95	3.04	21.64	3.11
7	18.85	14.80	86.17	43.37	17.19	2.14	22.94	2.92	24.49	3.06	25.31	3.13
8	21.33	16.75	96.34	47.58	19.37	2.13	26.26	2.94	28.05	3.08	29.00	3.15
2L75×5	14.82	11.64	79.91	39.45	14.60	2.32	18.76	3.08	19.91	3.22	20.52	3.29
6	17.59	13.81	93.81	45.37	17.27	2.31	22.54	3.10	23.93	3.24	24.67	3.31
7	20.32	15.95	107.14	50.83	19.87	2.30	26.32	3.12	27.97	3.26	28.84	3.33
8	23.01	18.06	119.93	55.87	22.40	2.28	30.13	3.13	32.03	3.27	33.03	3.35
10	28.25	22.18	143.97	64.80	27.28	2.26	37.79	3.17	40.22	3.31	41.49	3.38

续表

角钢型号	截面特性													
	y－y 轴													
	当 a（mm）为													
	8		10		12		14		16		18		20	
	W_y (cm^3)	i_y (cm)	W_y (cm^3)	i_y (cm)	W_y (cm^3)	i_y (cm)	W_y (cm^3)	i_y (cm)	W_y (cm^3)	i_y (cm)	W_y (cm^3)	i_y (cm)	W_y (cm^3)	i_y (cm)
2L20×3	1.28	1.17	1.42	1.25										
2L20×4	1.73	1.19	1.91	1.28										
2L25×3	1.82	1.36	1.98	1.44										
2L25×4	2.44	1.38	2.66	1.47										
2L30×3	2.46	1.55	2.65	1.63										
2L30×4	3.30	1.57	3.55	1.65										
2L36×3	3.35	1.78	3.56	1.86										
2L36×4	4.49	1.80	4.78	1.89										
2L36×5	5.64	1.83	6.01	1.91										
2L40×3	4.02	1.94	4.26	2.01										
2L40×4	5.39	1.96	5.70	2.04										
2L40×5	6.77	1.98	7.17	2.06										

2L45×3	4.95	2.14	5.21	2.21										
4	6.63	2.16	6.97	2.24										
5	8.32	2.18	8.76	2.26										
6	10.04	2.20	10.56	2.28										
2L50×3	5.98	2.33	6.26	2.41	6.55	2.48								
4	8.01	2.36	8.38	2.43	8.77	2.51								
5	10.05	2.38	10.52	2.45	11.00	2.53								
6	12.10	2.40	12.67	2.48	13.26	2.56								
2L56×3	7.35	2.57	7.66	2.64	7.97	2.72								
4	9.83	2.59	10.24	2.67	10.66	2.74								
5	12.33	2.61	12.84	2.69	13.38	2.77								
8	19.94	2.67	20.78	2.75	21.65	2.83								
2L63×4	12.21	2.87	12.66	2.94	13.12	3.02								
5	15.30	2.89	15.86	2.96	16.45	3.04								
6	18.41	2.91	19.09	2.98	19.80	3.06								
8	24.70	2.95	25.62	3.03	26.58	3.10	27.56	3.18						
10	31.09	2.99	32.26	3.07	33.46	3.15	34.70	3.23						
2L70×4	14.85	3.14	15.34	3.21	15.84	3.29	16.36	3.36						
5	18.60	3.16	19.21	3.24	19.85	3.31	20.50	3.39						
6	22.36	3.18	23.11	3.26	23.88	3.33	24.67	3.41						
7	26.16	3.20	27.03	3.28	27.94	3.36	28.86	3.43						
8	29.97	3.22	30.98	3.30	32.02	3.38	33.09	3.46						
2L75×5	21.15	3.36	21.81	3.43	22.48	3.50	23.17	3.58						
6	25.43	3.38	26.22	3.45	27.04	3.53	27.87	3.60						
7	29.74	3.40	30.67	3.47	31.62	3.55	32.60	3.63						
8	34.07	3.42	35.13	3.50	36.23	3.57	37.36	3.65						
10	42.81	3.46	44.16	3.54	45.55	3.61	46.97	3.69						

续表

角钢型号	截面面积 A (cm^2)	线密度 (kg/m)	截面特性									
			x－x 轴				y－y 轴					
							当 a(mm)为					
			I_x (cm^4)	W_{xmax} (cm^3)	W_{xmin} (cm^3)	i_x (cm)	0		4		6	
							W_y (cm^3)	i_y (cm)	W_y (cm^3)	i_y (cm)	W_y (cm^3)	i_y (cm)
5	15.82	12.42	97.58	45.39	16.68	2.48	21.34	3.28	22.56	3.42	23.20	3.49
6	18.79	14.75	114.70	52.33	19.75	2.47	25.63	3.30	27.10	3.44	27.88	3.51
2L80×7	21.72	17.05	131.16	58.75	22.74	2.46	29.93	3.32	31.67	3.46	32.59	3.53
8	24.61	19.32	146.99	64.71	25.66	2.44	34.24	3.34	36.25	3.48	37.31	3.55
10	30.25	23.75	176.86	75.36	31.29	2.42	42.93	3.37	45.50	3.51	46.84	3.58
6	21.27	16.70	165.54	67.97	25.22	2.79	32.41	3.70	34.06	3.84	34.92	3.91
7	24.60	19.31	189.66	76.57	29.07	2.78	37.84	3.72	39.78	3.86	40.79	3.93
2L90×8	27.89	21.89	212.94	84.60	32.85	2.76	43.29	3.74	45.52	3.88	46.69	3.95
10	34.33	26.95	257.16	99.14	40.14	2.74	54.24	3.77	57.08	3.91	58.57	3.98
12	40.61	31.88	298.44	111.86	47.13	2.71	65.28	3.80	68.75	3.95	70.56	4.02
6	23.86	18.73	229.89	86.07	31.37	3.10	40.01	4.09	41.82	4.23	42.77	4.30
7	27.59	21.66	263.71	97.14	36.20	3.09	46.71	4.11	48.84	4.25	49.95	4.32
8	31.28	24.55	296.49	107.55	40.93	3.08	53.42	4.13	55.87	4.27	57.16	4.34
2L100×10	38.52	30.24	359.03	126.58	50.12	3.05	66.90	4.17	70.02	4.31	71.65	4.38
12	45.60	35.80	417.70	143.44	58.95	3.03	80.47	4.20	84.28	4.34	86.26	4.41
14	52.51	41.22	473.05	158.38	67.45	3.00	94.15	4.23	98.66	4.38	101.00	4.45
16	59.25	46.51	525.05	171.63	75.65	2.98	107.96	4.27	113.16	4.41	115.89	4.49

2L110×	7	30.39	23.86	354.32	119.55	44.09	3.41	56.48	4.52	58.80	4.65	60.01	4.72
	8	34.48	27.06	398.92	132.71	49.90	3.40	64.58	4.54	67.25	4.67	68.65	4.74
	10	42.52	33.38	484.37	156.97	61.20	3.38	80.84	4.57	84.24	4.71	86.00	4.78
	12	50.40	39.56	565.10	178.69	72.10	3.35	97.20	4.61	101.34	4.75	103.48	4.82
	14	58.11	45.62	641.42	198.15	82.62	3.32	113.67	4.64	118.56	4.78	121.10	4.85
2L125×	8	39.50	31.01	594.05	176.40	65.05	3.88	83.36	5.14	86.36	5.27	87.92	5.34
	10	48.75	38.27	723.35	209.61	79.94	3.85	104.31	5.17	108.12	5.31	110.09	5.38
	12	57.82	45.39	846.32	239.75	94.35	3.83	125.35	5.21	129.98	5.34	132.38	5.41
	14	66.73	52.39	963.30	267.11	108.31	3.80	146.50	5.24	151.98	5.38	154.82	5.45
2L140×	10	54.75	42.98	1029.30	269.11	101.16	4.34	130.73	5.78	134.94	5.92	137.12	5.98
	12	65.02	51.04	1207.36	309.24	119.59	4.31	157.04	5.81	162.16	5.95	164.81	6.02
	14	75.13	58.98	1377.62	346.04	137.50	4.28	183.46	5.85	189.51	5.98	192.63	6.06
	16	85.08	66.79	1540.48	379.80	154.92	4.26	210.01	5.88	217.01	6.02	220.62	6.09
2L160×	10	63.00	49.46	1559.06	361.54	133.39	4.97	170.67	6.58	175.42	6.72	177.87	6.78
	12	74.88	58.78	1833.17	417.17	157.95	4.95	204.95	6.62	210.73	6.75	213.70	6.82
	14	86.59	67.97	2096.72	468.73	181.90	4.92	239.33	6.65	246.10	6.79	249.67	6.86
	16	98.13	77.04	2350.16	516.54	205.25	4.89	273.85	6.68	281.74	6.82	285.79	6.89
2L180×	12	84.48	66.32	2642.71	540.06	201.63	5.59	259.20	7.43	265.62	7.56	268.92	7.63
	14	97.79	76.77	3028.96	609.14	232.51	5.57	302.61	7.46	310.19	7.60	314.07	7.67
	16	110.93	87.08	3401.97	673.72	262.69	5.54	346.14	7.49	354.90	7.63	359.38	7.70
	18	123.91	97.27	3762.25	734.09	292.21	5.51	389.82	7.53	399.77	7.66	404.86	7.73
2L200×	14	109.28	85.79	4207.09	770.15	289.40	6.20	373.41	8.27	381.75	8.40	386.02	8.47
	16	124.03	97.36	4732.29	853.99	327.30	6.18	427.04	8.30	436.67	8.43	441.59	8.50
	18	138.60	108.80	5241.27	932.90	364.44	6.15	480.81	8.33	491.75	8.47	497.34	8.53
	20	153.01	120.11	5734.59	1007.17	400.85	6.12	534.75	8.36	547.01	8.50	553.28	8.57
	24	181.32	142.34	6676.40	1142.89	471.55	6.07	643.20	8.42	658.16	8.56	665.80	8.63

续表

角钢型号	截面特性													
	y－y 轴													
	当 a（mm）为													
	8		10		12		14		16		18		20	
	W_y (cm³)	i_y (cm)	W_y (cm³)	i_y (cm)	W_y (cm³)	i_y (cm)	W_y (cm³)	i_y (cm)	W_y (cm³)	i_y (cm)	W_y (cm³)	i_y (cm)	W_y (cm³)	i_y (cm)
5	23.86	3.56	24.55	3.63	25.26	3.71	25.99	3.78	26.74	3.86				
6	28.69	3.58	29.52	3.65	30.37	3.73	31.25	3.80	32.15	3.88				
2L80×7	33.53	3.60	34.51	3.67	35.51	3.75	36.54	3.83	37.60	3.90				
8	38.40	3.62	39.53	3.70	40.68	3.77	41.87	3.85	43.08	3.93				
10	48.23	3.66	49.65	3.74	51.11	3.81	52.61	3.89	54.14	3.97				
6	35.81	3.98	36.72	4.05	37.66	4.12	38.63	4.20	39.62	4.27				
7	41.84	4.00	42.91	4.07	44.02	4.14	45.15	4.22	46.31	4.30				
2L90×8	47.90	4.02	49.13	4.09	50.40	4.17	51.71	4.24	53.04	4.32				
10	60.09	4.06	61.66	4.13	63.27	4.21	64.91	4.28	66.59	4.36	68.31	4.44		
12	72.42	4.09	74.32	4.17	76.27	4.25	78.26	4.32	80.30	4.40	82.37	4.48		
6	43.75	4.37	44.75	4.44	45.78	4.51	46.83	4.58	47.91	4.66	49.01	4.73		
7	51.10	4.39	52.27	4.46	53.48	4.53	54.72	4.61	55.98	4.68	57.27	4.76		
8	58.48	4.41	59.83	4.48	61.22	4.55	62.64	4.63	64.09	4.70	65.57	4.78		
2L100×10	73.32	4.45	75.03	4.52	76.79	4.60	78.58	4.67	80.41	4.75	82.28	4.83		
12	88.29	4.49	90.37	4.56	92.50	4.64	94.67	4.71	96.89	4.79	99.15	4.87		
14	103.40	4.53	105.85	4.60	108.36	4.68	110.92	4.75	113.52	4.83	116.18	4.91		
16	118.66	4.56	121.49	4.64	124.38	4.72	127.33	4.80	130.33	4.87	133.38	4.95		

7	61.25	4.79	62.52	4.86	63.82	4.94	65.15	5.01	66.51	5.08	67.90	5.16		
8	70.07	4.81	71.54	4.88	73.03	4.96	74.56	5.03	76.13	5.10	77.72	5.18		
2L110×10	87.81	4.85	89.66	4.92	91.56	5.00	93.49	5.07	95.46	5.15	97.47	5.22		
12	105.68	4.89	107.93	4.96	110.22	5.04	112.57	5.11	114.96	5.19	117.39	5.26		
14	123.69	4.93	126.34	5.00	129.05	5.08	131.81	5.15	134.62	5.23	137.48	5.31		
8	89.52	5.41	91.15	5.48	92.81	5.55	94.52	5.62	96.25	5.69	98.02	5.77		
2L125× 10	112.11	5.45	114.17	5.52	116.28	5.59	118.43	5.66	120.62	5.74	122.85	5.81		
12	134.84	5.48	137.34	5.56	139.89	5.63	142.49	5.70	145.15	5.78	147.84	5.85		
14	157.71	5.52	160.66	5.59	163.67	5.67	166.73	5.74	169.85	5.82	173.02	5.89		
10	139.34	6.05	141.61	6.12	143.92	6.20	146.27	6.27	148.67	6.34	151.11	6.41		
2L140× 12	167.50	6.09	170.25	6.16	173.06	6.23	175.91	6.31	178.81	6.38	181.76	6.45		
14	195.82	6.13	199.06	6.20	202.36	6.27	205.72	6.34	209.13	6.42	212.60	6.49		
16	224.29	6.16	228.03	6.23	231.84	6.31	235.71	6.38	239.64	6.46	243.64	6.53		
10	180.37	6.85	182.91	6.92	185.50	6.99	188.14	7.06	190.81	7.13	193.53	7.21	196.30	7.28
2L160× 12	216.73	6.89	219.81	6.96	222.95	7.03	226.14	7.10	229.38	7.17	232.67	7.25	236.01	7.32
14	253.24	6.93	256.87	7.00	260.56	7.07	264.32	7.14	268.13	7.21	271.99	7.29	275.92	7.36
16	289.91	6.96	294.10	7.03	298.36	7.10	302.68	7.18	307.07	7.25	311.53	7.32	316.04	7.40
12	272.27	7.70	275.68	7.77	279.14	7.84	282.66	7.91	286.23	7.98	289.85	8.05	293.52	8.12
2L180× 14	318.02	7.74	322.04	7.81	326.11	7.88	330.25	7.95	334.45	8.02	338.70	8.09	343.02	8.16
16	363.94	7.77	368.57	7.84	373.27	7.91	378.03	7.98	382.86	8.06	387.76	8.13	392.73	8.20
18	410.04	7.80	415.29	7.87	420.62	7.95	426.02	8.02	431.50	8.09	437.05	8.16	442.68	8.24
14	390.36	8.54	394.76	8.61	399.22	8.67	403.75	8.75	408.33	8.82	412.98	8.89	417.69	8.96
16	446.59	8.57	451.66	8.64	456.80	8.71	462.02	8.78	467.30	8.85	472.65	8.92	478.07	9.00
2L200×18	503.01	8.60	508.76	8.67	514.59	8.75	520.50	8.82	526.48	8.89	532.54	8.96	538.68	9.03
20	559.63	8.64	566.07	8.71	572.60	8.78	579.21	8.85	585.91	8.92	592.64	9.00	599.54	9.07
24	673.55	8.71	681.39	8.78	689.34	8.85	697.38	8.92	705.52	9.00	713.75	9.07	722.08	9.14

(2) 两个热轧不等边角钢（两长边相连）的组合截面特性（按 GB/T 9788—1988 计算）（见表 2.3-26）。

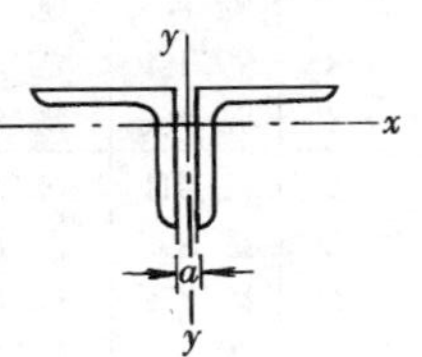

I—截面惯性矩；
W—截面抵抗矩；
i—截面回转半径

表 2.3-26

角钢型号	截面面积 A (cm^2)	线密度 (kg/m)	截面特性									
			x－x 轴				y－y 轴 当 a (mm) 为					
							0		4		6	
			I_x (cm^4)	W_{xmax} (cm^3)	W_{xmin} (cm^3)	i_x (cm)	W_y (cm^3)	i_y (cm)	W_y (cm^3)	i_y (cm)	W_y (cm^3)	i_y (cm)
2L25×16×3	2.32	1.82	1.41	1.64	0.86	0.78	0.53	0.61	0.74	0.76	0.87	0.84
2L25×16×4	3.00	2.35	1.76	1.96	1.10	0.77	0.73	0.63	1.02	0.78	1.19	0.87
2L32×20×3	2.98	2.34	3.05	2.82	1.44	1.01	0.82	0.74	1.07	0.89	1.21	0.97
2L32×20×4	3.88	3.04	3.86	3.44	1.86	1.00	1.12	0.76	1.46	0.91	1.66	0.99
2L40×25×3	3.78	2.97	6.15	4.64	2.30	1.28	1.27	0.92	1.56	1.06	1.73	1.13
2L40×25×4	4.93	3.87	7.85	5.75	2.98	1.26	1.72	0.93	2.12	1.08	2.35	1.16
2L45×28×3	4.30	3.37	8.90	6.05	2.94	1.44	1.59	1.02	1.91	1.15	2.10	1.23
2L45×28×4	5.61	4.41	11.40	7.52	3.82	1.43	2.14	1.03	2.58	1.18	2.84	1.25

2L50×32×	3	4.86	3.82	12.48	7.78	3.67	1.60	2.07	1.17	2.42	1.30	2.62	1.37
	4	6.35	4.99	16.03	9.73	4.78	1.59	2.78	1.18	3.26	1.32	3.54	1.40
2L56×36×	3	5.49	4.31	17.76	10.00	4.65	1.80	2.61	1.31	3.00	1.44	3.22	1.51
	4	7.18	5.64	22.90	12.55	6.06	1.79	3.50	1.33	4.03	1.46	4.33	1.53
	5	8.83	6.93	27.73	14.86	7.43	1.77	4.41	1.34	5.10	1.48	5.48	1.56
2L63×40×	4	8.12	6.37	32.98	16.20	7.73	2.02	4.32	1.46	4.90	1.59	5.22	1.66
	5	9.99	7.84	40.03	19.24	9.49	2.00	5.43	1.47	6.17	1.61	6.59	1.68
	6	11.82	9.28	46.72	22.01	11.18	1.99	6.57	1.49	7.48	1.63	7.99	1.71
	7	13.60	10.68	53.06	24.53	12.82	1.97	7.73	1.51	8.83	1.65	9.43	1.73
2L70×45×	4	9.11	7.15	45.93	20.57	9.64	2.25	5.45	1.64	6.08	1.77	6.43	1.84
	5	11.22	8.81	55.90	24.52	11.84	2.23	6.84	1.66	7.66	1.79	8.11	1.86
	6	13.29	10.43	65.40	28.16	13.98	2.22	8.26	1.67	9.26	1.81	9.81	1.88
	7	15.31	12.02	74.45	31.50	16.06	2.20	9.71	1.69	10.90	1.83	11.56	1.90
2L75×50×	5	12.25	9.62	70.19	29.31	13.75	2.39	8.42	1.85	9.29	1.99	9.78	2.06
	6	14.52	11.40	82.24	33.72	16.25	2.38	10.15	1.87	11.22	2.00	11.81	2.08
	8	18.93	14.86	104.79	41.59	21.04	2.35	13.69	1.90	15.19	2.04	16.00	2.12
	10	23.18	18.20	125.41	48.31	25.57	2.33	17.37	1.94	19.31	2.08	20.35	2.16

续表

角钢型号	截面特性													
	y－y轴													
	当 a（mm）为													
	8		10		12		14		16		18		20	
	W_y（cm^3）	i_y（cm）	W_y（cm^3）	i_y（cm）	W_y（cm^3）	i_y（cm）	W_y（cm^3）	i_y（cm）	W_y（cm^3）	i_y（cm）	W_y（cm^3）	i_y（cm）	W_y（cm^3）	i_y（cm）
2L25×16×3	1.00	0.93	1.15	1.02										
2L25×16×4	1.38	0.96	1.57	1.05										
2L32×20×3	1.37	1.05	1.54	1.14										
2L32×20×4	1.87	1.08	2.10	1.16										
2L40×25×3	1.92	1.21	2.11	1.30										
2L40×25×4	2.60	1.24	2.87	1.32										
2L45×28×3	2.30	1.31	2.51	1.39										
2L45×28×4	3.11	1.33	3.40	1.41										
2L50×32×3	2.84	1.45	3.07	1.53										
2L50×32×4	3.84	1.47	4.15	1.55										

2L56×36×	3	3.45	1.59	3.70	1.66										
	4	4.65	1.61	4.99	1.69										
	5	5.89	1.63	6.32	1.71										
2L63×40×	4	5.57	1.74	5.94	1.81										
	5	7.03	1.76	7.50	1.84										
	6	8.53	1.78	9.10	1.86										
	7	10.07	1.81	10.74	1.89										
2L70×45×	4	6.81	1.91	7.21	1.99	7.63	2.07								
	5	8.58	1.94	9.09	2.01	9.62	2.09								
	6	10.40	1.96	11.01	2.04	11.65	2.11								
	7	12.25	1.98	12.97	2.06	13.73	2.14								
2L75×50×	5	10.29	2.13	10.82	2.20	11.38	2.28								
	6	12.43	2.15	13.09	2.23	13.77	2.30								
	8	16.85	2.19	17.74	2.27	18.67	2.35								
	10	21.44	2.24	22.58	2.31	23.76	2.40								

续表

角钢型号		截面面积 A (cm^2)	线密度 (kg/m)	截面特性									
				x－x 轴				y－y 轴 当 a (mm) 为					
								0		4		6	
				I_x (cm^4)	W_{xmax} (cm^3)	W_{xmin} (cm^3)	i_x (cm)	W_y (cm^3)	i_y (cm)	W_y (cm^3)	i_y (cm)	W_y (cm^3)	i_y (cm)
2L80×50×	5	12.75	10.01	83.91	32.22	15.55	2.57	8.43	1.82	9.31	1.95	9.81	2.02
	6	15.12	11.87	98.42	37.16	18.39	2.55	10.16	1.83	11.26	1.97	11.86	2.04
	7	17.45	13.70	112.33	41.75	21.16	2.54	11.93	1.85	13.23	1.99	13.95	2.06
	8	19.73	15.49	125.65	46.01	23.85	2.52	13.73	1.86	15.25	2.00	16.08	2.08
2L90×56×	5	14.42	11.32	120.89	41.61	19.84	2.90	10.55	2.02	11.52	2.15	12.06	2.22
	6	17.11	13.43	142.06	48.13	23.49	2.88	12.71	2.04	13.90	2.17	14.56	2.24
	7	19.76	15.51	162.44	54.23	27.05	2.87	14.90	2.05	16.32	2.19	17.10	2.26
	8	22.37	17.56	182.06	59.95	30.53	2.85	17.12	2.07	18.79	2.21	19.69	2.28
2L100×63×	6	19.23	15.10	198.12	61.24	29.29	3.21	16.03	2.29	17.35	2.42	18.06	2.49
	7	22.22	17.44	226.91	69.18	33.77	3.20	18.77	2.31	20.34	2.44	21.18	2.51
	8	25.17	19.76	254.73	76.66	38.15	3.18	21.55	2.32	23.37	2.46	24.35	2.53
	10	30.93	24.28	307.62	90.36	46.64	3.15	27.22	2.35	29.58	2.49	30.84	2.57
2L100×80×	6	21.27	16.70	214.07	72.48	30.38	3.17	25.67	3.11	27.20	3.24	28.01	3.31
	7	24.60	19.31	245.46	81.91	35.05	3.16	29.99	3.12	31.80	3.26	32.76	3.32
	8	27.89	21.89	275.85	90.80	39.62	3.15	34.34	3.14	36.43	3.27	37.54	3.34
	10	34.33	26.95	333.74	107.08	48.49	3.12	43.12	3.17	45.80	3.31	47.22	3.38

2L110×70×	6	21.27	16.70	266.84	75.61	35.70	3.54	19.74	2.55	21.16	2.68	21.93	2.74
	7	24.60	19.31	306.01	85.64	41.20	3.53	23.10	2.56	24.79	2.69	25.70	2.76
	8	27.89	21.89	344.08	95.15	46.60	3.51	26.48	2.58	28.46	2.71	29.52	2.78
	10	34.33	26.95	416.78	112.71	57.08	3.48	33.38	2.61	35.93	2.74	37.29	2.82
2L125×80×	7	28.19	22.13	455.96	113.62	53.72	4.02	30.08	2.92	31.96	3.05	32.98	3.13
	8	31.98	25.10	513.53	126.57	60.83	4.01	34.46	2.94	36.66	3.07	37.83	3.13
	10	39.42	30.95	624.09	150.70	74.66	3.98	43.35	2.97	46.18	3.10	47.68	3.17
	12	46.70	36.66	728.82	172.68	88.03	3.95	52.42	3.00	55.91	3.13	57.77	3.20
2L140×90×	8	36.08	28.32	731.27	162.59	76.96	4.50	43.51	3.29	45.92	3.42	47.20	3.49
	10	44.52	34.95	891.00	194.39	94.62	4.47	54.65	3.32	57.76	3.45	59.40	3.52
	12	52.80	41.45	1043.18	223.63	111.75	4.44	65.97	3.35	69.81	3.49	71.83	3.56
	14	60.91	47.82	1188.20	250.51	128.36	4.42	77.52	3.38	82.10	3.52	84.52	3.59
2L160×100×	10	50.63	39.74	1337.37	255.39	124.25	5.14	67.32	3.65	70.72	3.77	72.52	3.84
	12	60.11	47.18	1569.82	295.07	146.99	5.11	81.19	3.68	85.39	3.81	87.60	3.87
	14	69.42	54.49	1792.59	331.95	169.12	5.08	95.28	3.70	100.31	3.84	102.95	3.91
	16	78.56	61.67	2006.11	366.21	190.66	5.05	109.64	3.74	115.52	3.87	118.60	3.94
2L180×110×	10	56.75	44.55	1912.50	324.73	157.92	5.81	81.31	3.97	85.01	4.10	86.96	4.16
	12	67.42	52.93	2249.44	376.46	187.07	5.78	97.99	4.00	102.55	4.13	104.94	4.19
	14	77.93	61.18	2573.82	424.92	215.51	5.75	114.90	4.03	120.35	4.16	123.21	4.23
	16	88.28	69.30	2886.12	470.32	243.28	5.72	132.08	4.06	138.46	4.19	141.79	4.26
2L200×125×	12	75.82	59.52	3141.80	480.19	233.47	6.44	126.04	4.56	131.06	4.69	133.69	4.75
	14	87.73	68.87	3601.94	543.71	269.30	6.41	147.60	4.59	153.59	4.72	156.72	4.78
	16	99.48	78.09	4046.70	603.62	304.36	6.38	169.42	4.61	176.42	4.75	180.07	4.81
	18	111.05	87.18	4476.61	660.11	338.67	6.35	191.54	4.64	199.58	4.78	203.76	4.85

续表

角钢型号		截面特性 y-y轴 当 a (mm) 为													
		8		10		12		14		16		18		20	
		W_y (cm^3)	i_y (cm)	W_y (cm^3)	i_y (cm)	W_y (cm^3)	i_y (cm)	W_y (cm^3)	i_y (cm)	W_y (cm^3)	i_y (cm)	W_y (cm^3)	i_y (cm)	W_y (cm^3)	i_y (cm)
2L80×50×	5	10.33	2.09	10.88	2.17	11.45	2.24	12.05	2.32						
	6	12.49	2.11	13.16	2.19	13.86	2.27	14.58	2.34						
	7	14.70	2.13	15.49	2.21	16.31	2.29	17.17	2.37						
	8	16.95	2.15	17.87	2.23	18.82	2.31	19.80	2.39						
2L90×56×	5	12.62	2.29	13.22	2.36	13.84	2.44	14.49	2.52	15.16	2.59				
	6	15.25	2.31	15.97	2.39	16.73	2.46	17.52	2.54	18.33	2.62				
	7	17.92	2.33	18.78	2.41	19.67	2.48	20.60	2.56	21.56	2.64				
	8	20.64	2.35	21.63	2.43	22.66	2.51	23.73	2.59	24.84	2.67				
2L100×63×	6	18.81	2.56	19.59	2.63	20.41	2.71	21.26	2.78	22.14	2.86	23.05	2.94		
	7	22.07	2.58	23.00	2.65	23.97	2.73	24.97	2.80	26.00	2.88	27.07	2.96		
	8	25.38	2.60	26.46	2.67	27.57	2.75	28.73	2.83	29.92	2.91	31.15	2.99		
	10	32.17	2.64	33.54	2.72	34.96	2.79	36.44	2.87	37.95	2.95	39.51	3.03		
2L100×80×	6	28.85	3.38	29.73	3.45	30.63	3.52	31.56	3.59	32.52	3.67	33.50	3.74		
	7	33.75	3.39	34.78	3.47	35.85	3.54	36.94	3.61	38.07	3.69	39.22	3.77		
	8	38.69	3.41	39.88	3.49	41.10	3.56	42.36	3.64	43.66	3.71	44.99	3.79		
	10	48.68	3.45	50.19	3.53	51.75	3.60	53.35	3.68	54.99	3.75	56.67	3.83		

2L110×70×	6	22.74	2.81	23.58	2.88	24.46	2.96	25.36	3.03	26.30	3.11	27.27	3.18	28.27	3.26
	7	26.66	2.83	27.65	2.80	28.68	2.98	29.75	3.05	30.86	3.13	32.00	3.21	33.17	3.28
	8	30.62	2.85	31.77	2.92	32.97	3.00	34.20	3.07	35.48	3.15	36.79	3.23	38.14	3.31
	10	38.71	2.89	40.19	2.96	41.71	3.04	43.29	3.12	44.91	3.19	46.58	3.27	48.29	3.35
2L125×80×	7	34.03	3.18	35.12	3.25	36.26	3.33	37.43	3.40	38.64	3.47	39.89	3.55	41.17	3.63
	8	39.05	3.20	40.31	3.27	41.63	3.35	42.98	3.42	44.38	3.49	45.81	3.57	47.29	3.65
	10	49.25	3.24	50.87	3.31	52.54	3.39	54.27	3.46	56.04	3.54	57.87	3.61	59.74	3.69
	12	59.69	3.28	61.67	3.35	63.72	3.43	65.83	3.50	68.00	3.58	70.22	3.66	72.49	3.74
2L140×90×	8	48.54	3.56	49.92	3.63	51.34	3.70	52.82	3.77	54.33	3.84	55.89	3.92	57.49	3.99
	10	61.11	3.59	62.87	3.66	64.69	3.73	66.57	3.81	68.49	3.88	70.47	3.96	72.50	4.04
	12	73.93	3.63	76.09	3.70	78.31	3.77	80.60	3.85	82.95	3.92	85.36	4.00	87.83	4.08
	14	87.01	3.66	89.58	3.74	92.23	3.81	94.94	3.89	97.73	3.97	100.58	4.04	103.49	4.12
2L160×100×	10	74.39	3.91	76.31	3.98	78.29	4.05	80.33	4.12	82.43	4.19	84.58	4.27	86.79	4.34
	12	89.88	3.94	92.24	4.01	94.07	4.09	97.16	4.16	99.72	4.23	102.34	4.31	105.02	4.38
	14	105.67	3.98	108.48	4.05	111.36	4.12	114.32	4.20	117.35	4.27	120.45	4.35	123.62	4.43
	16	121.78	4.02	125.04	4.09	128.39	4.16	131.82	4.24	135.34	4.31	138.94	4.39	142.61	4.47
2L180×110×	10	88.98	4.23	91.06	4.30	93.20	4.36	95.40	4.44	97.66	4.51	99.98	4.58	102.36	4.65
	12	107.42	4.26	109.96	4.33	112.58	4.40	115.27	4.47	118.03	4.54	120.86	4.62	123.75	4.69
	14	126.15	4.30	129.18	4.37	132.30	4.44	135.49	4.51	138.76	4.58	142.11	4.66	145.53	4.73
	16	145.23	4.33	148.75	4.40	152.37	4.47	156.08	4.55	159.87	4.62	163.75	4.70	167.71	4.77
2L200×125×	12	136.40	4.82	139.18	4.88	142.04	4.95	144.96	5.02	147.96	5.09	151.03	5.17	154.16	5.24
	14	159.94	4.85	163.25	4.92	166.64	4.99	170.11	5.06	173.66	5.13	177.29	5.20	180.99	5.28
	16	183.82	4.88	187.66	4.95	191.60	5.02	195.63	5.09	199.75	5.17	203.95	5.24	208.24	5.32
	18	208.05	4.92	212.45	4.99	216.95	5.06	221.55	5.13	226.25	5.21	231.04	5.28	235.92	5.36

(3) 两个热轧不等边角钢（两短边相连）的组合截面特性（按 GB/T 9788—1988 计算）（见表 2.3-27）。

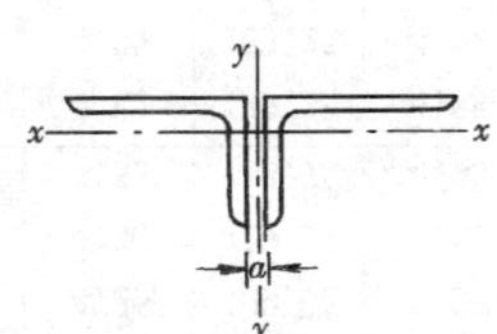

I—截面惯性矩；

W—截面抵抗矩；

i—截面回转半径

表 2.3-27

角钢型号		截面面积 A (cm²)	线密度 (kg/m)	截面特性									
				x－x 轴				y－y 轴 当 a (mm) 为					
								0		4		6	
				I_x (cm⁴)	W_{xmax} (cm³)	W_{xmin} (cm³)	i_x (cm)	W_y (cm³)	i_y (cm)	W_y (cm³)	i_y (cm)	W_y (cm³)	i_y (cm)
2L25×16×	3	2.32	1.82	0.44	1.06	0.38	0.44	1.25	1.16	1.49	1.32	1.62	1.40
	4	3.00	2.35	0.55	1.20	0.48	0.43	1.67	1.18	1.99	1.34	2.17	1.42
2L32×20×	3	2.98	2.34	0.92	1.86	0.61	0.55	2.05	1.48	2.34	1.63	2.50	1.71
	4	3.88	3.04	1.14	2.16	0.78	0.54	2.73	1.50	3.13	1.66	3.34	1.74
2L40×25×	3	3.78	2.97	1.87	3.18	0.98	0.70	3.20	1.84	3.56	1.99	3.75	2.07
	4	4.93	3.87	2.36	3.77	1.26	0.69	4.26	1.86	4.75	2.01	5.01	2.09
2L45×28×	3	4.30	3.37	2.68	4.17	1.24	0.79	4.05	2.06	4.45	2.21	4.66	2.28
	4	5.61	4.41	3.39	4.98	1.60	0.78	5.40	2.08	5.94	2.23	6.23	2.31

2L50×32×3	4.86	3.82	4.05	5.57	1.64	0.91	4.99	2.27	5.44	2.41	5.68	2.49
4	6.35	4.99	5.16	6.72	2.12	0.90	6.66	2.29	7.26	2.44	7.58	2.51
2L56×36×3	5.49	4.31	5.85	7.27	2.09	1.03	6.26	2.53	6.76	2.67	7.02	2.75
4	7.18	5.64	7.48	8.85	2.72	1.02	8.35	2.55	9.02	2.70	9.37	2.77
5	8.83	6.93	8.99	10.17	3.31	1.01	10.44	2.57	11.28	2.72	11.72	2.80
2L63×40×4	8.12	6.37	10.47	11.44	3.39	1.14	10.57	2.86	11.31	3.01	11.70	3.09
5	9.99	7.84	12.62	13.21	4.14	1.12	13.22	2.89	14.15	3.03	14.64	3.11
6	11.82	9.28	14.62	14.72	4.86	1.11	15.87	2.91	16.99	3.06	17.59	3.13
7	13.60	10.68	16.49	16.00	5.55	1.10	18.52	2.93	19.84	3.08	20.54	3.16
2L70×45×4	9.11	7.15	15.10	14.86	4.34	1.29	13.05	3.17	13.87	3.31	14.30	3.39
5	11.22	8.81	18.27	17.29	5.30	1.28	16.31	3.19	17.34	3.34	17.88	3.41
6	13.29	10.43	21.23	19.69	6.24	1.26	19.58	3.21	20.83	3.36	21.48	3.44
7	15.31	12.02	24.02	21.20	7.13	1.25	22.85	3.23	24.32	3.38	25.08	3.46
2L75×50×5	12.25	9.62	25.23	21.50	6.59	1.43	18.73	3.39	19.83	3.53	20.41	3.60
6	14.52	11.40	29.40	24.25	7.76	1.42	22.48	3.41	23.81	3.55	24.51	3.63
8	18.93	14.86	37.06	28.78	9.98	1.40	30.00	3.45	31.80	3.60	32.73	3.67
10	23.18	18.20	43.93	32.28	12.07	1.38	37.55	3.49	39.82	3.64	41.00	3.71

续表

角钢型号	截面特性													
	y－y 轴													
	当 a (mm) 为													
	8		10		12		14		16		18		20	
	W_y (cm³)	i_y (cm)	W_y (cm³)	i_y (cm)	W_y (cm³)	i_y (cm)	W_y (cm³)	i_y (cm)	W_y (cm³)	i_y (cm)	W_y (cm³)	i_y (cm)	W_y (cm³)	i_y (cm)
2L25×16×3	1.76	1.48	1.90	1.57	2.05	1.66	2.21	1.74	2.37	1.83	2.53	1.93	2.70	2.02
2L25×16×4	2.35	1.51	2.54	1.60	2.74	1.68	2.95	1.77	3.16	1.86	3.37	1.96	3.59	2.05
2L32×20×3	2.67	1.79	2.84	1.88	3.03	1.96	3.21	2.05	3.41	2.14	3.60	2.23	3.81	2.32
2L32×20×4	3.57	1.82	3.80	1.90	4.04	1.99	4.29	2.08	4.55	2.17	4.81	2.25	5.08	2.34
2L40×25×3	3.95	2.14	4.16	2.23	4.38	2.31	4.60	2.39	4.84	2.48	5.07	2.56	5.32	2.65
2L40×25×4	5.28	2.17	5.56	2.25	5.85	2.34	6.15	2.42	6.46	2.51	6.77	2.59	7.09	2.68
2L45×28×3	4.89	2.36	5.12	2.44	5.36	2.52	5.61	2.60	5.86	2.69	6.12	2.77	6.39	2.86
2L45×28×4	6.53	2.39	6.84	2.47	7.16	2.55	7.49	2.63	7.83	2.72	8.17	2.80	8.53	2.89
2L50×32×3	5.92	2.56	6.18	2.64	6.44	2.72	6.71	2.81	6.99	2.89	7.28	2.97	7.57	3.06
2L50×32×4	7.91	2.59	8.25	2.67	8.60	2.75	8.96	2.84	9.33	2.92	9.71	3.00	10.10	3.09

2L56 × 36 ×	3	7.29	2.82	7.57	2.90	7.86	2.98	8.16	3.06	8.47	3.14	8.78	3.23	9.10	3.31
	4	9.73	2.85	10.11	2.93	10.50	3.01	10.89	3.09	11.30	3.17	11.72	3.26	12.14	3.34
	5	12.18	2.88	12.65	2.96	13.14	3.04	13.63	3.12	14.14	3.20	14.66	3.29	15.19	3.37
2L63 × 40 ×	4	12.11	3.16	12.52	3.24	12.95	3.32	13.39	3.40	13.83	3.48	14.29	3.56	14.76	3.64
	5	15.15	3.19	15.67	3.27	16.20	3.35	16.75	3.43	17.31	3.51	17.88	3.59	18.47	3.67
	6	18.20	3.21	18.82	3.29	19.46	3.37	20.12	3.45	20.80	3.53	21.48	3.62	22.18	3.70
	7	21.25	3.24	21.99	3.32	22.74	3.40	23.50	3.48	24.29	3.56	25.09	3.64	25.91	3.73
2L70 × 45 ×	4	14.74	3.46	15.20	3.54	15.66	3.62	16.14	3.69	16.63	3.77	17.13	3.86	17.64	3.94
	5	18.41	3.49	19.01	3.57	19.60	3.64	20.19	3.72	20.81	3.80	21.43	3.89	22.07	3.97
	6	22.15	3.51	22.83	3.59	23.54	3.67	24.26	3.75	24.99	3.83	25.74	3.91	26.51	4.00
	7	25.86	3.54	26.67	3.61	27.49	3.69	28.33	3.77	29.19	3.86	30.07	3.94	30.96	4.02
2L75 × 50 ×	5	21.00	3.68	21.61	3.76	22.23	3.83	22.87	3.91	23.52	3.99	24.19	4.07	24.87	4.15
	6	25.22	3.70	25.95	3.78	26.71	3.86	27.47	3.94	28.26	4.02	29.06	4.10	29.88	4.18
	8	33.70	3.75	34.68	3.83	35.69	3.91	36.72	3.99	37.76	4.07	38.83	4.15	39.92	4.23
	10	42.21	3.79	43.45	3.87	44.71	3.95	46.00	4.03	47.32	4.12	48.66	4.20	50.02	4.28

续表

角钢型号		截面面积 A (cm^2)	线密度 (kg/m)	截面特性									
				x－x 轴				y－y 轴 当 a (mm) 为					
								0		4		6	
				I_x (cm^4)	W_{xmax} (cm^3)	W_{xmin} (cm^3)	i_x (cm)	W_y (cm^3)	i_y (cm)	W_y (cm^3)	i_y (cm)	W_y (cm^3)	i_y (cm)
2L80×50×	5	12.75	10.01	25.65	22.56	6.64	1.42	21.30	3.66	22.46	3.80	23.07	3.88
	6	15.12	11.87	29.90	25.42	7.82	1.41	25.56	3.68	26.97	3.82	27.70	3.90
	7	17.45	13.70	33.91	27.92	8.96	1.39	29.83	3.70	31.48	3.85	32.34	3.92
	8	19.73	15.49	37.71	30.12	10.06	1.38	34.10	3.72	36.00	3.87	36.98	3.94
2L90×56×	5	14.42	11.32	36.65	29.41	8.42	1.59	26.96	4.10	28.26	4.25	28.93	4.32
	6	17.11	13.43	42.84	33.30	9.93	1.58	32.35	4.12	33.92	4.27	34.73	4.34
	7	19.76	15.51	48.71	36.76	11.39	1.57	37.75	4.15	39.59	4.29	40.54	4.37
	8	22.37	17.56	54.30	39.83	12.82	1.56	43.15	4.17	45.26	4.31	46.36	4.39
2L100×63×	6	19.23	15.10	61.87	43.38	12.70	1.79	39.94	4.56	41.67	4.70	42.57	4.77
	7	22.22	17.44	70.52	48.11	14.59	1.78	46.60	4.58	48.63	4.72	49.68	4.80
	8	25.17	19.76	78.79	52.37	16.43	1.77	53.26	4.60	55.60	4.75	56.80	4.82
	10	30.93	24.28	94.25	59.65	19.97	1.75	66.61	4.64	69.56	4.79	71.08	4.86
2L100×80×	6	21.27	16.70	122.49	62.06	20.33	2.40	39.97	4.33	41.73	4.47	42.65	4.54
	7	24.60	19.31	140.15	69.58	23.41	2.39	46.64	4.35	48.71	4.49	49.79	4.57
	8	27.89	21.89	157.15	76.54	26.43	2.37	53.32	4.37	55.71	4.51	56.95	4.59
	10	34.33	26.95	189.30	88.91	32.24	2.35	66.73	4.41	69.75	4.55	71.32	4.63

2L110×70×	6	21.27	16.70	85.83	54.72	15.80	2.01	48.32	5.00	50.22	5.14	51.20	5.21
	7	24.60	19.31	98.04	60.96	18.18	2.00	56.38	5.02	58.60	5.16	59.74	5.24
	8	27.89	21.89	109.74	66.63	20.50	1.98	64.43	5.04	66.99	5.19	68.30	5.26
	10	34.33	26.95	131.76	76.48	24.97	1.96	80.57	5.08	83.79	5.23	85.44	5.30
2L125×80×	7	28.19	22.13	148.84	82.48	24.02	2.30	72.80	5.68	75.30	5.82	76.59	5.90
	8	31.98	25.10	166.98	90.56	27.12	2.29	83.20	5.70	86.07	5.85	87.55	5.92
	10	39.42	30.95	201.34	104.82	33.12	2.26	104.01	5.74	107.64	5.89	109.51	5.96
	12	45.70	36.66	233.34	116.92	38.16	2.24	124.86	5.78	129.25	5.93	131.50	6.00
2L140×90×	8	36.08	28.32	241.38	118.30	34.68	2.59	104.36	6.36	107.56	6.51	109.21	6.58
	10	44.52	34.95	292.06	137.87	42.44	2.56	130.46	6.40	134.49	6.55	136.56	6.62
	12	52.80	41.45	339.58	154.77	49.90	2.54	156.58	6.44	161.47	6.59	163.97	6.66
	14	60.91	47.82	384.20	169.37	57.07	2.51	182.75	6.48	188.49	6.63	191.42	6.70
2L160×100×	10	50.63	39.74	410.06	179.88	53.11	2.85	170.36	7.34	174.93	7.48	177.26	7.55
	12	60.11	47.18	478.13	202.91	62.55	2.82	204.45	7.38	209.97	7.52	212.79	7.60
	14	69.42	54.49	542.41	223.07	71.67	2.80	238.56	7.42	245.05	7.56	248.35	7.64
	16	78.56	61.67	603.20	240.73	80.49	2.77	272.72	7.45	280.18	7.60	283.98	7.68
2L180×110×	10	56.75	44.55	556.21	227.83	64.99	3.13	215.60	8.27	220.70	8.41	223.30	8.49
	12	67.42	52.93	650.06	258.06	76.65	3.11	258.71	8.31	264.87	8.46	268.01	8.53
	14	77.93	61.18	739.10	284.82	87.94	3.08	301.84	8.35	309.07	8.50	312.76	8.57
	16	88.28	69.30	823.69	308.52	98.88	3.05	345.02	8.39	353.32	8.53	357.56	8.61
2L200×125×	12	75.82	59.52	966.32	340.92	99.98	3.57	319.38	9.18	326.20	9.32	329.66	9.39
	14	87.73	68.87	1101.65	378.49	114.88	3.54	372.62	9.22	380.61	9.36	384.66	9.43
	16	99.48	78.09	1230.88	412.24	129.37	3.52	425.89	9.25	435.07	9.40	439.74	9.47
	18	111.05	87.18	1354.37	442.59	143.47	3.49	479.20	9.29	489.59	9.44	494.87	9.51

续表

角钢型号		截面特性													
		y－y 轴													
		当 a（mm）为													
		8		10		12		14		16		18		20	
		W_y (cm^3)	i_y (cm)	W_y (cm^3)	i_y (cm)	W_y (cm^3)	i_y (cm)	W_y (cm^3)	i_y (cm)	W_y (cm^3)	i_y (cm)	W_y (cm^3)	i_y (cm)	W_y (cm^3)	i_y (cm)
2L80×50×	5	23.69	3.95	24.33	4.03	24.98	4.10	25.65	4.18	26.33	4.26	27.03	4.34	27.73	4.42
	6	28.45	3.98	29.22	4.05	30.00	4.13	30.80	4.21	31.62	4.29	32.46	4.37	33.30	4.45
	7	33.21	4.00	34.11	4.08	35.03	4.16	35.97	4.23	36.92	4.32	37.90	4.40	38.89	4.48
	8	37.99	4.02	39.02	4.10	40.07	4.18	41.14	4.26	42.24	4.34	43.35	4.42	44.48	4.50
2L90×56×	5	29.63	4.39	30.33	4.47	31.05	4.55	31.79	4.62	32.54	4.70	33.31	4.78	34.09	4.86
	6	35.57	4.42	36.42	4.50	37.29	4.57	38.17	4.65	39.08	4.73	40.00	4.81	40.93	4.89
	7	41.52	4.44	42.51	4.52	43.53	4.60	44.57	4.68	45.62	4.76	46.69	4.84	47.79	4.92
	8	47.47	4.47	48.62	4.54	49.78	4.62	50.97	4.70	52.18	4.78	53.41	4.86	54.66	4.94
2L100×63×	6	43.49	4.85	44.42	4.92	45.38	5.00	46.35	5.08	47.34	5.16	48.35	5.23	49.37	5.31
	7	50.76	4.87	51.85	4.95	52.97	5.03	54.11	5.10	55.26	5.18	56.44	5.26	57.64	5.34
	8	58.04	4.90	59.29	4.97	60.57	5.05	61.87	5.13	63.20	5.21	64.55	5.29	65.92	5.37
	10	72.63	4.94	74.21	5.02	75.81	5.10	77.45	5.18	79.11	5.26	80.80	5.34	82.52	5.42
2L100×80×	6	44.59	4.62	44.55	4.69	45.54	4.76	46.55	4.84	47.58	4.91	48.62	4.99	49.69	5.07
	7	50.90	4.64	52.03	4.71	53.18	4.79	54.36	4.86	55.56	4.94	56.79	5.02	58.04	5.09
	8	58.22	4.66	59.52	4.73	60.84	4.81	62.20	4.88	63.58	4.96	64.98	5.04	66.41	5.12
	10	72.92	4.70	74.56	4.78	76.23	4.85	77.93	4.93	79.67	5.01	81.44	5.08	83.24	5.16

2L110×70×	6	52.19	5.29	53.21	5.36	54.25	5.44	55.31	5.51	56.38	5.59	57.47	5.67	58.58	5.75
	7	60.91	5.31	62.10	5.39	63.32	5.46	64.55	5.54	65.81	5.62	67.09	5.70	68.38	5.78
	8	69.64	5.34	71.01	5.41	72.40	5.49	73.81	5.56	75.25	5.64	76.71	5.72	78.20	5.80
	10	87.13	5.38	88.85	5.46	90.60	5.53	92.38	5.61	94.18	5.69	96.02	5.77	97.88	5.85
2L125×80×	7	77.91	5.97	79.24	6.04	80.60	6.12	81.98	6.20	83.39	6.27	84.81	6.35	86.26	6.43
	8	89.06	5.99	90.59	6.07	92.15	6.14	93.73	6.22	95.34	6.30	96.97	6.37	98.63	6.45
	10	111.40	6.04	113.33	6.11	115.29	6.19	117.28	6.27	119.29	6.34	121.34	6.42	123.42	6.50
	12	133.79	6.08	136.12	6.16	138.48	6.23	140.88	6.31	143.31	6.39	145.78	6.47	148.27	6.55
2L140×90×	7	110.88	6.65	112.57	6.73	114.30	6.80	116.05	6.88	117.82	6.95	119.62	7.03	121.44	7.11
	8	138.67	6.70	140.80	6.77	142.97	6.85	145.16	6.92	147.39	7.00	149.65	7.08	151.94	7.15
	10	166.50	6.74	169.08	6.81	171.70	6.89	174.35	6.97	177.03	7.04	179.75	7.12	182.51	7.20
	12	194.40	6.78	197.42	6.86	200.49	6.93	203.59	7.01	206.74	7.09	209.93	7.17	213.15	7.25
2L160×100×	10	179.63	7.63	182.03	7.70	184.47	7.78	186.93	7.85	189.43	7.93	191.95	8.00	194.51	8.08
	12	215.64	7.67	218.54	7.75	221.48	7.82	224.45	7.90	227.46	7.97	230.50	8.05	233.58	8.13
	14	251.71	7.71	255.11	7.79	258.54	7.86	262.03	7.94	265.55	8.02	269.11	8.09	272.72	8.17
	16	287.83	7.75	291.73	7.83	295.68	7.90	299.67	7.98	303.72	8.06	307.80	8.14	311.93	8.22
2L180×110×	10	225.94	8.56	228.61	8.63	231.31	8.71	234.01	8.78	236.80	8.36	239.59	8.93	242.42	9.01
	12	271.19	8.60	274.40	8.68	277.66	8.75	280.95	8.83	284.28	8.90	287.65	8.98	291.05	9.06
	14	316.48	8.64	320.26	8.72	324.07	8.79	327.93	8.87	331.83	8.95	335.77	9.02	339.75	9.10
	16	361.84	8.68	366.17	8.76	370.54	8.84	374.97	8.91	379.44	8.99	383.96	9.07	388.53	9.14
2L200×125×	12	333.17	9.47	336.72	9.54	340.31	9.62	343.93	9.69	347.60	9.76	351.30	9.84	355.03	9.92
	14	388.79	9.51	392.95	9.58	397.15	9.66	401.40	9.73	405.69	9.81	410.03	9.88	414.41	9.96
	16	444.47	9.55	449.24	9.62	454.07	9.70	458.94	9.77	463.87	9.85	468.84	9.92	473.86	10.00
	18	500.21	9.59	505.60	9.66	511.05	9.74	516.56	9.81	522.12	9.89	527.73	9.97	533.39	10.04

(4) 两个热轧普通槽钢的组合截面特性(按 GB/T 707—1988 计算)(见表 2.3-28)。

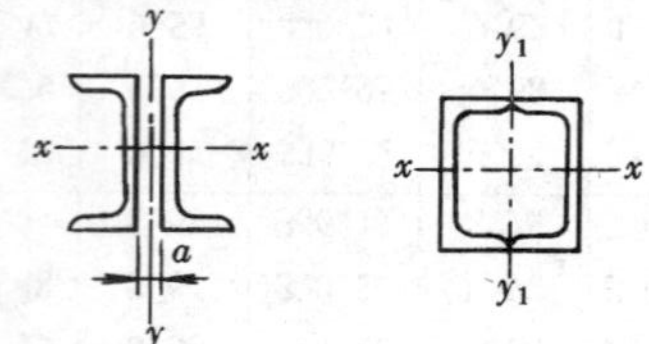

I—截面惯性矩;
W—截面抵抗矩;
i—截面回转半径

表 2.3-28

槽钢型号	截面面积 A (cm²)	线密度 (kg/m)	截面特性										
			x－x 轴			y－y 轴 当 a (mm) 为							
						0		4		6		8	
			I_x (cm⁴)	W_x (cm³)	i_x (cm)	W_y (cm³)	i_y (cm)	W_y (cm³)	i_y (cm)	W_y (cm³)	i_y (cm)	W_y (cm³)	i_y (cm)
2[5	13.85	10.87	52.0	20.81	1.94	11.29	1.74	12.77	1.90	13.55	1.98	14.37	2.06
2[6.3	16.89	13.26	102.5	32.53	2.46	14.13	1.83	15.86	1.99	16.78	2.07	17.74	2.15
2[8	20.49	16.08	202.6	50.65	3.14	17.40	1.91	19.40	2.06	20.47	2.14	21.59	2.23
2[10	25.49	20.01	396.6	79.32	3.94	22.89	2.08	25.27	2.23	26.54	2.30	27.86	2.38
2[12.6	31.37	24.63	777.1	123.34	4.98	29.35	2.23	32.14	2.37	33.63	2.45	35.18	2.53
2[14a	37.02	29.06	1127.4	161.06	5.52	36.95	2.41	40.18	2.55	41.90	2.63	43.68	2.70
2[14b	42.62	33.46	1218.9	174.13	5.35	40.19	2.38	43.76	2.52	45.66	2.60	47.64	2.67
2[16a	43.91	34.47	1732.4	216.56	6.28	45.74	2.56	49.45	2.71	51.43	2.78	53.47	2.86
2[16b	50.31	39.49	1869.0	233.62	6.10	49.47	2.53	53.56	2.67	55.74	2.74	58.00	2.82

2[18a	51.38	40.33	2545.5	282.83	7.04	55.79	2.72	60.02	2.86	62.26	2.93	64.58	3.01
2[18b	58.58	45.99	2739.9	304.43	6.84	60.03	2.68	64.68	2.82	67.14	2.89	69.70	2.97
2[20a	57.66	45.26	3560.8	356.08	7.86	66.86	2.91	71.56	3.05	74.04	3.12	76.60	3.20
2[20b	65.66	51.54	3827.4	382.74	7.64	71.57	2.86	76.70	3.00	79.42	3.07	82.24	3.15
2[22a	63.67	49.98	4787.7	435.25	8.67	77.46	3.06	82.59	3.20	85.30	3.27	88.10	3.35
2[22b	72.47	56.89	5142.7	467.52	8.42	82.60	3.00	88.20	3.14	91.16	3.21	94.24	3.28
2[25a	69.81	54.80	6718.2	537.46	9.81	83.28	3.05	98.75	3.19	91.65	3.26	94.65	3.33
2[25b	79.81	62.65	7239.1	579.13	9.52	88.77	2.98	94.76	3.12	97.93	3.19	101.22	3.26
2[25c	89.81	70.50	7759.9	620.79	9.30	94.78	2.94	101.33	3.08	104.81	3.15	108.42	3.22
2[28a	80.04	62.83	9505.1	678.93	10.90	95.93	3.13	102.01	3.27	105.22	3.34	108.55	3.41
2[28b	91.24	71.63	10236.8	731.20	10.59	102.02	3.06	108.67	3.20	112.19	3.27	115.84	3.34
2[28c	102.44	80.42	10968.5	783.47	10.35	108.68	3.02	115.96	3.16	119.81	3.23	123.82	3.30
2[32a	97.00	76.14	15021.3	938.83	12.44	124.43	3.36	131.74	3.50	135.59	3.57	139.57	3.64
2[32b	109.80	86.19	16113.5	1007.10	12.11	131.76	3.29	139.70	3.42	143.90	3.49	148.25	3.56
2[32c	122.60	96.24	17205.8	1075.36	11.85	139.72	3.24	148.37	3.37	152.95	3.44	157.69	3.51
2[36a	121.78	95.60	23748.2	1319.35	13.96	170.52	3.67	179.68	3.80	184.49	3.87	189.45	3.94
2[36b	136.18	106.90	25303.4	1405.75	13.63	179.70	3.60	189.59	3.73	194.79	3.80	200.15	3.87
2[36c	150.58	118.21	26858.6	1492.15	13.36	189.61	3.55	200.28	3.68	205.90	3.75	211.71	3.82
2[40a	150.09	117.82	35155.4	1757.77	15.30	211.57	3.75	222.68	3.89	228.50	3.96	234.51	4.03
2[40b	166.09	130.38	37288.7	1864.44	14.98	222.70	3.70	234.65	3.83	240.93	3.90	247.41	3.97
2[40c	182.09	142.94	39422.1	1971.10	14.71	234.67	3.66	247.55	3.80	254.32	3.87	261.30	3.94

续表

槽钢型号	截面特性														
	$y-y$ 轴												y_1-y_1 轴		
	当 a (mm) 为														
	10		12		14		16		18		20		I_{y1} (cm^4)	W_{y1} (cm^3)	i_{y1} (cm)
	W_y (cm^3)	i_y (cm)	W_y (cm^3)	i_y (cm)	W_y (cm^3)	i_y (cm)	W_y (cm^3)	i_y (cm)	W_y (cm^3)	i_y (cm)	W_y (cm^3)	i_y (cm)			
2[5	15.21	2.15	16.08	2.23	16.97	2.32	17.88	2.41	18.82	2.50	19.77	2.59	93	25.2	2.60
2[6.3	18.73	2.23	19.75	2.32	20.79	2.41	21.87	2.49	22.97	2.58	24.00	2.67	139	34.7	2.87
2[8	22.74	2.31	23.92	2.39	25.14	2.48	26.40	2.56	27.68	2.65	29.00	2.74	203	47.1	3.15
2[10	29.23	2.47	30.64	2.55	32.09	2.63	33.58	2.72	35.11	2.80	36.67	2.89	326	67.9	3.58
2[12.6	36.78	2.61	38.43	2.69	40.14	2.77	41.89	2.85	43.68	2.94	45.52	3.02	507	95.7	4.02
2[14a	45.52	2.78	47.42	2.86	49.37	2.94	51.38	3.03	53.44	3.11	55.55	3.19	727	125.3	4.43
2[14b	49.69	2.75	51.80	2.83	53.98	2.91	56.22	2.99	58.51	3.08	60.87	3.16	922	153.6	4.65
2[16a	55.58	2.93	57.76	3.01	60.00	3.09	62.31	3.17	64.67	3.26	67.08	3.34	1038	164.7	4.86
2[16b	60.34	2.90	62.75	2.98	65.24	3.06	67.80	3.14	70.42	3.22	73.11	3.30	1300	200.0	5.08
2[18a	66.98	3.08	69.46	3.16	72.00	3.24	74.61	3.32	77.29	3.40	80.03	3.49	1439	211.7	5.29
2[18b	72.35	3.04	75.08	3.12	77.89	3.20	80.78	3.28	83.75	3.36	86.79	3.44	1782	254.6	5.52

2[20a	79.25	3.27	81.98	3.35	84.78	3.43	87.66	3.51	90.61	3.59	93.62	3.67	1872	256.4	5.70
2[20b	85.15	3.22	88.15	3.30	91.23	3.38	94.41	3.45	97.66	3.53	100.99	3.62	2310	308.0	5.93
2[22a	90.98	3.42	93.95	3.50	97.00	3.58	100.13	3.66	103.33	3.74	106.61	3.82	2312	300.3	6.03
2[22b	97.38	3.36	100.64	3.44	103.99	3.51	107.43	3.59	110.96	3.67	114.57	3.75	2848	360.5	6.27
2[25a	97.74	3.41	100.92	3.48	104.19	3.56	107.55	3.64	111.00	3.72	114.52	3.80	2647	339.4	6.16
2[25b	104.62	3.34	108.13	3.41	111.74	3.49	115.44	3.57	119.25	3.65	123.15	3.73	3272	408.9	6.40
2[25c	112.15	3.30	116.01	3.37	119.97	3.45	124.05	3.53	128.23	3.60	132.52	3.68	3928	479.0	6.61
2[28a	111.98	3.49	115.51	3.56	119.15	3.64	122.89	3.72	126.71	3.80	130.63	3.87	3420	417.1	6.54
2[28b	119.61	3.42	123.50	3.49	127.51	3.57	131.62	3.64	135.85	3.72	140.18	3.80	4192	499.1	6.78
2[28c	127.95	3.37	132.22	3.45	136.62	3.52	141.15	3.60	145.79	3.68	150.55	3.76	5001	581.5	6.99
2[32a	143.68	3.71	147.90	3.79	152.24	3.86	156.69	3.94	161.25	4.02	165.91	4.09	4787	544.0	7.03
2[32b	152.73	3.64	157.35	3.71	162.10	3.78	166.98	3.86	171.98	3.94	177.10	4.02	5801	644.5	7.27
2[32c	162.58	3.59	167.62	3.66	172.81	3.74	178.14	3.81	183.61	3.89	189.20	3.97	6861	745.8	7.48
2[36a	194.55	4.02	199.79	4.09	205.17	4.17	210.67	4.24	216.31	4.32	222.06	4.40	7147	744.5	7.66
2[36b	205.68	3.94	211.36	4.02	217.19	4.09	223.17	4.17	229.29	4.24	235.55	4.32	8502	867.6	7.90
2[36c	217.69	3.90	223.84	3.97	230.16	4.04	236.63	4.12	243.27	4.20	250.06	4.27	9914	991.4	8.11
2[40a	240.68	4.40	247.03	4.18	253.53	4.25	260.19	4.33	267.01	4.40	273.97	4.48	9646	964.6	8.02
2[40b	254.07	4.05	260.92	4.12	267.95	4.19	275.15	4.27	282.53	4.35	290.06	4.42	11278	1105.7	8.24
2[40c	268.48	4.01	275.87	4.08	283.45	4.16	291.22	4.23	299.18	4.31	307.32	4.39	12975	1247.6	8.44

（5）两个热轧轻型槽钢的组合截面特性（按 YB 164—63 计算）（见表 2.3-29）。

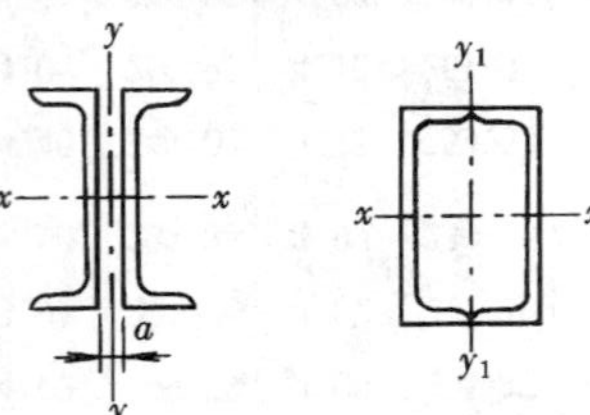

I—截面惯性矩；
W—截面抵抗矩；
i—截面回转半径

表 2.3-29

槽钢型号	截面面积 A (cm²)	线密度 (kg/m)	截面特性										
			x－x 轴			y－y 轴 当 a (mm) 为							
						0		4		6		8	
			I_x (cm⁴)	W_x (cm³)	i_x (cm)	W_y (cm³)	i_y (cm)	W_y (cm³)	i_y (cm)	W_y (cm³)	i_y (cm)	W_y (cm³)	i_y (cm)
2[5	12.33	9.68	45.5	18.20	1.92	8.72	1.50	10.04	1.66	10.74	1.75	11.48	1.83
2[6.5	15.02	11.79	97.2	29.91	2.54	11.21	1.64	12.74	1.80	13.56	1.88	14.41	1.96
2[8	17.95	14.09	178.9	44.72	3.16	14.09	1.77	15.83	1.92	16.76	2.00	17.73	2.08
2[10	21.89	17.18	347.7	69.54	3.99	18.69	1.98	20.71	2.13	21.80	2.21	22.92	2.29
2[[12	26.57	20.85	607.7	101.29	4.78	24.16	2.17	26.50	2.32	27.75	2.40	29.05	2.47
2[14	31.30	24.57	982.2	140.31	5.60	30.77	2.39	33.45	2.53	34.88	2.61	36.36	2.68

2[14a	33.96	26.66	1089.5	155.64	5.66	37.71	2.62	40.71	2.77	42.30	2.85	43.95	2.92
2[16	36.23	28.44	1494.0	186.75	6.42	38.20	2.60	41.22	2.74	42.83	2.81	44.49	2.89
2[16a	39.09	30.68	1646.7	205.83	6.49	46.20	2.83	49.57	2.98	51.35	3.05	53.19	3.13
2[18	41.41	32.51	2172.6	241.40	7.24	46.74	2.81	50.13	2.95	51.92	3.03	53.78	3.10
2[18a	44.46	34.90	2381.3	264.59	7.32	55.88	3.05	59.64	3.19	61.61	3.27	63.66	3.34
2[20	46.79	36.73	3044.0	304.40	8.07	56.13	3.02	59.89	3.16	61.88	3.23	63.93	3.31
2[20a	50.33	39.51	3344.9	334.49	8.15	67.32	3.27	71.52	3.41	73.72	3.49	75.99	3.56
2[22	53.44	41.95	4219.0	383.54	8.89	68.64	3.25	72.89	3.38	75.13	3.46	77.44	3.53
2[22a	57.62	45.23	4654.6	423.15	8.99	83.06	3.54	87.82	3.68	90.32	3.76	92.88	3.83
2[24	61.28	48.10	5802.1	483.51	9.73	86.09	3.56	90.94	3.70	93.49	3.77	96.11	3.84
2[24a	65.78	51.64	6362.4	530.20	9.83	102.84	3.85	108.24	4.00	111.06	4.07	113.95	4.14
2[27	70.46	55.31	8326.7	616.79	10.87	100.53	3.68	105.94	3.82	108.77	3.89	111.69	3.96
2[30	80.95	63.54	11616.5	774.44	11.98	116.58	3.80	122.60	3.93	125.76	4.00	129.01	4.07
2[33	93.04	73.04	15968.1	967.76	13.10	137.56	3.94	144.34	4.07	147.90	4.14	151.56	4.21
2[36	106.74	83.79	21631.1	1201.73	14.24	163.30	4.10	171.00	4.24	175.03	4.30	179.18	4.37
2[40	123.06	96.60	30439.2	1521.96	15.73	192.91	4.25	201.62	4.38	206.18	4.45	210.87	4.52

续表

槽钢型号	截面特性														
	y－y 轴												y_1-y_1 轴		
	当 a(mm)为														
	10		12		14		16		18		20				
	W_y (cm^3)	i_y (cm)	W_y (cm^3)	i_y (cm)	W_y (cm^3)	i_y (cm)	W_y (cm^3)	i_y (cm)	W_y (cm^3)	i_y (cm)	W_y (cm^3)	i_y (cm)	I_{y1} (cm^4)	W_{y1} (cm^3)	i_{y1} (cm)
2[5	12.25	1.92	13.04	2.00	13.85	2.09	14.68	2.18	15.53	2.27	16.40	2.36	62	19.5	2.25
2[6.5	15.29	2.04	16.21	2.13	17.15	2.22	18.12	2.30	19.11	2.39	20.12	2.48	101	28.1	2.60
2[8	18.74	2.17	19.79	2.25	20.86	2.34	21.97	2.42	23.10	2.51	24.26	2.60	156	38.9	2.94
2[10	24.09	2.37	25.30	2.45	26.55	2.54	27.83	2.62	29.14	2.71	30.48	2.79	260	56.5	3.45
2[12	30.40	2.55	31.80	2.63	33.23	2.72	34.71	2.80	36.23	2.88	37.78	2.97	418	80.3	3.96
2[14	37.89	2.76	39.48	2.84	41.11	2.92	42.78	3.00	44.50	3.09	46.26	3.17	623	107.5	4.46
2[14a	45.65	3.00	47.39	3.08	49.19	3.16	51.03	3.24	52.91	3.33	54.84	3.41	752	121.2	4.70
2[16	46.21	2.97	47.99	3.04	49.82	3.12	51.70	3.21	53.62	3.29	55.59	3.37	892	139.4	4.96
2[16a	55.08	3.21	57.04	3.29	59.04	3.37	61.09	3.45	63.19	3.53	65.34	3.61	1058	155.6	5.20

2[18	55.69	3.18	57.67	3.25	59.70	3.33	61.79	3.41	63.93	3.49	66.12	3.57	1234	176.3	5.46
2[18a	65.76	3.42	67.92	3.50	70.14	3.57	72.42	3.65	74.74	3.74	77.12	3.82	1443	195.0	5.70
2[20	66.05	3.38	68.23	3.46	70.47	3.54	72.77	3.61	75.12	3.69	77.53	3.77	1660	218.4	5.96
2[20a	78.33	3.64	80.73	3.71	83.19	3.79	85.71	3.87	88.28	3.95	90.91	4.03	1925	240.6	6.18
2[22	79.82	3.60	82.27	3.68	84.78	3.76	87.36	3.84	90.00	3.91	92.69	3.99	2217	270.3	6.44
2[22a	95.52	3.91	98.22	3.98	100.98	4.06	103.81	4.14	106.70	4.22	109.65	4.30	2619	301.0	6.74
2[24	98.80	3.91	101.57	3.99	104.40	4.07	107.31	4.14	110.27	4.22	113.30	4.30	3066	340.7	7.07
2[24a	116.92	4.22	119.96	4.29	123.06	4.37	126.24	4.45	129.48	4.52	132.78	4.60	3575	376.3	7.37
2[27	114.70	4.03	117.78	4.11	120.95	4.18	124.18	4.26	127.50	4.34	130.88	4.42	4001	421.2	7.54
2[30	132.35	4.14	135.79	4.22	139.31	4.29	142.92	4.37	146.61	4.44	150.37	4.52	5187	518.7	8.00
2[33	155.32	4.29	159.19	4.36	163.15	4.43	167.21	4.51	171.35	4.58	175.59	4.66	6642	632.5	8.45
2[36	183.44	4.45	187.81	4.52	192.29	4.59	196.88	4.67	201.57	4.74	206.35	4.82	8408	764.4	8.88
2[40	215.68	4.59	220.62	4.66	225.68	4.73	230.86	4.80	236.15	4.88	241.56	4.95	10696	930.1	9.32

2.4　基本构件计算

2.4.1　受弯构件计算

(1) 受弯构件的强度计算。

受弯构件强度计算公式见表 2.4-1。

表 2.4-1 中　M_x、M_y——绕 x 轴和 y 轴的弯矩（对工字形截面：x 轴为强轴，y 轴为弱轴）；

W_{nx}、W_{ny}——对 x 轴和 y 轴的净截面抵抗矩；

受弯构件强度计算公式　　表 2.4-1

序号	受力情况	计算内容		计算公式
1	在主平面受弯的实腹梁	抗弯强度	单向受弯	$\frac{M_x}{\gamma_x W_{nx}} \leqslant f$　(2-1)
			双向受弯	$\frac{M_x}{\gamma_x W_{nx}} + \frac{M_y}{\gamma_y W_{ny}} \leqslant f$　(2-2)
2		抗剪强度		$\tau = \frac{VS}{It_w} \leqslant f_v$　(2-3)
3	当梁上翼缘受有沿腹板平面作用的集中荷载且该处又设置支承加劲肋时	腹板计算高度上边缘的局部承压强度		$\sigma_c = \frac{\psi F}{t_w l_z} \leqslant f$　(2-4)
4	在梁的支座处，不设置支承加劲肋时	腹板计算高度下边缘的局部压应力		$\sigma_c = \frac{F}{t_w l_z} \leqslant f$　(2-5)
5	在组合梁的腹板计算高度边缘处，同时受有较大的正应力、剪应力和局部压应力或同时受有较大的正应力和剪应力	折算应力		$\sqrt{\sigma^2 + \sigma_c^2 - \sigma\sigma_c + 3\tau^2} \leqslant \beta_1 f$　(2-6)

γ_x、γ_y——截面塑性发展系数，按下列规定采用：

①承受静力荷载或间接承受动力荷载时，按表 2.4-35 采用$\left(当\frac{b}{t} > 13\sqrt{\frac{235}{f_y}}且 < 15\sqrt{\frac{235}{f_y}}时，\gamma_x = 1.0\right)$；

②直接承受动力荷载时 $\gamma_x = \gamma_y = 1.0$；

f、f_v——钢材的抗弯、抗剪强度设计值；

b、t——受压翼缘的自由外伸宽度和厚度；

σ、τ、σ_c——腹板计算高度边缘同一点上同时产生的正应力，剪应力和局部压应力。σ 按式（2-7）计算。

$$\sigma = \frac{M}{I_n}y \tag{2-7}$$

V——计算截面沿腹板平面作用的剪力；

S——计算剪应力处以上毛截面对中和轴的面积矩；

I——毛截面惯性矩；

t_w——腹板厚度；

F——集中荷载；

ψ——集中荷载增大系数，对重级工作制吊车梁，$\psi = 1.35$，其他梁 $\psi = 1.0$；

I_n——净截面惯性矩；

y——所计算点至中和轴的距离；

l_z——集中荷载在腹板计算高度上边缘的假定分布长度，按下式计算

$$l_z = a + 2h_y \tag{2-8}$$

支座具体尺寸见图 2.4-1；

a——集中荷载沿梁跨度方向的支承长度，对吊车梁可取 a 为 50mm；

h_y——自吊车梁轨顶或其他梁顶面至腹板计算高度上边缘的距离；

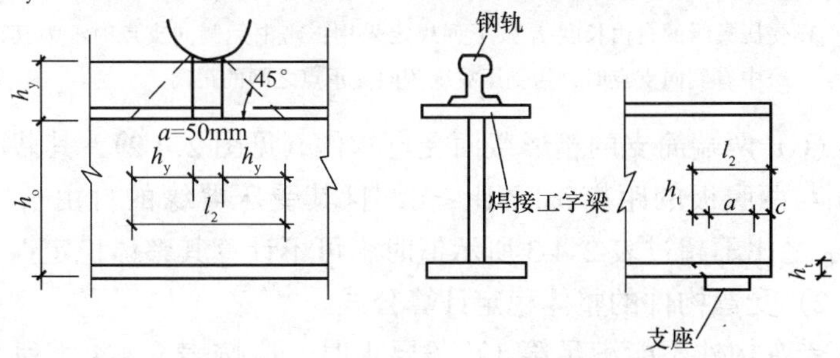

图 2.4-1　局部压应力假定分布图

β_1——计算折算应力的强度设计值增大系数：当 σ 与 σ_c 异号时，取 $\beta_1=1.2$；当 σ 与 σ_c 同号或 $\sigma_c=0$ 时，取 $\beta_1=1.1$。

（2）受弯构件的整体稳定。

1）可不计算梁的整体稳定的条件。

（A）有铺板（各种钢筋混凝土板与钢板）密铺在受弯构件的受压翼缘上并与其牢固连接，能阻止梁受压翼缘的侧向位移时。

（B）工字形截面简支梁受压翼缘的自由长度 l_1 与其宽度 b_1 之比不超过表 2.4-2 所规定的数值时。

工字形截面简支梁不需计算整体稳定性的最大 l_1/b_1 值　　表 2.4-2

钢　号	跨中无侧向支点		跨中有侧向支承点不论荷载作用在何处
	荷载作用在受压翼缘	荷载作用在受拉翼缘	
Q235	13	20	16
Q345	10.5	16.5	13
Q390	10.0	15.5	12.5
Q420	9.5	15	12

注：1. 梁的支座处，应采取构造措施以防止梁端截面的扭转；

2. 其他钢号的梁，不需计算整体稳定性的最大 l_1/b_1 值，应取 Q235 钢数值乘以 $\sqrt{\frac{235}{f_y}}$；

3. 受压翼缘的自由长度 l_1 按下列规定采用：跨中无侧向支点时，为其跨度。跨中有侧向支点时，为受压翼缘侧向支承点之间的距离。

（C）两端简支的箱形截面受弯构件（见图 2.4-2），其截面高度 h 与两腹板的距离 b_0 之比 $\leqslant 6$，且其受压翼缘的自由长度 l_1 与 b_0 之比不超过表 2.4-3 所示值时，可不计算其整体稳定性。

2）受弯构件的整体稳定计算公式。

受弯构件不能满足第 1）条要求时，应按表 2.4-4 所列公式计算整体稳定性。

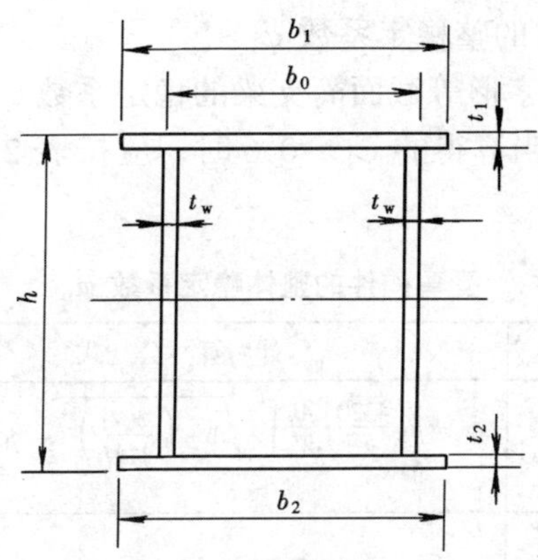

图 2.4-2 箱形截面

箱形截面简支梁不需作整体稳定性计算的最大 l_1/b_0 值 **表 2.4-3**

钢 号	Q235	Q345	Q390
l_1/b_0	95	65	57

注：受压翼缘的自由长度 l_1 应按下列规定采用：
1. 跨中无侧向支承点时，l_1 为受弯构件的跨度；
2. 跨中有侧向支承点时，l_1 为受压翼缘侧向支承点间的距离；
3. 在支座处应采取构造措施以防止端部截面发生扭转。

受弯构件的整体稳定计算公式 **表 2.4-4**

序号	受 力 情 况	计 算 公 式
1	在最大刚度主平面内受弯	$\frac{M_x}{\varphi_b W_x} \leqslant f$ (2-9)
2	在两个主平面内受弯的工字形截面	$\frac{M_x}{\varphi_b W_x} + \frac{M_y}{\gamma_y W_y} \leqslant f$ (2-10)

表 2.4-4 中 M_x、M_y——绕强轴和弱轴作用的最大弯矩；

W_x、W_y——按受压边纤维确定的对强轴和弱轴的毛截面抵抗矩；

φ_b——梁的整体稳定系数，按本节 3）计算；

γ_y——截面塑性发展系数，见表 2.4-35。

3）受弯构件的整稳定系数 φ_b。

（A）焊接工字形等截面简支梁的稳定系数 φ_b，应按表 2.4-5 所列公式计算。当算得的 $\varphi_b>0.6$ 时，应按表 2.4-9 查出相应的 φ'_b代替 φ_b。

受弯构件的整体稳定系数 φ_b　　　　**表 2.4-5**

项次	受弯构件情况		计 算 公 式	说明
1	简支	焊接工字形截面	$\varphi_b=\beta_b\dfrac{4320}{\lambda_y^2}\cdot\dfrac{Ah}{W_z}\left[\sqrt{1+\left(\dfrac{\lambda_y t_1}{4.4h}\right)^2}+\eta_b\right]\dfrac{235}{f_y}$　(2-11)	H 型钢截面可按公式(2-11)计算但取 $\eta_b=0$
2		轧制普通工字钢截面	φ_b 按表 2.4-8 采用	
3		轧制槽钢截面	$\varphi_b=\dfrac{570bt}{l_1h}\cdot\dfrac{235}{f_y}$　(2-12)	
4	悬臂	双轴对称工字形截面（含H型钢）	可按式（2-11）计算，但式中 β_b 应按表 2.4-7 查得，计算 λ_y 时，l_1 为悬臂梁的悬伸长度	

注：表 2.4-5 中：β_b——受弯构件整体稳定的等效弯矩系数；

β_b 按下列规定采用：

（1）两端简支时，按表 2.4-6 采用；

（2）悬臂梁时，按表 2.4-7 采用；

$\lambda_y=\dfrac{l_1}{i_y}$——梁在侧向支承点间对截面弱轴 $y-y$ 的长细比；

l_1——简支梁时按表 2.4-2 注的规定采用，悬臂梁时为悬伸长度；

i_y——毛截面对 y 轴的回转半径；

A——受弯构件的毛截面面积；

h、t_1——截面的全高和受压翼缘厚度（对铆接和高强度螺栓连接截面应包括翼缘角钢厚度在内）；

η_b——截面不对称影响系数：

对双轴对称工字形截面（图 2.4-3a），

$$\eta_b=0$$

对单轴对称工字形截面（图 2.4-3b、c）

加强受压翼缘时，　$\eta_b=0.8\,(2a_b-1)$

加强受拉翼缘时，　$\eta_b=2a_b-1$

$a_b=\dfrac{I_1}{I_1+I_2}$——I_1、I_2 分别为受压翼缘和受拉翼缘对 y 轴的惯性矩；

b、t——槽钢截面的翼缘宽度和厚度。

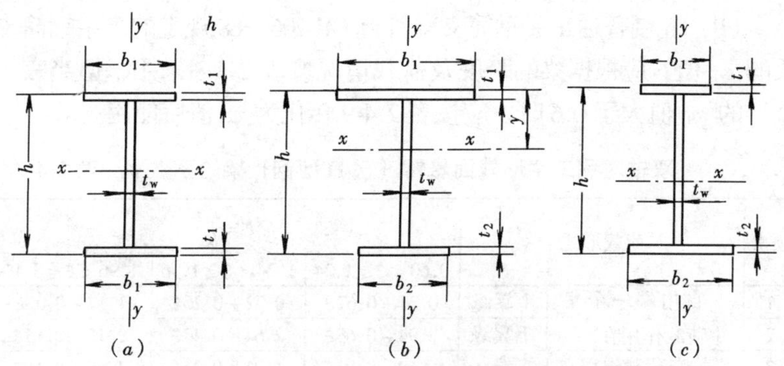

图 2.4-3 焊接工字形（含轧制 H 型钢）截面
（a）双轴对称；（b）加强受压翼缘；（c）加强受拉翼缘

工字形截面简支梁的系数 β_b **表 2.4-6**

项次	侧向支承	荷载		$\xi=\frac{l_1 t_1}{b_1 h}$ $\xi\leqslant 2.0$	$\xi>2.0$	说明
1	跨中无侧向支承	均布荷载作用在	上翼缘	$0.69+0.13\xi$	0.95	b_1—受压翼缘的宽度； l_1—同表 2.4-5 注； M_1、M_2—侧向支承点间梁的端弯矩，使梁产生同向曲率时 M_1 和 M_2 取同号，产生反向曲率时取异号，$\|M_1\|\geqslant\|M_2\|$
2			下翼缘	$1.73-0.20\xi$	1.33	
3		集中荷载作用在	上翼缘	$0.73+0.18\xi$	1.09	
4			下翼缘	$2.23-0.28\xi$	1.67	
5	跨度中点有一个侧向支承点	均布荷载作用在	上翼缘	1.15		
6			下翼缘	1.40		
7		集中荷载作用在截面高度上任意位置		1.75		
8	跨中有不少于两个等距离侧向支承点	任意荷载作用在	上翼缘	1.20		
9			下翼缘	1.40		
10	梁端有弯矩，但跨中无荷载作用			$1.75-1.05\left(\frac{M_2}{M_1}\right)+0.3\left(\frac{M_2}{M_1}\right)^2$，但$\leqslant 2.3$		

注：1. 表中项次 3、4 和 7 的集中荷载是指一个或少数几个集中荷载位于跨度中央附近的情况，对其他情况的集中荷载应按项次 1、2、5 和 6 内的数值采用；

2. 表中项次 8、9 的 β_b，当集中荷载作用在侧向支承点处时，取 $\beta_b=1.20$；

3. 荷载作用在上翼缘系指荷载作用点在翼缘表面，方向指向截面形心；荷载作用在下翼缘系指荷载作用点在翼缘表面，方向背向截面形心；

4. 对 $\alpha_b>0.8$ 的加强受压翼缘工字形截面，下列情况的 β_b 值应乘以相应的系数：

项次 1　当 $\xi\leqslant 1.0$ 时　0.95

项次 2　当 $\xi\leqslant 0.5$ 时　0.90

　　　　当 $0.5<\xi\leqslant 1.0$ 时　0.95

（B）轧制普通工字钢简支梁符合 GB 706—88 规定的工字钢简支梁的 φ_b 值，应根据梁的跨度及荷载情况按表 2.4-8 采用，但当表中查得的 φ_b 值大于 0.6 时，应按表 2.4-9 转化为 φ'_b 值后使用。

双轴对称工字形截面悬臂（含 H 型钢）梁的系数 β_b　表 2.4-7

项次	荷载形式		$\xi=\dfrac{l_1 t}{bh}$		
			$0.60\leqslant\xi\leqslant1.24$	$1.24<\xi\leqslant1.96$	$1.96<\xi\leqslant3.10$
1	自由端一个集中荷载作用在	上翼缘	$0.21+0.67\xi$	$0.72+0.26\xi$	$1.17+0.03\xi$
2		下翼缘	$2.94-0.65\xi$	$2.64-0.40\xi$	$2.15-0.15\xi$
3	均布荷载作用在上翼缘		$0.62+0.82\xi$	$1.25+0.31\xi$	$1.66+0.10\xi$

注：1. l_1 为悬臂梁的悬伸长度，公式（2-11）中的 $\lambda_y=l_1/i_y$；

2. 当用于由邻跨延伸出来的伸臂梁时，应在构造上采取措施加强支承处的抗扭能力。

轧制普通工字钢简支梁的 φ_b 值　表 2.4-8

项次	荷载情况			工字钢型号 \ 自由长度 l_1（m）	2	3	4	5	6	7	8	9	10
1	跨中无侧向支承点的梁	集中荷载作用于	上翼缘	10～20	2.00	1.30	0.99	0.80	0.68	0.58	0.53	0.48	0.43
				22～32	2.40	1.48	1.09	0.86	0.72	0.62	0.54	0.49	0.45
				36～63	2.80	1.60	1.07	0.83	0.68	0.56	0.50	0.45	0.40
2			下翼缘	10～20	3.10	1.95	1.34	1.01	0.82	0.69	0.63	0.57	0.52
				22～40	5.50	2.80	1.84	1.37	1.07	0.86	0.73	0.64	0.56
				45～63	7.30	3.60	2.30	1.62	1.20	0.96	0.80	0.69	0.60
3		均布荷载作用于	上翼缘	10～20	1.70	1.12	0.84	0.68	0.57	0.50	0.45	0.41	0.37
				22～40	2.10	1.30	0.93	0.73	0.60	0.51	0.45	0.40	0.36
				45～63	2.60	1.45	0.97	0.73	0.59	0.50	0.44	0.38	0.35
4			下翼缘	10～20	2.50	1.55	1.08	0.83	0.68	0.56	0.52	0.47	0.42
				22～40	4.00	2.20	1.45	1.10	0.85	0.70	0.60	0.52	0.46
				45～63	5.60	2.80	1.80	1.25	0.95	0.78	0.65	0.55	0.49
5	跨中有侧向支承点的梁（不论荷载作用点在截面高度上的位置）			10～20	2.20	1.39	1.01	0.79	0.66	0.57	0.52	0.47	0.42
				22～40	3.00	1.80	1.24	0.96	0.76	0.65	0.56	0.49	0.43
				45～63	4.00	2.20	1.38	1.01	0.80	0.66	0.56	0.49	0.43

注：1. 表中的 φ_b 适用 Q235 钢。对其他钢号，表中数值应乘以 $235/f_y$。

2. 集中荷载指一个或少数几个集中荷载位于跨中央附近的情况，对其他情况的集中荷载，按均布荷载作用取值。

（C）轧制普通槽钢简支梁的整体稳定系数，不论其荷载形式和荷载作用在截面上的位置，均可按式（2-12）计算，但当计算的 φ_b 值大于 0.60 时，应按表 2.4-9 转化为 φ'_b使用。

整体稳定系数 φ'_b　　表 2.4-9

φ_b	0.60	0.65	0.70	0.75	0.80	0.85	0.90
φ'_b	0.600	0.636	0.667	0.694	0.717	0.738	0.756
φ_b	0.95	1.00	1.05	1.10	1.15	1.20	1.25
φ'_b	0.773	0.788	0.801	0.813	0.824	0.835	0.844
φ_b	1.30	1.35	1.40	1.45	1.50	1.60	1.80
φ'_b	0.853	0.861	0.868	0.875	0.882	0.893	0.913
φ_b	2.00	2.25	2.50	3.00	3.50	≥4.00	
φ'_b	0.929	0.944	0.957	0.976	0.989	1.000	

注：表 2.4-9 中 φ'_b，按公式（2-13）算得：

$$\varphi'_b = 1.07 - \frac{0.282}{\varphi_b} \tag{2-13}$$

（D）双轴对称 H 型钢或工字形等截面悬臂梁的整体稳定系数，可按式 2.4-5 项次 1 中的式（2-11）计算，但式中的系数 β_b 应按表 2.4-10 取用，$\lambda_y = l_1/i_y$，l_1 为悬臂梁的悬伸长度。当求得的 φ_b 大于 0.60 时，应按表 2.4-9 转化为 φ'_b使用。

双轴对称工字形等截面悬臂梁的系数 β_b　　表 2.4-10

项次	荷载情况		$\xi = \frac{l_1 t}{bh}$		
			$0.60 \leqslant \xi \leqslant 1.24$	$1.24 < \xi \leqslant 1.96$	$1.96 < \xi \leqslant 3.1$
1	自由端有一个集中荷载作用在	上翼缘	$0.21 + 0.67\xi$	$0.72 + 0.26\xi$	$1.17 + 0.03\xi$
2		下翼缘	$2.94 - 0.65\xi$	$2.64 - 0.40\xi$	$2.15 - 0.15\xi$
3	均布荷载作用在上翼缘		$0.62 + 0.82\xi$	$1.25 + 0.31\xi$	$1.66 + 0.10\xi$

注：本表是按支承端为固定情况确定的，当为由邻跨伸出的伸臂梁时，应在构造上采取措施加强支承处的抗扭转能力。

（E）受弯构件整体稳定系数 φ_b 值的近似计算：均匀弯曲的受弯构件，当 $\lambda_y \leqslant 120\sqrt{\frac{235}{f_y}}$ 时，其整体稳定系数 φ_b 可按表 2.4-11 的近似公式进行计算，算得的 φ_b 值已包括了非弹性屈曲，故可直接使用，不再转化为 φ'_b。当 φ_b 值大于 1 时，取 $\varphi_b = 1$。

受弯构件整体稳定系数 φ_b 的近似计算公式　　表 2.4-11

<table>
<tr><th>项次</th><th colspan="2">截面形式</th><th>近似计算公式</th></tr>
<tr><td>1</td><td colspan="2">双轴对称工字形截面</td><td>$\varphi_b = 1.07 - \frac{\lambda_y^2}{44000} \cdot \frac{f_y}{235}$　（2-14）</td></tr>
<tr><td>2</td><td colspan="2">单轴对称工字形截面</td><td>$\varphi_b = 1.07 - \frac{W_{1x}}{(2\alpha_b + 0.1)Ah} \frac{\lambda_y^2}{14000} \cdot \frac{f_y}{235}$　（2-15）</td></tr>
<tr><td>3</td><td rowspan="2">双角钢 T 形截面</td><td>弯矩使翼缘受压</td><td>$\varphi_b = 1 - 0.0017\lambda_y\sqrt{\frac{f_y}{235}}$　（2-16）</td></tr>
<tr><td>4</td><td>弯矩使翼缘受拉且腹板宽厚比不大于 $18\sqrt{235/f_y}$</td><td>$\varphi_b = 1 - 0.0005\lambda_y\sqrt{\frac{f_y}{235}}$　（2-17）</td></tr>
<tr><td>5</td><td rowspan="2">部分 T 形钢和两板组成 T 形截面</td><td>弯矩使翼缘受压</td><td>$\varphi_b = 1 - 0.0022\lambda_y\sqrt{\frac{f_y}{235}}$　（2-18）</td></tr>
<tr><td>6</td><td>弯矩使翼缘受拉且腹板宽厚比不大于 $18\sqrt{235/f_y}$</td><td>$\varphi_b = 1 - 0.0005\lambda_y\sqrt{\frac{f_y}{235}}$　（2-19）</td></tr>
</table>

（3）受弯构件的局部稳定。

1）受压翼缘宽厚比的确定。

受弯构件的受压翼缘的宽厚比应符合表 2.4-12 的规定，以保证其局部稳定性。

2）受弯构件腹板配置加劲肋的规定，见表 2.4-13。

在受弯构件的腹板上，应按表 2.4-13 的规定配置加劲肋，以保证其局部稳定性。

受压翼缘宽厚比的规定 **表 2.4-12**

项次	截面形式	规定值
1	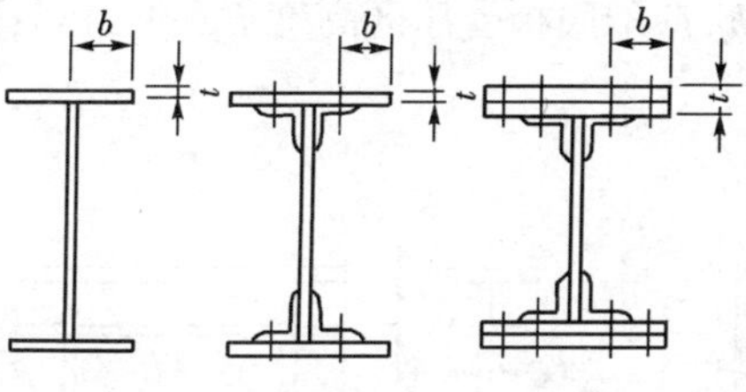 b, t	$\frac{b}{t} \leqslant \begin{cases} 15 & (Q235钢) \\ 12.4 & (Q345钢) \\ 11.6 & (Q390钢) \\ 11.2 & (Q420)钢 \\ 15\sqrt{\frac{235}{f_y}} & (其他钢号) \end{cases}$
2	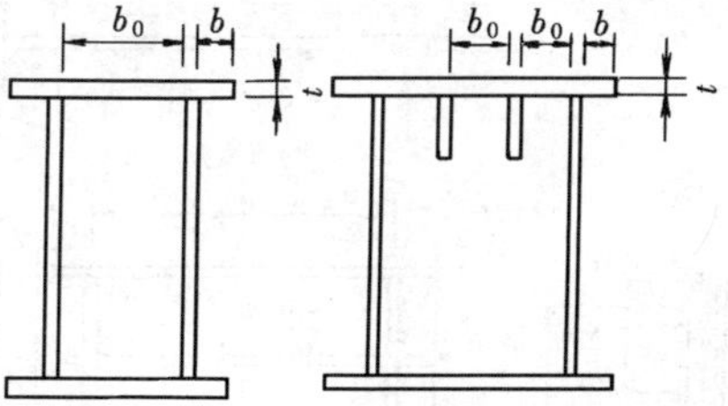 b_0, b, t	$\frac{b}{t}$同上， $\frac{b_0}{t} \leqslant \begin{cases} 40 & (Q235钢) \\ 33 & (Q345钢) \\ 31 & (Q390钢) \\ 30 & (Q420钢) \\ 40\sqrt{\frac{235}{f_y}} & (其他钢号) \end{cases}$

腹板配置加劲肋的规定 **表 2.4-13**

项次	加劲肋配置规定		说明
1	$h_0/t_w \leqslant 80\sqrt{\frac{235}{f_y}}$时	（1）型钢梁及 $\sigma_c=0$ 的组合梁，可不配置加劲肋	
2		（2）$\sigma_c \neq 0$ 的组合梁，宜按构造配置横向加劲肋	见表 2.4-16 项次 1
3	$80\sqrt{\frac{235}{f_y}} < h_0/t_w \leqslant 170\sqrt{\frac{235}{f_y}}$时	应配置横向加劲肋	设加劲肋间距后应按表 2.4-14 的公式计算
4	$h_0/t_w > 170\sqrt{\frac{235}{f_y}}$（受压翼缘扭转受约束），$h_0/t_w > 150\sqrt{\frac{235}{f_y}}$（受压翼缘扭转未受约束）	应配置： （1）横向加劲肋， （2）弯曲应力较大区格的受压区设纵向加劲肋， （3）局部压应力很大的梁，宜在受压区配置短加劲肋	设加劲肋间距后应按表 2.4-15 的公式计算
5	支座处和上翼缘受有较大固定集中荷载处，宜设置支承加劲肋		

注：任何情况下，$h_0/t_w \leqslant 250\sqrt{\frac{235}{f_y}}$。

表 2.4-13 中：

h_0——腹板的计算高度，按图 2.4-4 采用(对单轴对称梁表 2.4-13 中第 4 项中的 h_0 应取腹板受压区高度 h_c 的 2 倍)；

t_w——腹板的厚度；

σ_c——局部压应力。

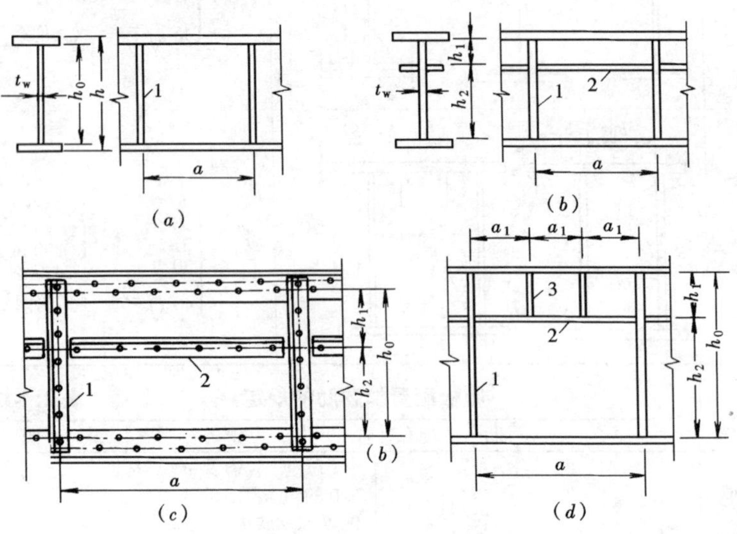

图 2.4-4　加劲肋布置图

(a) 横向加劲肋；(b)、(c) 纵向加劲肋；(d) 短加劲肋

3）仅配置横向加劲肋的腹板［图 2.4-4（a）］，其各区格局部稳定应按表 2.4-14 计算。

4）同时配置横向和纵向加劲肋加强的腹板［图 2.4-4（b）、(c)］，其各区格的局部稳定应按表 2.4-15 计算。

腹板局部稳定计算　　　　**表 2.4-14**

项次	公　　式	说　明
1	$\left(\frac{\sigma}{\sigma_{cr}}\right)^2+\left(\frac{\tau}{\tau_{cr}}\right)^2+\frac{\sigma_c}{\sigma_{c,cr}}\leqslant 1$ (2-20) $\sigma=\frac{Mh_c}{I}$　$\tau=V/(h_w t_w)$　$\sigma_c=F/(t_w l_z)$	σ—所计算腹板区格内由平均弯矩产生的腹板计算高度边缘的弯曲压应力；

续表

项次	公式	说明
2	σ_{cr}： $\lambda_b \leqslant 0.85$ $\sigma_{cr} = f$ (2-21*a*) $0.85 < \lambda_b \leqslant 1.25$ $\sigma_{cr} = [1 - 0.75(\lambda_b - 0.85)] f$ (2-21*b*) $\lambda_b > 1.25$ $\sigma_{cr} = 1.1f/\lambda_b^2$ (2-21*c*) 受压翼缘扭转受约束 $\lambda_b = \frac{2h_c/t_w}{177}\sqrt{\frac{f_y}{235}}$ (2-21*d*) 受压翼缘扭转不受约束 $\lambda_b = \frac{2h_c/t_w}{153}\sqrt{\frac{f_y}{235}}$ (2-21*e*)	F，l_z—见表 2.4-1； τ—所计算腹板区格内，由平均剪力产生的腹板平均剪应力； σ_c—腹板计算高度边缘的局部压应力； σ_{cr}、τ_{cr}、$\sigma_{c,cr}$—腹板受弯、受剪和局部受压应力单独作用下的临界应力； λ_b、λ_s、λ_c—腹板受弯、受剪和局部压力计算时的通用高厚比； h_c—梁腹板弯曲时受压区高度，对于双轴对称截面 $h_0 = 2h_c$； a—横向加劲肋间距
3	τ_{cr}： $\lambda_s \leqslant 0.80$ $\tau_{cr} = f_v$ (2-22*a*) $0.80 < \lambda_s \leqslant 1.2$ $\tau_{cr} = [1 - 0.59(\lambda_s - 0.8)] f_v$ (2-22*b*) $\lambda_s > 1.2$ $\tau_{cr} = 1.1f/\lambda_s^2$ (2-22*c*) $a/h_0 \leqslant 1.0$ $\lambda_s = \frac{h_0/t_w}{41\sqrt{4 + 5.34(h_0/a)^2}}\sqrt{\frac{f_y}{235}}$ (2-22*d*) $a/h_0 > 1.0$ $\lambda_s = \frac{h_0/t_w}{41\sqrt{5.34 + 4(h_0/a)^2}}\sqrt{\frac{f_y}{235}}$ (2-22*e*)	
4	$\sigma_{c,cr}$： $\lambda_c \leqslant 0.9$ $\sigma_{c,cr} = f$ (2-23*a*) $0.9 < \lambda_c \leqslant 1.2$ $\sigma_{c,cr} = [1 - 0.79(\lambda_c - 0.9)] f$ (2-23*b*) $\lambda_c > 1.2$ $\tau_{c,cr} = 1.1f/\lambda_c^2$ (2-23*c*) $0.5 < a/h_0 \leqslant 1.5$ $\lambda_c = \frac{h_0/t_w}{28\sqrt{10.9 + 13.4(1.83 - a/h_0)^3}}\sqrt{\frac{f_y}{235}}$ (2-23*d*) $1.5 < a/h_0 \leqslant 2.0$ $\lambda_s = \frac{h_0/t_w}{28\sqrt{18.9 + 5a/h_0}}\sqrt{\frac{f_y}{235}}$ (2-23*e*)	

注：轻中级工作制吊车梁计算腹板的稳定时，吊车轮压设计值 F 可乘以折减系数 0.9。

表 2.4-15

腹板局部稳定计算

项次	公式	说明
1	受压翼缘与纵向加劲肋区格 $\frac{\sigma}{\sigma_{cr1}}+\left(\frac{\sigma_c}{\sigma_{c,cr1}}\right)^2+\left(\frac{\tau}{\tau_{cr1}}\right)^2\leqslant 1$ （2-24）	σ_2—所计算区格内腹板在纵向加劲肋处压应力平均值； σ_{c2}—腹板在纵向加劲肋处的横向压应力，取为 $0.3\sigma_c$； h_1—为纵向加劲肋至腹板计算高度受压边缘的距离； 其余符号同表 2.4-14
2	σ_{cr1}按公式（2-21）计算，但式中 λ_b 改为 λ_{b1} 受压翼缘扭转受约束 $\lambda_{b1}=\frac{h_1/t_w}{75}\sqrt{\frac{f_y}{235}}$ （2-25*a*） 受压翼缘扭转不受约束 $\lambda_{b1}=\frac{h_1/t_w}{64}\sqrt{\frac{f_y}{235}}$ （2-25*b*）	
3	τ_{cr1}按公式（2-22）计算，但式中 h_0 改为 h_1	
4	$\sigma_{c,cr1}$亦按公式（2-21）计算，但式中 λ_b 改为 λ_{c1} 受压翼缘扭转受约束 $\lambda_{c1}=\frac{h_1/t_w}{56}\sqrt{\frac{f_y}{235}}$ （2-26*a*） 受压翼缘扭转不受约束 $\lambda_{c1}=\frac{h_1/t_w}{40}\sqrt{\frac{f_y}{235}}$ （2-26*b*）	
5	受拉翼缘与纵向加劲肋区格 $\left(\frac{\sigma_2}{\sigma_{cr2}}\right)^2+\left(\frac{\tau}{\tau_{cr2}}\right)^2+\frac{\sigma_{c2}}{\sigma_{c,cr2}}\leqslant 1.0$ （2-27）	

续表

项次	公式	说明
6	σ_{cr2}按公式（2-21）计算，但式中 λ_b 改为 λ_{b2} $$\lambda_{b2}=\frac{h_2/t_w}{194}\sqrt{f_y/235} \quad (2\text{-}28)$$	σ_2—所计算区格内腹板在纵向加劲肋处压应力平均值； σ_{c2}—腹板在纵向加劲肋处的横向压应力，取为 $0.3\sigma_c$； h_1—为纵向加劲肋至腹板计算高度受压边缘的距离； 其余符号同表 2.4-14
7	τ_{cr2}按公式（2-22）计算，但式中 h_0 改为 h_2 （$h_2=h_0-h_1$）	
8	$\sigma_{c,cr2}$按公式（2-23）计算，但式中 h_0 改为 h_2，当 $a/h_2>2$ 时取 $a/h_2=2$	
9	设短加劲肋区格（图 2.4-4d），其局部稳定按公式（2-24）计算。该式中 σ_{cr1}按公式（2-21），τ_{cr1}按公式（2-22）计算，但将 h_0 和 a 改为 h_1 和 a_1（a_1 为短加劲肋间距见图 2.4-4d），$\sigma_{c,cr1}$ 按公式（2-21）计算，但将 λ_b 改为下列 λ_{c1}代替： 对 $a/h_1\leqslant1.2$ 的区格 当梁受压翼缘扭转受约束 $\lambda_{c1}=\frac{a_1/t_w}{87}\sqrt{\frac{f_y}{235}}$ （2-29a） 受压翼缘扭转不受约束 $\lambda_{c1}=\frac{a_1/t_w}{73}\sqrt{\frac{f_y}{235}}$ （2-29b） 对 $a_1/h_1>1.2$ 的区格 上式（2-29a）和（2-29b）右侧应乘以 $\frac{1}{\sqrt{0.4+0.5\frac{a_1}{h_1}}}$	

注：同表 2.4-14。

5）加劲肋的构造规定。

加劲肋的截面尺寸和间距见表 2.4-16。

6）梁支承加劲肋的计算。

按支座反力或固定集中荷载的轴心受压构件计算其在腹板平面外的稳定性。构件的截面应包括加劲肋和加劲肋每侧 $15t_w\sqrt{235/f_y}$ 范围内的腹板面积，计算长度取 h_0。

梁支座加劲肋的端部应按所承受的支座反力或固定集中荷载进行计算；当端部为刨平顶紧时，计算其端面承压力［突缘支座应符合图 2.4-5（b）的要求］；当端部为焊接时计算其焊缝应力（梁端构造见图 2.4-5）。

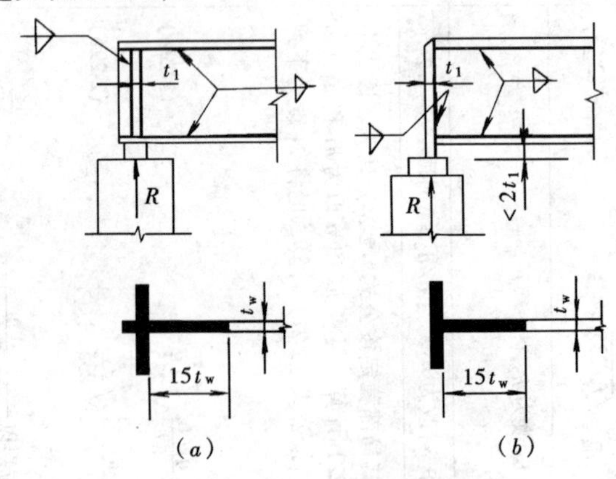

图 2.4-5　梁端支座图

（a）平板式支座；（b）突缘支座

(4) 受弯构件（考虑腹板屈曲后强度）的局部稳定计算。

承受静力荷载的工字形截面焊接组合梁［图2.4-3（a）］，除应满足表 2.4-12 的受压翼缘宽厚比外，当其腹板高厚比较大（但不大于 $250\sqrt{235/f_y}$），仅设置支承加劲肋或除设置支承加劲肋外再增设中间横向加劲肋时可采用表 2.4-17 中腹板屈曲后的强度计算。计算公式见表 2.4-17，考虑腹板屈曲后强度的梁端构造如图 2.4-6 所示。

加劲肋的截面尺寸和间距 表 2.4-16

项次	加劲肋情况			截面尺寸	说明
1	横向加劲肋	无纵向加劲肋	在腹板两侧成对配置时	外伸宽度，$b_s \geqslant \frac{h_0}{30}+40$（mm） (2-30*a*) 厚度，$t_s \geqslant \frac{b_s}{15}$ (2-31*a*) 间距 $a=(0.5\sim2.0)h_0$ (2-32*a*) 当 $\sigma_c=0$，$\frac{h_0}{t_w}\leqslant100$ 时，$a=2.5h_0$ (2-32*b*)	I_z—横向加劲肋截面惯性矩； I_y—纵向加劲肋截面惯性矩； h_1—纵向加劲肋至受压翼缘的距离， $h_1=\left(\frac{1}{5}\sim\frac{1}{4}\right)h_0$
			在腹板一侧配置时（重级工作制吊车梁不允许）	外伸宽度，$b_s \geqslant \frac{h_0}{25}+48$（mm） (2-30*b*) t_s 按公式（3-27*a*）计算	
		有纵向加劲肋		b_s、t_s 按公式（3-26*a*）、（3-27*a*）计算，且 $I_z \geqslant 3h_0t_w^3$ (2-33)	
2	纵向加劲肋			当 $\frac{a}{h_0}\leqslant0.85$ 时，$I_y \geqslant 1.5h_0t_w^3$ (2-34*a*) 当 $\frac{a}{h_0}>0.85$ 时 $I_y \geqslant \left(2.5-0.45\frac{a}{h_0}\right)\left(\frac{a}{h_0}\right)^2 h_0t_w^2$ (2-34*b*)	
3	短加劲肋			间距，$a_{min}=0.75h$ (2-32*c*) 外伸宽度，$b_{ss}=0.7b_s\sim b_s$ (2-30*c*) 厚度，$t_{ss}\geqslant\frac{b_{ss}}{15}$ (2-31*b*)	

注：1. 用型钢（H 型钢、工字钢、槽钢、肢类焊于腹板的角钢）制作成的加劲肋，其截面惯性矩 I_y 不得小于相应钢板加劲肋的惯性矩；
2. 在腹板两侧成对配置加劲肋，其截面惯性矩应按梁腹板中心线为轴线进行计算；而在腹板一侧配置的加劲肋，其截面惯性矩应按与加劲肋相连的腹板边缘为轴线进行计算。

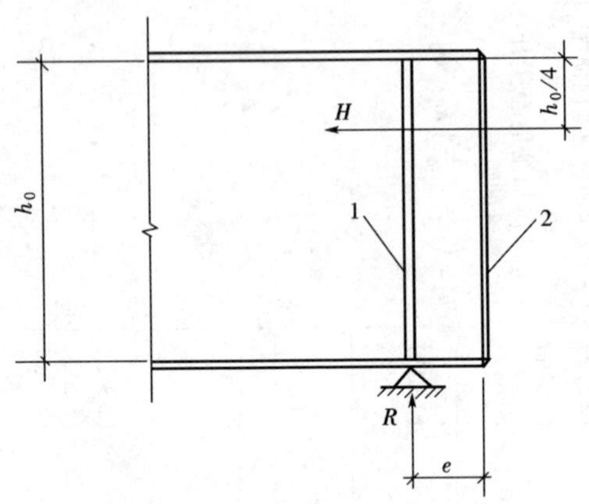

图 2.4-6　考虑腹板屈曲后强度的梁端构造

腹板考虑屈曲后强度计算　　　　**表 2.4-17**

项次	公式	说明
1	$\left(\frac{V}{0.5V_u}-1\right)^2+\frac{M-M_f}{M_{eu}-M_f}\leqslant 1$　(2-35) $V<0.5V_u$ 取 $V=0.5V_u$，$M<M_f$，取 $M=M_f$ $M_f=\left(A_{f1}\frac{h_1^2}{h_2}+A_{f2}h_2\right)f$　(2-36)	M、V—所计算区格内梁的平均弯矩和剪力设计值； M_f—梁两翼缘所承担的弯矩设计值； A_{f1}，h_1—较大翼缘的截面积及其形心至梁中和轴距离； A_{f2}，h_2—较小翼缘的截面积及其形心至梁中和轴距离； M_{eu}，V_u—梁抗弯及抗剪承载力设计值； α_e—梁截面模量考虑腹板有效高度折减系数； I_x—按梁截面全部有效，算得绕 x 轴的惯性矩；
2	$M_{eu}=\gamma_x\alpha_e W_x f$　(2-37) $\alpha_e=1-\frac{(1-\rho)\ h_c^3 t_w}{2I_x}$　(2-38) $\lambda_b\leqslant 0.85$　$\rho=1.0$　(2-39a) $0.85<\lambda_b\leqslant 1.25$　$\rho=1-0.82(\lambda_b-0.85)$　(2-39b) $\lambda_b>1.25$　$\rho=\frac{1}{\lambda_b}\left(1-\frac{0.2}{\lambda_b}\right)$　(2-39c) 梁受压翼缘扭转受约束，$\lambda_b=\frac{2h_c/t_w}{177}\sqrt{\frac{f_y}{235}}$　(2-21d) 梁受压翼缘扭转不受约束，$\lambda_b=\frac{2h_c/t_w}{153}\sqrt{\frac{f_y}{235}}$　(2-21e)	
3	V_u: $\lambda_s\leqslant 0.8$　$V_u=h_0 t_w f_v$　(2-40a) $0.8<\lambda_s\leqslant 1.2$　$V_u=h_0 t_w f_v[1-0.5(\lambda_s-0.8)]$　(2-40b) $\lambda_s>1.2$　$V_u=h_0 t_w f_v/\lambda_s^{1.2}$　(2-40c) λ_s 按表 2.4-14 公式（2-22d）和公式（2-22e）计算； 当仅设置支座加劲肋时，公式（2-22e）中 $\frac{h_0}{a}=0$	

续表

项次	公式	说明
4	当仅配置支承加劲肋，不满足式（2-35）要求时，应在腹板两侧成对设置中间横向加劲肋，其间距 $a=(1\sim2)h_0$，其截面尺寸除满足表 2.4-16 中公式（2-30*a*）和（2-31*a*）外，尚应计算中间横向加劲肋在轴心压力 N_s 作用下腹板平面外的稳定性，轴心压力为：$N_s=V_u-\tau_{cr}h_wt_w+F$　　(2-41)	W_x—受压纤维的截面模量，$W_x=I_x/h_2$； h_c—按梁截面全部有效，算得的腹板受压区高度； γ_x—梁截面塑性发展系数； F—作用于中间支承加劲肋上端的集中压力； 对不设中间横向加劲肋的腹板 a 取梁支座至跨内剪力为零点的距离。 当在公式（2-35）中考虑轴压力 N 影响时，可将公式（2-36）及（2-37）中的 f 以 $f-N/A$ 代替
5	当腹板在支座旁的区格利用屈曲后强度且 $\lambda_s\geqslant0.8$ 时，支座加劲肋除承受梁的支座反力，尚应承受拉力场的水平分力 H，按压弯构件计算其在腹板平面外的稳定， $H=(V_u-\tau_{cr}h_wt_w)\sqrt{1+\left(\frac{a}{h_0}\right)^2}$　　(2-42) 当支座加劲肋采用图 3-5 的构造形式时可采用下述简化法： 加劲肋 1 作为轴心压杆，压力为支座反力 $\overline{R}$； 封板 2 的截面积 A_c，$A_c=3h_0H/(16ef)$　　(2-43)	

注：考虑腹板屈曲后的梁可按构造需要设置中间横向加劲肋。当中间横向加劲肋间距较大$\left(\frac{a}{h}>2.5\right)$和不设中间横向加劲肋的腹板当满足表 2.4-14 中式（2-20）时可取 $H=0$。

（5）受弯构件的挠度。

受弯构件的挠度应满足下式：

$$v\leqslant[v] \qquad (2\text{-}44)$$

式中　v——由荷载标准值计算所得的受弯构件挠度；

$[v]$——受弯构件的容许挠度，按表 2.2-4 采用。

2.4.2 轴心受力构件计算

（1）轴心受拉和受压构件的计算公式（见表 2.4-18）。

（2）轴心受压构件的截面分类（见表 2.4-19*a*、*b*）。

轴心受拉和受压构件的计算公式　　**表 2.4-18**

项次	构件名称	计算内容			计算公式	说明
1	轴心受拉构件	强度（摩擦型高强度螺栓连接处除外）			$\sigma=\frac{N}{A_n}\leqslant f$　(2-45)	N—轴心拉力或轴心压力； n—在节点或拼接处，构件一端连接的高强度螺栓数目； n_1—所计算截面（最外列螺栓处）上高强度螺栓数目； A_n—构件净截面面积； A—构件毛截面面积； λ—构件长细比，并满足表 2.4-43； φ—轴心受压构件的稳定系数，根据截面分类及表 2.4-20 算得的最大长细比由 3.4.3 查得； b，t—翼缘板外伸宽度和厚度； h_0，t_w—腹板计算高度及厚度
		摩擦型高强度螺栓连接处的强度			$\sigma=\left(1-0.5\frac{n_1}{n}\right)\frac{N}{A_n}\leqslant f$　(2-46) $\sigma=\frac{N}{A}\leqslant f$　(2-47)	
2	实腹式轴心受压构件	强　度			按公式（2-45）至公式（2-47）计算	
		整体稳定			$\frac{N}{\varphi A}\leqslant f$　(2-48)	
		局部稳定	翼缘	工字形截面及 H 型钢	$\frac{b}{t}\leqslant(10+0.1\lambda)\sqrt{\frac{235}{f_y}}$　(2-49) λ 为构件两方向的长细比较大值，当 $\lambda<30$，取 $\lambda=30$； 当 $\lambda>100$，取 $\lambda=100$； f_y 按钢材牌号取用	
				箱形截面	与表 3.4-12 的规定相同	
			腹板	工字形截面及 H 型钢	$\frac{h_0}{t_w}\leqslant(25+0.5\lambda)\sqrt{\frac{235}{f_y}}$　(2-50) λ 和 f_y 同上	
				T 形截面	h_0/t_w 同表 2.4-34 说明中热轧部分 T 形钢和焊接 T 形钢	
				箱形截面	h_0/t_w 与表 2.4-12 中 b_0/t 的规定相同	

续表

项次	构件名称	计算内容	计算公式	说明
3	格构式轴心受压构件	强度	按公式（2-45）至公式（2-47）计算	λ_1—单肢对最小刚度 1-1（见表 2.4-21）的长细比，其计算长度取： 焊接连接时，为相邻两缀板间净距， 螺栓连接时，为相邻两缀板边缘螺栓的最近距离；确定分肢截面尺寸时，也应注意其局部稳定性。 格构式构件对虚轴的换算长细比见表 2.4-21
		整体稳定	按公式（2-48）计算，但按表 2.4-21 采用换算长细比	
		分肢的长细比要求	缀条组合受压构件的分肢，长细比 λ_1 不应大于构件两方向长细比（对虚轴取换算长细比）的较大值 λ_{max} 的 0.7 倍	
			缀板组合受压构件的分肢，长细比 λ_1 不应大于 40，并不应大于构件最大长细比 λ_{max} 的 0.5 倍（当 $\lambda_{max}<50$ 时，取 $\lambda_{max}=50$）	

注：当工字形和箱形截面的 h_0/t_w 不满足要求时，腹板的截面应仅考虑计算高度边缘范围内两侧宽度各为 $20t_w\sqrt{\frac{235}{f_y}}$ 的部分（计算构件的稳定系数时仍用全截面），或用纵向加劲肋加强，使加劲肋与翼缘间以及加劲肋之间的腹板的高厚比满足要求。纵向加劲肋宜在腹板两侧成对布置，每侧外伸宽度不小于 $10t_w$，厚度不小于 $0.75t_w$。

轴心受压构件的截面分类（板厚 $t_f < 40mm$）　表 2.4-19a

截面形式	对 x 轴	对 y 轴
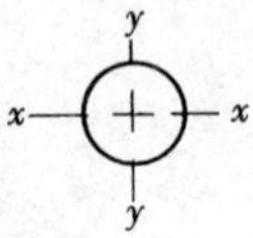 轧制	a 类	a 类
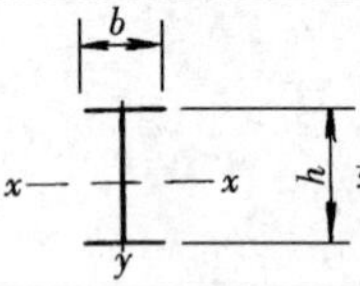 轧制 $b/h \leqslant 0.8$	a 类	b 类
轧制，$b/h > 0.8$；焊接，翼缘为焰切边；焊接 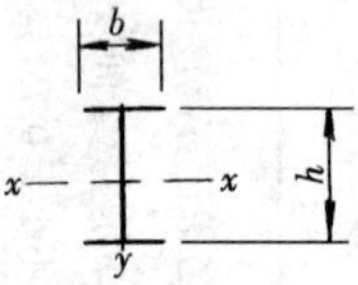 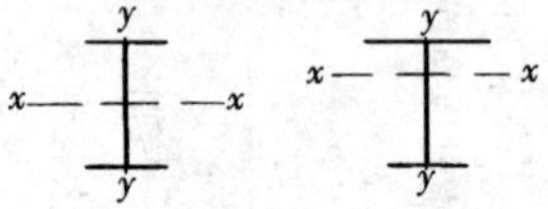 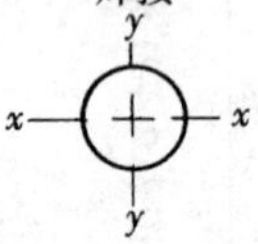	b 类	b 类
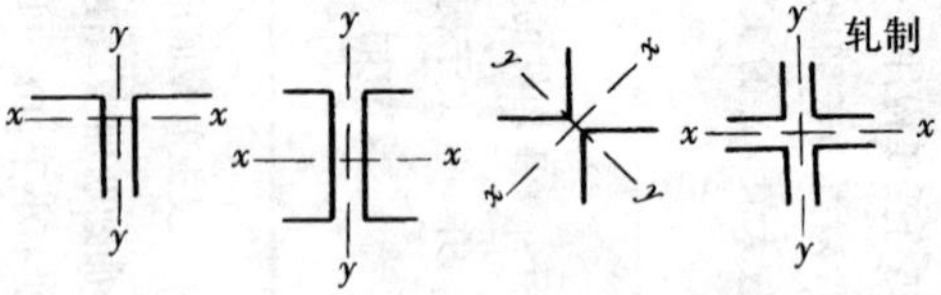 轧制；轧制，等边角钢 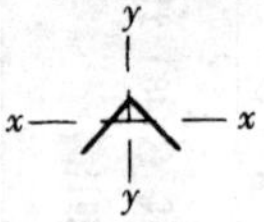	b 类	b 类
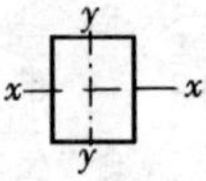 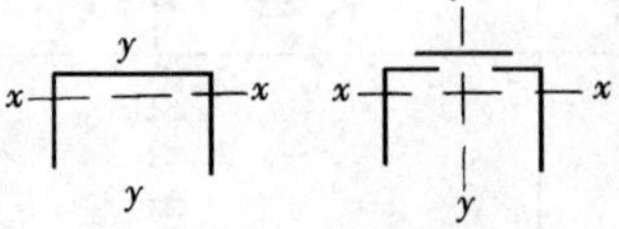 轧制，焊接（板件宽厚比大于）20；轧制或焊接	b 类	b 类
焊接；轧制截面和翼缘为焰切边的焊接截面 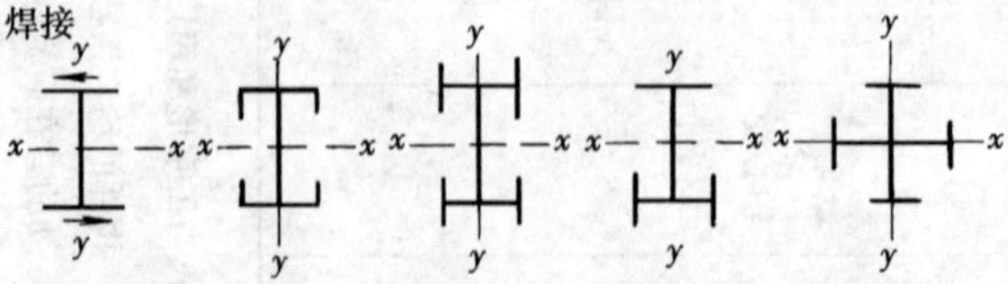 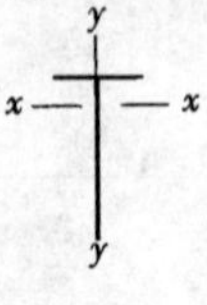	b 类	b 类

续表

截面形式		对 x 轴	对 y 轴
格构式 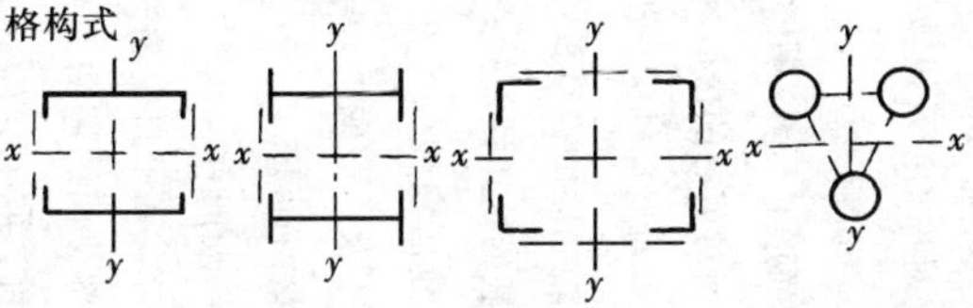	焊接，板件边缘焰切 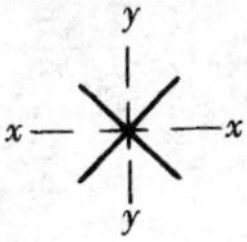	b 类	b 类
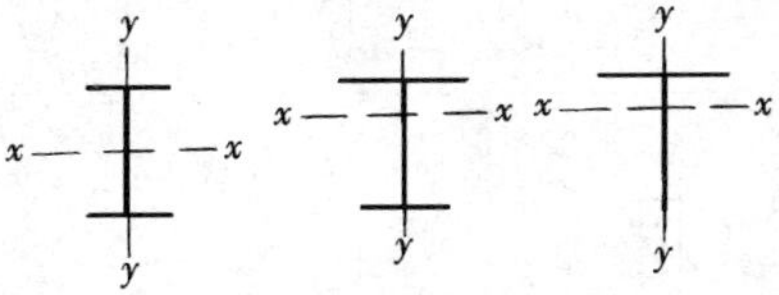 焊接，翼缘为轧制或剪切边		b 类	c 类
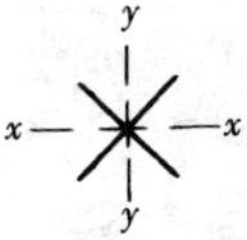 焊接,板件边缘轧制或剪切	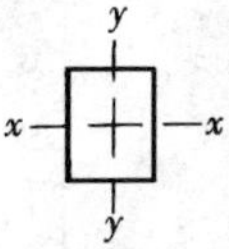 焊接，板件宽厚比 ≤20	c 类	c 类

轴心受压构件的截面分类（板厚 $t \geqslant 40$mm）　　表 2.4-19*b*

截面形式		对 x 轴	对 y 轴
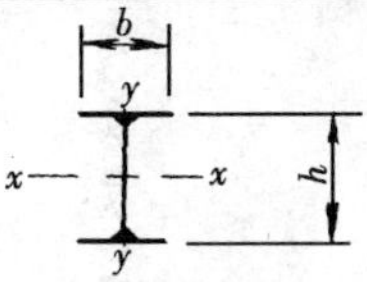 轧制工字形或H形截面	$t<80$mm	b 类	c 类
	$t \geqslant 80$mm	c 类	d 类
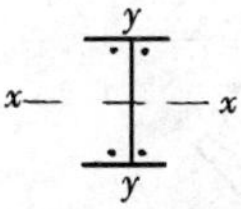 焊接工形截面	翼缘为焰切边	b 类	b 类
	翼缘为轧制或剪切边	c 类	d 类
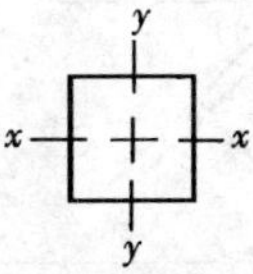 焊接箱形截面	板件宽厚比 >20	b 类	b 类
	板件宽厚比 ≤20	c 类	c 类

(3) 构件长细比计算公式（见表 2.4-20）。

长细比计算公式 **表 2.4-20**

项次	截面特征	长细比 λ 计算公式	说 明
1	双轴对称	$\lambda_x = \dfrac{l_{0x}}{i_x}$ (2-51*a*) $\lambda_y = \dfrac{l_{0y}}{i_y}$ (2-51*b*) 对双轴对称的十字形截面 λ_x（λ_y）$\geqslant 5.07b/t$	l_{0x}、l_{0y}—构件对主轴 x、y 的计算长度； i_x、i_y—构件截面对主轴 x、y 的回转半径，当单轴对称时设 y 为对称轴； λ_{yz}—绕对称轴计及扭转效应代替 λ_y 的换算长细比； e_0—截面形心至剪心距离； i_0—截面对剪心的极回转半径； λ_y—构件对对称轴的长细比； λ_z—扭转屈曲的换算长细比； I_t—毛截面抗扭惯性矩； I_ω—毛截面扇性惯性矩，对 T 形、十字形及角形截面 $I_\omega \approx 0$； A—毛截面面积； l_ω—扭转屈曲计算长度，对两端铰接、端部截面可自由翘曲或两端嵌固、端部截面的翘曲完全受到约束的构件，取 $l_\omega = l_{0y}$
2	单轴对称	$\lambda_x = \dfrac{l_{0x}}{i_x}$ (2-51*c*) $\lambda_{yz} = \dfrac{1}{\sqrt{2}}\left[(\lambda_y^2+\lambda_z^2) + \sqrt{(\lambda_y^2+\lambda_z^2)^2 - 4(1-e_0^2/i_0^2)\lambda_y^2\lambda_z^2}\right]^{\frac{1}{2}}$ (2-52) $\lambda_z^2 = i_0^2 A/(I_t/25.7 + I_\omega/l_\omega^2)$ (2-53) $i_0^2 = e_0^2 + i_x^2 + i_y^2$	
3	(1)等边单角钢 (*a*)	$\lambda_{yz} = \lambda_y\left(1 + \dfrac{0.85b^4}{l_{0y}^2 t^2}\right)$ (2-54*a*) $b/t > 0.54 l_{0y}/b$ $\lambda_{yz} = 4.78\dfrac{b}{t}\left(1 + \dfrac{l_{0y}^2 t^2}{13.5b^4}\right)$ (2-54*b*)	

续表

项次	截面特征	长细比 λ 计算公式	说明
3	(2)等边双角钢 (b)	$b/t \leqslant 0.58 l_{0y}/b$ $\lambda_{yz} = \lambda_y \left(1 + \frac{0.475 b^4}{l_{0y}^2 t^2}\right)$ (2-55a) $b/t > 0.58 l_{0y}/b$ $\lambda_{yz} = 3.9 \frac{b}{t} \left(1 + \frac{l_{0y}^2 t^2}{18.6 b^4}\right)$ (2-55b)	
	(3)长肢相并的不等边双角钢 (c)	$b_2/t \leqslant 0.48 l_{0y}/b_2$ $\lambda_{yz} = \lambda_y \left(1 + \frac{1.09 b_2^4}{l_{0y}^2 t^2}\right)$ (2-56a) $b_2/t > 0.48 l_{0y}/b_2$ $\lambda_{yz} = 5.1 \frac{b_2}{t} \left(1 + \frac{l_{0y}^2 t^2}{17.4 b_2^4}\right)$ (2-56b)	

续表

项次	截面特征	长细比 λ 计算公式	说明
3	(4)短肢相并的不等边双角钢 $b_1 > b_2$ b_2 y (d)	$b_1/t \leqslant 0.56 l_{0y}/b_1$ $\lambda_{yz} = \lambda_y$ (2-57a) $b_1/t > 0.56 l_{0y}/b_1$ $\lambda_{yz} = 3.7 \frac{b_1}{t}\left(1 + \frac{l_{0y}^2 t^2}{52.7 b_1^4}\right)$ (2-57b)	
	(5)等边角钢绕平行轴u(确定φ值时,按b类截面) u b (e)	$b/t \leqslant 0.69 l_{0u}/b$ $\lambda_{uz} = \lambda_u\left(1 + \frac{0.25 b^4}{l_{0u}^2 t^2}\right)$ (2-58a) $b/t > 0.69 l_{0u}/b$ $\lambda_{uz} = 5.4 b/t$ (2-58b) $\lambda_u = \lambda_{0u}/i_u$	

注：1. 公式（2-54）～（2-58）为公式（2-52）的简化公式；
2. 无任何对称轴且又非极对称截面（单面连接的不等边角钢除外）不宜用作轴心压杆。
3. 对单面连接的单角钢轴心受压杆件，按表 2.1-10 考虑折减系数 α_y 后，可不考虑弯扭效应。
4. 对槽形截面用于格构式构件的分肢，计算分肢绕对称轴（y 轴）的稳定性时，不必考虑扭转效应，直接用 λ_y 查出 φ_y 值。

(4) 格构式轴心受压构件。

格构式轴心受压构件的稳定按表 2.4-18 中公式计算，但需满足以下两点要求：

1）对虚轴（如表 2.4-21）中项次 1、2 所示截面的 x 轴和其他截面的 x 与 y 轴）的长细比应取换算长细比，按表 2.4-21 中公式计算。

格构式构件换算长细比计算公式 **表 2.4-21**

项次	构件截面形式	缀材类别	计 算 公 式
1	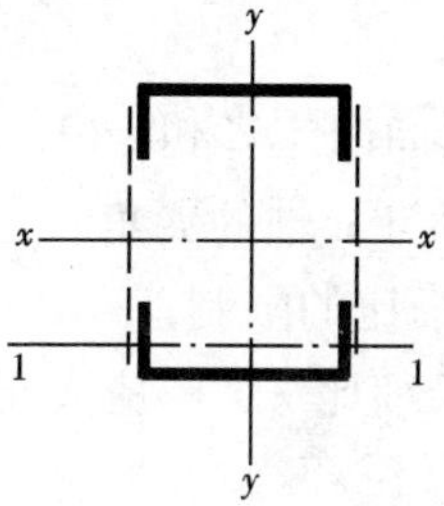 (a)	缀板	$\lambda_{0x}=\sqrt{\lambda_x^2+\lambda_1^2}$ (2-59)
2		缀条	$\lambda_{0x}=\sqrt{\lambda_x^2+27\dfrac{A}{A_{1x}}}$ (2-60)
3	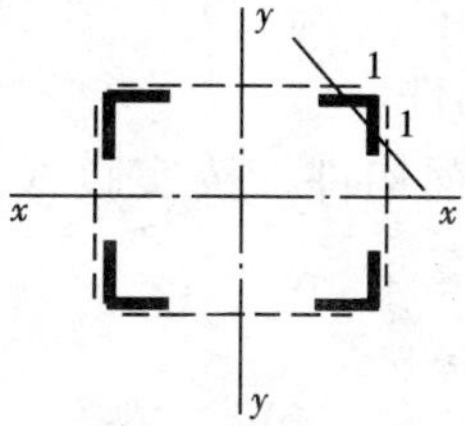 (b)	缀板	$\lambda_{0x}=\sqrt{\lambda_x^2+\lambda_1^2}$ (2-59) $\lambda_{0y}=\sqrt{\lambda_y^2+\lambda_1^2}$ (2-61)
4		缀条	$\lambda_{0x}=\sqrt{\lambda_x^2+40\dfrac{A}{A_{1x}}}$ (2-62) $\lambda_{0y}=\sqrt{\lambda_y^2+40\dfrac{A}{A_{1y}}}$ (2-63)
5	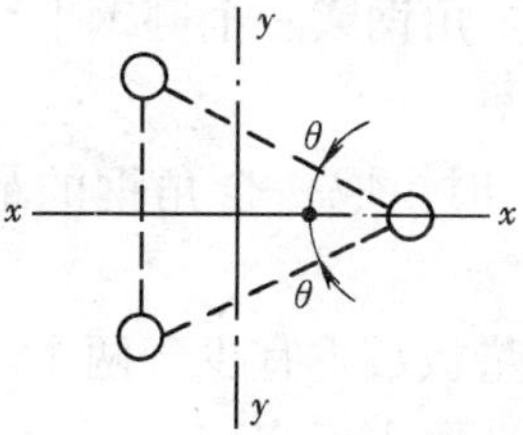 (c)	缀条	$\lambda_{0x}=\sqrt{\lambda_x^2+\dfrac{42A}{A_1(1.5-\cos^2\theta)}}$ (2-64) $\lambda_{0y}=\sqrt{\lambda_y^2+\dfrac{42A}{A_1\cos^2\theta}}$ (2-65)

式中　λ_x——整个构件对 x 轴的长细比；

λ_y——整个构件对 y 轴的长细比；

λ_1——分肢对最小刚度轴 1—1 的长细比，其计算长度取：焊接时，为相邻的缀板的净距离；螺栓连接时，为相邻两缀板边缘螺栓的距离；

A_{1x}——构件截面中垂直于 x 轴的各斜缀条毛截面面积之和；

A_{1y}——构件截面中垂直于 y 轴的各斜缀条毛截面面积之和；

A_1——构件截面中各斜缀条毛截面面积之和；

θ——构件截面内缀条所在平面与 x 轴的夹角。

2）对格构式轴心受压构件分肢长细比的限制：

（A）当缀件为缀条时，其分肢的长细比 λ，不应大于构件最大长细比 λ_{max}的 0.7 倍；

（B）当缀件为缀板时，λ_1 不应大于 40，并不应大于 λ_{max}的 0.5 倍（当 $\lambda_{max} < 50$ 时，取 $\lambda_{max} = 50$）。

（5）用垫板连接而成的轴心受压构件。

用垫板连接而成的双角钢或双槽钢构件，按实腹式构件计算。垫板间的距离不大于以下数值：

受压构件　$40i$

受拉构件　$80i$

i 为截面回转半径，按以下规定采用：

①如图 2.4-7a、b 所示时，取一个角钢或一个槽钢平行于垫板的形心轴的回转半径。

②如图 2.4-7c 所示的十字形截面时，取一个角钢的最小回转半径。

受压构件两个侧向支承点之间的垫板数不宜少于两个。垫板的厚度应根据节点板的厚度或连接构造要求确定。

垫板间距表（见表 2.4-22 ~ 表 2.4-24）。

（a） （b） （c）

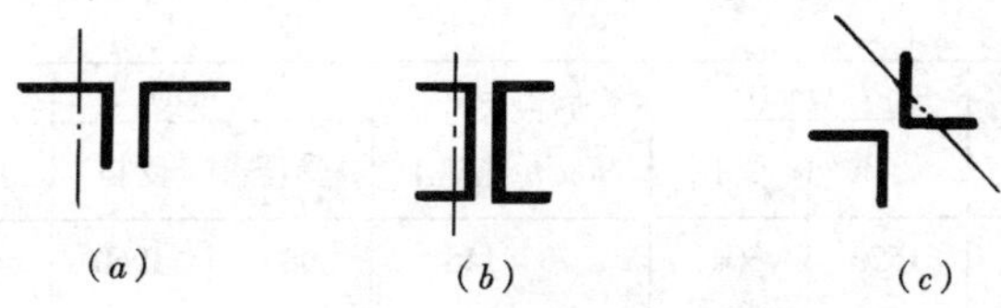

图 2.4-7 计算截面回转半径的轴线示意图

（a）双角钢T形截面；（b）双槽钢截面；（c）双角钢十字形截面

两个热轧等肢角钢组合时连接垫板的最大间距 表 2.4-22

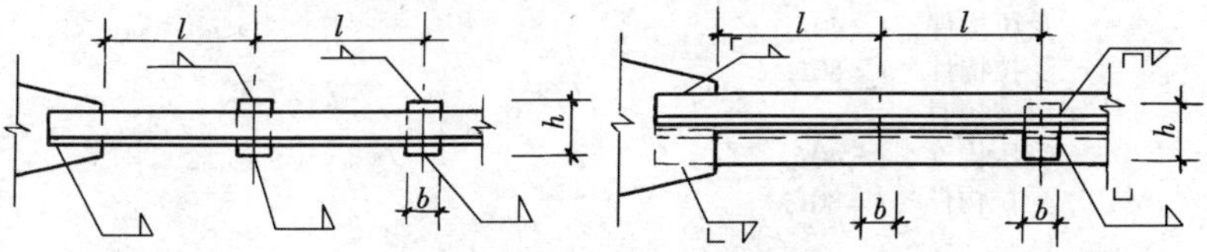

型号						
	l（mm）		垫板尺寸	l（mm）		垫板尺寸
	受压	受拉	$b \times h$（mm）	受压	受拉	$b \times h$（mm）
L40×40	485	970	50×60	310	620	50×65
L45×45	540	1080	50×65	350	700	50×75
L50×50	600	1200	60×70	390	780	60×85
L56×56	670	1340	60×75	435	870	60×100
L63×63	750	1500	60×85	490	980	60×110
L70×70	850	1700	60×90	550	1100	60×120
L75×75	900	1800	60×95	580	1160	60×130
L80×80	970	1940	60×100	620	1240	60×140
L90×90	1080	2160	60×110	700	1400	60×160
L100×100	1190	2380	60×120	770	1540	60×180
L110×110	1330	2660	70×130	855	1710	70×200

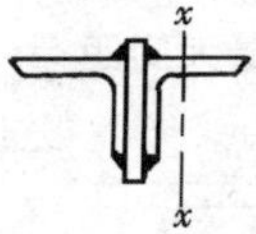

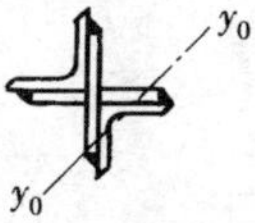

续表

型　号	l（mm）		垫板尺寸	l（mm）		垫板尺寸
	受压	受拉	$b\times h$（mm）	受压	受拉	$b\times h$（mm）
└125×125	1520	3040	70×145	980	1960	70×220
└140×140	1700	3400	80×160	1110	2200	80×250
└160×160	1960	3920	90×180	1255	2510	90×280
└180×180	2200	4400	90×200	1410	2820	90×320

注：垫板间距按下列公式计算：

T形连接时：

受压构件　$l=40i_x$

受拉构件　$l=80i_x$

十字形连接时：

受压构件　$l=40i_{y0}$

受拉构件　$l=80i_{y0}$

两个热轧不等肢角钢组合时连接垫板的最大间距　　**表 2.4-23**

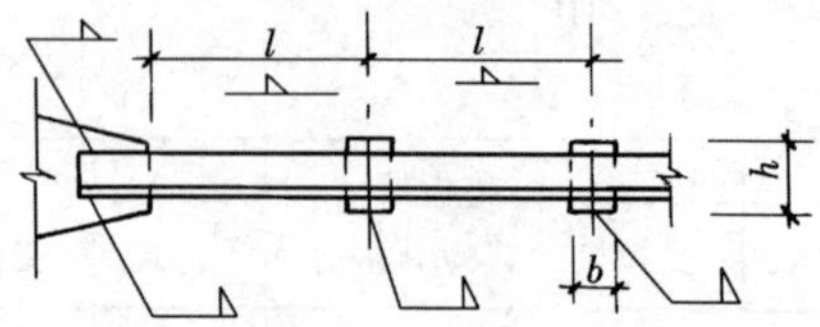

型　号	长肢相连 y—y (a)			短肢相连 x—x (b)		
	l（mm）		垫板尺寸	l（mm）		垫板尺寸
	受压	受拉	$b\times h$（mm）	受压	受拉	$b\times h$（mm）
└32×20	215	430	50×50	400	800	50×40
└40×25	275	550	50×55	500	1000	50×40
└45×28	310	620	50×60	570	1140	50×45
└50×32	360	720	60×70	635	1270	60×50
└56×36	400	800	60×70	710	1420	60×50

续表

型　号	l（mm）		垫板尺寸	l（mm）		垫板尺寸
	受压	受拉	b×h（mm）	受压	受拉	b×h（mm）
└63×40	440	880	60×80	790	1580	60×55
└70×45	500	1000	60×85	880	1760	60×60
└75×50	550	1100	60×90	930	1860	60×65
└80×50	550	1100	60×95	1010	2020	60×65
└90×56	620	1240	60×110	1140	2280	60×75
└100×63	700	1400	60×120	1260	2520	60×85
└100×80	940	1880	60×120	1250	2500	60×100
└110×70	780	1560	70×130	1390	2780	70×90
└125×80	900	1800	70×145	1580	3160	70×100
└140×90	1000	2000	80×160	1770	3540	80×110
└160×100	1110	2220	90×180	2020	4040	90×120
└180×110	1220	2240	90×200	2290	4580	90×130
└200×125	1395	2790	90×220	2540	5080	90×145

注：垫板间距按下列公式计算：

长肢相连时

受压构件　$l=40i_x$

受拉构件　$l=80i_x$

短肢相连时：

受压构件　$l=40i_x$

受拉构件　$l=80i_y$

式中　i_x、i_y——均取一个角钢平行于垫板的形心轴的回转半径。

两个热轧槽钢组合时连接垫板的最大间距　　表 2.4-24

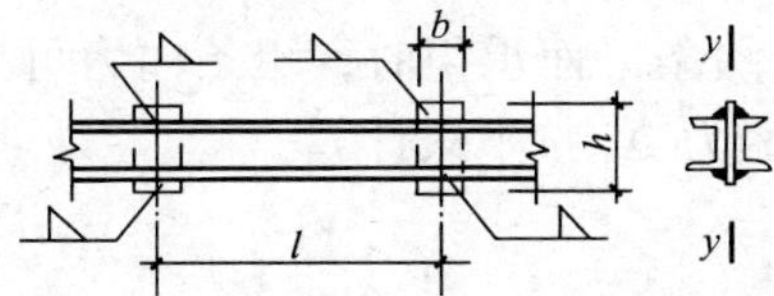

普通槽钢				轻型槽钢			
型　号	l（mm）		垫板尺寸	型　号	l（mm）		垫板尺寸
	受压	受拉	b×h（mm）		受压	受拉	b×h（mm）
[5	440	880	50×65	[5	380	760	50×65
[6.3	475	950	50×80	[6.5	430	860	50×80
[8	510	1020	50×100	[8	475	950	50×100

续表

普通槽钢				轻型槽钢			
型号	l（mm）		垫板尺寸	型号	l（mm）		垫板尺寸
	受压	受拉	$b\times h$（mm）		受压	受拉	$b\times h$（mm）
[10	565	1130	60×120	[10	550	1100	60×120
[12.6	620	1240	60×145	[12	610	1220	60×140
[14	675	1350	60×160	[14	680	1360	60×160
[16	725	1450	80×180	[16	750	1500	80×180
[18	780	1560	90×200	[18	815	1630	90×200
[20	835	1670	90×220	[20	880	1760	90×220
[22	880	1760	100×240	[22	950	1900	100×240
[25	875	1750	100×270	[24	1040	2080	100×260
[28	910	1820	110×300	[27	1090	2180	110×290
[32	975	1950	110×340	[30	1140	2280	110×320
[36	1070	2140	120×380	[33	1190	2380	110×350
[40	1100	2200	130×420	[36	1240	2480	120×380
				[40	1290	2580	130×420

注：垫板间距按下列公式计算：

受压构件　$l=40i_y$

受拉构件　$l=80i_y$

式中　i_y——取一个槽钢平行于垫板的形心轴的回转半径。

(6) 格构式轴心受压构件的剪力和缀件内力以及其截面的计算。

1）剪力应按下式计算：

$$V=\frac{Af}{85}\sqrt{\frac{f_y}{235}} \tag{2-66}$$

2）当剪力由缀条平面承担时，缀条内力可按桁架腹杆来分析，缀条中的轴心力 N_1 按下式计算：

$$N_1=\frac{V_1}{n\cos\alpha} \tag{2-67}$$

式中　V_1——分配到一个缀材面的剪力；

n——承受剪力 V_1 的斜缀条数；

α——斜缀条与水平线的夹角。

3）当剪力由缀板平面承担时，缀板的内力按下列公式计算：

剪力：
$$T=\frac{V_1 l}{a} \tag{2-68}$$

弯矩和肢件相连处：
$$M=\frac{V_1 l}{2} \tag{2-69}$$
式中 l——缀板中心间的距离［图 2.4-8（b）］；

a——肢件轴线间的距离［图 2.4-8（c）］。

4）斜缀条的截面按承受 N_1 的轴心受压构件计算，水平缀条通常采用与斜缀条相同的截面。

5）缀条板承受剪力 T 和弯矩 M 的受弯构件计算。当缀板采用钢板时，其宽度［图 2.4-8（b）］$b \geqslant \frac{2a}{3}$，其厚度 $t \geqslant \frac{a}{40}$，且不小于 6mm。当采用型钢时，同一截面处其线刚度之和不得小于柱较大分肢线刚度的 b 倍。

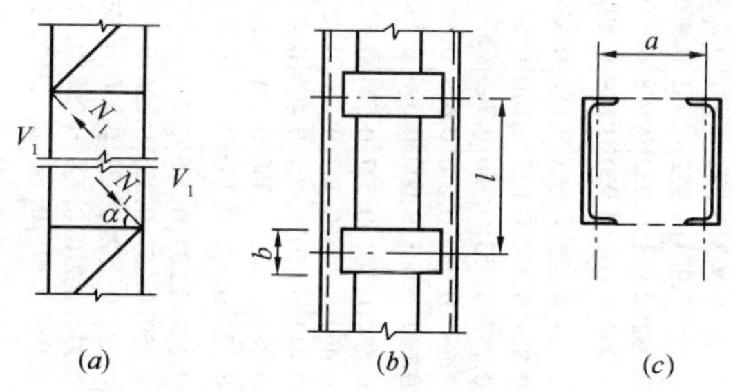

图 2.4-8 格构柱简图

（a）缀条柱；（b）缀板柱；（c）截面

当工字形和箱形截面受压构件的腹板用纵向加劲肋加强时，纵向加劲肋应成对配置，其一侧外伸宽度不应小于 $10t_w$，厚度不应小于$\frac{3t_w}{4}$。

用作减小轴心受压构件自由长度的支撑，应按被支承构件的剪力 V（作为侧向力）确定其轴心力，V 可按公式（2-68）计算。

2.4.3 轴心受压构件的稳定系数

（1）普通钢结构轴心受压构件的稳定系数（见表 2.4-25 ~ 表 2.4-32）。

Q235 钢 a 类截面轴心受压构件的稳定系数 φ

表 2.4-25

λ	0	0.5	1.0	1.5	2.0	2.5	3.0	3.5	4.0	4.5	5.0	5.5	6.0	6.5	7.0	7.5	8.0	8.5	9.0	9.5
0	1.000	1.000	1.000	1.000	1.000	1.000	1.000	1.000	0.999	0.999	0.999	0.999	0.998	0.998	0.998	0.997	0.997	0.997	0.996	0.996
10	0.995	0.995	0.994	0.994	0.993	0.993	0.992	0.991	0.991	0.990	0.989	0.989	0.988	0.987	0.986	0.985	0.985	0.984	0.983	0.982
20	0.981	0.980	0.979	0.978	0.977	0.976	0.976	0.975	0.974	0.973	0.972	0.971	0.970	0.969	0.968	0.967	0.966	0.965	0.964	0.964
30	0.963	0.962	0.961	0.960	0.959	0.958	0.957	0.956	0.955	0.953	0.952	0.951	0.950	0.949	0.948	0.947	0.946	0.945	0.944	0.943
40	0.941	0.940	0.939	0.938	0.937	0.936	0.934	0.933	0.932	0.931	0.929	0.928	0.927	0.925	0.924	0.923	0.921	0.920	0.919	0.917
50	0.916	0.914	0.913	0.911	0.910	0.908	0.907	0.905	0.904	0.902	0.900	0.899	0.897	0.895	0.894	0.892	0.890	0.888	0.886	0.885
60	0.883	0.881	0.879	0.877	0.875	0.873	0.871	0.869	0.867	0.865	0.863	0.860	0.858	0.856	0.854	0.851	0.849	0.847	0.844	0.842
70	0.839	0.837	0.834	0.832	0.829	0.827	0.824	0.822	0.818	0.816	0.813	0.810	0.807	0.804	0.801	0.798	0.795	0.792	0.789	0.786
80	0.783	0.780	0.776	0.773	0.770	0.767	0.763	0.760	0.757	0.753	0.750	0.746	0.743	0.739	0.736	0.732	0.728	0.725	0.721	0.717
90	0.714	0.710	0.706	0.703	0.699	0.695	0.691	0.687	0.684	0.680	0.676	0.672	0.668	0.665	0.661	0.657	0.653	0.649	0.645	0.642
100	0.638	0.634	0.630	0.626	0.622	0.619	0.615	0.611	0.607	0.603	0.600	0.596	0.592	0.538	0.585	0.581	0.577	0.574	0.570	0.566
110	0.563	0.559	0.555	0.552	0.548	0.545	0.541	0.538	0.534	0.531	0.527	0.524	0.520	0.517	0.514	0.510	0.507	0.504	0.500	0.497
120	0.494	0.491	0.488	0.484	0.481	0.479	0.475	0.472	0.469	0.466	0.463	0.460	0.457	0.454	0.451	0.448	0.445	0.442	0.440	0.437
130	0.434	0.431	0.429	0.426	0.423	0.420	0.418	0.415	0.412	0.410	0.407	0.405	0.402	0.400	0.397	0.395	0.392	0.390	0.387	0.385
140	0.383	0.380	0.378	0.376	0.373	0.371	0.369	0.367	0.364	0.362	0.360	0.358	0.356	0.353	0.351	0.349	0.347	0.345	0.343	0.341
150	0.339	0.337	0.335	0.333	0.331	0.329	0.327	0.325	0.323	0.321	0.320	0.318	0.316	0.314	0.312	0.311	0.309	0.307	0.305	0.304
160	0.302	0.300	0.298	0.297	0.295	0.293	0.292	0.290	0.289	0.287	0.285	0.284	0.282	0.281	0.279	0.278	0.276	0.275	0.273	0.272
170	0.270	0.269	0.267	0.266	0.264	0.263	0.262	0.260	0.259	0.257	0.256	0.255	0.253	0.252	0.251	0.249	0.248	0.247	0.246	0.244
180	0.243	0.242	0.241	0.239	0.238	0.237	0.236	0.234	0.233	0.232	0.231	0.230	0.229	0.227	0.226	0.225	0.224	0.223	0.222	0.221
190	0.220	0.219	0.218	0.216	0.215	0.214	0.213	0.212	0.211	0.210	0.209	0.208	0.207	0.206	0.205	0.204	0.203	0.202	0.201	0.200
200	0.199	0.198	0.198	0.197	0.196	0.195	0.194	0.193	0.192	0.191	0.190	0.189	0.189	0.188	0.187	0.186	0.185	0.184	0.183	0.183
210	0.182	0.181	0.180	0.179	0.179	0.178	0.177	0.176	0.175	0.175	0.174	0.173	0.172	0.172	0.171	0.170	0.169	0.169	0.168	0.167
220	0.166	0.166	0.165	0.164	0.164	0.163	0.162	0.161	0.161	0.160	0.159	0.159	0.158	0.157	0.157	0.156	0.155	0.155	0.154	0.154
230	0.153	0.152	0.152	0.151	0.150	0.150	0.149	0.149	0.148	0.147	0.147	0.146	0.146	0.145	0.144	0.144	0.143	0.143	0.142	0.141
240	0.141	0.140	0.140	0.139	0.139	0.138	0.138	0.137	0.136	0.136	0.135	0.135	0.134	0.134	0.133	0.133	0.132	0.132	0.131	0.131
250	0.130																			

Q235 钢 b 类截面轴心受压构件的稳定系数 φ 表 2.4-26

λ	0	0.5	1.0	1.5	2.0	2.5	3.0	3.5	4.0	4.5	5.0	5.5	6.0	6.5	7.0	7.5	8.0	8.5	9.0	9.5
0	1.000	1.000	1.000	1.000	1.000	1.000	0.999	0.999	0.999	0.998	0.998	0.998	0.997	0.997	0.996	0.996	0.995	0.995	0.994	0.993
10	0.992	0.992	0.991	0.990	0.989	0.988	0.987	0.986	0.985	0.984	0.983	0.982	0.981	0.980	0.978	0.977	0.976	0.974	0.973	0.971
20	0.970	0.968	0.967	0.965	0.963	0.962	0.960	0.958	0.957	0.955	0.953	0.952	0.950	0.948	0.946	0.945	0.943	0.941	0.939	0.938
30	0.936	0.934	0.932	0.931	0.929	0.927	0.925	0.923	0.922	0.920	0.918	0.916	0.914	0.912	0.910	0.908	0.906	0.905	0.903	0.901
40	0.899	0.897	0.895	0.893	0.891	0.889	0.887	0.885	0.882	0.880	0.878	0.876	0.874	0.872	0.870	0.867	0.865	0.863	0.861	0.859
50	0.856	0.854	0.852	0.849	0.847	0.845	0.842	0.840	0.838	0.835	0.833	0.830	0.828	0.825	0.823	0.820	0.818	0.815	0.813	0.810
60	0.807	0.805	0.802	0.799	0.797	0.794	0.791	0.788	0.786	0.783	0.780	0.777	0.774	0.771	0.769	0.766	0.763	0.760	0.757	0.754
70	0.751	0.748	0.745	0.742	0.739	0.736	0.732	0.729	0.726	0.723	0.720	0.717	0.714	0.710	0.707	0.704	0.701	0.698	0.694	0.691
80	0.688	0.684	0.681	0.678	0.675	0.671	0.668	0.665	0.661	0.658	0.655	0.651	0.648	0.645	0.641	0.638	0.635	0.631	0.628	0.624
90	0.621	0.618	0.614	0.611	0.608	0.604	0.601	0.598	0.594	0.591	0.588	0.584	0.581	0.578	0.575	0.571	0.568	0.565	0.561	0.558
100	0.555	0.552	0.549	0.545	0.542	0.539	0.536	0.533	0.529	0.526	0.523	0.520	0.517	0.514	0.511	0.508	0.505	0.502	0.499	0.496
110	0.493	0.490	0.487	0.484	0.481	0.478	0.475	0.472	0.470	0.467	0.464	0.461	0.458	0.456	0.453	0.450	0.447	0.445	0.442	0.439
120	0.437	0.434	0.432	0.429	0.426	0.424	0.421	0.419	0.416	0.414	0.411	0.409	0.406	0.404	0.402	0.399	0.397	0.394	0.392	0.390
130	0.387	0.385	0.383	0.381	0.378	0.376	0.374	0.372	0.370	0.367	0.365	0.363	0.361	0.359	0.357	0.355	0.353	0.351	0.349	0.347
140	0.345	0.343	0.341	0.339	0.337	0.335	0.333	0.331	0.329	0.327	0.326	0.324	0.322	0.320	0.318	0.317	0.315	0.313	0.311	0.310
150	0.308	0.306	0.304	0.303	0.301	0.299	0.298	0.296	0.295	0.293	0.291	0.290	0.288	0.287	0.285	0.283	0.282	0.280	0.279	0.277
160	0.276	0.275	0.273	0.272	0.270	0.269	0.267	0.266	0.265	0.263	0.262	0.260	0.259	0.258	0.256	0.255	0.254	0.252	0.251	0.250
170	0.249	0.247	0.246	0.245	0.244	0.242	0.241	0.240	0.239	0.237	0.236	0.235	0.234	0.233	0.232	0.230	0.229	0.228	0.227	0.226
180	0.225	0.224	0.223	0.222	0.220	0.219	0.218	0.217	0.216	0.215	0.214	0.213	0.212	0.211	0.210	0.209	0.208	0.207	0.206	0.205
190	0.204	0.203	0.202	0.201	0.200	0.199	0.198	0.198	0.197	0.196	0.195	0.194	0.193	0.192	0.191	0.190	0.190	0.189	0.188	0.187
200	0.186	0.185	0.184	0.184	0.183	0.182	0.181	0.180	0.180	0.179	0.178	0.177	0.176	0.176	0.175	0.174	0.173	0.173	0.172	0.171
210	0.170	0.170	0.169	0.168	0.167	0.167	0.166	0.165	0.165	0.164	0.163	0.162	0.162	0.161	0.160	0.160	0.159	0.158	0.158	0.157
220	0.156	0.156	0.155	0.154	0.154	0.153	0.153	0.152	0.151	0.151	0.150	0.149	0.149	0.148	0.148	0.147	0.146	0.146	0.145	0.145
230	0.144	0.144	0.143	0.142	0.142	0.141	0.141	0.140	0.140	0.139	0.138	0.138	0.137	0.137	0.136	0.136	0.135	0.135	0.134	0.134
240	0.133	0.133	0.132	0.132	0.131	0.131	0.130	0.130	0.129	0.129	0.128	0.128	0.127	0.127	0.126	0.126	0.125	0.125	0.124	0.124
250	0.123																			

Q235 钢 c 类截面轴心受压构件的稳定系数 φ 表 2.4-27

λ	0	0.5	1.0	1.5	2.0	2.5	3.0	3.5	4.0	4.5	5.0	5.5	6.0	6.5	7.0	7.5	8.0	8.5	9.0	9.5
0	1.000	1.000	1.000	1.000	1.000	1.000	0.999	0.999	0.999	0.998	0.998	0.997	0.997	0.996	0.996	0.995	0.995	0.994	0.993	0.992
10	0.992	0.991	0.990	0.989	0.988	0.987	0.986	0.985	0.983	0.982	0.981	0.980	0.978	0.977	0.976	0.974	0.973	0.971	0.970	0.968
20	0.966	0.963	0.959	0.956	0.953	0.950	0.947	0.943	0.940	0.937	0.934	0.931	0.928	0.925	0.921	0.918	0.915	0.912	0.909	0.906
30	0.902	0.899	0.896	0.893	0.890	0.887	0.884	0.880	0.877	0.874	0.871	0.868	0.865	0.861	0.858	0.855	0.852	0.849	0.846	0.842
40	0.839	0.836	0.833	0.830	0.826	0.823	0.820	0.817	0.814	0.810	0.807	0.804	0.801	0.797	0.794	0.791	0.788	0.784	0.781	0.778
50	0.775	0.771	0.768	0.765	0.762	0.758	0.755	0.752	0.748	0.745	0.742	0.738	0.735	0.732	0.729	0.725	0.722	0.719	0.715	0.712
60	0.709	0.705	0.702	0.699	0.695	0.692	0.689	0.686	0.682	0.679	0.676	0.672	0.669	0.666	0.662	0.659	0.656	0.652	0.649	0.646
70	0.643	0.639	0.636	0.633	0.629	0.626	0.623	0.620	0.616	0.613	0.610	0.607	0.604	0.600	0.597	0.594	0.591	0.588	0.584	0.581
80	0.578	0.575	0.572	0.569	0.566	0.562	0.559	0.556	0.553	0.550	0.547	0.544	0.541	0.538	0.535	0.532	0.529	0.526	0.523	0.520
90	0.517	0.514	0.511	0.509	0.505	0.503	0.500	0.497	0.494	0.491	0.488	0.486	0.483	0.480	0.477	0.475	0.472	0.469	0.467	0.465
100	0.463	0.460	0.458	0.456	0.454	0.451	0.449	0.447	0.445	0.443	0.441	0.438	0.436	0.434	0.432	0.430	0.428	0.426	0.423	0.421
110	0.419	0.417	0.415	0.413	0.411	0.409	0.407	0.405	0.403	0.401	0.399	0.397	0.395	0.393	0.391	0.389	0.387	0.385	0.383	0.831
120	0.379	0.377	0.375	0.373	0.371	0.369	0.367	0.366	0.364	0.362	0.360	0.358	0.356	0.355	0.353	0.351	0.349	0.347	0.346	0.344
130	0.342	0.340	0.339	0.337	0.335	0.333	0.332	0.330	0.328	0.327	0.325	0.323	0.322	0.320	0.319	0.317	0.315	0.314	0.312	0.311
140	0.309	0.307	0.306	0.304	0.303	0.301	0.300	0.298	0.297	0.295	0.294	0.292	0.291	0.290	0.288	0.287	0.285	0.284	0.282	0.281
150	0.280	0.278	0.277	0.275	0.274	0.273	0.271	0.270	0.269	0.267	0.266	0.265	0.264	0.262	0.261	0.260	0.258	0.257	0.256	0.255
160	0.254	0.252	0.251	0.250	0.249	0.248	0.246	0.245	0.244	0.243	0.242	0.241	0.239	0.238	0.237	0.236	0.235	0.234	0.233	0.232
170	0.230	0.229	0.228	0.227	0.226	0.225	0.224	0.223	0.222	0.221	0.220	0.219	0.218	0.217	0.216	0.215	0.214	0.213	0.212	0.211
180	0.210	0.209	0.208	0.207	0.206	0.205	0.205	0.204	0.203	0.202	0.201	0.200	0.199	0.198	0.197	0.196	0.196	0.195	0.194	0.193
190	0.192	0.191	0.190	0.190	0.189	0.188	0.187	0.186	0.186	0.185	0.184	0.183	0.182	0.182	0.181	0.180	0.179	0.179	0.178	0.177
200	0.176	0.175	0.175	0.174	0.173	0.173	0.172	0.171	0.170	0.170	0.169	0.168	0.168	0.167	0.166	0.165	0.165	0.164	0.163	0.163
210	0.162	0.161	0.161	0.160	0.159	0.159	0.158	0.158	0.157	0.156	0.156	0.155	0.154	0.154	0.153	0.153	0.152	0.151	0.151	0.150
220	0.150	0.149	0.148	0.148	0.147	0.147	0.146	0.145	0.145	0.144	0.144	0.143	0.143	0.142	0.142	0.141	0.140	0.140	0.139	0.139
230	0.138	0.138	0.137	0.137	0.136	0.136	0.135	0.135	0.134	0.134	0.133	0.133	0.132	0.132	0.131	0.131	0.130	0.130	0.129	0.129
240	0.128	0.128	0.127	0.127	0.126	0.126	0.125	0.125	0.124	0.124	0.124	0.123	0.123	0.122	0.122	0.121	0.121	0.120	0.120	0.120
250	0.119																			

Q235 钢　d 类截面轴心受压构件的稳定系数 φ　　表 2.4-28

λ	0	1	2	3	4	5	6	7	8	9
0	1.000	1.000	0.999	0.999	0.998	0.996	0.994	0.992	0.990	0.987
10	0.984	0.981	0.978	0.974	0.969	0.965	0.960	0.955	0.949	0.944
20	0.937	0.927	0.918	0.909	0.900	0.891	0.883	0.874	0.865	0.857
30	0.848	0.840	0.831	0.823	0.815	0.807	0.799	0.790	0.782	0.774
40	0.766	0.759	0.751	0.743	0.735	0.728	0.720	0.712	0.705	0.697
50	0.690	0.683	0.675	0.668	0.661	0.654	0.646	0.639	0.632	0.625
60	0.618	0.612	0.605	0.598	0.591	0.585	0.578	0.572	0.565	0.559
70	0.552	0.546	0.540	0.534	0.528	0.522	0.516	0.510	0.504	0.498
80	0.493	0.487	0.481	0.476	0.470	0.465	0.460	0.454	0.449	0.444
90	0.439	0.434	0.429	0.424	0.419	0.414	0.410	0.405	0.401	0.397
100	0.394	0.390	0.387	0.383	0.380	0.376	0.373	0.370	0.366	0.363
110	0.359	0.356	0.353	0.350	0.346	0.343	0.340	0.337	0.334	0.331
120	0.328	0.325	0.322	0.319	0.316	0.313	0.310	0.307	0.304	0.301
130	0.299	0.296	0.293	0.290	0.288	0.285	0.282	0.280	0.277	0.275
140	0.272	0.270	0.267	0.265	0.262	0.260	0.258	0.255	0.253	0.251
150	0.248	0.246	0.244	0.242	0.240	0.237	0.235	0.233	0.231	0.229
160	0.227	0.225	0.223	0.221	0.219	0.217	0.215	0.213	0.212	0.210
170	0.208	0.206	0.204	0.203	0.201	0.199	0.197	0.196	0.194	0.192
180	0.191	0.189	0.188	0.186	0.184	0.183	0.181	0.180	0.178	0.177
190	0.176	0.174	0.173	0.171	0.170	0.168	0.167	0.166	0.164	0.163
200	0.162									

Q345钢 a类截面轴心受压构件的稳定系数 φ 表2.4-29

λ	0	0.5	1.0	1.5	2.0	2.5	3.0	3.5	4.0	4.5	5.0	5.5	6.0	6.5	7.0	7.5	8.0	8.5	9.0	9.5
0	1.000	1.000	1.000	1.000	1.000	1.000	0.999	0.999	0.999	0.999	0.998	0.998	0.997	0.997	0.997	0.996	0.996	0.995	0.994	0.994
10	0.993	0.992	0.992	0.991	0.990	0.989	0.988	0.987	0.986	0.985	0.984	0.983	0.982	0.981	0.980	0.979	0.978	0.977	0.975	0.974
20	0.973	0.972	0.971	0.970	0.969	0.968	0.967	0.965	0.964	0.963	0.962	0.961	0.960	0.958	0.957	0.956	0.955	0.953	0.952	0.951
30	0.950	0.948	0.947	0.946	0.944	0.943	0.941	0.940	0.939	0.937	0.936	0.934	0.933	0.931	0.930	0.928	0.927	0.925	0.923	0.922
40	0.920	0.918	0.917	0.915	0.913	0.911	0.909	0.908	0.906	0.904	0.902	0.900	0.898	0.896	0.894	0.892	0.889	0.887	0.885	0.883
50	0.881	0.878	0.876	0.873	0.871	0.868	0.866	0.863	0.861	0.858	0.855	0.853	0.850	0.847	0.844	0.841	0.838	0.835	0.832	0.829
60	0.825	0.822	0.819	0.816	0.812	0.809	0.805	0.802	0.798	0.794	0.791	0.787	0.783	0.779	0.775	0.771	0.767	0.763	0.759	0.755
70	0.751	0.747	0.742	0.738	0.734	0.729	0.725	0.721	0.716	0.712	0.707	0.703	0.698	0.694	0.689	0.684	0.680	0.675	0.671	0.666
80	0.661	0.657	0.652	0.647	0.643	0.638	0.633	0.629	0.624	0.619	0.615	0.610	0.606	0.601	0.596	0.592	0.587	0.583	0.578	0.574
90	0.570	0.565	0.561	0.556	0.552	0.548	0.543	0.539	0.535	0.531	0.527	0.522	0.518	0.514	0.510	0.506	0.502	0.498	0.494	0.490
100	0.487	0.483	0.479	0.475	0.471	0.468	0.464	0.460	0.457	0.453	0.450	0.446	0.443	0.439	0.436	0.433	0.429	0.426	0.423	0.419
110	0.416	0.413	0.410	0.407	0.404	0.401	0.398	0.395	0.392	0.389	0.386	0.383	0.380	0.377	0.374	0.372	0.369	0.366	0.363	0.361
120	0.358	0.356	0.353	0.350	0.348	0.345	0.343	0.340	0.338	0.336	0.333	0.331	0.328	0.326	0.324	0.322	0.319	0.317	0.315	0.313
130	0.310	0.308	0.306	0.304	0.302	0.300	0.298	0.296	0.294	0.292	0.290	0.288	0.286	0.284	0.282	0.280	0.278	0.277	0.275	0.273
140	0.271	0.269	0.268	0.266	0.264	0.263	0.261	0.259	0.257	0.256	0.254	0.253	0.251	0.249	0.248	0.246	0.245	0.243	0.242	0.240
150	0.239	0.237	0.236	0.234	0.233	0.231	0.230	0.229	0.227	0.226	0.224	0.223	0.222	0.220	0.219	0.218	0.217	0.215	0.214	0.213
160	0.212	0.210	0.209	0.208	0.207	0.205	0.204	0.203	0.202	0.201	0.200	0.198	0.197	0.196	0.195	0.194	0.193	0.192	0.191	0.190
170	0.189	0.188	0.187	0.186	0.184	0.183	0.182	0.181	0.180	0.179	0.179	0.178	0.177	0.176	0.175	0.174	0.173	0.172	0.171	0.170
180	0.169	0.168	0.167	0.167	0.166	0.165	0.164	0.163	0.162	0.161	0.161	0.160	0.159	0.158	0.157	0.157	0.156	0.155	0.154	0.153
190	0.153	0.152	0.151	0.150	0.150	0.149	0.148	0.147	0.147	0.146	0.145	0.145	0.144	0.143	0.142	0.142	0.141	0.140	0.140	0.139
200	0.138	0.138	0.137	0.136	0.136	0.135	0.134	0.134	0.133	0.133	0.132	0.131	0.131	0.130	0.129	0.129	0.128	0.128	0.127	0.126
210	0.126	0.125	0.125	0.124	0.124	0.123	0.123	0.122	0.121	0.121	0.120	0.120	0.119	0.119	0.118	0.118	0.117	0.117	0.116	0.116
220	0.115	0.115	0.114	0.114	0.113	0.113	0.112	0.112	0.111	0.111	0.110	0.110	0.109	0.109	0.108	0.108	0.107	0.107	0.106	0.106
230	0.106	0.105	0.105	0.104	0.104	0.103	0.103	0.103	0.102	0.102	0.101	0.101	0.100	0.100	0.0996	0.0992	0.0988	0.0984	0.0980	0.0976
240	0.0972	0.0968	0.0964	0.0961	0.0957	0.0953	0.0949	0.0945	0.0942	0.0938	0.0934	0.0930	0.0927	0.0923	0.0919	0.0916	0.0912	0.0909	0.0905	0.0902
250	0.0898																			

Q345 钢　b 类截面轴心受压构件的稳定系数 φ　　表 2.4-30

λ	0	0.5	1.0	1.5	2.0	2.5	3.0	3.5	4.0	4.5	5.0	5.5	6.0	6.5	7.0	7.5	8.0	8.5	9.0	9.5
0	1.000	1.000	1.000	1.000	1.000	0.999	0.999	0.999	0.998	0.998	0.997	0.997	0.996	0.995	0.995	0.994	0.993	0.992	0.991	0.990
10	0.989	0.988	0.987	0.985	0.984	0.983	0.981	0.980	0.978	0.977	0.975	0.974	0.972	0.970	0.968	0.966	0.964	0.962	0.960	0.958
20	0.956	0.954	0.952	0.950	0.948	0.946	0.943	0.941	0.939	0.937	0.935	0.933	0.931	0.928	0.926	0.924	0.922	0.920	0.917	0.915
30	0.913	0.910	0.908	0.906	0.903	0.901	0.899	0.896	0.894	0.891	0.889	0.887	0.884	0.882	0.879	0.876	0.874	0.871	0.869	0.866
40	0.863	0.861	0.858	0.855	0.852	0.849	0.847	0.844	0.841	0.838	0.835	0.832	0.829	0.826	0.823	0.820	0.817	0.814	0.811	0.807
50	0.804	0.801	0.798	0.794	0.791	0.788	0.784	0.781	0.778	0.777	0.771	0.767	0.764	0.760	0.756	0.753	0.749	0.745	0.742	0.738
60	0.734	0.731	0.727	0.723	0.719	0.715	0.711	0.708	0.704	0.700	0.696	0.692	0.688	0.684	0.680	0.676	0.672	0.668	0.664	0.660
70	0.656	0.652	0.648	0.644	0.640	0.636	0.632	0.627	0.623	0.619	0.615	0.611	0.607	0.603	0.599	0.595	0.591	0.587	0.583	0.579
80	0.575	0.571	0.567	0.563	0.559	0.555	0.551	0.547	0.544	0.540	0.536	0.532	0.528	0.524	0.521	0.517	0.513	0.509	0.506	0.502
90	0.499	0.495	0.491	0.488	0.484	0.481	0.477	0.474	0.470	0.467	0.463	0.460	0.457	0.453	0.450	0.447	0.443	0.440	0.437	0.434
100	0.431	0.428	0.424	0.421	0.418	0.415	0.412	0.409	0.406	0.403	0.400	0.398	0.395	0.392	0.389	0.386	0.384	0.381	0.378	0.375
110	0.373	0.370	0.367	0.365	0.362	0.360	0.357	0.355	0.352	0.350	0.347	0.345	0.343	0.340	0.338	0.335	0.333	0.331	0.329	0.326
120	0.324	0.322	0.320	0.318	0.315	0.313	0.311	0.309	0.307	0.305	0.303	0.301	0.299	0.297	0.295	0.293	0.291	0.289	0.287	0.285
130	0.283	0.282	0.280	0.278	0.276	0.274	0.273	0.271	0.269	0.267	0.266	0.264	0.262	0.261	0.259	0.257	0.256	0.254	0.253	0.251
140	0.249	0.248	0.246	0.245	0.243	0.242	0.240	0.239	0.237	0.236	0.235	0.233	0.232	0.230	0.229	0.228	0.226	0.225	0.224	0.222
150	0.221	0.220	0.218	0.217	0.216	0.215	0.213	0.212	0.211	0.210	0.208	0.207	0.206	0.205	0.204	0.203	0.201	0.200	0.199	0.198
160	0.197	0.196	0.195	0.194	0.193	0.191	0.190	0.189	0.188	0.187	0.186	0.185	0.184	0.183	0.182	0.181	0.180	0.179	0.178	0.177
170	0.176	0.175	0.175	0.174	0.173	0.172	0.171	0.170	0.169	0.168	0.167	0.166	0.166	0.165	0.164	0.163	0.162	0.161	0.161	0.160
180	0.159	0.158	0.157	0.157	0.156	0.155	0.154	0.153	0.153	0.152	0.151	0.150	0.150	0.149	0.148	0.147	0.147	0.146	0.145	0.145
190	0.144	0.143	0.142	0.142	0.141	0.140	0.140	0.139	0.138	0.138	0.137	0.136	0.136	0.135	0.135	0.134	0.133	0.133	0.132	0.131
200	0.131	0.130	0.130	0.129	0.128	0.128	0.127	0.127	0.126	0.125	0.125	0.124	0.124	0.123	0.123	0.122	0.122	0.121	0.120	0.120
210	0.119	0.119	0.118	0.118	0.117	0.117	0.116	0.116	0.115	0.115	0.114	0.114	0.113	0.113	0.112	0.112	0.111	0.111	0.110	0.110
220	0.109	0.109	0.108	0.108	0.108	0.107	0.107	0.106	0.106	0.105	0.105	0.104	0.104	0.104	0.103	0.103	0.102	0.102	0.101	0.101
230	0.101	0.100	0.0998	0.0994	0.0990	0.0986	0.0982	0.0978	0.0974	0.0970	0.0966	0.0962	0.0959	0.0955	0.0951	0.0947	0.0943	0.0940	0.0936	0.0932
240	0.0929	0.0925	0.0921	0.0918	0.0914	0.0911	0.0907	0.0903	0.0900	0.0890	0.0893	0.0890	0.0886	0.0883	0.0879	0.0876	0.0873	0.0869	0.0866	0.0863
250	0.0859																			

Q345 钢　c 类截面轴心受压构件的稳定系数 φ　　表 2.4-31

λ	0	0.5	1.0	1.5	2.0	2.5	3.0	3.5	4.0	4.5	5.0	5.5	6.0	6.5	7.0	7.5	8.0	8.5	9.0	9.5
0	1.000	1.000	1.000	1.000	1.000	0.999	0.999	0.998	0.998	0.997	0.997	0.996	0.996	0.995	0.994	0.993	0.992	0.991	0.990	0.989
10	0.988	0.986	0.985	0.984	0.982	0.981	0.979	0.977	0.976	0.974	0.972	0.970	0.968	0.966	0.962	0.958	0.954	0.950	0.946	0.943
20	0.939	0.935	0.931	0.927	0.924	0.920	0.916	0.912	0.908	0.904	0.901	0.897	0.893	0.889	0.885	0.882	0.878	0.874	0.870	0.866
30	0.862	0.859	0.855	0.851	0.847	0.843	0.839	0.835	0.832	0.828	0.824	0.820	0.816	0.812	0.808	0.804	0.800	0.796	0.792	0.789
40	0.785	0.781	0.777	0.773	0.769	0.765	0.761	0.757	0.753	0.749	0.745	0.741	0.737	0.733	0.729	0.725	0.721	0.717	0.713	0.709
50	0.705	0.701	0.697	0.693	0.689	0.685	0.681	0.677	0.673	0.669	0.665	0.661	0.657	0.653	0.649	0.645	0.641	0.637	0.633	0.629
60	0.625	0.621	0.617	0.613	0.609	0.605	0.601	0.598	0.594	0.590	0.586	0.582	0.578	0.574	0.571	0.567	0.563	0.559	0.556	0.552
70	0.548	0.545	0.541	0.537	0.533	0.530	0.526	0.523	0.519	0.516	0.512	0.508	0.505	0.502	0.498	0.495	0.491	0.488	0.484	0.481
80	0.478	0.474	0.471	0.468	0.465	0.463	0.460	0.457	0.455	0.452	0.449	0.447	0.444	0.441	0.439	0.436	0.434	0.431	0.428	0.426
90	0.423	0.421	0.418	0.416	0.413	0.411	0.408	0.406	0.403	0.401	0.398	0.396	0.393	0.391	0.389	0.386	0.384	0.381	0.379	0.377
100	0.374	0.372	0.370	0.368	0.365	0.363	0.361	0.359	0.356	0.354	0.352	0.350	0.348	0.345	0.343	0.341	0.339	0.337	0.335	0.333
110	0.331	0.329	0.327	0.325	0.323	0.321	0.319	0.317	0.315	0.313	0.311	0.309	0.307	0.305	0.304	0.302	0.300	0.298	0.296	0.294
120	0.293	0.291	0.289	0.287	0.286	0.284	0.282	0.281	0.279	0.277	0.276	0.274	0.272	0.271	0.269	0.268	0.266	0.264	0.263	0.261
130	0.260	0.258	0.257	0.255	0.254	0.252	0.251	0.249	0.248	0.246	0.245	0.244	0.242	0.241	0.239	0.238	0.237	0.235	0.234	0.233
140	0.231	0.230	0.229	0.227	0.226	0.225	0.224	0.222	0.221	0.220	0.219	0.217	0.216	0.215	0.214	0.213	0.211	0.210	C.209	0.208
150	0.207	0.206	0.205	0.203	0.202	0.201	0.200	0.199	0.198	0.197	0.196	0.195	0.194	0.193	0.192	0.191	0.190	0.189	0.188	0.187
160	0.186	0.185	0.184	0.183	0.182	0.181	0.180	0.179	0.178	0.177	0.176	0.175	0.175	0.174	0.173	0.172	0.171	0.170	0.169	0.168
170	0.168	0.167	0.166	0.165	0.164	0.163	0.163	0.162	0.161	0.160	0.159	0.159	0.158	0.157	0.156	0.156	0.155	0.154	0.153	0.153
180	0.152	0.151	0.150	0.150	0.149	0.148	0.147	0.147	0.146	0.145	0.145	0.144	0.143	0.143	0.142	0.141	0.141	0.140	0.139	0.139
190	0.138	0.137	0.137	0.136	0.136	0.135	0.134	0.134	0.133	0.132	0.132	0.131	0.131	0.130	0.129	0.129	0.128	0.128	0.127	0.127
200	0.126	0.125	0.125	0.124	0.124	0.123	0.123	0.122	0.122	0.121	0.121	0.120	0.120	0.119	0.118	0.118	0.117	0.117	0.116	0.116
210	0.115	0.115	0.114	0.114	0.113	0.113	0.113	0.112	0.112	0.111	0.111	0.110	0.110	0.109	0.109	0.108	0.108	0.107	0.107	0.107
220	0.106	0.106	0.105	0.105	0.104	0.104	0.104	0.103	0.103	0.102	0.102	0.101	0.101	0.101	0.100	0.0998	0.0994	0.0990	0.0986	0.0982
230	0.0979	0.0975	0.0971	0.0967	0.0963	0.0959	0.0956	0.0952	0.0948	0.0944	0.0941	0.0937	0.0933	0.0930	0.0926	0.0923	0.0919	0.0916	0.0912	0.0908
240	0.0905	0.0902	0.0898	0.0895	0.0891	0.0888	0.0885	0.0881	0.0878	0.0875	0.0871	0.0868	0.0865	0.0861	0.0858	0.0855	0.0852	0.0849	0.0846	0.0842
250	0.0839																			

Q345 钢　d 类截面轴心受压构件的稳定系数 φ　表 2.4-32

λ	0	1	2	3	4	5	6	7	8	9
0	1.000	1.000	0.999	0.998	0.996	0.994	0.992	0.989	0.985	0.981
10	0.977	0.972	0.967	0.961	0.955	0.948	0.941	0.931	0.920	0.909
20	0.898	0.888	0.877	0.866	0.856	0.846	0.836	0.825	0.815	0.806
30	0.796	0.786	0.776	0.767	0.757	0.748	0.738	0.729	0.720	0.710
40	0.701	0.692	0.683	0.674	0.666	0.657	0.648	0.640	0.631	0.623
50	0.614	0.606	0.598	0.590	0.582	0.574	0.566	0.558	0.551	0.543
60	0.536	0.528	0.521	0.514	0.507	0.500	0.493	0.486	0.479	0.472
70	0.466	0.459	0.453	0.447	0.441	0.434	0.428	0.423	0.417	0.411
80	0.405	0.400	0.396	0.392	0.387	0.383	0.379	0.375	0.371	0.367
90	0.363	0.359	0.355	0.351	0.347	0.343	0.339	0.335	0.332	0.328
100	0.324	0.321	0.317	0.313	0.310	0.306	0.303	0.300	0.296	0.293
110	0.290	0.286	0.283	0.280	0.277	0.274	0.271	0.268	0.265	0.262
120	0.259	0.256	0.253	0.251	0.248	0.245	0.242	0.240	0.237	0.235
130	0.232	0.230	0.227	0.225	0.222	0.220	0.218	0.215	0.213	0.211
140	0.209	0.206	0.204	0.202	0.200	0.198	0.196	0.194	0.192	0.190
150	0.188	0.186	0.184	0.182	0.181	0.179	0.177	0.175	0.173	0.172
160	0.170	0.168	0.167	0.165	0.164	0.162	0.160	0.159	0.157	0.156
170	0.154	0.153	0.151	0.150	0.149	0.147	0.146	0.145	0.143	0.142
180	0.141	0.139	0.138	0.137	0.136	0.134	0.133	0.132	0.131	0.130
190	0.128	0.127	0.126	0.125	0.124	0.123	0.122	0.121	0.120	0.119
200	0.118	0.117	0.116	0.115	0.114	0.113	0.112	0.111	0.110	0.109

（2）表 2.4-25～表 2.4-32 中的 φ 值系按下列公式求得：

当 $\lambda_n = \frac{\lambda}{\pi}\sqrt{\frac{f_y}{E}} \leqslant 0.215$ 时

$$\varphi = 1 - \alpha_1 \lambda_n^2 \tag{2-70}$$

当 $\lambda_n > 0.215$ 时

$$\varphi=\frac{1}{2\lambda_n^2}\left[(\alpha_2+\alpha_3\lambda_n+\lambda_n^2)-\sqrt{(\alpha_2+\alpha_3\lambda_n+\lambda_n^2)^2-4\lambda_n^2}\right] \tag{2-71}$$

式中　α_1、α_2、α_3 系数，系根据表 2.4-19a，b 中截面分类，按表 2.4-33 采用。

当构件的钢材牌号超出表 2.4-25 ~ 表 2.4-32 的范围时，则 φ 值可按以上公式计算。

稳定系数 φ 值计算公式中的系数 α　　　表 2.4-33

截面类别		α_1	α_2	α_3
a类		0.41	0.986	0.152
b类		0.65	0.965	0.300
c类	$\lambda_n \leqslant 1.05$	0.73	0.906	0.595
	$\lambda_n > 1.05$		1.216	0.302
d类	$\lambda_n \leqslant 1.05$	1.35	0.868	0.915
	$\lambda_n > 1.05$		1.375	0.432

2.4.4　偏心受力构件的强度和稳定计算

（1）实腹式偏心受力构件的计算（见表 2.4-34）。

1）等效弯矩系数 β_{mx}（β_{my}）。

（A）框架柱和两端支承的构件。

（a）无横向荷载作用时：β_{mx}（β_{my}）$=0.65+0.35\frac{M_2}{M_1}$，$M_1$ 和 M_2 为端弯矩，使构件产生同向曲率（无反弯点）时取同号，使构件产生反向曲率（有反弯点）时取异号，$|M_1|\geqslant|M_2|$；

（b）有端弯矩和横向荷载同时作用时：使构件产生同向曲率，β_{mx}（β_{my}）$=1.0$；

使构件产生反向曲率，β_{mx}（β_{my}）$=0.85$；

（c）无端弯矩但有横向荷载作用时：β_{mx}（β_{my}）$=1.0$。

（B）悬臂构件，以及分析内力未考虑二阶效应的无支撑纯框架和弱支撑框架柱，β_{mx}（β_{my}）$=1.0$。

普通钢结构实腹式偏心受力构件的计算公式 **表 2.4-34**

项次	构件	计算内容	弯矩作用平面	计算公式	说明
1	偏心受拉构件	强度	弯矩作用在主平面	$\sigma=\frac{N}{A_n}\pm\frac{M_x}{\gamma_x W_{nx}}\pm\frac{M_y}{\gamma_y W_{ny}}\leqslant f$ (2-72)	M_x、M_y—对 x 强轴和 y 弱轴构件段范围内的最大弯矩； W_{nx}、W_{ny}—对 x 轴和 y 轴的净截面模量； γ_x、γ_y—截面塑性发展系数，按表 2.4-35 采用，当压弯构件受压翼缘的自由外伸宽度与其厚度之比满足 $13\sqrt{235/f_y}<b/t<15\sqrt{235/f_y}$时，$\gamma_x=1.0$，需计算疲劳的构件 $\gamma_x=\gamma_y=1.0$； φ_x、φ_y—对 x 轴和 y 轴的轴心受压构件稳定系数，见表 2.4-25～2.4-32； $N'_{Ex}=\pi^2EA/(1.1\lambda_x^2)$ $N'_{Ey}=\pi^2EA/(1.1\lambda_y^2)$ W_{1x}、W_{1y}—对 x 轴较大受压翼缘和 y 轴的毛截面模量； β_{mx}、β_{my}—等效弯矩系数，均按弯矩作用平面内的有关规定计算，见本条 1)； W_{2x}—对较小翼缘或无翼缘的毛截面模量； φ_b—均匀弯曲的受弯构件整体稳定系数，对工字形（含 H 型钢）和 T 形截面见表 2.4-5～表 2.4-11，对闭口截面 $\varphi_b=1$； φ_{bx}、φ_{by}—均匀弯曲的受弯构件整体稳定系数，对工字形（含 H 型钢），φ_{bx}见表 2.4-5～表 2.4-11，φ_{by}可取 1，闭口箱形截面 $\varphi_{bx}=\varphi_{by}=1$； η—调整系数，闭口截面取 0.7，其他截面取 1.0； β_{tx}、β_{ty}—等效弯矩系数，均按弯矩作用平面外的有关规定计算，见本条 2)
2	偏心受压构件	强度	弯矩作用在主平面	$\sigma=\frac{N}{A_n}\pm\frac{M_x}{\gamma_x W_{nx}}\pm\frac{M_y}{\gamma_y W_{ny}}\leqslant f$ (2-72)	
3		弯矩作用平面内的整体稳定	弯矩作用在对称轴平面内（绕 x 轴）	$\frac{N}{\varphi_x A}+\frac{\beta_{mx}M_x}{\gamma_x W_{1x}\left(1-0.8\frac{N}{N'_{Ex}}\right)}\leqslant f$ (2-73)	
4				$\left\|\frac{N}{A}-\frac{\beta_{mx}M_x}{\gamma_x W_{2x}\left(1-1.25\frac{N}{N'_{Ex}}\right)}\right\|\leqslant f$ (2-74) （仅适用于单轴对称截面，且对称轴平面内翼缘受压时）	
		弯矩作用平面外的整体稳定		$\frac{N}{\varphi_y A}+\frac{\eta\beta_{tx}M_x}{\varphi_b W_{1x}}\leqslant f$ (2-75) （截面示意图：N、x、y、e）	

续表

<table>
<tr><th>项次</th><th>构件</th><th>计算内容</th><th>弯矩作用平面</th><th>计算公式</th><th>说明</th></tr>
<tr><td rowspan="2">5</td><td>双向偏心受压构件</td><td>双向稳定（双轴对称）</td><td></td><td>$\frac{N}{\varphi_x A}+\frac{\beta_{mx}M_x}{\gamma_x W_{1x}\left(1-0.8\frac{N}{N'_{Ex}}\right)}+\frac{\eta\beta_{ty}M_y}{\varphi_{by}W_{1y}}\leqslant f$ （2-76）
$\frac{N}{\varphi_x A}+\frac{\eta\beta_{tx}M_x}{\varphi_{bx}W_{1x}}+\frac{\beta_{my}M_y}{\gamma_y W_{1y}\left(1-0.8\frac{N}{N'_{Ey}}\right)}\leqslant f$ （2-77）</td><td rowspan="2">翼缘的局部稳定同表2.4-12。箱形截面按公式（2-78a）、（2-78b）右侧乘以0.8，当小于40 $\sqrt{235/f_y}$时取40 $\sqrt{235/f_y}$。T形截面弯矩使腹板自由边受拉时：
热轧剖分T形钢
$h_0/t_w\leqslant(15+0.2\lambda)\sqrt{235/f_y}$
焊接T形钢
$h_0/t_w\leqslant(13+0.17\lambda)\sqrt{235/f_y}$
弯矩使腹板自由边受压时，
$\alpha_0\leqslant1.0$，$h_0/t_w\leqslant15\sqrt{235/f_y}$
$\alpha_0>1.0$，$h_0/t_w\leqslant18\sqrt{235/f_y}$
σ_{max}—腹板计算高度边缘的最大压应力，计算时不考虑稳定系数φ和截面塑性发展系数γ；
σ_{min}—腹板计算高度另一边缘相应的应力，压应力取正值，拉应力取负值；
λ—弯矩作用平面内的长细比，当$\lambda<30$时，取$\lambda=30$；当$\lambda>100$时，取$\lambda=100$</td></tr>
<tr><td>偏心受压构件</td><td>局部稳定</td><td></td><td>$0\leqslant\alpha_0\leqslant1.6$
$\frac{h_0}{t_w}\leqslant(16\alpha_0+0.5\lambda+25)\sqrt{235/f_y}$ （2-78a）
$1.6<\alpha_0\leqslant2.0$
$\frac{h_0}{t_w}\leqslant(48\alpha_0+0.5\lambda-26.2)\sqrt{235/f_y}$ （2-78b）
$\alpha_0=\frac{\sigma_{max}-\sigma_{min}}{\sigma_{max}}$</td></tr>
</table>

注：同表2.4-18注。

截面塑性发展系数 γ_x、γ_y 　　**表 2.4-35**

<table>
<tr><th>项次</th><th>截 面 形 式</th><th>γ_x</th><th>γ_y</th></tr>
<tr><td>1</td><td>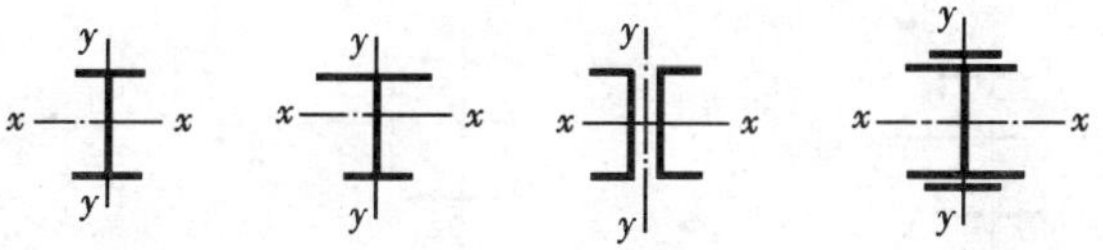
</td><td rowspan="2">1.05</td><td>1.2</td></tr>
<tr><td>2</td><td>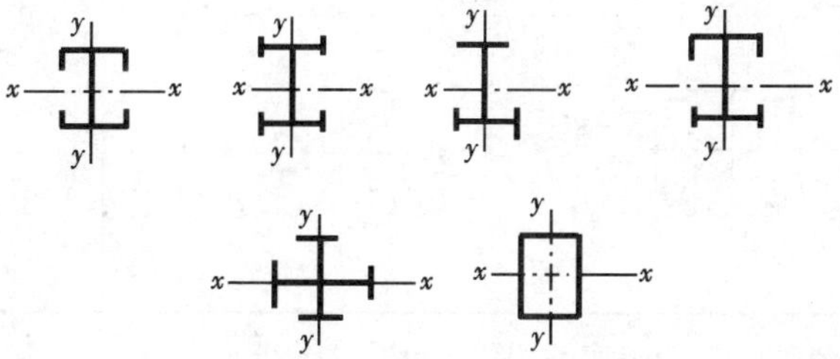
</td><td>1.05</td></tr>
<tr><td>3</td><td>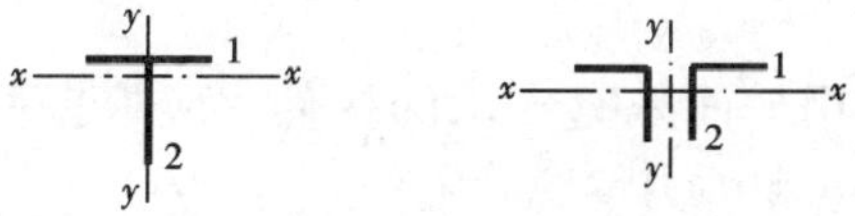
</td><td rowspan="2">$\gamma_{x1} = 1.05$
$\gamma_{x2} = 1.2$</td><td>1.2</td></tr>
<tr><td>4</td><td>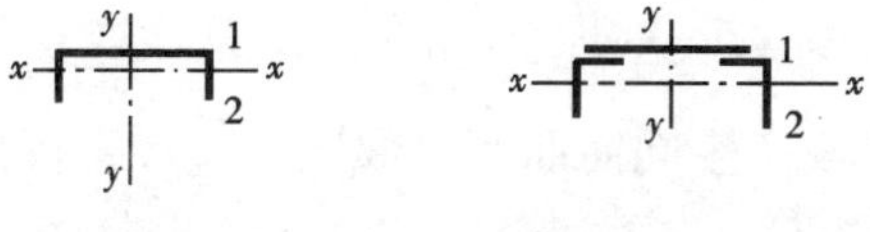
</td><td>1.05</td></tr>
<tr><td>5</td><td>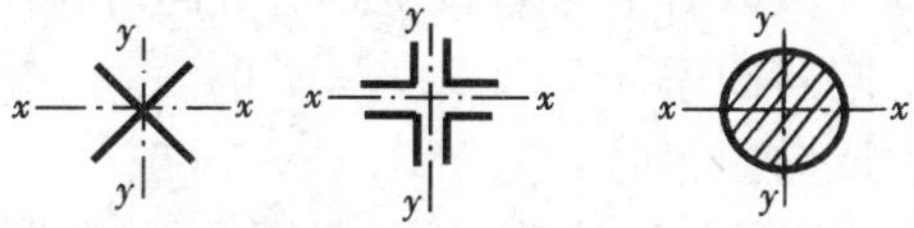
</td><td>1.2</td><td>1.2</td></tr>
<tr><td>6</td><td>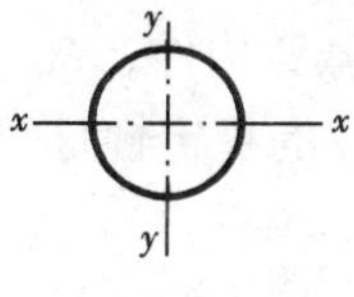
</td><td>1.15</td><td>1.15</td></tr>
</table>

续表

项次	截　面　形　式	γ_x	γ_y
7	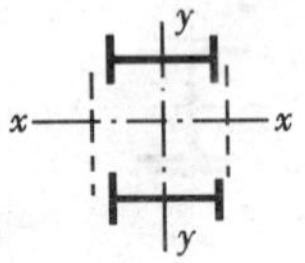 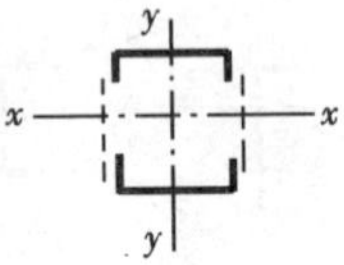	1.0	1.05
8	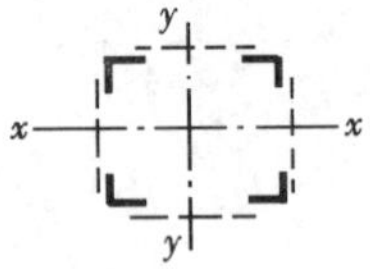 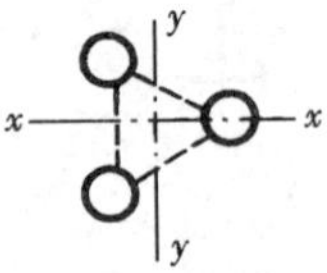		1.0

注：翼缘板外伸宽度 b 与其厚度 t 之比 $b/t \leqslant 13\sqrt{235/f_y}$。

2）等效弯矩系数 β_{tx}（β_{ty}）。

（A）在弯矩作用平面外有支承的构件，应根据两相邻支承点间构件段内的荷载和内力情况确定；

（a）所考虑构件段无横向荷载作用时：

β_{tx}（β_{ty}）$=0.65+0.35\dfrac{M_2}{M_1}$，$M_1$ 和 M_2 是在弯矩作用平面内的端弯矩，使构件段产生同向曲率时取同号，产生反向曲率时取异号，$|M_1| \geqslant |M_2|$；

（b）所考虑构件段内有端弯矩和横向荷载同时作用时：

使构件段产生同向曲率，β_{tx}（β_{ty}）$=1.0$；

使构件段产生反向曲率时，β_{tx}（β_{ty}）$=0.85$；

（c）所考虑构件段内无端弯矩但有横向荷载作用时，β_{tx}（β_{ty}）$=1.0$。

（B）弯矩作用平面外为悬臂构件，β_{tx}（β_{ty}）$=1.0$。

（2）格构式偏心受力构件的稳定性计算。

见表 2.4-36。

普通钢结构格构式偏心受压构件的稳定性计算公式 **表 2.4-36**

项次	弯矩作用平面	计算内容	计算公式	说明
1	弯矩作用在和缀材面平行的主平面内时（绕虚轴 x） （a） （b）	弯矩作用平面内的稳定性	$$\frac{N}{\varphi_x A}+\frac{\beta_{mx}M_x}{W_{1x}\left(1-\varphi_x\frac{N}{N'_{Ex}}\right)}\leqslant f$$ (2-79)	M_x、M_y—对 x 轴和 y 轴的最大弯矩； $N'_{Ex}=\pi^2 EA/（1.1\lambda_{0x}^2）$ φ_x—对 x 强轴的轴心受压构件稳定系数，应取换算长细比 λ_{0x} y_1—取 x 轴到较大压力肢轴线的距离或者至较大肢腹板外边缘的距离（本表图 a、b）； $W_{1x}=\frac{I_x}{y_1}$ 其中 I_x 为对 x 轴的毛截面惯性矩。 肢件 1 的轴心力为 $N_1=\frac{y_2+e}{a}N$（本表图 a） 肢件 2 的轴心力为 $N_2=N-N_1$ 其中 N 为构件全截面的轴压力；y_2 为构件轴线至肢件 2 轴线的距离
2	弯矩作用在和缀材面平行的主平面内时（绕虚轴 x）	弯矩作用平面外的稳定性	不必计算	同上
3	弯矩作用在和缀材面平行的主平面内时（绕虚轴 x）	柱身单肢的稳定性（可不计算整个截面平面外稳定性）	缀条柱：分别按 N_1 和 N_2 计算肢件 1 和肢件 2 的轴心受压稳定性	同上
4	弯矩作用在和缀材面平行的主平面内时（绕虚轴 x）	柱身单肢的稳定性（可不计算整个截面平面外稳定性）	缀板柱：分别按 N_1 和 M_1，N_2 和 M_2 计算肢件 1 和肢件 2 的偏心受压稳定性	同上

续表

项次	弯矩作用平面		计算内容	计算公式	说明
5	弯矩作用在和缀材面垂直的主平面内时		弯矩作用平面内的稳定性	按表 3.4-34 的实腹式构件公式计算	缀板柱单肢中由于剪力引起的局部弯矩为 $M_1=\frac{V_b l}{2}$ 其中 V_b 为分配到一个缀材面的剪力；l 为缀板中心间距。 β_{mx}—等效弯矩系数，按弯矩作用平面内的有关规定计算； β_{ty}—按弯矩作用平面外的有关规定计算； I_1、I_2—分肢 1、分肢 2 对 y 轴的惯性矩； y_1、y_2—M_y 作用主平面至分肢 1、分肢 2 轴线的距离； W_{1x}、W_{1y}—对强轴和弱轴的毛截面模量。 缀板柱单肢中的局部弯矩 M_1 同上。缀材应取构件实际剪力和按公式（2-66）规定的剪力两者中较大值进行计算
6			弯矩作用平面外的稳定性	按表 3.4-34 的实腹式闭合截面计算，但长细比应按表 3.4-21 取换算长细比，φ_b 取 1.0	
7	双向弯矩		双向稳定性	$\frac{N}{\varphi_x A}+\frac{\beta_{mx}M_x}{W_{1x}\left(1-\varphi_x\frac{N}{N'_{Ex}}\right)}+\frac{\beta_{ty}M_y}{W_{1y}}\leqslant f$　(2-80)	
			柱身单肢的稳定性	分肢 1 $M_{y1}=\frac{I_1/y_1}{I_1/y_1+I_2/y_2}M_y$　(2-81a) 分肢 2 $M_{y2}=\frac{I_2/y_2}{I_1/y_1+I_2/y_2}M_y$　(2-81b)	

2.4.5 构件计算长度

(1) 确定桁架弦杆和单系腹杆的长细比时，其计算长度 l_0 应按表 2.4-37 的规定采用。

桁架弦杆和单系腹杆的计算长度 l_0 表 2.4-37

项次	弯曲方向	弦杆	腹杆	
			支座斜杆和支座竖杆	其他腹杆
1	在桁架平面内	l	l	$0.8l$
2	在桁架平面外	l_1	l	l
3	斜平面	—	l	$0.9l$

注：1. l 为构件的几何长度（节点中心间距离）；l_1 为桁架弦杆侧向支承点之间的距离。
2. 第 3 项斜平面系指与桁架平面斜交的平面，适用于构件截面两主轴均不在桁架平面内的单角钢腹杆和双角钢十字形截面腹杆。
3. 无节点板的腹杆计算长度在任意平面内均取其等于几何长度(钢管结构除外)。

如桁架弦杆侧向支承点之间的距离为节间长度的 2 倍（图 2.4-9），且侧向支承点之间的轴心压力有变化时，则该弦杆在桁架平面外的计算长度应按下式确定：

$$l_0 = l_1\left(0.75 + 0.25\frac{N_2}{N_1}\right) \tag{2-82}$$

但不小于 $0.5l_1$。

式中 N_1——较大的压力，计算时取正值；

N_2——较小的压力或拉力，计算时压力取正值，拉力取负值。

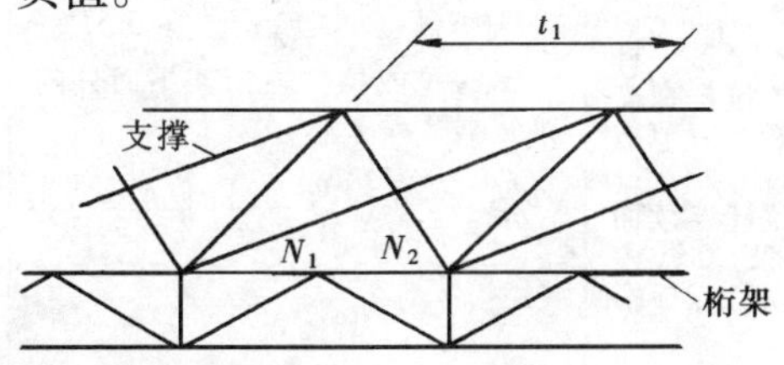

图 2.4-9 弦杆轴心压力在侧向支承点之间有变化的桁架简图

桁架再分式腹杆体系的受压主斜杆（图 2.4-10a）及 K 形腹杆体系的竖杆（图 2.4-10b）等，在桁架平面外的计算长度也应按公式（2.82）确定（受拉主斜杆仍取 l_1）；在桁架平面内的计算长度则取节点中心间距离。

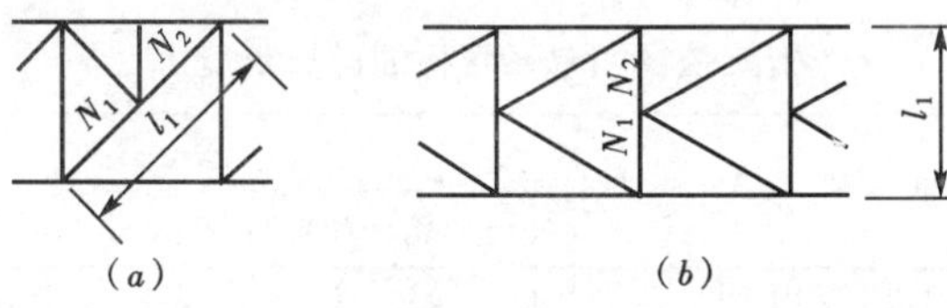

图 2.4-10　受压腹杆压力有变化的桁架简图

（a）再分式腹杆体系的受压主斜杆；（b）K 形腹杆体系的竖杆

（2）确定交叉腹杆的长细比时，在桁架平面内的计算长度应取节点中心到交叉点间的距离，在桁架平面外的计算长度；当两交叉杆长度相等并在交叉点相互连接时，应按表2.4-38采用。

两交叉杆在桁架平面外计算长度 l_0　　　　**表 2.4-38**

项次	杆件类别	交叉点连接方式	计算公式	说明
1	压杆	（1）相交另一杆受压，两杆截面相同并在交叉点均不中断； （2）相交另一杆受压，两杆截面相同并在交叉点中断，但以节点板搭接； （3）相交另一杆受拉，并在交叉点均不中断； （4）相交另一杆受拉，此拉杆在交叉点中断但以节点板搭接； 当此拉杆连续而压杆在交叉点中断，但以节点板搭接	$l_0=l\sqrt{\frac{1}{2}\left(1+\frac{N_0}{N}\right)}$ $l_0=l\sqrt{1+\frac{\pi^2 N_0}{12N}}$ $l_0=l\sqrt{\frac{1}{2}\left(1-\frac{3}{4}\frac{N_0}{N}\right)}\geqslant 0.5l$ $l_0=l\sqrt{1-\frac{3}{4}\frac{N_0}{N}}\geqslant 0.5l$ $N_0\geqslant N$ 或拉杆在桁架平面外的抗弯刚度 $EI_y\geqslant\frac{3N_0 l^2}{4\pi^2}\left(\frac{N_0}{N}-1\right)$ 时，$l_0=0.5l$	l—节点中心间距离（交叉点不作为节点考虑）； N—所计算杆的内力； N_0—相交另一杆的内力。 （1）以上内力均为绝对值。 （2）两杆均受压时 $N_0\leqslant N$，两杆截面应相同。 （3）当确定交叉腹杆中单角钢斜平面内的长细比时，计算长度应取节点中心至交叉点的距离
2	拉杆	—	$l_0=l$	

（3）等截面压杆和单层或多层框架等截面柱在框架平面内的计算长度应按下式确定：

$$l_0 = \mu l \tag{2-83}$$

式中 l——压杆或柱的长度或高度；

μ——计算长度系数，对于压杆按表 2.4-39 采用，对于单层或多层框架柱分为无支撑的纯框架和有支撑框架，其中有支撑框架根据抗侧移刚度大小，分为强支撑框架和弱支撑框架见表 2.4-40。

等截面压杆的计算长度系数 μ **表 2.4-39**

项　次	1	2	3
杆端连接方式	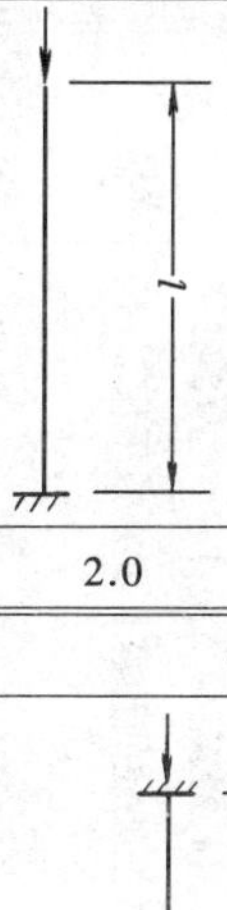 l	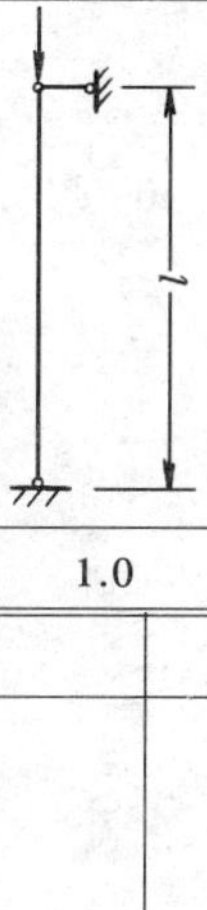 l	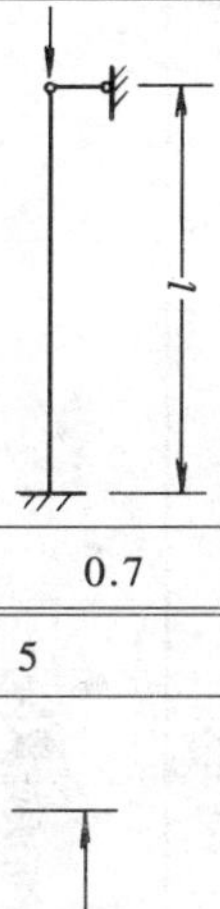 l
μ	2.0	1.0	0.7

项　次	4	5
杆端连接方式	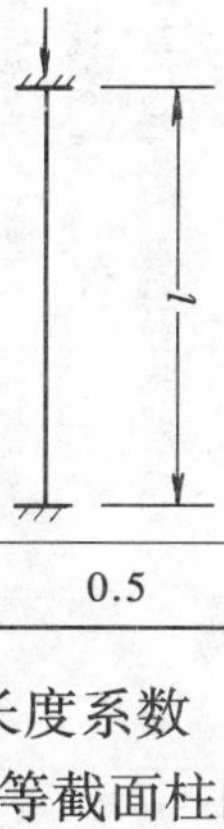 l	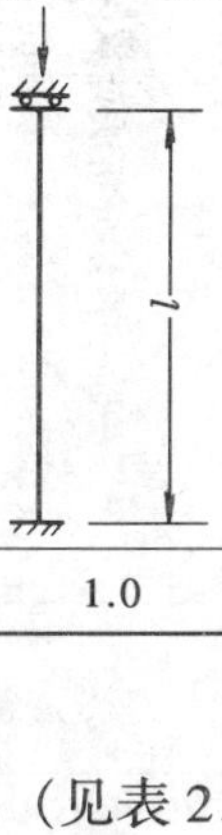 l
μ	0.5	1.0

（4）柱的计算长度系数

1）无侧移框架等截面柱的计算长度系数 μ（见表 2.4-41）

2）有侧移框架等截面柱的计算长度系数 μ（见表 2.4-42）

框架柱的计算长度系数 μ **表 2.4-40**

项次	框架类别	计算公式	说明
1	无支撑纯框架	(1) 一阶一弹性分析法计算内力 μ 按表 15-2 有侧移框架柱的计算长度系数采用。 (2) 二阶弹性分析法计算内力时每层柱顶考虑附加假想水平力 $H_{ni}, \mu = 1$ $$H_{ni} = \frac{\alpha_y Q_i}{250}\sqrt{0.2 + \frac{1}{n_s}} \quad (2\text{-}84)$$	Q_i—i 层总重力荷载； n_s—框架总层数； α_y—钢材强度影响系数，Q235 为 1，Q345 为 1.1，Q390 为 1.2，Q420 为 1.25； ΣN_{bi}、ΣN_{0i}—第 i 层层间所有框架柱用无侧移框架和有侧移框架柱计算长度系数（表 2.4-39，表 2.4-40）算得的轴压杆稳定承载力之和； φ_1、φ_0—按表 2.4-39，表 2.4-40 中无侧移框架和有侧移框架柱计算长度系数算得的轴压杆稳定系数； S_b—支撑结构的侧移刚度产生单位侧倾角的水平力
2	有支撑框架	(1) 强支撑框架（支撑桁架、剪力墙、电梯井等） $$S_b \geqslant 3(1.2\Sigma N_{bi} - \Sigma N_{0i}) \quad (2\text{-}85a)$$ μ 按表 15-1 无侧移框架柱的计算长度系数采用。 (2) 弱支撑框架 $$S_b < 3(1.2\Sigma N_{bi} - \Sigma N_{0i}) \quad (2\text{-}85b)$$ 框架柱的轴压杆稳定系数 φ： $$\varphi = \varphi_0 + (\varphi_1 - \varphi_0)\frac{S_b}{3(1.2\Sigma N_{bi} - \Sigma N_{0i})} \quad (2\text{-}86)$$	

表 2.4-41

K_2 \ K_1	0	0.05	0.1	0.2	0.3	0.4	0.5	0.6	0.7	0.8	0.9	1.0	1.1	1.2	1.3	1.4	1.5
0	1.000	0.990	0.981	0.964	0.949	0.935	0.922	0.911	0.901	0.891	0.883	0.875	0.868	0.861	0.854	0.849	0.843
0.05	0.990	0.981	0.971	0.955	0.940	0.926	0.914	0.903	0.893	0.884	0.875	0.867	0.860	0.853	0.847	0.841	0.836
0.10	0.981	0.971	0.962	0.946	0.931	0.918	0.906	0.895	0.885	0.876	0.868	0.860	0.853	0.846	0.840	0.834	0.829
0.15	0.972	0.963	0.954	0.938	0.923	0.910	0.898	0.888	0.878	0.869	0.861	0.853	0.846	0.839	0.833	0.828	0.822
0.20	0.964	0.955	0.946	0.930	0.916	0.903	0.891	0.881	0.871	0.862	0.854	0.846	0.840	0.833	0.827	0.822	0.816
0.25	0.956	0.947	0.939	0.923	0.909	0.896	0.885	0.874	0.864	0.856	0.848	0.840	0.833	0.827	0.821	0.816	0.810
0.30	0.949	0.940	0.931	0.916	0.902	0.889	0.878	0.868	0.858	0.850	0.842	0.834	0.828	0.821	0.815	0.810	0.805
0.35	0.942	0.933	0.925	0.909	0.896	0.883	0.872	0.862	0.852	0.844	0.836	0.829	0.822	0.816	0.810	0.805	0.799
0.40	0.935	0.926	0.918	0.903	0.889	0.877	0.866	0.856	0.847	0.838	0.830	0.823	0.817	0.810	0.805	0.799	0.794
0.45	0.929	0.920	0.912	0.897	0.884	0.872	0.861	0.851	0.841	0.833	0.825	0.818	0.812	0.805	0.800	0.794	0.790
0.50	0.922	0.914	0.906	0.891	0.878	0.866	0.855	0.845	0.836	0.828	0.820	0.813	0.807	0.801	0.795	0.790	0.785
0.55	0.917	0.908	0.900	0.886	0.873	0.861	0.850	0.840	0.831	0.823	0.816	0.800	0.802	0.796	0.790	0.785	0.780
0.60	0.911	0.903	0.895	0.881	0.868	0.856	0.845	0.836	0.827	0.819	0.811	0.804	0.798	0.792	0.786	0.781	0.776
0.65	0.906	0.898	0.890	0.876	0.863	0.851	0.841	0.831	0.822	0.814	0.807	0.800	0.793	0.788	0.782	0.777	0.772
0.70	0.901	0.893	0.885	0.871	0.858	0.847	0.836	0.827	0.818	0.810	0.803	0.796	0.789	0.783	0.778	0.773	0.768
0.75	0.896	0.888	0.880	0.867	0.854	0.842	0.832	0.823	0.814	0.806	0.799	0.792	0.785	0.780	0.774	0.769	0.764
0.80	0.891	0.884	0.876	0.862	0.850	0.838	0.828	0.819	0.810	0.802	0.795	0.788	0.782	0.776	0.771	0.766	0.761
0.85	0.887	0.879	0.872	0.858	0.846	0.834	0.824	0.815	0.806	0.798	0.791	0.784	0.778	0.772	0.767	0.762	0.757
0.90	0.883	0.875	0.868	0.854	0.842	0.830	0.820	0.811	0.803	0.795	0.787	0.781	0.775	0.769	0.764	0.759	0.754
0.95	0.879	0.871	0.864	0.850	0.838	0.827	0.817	0.807	0.799	0.791	0.784	0.777	0.771	0.766	0.760	0.755	0.751
1.00	0.875	0.867	0.860	0.846	0.834	0.823	0.813	0.804	0.796	0.788	0.781	0.774	0.768	0.763	0.757	0.752	0.748
1.1	0.868	0.860	0.853	0.840	0.828	0.817	0.807	0.798	0.789	0.782	0.775	0.768	0.762	0.757	0.751	0.746	0.742
1.2	0.861	0.853	0.846	0.833	0.821	0.810	0.801	0.792	0.783	0.776	0.769	0.763	0.757	0.751	0.746	0.741	0.736
1.3	0.854	0.847	0.840	0.827	0.815	0.805	0.795	0.786	0.778	0.771	0.764	0.757	0.751	0.746	0.741	0.736	0.731
1.4	0.849	0.841	0.834	0.822	0.810	0.799	0.790	0.781	0.773	0.766	0.759	0.752	0.746	0.741	0.736	0.731	0.727
1.5	0.843	0.836	0.829	0.816	0.805	0.794	0.785	0.776	0.768	0.761	0.754	0.748	0.742	0.736	0.731	0.727	0.722

续表

K_2 \ K_1	0	0.05	0.1	0.2	0.3	0.4	0.5	0.6	0.7	0.8	0.9	1.0	1.1	1.2	1.3	1.4	1.5
1.6	0.838	0.831	0.824	0.811	0.800	0.790	0.780	0.772	0.764	0.756	0.750	0.743	0.738	0.732	0.727	0.723	0.718
1.7	0.833	0.826	0.819	0.807	0.796	0.785	0.776	0.767	0.760	0.752	0.746	0.739	0.734	0.728	0.723	0.719	0.714
1.8	0.829	0.822	0.815	0.803	0.791	0.781	0.772	0.763	0.756	0.748	0.742	0.736	0.730	0.725	0.720	0.715	0.711
1.9	0.824	0.818	0.811	0.799	0.788	0.777	0.768	0.760	0.752	0.745	0.738	0.732	0.726	0.721	0.716	0.712	0.707
2.0	0.820	0.814	0.807	0.795	0.784	0.774	0.765	0.756	0.749	0.741	0.735	0.729	0.723	0.718	0.713	0.708	0.704
2.2	0.813	0.806	0.800	0.788	0.777	0.767	0.758	0.750	0.742	0.735	0.729	0.723	0.717	0.712	0.707	0.702	0.698
2.4	0.807	0.800	0.794	0.782	0.771	0.761	0.752	0.744	0.736	0.730	0.723	0.717	0.712	0.706	0.702	0.697	0.693
2.6	0.801	0.794	0.788	0.776	0.766	0.756	0.747	0.739	0.731	0.724	0.718	0.712	0.707	0.702	0.697	0.692	0.688
2.8	0.796	0.789	0.783	0.771	0.761	0.751	0.742	0.734	0.727	0.720	0.714	0.708	0.702	0.697	0.692	0.688	0.684
3.0	0.791	0.784	0.778	0.767	0.756	0.747	0.738	0.730	0.723	0.716	0.709	0.704	0.698	0.693	0.688	0.684	0.680
3.2	0.787	0.780	0.774	0.763	0.752	0.743	0.734	0.726	0.719	0.712	0.706	0.700	0.695	0.690	0.685	0.680	0.676
3.4	0.783	0.776	0.770	0.759	0.749	0.739	0.731	0.723	0.715	0.709	0.702	0.697	0.691	0.686	0.682	0.677	0.673
3.6	0.779	0.773	0.767	0.755	0.745	0.736	0.727	0.719	0.712	0.705	0.699	0.693	0.688	0.683	0.679	0.674	0.670
3.8	0.776	0.769	0.763	0.752	0.742	0.733	0.724	0.716	0.709	0.703	0.696	0.691	0.685	0.680	0.676	0.671	0.667
4.0	0.773	0.766	0.760	0.749	0.739	0.730	0.721	0.714	0.707	0.700	0.694	0.688	0.683	0.678	0.673	0.669	0.665
4.2	0.770	0.764	0.758	0.747	0.737	0.727	0.719	0.711	0.704	0.697	0.691	0.686	0.680	0.675	0.671	0.666	0.662
4.4	0.767	0.761	0.755	0.744	0.734	0.725	0.717	0.709	0.702	0.695	0.689	0.683	0.678	0.673	0.669	0.664	0.660
4.6	0.765	0.759	0.753	0.742	0.732	0.723	0.714	0.707	0.700	0.693	0.687	0.681	0.676	0.671	0.667	0.662	0.658
4.8	0.762	0.756	0.750	0.740	0.730	0.721	0.712	0.705	0.698	0.691	0.685	0.679	0.674	0.669	0.665	0.660	0.656
5.0	0.760	0.754	0.748	0.737	0.728	0.719	0.710	0.703	0.696	0.689	0.683	0.677	0.672	0.667	0.663	0.659	0.655
6	0.751	0.745	0.740	0.729	0.719	0.710	0.702	0.695	0.688	0.681	0.675	0.670	0.665	0.660	0.655	0.651	0.647
7	0.745	0.739	0.733	0.723	0.713	0.704	0.696	0.689	0.682	0.676	0.670	0.664	0.659	0.654	0.650	0.646	0.642
8	0.740	0.734	0.728	0.718	0.708	0.700	0.692	0.684	0.677	0.671	0.665	0.660	0.655	0.650	0.646	0.642	0.638
9	0.735	0.730	0.724	0.714	0.704	0.696	0.688	0.681	0.674	0.668	0.662	0.656	0.651	0.647	0.642	0.638	0.634
≥10	0.732	0.726	0.721	0.711	0.701	0.693	0.685	0.678	0.671	0.665	0.659	0.654	0.649	0.644	0.639	0.635	0.631

续表

K_2 \ K_1	1.6	1.7	1.8	1.9	2.0	2.2	2.4	2.6	2.8	3.0	4	5	6	7	8	≥10
0	0.838	0.833	0.829	0.824	0.820	0.813	0.807	0.801	0.796	0.791	0.773	0.760	0.751	0.745	0.740	0.732
0.05	0.831	0.826	0.822	0.818	0.814	0.806	0.800	0.794	0.789	0.784	0.766	0.754	0.745	0.739	0.734	0.726
0.10	0.824	0.819	0.815	0.811	0.807	0.800	0.794	0.788	0.783	0.778	0.760	0.748	0.740	0.733	0.728	0.721
0.15	0.818	0.813	0.809	0.805	0.801	0.794	0.788	0.782	0.777	0.772	0.755	0.743	0.734	0.728	0.723	0.716
0.20	0.811	0.807	0.803	0.799	0.795	0.788	0.782	0.776	0.771	0.767	0.749	0.737	0.729	0.723	0.718	0.711
0.25	0.806	0.801	0.797	0.793	0.789	0.782	0.776	0.771	0.766	0.761	0.744	0.732	0.724	0.718	0.713	0.706
0.30	0.800	0.796	0.791	0.788	0.784	0.777	0.771	0.766	0.761	0.756	0.739	0.728	0.719	0.713	0.708	0.701
0.35	0.795	0.791	0.786	0.782	0.779	0.772	0.766	0.761	0.756	0.751	0.734	0.723	0.715	0.709	0.704	0.697
0.40	0.790	0.785	0.781	0.777	0.774	0.767	0.761	0.756	0.751	0.747	0.730	0.719	0.710	0.704	0.700	0.693
0.45	0.785	0.781	0.777	0.773	0.769	0.763	0.757	0.751	0.747	0.742	0.726	0.714	0.706	0.700	0.696	0.689
0.50	0.780	0.776	0.772	0.768	0.765	0.758	0.752	0.747	0.742	0.738	0.721	0.710	0.702	0.696	0.692	0.685
0.55	0.776	0.772	0.768	0.764	0.760	0.754	0.748	0.743	0.738	0.734	0.718	0.706	0.698	0.693	0.688	0.681
0.60	0.772	0.767	0.763	0.760	0.756	0.750	0.744	0.739	0.734	0.730	0.714	0.703	0.695	0.689	0.684	0.678
0.65	0.768	0.763	0.759	0.756	0.752	0.746	0.740	0.735	0.730	0.726	0.710	0.699	0.691	0.685	0.681	0.674
0.70	0.764	0.760	0.756	0.752	0.749	0.742	0.736	0.731	0.727	0.723	0.707	0.696	0.688	0.682	0.677	0.671
0.75	0.760	0.756	0.752	0.748	0.745	0.739	0.733	0.728	0.723	0.719	0.703	0.692	0.685	0.679	0.674	0.668
0.80	0.756	0.752	0.748	0.745	0.741	0.735	0.730	0.724	0.720	0.716	0.700	0.689	0.681	0.676	0.671	0.665
0.85	0.753	0.749	0.745	0.741	0.738	0.732	0.726	0.721	0.717	0.713	0.697	0.686	0.678	0.673	0.668	0.662
0.90	0.750	0.746	0.742	0.738	0.735	0.729	0.723	0.718	0.714	0.709	0.694	0.683	0.675	0.670	0.665	0.659
0.95	0.747	0.742	0.739	0.735	0.732	0.726	0.720	0.715	0.711	0.706	0.691	0.680	0.673	0.667	0.663	0.656
1.00	0.743	0.739	0.736	0.732	0.729	0.723	0.717	0.712	0.708	0.704	0.688	0.677	0.670	0.664	0.660	0.654

续表

K_2 \ K_1	1.6	1.7	1.8	1.9	2.0	2.2	2.4	2.6	2.8	3.0	4	5	6	7	8	≥10
1.1	0.738	0.734	0.730	0.726	0.723	0.717	0.712	0.707	0.702	0.698	0.683	0.672	0.665	0.659	0.655	0.649
1.2	0.732	0.728	0.725	0.721	0.718	0.712	0.706	0.702	0.697	0.693	0.678	0.667	0.660	0.654	0.650	0.644
1.3	0.727	0.723	0.720	0.716	0.713	0.707	0.702	0.697	0.692	0.688	0.673	0.663	0.655	0.650	0.646	0.639
1.4	0.723	0.719	0.715	0.712	0.708	0.702	0.697	0.692	0.688	0.684	0.669	0.659	0.651	0.646	0.642	0.635
1.5	0.718	0.714	0.711	0.707	0.704	0.698	0.693	0.688	0.684	0.680	0.665	0.655	0.647	0.642	0.638	0.631
1.6	0.714	0.710	0.707	0.703	0.700	0.694	0.689	0.684	0.680	0.676	0.661	0.651	0.644	0.638	0.634	0.628
1.7	0.710	0.706	0.703	0.699	0.696	0.690	0.685	0.680	0.676	0.672	0.657	0.647	0.640	0.635	0.631	0.624
1.8	0.707	0.703	0.699	0.696	0.693	0.687	0.682	0.677	0.673	0.669	0.654	0.644	0.637	0.631	0.627	0.621
1.9	0.703	0.699	0.696	0.693	0.689	0.684	0.678	0.674	0.670	0.666	0.651	0.641	0.634	0.628	0.624	0.618
2.0	0.700	0.696	0.693	0.689	0.686	0.680	0.675	0.671	0.666	0.663	0.648	0.638	0.631	0.625	0.621	0.615
2.2	0.694	0.690	0.687	0.684	0.680	0.675	0.670	0.665	0.661	0.657	0.642	0.632	0.625	0.620	0.616	0.610
2.4	0.689	0.685	0.682	0.678	0.675	0.670	0.665	0.660	0.656	0.652	0.637	0.628	0.621	0.615	0.611	0.605
2.6	0.684	0.680	0.677	0.674	0.671	0.665	0.660	0.655	0.651	0.647	0.633	0.623	0.616	0.611	0.607	0.601
2.8	0.680	0.676	0.673	0.670	0.666	0.661	0.658	0.651	0.647	0.643	0.629	0.619	0.612	0.607	0.603	0.597
3.0	0.676	0.672	0.669	0.666	0.663	0.657	0.652	0.647	0.643	0.640	0.625	0.616	0.609	0.603	0.599	0.593
3.2	0.672	0.669	0.665	0.662	0.659	0.654	0.649	0.644	0.640	0.636	0.622	0.612	0.605	0.600	0.596	0.590
3.4	0.669	0.666	0.662	0.659	0.656	0.650	0.645	0.641	0.637	0.633	0.619	0.609	0.602	0.597	0.593	0.587
3.6	0.666	0.663	0.659	0.656	0.653	0.648	0.643	0.638	0.634	0.630	0.616	0.606	0.599	0.594	0.590	0.584
3.8	0.663	0.660	0.657	0.653	0.650	0.645	0.640	0.635	0.631	0.628	0.613	0.604	0.597	0.592	0.588	0.582
4.0	0.661	0.657	0.654	0.651	0.648	0.642	0.637	0.633	0.629	0.625	0.611	0.601	0.595	0.589	0.585	0.580

续表

K_2 \ K_1	1.6	1.7	1.8	1.9	2.0	2.2	2.4	2.6	2.8	3.0	4	5	6	7	8	≥10
4.2	0.659	0.655	0.652	0.649	0.646	0.640	0.635	0.631	0.627	0.623	0.609	0.599	0.592	0.587	0.583	0.577
4.4	0.656	0.653	0.650	0.646	0.643	0.638	0.633	0.629	0.625	0.621	0.607	0.597	0.590	0.585	0.581	0.575
4.6	0.654	0.651	0.648	0.644	0.641	0.636	0.631	0.627	0.623	0.619	0.605	0.595	0.588	0.583	0.579	0.574
4.8	0.653	0.649	0.646	0.643	0.640	0.634	0.629	0.625	0.621	0.617	0.603	0.594	0.587	0.582	0.578	0.572
5.0	0.651	0.647	0.644	0.641	0.638	0.632	0.628	0.623	0.619	0.616	0.601	0.592	0.585	0.580	0.576	0.570
6	0.644	0.640	0.637	0.634	0.631	0.625	0.621	0.616	0.612	0.609	0.595	0.585	0.578	0.573	0.569	0.563
7	0.638	0.635	0.631	0.628	0.625	0.620	0.615	0.611	0.607	0.603	0.589	0.580	0.573	0.568	0.564	0.558
8	0.634	0.631	0.627	0.624	0.621	0.616	0.611	0.607	0.603	0.600	0.585	0.576	0.569	0.564	0.560	0.554
9	0.631	0.627	0.624	0.621	0.618	0.613	0.608	0.604	0.600	0.596	0.582	0.573	0.566	0.561	0.557	0.551
≥10	0.628	0.624	0.621	0.618	0.615	0.610	0.605	0.601	0.597	0.593	0.580	0.570	0.563	0.558	0.554	0.549

注：1. 表中的计算长度系数 μ 值系按下式计算求得：

$$\left[\left(\frac{\pi}{\mu}\right)^2 + 2(K_1 + K_2) - 4K_1K_2\right]\frac{\pi}{\mu}\cdot\sin\frac{\pi}{\mu} - 2\left[(K_1 + K_2)\left(\frac{\pi}{\mu}\right)^2 + 4K_1K_2\right]\cos\frac{\pi}{\mu} + 8K_1K_2 = 0$$

K_1、K_2——相交于柱上端、柱下端的横梁线刚度之和与柱线刚度之和的比值。当梁远端为铰接时，应将横梁线刚度乘以1.5；当横梁远端为嵌固时，则将横梁线刚度乘以2.0。

2. 当横梁与柱铰接时，取横梁线刚度为零。
3. 对底层框架柱：当柱与基础铰接时，取 $K_2 = 0$（对平板支座可取 $K_2 = 0.1$）；当柱与基础刚接时，取 $K_2 = 10$。
4. 当与柱刚性连接的横梁所受轴心压力 N_b 较大时，横梁线刚度应乘以折减系数 α_N：

横梁远端与柱刚接和横梁远端铰支时　$\alpha_N = 1 - N_b/N_{Eb}$

横梁远端嵌固时　$\alpha_N = 1 - N_b/(2N_{Eb})$

式中，$N_{Eb} = \pi^2 EI_b/l^2$，I_b 为横梁截面惯性矩，l 为横梁长度。

表 2.4-42

K_2 \ K_1	0	0.05	0.1	0.2	0.3	0.4	0.5	0.6	0.7	0.8	0.9	1.0	1.1	1.2	1.3	1.4	1.5
0	∞	6.021	4.456	3.423	3.007	2.779	2.635	2.535	2.462	2.407	2.363	2.328	2.299	2.274	2.254	2.236	2.220
0.05	6.021	4.157	3.470	2.864	2.580	2.415	2.307	2.231	2.175	2.132	2.097	2.069	2.046	2.027	2.010	1.996	1.984
0.10	4.456	3.470	3.010	2.558	2.332	2.196	2.106	2.042	1.994	1.957	1.927	1.903	1.883	1.866	1.852	1.839	1.828
0.15	3.797	3.099	2.739	2.363	2.168	2.049	1.969	1.911	1.868	1.835	1.808	1.786	1.768	1.753	1.740	1.729	1.719
0.20	3.423	2.864	2.558	2.228	2.052	1.943	1.870	1.816	1.776	1.745	1.720	1.700	1.683	1.669	1.657	1.646	1.637
0.25	3.179	2.700	2.429	2.128	1.966	1.864	1.794	1.744	1.706	1.677	1.653	1.634	1.618	1.604	1.592	1.582	1.573
0.30	3.007	2.580	2.332	2.052	1.898	1.802	1.735	1.687	1.651	1.622	1.600	1.581	1.565	1.552	1.541	1.531	1.523
0.35	2.878	2.488	2.256	1.992	1.845	1.752	1.688	1.641	1.606	1.579	1.557	1.538	1.523	1.511	1.500	1.490	1.482
0.40	2.779	2.415	2.196	1.943	1.802	1.711	1.649	1.604	1.569	1.543	1.521	1.503	1.488	1.476	1.465	1.456	1.448
0.45	2.699	2.356	2.147	1.903	1.766	1.678	1.617	1.572	1.539	1.512	1.491	1.474	1.459	1.447	1.436	1.427	1.419
0.50	2.635	2.307	2.106	1.870	1.735	1.649	1.589	1.546	1.513	1.487	1.466	1.449	1.434	1.422	1.412	1.403	1.395
0.55	2.581	2.266	2.071	1.841	1.710	1.625	1.566	1.523	1.490	1.465	1.444	1.427	1.413	1.401	1.391	1.382	1.374
0.60	2.535	2.231	2.042	1.816	1.687	1.604	1.546	1.503	1.471	1.446	1.425	1.408	1.394	1.382	1.372	1.363	1.356
0.65	2.496	2.201	2.016	1.795	1.668	1.586	1.528	1.486	1.454	1.429	1.409	1.392	1.378	1.366	1.356	1.347	1.340
0.70	2.462	2.175	1.994	1.776	1.651	1.569	1.513	1.471	1.439	1.414	1.394	1.377	1.364	1.352	1.342	1.333	1.325
0.75	2.433	2.152	1.974	1.760	1.636	1.555	1.499	1.458	1.426	1.401	1.381	1.365	1.351	1.339	1.329	1.320	1.313
0.80	2.407	2.132	1.957	1.745	1.622	1.543	1.487	1.446	1.414	1.389	1.369	1.353	1.339	1.328	1.318	1.809	1.302
0.85	2.384	2.114	1.941	1.732	1.610	1.531	1.476	1.435	1.404	1.379	1.359	1.343	1.329	1.318	1.308	1.299	1.291
0.90	2.363	2.097	1.927	1.720	1.600	1.521	1.466	1.425	1.394	1.369	1.350	1.333	1.320	1.308	1.298	1.290	1.282
0.95	2.345	2.083	1.914	1.710	1.589	1.512	1.457	1.416	1.385	1.361	1.341	1.325	1.311	1.300	1.290	1.282	1.274
1.00	2.328	2.069	1.903	1.700	1.581	1.503	1.449	1.408	1.377	1.353	1.333	1.317	1.304	1.292	1.282	1.274	1.266
1.1	2.299	2.046	1.883	1.683	1.565	1.488	1.434	1.394	1.364	1.339	1.320	1.304	1.290	1.279	1.269	1.261	1.253
1.2	2.274	2.027	1.866	1.669	1.552	1.476	1.422	1.382	1.352	1.328	1.308	1.292	1.279	1.268	1.258	1.249	1.242
1.3	2.254	2.010	1.852	1.657	1.541	1.465	1.412	1.372	1.342	1.318	1.298	1.282	1.269	1.258	1.248	1.240	1.232
1.4	2.236	1.996	1.839	1.646	1.531	1.456	1.403	1.363	1.333	1.309	1.290	1.274	1.261	1.249	1.240	1.231	1.224
1.5	2.220	1.984	1.828	1.637	1.523	1.448	1.395	1.356	1.325	1.302	1.282	1.266	1.253	1.242	1.232	1.224	1.216

续表

K_2 \ K_1	0	0.05	0.1	0.2	0.3	0.4	0.5	0.6	0.7	0.8	0.9	1.0	1.1	1.2	1.3	1.4	1.5
1.6	2.207	1.973	1.819	1.629	1.515	1.441	1.388	1.349	1.319	1.295	1.276	1.260	1.247	1.235	1.226	1.217	1.210
1.7	2.195	1.963	1.810	1.621	1.509	1.434	1.382	1.343	1.313	1.289	1.270	1.254	1.241	1.230	1.220	1.211	1.204
1.8	2.184	1.954	1.803	1.615	1.503	1.429	1.376	1.337	1.307	1.284	1.265	1.249	1.236	1.224	1.215	1.206	1.199
1.9	2.175	1.947	1.796	1.609	1.497	1.424	1.371	1.332	1.303	1.279	1.260	1.244	1.231	1.220	1.210	1.202	1.194
2.0	2.166	1.940	1.790	1.604	1.493	1.419	1.367	1.328	1.298	1.275	1.256	1.240	1.227	1.215	1.206	1.197	1.190
2.2	2.151	1.927	1.779	1.595	1.484	1.411	1.359	1.320	1.291	1.267	1.248	1.232	1.219	1.208	1.198	1.190	1.183
2.4	2.138	1.917	1.771	1.587	1.477	1.404	1.352	1.314	1.284	1.261	1.242	1.226	1.213	1.202	1.192	1.184	1.177
2.6	2.128	1.909	1.763	1.581	1.471	1.399	1.347	1.309	1.279	1.256	1.237	1.221	1.208	1.197	1.187	1.179	1.171
2.8	2.119	1.901	1.757	1.575	1.466	1.394	1.342	1.304	1.274	1.251	1.232	1.216	1.203	1.192	1.183	1.174	1.167
3.0	2.111	1.895	1.751	1.570	1.462	1.389	1.338	1.300	1.270	1.247	1.228	1.213	1.199	1.188	1.179	1.170	1.163
3.2	2.104	1.889	1.746	1.566	1.458	1.386	1.334	1.296	1.267	1.244	1.225	1.209	1.196	1.185	1.175	1.167	1.160
3.4	2.098	1.884	1.742	1.562	1.454	1.382	1.331	1.293	1.264	1.240	1.222	1.206	1.193	1.182	1.172	1.164	1.157
3.6	2.092	1.880	1.738	1.559	1.451	1.379	1.328	1.290	1.261	1.238	1.219	1.203	1.190	1.179	1.170	1.161	1.154
3.8	2.088	1.876	1.734	1.556	1.449	1.377	1.326	1.288	1.259	1.235	1.216	1.201	1.188	1.177	1.167	1.159	1.152
4.0	2.083	1.872	1.731	1.553	1.446	1.374	1.324	1.286	1.256	1.233	1.214	1.199	1.186	1.174	1.165	1.157	1.149
4.2	2.079	1.869	1.728	1.551	1.444	1.372	1.321	1.284	1.254	1.231	1.212	1.197	1.184	1.172	1.163	1.155	1.148
4.4	2.076	1.866	1.726	1.549	1.442	1.370	1.320	1.282	1.252	1.229	1.210	1.195	1.182	1.171	1.161	1.153	1.146
4.6	2.072	1.863	1.723	1.547	1.440	1.369	1.318	1.280	1.251	1.228	1.209	1.193	1.180	1.169	1.160	1.151	1.144
4.8	2.069	1.861	1.721	1.545	1.438	1.367	1.316	1.278	1.249	1.226	1.207	1.192	1.179	1.168	1.158	1.150	1.142
5.0	2.067	1.859	1.719	1.543	1.437	1.365	1.315	1.277	1.248	1.225	1.206	1.190	1.178	1.166	1.157	1.148	1.141
6	2.056	1.850	1.711	1.536	1.430	1.359	1.309	1.271	1.242	1.219	1.200	1.185	1.172	1.161	1.151	1.143	1.136
7	2.048	1.843	1.706	1.532	1.426	1.355	1.305	1.267	1.238	1.215	1.196	1.181	1.168	1.157	1.147	1.139	1.132
8	2.042	1.838	1.701	1.528	1.422	1.352	1.302	1.264	1.235	1.212	1.193	1.178	1.165	1.154	1.144	1.136	1.129
9	2.037	1.834	1.698	1.525	1.420	1.349	1.299	1.262	1.232	1.209	1.191	1.175	1.162	1.151	1.142	1.133	1.126
≥10	2.033	1.831	1.695	1.523	1.418	1.347	1.297	1.260	1.231	1.208	1.189	1.173	1.160	1.149	1.140	1.132	1.124

续表

K_2 \ K_1	1.6	1.7	1.8	1.9	2.0	2.2	2.4	2.6	2.8	3.0	4	5	6	7	8	≥10
0	2.207	2.195	2.184	2.175	2.166	2.151	2.138	2.128	2.119	2.111	2.083	2.067	2.056	2.048	2.042	2.033
0.05	1.973	1.963	1.954	1.947	1.940	1.927	1.917	1.909	1.901	1.895	1.872	1.859	1.850	1.843	1.838	1.831
0.10	1.819	1.810	1.803	1.796	1.790	1.779	1.771	1.763	1.757	1.751	1.731	1.719	1.711	1.706	1.701	1.695
0.15	1.710	1.702	1.695	1.689	1.684	1.674	1.666	1.659	1.653	1.648	1.630	1.619	1.612	1.606	1.603	1.597
0.20	1.629	1.621	1.615	1.609	1.604	1.595	1.587	1.581	1.575	1.571	1.553	1.543	1.536	1.532	1.528	1.523
0.25	1.566	1.559	1.553	1.547	1.542	1.533	1.526	1.520	1.515	1.510	1.494	1.484	1.478	1.473	1.469	1.464
0.30	1.515	1.509	1.503	1.497	1.493	1.484	1.477	1.471	1.466	1.462	1.446	1.437	1.430	1.426	1.422	1.418
0.35	1.475	1.468	1.462	1.457	1.452	1.444	1.437	1.432	1.427	1.422	1.407	1.398	1.392	1.387	1.384	1.379
0.40	1.441	1.434	1.429	1.424	1.419	1.411	1.404	1.399	1.394	1.389	1.374	1.365	1.359	1.355	1.352	1.347
0.45	1.412	1.406	1.400	1.395	1.391	1.383	1.376	1.371	1.366	1.362	1.347	1.338	1.332	1.328	1.325	1.320
0.50	1.388	1.382	1.376	1.371	1.367	1.359	1.352	1.347	1.342	1.338	1.324	1.315	1.309	1.305	1.302	1.297
0.55	1.367	1.361	1.355	1.350	1.345	1.338	1.332	1.326	1.322	1.318	1.303	1.295	1.289	1.285	1.281	1.277
0.60	1.349	1.343	1.337	1.332	1.328	1.320	1.314	1.309	1.304	1.300	1.286	1.277	1.271	1.267	1.264	1.260
0.65	1.333	1.327	1.321	1.317	1.312	1.305	1.298	1.293	1.288	1.284	1.270	1.261	1.256	1.252	1.249	1.244
0.70	1.319	1.313	1.307	1.303	1.298	1.291	1.284	1.279	1.274	1.270	1.256	1.248	1.242	1.238	1.235	1.231
0.75	1.306	1.300	1.295	1.290	1.286	1.278	1.272	1.267	1.262	1.258	1.244	1.236	1.230	1.226	1.223	1.218
0.80	1.295	1.289	1.284	1.278	1.275	1.267	1.261	1.256	1.251	1.247	1.233	1.225	1.219	1.215	1.212	1.208
0.85	1.285	1.279	1.274	1.269	1.265	1.257	1.251	1.246	1.241	1.237	1.223	1.215	1.209	1.205	1.202	1.198
0.90	1.276	1.270	1.265	1.260	1.256	1.248	1.242	1.237	1.232	1.228	1.214	1.206	1.200	1.196	1.193	1.189
0.95	1.267	1.262	1.256	1.252	1.247	1.240	1.234	1.228	1.224	1.220	1.206	1.198	1.192	1.188	1.185	1.181
1.00	1.260	1.254	1.249	1.244	1.240	1.232	1.226	1.221	1.216	1.213	1.199	1.190	1.185	1.181	1.178	1.173

续表

K_2 \ K_1	1.6	1.7	1.8	1.9	2.0	2.2	2.4	2.6	2.8	3.0	4	5	6	7	8	≥10
1.1	1.247	1.241	1.236	1.231	1.227	1.219	1.213	1.208	1.203	1.199	1.186	1.177	1.172	1.168	1.165	1.160
1.2	1.235	1.230	1.224	1.220	1.215	1.208	1.202	1.197	1.192	1.188	1.174	1.166	1.161	1.157	1.154	1.149
1.3	1.226	1.220	1.215	1.210	1.206	1.198	1.192	1.187	1.183	1.179	1.165	1.157	1.151	1.147	1.144	1.140
1.4	1.217	1.211	1.206	1.202	1.197	1.190	1.184	1.179	1.174	1.170	1.157	1.148	1.143	1.139	1.136	1.132
1.5	1.210	1.204	1.199	1.194	1.190	1.183	1.177	1.171	1.167	1.163	1.149	1.141	1.136	1.132	1.129	1.124
1.6	1.203	1.198	1.192	1.188	1.184	1.176	1.170	1.165	1.161	1.157	1.143	1.135	1.129	1.125	1.122	1.118
1.7	1.198	1.192	1.187	1.182	1.178	1.171	1.164	1.159	1.155	1.151	1.137	1.129	1.123	1.119	1.116	1.112
1.8	1.192	1.187	1.182	1.177	1.173	1.165	1.159	1.154	1.150	1.146	1.132	1.124	1.118	1.114	1.111	1.107
1.9	1.188	1.182	1.177	1.172	1.168	1.161	1.155	1.150	1.145	1.141	1.128	1.119	1.114	1.110	1.107	1.103
2.0	1.184	1.178	1.173	1.168	1.164	1.157	1.151	1.145	1.141	1.137	1.123	1.115	1.110	1.106	1.103	1.098
2.2	1.176	1.171	1.165	1.161	1.157	1.149	1.143	1.138	1.134	1.130	1.116	1.108	1.102	1.098	1.095	1.091
2.4	1.170	1.164	1.159	1.155	1.151	1.143	1.137	1.132	1.128	1.124	1.110	1.102	1.096	1.092	1.089	1.085
2.6	1.165	1.159	1.154	1.150	1.145	1.138	1.132	1.127	1.122	1.119	1.105	1.097	1.091	1.087	1.084	1.080
2.8	1.161	1.155	1.150	1.145	1.141	1.134	1.128	1.122	1.118	1.114	1.100	1.092	1.087	1.083	1.080	1.076
3.0	1.157	1.151	1.146	1.141	1.137	1.130	1.124	1.119	1.114	1.110	1.097	1.088	1.083	1.079	1.076	1.072
3.2	1.153	1.148	1.142	1.138	1.134	1.126	1.120	1.115	1.111	1.107	1.093	1.085	1.079	1.075	1.072	1.068
3.4	1.150	1.144	1.139	1.135	1.131	1.123	1.117	1.112	1.108	1.104	1.090	1.082	1.076	1.072	1.069	1.065
3.6	1.148	1.142	1.137	1.132	1.128	1.121	1.115	1.109	1.105	1.101	1.087	1.079	1.074	1.070	1.067	1.063
3.8	1.145	1.139	1.134	1.130	1.126	1.118	1.112	1.107	1.103	1.099	1.085	1.077	1.071	1.067	1.064	1.060
4.0	1.143	1.137	1.132	1.128	1.123	1.116	1.110	1.105	1.100	1.097	1.083	1.075	1.069	1.065	1.062	1.058

续表

K_2 \ K_1	1.6	1.7	1.8	1.9	2.0	2.2	2.4	2.6	2.8	3.0	4	5	6	7	8	≥10
4.2	1.141	1.135	1.130	1.126	1.121	1.114	1.108	1.103	1.098	1.095	1.081	1.073	1.067	1.063	1.060	1.056
4.4	1.139	1.133	1.128	1.124	1.120	1.112	1.106	1.101	1.097	1.093	1.079	1.071	1.065	1.061	1.059	1.054
4.6	1.138	1.132	1.127	1.122	1.118	1.111	1.105	1.100	1.095	1.091	1.078	1.069	1.064	1.060	1.057	1.053
4.8	1.136	1.130	1.125	1.121	1.116	1.109	1.103	1.098	1.094	1.090	1.076	1.068	1.062	1.058	1.055	1.051
5.0	1.135	1.129	1.124	1.119	1.115	1.108	1.102	1.097	1.092	1.088	1.075	1.066	1.061	1.057	1.054	1.050
6	1.129	1.123	1.118	1.114	1.110	1.102	1.096	1.091	1.087	1.083	1.069	1.061	1.055	1.051	1.049	1.044
7	1.125	1.119	1.114	1.110	1.106	1.098	1.092	1.087	1.083	1.079	1.065	1.057	1.051	1.048	1.045	1.040
8	1.122	1.116	1.111	1.107	1.103	1.095	1.089	1.084	1.080	1.076	1.062	1.054	1.049	1.045	1.042	1.037
9	1.120	1.114	1.109	1.104	1.100	1.093	1.087	1.082	1.077	1.074	1.060	1.052	1.046	1.042	1.039	1.035
≥10	1.118	1.112	1.107	1.103	1.098	1.091	1.085	1.080	1.076	1.072	1.058	1.050	1.044	1.040	1.037	1.033

注：1. 表中的计算长度系数 μ 值系按下式计算求得：

$$\left[36K_1K_2 - \left(\frac{\pi}{\mu}\right)^2\right]\sin\frac{\pi}{\mu} + 6(K_1 + K_2)\frac{\pi}{\mu}\cdot\cos\frac{\pi}{\mu} = 0$$

K_1、K_2——分别为相交于柱上端、柱下端的横梁线刚度之和与柱线刚度之和的比值。当横梁远端为铰接时，应将横梁线刚度乘以 0.5；当横梁远端为嵌固时，则应乘以 2/3。

2. 当横梁与柱铰接时，取横梁线刚度为零。
3. 对底层框架柱；当柱与基础铰接时，取 $K_2=0$（对平板支座可取 $K_2=0.1$）；当柱与基础刚接时，取 $K_2=10$。
4. 当与柱刚性连接的横梁所受轴心压力 N_b 较大时，横梁线刚度应乘以折减系数 α_N：

横梁远端与柱刚接时　　$\alpha_N=1-N_b/(4N_{Eb})$

横梁远端铰支时　　$\alpha_N=1-N_b/N_{Eb}$

横梁远端嵌固时　　$\alpha_N=1-N_b/(2N_{Eb})$

N_{Eb}的计算式见表 2.4-41 注 4。

2.4.6 构件的容许长细比

受压构件的长细比不宜超过表 2.4-43 的数值。

受压构件的容许长细比 **表 2.4-43**

<table>
<tr><th>项次</th><th>结构类型</th><th>构 件 名 称</th><th>容许长细比</th></tr>
<tr><td rowspan="2">1</td><td rowspan="5">一般钢结构</td><td>柱、桁架和天窗架构件</td><td rowspan="2">150</td></tr>
<tr><td>柱的缀条，吊车梁或吊车桁架以下的柱间支撑</td></tr>
<tr><td rowspan="2">2</td><td>支撑吊车梁或吊车桁架以下的柱间支撑除外</td><td rowspan="2">200</td></tr>
<tr><td>用以减少受压构件长细比的构件</td></tr>
<tr><td>3</td><td>桁架（包括空间桁架）的受压腹杆，当其内力等于或小于承载能力的 50%时</td><td>200</td></tr>
<tr><td>4</td><td rowspan="2">轻型钢结构</td><td>桁架中的主要压杆（弦杆、端斜杆、端竖杆）</td><td>150</td></tr>
<tr><td>5</td><td>桁架中的其他压杆</td><td>200</td></tr>
</table>

受拉构件的长细比不宜超过表 2.4-44 的数值。

受拉构件的容许长细比 **表 2.4-44**

<table>
<tr><th rowspan="2">项次</th><th rowspan="2">构件名称</th><th colspan="2">承受静力荷载或间接承受动力载荷的结构</th><th rowspan="2">直接承受动力荷载的结构</th></tr>
<tr><th>无吊车和有轻、中级工作制吊车的厂房</th><th>有重级工作制吊车的厂房</th></tr>
<tr><td>1</td><td>桁架的杆件</td><td>350</td><td>250</td><td>250</td></tr>
<tr><td>2</td><td>吊车梁或吊车桁架以下的柱间支撑</td><td>300</td><td>200</td><td>—</td></tr>
<tr><td>3</td><td>支撑（第 2 项和张紧的圆钢除外）</td><td>400</td><td>350</td><td>—</td></tr>
</table>

注：1. 承受静力荷载的结构中，可仅计算受拉构件在竖向平面内的长细比；
2. 在直接或间接承受动力荷载的结构中，计算单角钢受拉构件的长细比时，应采用角钢的最小回转半径；在计算单角钢交叉受拉杆平面外的长细比时，应采用角钢肢边平行轴的回转半径；
3. 中、重级工作制品车桁架下弦杆的长细比不宜超过 200；
4. 在设有夹钳吊车或刚性料耙吊车的厂房中，以撑（表中第 2 项除外）的长细比不宜超过 300；
5. 受拉构件在永久荷载与风荷载组合作用下受压时，其长细比不宜超过 250。

2.5 连接的计算和构造

2.5.1 焊接

(1) 焊缝质量等级。

焊缝应根据结构的重要性、荷载特性、焊缝形式、工作环境以及应力状态等情况按下述原则分别选用不同的质量等级：

1) 在需要进行疲劳计算的构件中，凡对接焊缝均应焊透，其质量等级为：

(A) 作用力垂直于焊缝长度方向的横向对接焊缝或T形对接与角接组合焊缝，受拉时应为一级，受压时应为二级；

(B) 作用力平行于焊缝长度方向的纵向对接焊缝应为二级。

2) 不需要计算疲劳的构件中，凡要求与母材等强的对接焊缝应予焊透。其质量等级当受拉时应不低于二级，受压时宜为二级。

3) 重级工作制和起重量 $Q\geqslant 50t$ 的A5级工作制吊车梁的腹板与上翼缘之间以及吊车桁架上弦杆与节点板之间的T形接头焊缝均要求焊透，焊缝形式一般为对接与角接的组合焊缝，其质量等级不应低于二级。

4) 不要求焊透的T形接头采用的角焊缝或部分焊透的对接与角接组合焊缝，以及搭接连接采用的角焊缝，其质量等级为：

(A) 对直接承受动力荷载且需要验算疲劳的结构和吊车起重量等于或大于50t的A5级工作制吊车梁，焊缝的外观质量标准应符合二级；

(B) 对其他结构，焊缝的外观质量标准可为三级。

(2) 焊接连接形式。

常用的焊接连接形式见图2.5-1。

图2.5-1 (*a*)、(*b*) 用于构件拼接；图2.5-1 (*a*) 为正焊缝，为充分发挥截面强度也可采用斜焊缝。图2.5-1 (*d*) 为侧焊缝。图2.5-1 (*c*)、(*d*)、(*j*)、(*l*) 为搭接传力连接；图2.5-1

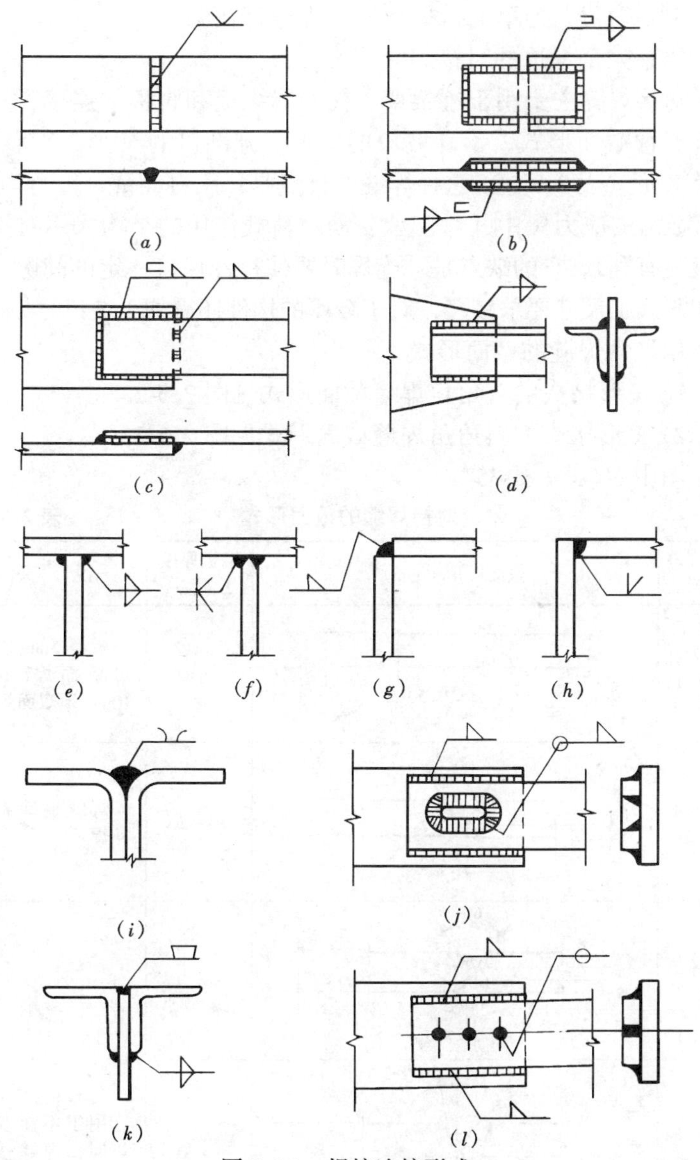

图 2.5-1 焊接连接形式
(a)、(b)、(i) 平接；(c)、(d)、(j)、(k)、(l) 搭接；
(e)、(f) T形连接；(g)、(h) 角接连接

(c)、(j)、(l) 为单面搭接连接，焊缝存在偏心。

(3) 完全焊透的对接焊缝截面形式。

对接焊缝主要用于刚架梁、柱的翼缘板和腹板的连接，它通常有五种截面形式：不开坡口的矩形、开剖口的 V 形、X 形、U 形及 K 形（表 2.5-1）。这种焊缝的优点是：用料经济、传力均匀，没有显著的应力集中（对于承受动力荷载作用的结构采用对接焊缝最为有利）。它的缺点是：施焊时要使杆件保持一定的间隙，板边切割加工尺寸要求较严，对于较厚的构件还需加工坡口。

(4) 角焊缝的截面形式。

1) T 形接头的直角角焊缝截面形式见图 2.5-2。

2) T 形接头的斜角角焊缝截面形式见图 2.5-3。

图中 $60° \leqslant \alpha \leqslant 135°$。

对接焊缝的截面形式　　**表 2.5-1**

项次	焊缝形式	截面图形（mm）	钢板厚度 t（mm）	说　明
1	不开坡口	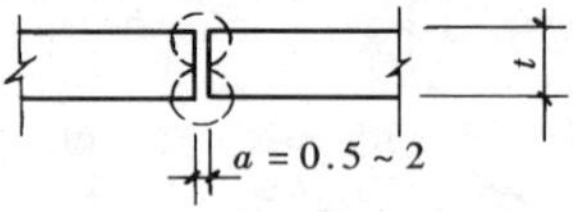 $a = 0.5 \sim 2$	≤10	板厚 5mm 以下可单面焊，6 ~ 10mm 须双面焊
2	V 形缝	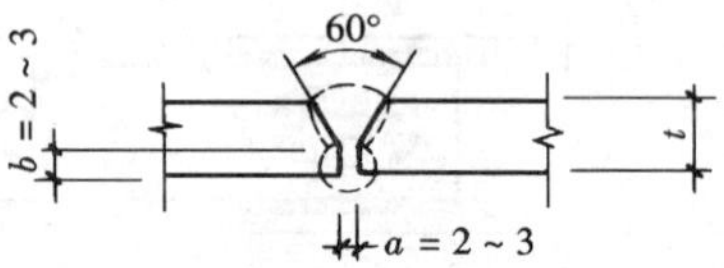 60°；$b = 2 \sim 3$；$a = 2 \sim 3$	10 ~ 20	焊缝根部需作补焊
3	X 形缝	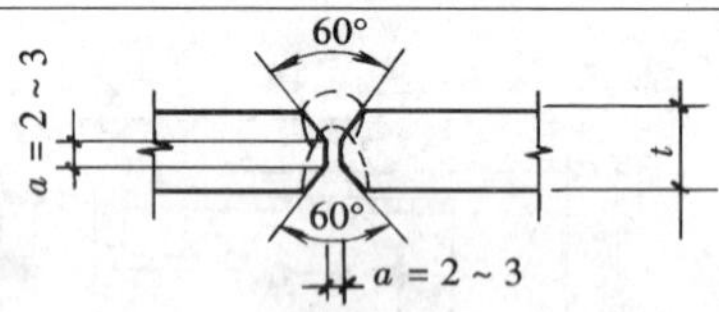 60°；60°；$a = 2 \sim 3$；$a = 2 \sim 3$	> 20	
4	U 形缝	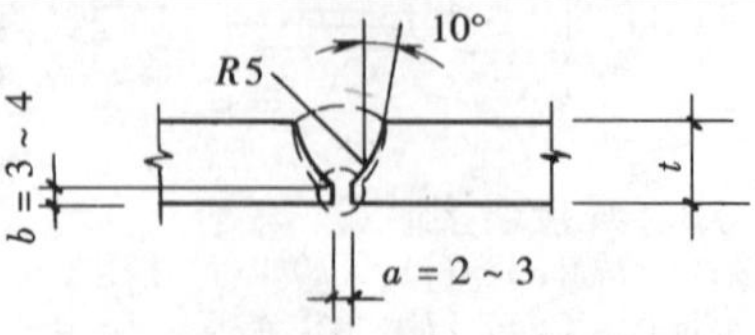 10°；$R5$；$b = 3 \sim 4$；$a = 2 \sim 3$	> 20	用于不能双面焊时，焊缝根部需作补焊

续表

项次	焊缝形式	截面图形（mm）	钢板厚度 t（mm）	说明
5	K形缝	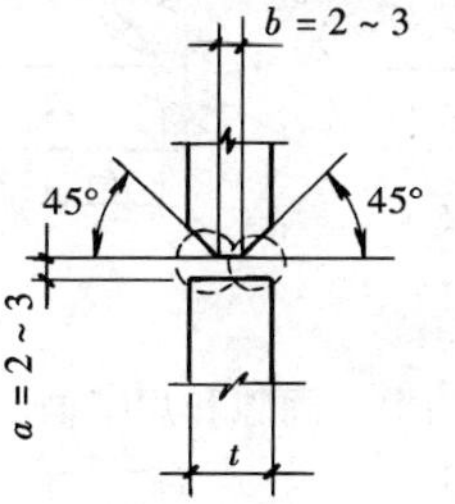 $b=2\sim3$；45°；45°；$a=2\sim3$；t	>20	用于立焊时的水平焊缝

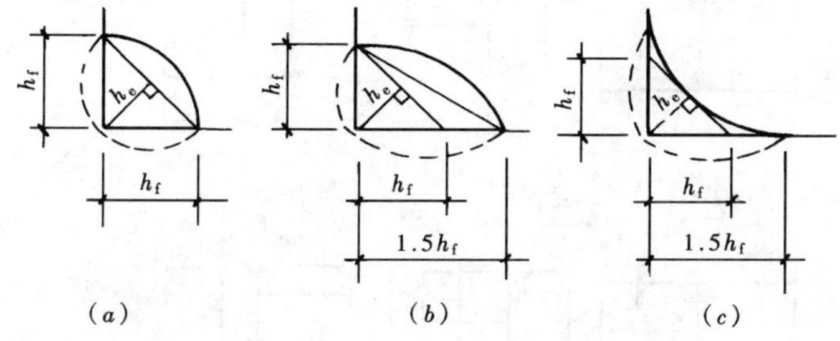

图 2.5-2 直角角焊缝截面
（a）、（b）、（c）直角角焊缝

3）T 形接头的接头的根部间隙和焊缝截面见图 2.5-4。

（5）部分焊透的对接焊缝和 T 形对接与角焊缝组合焊缝见图 2.5-5。

图 2.5-5 中除图（c）为 T 形对接与角焊缝组合焊缝外余均为对接焊缝。

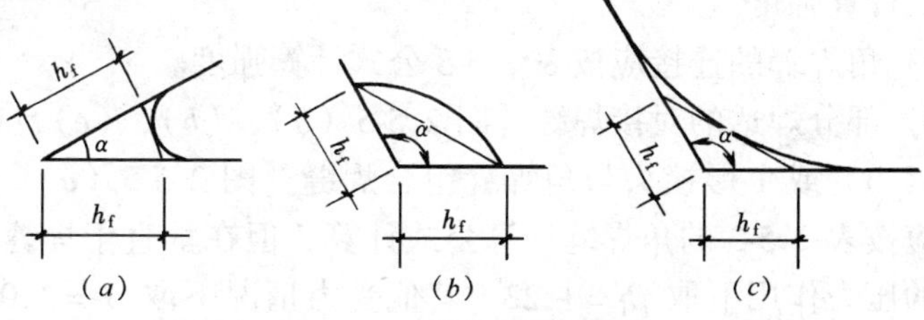

图 2.5-3 斜角角焊缝截面
（a）、（b）、（c）斜角角焊缝

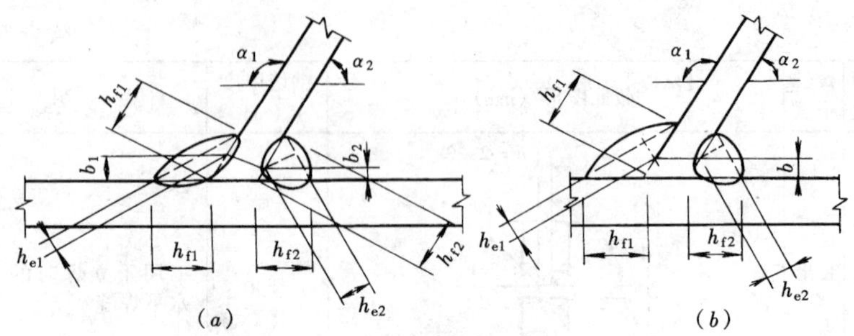

图 2.5-4　T形接头的根部间隙和焊缝截面

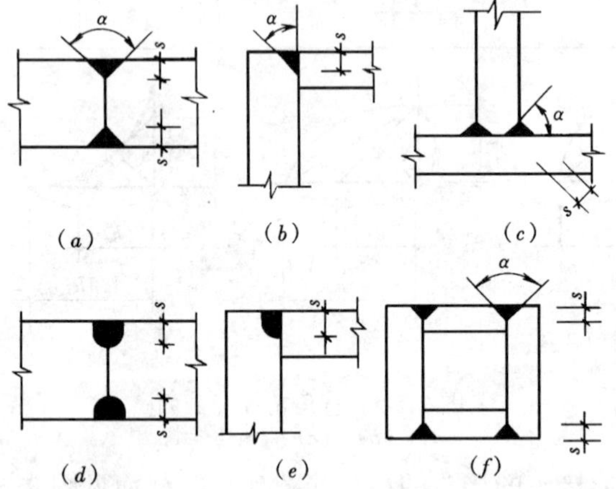

图 2.5-5　部分焊透的对接焊缝和其与角焊缝的组合焊缝截面
(*a*)、(*b*)、(*c*)、(*f*) V形坡口；(*d*) U形坡口；(*e*) J形坡口

(6) 对接焊缝和角焊缝的连接计算。

1) 完全焊透的对接焊缝和T形连接焊缝，应按表 2.5-2 所列公式计算强度。

2) 角焊缝的连接应按表 2.5-3 公式计算强度。

3) 部分焊透的对接焊缝［图 2.5-5 (*a*)、(*b*)、(*c*)、(*d*)、(*e*)、(*f*)］或T形接头与角焊缝组合焊缝［图 2.5-5 (*c*)］的强度，应按表 2.5-3 的角焊缝计算公式计算，但在垂直于焊缝长度方向的压力作用下取 $\beta_f = 1.22$，其他受力情况下取 $\beta_f = 1.0$，其计算厚度见表 2.5-4。

完全焊透的对接焊缝和 T 形连接焊缝的强度计算公式 **表 2.5-2**

项次	受力情况	计算内容	公　式	说　明
1	N　N　l_w　t	拉应力或压应力	$\sigma = \frac{N}{tl_w} \leqslant f_t^w$ 或 $\leqslant f_c^w$ (2-87)	M、N、V—弯矩，轴心力和剪力； t—连接件的较小厚度，在 T 形连接中为腹板厚度； l_w—焊缝计算长度，为设计长度减 $2h_f$（有引弧板时可不减）； A_w、W_w—焊缝截面面积和截面模量； S_w—所求剪应力处以上的焊缝截面对中和轴的面积矩； I_w—焊缝截面对其中和轴的惯性矩； W_{w1}、S_{w1}—1 点处正应力和剪应力所用的焊缝截面模量和面积矩； f_t^w、f_c^w、f_v^w—对接焊缝的抗拉、抗压和抗剪强度设计值，按表 2.1-7 采用
2	N　N　$N\cos\theta$　N　θ　$N\sin\theta$　l_w　t	拉应力或压应力	$\sigma = \frac{N\sin\theta}{tl_w} \leqslant f_t^w$ 或 f_c^w (2-88)	
		剪应力	$\tau = \frac{N\cos\theta}{tl_w} \leqslant f_v^w$ (2-89)	

续表

项次	受力情况	计算内容	公式	说明
3		正应力	$\sigma = \frac{6M}{tl_w^2} \leqslant f_t^w$ 或 f_c^w (2-90)	
		剪应力	$\tau = \frac{1.5V}{tl_w} \leqslant f_v^w$ (2-91)	
4		正应力	$\sigma = \frac{N}{A_w} + \frac{M}{W_w} \leqslant f_t^w$ 或 f_c^w (2-92)	
		剪应力	$\tau = \frac{VS_w}{I_w t} \leqslant f_v^w$ (2-93)	
		折算应力	$\sqrt{\sigma_1^2 + 3 \times \tau_1^2} = \sqrt{\left(\frac{N}{A_w} + \frac{M}{W_{w1}}\right)^2 + 3\left(\frac{VS_{w1}}{I_w t}\right)^2} \leqslant 1.1f_t^w$ (2-94)	

注：1. 序号 2 中当 $\tan\theta \leqslant 1.5$ 时可不计算；

2. 在对接接头和 T 形接头中，在同时受有较大的正应力和剪应力处（梁腹板横向对接焊缝的端部）才需用公式（2-94）计算。

角焊缝连接的强度计算公式 **表 2.5-3**

<table>
<tr><th>项次</th><th>受力情况</th><th>公　　式</th><th>说　　明</th></tr>
<tr><td>1</td><td> 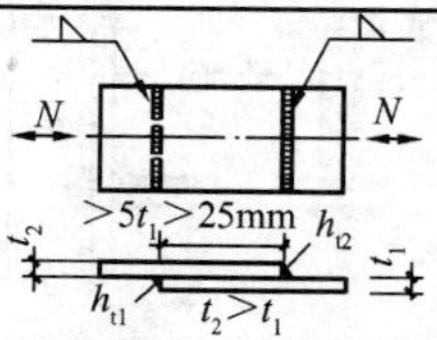</td><td>$$\sigma_f = \frac{N}{(h_{e1}+h_{e2})l_w} \leqslant \beta_f f_f^w \quad (2\text{-}95)$$</td><td rowspan="4">$h_e(h_{e1}、h_{e2})$—角焊缝的计算厚度：
对直角角焊缝，$h_e=0.7h_f$；
对斜角角焊缝，$h_e=h_f\cos(\alpha/2)$（图 2.5-4 中根部间隙 b，b_1 或 $b_2\leqslant 1.5$mm）或 $h_e=\left(h_f-\frac{b(或\ b_1,b_2)}{\sin\alpha}\right)\cos(\alpha/2)$（$b$，$b_1$ 或 $b_2>1.5$mm，但 $\leqslant 5$mm），除钢管结构外，不宜用作受力焊缝；
h_f—角焊缝的焊脚尺寸；
α—两焊脚边的夹角；
$\Sigma l_w(\Sigma l_{w1}、\Sigma l_{w2})$—拼接连接一侧或两焊件间的焊缝计算长度总和，焊缝计算长度为设计长度减 $2h_f$；
$\sigma_M(\sigma_{M1}、\sigma_{M2}、\sigma_{M3})$—角焊缝在弯矩 M（或 $F\cdot e$）作用下所产生的垂直于焊缝长度方向的应力；
σ_N、σ_F—角焊缝在轴心力 N 或外力 F 作用下所产生的垂直于焊缝长度方向的应力</td></tr>
<tr><td>2</td><td> 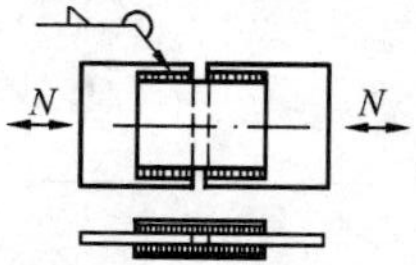</td><td>$$\tau_f = \frac{N}{h_e\Sigma l_w} \leqslant f_f^w \quad (2\text{-}96)$$</td></tr>
<tr><td>3</td><td> 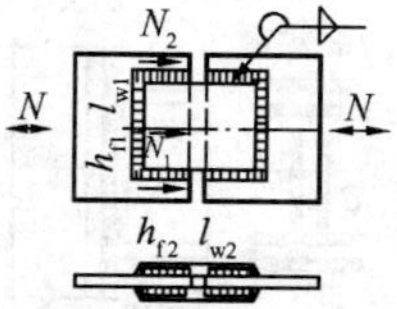</td><td>设 h_{e1}、Σl_{w1} 为已知
$$N_1 = h_{e1}\Sigma l_{w1}\beta_f f_f^w \quad (2\text{-}97)$$ $$N_2 = N - N_1 \quad (2\text{-}98a)$$ $$\tau_f = \frac{N_2}{h_{e2}\Sigma l_{w2}} \quad (2\text{-}98b)$$</td></tr>
<tr><td>4</td><td> 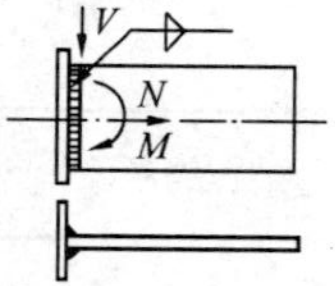</td><td>$$\sigma_f = \sqrt{\left(\frac{\sigma_M}{\beta_f}+\frac{\sigma_N}{\beta_f}\right)^2+(\tau_V)^2} = \sqrt{\left(\frac{6M}{\beta_f\cdot 2h_e l_w^2}+\frac{N}{\beta_f\cdot 2h_e l_w}\right)^2+\left(\frac{V}{2h_e l_w}\right)^2} \leqslant f_f^w \quad (2\text{-}99)$$</td></tr>
</table>

续表

<table>
<tr><th>项次</th><th>受力情况</th><th>公　式</th><th>说　明</th></tr>
<tr><td>5</td><td>焊缝截面</td><td>$\sigma_{M1}=\frac{M}{W_{w1}}\leqslant\beta_f f_f^w$ (2-100)
$\sigma_{f2}=\sqrt{\left(\frac{\sigma_{M2}}{\beta_f}\right)^2+(\tau_V)^2}$ (2-101)
$=\sqrt{\left(\frac{M}{\beta_f W_{w2}}\right)^2+\left(\frac{V}{A_{ww}}\right)^2}\leqslant f_f^w$</td><td rowspan="2">$\tau_V$、$\tau_F$、$\tau_{Fe}$—角焊缝在剪力 V、外力 F 和弯矩或 Fe 作用下所产生的沿焊缝长度方向的剪应力；
I_{wp}—角焊缝有效截面对其形心 o 的极惯性矩，按下式计算：
$I_{wp}=I_{wpx}+I_{wpy}$
I_{wpx}、I_{wpy}—角焊缝有效截面对其 x、y 轴的惯性矩；
A_{ww}—腹板连接焊缝的截面面积；
W_w—焊缝的截面抵抗矩；
f_f^w—角焊缝的抗拉、抗压和抗剪强度设计值，按表 2.1-7 采用；
β_f—正面角焊缝的强度设计值增大系数，对承受静力荷载和间接承受动力荷载的直角角焊缝，取 $\beta_f=1.0$，对斜角角焊缝，不论承受静力荷载还是动力荷载，均取 $\beta_f=1.0$</td></tr>
<tr><td>6</td><td>焊缝截面</td><td>$\sigma_{M1}=\frac{Fe}{W_{w1}}\leqslant\beta_f f_f^w$ (2-102)
$\sigma_{f2}=\sqrt{\left(\frac{\sigma_{M2}}{\beta_f}\right)^2+(\tau_f)^2}$ (2-103)
$=\sqrt{\left(\frac{Fe}{\beta_f W_{w2}}\right)^2+\left(\frac{F}{A_{ww}}\right)^2}\leqslant f_f^w$
$\sigma_{f3}=\sqrt{\left(\frac{\sigma_{M3}}{\beta_f}\right)^2+(\tau_f)^2}$ (2-104)
$=\sqrt{\left(\frac{Fe}{\beta_f W_{w3}}\right)^2+\left(\frac{F}{A_{ww}}\right)^2}\leqslant f_f^w$</td></tr>
</table>

续表

项次	受力情况	公式	说明
7	焊缝截面	焊缝"1"点处受力最大，其最大综合应力为： $\sigma_{f1}=\sqrt{\left(\frac{\sigma_M}{\beta_f}+\frac{\sigma_F}{\beta_f}\right)^2+(\tau_{Fe})^2}$ $=\sqrt{\left(\frac{Fex}{\beta_f I_{wp}}+\frac{F}{\beta_f h_e \Sigma l_w}\right)^2+\left(\frac{Fey}{I_{wp}}\right)^2}$ $\leqslant f_f^w$ (2-105) 此处为单面焊缝，图中 o 点为焊缝截面形心	

部分焊透的对接焊缝形式 **表 2.5-4**

项次	坡口形式	图号	两焊脚边夹角 α	焊缝计算厚度 h_e	说明
1	V形	图 2.5-5（a）（f）	$\alpha \geqslant 60°$ $\alpha < 60°$	$h_e = s$ $h_e = 0.75s$	当熔合线处焊缝截面边长等于或接近最短距离 s 时［图2.5-5（b）、（c）、（e）、（f）］时，抗剪强度设计值应按角焊缝强度设计值乘以0.9
2	单边V形和K形	图 2.5-5（b）（c）	$\alpha = 45° \pm 5°$	$h_e = s - 3$	
3	U形、J形	图 2.5-5（d）（e）		$h_e = s$	

(7) 角钢与钢板、圆钢与钢板、圆钢与圆钢之间的角焊缝连接计算。

1) 角钢与钢板连接的角焊缝，应按表 2.5-5 所列公式计算。

角钢与钢板连接的角焊缝计算公式 **表 2.5-5**

项次	连接形式	公式	说明
1	N_1 N_2 N (*a*) 两面侧焊	$l_{w1} = \dfrac{k_1 N}{2 \times 0.7 h_f f_f^w}$ (2-106) $l_{w2} = \dfrac{k_2 N}{2 \times 0.7 h_f f_f^w}$ (2-107)	假定侧面角焊缝的焊脚尺寸 h_f 为已知，求焊缝计算长度 l_w，焊缝计算长度为设计长度减 $2h_f$
2	N_1 N_3 N (*b*) 三面围焊	$N_3 = 2 \times 0.7 h_{f3} l_{w3} \beta_f f_f^w$ (2-108*a*) 但须 $N_3 < 2k_2 N$ $N_1 = k_1 N - N_3/2$ (2-108*b*) $N_2 = k_2 N - N_3/2$ (2-108*c*) $l_{w1} = \dfrac{N_1}{2 \times 0.7 h_{f1} f_f^w}$ (2-108*d*) $l_{w2} = \dfrac{N_2}{2 \times 0.7 h_{f2} f_f^w}$ (2-108*e*)	假定正面角焊缝的焊脚尺寸 h_{f3} 和长度 l_{w3} 为已知，侧面角焊缝的焊脚尺寸 h_{f1}、h_{f2} 为已知，求焊缝计算长度 l_{w1}、l_{w2}

续表

项次	连接形式	公式	说明
3	(c) L型围焊	$N_3 = 2k_2N$ (2-109a) $l_{w1} = \dfrac{N - N_3}{2 \times 0.7h_{f1}f_f^w}$ (2-109b) $l_{w3} = \dfrac{N_3}{2 \times 0.7h_{f2}f_f^w}$ (2-109c)	L型围焊一般只宜用于内力较小的杆件连接，且使 $l_{w1} \geqslant l_{w3}$
4	(d) 单角钢的单面连接	$l_{w1} = \dfrac{k_1N}{0.7h_{f1}(0.85f_f^w)}$ (2-110) $l_{w2} = \dfrac{k_2N}{0.7h_{f2}(0.85f_f^w)}$ (2-111)	单角钢杆件的单面连接，只宜用于内力较小的情况，式中的 0.85 为焊缝强度折减系数见表 2.1-10

注：表中 h_{f1}、l_{w1}——一个角钢肢背侧面角焊缝的焊脚尺寸和计算长度；

h_{f2}、l_{w2}——一个角钢肢尖侧面角焊缝的焊脚尺寸和计算长度；

h_{f3}、l_{w3}——一个角钢端部正面角焊缝的焊脚尺寸和计算长度；

k_1、k_2——角钢肢背和肢尖的角焊缝内力分配系数，可按表 2.5-6 确定。

角钢肢背和肢尖的角焊缝内力分配系数 k_1 和 k_2 值　　表 2.5-6

项次	角钢类别与连接形式	分配系数	
		k_1	k_2
1	等边角钢一肢相连	0.70	0.30
2	不等边角钢短肢相连	0.75	0.25
3	不等边角钢长肢相连	0.65	0.35

2）圆钢与钢板（或型钢的平板部分）、圆钢与圆钢之间的连接焊缝主要用于圆钢、小角钢的轻型钢结构中。应按公式(2-112)计算抗剪强度，即

$$\tau_{\mathrm{f}} = \frac{N}{h_{\mathrm{e}}\Sigma l_{\mathrm{w}}} \leqslant f_{\mathrm{f}}^{\mathrm{w}} \tag{2-112}$$

式中　h_{e}——焊缝的计算厚度；

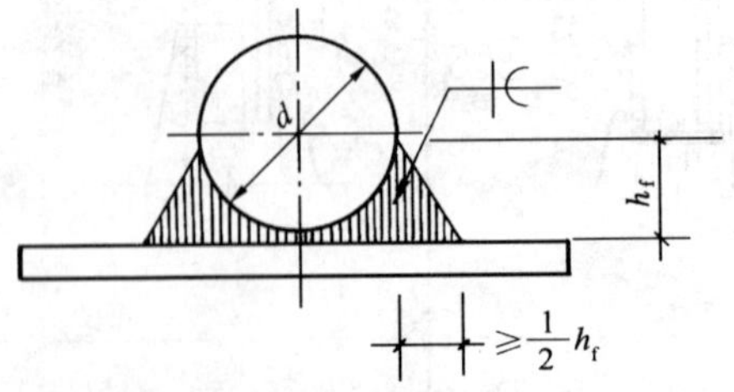

图 2.5-6　圆钢与钢板间的连接焊缝

对圆钢与钢板（或型钢的平板部分）的连接（图 2.5-6），$h_e = 0.7h_f$；

对圆钢与圆钢的连接（图 2.5-7），h_e 应按下式计算：

$$h_e = 0.1(d_1 + 2d_2) - a$$

d_1——大圆钢直径；

d_2——小圆钢直径；

a——焊缝表面至两个圆钢公切线的距离；

f_t^w——角焊缝的抗拉、抗压和抗剪强度设计值用于图 2.5-6 图 2.5-7 中，其强度设计值应按表 2.1-7 中值乘以 0.95。

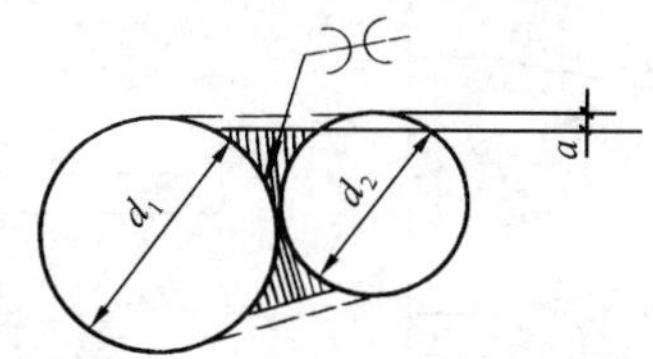

图 2.5-7　圆钢与圆钢间的连接焊缝

（8）对接焊缝及角焊缝的构造。

1）对接焊缝的构造。

（A）钢板的拼接采用对接焊缝时，纵横两方向的焊缝可成十字形交叉或 T 字形交叉，T 字形交叉点间的距离不得小于

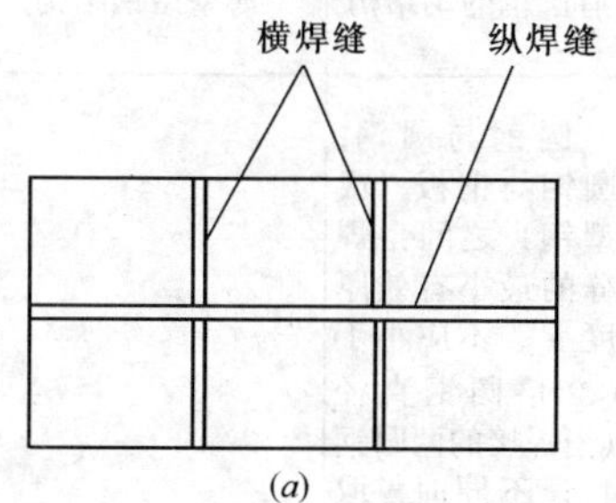

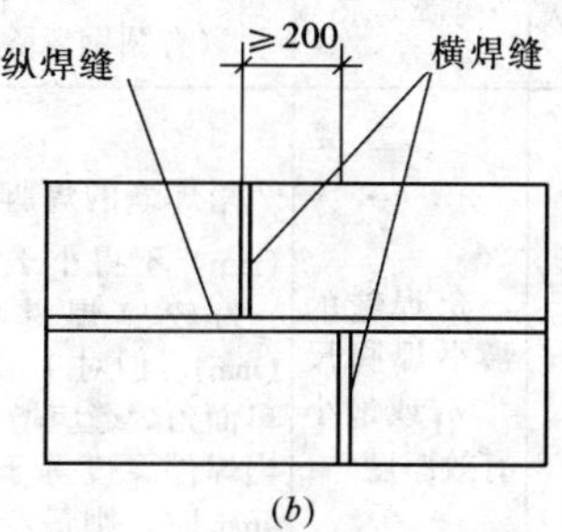

图 2.5-8　钢板的拼接

（a）十字形交叉；（b）T形交叉

200mm（图 2.5-8）。

（B）对接焊缝的坡口形式，应根据板厚和施工条件按现行国家标准《手工电弧焊接接头的基本形式与尺寸》和《焊剂层下自动焊与半自动焊接接头的基本形式与尺寸》的规定选用。为方便选用，在表 2.5-1 中列出了常用的对接焊缝的截面形式和构造。

（C）在对接焊缝的拼接处，当钢板的厚度或宽度相差 4mm 以上时，均应从板的一侧或两侧做成坡度不大于 1∶2.5（1∶4）的斜度（图 2.5-9）。当改变厚度时，焊缝坡口形式应根据较薄板的厚度现行国家标准的要求选用。

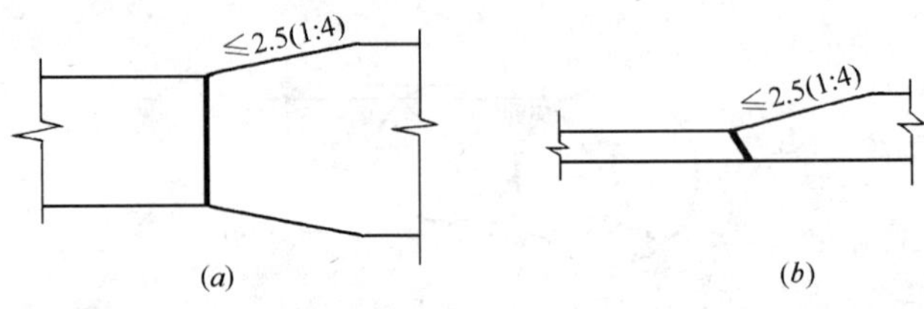

图 2.5-9　变截面钢板的拼接

注：图中括号内数值适用于直接承受动力荷载且需验算疲劳的结构

2）角焊缝的构造要求见表 2.5-7。

角焊缝的构造要求　　表 2.5-7

项次	构造要求	普通钢结构（有圆钢者除外）	有圆钢的钢结构	薄壁型钢结构
1	角焊缝的最小焊脚尺寸 h_f 或最小有效厚度	角焊缝的焊脚尺寸 h_f（mm）不得小于 $1.5\sqrt{t}$，t 为较厚焊件的厚度（mm）。但对 T 形连接的单面角焊缝应增加 1mm，当焊件厚度等于或小于 4mm 时，则最小焊脚尺寸应与焊件厚度相同	圆钢与圆钢，圆钢与钢板（或型钢）之间角焊缝的最小有效厚度 h_e，不应小于 0.2 倍圆钢直径（当焊接的两圆钢直径不同时，取平均直径）或 3mm	—

续表

项次	构造要求	普通钢结构（有圆钢者除外）	有圆钢的钢结构	薄壁型钢结构
2	角焊缝的最大焊脚尺寸 h_f 或最大有效厚度	焊缝的最大焊脚尺寸 h_f 不得大于较薄焊件厚度的 1.2 倍，但焊件边缘的焊缝最大焊脚尺寸尚应符合下列要求： （1）当 $t \leqslant 6$mm 时，$h_f \leqslant 6$mm； （2）当 $t > 6$mm 时，$h_f \leqslant t - (1 \sim 2)$mm t——焊件边缘厚度	圆钢与钢板之间角焊缝的最大有效厚度 h_e，不应大于钢板直径的 1.2 倍	角焊缝的最大焊脚尺寸 h_f 不得大于较薄焊件厚度 t 的 1.5 倍，直接相贯的钢管节点的角焊缝焊脚尺寸可放大到 $2.0t$
3	侧焊缝或端焊缝的最小计算长度 l_w	不得小于 $8h_f$ 和 40mm	不得小于 20mm	不得小于 30mm
4	侧焊缝的最大计算长度 l_w	（1）在静力荷载作用下，不宜大于 $60h_f$；当大于上述数值时，其超出部分在计算中不予考虑； （2）当内力沿侧面焊缝全长分布，其计算长度全部有效	—	—
5	间断焊缝的最大间距	在次要构件或次要焊缝连接中，当连续角焊缝的计算厚度小于上述几项规定的最小厚度时，可采用间断焊缝，间断焊缝长度不得小于 $10h_f$ 或 50mm，间断焊缝之间的净距离要求如下： （1）在受压构件中不大于 $15t$； （2）在受拉构件中不大于 $30t$；t 为较薄焊件的厚度	—	电阻点焊的焊点中距不宜小于 $15\sqrt{t}$，焊点边距不宜小于 $10\sqrt{t}$（mm），t 为相连板件中外层较薄板件的厚度

续表

项次	构造要求	普通钢结构（有圆钢者除外）	有圆钢的钢结构	薄壁型钢结构
6	搭接连接中的最小搭接长度	不得小于焊件较小厚度的 5 倍，并不得小于 25mm	—	—
7	板端仅有侧面角焊缝，角焊缝间距为 b	每条 $l_w \geqslant b$ $b \leqslant 16t$　$t > 12$mm $b \leqslant 190$mm　$t \leqslant 12$mm	—	—
8	杆件与节点板的连接焊缝方式	一般为两面侧焊缝，也可用三面围焊；角钢杆件可采用 L 形围焊，围焊转角处必须连续施焊	—	—
9	角焊缝端部在构件转角处	当作长度为 $2h_f$ 的绕角焊时，转角处必须连续施焊	—	—

2.5.2　普通螺栓和高强度螺栓连接

（1）螺栓的排列。

普通螺栓和高强度螺栓在构件上的排列分并列布置和错列布置，其排列要求和容许距离应符合表 2.5-15 的要求。

（2）螺栓的分类。

普通螺栓分 C 级、B 级和 A 级三种。A 级和 B 级属精制螺栓，其抗剪、抗拉性能良好，但制造和安装复杂，故很少采用。C 级属粗制螺栓，其抗剪性能较差，主要用于沿其杆轴方向受拉的连接；在下列情况时可用于受剪连接：

1）承受静力荷载和间接承受动力荷载结构中的次要连接，如受力较小的屋盖支撑；

2）不承受动力荷载的可拆卸结构的连接；

3）临时固定构件用的安装连接。

(3) 螺栓防止松动的措施。

对直接承受动力荷载的普通螺栓受拉连接应采用双螺帽或其他能防止螺帽松动的有效措施。

(4) 高强度螺栓的分类。

高强度螺栓连接，从受力特征分为高强度螺栓摩擦型连接、高强度螺栓承压型连接和承受拉力的受拉型高强度螺栓连接。

(5) 普通螺栓、锚栓、高强度螺栓的连接计算。

1）在普通螺栓和锚栓的连接中，一个普通螺栓和锚栓的承载力设计值，应按表 2.5-8 所列公式计算。

一个普通螺栓和锚栓的承载力设计值计算公式　　表 2.5-8

<table>
<tr><th>项次</th><th colspan="2">受力情况</th><th>普通螺栓（锚栓）
承载力设计值</th><th>说　明</th></tr>
<tr><td>1</td><td rowspan="2">受剪
连接</td><td>抗剪</td><td rowspan="2">$N_v^b = n_v \frac{\pi d^2}{4} f_v^b$
$N_c^b = d \cdot \Sigma t \cdot f_c^b$
取两者中的较小者</td><td rowspan="4">n_v—受剪面数，单剪 $n_v = 1$，双剪 $n_v = 2$，四剪 $n_v = 4$；
d、d_e—普通螺栓或锚栓的栓杆直径和在螺纹处的有效直径，见表 2.5-9；
Σt—在同一受力方向的承压构件的较小总厚度；
f_v^b、f_c^b、f_t^b—普通螺栓的抗剪、承压和抗拉强度设计值见表 2.1-8；
N_v、N_t—一个普通螺栓所承受的剪力和拉力；
N_v^b、N_c^b、N_t^b—一个普通螺栓的抗剪、承压和抗拉承载力设计值；
f_t^a—锚栓的抗拉强度设计值，见表 2.1-8；
N_t^a—一个锚栓的抗拉承载力设计值</td></tr>
<tr><td>2</td><td>承压</td></tr>
<tr><td>3</td><td>杆轴
方向
受拉
连接</td><td>抗拉</td><td>$N_t^b = \frac{\pi d_e^2}{4} f_t^b$　　(2-113a)
$N_t^a = \frac{\pi d_e^2}{4} f_t^a$　　(2-113b)</td></tr>
<tr><td>4</td><td colspan="2">同时承受
剪力和杆
轴方向拉
力的连接</td><td>$\sqrt{\left(\frac{N_v}{N_v^b}\right)^2 + \left(\frac{N_t}{N_t^b}\right)^2} \leqslant 1$　　(2-114)
$N_v \leqslant N_c^b$　　(2-115)</td></tr>
</table>

螺栓的有效直径和在螺纹处的有效面积　　表 2.5-9

螺栓直径 d (mm)	螺纹间距 p (mm)	螺栓有效直径 d_e (mm)	螺栓有效面积 A_e (mm^2)
10	1.5	8.59	58
12	1.75	10.36	84
14	2.0	12.12	115
16	2.0	14.12	157
18	2.5	15.65	193
20	2.5	17.65	245
22	2.5	17.65	303
24	3.0	21.19	353
27	3.0	24.19	459
30	3.5	26.72	561
33	3.5	29.72	694
36	4.0	32.25	817
39	4.0	35.25	976
42	4.5	37.78	1121
45	4.5	40.78	1306
48	5.0	43.31	1473
52	5.0	47.31	1758
56	5.5	50.84	2030
60	5.5	54.84	2362
64	6.0	58.37	2676
68	6.0	62.37	3055
72	6.0	66.37	3460
76	6.0	70.37	3889
80	6.0	74.37	4344
85	6.0	79.37	4948
90	6.0	84.37	5591
95	6.0	89.37	6273
100	6.0	94.37	6995

注：表中 d_e——普通螺栓或锚栓在螺纹处的有效直径，按下式计算得：

$$d_e = \left(d - \frac{13}{24}\sqrt{3}p \right)$$

A_e——螺纹处的有效面积 $A_e = \frac{\pi}{4} d_e^2$。

2）摩擦型高强度螺栓应按表 2.5-10 的公式进行计算。

一个高强度螺栓摩擦型连接的承载力设计值计算公式

表 2.5-10

<table>
<tr><th>项次</th><th>受力情况</th><th>公　式</th><th>说　明</th></tr>
<tr><td>1</td><td>抗剪连接（承受摩擦面间的剪力）</td><td>$N_v^b = 0.9n_f\mu P$　(2-116)</td><td rowspan="3">n_v—传力摩擦面数目；
μ—摩擦面的抗滑移系数，见表 2.5-11；
P——个高强度螺栓的设计预拉力，见表 2.5-11；
N_v、N_t——个高强度螺栓所承受的剪力和拉力；
N_v^b、N_t^b——个高强度螺栓的抗剪和抗拉承载力设计值</td></tr>
<tr><td>2</td><td>螺栓杆轴方向受拉的连接</td><td>$N_t^b = 0.8P$　(2-117)</td></tr>
<tr><td>3</td><td>同时承受摩擦面间的剪力和螺栓杆轴方向的外拉力</td><td>$\frac{N_v}{N_v^b} + \frac{N_t}{N_t^b} \leqslant 1$　(2-118)</td></tr>
</table>

(A) 高强度螺栓的摩擦面处理

见表 2.5-11。

摩擦面的抗滑移系数 μ　　**表 2.5-11**

在连接处构件接触面的处理方法	构件的钢号		
	Q235 钢	Q345 钢、Q390 钢	Q420 钢
喷砂（丸）	0.45	0.50	0.50
喷砂（丸）后涂无机富锌漆	0.35	0.40	0.40
喷砂（丸）后生赤锈	0.45	0.50	0.50
钢丝刷消除浮锈或未经处理干净轧制表面	0.30	0.35	0.40

注：摩擦面处理方式必须在设计文件中注明。

(B) 高强度螺栓的预拉力见表 2.5-12。

高强度螺栓预拉力值　　**表 2.5-12**

螺栓的性能等级	螺栓的公称直径（mm）					
	M16	M20	M22	M24	M27	M30
8.8 级	80	125	150	175	230	280
10.9 级	100	155	190	225	290	355

注：$p = \frac{0.9 \times 0.9 \times 0.9}{1.2} f_u A_e \approx 0.6 f_u A_e$，$f_u \approx 830\text{MPa}$(8.8 级)，$f_u \approx 1040\text{MPa}$(10.9 级)，$A_e$ 见表 2.5-9。

3）承压型高强度螺栓应按以下要求进行设置和计算：

（A）承压型高强度螺栓的设计预拉力 P 应与摩擦型高强度螺栓相同，连接处构件接触面应清除油污及浮锈。

高强度螺栓承压型连接仅适用于承受静力荷载或间接承受动力荷载结构中的连接。

（B）一个高强度螺栓承压型连接的承载力设计值，应按表2.5-13所列公式计算。

一个高强度螺栓承压型连接的承载力设计值计算公式　　表 2.5-13

项次	受力情况		公　式	说　明
1	受剪连接	抗剪	$N_v^b = n_v \frac{\pi d_e^2}{4} f_v^b$　(2-119)	N_v^b、N_c^b、N_t^b——一个高强度螺栓的抗剪、承压和抗拉承载力设计值；N_v、N_t——一个高强度螺栓所承受的剪力和拉力；n_v—受剪面数目
		抗压	$N_c^b = d \cdot \Sigma t \cdot f_c^b$　(2-120) 取两者中的较小者	
2	螺栓杆轴方向受拉的连接		$N_t^b = 0.8P$　(2-117)	
3	同时承受剪力和杆轴方向拉力的连接		$\sqrt{\left(\frac{N_v}{N_v^b}\right)^2 + \left(\frac{N_t}{N_t^b}\right)^2} \leqslant 1$　(2-121) $N_v \leqslant N_c^b/1.2$　(2-122)	

2.5.3　普通螺栓和高强度螺栓群的连接计算和构造要求

（1）普通螺栓或高强度螺栓群的连接，可按表2.5-14所列公式计算。

（2）在构件的节点处或拼接连接的一侧，当普通螺栓或高强度螺栓沿受力方向的连接长度 l_1 大于 $15d_0$（d_0 为孔径）时，应将普通螺栓或高强度螺栓的承载力设计值乘以折减系数 α_s，$\alpha_s = [1.1 - l_1/(150d_0)]$；当 l_1 大于 $60d_0$ 时，折减系数为0.7。

（3）在下列情况的连接中，普通螺栓或高强度螺栓的数目应予增加：

1）一个构件借助填板或其他中间板件与另一构件连接的普通螺栓或高强度螺栓（摩擦型高强度螺栓除外）的数目，应按计算增加10%（不与表2.1-10同时考虑）。

普通螺栓和高强度螺栓连接的计算公式 **表 2.5-14**

项次	受力情况		简图	计算公式	说明
1	受剪的连接	受轴心力作用		$n \geqslant \frac{N}{N_v^b}$ 或 $\frac{N}{N_t^b}$ (2-123)	n—传递所受作用力的螺栓数； x_1、y_1—所验算螺栓或铆钉到螺栓或铆钉群形心的水平和竖向距离； y_1'—所验算螺栓或铆钉到最外排受压螺栓或铆钉的竖向距离； x_i、y_i—任一个螺栓或铆钉到螺栓或铆钉群形心的水平和竖向距离； y_i'—任一个螺栓或铆钉到最外排受压螺栓或铆钉的竖向距离； e—轴心力到最外排受压螺栓或铆钉的竖向距离
2		受轴心力、剪力和扭矩共同作用		$N_{iy}^V = \frac{V}{n}$ (2-124) $N_{ix}^N = \frac{N}{n}$ (2-125) $N_{1x}^M = \frac{My_1}{\sum_{i=1}^{n} x_i^2 + \sum_{i=1}^{n} y_i^2}$ (2-126) $N_{1y}^M = \frac{Mx_1}{\sum_{i=1}^{n} x_i^2 + \sum_{i=1}^{n} y_i^2}$ (2-127) $N_1 = \sqrt{(N_{1x}^M + N_{1x}^N)^2 + (N_{1y}^M + N_{1y}^V)^2}$ $\leqslant N_v^b$ 或 N_c^b 中的较小值 (2-128)	

续表

项次	受力情况		简图	计算公式	说明
3	受拉的连接	受轴心力作用	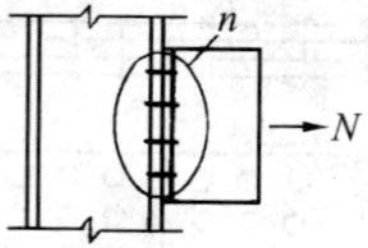	$n \geqslant \frac{N}{N_t^b}$　(2-129)	N_v^b、N_c^b、N_t^b——一个普通螺栓或高强度螺栓的抗剪、承压和抗拉承载力设计值； 公式（2-130）旋转点位于螺栓群中心，用于计算高强度螺栓连接和普通螺栓连接小偏心受拉情况； 公式（2-131）旋转点位于外排受压螺栓中心，用于计算普通螺栓连接
4		受轴心力和弯矩共同作用	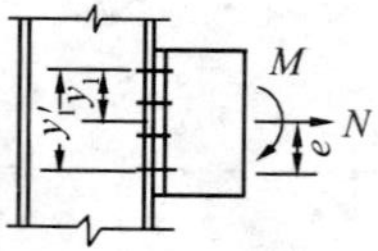	(1) $\frac{N}{n} - \frac{My_1}{\sum_{i=1}^{n} y_i^2} \geqslant 0$ 时， $N_{max} = N_t = \frac{N}{n} + \frac{My_1}{\sum_{i=1}^{n} y_i^2} \leqslant N_t^b$　(2-130) (2) $\frac{N}{n} - \frac{My_1}{\sum_{i=1}^{n} y_i^2} < 0$ 时， $N_{max} = N_t = \frac{(M + Ne)y'_1}{\sum_{i=1}^{n} y'^2_i} \leqslant N_t^b$　(2-131)	
5		受轴心力、剪力和弯矩共同作用	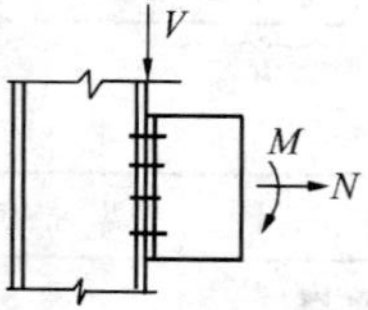	普通螺栓应按公式（2-114）、（2-115）计算，高强度螺栓； 摩擦型应用公式（2-118）计算， 承压型应用公式（2-121）、（2-122）计算	

2）搭接或用拼接板的单面连接，普通螺栓或高强度螺栓（摩擦型高强度螺栓除外）的数目，应按计算增加10%（不与表2.1-10同时考虑）。

3）在构件的端部连接中，当利用短角钢连接型钢（角钢或槽钢）的外伸肢以缩短连接长度时，在短角钢两肢中的一肢上，所用普通螺栓或高强度螺栓的数目，应按计算增加50%。

（4）直接承受动力荷载的结构或构件的摩擦型高强度螺栓连接，对可能发生疲劳破坏的连接部位，应进行常幅疲劳计算。

（5）螺栓的排列和构造要求。

1）螺栓的排列考虑受力、构造和施工要求，其最大和最小间距应满足表2.5-15的规定。

螺栓的容许距离 **表2.5-15**

<table>
<tr><th>项次</th><th>名 称</th><th colspan="3">位 置 和 方 向</th><th>最大容许距离
（取两者的较小值）</th><th>最小容许距离</th></tr>
<tr><td rowspan="3">1</td><td rowspan="3">中心间距</td><td rowspan="3">任意方向</td><td colspan="2">外 排</td><td>$8d_0$ 或 $12t$</td><td rowspan="3">$3d_0$</td></tr>
<tr><td rowspan="2">中间排</td><td>构件受压时</td><td>$12d_0$ 或 $18t$</td></tr>
<tr><td>构件受拉时</td><td>$16d_0$ 或 $24t$</td></tr>
<tr><td rowspan="3">2</td><td rowspan="3">中心至构件边缘距离</td><td colspan="3">顺内力方向</td><td rowspan="3">$4d_0$ 或 $8t$</td><td>$2d_0$</td></tr>
<tr><td rowspan="2">垂直内力方向</td><td colspan="2">切割边，手工气割边，及高强度螺栓轧制边</td><td>$1.5d_0$</td></tr>
<tr><td colspan="2">轧制边</td><td>$1.2d_0$</td></tr>
</table>

注：1. d_0 为螺栓孔径，t 为外层较薄板件的厚度。
2. 钢板边缘与刚性构件（如角钢、槽钢等）相连的螺栓最大间距，可按中间排的采用。

2）螺栓公称直径 d 与螺栓孔径的关系。

当螺栓直径等于或小于16mm时，螺栓孔径大于螺栓直径1mm。

当螺栓直径大于16mm时，螺栓孔径大于螺栓直径1.5mm。

3）高强度螺栓孔应采用钻成孔。摩擦型连接的高强度螺栓的孔径比螺栓公称直径 d 大1.5～2.0mm。承压型连接的高强度螺栓的孔径比公称直径 d 大1.0～1.5mm。

2.6　连接的承载力设计值

2.6.1　焊接连接的承载力设计值

（1）每1cm长直角角焊缝的承载力设计值（见表2.6-1）。

每1cm长直角角焊缝的承载力设计值　　表2.6-1

角焊缝的焊脚尺寸 h_f（mm）	受压、受拉、受剪的承载力设计值 N_t^w（kN/cm）		
	采用自动焊、半自动焊和E43××型焊条的手工焊焊接Q235钢构件	采用自动焊、半自动焊和E50××型焊条的手工焊焊接Q345钢构件	采用自动焊、半自动焊和E55××型焊条的手工焊焊接Q390钢、Q420钢构件
3	3.36	4.20	4.62
4	4.48	5.60	6.16
5	5.60	7.00	7.70
6	6.72	8.40	9.24
8	8.96	11.20	12.32
10	11.20	14.00	15.40
12	13.44	16.80	18.48
14	15.68	19.60	21.56
16	17.92	22.40	24.64
18	20.16	25.20	27.72
20	22.40	28.00	30.80
22	24.64	30.80	33.88
24	26.88	33.60	36.96
26	29.12	36.40	40.04
28	31.36	39.20	43.12

注：1. 表中的焊缝承载力设计值按下式算得：

$N_f^w = 0.7h_f f_f^w/100$，E43：$f_f^w = 160\text{N/mm}^2$，E50：$f_f^w = 200\text{N/mm}^2$　E55：$f_f^w = 220\text{N/mm}^2$；

2. 对施工条件较差的高空安装焊缝，其承载力设计值应乘系数0.9；
3. 单角钢单面连接的直角角焊缝，其承载力设计值应按表中的数值乘以0.85。

（2）每 1cm 长对接焊缝的承载力设计值（见表 2.6-2）。

每 1cm 长对接焊缝的承载力设计值 **表 2.6-2**

焊件的较小厚度 t (mm)	采用自动焊、半自动焊和用 E43 型焊条的手工焊焊接 Q235 钢构件				采用自动焊、半自动焊和用 E50 型焊条的手工焊焊接 Q345 钢构件				采用自动焊、半自动焊和用 E55 型焊条的手工焊焊接 Q390 钢构件			
	受压的承载力设计值 N_c^w(kN)	受拉、受弯的承载力设计值 N_t^w(kN)		受剪的承载力设计值 N_v^w(kN)	受压的承载力设计值 N_c^w(kN)	受拉、受弯的承载力设计值 N_t^w(kN)		受剪的承载力设计值 N_v^w(kN)	受压的承载力设计值 N_c^w(kN)	受拉、受弯的承载力设计值 N_t^w(kN)		受剪的承载力设计值 N_v^w (kN)
		一、二级焊缝	（三级焊缝）			一、二级焊缝	（三级焊缝）			一、二级焊缝	（三级焊缝）	
4	8.6	8.6	7.4	5.0	12.4	12.4	10.6	7.2	14.0	14.0	12.0	8.2
6	12.9	12.9	11.1	7.5	18.6	18.6	15.9	10.8	21.0	21.0	18.0	12.3
8	17.2	17.2	14.8	10.0	24.8	24.8	21.2	14.4	28.0	28.0	24.0	16.4
10	21.5	21.5	18.5	12.5	31.0	31.0	26.5	18.0	35.0	35.0	30.0	20.5
12	25.8	25.8	22.2	15.0	37.2	37.2	31.8	21.6	42.0	42.0	36.0	24.6
14	30.1	30.1	25.9	17.5	43.4	43.4	37.1	25.2	49.0	49.0	42.0	28.7
16	34.4	34.4	29.6	20.0	49.6	49.6	42.4	28.8	56.0	56.0	48.0	32.8
18	36.9	36.9	31.5	21.6	53.1	53.1	45.0	30.6	60.3	60.3	51.3	34.2
20	41.0	41.0	35.0	24.0	59.0	59.0	50.0	34.0	67.0	67.0	57.0	38.0
22	45.1	45.1	38.5	26.4	64.9	64.9	55.0	37.4	73.7	73.7	62.7	41.8
24	49.2	49.2	42.0	28.8	70.8	70.8	60.0	40.8	80.4	80.4	68.4	45.6
25	51.3	51.3	43.8	30.0	73.8	73.8	62.5	42.5	83.8	83.8	71.3	47.5
26	53.3	53.3	45.5	31.2	76.7	76.7	65.0	44.2	87.1	87.1	74.1	49.4
28	57.4	57.4	49.0	33.6	82.6	82.6	70.0	47.6	93.8	93.8	79.8	53.2

续表

焊件的较小厚度 t (mm)	采用自动焊、半自动焊和用 E43 型焊条的手工焊焊接 Q235 钢构件				采用自动焊、半自动焊和用 E50 型焊条的手工焊焊接 Q345 钢构件				采用自动焊、半自动焊和用 E55 型焊条的手工焊焊接 Q390 钢构件			
	受压的承载力设计值 N_c^w(kN)	受拉、受弯的承载力设计值 N_t^w(kN)		受剪的承载力设计值 N_v^w(kN)	受压的承载力设计值 N_c^w(kN)	受拉、受弯的承载力设计值 N_t^w(kN)		受剪的承载力设计值 N_v^w(kN)	受压的承载力设计值 N_c^w(kN)	受拉、受弯的承载力设计值 N_t^w(kN)		受剪的承载力设计值 N_v^w (kN)
		一、二级焊缝	（三级焊缝）			一、二级焊缝	（三级焊缝）			一、二级焊缝	（三级焊缝）	
30	61.5	61.5	52.5	36.0	88.5	88.5	75.0	51.0	100.5	100.5	85.5	57.0
32	65.6	65.6	56.0	38.4	94.4	94.4	80.0	54.4	107.2	107.2	91.2	60.8
34	69.7	69.7	59.5	40.8	100.3	100.3	85.0	57.8	113.9	113.9	96.9	64.6
36	73.8	73.8	63.0	43.2	95.4	95.4	81.0	55.8	113.4	113.4	97.2	64.8
38	77.9	77.9	66.5	45.6	100.7	100.7	85.5	58.9	119.7	119.7	102.6	68.4
40	82.0	82.0	70.0	48.0	106.0	106.0	90.0	62.0	126.0	126.0	108.0	72.0

注：1. 表中的焊缝承载力设计值系按下列公式算得：受压 $N_c^W = tf_c^w/100$；受拉 $N_t^w = tf_t^w/100$；受剪 $N_t^w = tf_v^w/100$；

2. 对 Q235 钢，当 $t \leqslant 16$mm 时，f_c^w、f_t^w、f_v^w 分别取 215、215（185）、125N/mm^2；当 $40 \geqslant t > 16$ 时，分别取 205、205（175）、120N/mm^2；

对 Q345 钢，当 $t \leqslant 16$mm 时，f_c^w、f_t^w、f_v^w 分别取 310、310（265）、180N/mm^2；当 $35 \geqslant t > 16$ 时，分别取 295、295（250）、170N/mm^2；

当 $50 \geqslant t > 35$ 时，分别取 265、265（225）、155N/mm^2；

对 Q390 钢，当 $t \leqslant 16$mm 时，f_c^w、f_t^w、f_v^w 分别取 350、350（300）、205N/mm^2；当 $35 \geqslant t > 16$ 时，分别取 335、335（285）、190N/mm^2；

当 $50 \geqslant t > 35$ 时，分别取 315、315（270）、180N/mm^2；

3. 对施工条件较差的高空安装焊缝，其承载力设计值应乘以系数 0.9。

（3）两个热轧等边角钢相连的直角角焊缝计算长度选用表（Q235 钢，E43××型焊条）（见表 2.6-3）。

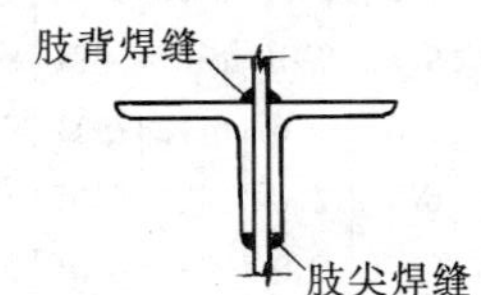

表 2.6-3

作用轴心力 N（kN）	焊缝的计算长度 l_w（cm）																			
	当角焊缝的焊脚尺寸 h_f（mm）=																			
	4		5		6		8		10		12		14		16		18		20	
	肢背	肢尖	肢背	肢尖	肢背	肢尖	肢背	肢尖	肢背	肢尖	肢背	肢尖	肢背	肢尖	肢背	肢尖	肢背	肢尖	肢背	肢尖
50	3.9	3.2																		
60	4.7	3.2																		
80	6.3	3.2	5.0	4.0																
100	7.8	3.2	6.3	4.0	5.2	4.8														
120	9.4	4.0	7.5	4.0	6.3	4.8														
150	11.7	5.0	9.4	4.0	7.8	4.8														
180	14.1	6.0	11.3	4.8	9.4	4.8	7.0	6.4												
200	15.6	6.7	12.5	5.4	10.4	4.8	7.8	6.4												
220	17.2	7.4	13.8	5.9	11.5	4.9	8.6	6.4												

续表

作用轴心力 N（kN）	焊缝的计算长度 l_w（cm） 当角焊缝的焊脚尺寸 h_f（mm）=																			
	4		5		6		8		10		12		14		16		18		20	
	肢背	肢尖	肢背	肢尖	肢背	肢尖	肢背	肢尖	肢背	肢尖	肢背	肢尖	肢背	肢尖	肢背	肢尖	肢背	肢尖	肢背	肢尖
250	19.5	8.4	15.6	6.7	13.0	5.6	9.8	6.4												
280	21.9	9.4	17.5	7.5	14.6	6.3	10.9	6.4	8.8	8.0										
300	23.4	10.0	18.8	8.0	15.6	6.7	11.7	6.4	9.4	8.0										
320			20.0	8.6	16.7	7.1	12.5	6.4	10.0	8.0										
350			21.9	9.4	18.2	7.8	13.7	6.4	10.9	8.0										
380			23.8	10.1	19.8	8.5	14.8	6.4	11.9	8.0	9.9	9.6								
400			25.0	10.7	20.8	8.9	15.6	6.7	12.5	8.0	10.4	9.6								
450			28.1	12.1	23.4	10.0	17.6	7.5	14.1	8.0	11.7	9.6								
500					26.0	11.2	19.5	8.4	15.6	8.0	13.0	9.6	11.2	11.2						
550					28.6	12.3	31.5	9.2	17.2	8.0	14.3	9.6	12.3	11.2						
600					31.3	13.4	23.4	10.0	18.8	8.0	15.6	9.6	13.4	11.2						
650					33.9	14.5	25.4	10.9	20.3	8.7	16.9	9.6	14.5	11.2						
700							27.3	11.7	21.9	9.4	18.2	9.6	15.6	11.2	13.7	12.8				
750							29.3	12.6	23.4	10.0	19.5	9.6	16.7	11.2	14.6	12.8				
800							31.3	13.4	25.0	10.7	20.8	9.6	17.9	11.2	15.6	12.8				
850							33.2	14.2	26.6	11.4	22.1	9.6	19.0	11.2	16.6	12.8	14.8	14.4		

续表

作用轴心力 N（kN）	焊缝的计算长度 l_w（cm） 当角焊缝的焊脚尺寸 h_f（mm）=																			
	4		5		6		8		10		12		14		16		18		20	
	肢背	肢尖	肢背	肢尖	肢背	肢尖	肢背	肢尖	肢背	肢尖	肢背	肢尖	肢背	肢尖	肢背	肢尖	肢背	肢尖	肢背	肢尖
900							35.2	15.1	28.1	12.1	23.4	10.0	20.1	11.2	17.6	12.8	15.6	14.4		
950							37.1	15.9	29.7	12.7	24.7	10.6	21.2	11.2	18.6	12.8	16.5	14.4		
1000							39.1	16.7	31.3	13.4	26.0	11.2	22.3	11.2	19.5	12.8	17.4	14.4		
1100							43.0	18.4	34.4	14.7	28.6	12.3	24.6	11.2	21.5	12.8	19.1	14.4	17.2	16.0
1200							46.9	20.1	37.5	16.1	31.3	13.4	26.8	11.5	23.4	12.8	20.8	14.4	18.8	16.0
1300									40.6	17.4	33.9	14.5	29.0	12.4	25.4	12.8	22.6	14.4	20.3	16.0
1400									43.8	18.8	36.5	15.6	31.3	13.4	27.3	12.8	24.3	14.4	21.9	16.0
1500									46.9	20.1	39.1	16.7	33.5	14.3	29.3	12.8	26.0	14.4	23.4	16.0
1600									50.0	21.4	41.7	17.9	35.7	15.3	31.3	13.4	27.8	14.4	25.0	16.0
1700									53.1	22.8	44.3	19.0	37.9	16.3	33.2	14.2	29.5	14.4	26.6	16.0
1800									56.2	24.1	46.9	20.1	40.2	17.2	35.2	15.1	31.3	14.4	28.1	16.0
1900									59.4	25.4	49.5	21.2	42.4	18.2	37.1	15.9	33.0	14.4	29.7	16.0
2000											52.1	22.3	44.6	19.1	39.1	16.7	34.7	14.9	31.3	16.0

注：1. 表中的焊缝计算长度 l_w 按下列公式算得：肢背 $l_{w1}=0.7N/(2\times0.7h_f f_f^w)$；肢尖 $l_{w2}=0.3N/(2\times0.7h_f f_f^w)$。

2. 表中的焊缝计算长度 l_w 未考虑施焊时起弧和落弧的影响，实际的焊缝长度应为：$l_{wa}=l_w+2h_f$。

3. 当采用 Q345 钢，$E_{50}\times\times$ 型焊条时，焊缝计算长度 l_w 应乘以系数 0.8，但减少后的计算长度不得小于 $8h_f$ 和 40mm。

4. 对高空安装焊缝，其计算长度 l_w 应乘以系数 1.10。

（4）两个热轧不等边角钢短边相连时的直角角焊缝计算长度选用表（Q235 钢，E43××型焊条）（见表 2.6-4）。

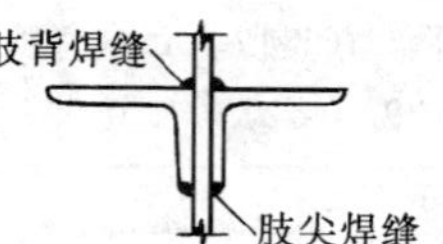

表 2.6-4

作用轴心力 N（kN）	焊缝的计算长度 l_w（cm） 当角焊缝的焊脚尺寸 h_f（mm）=																			
	4		5		6		8		10		12		14		16		18		20	
	肢背	肢尖	肢背	肢尖	肢背	肢尖	肢背	肢尖	肢背	肢尖	肢背	肢尖	肢背	肢尖	肢背	肢尖	肢背	肢尖	肢背	肢尖
50	4.2	3.2																		
60	5.0	3.2	4.0	4.0																
80	6.7	3.2	5.4	4.0																
100	8.4	3.2	6.7	4.0	5.6	4.8														
120	10.0	3.3	8.0	4.0	6.7	4.8														
150	12.6	4.2	10.0	4.0	8.4	4.8														
180	15.1	5.0	12.1	4.0	10.0	4.8	7.5	6.4												
200	16.7	5.6	13.4	4.5	11.2	4.8	8.4	6.4												
220	18.4	6.1	14.7	4.9	12.3	4.8	9.2	6.4												

续表

作用轴心力 N（kN）	焊缝的计算长度 l_w（cm） 当角焊缝的焊脚尺寸 h_f（mm）= 4		5		6		8		10		12		14		16		18		20	
	肢背	肢尖	肢背	肢尖	肢背	肢尖	肢背	肢尖	肢背	肢尖	肢背	肢尖	肢背	肢尖	肢背	肢尖	肢背	肢尖	肢背	肢尖
250	20.9	7.0	16.7	5.6	14.0	4.8	10.5	6.4	8.4	8.0										
280	23.4	7.8	18.8	6.3	15.6	5.2	11.7	6.4	9.4	8.0										
300			20.1	6.7	16.7	5.6	12.6	6.4	10.0	8.0										
320			21.4	7.1	17.9	6.0	13.4	6.4	10.7	8.0										
350			23.4	7.8	19.5	6.5	14.6	6.4	11.7	8.0	9.8	9.6								
380			25.4	8.5	21.2	7.1	15.9	6.4	12.7	8.0	10.6	9.6								
400			26.8	8.9	22.3	7.4	16.7	6.4	13.4	8.0	11.2	9.6								
450			30.0	10.0	25.1	8.4	18.8	6.4	15.1	8.0	12.6	9.6								
500					27.9	9.3	20.9	7.0	16.7	8.0	14.0	9.6	12.0	11.2						
550					30.7	10.2	23.0	7.7	18.4	8.0	15.3	9.6	13.2	11.2						
600					33.5	11.2	25.1	8.4	20.1	8.0	16.7	9.6	14.3	11.2						
650							27.2	9.1	21.8	8.0	18.1	9.6	15.5	11.2	13.6	12.8				
700							29.3	9.8	23.4	8.0	19.5	9.6	16.7	11.2	14.6	12.8				
750							31.4	10.5	25.1	8.4	20.9	9.6	17.9	11.2	15.7	12.8				
800							33.5	11.2	26.8	8.9	22.3	9.6	19.1	11.2	16.7	12.8	14.9	14.4		
850							35.6	11.9	28.5	9.5	23.7	9.6	20.3	11.2	17.8	12.8	15.8	14.4		

续表

作用轴心力 N（kN）	焊缝的计算长度 l_w（cm）																			
	当角焊缝的焊脚尺寸 h_f（mm）=																			
	4		5		6		8		10		12		14		16		18		20	
	肢背	肢尖	肢背	肢尖	肢背	肢尖	肢背	肢尖	肢背	肢尖	肢背	肢尖	肢背	肢尖	肢背	肢尖	肢背	肢尖	肢背	肢尖
900							37.7	12.6	30.1	10.0	25.1	9.6	21.5	11.2	18.8	12.8	16.7	14.4		
950							39.8	13.3	31.8	10.6	26.5	9.6	22.7	11.2	19.9	12.8	17.7	14.4		
1000							41.9	14.0	33.5	11.2	27.9	9.6	23.9	11.2	20.9	12.8	18.6	14.4	16.7	16.0
1100							46.0	15.3	36.8	12.3	30.7	10.2	26.3	11.2	23.0	12.8	20.5	14.4	18.4	16.0
1200									40.2	13.4	33.5	11.2	28.7	11.2	25.1	12.8	22.3	14.4	20.1	16.0
1300									43.5	14.5	36.3	12.1	31.1	11.2	27.2	12.8	24.2	14.4	21.8	16.0
1400									46.9	15.6	39.1	13.0	33.5	11.2	29.3	12.8	26.0	14.4	23.4	16.0
1500									50.2	16.7	41.9	14.0	35.9	12.0	31.4	12.8	27.9	14.4	25.1	16.0
1600									53.6	17.9	44.6	14.9	38.3	12.8	33.5	12.8	29.8	14.4	26.8	16.0
1700									56.9	19.0	47.4	15.8	40.7	13.6	35.6	12.8	31.6	14.4	28.5	16.0
1800											50.2	16.7	43.0	14.3	37.7	12.8	33.1	14.4	30.1	16.0
1900											53.0	17.7	45.4	15.1	39.8	13.3	35.3	14.4	31.8	16.0
2000											55.8	18.6	47.8	15.9	41.9	14.0	37.2	14.4	33.5	16.0

注：1. 表中的焊缝计算长度 l_w 按下列公式算得：肢背 $l_{w1}=0.75N/(2\times0.7h_ff_f^w)$；肢尖 $l_{w2}=0.25N/(2\times0.7h_ff_f^w)$。

2. 表中的焊缝计算长度 l_w 未考虑由于施焊时起弧和落弧的影响，实际的焊缝长度应为：$l_{w2}=l_w+2h_f$mm。

3. 当采用 Q345 钢，E50××型焊条时，焊缝计算长度 l_w 应乘以系数 0.8，但减少后的计算长度不得小于 $8h_f$ 和 40mm。

4. 对高空安装焊缝，其计算长度 l_w 应乘以系数 1.10。

（5）两个热轧不等边角钢长边相连时的直角角焊缝计算长度选用表（Q235 钢，E43××型焊条）（见表 2.6-5）。

肢背焊缝 肢尖焊缝

表 2.6-5

作用轴心力 N (kN)	焊缝的计算长度 l_w (cm) 当角焊缝的焊脚尺寸 h_f (mm) = 4		5		6		8		10		12		14		16		18		20	
	肢背	肢尖	肢背	肢尖	肢背	肢尖	肢背	肢尖	肢背	肢尖	肢背	肢尖	肢背	肢尖	肢背	肢尖	肢背	肢尖	肢背	肢尖
50	3.6	3.2																		
60	4.4	3.2																		
80	5.8	3.2	4.6	4.0																
100	7.3	3.9	5.8	4.0	4.8	4.8														
120	8.7	4.7	7.0	4.0	5.8	4.8														
150	10.9	5.9	8.7	4.7	7.3	4.8														
180	13.1	7.0	10.4	5.6	8.7	4.8	6.5	6.4												
200	14.5	7.8	11.6	6.3	9.7	5.2	7.3	6.4												
220	16.0	8.6	12.8	6.9	10.6	5.7	8.0	6.4												

续表

作用轴心力 N（kN）	焊缝的计算长度 l_w（cm）																			
	当角焊缝的焊脚尺寸 h_f（mm）=																			
	4		5		6		8		10		12		14		16		18		20	
	肢背	肢尖	肢背	肢尖	肢背	肢尖	肢背	肢尖	肢背	肢尖	肢背	肢尖	肢背	肢尖	肢背	肢尖	肢背	肢尖	肢背	肢尖
250	18.1	9.8	14.5	7.8	12.1	6.5	9.1	6.4												
280	20.3	10.9	16.3	8.8	13.5	7.3	10.2	6.4	8.1	8.0										
300	21.8	11.7	17.4	9.4	14.5	7.8	10.9	6.4	8.7	8.00										
320	23.2	12.5	18.6	10.0	15.5	8.3	11.6	6.4	9.3	8.0										
350			20.3	10.9	16.9	9.1	12.7	6.8	10.2	8.0										
380			22.1	11.9	18.4	9.9	13.8	7.4	11.0	8.0										
400			23.2	12.5	19.3	10.4	14.5	7.8	11.6	8.0	9.7	9.6								
450			26.1	14.1	21.8	11.7	16.3	8.8	13.1	8.0	10.9	9.6								
500			29.0	15.6	24.2	13.0	18.1	9.8	14.5	8.0	12.1	9.6								
550					26.6	14.3	19.9	10.7	16.0	8.6	13.3	9.6	11.4	11.2						
600					29.0	15.6	21.8	11.7	17.4	9.4	14.5	9.6	12.4	11.2						
650					31.4	16.9	23.6	12.7	18.9	10.2	15.7	9.6	13.5	11.2						
700					33.9	18.2	25.4	13.7	20.3	10.9	16.9	9.6	14.5	12.2						
750							27.2	14.6	21.8	11.7	18.1	9.8	15.5	11.2	13.6	12.8				
800							29.0	15.6	23.2	12.5	19.3	10.4	16.6	11.2	14.5	12.8				
850							30.8	16.6	24.7	13.3	20.6	11.1	17.6	11.2	15.4	12.8				

续表

作用轴心力 N (kN)	焊缝的计算长度 l_w (cm)																			
	当角焊缝的焊脚尺寸 h_f (mm) =																			
	4		5		6		8		10		12		14		16		18		20	
	肢背	肢尖	肢背	肢尖	肢背	肢尖	肢背	肢尖	肢背	肢尖	肢背	肢尖	肢背	肢尖	肢背	肢尖	肢背	肢尖	肢背	肢尖
900							32.6	17.6	26.1	14.1	21.8	11.7	18.7	11.2	16.3	12.8	14.5	14.4		
950							34.5	18.6	27.6	14.8	23.0	12.4	19.7	11.2	17.2	12.8	15.3	14.4		
1000							36.3	19.5	29.0	15.6	24.2	13.0	20.7	11.2	18.1	12.8	16.1	14.4		
1100							39.9	21.5	31.9	17.2	26.6	14.3	22.8	12.3	19.9	12.8	17.7	14.4	16.0	16.0
1200							43.5	23.4	34.8	18.8	29.0	15.6	24.9	13.4	21.8	12.8	19.3	14.4	17.4	16.0
1300							47.2	25.4	37.7	20.3	31.4	16.9	26.9	14.5	23.6	12.8	21.0	14.4	18.9	16.0
1400									40.6	21.9	33.9	18.2	29.0	15.6	25.4	13.7	22.6	14.4	20.3	16.0
1500									43.5	23.4	36.3	19.5	31.1	16.7	27.2	14.6	24.2	14.4	21.8	16.0
1600									46.4	25.0	38.7	20.8	33.2	17.9	29.0	15.6	25.8	14.4	23.2	16.0
1700									49.3	26.6	41.1	22.1	35.2	19.0	30.8	16.6	27.4	14.8	24.7	16.0
1800									52.2	28.1	43.5	23.4	37.3	20.1	32.6	17.6	29.0	15.6	26.1	16.0
1900									55.1	29.7	45.9	24.7	39.4	21.2	34.5	18.6	30.6	16.5	27.6	16.0
2000									58.0	31.3	48.4	26.0	41.5	22.3	36.3	19.5	32.2	17.4	29.0	16.0

注：1. 表中的焊缝计算长度 l_w 按下列公式算得：肢背 $l_{w1}=0.65N/(2\times0.7h_f f_f^w)$；肢尖 $l_{w2}=0.35N/(2\times0.7h_f f_f^w)$。

2. 表的焊缝计算长度 l_w 未考虑由于施焊时起弧和落弧的影响，实际的焊缝长度应为：$l_{wa}=l_w+2h_f$。

3. 当采用 Q345 钢，E50××型焊条时，焊缝计算长度 l_w 应乘以系数 0.8，但减少后的计算长度不得小于 $8h_f$ 和 40mm。

4. 对高空安装焊缝，其计算长度 l_w 应乘以系数 1.10。

2.6.2　普通螺栓的承载力设计值

一个普通 C 级螺栓的承载力设计值（Q235）（见表 2.6-6）。

一个普通 C 级螺栓的

螺栓直径 d（mm）	螺栓毛截面面积 A（cm^2）	螺栓有效截面面积 A_e（cm^2）	构件钢材的钢号	承压的			
				当承压			
				5	6	7	8
12	1.131	0.84	Q235 钢	18.3	22.0	25.6	29.3
			Q345 钢	23.1	27.7	32.3	37.0
			Q390 钢	24.0	28.8	33.6	38.4
14	1.539	1.15	Q235 钢	21.4	25.6	29.9	34.2
			Q345 钢	27.0	32.3	37.7	43.1
			Q390 钢	28.0	33.6	39.2	44.8
16	2.011	1.57	Q235 钢	24.4	29.3	34.2	39.0
			Q345 钢	30.8	37.0	43.1	49.3
			Q390 钢	32.0	38.4	44.8	51.2
18	2.545	1.93	Q235 钢	27.5	32.9	38.4	43.9
			Q345 钢	34.7	41.6	48.5	55.4
			Q390 钢	36.0	43.2	50.4	57.6
20	3.142	2.45	Q235 钢	30.5	36.6	42.7	48.8
			Q345 钢	38.5	46.2	53.9	61.6
			Q390 钢	40.0	48.0	56.0	64.0
22	3.801	3.03	Q235 钢	33.6	40.3	47.0	53.7
			Q345 钢	42.4	50.8	59.3	67.8
			Q390 钢	44.0	52.8	61.6	70.4
24	4.524	3.53	Q235 钢	36.6	43.9	51.2	58.6
			Q345 钢	46.2	55.4	64.7	73.9
			Q390 钢	48.0	57.6	67.2	76.8
27	5.726	4.59	Q235 钢	41.2	49.4	57.6	65.9
			Q345 钢	52.0	62.4	72.8	83.2
			Q390 钢	54.0	64.8	75.6	86.4
30	7.069	5.61	Q235 钢	45.8	54.9	64.1	73.2
			Q345 钢	57.8	69.3	80.9	92.4
			Q390 钢	60.0	72.0	84.0	96.0

注：1. 表中螺栓的承载力设计值系按下列公式算得：

承压　$N_c^b = d\Sigma t f_c^b$；受拉　$N_t^b = A_e f_t^b$；受剪　$N_v^b = n_v A f_v^b$；

式中　n_v—每个螺栓的受剪面数目；

2. 单角钢单面连接的螺栓，其承载力设计值应按表中的数值乘以 0.85；

3. f_c^b 对于 Q235、Q345、Q390 钢材分别为 305、385、400N/mm²；

f_t^b、f_v^b—对于 4.6 或 4.8 级分别为 170、140N/mm²。

承载力设计值（Q235） **表 2.6-6**

承载力设计值 N_c^b（kN） 板的厚度 t（mm）为 10	12	14	16	18	20	受拉的承载力设计值 N_t^b（kN）	受剪的承载力设计值 N_v^b（kN） 单剪	双剪
36.6 46.2 48.0	43.9 55.4 57.6	51.2 64.7 67.2	58.6 73.9 76.8	65.9 83.2 86.4	73.2 92.4 96.0	14.3	15.8	31.7
42.7 53.9 56.0	51.2 64.7 67.2	59.8 75.5 78.4	68.3 86.2 89.6	76.9 97.0 100.8	85.4 107.8 112.0	19.6	21.6	43.1
48.8 61.6 64.0	58.6 73.9 76.8	68.3 86.2 89.6	78.1 98.6 102.4	87.8 110.9 115.2	97.6 123.2 128.0	26.7	28.1	56.3
54.9 69.3 72.0	65.9 83.2 86.4	76.9 97.0 100.8	87.8 110.9 115.2	98.8 124.7 129.6	109.8 138.6 144.0	32.8	35.6	71.3
61.0 77.0 80.0	73.2 92.4 96.0	85.4 107.8 112.0	97.6 123.2 128.0	109.8 138.6 144.0	122.0 154.0 160.0	41.7	44.0	88.0
67.1 84.7 88.0	80.5 101.6 105.6	93.9 118.6 123.2	107.4 135.5 140.8	120.8 152.5 158.4	134.2 169.4 176.0	51.5	53.2	106.4
73.2 92.4 96.0	87.8 110.9 115.2	102.5 129.4 134.4	117.1 147.8 153.6	131.8 166.3 172.8	146.4 184.8 192.0	60.0	63.3	126.7
82.4 104.0 108.0	98.8 124.7 129.6	115.3 145.5 151.2	131.8 166.3 172.8	148.2 187.1 194.4	164.7 207.0 216.0	78.0	80.2	160.3
91.5 115.5 120.0	109.8 138.6 144.0	128.1 161.7 168.0	146.4 184.8 192.0	164.7 207.9 216.0	183.0 231.0 240.0	95.4	99.0	197.9

2.6.3 高强螺栓的承载力设计值

（1）一个高强度螺栓摩擦型连接的承载力设计值（见表 2.6-7）。

表 2.6-7

螺栓的性能道级	构件钢材的钢号	构件在连接处接触面的处理方法	u	抗剪的承载力设计值 N_v^b（kN）											
				单剪						双剪					
				当螺栓直径 d（mm）为											
				16	20	22	24	27	30	16	20	22	24	27	30
8.8级	Q235 钢	喷砂（丸）	0.45	32.4	50.6	60.8	70.9	93.2	113.4	64.8	101.3	121.5	141.8	186.3	226.8
		喷砂后涂无机富锌漆	0.35	25.2	39.4	47.3	55.1	72.5	88.2	50.4	78.8	94.5	110.3	144.9	176.4
		喷砂后生赤锈	0.45	32.4	50.6	60.8	70.9	93.2	113.4	64.8	101.3	121.5	141.8	186.3	226.8
		钢丝刷清除浮锈或未经处理的干净轧制表面	0.30	21.6	33.8	40.5	47.3	62.1	75.6	43.2	67.5	81.0	94.5	124.2	151.2
	Q345 钢 Q390 钢	喷砂（丸）	0.50	36.0	56.3	67.5	78.8	103.5	126.0	72.0	112.5	135.0	157.5	207.0	252.0
		喷砂后涂无机富锌漆	0.40	28.8	45.0	54.0	63.0	82.8	100.8	57.6	90.0	108.0	126.0	165.6	201.6
		喷砂后生赤锈	0.50	36.0	56.3	67.5	78.8	103.5	126.0	72.0	112.5	135.0	157.5	207.0	252.0
		钢丝刷清除浮锈或未经处理的干净轧制表面	0.35	25.2	39.4	47.3	55.1	72.5	88.2	50.4	78.8	94.5	110.3	144.9	176.4
	Q430 钢	喷砂（丸）	0.50	36.0	56.3	67.5	78.8	103.5	126.0	72.0	112.5	135.0	157.5	207.0	252.0
		喷砂后涂无机富锌漆	0.40	28.8	45.0	54.0	63.0	82.8	100.8	57.6	90.0	108.0	126.0	165.6	201.6
		喷砂后生赤锈	0.50	36.0	56.3	67.5	78.8	103.5	126.0	72.0	112.5	135.0	157.5	207.0	252.0
		钢丝刷清除浮锈或未经处理的干净轧制表面	0.40	28.8	45.0	54.0	63.0	82.8	100.8	57.6	90.0	108.0	126.0	165.6	201.6

续表

螺栓的性能等级	构件钢材的钢号	构件在连接处接触面的处理方法	u	抗剪的承载力设计值 N_v^b（kN）											
				单剪						双剪					
				当螺栓直径 d（mm）为											
				16	20	22	24	27	30	16	20	22	24	27	30
10.9级	Q235钢	喷砂（丸）	0.45	40.5	62.8	77.0	91.1	117.5	143.8	81.0	125.6	153.9	182.3	234.9	287.6
		喷砂后涂无机富锌漆	0.35	31.5	48.8	59.9	70.9	91.4	111.8	63.0	97.7	119.7	141.8	182.7	223.7
		喷砂后生赤锈	0.45	40.5	62.8	77.0	91.1	117.5	143.8	81.0	125.6	153.9	182.3	234.9	287.6
		钢丝刷清除浮锈或未经处理的干净轧制表面	0.30	27.0	41.9	51.3	60.8	78.3	95.9	54.0	83.7	102.6	121.5	156.6	191.7
	Q345钢 Q390钢	喷砂（丸）	0.50	45.0	69.8	85.5	101.3	130.5	159.8	90.0	139.5	171.0	202.5	261.0	319.5
		喷砂后涂无机富锌漆	0.40	36.0	55.8	68.4	81.0	104.4	127.8	72.0	111.6	136.8	162.0	208.0	255.6
		喷砂后生赤锈	0.50	45.0	69.8	85.5	101.3	130.5	159.8	90.0	139.5	171.0	202.5	261.0	319.5
		钢丝刷清除浮锈或未经处理的干净轧制表面	0.35	31.5	48.8	59.9	70.9	91.4	111.8	63.0	97.7	119.7	141.8	182.7	223.7
	Q430钢	喷砂（丸）	0.50	45.0	69.8	85.5	101.3	130.5	159.8	90.0	139.5	171.0	202.5	261.0	319.5
		喷砂后涂无机富锌漆	0.40	36.0	55.8	68.4	81.0	104.4	127.8	72.0	111.6	136.8	162.0	208.8	255.6
		喷砂后生赤锈	0.50	45.0	69.8	85.5	101.3	130.5	159.8	90.0	139.5	171.0	202.5	261.0	319.5
		钢丝刷清除浮锈或未经处理的干净轧制表面	0.40	36.0	55.8	68.4	81.0	104.4	127.8	72.0	111.6	136.8	162.0	208.8	255.6

注：1. 表中高强度螺栓受剪的承载力设计值按下式算得：

$N_c^b = 0.9 n_t \mu P$

式中 n_t—传力的摩擦面数目；μ—摩擦系数；P—高强度螺栓的预应力。

2. 单角钢单面连接的高强度螺栓，其承载力设计值应按表中的数值乘以0.85。

（2）一个高强度螺栓承压型连接承载力设计值（见表2.6-8）。

螺栓的性能等级	螺栓直径 d（mm）	螺栓毛截面面积 A（mm^2）	螺栓有效截面面积 A_e（mm^2）	构件钢材的钢号	承压的			
					当承压板			
					6	7	8	10
8.8级	16	201.1	156.6	Q235钢	45.1	52.6	60.2	75.2
				Q345钢	56.6	66.1	75.5	94.4
				Q390钢	59.0	68.9	78.7	98.4
	20	314.2	244.7	Q235钢	56.4	65.8	75.2	94.0
				Q345钢	70.8	82.6	94.4	118.0
				Q390钢	73.8	86.1	98.4	123.0
	22	380.1	303.3	Q235钢	62.0	72.4	82.7	103.4
				Q345钢	77.9	90.9	103.8	129.8
				Q390钢	81.2	94.7	108.2	135.3
	24	452.4	352.7	Q235钢	67.7	79.0	90.2	112.8
				Q345钢	85.0	99.1	113.3	141.6
				Q390钢	88.6	103.3	118.1	147.6
	27	572.6	459.6	Q235钢	76.1	88.8	101.5	126.9
				Q345钢	95.6	111.5	127.4	159.3
				Q390钢	99.6	116.2	132.8	166.1
	30	706.9	560.7	Q235钢	84.6	98.7	112.8	141.0
				Q345钢	106.2	123.9	141.6	177.0
				Q390钢	110.7	129.2	147.6	184.5

表 2.6-8

承载力设计值 N_c^b					受拉的承载力设计值 N_t^b (kN)	受剪的承载力设计值 N_v^b (kN)			
厚度 t (mm) 为						承剪面在螺杆处		承剪面在螺纹处	
12	14	16	18	20		单剪	双剪	单剪	双剪
90.2	105.3	120.3	135.4	150.4	62.6	50.3	100.5	39.1	78.3
113.3	132.2	151.0	169.9	188.8					
118.1	137.8	157.4	177.1	196.8					
112.8	131.6	150.4	169.2	188.0	97.9	78.5	157.1	61.2	122.3
141.6	165.2	188.8	212.4	236.0					
147.6	172.2	196.8	221.4	246.0					
124.1	144.8	165.4	186.1	206.8	121.3	95.0	190.1	75.8	151.6
155.8	181.7	207.7	233.6	259.6					
162.4	189.4	216.5	243.5	270.6					
135.4	157.9	180.5	203.0	225.6	141.1	113.1	226.2	88.2	176.3
169.9	198.2	226.6	254.9	283.2					
177.1	206.6	236.2	265.7	295.2					
152.3	177.7	203.0	228.4	253.8	183.8	143.1	286.3	114.9	229.8
191.2	223.0	254.9	286.7	318.6					
199.3	232.5	265.7	298.9	332.1					
169.2	197.4	225.6	253.8	282.0	224.3	176.7	353.4	140.2	280.4
212.4	247.8	283.2	318.6	354.0					
221.4	258.3	29.2	332.1	369.0					

2.6.4　锚栓承载力设计值

（1）Q235 钢（3.6 级）锚栓选用表（见表 2.6-9）。

（2）Q345 钢（4.6 级）锚栓选用表（见表 2.6-10）。

Q235 钢（3.6 级）

1	2	3	4				5	
锚栓直径 d (mm)	有效面积 A_e (cm^2)	抗拉承载力设计值 N_t^a (kN)	连接尺寸（mm）					
			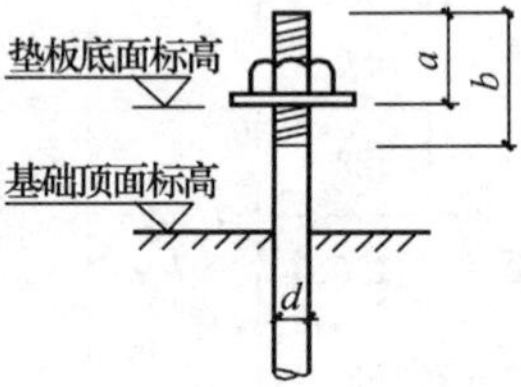				I 型 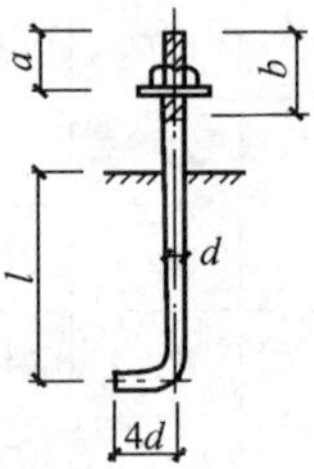	
			单螺母		双螺母			
			a	b	c	d	C15	C20
16	1.57	22.0	40	70	55	85	580	420
18	1.92	26.9	45	75	60	90	650	470
20	2.45	34.3	45	75	60	90	720	520
22	3.03	42.4	45	75	65	95	790	570
24	3.53	49.4	50	80	70	100	860	620
27	4.59	64.3	50	80	75	105		
30	5.61	78.5	55	85	80	110		
33	6.94	97.2	55	90	85	120		
36	8.17	114.4	60	95	90	125		
39	9.76	136.6	65	100	95	130		
42	11.21	156.9	70	105	100	135		
45	13.06	182.8	75	110	105	140		

锚栓选用表 **表 2.6-9**

6		7			8			
锚固长度及细部尺寸								
Ⅱ型 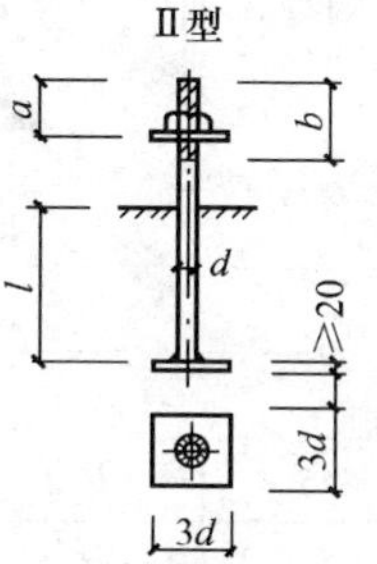		Ⅲ型 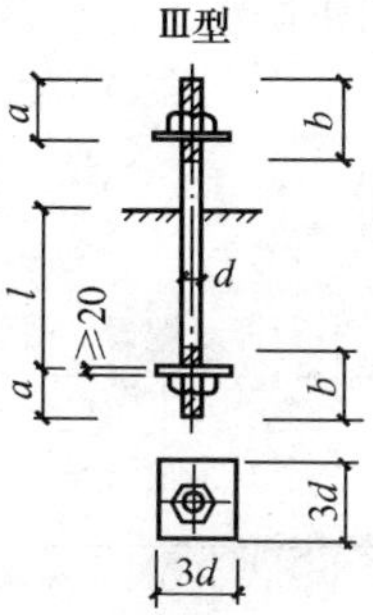			Ⅳ型 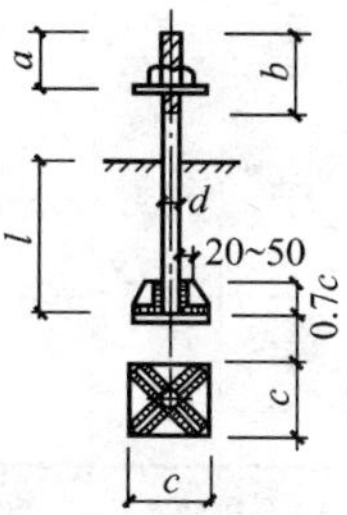			
锚 固 长 度 l（mm）							锚板尺寸	
当基础混凝土的强度等级为							c（mm）	t（mm）
C15	C20	C20	C25	≥C30	C15	C20		
840	720	840	720	600				
950	810	950	810	680				
1050	900	1050	900	750				
1160	990	1100	990	830				
1260	1080	1260	1080	900				
1370	1170	1370	1170	980				
1470	1260	1470	1260	1050	1260	1050	140	20
1580	1350	1580	1350	1130	1350	1130	140	20

1	2	3	4				5	
锚栓直径 d (mm)	有效面积 A_e (cm^2)	抗拉承载力设计值 N_t^a (kN)	连接尺寸（mm）					
			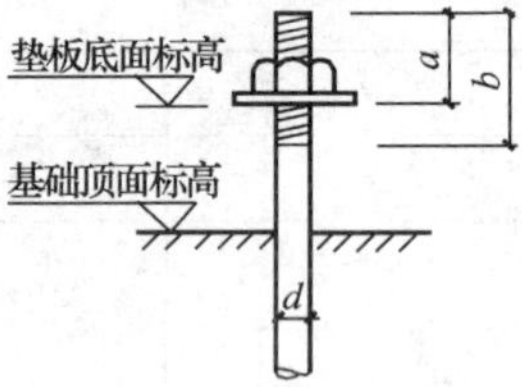				I型 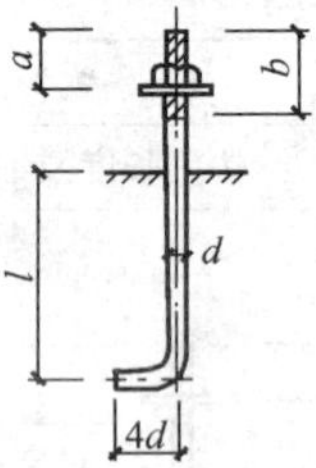	
			单螺母		双螺母			
			a	b	c	d	C15	C20
48	14.73	206.2	80	120	110	150		
52	17.58	246.1	85	125	120	160		
56	20.30	284.2	90	130	130	170		
60	23.62	330.7	95	135	140	180		
64	26.76	374.6	100	145	150	195		
68	30.55	427.7	105	150	160	205		
72	34.60	484.4	110	155	170	215		
76	38.89	544.5	115	160	180	225		
80	43.44	608.2	120	165	190	235		
85	49.48	692.7	130	180	200	250		
90	55.91	782.7	140	190	210	260		
95	62.73	878.2	150	200	220	270		
100	69.95	979.3	160	210	230	280		

注：1. 锚栓抗拉承载力设计值按下式算得：$N_t^a = A_e f_t^a$。

2. 连接尺寸中的“a”仅包括垫圈、螺母厚度及预留偏差尺寸，“b”为锚栓螺纹

续表

6	7	8

锚固长度及细部尺寸

Ⅱ型 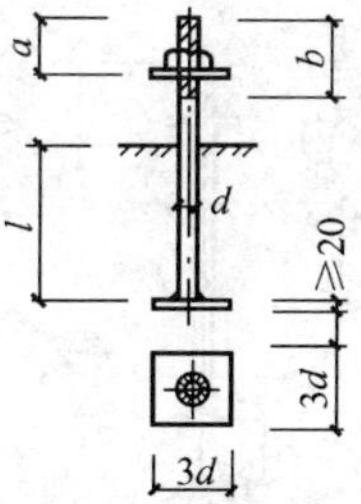	Ⅲ型 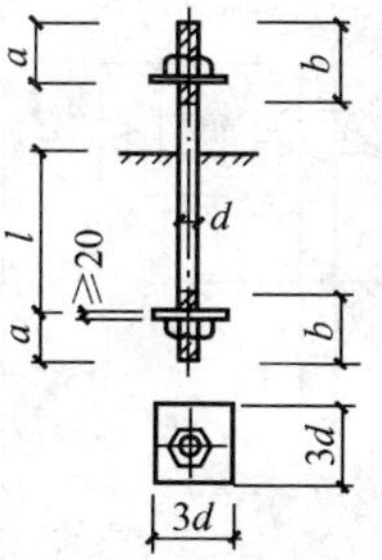	Ⅳ型 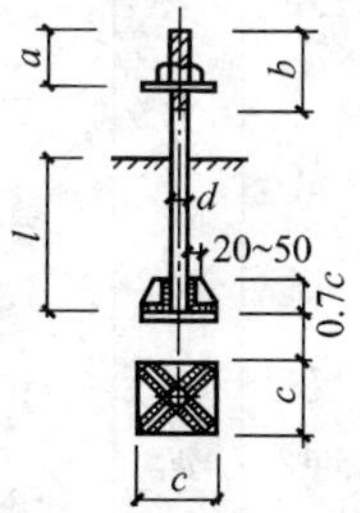
a, b, l, d, ≥20, 3d, 3d	a, b, l, d, ≥20, a, b, 3d, 3d	a, b, l, d, 20~50, 0.7c, c, c

锚固长度 l(mm)							锚板尺寸	
当基础混凝土的强度等级为							c (mm)	t (mm)
C15	C20	C20	C25	≥C30	C15	C20		
1680	1440	1680	1440	1200	1440	1200	200	20
1820	1560	1820	1560	1300	1560	1300	200	20
1960	1680	1960	1680	1400	1680	1400	200	20
2100	1800	2100	1800	1500	1800	1500	240	25
2240	1920	2240	1920	1600	1920	1600	240	25
2380	2040	2380	2040	1700	2040	1700	280	30
2520	2160	2520	2160	1800	2160	1800	280	30
2660	2280	2660	2280	1900	2280	1900	320	30
					2400	2000	350	40
					2550	2130	350	40
					2700	2250	400	40
					2850	2380	450	45
					3000	2500	500	45

部分的长度。

Q345 钢(4.6 级)

1	2	3	4				5	
锚栓直径 d (mm)	有效面积 A_c (cm^2)	抗拉承载力设计值 N_t^a (kN)	连接尺寸(mm) 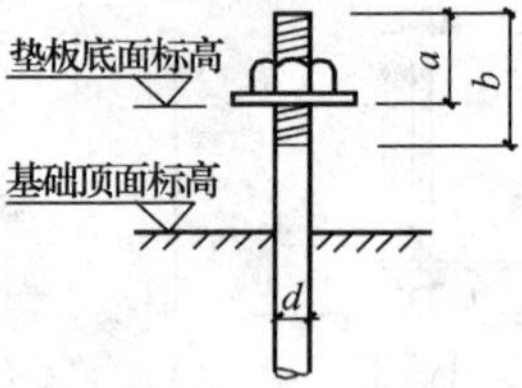 垫板底面标高 基础顶面标高 a b d				I 型 a b l d $4d$ 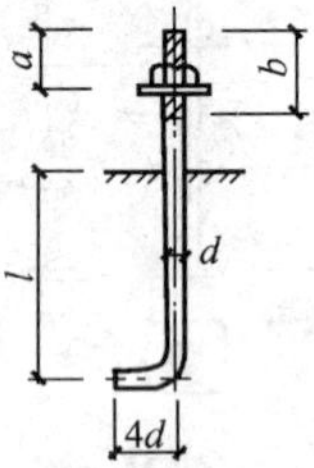	
			单螺母		双螺母			
			a	b	c	d	C15	C20
16	1.57	28.3	40	70	55	85	740	560
18	1.92	34.6	45	75	60	90	830	630
20	2.45	44.1	45	75	60	90	920	700
22	3.03	54.5	45	75	65	95	1010	770
24	3.53	63.5	50	80	70	100	1100	840
27	4.59	82.6	50	80	75	105		
30	5.61	101.0	55	85	80	110		
33	6.94	125.0	55	90	85	120		
36	8.17	147.1	60	95	90	125		
39	9.76	175.7	65	100	95	130		
42	11.21	201.8	70	105	100	135		
45	13.06	235.1	75	110	105	140		
48	14.73	265.1	80	120	110	150		

锚栓选用表 **表 2.6-10**

6		7			8			
锚固长度及细部尺寸								

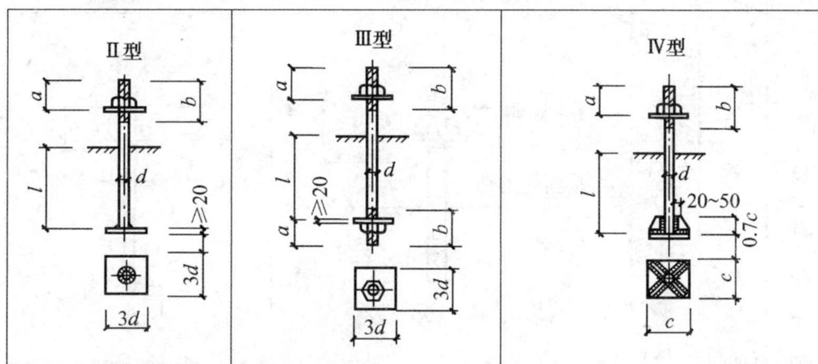

锚 固 长 度 l(mm)							锚板尺寸	
当基础混凝土的强度等级为							c (mm)	t (mm)
C15	C20	C20	C25	≥C30	C15	C20		
990	960	990	960	840				
1220	1080	1220	1080	950				
1350	1200	1350	1200	1050				
1490	1320	1490	1320	1160				
1620	1440	1620	1440	1260				
1760	1560	1760	1560	1370				
1890	1680	1890	1680	1470	1680	1470	140	20
2030	1800	2030	1800	1580	1800	1580	140	20
2160	1920	2160	1920	1680	1920	1680	200	20

1	2	3	4				5	
锚栓直径 d (mm)	有效面积 A (cm^2)	抗拉承载力设计值 N_t^a (kN)	连接尺寸(mm)					
			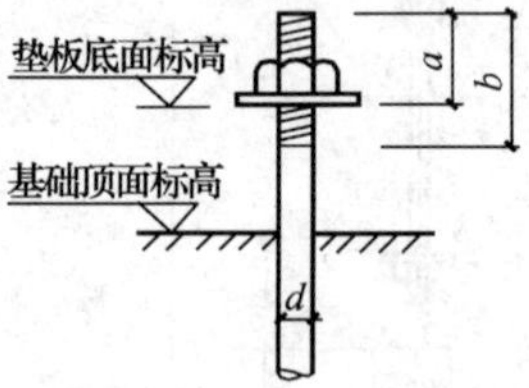				I型 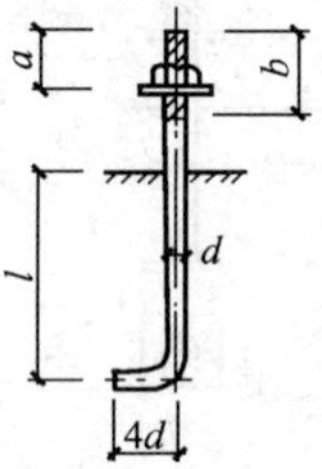	
			单螺母		双螺母			
			a	b	c	d	C15	C20
52	17.58	316.4	85	125	120	160		
56	20.30	365.4	90	130	130	170		
60	23.62	425.2	95	135	140	180		
64	26.76	481.7	100	145	150	195		
68	30.55	549.9	105	150	160	205		
72	34.60	622.8	110	155	170	215		
76	38.89	700.0	115	160	180	225		
80	43.44	785.5	120	165	190	235		
85	49.48	890.6	130	180	200	250		
90	55.91	1006.4	140	190	210	260		
95	62.73	1129.1	150	200	220	270		
100	69.95	1259.1	160	210	230	280		

注：1. 锚栓抗拉承载力设计值按下式算得：$N_t^a = A_e f_t^a$。

2. 连接尺寸中的“a”仅包括垫圈、螺母厚度及预留偏差尺寸，“b”为锚栓螺纹

续表

6		7			8			
锚固长度及细部尺寸								
Ⅱ型 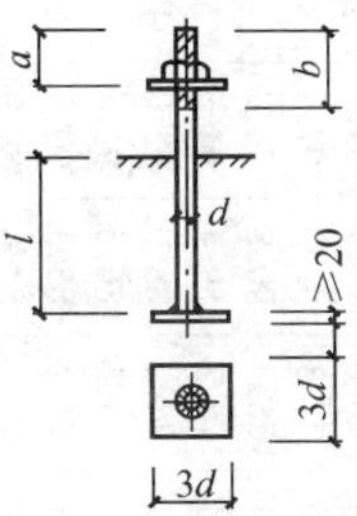		Ⅲ型 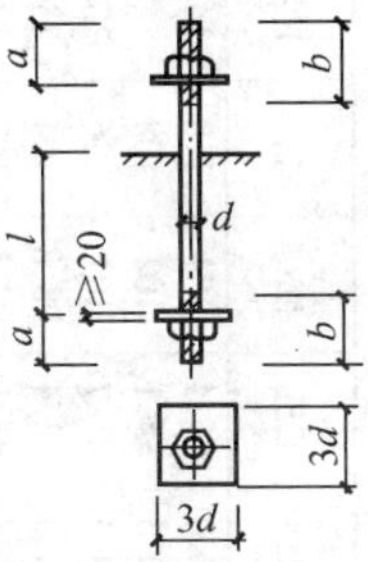			Ⅳ型 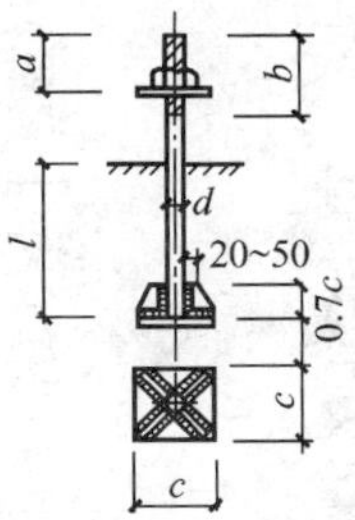			
锚　固　长　度　l(mm)							锚板尺寸	
当基础混凝土的强度等级为							c (mm)	t (mm)
C15	C20	C20	C25	≥C30	C15	C20		
2340	2080	2340	2080	1820	2080	1820	200	20
2520	2240	2520	2240	1960	2240	1960	200	20
2700	2400	2700	2400	2100	2400	2100	240	25
2880	2560	2880	2560	2240	2560	2240	240	25
3060	2720	3060	2720	2380	2720	2380	280	30
3240	2880	3240	2880	2520	2880	2520	280	30
3420	3040	3420	3040	2660	3040	2660	320	30
					3200	2800	350	40
					3400	2980	350	40
					3600	3150	400	40
					3800	3330	450	45
					4000	3500	500	45

部分的长度。

2.7 构件的承载力矩设计值、承载力设计值

2.7.1 受弯构件的承载力矩设计值

(1) Q235 钢 热轧普通工字钢简支梁（跨中无侧向支承，集中荷载作用于上翼缘）整体稳定时的承载力矩设计值（kN·m）（见表 2.7-1）。

表 2.7-1

型号 / l_1（m）	I10	I12.6	I14	I16	I18	I20a	I20b	I22a	I22b	I25a	I25b	I28a	I28b	I32a	I32b	I32c
2.0	9.76	15.3	20.2	28.2	37.2	47.8	50.6	63.3	66.7	82.0	86.4	104	110	143	150	157
2.2	9.58	15.1	19.9	27.7	36.6	47.0	49.8	62.3	65.7	80.6	85.1	102	108	140	148	155
2.4	9.41	14.8	19.6	27.3	36.1	46.3	49.0	61.3	64.7	79.3	83.7	101	106	138	145	152
2.6	9.23	14.5	19.3	26.9	35.5	45.5	48.3	60.4	63.7	78.0	82.4	98.8	104	136	143	150
2.8	9.06	14.2	18.9	26.6	35.0	44.9	47.6	59.5	62.8	76.8	81.1	97.1	102	133	140	147
3.0	8.89	13.9	18.6	26.1	34.5	44.2	46.9	58.7	61.9	75.5	79.8	95.5	101	131	138	145
3.2	8.72	13.6	18.2	25.6	34.1	43.6	46.3	57.8	61.1	74.4	78.6	93.9	99.1	129	136	143
3.4	8.55	13.3	17.8	25.1	33.4	43.0	45.7	57.0	60.3	73.2	77.5	92.3	97.5	127	133	140
3.6	8.38	13.0	17.5	24.6	32.8	42.3	45.1	56.3	59.5	72.1	76.3	90.8	96.0	125	131	138
3.8	8.21	12.7	17.1	24.2	32.2	41.5	44.2	55.6	58.7	71.1	75.3	89.4	94.5	123	129	136
4.0	8.04	12.4	16.8	23.7	31.5	40.7	43.4	54.8	58.0	70.1	74.2	88.0	93.0	121	127	134
4.2	7.87	12.2	16.4	23.2	30.9	39.9	42.6	53.8	57.0	69.1	73.2	86.6	91.6	119	125	132
4.4	7.70	11.9	16.0	22.7	30.3	39.2	41.8	52.9	56.1	68.1	72.2	85.3	90.3	117	123	130
4.6	7.53	11.6	15.7	22.2	29.7	38.4	41.0	51.9	55.1	67.0	71.2	84.0	88.9	115	121	128

续表

型号 / l_1 (m)	I10	I12.6	I14	I16	I18	I20a	I20b	I22a	I22b	I25a	I25b	I28a	I28b	I32a	I32b	I32c
4.8	7.37	11.3	15.3	21.8	29.1	37.6	40.3	50.9	54.1	65.7	69.9	82.8	87.7	113	120	126
5.0	7.20	11.0	15.0	21.3	28.5	36.8	39.5	50.0	53.1	64.4	68.6	81.6	86.4	112	118	124
5.2	7.03	10.7	14.6	20.8	27.8	36.0	38.7	49.0	52.2	63.1	67.3	79.9	84.9	110	116	122
5.4	6.86	10.5	14.3	20.4	27.2	35.3	37.9	48.1	51.2	61.9	66.0	78.3	83.2	108	114	121
5.6	6.70	10.2	13.9	19.9	26.6	34.5	37.1	47.2	50.2	60.6	64.7	76.6	81.5	106	113	119
5.8	6.53	9.87	13.6	19.4	26.0	33.7	36.3	46.2	49.3	59.3	63.4	75.0	79.9	104	111	117
6.0	6.36	9.53	13.2	18.9	25.4	33.0	35.5	45.3	48.3	58.1	62.1	73.4	78.2	102	108	115
6.2	6.16	9.22	12.8	18.5	24.8	32.2	34.7	44.3	47.4	56.8	60.8	71.7	76.5	100	106	112
6.4	5.97	8.92	12.4	17.9	24.2	31.4	34.0	43.4	46.4	55.6	59.5	70.1	74.9	97.8	104	110
6.6	5.78	8.64	12.0	17.4	23.5	30.7	33.2	42.5	45.4	54.3	58.3	68.5	73.2	95.6	102	108
6.8	5.61	8.38	11.6	16.9	22.8	29.8	32.4	41.5	44.5	53.0	57.0	66.9	71.6	93.4	99.5	106
7.0	5.45	8.14	11.3	16.4	22.1	28.9	31.5	40.6	43.5	51.8	55.7	65.2	69.9	91.3	97.3	103
7.2	5.29	7.91	11.0	15.9	21.5	28.0	30.6	39.6	42.6	50.3	54.4	63.2	68.1	89.1	95.1	101
7.4	5.15	7.69	10.7	15.4	20.9	27.2	29.7	38.5	41.5	48.8	52.9	61.4	66.1	86.4	92.7	98.8
7.6	5.01	7.48	10.4	15.0	20.3	26.5	28.9	37.4	40.4	47.4	51.4	59.6	64.2	83.9	90.0	96.2
7.8	4.88	7.29	10.1	14.6	19.8	25.8	28.1	36.4	39.3	46.1	50.0	58.0	62.5	81.6	87.5	93.5
8.0	4.76	7.10	9.84	14.2	19.2	25.1	27.4	35.4	38.3	44.9	48.7	56.4	60.8	79.4	85.1	91.0
8.2	4.64	6.93	9.59	13.9	18.8	24.5	26.7	34.5	37.3	43.8	47.4	54.9	59.2	77.3	82.9	88.6
8.4	4.53	6.76	9.36	13.6	18.3	23.9	26.0	33.7	36.4	42.7	46.2	53.5	57.7	75.3	80.8	86.3
8.6	4.42	6.60	9.14	13.2	17.9	23.3	25.4	32.9	35.5	41.6	45.1	52.2	56.3	73.4	78.8	84.2
8.8	4.32	6.45	8.93	12.9	17.4	22.7	24.8	32.1	34.6	40.6	44.0	51.0	54.9	71.6	76.8	82.1
9.0	4.22	6.30	8.73	12.6	17.0	22.2	24.2	31.3	33.8	39.7	43.0	49.8	53.6	69.9	75.0	80.2
9.2	4.13	6.16	8.53	12.3	16.7	21.7	23.7	30.6	33.1	38.8	42.0	48.6	52.4	68.3	73.3	78.3
9.4	4.04	6.03	8.35	12.1	16.3	21.2	23.2	30.0	32.3	37.9	41.1	47.5	51.2	66.7	71.6	76.6
9.6	3.96	5.90	8.17	11.8	16.0	20.8	22.7	29.3	31.7	37.1	40.2	46.5	50.1	65.3	70.0	74.9
9.8	3.88	5.78	8.00	11.6	15.6	20.4	22.2	28.7	31.0	36.3	39.3	45.5	49.0	63.9	68.5	73.3
10.0	3.80	5.66	7.84	11.3	15.3	19.9	21.7	28.1	30.3	35.5	38.5	44.5	48.0	62.5	67.1	71.7

续表

l_1（m） \ 型号	I36a	I36b	I36c	I40a	I40b	I40c	I45a	I45b	I45c	I50a	I50b	I50c	I56a	I56b	I56c	I63a	I63b	I63c
2.0	181	190	200	214	225	236	285	299	312	373	390	407	472	493	514	605	631	691
2.2	178	187	196	211	221	232	280	294	307	368	384	401	465	486	507	596	622	681
2.4	175	184	193	207	217	228	275	289	302	362	378	394	458	478	499	587	612	670
2.6	172	181	190	203	213	224	271	284	297	356	372	388	450	470	491	577	602	688
2.8	169	178	186	199	209	220	266	279	291	350	366	382	443	463	483	567	592	647
3.0	166	174	183	196	205	216	261	274	286	344	360	375	435	455	474	558	582	635
3.2	163	171	180	192	202	212	256	269	281	338	353	369	427	447	466	548	572	623
3.4	160	168	177	188	198	208	251	264	276	332	347	363	419	439	458	538	561	611
3.6	157	165	174	185	194	204	246	259	271	326	341	356	412	431	450	528	551	599
3.8	154	162	171	181	191	200	242	254	266	320	335	350	404	423	442	518	541	587
4.0	151	160	168	178	187	197	237	249	261	315	329	344	397	415	434	508	530	575
4.2	149	157	165	174	183	193	233	245	256	309	324	338	389	407	426	498	520	563
4.4	146	154	162	171	180	189	228	240	252	304	318	332	382	400	418	488	510	551
4.6	144	152	160	168	177	186	224	236	247	298	312	327	375	392	410	478	499	540
4.8	141	149	157	165	173	183	220	231	242	293	307	321	367	385	402	468	489	528
5.0	139	147	154	162	170	179	216	227	238	288	301	315	360	378	395	459	479	517
5.2	136	144	152	159	167	176	212	223	234	282	296	310	353	370	388	449	470	506
5.4	134	142	149	156	164	173	208	219	230	277	291	305	347	363	380	440	460	494
5.6	132	140	147	153	161	170	204	215	225	272	286	299	340	357	373	431	451	484
5.8	130	137	145	150	158	167	200	211	221	268	281	294	333	350	366	421	441	473
6.0	128	135	143	147	155	164	196	207	217	263	276	289	327	343	359	413	432	462
6.2	126	133	140	144	153	161	192	203	213	258	271	284	320	337	353	404	423	452
6.4	123	130	138	142	150	158	189	200	210	254	267	280	314	330	346	395	414	442

续表

l_1（m） 型号	I36a	I36b	I36c	I40a	I40b	I40c	I45a	I45b	I45c	I50a	I50b	I50c	I56a	I56b	I56c	I63a	I63b	I63c
6.6	120	127	135	139	147	156	185	196	206	249	262	275	308	324	340	387	405	431
6.8	117	125	132	137	145	153	182	192	202	245	258	270	302	318	333	378	396	421
7.0	114	122	129	134	142	150	179	189	199	241	253	266	296	312	327	370	388	409
7.2	111	119	126	130	138	147	175	186	195	237	249	261	290	306	321	360	378	398
7.4	108	115	123	126	134	143	171	182	192	232	245	257	284	299	315	351	368	388
7.6	104	112	119	122	130	139	167	178	187	228	240	253	277	292	308	342	359	378
7.8	101	109	116	118	126	135	162	173	183	223	236	248	271	286	301	333	350	369
8.0	98.6	106	113	115	123	131	157	168	178	218	231	243	265	279	294	326	342	360
8.2	96.0	103	110	112	119	127	153	163	173	212	225	237	259	274	288	318	334	352
8.4	93.5	100	107	109	116	124	149	159	168	206	218	231	254	268	282	311	327	344
8.6	91.1	97.7	104	106	113	121	145	155	164	201	213	225	249	263	277	305	320	337
8.8	88.8	95.3	102	103	110	118	141	151	160	196	207	219	244	258	271	299	314	330
9.0	86.7	93.0	99.3	101	108	115	138	147	156	191	202	214	239	253	266	293	308	324
9.2	84.7	90.8	97.0	98.5	105	112	134	143	152	186	197	209	233	246	260	287	302	318
9.4	82.7	88.7	94.8	96.2	103	110	131	140	148	182	193	204	227	241	254	282	296	312
9.6	80.9	86.7	92.7	94.1	100	107	128	137	145	177	188	199	222	235	248	277	291	307
9.8	79.1	84.8	90.7	92.0	98.2	105	125	134	142	173	184	194	217	230	243	272	286	301
10.0	77.4	83.0	88.7	90.0	96.1	103	123	131	139	170	180	190	212	224	237	268	282	296

注：1. 表中的承载弯矩设计值按下式算得：$M=\varphi'_b Wf$，φ'_b 值为：当 $\varphi_b>0.6$ 时，$\varphi'_b=1.07-\dfrac{0.282}{\varphi_b}\leqslant 1.0$；当 $\varphi_b\leqslant 0.6$ 时，$\varphi'_b=\varphi_b$。

2. l_1 为梁受压翼缘的侧向自由长度。

（2）Q235 钢热轧普通工字钢简支梁（跨中无侧向支承，集中荷载作用于下翼缘）整体稳定时的承载力矩设计值（kN·m）（见表 2.7-2）。

表 2.7-2

型号	I10	I12.6	I14	I16	I18	I20a	I20b	I22a	I22b	I25a	I25b	I28a	I28b	I32a	I32b	I32c
2.0	10.3	16.3	21.6	30.1	39.9	51.2	54.2	67.5	71.1	87.7	92.3	111	117	152	160	168
2.2	10.2	16.0	21.3	29.8	39.5	50.7	53.6	66.9	70.5	86.9	91.6	110	116	151	159	166
2.4	10.1	15.8	21.0	29.4	39.0	50.1	53.1	66.2	69.8	86.1	90.7	109	115	150	157	165
2.6	9.94	15.6	20.7	29.0	38.5	49.6	52.5	65.6	69.2	85.3	89.9	108	114	149	156	164
2.8	9.83	15.4	20.5	28.6	38.0	49.0	51.9	64.9	68.5	84.4	89.0	107	113	147	155	162
3.0	9.72	15.2	20.2	28.3	37.5	48.4	51.3	64.2	67.8	83.5	88.1	106	112	146	153	161
3.2	9.61	15.1	20.0	28.0	37.0	47.8	50.7	63.5	67.0	82.6	87.2	105	111	144	152	159
3.4	9.49	14.9	19.8	27.7	36.6	47.1	50.1	62.8	66.3	81.7	86.3	104	110	143	150	158
3.6	9.38	14.7	19.5	27.3	36.2	46.5	49.4	62.0	65.5	80.7	85.3	103	108	141	149	156
3.8	9.27	14.5	19.3	27.0	35.8	46.0	48.9	61.2	64.7	79.8	84.3	102	107	140	147	155
4.0	9.16	14.3	19.1	26.7	35.4	45.5	48.3	60.5	63.9	78.8	83.3	100	106	138	146	153
4.2	9.05	14.1	18.8	26.4	35.0	45.0	47.8	59.9	63.3	77.7	82.3	99.1	105	137	144	151
4.4	8.94	13.9	18.6	26.1	34.6	44.5	47.3	59.2	62.6	76.7	81.2	97.8	103	135	142	150
4.6	8.83	13.7	18.4	25.8	34.2	44.0	46.8	58.6	62.0	75.8	80.2	96.5	102	134	141	148
4.8	8.72	13.6	18.1	25.5	33.8	43.5	46.3	58.0	61.4	74.9	79.3	95.2	101	132	139	146
5.0	8.61	13.4	17.9	25.2	33.4	43.0	45.7	57.4	60.7	74.1	78.5	93.8	99.3	130	137	144
5.2	8.50	13.2	17.7	24.8	33.0	42.5	45.2	56.7	60.1	73.3	77.6	92.8	98.1	128	135	143
5.4	8.39	13.0	17.4	24.5	32.6	42.0	44.7	56.1	59.5	72.4	76.8	91.7	97.0	127	134	141
5.6	8.29	12.8	17.2	24.2	32.2	41.4	44.2	55.5	58.8	71.6	75.9	90.6	95.9	125	132	139
5.8	8.18	12.6	17.0	23.9	31.8	40.9	43.7	54.9	58.2	70.8	75.1	89.6	94.8	123	130	137

续表

型号	I10	I12.6	I14	I16	I18	I20a	I20b	I22a	I22b	I25a	I25b	I28a	I28b	I32a	I32b	I32c
6.0	8.07	12.5	16.7	23.6	31.4	40.4	43.2	54.3	57.6	70.0	74.3	88.5	93.7	122	129	136
6.2	7.96	12.3	16.5	23.3	31.0	39.9	42.7	53.7	56.9	69.1	73.4	87.4	92.7	121	127	134
6.4	7.85	12.1	16.3	23.0	30.6	39.4	42.2	53.1	56.3	68.3	72.6	86.4	91.6	119	126	133
6.6	7.74	11.9	16.1	22.7	30.2	38.9	41.6	52.5	55.7	67.5	71.8	85.3	90.5	118	124	131
6.8	7.63	11.7	15.8	22.4	29.8	38.5	41.1	51.8	55.1	66.7	70.9	84.3	89.4	116	123	130
7.0	7.52	11.5	15.6	22.1	29.4	38.0	40.6	51.2	54.4	65.9	70.1	83.2	88.3	115	122	128
7.2	7.41	11.4	15.4	21.8	29.0	37.5	40.1	50.6	53.8	65.1	69.3	82.1	87.3	114	120	127
7.4	7.30	11.2	15.1	21.5	28.6	37.0	39.6	50.0	53.2	64.3	68.4	81.1	86.2	112	119	125
7.6	7.20	11.0	14.9	21.2	28.2	36.5	39.1	49.4	52.6	63.4	67.6	80.1	85.1	111	117	124
7.8	7.09	10.8	14.7	20.9	27.8	36.0	38.6	48.8	52.0	62.6	66.8	79.0	84.0	109	116	122
8.0	6.98	10.6	14.5	20.6	27.5	35.5	38.1	48.2	51.3	61.8	66.0	78.0	83.0	108	114	121
8.2	6.87	10.4	14.2	20.3	27.1	35.0	37.6	47.6	50.7	61.0	65.1	76.9	81.9	107	113	119
8.4	6.76	10.3	14.0	20.0	26.7	34.5	37.1	47.0	50.1	60.2	64.3	75.9	80.8	105	112	118
8.6	6.65	10.1	13.8	19.6	26.3	34.0	36.6	46.4	49.5	59.4	63.5	74.8	79.8	104	110	117
8.8	6.54	9.88	13.5	19.3	25.9	33.5	36.1	45.8	48.9	58.6	62.7	73.8	78.7	102	109	115
9.0	6.44	9.65	13.3	19.0	25.5	33.0	35.6	45.2	48.3	57.8	61.8	72.8	77.6	101	107	114
9.2	6.33	9.44	13.1	18.7	25.1	32.5	35.1	44.6	47.6	57.0	61.0	71.7	76.6	99.6	106	112
9.4	6.19	9.24	12.8	18.4	24.7	32.0	34.6	44.0	47.0	56.2	60.2	70.7	75.5	98.2	104	111
9.6	6.06	9.04	12.5	18.1	24.3	31.5	34.1	43.4	46.4	55.4	59.4	69.6	74.4	96.8	103	109
9.8	5.94	8.86	12.3	17.7	23.9	31.0	33.6	42.8	45.8	54.6	58.6	68.6	73.4	95.4	102	108
10.0	5.82	8.68	12.0	17.4	23.4	30.5	33.1	42.2	45.2	53.8	57.8	67.6	72.3	94.0	100	106

续表

型号	I36a	I36b	I36c	I40a	I40b	I40c	I45a	I45b	I45c	I50a	I50b	I50c	I56a	I56b	I56c	I63a	I63b	I63c
2.0	193	203	213	229	240	251	303	317	331	394	412	430	498	520	542	636	664	729
2.2	192	201	211	227	238	249	301	315	329	392	409	427	495	517	539	632	660	725
2.4	190	200	209	225	236	247	298	313	327	389	407	424	491	513	536	628	656	720
2.6	189	198	208	223	234	245	296	310	324	386	404	421	488	510	532	624	652	715
2.8	187	196	206	221	232	243	294	308	322	383	401	418	484	506	528	620	647	710
3.0	185	195	204	219	230	241	291	305	319	380	398	415	481	502	524	615	643	705
3.2	183	193	202	217	228	239	288	302	316	377	394	412	477	499	520	611	638	699
3.4	182	191	200	215	226	237	286	300	313	374	391	408	473	495	516	606	633	694
3.6	180	189	198	213	224	235	283	297	311	371	388	405	469	490	512	601	628	688
3.8	178	187	196	211	221	232	280	294	308	367	384	401	465	486	508	596	622	682
4.0	176	185	194	208	219	230	278	291	305	364	381	398	461	482	503	591	617	676
4.2	174	183	192	206	217	227	275	288	302	361	377	394	457	478	499	585	612	669
4.4	172	181	190	204	214	225	272	285	299	357	374	390	452	473	494	580	606	663
4.6	170	179	188	201	212	223	269	282	296	354	370	387	448	469	489	575	600	657
4.8	168	177	186	199	209	220	266	279	292	350	366	383	443	464	485	569	595	650
5.0	166	175	184	196	207	217	263	276	289	346	363	379	439	459	480	563	589	643
5.2	163	172	181	194	204	215	260	273	286	343	359	375	434	455	475	558	583	637
5.4	161	170	179	191	202	212	256	270	283	339	355	371	430	450	470	552	577	630
5.6	159	168	177	189	199	210	253	266	279	335	351	367	425	445	465	546	571	623
5.8	157	166	174	186	196	207	250	263	276	331	347	363	420	440	460	540	565	616
6.0	154	163	172	184	194	204	247	260	273	327	343	359	415	435	455	534	559	609

续表

型号	I36a	I36b	I36c	I40a	I40b	I40c	I45a	I45b	I45c	I50a	I50b	I50c	I56a	I56b	I56c	I63a	I63b	I63c
6.2	152	161	170	181	191	201	243	256	269	323	339	355	410	430	450	528	553	602
6.4	150	159	167	178	188	198	240	253	266	319	335	351	406	425	445	522	546	595
6.6	148	157	165	175	185	195	237	249	262	315	331	347	400	420	440	516	540	588
6.8	146	155	163	173	182	193	233	246	258	311	327	342	395	415	435	509	534	580
7.0	145	153	161	170	179	190	230	242	255	307	322	338	390	410	429	503	527	573
7.2	143	151	159	168	177	187	226	239	251	302	318	333	385	404	424	497	520	565
7.4	141	149	157	166	175	185	222	235	247	298	313	329	380	399	418	490	514	558
7.6	139	147	156	163	173	182	219	231	243	294	309	324	374	393	413	484	507	550
7.8	137	145	154	161	170	180	216	228	240	289	304	320	369	388	407	477	500	542
8.0	135	144	152	159	168	178	213	225	237	285	300	315	363	382	401	470	493	535
8.2	134	142	150	157	166	175	210	222	234	282	296	311	358	377	395	463	486	527
8.4	132	140	148	154	163	173	208	219	231	278	292	307	352	371	390	457	479	519
8.6	130	138	146	152	161	171	205	216	228	275	289	303	347	365	384	450	472	511
8.8	128	136	144	150	159	168	202	214	225	271	285	299	341	359	378	443	465	502
9.0	126	134	142	148	157	166	199	211	222	268	282	296	336	353	372	436	458	494
9.2	125	132	140	146	154	164	196	208	219	264	278	292	331	349	366	428	450	486
9.4	123	131	138	143	152	161	193	205	216	261	274	288	327	344	362	421	443	477
9.6	121	129	136	141	150	159	190	202	213	257	271	285	322	340	357	414	436	469
9.8	119	127	135	139	148	157	188	199	210	254	267	281	318	335	352	406	428	460
10.0	117	125	133	137	145	154	185	196	207	250	264	277	313	330	347	399	420	451

注：同表 2.7-1。

（3）Q235钢热轧普通工字钢简支梁（跨中无侧向支承，均布荷载作用于上翼缘）整体稳定时的承载力矩设计值（kN·m）（见表2.7-3）。

表 2.7-3

型号	I10	I12.6	I14	I16	I18	I20a	I20b	I22a	I22b	I25a	I25b	I28a	I28b	I32a	I32b	I32c
2.0	9.53	14.9	19.8	27.6	36.6	47.0	49.8	62.4	65.8	80.9	85.3	103	108	141	148	156
2.2	9.33	14.6	19.4	27.1	35.9	46.1	48.9	61.2	64.6	79.4	83.7	101	106	139	146	153
2.4	9.13	14.3	19.1	26.6	35.2	45.2	48.0	60.1	63.5	77.8	82.2	98.7	104	136	143	150
2.6	8.93	14.0	18.7	26.2	34.6	44.4	47.1	59.1	62.4	76.3	80.6	96.8	102	133	140	147
2.8	8.74	13.6	18.3	25.7	34.0	43.6	46.3	58.0	61.3	74.9	79.2	94.8	100	131	137	144
3.0	8.54	13.3	17.8	25.2	33.4	42.8	45.5	57.0	60.2	73.5	77.7	92.9	98.1	128	135	141
3.2	8.34	13.0	17.4	24.6	32.8	42.0	44.7	56.0	59.2	72.1	76.3	91.1	96.2	125	132	139
3.4	8.15	12.6	17.0	24.1	32.1	41.3	44.0	55.1	58.3	70.7	74.9	89.3	94.3	123	130	136
3.6	7.95	12.3	16.6	23.5	31.3	40.5	43.2	54.2	57.3	69.4	73.6	87.5	92.5	120	127	134
3.8	7.76	12.0	16.2	23.0	30.6	39.6	42.3	53.3	56.4	68.2	72.3	85.8	90.8	118	125	131
4.0	7.56	11.7	15.8	22.4	29.9	38.7	41.4	52.4	55.5	66.9	71.0	84.1	89.0	116	122	129
4.2	7.37	11.3	15.4	21.8	29.2	37.8	40.4	51.2	54.4	65.7	69.8	82.5	87.4	113	120	126
4.4	7.18	11.0	15.0	21.3	28.5	36.9	39.5	50.1	53.3	64.6	68.6	80.9	85.7	111	117	124
4.6	6.98	10.7	14.5	20.8	27.8	36.0	38.6	49.0	52.2	63.2	67.3	79.4	84.1	109	115	121
4.8	6.79	10.4	14.1	20.2	27.1	35.1	37.7	48.0	51.0	61.8	65.8	77.8	82.6	107	113	119
5.0	6.60	10.0	13.7	19.7	26.4	34.2	36.8	46.9	49.9	60.3	64.4	76.4	81.1	105	111	117
5.2	6.41	9.64	13.3	19.1	25.7	33.3	35.9	45.8	48.8	58.8	62.9	74.5	79.3	103	109	115
5.4	6.19	9.26	12.9	18.6	25.0	32.4	35.0	44.7	47.7	57.4	61.4	72.6	77.4	101	107	113
5.6	5.96	8.92	12.4	18.0	24.3	31.6	34.1	43.6	46.6	55.9	59.9	70.7	75.4	98.7	105	111

续表

型号	I10	I12.6	I14	I16	I18	I20a	I20b	I22a	I22b	I25a	I25b	I28a	I28b	I32a	I32b	I32c
5.8	5.75	8.60	11.9	17.3	23.5	30.7	33.2	42.5	45.5	54.5	58.4	68.8	73.5	96.2	102	108
6.0	5.55	8.31	11.5	16.7	22.6	29.6	32.3	41.5	44.4	53.0	56.9	66.9	71.6	93.7	100	106
6.2	5.37	8.03	11.1	16.2	21.9	28.6	31.2	40.4	43.3	51.5	55.5	65.0	69.7	91.2	97.2	103
6.4	5.20	7.78	10.8	15.6	21.2	27.6	30.1	39.1	42.2	49.8	53.9	62.7	67.5	88.5	94.6	101
6.6	5.04	7.53	10.4	15.1	20.5	26.8	29.2	37.9	40.9	48.1	52.1	60.6	65.3	85.5	91.7	97.9
6.8	4.89	7.31	10.1	14.7	19.9	25.9	28.3	36.7	39.6	46.6	50.5	58.6	63.2	82.7	88.7	94.7
7.0	4.75	7.09	9.83	14.3	19.3	25.2	27.4	35.6	38.4	45.1	48.9	56.8	61.2	80.1	85.9	91.8
7.2	4.61	6.89	9.55	13.8	18.7	24.4	26.6	34.5	37.3	43.8	47.5	55.1	59.3	77.6	83.3	89.0
7.4	4.49	6.70	9.29	13.5	18.2	23.7	25.9	33.5	36.2	42.5	46.1	53.5	57.6	75.3	80.8	86.3
7.6	4.37	6.52	9.04	13.1	17.7	23.1	25.2	32.6	35.2	41.3	44.8	52.0	56.0	73.2	78.5	83.8
7.8	4.25	6.35	8.80	12.7	17.2	22.5	24.5	31.7	34.2	40.2	43.6	50.5	54.4	71.1	76.3	81.5
8.0	4.15	6.19	8.57	12.4	16.8	21.9	23.9	30.9	33.3	39.1	42.4	49.2	53.0	69.2	74.2	79.3
8.2	4.04	6.04	8.36	12.1	16.3	21.3	23.3	30.1	32.5	38.1	41.3	47.9	51.6	67.3	72.2	77.2
8.4	3.95	5.89	8.16	11.8	15.9	20.8	22.7	29.4	31.7	37.2	40.3	46.7	50.3	65.6	70.4	75.2
8.6	3.85	5.75	7.97	11.5	15.6	20.3	22.1	28.6	30.9	36.3	39.3	45.5	49.0	64.0	68.6	73.4
8.8	3.77	5.62	7.78	11.3	15.2	19.8	21.6	28.0	30.2	35.4	38.4	44.4	47.9	62.4	67.0	71.6
9.0	3.68	5.49	7.61	11.0	14.9	19.4	21.1	27.3	29.5	34.6	37.5	43.4	46.7	60.9	65.4	69.9
9.2	3.60	5.37	7.44	10.8	14.5	18.9	20.6	26.7	28.8	33.8	36.6	42.4	45.7	59.5	63.9	68.3
9.4	3.52	5.26	7.28	10.5	14.2	18.5	20.2	26.1	28.2	33.0	35.8	41.4	44.6	50.2	62.4	66.7
9.6	3.45	5.14	7.12	10.3	13.9	18.1	19.8	25.5	27.6	32.3	35.0	40.5	43.7	56.9	61.0	65.3
9.8	3.38	5.04	6.98	10.1	13.6	17.7	19.4	25.0	27.0	31.6	34.3	39.6	42.7	55.7	59.7	63.9
10.0	3.31	4.94	6.83	9.89	13.3	17.4	19.0	24.5	26.4	31.0	33.6	38.8	41.8	54.5	58.5	62.5

续表

型号	I36a	I36b	I36c	I40a	I40b	I40c	I45a	I45b	I45c	I50a	I50b	I50c	I56a	I56b	I56c	I63a	I63b	I63c
2.0	179	188	198	212	223	234	282	296	309	370	387	404	469	490	511	601	627	686
2.2	176	185	194	208	218	229	277	291	304	364	380	397	461	481	502	591	617	675
2.4	172	181	190	204	214	225	272	285	298	358	374	390	453	473	494	581	606	663
2.6	169	178	186	200	210	220	266	279	292	351	367	383	444	464	485	570	595	650
2.8	165	174	183	195	205	215	261	274	286	344	360	376	436	456	476	560	584	637
3.0	162	170	179	191	201	211	255	268	280	338	353	369	427	447	466	549	573	624
3.2	158	167	175	187	197	206	250	262	275	331	346	361	419	438	457	538	561	611
3.4	155	163	172	183	192	202	245	257	269	324	339	354	410	429	448	527	550	598
3.6	152	160	168	179	188	198	239	251	263	318	332	347	402	420	439	515	538	584
3.8	148	157	165	175	184	193	234	246	257	311	325	340	393	411	430	504	526	571
4.0	145	153	161	171	180	189	229	240	252	304	319	333	384	402	420	493	515	557
4.2	142	150	158	167	176	185	223	235	246	298	312	326	376	394	411	481	503	544
4.4	139	147	155	163	172	181	218	230	241	292	306	320	367	385	402	470	492	531
4.6	136	144	152	159	168	177	213	225	236	285	299	313	359	376	394	459	480	517
4.8	133	141	149	155	164	173	208	219	230	279	293	306	351	368	385	448	469	504
5.0	130	138	145	152	160	169	203	214	225	273	286	300	343	359	376	437	457	491
5.2	127	135	143	148	156	165	199	210	220	267	280	294	335	351	368	426	446	478
5.4	125	132	140	145	153	161	194	205	215	261	274	287	327	343	359	416	435	466
5.6	122	129	137	141	149	158	189	200	210	255	268	281	319	335	351	405	424	453
5.8	119	127	134	138	146	154	185	195	205	250	262	275	311	327	343	394	413	441
6.0	117	124	131	135	142	151	180	191	201	244	257	269	304	319	335	384	402	428

续表

型号	I36a	I36b	I36c	I40a	I40b	I40c	I45a	I45b	I45c	I50a	I50b	I50c	I56a	I56b	I56c	I63a	I63b	I63c
6.2	114	121	129	131	139	147	176	186	196	239	251	263	296	311	327	374	392	415
6.4	110	118	126	127	135	143	171	181	191	233	245	258	289	304	319	363	381	401
6.6	107	114	122	123	131	139	166	176	186	228	240	252	280	295	311	351	368	387
6.8	103	110	118	120	128	136	161	171	181	221	233	246	272	286	302	340	357	375
7.0	100	107	114	117	124	132	157	167	176	215	227	239	264	278	293	329	346	364
7.2	96.6	104	111	113	120	128	153	162	171	210	221	233	257	271	285	320	336	353
7.4	93.7	100	107	109	117	124	149	159	167	204	216	227	250	264	278	311	327	344
7.6	91.0	97.5	104	106	113	121	145	155	163	199	211	222	244	257	271	302	318	335
7.8	88.4	94.7	101	103	110	117	141	150	159	195	206	217	238	251	264	295	310	326
8.0	85.9	92.1	98.4	100	107	114	137	146	155	190	201	212	232	245	258	287	302	318
8.2	83.6	89.7	95.8	97.5	104	111	133	142	151	185	196	207	227	240	252	280	295	310
8.4	81.5	87.3	93.3	94.9	101	108	130	138	147	180	190	201	222	234	247	274	288	303
8.6	79.4	85.1	90.9	92.5	98.7	105	126	135	143	175	185	196	217	230	242	268	282	297
8.8	77.4	83.0	88.7	90.2	96.2	103	123	131	139	170	181	191	213	225	237	262	276	290
9.0	75.6	81.0	86.6	88.0	93.9	100	120	128	136	166	176	186	208	220	232	257	270	284
9.2	73.8	79.1	84.5	85.9	91.6	97.8	117	125	132	162	172	182	203	215	227	252	265	279
9.4	72.1	77.3	82.6	83.9	89.5	95.6	114	122	129	158	168	177	198	210	222	247	260	273
9.6	70.5	75.6	80.8	82.0	87.5	93.4	112	119	126	155	164	173	193	205	216	242	255	268
9.8	69.0	73.9	79.0	80.2	85.6	91.4	109	117	124	151	160	169	189	200	211	238	250	263
10.0	67.5	72.4	77.3	78.4	83.7	89.4	107	114	121	148	157	166	185	196	207	234	246	259

注：同表 2.7-1

（4）Q235钢热轧普通工字钢简支梁（跨中无侧向支承，均布荷载作用于下翼缘）整体稳定时的承载力矩设计值（kN·m）（见表2.7-4）。

表 2.7-4

型号	I10	I12.6	I14	I16	I18	I20a	I20b	I22a	I22b	I25a	I25b	I28a	I28b	I32a	I32b	I32c
2.0	10.0	16.5	21.8	30.3	40.0	51.3	54.2	67.5	71.0	87.5	92.1	111	117	152	159	167
2.2	9.89	16.4	21.6	30.1	39.7	50.9	53.8	67.0	70.5	86.8	91.4	110	116	151	158	166
2.4	9.74	15.3	21.5	29.9	39.4	50.5	53.4	66.5	70.0	86.2	90.8	109	115	149	157	164
2.6	9.60	15.1	20.0	29.6	39.1	50.1	53.0	66.0	69.5	85.5	90.1	108	114	148	156	163
2.8	9.46	14.8	19.7	29.4	38.8	49.7	52.6	65.5	69.0	84.8	89.4	107	113	147	155	162
3.0	9.32	14.6	19.4	27.2	38.5	49.3	52.2	65.0	68.5	84.2	88.7	107	112	146	153	161
3.2	9.18	14.4	19.1	26.8	35.6	49.0	51.9	64.6	68.1	83.5	88.1	106	111	145	152	160
3.4	9.04	14.1	18.8	26.4	35.1	48.6	51.5	64.1	67.6	82.9	87.4	105	111	144	151	158
3.6	8.90	13.9	18.5	26.1	34.6	44.5	47.3	63.7	67.2	82.3	86.8	104	110	143	150	157
3.8	8.76	13.6	18.2	25.7	34.1	43.9	46.6	63.2	66.7	81.7	86.2	103	109	141	149	156
4.0	8.62	13.4	17.9	25.3	33.6	43.2	46.0	57.7	66.3	81.1	85.6	103	108	140	148	155
4.2	8.49	13.2	17.7	24.9	33.0	42.6	45.3	57.0	60.3	80.5	85.0	102	107	139	147	154
4.4	8.35	12.9	17.4	24.5	32.5	41.9	44.7	56.2	59.5	80.0	84.4	101	107	138	145	153
4.6	8.21	12.7	17.1	24.1	32.0	41.3	44.0	55.4	58.7	71.5	75.9	100	106	137	144	152
4.8	8.07	12.5	16.8	23.7	31.5	40.6	43.4	54.6	57.9	70.5	74.8	99.5	105	136	143	150
5.0	7.93	12.2	16.5	23.3	31.0	40.0	42.7	53.8	57.1	69.4	73.7	87.9	104	135	142	149
5.2	7.80	12.0	16.2	22.9	30.5	39.4	42.1	53.0	56.3	68.4	72.7	86.6	91.8	134	141	148
5.4	7.66	11.8	15.9	22.5	30.0	38.7	41.4	52.3	55.5	67.4	71.6	85.2	90.4	133	140	147
5.6	7.52	11.6	15.6	22.1	29.5	38.1	40.8	51.5	54.7	66.3	70.5	83.9	89.0	116	139	146

续表

型号	I10	I12.6	I14	I16	I18	I20a	I20b	I22a	I22b	I25a	I25b	I28a	I28b	I32a	I32b	I32c
5.8	7.38	11.3	15.3	21.8	29.0	37.5	40.1	50.7	53.9	65.3	69.5	82.6	87.6	114	121	127
6.0	7.25	11.1	15.0	21.4	28.5	36.9	39.5	50.0	53.1	64.3	68.4	81.2	86.3	112	119	126
6.2	7.11	10.9	14.8	21.0	28.0	36.2	38.9	49.2	52.3	63.2	67.4	79.9	84.9	111	117	124
6.4	6.97	10.6	14.5	20.6	27.5	35.6	38.2	48.4	51.6	62.2	66.3	78.6	83.6	109	115	122
6.6	6.84	10.4	14.2	20.2	27.0	35.0	37.6	47.7	50.8	61.2	65.3	77.2	82.2	107	114	120
6.8	6.70	10.2	13.9	19.8	26.5	34.3	36.9	46.9	50.0	60.1	64.2	75.9	80.8	105	112	118
7.0	6.56	9.93	13.6	19.4	26.0	33.7	36.3	46.1	49.2	59.1	63.2	74.6	79.5	104	110	116
7.2	6.43	9.65	13.3	19.1	25.5	33.1	35.7	45.4	48.4	58.1	62.1	73.3	78.1	102	108	114
7.4	6.28	9.38	13.0	18.7	25.0	32.5	35.0	44.6	47.6	57.1	61.1	71.9	76.8	100	106	113
7.6	6.12	9.13	12.7	18.3	24.6	31.9	34.4	43.8	46.9	56.1	60.1	70.6	75.4	98.3	105	111
7.8	5.96	8.89	12.3	17.8	24.1	31.2	33.8	43.1	46.1	55.0	59.0	69.3	74.1	96.5	103	109
8.0	5.81	8.67	12.0	17.4	23.5	30.6	33.1	42.3	45.3	54.0	58.0	68.0	72.7	94.8	101	107
8.2	5.66	8.45	11.7	16.9	22.9	29.8	32.5	41.6	44.5	53.0	57.0	66.7	71.4	93.0	99.1	105
8.4	5.53	8.25	11.4	16.5	22.3	29.1	31.8	40.8	43.8	52.0	55.9	65.3	70.1	91.3	97.3	103
8.6	5.40	8.05	11.2	16.1	21.8	28.4	31.0	40.1	43.0	50.8	54.9	63.7	68.7	89.5	95.5	102
8.8	5.27	7.87	10.9	15.8	21.3	27.7	30.3	39.1	42.2	49.6	53.7	62.2	67.0	87.4	93.8	99.7
9.0	5.15	7.69	10.6	15.4	20.8	27.1	29.6	38.2	41.3	48.4	52.5	60.7	65.4	85.3	91.5	97.9
9.2	5.04	7.52	10.4	15.1	20.3	26.5	28.9	37.4	40.4	47.3	51.3	59.3	63.9	83.3	89.4	95.6
9.4	4.93	7.36	10.2	14.7	19.9	25.9	28.3	36.6	39.5	46.2	50.1	58.0	62.5	81.4	87.4	93.4
9.6	4.83	7.20	9.97	14.4	19.5	25.4	27.7	35.8	38.6	45.2	49.0	56.7	61.1	79.6	85.5	91.4
9.8	4.73	7.05	9.77	14.1	19.1	24.8	27.1	35.0	37.8	44.3	48.0	55.5	59.8	77.9	83.6	89.4
10.0	4.63	6.91	9.57	13.8	18.7	24.3	26.5	34.3	37.0	43.4	47.0	54.3	58.6	76.3	81.9	87.5

续表

型号	I36a	I36b	I36c	I40a	I40b	I40c	I45a	I45b	I45c	I50a	I50b	I50c	I56a	I56b	I56c	I63a	I63b	I63c
2.0	193	202	212	227	239	250	301	315	330	392	410	428	495	517	539	632	660	725
2.2	191	201	210	226	237	248	299	313	327	390	407	425	492	514	536	628	656	720
2.4	190	199	208	224	235	246	297	311	325	387	404	422	488	510	532	624	652	715
2.6	188	197	207	222	233	244	294	308	322	384	401	419	485	507	529	620	647	710
2.8	186	196	205	220	231	242	292	306	320	381	398	416	481	503	525	615	643	705
3.0	185	194	204	218	229	240	290	303	317	378	395	413	478	499	521	611	638	699
3.2	183	193	202	216	227	238	287	301	315	375	392	409	474	495	517	606	633	693
3.4	182	191	200	215	225	236	285	299	312	373	389	406	470	492	513	601	628	688
3.6	180	190	199	213	224	234	282	296	310	370	386	403	467	488	509	596	623	682
3.8	179	188	197	211	222	232	280	294	307	367	383	400	463	484	505	592	618	676
4.0	177	187	196	209	220	231	278	291	305	364	380	397	459	480	501	587	613	670
4.2	176	185	194	207	218	229	275	289	302	361	377	394	455	476	497	582	608	665
4.4	175	184	193	206	216	227	273	287	300	358	375	391	452	472	493	577	603	659
4.6	173	182	191	204	214	225	271	284	297	355	372	388	448	468	489	572	598	653
4.8	172	181	190	202	213	223	269	282	295	352	369	385	444	465	485	567	593	647
5.0	171	179	188	201	211	221	266	280	293	350	366	382	441	461	481	562	588	641
5.2	169	178	187	199	209	220	264	277	290	347	363	379	437	457	477	557	583	636
5.4	168	177	186	197	207	218	262	275	288	344	360	376	433	453	474	553	578	630
5.6	167	175	184	196	206	216	260	273	286	342	358	374	430	450	470	548	573	624
5.8	165	174	183	194	204	214	258	271	284	339	355	371	426	446	466	543	568	619
6.0	164	173	182	192	203	213	256	269	281	336	352	368	423	443	462	538	563	613

续表

型号	I36a	I36b	I36c	I40a	I40b	I40c	I45a	I45b	I45c	I50a	I50b	I50c	I56a	56b	I56c	I63a	I63b	I63c
6.2	139	172	180	191	201	211	254	266	279	334	349	365	419	439	459	534	558	608
6.4	137	145	153	189	199	210	252	264	277	331	347	363	416	436	455	529	553	602
6.6	135	143	151	188	198	208	249	262	275	329	344	360	413	432	452	525	549	597
6.8	132	140	148	186	196	206	248	260	273	326	342	357	409	429	448	520	544	592
7.0	130	138	146	153	161	205	246	258	271	324	339	355	406	425	445	516	539	586
7.2	128	136	143	150	159	168	244	256	269	321	337	352	403	422	441	511	535	581
7.4	125	133	141	147	156	165	242	254	267	319	334	350	399	419	438	507	530	576
7.6	123	131	139	144	153	162	195	252	265	316	332	347	396	415	434	502	526	571
7.8	121	128	136	141	150	159	191	202	213	314	329	345	393	412	431	498	521	566
8.0	118	126	134	139	147	156	187	199	209	254	327	342	390	409	428	494	517	561
8.2	116	124	131	136	144	153	184	195	206	249	263	276	387	406	424	490	513	556
8.4	114	121	129	133	141	150	180	191	202	245	258	272	384	402	421	485	508	551
8.6	111	119	127	129	138	147	177	188	198	241	254	267	381	399	418	401	504	546
8.8	108	116	124	126	135	144	172	184	194	236	249	262	378	396	415	477	500	541
9.0	106	113	121	123	131	140	168	179	190	232	245	258	290	307	412	473	495	536
9.2	103	111	118	120	128	137	164	175	185	227	240	253	284	301	317	469	491	531
9.4	101	108	116	117	125	134	160	171	181	222	235	248	277	294	310	465	487	527
9.6	98.7	106	113	115	122	131	156	167	177	216	230	243	270	287	303	461	483	522
9.8	96.5	104	111	112	120	128	153	163	173	212	224	237	264	280	296	457	479	517
10.0	94.5	101	108	110	117	125	150	160	169	207	219	232	258	274	289	453	475	513

注：同表2.7-1。

（5）Q235 钢热轧普通工字钢简支梁（跨中有侧向支承，不论荷载作用点在截面高度上的位置）整体稳定时的承载力矩设计值（kN·m）（见表 2.7-5）。

表 2.7-5

型号	I10	I12.6	I14	I16	I18	I20a	I20b	I22a	I22b	I25a	I25b	I28a	I28b	I32a	I32b	I32c
2.0	10.3	16.3	21.5	30.0	39.7	50.9	53.9	67.1	70.6	87.1	91.7	110	116	151	159	166
2.2	10.2	16.1	21.3	29.7	39.3	50.4	53.3	66.5	70.0	86.3	90.9	109	115	150	157	165
2.4	10.1	15.9	21.1	29.4	38.9	49.9	52.8	65.8	69.4	85.5	90.1	108	114	149	156	164
2.6	10.0	15.7	20.8	29.1	38.5	49.4	52.3	65.2	68.8	84.6	89.2	107	113	147	155	162
2.8	9.90	15.5	20.6	28.8	38.1	48.9	51.8	64.6	68.1	83.8	88.4	106	112	146	153	161
3.0	9.79	15.4	20.4	28.5	37.7	48.4	51.3	64.0	67.5	83.0	87.6	105	111	144	152	159
3.2	9.68	15.2	20.2	28.2	37.3	47.9	50.8	63.4	66.9	82.2	86.7	104	110	143	150	158
3.4	9.58	15.0	19.9	27.9	36.9	47.4	50.3	62.8	66.3	81.4	85.9	103	109	142	149	156
3.6	9.47	14.8	19.7	27.6	36.5	46.9	49.8	62.2	65.6	80.6	85.1	102	108	140	148	155
3.8	9.36	14.6	19.5	27.3	36.1	46.4	49.3	61.6	65.0	79.8	84.2	101	107	139	146	153
4.0	9.26	14.5	19.3	27.0	35.7	45.9	48.8	61.0	64.4	78.9	83.4	100	106	137	145	152
4.2	9.15	14.3	19.0	26.7	35.3	45.4	48.3	60.4	63.8	78.1	82.6	99	105	136	143	150
4.4	9.05	14.1	18.8	26.4	35.0	44.9	47.8	59.8	63.2	77.3	81.8	98	103	135	142	149
4.6	8.94	13.9	18.6	26.1	34.6	44.5	47.3	59.2	62.6	76.5	81.0	97	102	133	140	147
4.8	8.84	13.8	18.4	25.8	34.2	44.0	46.8	58.6	62.0	75.7	80.1	95.9	101	132	139	146
5.0	8.73	13.6	18.1	25.5	33.8	43.5	46.3	58.0	61.4	74.9	79.3	94.9	100	131	138	145
5.2	8.63	13.4	17.9	25.2	33.4	43.0	45.8	57.4	60.8	74.1	78.5	93.9	99.2	129	136	143
5.4	8.53	13.2	17.7	24.9	33.0	42.5	45.3	56.8	60.2	73.4	77.7	92.8	98.2	128	135	142
5.6	8.42	13.1	17.5	24.6	32.7	42.0	44.8	56.2	59.6	72.6	76.9	91.8	97.2	126	133	140

续表

型号	I10	I12.6	I14	I16	I18	I20a	I20b	I22a	I22b	I25a	I25b	I28a	I28b	I32a	I32b	I32c
5.8	8.32	12.9	17.3	24.3	32.3	41.6	44.3	55.6	59.0	71.8	76.1	90.8	96.1	125	132	139
6.0	8.21	12.7	17.0	24.0	31.9	41.1	43.8	55.1	50.4	71.0	75.3	89.8	95.1	124	131	137
6.2	8.11	12.5	16.8	23.7	31.5	40.6	43.3	54.5	57.8	70.2	74.5	88.8	94.0	122	129	136
6.4	8.01	12.4	16.6	23.4	31.2	40.1	42.9	53.9	57.2	69.4	73.7	87.8	93.0	121	128	135
6.6	7.90	12.2	16.4	23.1	30.8	39.7	42.4	53.3	56.6	68.6	72.9	86.8	92.0	120	126	133
6.8	7.80	12.0	16.2	22.8	30.4	39.2	41.9	52.7	56.0	67.9	72.1	85.7	90.9	118	125	132
7.0	7.69	11.8	16.0	22.6	30.0	38.7	41.4	52.2	55.4	67.1	71.3	84.7	89.9	117	124	130
7.2	7.59	11.7	15.7	22.3	29.6	38.2	40.9	51.6	54.8	66.3	70.5	83.7	88.9	116	122	129
7.4	7.49	11.5	15.5	22.0	29.3	37.8	40.4	51.0	54.2	65.5	69.8	82.7	87.9	114	121	128
7.6	7.38	11.3	15.3	21.7	28.9	37.3	40.0	50.4	53.6	64.8	69.0	81.7	86.8	113	120	126
7.8	7.28	11.1	15.1	21.4	28.5	36.8	39.5	49.8	53.0	64.0	68.2	80.7	85.8	112	118	125
8.0	7.18	11.0	14.9	21.1	28.1	36.3	39.0	49.3	52.4	63.2	67.4	79.7	84.8	110	117	123
8.2	7.07	10.8	14.6	20.8	27.8	35.9	38.5	48.7	51.8	62.4	66.6	78.7	83.8	109	115	122
8.4	6.97	10.6	14.4	20.5	27.4	35.4	38.0	48.1	51.2	61.7	65.8	77.7	82.8	108	114	121
8.6	6.86	10.4	14.2	20.2	27.0	34.9	37.5	47.5	50.7	60.9	65.0	76.8	81.7	106	113	119
8.8	6.76	10.3	14.0	19.9	26.7	34.5	37.1	47.0	50.1	60.1	64.2	75.8	80.7	105	111	118
9.0	6.66	10.1	13.8	19.6	26.3	34.0	36.6	46.4	49.5	59.4	63.5	74.8	79.7	104	110	116
9.2	6.55	9.89	13.6	19.4	25.9	33.5	36.1	45.8	48.9	58.6	62.7	73.8	78.7	102	109	115
9.4	6.45	9.68	13.3	19.1	25.5	33.0	35.6	45.2	48.3	57.8	61.9	72.8	77.7	101	107	114
9.6	6.35	9.48	13.1	18.8	25.2	32.6	35.1	44.7	47.7	57.1	61.1	71.8	76.7	99.6	106	112
9.8	6.22	9.28	12.8	18.5	24.8	32.1	34.7	44.1	47.1	56.3	60.3	70.8	75.7	98.3	105	111
10.0	6.10	9.09	12.6	18.2	24.4	31.6	34.2	43.5	46.6	55.5	59.6	69.8	74.6	97.0	103	110

续表

型号	I36a	I36b	I36c	I40a	I40b	I40c	I45a	I45b	I45c	I50a	I50b	I50c	I56a	I56b	I56c	I63a	I63b	I63c
2.0	192	201	211	227	238	249	300	315	329	392	409	427	494	517	539	632	660	724
2.2	190	200	209	225	236	247	298	312	326	389	406	424	491	513	535	627	655	719
2.4	189	198	207	223	234	245	296	310	324	386	403	420	487	509	531	623	650	714
2.6	187	196	206	221	232	243	293	307	321	383	400	417	483	505	527	618	646	708
2.8	185	194	204	219	230	241	290	304	318	379	397	414	479	501	523	613	640	702
3.0	183	193	202	217	227	238	288	301	315	376	393	410	475	497	518	608	635	696
3.2	181	191	200	214	225	236	285	299	312	373	390	407	471	492	514	603	630	690
3.4	180	189	198	212	223	234	282	296	309	369	386	403	467	488	509	598	624	684
3.6	178	187	196	210	221	232	279	293	306	366	383	400	463	484	505	592	619	677
3.8	176	185	194	208	218	229	277	290	303	363	379	396	458	479	500	587	613	671
4.0	174	183	192	206	216	227	274	287	301	359	376	392	454	475	496	581	607	664
4.2	172	181	190	204	214	225	271	284	298	356	372	389	450	470	491	576	601	657
4.4	171	179	189	201	212	222	268	281	295	352	369	385	445	466	486	570	596	651
4.6	169	178	187	199	209	220	265	278	292	349	365	381	441	461	482	564	590	644
4.8	167	176	185	197	207	218	262	276	289	345	362	378	436	457	477	559	584	637
5.0	165	174	183	195	205	215	260	273	286	342	358	374	432	452	472	553	578	630
5.2	163	172	181	193	203	213	257	270	283	339	354	371	427	447	468	547	572	624
5.4	161	170	179	190	200	211	254	267	280	335	351	367	423	443	463	541	566	617
5.6	160	168	177	188	198	208	251	264	277	332	347	363	419	438	458	536	560	610
5.8	158	167	175	186	196	206	248	261	274	328	344	360	414	434	454	530	554	603
6.0	156	165	173	184	194	204	246	258	271	325	340	356	410	429	449	524	548	596

续表

型号	I36a	I36b	I36c	I40a	I40b	I40c	I45a	I45b	I45c	I50a	I50b	I50c	I56a	I56b	I56c	I63a	I63b	I63c
6.2	154	163	172	182	192	202	243	255	268	321	337	352	405	425	444	518	542	590
6.4	153	161	170	180	189	199	240	253	265	318	333	349	401	420	440	512	536	583
6.6	151	159	168	177	187	197	237	250	262	314	330	345	396	416	435	507	530	576
6.8	149	157	166	175	185	195	234	247	259	311	326	342	392	411	430	501	524	569
7.0	147	156	164	173	183	193	232	244	256	308	323	338	388	407	426	495	518	563
7.2	145	154	162	171	181	190	229	241	253	304	319	334	383	402	421	489	513	556
7.4	144	152	160	169	178	188	226	238	250	301	316	331	379	398	416	484	507	549
7.6	142	150	159	167	176	186	223	236	248	297	312	327	374	393	412	478	501	542
7.8	140	148	157	165	174	184	221	233	245	294	309	324	370	389	407	472	495	536
8.0	138	147	155	162	172	181	218	230	242	291	305	320	366	384	403	466	489	529
8.2	137	145	153	160	170	179	215	227	239	287	302	317	361	380	398	461	483	522
8.4	135	143	151	158	167	177	212	224	236	284	299	313	357	375	393	455	477	515
8.6	133	141	149	156	165	175	210	222	233	281	295	310	353	371	389	449	471	509
8.8	132	140	148	154	163	172	207	219	230	277	292	306	348	366	384	444	466	502
9.0	130	138	146	152	161	170	204	216	227	274	288	303	344	362	380	438	460	495
9.2	128	136	144	150	159	168	202	213	225	271	285	299	340	357	375	432	454	489
9.4	126	134	142	148	157	166	199	210	222	267	281	296	335	353	371	427	448	482
9.6	125	132	140	146	154	164	196	208	219	264	278	292	331	349	366	421	442	475
9.8	123	131	139	144	152	161	193	205	216	261	275	289	327	344	362	415	436	469
10.0	121	129	137	141	150	159	191	202	213	257	271	285	322	340	357	410	431	462

注：同表2.7-1。

（6）Q235 钢热轧普通槽钢简支梁整体稳定时的承载力矩设计值（kN·m）（见表 2.7-6）。

表 2.7-6

型号	[8	[10	[12.6	[14a	[14b	[16a	[16b	[18a	[18b	[20a	[20b	[22a	[22b
2.0	4.57	7.06	10.7	14.2	15.5	19.1	20.8	24.9	27.1	31.5	34.2	39	42
2.2	4.44	6.86	10.4	13.7	15.0	18.5	20.1	24.2	26.3	30.6	33.2	37	41
2.4	4.32	6.65	10.0	13.3	14.6	17.9	19.5	23.4	25.5	29.6	32.2	36	39
2.6	4.19	6.44	9.69	12.9	14.1	17.3	18.9	22.7	24.7	28.7	31.2	35	38
2.8	4.07	6.23	9.34	12.4	13.7	16.7	18.3	21.9	23.9	27.7	30.2	34	37
3.0	3.94	6.03	8.99	12.0	13.2	16.1	17.7	21.2	23.1	26.8	29.2	33	36
3.2	3.82	5.82	8.65	11.6	12.8	15.6	17.1	20.4	22.3	25.9	28.2	32	35
3.4	3.69	5.61	8.30	11.1	12.3	15.0	16.5	19.6	21.5	24.9	27.3	31	33
3.6	3.57	5.41	7.95	10.7	11.8	14.4	15.9	18.9	20.7	24.0	26.3	29	32
3.8	3.44	5.20	7.53	10.2	11.4	13.8	15.2	18.1	19.9	23.0	25.3	28	31
4.0	3.32	4.96	7.16	9.71	10.9	13.1	14.5	17.2	19.0	21.9	24.2	27	30
4.2	3.17	4.73	6.82	9.24	10.3	12.4	13.8	16.4	18.1	20.9	23.0	26	28
4.4	3.03	4.51	6.51	8.82	9.88	11.9	13.2	15.6	17.3	19.9	22.0	24	27
4.6	2.90	4.32	6.22	8.44	9.45	11.4	12.6	14.9	16.6	19.0	21.0	23	26
4.8	2.78	4.14	5.96	8.09	9.05	10.9	12.1	14.3	15.9	18.2	20.2	22.4	25
5.0	2.67	3.97	5.73	7.77	8.69	10.5	11.6	13.7	15.2	17.5	19.4	21.5	24
5.2	2.56	3.82	5.50	7.47	8.36	10.0	11.2	13.2	14.6	16.8	18.6	20.6	22.8
5.4	2.47	3.68	5.30	7.19	8.05	9.68	10.8	12.7	14.1	16.2	17.9	19.9	21.9
5.6	2.38	3.54	5.11	6.93	7.76	9.33	10.4	12.3	13.6	15.6	17.3	19.2	21.1

续表

型号	[8	[10	[12.6	[14a	[14b	[16a	[16b	[18a	[18b	[20a	[20b	[22a	[22b
5.8	2.30	3.42	4.94	6.69	7.49	9.01	10.0	11.9	13.1	15.1	16.7	18.5	20.4
6.0	2.22	3.31	4.77	6.47	7.24	8.71	9.69	11.5	12.7	14.6	16.1	17.9	19.7
6.2	2.15	3.20	4.62	6.26	7.01	8.43	9.38	11.1	12.3	14.1	15.6	17.3	19.1
6.4	2.08	3.10	4.47	6.07	6.79	8.17	9.09	10.7	11.9	13.7	15.1	16.8	18.5
6.6	2.02	3.01	4.34	5.88	6.58	7.92	8.81	10.4	11.5	13.3	14.7	16.3	17.9
6.8	1.96	2.92	4.21	5.71	6.39	7.69	8.55	10.1	11.2	12.9	14.2	15.8	17.4
7.0	1.90	2.84	4.09	5.55	6.21	7.47	8.31	9.82	10.9	12.5	13.8	15.3	16.9
7.2	1.85	2.76	3.98	5.39	6.04	7.26	8.08	9.55	10.6	12.2	13.4	14.9	16.4
7.4	1.80	2.68	3.87	5.25	5.87	7.06	7.86	9.29	10.3	11.8	13.1	14.5	16.0
7.6	1.75	2.61	3.77	5.11	5.72	6.88	7.65	9.04	10.0	11.5	12.7	14.1	15.6
7.8	1.71	2.54	3.67	4.98	5.57	6.70	7.46	8.81	9.76	11.2	12.4	13.8	15.2
8.0	1.67	2.48	3.58	4.85	5.43	6.53	7.27	8.59	9.52	10.9	12.1	13.4	14.8
8.2	1.63	2.42	3.49	4.73	5.30	6.37	7.09	8.38	9.29	10.7	11.8	13.1	14.4
8.4	1.59	2.36	3.41	4.62	5.17	6.22	6.92	8.18	9.07	10.4	11.5	12.8	14.1
8.6	1.55	2.31	3.33	4.51	5.05	6.08	6.76	7.99	8.86	10.2	11.3	12.5	13.8
8.8	1.52	2.26	3.25	4.41	4.94	5.94	6.61	7.81	8.65	10.0	11.0	12.2	13.4
9.0	1.48	2.21	3.18	4.31	4.83	5.81	6.46	7.64	8.46	9.73	10.8	11.9	13.1
9.2	1.45	2.16	3.11	4.22	4.72	5.68	6.32	7.47	8.28	9.52	10.5	11.7	12.9
9.4	1.42	2.11	3.05	4.13	4.62	5.56	6.19	7.31	8.10	9.32	10.3	11.4	12.6
9.6	1.39	2.07	2.98	4.04	4.53	5.44	6.06	7.16	7.93	9.12	10.1	11.2	12.3
9.8	1.36	2.03	2.92	3.96	4.43	5.33	5.93	7.01	7.77	8.94	9.87	11.0	12.1
10.0	1.33	1.99	2.86	3.88	4.35	5.23	5.81	6.87	7.62	8.76	9.68	10.7	11.8

续表

型号	[25a	[25b	[25c	[28a	[28b	[28c	[32a	[32b	[32c	[36a	[36b	[36c	[40a	[40b	[40c
2.0	46.5	50.6	54.6	58.4	63.4	68.4	78.2	84.5	90.8	113	121	130	153	163	173
2.2	45.0	49.0	53.0	56.4	61.3	66.2	75.8	81.9	88.1	110	118	126	149	159	169
2.4	43.5	47.4	51.3	54.4	59.2	64.1	73.3	79.3	85.4	107	115	123	145	155	165
2.6	42.0	45.8	49.6	52.5	57.1	61.9	70.8	76.7	82.7	104	112	119	141	151	161
2.8	40.4	44.2	47.9	50.5	55.1	59.7	68.3	74.1	80.0	101	108	116	137	147	156
3.0	38.9	42.6	46.2	48.5	53.0	57.6	65.9	71.5	77.3	97.7	105	113	133	143	152
3.2	37.4	41.0	44.6	46.5	50.9	55.4	63.4	68.9	74.6	94.5	102	109	129	139	148
3.4	35.9	39.3	42.9	44.6	48.8	53.2	60.9	66.3	71.9	91.4	98.5	106	125	134	144
3.6	34.2	37.7	41.2	42.3	46.7	51.0	58.4	63.8	69.2	88.3	95.3	102	121	130	139
3.8	32.4	35.9	39.4	40.1	44.2	48.5	55.6	61.0	66.5	85.1	92.0	99.0	118	126	135
4.0	30.8	34.1	37.4	38.1	42.0	46.1	52.8	57.9	63.2	82.0	88.7	95.6	114	122	131
4.2	29.4	32.4	35.6	36.3	40.0	43.9	50.3	55.2	60.2	78.3	85.2	92.1	110	118	126
4.4	28.0	31.0	34.0	34.6	38.2	41.9	48.0	52.6	57.5	74.8	81.3	88.1	105	114	122
4.6	26.8	29.6	32.5	33.1	36.5	40.1	45.9	50.4	55.0	71.5	77.8	84.2	100	109	117
4.8	25.7	28.4	31.2	31.7	35.0	38.4	44.0	48.3	52.7	68.5	74.5	80.7	96.3	104	112
5.0	24.7	27.3	29.9	30.5	33.6	36.9	42.2	46.3	50.6	65.8	71.5	77.5	92.4	100	108
5.2	23.7	26.2	28.8	29.3	32.3	35.4	40.6	44.5	48.6	63.3	68.8	74.5	88.9	96.1	104
5.4	22.8	25.2	27.7	28.2	31.1	34.1	39.1	42.9	46.8	60.9	66.2	71.8	85.6	92.6	99.8
5.6	22.0	24.3	26.7	27.2	30.0	32.9	37.7	41.4	45.2	58.7	63.9	69.2	82.5	89.3	96.2
5.8	21.3	23.5	25.8	26.3	29.0	31.8	36.4	39.9	43.6	56.7	61.7	66.8	79.7	86.2	92.9
6.0	20.5	22.7	25.0	25.4	28.0	30.7	35.2	38.6	42.1	54.8	59.6	64.6	77.0	83.3	89.8

续表

型号	[25a	[25b	[25c	[28a	[28b	[28c	[32a	[32b	[32c	[36a	[36b	[36c	[40a	[40b	[40c
6.2	19.9	22.0	24.1	24.6	27.1	29.7	34.1	37.4	40.8	53.0	57.7	62.5	74.5	80.6	86.9
6.4	19.3	21.3	23.4	23.8	26.3	28.8	33.0	36.2	39.5	51.4	55.9	60.5	72.2	78.1	84.2
6.6	18.7	20.6	22.7	23.1	25.5	27.9	32.0	35.1	38.3	49.8	54.2	58.7	70.0	75.8	81.7
6.8	18.1	20.0	22.0	22.4	24.7	27.1	31.1	34.1	37.2	48.4	52.6	57.0	68.0	73.5	79.3
7.0	17.6	19.5	21.4	21.8	24.0	26.3	30.2	33.1	36.1	47.0	51.1	55.4	66.0	71.4	77.0
7.2	17.1	18.9	20.8	21.2	23.3	25.6	29.3	32.2	35.1	45.7	49.7	53.8	64.2	69.4	74.9
7.4	16.7	18.4	20.2	20.6	22.7	24.9	28.5	31.3	34.2	44.4	48.3	52.4	62.5	67.6	72.8
7.6	16.2	17.9	19.7	20.0	22.1	24.2	27.8	30.5	33.3	43.3	47.1	51.0	60.8	65.8	70.9
7.8	15.8	17.5	19.2	19.5	21.5	23.6	27.1	29.7	32.4	42.2	45.9	49.7	59.2	64.1	69.1
8.0	15.4	17.0	18.7	19.0	21.0	23.0	26.4	29.0	31.6	41.1	44.7	48.4	57.8	62.5	67.4
8.2	15.0	16.6	18.3	18.6	20.5	22.5	25.8	28.3	30.8	40.1	43.6	47.3	56.4	61.0	65.7
8.4	14.7	16.2	17.8	18.1	20.0	21.9	25.1	27.6	30.1	39.2	42.6	46.1	55.0	59.5	64.2
8.6	14.3	15.8	17.4	17.7	19.5	21.4	24.6	26.9	29.4	38.2	41.6	45.1	53.7	58.1	62.7
8.8	14.0	15.5	17.0	17.3	19.1	20.9	24.0	26.3	28.7	37.4	40.7	44.0	52.5	56.8	61.2
9.0	13.7	15.1	16.6	16.9	18.7	20.5	23.5	25.7	28.1	36.5	39.7	43.1	51.3	55.6	59.9
9.2	13.4	14.8	16.3	16.6	18.3	20.0	23.0	25.2	27.5	35.8	38.9	42.1	50.2	54.3	58.6
9.4	13.1	14.5	15.9	16.2	17.9	19.6	22.5	24.6	26.9	35.0	38.1	41.2	49.2	53.2	57.3
9.6	12.8	14.2	15.6	15.9	17.5	19.2	22.0	24.1	26.3	34.3	37.3	40.4	48.1	52.1	56.1
9.8	12.6	13.9	15.3	15.5	17.1	18.8	21.5	23.6	25.8	33.6	36.5	39.5	47.2	51.0	55.0
10.0	12.3	13.6	15.0	15.2	16.8	18.4	21.1	23.2	25.3	32.9	35.8	38.7	46.2	50.0	53.9

注：同表2.7-1。

2.7.2　轴心受压构件的承载力设计值（稳定）

（1）Q235 钢　一个热轧等边角钢轴心受压（绕 x 轴）稳定

对应轴简图	计算长度 l_{ox}（m）	L45			L50			L56				
		4	5	6	4	5	6	4	5	8	4	5
											面	积
		3.49	4.29	5.08	3.90	4.80	5.69	4.39	5.42	8.37	4.98	6.14
	0.75	49.5	60.2	71.3	60.0	73.3	86.9	72.2	88.8	136	86.7	106.6
	0.80	46.7	56.7	67.2	57.2	69.9	82.8	69.7	85.6	131	84.4	103.7
	0.85	43.8	53.2	63.0	54.4	66.4	78.7	67.0	82.2	126	82.0	100.7
	0.90	41.1	49.8	59.0	51.6	62.8	74.5	64.2	78.8	121	79.5	97.5
	0.95	38.5	46.6	55.2	48.7	59.3	70.3	61.4	75.2	115	76.8	94.2
	1.00	35.9	43.5	51.5	46.0	55.9	66.3	58.6	71.7	110	74.1	90.8
	1.05	33.6	40.6	48.1	43.3	52.6	62.4	55.7	68.1	104	71.3	87.3
	1.10	31.4	37.9	44.9	40.8	49.5	58.7	52.9	64.7	98.8	68.4	83.8
	1.15	29.3	35.5	42.0	38.4	46.5	55.2	50.2	61.3	93.6	65.6	80.2
	1.20	27.5	33.2	39.3	36.1	43.8	51.9	47.6	58.1	88.6	62.8	76.7
	1.25	25.7	31.1	36.8	34.0	41.2	48.8	45.1	55.0	83.8	60.0	73.3
	1.30	24.1	29.1	34.5	32.0	38.8	45.9	42.7	52.0	79.3	57.2	69.9
	1.35	22.7	27.3	32.4	30.1	36.5	43.3	40.4	49.3	75.0	54.6	66.6
	1.40	21.3	25.7	30.4	28.4	34.4	40.8	38.3	46.6	71.0	52.1	63.5
	1.45	20.1	24.2	28.7	26.8	32.5	38.5	36.3	44.2	67.3	49.6	60.5
x — x	1.50	18.9	22.8	27.0	25.4	30.7	36.4	34.4	41.9	63.8	47.3	57.7
	1.6	16.9	20.4	24.1	22.7	27.5	32.6	31.0	37.7	57.4	43.0	52.4
	1.7	15.2	18.3	21.6	20.5	24.8	29.3	28.1	34.1	51.9	39.1	47.7
	1.8	13.7	16.5	19.5	18.5	22.4	26.5	25.5	30.9	47.0	35.7	43.5
	1.9	12.4	14.9	17.7	16.8	20.3	24.1	23.2	28.2	42.8	32.7	39.7
	2.0	11.3	13.6	16.1	15.3	18.5	21.9	21.2	25.7	39.1	30.0	36.4
	2.1	10.3	12.4	14.7	14.0	16.9	20.1	19.4	23.6	35.8	27.5	33.5
	2.2	9.5	11.4	13.5	12.9	15.6	18.4	17.9	21.7	32.9	25.4	30.9
	2.3				11.9	14.3	17.0	16.5	20.0	30.4	23.5	28.5
	2.4				11.0	13.2	15.7	15.2	18.5	28.1	21.8	26.4
	2.5							14.1	17.2	26.1	20.2	24.6
	2.6							13.1	16.0	24.2	18.8	22.9
	2.7							12.3	14.9	22.6	17.6	21.4
	2.8										16.4	20.0
	2.9										15.4	18.7
	3.0										14.5	17.6
											③	

时的承载力设计值（kN）（见表 2.7-7*a*）。

表 2.7-7*a*

L63			L70					L75				
6	8	10	4	5	6	7	8	5	6	7	8	10
A			(cm^2)									
7.29	9.51	11.66	5.57	6.88	8.16	9.42	10.67	7.41	8.80	10.16	11.50	14.13
126	164	200	100.6	124	147	169	191	136	162	186	211	258
123	159	195	98.4	121	143	166	187	134	159	183	207	253
119	155	189	96.2	119	140	162	183	131	156	179	202	248
115	150	182	93.9	116	137	158	178	129	152	175	198	243
111	144	176	91.4	113	133	153	173	126	149	171	193	237
107	139	169	88.9	109	129	149	168	123	145	167	189	231
103	133	162	86.2	106	125	144	163	120	142	163	183	225
98.7	128	155	83.5	103	121	140	157	116	138	158	178	218
94.5	122	149	80.7	99.1	117	135	152	113	134	153	173	211
90.3	117	142	77.8	95.5	113	130	146	110	129	149	167	205
86.2	111	135	75.0	91.9	108	125	141	106	125	144	162	198
82.2	106	129	72.1	88.4	104	120	135	103	121	139	156	191
78.3	101	123	69.3	84.9	99.8	115	129	99.0	117	134	151	184
74.6	96.2	117	66.5	81.4	95.7	111	124	95.4	113	129	145	177
71.0	91.6	111	63.7	78.0	91.7	106	119	91.9	108	124	139	170
67.7	87.2	106	61.1	74.7	87.8	101	114	88.4	104	119	134	163
61.4	79.1	95.8	56.0	68.5	80.5	92.9	104	81.7	96.2	110	124	150
55.9	72.0	87.1	51.4	62.8	73.7	85.1	95.4	75.4	88.8	102	114	139
50.9	65.6	79.3	47.2	57.7	67.6	78.1	87.4	69.6	81.8	93.6	105	128
46.6	59.9	72.4	43.4	53.0	62.1	71.7	80.3	64.2	75.5	86.3	96.7	118
42.7	54.9	66.4	39.9	48.8	57.2	66.0	73.9	59.3	69.7	79.7	89.2	108
39.2	50.4	61.0	36.9	45.0	52.7	60.9	68.1	54.9	64.5	73.7	82.5	100 ①
36.1	46.5	56.2	34.1	41.6	48.7	56.2	62.9	50.9	59.8	68.3	76.4	92.8
33.4	42.9	51.9	31.6	38.5	45.1	52.1	58.3	47.3	55.5	63.4	70.9	86.1
30.9	39.8	48.1	29.3	35.8	41.9	48.4	54.1	44.0	51.6	58.9	65.9	80.0
28.7	37.0	44.6	27.3	33.3	39.0	45.0	50.3	41.0	48.1	54.9	61.4	74.6
26.8	34.4	41.6	25.5	31.1	36.4	42.0	46.9	38.3	44.9	51.3	57.3	69.6
25.0	32.1	38.8	23.8	29.0	34.0	39.2	43.8	35.8	42.0	47.9	53.6	65.1
23.4	30.0	36.3	22.3	27.2	31.8	36.7	41.1	33.6	39.4	44.9	50.2	61.0
21.9	28.1	34.0	20.9	25.5	29.8	34.5	38.5	31.5	37.0	42.2	47.2	57.2 ②
20.6	26.4	31.9	19.7	24.0	28.0	32.4	36.2	29.7	34.8	39.7	44.4	53.8
							②					

对应轴简图	计算长度 l_{ox} (m)	L80					L90				
		5	6	7	8	10	6	7	8	10	12
		面积									
		7.91	9.4	10.86	12.30	15.13	10.64	12.3	13.94	17.17	20.31
	1.0	135	160	184	208	255	190	219	248	304	359
	1.1	129	153	176	198	243	183	211	239	293	346
	1.2	122	145	167	188	230	176	203	230	281	332
	1.3	116	137	157	177	217	169	194	219	268	316
	1.4	108	128	147	166	203	161	184	209	255	300
	1.5	101	120	137	154	189	152	174	198	241	284
	1.6	94.4	111	128	144	175	144	164	186	227	267
	1.7	87.7	103	118	133	162	135	155	175	213	250
	1.8	81.3	95.8	110	123	150	127	145	164	199	234
	1.9	75.4	88.8	102	114	139	119	136	154	186	219
	2.0	69.9	82.3	94.2	106	129	111	127	144	174	204
	2.1	64.9	76.4	87.4	98.0	119	104	118	134	163	191
	2.2	60.3	71.0	81.2	91.0	111	97.3	111	125	152	178
	2.3	56.2	66.1	75.5	84.6	103	91.0	103	117	142	166
	2.4	52.3	61.6	70.4	78.9	96.0	85.2	96.8	110	133	156
x—x	2.5	48.9	57.5	65.7	73.6	89.5	79.9	90.7	103	124	146
	2.6	45.7	53.7	61.4	68.8	83.7	74.9	85.1	96.4	117	137
	2.7	42.8	50.3	57.5	64.4	78.4	70.4	79.9	90.5	109	128
	2.8	40.2	47.2	54.0	60.4	73.5	66.2	75.1	85.1	103	121
	2.9	37.8	44.4	50.7	56.8	69.0	62.4	70.8	80.2	96.9	113
	3.0	35.5	41.8	47.7	53.4	65.0	58.8	66.7	75.6	91.3	107
	3.1	33.5	39.4	45.0	50.4	61.3	55.6	63.0	71.4	86.2	101
	3.2	31.7	37.2	42.5	47.6	57.8	52.6	59.6	67.5	81.5	95.5
	3.3	29.9	35.2	40.2	45.0	54.7	49.8	56.4	63.9	77.2	90.4
	3.4	28.3	33.3	38.0	42.6	51.8	47.2	53.5	60.6	73.1	85.6
	3.5	26.9	31.6	36.1	40.4	49.1	44.8	50.8	57.5	69.4	81.3
	3.6	25.5	30.0	34.2	38.3	46.6	42.6	48.2	54.7	66.0	77.2
	3.7	24.3	28.5	32.5	36.4	44.3	40.5	45.9	52.0	62.7	73.5
	3.8	23.1	27.1	31.0	34.7	42.1	38.6	43.7	49.5	59.8	70.0
	3.9	22.0	25.8	29.5	33.0	40.1	36.8	41.7	47.2	57.0	66.7
	4.0	21.0					35.1	39.8	45.1	54.4	63.6

③

续表

L100							L110				
6	7	8	10	12	14	16	7	8	10	12	14
	A	（cm^2）									
11.93	13.8	15.64	19.26	22.8	26.26	29.63	15.2	17.24	21.26	25.20	29.06
220	254	287	353	417	479	540	286	324	399	472	544
214	247	279	343	405	465	524	280	317	390	461	531
207	239	270	332	392	450	507	273	309	380	449	517
200	231	261	320	378	434	488	265	300	369	436	502
193	222	251	307	363	416	468	257	291	358	422	486
185	213	240	294	347	398	448	249	282	346	408	469
176	203	229	280	331	379	426	240	271	333	392	451
168	193	218	266	314	360	404	231	261	319	376	432
159	183	207	252	297	340	382	221	250	305	359	413
151	173	195	238	280	321	360	211	238	291	342	393
142	164	184	224	264	302	339	201	227	277	326	374
134	154	174	211	248	284	318	191	216	263	309	354
126	145	164	199	234	267	299	181	205	250	293	336
119	137	154	187	219	251	281	172	194	236	277	317
112	129	145	176	206	236	264	163	184	224	262	300
105	121	136	165	194	222	248	154	174	212	248	284
99.4	114	128	155	183	209	233	146	164	200	234	268
93.7	108	121	146	172	196	220	138	156	189	221	253
88.4	101	114	138	162	185	207	131	147	179	209	240
83.5	95.8	108	130	153	175	196	124	140	170	198	227
78.9	90.6	102	123	145	165	185	117	132	161	188	215
74.7	85.7	96.3	117	137	156	175	111	126	152	178	204
70.8	81.2	91.2	110	130	148	165	106	119	145	169	193 ①
67.1	77.0	86.5	105	123	140	157	101	113	137	160	184
63.7	73.1	82.1	99.3	117	133	149	95.7	108	131	153	175
60.6	69.5	78.0	94.4	111	126	141	91.1	102	124	145	166
57.7	66.1	74.3	89.8	105	120	134	86.8	97.7	119	138	158
54.9	63.0	70.7	85.5	100	114	128	82.8	93.1	113	132	151
52.4	60.0	67.4	81.5	95.6	109	122	79.0	88.9	108	126	144
50.0	57.3	64.3	77.8	91.2	104	116	75.5	84.9	103	120	137
47.7	54.7	61.5	74.3	87.1	99.4	111	72.2	81.2	98.5	115	131
						②					

对应轴简图	计算长度 l_{ox}（m）	L125				L140				
		8	10	12	14	10	12	14	16	10
									面	积
		19.75	24.37	28.91	33.37	27.37	32.51	37.57	42.54	31.5
	1.5	343	422	499	575	493	585	674	763	589
	1.6	334	410	485	558	483	572	660	746	580
	1.7	324	398	470	541	471	559	644	728	570
	1.8	314	385	455	523	460	545	628	710	560
	1.9	303	372	439	505	448	531	611	690	549
	2.0	292	358	422	486	435	515	593	670	538
	2.1	281	344	405	466	422	500	575	649	526
	2.2	269	330	388	447	408	483	556	627	514
	2.3	258	316	372	427	394	467	536	605	501
	2.4	247	302	355	408	380	450	516	583	488
	2.5	236	288	338	389	366	433	497	560	474
	2.6	225	275	323	370	352	416	477	538	460
	2.7	214	262	307	353	338	399	458	516	446
	2.8	204	249	293	336	324	383	439	495	432
	2.9	195	237	279	320	310	367	420	474	418
x — x	3.0	185	226	265	304	297	352	402	454	404
	3.1	177	215	253	290	285	337	385	434	390
	3.2	168	205	241	276	273	322	369	415	376
	3.3	161	196	229	263	261	309	353	397	362
	3.4	153	187	219	251	250	295	338	380	349
	3.5	146	178	209	239	239	283	323	364	336
	3.6	140	170	199	229	229	271	310	349	324
	3.7	134	163	190	218	220	260	297	334	312
	3.8	128	156	182	209	211	249	284	320	300
	3.9	122	149	174	200	202	239	273	307	289
	4.0	117	143	167	191	194	229	262	294	279
	4.2	108	131	153	176	179	211	241	271	259
	4.4	99.3	121	141	162	165	195	223	251	240
	4.6	91.8	112	131	150	153	181	206	232	224
	4.8	85.1	103	121	139	142	168	192	216	208
	5.0	79.0	96.1	112	129	132	156	178	201	195
					②					

注：粗黑线①为对应轴 $\lambda_x=150$ 时的界线；粗黑线②为对应轴 $\lambda_x=200$ 时的界线；

续表

L160			L180				L200				
12	14	16	12	14	16	18	14	16	18	20	24
A (cm^2)											
37.44	43.3	49.07	42.24	48.9	55.47	61.95	54.64	62.01	69.30	76.5	90.66
699	808	914	809	936	1061	1129	1066	1209	1287	1421	1681
688	795	899	799	924	1047	1114	1055	1196	1273	1405	1663
676	781	883	788	911	1033	1098	1043	1182	1259	1389	1643
664	766	866	777	898	1017	1082	1031	1168	1244	1372	1623
651	751	849	765	885	1002	1065	1018	1154	1228	1355	1602
637	735	831	752	870	985	1047	1005	1139	1212	1337	1581
623	718	812	740	855	968	1029	991	1123	1195	1318	1558
608	701	792	726	840	950	1009	977	1107	1177	1298	1535
593	683	771	712	823	932	989	962	1090	1159	1278	1510
577	665	750	698	807	912	969	947	1072	1140	1257	1485
561	646	728	683	789	892	947	931	1054	1120	1235	1459
544	626	706	667	771	872	925	914	1035	1100	1213	1432
527	607	684	651	753	851	902	897	1015	1079	1190	1404
511	587	661	635	734	829	879	880	995	1057	1166	1375
494	567	639	619	715	807	855	861	975	1035	1141	1346
477	548	616	602	695	785	831	843	953	1013	1116	1315
460	528	594	585	675	762	807	824	932	989	1090	1284
443	509	573	568	656	740	783	805	910	966	1064	1253
427	490	551	551	636	717	759	785	888	942	1037	1221
412	472	531	534	616	695	735	766	865	918	1011	1190
396	455	511	517	597	673	712	746	843	894	984	1158
382	438	492	501	578	651	689	726	820	869	957	1126
367	421	473	485	559	630	666	706	797	845	931	1094
354	405	455	469	541	609	644	687	775	821	904	1062
341	390	438	453	523	589	622	667	753	798	878	1031
328	376	422	438	506	569	601	648	731	774	852	1001
304	349	391	410	472	532	562	611	689	729	802	942
283	324	363	383	442	497	525	575	648	686	755	885
263	301	338	358	413	464	490	541	610	645	710	832
245	281	315	335	387	435	459	509	574	607	668	782
229	262	294	314	362	407	430	480	540	571	628	736
		①									

粗黑线③为对应轴 $\lambda_x=250$ 时的界线。

（2）Q235 钢　一个热轧等边角钢轴心受压（绕 y 轴）稳定时

对应轴简图	计算长度 l_{oy}（m）	L45			L50			L56				
		4	5	6	4	5	6	4	5	8	4	5
										面		积
		3.49	4.29	5.08	3.90	4.80	5.69	4.39	5.42	8.37	4.98	6.14
	1.00	56.3	71.3	85.7	62.4	81.6	98.7	68.0	91.8	151	73.0	101
	1.05	55.3	69.9	84.1	61.8	80.4	97.2	67.5	91.1	149	72.6	101
	1.10	54.2	68.5	82.3	61.2	79.1	95.7	66.9	90.4	147	72.1	100
	1.15	53.1	67.0	80.6	60.5	77.8	94.1	66.4	89.6	145	71.7	99.4
	1.20	51.9	65.5	78.7	59.8	76.4	92.4	65.8	88.8	143	71.2	98.8
	1.25	50.7	63.9	76.8	58.7	75.0	90.6	65.2	87.5	141	70.7	98.1
	1.30	49.4	62.3	74.8	57.6	73.5	88.8	64.6	86.2	139	70.2	97.4
	1.35	48.2	60.7	72.9	56.4	72.0	87.0	63.9	84.9	137	69.7	96.6
	1.40	46.9	59.0	70.8	55.2	70.4	85.1	63.2	83.5	134	69.1	95.8
	1.45	45.6	57.4	68.8	54.0	68.8	83.1	62.5	82.1	132	68.5	94.9
	1.50	44.3	55.7	66.7	52.8	67.2	81.2	61.9	80.6	129	67.9	94.4
	1.60	41.7	52.3	62.7	50.3	63.9	77.1	59.7	77.6	124	66.7	91.7
	1.70	39.2	49.1	58.7	47.8	60.6	73.1	57.3	74.4	119	65.3	88.8
	1.80	36.8	45.9	54.9	45.3	57.3	69.1	54.9	71.2	113	63.9	85.9
	1.90	34.5	42.9	51.2	42.9	54.1	65.1	52.5	68.0	108	62.8	82.8
	2.00	32.3	40.1	47.8	40.5	51.0	61.3	50.1	64.8	102	60.6	79.7
	2.10	30.3	37.5	44.7	38.3	48.1	57.7	47.8	61.6	97.0	58.3	76.6
	2.20	28.4	35.1	41.7	36.1	45.3	54.3	45.5	58.6	91.9	56.1	73.5
y	2.30	26.6	32.8	39.0	34.1	42.6	51.1	43.3	55.6	86.9	53.9	70.4
	2.40	24.9	30.7	36.5	32.2	40.2	48.0	41.2	52.8	82.2	51.7	67.4
	2.50	23.4	28.8	34.2	30.4	37.9	45.2	39.2	50.1	77.7	49.5	64.4
	2.60	22.0	27.1	32.1	28.7	35.7	42.6	37.2	47.5	73.5	47.5	61.6
	2.70	20.8	25.5	30.1	27.1	33.7	40.2	35.4	45.1	69.5	45.5	58.9
y	2.80	19.6	24.0	28.4	25.7	31.8	37.9	33.7	42.8	65.8	43.5	56.2
	2.90	18.5	22.6	26.7	24.3	30.1	35.8	32.1	40.7	62.3	41.7	53.7
	3.00	17.4	21.3	25.2	23.1	28.5	33.9	30.5	38.6	59.1	39.9	51.3
	3.10	16.5	20.2	23.8	21.9	27.0	32.1	29.1	36.7	56.1	38.2	49.0
	3.20	15.6	19.1	22.5	20.8	25.6	30.4	27.7	35.0	53.2	36.6	46.9
	3.30	14.8	18.1	21.3	19.8	24.3	28.9	26.4	33.3	50.6	35.1	44.8
	3.40	14.1	17.2	20.2	18.8	23.1	27.4	25.2	31.7	48.1	33.6	42.9
	3.50	13.4	16.3	19.2	17.9	22.0	26.1	24.1	30.3	45.8	32.2	41.0
	3.60	12.7	15.5	18.3	17.1	21.0	24.8	23.0	28.9	43.7	30.9	39.3
	3.70	12.1	14.8	17.4	16.3	20.0	23.7	22.0	27.6	41.7	29.7	37.7
	3.80	11.6	14.1	16.6	15.6	19.1	22.6	21.1	26.4	39.8	28.5	36.1
	3.90	11.0	13.4	15.8	14.9	18.2	21.5	20.2	25.3	38.0	27.4	34.6
	4.00	10.6	12.8	15.1	14.2	17.4	20.6	19.4	24.2	36.4	26.3	33.2
	4.20	9.66	11.7	13.8	13.1	16.0	18.9	17.8	22.2	33.3	24.3	30.7
	4.40				12.0	14.7	17.3	16.5	20.5	30.7	22.6	28.4
	4.60				11.1	13.5	16.0	15.2	19.0	28.3	21.0	26.3
	4.80				10.3	12.5		14.1	17.6	26.2	19.5	24.5
	5.00							13.2	16.3	24.3	18.2	22.8
							③					

的承载力设计值（kN）（见表 2.7-7*b*）。

表 2.7-7*b*

L63			L70					L75				
6	8	10	4	5	6	7	8	5	6	7	8	10
A	（cm^2）											
7.29	9.51	11.66	5.57	6.88	8.16	9.42	10.67	7.41	8.80	10.16	11.50	14.13
128	175	217	76.2	109	140	169	196	114	148	180	210	268
127	173	215	75.8	109	139	168	195	113	147	179	209	266
126	171	213	75.5	108	139	167	195	113	147	178	208	264
125	170	210	75.1	108	138	166	193	112	146	178	207	262
124	168	208	74.7	107	137	165	191	112	145	177	207	260
123	166	206	74.3	107	136	164	190	111	145	176	206	258
122	164	203	73.9	106	136	163	188	111	144	175	204	256
121	162	201	73.4	105	135	162	186	110	143	174	202	254
119	160	198	73.0	105	134	160	184	110	142	173	201	251
117	157	195	72.5	104	133	158	182	109	142	172	199	249
116	155	192	72.0	103	132	157	180	108	141	171	197	247
112	151	186	71.0	102	129	153	176	107	139	168	193	242
109	146	180	69.9	99.9	126	149	172	106	137	164	189	236
105	140	173	68.8	98.2	123	145	167	104	135	160	184	231
101	135	167	67.6	96.5	119	141	162	102	132	156	180	225
97.4	130	160	66.3	93.7	116	137	157	101	128	152	175	218
93.5	124	153	65.0	90.7	112	132	152	100	125	148	170	212
89.5	119	146	63.7	87.7	108	127	146	96.7	121	143	165	205
85.7	113	139	63.3	84.7	104	123	141	93.9	117	139	159	199
81.9	108	133	61.2	81.7	100	118	136	91.0	113	134	154	192
78.2	103	126	59.1	78.8	96.7	114	130	88.1	110	130	149	185
74.6	98.2	120	57.1	75.8	92.9	109	125	85.1	106	125	143	178
71.2	93.5	114	55.0	72.9	89.2	105	120	82.3	102	121	138	171
67.9	89.0	109	53.1	70.1	85.6	100	115	79.4	99	116	133	165
64.8	84.7	103	51.1	67.4	82.2	96.1	110	76.6	94.9	112	128	158
61.8	80.7	98.3	49.2	64.7	78.8	92.1	105	73.9	91.4	107	123	152
59.0	76.9	93.5	47.4	62.2	75.6	88.2	101	71.2	88.0	103	118	146
56.3	73.3	89.1	45.7	59.7	72.5	84.5	96.5	68.7	84.7	99.3	113	140
53.8	69.9	84.9	44.0	57.4	69.5	81.0	92.4	66.2	81.5	95.5	109	134
51.4	66.7	80.9	42.4	55.1	66.7	77.6	88.5	63.8	78.4	91.8	104	129
49.1	63.7	77.2	40.8	52.9	64.0	74.4	84.8	61.4	75.4	88.2	100	124
47.0	60.8	73.7	39.3	50.9	61.4	71.3	81.3	59.2	72.6	84.8	96.4	119
45.0	58.2	70.4	37.9	48.9	59.0	68.4	77.9	57.1	69.9	81.5	92.6	114
43.1	55.7	67.4	36.5	47.0	56.6	65.7	74.7	55.0	67.3	78.4	89.0	109
41.3	53.3	64.5	35.2	45.3	54.4	63.1	71.7	53.1	64.8	75.5	85.6	105
39.6	51.1	61.7	33.9	43.6	52.3	60.6	68.9	51.2	62.4	72.6	82.3	101
36.5	47.0	56.7	31.6	40.4	48.4	56.0	63.6	47.6	57.9	67.3	76.2	93.4 ①
33.7	43.3	52.3	29.4	37.5	44.9	51.9	58.9	44.4	53.9	62.6	70.8	86.5
31.2	40.1	48.3	27.5	34.9	41.7	48.2	54.6	41.5	50.2	58.2	65.8	80.3
29.0	37.2	44.8	25.7	32.6	38.9	44.8	50.8	38.8	46.9	54.3	61.3	74.7
27.0	34.5	41.6	24.0	30.4	36.3	41.7	47.3	36.3	43.8	50.7	57.2	69.7
		②										

对应轴简图	计算长度 l_{oy} (m)	L80					L90				
		5	6	7	8	10	6	7	8	10	12
										面	积
		7.91	9.4	10.86	12.30	15.13	10.64	12.3	13.94	17.17	20.31
	1.50	112	148	181	213	268	160	200	238	309	371
	1.60	111	146	179	209	263	159	198	236	305	366
	1.70	110	145	178	205	258	157	196	234	300	360
	1.80	108	143	174	201	253	156	195	231	296	355
	1.90	107	141	171	197	247	154	193	229	291	349
	2.00	105	139	167	192	241	152	190	225	286	342
	2.10	104	136	163	188	235	150	188	221	280	336
	2.20	102	132	158	183	229	149	186	217	275	329
	2.30	100	129	154	178	222	147	182	212	269	322
	2.40	100	125	150	173	216	144	178	207	263	314
	2.50	97.0	122	145	167	209	144	174	202	256	306
	2.60	94.2	118	141	162	202	140	170	198	250	299
	2.70	91.4	114	136	157	195	137	166	192	244	291
	2.80	88.6	111	132	152	189	134	161	187	237	282
	2.90	85.9	107	127	146	182	130	157	182	230	274
	3.00	83.1	103	123	141	175	127	153	177	223	266
y	3.10	80.5	100	119	136	169	123	148	172	217	258
	3.20	77.8	96.5	115	131	163	120	144	167	210	250
	3.30	75.3	93.2	110	126	156	116	140	162	204	242
	3.40	72.8	89.9	106	122	151	113	136	157	197	234
y	3.50	70.3	86.8	103	117	145	110	131	152	191	226
	3.60	68.0	83.7	99.0	113	139	106	127	147	184	219
	3.70	65.7	80.8	95.4	109	134	103	123	142	178	211
	3.80	63.5	78.0	92.0	105	129	100	120	138	173	204
	3.90	61.4	75.2	88.7	101	124	97.0	116	133	167	197
	4.00	59.4	72.6	85.5	97.4	120	94.1	112	129	161	190
	4.20	55.5	67.7	79.6	90.6	111	88.5	105	121	151	178
	4.40	51.9	63.2	74.2	84.3	103	83.2	98.8	113	141	166
	4.60	48.7	59.1	69.2	78.6	96.0	78.3	92.8	106	132	155
	4.80	45.6	55.3	64.7	73.4	89.5	73.7	87.2	100	124	145
	5.00	42.9	51.8	60.6	68.6	83.6	69.4	82.0	93.6	116	136
	5.20	40.3	48.6	56.8	64.2	78.2	65.5	77.2	88.0	109	128
	5.40	37.9	45.7	53.3	60.3	73.3	61.8	72.7	82.9	102	120
	5.60	35.8	43.0	50.1	56.6	68.8	58.4	68.6	78.1	96.4	113
	5.80	33.8	40.5	47.2	53.3	64.7	55.2	64.8	73.7	90.9	106
	6.00	31.9	38.3	44.5	50.2	60.9	52.3	61.3	69.7	85.8	100

续表

L100							L110				
6	7	8	10	12	14	16	7	8	10	12	14
	A	(cm^2)									
11.93	13.8	15.64	19.26	22.8	26.26	29.63	15.2	17.24	21.26	25.20	29.06
169	216	260	343	421	490	557	226	277	372	461	546
168	214	258	341	416	484	550	225	276	370	459	543
167	213	257	339	411	479	544	224	274	368	456	536
165	211	255	336	406	473	536	222	272	366	453	531
164	209	253	332	401	466	529	221	271	364	449	525
162	208	250	327	395	459	521	219	269	361	444	519
161	206	248	322	389	452	513	218	267	358	439	513
159	204	245	317	383	445	504	216	264	355	433	506
158	201	243	312	376	437	496	214	262	352	427	499
156	199	240	307	370	429	486	212	260	347	421	492
154	197	235	301	363	421	477	210	257	342	415	484
152	194	231	295	355	412	467	208	255	336	408	476
150	192	226	289	348	403	457	206	252	331	402	468
149	188	221	283	340	394	446	204	249	325	395	460
146	184	217	276	332	385	436	201	247	319	387	451
144	180	212	270	324	376	425	199	242	313	380	443
144	176	207	263	316	366	414	196	237	307	372	434
141	172	202	257	308	356	403	194	233	301	365	424
138	168	197	250	300	347	392	193	228	295	357	415
135	164	192	243	292	337	381	189	223	288	349	406
131	159	187	237	284	328	370	185	218	282	341	396
128	155	182	230	276	318	359	181	214	275	333	387
125	151	177	224	268	309	348	177	209	269	325	377
122	147	172	217	260	300	338	173	204	262	317	368
119	143	167	211	252	291	327	169	199	256	309	358
116	139	162	205	245	282	317	165	194	249	301	349
110	132	153	193	230	265	298	158	185	237	286	330
104	125	145	182	217	249	279	150	176	225	271	313
98.5	118	137	171	204	234	262	143	167	213	256	296
93.3	111	129	161	192	220	246	136	159	202	242	280
88.5	105	122	152	180	206	231	130	151	191	229	264
83.9	100	115	143	170	194	218	123	143	181	217	250
79.6	94.4	109	135	160	183	205	117	136	172	206	236
75.5	89.4	103	128	151	173	193	112	129	163	195	224
71.7	84.8	97.5	121	143	163	182	106	123	155	185	212
68.2	80.4	92.5	114	135	154	172	101	117	147	175	201
						①					

对应轴简图	计算长度 l_{oy}（m）	L125				L140					
		8	10	12	14	10	12	14	16	10	12
										面	积
		19.75	24.37	28.91	33.37	27.37	32.51	37.57	42.54	31.5	37.44
	2.00	291	403	507	605	434	557	673	783	466	614
	2.10	289	400	504	599	432	555	670	779	464	612
	2.20	287	398	501	594	430	552	666	776	463	610
	2.30	285	395	497	588	428	549	663	769	461	608
	2.40	284	393	494	581	426	546	660	763	459	606
	2.50	282	390	489	575	424	543	656	756	457	603
	2.60	279	387	483	568	421	540	652	749	455	601
	2.70	277	384	477	561	419	537	646	742	453	598
	2.80	275	381	471	554	416	533	640	735	451	595
	2.90	273	379	465	546	413	530	633	727	449	592
	3.00	270	374	458	538	410	526	626	719	447	589
	3.10	268	368	452	530	407	522	619	711	444	586
	3.20	265	363	445	522	404	516	612	702	442	583
	3.30	262	357	437	513	401	510	604	693	439	579
	3.40	260	351	430	504	398	504	596	684	437	576
	3.50	257	345	423	496	394	497	588	675	434	572
	3.60	254	339	415	487	391	490	580	666	431	568
	3.70	253	333	408	477	389	483	572	656	428	564
	3.80	249	327	400	468	384	476	563	646	425	560
	3.90	244	321	392	459	378	469	555	636	422	556
	4.00	240	314	384	449	373	462	546	626	419	556
	4.20	231	302	368	431	361	447	528	605	413	543
	4.40	221	289	353	412	349	432	510	583	406	529
	4.60	213	277	337	393	337	416	491	562	399	515
	4.80	204	265	322	375	325	401	473	541	398	501
	5.00	195	253	307	358	313	386	455	519	387	486
	5.20	187	242	293	341	302	371	437	498	376	472
	5.40	179	231	280	325	290	356	419	478	365	457
	5.60	171	220	267	309	279	342	402	458	354	442
	5.80	164	210	254	295	268	328	385	438	343	428
	6.00	157	201	242	281	257	315	369	420	332	414
	6.20	150	192	231	267	247	302	354	402	321	400
	6.40	144	183	221	255	238	290	339	385	311	386
	6.60	138	175	211	243	228	278	325	368	300	373
	6.80	132	168	201	232	219	266	311	353	290	360
	7.00	127	160	192	222	211	256	298	338	281	347

注：粗黑线①为对应轴 $\lambda_y=150$ 时的界线；粗黑线②为对应轴 $\lambda_y=200$ 时的界线；

续表

L160		L180				L200				
14	16	12	14	16	18	14	16	18	20	24
A (cm^2)										
43.3	49.07	42.24	48.9	55.47	61.95	54.64	62.01	69.30	76.5	90.66
754	887	656	821	977	1075	877	1058	1174	1333	1639
752	884	654	819	975	1072	875	1056	1172	1331	1636
749	881	653	817	972	1069	873	1053	1169	1328	1632
746	878	651	814	970	1066	871	1051	1167	1325	1629
744	875	649	812	967	1063	869	1049	1164	1322	1625
741	871	647	809	964	1060	867	1046	1161	1319	1621
737	867	644	807	961	1056	864	1043	1158	1315	1616
734	863	642	804	957	1053	862	1041	1155	1312	1612
731	859	640	801	954	1049	859	1038	1152	1308	1607
727	855	637	798	950	1045	857	1035	1148	1304	1602
723	850	635	795	947	1041	854	1031	1145	1300	1597
719	843	632	792	943	1036	851	1028	1141	1296	1587
715	835	630	788	939	1032	849	1025	1137	1291	1578
711	828	627	785	935	1027	846	1021	1133	1287	1569
708	820	624	781	930	1021	842	1017	1129	1282	1560
701	812	621	777	926	1013	839	1013	1125	1277	1551
694	804	618	774	921	1005	836	1010	1121	1272	1541
687	795	615	769	916	997	833	1005	1116	1267	1531
680	787	611	765	912	989	829	1001	1111	1259	1521
672	778	608	761	905	981	825	997	1106	1251	1510
664	769	604	757	897	972	822	992	1101	1242	1500
648	750	597	747	880	954	814	983	1091	1224	1477
632	730	590	741	863	935	806	973	1074	1205	1454
615	710	582	726	845	915	797	962	1057	1185	1429
597	690	573	710	827	895	788	953	1039	1165	1404
579	669	573	694	808	874	779	936	1020	1143	1377
561	648	560	677	788	852	769	918	1000	1121	1350
544	627	547	661	768	830	765	900	980	1098	1321
526	606	533	643	748	808	750	881	959	1074	1293
508	585	519	626	727	785	734	862	938	1050	1263
490	564	505	609	707	763	718	843	916	1026	1233
473	544	492	592	686	740	701	823	894	1001	1203
457	525	478	575	666	718	685	803	872	976	1172
440	506	464	558	646	696	668	783	850	951	1141
425	487	451	541	626	674	652	763	828	926	1110
409	469	438	525	606	652	635	743	806	901	1080

粗黑线③为对应轴 $\lambda_y = 250$ 时的界线。

(3) Q235钢　一个热轧等边角钢轴心受压（绕 u 轴）稳定时

对应轴简图	计算长度 l_{ou} (m)	L45			L50			L56				
		4	5	6	4	5	6	4	5	8	4	5
											面	积
		3.49	4.29	5.08	3.90	4.80	5.69	4.39	5.42	8.37	4.98	6.14
	0.75	60.4	75.1	89.3	64.2	86.2	102.8	67.6	93.8	156	70.1	101
	0.80	59.0	73.4	87.3	64.2	84.7	100.9	67.6	93.8	154	70.1	101
	0.85	57.6	71.6	85.2	64.2	83.1	99.0	67.6	93.8	151	70.1	101
	0.90	56.2	69.8	83.0	64.2	81.4	96.9	67.6	93.8	149	70.1	101
	0.95	54.6	67.8	80.6	63.8	79.7	94.8	67.6	93.3	146	70.1	101
	1.00	53.0	65.8	78.2	62.3	77.8	92.5	67.6	91.6	144	70.1	101
	1.10	49.7	61.6	73.1	59.2	73.9	87.7	67.6	88.1	138	70.1	101
	1.15	47.9	59.4	70.5	57.6	71.8	85.2	68.4	86.2	135	70.1	101
	1.20	46.2	57.2	67.9	55.9	69.7	82.6	66.9	84.2	131	70.1	100
	1.25	44.5	55.0	65.2	54.2	67.6	80.0	65.3	82.2	128	70.1	98.4
	1.30	42.7	52.9	62.6	52.5	65.4	77.4	63.7	80.2	125	70.1	96.5
	1.35	41.0	50.7	60.0	50.8	63.2	74.7	62.0	78.1	121	70.1	94.5
	1.40	39.4	48.6	57.5	49.0	61.1	72.1	60.4	75.9	118	70.1	92.5
	1.45	37.8	46.6	55.1	47.3	58.9	69.5	58.7	73.8	114	71.8	90.5
	1.50	36.2	44.7	52.7	45.7	56.8	66.9	57.0	71.6	111	70.2	88.4
	1.60	33.2	40.9	48.3	42.4	52.6	61.9	53.6	67.3	104	66.9	84.2
	1.70	30.5	37.6	44.3	39.3	48.7	57.3	50.3	63.0	96.9	63.6	79.9
	1.80	28.1	34.5	40.6	36.4	45.1	52.9	47.1	58.9	90.4	60.2	75.6
	1.90	25.8	31.7	37.3	33.8	41.8	48.9	44.1	55.1	84.2	57.0	71.4
	2.00	23.8	29.2	34.3	31.3	38.7	45.3	41.2	51.4	78.4	53.8	67.3
	2.10	22.0	27.0	31.7	29.1	35.9	42.0	38.5	48.0	73.1	50.8	63.4
	2.20	20.4	24.9	29.3	27.1	33.4	38.9	36.1	44.9	68.1	47.9	59.7
	2.30	18.9	23.1	27.1	25.2	31.0	36.2	33.8	42.0	63.6	45.2	56.2
	2.40	17.6	21.5	25.2	23.5	28.9	33.7	31.6	39.3	59.4	42.6	53.0
	2.50	16.4	20.0	23.5	22.0	27.0	31.5	29.7	36.8	55.6	40.2	49.9
	2.60	15.3	18.7	21.9	20.6	25.3	29.4	27.9	34.6	52.1	38.0	47.0
	2.70	14.3	17.5	20.5	19.3	23.7	27.5	26.2	32.5	48.8	35.9	44.4
	2.80	13.4	16.3	19.2	18.1	22.2	25.8	24.7	30.6	45.9	33.9	41.9
	2.90	12.6	15.3	18.0	17.0	20.9	24.3	23.3	28.8	43.2	32.1	39.6
	3.00	11.8	14.4	16.9	16.1	19.7	22.8	22.0	27.2	40.7	30.4	37.5
	3.10	11.2	13.6	15.9	15.1	18.5	21.5	20.8	25.7	38.4	28.9	35.5
	3.20	10.5	12.8	15.0	14.3	17.5	20.3	19.7	24.3	36.3	27.4	33.7
	3.30	9.95	12.1	14.2	13.5	16.6	19.2	18.7	23.0	34.4	26.0	32.0
	3.40	9.42	11.5	13.4	12.8	15.7	18.2	17.7	21.8	32.6	24.8	30.4
	3.50				12.2	14.9	17.3	16.8	20.7	30.9	23.6	28.9
	3.60				11.6	14.1	16.4	16.0	19.7	29.4	22.5	27.5
	3.70				11.0	13.4	15.6	15.2	18.7	27.9	21.4	26.2
	3.80				10.5	12.8		14.5	17.9	26.6	20.4	25.0
	3.90							13.9	17.0	25.4	19.5	23.9
	4.00							13.2	16.3	24.2	18.7	22.8

③

的承载力设计值（kN）（见表 2.7-7*c*）。

表 2.7-7*c*

L63			L70					L75				
6	8	10	4	5	6	7	8	5	6	7	8	10
A （cm^2）												
7.29	9.51	11.66	5.57	6.88	8.16	9.42	10.67	7.41	8.80	10.16	11.50	14.13
129	181	223	70.8	106	139	170	199	109	145	179	211	272
129	179	220	70.8	106	139	170	199	109	145	179	211	272
129	176	217	70.8	106	139	170	199	109	145	179	211	271
129	174	214	70.8	106	139	170	199	109	145	179	211	268
129	172	211	70.8	106	139	170	197	109	145	179	211	266
129	169	208	70.8	106	139	170	195	109	145	179	211	263
125	164	202	70.8	106	139	167	190	109	145	179	208	258
123	161	198	70.8	106	139	165	188	109	145	179	206	255
121	158	195	70.8	106	139	163	185	109	145	179	203	251
118	155	191	70.8	106	137	160	182	109	145	176	201	248
116	152	187	70.8	106	135	158	180	109	145	174	198	245
114	149	183	70.8	106	133	155	177	109	145	172	195	241
111	146	179	70.8	106	131	153	174	109	145	169	192	238
109	143	175	70.8	107	129	150	171	109	143	167	190	234
106	139	170	70.8	105	126	147	168	109	141	164	187	230
101	132	162	70.8	101	122	141	161	109	136	159	180	223
95.9	125	153	70.8	96.6	116	136	154	108	131	153	174	214
90.7	118	144	72.7	92.4	111	129	147	104	126	147	167	206
85.5	111	136	69.4	88.1	106	123	140	99.9	121	141	160	197
80.6	105	127	66.2	83.9	101	117	133	95.7	116	135	153	188
75.9	98.3	120	63.0	79.7	95.8	111	126	91.5	111	129	146	179
71.4	92.3	112	59.9	75.7	90.9	105	120	87.4	106	123	139	171
67.1	86.7	105	56.9	71.8	86.1	99.9	113	83.3	101	117	132	162
63.2	81.5	98.8	54.1	68.0	81.5	94.5	107	79.3	95.7	111	126	154
59.5	76.6	92.9	51.3	64.5	77.2	89.4	101	75.5	91.0	106	119	146
56.0	72.1	87.3	48.7	61.1	73.1	84.6	95.8	71.9	86.5	100	113	139
52.8	67.9	82.2	46.3	57.9	69.2	80.1	90.6	68.4	82.2	95.4	107	131
49.8	64.0	77.4	44.0	54.9	65.6	75.8	85.8	65.1	78.2	90.7	102	125
47.1	60.4	73.0	41.8	52.1	62.2	71.9	81.2	61.9	74.3	86.2	96.9	118
44.5	57.1	69.0	39.7	49.5	59.0	68.2	77.0	59.0	70.7	81.9	92.0	112
42.1	54.0	65.2	37.8	47.0	56.0	64.7	73.0	56.2	67.3	77.9	87.5	107
39.9	51.1	61.8	36.0	44.7	53.2	61.4	69.4	53.5	64.1	74.2	83.2	102
37.9	48.5	58.5	34.3	42.6	50.6	58.4	65.9	51.1	61.1	70.6	79.2	96.6
36.0	46.0	55.5	32.7	40.5	48.2	55.6	62.7	48.7	58.2	67.3	75.5	92.0 ①
34.2	43.7	52.8	31.2	38.6	45.9	52.9	59.7	46.5	55.6	64.2	72.0	87.7
32.6	41.6	50.2	29.8	36.9	43.8	50.4	56.9	44.5	53.1	61.3	68.7	83.6
31.0	39.6	47.8	28.5	35.2	41.8	48.1	54.2	42.5	50.7	58.5	65.6	79.8
29.6	37.8	45.5	27.2	33.6	39.9	45.9	51.8	40.7	48.5	56.0	62.7	76.2
28.3	36.0	43.5	26.1	32.2	38.2	43.9	49.5	39.0	46.4	53.5	59.9	72.9
27.0	34.4	41.5	25.0	30.8	36.5	42.0	47.3	37.3	44.5	51.3	57.4	69.7

②

对应轴简图	计算长度 l_{ou}（m）	L80					L90				
		5	6	7	8	10	6	7	8	10	12
		面积									
		7.91	9.4	10.86	12.30	15.13	10.64	12.3	13.94	17.17	20.31
u—u	1.00	110	149	186	221	285	156	199	241	318	391
	1.10	110	149	186	221	280	156	199	241	318	385
	1.15	110	149	186	221	277	156	199	241	318	381
	1.20	110	149	186	221	274	156	199	241	318	378
	1.25	110	149	186	218	271	156	199	241	315	375
	1.30	110	149	186	216	268	156	199	241	313	372
	1.35	110	149	187	213	264	156	199	241	310	368
	1.40	110	149	185	211	261	156	199	241	307	364
	1.45	110	149	182	208	258	156	199	241	304	361
	1.50	110	149	180	205	254	156	199	241	300	357
	1.60	110	149	175	199	247	156	199	236	294	349
	1.70	110	145	169	193	239	156	201	230	287	340
	1.80	110	140	164	186	231	156	196	224	279	331
	1.90	111	135	158	180	222	156	191	218	272	322
	2.00	107	130	152	173	213	158	185	212	263	312
	2.10	103	125	146	166	205	153	180	205	255	302
	2.20	98.6	120	140	159	196	148	174	198	247	291
	2.30	94.5	115	134	152	187	143	168	191	238	281
	2.40	90.4	110	128	145	179	138	162	184	229	270
	2.50	86.5	105	122	138	170	133	156	178	220	260
	2.60	82.6	100	117	132	162	128	150	171	212	249
	2.70	78.9	95.4	111	126	154	123	144	164	203	239
	2.80	75.4	91.0	106	120	147	118	138	157	195	229
	2.90	72.0	86.8	101	114	140	113	133	151	187	219
	3.00	68.7	82.8	96.3	109	133	109	127	145	179	210
	3.10	65.6	79.0	91.8	103	127	104	122	139	171	201
	3.20	62.7	75.4	87.6	98.7	121	100	117	133	164	192
	3.30	59.9	72.0	83.6	94.1	115	96.1	112	127	157	184
	3.40	57.3	68.8	79.8	89.8	110	92.2	108	122	150	176
	3.50	54.8	65.8	76.3	85.8	105	88.5	103	117	144	168
	3.60	52.5	62.9	72.9	82.0	100	85.0	99.1	112	138	161
	3.70	50.3	60.2	69.7	78.4	95.8	81.6	95.1	108	132	155
	3.80	48.2	57.7	66.8	75.0	91.6	78.4	91.3	103	127	148
	3.90	46.2	55.3	63.9	71.8	87.7	75.3	87.7	99.0	122	142
	4.00	44.3	53.0	61.3	68.8	84.0	72.4	84.3	95.1	117	136
	4.20	40.9	48.8	56.4	63.3	77.2	67.1	77.9	87.9	108	126
	4.40	37.8	45.1	52.1	58.4	71.2	62.2	72.2	81.4	99.8	116
	4.60	35.0	41.8	48.2	54.0	65.8	57.8	67.0	75.5	92.5	108
	4.80	32.5	38.8	44.7	50.1	61.0	53.8	62.4	70.2	86.0	100
	5.00	30.3	36.1	41.6	46.6	56.6	50.2	58.1	65.4	80.1	93

②

续表

L100							L110				
6	7	8	10	12	14	16	7	8	10	12	14
A		(cm²)									
11.93	13.8	15.64	19.26	22.8	26.26	29.63	15.2	17.24	21.26	25.20	29.06
159	210	257	347	431	511	580	214	269	370	465	555
159	210	257	347	431	506	573	214	269	370	465	555
159	210	257	347	431	503	569	214	269	370	465	555
159	210	257	347	431	499	565	214	269	370	465	555
159	210	257	347	429	496	561	214	269	370	465	555
159	210	257	347	426	492	556	214	269	370	465	553
159	210	257	347	422	488	552	214	269	370	465	549
159	210	257	347	419	484	547	214	269	370	465	546
159	210	257	348	416	480	543	214	269	370	465	542
159	210	257	346	412	476	538	214	269	370	464	538
159	210	257	339	405	467	528	214	269	370	458	530
159	210	257	333	397	458	518	214	269	370	451	522
159	210	257	326	389	449	507	214	269	371	443	513
159	210	256	319	380	439	495	214	269	364	435	504
159	210	250	312	371	428	483	214	269	358	427	494
159	212	244	304	362	417	470	214	269	351	419	484
159	207	237	296	352	406	457	214	273	343	410	473
159	201	231	288	342	394	444	214	267	336	400	463
159	195	224	279	332	382	430	214	261	328	391	451
160	189	217	270	322	369	416	214	254	319	381	440
155	183	210	262	311	357	402	215	248	311	371	428
150	177	204	253	300	345	388	209	241	303	360	416
145	171	197	244	290	332	374	203	234	294	350	403
140	166	190	235	279	320	360	197	228	285	339	391
135	160	183	227	269	308	346	191	221	277	329	379
131	154	176	219	259	296	333	186	214	268	318	366
126	148	170	210	249	285	320	180	207	259	308	354
122	143	164	202	240	274	307	174	201	251	298	342
117	138	158	195	230	263	295	169	194	243	288	331
113	133	152	187	222	253	284	163	188	235	278	319
109	128	146	180	213	243	273	158	181	227	268	308
105	123	141	173	205	234	262	153	175	219	259	297
101	119	135	167	197	225	252	148	170	211	250	287
97.6	114	130	161	190	216	242	143	164	204	241	277
94.1	110	126	155	182	208	233	138	158	197	233	267
87.6	102	117	143	169	192	215	129	148	184	217	248
81.8	95.3	109	133	157	178	200	121	138	172	202	231
76.2	88.9	101	124	146	166	185	113	129	160	189	216
71.2	83.0	94.3	115	136	154	173	106	121	150	177	202
66.6	77.6	88.1	108	127	144	161	99	114	141	165	189
						①					

对应轴简图	计算长度 l_{ou}（m）	L125				L140				
		8	10	12	14	10	12	14	16	10
									面	积
		19.75	24.37	28.91	33.37	27.37	32.51	37.57	42.54	31.5
	1.50	280	401	514	620	421	553	677	794	437
	1.60	280	401	514	620	421	553	677	794	437
	1.70	280	401	514	616	421	553	677	794	437
	1.80	280	401	514	608	421	553	677	795	437
	1.90	280	401	516	600	421	553	677	786	437
	2.00	280	401	509	591	421	553	677	778	437
	2.10	280	401	501	582	421	553	675	768	437
	2.20	280	401	494	573	421	553	666	759	437
	2.30	280	404	485	563	421	553	658	749	437
	2.40	280	397	477	553	421	556	648	738	437
	2.50	280	389	468	543	421	548	639	728	437
	2.60	280	382	459	532	421	540	629	716	437
	2.70	280	374	449	521	421	532	619	705	437
	2.80	280	366	439	509	421	523	609	693	437
	2.90	283	358	429	497	426	514	598	681	437
	3.00	277	349	419	486	418	504	587	668	437
	3.10	270	341	409	473	410	495	576	655	437
	3.20	263	332	399	461	402	485	564	642	437
	3.30	257	324	388	449	394	475	553	628	437
u—u	3.40	250	315	378	437	386	465	541	615	437
	3.50	243	306	367	424	377	455	529	601	437
	3.60	237	298	357	412	369	444	516	587	437
	3.70	230	289	347	400	361	434	504	573	437
	3.80	224	281	336	388	352	424	492	559	443
	3.90	217	273	327	377	344	413	480	545	435
	4.00	211	265	317	365	335	403	468	531	426
	4.20	199	249	298	343	319	383	444	504	410
	4.40	188	235	280	322	303	363	421	477	393
	4.60	177	221	263	303	287	344	398	451	377
	4.80	167	208	248	285	272	326	377	427	361
	5.00	157	196	233	268	258	309	357	404	345
	5.20	148	185	220	252	245	292	337	382	330
	5.40	140	174	207	237	232	277	319	361	315
	5.60	133	164	195	224	220	262	302	342	301
	5.80	125	155	184	211	209	249	287	324	287
	6.00	119	147	174	200	198	236	272	307	275
					①					

注：粗黑线①为对应轴 $\lambda_u=150$ 时的界线；粗黑线②为对应轴 $\lambda_u=200$ 时的界线；

续表

L160			L180				L200				
12	14	16	12	14	16	18	14	16	18	20	24
A		（cm^2）									
37.44	43.3	49.07	42.24	48.9	55.47	61.95	54.64	62.01	69.30	76.5	90.66
595	743	884	619	793	958	1064	830	1021	1147	1314	1632
595	743	884	619	793	958	1064	830	1021	1147	1314	1632
595	743	884	619	793	958	1064	830	1021	1147	1314	1632
595	743	884	619	793	958	1064	830	1021	1147	1314	1632
595	743	884	619	793	958	1064	830	1021	1147	1314	1632
595	743	884	619	793	958	1064	830	1021	1147	1314	1632
595	743	884	619	793	958	1064	830	1021	1147	1314	1632
595	743	884	619	793	958	1064	830	1021	1147	1314	1632
595	743	884	619	793	958	1064	830	1021	1147	1314	1632
595	743	881	619	793	958	1064	830	1021	1147	1314	1632
595	743	871	619	793	958	1064	830	1021	1147	1314	1626
595	743	862	619	793	958	1064	830	1021	1147	1314	1614
595	746	851	619	793	958	1061	830	1021	1147	1314	1602
595	737	841	619	793	958	1051	830	1021	1147	1314	1590
595	727	830	619	793	958	1040	830	1021	1147	1321	1577
595	717	819	619	793	961	1030	830	1021	1147	1310	1563
604	707	807	619	793	951	1018	830	1021	1147	1299	1550
595	697	795	619	793	940	1007	830	1021	1147	1287	1536
586	686	783	619	793	929	995	830	1021	1149	1275	1521
577	675	770	619	801	918	983	830	1021	1138	1263	1506
568	664	757	619	791	906	971	830	1021	1127	1250	1491
558	653	744	619	781	895	958	830	1021	1115	1238	1476
549	642	731	619	771	882	945	830	1027	1103	1224	1460
539	630	718	619	760	870	932	830	1016	1091	1211	1443
529	618	704	619	749	858	918	830	1004	1079	1197	1426
519	606	690	626	738	845	904	830	993	1066	1183	1409
498	582	662	607	715	819	876	841	968	1040	1153	1374
478	558	634	588	692	792	847	820	943	1013	1123	1337
458	534	607	568	668	764	817	798	918	985	1092	1299
438	510	579	548	645	737	787	775	891	956	1060	1260
418	487	553	528	621	709	758	752	864	927	1027	1221
399	465	527	508	597	682	728	728	837	898	994	1181
381	443	502	489	574	655	699	705	810	868	961	1141
364	422	479	470	551	629	670	681	782	838	928	1101
347	403	456	451	529	603	643	658	755	809	895	1061
331	384	435	433	507	578	616	635	729	780	863	1022

粗黑线③为对应轴 $\lambda_u = 250$ 时的界线。

（4）Q235 钢　两个热轧等边角钢（十字形相连）轴心受压

对应轴简图	计算长度 l_{ox} (m)	2L45×			2L50×			2L56×				
		4	5	6	4	5	6	4	5	8	4	5
											面	积
		3.49	4.29	5.08	3.90	4.80	5.69	4.39	5.42	8.37	4.98	6.14
	1.0	123.1	150.7	178.1	142.4	174.8	206.8	165.1	203.6	312	191.9	236
	1.1	118.5	145.0	171.2	138.2	169.5	200.6	161.3	198.8	305	188.3	232
	1.2	113.6	138.8	163.8	133.7	163.9	193.8	157.2	193.7	296	184.5	227
	1.3	108.3	132.1	155.8	128.9	157.8	186.5	152.8	188.3	287	180.5	222.3
	1.4	102.8	125.2	147.5	123.7	151.3	178.8	148.1	182.4	278	176.3	217.0
	1.5	97.0	118.0	139.0	118.3	144.5	170.6	143.1	176.2	268	171.8	211.4
	1.6	91.2	110.8	130.5	112.6	137.4	162.2	137.8	169.6	257	167.0	205.5
	1.7	85.5	103.8	122.1	106.8	130.2	153.6	132.3	162.8	246	161.9	199.2
	1.8	80.0	96.9	113.9	101.0	123.0	145.0	126.6	155.8	235	156.6	192.6
	1.9	74.7	90.4	106.2	95.3	115.9	136.6	120.9	148.6	223	151.1	185.8
	2.0	69.7	84.3	99.0	89.8	109.1	128.5	115.0	141.4	212	145.4	178.7
	2.1	65.0	78.6	92.2	84.4	102.5	120.7	109.3	134.2	201	139.7	171.6
	2.2	60.7	73.3	86.0	79.3	96.2	113.3	103.6	127.3	190	133.8	164.3
	2.3	56.7	68.4	80.3	74.5	90.4	106.3	98.2	120.5	180	128.0	157.1
	2.4	53.0	63.9	75.0	70.0	84.9	99.8	92.9	114.0	170	122.2	150.0
	2.5	49.6	59.8	70.2	65.9	79.8	93.8	87.9	107.9	160	116.6	143.1
	2.6	46.5	56.0	65.7	62.0	75.0	88.2	83.2	102.0	151.2	111.1	136.3
	2.7	43.6	52.6	61.7	58.4	70.6	83.0	78.7	96.5	142.9	105.8	129.8
	2.8	41.0	49.4	57.9	55.0	66.6	78.2	74.5	91.3	135.1	100.8	123.6
	2.9	38.6	46.5	54.5	51.9	62.8	73.8	70.6	86.5	127.8	96.0	117.6
	3.0	36.4	43.8	51.4	49.0	59.3	69.7	66.9	82.0	121.0	91.4	112.0
	3.1	34.4	41.4	48.5	46.4	56.1	65.9	63.4	77.7	114.7	87.0	106.6
	3.2	32.5	39.1	45.8	43.9	53.1	62.4	60.2	73.8	108.8	82.9	101.6
	3.3	30.7	37.0	43.4	41.6	50.3	59.1	57.2	70.1	103.3	79.0	96.8
	3.4	29.1	35.1	41.1	39.5	47.8	56.1	54.4	66.7	98.1	75.4	92.3
	3.5	27.6	33.3	39.0	37.5	45.4	53.3	51.8	63.4	93.4	71.9	88.1
	3.6	26.3	31.6	37.0	35.7	43.1	50.7	49.3	60.4	88.9	68.7	84.1
	3.7	25.0	30.1	35.2	34.0	41.1	48.2	47.0	57.6	84.7	65.6	80.3
	3.8	23.8	28.6	33.5	32.4	39.1	46.0	44.9	55.0	80.8	62.7	76.8
	3.9	22.7	27.3	32.0	30.9	37.3	43.9	42.9	52.5	77.2	60.0	73.5
	4.0	21.6	26.0	30.5	29.5	35.7	41.9	41.0	50.2	73.8	57.5	70.4
	4.2	19.8	23.8	27.9	27.0	32.6	38.3	37.6	46.0	67.6	52.8	64.7
	4.4				24.8	29.9	35.2	34.6	42.3	62.1	48.7	59.6
	4.6				22.8	27.6	32.4	31.9	39.0	57.2	45.0	55.1
	4.8				21.1	25.5		29.5	36.1	52.9	41.7	51.0
	5.0							27.3	33.5	49.1	38.7	47.4

③

（绕 x 轴）稳定时的承载力设计值（kN）（见表 2.7-8）。

表 2.7-8

2L63×			2L70×					2L75×				
6	8	10	4	5	6	7	8	5	6	7	8	10
A		(cm²)										
7.29	9.51	11.66	5.57	6.88	8.16	9.42	10.67	7.41	8.80	10.16	11.50	14.13
280	364	446	218.5	270	320	368	417	293	348	402	454	557
275	357	437	215.1	266	315	363	410	289	343	396	448	549
269	350	427	211.6	261	309	356	403	285	338	390	441	541
263	342	417	207.8	256	304	350	396	280	333	384	434	532
257	333	407	203.9	252	298	343	388	276	327	377	426	522
250	324	395	199.7	246	292	336	380	271	321	370	418	512
243	314	383	195.4	241	285	328	371	266	315	363	410	502
235	304	370	190.7	235	278	320	362	260	309	355	401	491
228	294	357	185.9	229	271	311	352	254	302	347	392	479
219	283	343	180.8	223	263	303	342	248	295	339	382	467
211	271	329	175.4	216	255	293	331	242	287	330	372	455
202	260	315	169.9	209	247	284	320	236	279	321	362	441
194	248	301	164.3	202.3	239	274	309	229	271	311	351	428
185	237	287	158.5	195.2	230	264	298	222	263	302	340	414
176	226	273	152.6	187.9	221	254	286	215	254	292	328	400
168.2	215	259	146.8	180.6	213	244	275	207	245	282	317	385
160.2	204	247	140.9	173.4	204	234	264	200	237	271	305	371
152.4	194	234	135.2	166.3	196	224	252	192.6	228	261	294	357
145.0	185	223	129.6	159.3	187	214	242	185.4	219	251	282	343
138.0	176	212	124.1	152.5	179	205	231	178.2	211	241	271	329
131.3	167	201	118.8	146.0	171.5	196	221	171.2	203	232	260	316
125.0	159.0	191	113.7	139.7	164.0	187	211	164.4	194	222	250	302
119.1	151.3	182	108.8	133.6	156.8	179	202	157.8	187	213	239	290
113.4	144.1	173	104.1	127.9	150.0	171	193	151.4	179	205	229	278
108.2	137.3	165	99.6	122.3	143.5	163.8	185	145.3	171.7	196	220	266
103.2	131.0	157.3	95.3	117.1	137.3	156.7	177	139.4	164.7	188	211	255
98.5	125.0	150.0	91.3	112.1	131.5	150.0	169	133.8	158.1	181	202	245
94.1	119.4	143.3	87.5	107.4	125.9	143.6	161.7	128.4	151.7	173.3	194	235
90.0	114.1	136.9	83.8	102.9	120.6	137.6	154.9	123.3	145.6	166.3	186	225
86.1	109.1	130.9	80.4	98.7	115.7	131.9	148.5	118.4	139.8	159.7	179	216
82.4	104.4	125.3	77.1	94.7	110.9	126.5	142.4	113.7	134.3	153.4	172	207
75.7	95.9	115.0	71.1	87.3	102.2	116.5	131.2	105.1	124.1	141.7	158.6	191
69.7	88.3	105.9	65.7	80.6	94.4	107.6	121.1	97.3	114.9	131.2	146.7	177
64.4	81.6	97.8	60.8	74.7	87.4	99.6	112.1	90.3	106.6	121.6	136.1	164
59.7	75.5	90.5	56.5	69.3	81.2	92.5	104.0	83.9	99.1	113.1	126.4	153
55.4	70.1	84.0	52.5	64.5	75.5	86.0	96.8	78.2	92.3	105.3	117.7	142

①
②

对应轴简图	计算长度 l_{ox}（m）	2L80×					2L90×				
		5	6	7	8	10	6	7	8	10	12
										面	积
		7.91	9.4	10.86	12.30	15.13	10.64	12.3	13.94	17.17	20.31
	1.5	294	349	403	456	559	406	469	531	653	771
	1.6	290	343	396	448	549	401	463	524	644	760
	1.7	284	337	389	440	539	395	456	516	635	748
	1.8	279	331	382	431	528	389	449	509	625	737
	1.9	273	324	374	422	516	383	442	500	615	724
	2.0	267	317	366	413	505	376	435	492	604	711
	2.1	261	309	357	403	492	370	427	483	593	698
	2.2	255	302	348	393	479	363	419	473	581	684
	2.3	248	294	339	382	466	355	410	464	569	669
	2.4	241	285	329	371	452	348	402	454	556	654
	2.5	234	277	319	360	438	340	393	443	543	638
	2.6	227	268	309	348	424	332	383	433	530	622
	2.7	220	260	299	337	409	324	374	422	516	605
	2.8	213	251	289	325	395	315	364	410	502	588
	2.9	205	242	279	314	381	307	354	399	488	571
	3.0	198	234	269	302	367	298	344	388	474	554
	3.1	191	225	259	291	353	289	334	376	459	537
	3.2	184	217	250	280	339	281	323	364	445	520
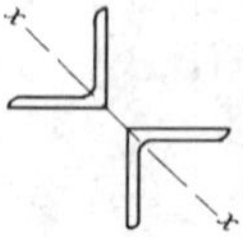	3.3	177	209	240	270	326	272	313	353	431	503
	3.4	170	201	231	259	314	263	303	342	417	486
	3.5	164	193	222	249	301	255	294	330	403	470
	3.6	158	186	214	240	290	246	284	319	389	454
	3.7	152	179	206	231	278	238	274	309	376	438
	3.8	146	172	198	222	268	230	265	298	363	423
	3.9	141	165	190	213	257	222	256	288	351	408
	4.0	135	159	183	205	247	215	248	278	339	394
	4.2	125	148	170	190	229	201	231	260	316	367
	4.4	116	137	157	176	212	187	216	242	295	342
	4.6	108	127	146	164	197	175	202	226	275	319
	4.8	101	119	136	153	184	164	188	212	257	298
	5.0	94.1	111	127	142	171	153	176	198	241	279
	5.2	88.0	103	119	133	160	144	165	186	225	261
	5.4	82.4	96.8	111	125	150	135	155	174	212	245
	5.6	77.3	90.8	104	117	140	127	146	164	199	230
	5.8	72.6	85.3	98.0	110	132	119	137	154	187	217
	6.0	68.3	80.3	92.2	103	124	113	130	145	176	204

续表

2L100×							2L110×				
6	7	8	10	12	14	16	7	8	10	12	14
A (cm²)											
11.93	13.8	15.64	19.26	22.8	26.26	29.63	15.2	17.24	21.26	25.20	29.06
464	537	608	747	883	1016	1144	600	680	838	992	1143
459	531	601	739	873	1004	1131	594	674	830	983	1131
454	524	594	730	863	991	1117	589	667	822	973	1120
448	518	587	721	852	978	1102	583	660	813	962	1108
443	511	579	711	840	965	1086	576	653	804	952	1095
437	504	571	701	828	951	1070	570	646	795	941	1082
430	497	563	691	816	936	1054	563	638	785	929	1069
424	490	554	680	803	921	1036	556	630	775	917	1055
417	482	545	669	790	906	1018	549	622	765	905	1040
410	474	536	657	776	889	1000	542	613	755	892	1025
403	465	527	645	761	872	980	534	605	744	879	1010
396	457	517	633	746	855	960	526	596	732	865	994
388	448	507	620	731	837	940	518	586	721	851	978
380	438	496	607	715	818	918	509	576	708	837	960
372	429	485	594	699	799	897	501	566	696	822	943
364	419	474	580	682	780	874	492	556	683	806	925
355	409	463	566	665	760	852	482	546	670	791	906
347	399	452	551	648	740	829	473	535	656	774	887
338	389	440	537	631	720	806	463	524	643	758	868
329	379	428	523	614	700	784	453	513	629	741	848
320	369	417	508	597	680	761	444	501	615	724	829
312	358	405	494	580	660	738	433	490	600	707	809
303	348	394	479	563	640	716	423	478	586	690	789
294	338	382	465	546	621	694	413	466	571	673	769
286	328	371	451	529	602	672	403	455	557	656	749
277	319	360	438	513	583	651	393	443	543	638	729
261	300	338	411	482	547	611	373	420	514	605	690
245	282	318	386	452	513	573	353	398	487	572	652
231	265	299	363	424	481	537	334	377	460	540	615
217	249	281	341	399	452	504	316	356	435	510	581
204	234	264	320	374	424	473	299	336	411	482	548
192	220	249	301	352	399	444	282	318	388	455	518
181	207	234	283	331	375	418	267	301	367	430	489
170	195	221	267	312	353	393	253	284	347	407	462
161	184	208	252	294	333	371	239	269	328	385	437
152	174	197	238	278	314	350	227	255	311	364	414
						①					

对应轴简图	计算长度 l_{ox} (m)	2L125×				2L140×				
		8	10	12	14	10	12	14	16	10
									面	积
		19.75	24.37	28.91	33.37	27.37	32.51	37.57	42.54	31.5
	2.0	760	937	1110	1279	1073	1273	1470	1663	1259
	2.1	753	928	1099	1267	1065	1264	1459	1650	1251
	2.2	746	919	1088	1254	1056	1253	1447	1636	1243
	2.3	738	909	1077	1241	1048	1243	1435	1622	1235
	2.4	730	900	1066	1227	1039	1232	1423	1608	1226
	2.5	722	890	1054	1213	1030	1222	1410	1594	1218
	2.6	714	880	1042	1199	1020	1210	1397	1579	1209
	2.7	706	869	1029	1184	1011	1199	1383	1563	1201
	2.8	697	858	1016	1169	1001	1187	1370	1547	1192
	2.9	688	847	1002	1153	991	1175	1355	1531	1182
	3.0	679	836	989	1137	980	1162	1341	1514	1173
	3.1	669	824	974	1120	970	1150	1326	1497	1163
	3.2	660	812	960	1103	959	1136	1310	1480	1153
	3.3	650	799	945	1086	947	1123	1295	1461	1143
	3.4	639	786	929	1068	936	1109	1278	1443	1133
	3.5	629	773	914	1049	924	1095	1262	1424	1122
	3.6	618	760	897	1030	912	1080	1245	1404	1112
	3.7	607	746	881	1011	899	1065	1227	1384	1100
	3.8	596	732	864	992	886	1050	1209	1363	1089
	3.9	585	718	848	972	873	1034	1191	1343	1078
	4.0	573	704	830	952	860	1018	1173	1321	1066
	4.2	550	675	796	912	833	986	1134	1278	1041
	4.4	527	646	761	872	805	952	1095	1233	1016
	4.6	503	617	727	832	776	918	1056	1187	989
	4.8	480	589	693	792	747	883	1015	1142	962
	5.0	458	561	660	754	719	849	975	1096	934
	5.2	436	534	628	718	690	815	936	1051	905
	5.4	415	508	598	682	662	781	897	1006	877
	5.6	395	483	569	649	634	748	858	963	848
	5.8	376	460	541	617	607	716	821	921	819
	6.0	358	438	514	586	581	685	786	881	790
	6.2	341	417	490	558	556	655	751	842	762
	6.4	325	397	466	531	532	627	718	805	734
	6.6	309	378	444	506	509	599	687	769	706
	6.8	295	360	423	482	487	573	657	736	680
	7.0	281	344	404	460	466	549	629	704	654

注：粗黑线①为对应轴 $\lambda_x=150$ 时的界线；粗黑线②为对应轴 $\lambda_x=200$ 时的界线；

续表

2L160×			2L180×				4L200×				
12	14	16	12	14	16	18	14	16	18	20	24
A (cm²)											
37.44	43.3	49.07	42.24	48.9	55.47	61.95	54.64	62.01	69.30	76.5	90.66
1495	1728	1957	1710	1979	2244	2388	2235	2536	2701	2980	3528
1486	1717	1944	1701	1969	2232	2375	2225	2524	2688	2966	3512
1476	1706	1931	1692	1958	2220	2362	2214	2512	2675	2952	3495
1466	1694	1919	1683	1947	2207	2349	2204	2500	2663	2938	3478
1456	1683	1905	1674	1936	2195	2335	2193	2488	2650	2924	3460
1446	1671	1892	1664	1925	2182	2322	2183	2476	2636	2909	3443
1436	1659	1878	1654	1914	2169	2308	2172	2463	2623	2894	3425
1426	1647	1864	1644	1902	2156	2294	2161	2451	2610	2879	3407
1415	1634	1850	1634	1891	2142	2279	2149	2438	2596	2864	3389
1404	1621	1835	1624	1879	2129	2264	2138	2425	2582	2848	3370
1392	1608	1820	1614	1867	2115	2249	2126	2412	2568	2833	3351
1381	1594	1805	1603	1854	2101	2234	2115	2398	2553	2817	3332
1369	1581	1789	1592	1841	2086	2219	2103	2385	2539	2801	3312
1357	1566	1773	1581	1829	2071	2203	2091	2371	2524	2784	3293
1345	1552	1756	1570	1815	2056	2187	2078	2357	2509	2767	3272
1332	1537	1739	1558	1802	2041	2170	2066	2343	2493	2750	3252
1319	1522	1722	1547	1788	2025	2153	2053	2328	2478	2733	3231
1306	1506	1704	1534	1774	2009	2136	2040	2313	2462	2715	3209
1292	1490	1686	1522	1760	1993	2118	2027	2298	2445	2697	3187
1278	1474	1667	1510	1745	1976	2100	2013	2283	2429	2678	3165
1264	1457	1648	1497	1730	1959	2082	2000	2267	2412	2660	3142
1234	1423	1608	1470	1699	1923	2044	1971	2234	2377	2621	3096
1204	1387	1567	1443	1667	1887	2004	1942	2201	2341	2581	3047
1172	1350	1525	1414	1634	1848	1963	1911	2166	2303	2539	2997
1139	1312	1481	1384	1599	1808	1920	1879	2130	2264	2496	2944
1106	1273	1437	1354	1563	1767	1875	1847	2092	2224	2451	2890
1072	1233	1391	1322	1526	1725	1830	1812	2053	2182	2404	2834
1037	1193	1346	1289	1488	1681	1783	1777	2013	2139	2356	2776
1003	1152	1300	1256	1449	1637	1735	1741	1971	2094	2306	2716
968	1112	1254	1222	1410	1592	1687	1704	1929	2049	2256	2655
934	1072	1209	1188	1370	1546	1638	1666	1885	2002	2204	2592
900	1033	1164	1153	1330	1500	1589	1627	1841	1954	2151	2528
867	995	1121	1119	1290	1454	1540	1587	1796	1906	2097	2464
835	957	1078	1084	1250	1409	1491	1548	1750	1857	2043	2399
803	921	1037	1050	1210	1364	1443	1507	1705	1808	1988	2334
773	886	997	1016	1171	1319	1395	1467	1659	1759	1934	2268

粗黑线③为对应轴 $\lambda_x = 250$ 时的界线。

（5）Q235 钢 两个热轧等边角钢（两边相连）轴心受压稳定

对应轴简图	计算长度 l_{ox}（m）	2L45			2L50			2L56				
		4	5	6	4	5	6	4	5	6	4	5
										面		积
		6.97	8.58	10.15	7.79	9.61	11.38	8.78	10.83	16.73	9.96	12.29
	0.75	125	154	182	144	178	210	167	206	316	194	239
	0.80	123	150	178	142	175	206	165	203	312	192	236
	0.85	120	147	173	139	171	202	162	200	307	190	233
	0.90	117	143	169	137	168	198	160	197	302	187	230
	0.95	114	139	164	134	164	194	157	194	297	185	227
	1.0	110	135	159	131	161	189	155	190	291	182	224
	1.1	103	127	149	124	153	179	149	183	280	177	218
	1.2	96.1	118	138	117	144	169	142	175	267	171	211
	1.3	88.9	109	127	110	135	158	136	167	254	165	203
	1.4	81.8	100	117	103	126	148	129	158	239	159	195
	1.5	75.0	91.5	107	95.8	117	137	121	149	225	152	186
	1.6	68.7	83.8	98.1	88.8	109	127	114	140	211	145	177
	1.7	63.0	76.7	89.8	82.2	100	117	107	131	197	138	168
	1.8	57.8	70.3	82.2	76.0	92.8	108	100	122	183	130	159
	1.9	53.1	64.6	75.5	70.2	85.8	100	93.2	114	171	123	150
	2.0	48.8	59.4	69.4	65.0	79.4	92.1	86.9	106	159	116	141
	2.1	45.0	54.8	64.0	60.2	73.5	85.2	81.1	99.2	148	109	133
	2.2	41.6	50.6	59.1	55.9	68.2	79.0	75.7	92.5	138	103	125
	2.3	38.5	46.9	54.7	51.9	63.4	73.4	70.6	86.3	129	96.6	117
	2.4	35.8	43.5	50.8	48.3	59.0	68.3	66.0	80.7	120	90.8	110
x x	2.5	33.3	40.5	47.3	45.1	55.0	63.7	61.8	75.5	112	85.4	104
	2.6	31.1	37.7	44.1	42.1	51.4	59.5	57.9	70.7	105	80.4	97.6
	2.7	29.0	35.3	41.2	39.4	48.1	55.6	54.4	66.4	98.5	75.8	92.0
	2.8	27.2	33.0	38.5	37.0	45.1	52.2	51.1	62.4	92.5	71.4	86.7
	2.9	25.5	31.0	36.1	34.7	42.4	49.0	48.1	58.7	87.0	67.4	81.8
	3.0	24.0	29.1	34.0	32.7	39.9	46.1	45.3	55.3	82.0	63.7	77.3
	3.1	22.6	27.4	32.0	30.8	37.6	43.4	42.8	52.2	77.4	60.3	73.1
	3.2	21.3	25.8	30.1	29.1	35.5	41.0	40.4	49.4	73.1	57.1	69.2
	3.3	20.1	24.4	28.5	27.5	33.5	38.7	38.3	46.7	69.2	54.1	65.6
	3.4	19.0	23.1	26.9	26.0	31.7	36.7	36.3	44.3	65.5	51.4	62.3
	3.5				24.7	30.1	34.8	34.4	42.0	62.2	48.8	59.2
	3.6				23.4	28.5	33.0	32.7	39.9	59.0	46.4	56.3
	3.7				22.3	27.1	31.3	31.1	37.9	56.1	44.2	53.6
	3.8				21.2	25.8		29.6	36.1	53.5	42.2	51.1
	3.9							28.2	34.4	50.9	40.2	48.7
	4.0							26.9	32.9	48.6	38.4	46.5
	4.2							24.6	30.0	44.4	35.1	42.6
	4.4										32.3	39.1
	4.6										29.7	36.0
	4.8										27.5	33.2
	5.0											

时的承载力设计值（kN）（见表 2.7-9）。

表 2.7-9

2L63			2L70					2L75					
6	8	10	4	5	6	7	8	5	6	7	8	10	
A （cm^2）													
14.58	19.03	23.31	11.14	13.75	16.32	18.85	21.33	14.82	17.59	20.32	23.01	28.25	
283	369	451	220	272	322	372	421	296	351	405	458	562	
280	364	445	218	269	319	368	416	293	348	401	454	557	
277	360	440	216	266	316	365	412	290	345	398	450	551	
273	355	434	214	264	313	361	408	288	341	394	446	546	
270	350	428	212	261	309	357	404	285	338	390	441	541	
266	345	422	209	258	306	353	399	282	335	386	437	535	
258	335	408	205	252	299	344	389	277	328	378	428	524	
249	323	394	199	245	291	335	379	270	320	370	418	511	
240	311	379	194	238	282	326	368	264	313	361	407	498	
231	298	362	188	231	273	315	356	257	304	351	396	484	
220	284	345	182	223	264	304	343	249	295	340	384	469	
210	270	328	175	215	254	292	330	241	286	329	371	453	
199	256	310	168	206	243	280	316	233	276	318	358	436	
188	241	292	161	197	233	268	302	224	265	305	344	419	
177	227	275	153	188	222	255	287	215	254	293	329	401	
167	213	258	146	178	211	242	273	206	244	280	315	383	
157	200	242	139	169	200	230	259	197	233	268	300	365	
147	188	227	132	161	189	218	245	188	222	255	286	348	
138	176	213	125	152	179	206	232	179	211	242	272	330	
130	166	200	118	144	170	195	219	170	200	230	258	313	
122	156	187	112	136	160	184	207	161	190	219	245	297	
115	146	176	106	129	152	174	195	153	181	208	232	282	
108	138	166	100	122	143	164	185	145	172	197	220	267	
102	130	156	94.5	115	136	155	175	138	163	187	209	253	
96.2	122	147	89.5	109	128	147	165	131	155	177	198	240	
90.9	115	139	84.9	103	122	139	157	124	147	168	188	228	
85.9	109	131	80.5	97.9	115	132	148	118	139	160	179	216	
81.4	103	124	76.4	92.9	109	125	141	112	133	152	170	206	
77.1	97.9	118	72.6	88.2	104	119	134	107	126	145	162	195	
73.2	92.9	112	69.0	83.9	98.8	113	127	102	120	138	154	186	
69.5	88.3	106	65.7	79.8	94.0	108	121	97.1	114	131	146	177	①
66.1	83.9	101	62.6	76.0	89.5	103	115	92.6	109	125	140	169	
63.0	79.9	96.0	59.7	72.5	85.4	97.8	110	88.4	104	119	133	161	
60.0	76.1	91.5	57.0	69.2	81.5	93.3	105	84.5	100	114	127	154	
57.3	72.6	87.3	54.4	66.1	77.8	89.1	100	80.8	95.1	109	122	147	
54.7	69.4	83.3	52.0	63.2	74.4	85.2	95.6	77.3	91.0	104	116	141	
50.0	63.4	76.2	47.7	57.9	68.1	78.0	87.6	70.9	83.5	95.7	107	129	
45.9	58.2	69.9	43.8	53.2	62.6	71.7	80.5	65.3	76.9	88.1	98.2	119	
42.3	53.6	64.4	40.4	49.1	57.8	66.1	74.2	60.2	70.9	81.3	90.6	110	②
39.1			37.4	45.4	53.4	61.2	68.6	55.8	65.7	75.3	83.9	101	
			34.7	42.1	49.5	56.7	63.6	51.8	60.9	69.8	77.8	94.0	
		③											

对应轴简图	计算长度 l_{oy} (m)	2L45			2L50			2L56				
		4	5	6	4	5	6	4	5	6	4	5
										面		积
		6.97	8.58	10.15	7.79	9.61	11.38	8.78	10.83	16.73	9.96	12.29
L45 ~ L75, $a = 6$mm	1.00	126	157	187	139	178	213	153	200	321	167	222
	1.10	122	153	183	139	175	209	152	199	316	166	221
	1.20	119	149	178	136	171	204	151	196	310	165	220
	1.30	115	144	172	132	166	199	150	192	304	164	218
	1.40	111	139	167	129	162	194	148	188	298	163	217
	1.50	107	134	161	125	157	188	145	183	291	162	213
	1.60	102	129	154	120	152	182	141	178	284	161	209
	1.70	97.9	123	148	116	146	176	137	173	276	159	204
	1.80	93.3	117	141	111	141	169	132	168	268	156	199
	1.90	88.6	112	134	107	135	162	128	162	260	152	194
	2.00	84.1	106	127	102	129	155	123	156	251	147	188
	2.10	79.6	100	121	97.3	123	148	119	151	242	143	183
	2.20	75.3	94.9	114	92.7	117	141	114	145	233	138	177
	2.30	71.1	89.7	108	88.2	112	135	109	139	224	133	171
	2.40	67.2	84.7	102	83.9	106	128	105	133	215	129	165
	2.50	63.5	80.1	96.5	79.7	101	122	100	127	206	124	159
	2.60	60.0	75.7	91.2	75.7	95.8	116	95.7	122	197	119	153
	2.70	56.7	71.5	86.3	71.9	91.0	110	91.4	116	188	115	147
	2.80	53.7	67.7	81.6	68.3	86.4	104	87.3	111	180	110	141
	2.90	50.8	64.0	77.3	64.9	82.1	99.2	83.4	106	172	106	136
	3.00	48.1	60.7	73.2	61.7	78.0	94.2	79.6	101	164	102	130
	3.10	45.7	57.5	69.4	58.7	74.2	89.6	76.0	96.4	157	97.5	125
	3.20	43.3	54.6	65.9	55.8	70.6	85.3	72.6	92.1	150	93.6	120
	3.30	41.2	51.9	62.6	53.2	67.2	81.2	69.4	88.0	143	89.8	115
	3.40	39.2	49.3	59.5	50.7	64.1	77.4	66.3	84.1	137	86.2	110
	3.50	37.3	46.9	56.6	48.3	61.1	73.8	63.4	80.4	131	82.7	106
	3.60	35.5	44.7	53.9	46.1	58.3	70.4	60.7	76.9	125	79.4	102
	3.70	33.9	42.6	51.4	44.1	55.7	67.2	58.1	73.6	120	76.3	97.6
	3.80	32.3	40.7	49.1	42.1	53.2	64.2	55.7	70.5	115	73.3	93.7
	3.90	30.9	38.9	46.9	40.3	50.9	61.4	53.4	67.5	110	70.4	90.0
	4.00	29.5	37.2	44.8	38.6	48.7	58.8	51.2	64.7	105	67.7	86.5
	4.20	27.1	34.1	41.1	35.5	44.7	54.0	47.2	59.6	97.0	62.7	80.0
	4.40	24.9	31.3	37.8	32.7	41.2	49.7	43.6	55.1	89.5	58.2	74.2
	4.60	23.0	28.9	34.8	30.2	38.1	45.9	40.4	51.0	82.9	54.0	68.9
	4.80	21.3	26.7	32.2	28.0	35.3	42.5	37.5	47.3	76.9	50.3	64.1
	5.00	19.7	24.8	29.9	26.0	32.7	39.5	34.9	44.0	71.5	46.9	59.7
	5.20	18.3	23.0	27.8	24.2	30.5	36.8	32.6	41.0	66.6	43.9	55.8
	5.40				22.6	28.4	34.3	30.4	38.3	62.2	41.1	52.2
	5.60				21.1	26.6	32.1	28.5	35.9	58.2	38.5	49.0
	5.80						30.1	26.7	33.7	54.6	36.2	46.0
	6.00							25.1	31.6	51.3	34.1	43.3

⑥

续表

2L63			2L70					2L75					
6	8	10	4	5	6	7	8	5	6	7	8	10	
A (cm²)													
14.58	19.03	23.31	11.14	13.75	16.32	18.85	21.33	14.82	17.59	20.32	23.01	28.25	
274	369	456	179	242	302	359	414	256	321	383	444	560	
273	364	450	178	241	301	357	412	255	320	382	442	554	
271	359	444	177	240	299	356	407	254	318	380	440	548	
266	353	437	176	239	298	352	402	253	317	379	436	541	
261	347	429	175	238	296	347	396	251	316	377	431	534	
256	341	422	174	236	292	342	390	250	314	372	425	527	
251	334	413	173	235	287	336	383	249	312	366	419	520	
246	327	405	172	233	282	330	377	247	308	361	412	512	
240	319	396	171	228	277	324	370	246	303	355	405	504	
233	311	386	169	223	271	317	362	244	297	348	398	495	
227	303	376	168	218	265	310	354	239	291	342	391	486	
220	294	366	166	213	258	303	346	234	285	335	383	476	
213	285	355	161	207	252	295	338	229	279	327	375	466	
206	276	344	157	202	245	287	329	224	272	320	366	456	
199	267	333	152	196	238	279	320	218	266	312	358	445	
192	258	322	148	190	231	271	310	212	259	304	348	434	
185	248	310	143	184	224	263	301	206	252	296	339	423	
178	239	299	138	178	217	254	292	200	244	287	330	412	
171	230	287	134	172	209	246	282	194	237	279	320	400	
164	221	276	129	166	202	238	273	188	230	271	311	388	
157	212	266	125	160	195	229	263	182	223	262	301	376	
151	203	255	120	155	188	221	254	177	215	254	291	364	
145	195	245	116	149	181	213	245	171	208	245	282	353	
139	187	235	112	143	175	205	236	165	201	237	273	341	
133	179	225	108	138	168	198	227	159	195	229	263	330	
128	172	216	104	133	162	190	219	154	188	221	254	318	
123	165	208	100	128	156	183	211	149	181	214	246	308	
118	158	199	96.4	123	150	177	203	144	175	206	237	297	
113	152	191	92.9	119	145	170	195	139	169	199	229	287	
108	146	184	89.6	115	139	164	188	134	163	192	221	277	
104	140	177	86.4	110	134	158	181	129	157	185	213	267	
96.3	130	163	80.4	103	125	146	168	121	147	173	199	249	
89.2	120	151	74.9	95.4	116	136	156	113	137	161	185	232	
82.8	112	140	69.9	88.9	108	127	146	105	128	150	173	217	
77.0	104	131	65.3	83.0	101	118	136	98.4	120	141	162	202	
71.8	96.6	122	61.1	77.6	94.0	110	127	92.2	112	132	151	189	
67.0	90.2	114	57.2	72.6	88.0	103	119	86.5	105	123	142	178	④
62.7	84.4	106	53.7	68.1	82.5	96.8	111	81.2	98.5	116	133	167	
58.8	79.1	100	50.5	64.0	77.4	90.9	104	76.4	92.6	109	125	157	
55.2	74.3	93.5	47.6	60.2	72.8	85.5	98.1	72.0	87.2	102	118	147	
51.9	69.8	87.9	44.9	56.7	68.6	80.5	92.4	67.9	82.3	97	111	139	
		⑤											

对应轴简图	计算长度 l_{ox} (m)	2L80					2L90				
		5	6	7	8	10	6	7	8	10	12
		面　积									
		15.82	18.79	21.72	24.61	30.25	21.27	24.6	27.89	34.33	40.61
	1.0	305	362	418	473	581	418	484	548	673	795
	1.1	300	356	411	465	570	412	476	539	663	783
	1.2	294	349	402	455	558	405	469	530	652	769
	1.3	287	341	394	445	546	399	461	521	640	756
	1.4	281	333	384	434	532	391	452	511	628	741
	1.5	274	325	375	423	518	384	443	501	616	726
	1.6	266	316	364	411	503	375	434	490	602	709
	1.7	258	306	353	398	487	367	424	479	588	692
	1.8	250	296	342	385	471	358	413	467	573	674
	1.9	241	286	330	371	454	349	402	454	557	655
	2.0	232	275	317	357	436	339	391	441	541	635
	2.1	223	264	305	343	418	328	379	428	524	615
	2.2	214	253	292	328	400	318	367	414	506	594
	2.3	205	242	279	314	382	307	354	399	488	572
	2.4	196	232	267	299	364	296	342	385	470	551
	2.5	187	221	254	285	347	285	329	370	452	529
	2.6	178	211	242	272	331	274	316	356	434	508
	2.7	170	201	231	259	315	263	303	341	417	487
	2.8	162	191	220	246	299	253	291	327	399	466
	2.9	154	182	209	234	285	242	279	313	382	446
	3.0	147	173	199	223	271	232	267	300	366	427
	3.1	140	165	190	212	258	222	256	287	350	408
	3.2	133	157	181	202	245	213	245	275	335	390
x—x	3.3	127	150	172	193	234	204	235	263	321	373
	3.4	121	143	164	184	223	195	225	252	307	357
	3.5	116	137	157	175	213	187	215	241	294	342
	3.6	111	130	150	167	203	179	206	231	281	327
	3.7	106	125	143	160	194	172	198	221	270	313
	3.8	101	119	137	153	185	165	189	212	258	300
	3.9	96.7	114	131	146	177	158	182	204	248	288
	4.0	92.6	109	125	140	170	152	174	195	238	276
	4.2	85.1	100	115	129	156	140	161	180	219	254
	4.4	78.4	92.5	106	119	144	129	149	167	202	235
	4.6	72.5	85.5	98.1	110	133	120	138	154	187	218
	4.8	67.2	79.2	90.9	101	123	111	128	143	174	202
	5.0	62.4	73.6	84.4	94.2	114	104	119	133	162	188
	5.2	58.1	68.5	78.6	87.7	106	96.6	111	124	151	175
	5.4	54.2	63.9	73.3	81.9	99.1	90.3	104	116	141	164
	5.6	50.7	59.8	68.6	76.5	92.7	84.6	97.2	109	132	153
	5.8	47.5	56.0	64.3	71.7	86.8	79.3	91.2	102	124	144
	6.0	44.6	52.6	60.3	67.3	81.5	74.6	85.7	95.9	116	135
	6.2	42.0					70.2	80.7	90.2	110	127
	6.4						66.2	76.1	85.1	103	120
	6.6						62.5	71.9	80.4	97.6	113
	6.8						59.2	68.0	76.0	92.3	
	7.0										

续表

2L100							2L110				
6	7	8	10	12	14	16	7	8	10	12	14
A (cm²)											
23.86	27.59	31.28	38.52	45.6	52.51	59.25	30.39	34.48	42.52	50.4	58.11
476	550	624	767	907	1043	1176	613	695	857	1015	1169
470	543	615	757	895	1029	1160	606	688	847	1003	1155
464	536	607	746	883	1015	1143	599	680	837	991	1141
457	528	598	736	870	999	1126	592	671	827	979	1127
450	520	589	724	856	983	1108	584	663	816	966	1112
443	512	580	712	842	967	1089	577	654	805	953	1096
435	503	570	700	827	949	1069	568	645	794	939	1080
428	494	559	687	811	931	1048	560	635	782	924	1063
419	484	548	673	795	911	1026	551	625	769	909	1045
411	474	537	658	777	891	1002	542	614	756	893	1027
402	464	525	643	759	870	978	532	603	742	876	1007
392	453	512	627	740	848	953	522	591	728	859	987
382	441	499	611	721	825	927	511	579	713	841	965
372	429	486	594	700	801	899	500	567	697	822	943
361	417	472	577	679	776	872	489	554	681	803	921
351	404	457	559	658	752	843	477	541	664	783	897
340	392	443	541	637	726	815	465	527	647	762	873
329	379	428	523	615	701	786	453	513	629	741	848
318	366	414	504	593	676	757	440	498	612	720	823
306	353	399	486	572	651	729	428	484	594	698	798
295	340	385	468	550	627	701	415	469	575	676	773
285	328	370	451	530	602	674	402	455	557	655	748
274	316	357	434	509	579	648	389	440	539	633	723
264	304	343	417	490	556	622	376	426	521	612	698
254	292	330	401	470	534	598	364	411	504	591	674
244	281	317	385	452	513	574	352	397	487	570	650
235	270	305	370	434	493	551	340	384	470	551	627
226	260	293	356	417	474	529	328	371	453	531	605
217	250	282	342	401	455	508	316	358	438	512	583
209	240	271	329	386	437	489	305	345	422	494	563
201	231	261	317	371	421	470	295	333	407	477	543
186	214	242	293	343	389	434	275	310	379	444	505
173	199	224	272	318	361	403	256	289	353	413	470
161	185	208	253	296	335	374	239	270	330	385	438
150	172	194	235	275	312	348	223	252	308	360	409 ①
140	161	181	219	257	290	324	209	236	288	336	382
131	150	169	205	240	271	302	196	221	270	315	358
122	140	158	192	224	254	283	184	207	253	295	335
115	132	149	180	210	238	265	172	195	238	277	315
108	124	139	169	197	223	249	162	183	224	261	296
101	116	131	159	186	210	234	153	173	211	246	279
95.5	110	124	150	175	198	211	144	163	199	232	263
90.1	104	117	141	165	187	208	136	154	188	219	248
85.2	97.9	110	134	156	177	197	129	146	178	207	235 ②
80.7	92.7	104	126	148	167	186	122	138	168	196	223
76.5	87.9	99	120	140	158	177	116	131	160	186	211
③											

对应轴简图	计算长度 l_{oy} (m)	2L80					2L90				
		5	6	7	8	10	6	7	8	10	12
										面	积
		15.82	18.79	21.72	24.61	30.25	21.27	24.6	27.89	34.33	40.61
	1.50	261	331	398	458	570	363	441	516	655	782
	1.60	260	330	395	452	563	362	440	514	648	773
	1.70	259	328	389	446	555	361	438	512	641	765
	1.80	257	326	384	439	547	359	436	507	633	756
	1.90	256	321	378	433	539	357	434	501	626	747
	2.00	254	316	371	425	530	356	430	494	618	738
	2.10	252	310	365	418	521	354	424	487	609	728
	2.20	251	304	358	410	511	352	417	480	600	718
	2.30	244	298	350	402	501	350	411	472	591	707
	2.40	238	291	343	394	491	342	404	465	582	696
	2.50	233	285	335	385	480	336	397	457	572	684
	2.60	227	278	327	376	469	329	389	448	561	672
	2.70	221	271	319	367	458	323	382	440	551	660
	2.80	215	264	311	357	447	316	374	431	540	647
	2.90	209	257	302	348	435	309	366	421	529	634
	3.00	204	249	294	338	423	302	358	412	517	621
	3.10	198	242	286	328	411	295	349	403	506	607
	3.20	192	235	277	319	399	288	341	393	494	593
	3.30	186	228	269	309	387	281	333	383	482	579
	3.40	180	221	260	300	375	273	324	374	470	565
	3.50	174	214	252	290	364	266	315	364	458	550
	3.60	169	207	244	281	352	259	307	354	445	536
	3.70	164	200	236	272	341	252	299	344	433	522
L80 ~ L110,	3.80	158	194	228	263	330	245	290	335	421	508
a = 6mm	3.90	153	187	221	254	319	238	282	325	410	494
	4.00	148	181	214	246	309	231	274	316	398	480
	4.20	139	170	200	230	289	218	258	298	375	453
	4.40	130	159	187	215	270	206	244	281	354	427
	4.60	122	149	175	202	253	194	229	265	333	402
	4.80	114	139	164	189	237	183	216	249	314	379
	5.00	107	131	154	177	222	172	204	235	296	357
	5.20	101	123	145	166	209	163	192	222	279	337
	5.40	95.0	116	136	156	196	154	181	209	263	318
	5.60	89.6	109	128	147	185	145	171	198	248	300
	5.80	84.5	103	121	139	174	137	162	187	235	284
	6.00	79.8	96.9	114	131	164	130	153	177	222	268
	6.20	75.5	91.6	108	124	155	123	145	167	210	254
	6.40	71.5	86.7	102	117	147	117	138	159	199	241
	6.60	67.8	82.2	96.5	111	139	111	131	151	189	229
	6.80	64.4	78.0	91.6	105	132	106	124	143	180	217
	7.00	61.2	74.1	87.0	100	125	101	118	136	171	206

续表

2L100							2L110				
6	7	8	10	12	14	16	7	8	10	12	14
. A (cm²)											
23.86	27.59	31.28	38.52	45.6	52.51	59.25	30.39	34.48	42.52	50.4	58.11
392	482	568	732	885	1026	1164	514	612	797	974	1143
391	481	566	730	877	1017	1154	513	610	795	971	1135
389	479	565	727	869	1008	1143	512	609	793	969	1126
388	477	563	720	861	999	1133	510	607	791	961	1117
387	476	561	713	853	989	1122	509	606	789	953	1108
385	474	559	705	844	979	1110	507	604	786	945	1098
383	472	556	697	834	968	1098	505	602	779	936	1088
382	470	548	689	825	957	1086	504	600	772	927	1077
380	468	541	680	814	945	1073	502	597	764	918	1066
378	465	534	672	804	933	1060	500	595	756	908	1055
376	456	527	662	793	921	1046	498	593	747	898	1044
374	450	519	653	782	908	1032	495	590	738	887	1032
372	442	511	643	770	895	1017	493	576	729	876	1019
370	435	502	633	758	881	1002	491	569	719	865	1006
359	428	494	622	746	867	986	488	561	709	854	993
353	420	485	611	733	853	970	476	552	699	842	979
346	412	476	600	720	838	954	469	544	689	829	965
339	404	467	589	706	823	937	461	535	678	817	951
332	395	457	577	693	807	919	454	526	667	804	936
325	387	448	565	679	791	901	446	517	656	790	921
318	379	438	553	665	775	883	438	508	644	777	905
311	370	428	541	650	759	865	429	499	633	763	889
304	362	418	529	636	742	846	421	489	621	749	873
297	353	408	517	621	725	828	413	479	609	735	857
289	345	399	504	607	709	809	404	470	596	720	840
282	336	389	492	592	692	790	396	460	584	706	824
268	319	370	468	563	658	753	379	440	560	677	790
255	303	351	444	535	626	716	362	421	535	647	756
242	288	333	421	507	594	680	346	402	511	618	722
229	273	315	399	481	563	645	330	383	487	590	689
218	258	299	378	456	534	611	315	365	464	562	657
206	245	283	358	432	506	580	300	348	442	535	626
196	232	268	339	409	479	550	285	331	421	510	596
186	220	254	322	388	454	521	272	315	400	485	567
176	209	241	305	367	431	494	259	300	381	462	540
168	198	229	289	349	409	469	247	286	363	440	514
159	189	217	275	331	388	445	235	272	346	419	490
152	179	207	261	315	369	423	224	260	329	399	467
141	171	197	248	299	351	403	214	248	314	380	445
138	162	187	236	285	334	383	205	236	300	363	424
131	155	178	225	271	318	365	195	226	286	346	405

④

对应轴简图	计算长度 l_{ox} (m)	2L125				2L140				
		8	10	12	14	10	12	14	16	10
									面	积
		39.5	48.75	57.82	66.73	54.75	65.02	75.13	85.08	63
	1.5	768	946	1121	1292	1082	1284	1482	1677	1267
	1.6	759	935	1108	1277	1072	1272	1468	1661	1257
	1.7	750	924	1095	1262	1062	1259	1453	1645	1247
	1.8	741	913	1081	1245	1051	1246	1438	1627	1237
	1.9	731	901	1067	1229	1040	1233	1423	1610	1227
	2.0	721	888	1052	1211	1028	1219	1407	1591	1216
	2.1	711	875	1036	1193	1017	1205	1390	1572	1205
	2.2	700	862	1020	1174	1004	1190	1373	1553	1194
	2.3	689	848	1003	1154	992	1175	1355	1532	1182
	2.4	677	833	986	1134	978	1159	1337	1511	1170
	2.5	665	818	968	1113	965	1143	1317	1489	1158
	2.6	653	802	949	1091	951	1126	1298	1467	1145
x—x	2.7	640	786	930	1068	936	1109	1277	1443	1132
	2.8	626	769	910	1045	921	1091	1256	1419	1119
	2.9	613	752	889	1021	906	1072	1234	1394	1105
	3.0	599	735	869	997	890	1053	1212	1369	1091
	3.1	585	717	847	972	874	1033	1189	1342	1076
	3.2	570	699	826	947	857	1013	1165	1316	1061
	3.3	556	681	804	922	840	993	1141	1288	1046
	3.4	541	663	782	896	822	972	1117	1260	1030
	3.5	526	645	761	871	805	950	1092	1232	1014
	3.6	512	626	739	846	787	929	1067	1203	997
	3.7	497	608	717	821	769	907	1042	1175	980
	3.8	483	591	696	796	750	885	1016	1146	963
	3.9	468	573	675	772	732	864	991	1117	945

续表

2L160			2L180				2L200				
12	14	16	12	14	16	18	14	16	18	20	24
A (cm²)											
74.88	86.59	98.13	84.48	97.79	110.93	123.91	109.28	124.03	138.6	153.01	181.32
1505	1739	1970	1720	1990	2257	2402	2246	2549	2714	2995	3547
1493	1726	1954	1709	1977	2242	2386	2233	2534	2699	2978	3526
1482	1712	1938	1697	1964	2226	2370	2220	2519	2683	2960	3505
1469	1698	1922	1686	1950	2211	2353	2207	2504	2667	2942	3484
1457	1683	1905	1674	1937	2195	2336	2194	2489	2650	2924	3462
1444	1668	1888	1662	1923	2179	2319	2180	2473	2634	2906	3440
1431	1653	1871	1649	1908	2163	2301	2166	2458	2617	2887	3417
1418	1637	1853	1637	1894	2146	2283	2152	2442	2600	2868	3394
1404	1621	1834	1624	1879	2129	2265	2138	2425	2582	2848	3371
1390	1604	1815	1611	1863	2111	2246	2123	2409	2564	2829	3347
1375	1587	1796	1597	1848	2093	2227	2108	2392	2546	2808	3323
1360	1570	1776	1583	1831	2075	2207	2093	2374	2527	2788	3298
1344	1551	1755	1569	1815	2056	2187	2078	2357	2508	2766	3273
1328	1533	1733	1555	1798	2036	2166	2062	2338	2489	2745	3247
1312	1513	1711	1540	1780	2016	2144	2046	2320	2469	2723	3220
1295	1493	1688	1524	1762	1996	2122	2029	2301	2449	2700	3193
1277	1473	1665	1508	1744	1975	2099	2012	2282	2428	2677	3165
1259	1452	1640	1492	1725	1953	2076	1995	2262	2406	2653	3136
1240	1430	1615	1475	1706	1931	2052	1977	2241	2385	2628	3107
1221	1408	1590	1458	1686	1908	2028	1958	2220	2362	2603	3077
1202	1385	1564	1441	1665	1885	2002	1940	2199	2339	2578	3046
1182	1362	1537	1423	1644	1860	1976	1920	2177	2315	2552	3014
1162	1338	1510	1404	1623	1836	1950	1901	2155	2291	2525	2982
1141	1314	1482	1386	1601	1811	1923	1881	2132	2267	2497	2949
1120	1289	1454	1366	1578	1785	1895	1860	2108	2241	2469	2915

对应轴简图	计算长度 l_{ox} (m)	2L125				2L140				
		8	10	12	14	10	12	14	16	10
									面	积
		39.5	48.75	57.82	66.73	54.75	65.02	75.13	85.08	63
	4.0	455	556	655	748	714	842	966	1088	927
	4.2	427	522	615	703	678	799	916	1032	891
	4.4	402	491	578	659	643	757	867	977	855
	4.6	377	461	542	619	609	717	821	924	818
	4.8	355	433	509	581	576	678	776	873	782
	5.0	334	407	479	546	545	641	733	825	746
	5.2	314	383	450	513	515	606	693	779	712
	5.4	296	360	424	483	487	573	655	737	678
	5.6	279	339	399	455	461	542	620	697	646
	5.8	263	320	377	429	437	513	587	659	616
x—x	6.0	248	303	356	405	414	486	556	624	586
	6.2	235	286	336	383	393	461	527	592	559
	6.4	222	271	318	362	373	438	500	562	533
	6.6	211	257	302	343	354	416	475	533	508
	6.8	200	244	286	326	337	395	451	507	484
	7.0	190	231	272	310	320	376	429	482	462
	7.2	181	220	259	294	305	358	409	459	442
	7.4	172	210	246	280	291	341	390	438	422
	7.6	164	200	235	267	278	326	372	418	404
	7.8	157	191	224	255	265	311	355	399	386
	8.0	150	182	214	243	254	298	340	381	370
									①	

续表

2L160			2L180				2L200				
12	14	16	12	14	16	18	14	16	18	20	24
A (cm^2)											
74.88	86.59	98.13	84.48	97.79	110.93	123.91	109.28	124.03	138.6	153.01	181.32
1099	1264	1426	1347	1555	1759	1867	1839	2084	2215	2440	2880
1056	1214	1369	1306	1508	1705	1809	1795	2034	2162	2381	2809
1012	1163	1311	1264	1460	1649	1749	1750	1983	2107	2319	2734
968	1113	1253	1222	1410	1593	1689	1703	1929	2049	2255	2658
925	1063	1196	1178	1360	1535	1627	1655	1874	1990	2189	2579
883	1014	1140	1135	1309	1477	1565	1606	1818	1930	2122	2498
842	966	1086	1091	1259	1420	1503	1556	1761	1869	2054	2417
802	920	1034	1048	1209	1363	1443	1505	1703	1807	1985	2335
764	876	985	1006	1159	1307	1383	1454	1645	1745	1917	2253
728	834	937	964	1112	1252	1325	1404	1588	1683	1848	2171
693	794	892	924	1065	1200	1269	1353	1531	1622	1781	2091
660	756	849	885	1020	1149	1214	1304	1474	1562	1714	2012
629	721	809	848	977	1100	1162	1255	1419	1503	1650	1935
600	687	771	812	935	1053	1112	1208	1366	1446	1586	1860
572	655	735	778	896	1008	1065	1162	1314	1391	1525	1788
546	625	701	745	858	965	1020	1118	1263	1337	1466	1718
521	597	670	714	822	925	976	1075	1215	1286	1410	1651
498	570	640	684	788	886	936	1034	1168	1236	1355	1587
477	545	612	656	755	849	897	995	1124	1189	1303	1525
456	522	585	629	724	815	860	957	1081	1143	1253	1466
437	500	560	604	695	782	825	921	1040	1100	1205	1410

对应轴简图	计算长度 l_{oy} (m)	2∟125				2∟140				
		8	10	12	14	10	12	14	16	10
									面	积
		39.5	48.75	57.82	66.73	54.75	65.02	75.13	85.08	63
	2.00	665	883	1088	1280	965	1202	1430	1651	1061
	2.10	664	880	1085	1271	963	1200	1427	1647	1059
	2.20	662	878	1082	1262	961	1197	1424	1640	1057
	2.30	660	876	1074	1252	959	1195	1421	1630	1056
	2.40	658	873	1065	1242	956	1192	1418	1620	1054
	2.50	656	870	1056	1231	954	1189	1409	1609	1052
	2.60	654	868	1047	1221	952	1186	1400	1598	1050
	2.70	652	860	1037	1209	949	1183	1390	1586	1048
y; a; y	2.80	649	852	1027	1198	947	1180	1379	1574	1046
	2.90	647	843	1017	1186	944	1170	1369	1562	1043
	3.00	644	834	1006	1174	941	1160	1358	1550	1041
∟125, a = 8mm; ∟140 ~ ∟200, a = 10mm	3.10	642	825	995	1161	938	1150	1346	1537	1038
	3.20	639	815	984	1148	935	1140	1335	1524	1036
	3.30	636	806	972	1135	932	1130	1323	1510	1033
	3.40	624	795	960	1121	923	1119	1310	1496	1031
	3.50	615	785	948	1107	913	1108	1298	1482	1028
	3.60	607	774	935	1093	904	1097	1285	1467	1025
	3.70	598	764	922	1078	894	1085	1271	1452	1022
	3.80	589	752	909	1063	884	1074	1258	1437	1019
	3.90	580	741	896	1047	874	1061	1244	1421	1015
	4.00	571	730	882	1032	864	1049	1229	1405	1012

续表

2L160			2L180				2L200				
12	14	16	12	14	16	18	14	16	18	20	24
	A		(cm²)								
74.88	86.59	98.13	84.48	97.79	110.93	123.91	109.28	124.03	138.6	153.01	181.32
1345	1615	1877	1464	1779	2083	2267	1931	2278	2493	2805	3411
1343	1613	1874	1462	1777	2080	2264	1929	2276	2490	2802	3408
1341	1611	1871	1461	1775	2078	2261	1927	2274	2488	2800	3404
1339	1608	1868	1459	1773	2075	2258	1925	2272	2485	2797	3400
1336	1605	1864	1457	1771	2072	2255	1923	2269	2483	2794	3396
1334	1602	1861	1455	1768	2069	2252	1921	2267	2480	2790	3392
1331	1599	1857	1453	1766	2066	2248	1919	2264	2477	2787	3387
1329	1596	1853	1450	1763	2063	2245	1916	2261	2474	2783	3382
1326	1593	1844	1448	1760	2060	2241	1914	2258	2471	2780	3378
1323	1589	1833	1446	1757	2056	2237	1911	2255	2467	2776	3366
1320	1585	1821	1443	1754	2053	2233	1909	2252	2464	2772	3352
1317	1582	1810	1440	1751	2049	2229	1906	2249	2460	2767	3338
1314	1570	1798	1438	1748	2045	2212	1903	2246	2456	2763	3324
1311	1559	1785	1435	1744	2041	2200	1900	2242	2453	2759	3309
1307	1548	1773	1432	1741	2037	2187	1897	2239	2449	2754	3293
1304	1537	1760	1429	1737	2023	2175	1894	2235	2444	2736	3278
1300	1525	1746	1426	1733	2011	2162	1891	2231	2440	2723	3262
1286	1513	1733	1423	1730	1999	2148	1888	2227	2436	2709	3245
1276	1500	1719	1419	1726	1986	2135	1884	2223	2431	2695	3229
1265	1488	1704	1416	1721	1973	2121	1881	2219	2408	2681	3212
1254	1475	1689	1413	1704	1960	2106	1877	2215	2395	2666	3195

对应轴简图	计算长度 l_{oy} (m)	2L125				2L140				
		8	10	12	14	10	12	14	16	10
									面	积
		39.5	48.75	57.82	66.73	54.75	65.02	75.13	85.08	63
	4.20	552	706	854	999	842	1023	1200	1372	1005
	4.40	534	682	825	966	820	997	1169	1337	998
	4.60	514	658	796	933	797	969	1138	1302	964
	4.80	495	633	767	899	773	941	1105	1265	943
	5.00	476	609	737	865	750	912	1072	1227	920
	5.20	457	585	708	831	726	884	1038	1189	898
	5.40	439	561	680	798	702	854	1005	1151	874
	5.60	421	538	652	765	678	825	971	1112	851
	5.80	404	516	625	734	654	797	937	1074	827
	6.00	387	494	599	703	631	768	904	1036	803
	6.20	371	474	573	673	608	740	871	999	780
L125，a = 8mm；L140 ~ L200，a = 10mm	6.40	355	454	549	645	585	713	839	963	756
	6.60	341	435	526	618	564	687	808	927	733
	6.80	327	416	504	592	543	661	778	893	710
	7.00	313	399	483	567	523	636	749	859	687
	7.20	300	383	463	543	503	613	721	827	665
	7.40	288	367	444	521	484	590	694	796	644
	7.60	277	352	425	500	466	568	668	766	623
	7.80	266	338	408	480	449	546	643	737	603
	8.00	255	325	392	460	433	526	619	710	583

注：1. 粗黑线 ① 为对应轴 $\lambda_x = 150$ 时的界线；粗黑线 ② 为对应轴 $\lambda_x = 200$ 时的界

2. 粗黑线 ④ 为对应轴 $\lambda_y = 150$ 时的界线；粗黑线 ⑤ 为对应轴 $\lambda_y = 200$ 时的界

续表

2L160			2L180				2L200				
12	14	16	12	14	16	18	14	16	18	20	24
A (cm^2)											
74.88	86.59	98.13	84.48	97.79	110.93	123.91	109.28	124.03	138.6	153.01	181.32
1230	1448	1659	1405	1680	1932	2077	1869	2205	2368	2636	3159
1206	1420	1627	1397	1655	1903	2046	1861	2170	2339	2605	3122
1181	1390	1594	1389	1628	1873	2014	1853	2143	2310	2572	3083
1155	1360	1560	1352	1600	1841	1980	1844	2114	2279	2538	3043
1128	1329	1525	1327	1572	1809	1946	1805	2084	2247	2503	3002
1100	1297	1488	1302	1542	1775	1910	1777	2053	2213	2466	2959
1072	1264	1451	1276	1511	1740	1873	1749	2020	2179	2428	2914
1043	1231	1413	1249	1480	1704	1834	1720	1987	2143	2389	2868
1014	1197	1374	1221	1448	1667	1795	1690	1952	2106	2348	2821
985	1163	1335	1193	1415	1630	1755	1659	1917	2069	2307	2772
956	1129	1297	1165	1381	1592	1715	1627	1881	2030	2264	2722
927	1094	1258	1136	1348	1553	1673	1595	1844	1990	2221	2670
898	1061	1219	1108	1314	1514	1632	1562	1806	1950	2176	2618
870	1027	1181	1079	1280	1475	1590	1529	1768	1909	2131	2565
842	995	1143	1050	1246	1436	1548	1495	1729	1868	2085	2511
815	962	1106	1021	1212	1397	1506	1461	1690	1826	2039	2456
788	931	1070	993	1178	1359	1465	1427	1651	1784	1992	2401
763	900	1035	965	1145	1320	1424	1393	1612	1742	1946	2345
738	871	1001	938	1113	1283	1383	1360	1573	1699	1899	2290
713	842	968	911	1081	1246	1343	1326	1534	1658	1852	2234

线；粗黑线③为对应轴 $\lambda_x=250$ 时的界线。
线；粗黑线⑥为对应轴 $\lambda_y=250$ 时的界线。

（6）Q235 钢　两个热轧不等边角钢（两短边相连）轴心受压

对应轴简图	计算长度 l_{ox}（m）	2L56×36×4	2L56×36×5	2L63×40×4	2L63×40×5	2L63×40×6	2L63×40×7
	面积	7.18	8.83	8.12	9.99	11.82	13.6
	0.75	113	138	165	194	223	160
	0.80	108	132	159	188	215	156
	0.85	103	125	153	180	206	152
	0.90	97.7	119	147	173	198	147
	0.95	92.6	113	141	165	189	143
	1.00	87.6	107	134	158	180	138
	1.05	82.8	101	122	143	162	133
	1.10	78.1	94.8	110	128	146	128
	1.15	73.6	89.3	98.4	115	131	123
	1.20	69.4	84.1	88.3	103	117	118
	1.25	65.4	79.2	79.5	92.7	105	113
	1.30	61.7	74.7	71.6	83.5	94.7	108
	1.35	58.2	70.4	64.8	75.5	85.6	103
	1.40	54.9	66.5	58.8	68.5	77.6	98.3
	1.45	51.9	62.8	53.6	62.4	70.7	93.8
	1.50	49.1	59.4	49.0	57.0	64.6	89.5
	1.55	46.5	56.2	44.9	52.3	59.2	85.4
	1.60	44.1	53.3	41.3	48.1	54.4	81.5
x—x	1.65	41.8	50.6	38.1	44.4	50.2	77.8
	1.70	39.7	48.0	35.3	41.0	46.4	74.3
	1.75	37.8	45.6	32.7	38.1	43.1	71.0
	1.80	35.9	43.4	30.4	35.4	40.1	67.9
	1.85	34.2	41.4	28.4	33.0	37.3	64.9
	1.90	32.6	39.5	26.5	30.8	34.9	62.1
	1.95	31.2	37.7	24.8	28.9	32.7	59.5
	2.00	29.8	36.0	23.3	27.1	30.6	57.0
	2.10	27.3	32.9	21.9	25.5	28.8	52.5
	2.20	25.0	30.2	20.6	24.0	27.1	48.4
	2.30	23.1	27.9	19.5	22.6	25.6	44.8
	2.40	21.3	25.7	18.4	21.4	24.2	41.5
	2.50	19.8	23.9	17.4	20.2	22.9	38.6
	2.60			16.5	19.2	21.7	35.9
	2.70			15.6	18.2	20.6	33.6
	2.80			14.9	17.3		
	2.90						
	3.00						

③

稳定时的承载力设计值（kN）（见表 2.7-10）。

表 2.7-10

2L70×45×				2L75×50×				2L80×50×				
4	5	6	7	5	6	8	10	5	6	7	8	
A（cm^2）												
9.11	11.22	13.29	15.31	12.25	14.52	18.93	23.18	12.75	15.12	17.45	19.73	
160	197	231	266	223	263	342	417	231	274	314	355	
156	192	225	259	218	258	335	408	226	268	308	347	
152	186	219	251	213	252	327	398	222	262	301	339	
147	181	212	243	208	246	319	388	216	256	293	330	
143	175	205	235	203	240	311	378	211	249	285	321	
138	169	198	226	198	234	302	367	205	242	277	312	
133	163	190	218	192	227	293	355	199	235	269	302	
128	156	183	209	186	220	284	344	193	228	260	293	
123	150	175	200	180	213	274	332	187	220	251	282	
118	144	167	191	174	205	264	320	180	213	242	272	
113	138	160	183	168	198	255	308	174	205	233	262	
108	131	153	174	162	191	245	296	167	197	224	252	
103	126	146	166	156	183	235	284	161	189	215	241	
98.3	120	139	158	150	176	226	272	155	182	206	231	
93.8	114	132	151	144	169	217	261	148	175	198	222	
89.5	109	126	144	138	162	208	249	142	167	190	212	
85.4	104	120	137	132	155	199	239	136	160	182	203	
81.5	99.2	115	131	127	149	190	229	131	154	174	195	
77.8	94.7	109	125	122	143	182	219	125	147	166	186	
74.3	90.4	104	119	117	137	175	209	120	141	159	178	
71.0	86.4	100	113	112	131	167	201	115	135	153	171	
67.9	82.6	95.3	108	107	126	160	192	110	130	146	164	
64.9	79.0	91.1	104	103	121	154	184	106	124	140	157	
62.1	75.6	87.2	99.1	98.7	116	147	176	102	119	134	150	
59.5	72.3	83.4	94.8	94.7	111	141	169	97	114	129	144	
57.0	69.3	79.9	90.8	90.9	107	136	162	93.6	110	124	138	①
52.5	63.8	73.5	83.5	84.0	98.4	125	150	86.4	101	114	127	
48.4	58.8	67.8	77.0	77.7	91.0	116	138	79.9	93.6	105	118	
44.8	54.4	62.7	71.2	72.0	84.4	107	128	74.1	86.8	97.7	109	
41.5	50.4	58.1	65.9	66.9	78.4	100	119	68.8	80.6	90.7	101	
38.6	46.9	54.0	61.3	62.3	73.0	92.8	111	64.1	75.0	84.5	94.3	
35.9	43.7	50.2	57.0	58.2	68.1	86.5	103	59.8	70.0	78.8	87.9	
33.6	40.8	46.9	53.2	54.4	63.6	80.9	96.5	55.9	65.4	73.6	82.1	②
31.4	38.1	43.9	49.8	50.9	59.6	75.7	90.4	52.3	61.3	68.9	76.9	
29.4	35.7	41.1	46.7	47.8	55.9	71.1	84.8	49.1	57.5	64.7	72.2	
27.6	33.6	38.6	43.8	44.9	52.6	66.8	79.7	46.2	54.1	60.8	67.8	

对应轴简图	计算长度 l_{oy} (m)	2L56×36×4	2L56×36×5	2L63×40×4	2L63×40×5	2L63×40×6	2L63×40×7
		面积					
		7.18	8.83	8.12	9.99	11.82	13.6
L56×36 ~ L80×50, a = 8mm	1.00	130	168	141	186	228	268
	1.10	129	168	141	186	227	269
	1.20	129	168	141	185	230	265
	1.30	129	166	141	185	227	261
	1.40	132	163	140	185	223	258
	1.50	129	159	140	186	220	254
	1.60	126	156	140	182	216	250
	1.70	123	153	140	179	212	245
	1.80	120	149	143	176	208	241
	1.90	117	145	140	172	204	236
	2.00	114	141	136	168	200	231
	2.10	110	137	133	164	195	226
	2.20	107	132	130	160	190	220
	2.30	103	128	126	156	185	215
	2.40	99.4	123	123	152	180	209
	2.50	95.6	119	119	147	175	203
	2.60	91.9	114	115	143	170	197
	2.70	88.2	110	112	138	164	191
	2.80	84.6	105	108	133	159	184
	2.90	81.1	101	104	129	153	178
	3.00	77.6	96.8	100	124	148	172
	3.10	74.3	92.8	96.5	120	143	166
	3.20	71.2	88.8	92.9	115	137	160
	3.30	68.1	85.1	89.4	111	132	154
	3.40	65.2	81.5	86.0	107	127	148
	3.50	62.5	78.1	82.7	103	123	143
	3.60	59.8	74.8	79.5	98.7	118	137
	3.70	57.3	71.7	76.5	95.0	113	132
	3.80	55.0	68.8	73.6	91.4	109	127
	3.90	52.7	66.0	70.8	87.9	105	123
	4.00	50.6	63.3	68.1	84.6	101	118
	4.20	46.7	58.4	63.1	78.4	93.7	109
	4.40	43.1	54.0	58.5	72.8	87.0	102
	4.60	40.0	50.1	54.4	67.7	80.9	94.6
	4.80	37.1	46.5	50.7	63.0	75.4	88.1
	5.00	34.5	43.3	47.3	58.8	70.3	82.2
	5.20	32.2	40.4	44.2	54.9	65.7	76.9
	5.40	30.1	37.7	41.3	51.4	61.6	72.0
	5.60	28.2	35.3	38.8	48.2	57.7	67.6
	5.80	26.4	33.2	36.4	45.3	54.3	63.5
	6.00	24.8	31.2	34.3	42.7	51	60

⑤

续表

2L70×45×				2L75×50×				2L80×50×			
4	5	6	7	5	6	8	10	5	6	7	8
A (cm^2)											
9.11	11.22	13.29	15.31	12.25	14.52	18.93	23.18	12.75	15.12	17.45	19.73
152	203	252	298	218	271	372	467	221	278	332	384
152	203	251	297	217	271	372	467	221	278	332	384
152	203	251	297	217	271	371	462	221	278	332	384
152	203	251	299	217	270	373	457	221	277	331	383
151	202	250	295	217	270	369	452	221	277	331	383
151	202	253	291	216	269	364	447	220	277	330	384
151	202	249	287	216	269	360	442	220	276	330	380
150	201	245	283	215	272	355	436	220	276	332	376
150	203	242	279	215	268	350	430	219	275	328	371
150	200	238	274	215	264	345	424	219	275	324	367
149	196	233	269	214	260	340	418	218	276	320	362
149	193	229	265	215	256	334	411	218	273	315	357
153	189	225	259	211	251	329	404	218	268	310	351
150	185	220	254	207	246	323	397	222	264	305	346
146	181	215	248	203	242	317	390	219	260	300	340
143	176	210	243	199	236	310	382	215	255	295	335
139	172	205	237	194	231	303	374	211	250	290	328
135	167	199	231	190	226	297	366	206	246	284	322
131	163	194	224	185	221	290	357	202	241	278	316
128	158	188	218	180	215	283	349	198	235	273	309
124	153	183	212	175	209	275	340	193	230	266	302
120	148	177	205	170	204	268	331	189	225	260	295
116	144	172	199	166	198	260	322	184	219	254	288
112	139	166	193	161	192	253	313	179	214	248	281
108	134	161	186	156	186	246	304	175	208	241	274
105	130	155	180	151	181	238	295	170	202	235	267
101	125	150	174	146	175	231	286	165	197	228	260
97.5	121	145	168	141	169	224	277	160	191	222	252
94.1	117	140	163	137	164	217	269	156	186	216	245
90.8	113	135	157	132	159	210	260	151	180	209	238
87.6	109	131	152	128	153	203	252	147	175	203	231
81.6	101	122	141	120	144	190	236	138	165	191	218
76.1	94.6	114	132	112	134	178	221	130	155	180	205
71.0	88.2	106	123	105	126	167	207	122	146	169	193
66.3	82.4	99.0	115	98.1	118	156	195	115	137	159	181
62.0	77.1	92.7	108	92.0	110	147	183	108	129	150	171
58.1	72.2	86.8	101	86.3	104	138	171	101	121	141	161
54.5	67.8	81.5	94.8	81.1	97.4	129	161	95.4	114	133	151
51.2	63.7	76.6	89.1	76.3	91.7	122	152	89.9	108	125	143
48.1	59.9	72.0	83.8	71.8	86.4	115	143	84.9	101	118	135 ④
45.4	56	68	79	68	81	108	135	80	96	112	127

对应轴简图	计算长度 l_{ox} (m)	2L90×56×				2L100×63×			
		5	6	7	8	6	7	8	10
						面		积	
		14.42	17.11	19.76	22.37	19.23	22.22	25.17	30.93
	1.00	245	290	334	378	343	395	447	547
	1.10	234	277	319	360	331	381	431	527
	1.20	222	263	302	340	318	366	413	505
	1.30	210	247	284	320	304	350	395	482
	1.40	197	232	266	300	289	333	375	457
	1.50	184	216	248	279	274	315	355	432
	1.60	171	201	231	259	259	297	335	407
	1.70	159	187	214	240	243	279	314	381
	1.80	147	173	198	222	228	262	294	357
	1.90	136	160	183	206	213	245	275	333
	2.00	126	148	170	190	200	229	257	311
	2.10	117	138	157	176	187	214	240	290
	2.20	109	128	146	164	174	200	224	271
	2.30	101	119	136	152	163	187	210	253
	2.40	94.4	111	127	142	153	175	196	237
	2.50	88.1	103	118	132	143	164	184	222
	2.60	82.4	96.7	111	124	134	154	172	208
	2.70	77.2	90.6	103	116	126	144	162	195
x—x	2.80	72.4	85.0	97.1	109	119	136	152	184
	2.90	68.1	79.9	91.2	102	112	128	143	173
	3.00	64.1	75.2	85.8	96.1	105	121	135	163
	3.10	60.4	70.9	80.9	90.6	99.5	114	128	154
	3.20	57.1	66.9	76.4	85.5	94.1	108	121	145
	3.30	53.9	63.3	72.2	80.8	89.1	102	114	138
	3.40	51.1	59.9	68.4	76.5	84.4	96.6	108	130
	3.50	48.4	56.8	64.8	72.6	80.2	91.7	103	124
	3.60	46.0	53.9	61.6	68.9	76.2	87.1	97.7	118
	3.70	43.7	51.3	59	65.5	72.5	82.9	92.9	112
	3.80	41.6	48.8	55.7	62.3	69.0	79.0	88.5	107
	3.90	39.6	46.5	53.1	59.3	65.8	75.3	84.4	102
	4.00					62.8	71.9	80.5	96.9
	4.10					60.0	68.6	77.0	92.6
	4.20					57.4	65.7	73.6	88.5
	4.30					55.0	62.8	70.4	84.7
	4.40					52.7	60.2	67.5	
	4.50								

③

续表

2L100×80×				2L110×70×				2L125×80×			
6	7	8	10	6	7	8	10	7	8	10	12
A （cm^2）											
21.27	24.6	27.89	34.33	21.27	24.6	27.89	34.33	28.19	31.98	39.42	46.7
408	471	534	656	392	453	512	629	536	608	747	883
400	462	523	643	381	440	498	611	525	595	731	864
392	452	512	628	370	427	482	591	513	581	714	843
383	442	500	613	358	413	465	570	500	567	695	821
373	431	487	598	344	397	448	548	486	551	675	797
363	419	473	581	330	381	429	524	472	534	654	772
352	407	459	563	316	364	409	500	457	517	632	745
341	393	444	544	301	346	389	475	440	498	609	717
329	380	428	524	285	329	369	449	424	479	585	688
317	365	412	504	270	311	349	424	406	459	560	658
304	351	395	483	255	294	329	400	389	439	535	628
292	336	378	462	241	277	310	376	371	419	510	598
279	321	361	441	227	261	292	354	354	399	485	569
266	307	344	420	214	245	274	333	336	380	461	540
254	292	328	400	201	231	258	313	320	361	437	512
242	278	312	380	189	218	243	294	303	342	415	485
230	264	297	361	179	205	229	277	288	325	393	460
219	251	282	343	168	193	216	261	273	308	373	436
208	239	268	326	159	182	203	246	259	292	353	413
198	227	255	309	150	172	192	232	246	277	335	392
188	216	242	294	142	163	181	220	234	263	318	371
179	206	230	280	134	154	172	208	222	250	302	353
170	196	219	266	127	146	163	197	211	238	287	335
162	186	209	253	121	138	154	187	201	226	273	318 ①
155	178	199	241	115	131	146	177	191	215	260	303
147	169	189	230	109	125	139	168	182	205	247	289
141	162	181	219	104	119	132	160	174	196	236	275
134	154	173	209	98.8	113	126	152	166	187	225	262
128	148	165	200	94.2	108	120	145	158	178	215	250
123	141	158	191	89.9	103	115	139	151	170	205	239
118	135	151	183	85.9	98.4	110	132	145	163	196	229
113	129	145	175	82.1	94.1	105	127	139	156	188	219
108	124	139	168	78.6	90.1	100	121	133	149	180	210
104	119	133	161	75.3	86.3	96.0	116	127	143	173	201
100	114	128	155	72.2	82.7	92.1	111	122	138	166	193
96	110	123	149	69.3	79.4	88.3	107	117	132	159	185
②											

对应轴简图	计算长度 l_{oy} (m)	2L90×56×				2L100×63×			
		5	6	7	8	6	7	8	10
		面积							
		14.42	17.11	19.76	22.37	19.23	22.22	25.17	30.93
L90×56～L100×63, $a=6$mm L100×80～L125×80, $a=8$mm	1.50	237	303	366	426	328	400	469	601
	1.60	237	303	365	425	328	400	469	601
	1.70	236	302	365	425	327	399	469	600
	1.80	236	302	364	424	327	399	468	605
	1.90	236	302	364	426	327	399	468	600
	2.00	235	301	363	421	326	398	467	595
	2.10	235	301	368	417	326	398	467	589
	2.20	235	300	363	412	325	397	466	583
	2.30	234	300	359	407	325	397	469	577
	2.40	234	299	354	401	325	396	464	571
	2.50	233	302	349	396	324	396	459	565
	2.60	233	297	344	390	324	400	453	559
	2.70	233	293	339	384	323	395	448	552
	2.80	232	288	334	378	323	390	442	545
	2.90	238	283	328	372	322	385	436	538
	3.00	234	278	322	366	327	379	430	531
	3.10	229	273	317	359	323	374	424	523
	3.20	225	268	311	353	318	368	418	515
	3.30	220	262	304	346	312	362	411	508
	3.40	216	257	298	339	307	356	405	499
	3.50	211	251	292	332	302	350	398	491
	3.60	206	246	286	324	296	344	391	483
	3.70	202	240	279	317	291	338	384	474
	3.80	197	235	273	310	285	331	376	465
	3.90	192	229	266	302	280	325	369	456
	4.00	187	223	260	295	274	318	362	447
	4.20	178	212	247	281	262	305	347	429
	4.40	168	201	234	266	251	291	331	411
	4.60	159	190	222	252	239	278	316	392
	4.80	151	180	210	239	228	265	302	374
	5.00	143	170	199	226	217	252	287	357
	5.20	135	161	188	214	206	240	274	340
	5.40	128	152	178	203	196	228	260	323
	5.60	121	144	168	192	186	217	248	308
	5.80	114	137	159	182	177	207	235	293
	6.00	108	129	151	172	168	196	224	279
	6.20	103	123	143	163	160	187	213	265
	6.40	97.4	116	136	155	153	178	203	253
	6.60	92.5	111	129	147	145	170	193	241
	6.80	88.0	105	123	140	138	162	184	229
	7.00	83.7	100	117	134	132	154	176	219

④

续表

2L100×80×				2L110×70×				2L125×80×			
6	7	8	10	6	7	8	10	7	8	10	12
A (cm²)											
21.27	24.6	27.89	34.33	21.27	24.6	27.89	34.33	28.19	31.98	39.42	46.7
363	443	520	667	347	430	508	658	467	561	737	904
362	443	520	667	347	430	508	657	467	560	736	904
362	442	519	666	347	429	508	657	466	560	736	903
362	442	519	668	346	429	507	656	466	560	736	903
361	441	518	662	346	428	507	656	466	559	735	902
361	441	518	656	346	428	506	655	466	559	735	901
360	440	517	649	345	428	506	654	465	558	734	901
360	440	516	643	345	427	505	661	465	558	733	900
360	439	515	636	345	427	505	655	464	557	733	899
359	439	509	628	344	426	504	649	464	557	732	904
358	438	503	621	344	426	504	644	464	556	731	898
358	438	497	613	343	425	503	638	463	556	731	891
357	432	491	606	343	425	502	631	463	555	730	884
357	426	484	598	342	424	507	625	462	555	739	877
356	420	477	589	342	423	501	619	462	554	733	870
357	414	470	581	341	423	496	612	461	554	727	863
351	407	462	572	341	431	490	605	461	553	721	855
345	400	455	563	340	426	484	598	460	552	714	848
339	394	447	553	340	421	478	591	459	552	707	840
333	387	439	544	339	415	472	583	459	551	700	832
327	379	431	534	339	410	466	575	458	561	693	823
321	372	423	524	338	404	459	568	457	555	686	815
314	365	415	514	344	398	453	560	457	549	679	806
308	357	406	504	338	392	446	551	456	542	671	797
301	350	398	493	333	386	439	543	455	536	663	788
295	342	389	483	327	380	432	534	466	529	655	779
281	327	372	462	316	367	418	517	454	516	639	759
268	311	355	441	305	354	403	499	441	502	622	739
255	296	338	420	293	340	388	481	428	487	604	719
242	282	321	400	282	327	373	462	415	472	586	697
230	268	305	380	270	314	358	444	402	457	567	676
219	254	290	361	259	301	343	426	388	442	549	654
207	241	275	343	248	288	328	408	375	426	530	632
197	229	261	326	237	275	314	390	361	411	511	609
187	218	248	309	226	263	300	373	348	396	492	587
177	207	236	294	216	251	287	357	334	381	474	566
169	196	224	280	207	240	275	341	321	366	456	544
160	187	213	266	197	230	262	326	309	352	438	524
153	178	203	253	189	219	251	312	297	338	421	504
145	169	193	241	180	210	240	299	285	325	405	484
138	161	184	230	172	201	229	286	274	312	389	465

对应轴简图	计算长度 l_{ox} (m)	2L140×90× 8	10	12	14	2L160 10	12
						面	积
		36.08	44.52	52.8	60.91	50.63	60.11
x—双角钢—x	1.50	635	780	922	1059	919	1087
	1.60	619	760	898	1031	900	1065
	1.70	602	739	873	1001	881	1041
	1.80	585	717	846	970	860	1016
	1.90	566	694	819	937	839	990
	2.00	548	670	790	903	816	963
	2.10	528	646	761	869	793	935
	2.20	508	621	731	834	768	906
	2.30	488	596	701	799	744	876
	2.40	468	571	671	764	718	845
	2.50	448	546	642	730	693	814
	2.60	429	522	613	697	667	784
	2.70	410	498	585	665	642	753
	2.80	391	475	558	633	617	723
	2.90	373	453	532	604	592	694
	3.00	356	433	507	575	568	665
	3.10	340	413	484	548	544	637
	3.20	325	394	461	523	522	611
	3.30	310	376	440	499	500	585
	3.40	296	359	420	476	480	561
	3.50	283	343	401	454	460	537
	3.60	271	328	384	434	441	515
	3.70	259	313	367	415	423	494
	3.80	248	300	351	397	406	473
	3.90	237	287	336	380	389	454
	4.00	227	275	322	364	374	436
	4.20	209	253	296	335	345	403
	4.40	193	233	273	308	319	372
	4.60	179	216	252	285	296	345
	4.80	166	200	234	264	275	321
	5.00	154	186	217	245	256	298
	5.20	143	173	203	229	239	278
	5.40	134	162	189	213	223	260
	5.60	125	151	177	200	209	244
	5.80	117	142	166	187	196	229
	6.00	110	133	156	176	185	215

续表

×100×		2L180×110×				2L200×125×			
14	16	10	12	14	16	12	14	16	18
A (cm^2)									
69.42	78.56	56.75	67.42	77.93	88.28	75.82	87.73	99.48	111.05
1253	1413	1056	1253	1445	1632	1452	1677	1900	2019
1227	1383	1039	1232	1420	1604	1433	1655	1874	1991
1199	1351	1020	1209	1394	1574	1413	1632	1848	1963
1170	1318	1001	1186	1366	1542	1393	1608	1820	1933
1140	1282	980	1162	1338	1509	1371	1583	1792	1902
1108	1246	959	1136	1307	1474	1349	1557	1762	1870
1075	1207	937	1110	1276	1438	1326	1529	1730	1836
1040	1168	914	1082	1243	1400	1302	1501	1698	1801
1005	1128	890	1053	1210	1362	1277	1471	1664	1764
970	1087	865	1024	1175	1322	1251	1441	1629	1726
934	1046	840	993	1139	1281	1224	1409	1593	1687
898	1005	814	962	1103	1239	1196	1376	1555	1646
863	965	788	931	1067	1198	1167	1343	1517	1605
828	926	762	900	1030	1156	1138	1308	1477	1562
794	887	736	869	994	1114	1108	1273	1437	1519
761	850	710	838	958	1074	1078	1238	1397	1476
729	813	685	807	923	1033	1047	1202	1356	1432
699	779	660	778	888	994	1016	1167	1315	1388
669	745	635	748	855	956	986	1131	1275	1345
641	714	611	720	822	919	956	1096	1235	1302
614	684	588	693	790	883	925	1061	1195	1259
588	655	566	666	760	849	896	1026	1156	1218
564	627	545	641	731	816	867	993	1118	1177
541	601	524	617	703	784	838	960	1080	1137
519	577	504	593	676	754	811	928	1044	1099
498	554	485	571	650	726	784	897	1009	1061
459	511	450	529	602	672	733	837	942	990
425	472	418	491	559	623	685	782	880	924
394	437	389	457	519	579	640	731	822	863
366	406	362	425	484	539	599	684	769	807
340	378	338	397	451	502	562	641	720	756
317	352	316	371	421	469	527	601	675	709 ①
297	329	296	347	395	439	495	564	634	665
278	308	277	326	370	412	465	531	596	625
261	289	260	306	348	387	438	500	561	589
245	272 ②	245	288	327	364	413	471	529	555

对应轴简图	计算长度 l_{oy}（m）	2L140×90× 8	10	12	14	2L160 10	12
						面	积
		36.08	44.52	52.8	60.91	50.63	60.11
	2.00	603	807	1000	1185	879	1106
	2.10	602	807	999	1184	879	1105
	2.20	602	806	999	1183	879	1105
	2.30	601	806	998	1183	878	1104
	2.40	601	805	997	1182	878	1104
	2.50	600	804	997	1193	877	1103
	2.60	600	804	996	1185	877	1102
	2.70	600	803	995	1178	876	1102
	2.80	599	803	994	1170	876	1101
	2.90	599	802	993	1162	875	1100
	3.00	598	801	999	1154	874	1100
	3.10	597	801	992	1146	874	1099
	3.20	597	800	985	1138	873	1098
L140×90，a = 8mm L160×100～L200～125，a = 10mm	3.30	596	799	977	1129	873	1097
	3.40	596	798	970	1121	872	1097
	3.50	595	810	962	1112	871	1096
	3.60	594	803	954	1103	871	1095
	3.70	594	796	946	1093	870	1094
	3.80	593	789	938	1084	869	1093
	3.90	592	782	929	1074	868	1105
	4.00	592	774	920	1064	867	1097
	4.20	590	759	902	1044	866	1081
	4.40	600	743	884	1022	864	1065
	4.60	586	726	864	1000	880	1048
	4.80	572	709	844	977	865	1030

续表

×100×		2L180×110×				2L200×125×			
14	16	10	12	14	16	12	14	16	18
A	(cm²)								
69.42	78.56	56.75	67.42	77.93	88.28	75.82	87.73	99.48	111.05
1322	1530	937	1199	1448	1687	1298	1586	1862	2030
1321	1530	937	1199	1447	1687	1297	1585	1861	2029
1320	1529	936	1198	1447	1686	1297	1585	1861	2029
1320	1528	936	1198	1446	1686	1297	1584	1860	2028
1319	1527	936	1198	1446	1685	1296	1584	1860	2027
1318	1526	935	1197	1445	1684	1296	1583	1859	2027
1318	1525	935	1196	1444	1683	1295	1583	1858	2026
1317	1525	934	1196	1444	1683	1295	1582	1858	2025
1316	1524	934	1195	1443	1682	1294	1581	1857	2024
1315	1537	933	1195	1442	1681	1294	1581	1856	2024
1314	1529	933	1194	1442	1680	1293	1580	1855	2023
1313	1521	932	1193	1441	1679	1293	1580	1854	2022
1312	1512	932	1193	1440	1678	1292	1579	1854	2021
1327	1503	931	1192	1439	1677	1291	1578	1853	2020
1319	1495	931	1191	1438	1676	1291	1577	1852	2019
1311	1486	930	1191	1438	1675	1290	1577	1851	2018
1303	1476	929	1190	1437	1674	1289	1576	1850	2017
1295	1467	929	1189	1436	1689	1289	1575	1849	2016
1286	1458	928	1188	1435	1680	1288	1574	1848	2015
1278	1448	927	1188	1434	1671	1287	1573	1847	2013
1269	1438	927	1187	1433	1662	1286	1572	1846	2033
1251	1418	925	1185	1449	1643	1285	1570	1844	2014
1232	1397	924	1183	1431	1623	1283	1568	1841	1994
1212	1375	922	1181	1413	1603	1282	1566	1852	1974
1192	1352	921	1179	1395	1582	1280	1564	1833	1953

对应轴简图	计算长度 l_{oy} (m)	2L140×90×				2L160	
		8	10	12	14	10	12
						面	积
		36.08	44.52	52.8	60.91	50.63	60.11
L140×90, a = 8mm L160×100～L200×125, a = 10mm	5.00	558	691	823	953	849	1012
	5.20	543	673	802	929	833	992
	5.40	527	655	780	904	816	973
	5.60	512	636	758	878	799	953
	5.80	496	617	735	853	781	932
	6.00	481	597	713	827	763	910
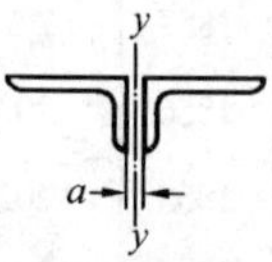	6.20	465	578	690	801	745	889
	6.40	450	559	668	775	726	867
	6.60	434	540	645	749	707	845
	6.80	419	522	623	724	688	822
	7.00	405	504	602	700	669	800
	7.20	390	486	581	676	651	778
	7.40	376	469	561	652	632	755
	7.60	363	453	541	629	613	733
	7.80	350	437	522	607	595	712
	8.00	338	421	504	586	577	691

注：1. 粗黑线①为对应轴$\lambda_x = 150$时的界线；粗黑线②为对应轴$\lambda_x = 200$时的界

2. 粗黑线④为对应轴$\lambda_y = 150$时的界线；粗黑线⑤为对应轴$\lambda_y = 200$时的界

3. 本表的构件平面外承载力N_{yz}，有时会出现l_{oy}越大，N_{yz}反而大的不合理情

续表

×100×		2L180×110×				2L200×125×			
14	16	10	12	14	16	12	14	16	18
A	(cm^2)								
69.42	78.56	56.75	67.42	77.93	88.28	75.82	87.73	99.48	111.05
1171	1328	919	1188	1376	1561	1278	1562	1812	1931
1149	1304	917	1171	1356	1539	1276	1577	1791	1909
1127	1279	915	1153	1335	1516	1274	1558	1769	1886
1103	1253	913	1135	1314	1492	1272	1538	1747	1862
1080	1226	936	1116	1292	1467	1270	1517	1723	1837
1055	1199	920	1096	1270	1442	1291	1496	1699	1812
1031	1171	902	1076	1247	1416	1272	1474	1675	1786
1005	1142	885	1055	1223	1390	1252	1452	1650	1759
980	1114	867	1034	1199	1362	1232	1429	1624	1732
954	1085	849	1013	1174	1335	1211	1405	1597	1704
928	1056	830	991	1149	1307	1190	1381	1570	1675
903	1027	812	969	1124	1278	1169	1356	1542	1646
877	998	793	946	1098	1249	1147	1331	1514	1616
852	970	774	924	1073	1220	1125	1305	1485	1585
827	942	755	902	1047	1191	1102	1280	1456	1555
803	914	736	879	1021	1162	1080	1254	1426	1523

线；粗黑线③为对应轴 $\lambda_x = 250$ 时的界线。

线；粗黑线⑥为对应轴 $\lambda_y = 250$ 时的界线。

况，选用者可取用其邻近的较小值。

（7）Q235 钢　两个热轧不等边角钢（两长边相连）轴心受

对应轴简图	计算长度 l_{ox} (m)	2L56×36×		2L63×40×			
		4	5	4	5	6	7
						面	积
		7.18	8.83	8.12	9.99	11.82	13.6
	1.00	128	157	150	184	217	249
	1.10	123	151	146	179	211	242
	1.20	119	145	141	173	205	235
	1.30	113	139	137	168	198	226
	1.40	108	132	132	161	190	218
	1.50	102	125	127	155	182	208
	1.60	96.5	117	121	148	174	199
	1.70	90.8	110	115	141	166	189
	1.80	85.1	103	109	133	157	179
	1.90	79.7	96.6	104	126	149	169
	2.00	74.5	90.2	98.0	119	140	159
	2.10	69.6	84.3	92.5	112	132	150
	2.20	65.1	78.7	87.2	106	124	141
	2.30	60.9	73.6	82.1	99.7	117	133
	2.40	57.0	68.9	77.4	93.8	110	125
	2.50	53.4	64.5	72.9	88.3	104	118
	2.60	50.1	60.5	68.7	83.2	97.7	111
x—x	2.70	47.1	56.8	64.8	78.5	92.1	104
	2.80	44.3	53.4	61.1	74.0	86.9	98.4
	2.90	41.7	50.3	57.8	69.9	82.1	92.8
	3.00	39.3	47.4	54.6	66.1	77.6	87.7
	3.10	37.1	44.8	51.7	62.6	73.4	83.0
	3.20	35.1	42.3	49.0	59.3	69.5	78.6
	3.30	33.3	40.1	46.5	56.2	65.9	74.6
	3.40	31.5	38.0	44.1	53.4	62.6	70.8
	3.50	29.9	36.1	42.0	50.7	59.5	67.3
	3.60	28.4	34.3	39.9	48.3	56.6	64.0
	3.70	27.1	32.6	38.0	46.0	53.9	60.9
	3.80	25.8	31.1	36.3	43.8	51.4	58.1
	3.90	24.6	29.6	34.6	41.8	49.1	55.4
	4.00	23.5	28.3	33.1	40.0	46.9	52.9
	4.20	21.4	25.8	30.3	36.6	42.9	48.4
	4.40	19.7	23.7	27.8	33.6	39.4	44.5
	4.60			25.6	30.9	36.3	41.0
	4.80			23.7	28.6	33.5	37.9
	5.00			21.9			
			③	③			③

压稳定时的承载力设计值（kN）（见表 2.7-11）。

表 2.7-11

2L70×45×				2L75×50×				2L80×50×			
4	5	6	7	5	6	8	10	5	6	7	8
A （cm^2）											
9.11	11.22	13.29	15.31	12.25	14.52	18.93	23.18	12.75	15.12	17.45	19.73
172	212	251	288	235	278	362	442	247.5	293	338	382
169	207	245	282	230	273	354	433	243.3	288	332	375
165	202	239	275	225	267	347	423	238.8	283	326	368
160	197	233	267	220	261	338	413	234.0	277	319	360
156	191	226	259	215	254	329	402	229.0	271	312	352
151	185	219	251	209	247	320	390	223.6	264	305	344
146	179	211	242	202	240	310	378	218.0	258	297	334
140	172	203	232	196	232	300	365	212.0	250	288	325
135	165	194	222	189	224	289	352	205.7	243	280	315
129	158	186	212	182	215	278	338	199.2	235	271	304
123	150	177	202	175	206	266	323	192.4	227	261	294
117	143	169	192	167	198	255	309	185.4	219	251	282
112	136	160	183	160	189	243	295	178.3	210	242	271
106	129	152	173	153	180	231	281	171.2	201	232	260
100	122	144	164	145	172	220	267	164.1	193	222	249
95.2	116	136	155	138	163	209	254	157.0	185	212	238
90.3	110	129	147	132	155	199	241	150.1	176	203	227
85.6	104	122	139	125	148	189	229	143.3	168	193	216
81.1	98.6	116	132	119	140	180	217	136.8	161	184	206
76.9	93.4	110	125	113	133	171	206	130.5	153	176	197
73.0	88.6	104	118	108	127	162	196	124.6	146	168	187
69.3	84.1	98.9	112	102	121	154	186	118.8	139	160	179
65.8	79.9	93.9	107	97.5	115	147	177	113.4	133	152	170
62.6	75.9	89.3	101	92.8	109	140	169	108.3	127	146	163
59.5	72.2	84.9	96.4	88.5	104	133	161	103.4	121	139	155
56.7	68.8	80.9	91.7	84.4	99.3	127	153	98.8	116	133	148
54.1	65.6	77.1	87.4	80.5	94.8	121	146	94.4	111	127	142
51.6	62.5	73.5	83.4	76.9	90.5	115	139	90.3	106	121	135
49.2	59.7	70.2	79.6	73.5	86.5	110	133	86.4	101	116	129 ①
47.1	57.1	67.0	76.0	70.3	82.7	105	127	82.8	96.9	111	124
45.0	54.6	64.1	72.7	67.3	79.1	101	122	79.3	92.8	106	119
41.3	50.0	58.8	66.6	61.8	72.7	92.6	112	73.0	85.4	97.8	109
38.0	46.0	54.1	61.3	56.9	66.9	85.3	103	67.3	78.7	90.2	101
35.0	42.4	49.9	56.5	52.5	61.8	78.8	95.0	62.2	72.8	83.4	93.0
32.4	39.3	46.1	52.3	48.6	57.2	72.9	87.9	57.7	67.5	77.3	86.2
30.1	36.4	42.8	48.5	45.2	53.1	67.7	81.6	53.6	62.7	71.9	80.1

②

对应轴简图	计算长度 l_{oy} (m)	2L56×36× 4	5	2L63×40× 4	5	6	7
						面	积
		7.18	8.83	8.12	9.99	11.82	13.6
	0.75	125	159	140	180	218	253
	0.80	123	156	138	178	215	250
	0.85	121	153	138	175	212	246
	0.90	119	150	135	172	208	243
	0.95	116	147	133	169	205	239
	1.00	113	144	130	166	201	234
	1.10	107	137	125	159	193	225
	1.20	101	130	119	152	185	216
	1.30	95.1	122	113	144	176	206
	1.40	88.8	114	106	136	166	195
	1.50	82.7	106	100	128	157	184
	1.60	76.8	98.7	93.6	120	147	173
	1.70	71.2	91.6	87.5	112	138	162
	1.80	66.0	85.0	81.7	105	129	151
	1.90	61.2	78.8	76.3	97.8	120	141
	2.00	56.8	73.1	71.2	91.2	112	132
	2.10	52.7	67.9	66.4	85.1	105	123
	2.20	49.0	63.1	62.1	79.4	97.6	115
	2.30	45.7	58.8	58.1	74.2	91.3	108
	2.40	42.6	54.8	54.4	69.4	85.4	101
	2.50	39.8	51.2	51.0	65.0	80.0	94.3
	2.60	37.3	47.9	47.8	61.0	75.0	88.5
	2.70	35.0	44.9	45.0	57.3	70.5	83.1
L56×36～L80×50, a=6mm	2.80	32.8	42.2	42.3	53.9	66.3	78.1
	2.90	30.9	39.7	39.9	50.8	62.4	73.6
	3.00	29.1	37.4	37.7	47.9	58.9	69.4
	3.10	27.5	35.3	35.6	45.3	55.6	65.6
	3.20	26.0	33.3	33.7	42.8	52.6	62.0
	3.30	24.6	31.5	31.9	40.5	49.8	58.7
	3.40	23.3	29.9	30.3	38.4	47.2	55.7
	3.50	22.1	28.3	28.8	36.5	44.8	52.9
	3.60	21.0	26.9	27.4	34.7	42.6	50.2
	3.70	20.0	25.6	26.0	33.0	40.6	47.8
	3.80	19.0	24.4	24.8	31.5	38.6	45.5
	3.90		23.2	23.7	30.0	36.8	43.4
	4.00			22.6	28.7	35.2	41.4
	4.20				26.2	32.1	37.9
	4.40						
	4.60						
	4.80						
	5.00						

续表

2L70×45×				2L75×50×				2L80×50×				
4	5	6	7	5	6	8	10	5	6	7	8	
A		(cm²)										
9.11	11.22	13.29	15.31	12.25	14.52	18.93	23.18	12.75	15.12	17.45	19.73	
153	201	246	288	216	267	362	450	224.7	278	329	376	
152	199	244	285	215	265	359	446	223.4	276	326	373	
151	198	241	281	213	263	356	442	222.1	274	323	369	
150	196	238	278	212	262	352	437	220.6	272	319	365	
148	193	234	274	210	260	348	433	219.0	269	316	361	
147	190	231	270	209	257	344	428	217.3	265	312	357	
143	184	224	262	205	250	336	418	211.1	258	304	348	
137	177	216	253	199	243	327	407	204.7	251	295	338	
132	170	207	243	192	235	317	395	197.8	242	285	327	
126	163	198	233	186	227	306	383	190.4	234	275	316	
119	155	189	222	178	218	295	370	182.6	224	265	304	
113	147	179	211	171	209	284	355	174.6	214	253	291	
107	139	169	199	163	200	271	341	166.4	205	242	278	
101	131	160	188	155	191	259	326	158.2	195	230	265	
95.1	123	150	177	148	181	247	311	150.1	185	219	252	
89.5	116	141	167	140	172	234	296	142.1	175	207	239	
84.2	109	133	157	133	163	222	281	134.5	165	196	226	
79.2	102	125	147	125	154	210	266	127.1	156	185	214	
74.5	95.9	117	138	119	146	199	252	120.1	148	175	202	
70.1	90.2	110	130	112	138	188	239	113.5	139	165	191	
66.0	84.8	104	122	106	130	178	226	107.3	132	156	180	
62.2	79.9	97.5	115	100	123	168	214	101.4	124	147	170	
58.7	75.3	91.9	109	95.1	117	159	202	96.0	118	139	161	
55.5	71.1	86.7	102	90.1	110	151	191	90.8	111	132	152	
52.4	67.1	81.9	96.6	85.4	104	143	181	86.1	105	125	144	
49.6	63.5	77.4	91.3	81.0	99.1	135	172	81.6	100	118	137	
47.0	60.1	73.2	86.4	76.9	94.0	128	163	77.4	94.7	112	130	④
44.6	57.0	69.4	81.9	73.1	89.3	122	155	73.6	89.9	106	123	
42.4	54.0	65.8	77.7	69.5	84.9	116	147	69.9	85.5	101	117	
40.3	51.3	62.5	73.7	66.2	80.8	110	140	66.6	81.3	96.1	111	
38.3	48.8	59.4	70.1	63.1	76.9	105	133	63.4	77.4	91.5	106	
36.5	46.5	56.5	66.7	60.1	73.3	100	127	60.4	73.8	87.2	101	
34.8	44.3	53.9	63.5	57.4	69.9	95.3	121	57.7	70.4	83.2	96.0	
33.2	42.2	51.4	60.6	54.8	66.8	91.0	116	55.1	67.2	79.4	91.7	
31.7	40.3	49.0	57.8	52.4	63.8	86.9	111	52.7	64.2	75.8	87.6	
30.3	38.5	46.8	55.2	50.2	61.1	83.1	106	50.4	61.4	72.5	83.7	⑤
27.8	35.3	42.9	50.5	46.0	56.0	76.2	97	46.2	56.3	66.5	76.7	
25.6	32.4	39.4	46.4	42.4	51.5	70.1	89	42.6	51.8	61.1	70.6	
23.6	29.9	36.3	42.8	39.1	47.6	64.7	82	39.3	47.8	56.4	65.1	
				36.2	44.0	59.9	76	36.4	44.2	52.2	60.2	
				33.7	40.9	55.5	71	33.8	41.0	48.4	55.9	
			⑥									

对应轴简图	计算长度 l_{ox} (m)	2L90×56×				2L100×63×			
		5	6	7	8	6	7	8	10
								面　积	
		14.42	17.11	19.76	22.37	19.23	22.22	25.17	30.93
	1.50	263	311	359	406	360	416	470	577
	1.60	258	305	352	398	354	409	463	567
	1.70	253	299	345	389	348	402	455	557
	1.80	247	292	337	380	342	395	446	547
	1.90	241	285	328	371	336	387	438	536
	2.00	235	277	320	361	329	379	428	524
	2.10	228	270	311	350	321	371	419	512
	2.20	222	262	301	340	314	362	409	500
	2.30	215	253	292	329	306	353	399	487
	2.40	208	245	282	317	298	344	388	474
	2.50	200	236	272	306	290	334	377	460
	2.60	193	228	262	295	282	325	366	446
	2.70	186	219	252	284	273	315	355	432
	2.80	179	211	243	272	264	305	343	418
	2.90	172	203	233	261	256	295	332	404
	3.00	165	194	224	251	247	285	320	390
	3.10	159	187	214	241	239	275	309	376
x — x	3.20	152	179	206	231	230	265	298	362
	3.30	146	172	197	221	222	256	287	349
	3.40	140	164	189	212	214	246	277	336
	3.50	134	158	181	203	206	237	266	323
	3.60	129	151	174	195	199	228	257	311
	3.70	124	145	167	187	191	220	247	300
	3.80	119	139	160	179	184	212	238	288
	3.90	114	134	154	172	177	204	229	277
	4.00	109	128	148	165	171	196	220	267
	4.20	101	119	136	152	159	182	205	248
	4.40	93.6	110	126	141	147	170	190	230
	4.60	86.8	102	117	113	137	158	177	214
	4.80	80.7	94.6	109	121	128	147	165	199
	5.00	75.2	88.1	101	113	119	137	154	186
	5.20	70.2	82.2	94.4	106	112	128	144	174
	5.40	65.6	76.9	88.3	98.7	105	120	135	163
	5.60	61.5	72.0	82.7	92.4	98.2	113	126	153
	5.80	57.7	67.6	77.6	86.7	92.3	106	119	144
	6.00	54.3	63.6	73.0	81.5	86.9	100	112	135

②

续表

2L100×80×				2L110×70×				2L125×80×			
6	7	8	10	6	7	8	10	7	8	10	12
A		(cm²)									
21.27	24.6	27.89	34.33	21.27	24.6	27.89	34.33	28.19	31.98	39.42	46.7
397	459	520	638	407	470	532.3	654	551	625	769	910
391	451	511	628	401	464	525.1	645	545	618	761	900
384	444	502	616	396	457	517.7	636	539	611	752	890
377	435	493	605	390	451	510.0	626	533	604	744	879
369	427	483	592	384	443	501.9	616	526	597	734	868
362	418	473	579	377	436	493.4	606	520	589	725	857
353	408	462	566	371	428	485	595	513	581	715	845
345	398	451	552	364	420	475	583	506	573	705	833
336	388	439	537	357	412	466	571	498	564	694	820
327	378	427	522	349	403	456	559	490	556	683	807
318	367	415	507	342	394	446	546	482	546	671	793
308	356	402	491	334	385	435	533	474	537	659	778
299	345	390	476	326	376	424	519	465	527	647	764
289	333	377	460	317	366	413	505	456	517	635	748
279	322	364	444	309	356	402	491	447	507	622	733
270	311	351	428	300	346	391	477	438	496	608	717
260	300	339	413	291	336	379	463	428	485	595	700
251	289	327	397	283	326	368	449	418	474	581	684
242	279	315	383	274	316	356	435	408	462	567	667
233	268	303	368	266	306	345	421	398	451	552	650
224	258	292	354	257	296	334	407	388	440	538	633
216	249	281	341	249	287	323	393	378	428	524	616
208	239	270	328	241	277	312	380	368	417	510	599
200	230	260	315	233	268	302	367	358	405	495	582
193	222	250	304	225	259	292	355	348	394	481	565
185	213	241	292	217	250	282	343	338	383	468	549
172	198	223	271	203	234	263	320	319	361	441	517
160	184	207	251	190	218	246	298	301	340	415	487
149	171	193	234	177	204	229	279	283	320	390	458
139	159	180	218	166	191	215	261	267	301	368	431
129	149	168	203	155	179	201	244	251	284	346	405
121	139	157	190	146	168	188	229	237	267	326	382
113	130	147	178	137	158	177	215	223	252	307	360
106	122	138	167	129	148	166	202	211	238	290	339
100	115	129	157	121	139	157	190	199	225	274	320
94	108	122	147	114	131	148	179	188	213	259	303
							①				

对应轴简图	计算长度 l_{oy} (m)	2L90×56×				2L100×63×			
		5	6	7	8	6	7	8	10
								面　　积	
		14.42	17.11	19.76	22.37	19.23	22.22	25.17	30.93
	1.00	241	302	356	409	332	400	465	582
	1.10	238	295	349	401	329	396	456	573
	1.20	234	288	340	391	326	387	447	563
	1.30	230	280	331	381	321	379	438	551
	1.40	220	272	322	371	311	371	428	539
	1.50	212	263	312	359	303	361	418	527
	1.60	205	254	301	347	294	351	407	513
	1.70	197	244	290	334	286	341	395	499
	1.80	189	234	278	321	276	330	383	484
	1.90	181	224	266	308	267	319	370	468
	2.00	173	214	254	294	257	307	357	452
	2.10	165	204	243	281	247	296	343	436
	2.20	157	194	231	267	237	284	330	419
	2.30	149	185	220	254	228	272	316	402
	2.40	142	176	209	242	218	261	303	386
	2.50	135	167	198	230	209	249	290	369
	2.60	128	158	188	218	199	238	277	353
	2.70	122	150	179	207	191	228	265	338
	2.80	116	143	170	197	182	218	253	322
	2.90	110	136	161	187	174	208	241	308
	3.00	105	129	153	178	166	198	230	294
	3.10	99.9	123	146	169	159	190	220	281
L90×56～L100×63	3.20	95.2	117	139	161	152	181	210	268
a = 6mm	3.30	90.8	112	132	153	145	173	201	256
L100×80～L125×80	3.40	86.6	106	126	146	139	166	192	245
a = 8mm	3.50	82.7	101	120	139	133	158	184	234
	3.60	79.0	96.9	115	133	127	152	176	224
	3.70	75.6	92.6	110	127	122	145	168	215
	3.80	72.3	88.5	105	121	117	139	161	206
	3.90	69.3	84.7	100	116	112	133	154	197
	4.00	66.4	81.2	96.1	111	108	128	148	189
	4.20	61.1	74.6	88.3	102	99.4	118	137	174
	4.40	56.4	68.8	81.3	94.0	92.0	109	126	161
	4.60	52.2	63.6	75.2	86.9	85.3	101	117	149
	4.80	48.4	59.0	69.7	80.5	79.3	93.8	108	138
	5.00	45.0	54.8	64.7	74.7	73.8	87.3	101	129
	5.20	41.9	51.1	60.3	69.6	68.9	81.5	94.1	120
	5.40	39.2	47.7	56.2	64.9	64.4	76.2	88.0	112
	5.60		44.6	52.6	60.7	60.4	71.3	82.4	105
	5.80					56.7	66.9	77.3	98.3
	6.00					53.3	62.9	72.7	92.4
					⑥				⑤

续表

2L100×80×				2L110×70×				2L125×80×			
6	7	8	10	6	7	8	10	7	8	10	12
A		(cm²)									
21.27	24.6	27.89	34.33	21.27	24.6	27.89	34.33	28.19	31.98	39.42	46.7
339	420	498	643	358	435	510	651	482	571	739	899
337	418	495	640	355	432	505	644	479	567	734	893
335	415	492	635	352	428	501	635	476	564	729	884
333	412	488	630	348	424	494	625	473	560	724	874
330	409	484	633	345	419	486	615	469	555	714	862
327	406	480	625	340	411	477	604	465	550	704	850
324	402	475	617	336	402	467	592	460	545	693	838
321	398	478	608	331	393	457	579	456	533	682	824
317	393	471	598	319	384	446	566	450	523	670	810
313	388	463	588	311	374	435	552	445	513	657	795
309	389	454	578	302	363	423	537	428	502	643	779
305	382	445	567	293	353	410	522	418	491	629	763
301	374	436	556	284	342	398	506	408	479	615	746
302	365	427	544	275	330	385	490	398	467	600	728
295	357	417	532	265	319	372	474	387	454	584	709
288	348	407	519	256	308	359	458	376	442	568	691
281	339	396	506	247	296	346	441	365	429	552	671
273	330	385	493	237	285	333	425	354	416	535	652
266	321	375	479	228	275	320	409	343	403	519	632
258	312	364	466	220	264	307	393	332	390	502	612
251	302	353	452	211	254	295	378	321	377	486	593
243	293	343	439	203	244	284	363	311	364	470	573
236	284	332	425	195	234	272	348	300	352	454	554
229	275	321	412	187	225	261	335	290	340	438	535
222	266	311	398	180	216	251	321	280	328	423	516
215	258	301	386	173	207	241	308	270	317	408	498
208	249	291	373	166	199	232	296	261	306	394	481
201	241	281	361	160	191	222	284	252	295	380	464
195	233	272	349	154	184	214	273	243	285	366	447
189	226	263	337	148	177	205	263	235	275	353	432
183	218	254	326	143	170	198	252	227	265	341	416
171	204	238	304	132	158	183	234	212	247	317	388
160	191	222	284	123	146	170	217	198	230	296	361
150	179	208	266	114	136	158	201	185	215	276	337
141	168	195	249	107	127	147	187	173	201	258	315
133	158	183	234	100	118	137	175	162	189	241	295 ④
125	148	127	219	93.3	111	128	163	152	177	226	276
118	140	162	206	87.5	104	120	153	143	166	212	259
111	131	152	194	82.2	97.3	113	143	135	156	200	243
105	124	144	183	77.3	91.5	106	135	127	147	188	229
99	117	136	173	72.8	86.2	100	127	120	139	177	216
			⑤				⑤				

对应轴简图	计算长度 l_{ox} (m)	2L140×90×				2L160	
		8	10	12	14	10	12
						面	积
		36.08	44.52	52.8	60.91	50.63	60.11
x—x	2.00	683	842	997	1149	983	1166
	2.10	676	833	986	1136	975	1156
	2.20	668	823	974	1123	966	1146
	2.30	660	813	963	1109	957	1135
	2.40	652	803	951	1095	948	1124
	2.50	644	793	938	1080	939	1113
	2.60	635	782	925	1065	929	1101
	2.70	626	771	912	1050	919	1090
	2.80	617	759	898	1034	909	1077
	2.90	607	747	883	1017	899	1065
	3.00	598	735	869	1000	888	1052
	3.10	588	722	854	982	877	1039
	3.20	577	709	838	964	866	1025
	3.30	567	696	822	946	854	1011
	3.40	556	683	806	927	842	997
	3.50	545	669	789	908	830	982
	3.60	534	655	773	888	817	967
	3.70	522	641	756	869	804	951
	3.80	511	627	739	849	791	936
	3.90	499	612	722	829	778	920
	4.00	488	598	704	809	764	903
	4.20	465	569	670	769	736	870
	4.40	442	541	637	731	708	836
	4.60	419	513	604	693	680	803
	4.80	398	487	572	656	651	769
	5.00	377	461	542	622	623	735
	5.20	358	437	513	588	596	703
	5.40	339	414	486	557	569	671
	5.60	321	392	461	528	543	640
	5.80	305	372	437	500	518	611
	6.00	289	353	414	474	495	582
	6.20	274	335	393	450	472	555
	6.40	261	318	373	427	450	530
	6.60	248	302	355	406	430	506
	6.80	236	288	337	386	410	483
	7.00	225	274	321	368	392	461
					①		

续表

×100×		2L180×110×				2L200×125×			
14	16	10	12	14	16	12	14	16	18
A (cm²)									
69.42	78.56	56.75	67.42	77.93	88.28	75.82	87.73	99.48	111.05
1345	1521	1122	1333	1539	1742	1520	1757	1992	2119
1333	1507	1115	1323	1528	1730	1511	1747	1979	2106
1321	1494	1107	1314	1517	1717	1501	1736	1967	2092
1309	1479	1098	1304	1506	1704	1492	1725	1955	2079
1296	1465	1090	1294	1494	1691	1482	1714	1942	2065
1283	1450	1082	1284	1482	1677	1472	1702	1929	2051
1270	1435	1073	1273	1470	1663	1463	1691	1916	2037
1256	1419	1064	1262	1457	1649	1452	1679	1902	2023
1242	1403	1055	1251	1445	1634	1442	1667	1888	2008
1227	1386	1045	1240	1431	1619	1431	1655	1874	1993
1212	1369	1036	1229	1418	1604	1421	1642	1860	1977
1197	1351	1026	1217	1404	1588	1410	1629	1845	1962
1181	1333	1016	1204	1390	1572	1398	1616	1830	1945
1164	1314	1005	1192	1375	1555	1387	1602	1815	1929
1148	1295	994	1179	1360	1538	1375	1589	1799	1912
1130	1275	983	1166	1345	1520	1363	1574	1783	1894
1113	1255	972	1152	1329	1502	1350	1560	1766	1877
1095	1234	961	1139	1313	1484	1337	1545	1749	1858
1076	1213	949	1124	1296	1465	1324	1530	1732	1840
1058	1192	937	1110	1280	1446	1311	1514	1714	1821
1039	1170	924	1095	1262	1426	1298	1498	1696	1801
1000	1126	899	1065	1227	1385	1269	1466	1658	1761
961	1082	873	1033	1190	1343	1240	1431	1619	1719
922	1037	846	1001	1152	1300	1210	1396	1579	1675
882	992	818	968	1114	1256	1178	1359	1537	1630
844	948	790	934	1075	1212	1146	1322	1494	1584
806	905	762	901	1036	1167	1113	1283	1450	1537
769	864	734	867	997	1123	1080	1244	1405	1490
733	824	706	834	958	1079	1046	1205	1360	1442
699	785	678	801	920	1036	1012	1165	1315	1394
667	748	652	769	883	994	978	1126	1271	1346
636	714	625	738	848	954	944	1087	1226	1298
607	680	600	708	813	914	911	1049	1183	1252
579	649	576	679	779	877	879	1011	1140	1206
553	620	552	651	747	840	847	974	1098	1162
528	592	530	625	717	806	816	939	1058	1119

对应轴简图	计算长度 l_{oy} (m)	2L140×90×				2L160	
		8	10	12	14	10	12
						面	积
		36.08	44.52	52.8	60.91	50.63	60.11
	1.50	607	797	970	1135	892	1104
	1.60	602	791	958	1122	887	1098
	1.70	598	777	946	1107	882	1091
	1.80	593	767	933	1092	876	1074
	1.90	587	755	919	1076	870	1061
	2.00	581	743	905	1060	863	1048
	2.10	575	730	889	1042	844	1034
	2.20	553	717	874	1024	832	1019
	2.30	542	703	857	1005	819	1004
	2.40	531	688	840	985	806	988
	2.50	519	673	822	965	792	971
	2.60	507	658	804	944	778	954
	2.70	495	642	785	922	763	936
	2.80	483	626	766	900	748	918
	2.90	470	610	746	878	732	899
	3.00	457	593	726	855	716	879
	3.10	445	577	707	832	700	860
	3.20	432	560	687	809	684	840
	3.30	420	544	667	785	667	820
	3.40	407	528	647	762	651	800
	3.50	395	512	628	740	634	780
	3.60	383	496	608	717	618	759
L140×90，a = 8mm；L160×100 ~ L200×125 a = 10mm	3.70	371	481	590	695	602	739
	3.80	360	466	571	673	585	719
	3.90	349	451	553	652	569	700
	4.00	338	437	536	632	554	680
	4.20	317	409	502	592	523	643
	4.40	298	384	471	555	494	607
	4.60	280	360	441	521	467	573
	4.80	263	338	414	488	441	540
	5.00	248	318	389	459	416	510
	5.20	233	299	366	431	393	482
	5.40	220	282	344	406	372	455
	5.60	208	265	325	382	352	430
	5.80	196	251	306	361	333	407
	6.00	186	237	289	341	316	386
	6.20	176	224	274	322	300	366
	6.40	167	212	259	305	285	347
	6.60	158	201	246	289	271	330
	6.80	150	191	233	274	257	314
	7.00	143	182	222	261	245	298

注：1. 粗黑线①为对应轴λ_x = 150时的界线；粗黑线②为对应轴λ_x = 200时的界

2. 粗黑线④为对应轴λ_y = 150时的界线；粗黑线⑤为对应轴λ_y = 200时的界

续表

×100×		2L180×110×				2L200×125×			
14	16	10	12	14	16	12	14	16	18
A (cm²)									
69.42	78.56	56.75	67.42	77.93	88.28	75.82	87.73	99.48	111.05
1303	1493	978	1223	1457	1683	1340	1613	1876	2032
1291	1479	974	1217	1450	1665	1335	1607	1869	2025
1278	1464	969	1211	1442	1651	1330	1601	1862	2016
1264	1448	964	1205	1434	1636	1325	1595	1854	2007
1249	1431	958	1198	1409	1620	1319	1588	1846	1982
1234	1414	952	1190	1395	1603	1313	1580	1837	1967
1217	1396	946	1182	1379	1585	1307	1573	1808	1950
1200	1377	939	1151	1363	1567	1300	1564	1792	1933
1183	1357	932	1137	1346	1548	1293	1555	1775	1915
1164	1336	925	1122	1328	1528	1285	1520	1757	1896
1145	1315	917	1106	1310	1507	1277	1504	1739	1877
1125	1292	880	1089	1291	1485	1269	1487	1720	1856
1105	1269	867	1072	1271	1463	1260	1470	1700	1835
1084	1246	852	1054	1251	1440	1215	1452	1679	1814
1062	1221	837	1036	1229	1416	1199	1433	1658	1791
1040	1196	822	1018	1208	1391	1183	1414	1636	1768
1017	1171	806	998	1185	1366	1166	1394	1614	1744
994	1145	790	979	1163	1340	1149	1374	1590	1719
971	1119	774	959	1140	1314	1131	1353	1566	1694
947	1092	758	939	1116	1287	1112	1331	1542	1668
924	1066	741	918	1092	1260	1094	1309	1517	1641
900	1039	725	898	1068	1233	1075	1287	1491	1614
877	1012	708	877	1044	1205	1056	1264	1465	1587
853	985	692	857	1020	1178	1036	1241	1439	1558
830	959	675	836	996	1150	1017	1218	1412	1530
807	933	659	816	972	1122	997	1194	1385	1501
763	882	627	776	924	1068	957	1147	1331	1443
720	833	596	737	877	1014	918	1100	1276	1385
680	786	566	699	833	962	879	1053	1222	1326
641	742	537	663	789	913	840	1007	1168	1269
605	700	510	629	748	865	803	962	1116	1213
571	661	484	596	709	820	767	918	1066	1158
540	625	459	565	673	777	732	877	1017	1105
510	590	436	536	638	737	699	836	970	1054
483	559	414	509	605	699	667	798	925	1006
457	529	394	484	575	664	637	762	883	959
433	501	375	460	546	631	609	727	842	915
411	476	357	437	519	600	581	694	804	873
391	452	340	416	494	570	556	663	768	834
371	429	324	397	471	543	531	633	733	797
353	409	309	378	449	518	508	606	701	761
					④				

线；粗黑线③为对应轴 $\lambda_x = 250$ 时的界线。

线；粗黑线⑥为对应轴 $\lambda_y = 250$ 时的界线。

（8）Q235钢　一个热轧普通工字钢轴心受压稳定时的承载

对应轴简图	计算长度 l_{ox} (m)	I10	I12.6	I14	I16	I18	I20a
						面	积
		14.33	18.1	21.5	26.11	30.74	35.55
x—x	2.0	284	368	440	540	640	744
	2.1	281	366	439	538	638	742
	2.2	279	364	437	536	636	740
	2.3	277	362	435	535	635	738
	2.4	274	360	433	533	633	737
	2.5	272	358	431	531	631	735
	2.6	269	356	429	529	629	733
	2.7	265	354	427	527	627	731
	2.8	262	352	425	525	625	729
	2.9	259	349	423	523	623	727
	3.0	255	347	420	521	621	725
	3.1	251	344	418	518	619	723
	3.2	246	341	415	516	617	721
	3.3	242	338	412	514	615	719
	3.4	237	335	410	511	612	717
	3.5	232	331	407	509	610	714
	3.6	227	328	403	506	607	712
	3.7	221	324	400	503	605	710
	3.8	216	320	397	500	602	707
	3.9	210	316	393	497	599	705
	4.0	204	312	389	494	597	702
	4.2	193	302	381	487	591	697
	4.4	182	292	372	479	584	691
	4.6	171	282	362	471	577	685
	4.8	160	271	351	462	570	678
	5.0	151	259	340	453	562	671
	5.2	142	248	328	442	553	663
	5.4	133	236	316	432	544	655
	5.6	125	225	304	420	534	647
	5.8	118	214	292	408	523	637
	6.0	111	204	279	395	511	628
	6.2	105	194	267	382	499	617
	6.4	99	184	256	369	487	606
	6.6	94	175	244	356	474	594
	6.8	89	167	234	343	461	582
	7.0	84	159	223	330	447	569

①

力设计值（kN）（见表 2.7-12）。

表 2.7-12

I20b	I22a	I22b	I25a	I25b	I28a	I28b	I32a	I32b	I32c
A	（cm^2）								
39.55	42.1	46.5	48.51	53.51	55.37	60.97	67.12	73.52	79.92
826	884	976	1024	1128	1173	1291	1427	1562	1697
824	882	974	1022	1126	1171	1289	1425	1560	1695
822	881	972	1020	1124	1169	1286	1423	1558	1692
820	879	969	1018	1122	1167	1284	1421	1556	1690
818	877	967	1016	1120	1165	1282	1419	1553	1687
816	875	965	1014	1118	1163	1280	1417	1551	1685
814	873	963	1013	1116	1161	1278	1415	1549	1682
812	871	961	1011	1114	1160	1276	1413	1546	1680
809	869	959	1009	1111	1158	1273	1411	1544	1677
807	867	956	1007	1109	1156	1271	1409	1542	1675
805	865	954	1005	1107	1154	1269	1407	1540	1672
802	863	952	1003	1105	1152	1267	1405	1537	1670
800	861	949	1001	1102	1150	1265	1403	1535	1667
798	859	947	999	1100	1148	1262	1401	1533	1665
795	857	944	997	1098	1146	1260	1399	1530	1662
792	854	942	995	1095	1144	1258	1397	1528	1659
790	852	939	992	1093	1142	1255	1395	1526	1657
787	850	936	990	1090	1140	1253	1392	1523	1654
784	847	933	988	1088	1138	1250	1390	1521	1651
781	845	931	986	1085	1135	1248	1388	1518	1648
778	842	928	983	1082	1133	1245	1386	1516	1646
771	837	922	979	1077	1129	1240	1381	1511	1640
765	832	915	974	1071	1124	1235	1377	1506	1634
757	826	908	969	1065	1119	1229	1372	1500	1628
749	820	901	963	1059	1114	1224	1367	1495	1622
741	813	894	958	1052	1109	1218	1362	1489	1616
732	806	885	952	1045	1104	1212	1357	1483	1609
722	799	877	945	1038	1098	1205	1352	1477	1602
712	791	868	939	1030	1092	1198	1346	1471	1595
701	783	858	932	1022	1086	1191	1341	1464	1588
689	774	847	925	1014	1080	1184	1335	1458	1580
676	764	836	917	1005	1073	1176	1329	1451	1572
663	754	824	909	995	1066	1168	1322	1443	1564
649	744	812	900	985	1059	1159	1316	1436	1555
634	732	798	891	974	1051	1150	1309	1428	1546
619	721	784	881	963	1043	1141	1302	1420	1537

对应轴简图	计算长度 l_{oy} (m)	I10	I12.6	I14	I16	I18	I20a
						面	积
		14.33	18.1	21.5	26.11	30.74	35.55
	0.75	264	339	409	505	600	700
	0.85	255	328	398	493	587	686
	0.90	249	322	392	487	580	679
	0.95	244	316	385	480	573	671
	1.00	238	310	378	473	566	663
	1.1	226	296	364	458	550	647
	1.2	213	281	349	443	534	629
	1.3	199	266	332	426	515	610
	1.4	186	250	315	407	496	590
	1.5	172	233	297	388	476	569
	1.6	159	218	279	369	455	546
	1.7	147	202	262	349	433	523
	1.8	136	188	245	329	411	499
	1.9	125	174	228	310	388	474
	2.0	116	162	213	291	367	450
	2.1	107	150	199	273	346	427
	2.2	100	139	185	256	326	403
	2.3	92.4	130	173	240	307	381
	2.4	86.0	121	162	225	289	360
y–y	2.5	80.2	113	151	212	272	340
	2.6	74.9	106	142	199	256	321
	2.7	70.1	99.0	133	187	241	303
	2.8	65.7	92.9	125	176	228	287
	2.9	61.7	87.4	118	166	215	271
	3.0	58.0	82.3	111	157	203	257
	3.1	54.7	77.6	105	148	193	243
	3.2	51.6	73.2	99.0	141	182	231
	3.3	48.8	69.3	93.7	133	173	219
	3.4	46.2	65.6	88.8	126	164	208
	3.5	43.8	62.2	84.3	120	156	198
	3.6	41.5	59.1	80.1	114	149	189
	3.7	39.5	56.2	76.1	109	142	180
	3.8		53.4	72.5	103	135	172
	3.9		50.9	69.1	98.7	129	164
	4.0		48.6	66.0	94.3	123	157
	4.2			60.2	86.2	113	143
	4.4				79.1	103	132
	4.6				72.8	95.2	122
	4.8					88.0	112
	5.0					81.6	104

③

续表

I20b	I22a	I22b	I25a	I25b	I28a	I28b	I32a	I32b	I32c
A	(cm^2)								
39.55	42.1	46.5	48.51	53.51	55.37	60.97	67.12	73.52	79.92
777	840	925	972	1069	1114	1223	1358	1484	1610
761	825	908	956	1052	1096	1204	1338	1462	1586
752	818	900	947	1042	1088	1194	1328	1451	1573
744	810	891	939	1033	1078	1184	1318	1439	1561
735	802	882	930	1023	1069	1173	1307	1427	1547
716	786	863	912	1002	1050	1151	1285	1403	1520
695	768	843	893	981	1029	1127	1262	1377	1491
674	749	821	873	958	1007	1102	1238	1349	1460
650	729	798	851	933	984	1076	1213	1320	1428
626	708	774	828	907	960	1048	1185	1290	1394
600	685	748	804	879	933	1018	1157	1257	1357
573	661	720	778	850	906	987	1126	1223	1319
546	637	692	751	819	877	954	1095	1186	1278
518	611	663	723	787	847	920	1061	1149	1236
491	585	634	694	755	816	885	1027	1110	1192
464	559	604	665	722	785	849	991	1069	1148
438	533	575	636	690	753	813	955	1028	1102
413	507	546	607	658	721	777	918	987	1057
390	482	519	579	626	689	741	881	946	1011
368	458	492	551	595	658	707	844	905	967
347	435	466	524	566	627	673	808	865	923
328	413	442	499	538	598	641	773	826	881
310	392	419	474	511	570	610	738	789	840
293	372	398	451	485	543	581	705	753	801
277	354	378	429	461	517	553	674	718	764
262	336	359	408	439	493	526	643	685	728
249	320	341	389	417	469	501	614	654	694
236	304	324	370	397	448	477	587	624	662
224	290	308	353	379	427	455	561	596	632
213	276	294	336	361	408	434	536	569	604
203	263	280	321	344	389	415	513	544	577
194	251	267	307	329	372	396	490	521	552 ①
185	240	255	293	314	356	379	470	498	528
176	229	244	280	300	341	362	450	477	505
168	219	233	268	287	326	347	431	457	484
154	201	214	246	264	300	319	397	421	445
142	185	197	227	243	276	294	366	388	410
131	171	182	210	224	256	271	339	359	379
121	158	168	194	208	237	251	314	333	352
112	147	156	180	193	220	233	292	309	327

②

对应轴简图	计算长度 l_{ox} (m)	I36a	I36b	I36c	I40a	I40b	I40c	I45a
							面	积
		76.44	83.64	90.84	86.07	94.07	102.07	102.4
	3.0	1600	1760	1910	1735	1894	2054	2071
	3.1	1597	1757	1907	1733	1892	2051	2069
	3.2	1595	1755	1905	1730	1890	2049	2067
	3.3	1592	1753	1902	1728	1887	2046	2065
	3.4	1590	1751	1900	1726	1885	2044	2063
	3.5	1587	1748	1897	1724	1883	2042	2060
	3.6	1585	1746	1894	1722	1881	2039	2058
	3.7	1582	1744	1892	1720	1879	2037	2056
	3.8	1580	1741	1889	1718	1876	2034	2054
	3.9	1577	1739	1887	1716	1874	2032	2052
	4.0	1574	1736	1884	1714	1872	2029	2050
	4.2	1569	1731	1878	1710	1867	2024	2045
	4.4	1563	1726	1873	1706	1863	2019	2041
	4.6	1558	1721	1867	1702	1858	2014	2037
	4.8	1552	1716	1861	1698	1853	2008	2032
	5.0	1546	1711	1855	1693	1848	2003	2028
	5.2	1539	1705	1849	1689	1843	1997	2023
x—x	5.4	1533	1700	1843	1684	1838	1992	2019
	5.6	1526	1694	1836	1680	1833	1986	2014
	5.8	1519	1688	1830	1675	1827	1980	2009
	6.0	1512	1682	1823	1670	1822	1974	2005
	6.2	1505	1676	1816	1665	1816	1967	2000
	6.4	1497	1669	1808	1660	1810	1961	1995
	6.6	1489	1662	1801	1655	1805	1954	1989
	6.8	1480	1655	1793	1649	1798	1947	1984
	7.0	1471	1648	1785	1644	1792	1940	1979
	7.2	1462	1641	1776	1638	1786	1933	1973
	7.4	1452	1633	1767	1632	1779	1926	1968
	7.6	1442	1625	1758	1626	1772	1918	1962
	7.8	1431	1617	1749	1620	1765	1910	1956
	8.0	1420	1608	1739	1614	1758	1902	1950
	8.2	1409	1599	1729	1607	1750	1893	1944
	8.4	1396	1590	1718	1600	1743	1884	1938
	8.6	1384	1580	1707	1593	1734	1875	1931
	8.8	1371	1570	1696	1586	1726	1866	1925
	9.0	1357	1559	1684	1579	1717	1856	1918

续表

I45b	I45c	I50a	I50b	I50c	I56a	I56b	I56c	I63a	I63b	I63c
A (cm^2)										
111.4	120.4	119.25	129.25	139.25	135.38	146.58	157.78	154.59	167.19	179.79
2252	2432	2418	2620	2821	2751	2977	3204	3147	3402	3658
2249	2430	2416	2617	2819	2749	2976	3202	3145	3401	3656
2247	2427	2414	2615	2817	2747	2974	3200	3144	3399	3654
2245	2425	2412	2613	2814	2746	2972	3198	3142	3397	3652
2242	2422	2410	2611	2812	2744	2970	3195	3141	3395	3650
2239	2419	2408	2609	2809	2742	2968	3193	3139	3394	3648
2237	2416	2406	2606	2806	2740	2965	3191	3137	3392	3646
2235	2414	2404	2604	2804	2738	2963	3188	3135	3390	3644
2233	2411	2402	2601	2801	2736	2961	3186	3133	3387	3641
2230	2409	2399	2598	2798	2734	2959	3183	3132	3385	3639
2228	2406	2397	2596	2795	2732	2956	3180	3130	3383	3637
2223	2401	2392	2591	2790	2727	2951	3175	3126	3379	3632
2218	2396	2388	2586	2784	2723	2945	3169	3121	3374	3626
2214	2390	2383	2581	2779	2718	2941	3163	3117	3369	3621
2209	2385	2379	2576	2774	2713	2936	3158	3112	3364	3614
2204	2380	2375	2571	2768	2709	2931	3152	3107	3358	3609
2199	2374	2370	2566	2763	2704	2926	3147	3102	3353	3603
2194	2368	2365	2561	2757	2700	2921	3141	3098	3348	3598
2188	2362	2361	2556	2751	2695	2916	3136	3093	3343	3592
2183	2357	2356	2551	2745	2690	2910	3130	3089	3338	3587
2178	2351	2351	2545	2739	2686	2905	3125	3084	3333	3581
2172	2344	2346	2540	2733	2681	2900	3119	3079	3328	3576
2167	2338	2341	2534	2727	2676	2895	3113	3075	3322	3570
2161	2332	2336	2529	2721	2671	2889	3107	3070	3317	3564
2155	2325	2331	2523	2715	2666	2884	3101	3065	3312	3558
2149	2319	2326	2517	2708	2661	2878	3095	3060	3306	3552
2143	2312	2321	2511	2702	2656	2873	3089	3055	3301	3546
2136	2305	2315	2505	2695	2651	2867	3082	3050	3295	3540
2130	2298	2310	2499	2688	2646	2861	3076	3045	3290	3534
2123	2290	2304	2493	2681	2641	2855	3069	3040	3284	3528
2117	2283	2298	2487	2674	2635	2849	3063	3035	3278	3522
2110	2275	2293	2480	2667	2630	2843	3056	3030	3273	3515
2102	2267	2287	2473	2660	2624	2837	3049	3025	3267	3509
2095	2258	2281	2466	2652	2619	2830	3042	3019	3261	3502
2088	2250	2274	2459	2644	2613	2824	3035	3014	3255	3496
2080	2241	2268	2452	2636	2607	2817	3028	3008	3249	3489

对应轴简图	计算长度 l_{oy} (m)	I36a	I36b	I36c	I40a	I40b	I40c	I45a
							面	积
		76.44	83.64	90.84	86.07	94.07	102.07	102.4
	1.0	1495	1631	1767	1612	1756	1901	1930
	1.1	1471	1604	1737	1588	1729	1870	1902
	1.2	1446	1576	1706	1562	1699	1838	1874
	1.3	1420	1546	1672	1535	1669	1804	1844
	1.4	1392	1515	1637	1507	1637	1768	1812
	1.5	1362	1481	1600	1477	1603	1730	1779
	1.6	1331	1446	1561	1445	1567	1690	1744
	1.7	1298	1409	1519	1412	1528	1648	1708
	1.8	1264	1370	1475	1376	1488	1603	1669
	1.9	1228	1329	1430	1340	1447	1556	1628
	2.0	1190	1286	1382	1301	1403	1508	1586
	2.1	1151	1242	1333	1261	1358	1457	1542
	2.2	1111	1197	1284	1220	1311	1406	1496
	2.3	1070	1152	1233	1178	1264	1354	1449
	2.4	1029	1106	1183	1136	1216	1301	1402
	2.5	988	1061	1133	1093	1169	1249	1353
	2.6	948	1016	1084	1050	1121	1197	1304
	2.7	908	972	1036	1008	1075	1146	1256
	2.8	869	929	990	967	1029	1097	1208
y—y	2.9	832	888	945	927	985	1049	1160
	3.0	795	848	902	887	942	1002	1114
	3.1	760	810	861	850	901	958	1069
	3.2	727	774	822	813	862	916	1026
	3.3	695	740	785	779	825	875	984
	3.4	665	707	750	746	789	837	943
	3.5	636	676	717	714	755	800	905
	3.6	609	647	685	684	723	766	868
	3.7	583	619	656	655	692	733	833
	3.8	558	593	628	628	663	702	799
	3.9	535	568	601	603	636	673	767
	4.0	513	544	576	578	610	645	737
	4.2	473	501	530	533	562	594	681
	4.4	437	463	489	493	519	549	630
	4.6	404	428	453	457	481	508	585
	4.8	375	397	420	424	446	471	543
	5.0	349	369	390	395	415	438	506
	5.2	325	344	363	368	387	409	472
	5.4	304	321	339	344	361	382	442
	5.6	284	301	318	322	338	357	414
	5.8	267	282	298	302	317	335	388
	6.0	251	265	280	284	298	315	365

注：1. 表中构件 λ_x 均小于150。

2. 粗黑线①为对应轴 $\lambda_y=150$ 时的界线；粗黑线②为对应轴 $\lambda_y=200$ 时的界

续表

I45b	I45c	I50a	I50b	I50c	I56a	I56b	I56c	I63a	I63b	I63c
A (cm^2)										
111.4	120.4	119.25	129.25	139.25	135.38	146.58	157.78	154.59	167.19	179.79
2094	2258	2266	2449	2633	2583	2790	2998	2965	3199	3433
2064	2224	2236	2417	2597	2551	2755	2959	2931	3160	3391
2032	2188	2206	2383	2559	2519	2719	2918	2895	3121	3348
1998	2151	2174	2347	2520	2484	2680	2876	2858	3080	3303
1963	2112	2141	2310	2479	2449	2641	2832	2820	3038	3256
1926	2070	2106	2271	2436	2412	2599	2786	2781	2993	3207
1887	2026	2069	2230	2390	2373	2555	2738	2739	2947	3156
1845	1980	2031	2187	2342	2332	2510	2687	2696	2898	3103
1802	1932	1991	2142	2292	2289	2462	2634	2651	2848	3046
1756	1881	1949	2094	2240	2244	2412	2579	2604	2794	2988
1709	1828	1905	2045	2184	2197	2359	2520	2554	2739	2926
1659	1773	1859	1993	2127	2148	2304	2459	2503	2681	2862
1608	1716	1811	1939	2067	2097	2247	2396	2449	2620	2795
1556	1658	1761	1884	2006	2044	2188	2330	2393	2557	2725
1503	1599	1710	1827	1943	1990	2127	2263	2335	2492	2654
1449	1540	1658	1769	1879	1934	2064	2194	2276	2426	2580
1395	1480	1605	1710	1814	1877	2000	2124	2214	2357	2505
1341	1422	1552	1651	1750	1819	1936	2054	2152	2288	2428
1288	1364	1499	1592	1685	1760	1872	1983	2089	2217	2351
1236	1308	1445	1534	1622	1702	1807	1913	2025	2147	2274
1186	1253	1393	1476	1559	1643	1743	1843	1961	2076	2197
1137	1200	1341	1420	1498	1586	1680	1775	1897	2006	2121
1090	1149	1291	1365	1439	1529	1618	1708	1834	1936	2045
1044	1101	1242	1312	1382	1473	1558	1643	1771	1868	1972
1001	1054	1194	1260	1327	1419	1499	1580	1710	1802	1900
959	1010	1148	1211	1274	1367	1443	1519	1650	1737	1830
920	967	1104	1163	1223	1316	1388	1460	1591	1674	1763
882	927	1061	1117	1174	1267	1335	1404	1535	1613	1697
846	889	1020	1074	1128	1220	1284	1350	1480	1554	1634
812	853	981	1032	1083	1174	1236	1298	1427	1497	1574
780	819	944	992	1041	1131	1189	1249	1376	1443	1516
720	755	874	918	963	1049	1103	1157	1280	1340	1407
666	698	811	851	892	975	1024	1073	1192	1246	1308
617	647	754	790	828	907	952	997	1111	1161	1217
573	601	702	735	770	845	886	928	1037	1082	1134 ①
534	559	654	686	717	789	827	866	969	1011	1059
498	521	611	640	670	738	773	809	907	946	991
466	487	572	599	627	691	724	757	850	886	928
436	456	537	562	587	648	679	710	798	832	871
409	428	504	527	551	609	638	667	751	782	818
385	402	474	496	519	574	600	628	707	737	770
	②				②					

线；粗黑线③为对应轴 $\lambda_y = 250$ 时的界线。

（9）Q235钢　两个热轧普通槽钢（两腹板相连）轴心受压稳定时的承载力设计值（kN）（见表2.7-13）。

表 2.7-13

对应轴简图	计算长度 l_{ox} (m)	2[8	2[10	2[2.6	2[14a	2[14b	2[16a	2[16b
		面积 A (cm²)						
		20.49	25.49	31.37	37.02	42.62	43.91	50.31
	2.0	347	467	606	727	833	877	1002
	2.1	339	461	600	721	826	872	995
	2.2	331	454	595	716	819	866	988
	2.3	322	447	589	710	812	861	982
	2.4	313	440	583	704	805	855	975
	2.5	304	432	577	698	798	849	968
	2.6	295	424	571	692	790	843	961
	2.7	285	416	564	685	783	837	953
	2.8	276	408	558	679	775	831	946
	2.9	267	399	551	672	767	824	938
	3.0	257	391	544	665	758	818	930
	3.1	248	382	536	658	750	811	922
	3.2	239	373	529	651	741	804	914
	3.3	230	363	521	643	732	797	905
	3.4	222	354	513	636	722	790	897
	3.5	213	345	505	628	713	783	888
	3.6	205	335	497	620	703	775	879
x—x	3.7	198	326	489	612	693	767	869
	3.8	190	317	480	603	682	760	860
	3.9	183	308	471	594	672	752	850
	4.0	176	299	462	586	661	743	840
	4.2	163	281	445	568	639	726	820
	4.4	152	265	426	549	617	708	798
	4.6	141	249	408	530	594	690	776
	4.8	131	234	390	511	571	671	753
	5.0	123	220	373	491	548	652	730
	5.2	115	207	355	472	525	632	706
	5.4	107	195	339	453	503	612	683
	5.6	101	184	323	434	481	592	659
	5.8	94.6	174	307	416	460	571	635
	6.0	89.0	164	293	398	440	551	612
	6.2	83.9	156	279	381	421	532	589
	6.4	79.2	147	266	365	402	512	567
	6.6	74.9	140	254	349	384	493	545
	6.8	70.9	133	242	335	368	475	524
	7.0	67.2	126	231	320	352	457	503
		②	①					

续表

对应轴简图	计算长度 l_{ox} (m)	2[18a	2[18b	2[20a	2[20b	2[22a	2[22b	2[25a
		面积 A (cm²)						
		51.38	58.58	57.66	65.66	63.67	72.47	69.81
x—x	2.0	1040	1182	1180	1340	1314	1492	1454
	2.1	1035	1176	1174	1334	1309	1486	1449
	2.2	1029	1169	1169	1327	1303	1479	1444
	2.3	1023	1162	1164	1321	1298	1473	1439
	2.4	1018	1156	1158	1314	1292	1467	1434
	2.5	1012	1149	1152	1308	1287	1460	1428
	2.6	1006	1142	1147	1301	1281	1453	1423
	2.7	1000	1134	1141	1294	1276	1447	1418
	2.8	994	1127	1135	1287	1270	1440	1412
	2.9	987	1120	1129	1280	1264	1433	1407
	3.0	981	1112	1123	1273	1258	1426	1402
	3.1	975	1104	1117	1265	1253	1419	1396
	3.2	968	1097	1111	1258	1247	1412	1391
	3.3	961	1088	1104	1250	1241	1405	1385
	3.4	954	1080	1098	1243	1234	1398	1379
	3.5	947	1072	1091	1235	1228	1390	1374
	3.6	940	1063	1085	1227	1222	1383	1368
	3.7	933	1054	1078	1219	1215	1375	1362
	3.8	925	1045	1071	1211	1209	1368	1356
	3.9	918	1036	1064	1202	1202	1360	1350
	4.0	910	1027	1057	1193	1196	1352	1344
	4.2	894	1007	1042	1176	1182	1335	1332
	4.4	877	987	1026	1157	1168	1318	1319
	4.6	859	966	1010	1138	1153	1300	1306
	4.8	841	944	994	1118	1137	1282	1293
	5.0	823	922	977	1098	1122	1263	1279
	5.2	803	899	959	1076	1105	1243	1264
	5.4	783	875	940	1054	1088	1223	1250
	5.6	763	851	921	1031	1071	1202	1234
	5.8	742	826	902	1008	1053	1180	1219
	6.0	721	802	882	984	1034	1158	1202
	6.2	700	777	862	960	1015	1135	1186
	6.4	679	752	841	936	996	1112	1169
	6.6	658	728	820	911	976	1088	1151
	6.8	638	704	799	886	955	1064	1133
	7.0	617	680	778	861	935	1039	1115

续表

对应轴简图	计算长度 l_{ox} (m)	2[25b	2[25c	2[28a	2[28b	2[28c	2[32a	2[32b	2[32c
		面积 A (cm²)							
		79.81	89.81	80.04	91.24	102.44	97	109.8	122.6
x–x	2.0	1659	1863	1677	1909	2141	2045	2312	2579
	2.1	1653	1856	1673	1904	2134	2041	2307	2574
	2.2	1647	1849	1668	1898	2127	2036	2302	2568
	2.3	1641	1842	1663	1892	2120	2032	2297	2561
	2.4	1635	1835	1658	1885	2113	2027	2291	2555
	2.5	1628	1828	1652	1879	2106	2022	2285	2547
	2.6	1622	1821	1647	1873	2099	2017	2278	2540
	2.7	1616	1814	1642	1867	2091	2011	2272	2532
	2.8	1610	1807	1636	1860	2084	2006	2265	2525
	2.9	1603	1799	1631	1854	2077	2000	2259	2517
	3.0	1597	1792	1626	1848	2069	1994	2252	2510
	3.1	1590	1784	1620	1841	2062	1989	2246	2502
	3.2	1584	1776	1615	1835	2054	1983	2239	2495
	3.3	1577	1769	1609	1828	2047	1977	2232	2487
	3.4	1570	1761	1603	1821	2039	1971	2225	2479
	3.5	1564	1753	1598	1815	2031	1966	2219	2471
	3.6	1557	1745	1592	1808	2023	1960	2212	2464
	3.7	1550	1737	1586	1801	2015	1954	2205	2456
	3.8	1543	1729	1580	1794	2007	1948	2198	2448
	3.9	1535	1720	1574	1787	1999	1942	2191	2440
	4.0	1528	1712	1568	1780	1991	1936	2184	2431
	4.2	1513	1694	1556	1766	1974	1924	2170	2415
	4.4	1498	1677	1544	1751	1957	1911	2155	2398
	4.6	1482	1658	1531	1736	1939	1899	2140	2381
	4.8	1466	1639	1518	1720	1921	1886	2125	2364
	5.0	1449	1620	1505	1704	1903	1873	2109	2346
	5.2	1432	1599	1491	1688	1884	1859	2094	2327
	5.4	1414	1578	1477	1671	1864	1845	2077	2309
	5.6	1396	1557	1463	1654	1844	1831	2061	2289
	5.8	1377	1534	1448	1636	1823	1817	2044	2270
	6.0	1357	1511	1433	1617	1801	1802	2026	2250
	6.2	1337	1488	1417	1599	1779	1787	2009	2229
	6.4	1316	1463	1401	1579	1756	1772	1990	2208
	6.6	1295	1438	1384	1559	1733	1756	1972	2186
	6.8	1273	1413	1367	1539	1709	1740	1952	2164
	7.0	1251	1387	1350	1518	1685	1724	1933	2141

续表

对应轴简图	计算长度 l_{ox} (m)	2[36a	2[36b	2[36c	2[40a	2[40b	2[40c
		面积 A (cm^2)					
		121.78	136.18	150.58	150.09	166.09	182.09
x—x	2.5	2555	2854	3152	3015	3334	3652
	2.6	2550	2848	3145	3010	3328	3645
	2.7	2545	2842	3138	3005	3322	3638
	2.8	2539	2835	3130	2999	3315	3631
	2.9	2533	2828	3122	2994	3309	3624
	3.0	2527	2821	3114	2988	3303	3616
	3.1	2521	2813	3106	2982	3295	3608
	3.2	2514	2806	3098	2975	3287	3599
	3.3	2508	2799	3090	2969	3280	3591
	3.4	2502	2792	3081	2962	3272	3582
	3.5	2495	2784	3073	2955	3265	3574
	3.6	2489	2777	3065	2948	3257	3565
	3.7	2482	2770	3056	2942	3249	3557
	3.8	2476	2762	3048	2935	3242	3548
	3.9	2470	2755	3039	2928	3234	3539
	4.0	2463	2747	3031	2921	3226	3530
	4.2	2450	2732	3014	2907	3210	3513
	4.4	2436	2716	2996	2893	3194	3495
	4.6	2423	2701	2978	2879	3178	3477
	4.8	2409	2685	2960	2865	3162	3459
	5.0	2395	2669	2942	2850	3145	3440
	5.2	2381	2652	2923	2836	3129	3421
	5.4	2366	2636	2904	2821	3112	3402
	5.6	2352	2619	2885	2806	3094	3383
	5.8	2337	2601	2865	2790	3077	3363
	6.0	2322	2583	2845	2775	3059	3343
	6.2	2306	2565	2824	2759	3041	3322
	6.4	2290	2547	2803	2743	3023	3302
	6.6	2274	2528	2781	2726	3004	3280
	6.8	2257	2509	2759	2709	2985	3259
	7.0	2240	2489	2736	2692	2965	3237
	7.2	2223	2469	2713	2675	2945	3214
	7.4	2205	2448	2690	2657	2925	3191
	7.6	2187	2427	2666	2639	2904	3168
	7.8	2169	2406	2641	2621	2883	3144
	8.0	2150	2384	2616	2602	2862	3120

续表

对应轴简图	计算长度 l_{oy} (m)	2[8	2[10	2[12.6	2[14a	2[14b	2[16a	2[16b
		面积 A (cm²)						
		20.49	25.49	31.37	37.02	42.62	43.91	50.31
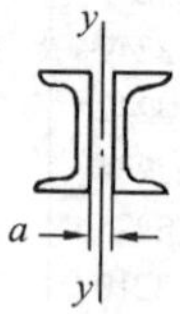	1.0	384	485	607	724	833	867	991
	1.1	374	475	597	713	819	854	976
	1.2	365	464	585	701	805	841	961
	1.3	354	452	573	688	790	827	945
	1.4	343	440	561	675	774	813	928
	1.5	331	427	547	661	758	798	910
	1.6	318	413	533	646	740	782	891
	1.7	305	398	518	630	722	765	872
	1.8	291	383	502	613	702	747	851
	1.9	277	367	485	596	682	729	829
	2.0	263	352	468	578	660	709	806
	2.1	250	336	450	559	638	689	782
	2.2	237	320	433	540	616	668	758
	2.3	224	304	415	520	593	647	733
	2.4	212	289	397	500	570	625	707
	2.5	200	274	379	481	547	603	682
	2.6	189	260	362	461	524	581	656
	2.7	179	247	346	442	502	559	630
	2.8	169	234	330	423	480	537	605
	2.9	160	222	314	405	459	515	581
[8 ~ 10 a = 6mm	3.0	152	211	300	387	439	495	557
	3.1	144	201	286	370	420	474	534
[12.6 ~ [18 a = 8mm	3.2	136	191	273	354	401	455	511
	3.3	129	182	260	338	383	436	490
[20 ~ [25 a = 10mm	3.4	123	173	248	324	366	418	469
	3.5	117	165	237	310	351	401	450
[28 ~ [32 a = 12mm	3.6	112	157	226	297	335	384	431
	3.7	106	150	217	284	321	369	413
	3.8	101	143	207	272	308	354	396
	3.9	96.9	137	198	261	295	339	380
	4.0	92.6	131	190	250	283	326	365
	4.2	84.8	120	175	230	260	301	337
	4.4	78.0	111	161	213	240	278	312
	4.6	71.9	102	149	197	222	258	289
	4.8	66.5	94.4	138	183	206	240	268
	5.0	61.7	87.6	128	170	192	223	250
	5.2	57.3	81.5	119	159	179	208	233
	5.4		76.0	112	148	167	195	218
	5.6		71.0	104	139	156	183	204
	5.8			97.8	130	147	171	191
	6.0			91.8	122	138	161	180

续表

对应轴简图	计算长度 l_{oy} (m)	2[18a	2[18b	2[20a	2[20b	2[22a	2[22b	2[25a
		面积 A (cm^2)						
		51.38	58.58	57.66	65.66	63.67	72.47	69.81
y, a, y [8 ~ 10 a = 6mm [12.6 ~ [18 a = 8mm [20 ~ [25 a = 10mm [28 ~ [32 a = 12mm	1.0	1021	1162	1158	1316	1285	1460	1408
	1.1	1007	1146	1144	1300	1271	1443	1393
	1.2	993	1130	1130	1284	1256	1426	1377
	1.3	979	1113	1115	1267	1241	1408	1360
	1.4	963	1095	1100	1249	1225	1390	1343
	1.5	947	1076	1084	1230	1209	1371	1325
	1.6	930	1056	1068	1211	1192	1351	1306
	1.7	912	1035	1050	1191	1174	1330	1286
	1.8	893	1013	1032	1169	1156	1308	1266
	1.9	873	990	1013	1147	1136	1286	1245
	2.0	853	965	993	1124	1116	1262	1222
	2.1	831	940	972	1099	1095	1237	1199
	2.2	809	914	951	1074	1073	1211	1175
	2.3	785	887	928	1048	1050	1184	1150
	2.4	762	860	905	1021	1026	1156	1123
	2.5	737	831	881	993	1002	1128	1096
	2.6	713	803	857	964	977	1098	1069
	2.7	688	775	832	935	951	1068	1040
	2.8	664	746	806	906	925	1037	1011
	2.9	639	718	781	876	898	1006	982
	3.0	615	691	756	847	871	975	953
	3.1	592	664	730	818	844	944	923
	3.2	569	638	705	789	818	913	894
	3.3	547	612	681	761	791	883	865
	3.4	525	588	657	733	765	853	836
	3.5	505	565	633	707	739	823	808
	3.6	485	542	610	681	714	795	780
	3.7	466	521	588	656	689	767	753
	3.8	448	500	567	632	666	740	727
	3.9	430	480	546	608	643	714	702
	4.0	414	462	527	586	620	688	677
	4.2	383	427	489	544	578	641	631
	4.4	355	396	455	506	539	597	588
	4.6	330	367	424	471	503	557	549
	4.8	307	342	396	439	470	520	513
	5.0	286	318	369	410	440	486	480 ①
	5.2	267	297	346	383	412	455	449
	5.4	250	278	324	359	386	427	422
	5.6	234	261	304	337	363	401	396
	5.8	220	245	286	317	342	377	373
	6.0	207	230	269	298	322	355	351

②

续表

对应轴简图	计算长度 l_{oy}（m）	2[25b	2[25c	2[28a	2[28b	2[28c	2[32a	2[32b	2[32c
		面积 A （cm^2）							
		79.81	89.81	80.04	91.24	102.44	97	109.8	122.6
y a y [8 ~ 10 a = 6mm [12.6 ~ [18 a = 8mm [20 ~ [25 a = 10mm [28 ~ [32 a = 12mm	1.0	1606	1805	1622	1845	2069	1978	2235	2492
	1.1	1588	1784	1605	1825	2047	1959	2212	2467
	1.2	1569	1762	1588	1805	2023	1940	2190	2441
	1.3	1549	1740	1570	1784	1999	1920	2166	2414
	1.4	1529	1716	1551	1762	1974	1899	2142	2387
	1.5	1508	1692	1532	1739	1948	1878	2117	2359
	1.6	1485	1667	1512	1716	1921	1856	2092	2329
	1.7	1462	1640	1491	1691	1893	1833	2065	2299
	1.8	1438	1612	1469	1666	1864	1809	2037	2267
	1.9	1413	1583	1447	1639	1833	1785	2008	2234
	2.0	1386	1553	1423	1611	1801	1759	1978	2200
	2.1	1359	1521	1398	1582	1768	1732	1947	2164
	2.2	1330	1488	1373	1552	1733	1705	1914	2126
	2.3	1300	1453	1346	1520	1697	1676	1881	2088
	2.4	1269	1418	1318	1487	1659	1646	1845	2047
	2.5	1237	1381	1290	1453	1621	1615	1809	2006
	2.6	1204	1343	1260	1419	1581	1583	1771	1962
	2.7	1171	1305	1230	1383	1540	1550	1732	1918
	2.8	1137	1266	1199	1346	1498	1516	1693	1873
	2.9	1102	1227	1167	1309	1456	1481	1652	1826
	3.0	1068	1188	1135	1272	1413	1446	1610	1779
	3.1	1033	1148	1103	1234	1370	1410	1568	1731
	3.2	999	1110	1070	1196	1327	1373	1526	1683
	3.3	966	1072	1038	1159	1285	1336	1483	1634
	3.4	932	1034	1006	1122	1243	1299	1440	1586
	3.5	900	998	974	1085	1202	1263	1398	1538
	3.6	868	962	943	1049	1161	1226	1356	1491
	3.7	838	928	912	1014	1122	1190	1314	1444
	3.8	808	894	882	980	1084	1154	1273	1399
	3.9	779	862	853	947	1046	1119	1233	1354
	4.0	752	831	824	914	1010	1084	1194	1310
	4.2	699	773	770	853	942	1018	1119	1227
	4.4	651	719	720	796	879	955	1049	1148
	4.6	607	670	673	744	820	896	983	1075
	4.8	567	625	630	696	767	841	921	1008
	5.0	530	584	590	651	718	790	865	945
	5.2	496	547	554	611	672	743	812	887
	5.4	465	513	520	573	631	699	764	834
	5.6	437	481	489	539	593	658	719	785 ①
	5.8	411	453	460	507	558	621	678	740
	6.0	387	426	434	478	526	586	640	698

续表

对应轴简图	计算长度 l_{oy} (m)	2[36a	2[36b	2[36c	2[40a	2[40b	2[40c
		面积 A (cm²)					
		121.78	136.18	150.58	150.09	166.09	182.09
	1.5	2387	2662	2937	2814	3107	3401
	1.6	2362	2633	2906	2786	3075	3366
	1.7	2337	2604	2873	2757	3043	3330
	1.8	2310	2574	2839	2727	3009	3292
	1.9	2283	2543	2803	2696	2974	3253
	2.0	2255	2511	2767	2664	2938	3213
	2.1	2226	2477	2729	2631	2901	3171
	2.2	2196	2442	2689	2597	2862	3128
	2.3	2164	2406	2648	2562	2821	3083
	2.4	2132	2368	2606	2525	2780	3036
	2.5	2098	2329	2562	2487	2736	2988
	2.6	2063	2289	2516	2448	2692	2938
	2.7	2027	2247	2469	2407	2645	2887
	2.8	1990	2204	2420	2365	2598	2833
	2.9	1951	2160	2370	2322	2548	2778
	3.0	1912	2115	2319	2277	2498	2722
	3.1	1872	2068	2267	2231	2446	2664
	3.2	1831	2021	2214	2185	2393	2605
y a y	3.3	1789	1973	2160	2137	2340	2546
	3.4	1747	1925	2105	2089	2285	2485
	3.5	1704	1876	2051	2040	2230	2424
	3.6	1661	1827	1996	1991	2175	2363
	3.7	1618	1779	1942	1942	2119	2301
	3.8	1575	1730	1887	1892	2064	2240
	3.9	1533	1682	1834	1843	2009	2179
	4.0	1491	1634	1781	1794	1954	2119
	4.2	1408	1541	1678	1698	1847	2001
	4.4	1328	1452	1580	1605	1744	1888
	4.6	1253	1368	1486	1515	1645	1780
	4.8	1181	1288	1399	1430	1551	1677
	5.0	1113	1213	1317	1350	1463	1581
	5.2	1050	1143	1240	1275	1380	1491
	5.4	990	1078	1169	1204	1303	1407
	5.6	935	1017	1102	1138	1230	1328
	5.8	884	961	1041	1076	1163	1255
	6.0	836	909	984	1018	1101	1187
	6.2	792	860	931	965	1042	1124
	6.4	751	815	882	915	988	1066
	6.6	712	773	836	869	938	1011
	6.8	676	734	794	825	891	960
	7.0	643	698	755	785	847	913

（10）Q235 钢　两个热轧普通槽钢（两翼缘尖端相连）轴心

对应轴简图	计算长度 l_{ox} (m)	2[8	2[10	2[12.6	2[14a	2[14b	2[16a	2[16b
		面积 (cm^2)						
		20.49	25.49	31.37	37.02	42.62	43.91	50.31
	2.0	347	467	606	727	833	877	1002
	2.1	339	461	600	721	826	872	995
	2.2	331	454	595	716	819	866	988
	2.3	322	447	589	710	812	861	982
	2.4	313	440	583	704	805	855	975
	2.5	304	432	577	698	798	849	968
	2.6	295	424	571	692	790	843	961
	2.7	285	416	564	685	783	837	953
	2.8	276	408	558	679	775	831	946
	2.9	267	399	551	672	767	824	938
	3.0	257	391	544	665	758	818	930
	3.1	248	382	536	658	750	811	922
	3.2	239	373	529	651	741	804	914
	3.3	230	363	521	643	732	797	905
	3.4	222	354	513	636	722	790	897
	3.5	213	345	505	628	713	783	888
	3.6	205	335	497	620	703	775	879
	3.7	198	326	489	612	693	767	869
x—x	3.8	190	317	480	603	682	760	860
	3.9	183	308	471	594	672	752	850
	4.0	176	299	462	586	661	743	840
	4.2	163	281	445	568	639	726	820
	4.4	152	265	426	549	617	708	798
	4.6	141	249	408	530	594	690	776
	4.8	131	234	390	511	571	671	753
	5.0	123	220	373	491	548	652	730
	5.2	115	207	355	472	525	632	706
	5.4	107	195	339	453	503	612	683
	5.6	101	184	323	434	481	592	659
	5.8	94.6	174	307	416	460	571	635
	6.0	89.0	164	293	398	440	551	612
	6.2	83.9	156	279	381	421	532	589
	6.4	79.2	147	266	365	402	512	567
	6.6	74.9	140	254	349	384	493	545
	6.8	70.9	133	242	335	368	475	524
	7.0	67.2	126	231	320	352	457	503

②　①

受压稳定时的承载力设计值(kN)(见表 2.7-14)。

表 2.7-14

对应轴简图	计算长度 l_{oy} (m)	2[8	2[10	2[12.6	2[14a	2[14b	2[16a	2[16b
		面积 (cm²)						
		20.49	25.49	31.37	37.02	42.62	43.91	50.31
	2.0	347	454	578	699	812	844	975
	2.1	339	446	571	691	804	836	966
	2.2	331	438	563	683	796	828	958
	2.3	323	430	554	675	787	820	949
	2.4	314	421	546	666	778	811	940
	2.5	305	412	537	657	769	802	930
	2.6	296	403	527	648	759	793	920
	2.7	286	393	518	639	749	784	910
	2.8	277	383	508	629	739	774	900
	2.9	268	373	498	619	728	764	889
	3.0	258	363	487	608	717	753	879
	3.1	249	353	476	598	706	743	867
	3.2	240	343	466	587	694	732	856
	3.3	231	332	455	576	683	721	844
	3.4	223	322	443	564	671	709	832
	3.5	214	312	432	553	658	697	819
	3.6	206	302	421	541	646	685	806
	3.7	198	292	410	529	633	673	793
	3.8	191	283	399	517	620	660	780
y_1	3.9	184	274	387	505	607	648	767
	4.0	177	265	376	493	594	635	753
	4.2	164	247	355	469	567	609	725
	4.4	152	231	335	445	541	583	696
y_1	4.6	142	216	315	422	515	557	668
	4.8	132	202	297	400	490	531	639
	5.0	123	190	279	379	465	507	611
	5.2	115	178	263	359	442	482	584
	5.4	108	167	248	340	419	459	557
	5.6	101	157	234	322	398	437	532
	5.8	95.1	148	221	305	378	416	507
	6.0	89.5	140	209	289	359	396	483
	6.2	84.4	132	198	274	341	377	461
	6.4	79.7	125	188	261	325	359	440
	6.6	75.3	118	178	248	309	342	420
	6.8	71.3	112	169	236	294	326	400
	7.0	67.6	106	161	224	280	311	382
	7.2	64.2	101	153	214	267	297	365
	7.4	61.0	96.1	146	204	255	283	349
	7.6	58.1	91.5	139	195	244	271	334 ①
	7.8	55.3	87.3	133	186	233	259	320
	8.0		83.3	127	178	223	248	307
		③	②					

对应轴简图	计算长度 l_{ox} (m)	2[18a	2[18b	2[20a	2[20b	2[22a	2[22b	2[25a	2[25b	2[25c
									面	积
		51.38	58.58	57.66	65.66	63.67	72.47	69.81	79.81	89.81
	2.5	1012	1149	1152	1308	1287	1460	1428	1628	1828
	2.6	1006	1142	1147	1301	1281	1453	1423	1622	1821
	2.7	1000	1134	1141	1294	1276	1447	1418	1616	1814
	2.8	994	1127	1135	1287	1270	1440	1412	1610	1807
	2.9	987	1120	1129	1280	1264	1433	1407	1603	1799
	3.0	981	1112	1123	1273	1258	1426	1402	1597	1792
	3.1	975	1104	1117	1265	1253	1419	1396	1590	1784
	3.2	968	1097	1111	1258	1247	1412	1391	1584	1776
	3.3	961	1088	1104	1250	1241	1405	1385	1577	1769
	3.4	954	1080	1098	1243	1234	1398	1379	1570	1761
	3.5	947	1072	1091	1235	1228	1390	1374	1564	1753
	3.6	940	1063	1085	1227	1222	1383	1368	1557	1745
	3.7	933	1054	1078	1219	1215	1375	1362	1550	1737
	3.8	925	1045	1071	1211	1209	1368	1356	1543	1729
	3.9	918	1036	1064	1202	1202	1360	1350	1535	1720
	4.0	910	1027	1057	1193	1196	1352	1344	1528	1712
	4.2	894	1007	1042	1176	1182	1335	1332	1513	1694
x—x	4.4	877	987	1026	1157	1168	1318	1319	1498	1677
	4.6	859	966	1010	1138	1153	1300	1306	1482	1658
	4.8	841	944	994	1118	1137	1282	1293	1466	1639
	5.0	823	922	977	1098	1122	1263	1279	1449	1620
	5.2	803	899	959	1076	1105	1243	1264	1432	1599
	5.4	783	875	940	1054	1088	1223	1250	1414	1578
	5.6	763	851	921	1031	1071	1202	1234	1396	1557
	5.8	742	826	902	1008	1053	1180	1219	1377	1534
	6.0	721	802	882	984	1034	1158	1202	1357	1511
	6.2	700	777	862	960	1015	1135	1186	1337	1488
	6.4	679	752	841	936	996	1112	1169	1316	1463
	6.6	658	728	820	911	976	1088	1151	1295	1438
	6.8	638	704	799	886	955	1064	1133	1273	1413
	7.0	617	680	778	861	935	1039	1115	1251	1387
	7.2	597	657	757	837	914	1015	1096	1229	1360
	7.4	577	634	736	812	893	990	1076	1205	1333
	7.6	558	612	715	788	872	965	1057	1182	1306
	7.8	539	591	694	764	851	940	1037	1158	1279
	8.0	521	571	674	741	829	916	1017	1134	1251

续表

2[28a	2[28b	2[28c	2[32a	2[32b	2[32c	2[36a	2[36b	2[36c	2[40a	2[40b	2[40c
A	(cm^2)										
80.04	91.24	102.44	97	109.8	122.6	121.78	136.18	150.58	150.09	166.09	182.09
1652	1879	2106	2022	2285	2547	2555	2854	3152	3015	3334	3652
1647	1873	2099	2017	2278	2540	2550	2848	3145	3010	3328	3645
1642	1867	2091	2011	2272	2532	2545	2842	3138	3005	3322	3638
1636	1860	2084	2006	2265	2525	2539	2835	3130	2999	3315	3631
1631	1854	2077	2000	2259	2517	2533	2828	3122	2994	3309	3624
1626	1848	2069	1994	2252	2510	2527	2821	3114	2988	3303	3616
1620	1841	2062	1989	2246	2502	2521	2813	3106	2982	3295	3608
1615	1835	2054	1983	2239	2495	2514	2806	3098	2975	3287	3599
1609	1828	2047	1977	2232	2487	2508	2799	3090	2969	3280	3591
1603	1821	2039	1971	2225	2479	2502	2792	3081	2962	3272	3582
1598	1815	2031	1966	2219	2471	2495	2784	3073	2955	3265	3574
1592	1808	2023	1960	2212	2464	2489	2777	3065	2948	3257	3565
1586	1801	2015	1954	2205	2456	2482	2770	3056	2942	3249	3557
1580	1794	2007	1948	2198	2448	2476	2762	3048	2935	3242	3548
1574	1787	1999	1942	2191	2440	2470	2755	3039	2928	3234	3539
1568	1780	1991	1936	2184	2431	2463	2747	3031	2921	3226	3530
1556	1766	1974	1924	2170	2415	2450	2732	3014	2907	3210	3513
1544	1751	1957	1911	2155	2398	2436	2716	2996	2893	3194	3495
1531	1736	1939	1899	2140	2381	2423	2701	2978	2879	3178	3477
1518	1720	1921	1886	2125	2364	2409	2685	2960	2865	3162	3459
1505	1704	1903	1873	2109	2346	2395	2669	2942	2850	3145	3440
1491	1688	1884	1859	2094	2327	2381	2652	2923	2836	3129	3421
1477	1671	1864	1845	2077	2309	2366	2636	2904	2821	3112	3402
1463	1654	1844	1831	2061	2289	2352	2619	2885	2806	3094	3383
1448	1636	1823	1817	2044	2270	2337	2601	2865	2790	3077	3363
1433	1617	1801	1802	2026	2250	2322	2583	2845	2775	3059	3343
1417	1599	1779	1787	2009	2229	2306	2565	2824	2759	3041	3322
1401	1579	1756	1772	1990	2208	2290	2547	2803	2743	3023	3302
1384	1559	1733	1756	1972	2186	2274	2528	2781	2726	3004	3280
1367	1539	1709	1740	1952	2164	2257	2509	2759	2709	2985	3259
1350	1518	1685	1724	1933	2141	2240	2489	2736	2692	2965	3237
1332	1496	1659	1707	1913	2117	2223	2469	2713	2675	2945	3214
1314	1474	1634	1689	1892	2093	2205	2448	2690	2657	2925	3191
1295	1452	1607	1671	1871	2069	2187	2427	2666	2639	2904	3168
1276	1429	1581	1653	1849	2044	2169	2406	2641	2621	2883	3144
1256	1406	1553	1635	1827	2018	2150	2384	2616	2602	2862	3120

对应轴简图	计算长度 l_{oy} (m)	2[18a	2[18b	2[20a	2[20b	2[22a	2[22b	2[25a	2[25b	2[25c
									面	积
		51.38	58.58	57.66	65.66	63.67	72.47	69.81	79.81	89.81
	2.5	959	1105	1095	1256	1222	1401	1345	1548	1752
	2.6	950	1095	1086	1247	1213	1391	1336	1538	1740
	2.7	941	1085	1076	1237	1204	1381	1326	1527	1729
	2.8	931	1074	1066	1226	1194	1371	1315	1516	1717
	2.9	921	1064	1057	1216	1184	1360	1305	1505	1705
	3.0	911	1053	1046	1205	1174	1349	1294	1493	1693
	3.1	900	1042	1036	1194	1163	1338	1283	1481	1680
	3.2	889	1030	1025	1183	1153	1327	1272	1469	1667
	3.3	878	1018	1014	1171	1142	1315	1260	1457	1654
	3.4	866	1006	1003	1159	1131	1303	1248	1444	1641
	3.5	854	994	992	1147	1119	1291	1236	1432	1627
	3.6	842	981	980	1134	1107	1279	1224	1418	1613
	3.7	830	968	968	1122	1095	1266	1211	1405	1599
	3.8	817	954	955	1108	1083	1253	1198	1391	1584
	3.9	804	941	942	1095	1070	1239	1185	1377	1569
	4.0	791	927	929	1081	1057	1226	1171	1362	1554
	4.2	764	898	903	1053	1031	1198	1143	1332	1522
	4.4	737	869	875	1023	1003	1168	1114	1301	1489
	4.6	709	838	847	993	974	1138	1084	1269	1454
y_1	4.8	681	808	818	962	945	1106	1053	1235	1419
	5.0	653	777	789	931	915	1074	1021	1201	1382
	5.2	625	747	760	899	885	1041	988	1166	1345
y_1	5.4	598	717	731	867	854	1008	956	1130	1306
	5.6	572	687	702	835	824	975	923	1095	1268
	5.8	547	658	674	804	794	942	891	1059	1229
	6.0	522	631	647	773	764	909	858	1023	1189
	6.2	499	604	620	743	735	876	827	987	1150
	6.4	477	578	594	713	707	844	796	952	1112
	6.6	456	553	570	685	679	813	765	918	1073
	6.8	436	529	546	658	652	782	736	885	1036
	7.0	416	507	523	631	627	753	708	852	1000
	7.2	398	486	502	606	602	724	681	821	964
	7.4	381	465	481	582	579	697	655	790	929
	7.6	365	446	462	559	556	671	629	761	896
	7.8	350	428	443	537	535	645	605	733	864
	8.0	335	410	426	516	514	621	582	706	833
	8.2	322	394	409	496	494	598	561	680	803
	8.4	309	378	393	477	476	576	540	655	775
	8.6	297	364	378	459	458	555	520	631	747
	8.8	285	350	364	442	441	535	501	609	721
	9.0	274	337	350	426	425	516	483	587	696

①

续表

2[28a	2[28b	2[28c	2[32a	2[32b	2[32c	2[36a	2[36b	2[36c	2[40a	2[40b	2[40c
A	(cm^2)										
80.04	91.24	102.44	97	109.8	122.6	121.78	136.18	150.58	150.09	166.09	182.09
1558	1787	2015	1910	2172	2435	2426	2723	3021	2867	3183	3499
1548	1776	2003	1899	2160	2422	2413	2710	3006	2853	3168	3483
1538	1764	1991	1887	2148	2409	2401	2696	2992	2839	3153	3467
1527	1753	1979	1876	2135	2395	2388	2682	2977	2825	3138	3451
1516	1741	1966	1864	2123	2382	2375	2669	2962	2811	3123	3435
1505	1729	1953	1852	2110	2368	2362	2654	2947	2796	3107	3419
1494	1717	1940	1839	2096	2354	2348	2640	2932	2781	3091	3402
1482	1704	1927	1827	2083	2339	2334	2625	2916	2766	3075	3385
1470	1692	1913	1814	2069	2325	2320	2610	2901	2751	3059	3368
1458	1678	1899	1801	2055	2310	2306	2595	2885	2736	3043	3350
1445	1665	1885	1788	2041	2295	2292	2580	2868	2720	3026	3333
1433	1652	1871	1774	2027	2279	2277	2564	2852	2704	3009	3315
1420	1638	1856	1760	2012	2264	2262	2548	2835	2687	2992	3297
1406	1623	1841	1746	1997	2248	2247	2532	2818	2671	2974	3278
1393	1609	1825	1732	1981	2231	2231	2516	2800	2654	2956	3259
1379	1594	1810	1717	1966	2214	2215	2499	2782	2637	2938	3240
1350	1563	1777	1686	1933	2180	2182	2464	2746	2601	2901	3201
1320	1531	1743	1655	1899	2144	2148	2428	2708	2564	2862	3160
1289	1498	1708	1622	1864	2107	2113	2391	2668	2526	2821	3117
1256	1463	1671	1587	1828	2068	2076	2352	2627	2486	2780	3074
1223	1428	1633	1552	1790	2028	2038	2312	2585	2445	2736	3028
1189	1391	1594	1515	1751	1987	1999	2270	2541	2403	2692	2981
1154	1354	1554	1477	1710	1944	1958	2227	2496	2359	2645	2933
1119	1316	1513	1439	1669	1900	1916	2183	2449	2313	2598	2883
1084	1277	1472	1400	1627	1855	1873	2137	2401	2267	2548	2831
1049	1238	1429	1360	1584	1809	1829	2090	2352	2219	2498	2778
1014	1199	1387	1321	1541	1763	1785	2043	2301	2170	2446	2724
979	1161	1345	1281	1497	1716	1739	1994	2250	2120	2393	2668
945	1123	1303	1241	1454	1668	1694	1945	2197	2070	2340	2611
911	1085	1261	1202	1410	1621	1648	1896	2144	2019	2285	2553
879	1048	1220	1163	1367	1574	1602	1846	2091	1967	2230	2495
847	1012	1180	1125	1325	1527	1556	1796	2037	1916	2175	2436
816	977	1141	1088	1283	1481	1511	1747	1984	1864	2119	2377
787	943	1102	1051	1242	1436	1466	1698	1930	1813	2064	2317
758	910	1065	1016	1202	1391	1422	1649	1878	1763	2009	2258
731	878	1029	982	1163	1347	1379	1601	1825	1712	1954	2199
705	847	994	949	1125	1305	1337	1554	1774	1663	1900	2141
679	818	960	917	1088	1264	1296	1508	1723	1615	1847	2083
655	789	927	886	1053	1223	1256	1463	1673	1568	1795	2026
632	762	896	856	1018	1184	1217	1419	1624	1521	1744	1970
610	736	866	827	985	1147	1179	1376	1577	1476	1694	1915

（11）Q235 钢　一个热轧等边角钢单面连接按轴心受压计算

对应轴简图	计算长度 l_{ov}（m）	L45			L50			L56				
		4	5	6	4	5	6	4	5	8	4	5
											面	积
		3.49	4.29	5.08	3.90	4.80	5.69	4.39	5.42	8.37	4.98	6.14
	0.75	35.9	43.8	51.9	42.8	52.4	62.1	50.7	62.3	95.9	59.8	73.5
	0.80	34.3	41.8	49.5	41.3	50.5	59.8	49.3	60.7	93.3	58.7	72.2
	0.85	32.6	39.7	47.0	39.7	48.4	57.4	47.9	58.9	90.4	57.5	70.7
	0.90	30.9	37.6	44.5	38.0	46.4	54.9	46.4	56.9	87.4	56.2	69.0
	0.95	29.2	35.5	42.0	36.3	44.2	52.4	44.7	54.9	84.2	54.8	67.3
	1.00	27.6	33.5	39.7	34.6	42.1	49.9	43.1	52.8	80.9	53.3	65.4
	1.05	26.1	31.6	37.5	32.9	40.0	47.5	41.3	50.6	77.6	51.7	63.4
	1.10	24.6	29.9	35.4	31.3	38.0	45.1	39.6	48.5	74.2	50.0	61.3
	1.15	23.3	28.2	33.4	29.7	36.1	42.8	37.9	46.4	71.0	48.3	59.2
	1.20	22.0	26.7	31.6	28.2	34.3	40.7	36.3	44.3	67.8	46.6	57.1
	1.25	20.9	25.2	29.9	26.8	32.6	38.6	34.7	42.3	64.7	44.9	54.9
	1.30	19.8	23.9	28.3	25.5	31.0	36.7	33.1	40.4	61.8	43.2	52.8
	1.35	18.8	22.7	26.9	24.3	29.4	34.9	31.6	38.6	59.0	41.5	50.8
	1.40	17.8	21.6	25.5	23.1	28.0	33.2	30.2	36.9	56.3	39.9	48.8
	1.45	17.0	20.5	24.3	22.0	26.7	31.7	28.9	35.3	53.8	38.3	46.8
	1.50	16.1	19.5	23.1	21.0	25.5	30.2	27.6	33.7	51.4	36.8	45.0
单面连接面	1.60	14.7	17.8	21.0	19.2	23.2	27.6	25.3	30.9	47.1	34.0	41.5
	1.70	13.5	16.3	19.3	17.6	21.3	25.2	23.3	28.4	43.3	31.4	38.3
	1.80	12.4	14.9	17.7	16.2	19.6	23.2	21.5	26.2	39.9	29.1	35.5
	1.90	11.4	13.8	16.3	14.9	18.1	21.5	19.9	24.2	36.9	27.0	32.9
	2.00	10.6	12.8	15.1	13.8	16.8	19.9	18.4	22.5	34.2	25.1	30.6
	2.10	9.84	11.9	14.1	12.9	15.6	18.5	17.2	20.9	31.9	23.4	28.5
	2.20	9.2	11.1	13.1	12.0	14.6	17.3	16.0	19.5	29.7	21.9	26.7
	2.30				11.2	13.6	16.2	15.0	18.3	27.8	20.5	25.0
	2.40				10.6	12.8	15.2	14.1	17.2	26.1	19.3	23.5
	2.50							13.3	16.2	24.6	18.1	22.1
	2.60							12.5	15.2	23.2	17.1	20.9
	2.70							11.8	14.4	21.9	16.2	19.7
	2.80										15.3	18.7
	2.90										14.6	17.7
	3.00										13.8	16.9

③

稳定时的承载力设计值（kN）（见表 2.7-15）。

表 2.7-15

L63			L70					L75					
6	8	10	4	5	6	7	8	5	6	7	8	10	
A（cm^2）													
7.29	9.51	11.66	5.57	6.88	8.16	9.42	10.67	7.41	8.80	10.16	11.50	14.13	
87.1	113.4	138.7	68.4	84.4	99.9	115.4	130.5	92.1	109.2	126.0	142.5	174.8	
85.5	111.2	136.0	67.5	83.2	98.6	113.8	128.7	91.1	108.0	124.6	140.8	172.8	
83.7	108.8	132.9	66.5	82.0	97.0	112.0	126.6	90.0	106.7	123.0	139.0	170.5	
81.7	106.1	129.6	65.4	80.6	95.3	110.1	124.4	88.7	105.2	121.2	137.0	168.0	
79.5	103.3	126.1	64.2	79.0	93.5	107.9	121.9	87.4	103.6	119.3	134.8	165.2	
77.2	100.3	122.3	62.8	77.4	91.5	105.6	119.2	85.9	101.8	117.2	132.4	162.2	
74.8	97.1	118.4	61.4	75.6	89.3	103.1	116.4	84.3	99.9	115.0	129.8	159.0	
72.4	93.8	114.3	59.9	73.7	87.1	100.5	113.4	82.6	97.8	112.6	127.0	155.5	
69.8	90.5	110.1	58.3	71.7	84.7	97.8	110.2	80.8	95.6	110.0	124.0	151.8	
67.3	87.1	106.0	56.7	69.7	82.2	94.9	106.9	78.9	93.3	107.3	120.9	147.9	
64.7	83.8	101.9	55.0	67.6	79.7	92.0	103.6	76.9	90.9	104.5	117.7	144.0	
62.2	80.5	97.8	53.3	65.4	77.1	89.0	100.2	74.8	88.4	101.6	114.4	139.9	
59.8	77.3	93.9	51.6	63.3	74.6	86.1	96.8	72.7	85.9	98.7	111.1	135.7	
57.4	74.2	90.1	49.8	61.1	72.0	83.1	93.5	70.6	83.4	95.7	107.7	131.5	
55.1	71.2	86.4	48.1	59.0	69.5	80.2	90.2	68.5	80.8	92.7	104.3	127.3	
52.9	68.3	82.9	46.5	56.9	67.0	77.4	86.9	66.3	78.2	89.7	100.9	123.1	
48.8	62.9	76.3	43.2	53.0	62.3	71.9	80.7	62.1	73.2	83.9	94.3	115.0	
45.0	58.1	70.4	40.2	49.2	57.9	66.8	75.0	58.1	68.4	78.4	88.0	107.3	
41.6	53.7	65.1	37.4	45.8	53.8	62.1	69.7	54.3	63.9	73.2	82.2	100.1	
38.6	49.8	60.4	34.9	42.7	50.1	57.8	64.9	50.7	59.7	68.4	76.7	93.5	
35.9	46.3	56.1	32.5	39.8	46.7	53.9	60.5	47.5	55.9	64.0	71.7	87.3	
33.5	43.2	52.3	30.4	37.2	43.7	50.4	56.5	44.5	52.3	59.9	67.2	81.8	①
31.3	40.4	48.9	28.5	34.8	40.9	47.2	52.9	41.7	49.1	56.2	63.0	76.7	
29.3	37.8	45.8	26.7	32.7	38.4	44.3	49.6	39.2	46.1	52.8	59.2	72.0	
27.6	35.5	43.0	25.1	30.7	36.1	41.6	46.7	36.9	43.4	49.7	55.7	67.8	
25.9	33.4	40.5	23.7	29.0	34.0	39.2	44.0	34.8	41.0	46.8	52.5	63.9	
24.5	31.6	38.2	22.4	27.3	32.1	37.0	41.5	32.9	38.7	44.3	49.6	60.3	
23.1	29.8	36.1	21.2	25.9	30.4	35.0	39.3	31.2	36.6	41.9	46.9	57.1	
21.9	28.3	34.2	20.1	24.5	28.8	33.2	37.2	29.5	34.7	39.7	44.5	54.1	
20.8	26.8	32.5	19.0	23.3	27.3	31.5	35.3	28.1	33.0	37.7	42.3	51.4	②
19.8	25.5	30.9	18.1	22.1	26.0	30.0	33.6	26.7	31.4	35.9	40.2	48.9	

对应轴简图	计算长度 l_{ov} (m)	L80					L90				
		5	6	7	8	10	6	7	8	10	12
										面	积
		7.91	9.4	10.86	12.30	15.13	10.64	12.3	13.94	17.17	20.31
	1.0	93.7	111	128	145	178	130	150	170	208	246
	1.10	90.7	107	124	140	172	127	146	166	203	240
	1.20	87.2	103	119	134	165	123	142	161	197	233
	1.30	83.4	98.8	114	128	157	119	137	156	191	225
	1.40	79.3	93.8	108	122	149	115	132	150	183	216
	1.50	75.1	88.7	102	115	140	110	127	144	175	207
	1.60	70.8	83.6	96.0	108	132	105	121	137	167	197
	1.70	66.6	78.6	90.2	101	124	100	115	130	159	187
	1.80	62.5	73.8	84.6	95.1	116	95.2	109	123	150	177
	1.90	58.7	69.2	79.3	89.2	109	90.2	103	117	142	167
	2.00	55.1	64.9	74.4	83.6	102	85.3	97.4	110	134	158
	2.10	51.7	61.0	69.9	78.5	95.7	80.6	92.0	104	127	149
	2.20	48.7	57.3	65.7	73.7	89.9	76.2	86.9	98.5	120	140
	2.30	45.8	54.0	61.8	69.4	84.6	72.1	82.1	93.1	113	133
	2.40	43.2	50.9	58.3	65.4	79.7	68.2	77.7	88.0	107	125
	2.50	40.8	48.0	55.0	61.7	75.2	64.6	73.5	83.3	101	119
单面连接面	2.60	38.6	45.4	52.0	58.4	71.1	61.2	69.7	79.0	95.7	112
	2.70	36.5	43.0	49.2	55.3	67.4	58.1	66.1	74.9	90.8	107
	2.80	34.7	40.8	46.7	52.4	63.9	55.2	62.8	71.2	86.3	101
	2.90	32.9	38.8	44.4	49.8	60.7	52.5	59.7	67.7	82.1	96.3
	3.00	31.3	36.9	42.2	47.4	57.7	50.0	56.9	64.5	78.1	91.7
	3.10	29.9	35.2	40.2	45.1	55.0	47.7	54.3	61.5	74.5	87.4
	3.20	28.5	33.5	38.4	43.1	52.5	45.6	51.8	58.7	71.7	83.5
	3.30	27.2	32.0	36.7	41.2	50.1	43.6	49.5	56.1	68.0	79.8
	3.40	26.0	30.7	35.1	39.4	48.0	41.7	47.4	53.7	65.1	76.3
	3.50	24.9	29.4	33.6	37.7	46.0	39.9	45.4	51.5	62.4	73.1
	3.60	23.9	28.2	32.2	36.2	44.1	38.3	43.6	49.4	59.8	70.2
	3.70	23.0	27.0	31.0	34.7	42.3	36.8	41.8	47.4	57.4	67.4
	3.80	22.1	26.0	29.8	33.4	40.7	35.4	40.2	45.6	55.2	64.8
	3.90	21.2	25.0	28.6	32.1	39.1	34.0	38.7	43.9	53.1	62.3
	4.00	20.5					32.8	37.3	42.2	51.2	60.0

③

注：1. 表中的承载力设计值按下式算得：

$N=\alpha_y\varphi Af \quad \alpha_y=0.6+0.0015\lambda\leqslant 1.0$，$\varphi$ 按 b 类

2. 粗黑线①为对应轴 $\lambda_v=150$ 时的界线；粗黑线②为对应轴 $\lambda_v=200$ 时的界线；

续表

L100							L110				
6	7	8	10	12	14	16	7	8	10	12	14
A (cm^2)											
11.93	13.8	15.64	19.26	22.8	26.26	29.63	15.2	17.24	21.26	25.20	29.06
148	171	194	239	282	325	366	191	217	267	316	365
146	168	191	234	277	319	359	189	214	264	312	360
143	165	187	229	271	312	351	186	211	259	307	354
140	161	182	224	264	304	342	183	207	255	301	347
136	157	177	217	257	295	332	179	203	249	295	339
132	152	172	210	248	285	321	175	198	243	287	331
127	146	166	203	239	274	309	170	193	236	279	321
122	141	159	194	229	263	296	165	187	229	270	311
117	135	152	186	219	251	282	160	181	221	261	300
112	129	145	177	209	240	269	154	174	213	251	288
107	123	139	169	199	228	256	148	167	205	241	277
102	117	132	161	189	217	243	142	160	196	231	265
96.7	111	125	153	180	206	231	136	154	188	220	253
91.9	106	119	145	171	195	219	130	147	179	211	242
87.4	100	113	138	162	185	208	124	140	171	201	230
83.1	95.5	108	131	154	176	197	119	134	163	192	220
79.0	90.8	102	124	146	167	187	113	128	156	183	210
75.2	86.4	97.3	118	139	159	178	108	122	149	174	200
71.6	82.3	92.6	112	132	151	169	103	117	142	167	191
68.3	78.4	88.3	107	126	144	161	98.9	111	136	159	182
65.1	74.8	84.2	102	120	137	154	94.5	107	130	152	174
62.2	71.4	80.4	97.6	115	131	147	90.4	102	124	145	167
59.5	68.3	76.8	93.3	110	125	140	86.6	97.6	119	139	159 ①
56.9	65.3	73.5	89.2	105	120	134	83.0	93.5	114	133	153
54.5	62.6	70.4	85.5	100	115	129	79.6	89.7	109	128	146
52.3	60.0	67.5	81.9	96.3	110	123	76.4	86.1	105	123	140
50.2	57.6	64.8	78.6	92.4	106	118	73.4	82.7	101	118	135
48.2	55.3	62.3	75.5	88.7	101	114	70.5	79.5	96.7	113	130
46.3	53.2	59.9	72.6	85.3	97.5	109	67.9	76.5	93.0	109	125
44.6	51.2	57.6	69.9	82.1			65.3	73.6	89.6	105	120
43.0							63.0	71.0	86.3	101	116

②

粗黑线③为对应轴 $\lambda_v=250$ 时的界线。

(12) Q235 钢 一个热轧不等边角钢单面连接(长边相连)

对应轴简图	计算长度 l_{ov} (m)	L56×36× 4	L56×36× 5	L63×40× 4	L63×40× 5	L63×40× 6	L63×40× 7
	面积	3.59	4.42	4.06	4.99	5.91	6.8
	0.75	26.0	32.1	33.3	40.5	47.5	54.6
	0.80	24.4	30.0	31.3	38.0	44.4	51.1
	0.85	22.9	28.2	29.3	35.5	41.6	47.9
	0.90	21.5	26.4	27.6	33.6	39.3	45.2
	0.95	20.1	24.7	26.1	31.7	37.1	42.7
	1.00	18.8	23.2	24.7	30.0	35.0	40.3
	1.05	17.6	21.7	23.3	28.3	33.0	38.0
	1.10	16.5	20.3	22.0	26.6	31.1	35.8
	1.15	15.5	19.1	20.8	25.1	29.3	33.7
	1.20	14.5	17.9	19.6	23.7	27.6	31.8
	1.25	13.7	16.8	18.5	22.4	26.0	30.0
	1.30	12.9	15.8	17.5	21.1	24.6	28.3
	1.35	12.1	14.9	16.5	20.0	23.2	26.7
	1.40	11.4	14.0	15.6	18.9	22.0	25.3
	1.45	10.8	13.3	14.8	17.9	20.8	23.8
	1.50	10.2	12.5	14.0	16.9	19.7	22.6
单面连接面	1.55	9.6	11.9	13.3	16.0	18.7	21.5
	1.60	9.12	11.2	12.6	15.2	17.7	20.4
	1.65	8.65	10.6	12.0	14.5	16.8	19.3
	1.70	8.21	10.1	11.4	13.8	16.0	18.4
	1.75	7.81	9.61	10.9	13.1	15.2	17.5
	1.80	7.43	9.14	10.4	12.5	14.5	16.7
	1.85	7.07	8.71	9.89	11.9	13.8	15.9
	1.90	6.75	8.31	9.44	11.4	13.2	15.2
	1.95	6.4	7.9	9.02	10.9	12.6	14.5
	2.00			8.63	10.4	12.1	13.9
	2.10			7.91	9.5	11.1	12.7
	2.20			7.28			
	2.30						
	2.40						
	2.50						

按轴心受压计算稳定时的承载力设计值（kN）（见表 2.7-16）。

表 2.7-16

L70×45×				L75×50×				L80×50×			
4	5	6	7	5	6	8	10	5	6	7	8
A (cm^2)											
4.55	5.61	6.64	7.66	6.13	7.26	9.47	11.59	6.38	7.56	8.72	9.87
41.4	50.7	59.5	68.6	60.0	70.6	91.5	111.2	62.8	74.0	84.8	95.4
39.2	47.9	56.2	64.9	57.2	67.3	87.2	105.9	60.0	70.6	80.8	90.8
37.1	45.3	53.1	61.2	54.5	64.1	82.9	100.6	57.2	67.2	76.9	86.4
35.0	42.8	50.1	57.8	51.8	60.9	78.7	95.5	54.4	63.9	73.1	82.1
33.1	40.3	47.1	54.4	49.3	57.8	74.7	90.6	51.7	60.8	69.4	77.9
31.4	38.3	44.9	51.7	46.8	54.9	70.9	85.8	49.1	57.7	65.9	73.8
29.9	36.4	42.6	49.2	44.4	52.0	67.1	81.4	46.7	54.7	62.5	70.0
28.4	34.6	40.5	46.7	42.3	49.6	64.2	77.8	44.4	52.2	59.6	66.9
27.0	32.9	38.4	44.3	40.4	47.4	61.3	74.2	42.5	49.9	57.0	63.9
25.6	31.2	36.5	42.1	38.6	45.3	58.5	70.8	40.6	47.7	54.4	60.9
24.3	29.6	34.6	39.9	36.9	43.2	55.8	67.5	38.8	45.5	51.9	58.1
23.1	28.1	32.8	37.9	35.2	41.2	53.2	64.3	37.1	43.4	49.5	55.4
22.0	26.7	31.1	35.9	33.6	39.3	50.7	61.3	35.4	41.4	47.2	52.8
20.9	25.4	29.6	34.1	32.1	37.5	48.3	58.4	33.8	39.5	45.1	50.4
19.8	24.1	28.1	32.4	30.6	35.8	46.1	55.7	32.2	37.7	43.0	48.0
18.9	22.9	26.7	30.8	29.2	34.1	44.0	53.1	30.8	36.0	41.0	45.8
17.9	21.8	25.4	29.3	27.9	32.6	41.9	50.6	29.4	34.4	39.1	43.7
17.1	20.7	24.2	27.9	26.6	31.1	40.0	48.3	28.1	32.8	37.4	41.7 ①
16.3	19.8	23.0	26.5	25.4	29.7	38.2	46.1	26.8	31.4	35.7	39.8
15.5	18.8	21.9	25.3	24.3	28.4	36.5	44.1	25.7	30.0	34.1	38.1
14.8	18.0	20.9	24.1	23.3	27.2	34.9	42.1	24.6	28.7	32.6	36.4
14.2	17.2	20.0	23.0	22.3	26.0	33.4	40.3	23.5	27.5	31.2	34.8
13.5	16.4	19.1	22.0	21.3	24.9	32.0	38.5	22.5	26.3	29.9	33.3
12.9	15.7	18.2	21.0	20.4	23.8	30.6	36.9	21.6	25.2	28.6	31.9
12.4	15.0	17.5	20.1	19.6	22.8	29.3	35.4	20.7	24.2	27.4	30.6
11.9	14.4	16.7	19.3	18.8	21.9	28.1	33.9	19.8	23.2	26.3	29.3
10.9	13.2	15.4	17.7	17.3	20.2	25.9	31.2	18.3	21.4	24.3	27.0 ②
10.1	12.2	14.2	16.3	16.0	18.7	24.0	28.9	16.9	19.7	22.4	25.0
9.30	11.3	13.1	15.1	14.8	17.3	22.2	26.7	15.7	18.3	20.8	23.1
8.6	10.4	12.1	14.0	13.8	16.1	20.6	24.8	14.6	17.0	19.3	21.5
				12.8	14.9	19.2	23.1	13.6	15.8	17.9	20.0

③

对应轴简图	计算长度 l_{ov} (m)	L90×56× 5	6	7	8	L100×63× 6	7	8	10
	面积	7.21	8.56	9.88	11.18	9.62	11.11	12.58	15.47
单面连接面	1.00	61.8	72.9	84.1	94.5	90.7	104	118	143
	1.05	59.1	69.6	80.4	90.2	87.3	100	113	138
	1.10	56.5	66.5	76.7	86.1	84.0	96.4	109	132
	1.15	53.9	63.5	73.2	82.1	80.7	92.6	105	127
	1.20	51.5	60.5	69.9	78.5	77.5	88.9	101	122
	1.25	49.4	58.2	67.2	75.4	74.4	85.3	96.5	117
	1.30	47.5	55.9	64.5	72.4	71.4	81.8	92.6	112
	1.35	45.6	53.7	61.9	69.4	68.4	78.4	88.8	108
	1.40	43.8	51.5	59.4	66.6	66.0	75.7	85.7	104
	1.45	42.0	49.4	57.0	63.9	63.7	73.1	82.7	100
	1.50	40.3	47.4	54.7	61.2	61.5	70.5	79.8	96.5
	1.55	38.7	45.4	52.4	58.7	59.3	67.9	76.9	93.0
	1.60	37.1	43.6	50.3	56.3	57.2	65.5	74.1	89.6
	1.70	34.1	40.1	46.3	51.7	53.1	60.8	68.8	83.0
	1.80	31.5	36.9	42.6	47.6	49.3	56.4	63.9	77.0
	1.90	29.0	34.0	39.3	43.9	45.8	52.4	59.3	71.4
	2.00	26.8	31.5	36.3	40.5	42.6	48.7	55.1	66.3
	2.10	24.8	29.1	33.6	37.5	39.6	45.3	51.2	61.6
	2.20	23.0	27.0	31.2	34.8	36.9	42.2	47.7	57.4
	2.30	21.4	25.1	28.9	32.3	34.4	39.3	44.5	53.5
	2.40	19.9	23.4	27.0	30.1	32.2	36.7	41.6	49.9
	2.50	18.6	21.8	25.1	28.1	30.1	34.4	38.9	46.7
	2.60	17.4	20.4	23.5	26.2	28.2	32.2	36.5	43.7
	2.70	16.3	19.1	22.0	24.5	26.5	30.2	34.2	41.0
	2.80	15.3	17.9	20.6	23.0	24.9	28.4	32.2	38.6
	2.90	14.4	16.8	19.4	21.6	23.4	26.7	30.3	36.3
	3.00	13.5	15.8	18.3	20.4	22.1	25.2	28.5	34.2
	3.10					20.9	23.8	26.9	32.3
	3.20					19.7	22.5	25.5	30.5
	3.30					18.7	21.3	24.1	28.9
	3.40					17.7	20.2	22.9	
	3.50								

③

注：1. 表中的承载力设计值按下式算得：

$N = \alpha_y \varphi A f \quad \alpha_y = 0.70 \quad \varphi$ 按 C 类

2. 粗黑线①为对应轴$\lambda_v = 150$时的界线；粗黑线②为对应轴$\lambda_v = 200$时的界线；

续表

L100×80×				L110×70×				L125×80×			
6	7	8	10	6	7	8	10	7	8	10	12
A (cm²)											
10.64	12.3	13.94	17.17	10.64	12.3	13.94	17.17	14.1	15.99	19.71	23.35
116	133	151	185	108	125	141.2	172	155	175	215	253
113	129	147	179	105	121	136.7	167	151	171	210	247
110	126	143	174	101	117	132.2	161	147	166	204	240
107	122	139	169	98.0	113	127.8	156	143	161	198	233
104	119	135	164	94.7	109	123.4	150	139	157	193	226
101	115	131	159	91.4	105	119.0	145	135	152	187	220
97.5	112	127	154	88.2	101	115	140	131	148	182	213
94.6	108	123	150	85.0	97.7	111	135	127	143	176	207
91.6	105	119	145	82.0	94.1	107	130	123	139	171	200
88.8	101	115	140	79.0	90.7	103	125	120	135	165	194
85.9	98.2	111	136	76.1	87.3	98.9	120	116	131	160	188
83.2	95.0	108	131	73.6	84.6	95.8	116	112	126	155	181
80.5	91.9	104	127	71.3	81.9	92.8	113	109	122	150	176
75.3	86.1	97.6	119	66.9	76.7	87.0	106	102	115	140	164
71.2	81.3	92.2	112	62.6	71.8	81.4	98.7	96.0	108	133	155
67.2	76.7	87.0	106	58.6	67.2	76.2	92.2	90.8	102	125	147
63.4	72.3	82.0	100	54.9	62.9	71.2	86.2	85.8	96.6	118	138
59.8	68.2	77.2	93.7	51.3	58.8	66.7	80.6	81.0	91.2	112	130
56.4	64.2	72.8	88.2	48.1	55.1	62.4	75.4	76.4	86.0	105	123
53.2	60.5	68.5	83.1	45.1	51.6	58.5	70.6	72.1	81.1	99.2	116
50.1	57.0	64.6	78.3	42.3	48.4	54.8	66.2	68.0	76.5	93.6	109
47.3	53.8	60.9	73.8	39.7	45.4	51.5	62.1	64.2	72.3	88.3	103 ①
44.6	50.7	57.5	69.6	37.3	42.7	48.4	58.4	60.7	68.2	83.4	97.1
42.2	47.9	54.3	65.7	35.1	40.2	45.5	54.9	57.4	64.5	78.8	91.7
39.9	45.3	51.3	62.0	33.1	37.9	42.9	51.7	54.3	61.0	74.5	86.7
37.7	42.8	48.5	58.7	31.2	35.7	40.5	48.8	51.4	57.8	70.6	82.1
35.8	40.6	46.0	55.6	29.5	33.7	38.2	46.1	48.7	54.7	66.8	77.7
33.9	38.5	43.6	52.6	27.9	31.9	36.2	43.6	46.2	51.9	63.4	73.7
32.2	36.5	41.4	49.9	26.4	30.2	34.2	41.2	43.9	49.3	60.2	69.9
30.6	34.7	39.3	47.4	25.1	28.7	32.5	39.1	41.7	46.8	57.2	66.4
29.1	33.0	37.3	45.1	23.8	27.2	30.8	37.1	39.7	44.5	54.4	63.2 ②
27.7	31.4	35.5	42.9	22.6	25.8	29.3	35.2	37.8	42.4	51.8	60.1

粗黑线③为对应轴 $\lambda_v = 250$ 时的界线。

（13）Q235 钢　一个不等边角钢单面连接（短边相连）按轴

对应轴简图	计算长度 l_{ov}（m）	L56×36×4	L56×36×5	L63×40×4	L63×40×5	L63×40×6	L63×40×7
	面积	3.59	4.42	4.06	4.99	5.91	6.8
	0.75	27.5	33.9	34.0	41.4	48.7	56.0
	0.80	26.3	32.4	32.5	39.6	46.5	53.5
	0.85	25.3	31.1	31.0	37.8	44.4	51.1
	0.90	24.2	29.8	29.8	36.4	42.8	49.2
	0.95	23.1	28.4	28.8	35.0	41.2	47.3
	1.00	22.1	27.2	27.7	33.7	39.5	45.5
	1.05	21.1	25.9	26.6	32.4	37.9	43.7
	1.10	20.1	24.8	25.5	31.1	36.4	41.9
	1.15	19.2	23.7	24.5	29.8	34.9	40.2
	1.20	18.4	22.6	23.5	28.6	33.5	38.5
	1.25	17.6	21.6	22.6	27.5	32.1	37.0
	1.30	16.8	20.7	21.7	26.4	30.8	35.5
	1.35	16.1	19.9	20.9	25.3	29.6	34.1
	1.40	15.5	19.0	20.0	24.3	28.4	32.7
	1.45	14.8	18.3	19.3	23.4	27.3	31.5
	1.50	14.3	17.6	18.6	22.5	26.3	30.3
单面连接面	1.55	13.7	16.9	17.9	21.7	25.3	29.1
	1.60	13.0	16.0	17.2	20.9	24.4	28.1
	1.65	12.4	15.2	16.6	20.1	23.5	27.1
	1.70	11.7	14.4	16.0	19.4	22.7	26.1
	1.75	11.2	13.7	15.5	18.7	21.7	25.0
	1.80	10.6	13.1	14.8	17.8	20.7	23.8
	1.85	10.1	12.4	14.1	17.0	19.8	22.7
	1.90	9.64	11.9	13.5	16.2	18.9	21.7
	1.95	9.2	11.3	12.9	15.5	18.0	20.7
	2.00	8.79	10.8	12.3	14.8	17.2	19.8
	2.10	8.04	9.90	11.3	13.6	15.8	18.2
	2.20	7.39	9.10	10.4	12.5	14.5	16.7
	2.30	6.81	8.38	9.60	11.6	13.4	15.4
	2.40	6.29	7.75	8.89	10.7	12.4	14.3
	2.50	5.83	7.18	8.25	9.92	11.5	13.2

心受压计算稳定时的承载力设计值（kN）（见表 2.7-17）。

表 2.7-17

L70×45×				L75×50×				L80×50×				
4	5	6	7	5	6	8	10	5	6	7	8	
A （cm^2）												
4.55	5.61	6.64	7.66	6.13	7.26	9.47	11.59	6.38	7.56	8.72	9.87	
40.8	50.0	58.9	67.9	57.6	67.9	88.3	107.6	60.2	71.0	81.6	92.0	
39.4	48.2	56.7	65.4	55.9	65.9	85.5	104.2	58.4	68.9	79.1	89.1	
37.9	46.4	54.5	62.9	54.1	63.8	82.7	100.7	56.6	66.7	76.6	86.2	
36.4	44.6	52.4	60.4	52.3	61.6	79.9	97.2	54.8	64.5	74.0	83.3	
35.0	42.8	50.2	57.9	50.5	59.5	77.1	93.7	52.9	62.3	71.4	80.3	
33.7	41.3	48.6	56.0	48.7	57.3	74.3	90.2	51.1	60.1	68.9	77.4	
32.6	39.9	46.9	54.1	47.0	55.2	71.5	87.0	49.2	57.9	66.3	74.5	
31.5	38.6	45.3	52.3	45.5	53.5	69.4	84.4	47.6	56.1	64.3	72.3	
30.5	37.2	43.7	50.4	44.1	51.9	67.3	81.8	46.2	54.4	62.4	70.1	
29.4	35.9	42.1	48.6	42.8	50.3	65.2	79.2	44.8	52.8	60.5	67.9	
28.4	34.6	40.6	46.9	41.5	48.7	63.1	76.6	43.5	51.1	58.5	65.8	
27.3	33.4	39.1	45.2	40.2	47.2	61.1	74.1	42.1	49.5	56.7	63.6	
26.4	32.2	37.7	43.5	38.9	45.7	59.1	71.7	40.8	47.9	54.8	61.6	
25.4	31.0	36.4	41.9	37.6	44.2	57.1	69.3	39.5	46.4	53.1	59.5	
24.5	29.9	35.1	40.4	36.4	42.7	55.2	67.0	38.2	44.9	51.3	57.6	
23.7	28.9	33.8	39.0	35.2	41.3	53.4	64.8	37.0	43.4	49.6	55.7	
22.9	27.9	32.6	37.6	34.1	40.0	51.7	62.6	35.8	42.0	48.0	53.8	
22.1	26.9	31.5	36.3	33.0	38.7	50.0	60.6	34.7	40.7	46.5	52.1	①
21.3	26.0	30.4	35.1	31.9	37.4	48.4	58.6	33.6	39.4	45.0	50.4	
20.6	25.1	29.4	33.9	30.9	36.3	46.8	56.7	32.5	38.1	43.6	48.8	
19.9	24.3	28.4	32.8	30.0	35.1	45.3	54.9	31.5	36.9	42.2	47.3	
19.3	23.5	27.5	31.7	29.0	34.0	43.9	53.2	30.5	35.8	40.9	45.8	
18.7	22.8	26.6	30.7	28.2	33.0	42.6	51.6	29.6	34.7	39.6	44.4	
18.1	22.1	25.8	29.8	27.3	32.0	41.3	50.0	28.7	33.7	38.4	43.0	
17.6	21.4	24.9	28.8	26.5	31.1	40.1	48.5	27.9	32.7	37.3	41.8	
16.9	20.5	23.9	27.6	25.7	30.1	38.9	47.1	27.1	31.7	36.2	40.5	
15.6	18.9	22.0	25.3	24.3	28.5	36.7	44.4	25.6	30.0	34.2	38.3	②
14.4	17.4	20.2	23.3	22.9	26.7	34.2	41.2	24.2	28.2	32.0	35.7	
13.29	16.1	18.7	21.6	21.2	24.7	31.7	38.2	22.4	26.1	29.7	33.0	
12.3	14.9	17.3	20.0	19.7	22.9	29.4	35.4	20.8	24.3	27.5	30.7	
11.4	13.9	16.1	18.6	18.3	21.3	27.4	33.0	19.4	22.6	25.6	28.5	

③

对应轴简图	计算长度 l_{ov} (m)	L90×56×				L100×63×			
		5	6	7	8	6	7	8	10
		面	积						
		7.21	8.56	9.88	11.18	9.62	11.11	12.58	15.47
	1.00	62.1	73.4	84.7	95.4	88.3	102	115	140
	1.05	60.3	71.1	82.1	92.4	86.1	99.0	112	137
	1.10	58.4	68.9	79.5	89.5	83.9	96.5	109	133
	1.15	56.5	66.7	77.0	86.6	81.6	93.9	106	129
	1.20	54.7	64.5	74.5	83.8	79.4	91.3	103	126
	1.25	53.2	62.9	72.5	81.6	77.2	88.7	100	122
	1.30	51.8	61.2	70.6	79.5	75.0	86.1	97.5	119
	1.35	50.4	59.5	68.7	77.3	72.7	83.6	94.7	115
	1.40	49.1	57.9	66.8	75.1	71.1	81.7	92.5	113
	1.45	47.7	56.2	64.9	72.9	69.4	79.8	90.4	110
	1.50	46.3	54.6	63.0	70.8	67.8	77.9	88.2	107
	1.55	45.0	53.1	61.2	68.8	66.1	76.0	86.0	105
	1.60	43.7	51.5	59.5	66.8	64.5	74.1	83.9	102
	1.70	41.2	48.6	56.1	62.9	61.3	70.3	79.6	96.6
单面连接面	1.80	38.9	45.8	52.9	59.3	58.2	66.7	75.6	91.6
	1.90	36.8	43.3	49.9	56.0	55.2	63.3	71.7	86.9
	2.00	34.7	40.9	47.2	52.9	52.5	60.1	68.1	82.4
	2.10	32.9	38.7	44.7	50.1	49.8	57.1	64.7	78.3
	2.20	31.2	36.7	42.3	47.4	47.4	54.3	61.5	74.4
	2.30	29.6	34.8	40.2	45.0	45.1	51.7	58.5	70.7
	2.40	28.1	33.1	38.2	42.8	43.0	49.2	55.7	67.4
	2.50	26.6	31.1	35.9	40.1	41.0	46.9	53.1	64.2
	2.60	24.8	29.1	33.6	37.4	39.1	44.8	50.7	61.3
	2.70	23.3	27.2	31.4	35.1	37.4	42.8	48.5	58.6
	2.80	21.8	25.5	29.5	32.9	35.6	40.6	45.9	55.1
	2.90	20.5	24.0	27.7	30.9	33.5	38.2	43.2	51.8
	3.00	19.3	22.6	26.1	29.1	31.6	36.0	40.8	48.9
	3.10					29.8	34.0	38.5	46.1
	3.20					28.2	32.1	36.4	43.6
	3.30					26.7	30.4	34.5	41.3
	3.40					25.3	28.8	32.7	
	3.50								

③

注：1. 表中的承载力设计值按下式算得：

$N=\alpha_y \varphi A f$　　　$\alpha_y=0.5+0.0025\lambda \leqslant 1.0$　φ 按 C 类

2. 粗黑线①为对应轴 $\lambda_v=150$ 时的界线；粗黑线②为对应轴 $\lambda_v=200$ 时的界线；

续表

L100×80×				L110×70×				L125×80×				
6	7	8	10	6	7	8	10	7	8	10	12	
A (cm^2)												
10.64	12.3	13.94	17.17	10.64	12.3	13.94	17.17	14.1	15.99	19.71	23.35	
107	123	139	171	102	118	134	164	142	161	198	234	
105	121	127	168	100	116	131	161	140	158	195	230	
103	119	135	165	98.3	113	128	157	138	156	192	226	
101	117	132	162	96.2	111	126	154	135	153	188	222	
100	115	130	159	94.0	108	123	150	133	150	185	218	
97.8	112	127	156	91.8	106	120	146	131	148	182	214	
95.8	110	125	153	89.6	103	117	143	128	145	178	210	
93.9	108	122	150	87.4	101	114	139	126	142	175	205	
91.9	106	120	146	85.1	98.0	111	135	123	139	171	201	
90.0	103	117	143	83.0	95.4	108	132	121	136	167	197	
88.0	101	114	140	80.8	92.9	105	129	118	133	164	192	
86.0	98.6	112	137	79.0	91.0	103	126	115	130	160	188	
84.1	96.4	109	133	77.4	89.1	101	123	113	127	156	184	
80.2	92.1	104	128	74.1	85.3	96.6	118	108	122	149	175	
77.3	88.7	101	123	70.9	81.5	92.4	113	104	117	144	169	
74.4	85.3	96.6	118	67.7	77.8	88.2	107	99.9	113	138	163	
71.5	81.9	92.8	113	64.6	74.2	84.1	102	96.1	108	133	156	
68.7	78.6	89.0	109	61.7	70.8	80.3	97.6	92.3	104	128	150	
65.9	75.4	85.4	104	58.9	67.6	76.6	93.1	88.7	100	123	144	
63.2	72.3	81.9	99.7	56.2	64.5	73.2	88.9	85.1	96.0	118	138	
60.6	69.3	78.5	95.6	53.7	61.7	69.9	84.9	81.7	92.2	113	132	
58.2	66.5	75.3	91.6	51.4	59.0	66.8	81.1	78.5	88.5	108	127	
55.9	63.8	72.3	87.9	49.2	56.4	63.9	77.6	75.4	85.0	104	122	①
53.6	61.2	69.4	84.4	47.1	54.0	61.2	74.3	72.4	81.6	100	117	
51.5	58.8	66.7	81.0	45.1	51.8	58.7	71.2	69.6	78.4	96.1	112	
49.6	56.5	64.1	77.9	43.3	49.7	56.3	68.3	67.0	75.4	92.4	108	
47.7	54.4	61.6	74.9	41.6	47.7	54.1	65.6	64.4	72.6	88.9	104	
45.9	52.4	59.3	72.1	39.9	45.6	51.7	62.2	62.1	69.9	85.6	100	
44.2	50.4	57.2	69.4	37.8	43.2	48.9	58.9	59.8	67.4	82.5	96.4	
42.7	48.6	55.1	67.0	35.8	40.9	46.4	55.8	57.7	65.0	79.6	93.0	
41.2	46.9	53.2	64.4	34.0	38.9	44.0	53.0	55.7	62.7	76.8	89.7	
39.5	44.8	50.8	61.3	32.3	36.9	41.8	50.4	53.8	60.6	74.0	85.9	②

粗黑线③为对应轴 $\lambda_v = 250$ 时的界线。

3　冷弯薄壁型钢结构

3.1　材　　料

3.1.1　钢材

用于承重结构的冷弯薄壁型钢的带钢和钢板，应采用以下钢材：

Q235——执行国家标准《碳素结构钢》(GB/T 700)；

Q345——执行国家标准《低合金高强度结构钢》(GB/T 1591)。

用于承重结构的冷弯薄壁型钢的带钢和钢板，应具有抗拉强度、伸长率、屈服强度、冷弯试验和硫、磷含量的合格保证；对焊接结构尚应具有含碳量的合格保证。

3.1.2　焊条及焊丝

手工焊接用的焊条：

——执行国家标准《碳钢焊条》(GB/T 5117)；

——执行国家标准《低合金钢焊条》(GB/T 5118)。

自动焊接或半自动焊接用的焊丝：

——执行国家标准《熔化焊用钢丝》(GB/T 14957)。

二氧化碳气体保护焊接用的焊丝：

——执行国家标准《气体保护电弧焊用钢丝、低合金焊丝》(GB/T 8110)。

3.1.3　连接件（连接材料）

普通螺栓：

——执行国家标准《六角头螺栓 C 级》(GB/T 5780);

——执行国家标准《紧固件机械性能螺栓、螺钉和螺柱》(GB/T 3089.1)。

高强度螺栓:

——执行国家标准《钢结构用高强度大六角头螺栓、大六角螺母、垫圈与技术条件》(GB/T 1228~1231);

——执行国家标准《钢结构用扭剪型高强度螺栓连接副》(GB/T 3632~3633)。

自攻螺钉:

——执行国家标准《自钻自攻螺钉》(GB/T 15856.1~4)、《紧固件机械性能自钻自攻螺钉》(GB/T 3098.11)或国家标准《自攻螺栓》(GB/T 5282~5285)。

3.2 基本设计规定

3.2.1 安全等级和重要性系数

一般工业与民用建筑冷弯薄壁型钢结构的安全等级取为二级,设计使用年限为50年时,其重要性系数不应小于1.0,设计使用年限为25年时,不小于0.95。特殊建筑冷弯薄壁型钢结构的安全等级、设计使用年限另行确定。

3.2.2 设计指标

(1) 钢材的强度设计值应按表3.2-1采用。

钢材的强度设计值 (N/mm^2) **表 3.2-1**

钢材牌号	抗拉、抗压和抗弯 f	抗剪 f_v	端面承压(磨平顶紧) f_{ce}
Q235钢	205	120	310
Q345钢	300	175	400

（2）计算全截面有效的受拉、受压或受弯构件的强度，可采用按本章 3.7.1 考虑冷弯效应的强度设计值。

（3）经退火、焊接和热镀锌等热处理的冷弯薄壁型钢构件不得采用考虑冷弯效应的强度设计值。

（4）焊缝的强度设计值应按表 3.2-2 采用。

焊缝的强度设计值（N/mm²）　　表 3.2-2

构件钢材牌号	对接焊缝				角焊缝
	抗压 f_c^w	抗拉 f_t^w		抗剪 f_v^w	抗压、抗拉和抗剪 f_f^w
		一、二级	三级		
Q235 钢	205	205	175	120	140
Q345 钢	300	300	255	175	195

注：1. 当 Q235 钢与 Q345 钢对接焊接时，焊缝的强度设计值应按本表中 Q235 钢栏的数值采用；

2. 经 X 射线检查符合一、二级焊缝质量标准的对接焊缝的抗拉强度设计值采用抗压强度设计值。

（5）C 级普通螺栓连接的强度设计值应按表 3.2-3 采用。

C 级普通螺栓连接的强度设计值（N/mm²）　　表 3.2-3

类　别	性能等级	构件钢材的牌号	
	4.6 级、4.8 级	Q235 钢	Q345 钢
抗拉 f_t^b	165	—	—
抗剪 f_v^b	125	—	—
承压 f_c^b	—	290	370

（6）电阻点焊每个焊点的抗剪承载力设计值应按表 3.2-4 采用。

电阻点焊的抗剪承载力设计值　　表 3.2-4

相焊板件中外层较薄板件的厚度 t（mm）	每个焊点的抗剪承载力设计值 N_v^s（kN）	相焊板件中外层较薄板件的厚度 t（mm）	每个焊点的抗剪承载力设计值 N_v^s（kN）
0.4	0.6	2.0	5.9
0.6	1.1	2.5	8.0
0.8	1.7	3.0	10.2
1.0	2.3	3.5	12.6
1.5	4.0		

(7) 计算下列情况的结构构件和连接时，表 3.2-1 ~ 表 3.2-4 规定的强度设计值，应乘以下列相应的折减系数。

1) 平面格构式檩条的端部主要受压腹杆：0.85；

2) 单面连接的单角钢杆件：

(A) 按轴心受力计算强度和连接：0.85；

(B) 按轴心受压计算稳定性：$0.6 + 0.0014\lambda$；

注：对中间无联系的单角钢压杆，λ 为按最小回转半径计算的杆件长细比，当 $\lambda < 20$，取 $\lambda = 20$。

3) 无垫板的单面对接焊缝：0.85；

4) 施工条件较差的高空安装焊缝：0.90；

5) 两构件的连接采用搭接或其间填有垫板的连接以及单盖板的不对称连接：0.90。

上述几种情况同时存在时，其折减系数应连乘。

(8) 钢材的物理性能应符合表 3.2-5 的规定。

钢材的物理性能 **表 3.2-5**

弹性模量 E (N/mm^2)	剪变模量 G (N/mm^2)	线膨胀系数 α (/℃)	质量密度 ρ (kg/m^3)
206×10^3	79×10^3	12×10^{-6}	7850

3.2.3 构造的一般规定

(1) 冷弯薄壁型钢结构构件的壁厚不宜大于 6mm，也不宜小于 1.5mm（压型钢板除外），主要承重结构构件的壁厚不宜小于 2mm。

(2) 构件受压部分的壁厚尚应符合下列要求：

构件中受压板件的最大宽厚比应符合表 3.2-6 的规定。圆管截面构件的外径与壁厚之比应符合表 3.2-7 的规定。方钢或矩形钢管的最大外边缘尺寸与壁厚之比应符合 3.2-8 的规定。

(3) 构件的长细比应符合下列要求：

1) 受压构件的长细比不宜超过表 3.2-9 中所列数值。

受压板件的宽厚比限值　表 3.2-6

钢材牌号 / 板件类别	Q235 钢	Q345 钢
非加劲板件	45	35
部分加劲板件	60	50
加劲板件	250	200

圆管截面构件的外径与壁厚之比的限值　表 3.2-7

钢 材 牌 号	Q235 钢	Q345 钢
外径与壁厚之比的限值	100	68

方管或矩形钢管的最大外边缘尺寸与壁厚之比的限值　表 3.2-8

钢 材 牌 号	Q235 钢	Q345 钢
最大外边缘尺寸与壁厚之比的限值	40	33

受压构件的容许长细比　表 3.2-9

项 次	构 件 类 别	容许长细比
1	主要构件（如主要承重柱、刚架柱、桁架和格构式刚架的弦杆及支座压杆等）	150
2	其他构件及支撑	200

2）受拉构件的长细比不宜超过表 3.2-10 中所列数值。

受拉构件的容许长细比　表 3.2-10

项 次	构 件 类 别	容许长细比
1	受拉构件的长细比	350
2	受拉构件在永久荷载和风荷载组合作用下受压	250
3	受拉构件在吊车荷载作用下受压	200

注：张紧圆钢拉条的长细比不受限制。

（4）正常极限状态下受弯构件的容许挠度值见表 3.2-11。

正常极限状态下受弯构件容许挠度值　表 3.2-11

项次	构 件 类 别	容许挠度值
1	楼板和工作平台 （1）主梁 （2）抹灰顶棚梁（仅计可变荷载） （3）其他梁 （4）楼板、平台板	 $l/400$ $l/350$ $l/250$ $l/150$

续表

项次	构 件 类 别	容许挠度值
2	屋盖檩条 (5) 无积灰的瓦楞铁、石棉瓦等 (6) 压型钢板、有积灰的瓦楞铁、石棉瓦等 (7) 其他屋面	 $l/150$ $l/200$ $l/200$
3	墙架构件 (8) 抗风桁架（作为连续支柱的支承时） (9) 支柱 (10) 压型钢板、瓦楞铁和石棉瓦墙面的横梁（水平方向） (11) 带有玻璃窗的横梁（水平和垂直方向）	 $l/1000$ $l/400$ $l/200$ $l/200$
4	压型钢板 (12) 屋面板 坡度小于 1/2 时 坡度不小于 1/2 时 (13) 墙面板 (14) 楼板	 $l/200$ $l/150$ $l/200$ $l/200$

注：l 为计算长度（压型钢板为跨度）。

用缀板或缀条连接的格构式柱宜设置横隔，其间距不宜大于 2～3m，在每个运输单元的两端均应设置横隔。实腹式受弯及压弯构件的两端和较大集中荷载作用处应设置横向加劲肋，当构件腹板高厚比较大时，构造上宜设置横向加劲肋。

3.3 基本构件设计

3.3.1 轴心受力构件

（1）轴心受力构件的计算公式见表 3.3-1。

轴心受力构件的计算公式 **表 3.3-1**

构件类别	计算内容	计 算 公 式
轴心受拉	强 度	$$\sigma = \frac{N}{A_n} \leqslant f \quad (3\text{-}1)$$

续表

构件类别	计算内容	计算公式
轴心受压	强　度	$\sigma = \frac{N}{A_{en}} \leq f$　　(3-2)
	稳定性	$\frac{N}{\varphi A_e} \leq f$　　(3-3)

上列公式中　N——轴心力，按荷载设计值算得；

f——钢材的强度设计值，可按表 3.2-1 查得，必要时尚需计入第 3.2.2（2）款所述冷弯效应及第 3.2.2（7）款所列强度折减系数的影响；

A_n——净截面面积；

A_e——有效截面面积；

A_{en}——有效净截面面积；

φ——轴心受压构件的稳定系数，根据构件的最大长细比，可由附录表 A.0-1，A.0-2 查得。

（2）计算开口截面的轴心受力构件时，若轴心力不通过截面弯心或不通过 Z 形截面的扇性零点，则应考虑双力矩 B 的影响，轴心受拉构件按下式计算强度。

$$\sigma = \frac{N}{A_n} + \frac{B}{W_\omega} \leq f \tag{3-4}$$

此时，轴心受压构件按下式计算强度：

$$\sigma = \frac{N}{A_{en}} + \frac{B}{W_\omega} \leq f \tag{3-5}$$

上列公式中　W_ω——毛截面扇性模量；

B——双力矩，简支梁双力矩的计算见附录 A.0.4。

（3）轴心受压构件的长细比计算

计算闭口截面、双轴对称的开口截面和截面全部有效的不卷边的等边单角钢轴心受压构件的稳定系数时，其长细比应取按下列公式算得的较大值：

$$\lambda_x = \frac{l_{0x}}{i_x} \tag{3-6}$$

$$\lambda_y = \frac{l_{0y}}{i_y} \tag{3-7}$$

式中 λ_x、λ_y——构件对截面主轴 x 轴和 y 轴的长细比；

l_{0x}、l_{0y}——构件在垂直于截面主轴 x 轴和 y 轴的平面内的计算长度；

i_x、i_y——构件毛截面对其主轴 x 轴和 y 轴的回转半径。

(4) 计算单轴对称开口截面（如图 3.3-1 所示）轴心受压构件的稳定系数时，其长细比应取按公式（3-7）和下式算得的较大值：

$$\lambda_\omega = \lambda_x \sqrt{\frac{s^2 + i_0^2}{2s^2} + \sqrt{\left(\frac{s^2 + i_0^2}{2s^2}\right)^2 - \frac{i_0^2 - \alpha e_0^2}{s^2}}} \tag{3-8}$$

$$s^2 = \frac{\lambda_x^2}{A}\left(\frac{I_\omega}{l_\omega^2} + 0.039 I_t\right) \tag{3-9}$$

$$i_0^2 = e_0^2 + i_x^2 + i_y^2 \tag{3-10}$$

式中 λ_ω——弯扭屈曲的换算长细比；

I_ω——毛截面扇性惯性矩；

I_t——毛截面抗扭惯性矩；

e_0——毛截面的弯心在对称轴上的坐标；

l_ω——扭转屈曲的计算长度，$l_\omega = \beta \cdot l$；

l——无缀板时，为构件的几何长度；有缀板时，取两相邻缀板中心线的最大间距；

α,β——约束系数，按表 3.3-2 采用。

开口截面轴心受压和压弯构件的约束系数　　表 3.3-2

项次	构件两端的支承情况	无缀板		有缀板	
		α	β	α	β
1	两端铰接，端部截面可以自由翘曲	1.00	1.00		
2	两端嵌固，端部截面的翘曲完全受到约束	1.00	0.50	0.80	1.00
3	两端铰接，端部截面的翘曲完全受到约束	0.72	0.50	0.80	1.00

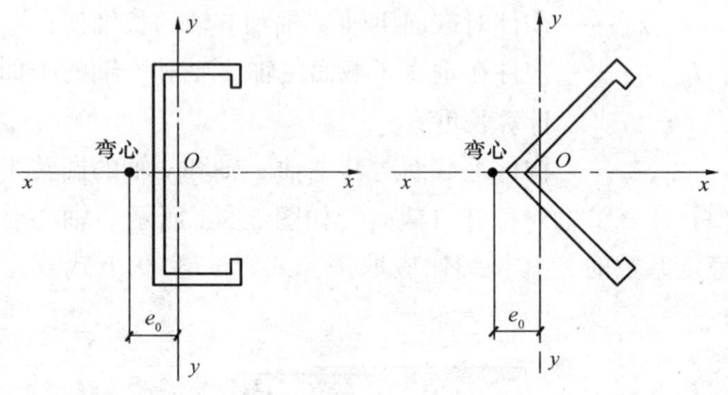

图 3.3-1　单轴对称开口截面示意图

(5) 有缀板的单轴对称开口截面轴心受压构件弯扭屈曲的换算长细比 λ_ω 可按公式（3.3-8）计算，约束系数 α、β 可按表3.3-2采用，但扭转屈曲的计算长度 $l_\omega = \beta \cdot a$，a 为缀板中心线的最大间距。

构件两支承点间至少应设置 2 块缀板（不包括构件支承点处的缀板或封头板在内）。

3.3.2　受弯构件

(1) 荷载通过截面弯心并与主轴平行的受弯构件（如图3.3-2所示）的强度和稳定性应按下列公式计算：

强度：

$$\sigma = \frac{M_{\max}}{W_{\text{enx}}} \leqslant f \tag{3-11}$$

$$\tau = \frac{V_{\max} S}{It} \leqslant f_{\text{v}} \tag{3-12}$$

稳定性：

$$\frac{M_{\max}}{\varphi_{\text{bx}} W_{\text{ex}}} \leqslant f \tag{3-13}$$

式中　$M_{\max}$——跨间对主轴 x 轴的最大弯矩；

$V_{\max}$——最大剪力；

W_{enx}——对主轴 x 轴的较小有效净截面模量；

τ——剪应力；

S——计算剪应力处以上截面对中和轴的面积矩；

I——毛截面惯性矩；

t——腹板厚度之和；

φ_{bx}——受弯构件的整体稳定系数，应按附录 A.0.2 的规定计算；

W_{ex}——对截面主轴 x 的受压边缘的有效截面模量；

f_{v}——钢材抗剪强度设计值。

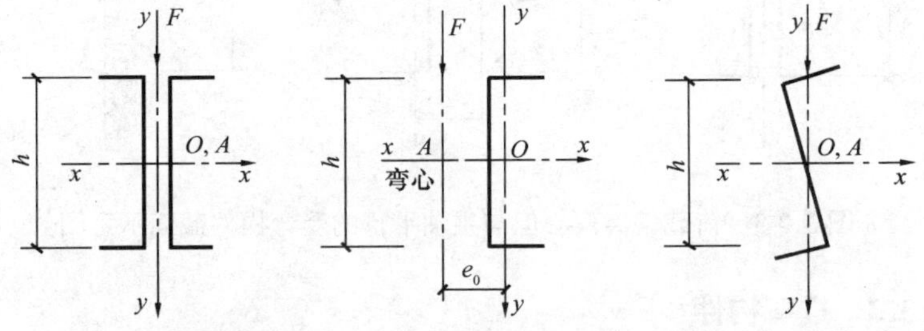

图 3.3-2　荷载通过弯心并与主轴平行的受弯构件截面示意图

（2）荷载偏离截面弯心但与主轴平行的受弯构件（如图 3.3-3所示）的强度和稳定性应按下式计算：

强度：

$$\sigma = \frac{M}{W_{\text{enx}}} + \frac{B}{W_{\omega}} \leqslant f \tag{3-14}$$

剪应力可按公式（3-12）验算。

稳定性：

$$\frac{M_{\max}}{\varphi_{bx}W_{ex}}+\frac{B}{W_{\omega}}\leqslant f \tag{3-15}$$

式中　M——计算弯矩；

$M_{\max}$——跨间对主轴 x 轴的最大弯矩；

B——与所取弯矩同一截面的双力矩，当受弯构件的受压翼缘无侧向变位和扭转时，$B=0$；其他情况，B 可按附录 A.0.4 计算；

W_{ω}——与弯矩引起的应力同一验算点处的毛截面扇性模量；

φ_{bx}——受弯构件的整体稳定系数，应按附录 A.0.2 计算；

W_{ex}——对截面主轴 x 轴的受压边缘的有效截面模量。

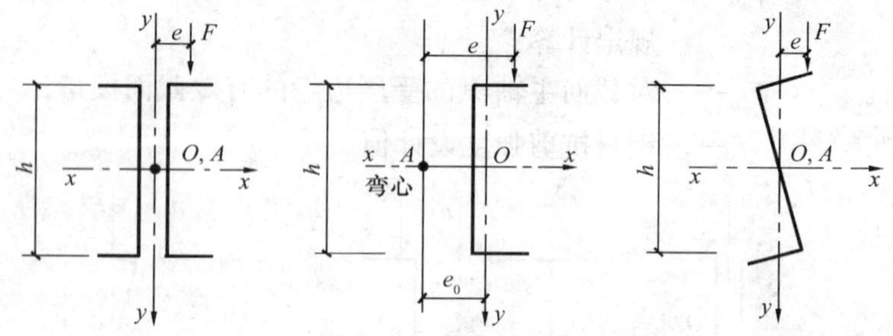

图 3.3-3　荷载偏离弯心但与主轴平行的受弯构件截面示意图

3.3.3　拉弯构件

拉弯构件的强度应按下式计算：

$$\sigma=\frac{N}{A_n}\pm\frac{M_x}{W_{nx}}\pm\frac{M_y}{W_{ny}}\leqslant f \tag{3-16}$$

式中　W_{nx}、W_{ny}——对截面主轴 x、y 轴的净截面模量。

若截面内出现受压区，且受压板件的宽厚比大于第 3.3.5 条规定的有效宽厚比时，则在计算其净截面特性时应按图 3.3-7 所示位置扣除受压板件的超出部分。

3.3.4 压弯构件

（1）压弯构件应按下式进行强度计算：

$$\sigma = \frac{N}{A_{en}} \pm \frac{M_x}{W_{enx}} \pm \frac{M_y}{W_{eny}} \leqslant f \tag{3-17}$$

（2）双轴对称的压弯构件，当弯矩作用于对称平面内时，应按下式计算弯矩作用平面内的稳定性：

$$\frac{N}{\varphi A_e} + \frac{\beta_m M}{\left(1 - \frac{N}{N'_E}\varphi\right) W_e} \leqslant f \tag{3-18}$$

式中　M ——计算弯矩取构件全长范围内的最大弯矩；

W_e——对最大受压边缘的有效截面模量；

β_m ——等效弯矩系数，应按下列规定采用：

构件端部无侧移且无中间横向荷载时：

$$\beta_m = 0.6 + 0.4\frac{M_2}{M_1}, \tag{3-19}$$

其中　M_1, M_2 分别为绝对值较大和较小的端弯矩，当构件以单曲率弯曲时 $\frac{M_2}{M_1}$ 取正值，当构件以双曲率弯曲时 $\frac{M_2}{M_1}$ 取负值。

构件端部无侧移但有中间横向荷载时或构件端部有侧移时，$\beta_m = 1.0$。

N'_E ——系数，$N'_E = \frac{\pi^2 EA}{1.165\lambda^2}$；

其中　E——钢材的弹性模量；

λ ——构件在弯矩作用平面内的长细比。

当弯矩作用在最大刚度平面内时（如图 3.3-4 所示）尚应按下式计算弯矩作用平面外的稳定性：

$$\frac{N}{\varphi_y A_e} + \frac{\eta M_x}{\varphi_{bx} W_{ex}} \leqslant f \tag{3-20}$$

式中　η ——截面系数，对闭口截面，$\eta = 0.7$，对其他截面 $\eta =$

1.0;

φ_y——对 y 轴的轴心受压构件的稳定系数，其长细比应按公式（3-7）计算；

φ_{bx}——当弯矩作用于最大刚度平面内时，受弯构件的整体稳定系数，应按附录 A 中 A.0.2 的规定计算，对于闭口截面可取 $\varphi_{bx}=1.0$；

M_x——取构件计算段的最大弯矩。

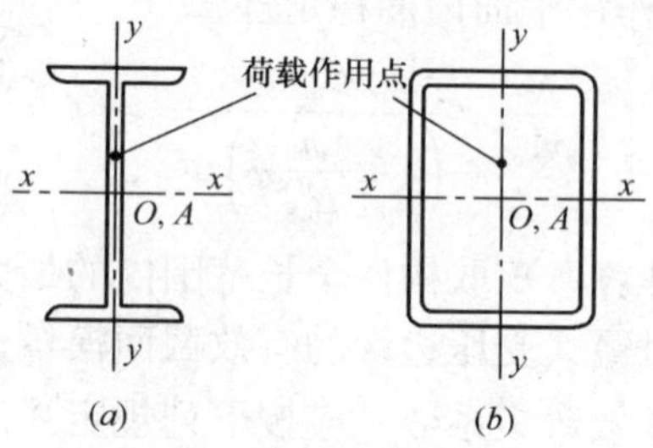

图 3.3-4　双轴对称截面示意图

（3）单轴对称开口截面（如图 3.3-1 所示）的压弯构件，当弯矩作用于对称平面内时，应按第 3.3.4（2）条计算弯矩作用平面内的稳定。式（3-18）中的轴心受压稳定系数应按下式算得的 λ_ω 由附表 A.0-1 或 A.0-2 查得。

$$\lambda_\omega=\lambda_x\sqrt{\frac{s^2+a^2}{2s^2}+\sqrt{\left(\frac{s^2+a^2}{2s^2}\right)^2-\frac{a^2-\alpha\,(e_0-e_x)^2}{s^2}}} \tag{3-21}$$

$$a^2=e_0^2+i_x^2+i_y^2+2e_x\left(\frac{U_y}{2I_y}-e_0-\xi_2 e_a\right) \tag{3-22}$$

$$U_y=\int_A x(x^2+y^2)\,\mathrm{d}A \tag{3-23}$$

式中　e_x——等效偏心距，$e_x=\pm\frac{\beta_m M}{N}$，当偏心在截面弯心一侧时 e_x

为负,在另一侧时为正。M 取构件计算段的最大弯矩;

ξ_2 ——横向荷载作用位置影响系数，查表 A.0-3;

s ——计算系数，按公式（3-9）计算;

e_a ——横向荷载作用点到弯心的距离：对于偏心压杆或当横向荷载作用在弯心时 $e_a = 0$; 当荷载不作用在弯心且荷载方向指向弯心时 e_a 为负，而离开弯心时 e_a 为正。

若 $l_{0x} \leqslant l_{0y}$, 当采用表 B.0-3 或表 B.0-4 中所列型钢或当 $e_x + \frac{e_0}{2} \leqslant 0$ 时，可不计算其弯矩作用平面外的稳定性。

当弯矩作用在对称平面内（如图 3.3-1 所示)，且使截面在弯心一侧受压时，尚应按下式计算：

$$\left| \frac{N}{A_e} - \frac{\beta_{my} M_y}{\left(1 - \frac{N}{N'_{Ey}}\right) W'_{ey}} \right| \leqslant f \tag{3-24}$$

式中 β_{my} ——对 y 轴的等效弯矩系数，按第 3.3.4 条的规定采用;

W'_{ey} ——截面的较小有效截面模量;

N'_{Ey} ——系数, $N'_{Ey} = \frac{\pi^2 EA}{1.165\lambda_y^2}$。

（4）单轴对称开口截面压弯构件，当弯矩作用于非对称主平面内时（如图 3.3-5 所示)，应按公式(3-25)计算其弯矩作用平面内的稳定性，并按公式（3-26）计算其弯矩作用平面外的稳定性。

$$\frac{N}{\varphi_x A_e} + \frac{\beta_m M_x}{\left(1 - \frac{N}{N'_{Ex}}\varphi_x\right) W_{ex}} + \frac{B}{W_\omega} \leqslant f \tag{3-25}$$

$$\frac{N}{\varphi_y A_e} + \frac{M_x}{\varphi_{bx} W_{ex}} + \frac{B}{W_\omega} \leqslant f \tag{3-26}$$

y
荷载作用点
x O x
y

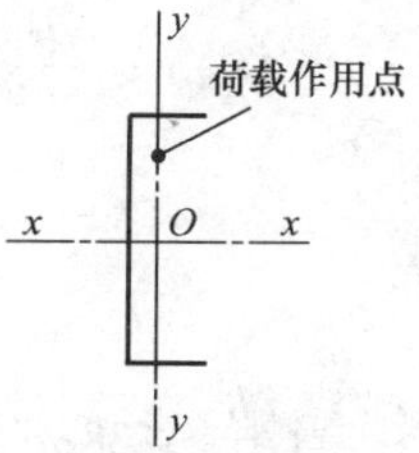

图 3.3-5 单轴对称开口截面绕对称轴弯曲示意图

式中　φ_x——对 x 轴的轴心受压构件的稳定系数，其长细比应按公式（3-8）计算；

N'_{Ex}——系数，$N'_{Ex}=\dfrac{\pi^2 EA}{1.165\lambda_x^2}$。

（5）双轴对称截面双向压弯构件的稳定性应按下列公式计：

$$\frac{N}{\varphi_x A_e}+\frac{\beta_{mx}M_x}{\left(1-\dfrac{N}{N'_{Ex}}\varphi_x\right)W_{ex}}+\frac{\eta M_y}{\varphi_{by}W_{ey}}\leqslant f \tag{3-27}$$

$$\frac{N}{\varphi_y A_e}+\frac{\eta M_x}{\varphi_{bx}W_{ex}}+\frac{\beta_{my}M_y}{\left(1-\dfrac{N}{N'_{Ey}}\varphi_y\right)W_{ey}}\leqslant f \tag{3-28}$$

式中　φ_{by}——当弯矩作用于最小刚度平面内时，受弯构件整体稳定系数，应按附录 A 中 A.0.2 的规定计算；

β_{mx}——对 x 轴的等效弯矩系数，应按第 3.3.4 条的规定采用。

3.3.5　构件中的受压板件的计算

（1）加劲板件、部分加劲板件和非加劲板件的有效宽厚比计算公式：

当 $\dfrac{b}{t}\leqslant 18\alpha\rho$ 时：　$$\frac{b_e}{t}=\frac{b_c}{t} \tag{3-29}$$

当 $18\alpha\rho<\dfrac{b}{t}<38\alpha\rho$ 时：

$$\frac{b_e}{t}=\left[\sqrt{\frac{21.8\alpha\rho}{\dfrac{b}{t}}}-0.1\right]\frac{b_c}{t} \tag{3-30}$$

当 $\dfrac{b}{t}\geqslant 38\alpha\rho$ 时：

$$\frac{b_e}{t}=\frac{25\alpha\rho}{\dfrac{b}{t}}\cdot\frac{b_c}{t} \tag{3-31}$$

式中　b——板件宽度；

t——板件厚度；

b_e——板件有效宽度；

α——计算系数，$\alpha = 1.15 - 0.15\psi$，当 $\psi < 0$ 时，取 $\alpha = 1.15$；

ψ——压应力分布不均匀系数，$\psi = \dfrac{\sigma_{min}}{\sigma_{max}}$；

σ_{max}——受压板件边缘的最大压应力（N/mm²），取正值；

σ_{min}——受压板件另一边缘的应力（N/mm²），以压应力为正值，拉应力为负值；

b_c——板件受压区宽度，当 $\psi \geqslant 0$ 时，$b_c = b$；当 $\psi < 0$ 时，$b_c = \dfrac{b}{1-\psi}$；

ρ——计算系数，$\rho = \sqrt{\dfrac{205 k_1 k}{\sigma_1}}$，其中 σ_1 按第 3.3.5（6）、3.3.5（7）条的规定确定；

k——板件受压稳定系数，按表 3.3-3 的规定确定；

k_1——板组约束系数，按第 3.3.5（2）款的规定采用；若不计相邻板件的约束作用，可取 $k_1 = 1$。

受压板件的稳定系数的规定　　表 3.3-3

板件的约束	条　件	计 算 公 式	说　　明
加劲板件	$1 \geqslant \psi > 0$	$k = 7.8 - 8.15\psi + 4.35\psi^2$　(3-32)	
	$0 \geqslant \psi \geqslant -1$	$k = 7.8 - 6.29\psi + 9.78\psi^2$　(3-33)	
部分加劲板件	$\psi \geqslant -1$	$k = 5.89 - 11.59\psi + 6.68\psi^2$　(3-34)	最大压应力作用于支承边［如图 3.3-6（a）所示］
	$\psi \geqslant -1$	$k = 1.15 - 0.22\psi + 0.045\psi^2$　(3-35)	最大压应力作用于部分加劲边［如图 3.3-6（b）所示］

续表

板件的约束	条　件	计 算 公 式	说　　明
非加劲板件	$1 \geqslant \psi > 0$	$k = 1.70 - 3.025\psi + 1.75\psi^2$ (3-36)	最大压应力作用于支承边［如图3.3-6（c）所示］
	$0 \geqslant \psi \geqslant -0.4$	$k = 1.70 - 1.75\psi + 55\psi^2$ (3-37)	
	$-0.4 \geqslant \psi \geqslant -1$	$k = 6.07 - 9.51\psi + 8.33\psi^2$ (3-38)	
	$\psi \geqslant -1$	$k = 0.567 - 0.213\psi + 0.071\psi^2$ (3-39)	最大压应力作用于自由边［如图3.3-6（d）所示］

注：当 $\psi < -1$ 时，以上各式的 k 值按 $\psi = -1$ 的值采用。

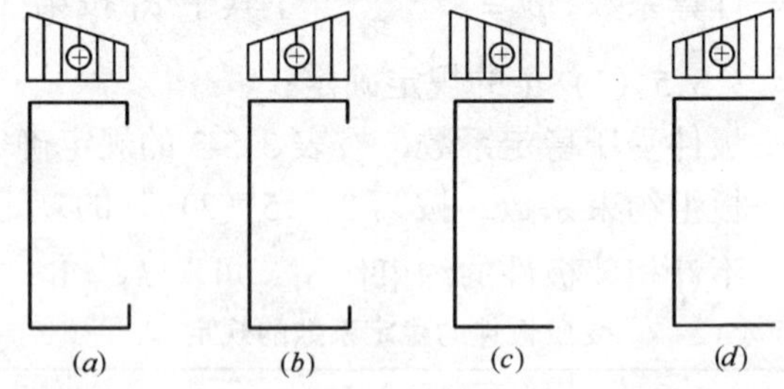

图 3.3-6　部分加劲板件和非加劲板件的应力分布示意图

（2）受压板件的板组约束系数应按下列公式计算：

当 $\xi \leqslant 1.1$ 时：

$$k_1 = \frac{1}{\sqrt{\xi}} \tag{3-40}$$

当 $\xi > 1.1$ 时：

$$k_1 = 0.11 + \frac{0.93}{(\xi - 0.05)^2} \tag{3-41}$$

$$k_1 = \frac{c}{b}\sqrt{\frac{k}{k_c}} \tag{3-42}$$

式中 b——计算板件的宽度；

c——与计算板件邻接的板件的宽度，如计算板件两边均有邻接板件时，即计算板件为加劲板件时，取压应力较大一边的邻接板件的宽度；

k——计算板件的受压稳定系数，按表 3.3-3 的规定确定；

k_e——邻接板件的受压稳定系数，按表 3.3-3 的规定确定。

当 $k > k'_1$ 时，取 $k_1 = k'_1, k'_1$ 为 k_1 的上限值。对于加劲板件 $k'_1 = 1.7$；对于部分加劲板件 $k'_1 = 2.4$；对于非加劲板件 $k'_1 = 3.0$。

当计算板件只有一边有邻接板件，即计算板件为非加劲板件或部分加劲板件，且邻接板件受拉时，取 $k_1 = k'_1$。

(3) 部分加劲板件中卷边的高厚比不宜大于 12，卷边的最小高厚比按表 3.3-4 采用。

卷边的最小高厚比 **表 3.3-4**

$\frac{b}{t}$	15	20	25	30	35	40	45	50	55	60
$\frac{a}{t}$	5.4	6.3	7.2	8.0	8.5	9.0	9.5	10.0	10.5	11.0

注：a——卷边的高度；

b——带卷边板件的宽度；

t——板厚。

(4) 当受压板件的宽厚比大于第 3.3.5 (1) 款规定的有效宽厚比时，受压板件的有效截面应自截面的受压部分按图 3.3-7 所示位置扣除其超出部分（即图中不带斜线部分）来确定，截面的受拉部分全部有效。

图 3.3-7 中的 b_{e1} 和 b_{e2} 按下列规定计算：

对于加劲板件：

当 $\psi \geqslant 0$ 时：

$$b_{e1} = \frac{2b_e}{5 - \psi}, b_{e2} = b_e - b_{e1} \tag{3-43}$$

当 $\psi < 0$ 时：

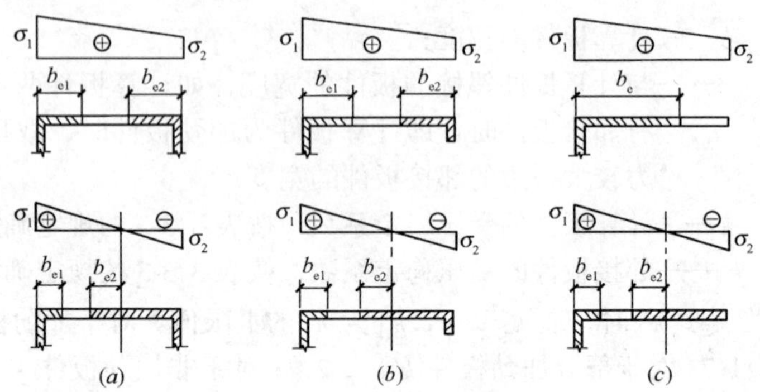

图 3.3-7　受压板件的有效截面图
（*a*）加劲板件；（*b*）部分加劲板件；（*c*）非加劲板件

$$b_{e1} = 0.4b_e, b_{e2} = 0.6b_e \tag{3-44}$$

对于部分加劲板件及非加劲板件：

$$b_{e1} = 0.4b_e, b_{e2} = 0.6b_e \tag{3-45}$$

式中 b_e 按第 3.3.5（1）款确定。

（5）圆管截面构件的外径与壁厚之比符合第 3.2.3（2）款的规定时，在计算中可取其截面全部有效。

（6）在轴心受压构件中板件的有效宽厚比应根据由构件最大长细比所确定的轴心受压构件的稳定系数与钢材强度设计值的乘积（φf）作为 σ_1 按第 3.3.5（1）款的规定计算。

（7）在拉弯、压弯和受弯构件中板件的有效宽厚比应按下列规定确定：

1）对于压弯构件，截面上各板件的压应力分布不均匀系数 ψ 应由构件毛截面按强度计算，不考虑双力矩的影响。最大压应力板件的 σ_1 取钢材的强度设计值 f，其余板件的最大压应力按 ψ 推算。有效宽厚比按第 3.3.5（1）款的规定计算。

2）对于受弯及拉弯构件，截面上各板件的压应力分布不均匀系数 ψ 及最大压应力应由构件毛截面按强度计算，不考虑双力矩的影响。有效宽厚比按第 3.3.5（1）款的规定计算。

3）板件的受拉部分全部有效。

3.4 连接的计算和构造

3.4.1 焊缝连接的计算

(1) 对接焊缝和角焊缝的强度按表 3.4-1 所列公式计算。

对接焊缝和角焊缝的强度计算公式 **表 3.4-1**

<table>
<tr><td>对接焊缝轴心受拉</td><td>$\sigma = \dfrac{N}{l_{\rm w}t} \leqslant f_{\rm t}^{\rm w}$ (3-46)</td><td rowspan="9">$l_{\rm w}$——焊缝计算长度之和。每条焊缝的计算长度均取实际长度 l 减去 $2h_{\rm f}$;
$h_{\rm f}$——角焊缝的焊脚尺寸;
t——连接构件中较薄板件的厚度;
$W_{\rm f}$——焊缝截面模量;
$S_{\rm f}$——焊缝截面的最大面积矩;
$I_{\rm f}$——焊缝截面惯性矩;
$\sigma_{\rm f}$——垂直于焊缝长度方向的应力,按焊缝有效截面 ($0.7h_{\rm f}l_{\rm w}$) 计算;
$\tau_{\rm f}$——沿焊缝长度方向的剪应力,按焊缝有效截面 ($0.7h_{\rm f}l_{\rm w}$) 计算;
$f_{\rm c}^{\rm t}$、$f_{\rm t}^{\rm w}$——对接焊缝的抗压、抗拉强度设计值;
$f_{\rm v}^{\rm w}$——对接焊缝的抗剪强度设计值;
$f_{\rm f}^{\rm w}$——角焊缝的抗压、抗拉和抗剪强度设计值</td></tr>
<tr><td>对接焊缝轴心受压</td><td>$\sigma = \dfrac{N}{l_{\rm w}t} \leqslant f_{\rm c}^{\rm w}$ (3-47)</td></tr>
<tr><td>对接焊缝受弯同时受剪</td><td></td></tr>
<tr><td>1. 拉应力</td><td>$\sigma = \dfrac{M}{W_{\rm f}} \leqslant f_{\rm t}^{\rm w}$ (3-48)</td></tr>
<tr><td>2. 剪应力</td><td>$\tau = \dfrac{VS_{\rm f}}{I_{\rm f}t} \leqslant f_{\rm v}^{\rm w}$ (3-49)</td></tr>
<tr><td>剪应力和正应力均较大处</td><td>$\sqrt{\sigma^2 + 3\tau^2} \leqslant 1.1f_{\rm t}^{\rm w}$ (3-50)</td></tr>
<tr><td>正面直角角焊缝受剪</td><td>$\sigma_{\rm f} = \dfrac{N}{0.7h_{\rm f}l_{\rm w}} \leqslant 1.22f_{\rm f}^{\rm w}$ (3-51)</td></tr>
<tr><td>侧面直角角焊缝受剪</td><td>$\tau_{\rm f} = \dfrac{N}{0.7h_{\rm f}l_{\rm w}} \leqslant f_{\rm f}^{\rm w}$ (3-52)</td></tr>
<tr><td>在 $\sigma_{\rm f}$ 和 $\tau_{\rm f}$ 共同作用处</td><td>$\sqrt{\left(\dfrac{\sigma_{\rm f}}{1.22}\right)^2 + \tau_{\rm f}^2} \leqslant f_{\rm t}^{\rm w}$ (3-53)</td></tr>
</table>

(2) 喇叭形焊缝的抗剪强度按表 3.4-2 所列公式计算。

喇叭形焊缝的抗剪强度算公式　　表 3.4-2

连接板件的最小厚度小于或等于 4mm，轴力 N 垂直于焊缝方向时（如图 3.4-1 所示）	$\tau = \dfrac{N}{l_w t} \leqslant 0.8f$　(3-54)	t——连接钢板的最小厚度； l_w——焊缝计算长度之和，每条焊缝的计算长度均取实际长度 l 减去 $2h_f$，h_f 应按图 3.4-3 确定； f——连接钢板的抗拉强度设计值
连接板件的最小厚度小于或等于 4mm，轴力 N 平行于焊缝方向时（如图 3.4-2 所示）	$\tau = \dfrac{N}{l_w t} \leqslant 0.7f$　(3-55)	
连接板件的最小厚度大于 4mm，纵向受剪	除按公式（3-55）计算外尚应按公式（3-52）补充验算，但 h_f 应按图 3.4-2（b）或图 3.4-3 确定	

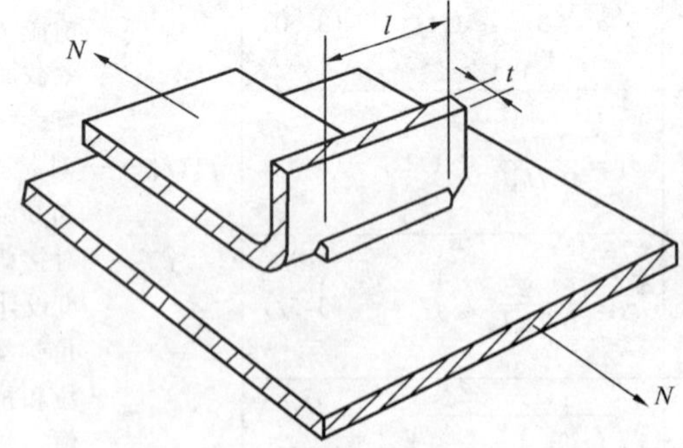

图 3.4-1　端缝受剪的单边喇叭形焊缝

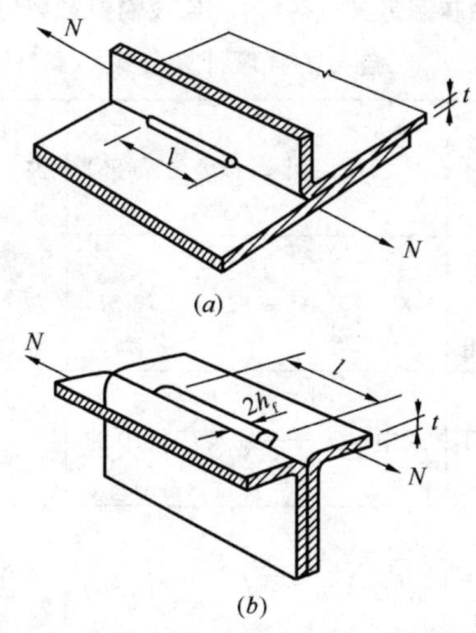

图 3.4-2 纵向受剪的喇叭形焊缝

（a）单边喇叭形焊缝；（b）喇叭形焊缝

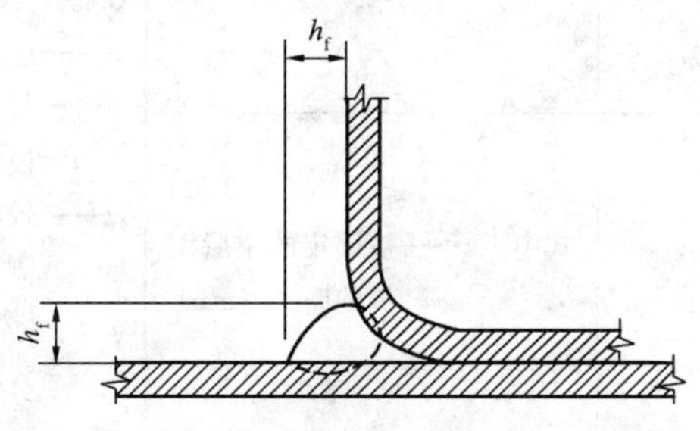

图 3.4-3 单边喇叭形焊缝

3.4.2 抽芯铆钉（拉铆钉）、自攻螺钉和射钉连接计算

抽芯铆钉（拉铆钉）、自攻螺钉和射钉（用于压型钢板之间及压型钢板与冷弯型钢构件之间的紧密连接）连接的强度可按表3.4-3的公式计算。

抽芯铆钉（拉铆钉）、自攻螺钉和射钉连接的强度计算公式　　表 3.4-3

<table>
<tr><td rowspan="3">一个连接件轴向抗拉承载力设计值（N）</td><td>荷载只受静荷载</td><td>$N_t^f = 17tf$　（3-56）</td><td rowspan="2">连接件位于压型钢板波谷的一个四分点时，折减系数为0.9；
位于压型钢板波谷的两个四分点时，折减系数为0.7</td></tr>
<tr><td>含风荷载的组合荷载作用</td><td>$N_t^f = 8.5tf$　（3-57）</td></tr>
<tr><td>自攻螺钉</td><td>$N_t^f \leqslant 0.75t_c df$（3-58）
式中　t_c——钻入基材中的深度（mm）</td><td>在基材中的钻入深度 t_c 应大于0.9mm</td></tr>
<tr><td rowspan="2">一个抽芯铆钉和自攻螺钉抗剪承载力设计值（N）</td><td>$\frac{t_1}{t} = 1$</td><td>$N_v^f = 3.7\sqrt{t^3}df$　且（3-59）
$N_v^f \leqslant 2.4tdf$　（3-60）</td><td rowspan="4">$\frac{t_1}{t}$ 介于1和2.5之间时，N_v^f 可由公式（3-59）和式（3-61）插值求得。用于压型钢板端部与支承构件连接时，折减系数为0.8。
d——连接件直径(mm)；
f——基材的抗拉强度设计值(N/mm²)；
t——较薄板(钉头接触侧)的厚度(mm)[公式(3-58)、(3-59)、(3-60)]；
t_1——较厚板的厚度(钉头一侧或钉尖侧)(mm)</td></tr>
<tr><td>$\frac{t_1}{t} \geqslant 2.5$</td><td>$N_v^f \leqslant 2.4tdf$　（3-61）</td></tr>
<tr><td>一个射钉抗剪承载力设计值（N）</td><td></td><td>$N_v^f \leqslant 3.7tdf$　（3-62）
式中　t——被固定的单层钢板的厚度（mm）</td></tr>
<tr><td>一个自攻螺钉和射钉</td><td>同时承受剪力和拉力</td><td>$\sqrt{\left(\frac{N_v}{N_v^f}\right)^2 + \left(\frac{N_t}{N_t^f}\right)^2} \leqslant 1$
（3-63）</td></tr>
</table>

式中　t——紧挨钉头侧的压型钢板厚度（mm），应满足 $0.5\text{mm} \leqslant t \leqslant 1.5\text{mm}$［式(3-55)、(3-56)］；

N_v、N_t——一个连接件所承受的剪力和拉力；

N_v^f、N_t^f——一个连接件的抗剪和抗拉承载力设计值。

3.4.3 普通螺栓的强度计算

普通螺栓的强度计算，可按表3.4-4的公式。

普通螺栓的强度计算公式 表3.4-4

每个螺栓杆轴向受拉	$N_t \leqslant N_t^b = \frac{\pi d_e^2}{4} f_t^b$ (3-64)	n——螺栓数； n_v——每个螺栓的受剪面数； d——螺栓直径，对于全螺栓螺纹，$d = d_e$； d_e——螺栓螺纹处的有效直径； Σt——同一受力方向承压构件的较小总厚度； f_t^b、f_v^b、f_c^b——普通C级螺栓的抗拉、抗剪、承压强度设计值； N_t^b——每个螺栓的抗拉承载力设计值 N_v^b——每个螺栓的抗剪承载力设计值； N_c^b——每个螺栓的承压承载力设计值； N_v，N_t——每个螺栓所承受的剪力、拉力
每个螺栓承受剪力	$N_v \leqslant N_v^b = n_v \frac{\pi d^2}{4} f_v^b$ (3-65)	
每个螺栓承压	$N_v \leqslant N_c^b = d \Sigma t f_c^b$ (3-66)	
同时承受剪力和杆轴方向拉力的普通螺栓	$\sqrt{\left(\frac{N_v}{N_v^b}\right)^2 + \left(\frac{N_t}{N_t^b}\right)^2} \leqslant 1$ (3-67) $N_v \leqslant N_c^b$ (3-68)	

3.4.4 摩擦型高强度螺栓承载力设计值

摩擦型高强度螺栓承载力设计值可按表3.4-5中所列公式计算。

摩擦型高强度螺栓承载力设计值的计算公式 表3.4-5

受力状况	计算公式
抗剪连接	$N_v^b = \alpha \cdot n_f \cdot \mu \cdot P$ (3-69)
沿螺栓杆轴方向受拉	$N_t^b = 0.8P$ (3-70)

续表

受力状况	计算公式
同时承受摩擦面间的剪力和沿螺栓杆轴方向的拉力	$N_v \leqslant N_v^b = \alpha \cdot n_f \cdot \mu \cdot (P - 1.25N_t)$ (3-71) $N_t \leqslant 0.8P$ (3-72)

式中 N_v^b——一个高强度螺栓抗剪承载力的设计值；

N_t^b——一个高强度螺栓抗拉承载力的设计值；

N_t——沿螺栓杆轴方向的拉力；

n_f——传力摩擦面数；

μ——抗滑移系数，按表3.4-6采用；

α——系数，当最小板厚 $t \leqslant 6$mm时，取0.8，当 $t > 6$mm时取0.9；

P——高强度螺栓的预拉力，按表3.4-7采用。

抗滑移系数 μ 值　　表3.4-6

连接构件接触面的处理方法	构件钢材牌号	
	Q235	Q345
喷砂（丸）	0.40	0.45
热轧钢材轧制表面清除浮锈	0.30	0.35
冷轧钢材轧制表面清除浮锈	0.25	—

高强度螺栓的预拉力 P 值（kN）　　表3.4-7

螺栓的性能等级	螺栓公称直径（mm）		
	M12	M14	M16
8.8级	45	60	80
10.9级	55	75	100

在构件的节点处或拼接接头的一端，当螺栓沿受力方向的连接长度 $l_b > 15d_0$ 时，应将螺栓的承载力设计值乘以折减系数 $\left(1.1 - \frac{l_b}{150d_0}\right)$；当 $l_b > 60d_0$ 时，折减系数为0.7，d_0 为孔径。

3.4.5 连接的构造

（1）连接的构造要求见表3.4-8。

连接的构造要求 **表 3.4-8**

<table>
<tr><td rowspan="2">焊缝的计算长度
l_f（mm）</td><td>$t \leqslant 6$mm</td><td>$l_f \geqslant 30$mm</td><td rowspan="2">t——被连接板件的厚度</td></tr>
<tr><td>$t > 6$mm</td><td>$l_f \geqslant 40$mm</td></tr>
<tr><td rowspan="2">角焊缝的焊角尺寸
h_f</td><td>被连接板件</td><td>不宜大于 $1.5t$</td><td>t——为相连板件中较薄板件的厚度</td></tr>
<tr><td>直接相贯
钢管节点</td><td>不宜大于 $2.0t$</td><td>t——相贯钢管的最小厚度</td></tr>
<tr><td>单边喇叭形焊缝
的焊角尺寸 h_f</td><td></td><td>不得小于 $1.4t$</td><td>t——被连接板件的最小厚度</td></tr>
<tr><td rowspan="2">电阻点焊
的焊点</td><td>中　距</td><td>不宜小于 $15\sqrt{t}$</td><td rowspan="2">t——被连接板件中较薄板件的厚度</td></tr>
<tr><td>边　距</td><td>不宜小于 $10\sqrt{t}$</td></tr>
<tr><td rowspan="4">抽芯铆钉（拉铆钉）
和自攻螺钉</td><td>中距和端距</td><td>不得小于 $3.0d$</td><td rowspan="2">d——连接件的直径</td></tr>
<tr><td>边　距</td><td>不得小于 $1.5d$</td></tr>
<tr><td rowspan="2">适用直径</td><td>2.6～6.4mm</td><td>抽芯铆钉；在受力蒙皮结构中≥4mm</td></tr>
<tr><td>3.0～8.0mm</td><td>自攻螺钉；在受力蒙皮结构中≥5mm</td></tr>
<tr><td>自攻螺钉连接的板件上的预制孔径
d_0</td><td></td><td>$d_0 = 0.7d + 0.2t_t$
且　$d_0 \leqslant 0.9d$</td><td>d——自攻螺钉的公称直径（mm）；
t_1——被连接板的总厚度（mm）</td></tr>
<tr><td rowspan="7">射　钉
（用于薄板与支承构件的连接）</td><td>间　距</td><td>不得小于 $4.5d$</td><td rowspan="7">d——射钉直径，
穿透深度见图 3.4-4</td></tr>
<tr><td>中　距</td><td>不得小于 20mm</td></tr>
<tr><td>端　距</td><td>不得小于 15mm</td></tr>
<tr><td>适用直径</td><td>3.7～6.0mm</td></tr>
<tr><td>穿透深度</td><td>应不小于 10mm</td></tr>
<tr><td>基材的屈服强度</td><td>不小于 150N/mm²</td></tr>
<tr><td>被连接钢板
的屈服强度</td><td>不大于 360N/mm²</td></tr>
</table>

（2）基材和被连接钢板的厚度应满足表 3.4-9 的要求。

被连接钢板的最大厚度及基材的最小厚度　　表 3.4-9

射钉直径（mm）	≥3.7	≥4.5	≥5.2	
单层被固定钢板最大厚度（mm）	1.0	2.0	3.0	
多层被固定钢板最大厚度（mm）	1.4	2.5	3.5	单一方向
所有被固定钢板最大厚度（mm）	2.8	5.0	7.0	相反方向
射钉直径（mm）	≥3.7	≥4.5	≥5.2	
基材的最小厚度（mm）	4.0	6.0	8.0	

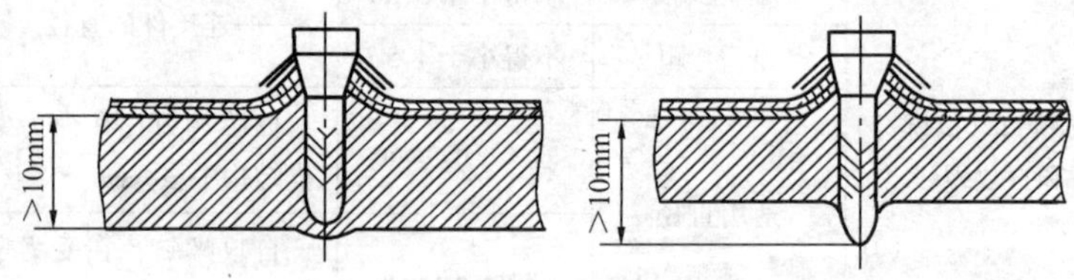

图 3.4-4　射钉的穿透深度

（3）在抗拉连接中，自攻螺钉和射钉的钉头或垫圈直径不得小于 14mm；且应通过试验保证连接件由基材中的拔出强度不小于连接件的抗拉承载力设计值。

3.5　压　型　钢　板

3.5.1　压型钢板的有效宽厚比

（1）压型钢板（如图 3.5-1 所示）受压翼缘的有效宽厚比按以下规定采用：

1）两纵边均与腹板相连，或一纵边与腹板相连、另一纵边与符合第 3.5.1（2）款要求的中间加劲肋相连的受压翼缘，均可按加劲板件由第 3.3.5 条确定其有效宽厚比；

2) 有一纵边与符合第 3.5.1（2）款要求的边加劲肋相连的受压翼缘，可按部分加劲板件由第 3.3.5 条确定其有效宽厚比；

3) 压型钢板腹板的有效宽厚比应按第 3.3.5 条规定采用。

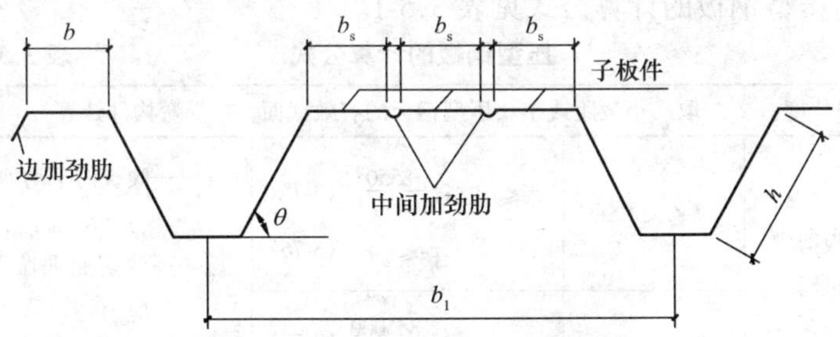

图 3.5-1 压型钢板截面示意图

（2）受压翼缘的纵向加劲肋应符合下列规定：

边加劲肋：

$$I_{es} \geqslant 1.83t^4\sqrt{\left(\frac{b}{t}\right)^2 - \frac{27100}{f_y}} \tag{3-73}$$

且

$$I_{es} \geqslant 9t^4$$

中间加劲肋：

$$I_{is} \geqslant 3.66t^4\sqrt{\left(\frac{b_s}{t}\right)^2 - \frac{27100}{f_y}} \tag{3-74}$$

且

$$I_{is} \geqslant 18t^4$$

式中 I_{es}——边加劲肋截面对平行于被加劲板件截面之重心轴的惯性矩；

I_{is}——中间加劲肋截面对平行于被加劲板件截面之重心轴的惯性矩；

b_s——子板件的宽度；

b——边加劲板件的宽度；

t——板件的厚度。

3.5.2 压型钢板的计算公式

压型钢板的计算公式见表 3.5-1。

压型钢板的计算公式 **表 3.5-1**

<table>
<tr><td>强 度</td><td colspan="3">取一个波距或整块压型钢板的有效截面，按受弯构件计算</td></tr>
<tr><td rowspan="2">腹板剪应力计算</td><td>$h/t < 100$</td><td>$\tau \leqslant \tau_{cr} = \frac{8550}{(h/t)}$ (3-75)
$\tau \leqslant f_v$ (3-76)</td><td rowspan="2">τ——腹板的平均剪应力（N/mm²）；
τ_{cr}——剪切屈曲临界剪应力；
h/t——腹板的高厚比</td></tr>
<tr><td>$h/t \geqslant 100$</td><td>$\tau \leqslant \tau_{cr} = \frac{855000}{(h/t)^2}$ (3-77)</td></tr>
<tr><td>支座处腹板的局部受压承载力验算</td><td colspan="3">$$R \leqslant R_w \quad (3\text{-}78)$$
$$R_w = \alpha t^2 \sqrt{fE}\left(0.5 + \sqrt{0.02 l_c / t}\right)\left[2.4 + (\theta/90)^2\right] \quad (3\text{-}79)$$
R——支座反力；
R_w——一块腹板的局部受压承载力设计值；
α——系数，中间支座取 0.12，端部支座取 0.06；
t——腹板厚度（mm）；
l_c——支座处的支承长度，$10\text{mm} < l_c < 200\text{mm}$，端部支座可取 10mm；
θ——腹板倾角（$45° \leqslant \theta \leqslant 90°$）</td></tr>
<tr><td>同时承受弯矩 M 和支座反力 R 的截面</td><td colspan="2">$M/M_u \leqslant 1.0$ (3-80)
$R/R_w \leqslant 1.0$ (3-81)
$M/M_u + R/R_w \leqslant 1.25$ (3-82)</td><td>M_u——截面的弯曲承载力设计值，$M_u = W_e f$</td></tr>
<tr><td>同时承受弯矩 M 和剪力 V 的截面</td><td colspan="2">$\left(\frac{M}{M_u}\right)^2 + \left(\frac{V}{V_u}\right)^2 \leqslant 1$ (3-83)</td><td>V_u——腹板的抗剪承载力设计值，$V_u = (ht \cdot \sin\theta)\tau_{cr}$，$\tau_{cr}$ 按公式（3-75）或式（3-77）计算</td></tr>
</table>

续表

<table>
<tr><td>强　度</td><td colspan="2">取一个波距或整块压型钢板的有效截面，按受弯构件计算</td></tr>
<tr><td>承受集中荷载 F</td><td>$$q_{re} = \eta \frac{F}{b_1} \quad (3\text{-}84)$$</td><td>q_{re}——由 F 折算成沿板宽方向的均布线荷载 q_{re}，并按 q_{re} 进行单个波距或整块压型钢板有效截面的弯曲计算；
b_1——压型钢板的波距；
η——折算系数，由试验确定，无试验依据时，可取 $\eta = 0.5$</td></tr>
</table>

3.5.3 压型钢板的挠度与跨度比值的限值

压型钢板的挠度与跨度的比值不宜超过表 3.5-2 的限值。

挠度与跨度比值的限值 **表 3.5-2**

<table>
<tr><td colspan="2">屋　面　板</td><td rowspan="2">墙　　板</td><td rowspan="2">楼　　板</td></tr>
<tr><td>坡度 < 1/20</td><td>坡度 ≥ 1/20</td></tr>
<tr><td>1/250</td><td>1/200</td><td>1/150</td><td>1/200</td></tr>
</table>

3.6 檩条与墙梁

3.6.1 檩条的计算公式

檩条的计算公式见表 3.6-1。

檩条的计算公式 **表 3.6-1**

<table>
<tr><td rowspan="2">强度</td><td>实腹式檩条</td><td>$$\sigma = \frac{M_x}{W_{enx}} + \frac{M_y}{W_{eny}} \leqslant f \quad (3\text{-}85)$$</td><td rowspan="2">屋面能阻止檩条侧向失稳和扭转</td></tr>
<tr><td>平面格构式檩条上弦</td><td>$$\sigma = \frac{N}{A_{en}} \pm \frac{M_x}{W_{enx}} \pm \frac{M_y}{W_{eny}} \leqslant f \quad (3\text{-}86)$$</td></tr>
</table>

续表

<table>
<tr><td rowspan="4">稳
定
性</td><td rowspan="2">实腹式檩条</td><td rowspan="2">$$\frac{M_x}{\varphi_b W_{ex}}+\frac{M_y}{W_{ey}}\leqslant f \quad (3\text{-}87)$$</td><td>屋面不能阻止檩条侧向失稳和扭转</td></tr>
<tr><td>风荷载使檩条下翼缘受压</td></tr>
<tr><td>平面格构式檩条上弦</td><td>$$\frac{N}{\varphi_{min}A_e}+\frac{M_x}{W_{ex}}+\frac{M_y}{W_{ey}}\leqslant f \quad (3\text{-}88)$$</td><td>φ_{min}——轴心受压构件的稳定系数，由最大长细比按附录 A 表 A.0-1 采用</td></tr>
<tr><td colspan="3">M_x、M_y——对檩条上弦截面主轴 x 和 y 轴的弯矩，x 轴垂直于屋面。计算强度时，支承点处的弯矩 M_x 按下式计算：
$$M_x=\frac{q_y l_1^2}{10} \quad (3\text{-}89)$$
计算稳定时，M_x 可取侧向支承点间的最大弯矩；
节点和跨中弯矩：
$$M_y=\frac{q_x a^2}{10} \quad (3\text{-}90)$$
式中　l_1——侧向支承点间的距离；
a——上弦的节间长度；
q_x——垂直于屋面方向的均布荷载分量；
q_y——平行于屋面方向的均布荷载分量</td></tr>
<tr><td colspan="4">当风荷载作用下平面格构式檩条下弦受压时，下弦应采用型钢，按《钢结构设计规范》计算强度和稳定性</td></tr>
</table>

3.6.2　檩条在垂直屋面方向的容许挠度与跨度之比值

瓦楞铁屋面：1/150；

压型钢板、水泥制品瓦材屋面：1/200。

3.6.3 檩条的构造

跨度大于4m时，在受压翼缘应设置拉条或撑杆，拉条和撑杆的截面应按计算确定。

圆钢拉条直径不宜小于10mm，撑杆的长细比不得大于200。

利用檩条作为水平支撑压杆时，檩条长细比不得大于200，并应按压弯构件验算其强度和稳定性。

3.6.4 墙梁的计算公式

墙梁的计算公式见表3.6-2。

墙梁的计算公式　　表3.6-2

简支墙梁强度计算	$\sigma=\frac{M_x}{W_{enx}}+\frac{M_y}{W_{eny}}+\frac{B}{W_\omega}\leqslant f$ (3-91) $\tau_x=\frac{3V_{xmax}}{4b_0t}\leqslant f_v$ (3-92) $\tau_y=\frac{3V_{ymax}}{2h_0t}\leqslant f_v$ (3-93)	M_x、M_y——对截面主轴x、y的弯矩； V_{xmax}、V_{ymax}——竖向荷载设计值和水平风荷载设计值所产生的剪力的最大值； b_0、h_0——墙梁截面沿主轴x、y方向的计算高度，取相交板件连接处两内弧起点间的距离； t——墙梁截面的厚度
简支墙梁整体稳定计算	若构造上不能保证墙梁的整体稳定性时，应按以下公式计算其稳定性： $\frac{M_x}{\varphi_{bx}W_{ex}}+\frac{M_y}{W_{ey}}+\frac{B}{W_\omega}\leqslant f$ (3-94) 公式中的φ_{bx}应按仅作用着M_x（忽略M_y及B的影响）的情况由附录A中A.0.2的规定计算	

3.6.5 墙梁的容许挠度与其跨度之比值

(1) 压型钢板、瓦楞铁墙面（水平方向）：1/150；

(2) 窗洞顶部的墙梁（水平方向和竖向）：1/200。

且竖向挠度不得大于10mm。

3.6.6　墙梁的构造

（1）墙梁跨度大于4m时，宜在跨中设置一道拉条；墙梁跨度大于6m时，可在跨间三分点处各设置一道拉条。一般每隔5道拉条设置一对斜拉条（如图3.6-1所示）；

（2）单、双侧挂墙板梁的拉条布置见图3.6-2；

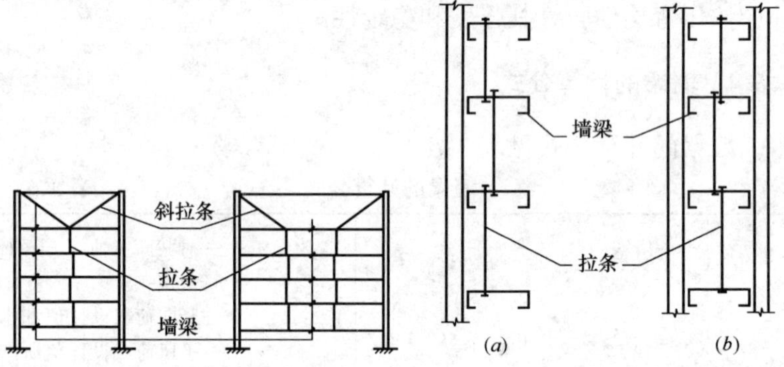

图3.6-1　拉条布置示意图

图3.6-2　单、双侧挂墙板梁的拉条布置示意图

（3）墙梁的抗扭支撑可采用以下形式：

柔性抗扭支撑，其布置见图3.6-3（*a*）、（*b*）；

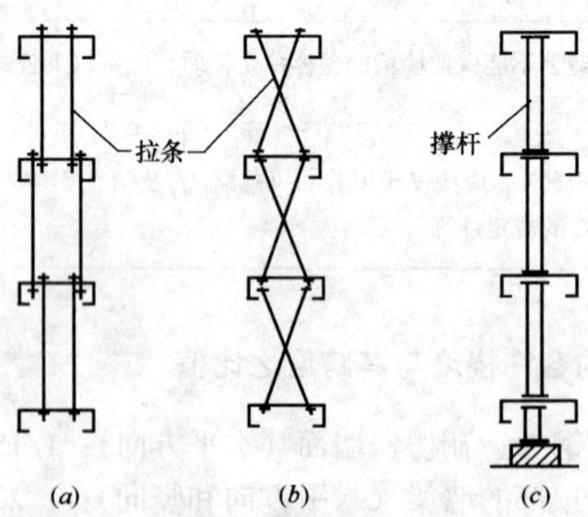

图3.6-3　墙梁的抗扭支撑示意图

刚性抗扭支撑可用冷弯型钢或方（矩形）管，其布置见图3.6-3c。

3.7 常用设计资料

3.7.1 考虑冷弯效应的钢材强度设计值计算

（1）考虑冷弯效应的强度设计值 f' 可按下式计算：

$$f' = \left[1 + \frac{\eta(12\gamma - 10)t}{l}\sum_{i=1}^{n}\frac{\theta_i}{2\pi}\right]f \tag{3-95}$$

式中 η——成型方式系数，对于冷弯高频焊（圆变）方、矩形管，取 $\eta = 1.7$；对于圆管和其他方式成型的方、矩形管及开口型钢，取 $\eta = 1.0$；

γ——钢材的抗拉强度与屈服强度的比值，对于 Q235 钢可取 $\gamma = 1.58$，对于 Q345 钢可取 $\gamma = 1.48$；

n——型钢截面所含棱角数目；

θ——型钢截面上第 i 个棱角所对应的圆周角（如图 3.7-1 所示），以弧度为单位；

l——型钢截面中心线的长度，可取型钢截面积与其厚度的比值。

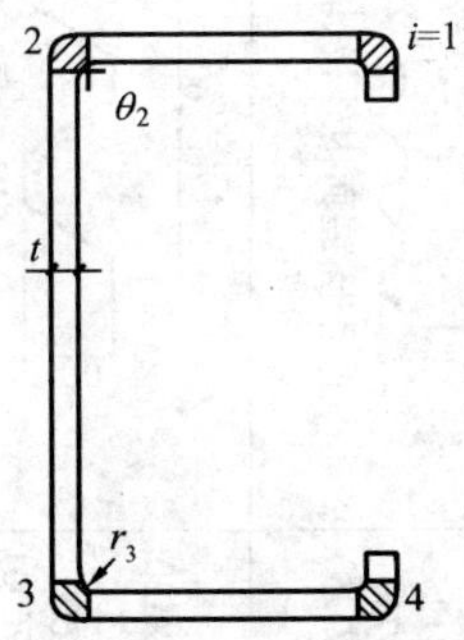

图 3.7-1 冷弯薄壁型钢截面示意图

3.7.2　常用压型钢板板型示意及容许檩距(见表 3.7-1)

常用压型钢板板型及檩距　　**表 3.7-1**

序号	板型	截面形状	有效宽度(mm)	展开宽度(mm)	板厚(mm)	截面惯性矩(cm^4/m)	截面模量(cm^3/m)	支承条件	荷载(kN/m²)/檩距(m) 0.5	1.0	1.5	2.0
1	YX35-125-750(V125)	750; 35; 适用于:屋面内外板、墙面内外板	750	1000	0.6	13.85	7.48	简支	2.4	1.9	1.7	1.5
								连续	2.9	2.3	2.0	1.8
					0.8	18.83	10.00	简支	2.7	2.1	1.8	1.7
								连续	3.2	2.5	2.2	2.0
					1.0	23.54	12.44	简支	2.9	2.3	2.0	1.8
								连续	3.4	2.7	2.3	2.1
2	YX130-300-600(W600)	600; 130; 适用于:屋面板	600	1000	0.6	214.24	31.35	简支	6.0	4.7	4.1	3.7
								连续	7.1	5.6	4.9	4.4
					0.8	275.99	41.50	简支	6.7	5.3	4.6	4.2
								连续	7.9	6.3	6.0	5.5
					1.0	358.09	52.71	简支	7.3	5.8	5.0	4.6
								连续	8.6	6.8	6.0	5.4
3	YX52-600(U600)	600; 52; 适用于:屋面板	600		0.5		5.42	简支	2.5	1.9	1.6	1.4
								连续	3.0	2.3	2.0	1.8
					0.6		6.88	简支	2.7	2.1	1.8	1.6
								连续	3.3	2.5	2.2	1.9

注:表中荷载为屋面荷载标准值(墙面为风荷载),已含板自重。表中按挠跨比 1/300 确定檩距。按 1/250 确立檩距时,表中数值乘以系数 1.06,按 1/200 计算檩距以及确定墙梁时,表中数值乘以系数 1.15。

续表

序号	板型	截面形状	有效宽度(mm)	展开宽度(mm)	板厚(mm)	截面惯性矩(cm^4/m)	截面模量(cm^3/m)	支承条件	荷载(kN/m^2)/檩距(m)			
									0.5	1.0	1.5	2.0
4	YX51-360(角弛Ⅱ)	适用于:屋面板	360	500	0.6	37.59	12.67	简支	3.4	2.7	2.4	2.1
								连续	4.1	3.2	2.8	2.5
					0.8	50.13	16.89	简支	3.8	2.9	2.5	2.4
								连续	4.5	3.5	3.1	2.8
					1.0	62.66	21.11	简支	4.1	3.2	2.8	2.5
								连续	4.8	3.8	3.2	2.9
5	YX51-380-760(角弛Ⅲ)	适用于:屋面板	760	1000	0.6	37.27	12.29	简支	3.3	2.6	2.4	2.1
								连续	4.0	3.2	2.8	2.5
					0.8	49.69	16.39	简支	3.6	2.8	2.4	2.2
								连续	4.2	3.3	2.9	2.6
					1.0	62.11	20.48	简支	3.7	2.9	2.6	2.3
								连续	4.4	3.5	2.9	2.7
6	YX114-333-666	适用于:屋面板	666	1000	0.6	42.23	18.44	简支	4.5	3.5	3.1	2.8
								连续	5.3	4.2	3.7	3.3
					0.8	51.42	21.31	简支	5.0	4.0	3.5	3.2
								连续	5.9	4.7	4.1	3.8
					1.0	68.47	25.43	简支	5.5	4.1	3.8	3.5
								连续	6.5	5.1	4.5	4.1

注:1. 表中荷载为屋面荷载标准值,已含板自重。表中按挠跨比 1/300 确定檩距。按 1/250 确定檩距时,表中数值乘 1.06 系数。

续表

序号	板型	截面形状	有效宽度(mm)	展开宽度(mm)	板厚(mm)	截面惯性矩(cm^4/m)	截面模量(cm^3/m)	支承条件	荷载(kN/m^2)/檩距(m) 0.5	1.0	1.5	2.0
7	YX28-150-750	750; 28; 适用于:墙面内外板、屋面底板	750	1000	0.6	—	—	简支	1.9	1.5	1.3	1.2
								连续	2.2	1.8	1.5	1.4
					0.8	—	—	简支	2.1	1.7	1.5	1.3
								连续	2.6	2.0	1.8	1.6
					1.0	—	—	简支	2.4	1.9	1.6	1.5
								连续	2.8	2.2	1.9	1.8
8	YX28-205-820	820; 28; 适用于:墙面内外板、屋面底板	820	1000	0.6	—	—	简支	2.2	1.8	1.6	1.4
								连续	2.7	2.1	1.8	1.7
					0.8	—	—	简支	2.5	1.9	1.7	1.6
								连续	3.0	2.3	2.0	1.8
					1.0	—	—	简支	2.7	2.1	1.8	1.7
								连续	3.1	2.5	2.1	1.9
9	YX15-225-900	900; 225; 15; 适用于:墙面内板、屋面底板	900	1000	0.6	—	—	简支	1.3	1.2	1.0	1.0
								连续	1.6	1.5	1.3	1.2
					0.8	—	—	简支	1.5	1.4	1.1	1.1
								连续	1.9	1.6	1.4	1.3
					1.0	—	—	简支	1.6	1.5	1.3	1.2
								连续	2.0	1.7	1.6	1.4

注:表中荷载为标准值,已含板自重。表中按挠跨比 1/200 确定墙梁间距。当挠跨比 1/300 时,檩距可乘以系数 0.85。

续表

序号	板型	截面形状	有效宽度(mm)	展开宽度(mm)	板厚(mm)	截面惯性矩(cm^4/m)	截面模量(cm^3/m)	支承条件	荷载(kN/m^2)/檩距(m) 0.5	1.0	1.5	2.0
10	YX24-210-840	适用于:屋面板、墙面板	840	1000	0.5	—	—	简支	0.9	0.7	0.6	0.5
								连续	2.0	1.8	1.6	1.5
					0.6	—	—	简支	1.0	0.8	0.7	0.6
								连续	2.2	1.9	1.8	1.7
					1.0	—	—	简支	1.5	1.2	1.1	1.0
								连续	2.5	2.3	2.1	2.0
11	YX75-600(AP60)	适用于:屋面板	600		0.47	—	—	简支		2.2	风荷载0.5	
										1.8	风荷载1.0	
					0.53	—	—	简支		3.0	风荷载0.5	
										2.0	风荷载1.0	
					0.65	—	—	简支		3.7	风荷载0.5	
										2.2	风荷载1.0	
12	YX28-200-740(AP740)	适用于:屋面板	740		0.47	—	—	简支		1.0	风荷载0.5	
										1.0	风荷载1.0	
					0.53	—	—	简支		1.5	风荷载0.5	
										1.45	风荷载1.0	
						—	—	简支				
13	冶建仿古瓦	适用于:屋面板	960	1000	0.6	—	—	575(固定檩距)				

注:表中荷载为标准值,已含板自重。表中按挠跨比1/200确定墙檩间距。当挠跨比1/300时,檩距可乘以系数0.85。

3.7.3　常用压型钢板零配件

（1）W600 型压型钢板配件（如图 3.7-2 ~ 图 3.7-8 所示）。

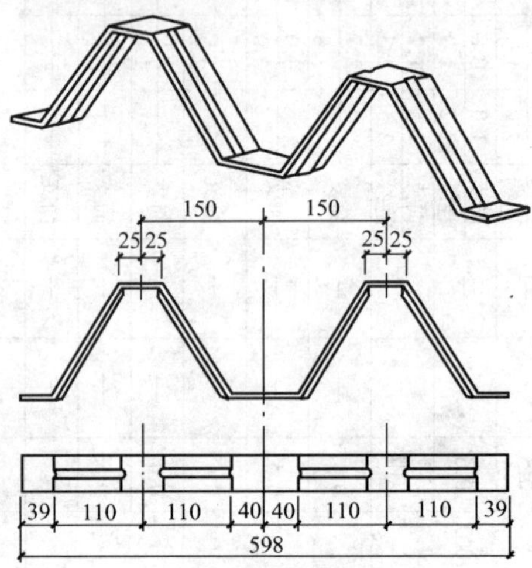

图 3.7-2　W600 型屋面板固定支架（中间）

注：材料为 3mm 厚镀锌钢板

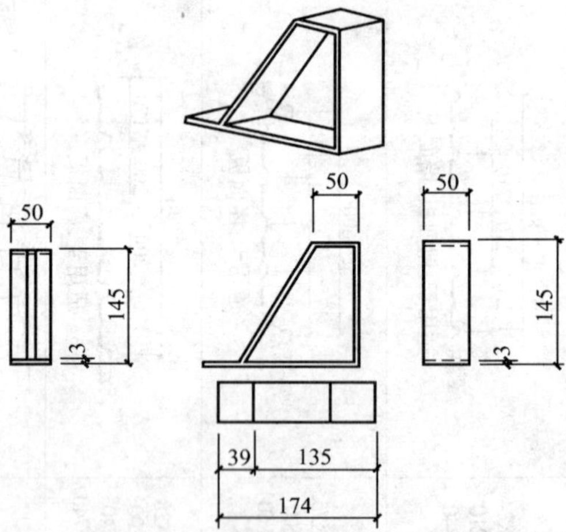

图 3.7-3　W600 型屋面板固定支架（端部）

注：材料为 3mm 厚镀锌钢板

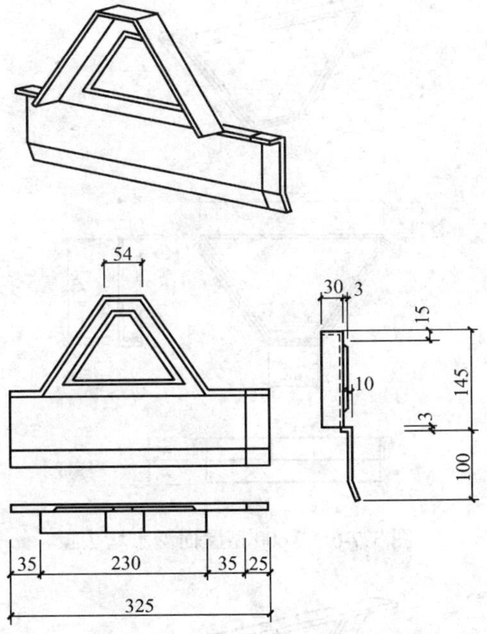

图 3.7-4 W600 型屋面檐口堵头板（中间）

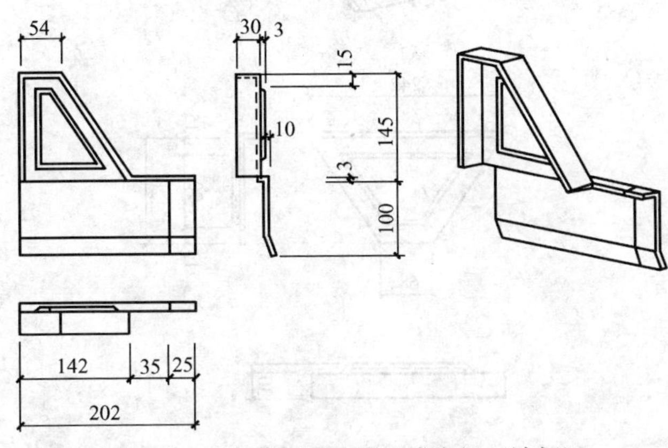

图 3.7-5 W600 型屋面檐口堵头板（端部）

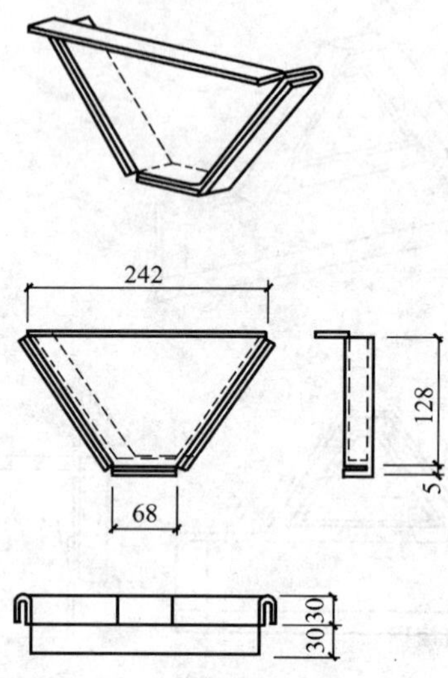

图 3.7-6　W600 型屋面泛水堵头板

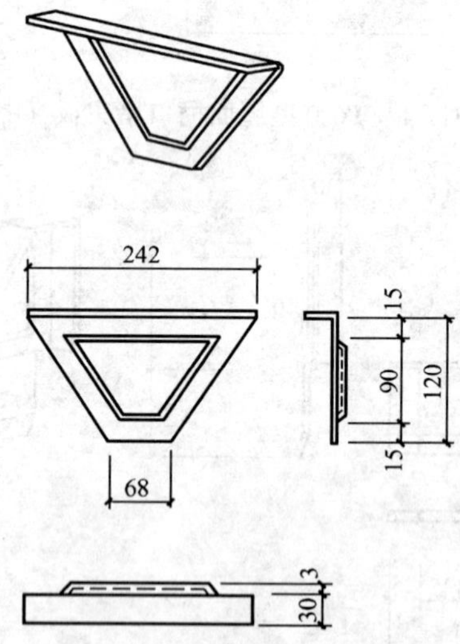

图 3.7-7　W600 型屋面泛水挡水板

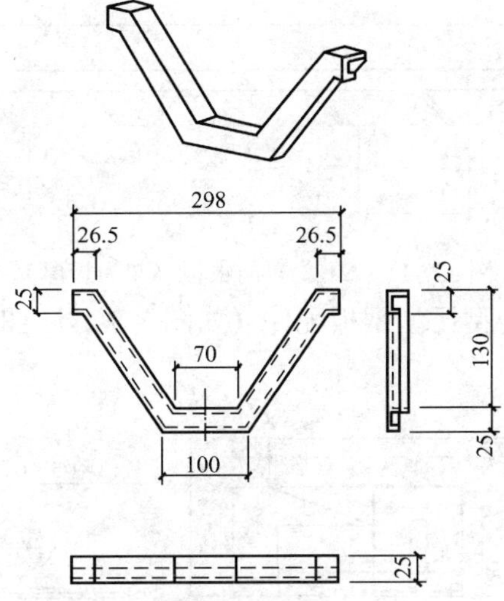

图 3.7-8 W600 型屋面檐口装饰板

（2）V125 压型钢板配件（如图 3.7-9 ~ 图 3.7-11 所示）

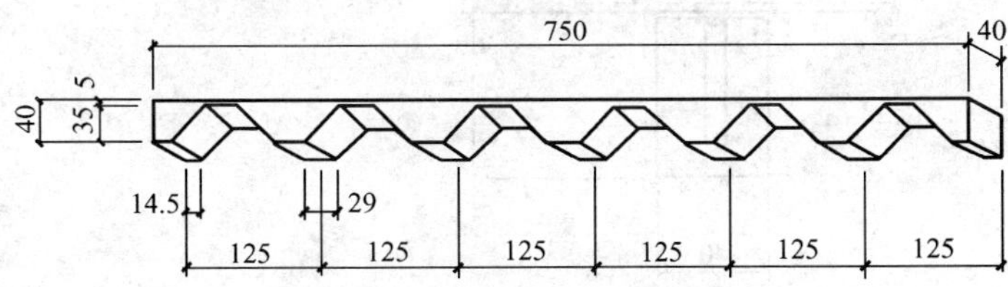

图 3.7-9 V125 型泡沫堵头

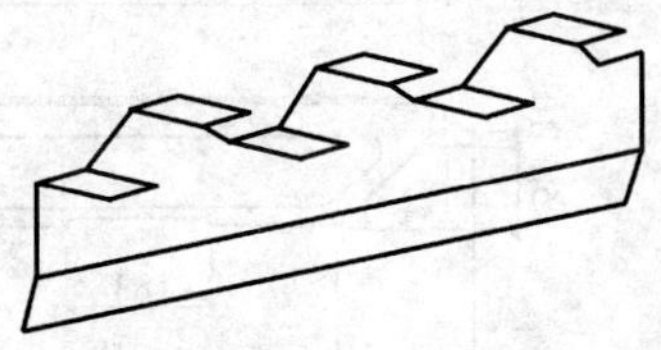

图 3.7-10 V125 型屋面封檐板

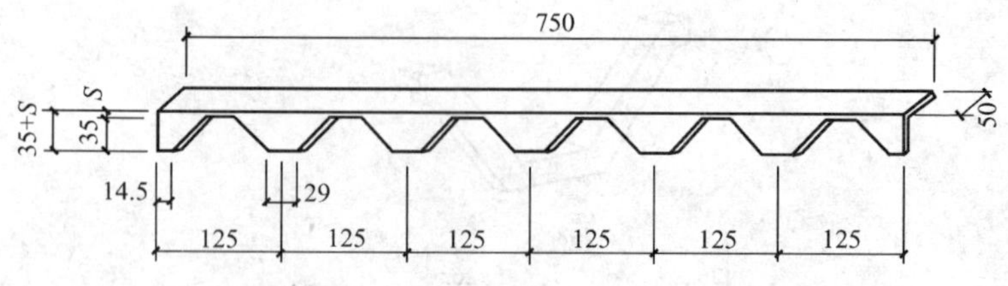

图 3.7-11　V125 型挡水板（S 为板厚）

（3）角弛Ⅱ型压型钢板配件（如图 3.7-12～图 3.7-16 所示）

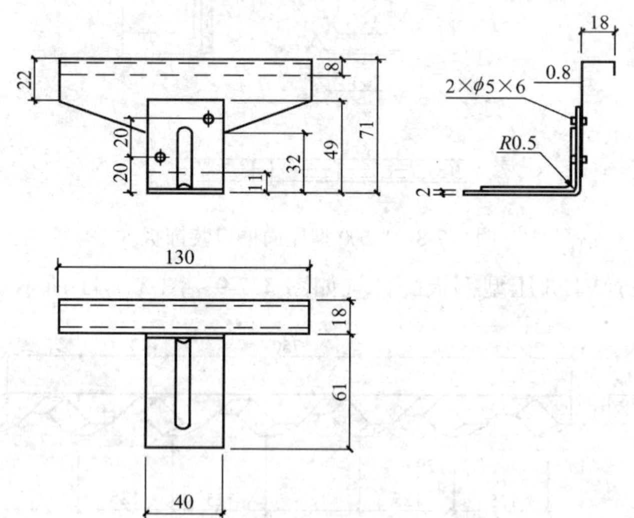

图 3.7-12　角弛Ⅱ型固定支架①

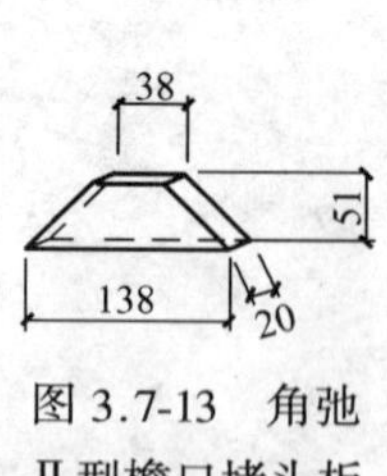

图 3.7-13　角弛Ⅱ型檐口堵头板

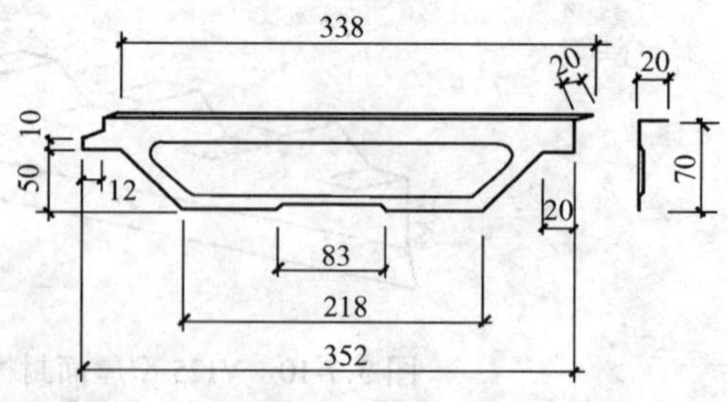

图 3.7-14　角弛Ⅱ型屋脊挡水板

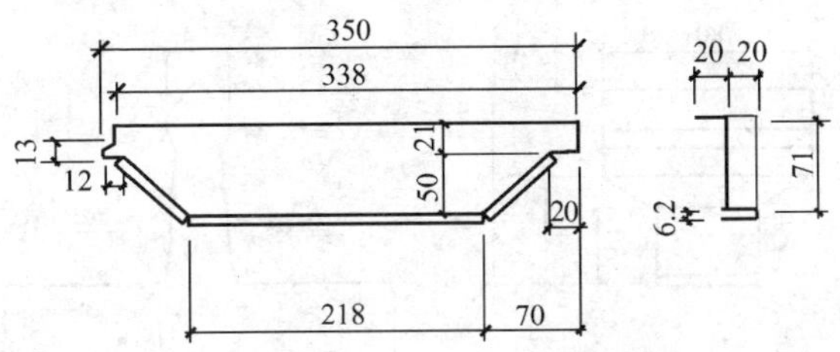

图 3.7-15　角弛Ⅱ型屋脊堵头板

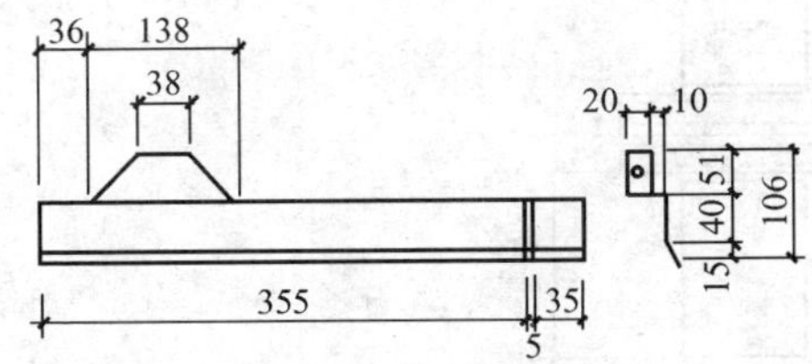

图 3.7-16　角弛Ⅱ型檐口滴水堵头板

(4) 角弛Ⅲ型压型钢板配件（如图 3.7-17 ~ 图 3.7-25 所示）

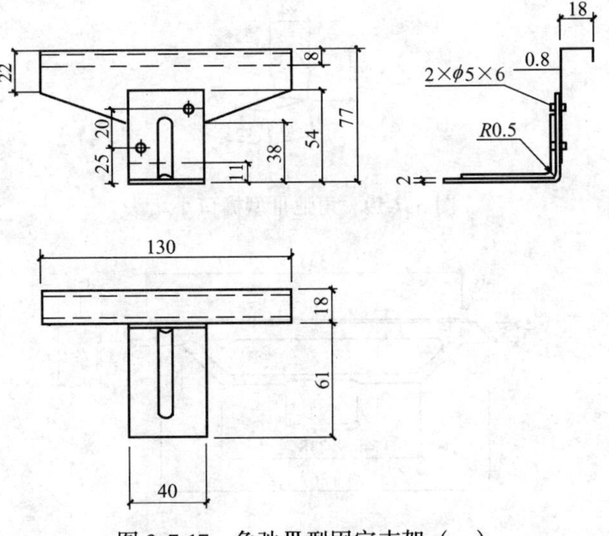

图 3.7-17　角弛Ⅲ型固定支架（一）

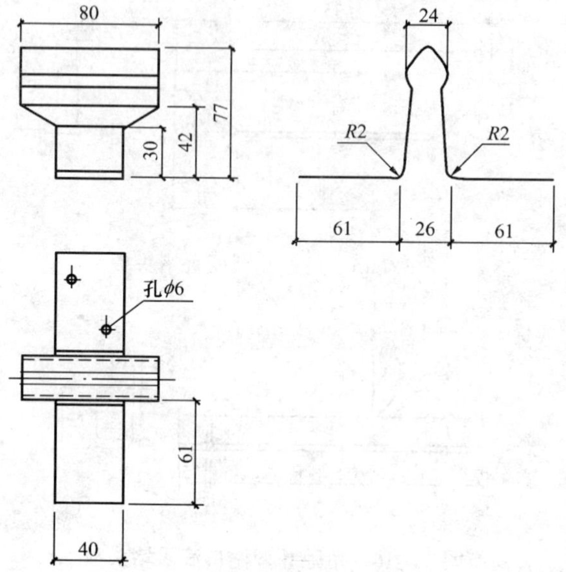

图 3.7-18　角弛Ⅲ型固定支架（二）

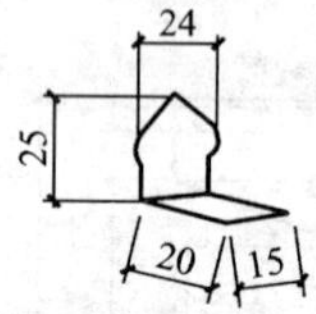

图 3.7-19　角弛Ⅲ型檐口小堵头

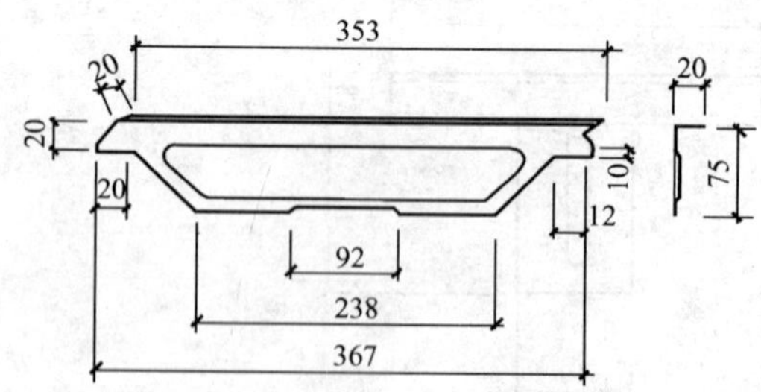

图 3.7-20　角弛Ⅲ型屋脊挡水板（左件）

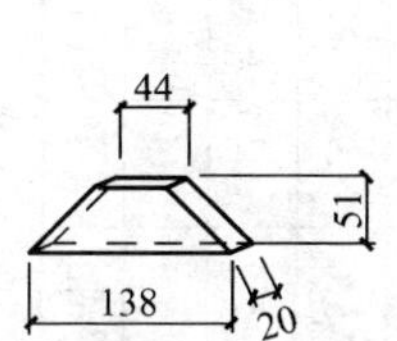

图 3.7-21 角弛Ⅲ型檐口堵头板

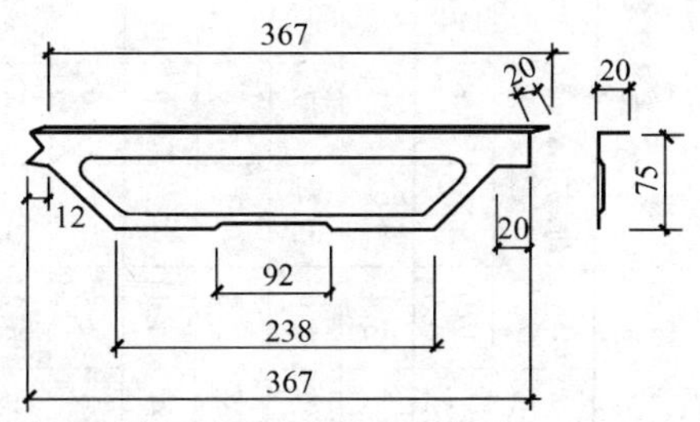

图 3.7-22 角弛Ⅲ型屋脊挡水板（右件）

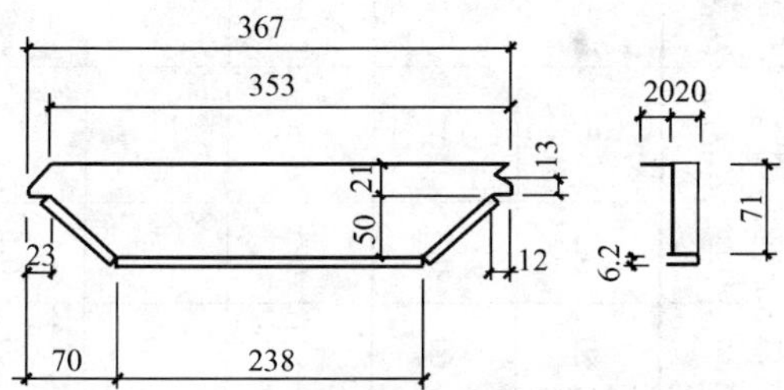

图 3.7-23 角弛Ⅲ型屋脊堵头板（左件）

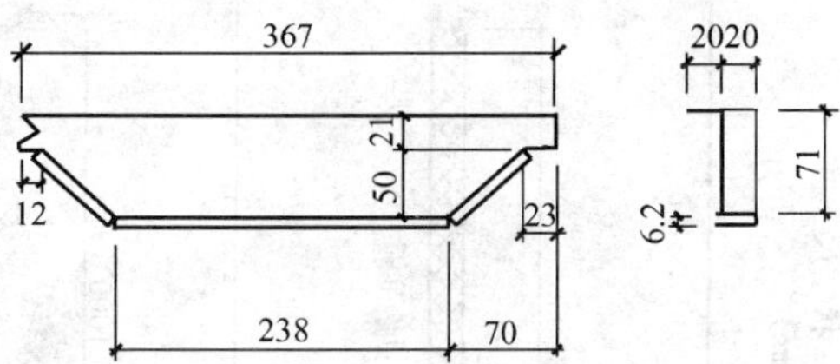

图 3.7-24 角弛Ⅲ型屋脊堵头板（右件）

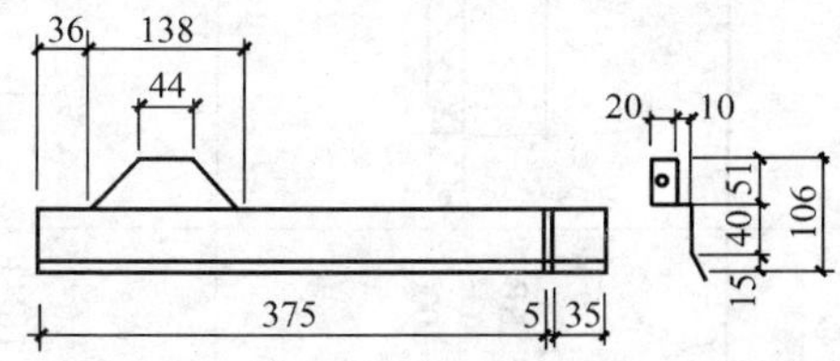

图 3.7-25 角弛Ⅲ型檐口滴水堵头板

3.7.4 常用夹芯保温板型示意和容许檩距

常用夹芯板板型及檩距 表 3.7-2

序号	板型	截面形状尺寸(mm)	有效宽度(mm)	板厚 S(mm)	面板厚(mm)	截面惯性矩(cm^4/m)	截面模量(cm^3/m)	支承条件	荷载(kN/m^2)/檩距(m) 0.6(0.5)	1.0	1.5	2.0
1	JxB-Qy1000	1000; S; 适用于:墙面板	1000	50	0.5	—	—	简支	3.4	2.9	2.4	
								连续	3.9	3.4	2.7	
				60	0.5	—	—	简支	3.8	3.3	2.6	
								连续	4.4	3.7	3.0	
				80	0.5	—	—	简支	4.5	3.7	2.9	
								连续	5.2	4.2	3.3	
2	JxB42-333-1000	1000; 42; S; 适用于:屋面板	1000	50	0.5	—	—	简支	4.7	3.6	3.0	
								连续	5.3	4.1	3.3	
				60	0.5	—	—	简支	5.0	3.9	3.1	
								连续	5.6	4.3	3.5	
				80	0.5	—	—	简支	5.5	4.4	3.4	
								连续	6.2	4.8	3.9	

续表

序号	板型	截面形状尺寸(mm)	有效宽度(mm)	板厚S(mm)	面板厚(mm)	截面惯性矩(cm^4/m)	截面模量(cm^3/m)	支承条件	荷载(kN/m^2)/檩距(m)			
									0.6 (0.5)	1.0	1.5	2.0
3	JxB45-500-1000	1000; S45; 适用于:屋面板	1000	75	0.6	—	—	简支	(5.0)	(3.8)	(3.1)	(2.4)
								连续				
				100	0.6	—	—	简支	(5.4)	(4.0)	(3.4)	(2.8)
								连续				
				150	0.6	—	—	简支	(6.5)	(4.9)	(4.0)	(3.3)
								连续				
4	JxB35-125-750	750; S35; 适用于:屋面板	750	50	0.6	—	—	简支	(4.0)	(3.0)	(2.1)	(1.5)
								连续				
				100	0.6	—	—	简支	(5.0)	(4.0)	(3.2)	(2.6)
								连续				
				150	0.6	—	—	简支	(5.5)	(4.5)	(3.6)	(3.0)
								连续				

注:1. 表中按挠跨比 1/200 确定檩距。当挠跨比为 1/250 时,表中檩距乘以系数 0.9。表中荷载为标准值,已含板自重。

2. 表中 x 为产品代号,y 为连接代号。

续表

序号	板型	截面形状尺寸(mm)	有效宽度(mm)	板厚 S (mm)	面板厚(mm)	截面惯性矩(cm^4/m)	截面模量(cm^3/m)	支承条件	荷载(kN/m^2)/檩距(m)			
									0.5 (0.6)	1.0	1.5	2.0
5	JxB40-305-960	960; 15, 305, 320, 305, 15; S, 40 适用于:屋面板	960	50	0.5	—	—	简支	3.4	2.9	2.4	
								连续	3.9	3.4	2.7	
				75	0.5	—	—	简支	3.8	3.3	2.6	
								连续	4.4	3.7	3.0	
				100	0.5	—	—	简支	4.5	3.7	2.9	
								连续	5.2	4.2	3.3	
6	JxB40-320-960	960; 320, 320, 320; S, 40 适用于:屋面板	960	50	0.5	—	—	简支	3.4	2.9	2.4	
								连续	3.9	3.4	2.7	
				75	0.5	—	—	简支	3.8	3.3	2.6	
								连续	4.4	3.7	3.0	
				100	0.5	—	—	简支	4.5	3.7	2.9	
								连续	5.2	4.2	3.3	
7	JxB44-333-1000	1000; 333, 333, 333; S, 44 适用于:屋面板	1000	50	0.6	—	—	简支	(2.9)	2.4	1.8	
								连续				
				80	0.6	—	—	简支	(3.0)	2.5	1.9	
								连续				

注:1. 表中按挠跨比 1/2000 确定檩距。当挠跨比为 1/250 时,表中檩距应乘以系数 0.9,表中荷载为标准值,已含板自重。

2. 表中 x 为产品代号,y 为连接代号。

3.7.5 常用夹芯保温板零配件（如图 3.7-26～图 3.7-34 所示）

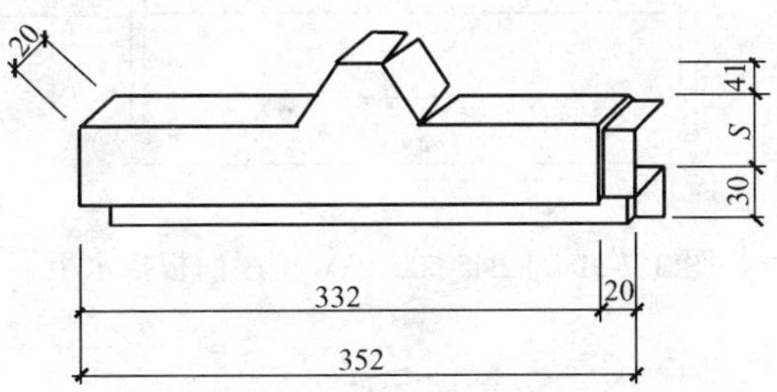

图 3.7-26 JxB42-333-1000 型层面板檐口堵头板

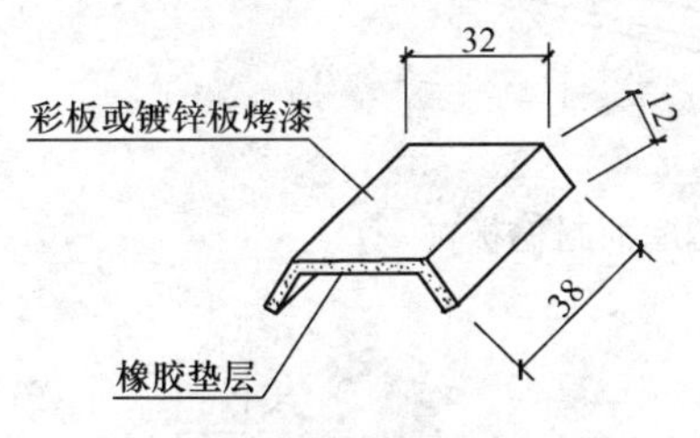

图 3.7-27 JxB42-333-1000 型屋面板压盖

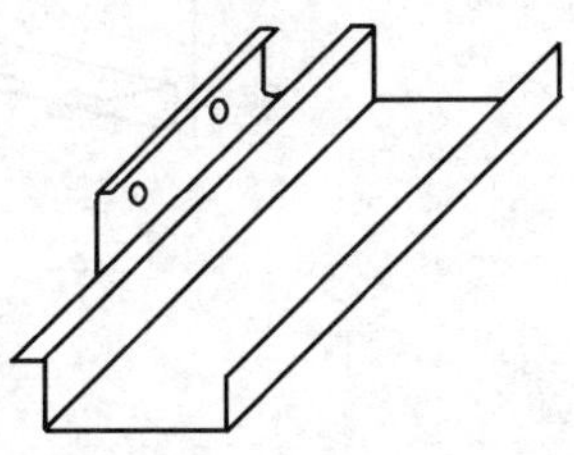

图 3.7-28 JxB-Qa1000 型墙板固定夹

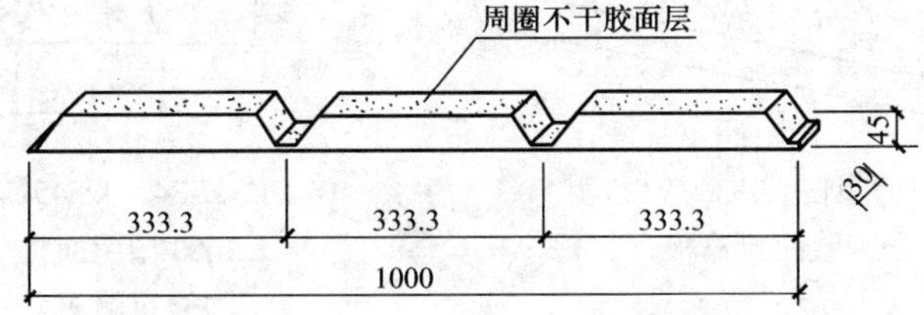

图 3.7-29 JxB42-333-1000 型屋面板泡沫堵头

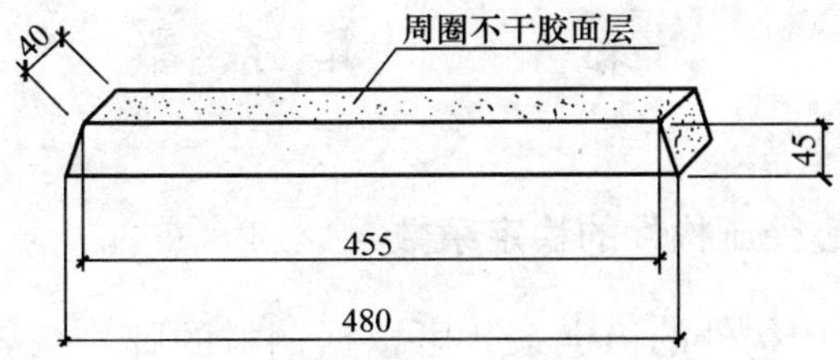

图 3.7-30 JxB45-500-1000 型屋面板泡沫堵头

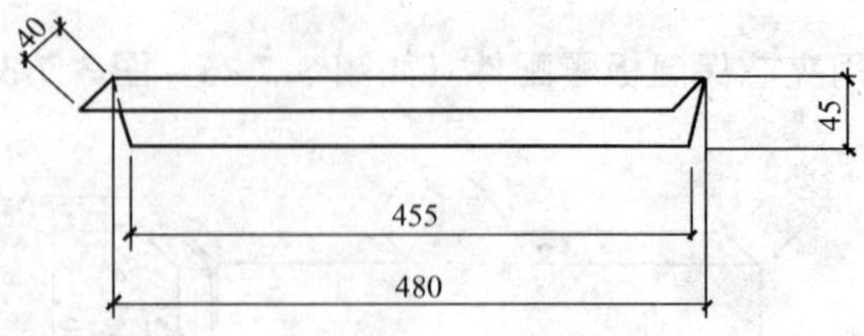

图 3.7-31　JxB45-500-1000 型屋面板挡水板

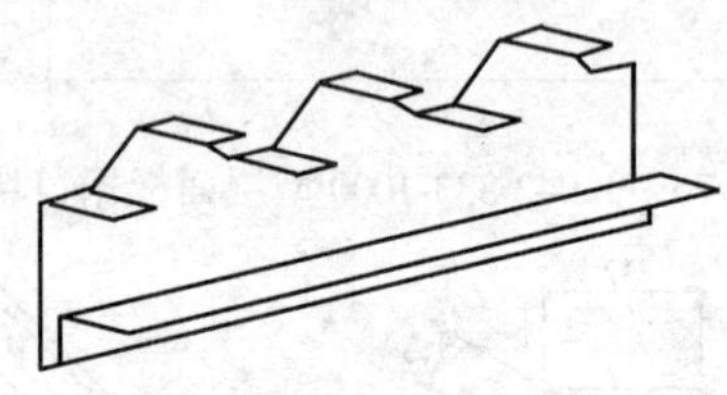

图 3.7-32　V125 型屋面封檐板（一）

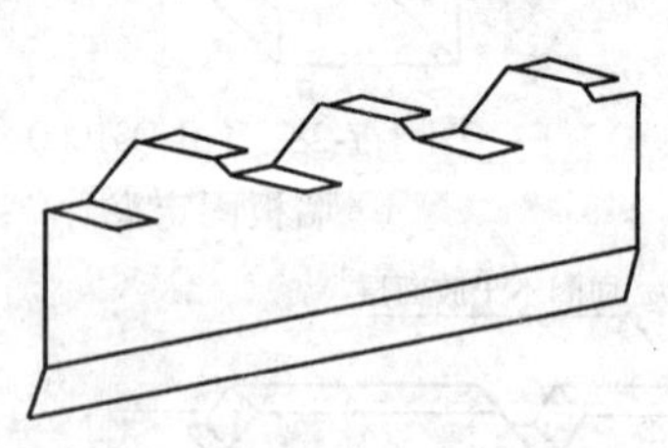

图 3.7-33　V125 型屋面封檐板（二）

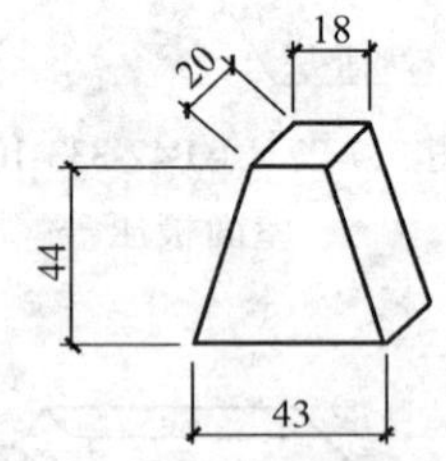

图 3.7-34　JxB45-500-1000 型屋面板檐口堵头

附录 A　计算系数

A.0.1　轴心受压构件的稳定系数

轴心受压构件的稳定系数可根据钢材的牌号按表 A.0-1、表 A.0-2 查得。

Q235 钢轴心受压构件的稳定系数 φ 表 A.0-1

λ	0	1	2	3	4	5	6	7	8	9
0	1.000	0.997	0.995	0.992	0.989	0.987	0.984	0.981	0.979	0.976
10	0.974	0.971	0.968	0.966	0.963	0.960	0.958	0.955	0.952	0.949
20	0.947	0.944	0.941	0.938	0.936	0.933	0.930	0.927	0.924	0.921
30	0.918	0.915	0.912	0.909	0.906	0.903	0.899	0.896	0.893	0.889
40	0.886	0.882	0.879	0.875	0.872	0.868	0.864	0.861	0.858	0.855
50	0.852	0.849	0.846	0.843	0.839	0.836	0.832	0.829	0.825	0.822
60	0.818	0.814	0.810	0.806	0.802	0.797	0.793	0.789	0.784	0.779
70	0.775	0.770	0.765	0.760	0.755	0.750	0.744	0.739	0.733	0.728
80	0.722	0.716	0.710	0.704	0.698	0.692	0.686	0.680	0.673	0.667
90	0.661	0.654	0.648	0.641	0.634	0.626	0.618	0.611	0.603	0.595
100	0.588	0.580	0.573	0.566	0.558	0.551	0.544	0.537	0.530	0.523
110	0.516	0.509	0.502	0.496	0.489	0.483	0.476	0.470	0.464	0.458
120	0.452	0.446	0.440	0.434	0.428	0.423	0.417	0.412	0.406	0.401
130	0.396	0.391	0.386	0.381	0.376	0.371	0.367	0.362	0.357	0.353
140	0.349	0.344	0.340	0.336	0.332	0.328	0.324	0.320	0.316	0.312
150	0.308	0.305	0.301	0.298	0.294	0.291	0.287	0.284	0.281	0.277
160	0.274	0.271	0.268	0.265	0.262	0.259	0.256	0.253	0.251	0.248
170	0.245	0.243	0.240	0.237	0.235	0.232	0.230	0.227	0.225	0.223
180	0.220	0.218	0.216	0.214	0.211	0.209	0.207	0.205	0.203	0.201
190	0.199	0.197	0.195	0.193	0.191	0.189	0.188	0.186	0.184	0.182
200	0.180	0.179	0.177	0.175	0.174	0.172	0.171	0.169	0.167	0.166
210	0.164	0.163	0.161	0.160	0.159	0.157	0.156	0.154	0.153	0.152
220	0.150	0.149	0.148	0.146	0.145	0.144	0.143	0.141	0.140	0.139
230	0.138	0.137	0.136	0.135	0.133	0.132	0.131	0.130	0.129	0.128
240	0.127	0.126	0.125	0.124	0.123	0.122	0.121	0.120	0.119	0.118
250	0.117	—	—	—	—	—	—	—	—	—

Q345 钢轴心受压构件的稳定系数 φ　　表 A.0-2

λ	0	1	2	3	4	5	6	7	8	9
0	1.000	0.997	0.994	0.991	0.988	0.985	0.982	0.979	0.976	0.973
10	0.971	0.968	0.965	0.962	0.959	0.956	0.952	0.949	0.946	0.943
20	0.940	0.937	0.934	0.930	0.927	0.924	0.920	0.917	0.913	0.909
30	0.906	0.902	0.898	0.894	0.890	0.886	0.882	0.878	0.874	0.870
40	0.867	0.864	0.860	0.857	0.853	0.849	0.845	0.841	0.837	0.833
50	0.829	0.824	0.819	0.815	0.810	0.805	0.800	0.794	0.789	0.783
60	0.777	0.771	0.765	0.759	0.752	0.746	0.739	0.732	0.725	0.718
70	0.710	0.703	0.695	0.688	0.680	0.672	0.664	0.656	0.648	0.640
80	0.632	0.623	0.615	0.607	0.599	0.591	0.583	0.574	0.566	0.558
90	0.550	0.542	0.535	0.527	0.519	0.512	0.504	0.497	0.489	0.482
100	0.475	0.467	0.460	0.452	0.445	0.438	0.431	0.424	0.418	0.411
110	0.405	0.398	0.392	0.386	0.380	0.375	0.369	0.363	0.358	0.352
120	0.347	0.342	0.337	0.332	0.327	0.322	0.318	0.313	0.309	0.304
130	0.300	0.296	0.292	0.288	0.284	0.280	0.276	0.272	0.269	0.265
140	0.261	0.258	0.255	0.251	0.248	0.245	0.242	0.238	0.235	0.232
150	0.229	0.227	0.224	0.221	0.218	0.216	0.213	0.210	0.208	0.205
160	0.203	0.201	0.198	0.196	0.194	0.191	0.189	0.187	0.185	0.183
170	0.181	0.179	0.177	0.175	0.173	0.171	0.169	0.167	0.165	0.163
180	0.162	0.160	0.158	0.157	0.155	0.153	0.152	0.150	0.149	0.147
190	0.146	0.144	0.143	0.141	0.140	0.138	0.137	0.136	0.134	0.133
200	0.132	0.130	0.129	0.128	0.127	0.126	0.124	0.123	0.122	0.121
210	0.120	0.119	0.118	0.116	0.115	0.114	0.113	0.112	0.111	0.110
220	0.109	0.108	0.107	0.106	0.106	0.105	0.104	0.103	0.101	0.101
230	0.100	0.099	0.098	0.098	0.097	0.096	0.095	0.094	0.094	0.093
240	0.092	0.091	0.091	0.090	0.089	0.088	0.088	0.087	0.086	0.086
250	0.085	—	—	—	—	—	—	—	—	—

A.0.2 受弯构件的整体稳定系数

(1) 对于单轴或双轴对称截面（包括反对称截面）的简支梁，当绕对称轴（x 轴）弯曲时，其整体稳定系数应按下式计算：

$$\varphi_{bx}=\frac{4320Ah}{\lambda_y^2 W_x}\xi_1\left(\sqrt{\eta^2+\zeta}+\eta\right)\cdot\left(\frac{235}{f_y}\right) \tag{A-1}$$

$$\eta=2\xi_2 e_a/h \tag{A-2}$$

$$\zeta=\frac{4I_\omega}{h^2 I_y}+\frac{0.156I_t}{I_y}\left(\frac{l_0}{h}\right)^2 \tag{A-3}$$

式中 λ_y——梁在弯矩作用平面外的长细比；

A——毛截面面积；

h——截面高度；

l_0——梁的侧向计算长度，$l_0=\mu_b l$；

μ_b——梁的侧向计算长度系数，按表 A.0-3 采用；

l——梁的跨度；

ξ_1、ξ_2——系数，按表 A.0-3 采用；

e_a——横向荷载作用点到弯心的距离：对于偏心压杆或当横向荷载作用在弯心时 $e_a=0$；当荷载不作用在弯心且荷载方向指向弯心时 e_a为负，而离开弯心时 e_a为正；

W_x——对 x 轴的受压边缘毛截面模量；

I_ω——毛截面扇性惯性矩；

I_y——对 y 轴的毛截面惯性矩；

I_t——扭转惯性矩。

如按上列公式算得的 $\varphi_{bx}>0.7$，则应以 φ'_{bx}值代替 φ_{bx}，φ'_{bx}值应按下式计算：

$$\varphi'_{bx} = 1.091 - \frac{0.274}{\varphi_{bx}} \tag{A-4}$$

两端及跨间侧向均为简支的受弯构件的 ξ_1、ξ_2 和 μ_b 值　　　　**表 A.0-3**

序号	弯矩作用平面内的荷载及支承情况	跨间无侧向支承		跨中设一道侧向支承		跨间有不少于两个等距离布置的侧向支承	
		$\mu_b=1.00$		$\mu_b=0.50$		$\mu_b=0.33$	
		ξ_1	ξ_2	ξ_1	ξ_2	ξ_1	ξ_2
1	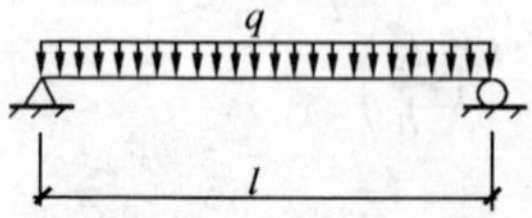 q; l	1.13	0.46	1.35	0.14	1.37	0.06
2	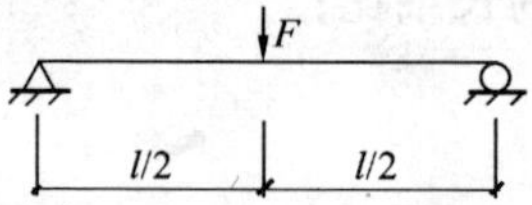 F; l/2, l/2	1.35	0.55	1.83	0	1.68	0.08
3	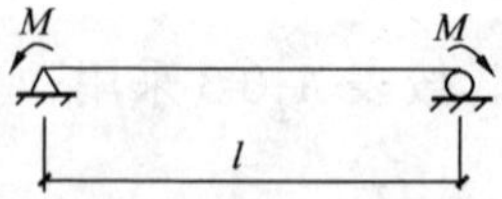 M, M; l	1.00	0	1.00	0	1.00	0
4	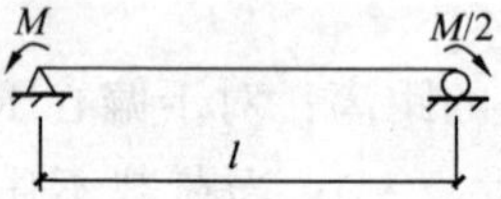 M, M/2; l	1.32	0	1.31	0	1.31	0
5	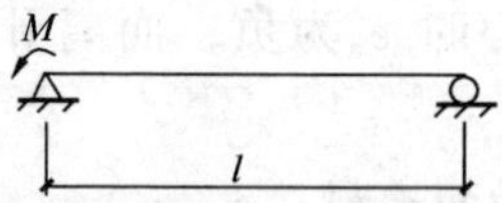 M; l	1.83	0	1.77	0	1.75	0
6	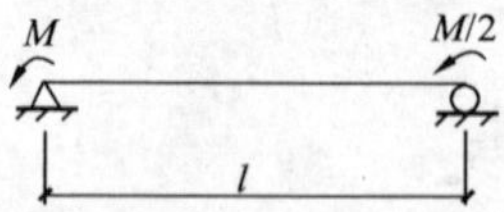 M, M/2; l	2.39	0	2.13	0	2.03	0
7	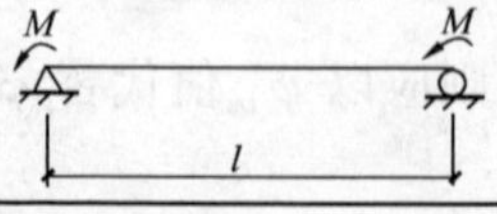 M, M; l	2.24	0	1.89	0	1.77	0

（2）对于图 A.0-1 所示单轴对称截面简支梁，x 轴（强轴）为不对称轴，当绕 x 轴弯曲时，其整体稳定系数仍可按公式（A-1）计算，但需以下式代替公式（A-2）：

$$\eta = 2(\xi_2 e_a + \beta_y)/h \tag{A-5}$$

$$\beta_y = \frac{U_x}{2I_x} - e_{0y} \tag{A-6}$$

$$U_x = \int_A y(x^2 + y^2)\mathrm{d}A \tag{A-7}$$

式中 I_x——对 x 轴的毛截面惯性矩；

e_{0y}——弯心的 y 轴坐标。

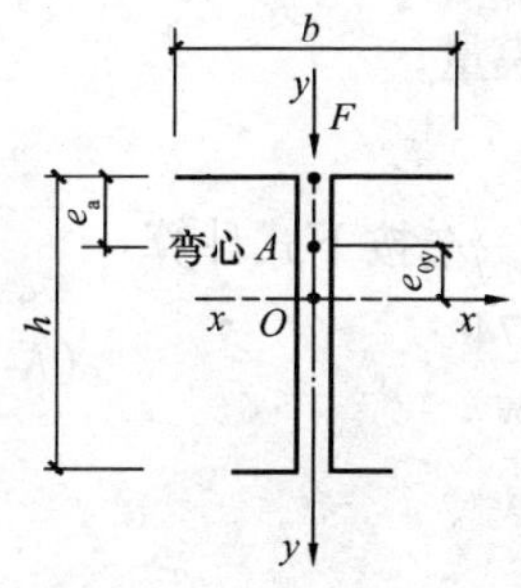

图 A.0-1 单轴对称截面示意图

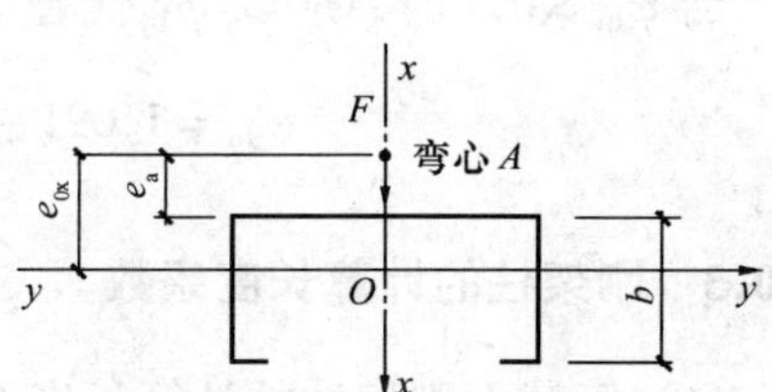

图 A.0-2 单轴对称卷边槽钢

（3）对于单轴或双轴对称截面的简支梁，当绕 y 轴（弱轴）弯曲时（如图 A.0-2 所示），如需计算稳定性，其整体稳定系数 φ_{by}可按下式计算：

$$\varphi_{by} = \frac{4320Ab}{\lambda_x^2 W_y}\xi_1(\sqrt{\eta^2 + \zeta} + \eta)\left(\frac{235}{f_y}\right) \tag{A-8}$$

$$\eta = 2(\xi_2 e_a + \beta_x)/b \tag{A-9}$$

$$\zeta = \frac{4I_\omega}{b^2 I_x} + \frac{0.156I_t}{I_x}\left(\frac{l_0}{b}\right)^2 \tag{A-10}$$

当 y 轴为对称轴时：

$$\beta_x = 0$$

当 y 轴为非对称轴时：

$$\beta_x = \frac{U_y}{2I_y} - e_{0x} \qquad \text{(A-11)}$$

$$U_y = \int_A x(x^2 + y^2)\mathrm{d}A \qquad \text{(A-12)}$$

式中　b——截面宽度；

λ_x——弯矩作用平面外的长细比（对 x 轴）；

W_y——对 y 轴的受压边缘毛截面模量；

e_{0x}——弯心的 x 轴坐标。

当 $\varphi_{by} > 0.7$ 时，应以 φ'_{by}代替 φ_{by}，φ'_{by}按下式计算：

$$\varphi'_{by} = 1.091 - \frac{0.274}{\varphi_{by}} \qquad \text{(A-13)}$$

A.0.3　刚架柱的计算长度系数

（1）等截面刚架柱的计算长度系数 μ 见表 A.0-4。

等截面刚架柱的计算长度系数 μ　　**表 A.0-4**

柱与基础的连接方式 \ K_2/K_1	0	0.2	0.3	0.5	1.0	2.0	3.0	4.0	7.0	≥10.0
刚　接	2.00	1.50	1.40	1.28	1.16	1.08	1.06	1.04	1.02	1.00
铰　接	∞	3.42	3.00	2.63	2.33	2.17	2.11	2.08	2.05	2.00

注：1. $K_1 = I_1/H$，$K_2 = I_2/l$；

2. I_1系柱顶处的截面惯性矩；

I_2系刚架梁的截面惯性矩；

H 系刚架柱的高度；

l 系刚架梁的长度，在山形门式刚架中为斜梁沿折线的总长度；

3. 当横梁与柱铰接时，取 $K_2 = 0$。

(2) 变截面刚架柱的计算长度系数 μ 见表 A.0-5。

变截面刚架柱的计算长度系数 μ 表 A.0-5

柱与基础的连接方式	K_2/K_1 \ I_0/I_1	0.1	0.2	0.3	0.5	0.75	1.0	2.0	≥10.0
铰接	0.01	5.03	4.33	4.10	3.89	3.77	3.74	3.70	3.65
	0.05	4.90	3.98	3.65	3.39	3.25	3.19	3.10	3.05
	0.10	4.66	3.82	3.48	3.19	3.04	2.98	2.94	2.75
	0.15	4.61	3.75	3.37	3.10	2.93	2.85	2.72	2.65
	≥0.20	4.59	3.67	3.30	3.00	2.84	2.75	2.63	2.55

注：I_0 系柱脚处的截面惯性矩。

A.0.4 简支梁的双力矩 *B* 的计算

(1) 简支梁的双力矩 *B* 可根据荷载情况按表 A.0-6 中所列公式计算。

简支梁双力矩 *B* 的计算公式 表 A.0-6

序号	Ⅰ	Ⅱ	Ⅲ
荷载简图	O,A; x; z; e; F; z; l/2; l/2	z_1; O,A; x; z_2; e; F; e; F; z; l/3; l/3; l/3	O,A; e; z; x; q; z; l
B（任意截面处）	$\frac{F\cdot e}{2k}\cdot\frac{\mathrm{sh}\,kz}{\mathrm{ch}\,\frac{kl}{2}}$	当 $z=z_1$ 时，$\frac{F\cdot e}{k}\cdot\frac{\mathrm{ch}\,\frac{kl}{6}}{\mathrm{ch}\,\frac{kl}{2}}\cdot\mathrm{sh}\,kz_1$ 当 $z=z_2$ 时 $\frac{F\cdot e}{k}\cdot\frac{\mathrm{sh}\,\frac{kl}{3}}{\mathrm{ch}\,\frac{kl}{2}}\mathrm{ch}\,k\left(\frac{l}{2}-z_2\right)$	$\frac{q\cdot e}{k^2}\left[1-\frac{\mathrm{ch}\,k\left(\frac{l}{2}-z\right)}{\mathrm{ch}\,\frac{kl}{2}}\right]$

续表

序号	Ⅰ	Ⅱ	Ⅲ
B_{max}（跨中）	$0.02\delta\cdot F\cdot e\cdot l$	$0.02\delta\cdot F\cdot e\cdot l$	$0.01\delta\cdot q\cdot e\cdot l^2$

注：k——弯扭特性系数，$k=\sqrt{GI_t/EI_\omega}$；

G——钢材的剪变模量，$G=0.79\times10^5\text{N/mm}^2$；

δ——B_{max}的计算系数，可由图 A.0-3 查得。

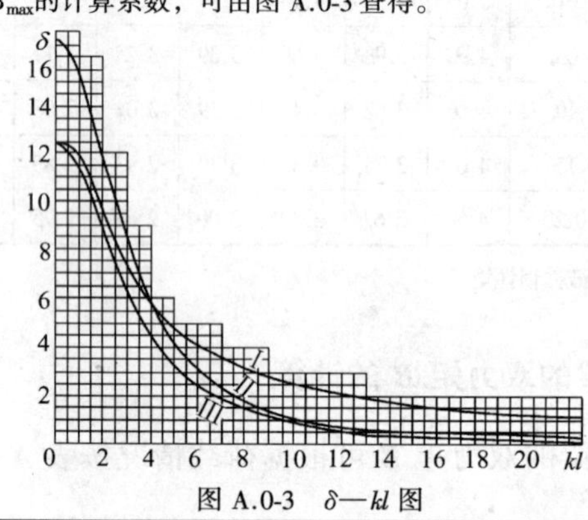

图 A.0-3　δ—kl 图

（2）由双力矩 B 所产生的正向应力符号按表 A.0-7 采用。

由双力矩 B 所引起的正应力符号　　　表 A.0-7

荷载与截面简图 / 截面上的点				
1	−	+	+	−
2	+	−	−	+
3	+	−	+	−
4	−	+	−	+

注：1. 表中正应力符号“+”代表压应力，“−”代表拉应力；

2. 表中外荷载 F 绕截面弯心 A 顺时针方向旋转；如外荷载 F 绕截面弯心 A 逆时针方向旋转，则表中所有符号均应反号。

附录B 截面特性

B.0.1 开口型冷弯型钢截面特性表

（1）等边角钢的规格及截面特性（摘自 GB/T 6723—1986）（见表 B.0-1）

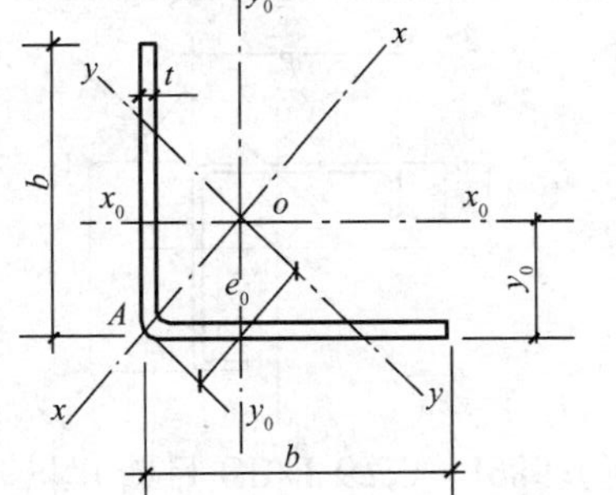

表 B.0-1

尺寸(mm)		截面面积	线密度	y_0	x_0-x_0				$x-x$		$y-y$		x_1-x_1	e_0	I_t	U_y
b	t	(cm²)	(kg/m)	(cm)	I_{x0} (cm⁴)	i_{x0} (cm)	W_{x0max} (cm³)	W_{x0min} (cm³)	I_x (cm⁴)	i_x (cm)	I_y (cm⁴)	i_y (cm)	I_{x1} (cm⁴)	(cm)	(cm⁴)	(cm⁵)
30	1.5	0.85	0.67	0.828	0.77	0.95	0.93	0.35	1.25	1.21	0.29	0.58	1.35	1.07	0.0064	0.613
30	2.0	1.12	0.88	0.855	0.99	0.94	1.16	0.46	1.63	1.21	0.36	0.57	1.81	1.07	0.0149	0.775
40	2.0	1.52	1.19	1.105	2.43	1.27	2.20	0.84	3.95	1.61	0.90	0.77	4.28	1.42	0.0208	2.585
40	2.5	1.87	1.47	1.132	2.96	1.26	2.62	1.03	4.85	1.61	1.07	0.76	5.36	1.42	0.0390	3.104

续表

尺寸(mm)		截面面积	线密度	y_0	x_0-x_0				$x-x$		$y-y$		x_1-x_1	e_0	I_t	U_y
b	t	(cm²)	(kg/m)	(cm)	I_{x0} (cm⁴)	i_{x0} (cm)	W_{x0max} (cm³)	W_{x0min} (cm³)	I_x (cm⁴)	i_x (cm)	I_y (cm⁴)	i_y (cm)	I_{x1} (cm⁴)	(cm)	(cm⁴)	(cm⁵)
50	2.5	2.37	1.86	1.381	5.93	1.58	4.29	1.64	9.65	2.02	2.20	0.96	10.44	1.78	0.0494	7.890
50	3.0	2.81	2.21	1.408	6.97	1.57	4.95	1.94	11.40	2.01	2.54	0.95	12.55	1.78	0.0843	9.169
60	2.5	2.87	2.25	1.630	10.41	1.90	6.38	2.38	16.90	2.43	3.91	1.17	18.03	2.13	0.0598	16.80
60	3.0	3.41	2.68	1.657	12.29	1.90	7.42	2.83	20.02	2.42	4.56	1.16	21.66	2.13	0.1023	19.63
75	2.5	3.62	2.84	2.005	20.65	2.39	10.30	3.76	33.43	3.04	7.87	1.48	35.20	2.86	0.0755	42.09
75	3.0	4.31	3.39	2.031	24.47	2.38	12.05	4.47	39.70	3.03	9.23	1.46	42.26	2.66	0.1203	49.47

(2)卷边等边角钢的规格及截面特性(摘自 GB/T 6723—1986)(见表 B.0-2)。

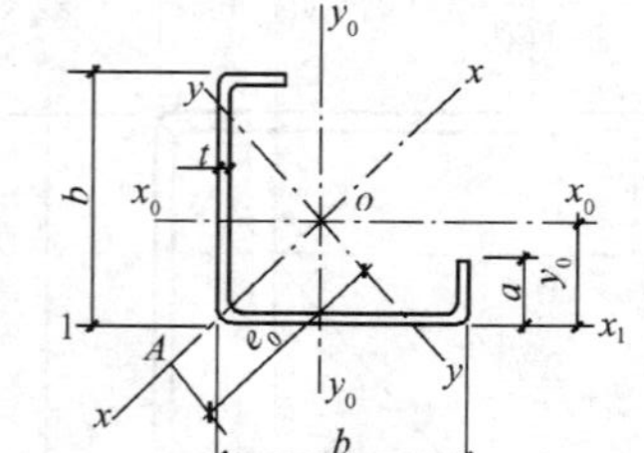

表 B.0-2

尺寸(mm)			截面面积	线密度	y_0	x_0-x_0				$x-x$		$y-y$		x_1-x_1	e_0	I_t	I_ω	U_y
b	a	t	(cm²)	(kg/m)	(cm)	I_{x0} (cm²)	i_{x0} (cm)	W_{x0max} (cm³)	W_{x0min} (cm³)	I_x (cm⁴)	i_x (cm)	I_y (cm⁴)	i_y (cm)	I_{x1} (cm⁴)	(cm)	(cm⁴)	(cm⁶)	(cm⁵)
40	15	2.0	1.95	1.53	1.404	3.93	1.42	2.80	1.51	5.74	1.72	2.12	1.01	7.78	2.37	0.0260	3.88	3.747
60	20	2.0	2.95	2.32	2.026	13.83	2.17	6.83	3.48	20.56	2.64	7.11	1.55	25.94	3.38	0.0394	22.64	21.01
75	20	2.0	3.55	2.79	2.396	25.60	2.69	10.68	5.02	39.01	3.31	12.19	1.85	45.99	3.82	0.0473	36.55	51.84
75	20	2.5	4.36	3.42	2.401	30.76	2.66	12.81	6.03	46.91	3.28	14.60	1.83	55.90	3.80	0.0909	43.33	61.93

（3）槽钢的规格及截面特性（摘自 GB/T 6723—1986）（见表 B.0-3）。

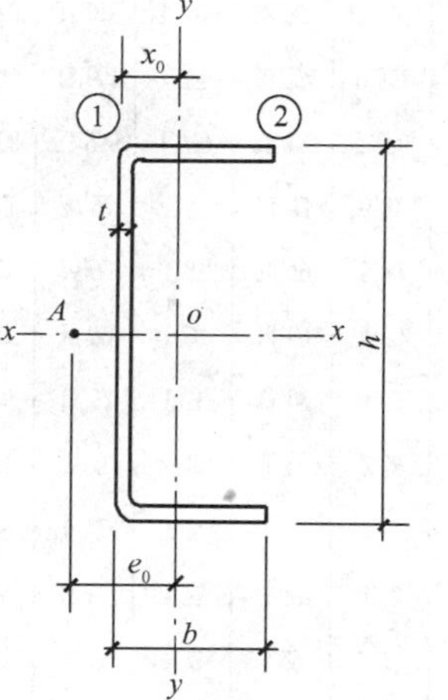

表 B.0-3

尺寸(mm)			截面面积	线密度	x_0	x - x			y - y				$y_1 - y_1$	e_0	I_t	I_ω	k	$W_{\omega1}$	$W_{\omega2}$	U_y
h	b	t	(cm²)	(kg/m)	(cm)	I_x (cm⁴)	i_x (cm)	W_x (cm³)	I_y (cm⁴)	i_y (cm)	W_{ymax} (cm³)	W_{ymin} (cm³)	I_{y1} (cm⁴)	(cm)	(cm⁴)	(cm⁶)	(cm⁻¹)	(cm⁴)	(cm⁴)	(cm⁵)
40	20	2.5	1.763	1.384	0.629	3.914	1.489	1.957	0.651	0.607	1.034	0.475	1.350	1.255	0.0367	1.332	0.10295	1.360	0.671	1.440
50	30	2.5	2.513	1.972	0.951	9.574	1.951	3.829	2.245	0.945	2.359	1.096	4.521	2.013	0.0523	7.945	0.05034	3.550	2.045	5.259
60	30	2.5	2.74	2.15	0.883	14.38	2.31	4.89	2.40	0.94	2.71	1.13	4.53	1.88	0.0571	12.21	0.0425	4.72	2.51	7.942

续表

尺寸(mm)			截面面积	线密度	x_0	x-x			y-y				y_1-y_1	e_0	I_t	I_ω	k	$W_{\omega1}$	$W_{\omega2}$	U_y
h	b	t	(cm^2)	(kg/m)	(cm)	I_x (cm^4)	i_x (cm)	W_x (cm^3)	I_y (cm^4)	i_y (cm)	W_{ymax} (cm^3)	W_{ymin} (cm^3)	I_{y1} (cm^4)	(cm)	(cm^4)	(cm^6)	(cm^{-1})	(cm^4)	(cm^4)	(cm^5)
70	40	2.5	3.496	2.74	1.202	26.703	2.763	7.629	5.639	1.269	4.688	2.015	10.697	2.653	0.0728	413.05	0.02604	9.499	5.439	19.429
80	40	2.5	3.74	2.94	1.132	36.70	3.13	9.18	5.92	1.26	2.23	2.06	10.71	2.51	0.0779	57.36	0.0229	11.61	6.37	26.089
80	40	3.0	4.43	3.48	1.159	42.66	3.10	10.67	6.93	1.25	5.98	2.44	12.87	2.51	0.1328	64.58	0.0282	13.64	7.34	30.575
100	40	2.5	4.24	3.33	1.013	62.07	3.83	12.41	6.37	1.23	6.29	2.13	10.72	2.30	0.0884	99.70	0.0185	17.07	8.44	42.672
100	40	3.0	5.03	3.95	1.039	72.44	3.80	14.49	7.47	1.22	7.19	2.52	12.89	2.30	0.1508	113.23	0.0227	20.20	9.79	50.247
120	40	2.5	4.74	3.72	0.919	95.92	4.50	15.99	6.72	1.19	7.32	2.18	10.73	2.13	0.0988	156.19	0.0156	23.62	10.59	63.644
120	40	3.0	5.63	4.42	0.944	112.28	4.47	18.71	7.90	1.19	8.37	2.58	12.91	2.12	0.1688	178.49	0.0191	28.13	12.33	75.140
140	50	3.0	6.83	5.36	1.187	191.53	5.30	27.36	15.52	1.51	13.08	4.07	25.13	2.75	0.2048	487.60	0.0128	48.99	22.93	160.572
140	50	3.5	7.89	6.20	1.211	218.88	5.27	31.27	17.79	1.50	14.69	4.70	29.37	2.74	0.3223	546.44	0.0151	56.72	26.09	184.730
160	60	3.0	8.03	6.30	1.432	300.87	6.12	37.61	26.90	1.83	18.79	5.89	43.35	3.37	0.2408	1119.78	0.0091	78.25	38.21	303.617
160	60	3.5	9.29	7.29	1.456	344.94	6.09	43.12	30.92	1.82	21.23	6.81	50.63	3.37	0.3794	1264.16	0.0108	90.71	43.68	349.963
180	60	4.0	11.350	8.910	1.390	510.374	6.705	56.708	35.956	1.779	25.856	7.800	57.908	3.217	0.6053	1872.165	0.01115	135.194	57.111	511.702
180	60	5.0	13.985	10.978	1.440	616.044	6.636	68.449	43.601	1.765	30.274	9.562	72.611	3.217	1.1654	2190.181	0.01430	170.048	68.632	625.549
200	60	4.0	12.150	9.538	1.312	658.605	7.362	65.860	37.016	1.745	28.208	7.896	57.940	3.062	0.6480	2424.95	0.01013	165.206	65.012	644.574
200	60	5.0	14.985	11.763	1.360	796.658	7.291	79.665	44.923	1.731	33.012	9.683	72.674	3.062	1.2488	2849.111	0.01298	209.464	78.322	789.191

(4)卷边槽钢的规格及截面特性(摘自 GB/T 6723—1986)(见表 B.0-4)。

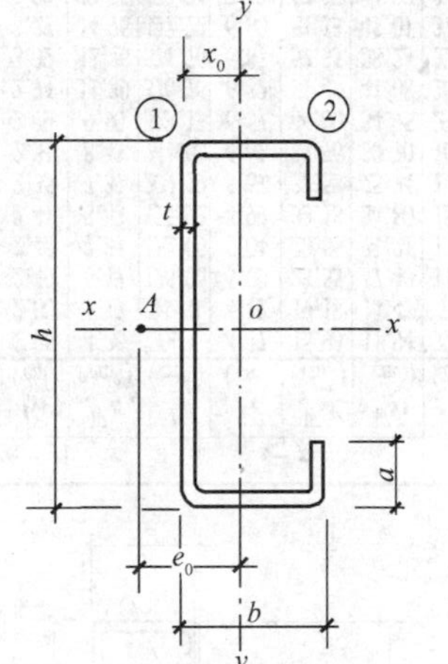

表 B.0-4

尺寸(mm)				截面面积 (cm^2)	线密度 (kg/m)	x_0 (cm)	x－x			y－y				y_1-y_1	e_0 (cm)	I_t (cm^4)	I_ω (cm^6)	k (cm^{-1})	$W_{\omega1}$ (cm^4)	$W_{\omega2}$ (cm^4)	U_y (cm^5)
h	b	a	t				I_x (cm^4)	i_y (cm)	W_x (cm^3)	I_y (cm^4)	i_y (cm)	W_{ymax} (cm^3)	W_{ymin} (cm^3)	I_{y1} (cm^3)							
80	40	15	2.0	3.47	2.72	1.452	34.16	3.14	8.54	7.79	1.50	5.36	3.06	15.10	3.36	0.0462	112.9	0.0126	16.03	15.74	21.25
100	50	15	2.5	5.23	4.11	1.706	81.34	3.94	16.27	17.19	1.81	10.08	5.22	32.41	3.94	0.1090	352.8	0.0109	34.47	29.41	67.77
120	50	20	2.5	5.98	4.70	1.706	129.40	4.65	21.57	20.96	1.87	12.28	6.36	38.36	4.08	0.1246	660.9	0.0085	51.04	48.36	103.53
120	60	20	3.0	7.65	6.01	2.106	170.68	4.72	28.45	37.36	2.21	17.74	9.59	71.31	4.87	0.2296	1153.2	0.0087	75.68	68.84	166.06
140	60	20	3.0	8.25	6.48	1.964	245.42	5.45	35.06	39.49	2.19	20.11	9.79	71.33	4.61	0.2476	1589.8	0.0078	92.69	79.00	245.42
160	70	20	3.0	9.45	7.42	2.224	373.64	6.29	46.71	60.42	2.53	27.17	12.65	107.20	5.25	0.2836	3070.5	0.0060	135.49	109.92	447.56

(5) 卷边 Z 形钢的规格及截面特性（摘自 GB/T 6723—1986）（见表 B.0-5）。

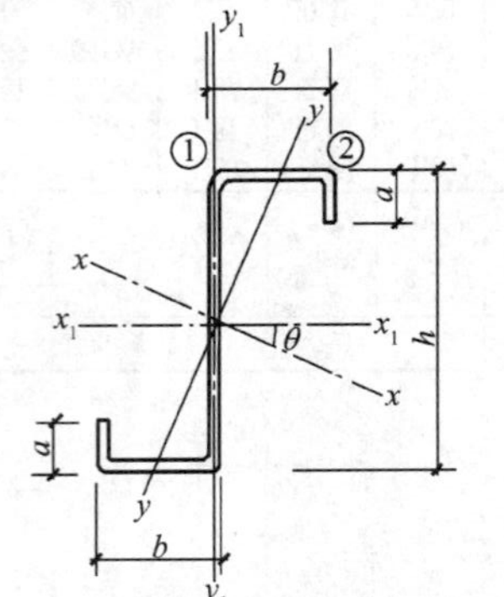

表 B.0-5

尺寸(mm)				截面面积	线密度	θ	x_1-x_1			y_1-y_1			$x-x$				$y-y$				I_{x1y1}	I_t	I_w	k	W_{w1}	W_{w2}
h	b	a	t	(cm²)	(kg/m)		I_{x1} (cm⁴)	i_{x1} (cm)	W_{x1} (cm³)	I_{y1} (cm⁴)	i_{y1} (cm)	W_{y1} (cm³)	I_x (cm⁴)	i_x (cm)	W_{x1} (cm³)	W_{x2} (cm³)	I_y (cm⁴)	i_y (cm)	W_{y1} (cm³)	W_{y2} (cm³)	(cm⁴)	(cm⁴)	(cm⁶)	(cm⁻¹)	(cm⁴)	(cm⁴)
100	40	20	2.0	4.07	3.19	24°1′	60.04	3.84	12.01	17.02	2.05	4.36	70.70	4.17	15.93	11.94	6.36	1.25	3.36	4.42	23.93	0.0542	325.0	0.0081	49.97	29.16
100	40	20	2.5	4.98	3.91	23°46′	72.10	3.80	14.42	20.02	2.00	5.17	84.63	4.12	19.18	14.47	7.49	1.23	4.07	5.28	28.45	0.1038	381.9	0.0102	62.25	35.03
120	50	20	2.0	4.87	3.82	24°3′	106.97	4.69	17.83	30.23	2.49	6.17	126.06	5.09	23.55	17.40	11.14	1.51	4.83	5.74	42.77	0.0649	785.2	0.0057	84.05	43.96
120	50	20	2.5	5.98	4.70	23°50′	129.39	4.65	21.57	35.91	2.45	7.37	152.05	5.04	28.55	21.21	13.25	1.49	5.89	6.89	51.30	0.1246	930.9	0.0072	104.68	52.94
120	50	20	3.0	7.05	5.54	23°36′	150.14	4.61	25.02	40.88	2.41	8.43	175.92	4.99	33.18	24.80	15.11	1.46	6.89	7.92	58.99	0.2116	1058.9	0.0087	125.37	61.22
140	50	20	2.5	6.48	5.09	19°25′	186.77	5.37	26.68	35.91	2.35	7.37	209.19	5.67	32.55	25.34	14.48	1.49	6.69	6.78	60.75	0.1350	1289.0	0.0064	137.04	60.03
140	50	20	3.0	7.65	6.01	19°12′	217.26	5.33	31.04	40.83	2.31	8.43	241.62	5.62	37.76	30.70	16.52	1.47	7.84	7.81	69.93	0.2296	1468.2	0.0077	164.94	69.51
160	60	20	2.5	7.48	5.87	19°59′	288.12	6.21	36.01	58.15	2.79	9.90	323.13	6.57	44.00	34.95	23.14	1.76	9.00	8.71	96.32	0.1559	2634.3	0.0048	205.98	86.28
160	60	20	3.0	8.85	6.95	19°47′	336.66	6.17	42.08	66.66	2.74	11.39	376.76	6.52	51.48	41.08	26.56	1.73	10.58	10.07	111.51	0.2656	3019.4	0.0058	247.41	100.15
160	70	20	2.5	7.98	6.27	23°46′	319.13	6.32	39.89	87.74	3.32	12.76	374.76	6.85	52.35	38.23	32.11	2.01	10.53	10.86	126.37	0.1663	3793.3	0.0041	238.87	106.91
160	70	20	3.0	9.45	7.42	23°34′	373.64	6.29	46.71	101.10	3.27	14.76	437.72	6.80	61.33	45.01	37.03	1.98	12.39	12.58	146.86	0.2836	4365.0	0.0050	285.78	124.26
180	70	20	2.5	8.48	6.66	20°22′	420.18	7.04	46.69	187.74	3.22	12.76	473.34	7.47	57.27	44.88	34.58	2.02	11.66	10.86	143.18	0.1767	4907.9	0.0037	294.53	119.41
180	70	20	3.0	10.05	7.89	20°11′	492.61	7.00	54.73	101.11	3.17	14.76	553.83	7.42	67.22	52.89	39.89	1.99	13.72	12.59	166.47	0.3016	5652.2	0.0045	353.32	138.92

（6）冷弯等边角钢的规格及截面特性（摘自 GB/T 6723—1986）（见表 B.0-6）

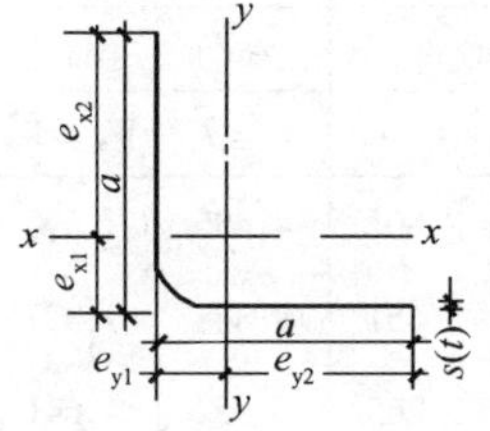

I—惯性矩；
W—截面模量；
i—回转半径。

表 B.0-6

尺寸		面积	线密度	型钢重心		断面参数 $x-x=y-y$		
（mm）		（cm^2）	（kg/m）	（cm）		（cm^4）	（cm^3）	（cm）
a	s（t）	F	M	$e_{x1}=e_{y1}$	$e_{x2}=e_{y2}$	$I_x=I_y$	$W_x=W_y$	$i_x=i_y$
20	1.2	0.451	0.354	0.559	1.441	0.179	0.124	0.630
20	1.6	0.589	0.463	0.579	1.421	0.230	0.162	0.625
20	2.0	0.721	0.566	0.599	1.401	0.278	0.198	0.621
25	1.6	0.749	0.588	0.704	1.796	0.464	0.258	0.786
25	2.0	0.921	0.723	0.724	1.776	0.563	0.317	0.782
25	2.5	1.127	0.885	0.749	1.751	0.679	0.388	0.776
25	3.0	1.323	1.039	0.774	1.726	0.786	0.455	0.770
30	1.6	0.909	0.714	0.829	2.171	0.817	0.376	0.948
30	2.0	1.121	0.880	0.849	2.151	0.998	0.464	0.943
30	2.5	1.377	1.081	0.874	2.126	1.210	0.569	0.937
30	3.0	1.623	1.274	0.898	2.102	1.409	0.671	0.931
35	2.5	1.628	1.278	0.999	2.501	1.965	0.706	1.099
35	3.0	1.924	1.51	1.023	2.477	2.298	0.928	1.093
35	4.0	2.487	1.952	1.073	2.427	2.911	1.199	1.082
40	2.0	1.521	1.194	1.099	2.901	2.438	0.840	1.265
40	2.5	1.877	1.473	1.123	2.877	2.979	1.036	1.259
40	3.0	2.223	1.475	1.148	2.852	3.496	1.226	1.253

续表

尺寸		面积	线密度	型钢重心		断面参数 $x-x=y-y$		
(mm)		(cm^2)	(kg/m)	(cm)		(cm^4)	(cm^3)	(cm)
a	$s(t)$	F	M	$e_{x1}=e_{y1}$	$e_{x2}=e_{y2}$	$I_x=I_y$	$W_x=W_y$	$i_x=i_y$
40	4.0	2.886	2.266	1.198	2.802	4.455	1.590	1.242
50	2.0	1.921	1.508	1.349	3.651	4.848	1.327	1.588
50	2.5	2.377	1.866	1.735	3.265	5.952	1.641	1.582
50	3.0	2.823	2.216	1.398	3.602	7.015	1.948	1.576
50	4.0	3.686	2.894	1.448	3.552	9.022	2.540	1.564
60	2.0	2.321	1.822	1.599	4.401	8.478	1.926	1.910
60	2.5	2.877	2.258	1.623	4.377	10.440	2.385	1.904
60	3.0	3.423	2.687	1.648	4.352	12.342	2.836	1.898
60	4.0	4.486	3.522	1.698	4.302	15.970	3.712	1.886
70	3.0	4.023	3.158	1.898	5.102	19.853	3.891	2.221
70	4.0	5.286	4.150	1.948	5.052	25.799	5.107	2.209
70	5.0	6.510	5.110	1.997	5.003	31.430	6.283	2.197
75	3.0	4.324	3.394	2.023	5.477	24.546	4.482	2.383
75	4.0	5.687	4.464	2.073	5.423	31.955	5.888	2.370
80	3.0	4.623	3.629	2.148	5.852	29.921	5.113	2.543
80	4.0	6.086	4.778	2.198	5.802	39.009	6.723	2.531
80	5.0	7.510	5.895	2.247	5.753	47.677	8.288	2.519
100	3.0	5.823	4.571	2.648	7.352	59.231	8.057	3.189
100	4.0	7.686	6.034	2.698	7.302	77.571	10.623	3.176
100	5.0	9.510	7.465	2.747	7.253	95.237	13.132	3.164
100	6.0	11.295	8.866	2.797	7.203	112.247	15.584	3.152
120	3.0	7.024	5.514	3.148	8.852	103.277	11.667	3.835
120	4.0	9.287	7.290	3.198	8.802	135.664	15.413	3.822

(7) 冷弯槽钢的规格及截面特性（摘自 GB/T 6723—1986）（见表 B.0-7）。

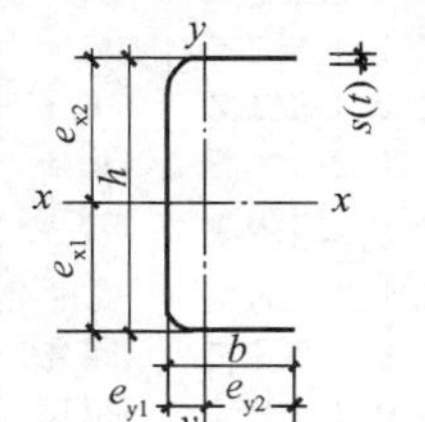

I—惯性矩；

W—截面模数；

i—回转半径。

表 B.0-7

尺寸			面积	线密度	型钢重心		断面参数					
							x－x			y－y		
(mm)			(cm²)	(kg/m)	(cm)		(cm⁴)	(cm³)	(cm)	(cm⁴)	(cm³)	(cm)
h	b	$s(t)$	F	M	e_{y1}	e_{x1}	I_x	W_x	i_x	I_y	W_y	i_y
20	10	1.5	0.511	0.401	0.324	1.0	0.281	0.281	0.741	0.047	0.070	0.305
20	10	2.0	0.643	0.505	0.349	1.0	0.330	0.330	0.716	0.058	0.089	0.300
20	10	2.5	0.755	0.593	0.374	1.0	0.361	0.361	0.691	0.066	0.105	0.295
30	10	1.5	0.661	0.519	0.268	1.5	0.767	0.511	1.076	0.055	0.075	0.288
30	10	2.0	0.843	0.662	0.290	1.5	0.925	0.617	1.047	0.068	0.096	0.284
30	10	2.5	1.005	0.789	0.312	1.5	1.042	0.695	1.018	0.079	0.115	0.280
30	30	3.0	2.347	1.843	1.186	1.5	3.317	2.211	1.188	2.114	1.165	0.949
32	20	2.0	1.283	1.007	0.661	1.6	1.995	1.247	1.247	0.5119	0.382	0.632
32	20	2.5	1.555	1.221	0.688	1.6	2.328	1.455	1.223	0.6086	0.464	0.626
40	20	2.0	1.443	1.133	0.599	2.0	3.388	1.694	1.532	0.556	0.397	0.621

续表

尺寸 (mm)			面积 (cm^2)	线密度 (kg/m)	型钢重心 (cm)		断面参数 x－x			断面参数 y－y		
							(cm^4)	(cm^3)	(cm)	(cm^4)	(cm^3)	(cm)
h	b	$s(t)$	F	M	e_{y1}	e_{x1}	I_x	W_x	i_x	I_y	W_y	i_y
30	20	2.5	1.755	1.378	0.624	2.0	3.987	1.993	1.507	0.665	0.483	0.615
40	20	3.0	2.047	1.607	0.649	2.0	4.498	2.249	1.482	0.762	0.564	0.610
40	25	2.0	1.643	1.29	0.8	2.0	4.113	2.057	1.582	1.04	0.612	0.796
40	40	2.5	2.755	2.163	1.486	2.0	7.511	3.756	1.651	4.596	1.828	1.292
50	30	2.0	2.043	1.604	0.922	2.5	8.093	3.237	1.990	1.872	0.901	0.957
50	30	2.5	2.505	1.967	0.948	2.5	9.684	3.873	1.966	2.266	1.104	0.951
50	30	3.0	2.947	2.314	0.975	2.5	11.119	4.447	1.942	2.632	1.299	0.944
50	40	2.5	3.005	2.359	1.373	2.5	12.511	5.004	2.04	5.022	1.912	1.293
50	40	3.0	3.548	3.785	1.402	2.5	14.442	5.777	2.018	5.862	2.256	1.285
50	50	3.0	4.148	3.256	1.850	2.5	17.760	7.104	2.069	10.838	3.441	1.617
60	25	2.5	2.505	1.966	0.687	3.0	12.81	4.27	2.261	1.449	0.799	0.761
60	25	3.0	2.948	2.314	0.71	3.0	14.723	4.908	2.235	1.682	0.94	0.755
60	30	2.5	2.755	2.163	0.874	3.0	14.874	4.958	2.323	2.421	1.139	0.937
60	30	3.0	3.247	2.549	0.898	3.0	17.155	5.718	2.298	2.819	1.342	0.931
60	40	2.5	3.25	2.555	1.277	3.0	19.013	6.338	2.417	5.383	1.977	1.286
60	40	3.0	3.848	3.021	1.304	3.0	22.04	7.347	2.393	6.298	2.336	1.279
60	40	4.0	4.973	3.904	1.359	3.0	27.394	9.131	2.347	7.980	3.022	1.267
70	40	2.5	3.505	2.751	1.195	3.5	27.144	7.755	2.783	5.692	2.029	1.274
70	40	3.0	4.148	3.256	1.221	3.5	31.561	9.017	2.758	6.671	2.401	1.268
70	40	4.0	5.373	4.218	1.273	3.5	39.473	11.278	2.710	8.482	3.11	1.256

续表

尺寸			面积	线密度	型钢重心		断面参数					
							x - x			y - y		
(mm)			(cm^2)	(kg/m)	(cm)		(cm^4)	(cm^3)	(cm)	(cm^4)	(cm^3)	(cm)
h	b	$s(t)$	F	M	e_{y1}	e_{x1}	I_x	W_x	i_x	I_y	W_y	i_y
80	30	2.5	3.255	2.555	0.759	4.0	29.516	7.379	3.011	2.662	1.188	0.904
80	30	3.0	3.848	3.021	0.782	4.0	34.258	8.565	2.984	3.109	1.402	0.899
80	30	2.0	4.973	3.904	0.828	4.0	42.677	10.669	2.929	3.928	2.808	0.889
80	35	2.5	3.505	2.751	0.937	4.0	33.271	8.318	3.081	4.108	1.603	1.083
80	35	3.0	4.148	3.256	0.96	4.0	38.707	9.677	3.055	4.811	1.894	1.077
		4.0										
80	35	4.0	5.373	4.218	1.008	4.0	48.458	12.115	3.003	6.109	2.451	1.066
80	40	2.5	3.755	2.948	1.123	4.0	37.021	9.255	3.139	5.959	2.072	1.259
80	40	3.0	4.447	3.491	1.148	4.0	43.148	10.787	3.114	6.992	2.452	1.253
80	40	4.0	5.773	4.532	1.198	4.0	54.220	13.555	3.064	8.911	3.181	1.242
80	50	2.5	4.255	3.34	1.521	4.0	44.537	11.134	3.235	11.032	3.171	1.61
80	50	3.0	5.048	3.963	1.547	4.0	52.054	13.014	3.211	12.982	3.76	1.604
80	50	4.0	6.573	5.16	1.6	4.0	65.802	16.451	3.164	16.643	4.895	1.591
100	35	2.5	4.005	3.144	0.835	5.0	56.608	11.322	3.759	4.399	1.651	1.048
100	35	3.0	4.748	3.727	0.858	5.0	66.109	13.222	3.731	5.16	1.953	1.042
100	35	4.0	6.173	4.846	0.903	5.0	83.411	16.682	3.676	6.574	2.532	1.032
100	40	2.5	4.255	3.34	1.006	5.0	62.55	12.51	3.834	6.404	2.139	1.227
100	40	3.0	5.048	3.963	1.03	5.0	73.168	14.634	3.807	7.526	2.534	1.221
100	40	4.0	6.573	5.16	1.077	5.0	92.633	18.527	3.754	9.625	3.293	1.21
100	40	5.0	8.021	6.296	1.123	5.0	109.838	21.968	3.701	11.546	4.014	1.200
100	50	2.5	4.755	3.733	1.374	5.0	74.436	14.887	3.957	11.906	3.284	1.582

续表

尺寸 (mm)			面积 (cm^2)	线密度 (kg/m)	型钢重心 (cm)		断面参数					
							x－x			y－y		
							(cm^4)	(cm^3)	(cm)	(cm^4)	(cm^3)	(cm)
h	b	$s(t)$	F	M	e_{y1}	e_{x1}	I_x	W_x	i_x	I_y	W_y	i_y
100	50	3.0	5.647	4.433	1.398	5.0	87.275	17.455	5.931	14.030	3.896	1.576
100	50	4.0	7.373	5.788	1.448	5.0	111.051	22.210	3.880	18.045	5.081	1.564
100	60	3.0	6.248	4.904	1.792	5.0	101.404	20.281	4.029	23.207	5.516	1.927
100	60	4.0	8.173	6.416	1.845	5.0	129.518	25.904	3.981	29.967	7.212	1.915
100	60	5.0	10.021	7.866	1.897	5.0	155.005	31.001	3.933	36.270	8.840	1.903
100	40	3.0	5.648	4.434	0.936	6.0	113.274	18.879	4.478	7.946	2.593	1.186
120	40	4.0	7.373	5.788	0.981	6.0	144.172	24.029	4.422	10.185	3.374	1.175
120	40	5.0	9.021	7.081	1.027	6.0	171.881	28.647	4.365	12.245	4.118	1.165
120	60	3.0	6.847	5.375	1.648	6.0	154.337	25.722	4.747	24.685	5.673	1.898
120	60	4.0	8.973	7.044	1.698	6.0	197.988	32.998	4.697	31.941	7.425	1.886
120	70	3.0	7.448	5.847	2.039	6.0	174.888	29.148	4.846	37.723	7.604	2.251
120	70	4.0	9.773	7.672	2.091	6.0	224.94	37.49	4.798	48.952	9.972	2.238
120	70	5.0	12.021	9.436	2.143	6.0	271.131	45.188	4.749	59.547	12.26	2.226
120	70	6.0	14.19	11.139	2.195	6.0	313.613	52.269	4.701	69.531	14.471	2.214
120	80	3.0	8.048	6.318	2.446	6.0	195.426	32.571	4.928	54.33	9.782	2.598
120	80	4.0	10.573	8.3	2.5	6.0	251.863	41.977	4.881	70.653	12.846	2.585
120	80	5.0	13.021	10.221	2.554	6.0	304.214	50.702	4.834	86.125	15.814	2.572
120	80	6.0	15.39	12.081	2.609	6.0	352.637	58.773	4.787	100.771	18.692	2.559
140	60	3.0	7.447	5.846	1.527	7.0	220.977	31.568	5.447	25.929	5.798	1.865

续表

尺寸			面积	线密度	型钢重心		断面参数					
							x－x			y－y		
(mm)			(cm^2)	(kg/m)	(cm)		(cm^4)	(cm^3)	(cm)	(cm^4)	(cm^3)	(cm)
h	b	$s(t)$	F	M	e_{y1}	e_{x1}	I_x	W_x	i_x	I_y	W_y	i_y
140	60	4.0	9.773	7.672	1.575	7.0	284.429	40.632	5.394	33.601	7.594	1.854
140	60	5.0	12.021	9.436	1.623	7.0	343.066	49.009	5.342	40.823	9.327	1.842
140	60	6.0	14.19	11.139	1.671	7.0	397.169	56.738	5.29	47.634	11.003	1.832
140	70	3.0	8.048	6.318	1.898	7.0	249.15	35.593	5.564	39.71	7.783	2.221
140	70	4.0	10.573	8.3	1.948	7.0	321.467	45.924	5.514	51.607	10.215	2.209
140	70	5.0	13.021	10.221	1.998	7.0	388.717	55.531	5.464	62.876	12.57	2.197
140	70	6.0	15.390	12.081	2.047	7.0	451.073	64.439	5.414	73.54	14.848	2.186
160	40	3.0	6.848	5.376	0.799	8.0	228.573	28.572	5.777	8.567	2.676	1.118
160	40	4.0	8.973	7.044	0.842	8.0	293.092	36.637	5.715	11.01	3.486	1.108
160	40	5.0	11.090	8.651	0.886	8.0	352.094	44.012	5.652	13.274	4.262	1.098
160	40	6.0	12.947	10.197	0.929	8.0	405.763	50.720	5.589	15.374	5.006	1.088
160	50	3.0	7.473	5.846	1.097	8.0	265.551	33.194	5.971	16.175	4.144	1.474
160	50	4.0	9.721	7.672	1.142	8.0	341.205	42.722	5.914	20.904	5.418	1.463
160	50	5.0	12.090	9.436	1.186	8.0	412.107	51.522	5.856	25.334	6.643	1.452
160	50	6.0	14.148	11.139	1.231	8.0	476.947	59.618	5.798	29.483	7.822	1.441
160	60	3.0	8.047	6.317	1.425	8.0	302.511	37.813	6.134	26.987	5.899	1.831
160	60	4.0	10.573	8.300	1.471	8.0	390.418	48.802	6.076	35.011	7.731	1.819
160	60	5.0	13.021	10.221	1.517	8.0	472.183	59.022	6.021	42.585	9.501	1.808
160	60	6.0	15.390	12.081	1.564	8.0	548.13	68.516	5.968	49.749	11.214	1.798
180	60	3.0	8.648	6.789	1.382	9.0	400.161	44.462	6.802	37.903	5.984	1.796

续表

尺寸			面积	线密度	型钢重心		断面参数					
							x - x			y - y		
(mm)			(cm^2)	(kg/m)	(cm)		(cm^4)	(cm^3)	(cm)	(cm^4)	(cm^3)	(cm)
h	b	$s(t)$	F	M	e_{y1}	e_{x1}	I_x	W_x	i_x	I_y	W_y	i_y
180	60	4.0	11.373	8.928	1.427	9.0	517.598	57.511	6.746	36.23	7.845	1.785
180	60	5.0	14.021	11.006	1.472	9.0	627.43	69.714	6.689	44.109	9.646	1.774
180	60	6.0	16.59	13.023	1.501	9.0	729.872	81.097	6.633	51.563	11.388	1.763
180	80	3.0	9.848	7.730	2.027	9.0	494.157	54.906	7.084	62.101	10.397	2.511
180	80	4.0	12.973	10.184	2.075	9.0	641.478	71.275	7.031	81.026	13.675	2.499
180	80	5.0	16.021	12.576	2.123	9.0	780.509	86.723	6.979	99.118	16.865	2.487
180	80	6.0	18.990	14.907	2.171	9.0	911.600	101.289	6.929	116.427	19.973	2.476
200	50	3.0	8.648	6.789	0.965	10.0	456.87	45.687	7.268	17.110	4.24	1.407
200	50	4.0	11.373	8.928	1.009	10.0	590.643	59.064	7.207	22.144	5.548	1.395
200	50	5.0	14.021	11.006	1.053	10.0	715.558	71.556	7.144	26.879	6.809	1.383
200	50	6.0	16.590	13.023	1.096	10.0	831.851	83.185	7.081	31.334	8.027	1.374
200	60	3.0	9.248	7.26	1.26	10.0	515.088	51.509	7.463	28.697	6.054	1.762
200	60	4.0	12.173	9.556	1.304	10.0	667.486	66.749	7.405	37.285	7.94	1.75
200	60	5.0	15.021	11.791	1.349	10.0	810.641	81.064	7.346	45.424	9.767	1.739
200	60	6.0	17.79	13.965	1.393	10.0	944.795	94.482	7.288	53.136	11.534	1.728

续表

尺寸 (mm)			面积 (cm^2)	线密度 (kg/m)	型钢重心 (cm)		断面参数 x - x			断面参数 y - y		
							(cm^4)	(cm^3)	(cm)	(cm^4)	(cm^3)	(cm)
h	b	$s(t)$	F	M	e_{y1}	e_{x1}	I_x	W_x	i_x	I_y	W_y	i_y
200	80	4.0	13.773	10.812	1.966	10.0	821.120	82.112	7.721	83.686	13.869	2.464
200	80	5.0	17.021	13.361	2.013	10.0	1000.71	100.071	7.667	102.441	17.111	2.453
200	80	6.0	20.190	15.894	2.060	10.0	1170.516	117.051	7.614	100.388	20.267	2.441
250	50	4.0	13.373	10.498	0.888	12.5	1031.179	82.494	8.781	23.284	5.662	1.32
250	50	5.0	16.521	12.909	0.931	12.5	1254.395	100.352	8.714	23.298	6.955	1.309
250	50	6.0	19.590	15.378	0.974	12.5	1464.371	117.150	8.646	33.035	8.206	1.299
250	80	4.0	15.773	12.382	1.742	12.5	1394.307	111.545	8.402	89.167	14.248	2.378
250	80	5.0	19.521	15.324	1.787	12.5	1704.645	136.372	9.345	109.283	17.589	2.366
250	80	6.0	23.19	18.204	1.832	12.5	2000.303	160.024	9.287	128.592	20.848	2.355
350	80	4.0	19.773	15.522	1.43	17.5	3157.082	180.405	12.636	96.808	14.735	2.213
350	80	5.0	24.521	19.249	1.474	17.5	3875.607	221.463	12.572	118.792	18.203	2.201
350	80	6.0	29.19	22.914	1.5117	17.5	4566.678	260.953	12.508	139.961	21.589	2.19

(8) 卷边槽形冷弯薄壁型钢的规格及截面特性（摘自 GB 50018—2002）（见表 B.0-8）。

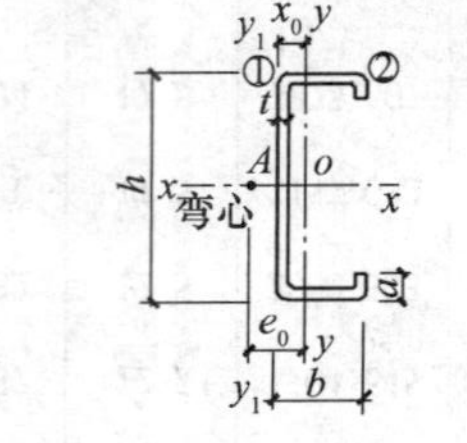

卷 边 槽 钢

表 B.0-8

尺寸 (mm)				截面面积 (cm^2)	线密度 (kg/m)	x_0 (cm)	x－x			y－y				y_1-y_1	e_0 (cm)	I_t (cm^4)	I_w (cm^6)	k (cm^{-1})	W_{w1} (cm^4)	W_{w2} (cm^4)
h	b	a	t				I_x (cm^4)	i_x (cm)	W_x (cm^3)	I_y (cm^4)	i_y (cm)	W_{ymax} (cm^3)	W_{ymin} (cm^3)	I_{y1} (cm^4)						
80	40	15	2.0	3.47	2.72	1.452	34.16	3.14	8.54	7.79	1.50	5.36	3.06	15.10	3.36	0.0462	112.9	0.0126	16.03	15.74
100	50	15	2.5	5.23	4.11	1.706	81.34	3.94	16.27	17.19	1.81	10.08	5.22	32.41	3.94	0.1090	352.8	0.0109	34.47	29.41
100	50	20	2.5	5.46	4.29	1.755	84.22			19.38					4.35	0.1195	467.4			
100	50	20	3.0	6.49	5.09	1.732	99.11			22.55					4.29	0.2052	565.6			
120	50	20	2.5	5.98	4.70	1.706	129.40	4.65	21.57	20.96	1.87	12.28	6.36	38.36	4.03	0.1246	660.9	0.0085	51.04	48.36
120	50	20	3.0	7.06	5.54	1.592	152.32			24.05					4.03	0.2232	756.2			
120	60	20	3.0	7.65	6.01	2.106	170.68	4.72	28.45	37.36	2.21	17.74	9.59	71.31	4.87	0.2296	1153.2	0.0087	75.68	68.84
140	50	20	2.0	5.27	4.14	1.590	154.03	5.41	22.00	18.56	1.88	11.68	5.44	31.86	3.87	0.0703	794.8	0.0058	51.44	52.22
140	50	20	2.2	5.76	4.52	1.590	167.40	5.39	23.91	20.03	1.87	12.02	5.87	34.53	3.84	0.0929	852.5	0.0065	55.98	56.84

续表

尺寸(mm)				截面面积 (cm^2)	线密度 (kg/m)	x_0 (cm)	$x-x$			$y-y$				y_1-y_1	e_0 (cm)	I_t (cm^4)	I_w (cm^6)	k (cm^{-1})	W_{w1} (cm^4)	W_{w2} (cm^4)
h	b	a	t				I_x (cm^4)	i_x (cm)	W_x (cm^3)	I_y (cm^4)	i_y (cm)	W_{ymax} (cm^3)	W_{ymin} (cm^3)	I_{y1} (cm^4)						
140	50	20	2.5	6.48	5.09	4.580	186.78	5.39	26.68	22.11	1.85	13.96	6.47	38.38	3.80	0.1351	931.9	0.0075	62.56	63.56
140	50	20	3.0	7.64	6.00	1.473	219.38			25.33					3.80	0.2442	1028.4			
140	60	20	3.0	8.25	6.48	1.964	245.42	5.45	35.06	39.49	2.19	20.11	9.79	71.33	4.61	0.2476	1589.8	0.0078	92.69	79.00
160	60	20	2.0	6.07	4.76	1.850	236.59	6.24	29.57	29.99	2.22	16.19	7.23	50.83	4.52	0.0809	1596.3	0.0044	76.92	71.30
160	60	20	2.2	6.64	5.21	1.850	257.57	6.23	32.20	32.45	2.21	17.53	7.82	55.19	4.50	0.1071	1717.8	0.0049	83.82	77.55
160	60	20	2.5	7.48	5.87	1.850	288.13	6.21	36.02	35.96	2.19	19.47	8.66	61.49	4.45	0.1559	1887.7	0.0056	93.87	86.63
160	60	20	3.0	8.78	6.89	1.740	335.77			44.08					4.46	0.2772	2080.7			
160	70	20	3.0	9.45	7.42	2.224	373.64	6.29	46.71	60.42	2.53	27.17	12.65	107.20	5.25	0.2836	3070.5	0.0060	135.49	109.92
180	60	20	2.5	7.84	6.45	1.655	374.14			36.47					4.32	0.1719	2302.8			
180	60	20	3.0	9.35	7.31	1.634	443.17			42.63					4.26	0.2952	2676.1			
180	70	20	2.0	6.87	5.39	2.110	343.93	7.08	38.21	45.18	2.57	21.37	9.25	75.97	5.17	0.0916	2934.3	0.0035	109.50	95.22
180	70	20	2.2	7.52	5.90	2.110	374.90	7.06	41.66	48.97	2.55	23.19	10.02	82.19	5.14	0.1213	3165.6	0.0038	119.44	103.58
180	70	20	2.5	8.48	6.66	2.110	420.20	7.04	46.69	54.42	2.53	25.82	11.12	92.08	5.10	0.1767	3492.2	0.0044	133.99	115.73
180	70	20	3.0	9.92	7.79	2.002	473.09			60.92					5.11	0.3132	3844.7			
200	70	20	2.0	7.27	5.71	2.000	440.04	7.78	44.00	46.71	2.54	23.32	9.35	75.88	4.96	0.0969	3672.3	0.0032	126.74	106.15
200	70	20	2.2	7.96	6.25	2.000	479.87	7.77	47.99	50.64	2.52	25.31	10.13	82.49	4.93	0.1284	3963.8	0.0035	138.26	115.74
200	70	20	2.5	8.98	7.05	2.000	538.21	7.74	53.82	56.27	2.50	28.18	11.25	92.09	4.89	0.1871	4376.2	0.0041	155.14	129.75
200	70	20	3.0	1.05	8.28	1.893	623.01			64.06					4.91	0.3312	4825.3			
220	70	20	2.5	9.26	7.27	1.817	656.91			56.21					4.77	0.2031	5100.0			

续表

尺寸 (mm)				截面面积 (cm^2)	线密度 (kg/m)	x_0 (cm)	$x-x$			$y-y$				y_1-y_1	e_0 (cm)	I_t (cm^4)	I_w (cm^6)	k (cm^{-1})	W_{w1} (cm^4)	W_{w2} (cm^4)
h	b	a	t				I_x (cm^4)	i_x (cm)	W_x (cm^3)	I_y (cm^4)	i_y (cm)	W_{ymax} (cm^3)	W_{ymin} (cm^3)	I_{y1} (cm^4)						
220	70	20	3.0	11.06	8.68	4.796	779.67			65.92					4.72	0.3492	5942.5			
220	75	20	2.0	7.87	6.18	2.080	574.45	8.54	52.22	56.88	2.69	27.35	10.50	90.93	5.18	0.1049	5313.5	0.0028	158.43	127.32
220	75	20	2.2	8.62	6.77	2.080	626.85	8.53	56.99	61.71	2.68	29.70	11.38	98.91	5.15	0.1391	5742.1	0.0031	172.92	138.93
220	75	20	2.5	9.73	7.64	2.070	703.76	8.50	63.98	68.66	2.66	33.11	12.65	110.51	5.11	0.2028	6351.1	0.0035	194.18	155.94
250	70	20	2.5	9.97	7.83	1.688	888.72			58.31					4.52	0.2188	6759.4			
250	70	20	3.0	11.91	9.35	1.667	1055.62			68.37					4.47	0.3762	7883.6			
250	80	20	2.5	10.45	8.20	2.026	959.93			80.77					5.32	0.2292	9268.0			
250	80	20	3.0	12.48	9.80	2.004	1140.73			94.95					5.27	0.3942	10835.2			
280	70	20	2.5	10.68	8.38	1.575	1164.47			60.12					4.29	0.2344	8700.0			
280	70	20	3.0	12.76	10.02	1.555	1384.05			70.50					4.24	0.4032	10154.5			
280	80	20	2.5	11.16	8.76	1.896	1254.00			83.39					5.07	0.2448	11932.1			
280	80	20	3.0	13.33	10.46	1.876	1491.08			98.03					5.02	0.4212	13960.3			
300	80	20	2.5	11.63	9.13	1.819	1477.16			84.96					4.92	0.2552	13930.3			
300	80	20	3.0	13.91	10.92	1.799	1757.07			99.87					4.87	0.4392	16304.9			

注：1. 表中未列全特性的为北京市北泡轻钢建材有限公司提供。

2. 余均摘自 GB 50018—2002。

（9）直卷边 Z 形冷弯薄壁型钢截面特性表（摘自 GB 50018—2002）（见表 B.0-9）。

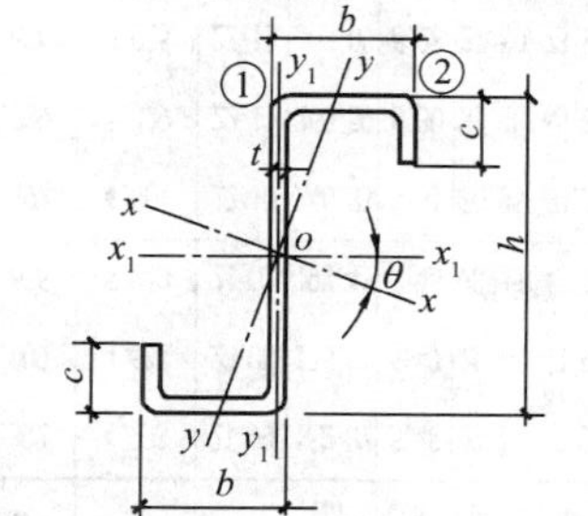

I—截面惯性矩；

W—截面模量；

i—截面回转半径；

I_t—截面抗扭惯性矩；

I_ω—截面扇性惯性矩；

W_ω—截面扇性模量；

k—弯扭特性系数$\left(k=\sqrt{\frac{GI_t}{EI_\omega}}\right)$。

表 B.0-9

序号	尺寸 (mm)				截面面积 (cm^2)	线密度 (kg/m)	θ (°)	x_1-x_1 轴			y_1-y_1 轴			$x-x$ 轴				$y-y$ 轴				I_{x1y1} (cm^4)	I_t (cm^4)	I_ω (cm^6)	k (cm^{-1})	$W_{\omega1}$ (cm^4)	$W_{\omega2}$ (cm^4)
	h	b	c	t				I_{x1} (cm^4)	i_{x1} (cm)	W_{x1} (cm^3)	I_{y1} (cm^4)	i_{y1} (cm)	W_{y1} (cm^3)	I_x (cm^4)	i_x (cm)	W_{x1} (cm^3)	W_{x2} (cm^3)	I_y (cm^4)	i_y (cm)	W_{y1} (cm^3)	W_{y2} (cm^3)						
1	100	40	20	2.0	4.07	3.19	24.02	60.04	3.84	12.01	17.02	2.05	4.36	70.70	4.17	15.93	11.94	6.36	1.25	3.36	4.42	23.93	0.0542	325.0	0.0081	49.97	29.16
2	100	40	20	2.5	4.98	3.91	23.77	72.10	3.80	14.42	20.02	2.00	5.17	84.63	4.12	19.18	14.47	7.49	1.23	4.07	5.28	28.45	0.1038	381.9	0.0102	62.25	35.03
3	120	50	20	2.0	4.87	3.82	24.05	106.97	4.69	17.83	30.23	2.49	6.17	126.06	5.09	23.55	17.40	11.14	1.51	4.83	5.74	42.77	0.0649	785.2	0.0057	84.05	43.96
4	120	50	20	2.5	5.98	4.70	23.83	129.39	4.65	21.57	35.91	2.45	7.37	152.05	5.04	28.55	21.21	13.25	1.49	5.89	6.89	51.30	0.1246	930.9	0.0072	104.68	52.94
5	120	50	20	3.0	7.05	5.54	23.60	150.14	4.61	25.02	40.88	2.41	8.43	175.92	4.99	33.18	24.80	15.11	1.46	6.89	7.92	58.99	0.2116	1058.9	0.0087	125.37	61.22
6	140	50	20	2.5	6.48	5.09	19.42	186.77	5.37	26.68	35.91	2.35	7.37	209.19	5.67	32.55	26.34	14.48	1.49	6.69	6.78	60.75	0.1350	1289.0	0.0064	137.04	60.03
7	140	50	20	3.0	7.65	6.01	19.20	217.26	5.33	31.04	40.83	2.31	8.43	241.62	5.62	37.76	30.70	16.52	1.47	7.84	7.81	69.93	0.2296	1468.2	0.0077	164.94	69.91
8	160	60	20	2.5	7.48	5.87	19.87	288.12	6.21	36.01	58.15	2.79	9.90	323.13	6.57	44.00	34.95	23.14	1.76	9.00	8.71	96.32	0.1559	2634.3	0.0048	205.98	86.28
9	160	60	20	3.0	8.85	6.95	19.78	336.66	6.17	42.08	66.66	2.74	11.39	376.76	6.52	51.48	41.08	26.56	1.73	10.58	10.07	111.51	0.2656	3019.4	0.0058	247.41	100.15
10	160	70	20	2.5	7.98	6.27	23.77	319.13	6.32	39.89	87.74	3.32	12.76	374.76	6.85	52.35	38.23	32.11	2.01	10.53	10.86	126.37	0.1663	3793.3	0.0041	238.87	106.91
11	160	70	20	3.0	7.45	7.42	23.57	373.64	6.29	46.71	101.10	3.27	14.76	437.72	6.80	61.33	45.01	37.03	1.98	12.39	12.58	146.86	0.2836	4365.0	0.0050	285.78	124.26
12	180	70	20	2.5	8.48	6.66	20.37	420.18	7.04	46.69	87.74	3.22	12.76	473.34	7.47	57.27	44.88	34.58	2.02	11.66	10.86	143.18	0.1767	4907.9	0.0037	294.53	119.41
13	180	70	20	3.0	10.05	7.89	20.18	492.61	7.00	54.73	101.11	3.17	14.76	553.83	7.42	67.22	52.89	39.89	1.99	13.72	12.59	166.47	0.3016	5652.2	0.0045	353.32	138.92

（10）斜卷边 Z 形冷弯薄壁型钢截面特性表（摘自 GB 50018—2002）（见表 B.0-10）。

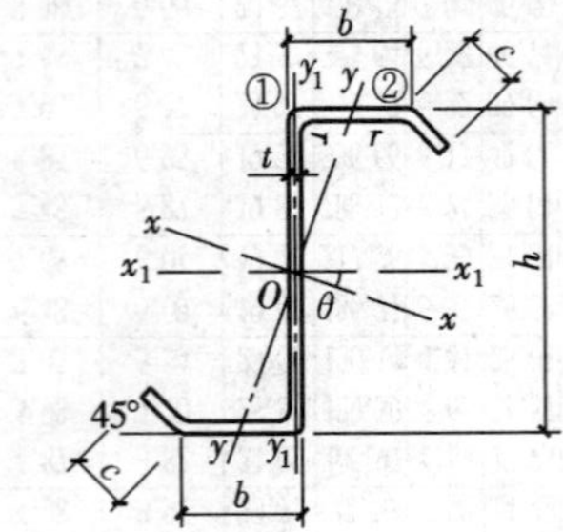

I—截面惯性矩；
W—截面模量；
i—截面回转半径；
I_t—截面抗扭惯性矩；
I_ω—截面扇性惯性矩；
W_ω—截面扇性模量；
k—弯扭特性系数$\left(k=\sqrt{\frac{GI_t}{EI_\omega}}\right)$。

表 B.0-10

序号	尺寸 (mm)				截面面积 (cm^2)	线密度 (kg/m)	θ (°)	x_1-x_1 轴			y_1-y_1 轴			$x-x$ 轴				$y-y$ 轴				I_{x1y1} (cm^4)	I_t (cm^4)	I_ω (cm^6)	k (cm^{-1})	$W_{\omega1}$ (cm^4)	$W_{\omega2}$ (cm^4)
	h	b	c	t				I_{x1} (cm^4)	i_{x1} (cm)	W_{x1} (cm^3)	I_{y1} (cm^4)	i_{y1} (cm)	W_{y1} (cm^3)	I_x (cm^4)	i_x (cm)	W_{x1} (cm^3)	W_{x2} (cm^3)	I_y (cm^4)	i_y (cm)	W_{y1} (cm^3)	W_{y2} (cm^3)						
1	140	50	20	2.0	5.392	4.233	21.99	162.07	5.48	23.15	39.37	2.70	6.23	185.96	5.87	29.26	27.67	15.47	1.69	6.22	8.03	59.19	0.0719	968.9	0.0053	53.36	67.41
2	140	50	20	2.2	5.909	4.638	22.00	176.81	5.47	25.26	42.93	2.70	6.81	202.93	5.86	32.00	30.09	16.81	1.69	6.80	9.04	64.64	0.0953	1050.3	0.0059	58.34	73.57
3	140	50	20	2.5	6.676	5.240	22.02	198.45	5.45	28.35	48.15	2.69	7.66	227.83	5.84	36.04	33.61	18.77	1.68	7.65	10.68	72.66	0.1391	1167.2	0.0068	65.68	82.60
4	160	60	20	2.0	6.192	4.861	22.10	246.83	6.31	30.85	60.27	3.12	8.24	283.68	6.77	38.98	37.41	23.42	1.95	8.15	10.11	90.73	0.0826	1900.7	0.0041	78.75	90.38
5	160	60	20	2.2	6.789	5.329	22.11	260.59	6.30	33.70	65.80	3.11	9.01	309.89	6.76	42.66	40.42	25.50	1.94	8.91	11.34	99.18	0.1095	2064.7	0.0045	86.18	98.70
6	160	60	20	2.5	7.676	6.025	22.13	303.09	6.28	37.89	73.93	3.10	10.14	348.49	6.74	48.11	45.25	28.54	1.93	10.04	13.29	111.64	0.1599	2301.9	0.0052	97.16	110.91

续表

序号	尺寸 (mm)				截面面积 (cm^2)	线密度 (kg/m)	θ (°)	x_1-x_1 轴			y_1-y_1 轴			$x-x$ 轴				$y-y$ 轴				I_{x1y1} (cm^4)	I_t (cm^4)	I_ω (cm^6)	k (cm^{-1})	$W_{\omega1}$ (cm^4)	$W_{\omega2}$ (cm^4)
	h	b	c	t				I_{x1} (cm^4)	i_{x1} (cm)	W_{x1} (cm^3)	I_{y1} (cm^4)	i_{y1} (cm)	W_{y1} (cm^3)	I_x (cm^4)	i_x (cm)	W_{x1} (cm^3)	W_{x2} (cm^3)	I_y (cm^4)	i_y (cm)	W_{y1} (cm^3)	W_{y2} (cm^3)						
7	180	70	20	2.0	6.992	5.489	22.19	356.62	7.14	39.62	87.42	3.54	10.51	410.32	7.66	50.04	47.90	33.72	2.20	10.34	12.46	131.67	0.0932	3437.7	0.0032	111.10	119.13
8	180	70	20	2.2	7.669	6.020	22.19	389.84	7.13	43.32	95.52	3.53	11.50	448.59	7.65	54.80	52.22	36.76	2.19	11.31	13.94	144.03	0.1237	3740.3	0.0036	121.66	130.18
9	180	70	20	2.5	8.676	6.810	22.21	438.84	7.11	48.76	107.46	3.52	12.96	505.09	7.63	61.86	58.57	41.21	2.18	12.76	16.25	162.31	0.1807	4179.8	0.0041	137.30	146.42
10	200	70	20	2.0	7.392	5.803	19.31	455.43	7.85	45.54	87.42	3.44	10.51	506.90	8.28	54.52	52.61	35.94	2.21	11.32	13.81	146.94	0.0986	4348.7	0.0029	132.47	129.17
11	200	70	20	2.2	8.109	6.365	19.31	498.02	7.84	49.80	95.52	3.43	11.50	554.35	8.27	59.92	57.41	39.20	2.20	12.39	15.48	160.76	0.1308	4733.4	0.0033	145.15	141.17
12	200	70	20	2.5	9.176	7.203	19.31	560.92	7.82	56.09	107.46	3.42	12.96	624.42	8.25	67.42	64.47	43.96	2.19	13.98	18.11	181.18	0.1912	5293.3	0.0037	163.95	158.85
13	220	75	20	2.0	7.992	6.274	18.30	592.79	8.61	53.89	103.58	3.60	11.75	652.87	9.04	63.38	61.42	43.50	2.33	13.08	15.84	181.66	0.1066	6260.3	0.0026	166.31	152.62
14	220	75	20	2.2	8.769	6.884	18.30	648.52	8.60	58.96	113.22	3.59	12.86	714.28	9.03	69.44	67.08	47.47	2.33	14.32	17.73	198.80	0.1415	6819.4	0.0028	182.31	166.86
15	220	75	20	2.5	9.926	7.792	18.31	730.93	8.58	66.45	127.44	3.58	14.50	805.09	9.01	78.43	75.41	53.28	2.32	16.17	20.72	224.18	0.2068	7635.0	0.0032	206.07	187.86

B.0.2　封闭型空心型钢的截面特性表

（1）方形钢管（GB 6728—1986）（见表 B.0-11）

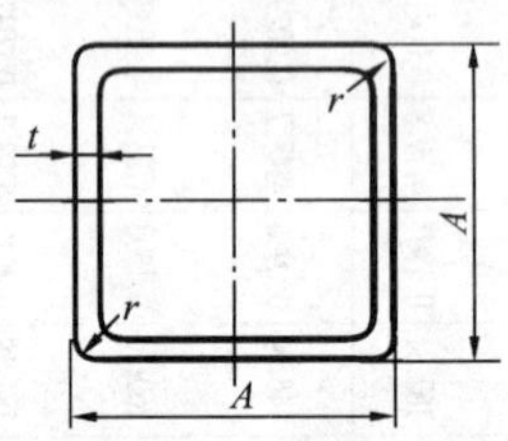

方形空心型钢的基本尺寸与主要参数　　　　**表 B.0-11**

边长 mm	壁厚	线密度	截面	惯性矩 (cm^4)	回转半径 (cm)	截面模数 (cm^3)	扭转常数	
A	t (mm)	(kg/m)	面积 (cm^2)	$I_x=I_y$	$r_x=r_y$	$W_x=W_y$	I_t (cm^4)	W_t (cm^3)
25	1.2	0.867	1.105	1.025	0.963	0.820	1.655	1.352
	1.5	1.061	1.352	1.216	0.948	0.973	1.998	1.643
	1.75	1.215	1.548	1.357	0.936	1.086	2.261	1.871
	2.0	1.363	1.736	1.482	0.923	1.186	2.502	2.085
30	2.5	2.032	2.589	3.154	1.103	2.102	5.347	3.720
	3.0	2.361	3.008	3.500	1.078	2.333	6.060	4.269
40	2.5	2.817	3.589	8.213	1.512	4.106	13.539	6.970
	3.0	3.303	4.208	9.320	1.488	4.660	15.628	8.109
	4.0	4.198	5.347	11.064	1.438	5.532	19.152	10.120
50	2.5	3.602	4.589	16.941	1.921	6.776	27.436	11.220
	3.0	4.245	5.408	19.463	1.897	7.785	31.972	13.149
	4.0	5.454	6.947	23.725	1.847	9.490	40.047	16.680
60	2.5	4.387	5.589	30.340	2.329	10.113	48.539	16.470
	3.0	5.187	6.608	35.130	2.305	11.710	56.892	19.389
	4.0	6.710	8.547	43.539	2.256	14.513	72.188	24.840
	5.0	8.129	10.356	50.468	2.207	16.822	85.560	29.767

续表

边长 mm	壁厚 t (mm)	线密度 (kg/m)	截面面积 (cm²)	惯性矩 (cm⁴)	回转半径 (cm)	截面模数 (cm³)	扭转常数	
A				$I_x=I_y$	$r_x=r_y$	$W_x=W_y$	I_t (cm⁴)	W_t (cm³)
70	3.0	6.129	7.808	57.522	2.714	16.434	92.188	26.829
	4.0	7.966	10.147	72.108	2.665	20.602	117.975	34.600
	5.0	9.699	12.356	84.602	2.616	24.172	141.183	41.767
80	3.0	7.071	9.008	87.838	3.122	21.959	139.660	35.469
	4.0	9.222	11.747	111.031	3.074	27.757	179.808	45.960
	5.0	11.269	14.356	131.414	3.025	32.853	216.628	55.767
90	3.0	8.013	10.208	127.277	3.531	28.283	201.108	45.309
	4.0	10.478	13.347	161.907	3.482	35.979	260.088	58.920
	5.0	12.839	16.356	192.903	3.434	42.867	314.896	71.767
	6.0	15.097	19.232	220.420	3.385	48.982	365.452	83.837
100	4.0	11.734	14.947	226.337	3.891	45.267	361.213	73.480
	5.0	14.409	18.356	271.071	3.842	54.214	438.986	89.767
	6.0	16.981	21.632	311.415	3.794	62.283	511.558	105.197
120	4.0	14.246	18.147	402.260	4.708	67.043	635.603	107.400
	5.0	17.549	22.356	485.441	4.659	80.906	776.632	131.767
	6.0	20.749	26.432	562.094	4.611	93.683	910.281	155.117
	8.0	26.840	34.191	696.637	4.513	116.106	1155.010	198.726
140	4.0	16.758	21.347	651.598	5.524	93.085	1022.176	147.720
	5.0	20.689	26.356	790.523	5.476	112.931	1253.565	181.767
	6.0	24.517	31.232	920.359	5.428	131.479	1475.020	214.637
	8.0	31.864	40.591	1153.735	5.331	164.819	1887.605	276.806
160	4.0	19.270	24.547	987.152	6.341	123.394	1540.134	194.440
	5.0	23.829	30.356	1202.317	6.293	150.289	1893.787	239.767
	6.0	28.285	36.032	1405.408	6.245	175.676	2234.573	283.757
	8.0	36.888	46.991	1776.496	6.148	222.062	2876.940	367.686

(2) 矩形钢管（GB 6728—1986）（见表 B.0-12）。

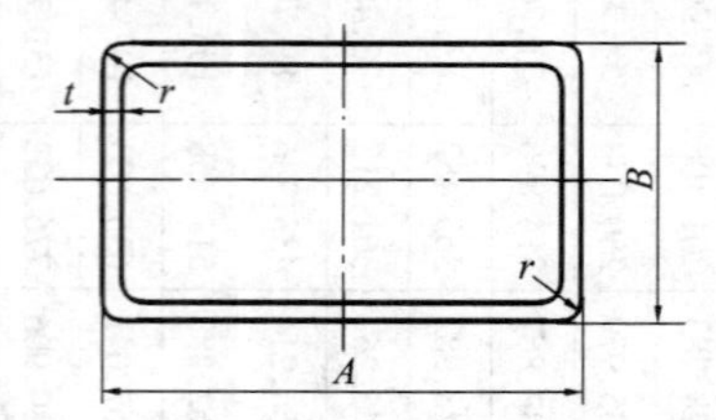

矩形空心型钢基本尺寸与主要参数　　表 B.0-12

边长 (mm)		壁厚 (mm)	线密度 (kg/m)	截面面积 (cm^2)	惯性矩 (cm^4)		回转半径 (cm)		截面模数 (cm^3)		扭转常数	
A	B				I_x	I_y	r_x	r_y	W_x	W_y	I_t (cm^4)	W_t (cm^3)
50	25	1.2	1.338	1.705	5.502	1.875	1.796	1.048	2.200	1.500	4.534	2.780
50	25	1.5	1.650	2.102	6.653	2.253	1.779	1.035	2.661	1.802	5.519	3.406
50	30	2.5	2.817	3.589	11.296	5.050	1.774	1.186	4.518	3.366	11.666	6.470
50	30	3.0	3.303	4.208	12.827	5.696	1.745	1.163	5.130	3.797	13.401	7.509
50	30	4.0	4.198	5.347	15.239	6.682	1.688	1.117	6.095	4.455	16.244	9.320
60	30	2.5	3.209	4.089	17.933	5.998	2.094	1.211	5.977	3.998	15.054	7.845
60	30	3.0	3.774	4.808	20.496	6.794	2.064	1.188	6.832	4.529	17.335	9.129
60	30	4.0	4.826	6.147	24.691	8.045	2.004	1.143	8.230	5.363	21.141	11.400

续表

边长 (mm)		壁厚 (mm)	线密度 (kg/m)	截面面积 (cm^2)	惯性矩 (cm^4)		回转半径 (cm)		截面模数 (cm^3)		扭转常数	
A	B				I_x	I_y	r_x	r_y	W_x	W_y	I_t (cm^4)	W_t (cm^3)
60	40	2.5	3.602	4.589	22.069	11.734	2.192	1.599	7.356	5.867	25.045	10.720
		3.0	4.245	5.408	25.374	13.436	2.166	1.576	8.458	6.718	29.121	12.549
		4.0	5.454	6.947	30.974	16.269	2.111	1.530	10.324	8.134	36.298	15.880
70	50	3.0	5.187	6.608	44.046	26.099	2.581	1.987	12.584	10.439	53.426	18.789
		4.0	6.710	8.547	54.663	32.210	2.528	1.941	15.618	12.884	67.613	24.040
		5.0	8.129	10.356	63.435	37.179	2.474	1.894	18.124	14.871	79.908	28.767
80	40	2.5	4.387	5.589	45.103	15.255	2.840	1.652	11.275	7.627	37.467	14.470
		3.0	5.187	6.608	52.246	17.552	2.811	1.629	13.061	8.776	43.680	16.989
		4.0	6.710	8.547	64.780	21.474	2.752	1.585	16.195	10.737	54.787	21.640
		5.0	8.129	10.356	75.080	24.567	2.692	1.540	18.770	12.283	64.110	25.767
	60	3.0	6.129	7.808	70.042	44.886	2.995	2.397	17.510	14.962	88.111	26.229
		4.0	7.966	10.147	87.905	56.105	2.943	2.351	21.976	18.701	112.583	33.800
		5.0	9.699	12.356	103.247	65.634	2.890	2.304	25.811	21.878	134.503	40.767

续表

边长 (mm) A	边长 (mm) B	壁厚 (mm)	线密度 (kg/m)	截面面积 (cm^2)	惯性矩 (cm^4) I_x	惯性矩 (cm^4) I_y	回转半径 (cm) r_x	回转半径 (cm) r_y	截面模数 (cm^3) W_x	截面模数 (cm^3) W_y	扭转常数 I_t (cm^4)	扭转常数 W_t (cm^3)
90	40	3.0	5.658	7.208	70.487	19.610	3.127	1.649	15.663	9.805	51.193	19.209
		4.0	7.338	9.347	87.894	24.077	3.066	1.604	19.532	12.038	64.320	24.520
		5.0	8.914	11.356	102.487	27.651	3.004	1.560	22.774	13.825	75.426	29.267
	50	3.0	6.129	7.808	81.845	32.735	3.237	2.047	18.187	13.094	76.433	24.429
		4.0	7.966	10.147	102.696	40.695	3.181	2.002	22.821	16.278	97.162	31.400
		5.0	9.699	12.356	120.570	47.345	3.123	1.957	26.793	18.938	115.436	37.767
	60	3.0	6.600	8.408	93.203	49.764	3.329	2.432	20.711	16.588	104.552	29.649
		4.0	8.594	10.947	117.499	62.387	3.276	2.387	26.111	20.795	133.852	38.280
		5.0	10.484	13.356	138.653	73.218	3.222	2.341	30.811	24.406	160.273	46.267
100	50	3.0	6.600	8.408	106.451	36.053	3.558	2.070	21.290	14.421	88.311	27.249
		4.0	8.594	10.947	134.124	44.938	3.500	2.026	26.824	17.975	112.409	35.080
		5.0	10.484	13.356	158.155	52.429	3.441	1.981	31.631	20.971	133.758	42.267
120	60	3.0	8.013	10.208	189.113	64.398	4.304	2.511	31.518	21.466	156.029	39.909
		4.0	10.478	13.347	240.724	81.235	4.246	2.466	40.120	27.078	200.407	51.720
		5.0	12.839	16.356	286.941	95.968	4.188	2.422	47.823	31.989	240.869	62.767
		6.0	15.097	19.232	327.950	108.716	4.129	2.377	54.658	36.238	277.361	73.037
	80	3.0	8.955	11.408	230.189	123.430	4.491	3.289	38.364	30.857	255.128	53.949
		4.0	11.734	14.947	294.569	157.281	4.439	3.243	49.094	39.320	330.438	70.280
		5.0	14.409	18.356	353.108	187.747	4.385	3.198	58.851	46.936	400.735	85.767

续表

边长 (mm)		壁厚 (mm)	线密度 (kg/m)	截面面积 (cm^2)	惯性矩 (cm^4)		回转半径 (cm)		截面模数 (cm^3)		扭转常数	
A	B				I_x	I_y	r_x	r_y	W_x	W_y	I_t (cm^4)	W_t (cm^3)
120	80	6.0	16.981	21.632	405.998	214.977	4.332	3.152	67.666	53.744	465.940	100.397
140	80	4.0	12.990	16.547	429.582	180.407	5.095	3.301	61.368	45.101	410.713	82.440
		5.0	15.979	20.356	517.023	215.914	5.039	3.256	73.860	53.978	498.815	100.767
		6.0	18.865	24.032	596.935	247.905	4.983	3.211	85.276	61.976	580.919	118.157
150	100	4.0	14.874	18.947	594.585	318.551	5.601	4.100	79.278	63.710	660.613	111.880
		5.0	18.334	23.356	719.164	383.988	5.549	4.054	95.888	76.797	806.733	137.267
		6.0	21.691	27.632	834.615	444.135	5.495	4.009	111.282	88.827	945.022	161.597
		8.0	28.096	35.791	1039.101	549.308	5.388	3.917	138.546	109.861	1197.701	207.046
160	80	4.0	14.246	18.147	597.691	203.532	5.738	3.348	74.711	50.883	493.129	94.600
		5.0	17.549	22.356	721.650	244.080	5.681	3.304	90.206	61.020	599.475	115.767
		6.0	20.749	26.432	835.936	280.833	5.623	3.259	104.492	70.208	698.884	135.917
		8.0	26.840	34.191	1036.485	343.599	5.505	3.170	129.560	85.899	876.599	173.126
180	100	4.0	16.758	21.347	926.020	373.879	6.586	4.184	102.891	74.775	852.708	134.920
		5.0	20.689	26.356	1124.156	451.738	6.530	4.140	124.906	90.347	1042.589	165.767
		6.0	24.517	31.232	1809.531	523.767	6.475	4.095	145.503	104.753	1222.933	195.437
		8.0	31.864	40.591	1643.149	651.132	6.362	4.005	182.572	130.226	1554.606	251.206
200	100	4.0	18.014	22.947	1199.680	410.764	7.230	4.230	119.968	82.152	984.151	150.280
		5.0	22.259	28.356	1459.207	496.905	7.173	4.186	145.920	99.381	1203.928	184.767
		6.0	26.401	33.632	1703.224	576.855	7.116	4.141	170.322	115.371	1412.986	217.997
		8.0	34.376	43.791	2145.993	719.014	7.000	4.052	214.599	143.802	1798.554	280.646

(3) 方形空心型钢的规格及截面特性（按 GB/T 6728—1986）（见表 B.0-13）。

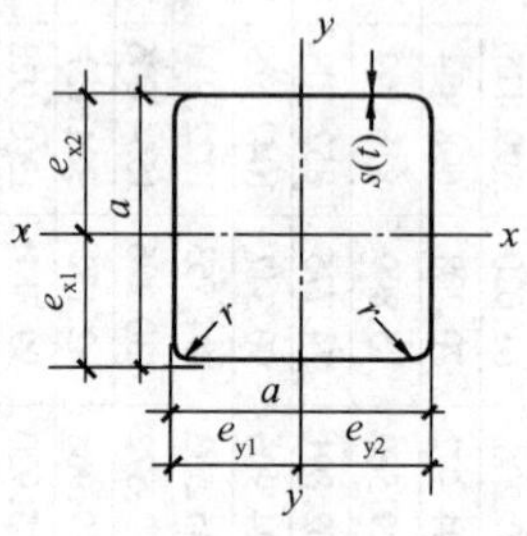

I—截面惯性矩；
W—截面模量；
i—回转半径；
I_t、W_t—扭转常数；
r—圆弧半径。

表 B.0-13

尺寸		面积	线密度	型钢重心		断面参数				
						$x-x=y-y$			扭转常数	
(mm)		(cm²)	(kg/m)	(cm)		(cm⁴)	(cm³)	(cm)	(cm⁴)	(cm³)
a	$s=r$	F	M	$e_{x1}=e_{x2}$	$e_{y1}=e_{y2}$	I_{xy}	W_{xy}	i_{xy}	I_t	W_t
20	1.6	1.111	0.873	1.0	1.0	0.607	0.607	0.739	1.025	1.067
20	2.0	1.336	1.050	1.0	1.0	0.691	0.691	0.719	1.197	1.265
25	1.2	1.105	0.868	1.25	1.25	1.025	0.820	0.963	1.655	1.352
25	1.5	1.325	1.062	1.25	1.25	1.216	0.973	0.948	1.998	1.643
25	2.0	1.736	1.363	1.25	1.25	1.482	1.186	0.923	2.502	2.085
30	1.2	1.345	1.057	1.5	1.5	1.833	1.222	1.167	2.925	1.983
30	1.6	1.751	1.376	1.5	1.5	2.308	1.538	1.147	3.756	2.565
30	2.0	2.136	1.678	1.5	1.5	2.721	1.814	1.128	4.511	3.105
30	2.5	2.589	2.032	1.5	1.5	3.154	2.102	1.103	5.347	3.720
30	2.6	2.675	2.102	1.5	1.5	3.230	2.153	1.098	5.499	3.836
30	3.25	3.205	2.518	1.5	1.5	3.643	2.428	1.066	6.369	4.518
40	1.2	1.825	1.434	2.0	2.0	4.532	2.266	1.575	7.125	3.606
40	1.6	2.391	1.879	2.0	2.0	5.794	2.897	1.556	9.247	4.702
40	2.0	2.936	2.307	2.0	2.0	6.939	3.469	1.537	11.238	5.745
40	2.5	3.589	2.817	2.0	2.0	8.213	4.106	1.512	13.539	6.970
40	2.6	3.715	2.919	2.0	2.0	8.447	4.223	1.507	13.974	7.205
40	3.0	4.208	3.303	2.0	2.0	9.320	4.660	1.488	15.628	8.109
40	4.0	5.347	4.198	2.0	2.0	11.064	5.532	1.438	19.152	10.120
50	2.0	3.736	2.936	2.5	2.5	14.146	5.658	1.945	22.575	9.185
50	2.5	4.589	3.602	2.5	2.5	16.941	6.776	1.921	27.436	11.220
50	2.6	4.755	3.736	2.5	2.5	17.467	6.987	1.916	28.369	11.615
50	3.0	5.408	4.245	2.5	2.5	19.463	7.785	1.897	31.972	13.149
50	3.2	5.726	4.499	2.5	2.5	20.397	8.159	1.887	33.694	13.890
50	4.0	6.947	5.454	2.5	2.5	23.725	9.490	1.847	40.047	16.680
50	5.0	8.356	6.567	2.5	2.5	27.012	10.804	1.797	46.760	19.767

续表

尺寸		面积	线密度	型钢重心		断面参数				
						$x-x=y-y$			扭转常数	
(mm)		(cm^2)	(kg/m)	(cm)		(cm^4)	(cm^3)	(cm)	(cm^4)	(cm^3)
a	$s=r$	F	M	$e_{x1}=e_{x2}$	$e_{y1}=e_{y2}$	I_{xy}	W_{xy}	i_{xy}	I_t	W_t
60	2.0	4.536	3.564	3.0	3.0	25.141	8.380	2.354	39.725	13.425
60	2.5	5.589	4.387	3.0	3.0	30.340	10.113	2.329	48.539	16.470
60	2.6	5.795	4.554	3.0	3.0	31.330	10.443	2.325	50.247	17.064
60	3.0	6.608	5.187	3.0	3.0	35.130	11.710	2.505	56.892	19.389
60	4.0	8.547	6.710	3.0	3.0	43.539	14.513	2.256	72.188	24.840
60	5.0	10.356	8.129	3.0	3.0	50.468	16.822	2.207	85.560	29.767
70	2.0	5.336	4.193	3.5	3.5	40.724	11.635	2.762	63.886	18.465
70	2.6	6.835	5.371	3.5	3.5	51.075	14.593	2.733	81.165	23.554
70	3.2	8.286	6.511	3.5	3.5	60.612	17.317	2.704	97.549	28.431
70	4.0	10.147	7.966	3.5	3.5	72.108	20.602	2.665	117.975	34.690
70	5.0	12.356	9.699	3.5	3.5	84.602	24.172	2.616	141.183	41.767
80	2.0	6.132	4.819	4.0	4.0	61.697	15.424	3.170	96.258	24.305
80	2.6	7.875	6.188	4.0	4.0	77.743	19.435	3.141	122.686	31.084
80	3.2	9.566	7.517	4.0	4.0	92.708	23.177	3.113	147.953	37.622
80	4.0	11.747	9.222	4.0	4.0	111.031	27.757	3.074	179.808	45.960
80	5.0	14.356	11.269	4.0	4.0	131.414	32.853	3.025	216.628	55.767
80	6.0	16.832	13.227	4.0	4.0	149.121	37.280	2.976	250.050	64.877
90	2.0	6.936	5.450	4.5	4.5	88.857	19.746	3.579	138.042	30.945
90	2.6	8.915	7.005	4.5	4.5	112.373	24.971	3.550	176.367	39.653
90	3.2	10.846	8.523	4.5	4.5	134.501	29.889	3.521	213.234	48.092
90	4.0	13.347	10.478	4.5	4.5	161.907	35.979	3.482	260.088	58.920
90	5.0	16.356	12.839	4.5	4.5	192.903	42.867	3.434	314.896	71.767
100	2.6	9.955	7.823	5.0	5.0	156.006	31.201	3.958	243.770	49.263
100	3.2	12.126	9.529	5.0	5.0	187.274	37.454	3.929	295.313	59.842
100	4.0	14.947	11.734	5.0	5.0	226.337	45.267	3.891	361.213	73.480
100	5.0	18.356	14.409	5.0	5.0	271.071	54.214	3.842	438.986	89.767
100	8.0	27.791	21.838	5.0	5.0	379.601	75.920	3.695	640.756	133.446
115	2.6	11.515	9.048	5.75	5.75	240.609	41.845	4.571	374.015	65.627
115	3.2	14.046	11.037	5.75	5.75	289.817	50.403	4.542	454.126	79.868
115	4.0	17.347	13.630	5.75	5.75	351.897	61.199	4.503	557.238	98.320
110	5.0	21.356	16.782	5.75	5.75	423.969	73.733	4.455	680.099	120.517
120	3.2	14.686	11.540	6.0	6.0	330.874	55.145	4.746	517.542	87.183
120	4.0	18.147	14.246	6.0	6.0	402.260	67.043	4.708	635.603	107.400
120	5.0	22.356	17.549	6.0	6.0	485.441	80.906	4.659	776.632	131.767
130	4.0	20.547	16.146	6.75	6.75	581.681	86.175	5.320	913.966	137.040

注：表中未列者见 GB 50018—2002。

(4) 矩形空心型钢的规格及截面特性（按 GB/T 6728—1986）（见表 B.0-14）。

I—截面惯性矩；
W—截面模量；
i—回转半径；
r—圆弧半径。

表 B.0-14

尺寸			面积	线密度	断面参数						扭转常数	
					x－x			y－y				
(mm)			(cm²)	(kg/m)	(cm⁴)	(cm³)	(cm)	(cm⁴)	(cm³)	(cm)	(cm⁴)	(cm³)
a	b	$s=r$	F	M	I_x	W_x	i_x	I_y	W_y	i_y	I_t	W_t
30	15	1.5	1.202	0.945	0.424	0.566	0.594	1.281	0.854	1.023	1.083	1.141
30	20	2.5	2.089	1.642	1.150	1.150	0.741	2.206	1.470	1.022	2.634	2.345
40	20	1.2	1.345	1.057	0.922	0.922	0.828	2.725	1.362	1.423	2.260	1.743
40	20	1.6	1.751	1.376	1.150	1.150	0.810	3.433	1.716	1.400	2.877	2.245
40	20	2.0	2.136	1.678	1.342	1.342	0.792	4.048	2.024	1.376	3.424	2.705
50	25	1.5	2.102	1.650	6.653	2.661	1.779	2.253	1.802	1.035	5.519	3.406
50	30	1.6	2.391	1.879	3.600	2.400	1.226	7.955	3.182	1.823	8.031	4.382
50	30	2.0	2.936	2.307	4.291	2.861	1.208	9.535	3.814	1.801	9.727	5.345
50	30	2.5	3.589	2.817	11.296	4.518	1.774	5.50	3.366	1.186	11.666	6.470
50	30	3.0	4.208	3.303	12.827	5.130	1.745	5.696	3.797	1.163	15.401	7.950

续表

尺寸			面积	线密度	断面参数						扭转常数	
					x－x			y－y				
(mm)			(cm²)	(kg/m)	(cm⁴)	(cm³)	(cm)	(cm⁴)	(cm³)	(cm)	(cm⁴)	(cm³)
a	b	$s=r$	F	M	I_x	W_x	i_x	I_y	W_y	i_y	I_t	W_t
50	30	3.2	4.446	3.494	5.925	3.950	1.154	13.377	5.351	1.734	14.307	7.900
50	30	4.0	5.347	4.198	15.239	6.095	1.688	6.682	4.455	1.117	16.244	9.320
50	32	2.0	3.016	2.370	4.986	3.116	1.285	9.996	3.998	1.820	10.879	5.729
50	35	2.5	3.839	3.017	7.272	4.155	1.376	12.707	5.083	1.819	15.277	7.658
60	30	2.5	4.089	3.209	17.933	5.799	2.094	5.998	3.998	1.211	16.054	7.845
60	30	3.0	4.808	3.774	20.496	6.832	2.064	6.794	4.529	1.188	17.335	9.129
60	40	1.6	3.031	2.382	8.154	4.077	1.640	15.221	5.073	2.240	16.911	7.160
60	40	2.0	3.736	2.936	9.830	4.915	1.621	18.410	6.136	2.219	20.652	8.785
60	40	2.5	4.589	3.602	22.069	7.356	2.192	11.734	5.867	1.599	25.045	10.720
60	40	3.0	5.408	4.245	25.374	8.458	2.166	13.436	6.718	1.576	29.121	12.549
60	40	3.2	5.726	4.499	14.062	7.031	1.567	26.601	8.867	2.155	30.661	13.250
60	40	4.0	6.947	5.454	30.974	10.324	2.111	16.269	8.134	1.530	36.298	15.880
70	50	2.5	5.589	4.195	22.587	9.035	2.010	38.011	10.860	2.607	45.637	15.970
70	50	3.0	6.608	5.187	44.046	12.584	2.581	26.099	10.439	1.987	53.426	18.789
70	50	4.0	8.547	6.710	54.663	15.618	2.528	32.210	12.884	1.941	67.613	24.040

续表

尺寸			面积	线密度	断面参数						扭转常数	
					x−x			y−y				
(mm)			(cm²)	(kg/m)	(cm⁴)	(cm³)	(cm)	(cm⁴)	(cm³)	(cm)	(cm⁴)	(cm³)
a	b	$s=r$	F	M	I_x	W_x	i_x	I_y	W_y	i_y	I_t	W_t
70	50	5.0	10.356	8.129	63.435	18.124	2.474	37.179	14.871	1.894	79.908	28.767
80	40	2.0	4.536	3.564	12.720	6.360	1.674	37.355	9.338	2.869	30.820	11.825
80	40	2.5	5.589	4.387	45.103	11.275	2.840	15.255	7.627	1.652	37.467	14.470
80	40	2.6	5.795	4.554	15.733	7.866	1.647	46.579	11.644	2.835	38.744	14.984
80	40	3.0	6.608	5.187	52.246	13.061	2.811	17.552	8.776	1.629	43.680	16.989
80	40	4.0	8.547	6.111	64.780	16.195	2.752	21.474	10.737	1.585	54.787	21.640
80	40	5.0	10.356	8.129	75.080	18.770	2.692	24.567	12.283	1.540	64.110	25.767
80	60	3.0	7.808	6.129	70.042	17.510	2.995	44.886	14.962	2.397	88.111	26.229
80	60	4.0	10.147	7.966	87.905	21.976	2.943	56.105	18.701	2.351	112.53	33.800
80	60	5.0	12.356	9.699	103.925	25.811	2.890	65.634	21.878	2.304	134.53	40.767
90	40	2.5	6.089	4.785	17.015	8.507	1.671	60.686	13.485	3.156	43.880	16.345
90	50	2.0	5.336	4.193	23.367	9.346	2.092	57.876	12.861	3.293	53.294	16.865
90	50	2.6	6.835	5.371	29.162	11.665	2.065	72.640	16.142	3.259	67.464	21.474
90	50	3.0	7.808	6.129	81.845	18.187	2.237	32.735	13.094	2.047	76.433	24.429
90	50	4.0	10.147	7.966	102.696	22.821	3.181	40.695	16.278	2.002	97.162	31.400
90	50	5.0	12.356	9.699	120.570	26.793	3.123	47.345	18.938	1.957	115.436	37.767
100	50	3.0	8.408	6.600	106.451	21.290	3.558	36.053	14.421	2.070	88.311	27.249
100	60	2.0	7.126	4.822	38.602	12.867	2.508	84.585	16.917	3.712	84.002	22.705

续表

尺寸			面积	线密度	断面参数						扭转常数	
					x－x			y－y				
(mm)			(cm^2)	(kg/m)	(cm^4)	(cm^3)	(cm)	(cm^4)	(cm^3)	(cm)	(cm^4)	(cm^3)
a	b	$s=r$	F	M	I_x	W_x	i_x	I_y	W_y	i_y	I_t	W_t
100	60	2.6	7.875	6.188	48.474	16.158	2.480	106.663	21.332	3.680	106.816	29.004
120	50	2.0	6.536	5.136	30.283	12.113	2.152	117.992	19.665	4.248	78.307	22.625
120	60	2.0	6.936	5.450	45.333	15.111	2.556	131.918	21.986	4.360	107.792	27.345
120	60	3.2	10.846	8.523	67.940	22.646	2.502	199.876	33.312	4.292	165.215	42.332
120	60	4.0	13.347	10.478	240.724	40.120	4.246	81.235	27.078	2.466	200.407	51.720
120	60	5.0	16.356	12.839	286.941	47.823	4.188	95.968	31.989	2.422	240.869	62.767
120	80	2.6	9.955	7.823	108.906	27.226	3.307	202.757	33.792	4.512	223.620	47.183
120	80	3.2	12.126	9.529	130.478	32.619	3.280	243.542	40.590	4.481	270.587	57.282
120	80	4.0	14.947	11.734	294.569	49.094	4.439	157.281	39.320	3.243	33.0438	70.280
120	80	5.0	18.356	14.409	353.108	58.851	4.385	187.747	46.936	3.198	400.735	95.767
120	80	6.0	21.632	16.981	405.998	67.666	4.332	214.977	53.744	3.152	465.940	100.397
120	80	8.0	27.791	21.838	260.314	65.078	3.060	495.591	82.598	4.222	580.769	127.046
120	100	8.0	30.991	24.353	447.484	89.496	3.799	596.114	99.352	4.385	856.089	162.886
140	90	3.2	14.046	11.037	194.803	43.289	3.724	384.007	54.858	5.228	409.778	75.868
140	90	4.0	17.347	13.631	235.920	52.426	3.687	466.585	66.655	5.186	502.004	93.320
140	90	5.0	21.356	16.782	283.320	62.960	3.642	562.606	80.372	5.132	611.389	114.267
150	100	3.2	15.326	12.043	262.263	52.452	4.136	488.184	65.091	5.643	538.150	90.818

(5) 焊接薄壁钢管的规格及截面特性（摘自 GBJ 18—87）（见表 B.0-15）。

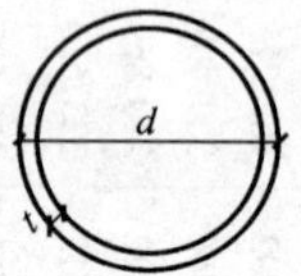

表 B.0-15

尺寸（mm）		截面面积	线密度	I	i	W
d	t	(cm^2)	(kg/m)	(cm^4)	(cm)	(cm^3)
25	1.5	1.11	0.87	0.77	0.83	0.61
30	1.5	1.34	1.05	1.37	1.01	0.91
	2.0	1.76	1.38	1.73	0.99	1.16
40	1.5	1.81	1.42	3.37	1.36	1.68
	2.0	2.39	1.88	4.32	1.35	2.16
51	2.0	3.08	2.42	9.26	1.73	3.63
57	2.0	3.46	2.71	13.08	1.95	4.59
60	2.0	3.64	2.86	15.34	2.05	5.10
70	2.0	4.27	3.35	24.72	2.41	7.06
76	2.0	4.65	3.65	31.85	2.62	8.38
83	2.0	5.09	4.00	41.76	2.87	10.06
	2.5	6.23	4.96	51.26	2.85	12.35
89	2.0	5.47	4.29	51.74	3.08	11.63
	2.5	6.79	5.33	63.59	3.06	14.29
95	2.0	5.84	4.59	63.20	3.29	13.31
	2.5	7.26	5.70	77.76	3.27	16.37
102	2.0	6.28	4.93	78.55	3.54	15.40
	2.5	7.81	6.14	96.76	3.52	18.97
	3.0	9.33	7.33	114.40	3.50	22.43
108	2.0	6.66	5.23	93.6	3.75	17.33
	2.5	8.29	6.51	115.4	3.73	21.37
	3.0	9.90	7.77	136.5	3.72	25.28

续表

尺寸（mm）		截面面积	线密度	I	i	W
d	t	（cm^2）	（kg/m）	（cm^4）	（cm）	（cm^3）
114	2.0	7.04	5.52	110.4	3.96	19.37
	2.5	8.76	6.87	136.2	3.94	23.89
	3.0	10.46	8.21	161.3	3.93	28.30
121	2.0	7.48	5.87	132.4	4.21	21.88
	2.5	9.31	7.31	163.5	4.19	27.02
	3.0	11.12	8.73	193.7	4.17	32.02
127	2.0	7.85	6.17	153.4	4.42	24.16
	2.5	9.78	7.68	189.5	4.40	29.84
	3.0	11.69	9.18	224.7	4.39	35.39
133	2.5	10.25	8.05	218.2	4.62	32.81
	3.0	12.25	9.62	259.0	4.60	38.95
	3.5	14.24	11.18	298.7	4.58	44.92
140	2.5	10.80	8.48	255.3	4.86	36.47
	3.0	12.91	10.13	303.1	4.85	43.29
	3.5	15.01	11.78	349.8	4.83	49.97
152	3.0	14.04	11.02	389.9	5.27	51.30
	3.5	16.33	12.82	450.3	5.25	59.25
	4.0	18.60	14.60	509.6	5.24	67.05
159	3.0	14.70	11.54	447.4	5.52	56.27
	3.5	17.10	13.42	517.0	5.50	65.02
	4.0	19.48	15.29	585.3	5.48	73.62
168	3.0	15.55	12.21	529.4	5.84	63.02
	3.5	18.09	14.20	612.1	5.82	72.87
	4.0	20.61	16.18	693.3	5.80	82.53
180	3.0	16.68	13.09	653.5	6.26	72.61
	3.5	19.41	15.24	756.0	6.24	84.00
	4.0	22.12	17.36	856.8	6.22	95.20
194	3.0	18.00	14.13	821.1	6.75	84.64
	3.5	20.95	16.45	950.5	6.74	97.99
	4.0	23.88	18.75	1078.0	6.72	111.1
203	3.0	18.85	15.00	943.0	7.07	92.87
	3.5	21.94	17.22	1092	7.06	107.55
	4.0	25.01	19.63	1238	7.04	122.01

续表

尺寸（mm）		截面面积（cm^2）	每米长重量（kg/m）	I（cm^4）	i（cm）	W（cm^3）
d	t					
219	3.0	20.36	15.98	1187	7.64	108.44
	3.5	23.70	18.61	1376	7.62	125.65
	4.0	27.02	21.81	1562	7.60	142.62
245	3.0	22.81	17.91	1670	8.56	136.3
	3.5	26.55	20.84	1936	8.54	158.1
	4.0	30.28	23.77	2199	8.52	179.5

注：管长：$d=30\sim70$mm 时为 3～10m；$d=76\sim245$mm 时为 4～10m。

附录C　常用连接的承载力表

C.0.1　单位长度焊缝的承载力表

（1）每 1mm 长直角角焊缝的承载力设计值（见表 C.0-1）。

每 1mm 长直角角焊缝的承载力设计值（kN/mm）　**表 C.0-1**

焊条型号	焊脚尺寸 h_f（mm）							
	1	2	3	4	5	6	7	8
E43××	0.10	0.20	0.29	0.39	0.49	0.59	0.69	0.78
E50××	0.14	0.27	0.41	0.55	0.68	0.82	0.96	1.09

（2）每 1mm 长对接焊缝的承载力设计值（见表 C.0-2）。

每 1mm 长对接焊缝的承载力设计值（kN/mm）　**表 C.0-2**

焊条型号	强度类别	焊接件的厚度（mm）							
		1	2	3	4	5	6	7	8
E43××	抗压	0.27	0.41	0.62	0.82	1.03	1.23	1.44	1.64
	抗拉	0.18	0.35	0.53	0.70	0.88	1.05	1.23	1.40
	抗剪	0.12	0.24	0.36	0.48	0.60	0.72	0.84	0.96
E50××	抗压	0.30	0.60	0.90	1.20	1.50	1.80	2.10	2.40
	抗拉	0.26	0.51	0.77	1.02	1.28	1.53	1.79	2.04
	抗剪	0.18	0.35	0.53	0.70	0.88	1.05	1.23	1.40

C.0.2　螺栓的承载力表

（1）一个 Q235 钢 C 级螺栓的承载力设计值（见表 C.0-3）。

一个 Q235 钢 C 级螺栓的承载力设计值(kN) 表 C.0-3

螺栓公称直径 d (mm)	螺栓有效直径 d_e (mm)	螺栓毛截面面积 A (mm^2)	螺栓有效截面面积 A_e (mm^2)	构件钢号	承压的承载力设计值 N_c^b 承压板件的厚度 t(mm)						抗拉承载力设计值 N_t^b	抗剪的承载力设计值 N_v^b	
					1	2	3	4	5	6		单剪	双剪
6	5.06	28.27	20.12	Q235	1.7	3.5	5.2	7.0	8.7	10.4	3.3	3.5	7.1
				Q345	2.5	5.0	7.6	10.1	12.6	15.1			
8	6.83	50.27	36.61	Q235	2.3	4.6	7.0	9.3	11.6	13.9	6.0	6.3	12.6
				Q345	3.4	6.7	10.1	13.4	16.8	20.2			
10	8.59	78.54	57.99	Q235	2.9	5.8	8.7	11.6	14.5	17.4	9.6	9.8	19.6
				Q345	4.2	8.4	12.6	16.8	21.0	25.2			
12	10.36	113.1	84.27	Q235	3.5	7.0	10.4	13.9	17.4	20.9	13.9	14.1	28.3
				Q345	5.04	10.1	15.1	20.2	25.2	30.2			
14	12.12	153.9	115.4	Q235	4.1	8.1	12.2	16.2	20.3	24.4	19.0	19.2	38.5
				Q345	5.9	11.8	17.6	23.5	29.4	35.3			
16	14.12	201.1	156.7	Q345	4.6	9.3	13.9	18.6	23.2	27.8	25.9	25.1	50.3
				Q345	6.7	13.4	20.2	26.9	33.6	40.3			
18	15.65	254.5	192.5	Q235	5.2	10.4	15.7	20.9	26.1	31.3	31.8	31.8	63.6
				Q345	7.6	15.1	22.7	30.2	37.8	45.4			
20	17.65	314.2	244.8	Q235	5.8	11.6	17.4	23.2	29.0	34.8	40.4	39.3	78.6
				Q345	8.4	16.8	25.2	33.6	42.0	50.4			
22	19.65	380.1	303.4	Q235	6.4	12.8	19.1	25.5	31.9	38.3	50.0	47.5	95.0
				Q345	9.2	18.5	27.7	37.0	46.2	55.4			

（2）一个摩擦型高强度螺栓的抗剪承载力设计值（见表C.0-4）。

一个摩擦型高强度螺栓的抗剪承载力设计值 N_v^b（kN）　表 C.0-4

高强度螺栓的性能等级	构件的钢号	连接处构件接触面的处理方法	抗剪承载力设计值（单剪）N_v^b 螺栓公称直径（mm）		
			12	14	16
8.8级	Q235	喷　砂	14.4	19.5	25.6
		热轧钢材轧制表面清除浮锈	10.8	14.4	19.2
		冷轧钢材轧制表面清除浮锈	9.0	12.0	16.0
	Q345	喷　砂	16.2	21.6	28.8
		热轧钢材轧制表面清除浮锈	12.6	16.8	22.4
		冷轧钢材轧制表面清除浮锈	—	—	—
10.9级	Q235	喷　砂	17.6	24.0	32.0
		热轧钢材轧制表面清除浮锈	13.2	18.0	24.0
		冷轧钢材轧制表面清除浮锈	11.0	15.0	20.0
	Q345	喷　砂	19.8	27.0	36.0
		热轧钢材轧制表面清除浮锈	15.4	21.0	28.0
		冷轧钢材轧制表面清除浮锈	—	—	—

（3）一个摩擦型高强度螺栓的抗拉承载力设计值（见表C.0-5）。

一个摩擦型高强度螺栓的抗拉承载力设计值 N_t^b（kN）　表 C.0-5

高强度螺栓的性能等级	一个螺栓的抗拉承载力设计值 N_t^b（kN） 螺栓的公称直径（mm）		
	12	14	16
8.8级	36	48	64
10.9级	44	60	80

C.0.3 异型铆钉的承载力表

（1）K形抽芯铆钉规格、尺寸及单件的承载力设计值(见表C.0-6)。

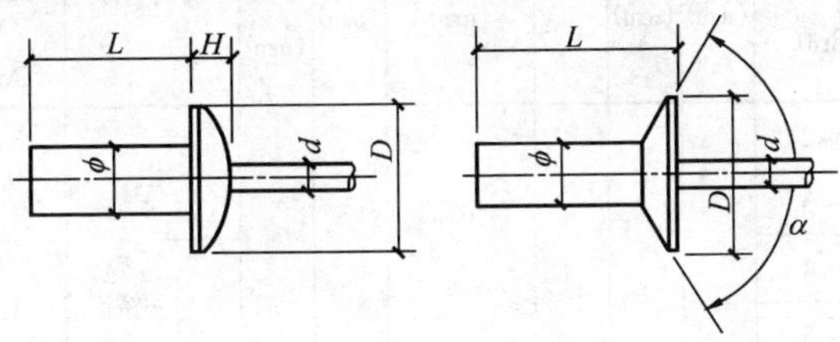

表 C.0-6

ϕ (mm)	L (mm)	推荐焊接板厚 (mm)	D (mm)	H (mm)	α	d' (mm)	d (mm)	钻孔直径 (mm)	材料名称	抗拉承载力设计值 N_t^r (kN/只)	抗剪承载力设计值 N_v^r (kN/只)
3	5	0.5~2.5	ϕ6	1	120°	ϕ2.8－0.15	ϕ1.8	ϕ3.1	铝	—	—
	6	1.5~3.5							2号防锈铝	0.59	0.49
	7	2.5~4.5									
	8	3.5~5.5							不锈钢	—	—
	9	4.5~6.5							防锈铝	—	—
	10	5.5~7.5									
	11	6.5~8.5							铜镍合金	—	—
	12	7.5~9.5							碳素结构钢	—	—
	13	8.5~10.5									
3.2	5	0.5~2.5	ϕ6	1	120°	ϕ3－0.15	ϕ1.8	ϕ3.3	铝	0.49	0.44
	6	1.5~3.5							2号防锈铝	0.67	0.53
	7	2.5~4.5									
	8	3.5~5.5							防锈铝	1.23	0.83
	9	4.5~6.5							不锈钢	2.35	1.87
	10	5.5~7.5									
	11	6.5~8.5							铜镍合金	2.00	1.56
	12	7.5~9.5							碳素结构钢	1.38	1.16
	13	8.5~10.5									

续表

ϕ (mm)	L (mm)	推荐焊接板厚 (mm)	D (mm)	H (mm)	α	d' (mm)	d (mm)	钻孔直径 (mm)	材料名称	抗拉承载力设计值 N_t^r (kN/只)	抗剪承载力设计值 N_v^r (kN/只)
4	5	0.5~2.0	ϕ8	1.4	120°	ϕ3.8-0.15	ϕ2.2	ϕ4.1	铝	0.72	0.58
	6	1~3									
	7	2~4							2号防锈铝	1.02	0.84
	8	3~5									
	9	4~6							防锈铝	1.96	1.26
	10	5~7									
	11	6~8							不锈钢	3.65	2.89
	12	7~9									
	13	8~10							铜镍合金	3.12	2.45
	14	9~11									
	16	10~12							碳素结构钢	2.09	1.65
	18	11~13									
4.8	6	0.5~2.5	ϕ9.5	1.5	120°	ϕ4.6-0.15	ϕ2.6	ϕ4.9	铝	1.12	0.93
	7	1.5~3.5									
	8	2.5~4.5							2号防锈铝	1.42	1.16
	9	3.5~5.5									
	10	4.5~6.5							防锈铝	2.31	1.62
	11	5.5~7.5									
	12	6.5~8.5							不锈钢	5.34	4.23
	13	7.5~9.5									
	14	8.5~10.5							铜镍合金	4.45	3.56
	15	9.5~11.5									
	16	10.5~12.5							碳素结构钢	3.02	2.40
	17	11.5~13.5									
	18	12.5~14.5									

续表

ϕ (mm)	L (mm)	推荐焊接板厚 (mm)	D (mm)	H (mm)	α	d' (mm)	d (mm)	钻孔直径 (mm)	材料名称	抗拉承载力设计值 N_t^r (kN/只)	抗剪承载力设计值 N_v^r (kN/只)
5	6	0.5~2.5	ϕ9.5	1.5	120°	ϕ4.8-0.15	ϕ2.8	ϕ5.1	铝	1.16	0.96
	7	1.5~3.5									
	8	2.5~4.5							2号防锈铝	1.48	1.20
	9	3.5~5.5									
	10	4.5~6.5							防锈铝	2.60	1.68
	11	5.5~7.5									
	12	6.5~8.5							不锈钢	5.59	4.39
	13	7.5~9.5									
	14	8.5~10.5							铜镍合金	4.63	3.71
	15	9.5~11.5									
	16	10.5~12.5							碳素结构钢	3.14	2.50
	17	11.5~13.5									
	18	12.5~14.5									
	19	13.5~15.5									

(2)F形抽芯铆钉规格、尺寸及单件的承载力设计值(见表C.0-7)。

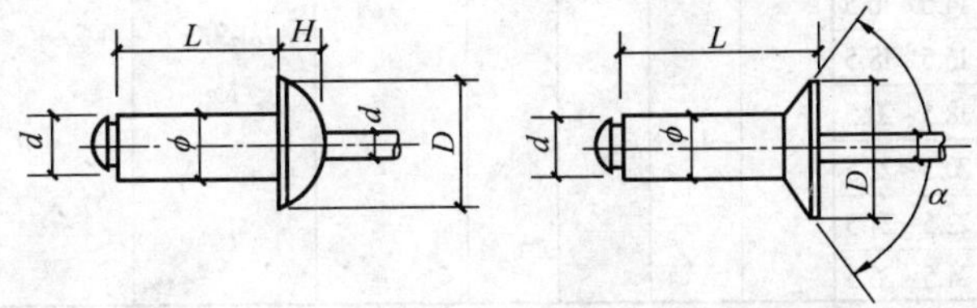

表 C.0-7

<table>
<tr><th>φ
(mm)</th><th>L
(mm)</th><th>推荐铆接
板厚
(mm)</th><th>D
(mm)</th><th>H
(mm)</th><th>α</th><th>d
(mm)</th><th>钻孔
直径
(mm)</th><th>材料名称</th><th>抗拉承
载力
N_t^r
(kN/只)</th><th>抗剪承
载力
N_v^r
(kN/只)</th></tr>
<tr><td rowspan="12">4</td><td>5</td><td>0.5~2</td><td rowspan="12">8</td><td rowspan="12">1.4</td><td rowspan="12">120°</td><td rowspan="12">2.2</td><td rowspan="12">φ4.1</td><td rowspan="7">铝</td><td rowspan="7">0.72</td><td rowspan="7">0.58</td></tr>
<tr><td>6</td><td>1~3</td></tr>
<tr><td>7</td><td>2~4</td></tr>
<tr><td>8</td><td>3~5</td></tr>
<tr><td>9</td><td>4~6</td></tr>
<tr><td>10</td><td>5~7</td></tr>
<tr><td>11</td><td>6~8</td></tr>
<tr><td>12</td><td>7~9</td><td rowspan="5">防锈铝
Al-50%
Mg</td><td rowspan="5">2.14</td><td rowspan="5">1.56</td></tr>
<tr><td>13</td><td>8~10</td></tr>
<tr><td>14</td><td>9~11</td></tr>
<tr><td>15</td><td>10~12</td></tr>
<tr><td>16</td><td>11~13</td></tr>
<tr><td rowspan="20">5</td><td>6</td><td>0.5~2.5</td><td rowspan="20">9.5</td><td rowspan="20">1.5</td><td rowspan="20">120°</td><td rowspan="20">2.8</td><td rowspan="20">φ5.1</td><td rowspan="10">铝</td><td rowspan="10">1.14</td><td rowspan="10">0.96</td></tr>
<tr><td>7</td><td>1.5~3.5</td></tr>
<tr><td>8</td><td>2.5~4.5</td></tr>
<tr><td>9</td><td>3.5~5.5</td></tr>
<tr><td>10</td><td>4.5~6.5</td></tr>
<tr><td>11</td><td>5.5~7.5</td></tr>
<tr><td>12</td><td>6.5~8.5</td></tr>
<tr><td>13</td><td>7.5~9.5</td></tr>
<tr><td>14</td><td>8.5~10.5</td></tr>
<tr><td>15</td><td>9.5~11.5</td></tr>
<tr><td>16</td><td>10.5~12.5</td><td rowspan="10">防锈铝
Al-50%
Mg</td><td rowspan="10">2.94</td><td rowspan="10">1.96</td></tr>
<tr><td>17</td><td>11.5~13.5</td></tr>
<tr><td>18</td><td>12.5~14.5</td></tr>
<tr><td>19</td><td>13.5~15.5</td></tr>
<tr><td>20</td><td>14.5~16.5</td></tr>
<tr><td>22</td><td>16.5~18.5</td></tr>
<tr><td>24</td><td>18.5~20.5</td></tr>
<tr><td>26</td><td>20.5~22.5</td></tr>
<tr><td>28</td><td>22.5~24.5</td></tr>
<tr><td>30</td><td>24.5~26.5</td></tr>
</table>

(3)击芯铆钉规格、尺寸及单件的承载能力设计值(见表C.0-8)。

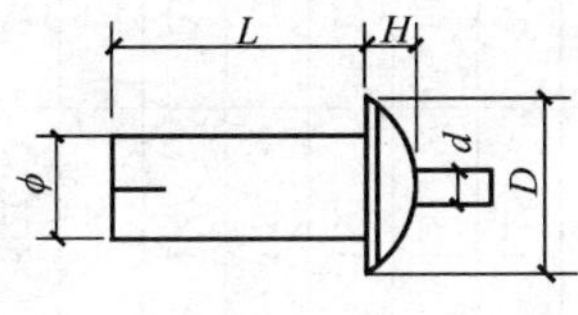

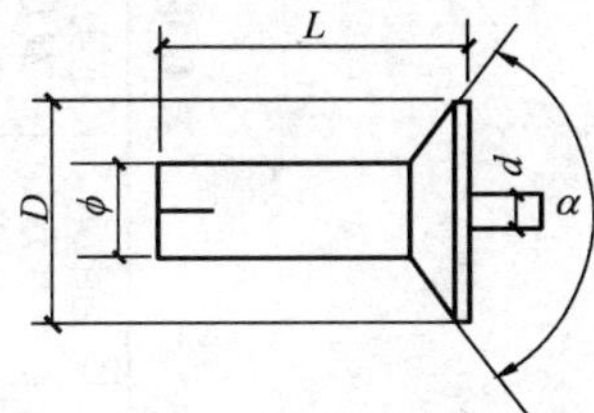

表 C.0-8

<table>
<tr><th>φ
(mm)</th><th>L
(mm)</th><th>推荐铆接板厚
(mm)</th><th>D
(mm)</th><th>D_1
(mm)</th><th>H
(mm)</th><th>d
(mm)</th><th>α</th><th>钻孔直径
(mm)</th><th>材料名称</th><th>抗拉承载力
N_t^r
(kN/只)</th><th>抗剪承载力
N_v^r
(kN/只)</th></tr>
<tr><td rowspan="8">5</td><td>7</td><td>4~5</td><td rowspan="8">10</td><td rowspan="8">9.5</td><td rowspan="8">1.8</td><td rowspan="8">2.8</td><td rowspan="8">120°</td><td rowspan="8">5.1</td><td rowspan="4">2号防锈铝
Al-2%Mg</td><td rowspan="4">2.45</td><td rowspan="4">3.92</td></tr>
<tr><td>9</td><td>6~7</td></tr>
<tr><td>11</td><td>8~9</td></tr>
<tr><td>13</td><td>10~11</td></tr>
<tr><td>15</td><td>12~13</td><td rowspan="4">防锈铝
Al-5%Mg</td><td rowspan="4">2.94</td><td rowspan="4">4.91</td></tr>
<tr><td>17</td><td>14~15</td></tr>
<tr><td>19</td><td>16~17</td></tr>
<tr><td>21</td><td>19~20</td></tr>
<tr><td rowspan="6">6.4</td><td>29</td><td>26~27</td><td rowspan="6">13</td><td rowspan="6"></td><td rowspan="6">3</td><td rowspan="6">3.8</td><td rowspan="6">120°</td><td rowspan="6">6.5</td><td rowspan="3">2号防锈铝
Al-2%Mg</td><td rowspan="3">3.12</td><td rowspan="3">6.52</td></tr>
<tr><td>33</td><td>30~31</td></tr>
<tr><td>39</td><td>36~37</td></tr>
<tr><td>40</td><td>37~38</td><td rowspan="3">防锈铝
Al-5%Mg</td><td rowspan="3">4.77</td><td rowspan="3">7.65</td></tr>
<tr><td>43</td><td>40~41</td></tr>
<tr><td>45</td><td>42~43</td></tr>
</table>

(4)铆螺母的规格、尺寸及单件的承载力设计值(见表 C.0-9)。

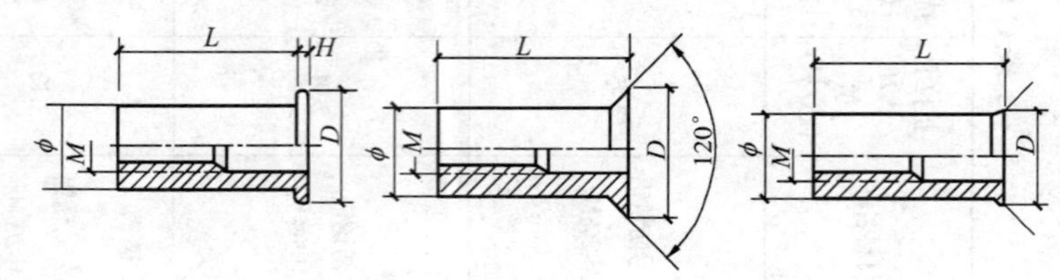

表 C.0-9

M (mm)	ϕ (mm)	L (mm)	推荐铆接板厚 (mm)	D (mm)	D' (mm)	H (mm)	钻孔直径 (mm)	材料名称	抗拉承载力设计值 N_t^r (kN/只)	抗剪承载力设计值 N_v^r (kN/只)
3	5	12	2~3	8	5.8	0.75	5.1	2号防锈铝 Al-2%Mg	1.25	0.75
		14	4~5					防锈铝 Al-5%Mg	1.52	1.03
		16	6~7					钢	1.92	1.33
		18	8~9					铜	1.57	1.25
4	6	14	2~3	9	6.8	0.75	6.1	2号防锈铝	1.47	0.88
		16	4~5					防锈铝	1.96	1.47
		18	6~7					钢	3.21	2.10
		20	8~9					铜	2.76	1.52

续表

M (mm)	ϕ (mm)	L (mm)	推荐铆接板厚 (mm)	D (mm)	D′ (mm)	H (mm)	钻孔直径 (mm)	材料名称	抗拉承载力设计值 N_t^r (kN/只)	抗剪承载力设计值 N_v^r (kN/只)
5	7	16	2~3	9	6.8	0.75	7.1	2号防锈铝	2.60	1.57
		18	4~5					防锈铝	2.94	1.96
		20	6~7					钢	4.21	2.70
		22	8~9					铜	3.24	2.60
6	9	19	2~3	13	9.8	1.5	9.1	2号防锈铝	3.43	1.96
		21	4~5					防锈铝	4.41	2.94
		23	6~7					钢	6.31	4.10
		25	8~9					铜	4.22	3.34
8	11	21	2~3	14	11.8	1.5	11.1	2号防锈铝	4.27	2.55
		23	4~5					防锈铝	6.31	4.10
		25	6~7					钢	8.51	5.60
		27	8~9					铜	7.41	4.60
10	13	23	2~3	17	14	1.5	13.1	2号防锈铝	4.33	3.05
		25	4~5					防锈铝	7.81	4.30
		27	6~7					钢	10	6.50
		29	8~9					铜	8.51	5.50

(5)环槽铆钉规格、尺寸及单件的承载力设计值(见表 C.0-10)。

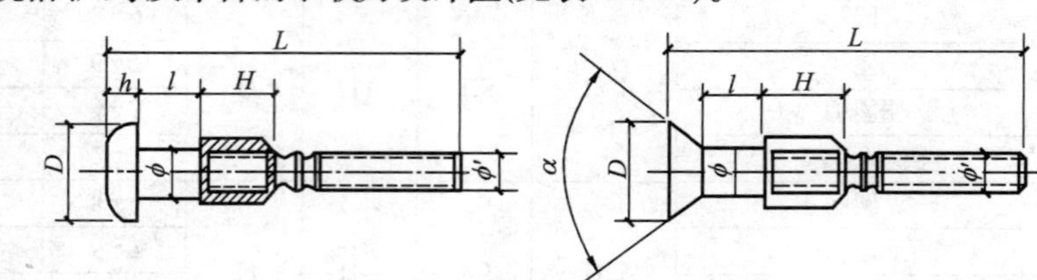

表 C.0-10

ϕ (mm)	L (mm)	铆接板厚 (mm)	D (mm)	α	h (mm)	L (mm)	ϕ' (mm)	H (mm)	材　料	抗拉承载力设计值 N_t^r (kN/只)	抗剪承载力设计值 N_v^r (kN/只)
4	4	3.5~4.5	7	120°	2.5	39	3.5	5	优质碳素结构钢	4.61	6.57
	6	5.5~6.5				41					
	8	7.5~8.5				43					
	10	9.5~10.5				45					
	12	11.5~12.5				47					
	14	13.5~14.5				49					
5	4	3.5~4.5	9.5	120°	3	35	4.5	6	优质碳素结构钢	5.89	7.85
	6	5.5~7.5				37					
	8	7.5~8.5				39					
	10	9.5~10.5				41					
	12	11.5~12.5				43					
	14	13.5~14.5				45					

续表

ϕ (mm)	L (mm)	铆接板厚 (mm)	D (mm)	α	h (mm)	L (mm)	ϕ' (mm)	H (mm)	材料	抗拉承载力设计值 N_t^r (kN/只)	抗剪承载力设计值 N_v^r (kN/只)
6	6	5.5~6.5	11	120°	3.5	43	5.5	7	优质碳素结构钢	9.81	14.22
	8	7.5~8.5				45					
	10	9.5~10.5				47					
	12	11.5~12.5				49					
	14	13.5~14.5				51					
	16	15.5~16.5				53					
8	8	7.5~8.5	12.5	120°	4.5	47	7.5	9	优质碳素结构钢	15.21	21.58
	10	9.5~10.5				49					
	12	11.5~12.5				51					
	14	13.5~14.5				53					
	16	15.5~16.5				55					
	18	17.5~18.5				57					
10	10	9.5~10.5	15	120°	5	50	9.5	11	优质碳素结构钢	23.05	32.86
	12	11.5~12.5				52					
	14	13.5~14.5				54					
	16	15.5~16.5				56					
	18	17.5~18.5				58					
	20	19.5~20.5				60					

注：C.0-6~C.0-10中，除承载力设计值的单位为kN外，其余尺寸单位均为mm。

4 门式刚架轻型钢结构

4.1 门式刚架轻型钢结构的特点及适用范围

4.1.1 特点

刚架结构是梁、柱单元构件的组合体，其形式种类多样。在单层工业与民用房屋的钢结构中，应用较多的为单跨、双跨或多跨的单、双坡门式刚架。根据需要，可带挑檐或毗屋，如图4.1-1所示。根据通风、采光的需要，这种刚架厂房可设置通风口、采光带和天窗架等。单跨刚架的跨度国内最大已达到72m。

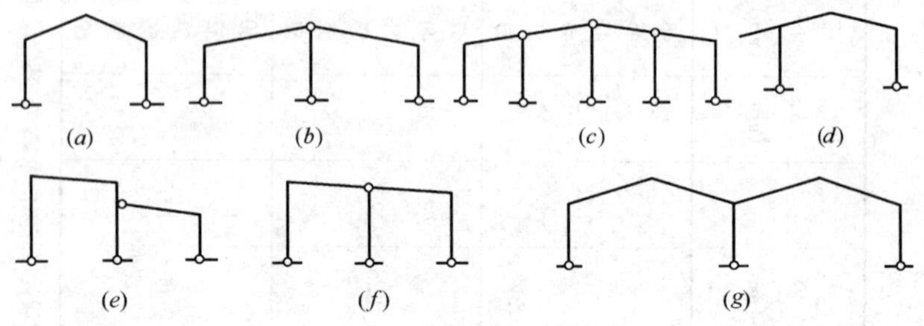

图 4.1-1 门式刚架的形式

（*a*）单跨双坡；（*b*）双跨双坡；（*c*）四跨双坡；（*d*）单跨双坡带挑檐；（*e*）双跨单坡（毗屋）；（*f*）双跨单坡；（*g*）双跨四坡

门式刚架结构有以下特点：

（1）采用轻型屋面，可减小梁柱截面及基础尺寸；

（2）在大跨建筑中增设中间柱做成一个屋脊的多跨大双坡屋

面，以避免内天沟排水。中间柱可采用钢管制作的上下铰接摇摆柱，占空间小。

(3) 刚架侧向刚度可藉檩条和墙梁的隅撑保证，以减少纵向刚性构件和减小翼缘宽度。

(4) 跨度较大的刚架可采用改变腹板高度、厚度及翼缘宽度的变截面。

(5) 刚架的腹板允许其部分失稳，利用其屈曲后的强度，即按有效宽度设计，可减小腹板厚度，不设或少设横向加劲肋。

(6) 竖向荷载通常是设计的控制荷载，地震作用一般不起控制作用。但当风荷载较大或房屋较高时，风荷载的作用不应忽视。

(7) 为使非地震区支撑做得轻便，可采用张紧的圆钢。

(8) 结构构件可全部在工厂制作，工业化程度高。构件单元可根据运输条件划分，单元之间在现场用螺栓连接，安装方便快速，土建施工量小。

4.1.2 适用范围

门式刚架通常用于跨度 9 ~ 36m、柱距 6m、柱高 4.5 ~ 12m、设有吊车起重量较小的单层工业房屋或公共建筑（超市、娱乐体育设施、车站候车室、码头建筑）。设置桥式吊车时，宜为起重量不大于 20t 的中、轻级工作制（A_1 ~ A_5）的吊车；设置悬挂吊车时，其起重量不宜大于 3t。

4.2 结构形式及建筑尺寸

4.2.1 结构形式

门式刚架的结构形式是多种多样的。按构件体系分，有实腹式与格构式；按截面形式分，有等截面和变截面；按结构选材分，有普通型钢、薄壁型钢、钢管或钢板焊成的。实腹式刚架的截面一般为工字形；格构式刚架的截面为矩形或三角形。

门式刚架的横梁与柱为刚接，柱脚与基础宜采用铰接；当设有桥式吊车、檐口标高较高或刚度要求较高时，柱脚与基础可采用刚接。

变截面与等截面相比，前者可以适应弯矩变化，节约材料，但在构造连接及加工制造方面，不如等截面方便，故当刚架跨度较大或房屋较高时才设计成变截面。

4.2.2 建筑尺寸

门式刚架轻型房屋钢结构的尺寸应符合下列规定：

（1）门式刚架的跨度，应取横向刚架柱轴线间的距离。门式刚架的跨度宜为 9～36m，以 3m 为模数，必要时也可采用非模数跨度。当边柱截面高度不等时其外侧应对齐。

（2）门式刚架的高度应根据使用要求的室内净高确定，取地坪至柱轴线与横梁轴线交点的高度。无吊车的房屋门式刚架高度宜取 4.5～9m；有吊车的房屋应根据轨顶标高和吊车净空要求确定，一般宜为 9～12m。

（3）门式刚架的间距，即柱网轴线在纵向的距离宜为 6m，亦可采用 7.5m 或 9m，最大可采用 12m；门式刚架跨度较小时也可采用 4.5m。

（4）门式刚架的高、宽、长

1）门式刚架轻型房屋的檐口高度，应取地坪至房屋外侧檩条上缘的高度。

2）门式刚架轻型房屋的最大高度，应取地坪至屋盖顶部檩条上缘的高度。

3）门式刚架轻型房屋的宽度，应取房屋侧墙墙梁外皮之间的距离。挑檐长度可根据使用要求确定，宜为 0.5～1.2m。

4）门式刚架轻型房屋的长度，应取房屋两端山墙墙梁外皮之间的距离。

（5）门式刚架轻型房屋屋面坡度宜取 1/8～1/20，在雨水较多地区可取其中较大值。挑檐的上翼缘坡度宜与横梁坡度相同。

(6) 柱的轴线可取通过柱下端（截面小端）截面中心的竖向轴线；工业建筑边柱的定位轴线宜取柱外皮；横梁的轴线可取通过变截面梁段最小端的中心与横梁上表面平行的轴线。

(7) 温度区段长度（伸缩缝间距）：

纵向温度区段不大于 300m；

横向温度区段不大于 150m。

4.3 基本设计规定

(1) 抗震验算须符合下列要求：

$$\delta_E \leqslant R/\gamma_{RE} \tag{4-1}$$

式中 δ_E——考虑多遇地震作用时，荷载和地震作用效应组合的设计值；

γ_{RE}——承载力震调整系数，见表 4.3-1。

承载力抗震调整系数 γ_{RE} 表 4.3-1

构件或连接	梁	柱	支撑	节点	焊缝	螺栓
γ_{RE}	0.75	0.75	0.8	0.85	0.9	0.85

(2) 当采用压型钢板轻型屋面时，屋面竖向均布活荷载的标准值（按水平投影面积计算）应取 0.5kN/m^2。

注：对受荷水平投影面积大于 60m^2 的刚架构件，屋面竖向均布活荷载的标准值可取不小于 0.3kN/m^2。

(3) 垂直于建筑物表面的风荷载标准值，应按《门式刚架轻型房屋钢结构技术规程》(CECS 102:2002) 附录 A 的规定计算。

(4) 钢材、螺栓连接的强度设计值应按本手册第 2 章和第 3 章的规定选用，并按规定采用相应的折减系数。

(5) 变形规定

单层门式刚架的柱顶位移设计值，不应大于表 4.3-2 的限值，受弯构件的挠度与跨度的比值，不应大于表 4.3-3 的限值。

刚架柱顶位移设计值的限值　　表 4.3-2

吊车情况	其他情况	柱顶位移限值
无吊车	当采用轻型钢墙板时	$h/60$
	当采用砌体墙时	$h/100$
有桥式吊车	当吊车有驾驶室时	$h/400$
	当吊车由地面操作时	$h/180$

注：表中 h 为刚架柱高度。

受弯构件的挠度与跨度比限值　　表 4.3-3

项　目	构　件　类　别	构件挠度限值
竖向挠度	门式刚架斜梁	
	仅支承压型钢板屋面和冷弯型钢檩条	$L/180$
	尚有吊顶	$L/240$
	有悬挂起重机	$L/400$
	檩条	
	仅支承压型钢板屋面	$L/150$
	尚有吊顶	$L/240$
	压型钢板屋面板	$L/150$
水平挠度	墙板	$L/100$
	墙梁	
	仅支承压型钢板墙	$L/100$
	支承砌体墙	$L/180$ 且≤50mm

注：1. 表中 L 为构件跨度；

2. 对悬臂梁，按悬伸长度的 2 倍计算受弯构件的跨度。

（6）构造要求

门式刚架轻型房屋钢结构的构造，应符合下列一般规定：

1）用于檩条和墙梁的冷弯薄壁型钢，壁厚不宜小于 1.5mm。用于焊接主刚架构件腹板的钢板，厚度不宜小于 4mm；当有根据时可不小于3mm。

2）受压构件的长细比，不宜大于表4.3-4规定的限值；

受压构件的容许长细比限值 **表4.3-4**

构件类别	长细比限值
主要构件	180
其他构件及支撑	220

3）受拉构件的长细比，不宜大于表4.3-5规定的限值。

受拉构件的长细比限值 **表4.3-5**

构件类别	承受静态荷载或间接承受动态荷载的结构	直接承受动态荷载的结构
桁架构件	350	250
吊车梁或吊车桁架以下的柱间支撑	300	—
其他支撑（张紧的圆钢或钢绞线支撑除外）	400	—

注：1. 对承受静态荷载的结构，可仅计算受拉构件在竖向平面内的长细比；

2. 对直接或间接承受动荷载的结构，计算单角钢受拉构件的长细比时，应采用角钢的最小回转半径；在计算单角钢交叉受拉杆件平面外长细比时，应采用与角钢肢边平行轴的回转半径；

3. 在永久荷载与风荷载组合作用下受压的构件，其长细比不宜大于250。

4.4 内力和侧移计算

4.4.1 变截面刚架

（1）内力

对变截面门式刚架，应采用弹性分析方法确定各种内力。进行内力分析时宜按平面结构考虑，一般不考虑应力蒙皮效应。当有必要且有条件时，可考虑屋面板的蒙皮效应。蒙皮效应是将屋面板视为沿房屋全长伸展的深梁，可用来承受平面内荷载。面板可视为平面内横向剪力的腹板，其边缘构件可视为承受轴向力的翼缘。考虑屋面板的蒙皮效应可提高结构的刚度和承载力，但目前还难以利用，只能当作潜力。

变截面门式刚架的内力分析可按一般结构力学方法或利用静力计算公式、图表进行，也可采用有限元法（直接刚度法）计算。计算时宜将构件分为若干段，每段的几何特征可视为常量，也可采用楔形单元。

如需考虑地震作用效应时，可采用底部剪力法确定。

(2) 侧移

1）单跨刚架

当单跨变截面刚架横梁上缘坡度不大于1:5时，在柱顶水平力作用下的侧移 u，可按下列公式估算：

柱脚铰接刚架

$$u = \frac{Hh^3}{12EI_c}(2 + \xi_t) \tag{4-2}$$

柱脚刚接刚架

$$u = \frac{Hh^3}{12EI_c} \cdot \frac{3 + 2\xi_t}{6 + \xi_t} \tag{4-3}$$

其中

$$\xi_t = I_c L / h I_b \tag{4-4}$$

式中　h、L——刚架柱高度和刚架跨度，当坡度大于1:10时，L 应取横梁沿坡折线的总长度 $L = 2s$（图4.4-1）；

I_c、I_b——柱和横梁的平均惯性矩，见式（4-5）和式（4-6）；

H——刚架柱顶等效水平力，按式（4-7）~式（4-11）计算。

按式（4-2）、式（4-3）计算所得的侧移 u 应满足表4.3-2的要求。

（A）变截面柱和横梁的平均惯性矩，可按下列公式计算：

对于楔形构件

$$I_{c} = (I_{c0} + I_{c1})/2 \tag{4-5}$$

对于双楔形横梁

$$I_{b} = [I_{b0} + \beta I_{b1} + (1 - \beta) I_{b2}]/2 \tag{4-6}$$

式中符号的含义见图 4.4-1。

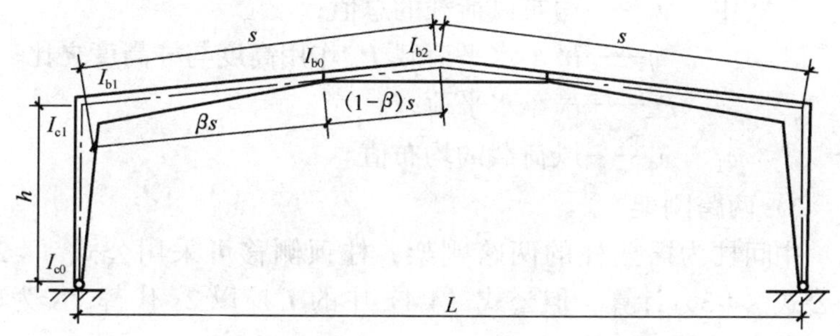

图 4.4-1 变截面刚架的几何尺寸

（B）刚架柱顶等效水平力可按下列公式计算：

当估算刚架在沿柱高度均布的水平风荷载作用下的侧移时（图 4.4-2），

柱脚铰接刚架 $H = 0.67W$ (4-7)

柱脚刚接刚架 $H = 0.45W$ (4-8)

其中 $W = (w_1 + w_4) \cdot h$ (4-9)

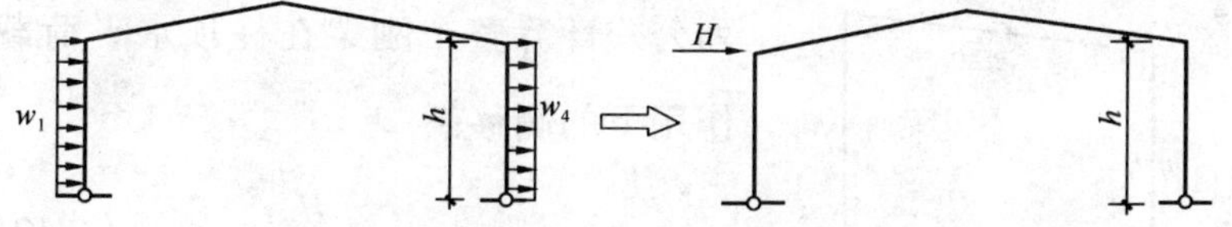

图 4.4-2 刚架在均布风荷载作用下柱顶的等效水平力

当估算刚架在吊车水平荷载 P_c 作用下的侧移时（图 4.4-3），

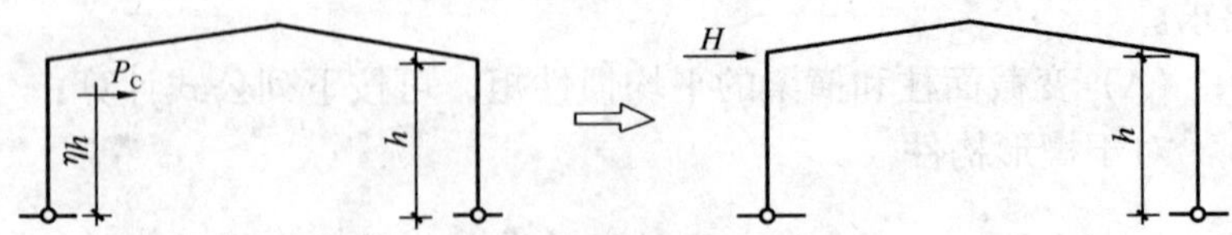

图 4.4-3　刚架在吊车水平荷载作用下柱顶的等效水平力

柱脚铰接刚架　　$H = 1.15\eta P_c$　　(4-10)

柱脚刚接刚架　　$H = \eta P_c$　　(4-11)

以上各式中　W——均布风荷载的总值；

η——吊车水平荷载 P_c 作用高度与柱高度之比；

P_c——吊车水平荷载。

w_1、w_4——风荷载的均布值。

2）两跨刚架

中间柱为摇摆柱的两跨刚架，柱顶侧移可采用公式（4-2）和公式（4-3）计算，但公式（4-4）中的 L 应以 $2s$ 代替，s 为单坡面长度（图 4.4-4）。

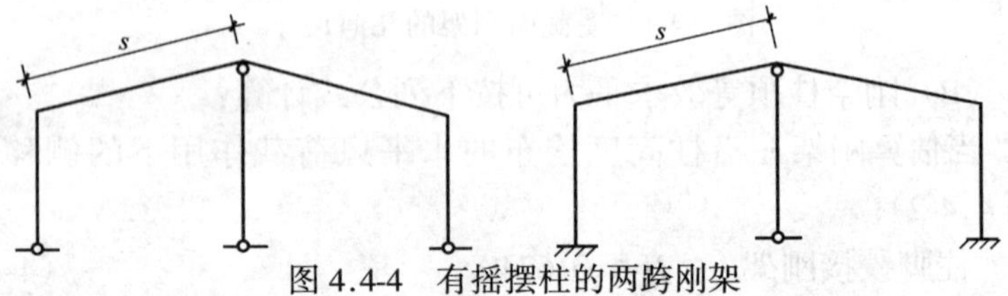

图 4.4-4　有摇摆柱的两跨刚架

3）当中间柱与横梁刚性连接时，可将多跨刚架视为多个单跨刚架的组合体（每个中柱分为两半，惯性矩各为 $I/2$），按下列公式计算整个刚架在柱顶水平荷载作用下的侧移：

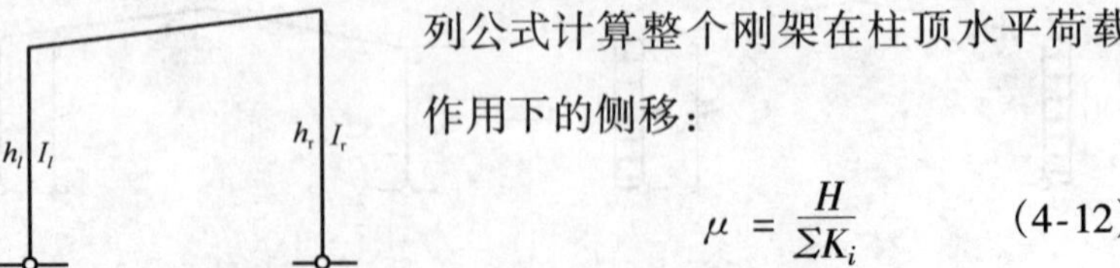

图 4.4-5　左右两柱的惯性矩

$$\mu = \frac{H}{\Sigma K_i} \tag{4-12}$$

$$K_i = \frac{12EI_{ei}}{h_i^3(2 + \xi_{ti})} \tag{4-13}$$

$$\xi_{ti} = \frac{I_{ei}l_i}{h_i I_{bi}} \tag{4-14}$$

$$I_{ei} = \frac{I_l + I_r}{4} + \frac{I_l \cdot I_r}{I_l + I_r} \tag{4-15}$$

式中 ΣK_i——柱脚铰接时各单跨刚架的侧向刚度之和；

h_i——所计算跨两柱的平均高度；

l_i——与所计算柱相连接的单跨刚架梁的长度；

I_{ei}——两柱惯性矩不相同时的等效惯性矩；

I_l，I_r——左、右两柱的惯性矩（图 4.4-5）。

4.4.2 等截面刚架

对等截面门式刚架，采用弹性分析方法确定内力时，可参考上述公式进行：对于不直接承受动力荷载的等截面门式刚架允许采用塑性设计法。

4.5 构件截面设计

4.5.1 变截面刚架

（1）板件最大宽厚比和利用屈曲后的强度

工字形截面（采用三块板焊成）受弯构件中腹板以受剪为主，翼缘以抗弯为主。增大腹板的高度，可使翼缘的抗弯能力发挥更为充分。如在增大腹板高度的同时厚度也相应增大，则腹板耗钢量过多，不经济。因而，不过多增大腹板厚度而充分利用板件屈曲后的强度是比较合理的。

1）板件最大宽厚比

工字形截面构件受压翼缘自由外伸宽度 b 与其厚度 t 之比，应符合表 4.4-12 的要求；8 度及以上设防地震区宽厚比限值应符合 $13\sqrt{235/f_y}$ 的要求；工字形截面梁、柱构件腹板的计算高度

h_0 与其厚度 t_w 之比，任何情况下不应大于 $250\sqrt{235/f_y}$。

2）组合梁腹板考虑屈曲后的强度计算及加劲肋设置要求见《钢结构设计规范（GB 500017—2003)》第 4.4 条。

（2）变截面柱在刚架平面内的稳定计算

1）变截面柱在平面内的稳定应按公式（4-16）计算。

$$\frac{N_0}{\varphi_{xy}A_{e0}}+\frac{\beta_{mx}M_1}{\left(1-\frac{N_0}{N'_{EX0}}\varphi_{xy}\right)W_{e1}}\leqslant f \tag{4-16}$$

$$N'_{EX0}=\pi^2EA_{e0}/(1.1\lambda^2) \tag{4-17}$$

式中　N_0——小头的轴向压力设计值；

M_1——大头的弯矩设计值；

A_{e0}——小头的有效截面面积；

W_{e1}——大头的有效面积最大受压纤维截面模量；

φ_{xy}——杆件轴心受压稳定系数，楔形柱根据表 4.5-1 中规定的计算长度系数按表 4.4-25 ~ 表 4.4-32 查得，计算长细比时取小头的回转半径；

β_{mx}——等效弯矩系数，按本节 3）计算；

N'_{EX0}——欧拉临界力，计算 λ 时回转半径 i_0 以小头为准，计算长度系数按下述 2）所述方式确定。

注：当柱的最大弯矩不出现在大头时，M_1 和 W_{e1} 分别取最大弯矩和该弯矩所在截面的有效截面模量。

2）截面高度呈线性变化的柱，在刚架平面内的计算长度应为 $h_0=\mu_r h$，式中 h 为柱高，μ_r 为计算长度系数，可按以下三种方式之一确定：

（A）查表法。用于柱脚铰接的刚架。

（a）柱脚铰接单跨刚架楔形柱的 μ_r，可由表 4.5-1 查得。

柱脚铰接楔形刚架柱的计算长度系数 μ_r　　**表 4.5-1**

K_2/K_1		0.1	0.2	0.3	0.5	0.75	1.0	2.0	≥10.0
$\frac{I_{c0}}{I_{c1}}$	0.01	0.428	0.368	0.349	0.331	0.320	0.318	0.315	0.310
	0.02	0.600	0.502	0.470	0.440	0.428	0.420	0.411	0.404
	0.03	0.729	0.599	0.558	0.520	0.501	0.492	0.483	0.473
	0.05	0.931	0.756	0.694	0.644	0.618	0.606	0.589	0.580
	0.07	1.075	0.873	0.801	0.742	0.711	0.697	0.672	0.650
	0.10	1.252	1.027	0.935	0.857	0.817	0.801	0.790	0.739
	0.15	1.518	1.235	1.109	1.021	0.965	0.938	0.895	0.872
	0.20	1.745	1.395	1.254	1.140	1.080	1.045	1.000	0.969

柱的线刚度 K_1 和梁的线刚度 K_2，应分别按下列公式计算：

$$K_1 = I_{c1}/h \tag{4-18}$$

$$K_2 = I_{b0}/(2\psi s) \tag{4-19}$$

式中及表中

I_{c0}、I_{c1}——柱的小头和大头的截面惯性矩；

I_{b0}——梁最小截面惯性矩；

s——半跨横梁长度；

ψ——横梁换算长度系数，由附录 D 中曲线查得。当梁为等截面时该系数为 1。

（b）多跨刚架的中间柱为摇摆柱时（图 4.5-1），摇摆柱的计算长度系数 μ_r 取 1.0，边柱的计算长度见公式（4-20）。

$$h_0 = \eta\mu_r h \tag{4-20}$$

$$\eta = \sqrt{1 + \Sigma\left(\frac{P_{li}}{h_{li}}\right)\Big/\Sigma\left(\frac{P_{fi}}{h_{fi}}\right)} \tag{4-21}$$

式中　μ_r——柱的计算长度系数，由表 4.5-1 查得，但公式（4-19）中的 s 取与边柱相连的一跨横梁的坡面长度 l_b，如图 4.5-1 所示；

η——放大系数；

P_{li}——中间柱（即摇摆柱）承受的荷载；

P_{fi}——边柱承受的荷载。

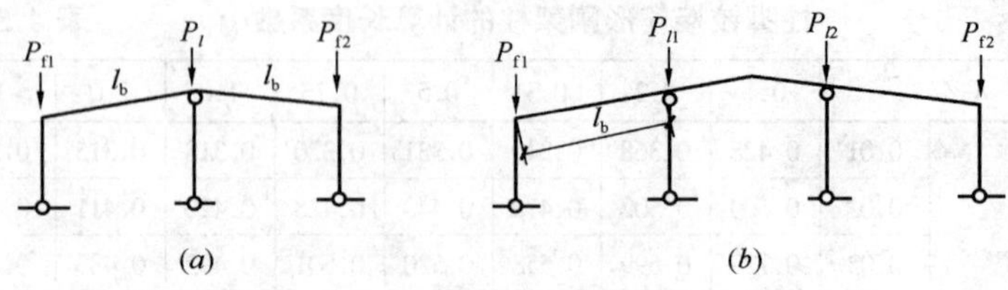

图 4.5-1　计算边柱时的横梁长度

（a）双跨；（b）三跨

本条中计算长度系数 μ_r 适用于屋面坡度不大于 1∶5 的情况，超过此值时应考虑横梁轴向力对柱刚度的不利影响。

（c）对于带有毗屋的刚架，可近似地将毗屋柱视为摇摆柱，主刚架柱的系数 μ_r 可按表 4.5-1 查得，并应乘以按式（4-21）计算的系数 η。计算 η 时，P_{li} 为毗屋柱承受的竖向荷载，P_{fi} 为主刚架柱承受的竖向荷载。

（B）一阶分析法。

对于单跨对称刚架［图 4.5-2（a）］，当利用一阶分析计算程序得出柱顶水平荷载作用下的侧移刚度 $K = H/\mu$ 后，柱的计算长度系数可由下列公式计算：

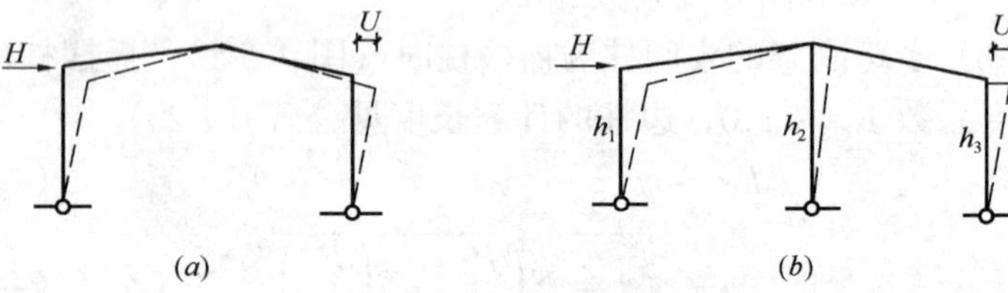

图 4.5-2　一阶分析时的柱顶位移

（a）单跨；（b）多跨

（a）对柱脚为铰接和刚接的单跨对称刚架，可分别按下列公式计算：

当柱脚为铰接时 $\mu_r = 4.14\sqrt{EI_{c0}/Kh^3}$　　（4-22a）

当柱脚为刚接时 $\mu_r = 5.85\sqrt{EI_{c0}/Kh^3}$　　（4-22b）

式（4-22a）和式（4-22b）也可用于图 4.5-1 所示屋面坡度不大于 1∶5 有摇摆柱的多跨对称刚架的边柱，但算得的系数 μ_r 还应乘以放大系数 η'，

$$\eta' = \sqrt{1 + \Sigma\left(\frac{P_{li}}{h_{li}}\right) \Big/ 1.2\Sigma\left(\frac{P_{fi}}{h_{fi}}\right)}$$

摇摆柱的计算长度系数 μ_r 取 1.0。

（b）对中间为非摇摆柱的多跨刚架［图 4.5-2（b）］，可分别按下列公式计算：

当柱脚为铰接时 $$\mu_r = 0.85\sqrt{\frac{1.2}{K}\frac{P_{E0i}}{P_i}\Sigma\frac{P_i}{h_i}} \tag{4-23a}$$

当柱脚为刚接时 $$\mu_r = 1.2\sqrt{\frac{1.2}{K}\frac{P_{E0i}}{P_i}\Sigma\frac{P_i}{h_i}} \tag{4-23b}$$

$$P_{E0i} = \frac{\pi^2 EI_{0i}}{h_i^2} \tag{4-24}$$

式中 h_i、P_i、P_{E0i}——分别为第 i 根柱的高度、轴压力和以小头为准的欧拉临界力。

（c）式（4-23a）和式（4-23b）也可用于单跨非对称刚架。

（C）二阶分析法

当采用计入竖向荷载—侧移效应（即 P—μ 效应）的二阶分析程序计算内力时，计算长度系数 μ_r 可由下列公式计算：

$$\mu_r = 1 - 0.375\gamma + 0.08\gamma^2(1 - 0.0775\gamma) \tag{4-25}$$

$$\gamma = (d_1/d_0) - 1 \tag{4-26}$$

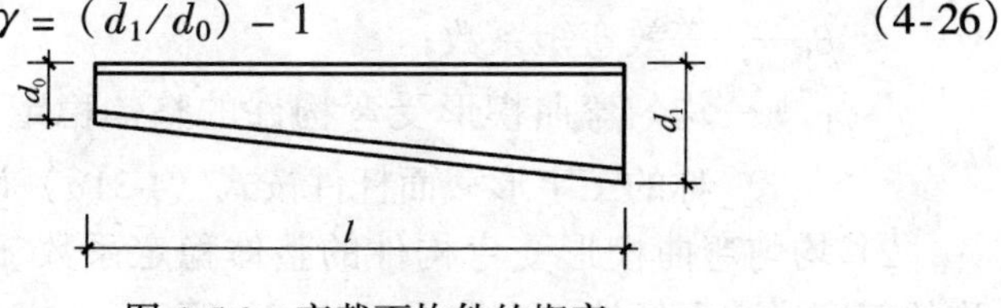

图 4.5-3 变截面构件的楔率

式中　γ——构件的楔率，不大于 $0.268l/d_0$ 及 6.0；

d_0、d_1——分别为柱的小头和大头的截面高度（图 4.5-3）。

3）有侧移框架柱，弯矩作用平面内的等效弯矩系数 β_{mx}：

$$\beta_{mx} = 1.0 \tag{4-27}$$

（3）变截面柱在刚架平面外的稳定计算。

1）变截面柱在刚架平面外的稳定计算见公式（4-28）~公式（4-30）。

$$\frac{N_0}{\varphi_y A_{e0}} + \frac{\beta_t M_1}{\varphi_{b\gamma} W_{e1}} \leqslant f \tag{4-28}$$

对一端弯矩为零的区段

$$\beta_t = 1 - N/N'_{Ex0} + 0.75(N/N'_{Ex0})^2 \tag{4-29}$$

对两端弯曲应力基本相等的区段

$$\beta_t = 1.0 \tag{4-30}$$

式中　N_0——所计算构件小头的轴向压力设计值；

N'_{EOx}——在刚架平面内以小头为准柱的欧拉临界力；

M_1——所计算构件大头截面的弯矩值；

A_{e0}——小头的有效截面面积；

W_{e1}——大头有效面积最大受压纤维截面模量；

φ_y——轴心受压杆件弯矩作用平面外稳定系数（以小头为准），按表 2.4-25~表 2.4-32 查得，计算长度取纵向支撑点间的距离，若各段线刚度差别较大，确定计算长度时可考虑各段间的相互约束；

β_t——等效弯矩系数；

$\varphi_{b\gamma}$——均匀弯曲楔形受弯构件的整体稳定系数，双轴对称的工字形截面杆件按式（4-31*a*）计算。

2）均匀弯曲楔形受弯构件的整体稳定系数 $\varphi_{b\gamma}$，对双轴对称的工字形截面杆件，应按下述公式计算：

$$\varphi_{b\gamma}=\frac{4320}{\lambda_{y0}^{2}}\cdot\frac{A_0h_0}{W_{x0}}\sqrt{\left(\frac{\mu_s}{\mu_w}\right)^4+\left(\frac{\lambda_{y0}t_0}{4.4h_0}\right)^2}\left(\frac{235}{f_y}\right)\tag{4-31a}$$

$$\lambda_{y0}=\mu_s l/i_{y0}\tag{4-31b}$$

$$\mu_s=1+0.023\gamma\sqrt{lh_0/A_f}\tag{4-31c}$$

$$\mu_w=1+0.00385\gamma\sqrt{l/i_{y0}}\tag{4-31d}$$

式中 A_0、h_0、W_{x0}、t_0——分别为构件小头的截面面积、截面高度、截面模量、受压翼缘高度；

A_f——受压翼缘截面面积；

i_{y0}——受压翼缘与受压区腹板 1/3 高度组成的截面绕 y 轴的回转半径。

当两翼缘截面不相等时，在式（4-31a）中应按照表2.4-5、式（2-11）考虑截面不对称影响系数 η_b 项。当按式（4-31a）算得的 $\varphi_{b\gamma}$值大于 0.6 时，应按式（2-13）或表 2.4-9 查出相应的 φ'_b 代替 $\varphi_{b\gamma}$值。

（4）变截面柱柱端受剪承载力验算。

变截面柱下端铰接时，应验算柱端的受剪承载力。当不满足要求时，应对该处腹板进行加强。

（5）横梁和隅撑设计。

1）横梁设计。

（A）实腹式横梁在平面内和平面外均应按压弯构件计算强度和稳定。

（B）实腹式刚架横梁的平面外计算长度，应取侧向支承点间的距离；当横梁两翼缘侧向支承点间的距离不等时，应取最大受压翼缘侧向支承点间的距离。

（C）当实腹式刚架横梁的下翼缘受压时，必须在受压翼缘的两侧布置隅撑（端部仅布置在一侧）作为横梁的侧向支承；隅撑的另一端连接在檩条上或焊接于发泡水泥轻质大型屋面板的边框上，见图 4.5-4。

（D）当横梁上翼缘承受集中荷载处不设横向加劲肋时，除

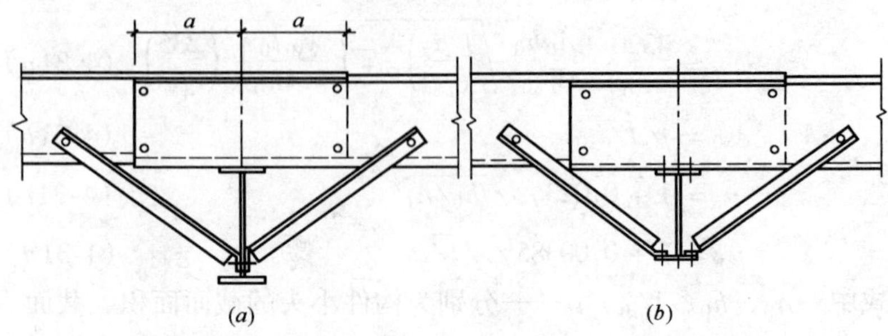

图 4.5-4　隅撑的连接

应按表 2.4-1、式（2-6）的规定验算腹板上边缘正应力、剪应力和局部压应力共同作用时的折算应力外，尚应满足下列要求：

$$F \leqslant 15 t_w^2 \alpha_m f \sqrt{\frac{t_f}{t_w} \frac{235}{f_y}} \tag{4-32}$$

$$\alpha_m = 1.5 - M/(W_e f) \tag{4-33}$$

式中　F——上翼缘所受的集中荷载；

t_f、t_w——横梁翼缘和腹板的厚度；

α_m——参数，$\alpha_m \leqslant 1.0$，在横梁负弯矩区取零；

M——集中荷载作用处的弯矩；

W_e——有效截面最大受压纤维的截面模量。

（E）横梁不需计算整体稳定的侧向支承点间最大长度，可取横梁上下翼缘宽度的$16\sqrt{235/f_y}$倍。

2）隅撑设计（图 4.5-4）。

（A）隅撑应按轴心受压构件设计，轴压力按下列公式计算：

$$N = \frac{Af}{60\cos\theta}\sqrt{\frac{f_y}{235}} \tag{4-34}$$

式中　A——实腹式横梁被支承翼缘的截面面积；

f——实腹式横梁钢材的强度设计值；

f_y——实腹式横梁钢材的屈服强度；

θ——隅撑与檩条轴线间的夹角。

当隅撑成对布置时，每根隅撑的计算轴压力取按公式(4-34)计算所得值的一半。

(B) 隅撑宜采用单角钢制作。隅撑可连接在刚架构件下（内）翼缘附近的腹板上［图 4.5-4（*a*）］，也可连接在下（内）翼缘上［图 4.5-4（*b*）］。通常采用单个螺栓连接，计算时应考虑表 2.1-10 中的折减系数 α_y。

4.5.2 等截面刚架

等截面刚架按弹性设计时，可按上述变截面刚架的规定进行设计。

构件截面可采用三块板焊成的工字形截面、高频焊接轻型 H 型钢及热轧 H 型钢。

等截面刚架按塑性设计时，其构件按现行国家标准《钢结构设计规范》(GB 50017) 的规定进行设计。

4.6 节 点 设 计

4.6.1 横梁和柱连接及横梁拼接

门式刚架横梁与柱的连接，可采用端板竖放［图 4.6-1（*a*）］、端板平放［图 4.6-1（*b*）］和端板斜放［图 4.6-1（*c*）］三种形式。当采用外天沟时，可将柱顶板做成倾斜的如图中的虚线所示。横梁拼接时宜使端板与构件外缘垂直［图 4.6-1（*d*）］。端板及其连接节点应符合下列规定：

(1) 端板连接［图 4.6-1（*d*）］应按所受最大内力设计。当内力较小时，应按能够承受不小于较小被连接截面承载力的一半设计。

(2) 主刚架构件的连接宜采用高强度螺栓，可采用承压型或摩擦型连接。当为端板连接且只受轴向力和弯矩，或剪力小于其实际抗滑移承载力（按抗滑移系数为 0.3 计算）时，宜采用高强

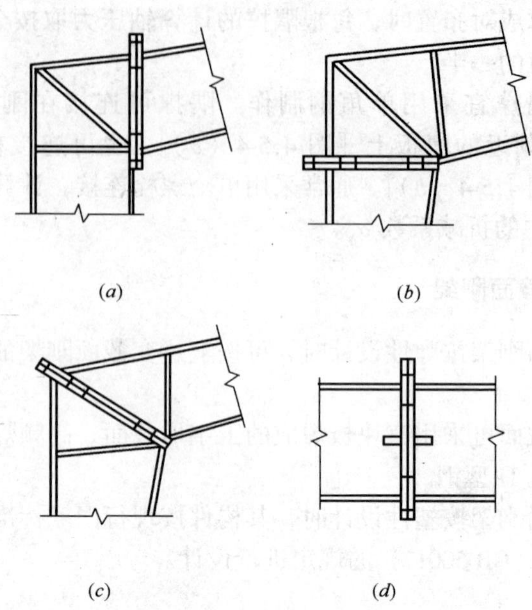

图 4.6-1　刚架横梁与柱的连接及横梁间的拼接

（a）端板竖放；（b）端板平放；（c）端板斜放；（d）横梁拼接

度承压型螺栓连接。吊车梁与制动梁的连接可采用高强度摩擦型螺栓连接或焊接。高强度螺栓直径可根据需要选用，通常采用 M16～M24 螺栓。檩条和墙梁与刚架横梁和柱的连接通常采用 M12 螺栓。

（3）端板连接螺栓应成对对称布置。在受拉翼缘和受压翼缘的内外两侧均应设置，并宜使每个翼缘的螺栓群中心与翼缘的中心重合或接近。为此，应采用将端板伸出截面高度范围以外的外伸式连接。当螺栓群间的力臂足够大（例如在端板斜置时）或受力较小时（例如某些横梁拼接），也可采用将螺栓全部设在构件截面高度范围内的端板平齐式连接［图 4.6-1（b）、（c）］。

（4）螺栓中心至翼缘板表面的距离，应满足拧紧螺栓时的施工要求，不宜小于 35mm。螺栓端距不应小于 2 倍的螺栓孔径。

(5) 在门式刚架中，受压翼缘的螺栓不宜少于两排。当受拉翼缘两侧各设一排螺栓尚不能满足承载力要求时，可在翼缘内侧增设螺栓（图 4.6-2），其间距可取 75mm，且不小于 3 倍螺栓孔径。

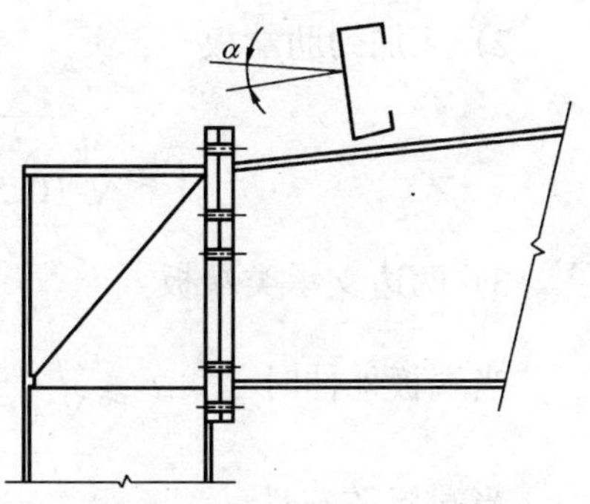

图 4.6-2　端板竖放时的构造

(6) 与横梁端板连接的柱翼缘部分应与端板等厚度（图 4.6-2）。当端板上两对螺栓间的最大距离大于 400mm 时，应在端板的中部增设一对螺栓。

(7) 同时受拉和受剪的螺栓，应验算螺栓在拉剪共同作用下的强度。

(8) 端板的厚度可根据支承条件（图 4.6-3）按下列公式计算，但不宜小于 16mm。

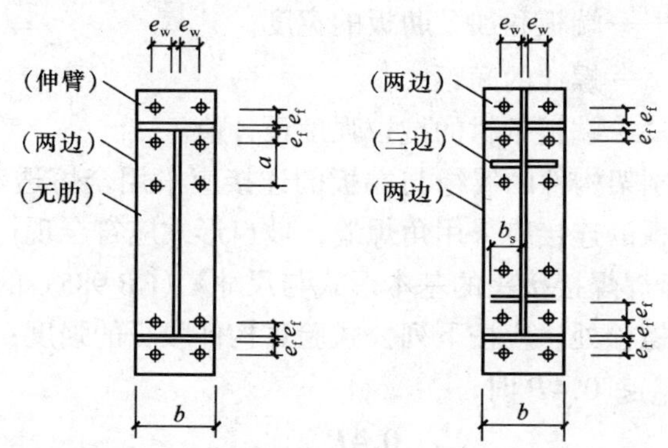

［符号见式（4-35）~式（4-38）的说明］

图 4.6-3　端板支承构造

1）伸臂类端板

$$t \geqslant \sqrt{\frac{6e_f N_t}{bf}} \tag{4-35}$$

2）无加劲肋端板

$$t \geqslant \sqrt{\frac{3e_{\mathrm{w}}N_{\mathrm{t}}}{(0.5a + e_{\mathrm{w}})f}} \tag{4-36}$$

3）两边支承类端板

当端板外伸时
$$t \geqslant \sqrt{\frac{6e_{\mathrm{f}}e_{\mathrm{w}}N_{\mathrm{t}}}{[e_{\mathrm{w}}b + 2e_{\mathrm{f}}(e_{\mathrm{f}} + e_{\mathrm{w}})]f}} \tag{4-37a}$$

当端板平齐时
$$t \geqslant \sqrt{\frac{12e_{\mathrm{f}}e_{\mathrm{w}}N_{\mathrm{t}}}{[e_{\mathrm{w}}b + 4e_{\mathrm{f}}(e_{\mathrm{f}} + e_{\mathrm{w}})]f}} \tag{4-37b}$$

4）三边支承类端板

$$t \geqslant \sqrt{\frac{6e_{\mathrm{f}}e_{\mathrm{w}}N_{\mathrm{t}}}{[e_{\mathrm{w}}(b + 2b_{\mathrm{s}}) + 4e_{\mathrm{f}}^2]f}} \tag{4-38}$$

式中　N_{t}——一个高强度螺栓的拉力设计值；

e_{w}、e_{f}——螺栓中心至腹板和翼缘板表面的距离；

b、b_{s}——端板和加劲肋板的宽度；

a——螺栓的间距；

f——端板钢材的抗拉强度设计值。

（9）刚架构件的翼缘与端板的连接应采用全熔透对接焊缝，腹板与端板的连接应采用角焊缝，坡口形式应符合现行国家标准《手工电弧焊焊接接头的基本形式与尺寸》（GB 985）的规定。在端板设置螺栓处，应按下列公式验算构件腹板的强度：

当 $N_{\mathrm{t2}} \leqslant 0.4P$ 时

$$\frac{0.4P}{e_{\mathrm{w}}t_{\mathrm{w}}} \leqslant f \tag{4-39a}$$

当 $N_{\mathrm{t2}} > 0.4P$ 时

$$\frac{N_{\mathrm{t2}}}{e_{\mathrm{w}}t_{\mathrm{w}}} \leqslant f \tag{4-39b}$$

式中　N_{t2}——翼缘内第二排一个螺栓的轴心拉力设计值；

e_{w}——螺栓中心至腹板表面的距离；

t_w——腹板的厚度；

P——高强度螺栓的预拉力；

f——腹板钢材的抗拉强度设计值。

当不满足上述公式的要求时，可设置腹板加劲肋或局部加厚腹板。

4.6.2 梁柱节点域

在门式刚架横梁与柱相交的节点域，应按公式（4-40）验算剪应力：

$$\tau \leqslant f_v \tag{4-40}$$

$$\tau = \frac{\xi M}{d_b d_c t_c} \tag{4-41}$$

式中 M——节点承受的弯矩，对多跨刚架中间柱，应取两侧横梁端弯矩的代数和或柱端弯矩；

d_c、t_c——节点域柱腹板的高度和厚度；

d_b——横梁端部高度或节点域高度；

ξ——剪应力分布不均匀系数，按弹性设计时为 1.0（见 CECS 102—2002），按塑性设计时为 0.75［见《钢结构设计规范》（GB 50017—2003）］；

f_v——节点域柱腹板钢材的抗剪强度设计值。

4.6.3 刚架柱脚

门式刚架轻型房屋钢结构的柱脚，宜采用平板式铰接柱脚（图 4.6-4*a*、*b*）。当有必要时，也可采用刚性柱脚［图 4.6-4（*c*）、（*d*）］。柱脚锚栓不宜用以承受柱脚底部的水平力。此水平力应由底板与混凝土之间的摩擦力（摩擦系数取 0.4）或设置抗剪键来承受。当埋置深度受到限制时，锚栓应牢固地固定在锚板或锚梁上，以传递全部拉力，此时锚栓与混凝土间的粘结力不予考虑。

变截面柱下端的宽度应根据具体情况确定，但不宜小于 200mm。

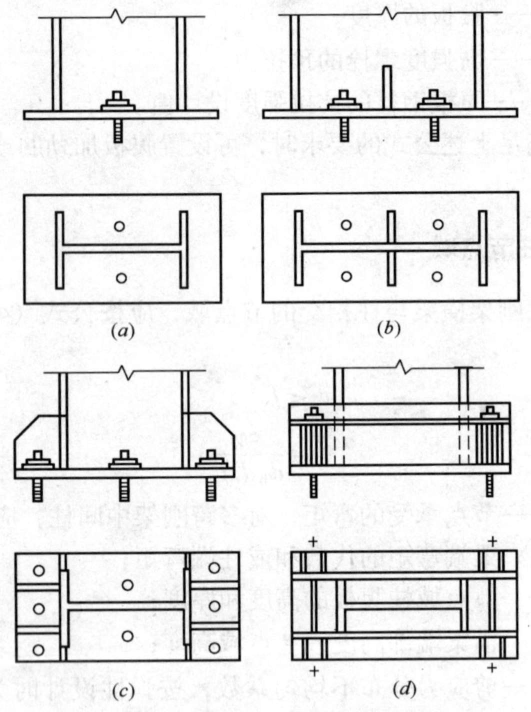

图 4.6-4 门式刚架柱脚形式

（*a*）一对锚栓的铰接柱脚；（*b*）两对锚栓的铰接柱脚；
（*c*）带加劲肋的刚接柱脚；（*d*）带靴梁的刚接柱脚

近年来将钢柱直接插入混凝土内用二次浇灌层固定的插入式刚接柱脚已经在多项单层工业厂房中应用，效果良好，并不影响安装调整。这种柱脚构造简单、节约钢材且安全可靠，可用于大跨度、有吊车的厂房中。

4.6.4 牛腿

（1）牛腿的构造

牛腿的构造要求见图 4.6-5。柱为焊接工字形截面。牛腿板件尺寸与柱截面尺寸相协调，牛腿各部分焊缝由计算确定。

(2) 牛腿的计算

根据图 4.6-5，作用于牛腿根部的剪力 V，弯矩 M 为：

$$V = P = 1.2P_{D} + 1.4D_{max} \quad (4\text{-}42a)$$

$$M = V \cdot e \quad (4\text{-}42b)$$

式中 P_{D}——吊车梁及轨道重；

D_{max}——吊车最大轮压通过吊车梁传递给一根柱的最大反力。

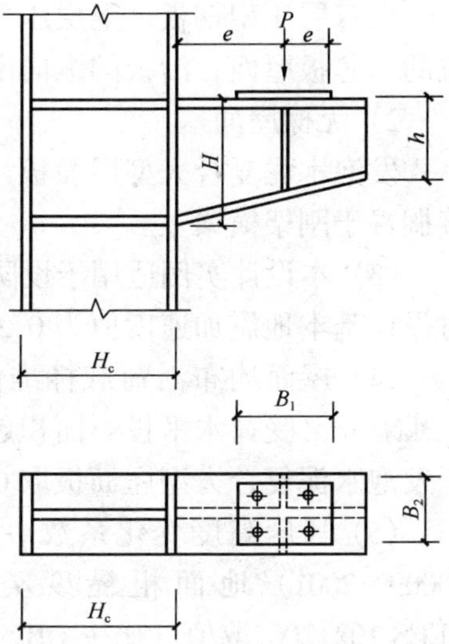

牛腿与柱连接焊缝的构造与计算：

牛腿上翼缘与柱的连接宜采用焊透的 V 形对接焊缝，下翼缘和腹板与柱的连接也可采用角焊缝。

牛腿腹板与柱的连接角焊缝焊脚尺寸由剪力 V 确定。

牛腿下翼缘与柱的连接角焊缝焊脚尺寸由牛腿翼缘传来的水平力 $F = M/H$ 确定。

图 4.6-5 牛腿的构造节点

4.7 刚 架 设 计 实 例

4.7.1 说明

(1) 本节列出常用的门式刚架结构形式，在不同节点连接方式和不同荷载作用下的结构设计实例，供设计参考。

(2) 屋面类型分有檩屋面和无檩屋面。

1) 有檩屋面

由双层压型钢板（上层压型，下层带小肋）中间夹保温层组成的夹芯板屋面，沿板的纵向由钢檩条支承。

2）无檩屋面

发泡水泥复合大型屋面板（1.5m×6.0m），不设檩条，板直接搁置于刚架横梁上。

（3）本设计实例适用于设防烈度为8度及以下的地区，8度时设计基本地震加速度值为0.2g可不进行抗震强度验算。

（4）屋面均布活荷载标准值：对于压型钢板屋面一般可取0.5kN/m^2（受荷水平投影面积超过60m^{2}时可取0.3kN//m^2）；对于发泡水泥复合大型屋面板取0.5kN/m^2。

（5）风压高度变化系数 μ_z 按《建筑结构荷载规范》（GB 50009—2001）地面粗糙度类别B确定。体型系数 μ_s 按CECS 102:2002取值（比按GB 50009—2001弯矩偏小较多）。

（6）刚架跨度为房屋横向相邻柱脚截面外边的距离，柱高为基础顶面（柱脚支座板底）至轴线与横梁顶面相交处高度。刚架柱距均为6m（房屋两端为5.4m）。

（7）刚架构件计算长度 l_0，横梁：平面内 $l_{0x}=l$（跨度）；

平面外 $l_{0y}=3$m；

柱：平面内 $l_{0x}=\mu_r\cdot H$；

平面外，$l_{0y}=3$m。

为此，除在屋脊和柱顶必须设置隅撑外，其余可每隔一根檩条（或发泡水泥复合大型屋面板边肋）、墙梁设置隅撑，间隔不大于3m。

（8）杆件及连接

杆件及节点采用Q235钢或Q345钢。钢材和角焊缝的强度设计值Q235钢，$f=215$N/mm^2；Q345钢，$f=315$N/m^2；Q235钢采用E43型焊条的手工焊，$f_y^w=160$N/mm^2；Q345钢采用E50型焊条的手工焊，$f_y^w=200$N/mm^2。

（9）刚架的横梁及柱均采用三块板焊成的工字形截面，为便于制作图中优先选用了高频焊接轻型H形钢规格，除此外，未注明的角焊缝焊脚尺寸均为5mm满焊，对接焊缝采用带坡口的等强焊接。

(10) 刚架节点详图中的螺栓孔仅注明其沿节点板长度方向按受力计算的孔距，另一宽度方向按构造要求，为两排孔，孔中心距为80mm，孔边距相等且不小于1.5d（d为孔径）。

(11) 刚架横梁间及横梁与柱的连接螺栓均采用摩擦型高强度螺栓，构件接触面采用喷砂，每个高强度螺栓的预拉力P(kN) 按表4.6-7中10.9级选用。

(12) 刚架柱脚与基础连接的预埋锚栓采用Q235钢，柱间支撑开间内基础顶面抗剪键（角钢或槽钢）的构造见图4.7-1。

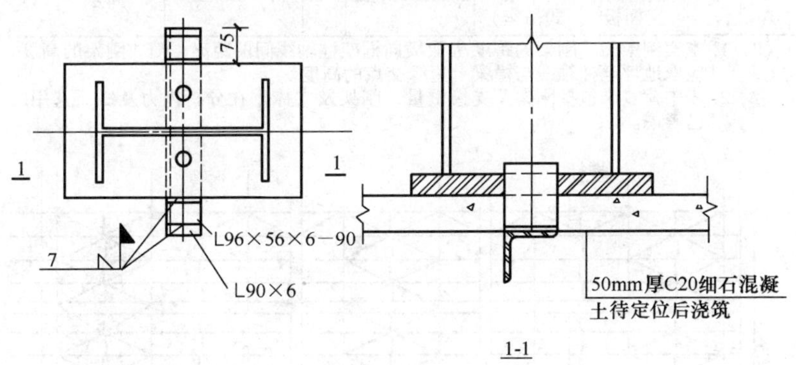

图4.7-1 基础顶面抗剪键构造

(13) 设计软件采用创迪软件公司（3D3S）。

4.7.2 设计实例

(1) 实例目次

实例共2个，目次见表4.7-1。

(2) 实例

单跨双坡门式刚架（CJ-1）

1) 设计资料

单层房屋采用单跨双坡门式刚架，刚架跨度12m，柱高5m，共有12榀刚架柱距6m，屋面坡度1/10，地震设防烈度为6度，刚架平面布置见图 4.7-2，刚架形式及几何尺寸见图 4.7-3。屋面及墙面板为夹芯板；檩条墙梁为薄壁卷边 C 型钢，间距为 1.5m，钢材采用 Q235 钢，焊条 E43 型。

实 例 目 次 表　　　　**表 4.7-1**

序号	编号	屋面类型	刚架形式	几何尺寸 $L\times H$（m）	坡度	外荷载标准值 恒载/活载/风载（kN/m^2）	钢材牌号 用钢量（kg/m^2）	所在页次
1	GJ-1	压型钢板	单跨双坡	12×5	1:10	0.5/0.3/0.5	Q235 10.4	
2	GJ-2	发泡水泥复合大型屋面板	双跨双坡（单梁式吊车）	2－15×8.725	1:20	0.8/0.5/0.4	Q235 23.5	

注：1. 本实例中门式刚架的跨度 L 取横向框架柱轴线间的距离；门式刚架的高度，应取地坪至柱轴线与横梁上边缘交点的高度。

2. 表中荷载未包括刚架及支撑重量，刚架及支撑重在分析内力及截面选用时已考虑。

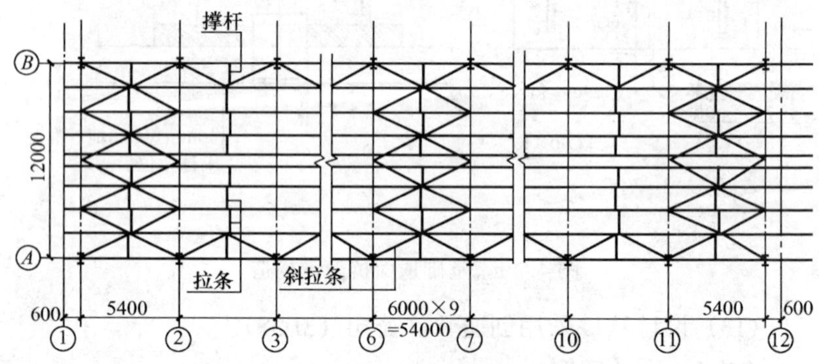

图 4.7-2　刚架平面布置图

2）荷载

（A）永久荷载标准值（对水平投影面）

岩棉夹芯彩色钢板	$0.25kN/m^2$
檩条	$0.05kN/m^2$
悬挂设备	$0.20kN/m^2$
	$0.5kN/m^2$

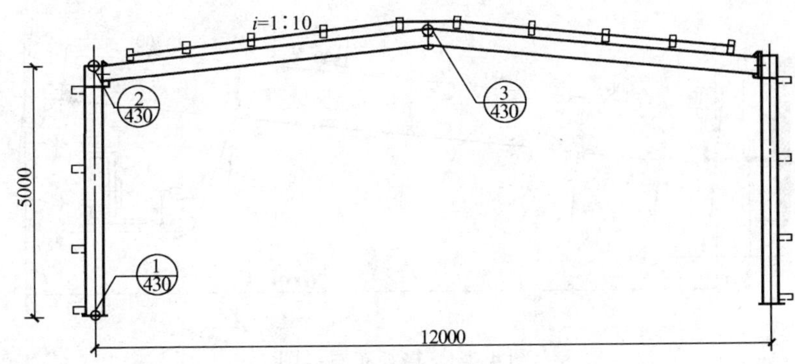

图 4.7-3 刚架形式和几何尺寸

(B) 可变荷载标准值

屋面活荷载与雪荷载中较大值 0.3kN/m^2。

(C) 风荷载标准值

基本风压值 0.5kN/m^2；地面粗糙度系数按 B 类取；风荷载高度变化系数按现行国家标准《建筑结构荷载规范》(GB 50009—2001)的规定采用，当高度小于 10m 时，按 10m 高度处的数值采用，$\mu_z=1.0$。风荷载体型系数 μ_s 迎风面柱及屋面分别为 +0.25 和 −1.0；背风面柱及屋面分别为 −0.55 和 −0.65 (CECS 102:2002 中间区)。

3) 屋面构件

(A) 夹芯板

根据表 4.7-2 提供的夹芯板型号可采用 JXB42-333-1000，芯板面板厚度为 0.50mm，板厚为 80mm。

(B) 檩条

根据檩条截面选用表 4.9-1，檩条可以采用 CL6-2 (冷弯薄壁卷边槽钢 180×70×20×3.0)，跨中设拉条一道。檩条施工详图见图 4.9-2。檩托布置见图 4.7-4。

4) 屋面支撑

(A) 屋面支撑布置

檩条间距 1.5m，水平支撑节距 3m，见图 4.7-2。

(B) 屋面支撑荷载及内力

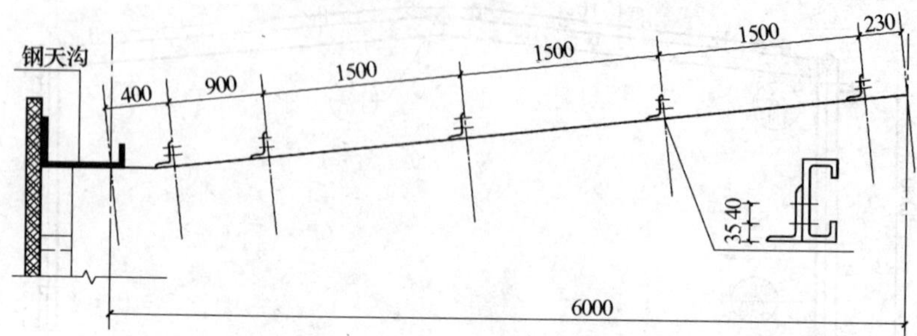

图 4.7-4　檩托布置详图

屋面支撑斜杆采用张紧的圆钢。支撑计算简图见图 4.7-5（a）。一侧山墙支撑取 $\mu_s=1$。

节点荷载标准值 $F_{wk}=0.5\times1.0\times1.0\times3.0\times(5+0.3+0.6)/2=4.43$kN；

节点荷载设计值 $F_w=4.43\times1.4=6.20$kN；

斜杆拉力设计值 $N=1.5\times6.20/\cos26.6°=10.4$kN；

（C）斜杆

斜杆选用 $\phi12$ 的圆钢，截面面积 $A=113.0\text{mm}^2$。

强度校核：$N/A=10400/113=92\text{N/mm}^2<f$。

刚度校核：张紧的圆钢不需要考虑长细比的要求，但从构造上考虑采用 $\phi16$ 为宜。

5）柱间支撑直杆用檩条兼用，因檩条留有一定的应力裕量，可不再验算。

（A）柱间支撑布置

柱间支撑布置图见图 4.7-6。

（B）柱间支撑荷载及内力

柱间支撑为斜杆，采用张紧的圆钢。支撑计算简图见图 4.7-5b。

作用于两侧山墙顶部节点的风荷载为（山墙高度取 5.9m）：

取 $\mu_s=0.8+0.5=1.3$；

$$w_1=1.3\times1.0\times0.5\times12\times5.9/2=23.0\text{kN}$$

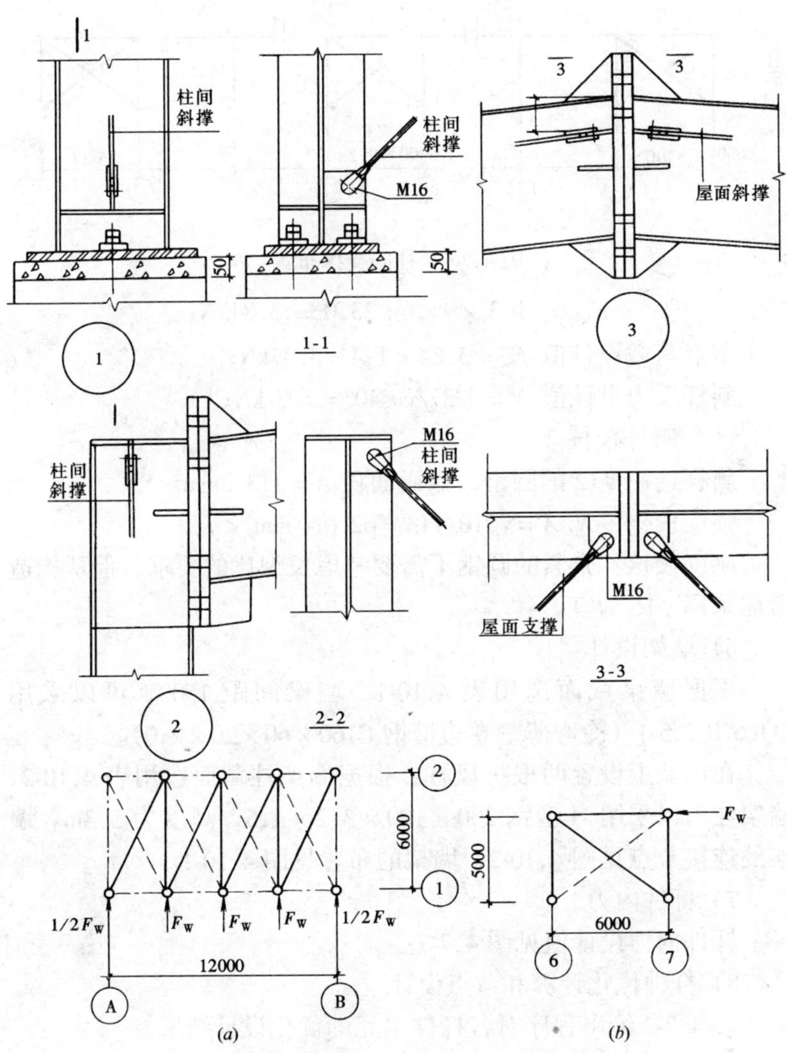

图 4.7-5 支撑计算简图

（a）屋面支撑布置简图；（b）垂直支撑布置简图

按一半山墙面作用风载的 1/3 考虑节点荷载标准值为：

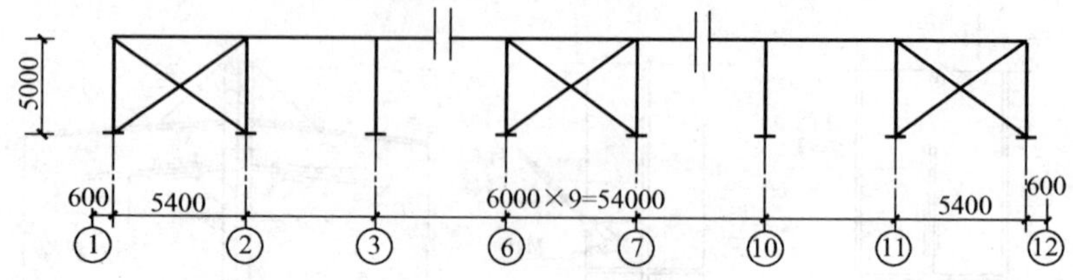

图 4.7-6　柱间支撑布置

$$F_{wk} = 1/3 \times 1/2 \times 23.0 = 3.84\text{kN};$$

节点荷载设计值 $F_w = 3.84 \times 1.4 = 5.37\text{kN}$;

斜杆反力设计值 $N = 5.37/\cos 40° = 7.01\text{kN}$;

（C）斜杆校核

斜杆选用 $\phi 12$ 的圆钢，截面面积 $A = 113.0\text{mm}^2$

强度校核：$N/A = 7010/113 = 62.0\text{N/mm}^2 < f$

刚度校核：张紧的圆钢不需要考虑长细比的要求，但从构造考虑采用 $\phi 16$ 为宜。

6）墙架设计

根据墙梁截面选用表 4.10-1，墙梁间距 1500，可以采用 CQL6.0-1.5-1（冷弯薄壁卷边槽钢 C160×60×20×2.0）。

在山墙上设置两根抗风柱，根据墙架柱截面选用表 4.10-2，墙架柱可以采用 H 型钢 200×100×3.2×4.5，高度为 5.3m。墙架的连接节点见图 4.10-2，墙架的布置见图 4.10-1。

7）杆件内力

杆件内力设计值见图 4.7-7。

8）杆件优化计算和节点设计

表 4.7-2 给出程序对各杆件单元的优化设计结果。

（A）单元杆件的序号为程序截面库中的序号；

（B）杆件应力比为计算应力与钢材强度设计值的比值；

（C）在工字形截面进行稳定计算和长细比验算时，2 轴为习惯上的弱轴（平面外），3 轴为习惯上的强轴（平面内）。

表 4.7-3 列出了杆件材料表。图 4.7-8 为节点详图。

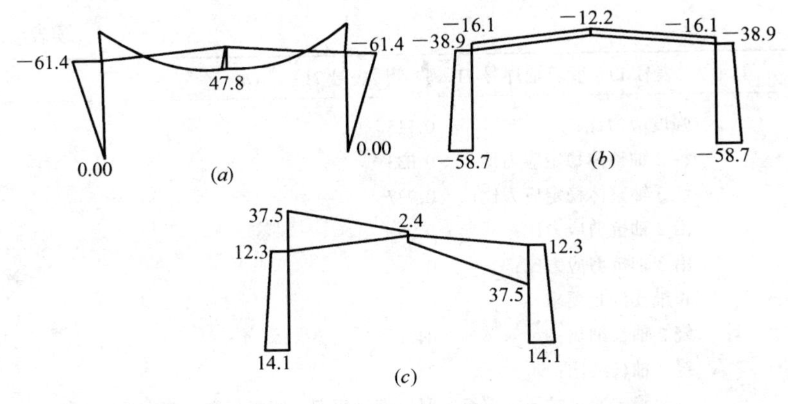

图 4.7-7 GJ-1 组合内力图

（*a*）组合弯矩图 *M*（kN·m）；（*b*）组合轴力图 *N*（kN）；（*c*）组合剪力图 *V*（kN）

CJ-1 杆件单元优化计算结果 **表 4.7-2**

优化计算项目	
强度应力比；整体稳定应力比；抗剪应力比 长细比满足要求标识值；绕 2 轴长细比；绕 3 轴长细比 局部稳定验算结果	
优化结果 下限：0 上限：1	
单元 1（表号 17，验算前序号 25，验算后序号 25） OK	
强度应力比：	0.659
绕 2 轴整体稳定应力比：	0.733
绕 3 轴整体稳定应力比：	0.749
沿 2 轴抗剪应力比：	0.101
沿 3 轴抗剪应力比：	0
长细比满足要求	
绕 2 轴长细比：	68.2
绕 3 轴长细比：	106
局部稳定验算结果：翼缘宽厚比满足要求，腹板高度全部有效	

续表

单元2（表号17，验算前序号71，验算后序号71）　OK	
强度应力比：	0.715
绕2轴整体稳定应力比：	0.833
绕3轴整体稳定应力比：	0.737
沿2轴抗剪应力比：	0.25
沿3轴抗剪应力比：	0
长细比满足要求	
绕2轴长细比：	84.1
绕3轴长细比：	93.1
局部稳定验算结果：翼缘宽厚比满足要求，腹板高度全部有效	
单元3（表号17，验算前序号71，验算后序号71）　OK	
强度应力比：	0.715
绕2轴整体稳定应力比：	0.833
绕3轴整体稳定应力比：	0.737
沿2轴抗剪应力比：	0.25
沿3轴抗剪应力比：	0
长细比满足要求	
绕2轴长细比：	84.1
绕3轴长细比：	93.1
局部稳定验算结果：翼缘宽厚比满足要求，腹板高度全部有效	
优化计算项目	
单元4（表号17，验算前序号25，验算后序号25）　OK	
强度应力比：	0.659
绕2轴整体稳定应力比：	0.508
绕3轴整体稳定应力比：	0.533
沿2轴抗剪应力比：	0.101
沿3轴抗剪应力比：	0
长细比满足要求	
绕2轴长细比：	68.2
绕3轴长细比：	106
局部稳定验算结果，翼缘宽厚比满足要求，腹板高度全部有效	

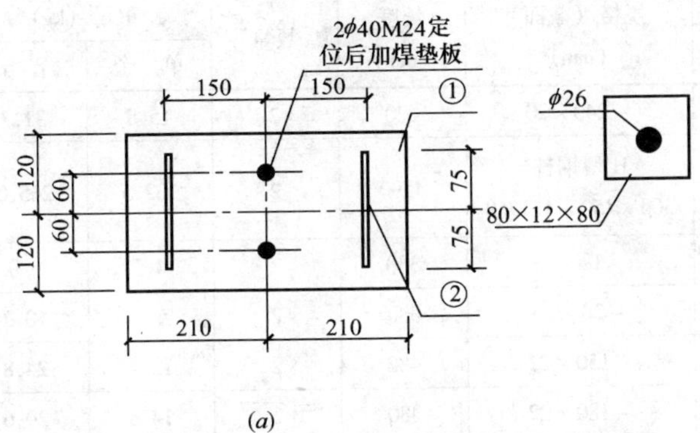

(*a*)

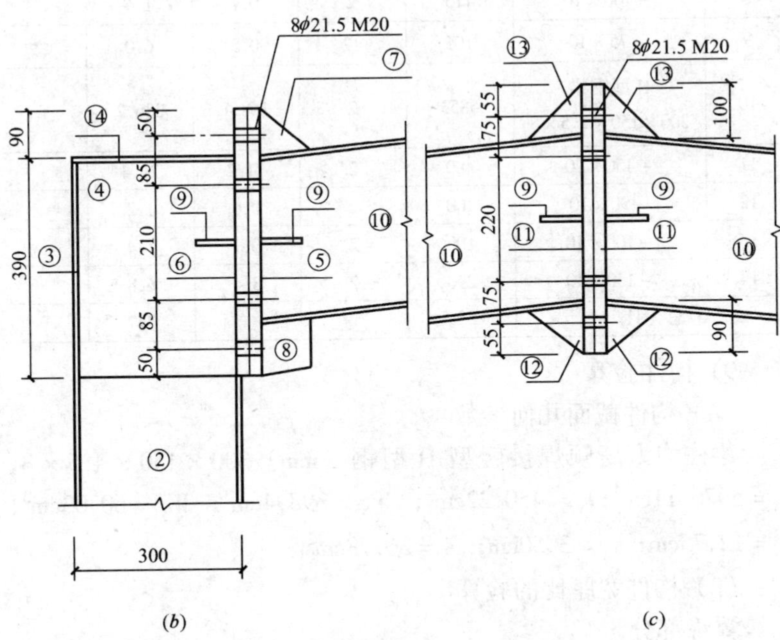

(*b*) (*c*)

图 4.7-8 刚架连接节点详图

(*a*) 柱脚铰接连接节点；(*b*) 梁柱拼接节点；(*c*) 横梁屋脊拼接节点

CJ-1　材　料　表　　　　表 4.7-3

杆件号	规格（截面）(mm)	长度 (mm)	数量	重量 (kg)		备注
				单　个	合　计	
1	－240×20	420	2	15.8	31.7	
2	H 型钢柱 300×150×4.5×8	4590	2	132.5	265.0	
3	－180×8	380	2	4.5	9.0	
4	－284×6	380	2	5.1	10.2	
5	－150×22	480	2	12.4	24.8	
6	－180×22	480	2	14.8	29.6	
7	－90×10	115	2	0.6	1.2	
8	－100×10	115	2	0.7	1.4	
9	－75×10	105	12	0.5	6.0	
10	H 型钢梁 300×150×4.5×8	5853	2	168.1	336.2	
11	－150×20	480	2	11.2	22.4	
12	－90×10	100	2	0.6	1.2	
13	－100×10	100	2	0.7	1.4	
14	－150×10	290	2	3.4	6.8	
总　计					747	

9）构件验算

（A）构件截面几何参数

梁柱均为高频焊接轻型 H 型钢（mm）300×150×4.5×8，$I_x=5976.11\text{cm}^4$；$I_y=450.22\text{cm}^4$；$W_x=398.4\text{cm}^3$；$W_y=60.03\text{cm}^3$；$i_x=12.75\text{cm}$；$i_y=3.50\text{cm}$；$A=36.78\text{cm}^2$。

（B）构件宽厚比的验算

翼缘部分

$$b/t=72.75/8=9.09<15$$

腹板部分

$$h_0/t_w = 284/4.5 = 63.1 < 250$$

（C）刚架梁的验算

（a）抗剪验算

梁截面的最大剪力为 $V_{max} = 37.5kN$。

考虑仅有支座加劲肋，按公式（2-40）

$$\lambda_s = \frac{h_0/t_w}{41\sqrt{5.34}}\sqrt{f_y/235} = 0.67 < 0.8$$

$$f_v = 125N/mm^2$$

$$V_u = h_0 t_w f_v = 159.75kN$$

$$V_{max} = 37.5kN < V_u = 159.75kN \text{ 满足要求}$$

（b）弯、剪、压共同作用下的验算

取梁端截面进行验算

$$N = -16.1kN, V = 37.5kN, M = 61.4kN\cdot m。$$

因为 $V < 0.5V_u$，取 $V = 0.5V_u$，按公式（2-35）进行验算，其中

$$M_f = \left(A_{f1}\frac{h_1^2}{h_2} + A_{f2}h_2\right)\left(f - \frac{N}{A}\right)$$

$$= \left(150\times 8\times\frac{146^2}{146} + 150\times 8\times 146\right)\left(215 - \frac{16100}{3678}\right)$$

$$= 73.8kN\cdot m > M = 61.4kN\cdot m$$

取 $M = M_f$

故$\left(\frac{V}{0.5V_u} - 1\right)^2 + \frac{M - M_f}{M_{cu} - M_f} = 0 < 1$，满足要求。

（c）整体稳定验算

$N = -16.1kN$，$M = 61.4kN\cdot m$。

横梁平面内的整体稳定性验算

计算长度取横梁长度 $l_x = 12060mm$。

$$\lambda_x = \frac{l_x}{i_x} = \frac{12060}{127.5} = 94.6 < [\lambda] = 150$$

b类截面，查得 $\varphi_x = 0.59$

$$N'_{Ex0} = \frac{\pi^2 EA_1}{1.1\lambda_x^2} = \frac{\pi^2 \times 206 \times 10^3 \times 3678}{1.1 \times 94.6^2} = 760\text{kN}, \beta_{mx} = 1$$

$$\frac{N}{\varphi_x A_{e0}} + \frac{\beta_{mx} M}{\left(1 - \frac{N}{N'_{Ex0}}\varphi_x\right) W_{e1}} = \frac{16100}{0.59 \times 3678} + \frac{1 \times 61.4 \times 10^6}{\left(1 - \frac{16.1}{760} \times 0.59\right) \times 398.4 \times 10^3}$$

$$= 163.1\text{N/mm}^2 < f, \text{满足要求。}$$

横梁平面外的整体稳定验算

考虑屋面压型钢板与檩条紧密连接，有蒙皮作用，檩条可作为横梁平面外的支承点，但为了安全起见计算长度按两个檩条或隅撑间距考虑，即 $l_y = 3016\text{mm}$。

对于等截面构件 $\gamma = 0$，按式（4-31c）、式（4-31d）计算：

$$\mu_s = \mu_w = 1.0$$

$$\lambda_y = 3160/35 = 90.2$$

根据试验，轻型 H 形钢可按 b 类截面，查得 $\varphi_y = 0.62$。

按式（4-31）计算，

$$\varphi_{by} = 1.67 > 0.6$$

取 $\varphi'_b = 0.90$

按式（4-29）计算：

$$\beta_t = 1.0 - \frac{N}{N'_{Ex0}} + 0.75\left(\frac{N}{N_{Ex0}}\right)^2 \approx 1.0$$

$$\frac{N}{\varphi_x A_{e0}} + \frac{\beta_t M}{\varphi_b W_{e1}} = \frac{16100}{0.62 \times 3678} + \frac{1 \times 61.4 \times 10^6}{0.9 \times 398.4 \times 10^3}$$

$$= 7.04 + 171.2 = 178.2\text{N/mm}^2 < f, \text{满足要求。}$$

（D）刚架柱的验算

（a）抗剪验算

柱截面的最大剪力为 $V_{max} = 14.1\text{kN}$

考虑仅有支座加劲肋，按式（2-35）~式（2-40）

$$\lambda_w = \frac{h_0/t_w}{41\sqrt{5.34}}\sqrt{f_y/235} = 0.67 < 0.8$$

$$f_v = 125\text{N/mm}^2$$

$$V_S = h_0 t_w f_v = 284 \times 4.5 \times 125 = 159.75\text{kN}$$

$V_{max} < V_S$，满足要求。

（b）弯、剪、压共同作用下的验算

取柱上端截面进行验算

$N = -38.9\text{kN}$，$V = 12.3\text{kN}$，$M = 61.4\text{kN·m}$。

因为 $V < 0.5V_S$，取 $V = 0.5V_S$，

梁的 $M_f = 73.6\text{kN·m} > M = 61.4\text{kN·m}$，取 $M = M_f$，

按以上梁的计算式（2-35）能满足要求。

（c）整体稳定性验算

构件的最大内力 $N = -58.7\text{kN}$，$M = 61.4\text{kN·m}$。

刚架柱平面内的整体稳定性验算

刚架柱高 $H = 5000\text{mm}$，梁长 $L = 12060\text{mm}$。按式（4-18）、式（4-19）计算得梁柱线刚度比 $K_2/K_1 = 0.415$。

由于柱为等截面，根据表 2.4-42，

柱的计算长度系数 $\mu = 2.76$。

刚架柱的计算长度为 13800mm。

$$\lambda_x = \frac{l_x}{i_x} = \frac{13800}{127.5} = 108.2 < [\lambda] = 150$$

b 类截面，查得 $\varphi_x = 0.503$

$$N_{E1} = \frac{\pi^2 EA_1}{1.1\lambda_x^2} = \frac{\pi^2 \times 206 \times 10^3 \times 3678}{1.1 \times 108.2^2} = 581\text{kN}, \beta_{mx} = 1$$

$$\frac{N}{\varphi_x A_{e0}} + \frac{\beta_{mx} M}{\left(1 - \frac{N}{N'_{Ex0}}\varphi_x\right) W_{e1}}$$

$$= \frac{58.7 \times 10^3}{0.503 \times 3678} + \frac{1 \times 61.4 \times 10^6}{\left(1 - \frac{58.7}{581} \times 0.503\right) \times 398.4 \times 10^3}$$

$$= 31.7 + 162 = 193.7\text{N/mm}^2 < f$$，满足要求。

刚架柱平面外的整体稳定性验算

考虑压型钢板墙面与墙梁紧密连接，起到应力蒙皮作用，与

柱连接的墙梁可作为柱平面外的支承点，但为了安全起见计算长度按两个墙梁或隅撑间距考虑，即 $l_y = 3000$mm。

对于等截面构件 $\lambda = 0$，按式（4-31*c*）及式（4-31*d*）

$$\mu_s = \mu_w = 1.0$$

$$\lambda_y = 3000/35 = 85.7$$

b 类截面，查得 $\varphi_y = 0.650$

按式（4-31）计算 $\varphi_{by} = 1.67 > 0.6$

取 $\varphi'_b = 0.90$

$$\beta_t = 1.0 - \frac{N}{N'_{Ex0}} + 0.75\left(\frac{N}{N'_{Ex0}}\right)^2 \approx 1.0$$

$$\frac{N}{\varphi_x A_{e0}} + \frac{\beta_t M}{\varphi'_b W_{e1}} = \frac{58.7 \times 10^3}{0.65 \times 3678} + \frac{1 \times 61.4 \times 10^6}{0.9 \times 398.4 \times 10^3}$$

$$= 24.6 + 171.2 = 195.8\text{N/mm}^2 < f, \text{满足要求。}$$

（E）节点验算

（a）梁柱连接节点螺栓强度验算

梁柱节点采用 10.9 级 M16 高强度螺栓摩擦连接，构件接触面采用喷砂，摩擦面抗滑移系数 $\mu = 0.45$，每个高强度螺栓的预拉力按表 4-12 为 100kN，见图 4.7-8（*b*）。连接处传递内力设计值 $N = -16.1$kN, $V = 37.5$kN，$M = 61.4$kN·m。

螺栓强度验算按表 2.5-14 中式（2-130）及式（2-116）:

每个螺栓的拉力

$$N_1 = \frac{My_1}{\Sigma y_i^2} - \frac{N}{n} = \frac{61.4 \times 0.19}{4 \times (0.19^2 + 0.105^2)} - \frac{16.1}{8}$$

$$= 62.0 - 2.0 = 60\text{kN}$$

$$< 0.8 \times 100 = 80\text{kN}$$

$$N_2 = \frac{My_2}{\Sigma y_i^2} - \frac{N}{n} = \frac{61.4 \times 0.105}{4 \times (0.19^2 + 0.105^2)} - \frac{16.1}{8}$$

$$= 34.0 - 2.0 = 32\text{kN}$$

螺栓群的抗剪力:

$$N_v^b = 0.9\eta_f \mu p = 0.9 \times 1 \times 0.45 \times 100 \times 8$$

$$= 324\text{kN} > V = 37.5\text{kN}$$，满足要求。

最外排一个螺栓的抗剪、抗拉力，应用式（2-118）计算：

$$\frac{N_{\mathrm{v}}}{N_{\mathrm{v}}^{\mathrm{b}}} + \frac{N_{\mathrm{t}}}{N_{\mathrm{t}}^{\mathrm{b}}} = \frac{37.5/8}{324/8} + \frac{60}{80} = 0.87 \leqslant 1$$，满足要求

从安全和构造上考虑最好采用大于 M20 的螺栓。

(b) 端部厚度验算

端板厚度取为 $t = 22\text{mm}$。

按式（4-35）伸臂类端板计算

$$t \geqslant \sqrt{\frac{6e_{\mathrm{f}}N_{\mathrm{t}}}{bf}} = \sqrt{\frac{6 \times 40 \times 60000}{150 \times 205}} = 21.6\text{mm}$$

若计算不能满足，可在两块端板外侧分别加设加劲肋后按相邻边支承的端板计算，能满足要求。

(c) 梁柱节点域的剪应力验算

根据式（4-41），取 $\xi = 3/4$。

$$\tau = \frac{3}{4}\,\frac{M_{\mathrm{b1}} + M_{\mathrm{b2}}}{V_{\mathrm{p}}} = \frac{3 \times 61.41 \times 10^6}{4 \times 284 \times 284 \times 6}$$

$$= 95\text{N/mm}^2 < 125\text{N/mm}^2$$，满足要求。

如取 $\xi = 1.0$，$\tau = 127\text{N/mm}^2$，则不能满足要求，此时可以加厚腹板或设置斜加劲肋。

(d) 螺栓处腹板强度验算

根据式（4-39a），当 $N_{\mathrm{t2}} = 32\text{kN} \leqslant 0.4P$ 时

$$\frac{0.4P}{e_{\mathrm{w}}t_{\mathrm{w}}} = \frac{0.4 \times 100 \times 1000}{40 \times 6} = 167 < f = 215\text{N/mm}^2$$

(e) 横梁跨中节点螺栓、端板及柱底板验算略。由于柱底剪力较小，$V = 14.1\text{kN} < 0.4\text{N} = 0.4 \times 58.7 = 23.5\text{kN}$，不需设置剪力键。但在柱间支撑开间必须设置剪力键见图4.7-1。

10）位移及用钢量

根据计算结果，刚架最大相对位移为 1/188 < 1/150。刚架用钢量为 744kg（10.3 kg/m^2）。

本例题外载标准值 0.8kN/m^2 < 1.0kN/m^2，柱高 5m < 6m，也

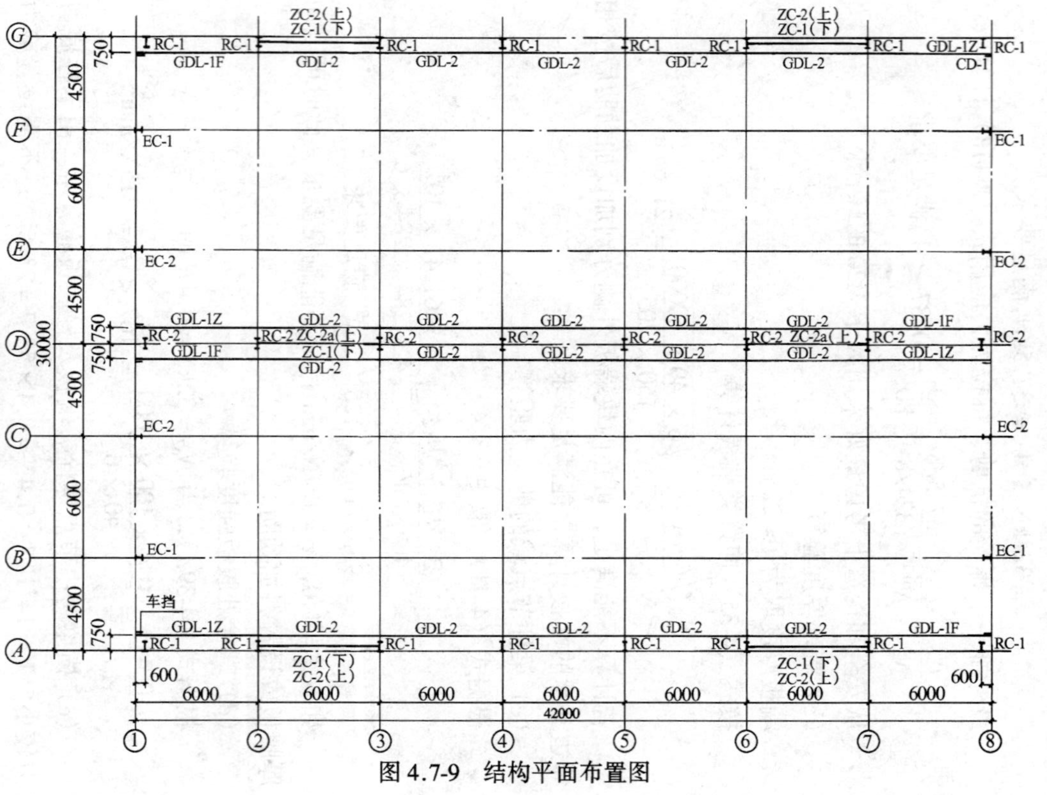

图 4.7-9 结构平面布置图

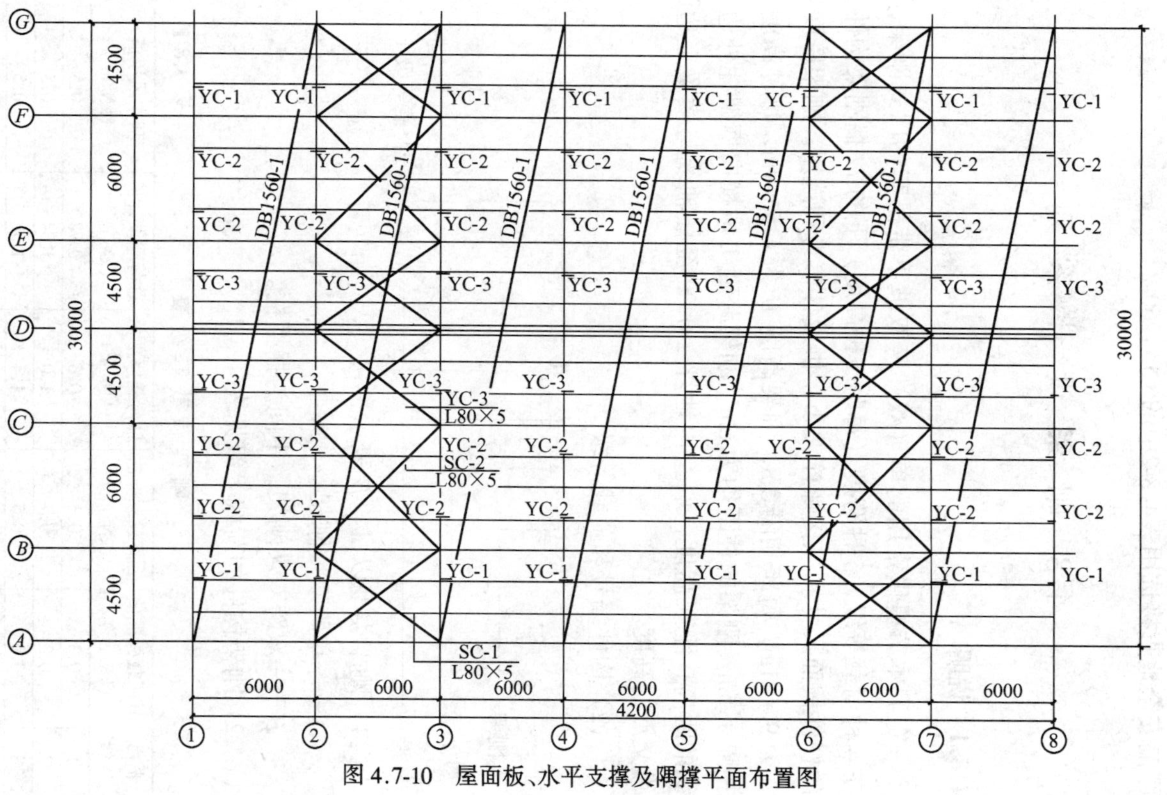

图 4.7-10 屋面板、水平支撑及隅撑平面布置图

可偏安全地直接选用表4.8-2中的 CJA1260-2。

4.8　刚架设计系列

4.8.1　说明

（1）本节提供常用的单（双）跨双坡不带吊车的门式刚架，在4种荷载等级，5种跨度（每跨2种高度）下的72榀刚架构件的杆件截面尺寸和连接螺栓大小，供设计参考和选用。刚架跨度 L 为9～21m，每跨相隔3m，刚架高度 H 为4.5～9m，每种高度相隔1.5m。刚架的柱距均为6m。刚架跨度 L 取横向框架柱外边缘的距离；刚架高度，取室内地坪±0.00至柱轴线与横梁上边缘交点的高度。

（2）构件编号和荷载等级

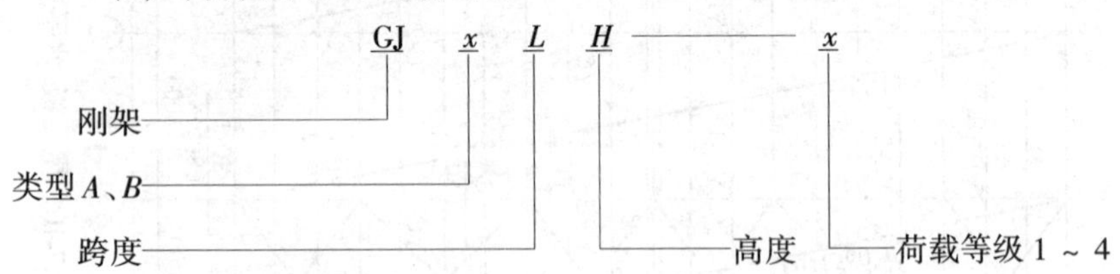

1）刚架类型以 A、B 表示：

A——单跨双坡刚架；

B——双跨双坡刚架，中间为摇摆柱。

2）刚架构件的荷载等级见表4.8-1。

刚架荷载等级表　　**表4.8-1**

荷载等级	恒荷载标准值（kN/m²）	活荷载标准值（kN/m²）	总荷载标准值（kN/m²）	总荷载设计值（kN/m²）	基本风压值（kN/m²）
1	0.3	0.3	0.6	0.78	0.5
2	0.3	0.7	1.0	1.34	0.5
3	0.9	0.5	1.4	1.78	0.5
4	1.1	0.7	1.8	2.30	0.5

注：表中的荷载不包括刚架及支撑重量，假定荷载均匀作用于刚架横梁上，刚架及支撑重量在计算内力及截面选用中已考虑，不必另计。

(3) 刚架配用的屋面种类

有檩体系：檩距为1.5m或3.0m压型钢板或夹芯板；

无檩体系：1.5m×6.0m或3.0m×6.0m的发泡水泥复合大型屋面板。

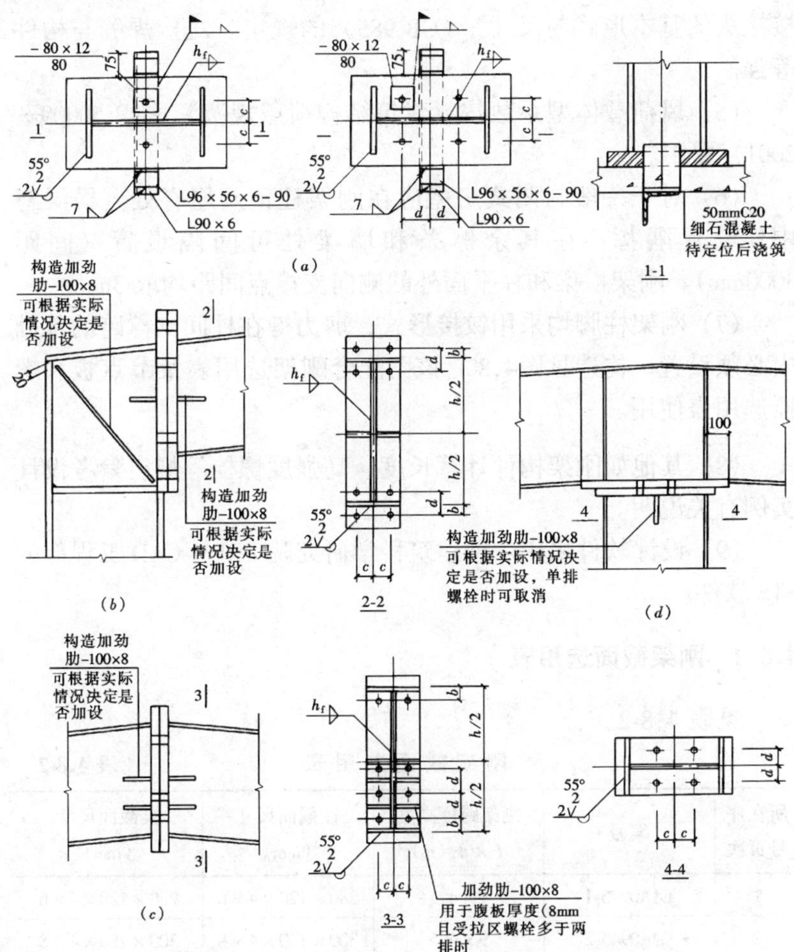

图4.8-1 刚架连接节点构造

(a) 柱脚铰接节点；(b) 梁、柱连接节点；(c) 梁中连接节点（一）（单跨刚架跨中节点）；(d) 梁中连接节点（二）（双跨刚架摇摆柱上端节点）

（4）刚架构件的钢材均为 Q235，焊条用 E43 型。钢材和角焊缝的强度设计值分别取 $f=215\text{N/mm}^2$，$f_f^w=160\text{N/mm}^2$。刚架构件的翼缘与端板的连接应采用全熔透对接焊缝，腹板与端板的连接应采用角焊缝，坡口形式应符合现行国家标准《手工电弧焊焊接接头的基本形式与尺寸》（GB 985）的规定。对接焊缝与构件等强。

（5）风荷载体型系数按《建筑结构荷载规范》（GB 50009—2001）取用。

（6）对于一般封闭式房屋应在刚架柱顶及屋脊处（横梁跨中）设置隅撑；在其余檩条和墙梁处可间隔设置（间距 3000mm）。刚架横梁和柱平面外的侧向支撑点间距均取 3m。

（7）刚架柱脚均采用铰接形式，剪力键在柱间支撑跨的基础内必须设置，构造见图4.8-1，该图配合刚架选用表及节点板和螺栓选用表使用。

（8）其他如刚架构件计算长度、高强度螺栓等规定参考设计实例有关说明。

（9）设计软件采用中国建筑科学研究院 PKPM-CAD 工程部的 STS 软件。

4.8.2　刚架截面选用表

见表 4.8-2。

刚架截面选用表　　表 4.8-2

所在序号页次	编号	刚架跨度高度 $L\times h$（m）	柱截面尺寸（mm）	梁截面尺寸（mm）
1	GJA0945-1	9×4.5	280×120×4×6	280×120×4×6
2	GJA0945-2	9×4.5	300×180×4×8	300×180×4×8
3	GJA0945-3	9×4.5	300×180×4×8	300×180×4×8
4	GJA0945-4	9×4.5	360×180×4×8	360×180×4×8
5	GJA0960-1	9×6.0	300×180×4×8	300×180×4×8

续表

所在序号页次	编号	刚架跨度高度 $L\times h$（m）	柱截面尺寸（mm）	梁截面尺寸（mm）
6	GJA0960-2	9×6.0	300×180×4×8	300×180×4×8
7	GJA0960-3	9×6.0	360×180×4×8	360×180×4×8
8	GJA0960-4	9×6.0	400×180×6×8	400×180×6×8
9	GJA1260-1	12×6.0	300×180×4×8	300×180×4×8
10	GJA1260-2	12×6.0	380×180×4×8	380×180×4×8
11	GJA1260-3	12×6.0	450×180×6×8	450×180×6×8
12	GJA1260-4	12×6.0	480×200×6×10	480×200×6×10
13	GJA1275-1	12×7.5	350×180×4×8	350×180×4×8
14	GJA1275-2	12×7.5	420×180×6×8	420×180×6×8
15	GJA1275-3	12×7.5	480×200×6×10	480×200×6×10
16	GJA1275-4	12×7.5	520×200×6×10	520×200×6×10
17	GJA1560-1	15×6.0	320×180×4×8	320×180×4×8
18	GJA1560-2	15×6.0	450×180×6×8	450×180×6×8
19	GJA1560-3	15×6.0	500×200×6×10	500×200×6×10
20	GJA1560-4	15×6.0	600×200×8×10	600×200×8×10
21	GJA1575-1	15×7.5	400×180×6×8	400×180×6×8
22	GJA1575-2	15×7.5	480×200×6×10	480×200×6×10
23	GJA1575-3	15×7.5	550×200×6×10	550×200×6×10
24	GJA1575-4	15×7.5	620×200×8×10	620×200×8×10
25	GJA1875-1	18×7.5	450×180×6×8	450×180×6×8
26	GJA1875-2	18×7.5	500×200×6×10	500×200×6×10
27	GJA1875-3	18×7.5	620×200×8×10	620×200×8×10
28	GJA1875-4	18×7.5	700×200×8×12	700×200×8×12
29	GJA1890-1	18×9.0	480×200×6×10	480×180×6×10
30	GJA1890-2	18×9.0	600×200×6×10	600×200×6×10
31	GJA1890-3	18×9.0	640×220×8×10	640×220×8×10

续表

所在序号页次	编号	刚架跨度高度 $L\times h$（m）	柱截面尺寸（mm）	梁截面尺寸（mm）
32	GJA1890-4	18×9.0	700×200×8×12	700×200×8×12
33	GJA2175-1	21×7.5	480×200×6×10	480×200×6×10
34	GJA2175-2	21×7.5	620×200×8×10	620×200×8×10
35	GJA2175-3	21×7.5	700×200×8×12	700×200×8×12
36	GJA2175-4	21×7.5	700×280×8×14	700×280×8×14
37	GJA2190-1	21×9.0	480×200×6×10	480×200×6×10
38	GJA2190-2	21×9.0	620×200×8×10	620×200×8×10
39	GJA2190-3	21×9.0	700×200×8×12	700×200×8×12
40	GJA2190-4	21×9.0	700×280×8×14	700×280×8×14
41	GJB0945-1	9×4.5	280×150×4×6	300×150×4×8
42	GJB0945-2	9×4.5	280×150×4×6	300×150×4×8
43	GJB0945-3	9×4.5	300×180×4×8	360×180×4×8
44	GJB0945-4	9×4.5	350×180×4×8	450×180×6×8
45	GJB0960-1	9×6.0	280×150×4×6	300×150×4×8
46	GJB0960-2	9×6.0	280×150×4×6	300×150×4×8
47	GJB0960-3	9×6.0	300×180×4×8	360×180×4×8
48	GJB0960-4	9×6.0	350×180×4×8	450×180×6×8
49	GJB1260-1	12×6.0	300×180×4×8	300×150×4×8
50	GJB1260-2	12×6.0	300×180×4×8	420×160×4×8
51	GJB1260-3	12×6.0	400×180×6×8	500×180×6×8
52	GJB1260-4	12×6.0	460×180×6×8	620×200×6×10
53	GJB1275-1	12×7.5	300×180×4×8	300×150×4×8
54	GJB1275-2	12×7.5	300×180×4×8	420×160×4×8
55	GJB1275-3	12×7.5	400×180×6×8	500×180×6×8
56	GJB1275-4	12×7.5	460×180×6×8	620×200×6×10
57	GJB1560-1	15×6.0	300×180×4×8	400×160×4×8

续表

所在序号页次	编号	刚架跨度高度 $L \times h$（m）	柱截面尺寸（mm）	梁截面尺寸（mm）
58	GJB1560-2	15×6.0	340×180×4×8	540×180×6×8
59	GJB1560-3	15×6.0	440×180×6×8	620×200×6×10
60	GJB1560-4	15×6.0	480×200×6×10	700×200×8×10
61	GJB1575-1	15×7.5	300×180×4×8	400×160×4×8
62	GJB1575-2	15×7.5	340×180×4×8	540×180×6×8
63	GJB1575-3	15×7.5	440×180×6×8	620×200×6×10
64	GJB1575-4	15×7.5	480×200×6×10	700×200×8×10
65	GJB1875-1	18×7.5	400×180×6×8	460×180×6×8
66	GJB1875-2	18×7.5	480×200×6×10	620×200×6×10
67	GJB1875-3	18×7.5	520×200×6×10	720×240×8×12
68	GJB1875-4	18×7.5	600×220×8×10	750×250×8×12
69	GJB1890-1	18×9.0	400×180×6×8	460×180×6×8
70	GJB1890-2	18×9.0	480×200×6×10	620×200×6×10
71	GJB1890-3	18×9.0	520×200×6×10	720×240×8×12
72	GJB1890-4	18×9.0	600×220×8×10	750×250×8×12

注：表中 H 为梁柱截面高；B 为截面宽；t_W、t_f 分别为腹板和翼缘的板厚。

4.8.3 刚架螺栓及节点板

见表 4.8-3。

刚架螺栓及节点板选用表　　表 4.8-3

<table>
<tr><th rowspan="3">序号</th><th rowspan="3">刚架编号</th><th colspan="4">柱脚节点</th><th colspan="5">梁柱连接节点</th><th colspan="5">梁中连接节点</th></tr>
<tr><th colspan="3">支座板</th><th rowspan="2">螺栓</th><th colspan="4">节点板</th><th rowspan="2">螺栓</th><th colspan="4">节点板</th><th rowspan="2">螺栓</th></tr>
<tr><th>h_f</th><th>c</th><th>d</th><th>h_f</th><th>b</th><th>c</th><th>d</th><th>h_f</th><th>b</th><th>c</th><th>d</th></tr>
<tr><td rowspan="2">1</td><td rowspan="2">GJA0945-1</td><td colspan="3">250×320×20</td><td rowspan="2">2×M24</td><td colspan="4">150×450×18</td><td rowspan="2">8×M20</td><td colspan="4">150×330×18</td><td rowspan="2">4×M20</td></tr>
<tr><td>4</td><td>75</td><td>—</td><td>4</td><td>40</td><td>40</td><td>90</td><td>4</td><td>50</td><td>40</td><td>—</td></tr>
<tr><td rowspan="2">2</td><td rowspan="2">GJA0945-2</td><td colspan="3">250×340×20</td><td rowspan="2">2×M24</td><td colspan="4">200×490×20</td><td rowspan="2">8×M20</td><td colspan="4">200×350×20</td><td rowspan="2">6×M20</td></tr>
<tr><td>4</td><td>75</td><td>—</td><td>4</td><td>40</td><td>40</td><td>90</td><td>4</td><td>50</td><td>40</td><td>80</td></tr>
</table>

续表

序号	刚架编号	柱脚节点				梁柱连接节点					梁中连接节点				
		支座板			螺栓	节点板				螺栓	节点板				螺栓
		h_f	c	d		h_f	b	c	d		h_f	b	c	d	
3	GJA0945-3	250×340×20			2×M24	200×490×22				8×M24	200×350×20				6×M24
		4	75	—		4	40	40	90		4	50	40	80	
4	GJA0945-4	250×400×20			2×M24	200×550×22				8×M24	200×410×22				6×M24
		4	75	—		4	40	40	90		4	50	40	80	
5	GJA0960-1	250×340×20			2×M24	200×490×18				8×M20	200×350×18				4×M20
		4	75	—		4	40	40	90		4	50	40	—	
6	GJA0960-2	250×340×20			2×M24	200×490×20				8×M20	200×350×20				6×M20
		4	75	—		4	40	40	90		4	50	40	80	
7	GJA0960-3	250×400×20			2×M24	200×550×22				8×M24	200×410×22				6×M24
		4	75	—		4	40	40	90		4	50	40	80	
8	GJA0960-4	250×440×20			2×M24	200×590×22				8×M24	200×450×22				6×M24
		6	75	—		6	40	40	90		6	50	40	80	
9	GJA1260-1	250×340×20			2×M24	200×490×18				8×M20	200×350×18				6×M20
		4	75	—		4	40	40	90		4	50	40	80	
10	GJA1260-2	250×420×20			2×M24	200×570×22				8×M22	200×430×22				6×M22
		4	75	—		4	40	45	90		4	50	45	80	
11	GJA1260-3	250×490×20			2×M24	200×640×28				8×M24	200×500×22				6×M24
		7	75	—		7	40	50	90		7	50	50	80	
12	GJA1260-4	250×520×20			2×M24	220×670×28				8×M24	220×540×22				6×M24
		7	75	—		7	40	50	90		7	50	50	80	
13	GJA1275-1	250×400×20			2×M24	220×540×20				8×M24	220×400×20				6×M20
		6	75	—		6	40	40	90		6	50	40	80	
14	GJA1275-2	250×460×20			2×M24	200×610×22				8×M22	200×480×22				6×M22
		7	75	—		7	40	45	90		7	50	45	80	
15	GJA1275-3	250×520×20			2×M24	220×670×25				8×M24	220×540×25				6×M24
		7	75	—		7	40	45	90		7	50	45	80	
16	GJA1275-4	250×560×20			2×M24	220×710×28				8×M24	220×560×28				6×M24
		7	75	—		7	40	50	90		7	50	50	80	
17	GJA1560-1	250×360×20			2×M24	200×510×20				8×M20	220×380×20				6×M20
		6	75	—		6	40	45	90		6	50	40	80	
18	GJA1560-2	250×490×20			2×M24	200×640×25				8×M24	200×550×25				6×M24
		7	75	—		7	40	45	90		7	50	45	80	
19	GJA1560-3	250×540×20			2×M24	220×690×28				8×M24	220×550×28				6×M24
		7	75	—		7	40	50	90		7	50	50	80	

续表

<table>
<tr><th rowspan="3">序号</th><th rowspan="3">刚架编号</th><th colspan="4">柱脚节点</th><th colspan="5">梁柱连接节点</th><th colspan="5">梁中连接节点</th></tr>
<tr><th colspan="3">支座板</th><th rowspan="2">螺栓</th><th colspan="4">节点板</th><th rowspan="2">螺栓</th><th colspan="4">节点板</th><th rowspan="2">螺栓</th></tr>
<tr><th>h_f</th><th>c</th><th>d</th><th>h_f</th><th>b</th><th>c</th><th>d</th><th>h_f</th><th>b</th><th>c</th><th>d</th></tr>
<tr><td rowspan="2">20</td><td rowspan="2">GJA1560-4</td><td colspan="3">250×640×20</td><td rowspan="2">2×M24</td><td colspan="4">220×790×28</td><td rowspan="2">8×M24</td><td colspan="4">220×660×28</td><td rowspan="2">6×M24</td></tr>
<tr><td>8</td><td>75</td><td>—</td><td>8</td><td>40</td><td>50</td><td>90</td><td>8</td><td>50</td><td>50</td><td>80</td></tr>
<tr><td rowspan="2">21</td><td rowspan="2">GJA1575-1</td><td colspan="3">250×440×20</td><td rowspan="2">2×M24</td><td colspan="4">200×590×20</td><td rowspan="2">8×M24</td><td colspan="4">200×450×20</td><td rowspan="2">6×M24</td></tr>
<tr><td>6</td><td>75</td><td>—</td><td>6</td><td>40</td><td>45</td><td>90</td><td>6</td><td>50</td><td>40</td><td>80</td></tr>
<tr><td rowspan="2">22</td><td rowspan="2">GJA1575-2</td><td colspan="3">250×520×20</td><td rowspan="2">2×M24</td><td colspan="4">220×670×25</td><td rowspan="2">8×M24</td><td colspan="4">220×540×25</td><td rowspan="2">6×M24</td></tr>
<tr><td>7</td><td>75</td><td>—</td><td>7</td><td>40</td><td>45</td><td>90</td><td>7</td><td>50</td><td>45</td><td>80</td></tr>
<tr><td rowspan="2">23</td><td rowspan="2">GJA1575-3</td><td colspan="3">250×590×20</td><td rowspan="2">2×M24</td><td colspan="4">220×740×28</td><td rowspan="2">8×M24</td><td colspan="4">220×600×28</td><td rowspan="2">6×M24</td></tr>
<tr><td>7</td><td>75</td><td>—</td><td>7</td><td>40</td><td>50</td><td>90</td><td>7</td><td>50</td><td>50</td><td>80</td></tr>
<tr><td rowspan="2">24</td><td rowspan="2">GJA1575-4</td><td colspan="3">250×660×20</td><td rowspan="2">2×M24</td><td colspan="4">220×810×28</td><td rowspan="2">8×M24</td><td colspan="4">220×680×28</td><td rowspan="2">8×M24</td></tr>
<tr><td>8</td><td>75</td><td>—</td><td>8</td><td>40</td><td>50</td><td>90</td><td>8</td><td>50</td><td>50</td><td>80</td></tr>
<tr><td rowspan="2">25</td><td rowspan="2">GJA1875-1</td><td colspan="3">250×490×20</td><td rowspan="2">2×M24</td><td colspan="4">200×640×25</td><td rowspan="2">8×M24</td><td colspan="4">200×500×25</td><td rowspan="2">6×M24</td></tr>
<tr><td>7</td><td>75</td><td>—</td><td>7</td><td>40</td><td>50</td><td>90</td><td>7</td><td>50</td><td>50</td><td>80</td></tr>
<tr><td rowspan="2">26</td><td rowspan="2">GJA1875-2</td><td colspan="3">250×540×20</td><td rowspan="2">2×M24</td><td colspan="4">220×690×28</td><td rowspan="2">8×M24</td><td colspan="4">220×550×28</td><td rowspan="2">6×M24</td></tr>
<tr><td>7</td><td>75</td><td>—</td><td>7</td><td>40</td><td>50</td><td>90</td><td>7</td><td>50</td><td>50</td><td>80</td></tr>
<tr><td rowspan="2">27</td><td rowspan="2">GJA1875-3</td><td colspan="3">250×660×20</td><td rowspan="2">4×M24</td><td colspan="4">220×810×28</td><td rowspan="2">10×M24</td><td colspan="4">220×680×28</td><td rowspan="2">8×M24</td></tr>
<tr><td>8</td><td>75</td><td>145</td><td>8</td><td>40</td><td>50</td><td>90</td><td>8</td><td>50</td><td>50</td><td>80</td></tr>
<tr><td rowspan="2">28</td><td rowspan="2">GJA1875-4</td><td colspan="3">260×740×20</td><td rowspan="2">4×M24</td><td colspan="4">220×890×30</td><td rowspan="2">10×M24</td><td colspan="4">220×760×30</td><td rowspan="2">8×M24</td></tr>
<tr><td>8</td><td>75</td><td>145</td><td>9</td><td>40</td><td>55</td><td>90</td><td>8</td><td>50</td><td>55</td><td>80</td></tr>
<tr><td rowspan="2">29</td><td rowspan="2">GJA1890-1</td><td colspan="3">250×520×20</td><td rowspan="2">2×M24</td><td colspan="4">200×670×28</td><td rowspan="2">8×M24</td><td colspan="4">200×540×28</td><td rowspan="2">6×M24</td></tr>
<tr><td>7</td><td>75</td><td>—</td><td>7</td><td>40</td><td>50</td><td>90</td><td>7</td><td>50</td><td>50</td><td>80</td></tr>
<tr><td rowspan="2">30</td><td rowspan="2">GJA1890-2</td><td colspan="3">250×640×20</td><td rowspan="2">2×M24</td><td colspan="4">220×790×28</td><td rowspan="2">8×M24</td><td colspan="4">200×660×28</td><td rowspan="2">6×M24</td></tr>
<tr><td>7</td><td>75</td><td>—</td><td>7</td><td>40</td><td>50</td><td>90</td><td>7</td><td>50</td><td>50</td><td>80</td></tr>
<tr><td rowspan="2">31</td><td rowspan="2">GJA1890-3</td><td colspan="3">300×680×20</td><td rowspan="2">4×M24</td><td colspan="4">250×830×28</td><td rowspan="2">10×M24</td><td colspan="4">200×700×28</td><td rowspan="2">8×M24</td></tr>
<tr><td>8</td><td>75</td><td>145</td><td>8</td><td>40</td><td>50</td><td>90</td><td>8</td><td>50</td><td>50</td><td>80</td></tr>
<tr><td rowspan="2">32</td><td rowspan="2">GJA1890-4</td><td colspan="3">250×740×20</td><td rowspan="2">4×M24</td><td colspan="4">220×890×30</td><td rowspan="2">10×M24</td><td colspan="4">220×760×30</td><td rowspan="2">8×M24</td></tr>
<tr><td>8</td><td>75</td><td>145</td><td>9</td><td>40</td><td>55</td><td>90</td><td>8</td><td>50</td><td>55</td><td>80</td></tr>
<tr><td rowspan="2">33</td><td rowspan="2">GJA2175-1</td><td colspan="3">250×520×20</td><td rowspan="2">2×M24</td><td colspan="4">220×670×28</td><td rowspan="2">8×M24</td><td colspan="4">220×540×28</td><td rowspan="2">6×M24</td></tr>
<tr><td>7</td><td>75</td><td>—</td><td>7</td><td>40</td><td>45</td><td>90</td><td>7</td><td>50</td><td>45</td><td>80</td></tr>
<tr><td rowspan="2">34</td><td rowspan="2">GJA2175-2</td><td colspan="3">250×640×20</td><td rowspan="2">4×M24</td><td colspan="4">220×810×28</td><td rowspan="2">10×M24</td><td colspan="4">220×680×28</td><td rowspan="2">8×M24</td></tr>
<tr><td>8</td><td>75</td><td>145</td><td>7</td><td>40</td><td>50</td><td>90</td><td>7</td><td>50</td><td>50</td><td>80</td></tr>
<tr><td rowspan="2">35</td><td rowspan="2">GJA2175-3</td><td colspan="3">250×740×20</td><td rowspan="2">4×M24</td><td colspan="4">220×890×28</td><td rowspan="2">10×M24</td><td colspan="4">220×760×28</td><td rowspan="2">8×M24</td></tr>
<tr><td>8</td><td>85</td><td>145</td><td>9</td><td>40</td><td>60</td><td>90</td><td>8</td><td>50</td><td>60</td><td>80</td></tr>
<tr><td rowspan="2">36</td><td rowspan="2">GJA2175-4</td><td colspan="3">350×740×20</td><td rowspan="2">4×M24</td><td colspan="4">300×890×28</td><td rowspan="2">12×M24</td><td colspan="4">300×760×28</td><td rowspan="2">10×M24</td></tr>
<tr><td>8</td><td>85</td><td>170</td><td>8</td><td>40</td><td>60</td><td>90</td><td>8</td><td>50</td><td>60</td><td>80</td></tr>
</table>

续表

序号	刚架编号	柱脚节点				梁柱连接节点					梁中连接节点				
		支座板			螺栓	节点板				螺栓	节点板				螺栓
		h_f	c	d		h_f	b	c	d		h_f	b	c	d	
37	GJA2190-1	250×520×20			2×M24	220×670×28				8×M24	180×450×28				8×M24
		7	75	—		7	40	45	90		7	50	45	80	
38	GJA2190-2	250×660×20			4×M24	220×810×28				10×M24	200×680×28				8×M24
		8	75	145		8	40	50	90		8	50	50	80	
39	GJA2190-3	250×740×20			4×M24	220×890×30				10×M24	220×760×30				8×M24
		8	85	145		9	40	60	90		8	50	60	80	
40	GJA2190-4	350×740×20			4×M24	300×890×30				12×M24	220×760×30				10×M24
		8	85	170		8	40	60	90		9	50	60	80	
41	GJB0945-1	250×320×20			2×M24	180×470×14				8×M20	180×340×8				2×M20
		4	75	—		4	40	40	90		—	—	—	40	
42	GJB0945-2	250×320×20			2×M24	180×470×14				8×M20	180×340×8				2×M20
		4	75	—		4	40	40	90		—	—	—	40	
43	GJB0945-3	250×340×20			2×M24	200×490×16				8×M20	200×350×8				2×M20
		4	75	—		4	40	45	90		—	—	—	45	
44	GJB0945-4	250×390×20			2×M24	200×540×18				8×M20	200×400×10				2×M20
		4	75	—		7	40	45	90		—	—	—	45	
45	GJB0960-1	250×320×20			2×M24	180×490×18				8×M20	180×350×8				4×M20
		4	75	—		4	40	40	90		—	—	40	50	
46	GJB0960-2	250×320×20			2×M24	180×490×18				8×M20	180×350×8				4×M20
		4	75	—		4	40	40	90		—	—	40	50	
47	GJB0960-3	250×340×20			2×M24	200×550×20				8×M20	200×350×10				4×M22
		4	75	—		7	40	45	90		—	—	40	50	
48	GJB0960-4	250×390×20			2×M24	200×640×20				8×M20	200×400×10				4×M22
		4	75	—		7	40	45	90		—	—	40	50	
49	GJB1260-1	250×340×20			2×M24	180×490×18				8×M20	200×350×8				4×M20
		6	75	—		6	40	45	90		—	—	40	50	
50	GJB1260-2	250×340×20			2×M24	180×610×18				8×M20	200×350×10				4×M20
		6	75	—		6	40	50	90		—	—	40	50	
51	GJB1260-3	250×440×20			2×M24	200×690×20				8×M20	200×450×10				4×M22
		7	75	—		7	40	50	90		—	—	40	50	
52	GJB1260-4	250×500×20			2×M24	220×810×20				8×M20	200×510×12				4×M22
		7	75	—		7	40	50	90		—	—	40	50	
53	GJB1275-1	250×340×20			2×M24	180×390×18				8×M20	200×350×8				4×M20
		7	75	—		6	40	50	90		—	—	40	50	

续表

序号	刚架编号	柱脚节点				梁柱连接节点					梁中连接节点				
		支座板			螺栓	节点板				螺栓	节点板				螺栓
		h_f	c	d		h_f	b	c	d		h_f	b	c	d	
54	GJB1275-2	250×340×20			2×M24	180×610×18				8×M20	200×350×10				4×M20
		6	75	—		7	40	50	90		—	—	40	50	
55	GJB1275-3	250×440×20			2×M24	200×690×20				8×M20	200×450×10				4×M22
		7	75	—		7	40	50	90		—	—	40	50	
56	GJB1275-4	250×500×20			2×M24	220×810×20				8×M20	200×510×12				4×M24
		7	75	—		7	40	50	90		—	—	40	50	
57	GJB1560-1	250×340×20			2×M24	180×590×18				8×M20	200×350×10				4×M20
		7	75	—		7	40	50	90		—	—	40	50	
58	GJB1560-2	250×380×20			2×M24	200×730×20				8×M20	200×400×12				4×M20
		7	75	—		7	40	50	90		—	—	40	50	
59	GJB1560-3	250×480×20			2×M24	220×810×20				10×M22	220×500×12				4×M22
		7	75	—		7	40	50	90		—	—	40	50	
60	GJB1560-4	250×520×20			2×M24	220×890×22				10×M22	220×530×14				4×M24
		7	75	—		7	40	60	90		—	—	40	50	
61	GJB1575-1	250×340×20			2×M24	180×590×18				8×M22	200×350×10				4×M20
		7	75	—		7	40	50	90		—	—	40	50	
62	GJB1575-2	250×380×20			2×M24	200×730×20				8×M20	200×390×12				4×M20
		7	75	—		7	40	55	90		—	—	40	50	
63	GJB1575-3	250×480×20			2×M24	220×810×20				10×M22	200×490×12				4×M22
		7	75	—		7	40	50	90		—	—	40	50	
64	GJB1575-4	250×460×20			2×M24	220×890×22				10×M22	220×530×14				4×M22
		7	75	—		7	40	75			—	—	40	50	
65	GJB1875-1	250×440×20			2×M24	200×650×20				8×M20	200×450×12				4×M20
		7	75	—		6	40	55	90		—	—	40	50	
66	GJB1875-2	250×520×20			4×M24	220×810×22				8×M22	220×530×12				4×M20
		7	75	120		7	40	55	90		—	—	40	50	
67	GJB1875-3	250×560×20			4×M24	260×910×24				10×M22	220×570×14				4×M22
		7	75	120		7	40	60	90		—	—	40	50	
68	GJB1875-4	250×640×20			4×M24	280×940×24				14×M22	250×650×14				6×M22
		8	75	120		8	40	60	90		—	—	40	50	
69	GJB1890-1	250×440×20			2×M24	200×650×20				8×M20	200×450×12				4×M20
		7	75	—		6	40	55	90		—	—	40	45	
70	GJB1890-2	250×520×20			4×M24	220×670×22				8×M22	220×530×12				4×M20
		7	75	120		7	40	55	90		—	—	40	50	

续表

序号	刚架编号	柱脚节点				梁柱连接节点					梁中连接节点				
		支座板			螺栓	节点板				螺栓	节点板				螺栓
		h_f	c	d		h_f	b	c	d		h_f	b	c	d	
71	GJB1890-3	250×560×20			4×M24	260×910×24				10×M22	220×570×14				4×M22
		7	75	120		7	40	60	90		—	—	40	50	
72	GJB1890-4	250×640×20			4×M24	280×940×24				14×M22	250×650×14				6×M22
		8	75	120		8	40	60	90		—	—	40	50	

4.9　檩条选用表及详图

4.9.1　檩条选用表

说明

1）表4.9-1和表4.9-2列出常用跨度和檩距檩条的截面规格及承载能力，供设计参考。

2）表中截面规格选自《轻型屋面梯形钢屋架》（01SG515）。其中 G_k 为屋面永久荷载标准值（不包括檩条及拉条自重），Q_k 为屋面可变荷载标准值。

3）6m跨度檩条于 $l/2$ 处设一道拉条；9m跨度檩条于 $l/3$ 处各设一道拉条。

4）荷载组合Ⅰ：1.2永久荷载+1.4屋面可变荷载，按强度确定承载力。

5）荷载组合Ⅱ：1.0屋面永久荷载+1.4风吸力组合，根据稳定确定檩条在给定永久荷载下所能承受的风荷载标准值［w_k］。其中 $G_{k1}=0.12\text{kN/m}^2$ 为单层压型钢板屋面，$G_{k2}=0.25\text{kN/m}^2$ 为带保温的压型钢板屋面，G_{k3}为荷载组合Ⅰ中的 G_k 取值。

6）在计算［w_k］时，未考虑屋面对上翼缘的约束，也未考虑屋面自重的 y 分量和拉条的作用。

7）H形钢见图4.9-1，C形钢檩条详图见图4.9-2。

6m跨度檩条选用表 **表4.9-1**

<table>
<tr><th rowspan="4">序号</th><th rowspan="4">截面规格</th><th colspan="4">荷载组合Ⅰ</th><th colspan="6">荷载组合Ⅱ</th><th rowspan="4">重量(kg)</th></tr>
<tr><th colspan="2">1.5m檩距</th><th colspan="2">3.0m檩距</th><th colspan="3">1.5m檩距</th><th colspan="3">3.0m檩距</th></tr>
<tr><th rowspan="2">G_k (kN/m²)</th><th rowspan="2">Q_k (kN/m²)</th><th rowspan="2">G_k (kN/m²)</th><th rowspan="2">Q_k (kN/m²)</th><th colspan="3">$[w_k]$(kN/m²)</th><th colspan="3">$[w_k]$(kN/m²)</th></tr>
<tr><th>$G_{k1}=0.12$</th><th>$G_{k2}=0.25$</th><th>$G_{k3}=G_k$</th><th>$G_{k1}=0.12$</th><th>$G_{k2}=0.25$</th><th>$G_{k3}=G_k$</th></tr>
<tr><td>1</td><td>C160×70×20×3.0</td><td>0.3</td><td>0.5</td><td>—</td><td>—</td><td>0.63</td><td>0.72</td><td>0.79</td><td>—</td><td>—</td><td>—</td><td>44.5</td></tr>
<tr><td rowspan="2">2</td><td rowspan="2">C180×70×20×3.0</td><td>0.3</td><td>0.7</td><td>—</td><td>—</td><td rowspan="2">0.66</td><td rowspan="2">0.76</td><td>0.79</td><td rowspan="2">—</td><td rowspan="2">—</td><td rowspan="2">—</td><td rowspan="2">47.5</td></tr>
<tr><td>0.5</td><td>0.5</td><td>—</td><td>—</td><td>0.93</td></tr>
<tr><td rowspan="2">3</td><td rowspan="2">H150×75×3.2×4.5</td><td>0.5</td><td>0.5</td><td>—</td><td>—</td><td rowspan="2">0.56</td><td rowspan="2">0.65</td><td>0.83</td><td rowspan="2">—</td><td rowspan="2">—</td><td rowspan="2">—</td><td rowspan="2">53.0</td></tr>
<tr><td>0.3</td><td>0.7</td><td>—</td><td>—</td><td>0.69</td></tr>
<tr><td>4</td><td>H200×100×3.2×4.5</td><td>1.0</td><td>1.0</td><td>0.5</td><td>0.5</td><td>1.11</td><td>1.21</td><td>1.74</td><td>0.60</td><td>0.69</td><td>0.87</td><td>71.2</td></tr>
<tr><td>5</td><td>H200×150×3.2×4.5</td><td>1.3</td><td>1.2</td><td>—</td><td>—</td><td>2.36</td><td>2.45</td><td>3.20</td><td>—</td><td>—</td><td>—</td><td>92.4</td></tr>
<tr><td>6</td><td>H200×150×4.5×6.0</td><td>—</td><td>—</td><td>1.0</td><td>1.0</td><td>—</td><td>—</td><td>—</td><td>1.76</td><td>1.85</td><td>2.39</td><td>124.6</td></tr>
<tr><td>7</td><td>H200×150×6.0×8.0</td><td>—</td><td>—</td><td>1.3</td><td>1.2</td><td>—</td><td>—</td><td>—</td><td>2.38</td><td>2.47</td><td>3.22</td><td>165.1</td></tr>
</table>

注：表中 $w_k=(\varphi_b f W_x/a l_0^2+G_{ki}+g)/1.4$，其中 a 为檩距，l_0 为计算距度，g 为檩条单位面积的重量。

9m 跨度檩条选用表 表 4.9-2

序号	截面规格	荷载组合Ⅰ 1.5m 檩距 G_k (kN/m²)	荷载组合Ⅰ 1.5m 檩距 Q_k (kN/m²)	荷载组合Ⅰ 3.0m 檩距 G_k (kN/m²)	荷载组合Ⅰ 3.0m 檩距 Q_k (kN/m²)	荷载组合Ⅱ 1.5m 檩距 $[w_k]$(kN/m²) $G_{k1}=0.12$	荷载组合Ⅱ 1.5m 檩距 $[w_k]$(kN/m²) $G_{k2}=0.25$	荷载组合Ⅱ 1.5m 檩距 $[w_k]$(kN/m²) $G_{k3}=G_k$	荷载组合Ⅱ 3.0m 檩距 $[w_k]$(kN/m²) $G_{k1}=0.12$	荷载组合Ⅱ 3.0m 檩距 $[w_k]$(kN/m²) $G_{k2}=0.25$	荷载组合Ⅱ 3.0m 檩距 $[w_k]$(kN/m²) $G_{k3}=G_k$	重量 g (kg)
1	H200×150×3.2×4.5	0.3	0.7	—	—	0.72	0.82	0.85	—	—	—	138.6
		0.5	0.5	—	—			0.99				
2	H250×150×3.2×4.5	0.8	0.7	0.3	0.5	0.82	0.91	1.31	0.45	0.55	0.58	149.9
3	H250×150×4.5×6.0	—	—	0.5	0.5	—	—	—	0.69	0.78	0.96	202.8
4	H300×150×3.2×4.5	1.0	1.0	—	—	0.92	1.01	1.55	—	—	—	161.2
5	H300×150×4.5×6.0	1.3	1.2	0.8	0.7	1.44	1.53	2.28	0.76	0.85	1.25	218.7
6	H300×150×4.5×8.0	—	—	1.0	1.0	—	—	—	1.06	1.15	1.69	259.8
7	H350×150×6.0×8.0	—	—	1.3	1.2	—	—	—	1.21	1.31	2.06	311.1

注：1. 表中$[w_k]=(\varphi_b fW_x/al_0^2+G_{ki}+g)1.4$，其中 a 为檩距，l_0 为计算跨度，g 为檩条单位面积的重量。

2. 按 CECS102:2003 $w_k=\mu_s\mu_z w_0$，μ_z，w_0 按建筑结构荷载规范 GB 50009—2001，但 w_0 应乘以 1.05；μ_s 按 CECS102:2002，封闭室建筑边缘带，当 $6.3<A<10$，$\mu_s=+1.5\lg A-2.9$，$A=10\mu_s=1.4$，A 为有效受风面积(m²)。

3. 按上式算得的 w_k 应小于表中的$[w_k]$。

4.9.2　檩条详图

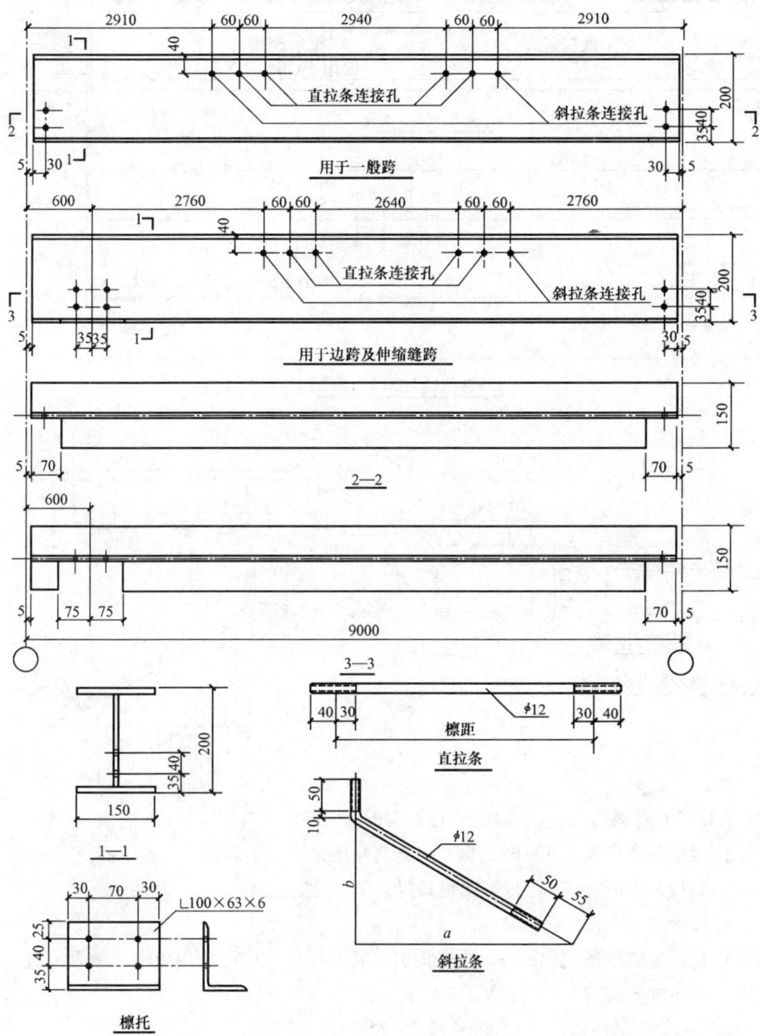

注：1. 檩条有正反之分。

2. 斜拉条中的 a、b 值根据檩距及拉条位置确定。

3. 螺栓均为 M12，孔为 $\phi13$。

4. 凡设置斜拉条的檩距开间内应同时设置直撑杆。

图 4.9-1　檩条详图（H 型钢）

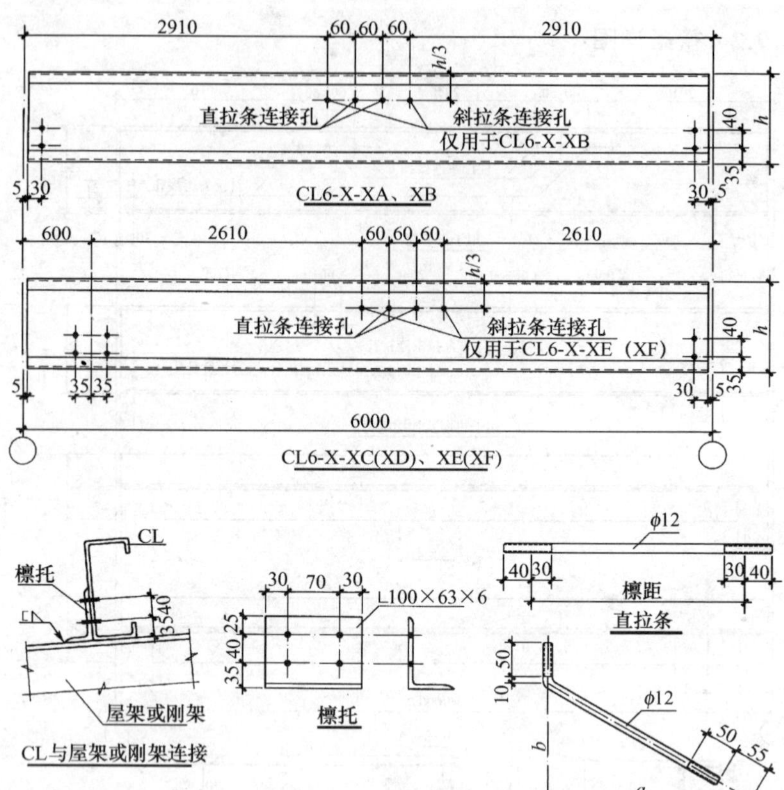

注：1. B和E有斜拉条，C与D，E与F为正反关系。

2. 当檩条高度大于200时，檩条一侧宜与屋架或刚架焊接。

3. 斜拉条中的 a、b 值根据檩距及拉条位置确定。

4. 螺栓均为M12，孔为 $\phi 13$。

5. 凡设置斜拉条的檩距开间内应同时设置直撑杆，撑杆可用角钢，钢管或直拉条外套钢管，其 $\lambda \leqslant 200$。

图4.9-2　檩条详图（C形钢）

4.10 墙梁构件选用表及详图

4.10.1 墙梁构件的选用（见表 4.10-1）

墙梁构件选用表 **表 4.10-1**

风荷载等级（标准值 w_k）	截面形式	构件编号	跨度（m）	梁距（m）	截面规格	用钢量（kg/m^2）	应力比 σ/f	备注
1（$0.5kN/m^2$）	C型	CQL4.5-1.2-1	4.5	1.2	C100×50×15×2.5	3.43	0.806	跨中设一道拉条
		CQL4.5-1.5-1		1.5	C140×50×20×2.0	2.76	0.746	
		CQL4.5-1.8-1		1.8	C140×50×20×2.0	2.30	0.890	
		CQL4.5-2.1-1		2.1	C140×50×20×2.2	2.16	0.954	
		CQL4.5-2.4-1		2.4	C160×60×20×2.0	1.99	0.880	
		CQL4.5-2.7-1		2.7	C160×60×20×2.0	1.77	0.987	
		CQL4.5-3.0-1		3.0	C160×60×20×2.5	1.96	0.903	
		CQL6.0-1.2-1	6.0	1.2	C140×50×20×2.2	3.77	0.990	
		CQL6.0-1.5-1		1.5	C160×60×20×2.0	3.18	0.993	
		CQL6.0-1.8-1		1.8	C180×70×20×2.0	3.00	0.920	
		CQL6.0-2.1-1		2.1	C180×70×20×2.2	2.81	0.983	
		CQL6.0-2.4-1		2.4	C200×70×20×2.2	2.61	0.977	
		CQL6.0-2.7-1		2.7	C200×75×20×2.5	2.61	0.980	
		CQL6.0-3.0-1		3.0	C220×75×20×2.5	2.55	0.917	

续表

风荷载等级（标准值 w_k）	截面形式	构件编号	跨度（m）	梁距（m）	截面规格	用钢量（kg/m^2）	应力比 σ/f	备注
1（$0.5kN/m^2$）	C型	CQL7.5-1.2-1	7.5	1.2	C180×70×20×2.0	4.50	0.977	跨中设一道拉条
		CQL7.5-1.5-1		1.5	C200×70×20×2.2	4.17	0.976	
		CQL7.5-1.8-1		1.8	C220×75×20×2.2	3.76	0.984	
	H型	HQL6.0-1.8-1	6.0	1.8	H120×75×3.2×4.5	4.91	0.698	
		HQL6.0-2.4-1		2.4	H120×75×3.2×4.5	3.68	0.858	
		HQL6.0-3.0-1		3.0	H150×100×3.2×4.5	3.54	0.774	
		HQL7.5-1.5-1	7.5	1.5	H120×75×3.2×4.5	5.89	0.966	
		HQL7.5-1.8-1		1.8	H150×100×3.2×4.5	5.89	0.818	
		HQL7.5-2.4-1		2.4	H200×100×3.2×4.5	4.94	0.809	
		HQL7.5-3.0-1		3.0	H200×100×3.2×4.5	3.95	0.946	
		HQL9.0-1.5-1	9.0	1.5	H200×100×3.2×4.5	7.91	0.867	
		HQL9.0-1.8-1		1.8	H200×100×3.2×4.5	6.59	0.966	
		HQL9.0-2.4-1		2.4	H200×150×3.2×4.5	6.42	0.776	
		HQL9.0-3.0-1		3.0	H200×150×3.2×4.5	5.13	0.917	

续表

风荷载等级（标准值 w_k）	截面形式	构件编号	跨度（m）	梁距（m）	截面规格	用钢量（kg/m^2）	应力比 σ/f	备注
2（$0.7kN/m^2$）	C型	CQL4.5-1.2-2	4.5	1.2	C140×50×20×2.0	3.45	0.833	跨中设一道拉条
		CQL4.5-1.5-2		1.5	C140×50×20×2.2	3.02	0.954	
		CQL4.5-1.8-2		1.8	C160×60×20×2.0	2.65	0.923	
		CQL4.5-2.1-2		2.1	C160×60×20×2.2	2.49	0.987	
		CQL4.5-2.4-2		2.4	C180×70×20×2.0	2.25	0.949	
		CQL4.5-2.7-2		2.7	C180×70×20×2.2	2.19	0.979	
		CQL4.5-3.0-2		3.0	C200×70×20×2.2	2.09	0.946	
		CQL4.5-1.2-2	6.0	1.2	C160×60×20×2.5	4.90	0.917	
		CQL4.5-1.5-2		1.5	C180×70×20×2.2	3.94	0.983	
		CQL4.5-1.8-2		1.8	C220×75×20×2.0	3.44	0.942	
		CQL4.5-2.1-2		2.1	C220×75×20×2.5	3.64	0.900	
	H型	HQL6.0-1.8-2	6.0	1.8	H120×75×3.2×4.5	4.91	0.890	
		HQL6.0-2.4-2		2.4	H150×100×3.2×4.5	4.42	0.850	
		HQL6.0-3.0-2		3.0	H200×100×3.2×4.5	3.95	0.782	

续表

风荷载等级（标准值 w_k）	截面形式	构件编号	跨度（m）	梁距（m）	截面规格	用钢量（kg/m^2）	应力比 σ/f	备注
2（$0.7kN/m^2$）	H型	HQL7.5-1.5-2	7.5	1.5	H200×100×3.2×4.5	7.91	0.740	跨中设一道拉条
		HQL7.5-1.8-2		1.8	H200×100×3.2×4.5	6.59	0.836	
		HQL7.5-2.4-2		2.4	H200×100×4.5×6.0	6.69	0.847	
		HQL7.5-3.0-2		3.0	H200×150×3.2×4.5	5.13	0.832	
		HQL9.0-1.2-2	9.0	1.5	H200×100×4.5×6.0	10.71	0.904	
		HQL9.0-1.8-2		1.8	H200×150×3.2×4.5	8.56	0.804	
		HQL9.0-2.4-2		2.4	H250×150×3.2×4.5	6.94	0.835	
		HQL9.0-3.0-2		3.0	H250×150×3.2×4.5	5.55	0.985	

注：1. 墙体为自承重墙，墙梁只考虑其本身重量的弯曲，用于窗顶墙梁时应经验算后确定是否加强。

2. 计算中未考虑风吸力下墙梁内侧的稳定，应在墙底处加斜拉条。

3. 按轻型门式刚架规程 CECS102：2002，$w_k = \mu_s \mu_z w_0$，$\mu_z w_0$ 按荷载规范 GB 50009—2001，但 w_0 应乘以 1.05。封闭式建筑 μ_s 为 $\begin{matrix}+1.0\\-1.1\end{matrix}$，$w_k$ 应小于表 11-1 中荷载等级标准值［w_k］。

4.10.2 墙架构件的布置（如图 4.10-1 所示）

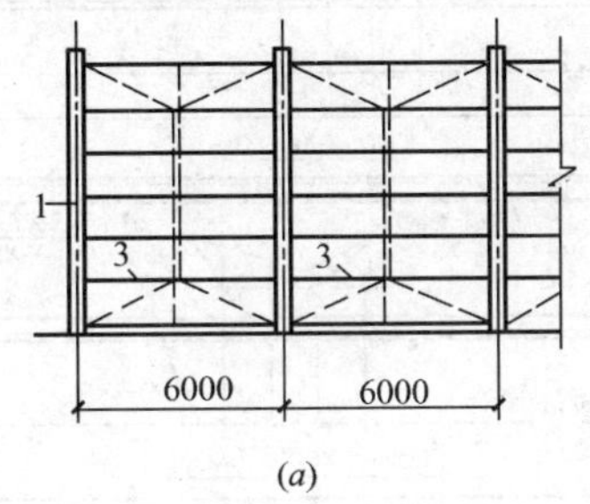

(a)

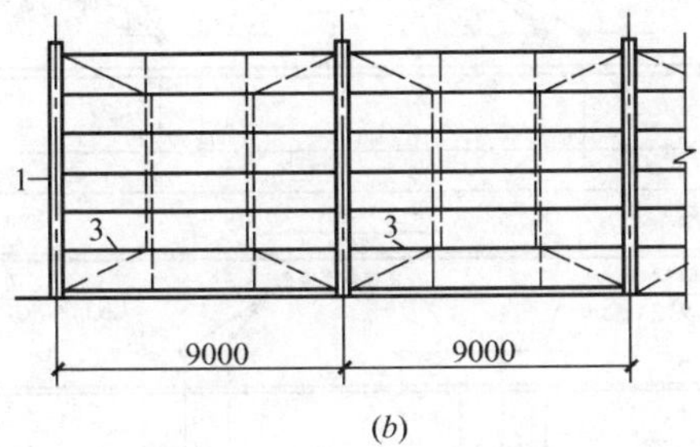

(b)

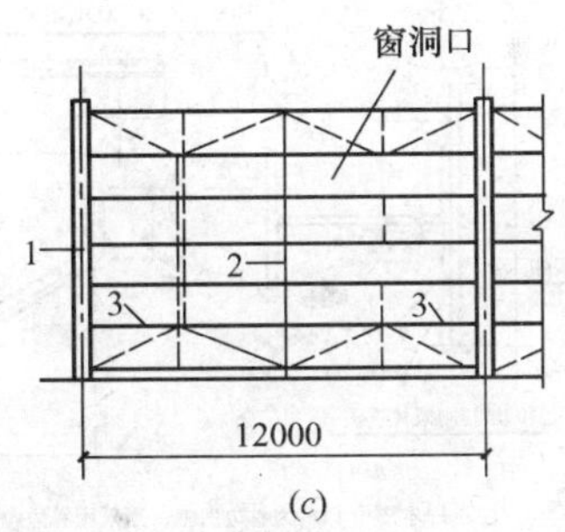

(c)

图 4.10-1 墙架构件布置图［柱距 7.5m 同（b）］

（a）柱距 6m；（b）柱距 9m；（c）柱距 12m

1—厂房柱；2—墙架柱；3—横梁

4.10.3 墙梁详图（如图 4.10-2 所示）

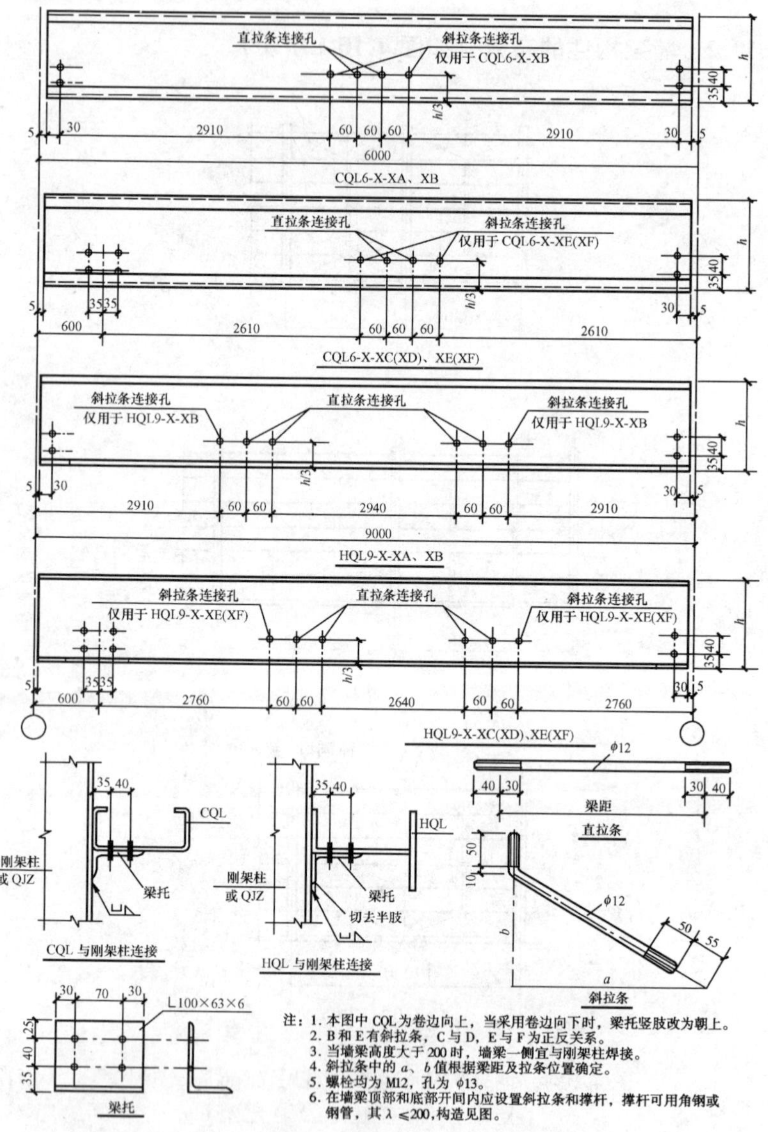

图 4.10-2　墙梁详图

注：1. 图 4.10-2 中只表示 CQL6 和 HQL9 的详图。余均参考此图。

2. 凡设一根拉条时可参考 CQL6，两根拉条时可参考 HQL9。

4.10.4 墙梁柱构件选用（见表 4.10-2）

墙梁柱构件选用表 表 4.10-2

风荷载等级（标准值［w_k］）	构件编号	柱高（m）	柱距（m）	截面规格	用钢量（kg/m^2）	应力比 σ/f	备注
1（$0.5kN/m^2$）	QJZ4.5-4.5-1	4.5	4.5	H120×75×3.2×4.5	1.96	0.718	
	QJZ4.5-6.0-1		6.0	H120×75×3.2×4.5	1.47	0.957	
	QJZ4.5-7.5-1		7.5	H150×100×3.2×4.5	1.41	0.938	
	QJZ4.5-9.0-1		9.0	H200×100×3.2×4.5	1.32	0.794	
	QJZ6.0-4.5-1	6.0	4.5	H150×100×3.2×4.5	2.36	0.998	
	QJZ6.0-6.0-1		6.0	H200×100×3.2×4.5	1.98	0.938	
	QJZ6.0-7.5-1		7.5	H200×150×3.2×4.5	2.05	0.832	
	QJZ6.0-9.0-1		9.0	H200×150×3.2×4.5	1.71	0.998	
	QJZ7.5-4.5-1	7.5	4.5	H200×150×3.2×4.5	3.42	0.779	
	QJZ7.5-6.0-1		6.0	H250×125×3.2×4.5	2.48	0.927	
	QJZ7.5-7.5-1		7.5	H250×150×3.2×4.5	2.22	0.996	
	QJZ7.5-9.0-1		9.0	H300×150×3.2×4.5	1.99	0.960	
	QJZ9.0-4.5-1	9.0	4.5	H250×125×3.2×4.5	3.31	1.000	
	QJZ9.0-6.0-1		6.0	H300×150×3.2×4.5	2.98	0.920	
	QJZ9.0-7.5-1		7.5	H350×175×3.2×4.5	2.79	0.842	
	QJZ9.0-9.0-1		9.0	H350×175×4.5×6.0	3.16	0.759	

续表

风荷载等级（标准值 [w_k]）	构件编号	柱高（m）	柱距（m）	截面规格	用钢量（kg/m^2）	应力比 σ/f	备 注
1（0.5kN/m^2）	QJZ12-4.5-1	12.0	4.5	H300×150×4.5×6.0	5.40	0.922	
	QJZ12-6.0-1		6.0	H300×150×4.5×8.0	4.81	0.985	
	QJZ12-7.5-1		7.5	H350×175×4.5×8.0	4.50	0.897	
	QJZ12-9.0-1		9.0	H350×200×6.0×8.0	4.54	0.919	
2（0.7kN/m^2）	QJZ4.5-4.5-2	4.5	4.5	H150×100×3.2×4.5	2.36	0.786	
	QJZ4.5-6.0-2		6.0	H200×100×3.2×4.5	1.98	0.738	
	QJZ4.5-7.5-2		7.5	H200×100×3.2×4.5	1.58	0.922	
	QJZ4.5-9.0-2		9.0	H200×150×3.2×4.5	1.71	0.785	
	QJZ6.0-4.5-2	6.0	4.5	H200×100×3.2×4.5	2.64	0.981	
	QJZ6.0-6.0-2		6.0	H200×150×3.2×4.5	2.57	0.928	
	QJZ6.0-7.5-2		7.5	H250×150×3.2×4.5	2.22	0.891	
	QJZ6.0-9.0-2		9.0	H300×150×3.2×4.5	1.99	0.858	

续表

风荷载等级（标准值［w_k］）	构件编号	柱高（m）	柱距（m）	截面规格	用钢量（kg/m²）	应力比 σ/f	备 注
2（0.7kN/m²）	QJZ7.5-4.5-2	7.5	4.5	H250×125×3.2×4.5	3.31	0.970	
	QJZ7.5-6.0-2		6.0	H300×150×3.2×4.5	2.98	0.892	
	QJZ7.5-7.5-2		7.5	H350×175×3.2×4.5	2.79	0.861	
	QJZ7.5-9.0-2		9.0	H350×175×3.2×4.5	2.33	0.979	
	QJZ9.0-4.5-2	9.0	4.5	H300×150×3.2×4.5	3.98	0.963	
	QJZ9.0-6.0-2		6.0	H350×175×3.2×4.5	3.49	0.939	
	QJZ9.0-7.5-2		7.5	H350×175×4.5×6.0	3.79	0.882	
	QJZ9.0-9.0-2		9.0	H350×150×4.5×8.0	3.40	0.963	
	QJZ12-4.5-2	12.0	4.5	H350×175×4.5×6.0	6.32	0.940	
	QJZ12-6.0-2		6.0	H400×150×4.5×8.0	5.40	0.968	
	QJZ12-7.5-2		7.5	H400×200×4.5×9.0	5.57	0.867	
	QJZ12-9.0-2		9.0	—			

注：同表 4.10-1 注 3。但 μ_s 宜取 ±1.0。

附录A　风荷载计算

A.0.1　垂直于建筑物表面的风荷载，应按下列公式计算：

$$w_k = \mu_s \mu_z w_0 \tag{A-1}$$

式中　w_k——风荷载标准值（kN/m^2）；

w_0——基本风压，按现行国家标准《建筑结构荷载规范》（GB 50009）的规定值乘以1.05采用；

μ_z——风荷载高度变化系数，按现行国家标准《建筑结构荷载规范》（GB 50009）的规定采用；当高度小于10m时，应按10m高度处的数值采用；

μ_s——风荷载体型系数，考虑内、外风压最大值的组合，且含阵风系数，按A.0.2的规定采用。

A.0.2　对于门式刚架轻型房屋，当其屋面坡度α不大于10°、屋面平均高度不大于18m、房屋高宽比不大于1、檐口高度不大于房屋的最小水平尺寸时，风荷载体型系数μ_s应按下列规定采用：

（1）刚架的风荷载体型系数，应按表A.0-1的规定采用［图A.0-1（*a*）、图A.0-1（*b*）］；

（2）檩条和墙梁的风荷载体型系数，应按表A.0-2的规定采用（图A.0-2）；

（3）屋面板和墙板的风荷载体型系数，应按表A.0-3的规定采用（图A.0-2）；

（4）山墙墙架构件的风荷载体型系数，应按表A.0-4的规定采用（图A.0-2）；

（5）屋面挑檐的风荷载体型系数，应按表A.0-5的规定采用（图A.0-3）。

注：对于本条未作规定的建筑类型和体型，风荷载体型系数及相应的基本风压和阵风系数可按现行国家标准《建筑结构荷载规范》（GB 50009）的规定采用。

刚架的风荷载体型系数 **表 A.0-1**

建筑类型	分区					
	端区					
	1E	2E	3E	4E	5E	6E
封闭式	+0.50	-1.40	-0.80	-0.70	+0.90	-0.30
部分封闭式	+0.10	-1.80	-1.20	-1.10	+1.00	-0.20
建筑类型	分区					
	中间区					
	1	2	3	4	5	6
封闭式	+0.25	-1.00	-0.65	-0.55	+0.65	-0.15
部分封闭式	-0.15	-1.40	-1.05	-0.95	+0.75	-0.05

注：1. 表中，正号（压力）表示风力由外朝向表面；负号（吸力）表示风力自表面向外离开，下同；

2. 屋面以上的周边伸出部位，对1区和5区可取+1.3，对4区和6区可取-1.3，这些系数包括了迎风面和背风面的影响；

3. 当端部柱距不小于端区宽度时，端区风荷载超过中间区的部分，宜直接由端刚架承受；

4. 单坡房屋的风荷载体型系数，可按双坡房屋的两个半边处理［图 A.0-1(*b*)］。

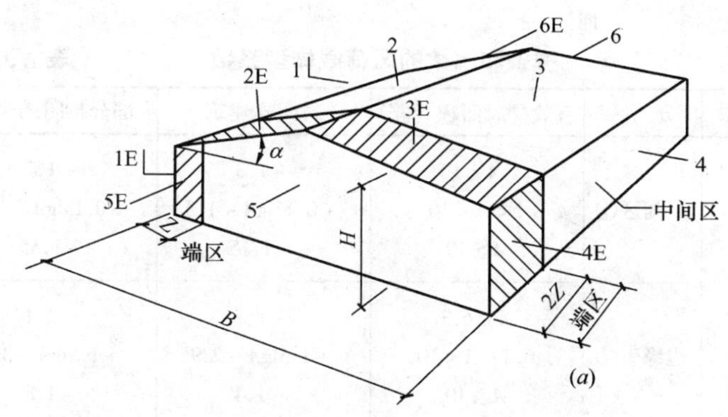

图 A.0-1 刚架的风荷载体型系数分区（一）

(*a*) 双坡刚架

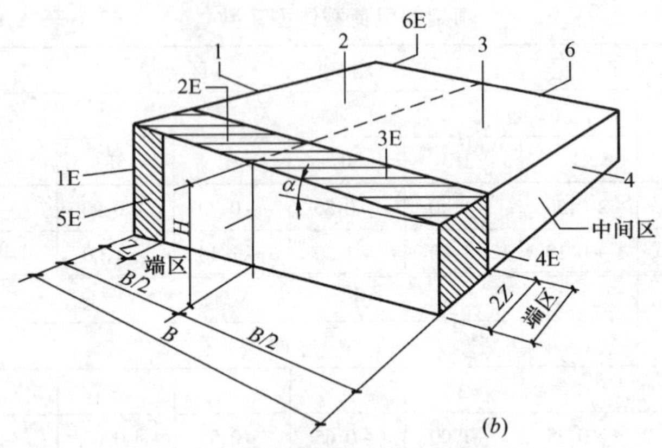

图 A.0-1　刚架的风荷载体型系数分区（二）

（b）单坡刚架

注：α——屋面与水平面的夹角；

B——建筑宽度；

H——屋顶至地面的平均高度，可近似取檐口高度；

z——计算围护结构构件时的房屋边缘带宽度，取建筑最小水平尺寸的10%或0.4H中之较小值，但不得小于建筑最小尺寸的4%或1m（图A.0-2，图A.0-3）；计算刚架时的房屋端区宽度取 Z（横向）和 2Z（纵向）。

檩条和墙梁的风荷载体型系数　　**表 A.0-2**

结构构件	分　区	有效受风面积（m²）	封闭式建筑	部分封闭式建筑
檩　条	中间区①	$A \leqslant 1$	-1.3	-1.7
		$1 < A < 10$	$+0.15\lg A - 1.3$	$+0.15\lg A - 1.7$
		$A \geqslant 10$	-1.15	-1.55
	边缘带②	$A \leqslant 6.3$	-1.7	-2.1
		$6.3 < A < 10$	$+1.5\lg A - 2.9$	$+1.5\lg A - 3.3$
		$A \geqslant 10$	-1.4	-1.8
	角　部③	$A \leqslant 1$	-2.9	-3.3
		$1 < A < 10$	$+1.5\lg A - 2.9$	$+1.5\lg A - 3.3$
		$A \geqslant 10$	-1.4	-1.8

续表

结构构件	分 区	有效受风面积（m²）	封闭式建筑	部分封闭式建筑
墙梁	中间区④	$A \geqslant 10$	-1.1 +1.0	-1.5 +1.1
	边缘带⑤	$A \geqslant 10$	-1.1 +1.0	-1.5 +1.1

注：1. 表中，A 为构件的有效受风面积，按 A.0.3 的规定计算，下同；

2. 表中列有压力和吸力时，应按两种情况进行结构构件计算，下同；

3. 表中，带圆圈的数字表示分区号，见图 A.0-2，下同。

屋面板和墙板的风荷载体型系数　　表 A.0-3

结构构件	分 区	有效受风面积（m²）	封闭式建筑	部分封闭式建筑
屋面板和紧固件	中间区①	$A_1 \leqslant 1$	-1.3	-1.7
	边缘带②	$A_1 \leqslant 1$	-1.7	-2.1
	角 部③	$A_1 \leqslant 1$	-2.9	-3.3
墙板和紧固件	中间区④	$A_1 \leqslant 1$	-1.2 +1.2	-1.6 +1.3
	边缘带⑤	$A_1 \leqslant 1$	-1.4 +1.2	-1.8 +1.3

注：表中，A_1 为紧固件的有效受风面积。

山墙墙架构件的风荷载体型系数　　表 A.0-4

结构构件	分 区	有效受风面积（m²）	封闭式建筑	部分封闭式建筑
斜梁	中间区①	$A \geqslant 10$	-1.2	-1.6
	边缘带②	$A \geqslant 10$	-1.3	-1.7
	角 部③	$A \geqslant 10$	-1.3	-1.7
柱	中间区④	$A \geqslant 20$	-1.0 +1.0	-1.4 +1.1
	边缘带⑤	$A \geqslant 20$	-1.1 +1.0	-1.5 +1.1

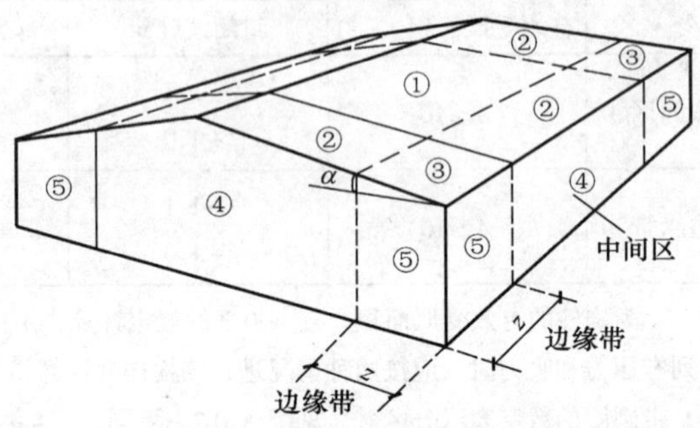

图 A.0-2　围护结构的风荷载体型系数分区

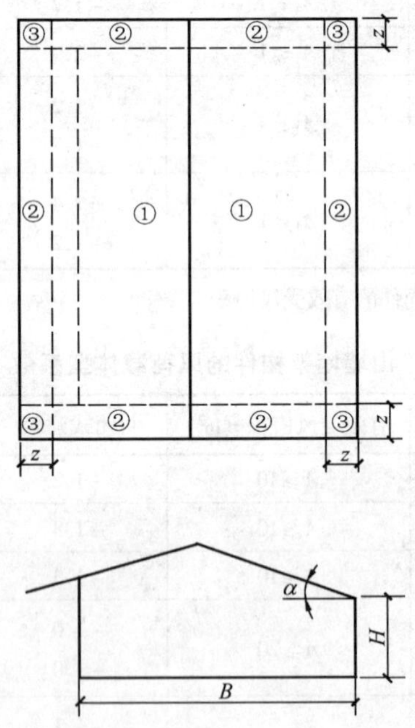

图 A.0-3　挑檐的风荷载体型系数分区

挑檐的风荷载体型系数　　**表 A.0-5**

结构构件	分区	有效受风面积（m^2）	封闭式建筑
面板和紧固件	中间区①	$A_1 \leqslant 1$	-1.9
	边缘带②	$A_1 \leqslant 1$	-1.9
	角　部③	$A_1 \leqslant 1$	-2.7
檩条和斜梁	中间区① 和边缘带②	$A \leqslant 1$ $1 < A \leqslant 10$ $10 < A < 50$ $A \geqslant 50$	-1.9 $+0.1\lg A - 1.9$ $+0.858\lg A - 2.658$ -1.2
	角　部③	$A_1 \leqslant 1$ $1 < A < 10$ $A \geqslant 10$	-2.7 $+1.8\lg A - 2.7$ -0.9

注：挑檐的系数包括风荷载对上表面和下表面作用之和。

A.0.3　门式刚架轻型房屋的有效受风面积应按下列规定确定：

（1）构件的有效受风面积 A 可按下列公式计算：

$$A = lc \tag{A-2}$$

式中　l——所考虑构件的跨度；

c——所考虑构件的受风宽度，应大于（$a+b$）/2 或 $l/3$；

a、b——分别为所考虑构件（墙架柱、墙梁、檩条等）在左、右侧或上、下侧与相邻构件间的距离。

（2）无确定宽度的外墙和其他板式构件采用 $c = l/3$；

（3）紧固件的有效受风面积 A_1 取对所考虑的外力起作用的表面面积。

附录B　斜卷边Z形冷弯型钢的截面特性

B.0.1　斜卷边Z形冷弯型钢的截面特性

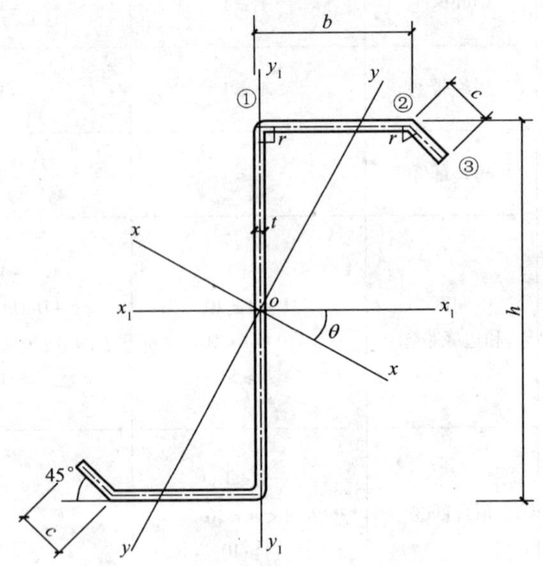

斜卷边Z形冷弯型钢的截面特性　　表B.0-1

序号	截面代号	截面尺寸（mm）				截面面积 A (cm²)	质量 g (kg/m)	θ (°)	x_1-x_1		
		H	B	c	t				I_{x1} (cm⁴)	i_{x1} (cm)	W_{x1} (cm³)
1	Z140×2.0	140	50	20	2.0	5.392	4.233	21.986	162.065	5.482	23.152
2	Z140×2.2	140	50	20	2.2	5.909	4.638	21.998	176.813	5.470	25.259
3	Z140×2.5	140	50	20	2.5	6.676	5.240	22.018	198.446	5.452	28.349
4	Z160×2.0	160	60	20	2.0	6.192	4.861	22.104	246.830	6.313	30.854
5	Z160×2.2	160	60	20	2.2	6.789	5.329	22.113	269.592	6.302	33.699
6	Z160×2.5	160	60	20	2.5	7.676	6.025	22.128	303.090	6.284	37.886
7	Z180×2.0	180	70	20	2.0	6.992	5.489	22.185	356.620	7.141	39.624

续表

序号	截面代号	截面尺寸（mm）				截面面积 A （cm^2）	质量 g （kg/m）	θ （°）	x_1-x_1		
		H	B	c	t				I_{x1} （cm^4）	i_{x1} （cm）	W_{x1} （cm^3）
8	Z180×2.2	180	70	20	2.2	7.669	6.020	22.193	389.835	7.130	43.315
9	Z180×2.5	180	70	20	2.5	8.676	6.810	22.205	438.835	7.112	48.759
10	Z200×2.0	200	70	20	2.0	7.392	5.803	19.305	455.430	7.849	45.543
11	Z200×2.2	200	70	20	2.2	8.109	6.365	19.309	498.023	7.837	49.802
12	Z200×2.5	200	70	20	2.5	9.176	7.203	19.314	560.921	7.819	56.092
13	Z220×2.0	220	75	20	2.0	7.992	6.274	18.300	592.787	8.612	53.890
14	Z220×2.2	220	75	20	2.2	8.769	6.884	18.302	648.520	8.600	58.956
15	Z220×2.5	220	75	20	2.5	9.926	7.792	18.305	730.926	8.581	66.448
16	Z250×2.0	250	75	20	2.0	8.592	6.745	15.389	799.640	9.647	63.791
17	Z250×2.2	250	75	20	2.2	9.429	7.402	15.387	875.145	9.634	70.012
18	Z250×2.5	250	75	20	2.5	10.676	8.380	15.385	986.898	9.615	78.952

序号	截面代号	y_1-y_1			$x-x$				$y-y$	
		I_{y1} （cm^4）	i_{y1} （cm）	W_{y1} （cm^3）	I_x （cm^4）	i_x （cm）	W_{x1} （cm^3）	W_{x2} （cm^3）	I_y （cm^4）	i_y （cm）
1	Z140×2.0	39.363	2.702	6.234	185.962	5.872	30.377	22.470	15.466	1.694
2	Z140×2.2	42.928	2.693	6.809	202.926	5.860	33.352	24.544	16.814	1.687
3	Z140×2.5	48.154	2.686	7.657	227.828	5.842	37.792	27.598	18.771	1.667
4	Z160×2.0	60.271	3.120	8.240	283.680	6.768	40.271	29.603	23.422	1.945
5	Z160×2.2	65.802	3.113	9.009	309.841	6.756	44.225	32.367	25.503	1.938
6	Z160×2.5	73.935	3.104	10.143	348.487	6.738	50.132	36.445	28.537	1.928
7	Z180×2.0	87.417	3.536	10.514	410.315	7.660	51.502	37.679	33.722	2.196
8	Z180×2.2	95.518	3.529	11.502	448.592	7.648	56.570	41.226	36.761	2.189
9	Z180×2.5	107.460	3.519	12.964	505.087	7.630	64.143	46.471	41.208	2.179

续表

序号	截面代号	y_1-y_1			$x-x$				$y-y$	
		I_{y1} (cm⁴)	i_{y1} (cm)	W_{y1} (cm³)	I_x (cm⁴)	i_x (cm)	W_{x1} (cm³)	W_{x2} (cm³)	I_y (cm⁴)	i_y (cm)
10	Z200×2.0	87.418	3.439	10.514	506.903	8.281	56.094	43.435	35.944	2.205
11	Z200×2.2	95.520	3.432	11.503	554.346	8.263	61.618	47.533	39.197	2.200
12	Z200×2.5	107.462	3.422	12.964	624.421	8.249	69.876	53.596	43.962	2.189
13	Z220×2.0	103.580	3.600	11.751	652.866	9.038	65.085	51.326	43.500	2.333
14	Z220×2.2	113.220	3.593	12.860	714.275	9.025	71.501	56.190	47.465	2.327
15	Z220×2.5	127.443	3.583	14.500	805.086	9.006	81.096	63.392	53.283	2.317
16	Z250×2.0	103.580	3.472	11.752	856.690	9.985	71.976	61.841	46.532	2.327
17	Z250×2.2	113.223	3.465	12.860	937.579	9.972	88.870	67.773	50.789	2.321
18	Z250×2.5	127.447	3.455	14.500	1057.300	9.952	89.108	76.584	57.044	2.312

序号	截面代号	$y-y$		I_{x1y1} (cm⁴)	I_t (cm⁴)	I_ω (cm⁶)	k (cm⁻¹)	$W_{\omega1}$ (cm⁴)	$W_{\omega2}$ (cm⁴)
		W_{y1} (cm³)	W_{y2} (cm³)						
1	Z140×2.0	6.107	8.067	59.189	0.0719	1298.621	0.0048	118.281	59.185
2	Z140×2.2	6.659	8.823	64.638	0.0953	1407.575	0.0051	130.014	64.382
3	Z140×2.5	7.468	9.941	72.659	0.1391	1563.520	0.0058	147.558	71.926
4	Z160×2.0	8.018	9.564	90.733	0.0826	2559.036	0.0035	175.940	82.223
5	Z160×2.2	8.753	10.460	99.179	0.1095	2729.796	0.0039	193.430	89.569
6	Z160×2.5	9.834	11.775	111.642	0.1599	3098.400	0.0044	219.605	100.260
7	Z180×2.0	10.191	11.289	131.674	0.0932	4643.994	0.0028	248.609	110.100
8	Z180×2.2	11.135	12.351	144.034	0.1237	5052.769	0.0031	274.455	121.130
9	Z180×2.5	12.528	13.923	162.307	0.1807	5646.157	0.0035	311.661	135.810
10	Z200×2.0	11.109	11.339	146.944	0.0986	5882.294	0.0025	302.430	123.440
11	Z200×2.2	12.138	12.419	160.756	0.1308	6403.010	0.0028	332.826	134.660

续表

序号	截面代号	y－y		I_{x1y1} (cm⁴)	I_t (cm⁴)	I_ω (cm⁶)	k (cm⁻¹)	$W_{\omega1}$ (cm⁴)	$W_{\omega2}$ (cm⁴)
		W_{y1} (cm³)	W_{y2} (cm³)						
12	Z200×2.5	13.654	14.021	181.132	0.1912	7160.113	0.0032	378.452	151.083
13	Z220×2.0	12.829	12.343	181.661	0.1066	8483.845	0.0022	383.110	148.380
14	Z220×2.2	14.023	13.524	198.803	0.1415	9242.136	0.0024	421.750	161.950
15	Z220×2.5	15.783	15.278	224.175	0.2068	10347.654	0.0028	479.804	181.874
16	Z250×2.0	14.553	12.090	207.280	0.1146	11298.920	0.0020	485.919	169.980
17	Z250×2.2	15.946	14.211	226.864	0.1521	12314.840	0.0022	535.491	184.530
18	Z250×2.5	18.014	16.169	255.870	0.2224	13797.018	0.0025	610.188	207.379

附录C　卷边槽形冷弯型钢的截面特性

C.0.1　卷边槽形冷弯型钢的截面特性

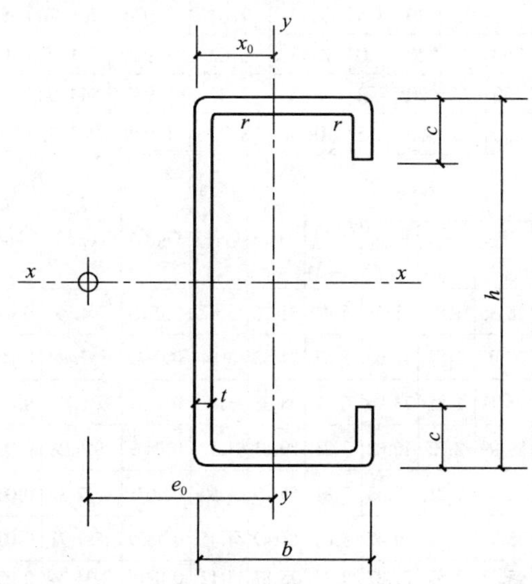

卷边槽形冷弯型钢的截面特性 表 C.0-1

序号	截面代号	截面尺寸(mm) H	B	c	t	截面面积 A (cm^2)	质量 g (kg/m)	x_0 (cm)	x－x I_x (cm^4)	i_x (cm)	W_x (cm^3)
1	C140×2.0	140	50	20	2.0	5.27	4.14	1.590	154.03	5.41	22.00
2	C140×2.2	140	50	20	2.2	5.76	4.52	1.590	167.40	5.39	23.91
3	C140×2.5	140	50	20	2.5	6.48	5.09	1.580	186.78	5.39	26.68
4	C160×2.0	160	60	20	2.0	6.07	4.76	1.850	236.59	6.24	29.57
5	C160×2.2	160	60	20	2.2	6.64	5.21	1.850	257.57	6.23	32.20
6	C160×2.5	160	60	20	2.5	7.48	5.87	1.850	288.13	6.21	36.02
7	C180×2.0	180	70	20	2.0	6.87	5.39	2.110	343.93	7.08	38.21
8	C180×2.2	180	70	20	2.2	7.52	5.90	2.110	374.90	7.06	41.66
9	C180×2.5	180	70	20	2.5	8.48	6.66	2.110	420.20	7.04	46.69
10	C200×2.0	200	70	20	2.0	7.27	5.71	2.000	440.04	7.78	44.00
11	C200×2.2	200	70	20	2.2	7.96	6.25	2.000	479.87	7.77	47.99
12	C200×2.5	200	70	20	2.5	8.98	7.05	2.000	538.21	7.74	53.82
13	C220×2.0	220	75	20	2.0	7.87	6.18	2.080	574.45	8.54	52.22
14	C220×2.2	220	75	20	2.2	8.62	6.77	2.080	626.85	8.53	56.99
15	C220×2.5	220	75	20	2.5	9.73	7.64	2.074	703.76	8.50	63.98
16	C250×2.0	250	75	20	2.0	8.43	6.62	1.932	771.01	9.56	61.68
17	C250×2.2	250	75	20	2.2	9.26	7.27	1.933	844.08	9.55	67.53
18	C250×2.5	250	75	20	2.5	10.48	8.23	1.934	952.33	9.53	76.19

序号	截面代号	y－y I_1 (cm^4)	i_y (cm)	W_{ymax} (cm^3)	W_{ymin} (cm^3)	y_1-y_1 I_{y1} (cm^4)	e_0 (cm)	I_t (cm^4)	I_ω (cm^6)	k (cm^{-1})	$W_{\omega1}$ (cm^4)	$W_{\omega2}$ (cm^4)
1	C140×2.0	18.56	1.88	11.68	5.44	31.86	3.87	0.0703	794.79	0.0058	51.34	52.22
2	C140×2.2	20.03	1.87	12.62	5.87	34.53	3.84	0.0929	852.46	0.0065	55.98	56.84
3	C140×2.5	22.11	1.85	13.96	6.47	38.38	3.80	0.1351	931.89	0.0075	62.56	63.56
4	C160×2.0	29.99	2.22	16.02	7.23	50.83	4.52	0.0809	1956.28	0.0044	76.92	71.30
5	C160×2.2	32.45	2.21	17.53	7.82	55.19	4.50	0.1071	1717.82	0.0049	83.82	77.55
6	C160×2.5	35.96	2.19	19.47	8.66	61.49	4.45	0.1559	1887.71	0.0056	93.87	86.63
7	C180×2.0	45.18	2.57	21.37	9.25	75.87	5.12	0.0916	2934.34	0.0035	109.50	95.22

续表

序号	截面代号	$y-y$				y_1-y_1	e_0 (cm)	I_t (cm^4)	I_ω (cm^6)	k (cm^{-1})	$W_{\omega 1}$ (cm^4)	$W_{\omega 2}$ (cm^4)
		I_1 (cm^4)	i_y (cm)	W_{ymax} (cm^3)	W_{ymin} (cm^3)	I_{y1} (cm^4)						
8	C180×2.2	48.97	2.55	23.19	10.02	81.49	5.14	0.1213	3165.62	0.0038	119.44	103.58
9	C180×2.5	54.42	2.53	25.82	11.12	92.06	5.10	0.1767	3492.15	0.0044	133.99	115.73
10	C200×2.0	46.71	2.54	23.32	9.35	75.88	4.96	0.0969	3672.33	0.0032	126.74	106.15
11	C200×2.2	50.64	2.52	25.31	10.13	82.49	4.93	0.1284	3963.82	0.0035	138.26	115.74
12	C200×2.5	56.27	2.50	28.18	11.25	92.09	4.89	0.1871	4376.18	0.0041	155.14	129.75
13	C220×2.0	56.88	2.69	27.35	10.50	90.93	5.18	0.1049	5313.52	0.0028	158.43	127.32
14	C220×2.2	61.71	2.68	29.70	11.38	98.91	5.15	0.1391	5742.07	0.0031	172.92	138.93
15	C220×2.5	68.66	2.66	33.11	12.65	110.51	5.11	0.2028	6351.05	0.0035	194.18	155.94
16	C250×2.0	58.46	2.63	30.25	10.50	89.95	4.90	0.1125	6944.92	0.0025	190.93	146.73
17	C250×2.2	63.68	2.62	32.94	11.44	98.27	4.87	0.1493	7545.39	0.0028	208.66	160.20
18	C250×2.5	71.31	2.69	36.86	12.81	110.53	4.84	0.2184	8415.77	0.0032	234.81	180.01

附录 D 楔形梁在刚架平面内的换算长度系数

D.0.1 当刚架斜梁为图 4.4-1 所示的楔形变截面构件时，其换算长度 l_b 为 $2\psi s$，s 为一个坡面的长度，ψ 为换算长度系数，可由图 D.0-2 查得。图中，β 为相连楔形段的长度比；γ_1 和 γ_2 分别为第一、第二楔形段的楔率，可按下列公式确定：

$$\gamma_1 = \frac{d_1}{d_0} - 1 \qquad \text{(D-1)}$$

$$\gamma_2 = \frac{d_2}{d_0} - 1 \qquad \text{(D-2)}$$

式中，d_1 和 d_2 为两段式斜梁左、右端截面大头的高度；d_0 为斜梁中部截面小头的高度（图 D.0-1）。当考虑有侧移失稳时，刚架脊点可视为斜梁铰接支点。

B
A
d_0、I_0
A
B
$d_1=d_0(1+\gamma_1)$
$d_2=d_0(1+\gamma_2)$
$(1-\beta)s$
βs
s
(a)
$d_2=d_0\left(1+\gamma_1\frac{(1-\beta)b-z}{(1-\beta)b}\right)$
$d_1=d_0(1+\gamma_1)$
M_1
$I_1=I_0(1+\gamma_1)^2$
1
d_0、I_0
2
$d_2=d_0\left(1+\gamma_1\frac{z-(1-\beta)b}{\beta b}\right)$
$d_2=d_0(1+\gamma_2)$
$I_2=I_0(1+\gamma_2)^2$
γ_1
γ_2
$(1-\beta)b$
βb
b
$M_z=(1-\frac{z}{b})M_1$
M_1
z
(b)
M_1
$d_1=d_0(1+\gamma_1)$
d_0、I_0
2
$d_2=d_0(1+\gamma_2)$
γ_1
γ_2
$(1-\beta)b$
βb
b
$M_z=(1-\frac{z}{b})M_1-\frac{z}{b}M_2$
M_1
z
M_2
(c)
M_1
$d_2=d_0(1+\gamma_2)=d_0(1+\gamma')$
1
$d_1=d_0(1+\gamma_1)$
d_0、I_0
2
3
d_0'、I_0'
$(1-\beta)b$
γ_1
γ_2
βb
b
b'
$M_z=(1-\frac{z}{b})M_1-\frac{z}{b}M_2$
M_1
z
M_2
(d)

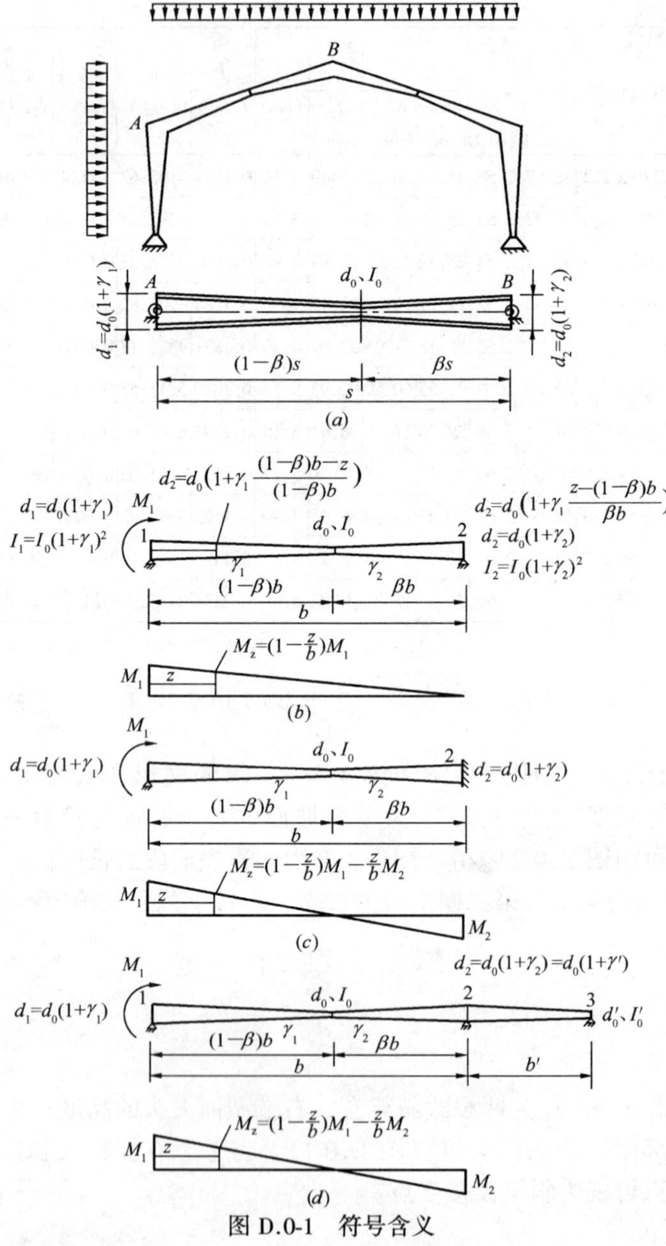

图 D.0-1　符号含义

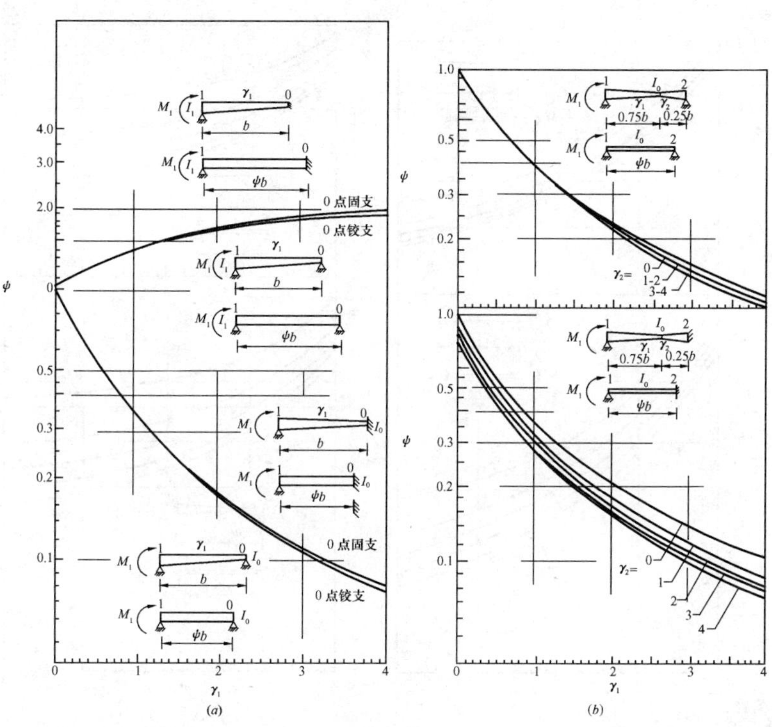

图 D.0-2　楔形梁在刚架平面内的换算长度系数（一）

（a）$\beta=0$；（b）$\beta=0.25$

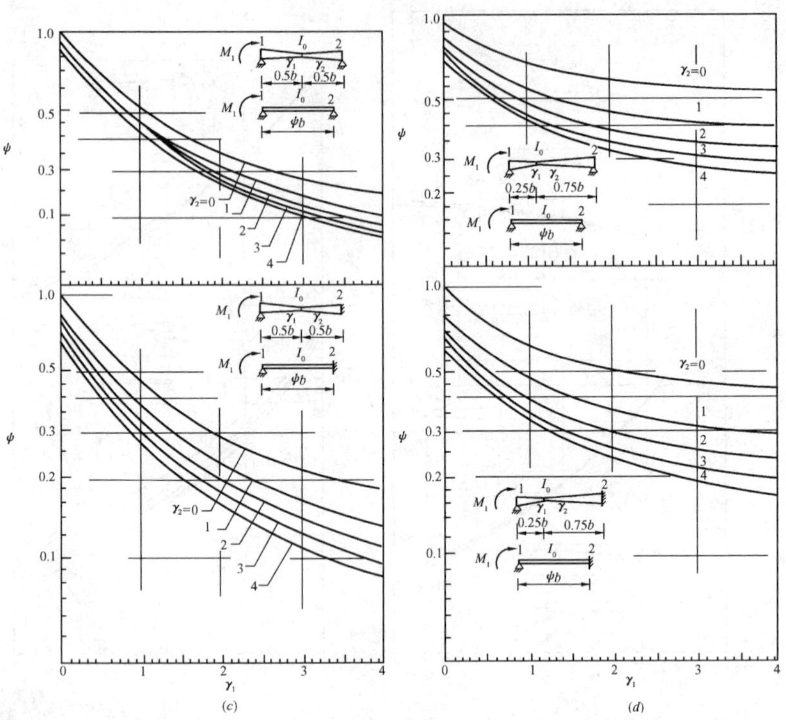

图 D.0-2 楔形梁在刚架平面内的换算长度系数（二）

（c）$\beta=0.50$；（d）$\beta=0.75$；

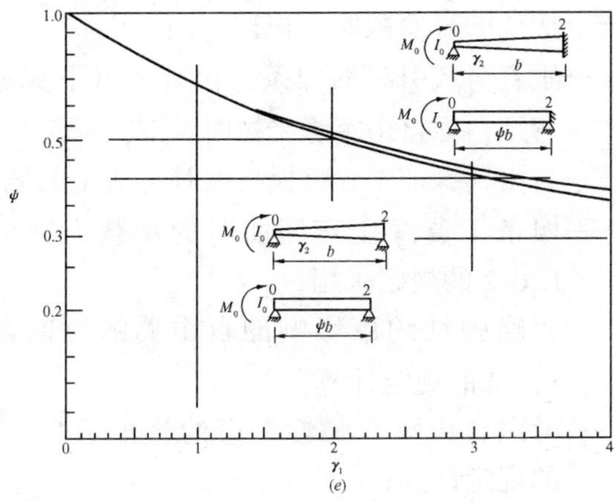

图 D.0-2 楔形梁在刚架平面内的换算长度系数（三）

（e）$\beta=1.0$

附录E 檩条在风吸力作用下的稳定计算

E.0.1 当屋面能阻止檩条上翼缘侧向位移和扭转时，在风吸力作用下檩条下翼缘的受压稳定性可按下列公式验算：

$$\frac{1}{\chi}\left(\frac{M_{\mathrm{x}}}{W_{\mathrm{ex}}}+\frac{N}{A_{\mathrm{e}}}\right)+\frac{M'_{\mathrm{y}}}{W_{\mathrm{fly}}}\leqslant f \tag{E-1}$$

$$M'_{\mathrm{y}} = \eta M'_{\mathrm{y0}} \tag{E-2}$$

$$q'_{\mathrm{x}} = kq_{\mathrm{y}} \tag{E-3}$$

$$R = Kl_{\mathrm{y}}^{4}/\pi^{4}EI_{\mathrm{fly}} \tag{E-4}$$

式中 M_{x}——对截面主轴 x 的弯矩设计值；

M_{ex}——檩条有效截面对主轴 x 的截面模量。腹板有效面积的分布应按现行国家标准《冷弯薄壁型钢结构技术规范》第5.6节的规定计算；

N——檩条轴向力设计值；

A_e——檩条的有效截面面积；

M'_y——垂直荷载引起的檩条自由翼缘（下翼缘）的侧向弯矩；当自由翼缘受拉时，M'_y 为零；

W_{fly}——自由翼缘加 1/6 腹板高度对主轴 y 的截面模量；

χ——檩条下翼缘压弯屈曲时的承载力降低系数，按 E.0.2 的规定采用；

M'_{y0}——忽略弹性约束影响的自由翼缘侧向弯矩，按表 E.0-2 的规定计算；

η——考虑自由翼缘弹性约束的修正系数，按表 E.0-2 的规定计算；

q'_x——由于截面扭转引起的作用于自由翼缘的假想侧向荷载；

q_y——垂直于翼缘的荷载设计值；

R——参数；

k——系数，按表 E.0-1 所列公式计算；

l_y——拉条间的距离，当无拉条时为檩条跨度；

I_{fly}——自由翼缘对主轴的惯性矩，取自由翼缘加 1/6 腹板高度的截面对主轴 y 的惯性矩；

K——侧向弹簧刚度，按 E.0.3 的规定确定。

系数 k 的计算公式　　表 E.0-1

截面类型和荷载	k 值	自由翼缘水平力作用方向
q_y, h, e, x_1, x_1, t, b	$\left\|\frac{b^2ht}{4I_{x1}}-\frac{e}{h}\right\|$	与下翼缘伸出方向相同

续表

截面类型和荷载	k值	自由翼缘水平力作用方向
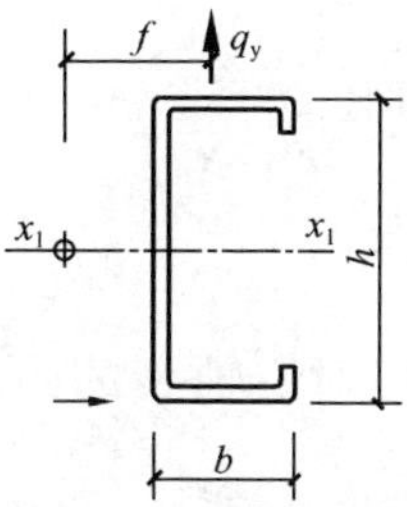	$\frac{f}{h}$	与下翼缘伸出方向相同

注：I_{x1}为截面绕垂直于其高度的轴线的惯性矩。

系数 η 和 M'_{y0}的计算公式　　**表 E.0-2**

拉条数量	M'_{y0}	η
一根	$-q'_x l_y^2/8$	$\frac{1+0.0314R}{1+0.396R}$
两根	$q'_x l_y^2/24$	$\frac{1-0.0125R}{1+0.198R}$

E.0.2　檩条下翼缘压弯屈曲时的承载力降低系数 χ，应按下列规定计算：

$$\chi = 1/[\phi + \sqrt{\phi^2 - \lambda_n^2}], \text{且 } \chi \leqslant 1.0 \tag{E-5}$$

$$\phi = 0.5[1 + \alpha(\lambda_n - 0.2) + \lambda_n^2] \tag{E-6}$$

$$\lambda_n = \lambda_{fly}/\lambda_1 \tag{E-7}$$

$$\lambda_{fly} = l_{fly}/i_{fly} \tag{E-8}$$

$$l_{fly} = 0.7 l_0 (1 + 13.1 R_0^{1.6})^{-0.125}, 0 \leqslant R_0 \leqslant 200 \tag{E-9}$$

$$R_0 = \frac{K l_0^4}{\pi^4 E I_{fly}} \tag{E-10}$$

$$i_{fly} = \sqrt{I_{fly}/A_{fl}} \tag{E-11}$$

$$\lambda_1 = \pi\sqrt{E/f_y} \tag{E-12}$$

式中　α——缺陷系数，上翼缘与面板相连时取 0.21；

l_0——檩条下翼缘受压区长度，简支檩条取跨长，连续檩条取单跨内的受压区长度；

λ_n——自由翼缘的相对长细比；

λ_{fly}——自由翼缘绕自身 $y-y$ 轴的长细比；

A_{fl}——自由翼缘的截面面积；

l_{fly}——自由翼缘的计算长度；

i_{fly}——自由翼缘加 1/6 腹板高度毛截面对主轴 y 的回转半径。

E.0.3　对上翼缘受面板约束的檩条，其下翼缘受压时的侧向弹簧刚度 K 应按下列公式计算：

$$\frac{1}{K}=\frac{4(1-\nu^2)h^2(h_d+e)}{Et^3}+\frac{h^2}{C_t} \tag{E-13}$$

式中　e——荷载的偏心距，对 Z 形檩条为上翼缘螺钉中心至腹板中心的距离 a，对槽形檩条为上翼缘螺钉至截面弯心的距离 f（表 E.0-1）；

h——檩条截面高度；

h_d——檩条腹板展开宽度，对直腹板取 $h_d=h$；

t——檩条厚度；

ν——泊桑比，取 0.3；

C_t——抗扭弹簧刚度，可按 E.0.4 的规定计算。

E.0.4　檩条抗扭弹簧刚度 C_t 可按下列公式计算：

$$C_t=\frac{1}{\dfrac{1}{C_{t1}}+\dfrac{1}{C_{t2}}} \tag{E-14}$$

$$C_{t1}=C_{100}(b/100)^2 \tag{E-15}$$

或

$$C_{t1}=130n \tag{E-16}$$

$$C_{t2}=kEI_1/s \tag{E-17}$$

式中　C_{t1}——面板与檩条连接的抗扭刚度（Nm/m/rad）；

C_{t2}——与面板抗弯刚度相应的抗扭刚度（Nm/m/rad）；

b——檩条的翼缘宽度（mm）；

C_{100}——当 b 为 100mm 时面板与檩条连接的抗扭系数，每个波均连接时取 2600，隔一个波连接时取 1700；

n——每米长度上檩条与面板连接的紧固件数目（面板每个肋不得多于 1 个）；

k——系数，单跨面板可取 2，双跨以上面板可取 4；

I_1——每米宽度面板的有效截面惯性矩；

s——檩条间距（m）。

采用式（E-16）时应符合下列条件：（1）紧固件连接的面板，单波翼缘宽度不得大于 120mm；（2）面板的基板厚度不得小于0.66mm；（3）檩条紧固件至截面转动中心的距离 a 或 b-a 不得小于 25mm（图 E.0-1）。

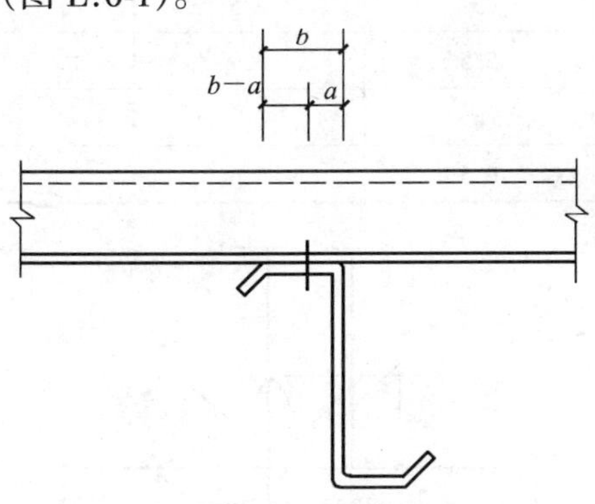

图 E.0-1　紧固件至转动中心的距离

附录F　单面角焊缝的技术要求

F.0.1　单面角焊缝（图 F.0-1）应符合下列规定：

（1）单面角焊缝适用于仅承受剪力的焊缝；

（2）单面角焊缝仅可用于承受静态荷载和间接动态荷载的、非露天和不接触强腐蚀性介质的结构构件；

(3) 焊脚尺寸、焊喉及最小根部熔深应达到表 F.0-1 的要求；

(4) 经工艺评定合格的焊接参数、方法不得变更；

(5) 柱与底板的连接，柱与牛腿的连接，梁端板的连接，吊车梁及支承局部悬挂荷载的吊架等，除非设计专门规定，不得采用单面角焊缝。

单面角焊缝参数（mm）　　**表 F.0-1**

腹板厚度 t_w	最小焊脚尺寸 k	有效厚度 H	最小根部熔深（焊丝直径 1.2～2.0）J
3	3	2.1	1.0
4	4	2.8	1.2
5	5	3.5	1.4
6	5.5	3.9	1.6
7	6	4.2	1.8
8	6.5	4.6	2.0

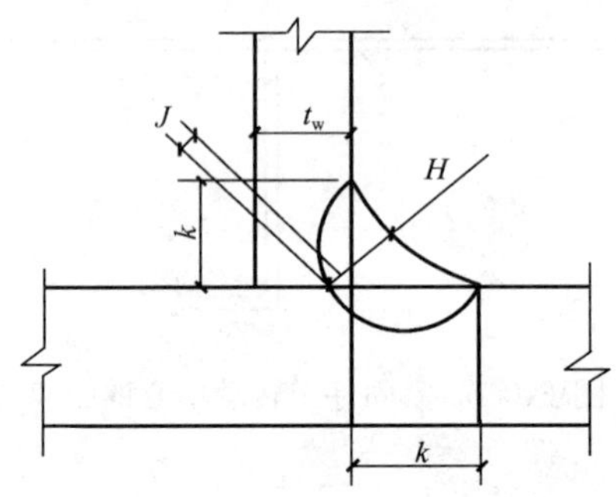

图 F.0-1　单面角焊缝

5 钢结构的防火

5.1 建筑物防火的有关规定

5.1.1 建筑物防火有关规范和技术条件

(1)《建筑设计防火规范》(GB 50016)。

(2)《高层民用建筑设计防火规范》(GB 50045)。

(3)《钢结构防火涂料》(GB 14907)。

(4)《钢结构防火涂料应用技术规范》(CECS 24)。

5.1.2 建筑物的耐火等级及构件的耐火极限

钢结构的耐火等级及耐火极限见表 5.1-1；建筑物构件的燃烧性能和耐火极限见表 5.1-2。

钢结构的耐火等级及耐火极限 **表 5.1-1**

构件名称 范围 耐火极限 (h) 耐火等级	高层民用建筑			一般工业与民用建筑				
	柱	梁	楼板屋顶承重构件	支承多层的柱	支承平层的柱	梁	楼板	屋顶承重构件
一级	3.00	2.00	1.50	3.00	2.50	2.00	1.50	1.50
二级	2.50	1.50	1.00	2.50	2.00	1.50	1.00	0.50
三级				2.50	2.00	1.00	0.50	

注：1. 一、二级耐火等级民用建筑疏散走道两侧的间隔墙，可采用 0.75h 的非燃烧体。
2. 在二级耐火等级的建筑中面积不超过 100m² 的房屋间隔墙，可采用耐火极限不低于 0.3h 的非燃烧体。
3. 二级耐火等级建筑的屋顶如采用耐火极限不低于 0.5h 的承重构件有困难时，可采用无保护层的金属构件。但甲、乙、丙类液体火焰能烧到的部位，应采取防火保护措施。
4. 承重构件为非燃烧体的工业建筑（甲、乙类库房和高层库房除外），其非承重外墙为非燃烧体时，其耐火极限可以降低到 0.25h；为难燃体时，可降低到 0.5h。

建筑物构件的燃烧性能和耐火极限　　表 5.1-2

燃烧性能和耐火极限(h) \ 耐火等级		一　级	二　级	三　级	四　级
墙	防火墙	非燃烧体 4.00	非燃烧体 4.00	非燃烧体 4.00	非燃烧体 4.00
	承重墙、楼梯间、电梯井的墙	非燃烧体 3.00	非燃烧体 2.50	非燃烧体 2.50	非燃烧体 0.50
	非承重外墙、疏散走道两侧的隔墙	非燃烧体 1.00	非燃烧体 1.00	非燃烧体 0.50	难燃烧体 0.25
	房间隔墙	非燃烧体 0.75	非燃烧体 0.50	难燃烧体 0.50	难燃烧体 0.25
柱	支承多层的柱	非燃烧体 3.00	非燃烧体 2.50	非燃烧体 2.50	难燃烧体 0.50
	支承单层的柱	非燃烧体 2.50	非燃烧体 2.00	非燃烧体 2.00	非燃烧体
梁		非燃烧体 2.00	非燃烧体 1.50	非燃烧体 1.00	难燃烧体 0.50
楼板		非燃烧体 1.50	非燃烧体 1.00	非燃烧体 0.50	难燃烧体 0.25
屋顶承重构件		非燃烧体 1.50	非燃烧体 0.50	燃烧体	燃烧体
疏散楼梯		非燃烧体 1.50	非燃烧体 1.00	非燃烧体 1.00	燃烧体
吊顶（包括吊顶搁栅）		非燃烧体 0.25	难燃烧体 0.25	难燃烧体 0.15	燃烧体

注：1. 以木柱承重且以非燃烧材料作为墙体的建筑物，其耐火等级应按四级确定。

2. 高层工业建筑的预制钢筋混凝土装配式结构，其节点缝隙或金属承重构件节点的外露部位应做防火保护层，其耐火极限不应低于本表相应构件的规定。

3. 二级耐火等级的建筑物吊顶，如采用非燃烧体时，其耐火极限不限。

4. 在二级耐火等级的建筑中，面积不超过 $100m^2$ 的房间隔墙，如执行本表的规定有困难时可采用耐火极限不低于 0.3h 的非燃烧体。

5. 一、二级耐火等级民用建筑疏散走道两侧的隔墙，按本规定执行有困难时，可采用 0.75h 非燃烧体。

5.2 钢结构的防火保护措施

5.2.1 钢结构的防火保护措施

未加防火保护的钢结构在火灾温度的作用下，钢材的机械性能迅速下降，不可避免地扭曲变形以至于垮塌毁坏。

未加保护的钢结构构件的耐火极限仅为0.25h，为满足规范规定的耐火极限要求，必须对钢结构施加防火保护。

常用的防火保护办法有：

（1）设置阻火屏障。

（2）浇筑混凝土保护层。

5～10cm厚的C20混凝土保护钢柱可达到1.5～3h的耐火极限。

（3）采用耐火轻质板材作防火外包层。

（4）涂抹防火涂料。

5.3 常用的钢结构防火涂料

5.3.1 防火涂料类型和技术性能指标

（1）类型

B类——薄涂型，涂层厚度2～7mm，耐火极限0.5～2h；

H类——厚涂型，涂层厚度8～50mm，耐火极限0.5～3h。

（2）防火涂料性能指标

室内钢结构防火涂料性能指标见表5.3-1。

室外钢结构防火涂料性能指标见表5.3-2。

5.3.2 钢结构防火涂料的选用

可按以下原则选用防火涂料：

室内钢结构防火涂料性能指标　　表 5.3-1

项目		指标								
		厚涂型（H类）						薄涂型（B类）		
在容器中的状态		经搅拌后呈均匀稠厚流体，无结块						经搅拌后呈均匀液态稠厚流体，无结块		
干燥时间　表干		≤24h						≤12h		
初期干燥抗裂性		一般不应出现裂纹，如有1～3条裂纹，其宽度不应大于1mm						一般不应出现裂纹，如有1～3条裂纹，其宽度不应大于0.5mm		
外观与颜色								外观与颜色同样品相比，应无明显差别		
粘结强度（MPa）		≥0.04						≥0.15		
抗压强度（MPa）		≥0.3								
干密度（kg/m^3）		≤500								
热导率［W/（m·K）］		≤0.116								
抗振性								挠曲 *L*/200，涂层不起层、脱落		
抗弯性								挠曲 1/200，涂层不起层、脱落		
耐水性（h）		≥24						≥24		
耐冻融循环（次）		≥15						≥15		
耐火性能	涂层厚度（mm）	8	15	20	30	40	50	3.0	5.5	7.0
	耐火极限不低于（h）	0.5	1.0	1.5	2.0	2.5	3.0	0.5	1.0	1.5

室外钢结构防火涂料技术指标　　表 5.3-2

技术性能	指标	
	SWH	SWB
在容器中的状态	经搅拌后呈均匀稠厚流体，无结块	经搅拌后呈均匀液态或稠厚流体，无结块
干燥时间　表干(h)	≤24	≤12
	≥0.04	≥0.15
粘结强度（MPa）	≥0.5	
抗压强度（MPa）	≤650	

续表

技术性能	指　　标								
	SWH					SWB			
干密度（kg/m³）	≤0.2								
热导率［W/（m·K）］						≥0.15			
抗弯性						挠曲 *L*/100，涂层不起层脱落			
耐水性（h）	经 480h 试验后，涂层不起层、脱落，颜色与外观允许有轻微变化					经 480h 试验后，涂层不起层、脱落，颜色与外观允许有轻微变化			
耐酸性（h）	经 360h 试验后，涂层不起层、脱落，颜色与外观允许有轻微变化					经 360h 试验后，涂层不起层、脱落，颜色与外观允许有轻微变化			
耐碱性（h）	经 360h 试验后，涂层不起层、脱落，颜色与外观允许有轻微变化					经 360h 试验后，涂层不起层、脱落，颜色与外观允许有轻微变化			
耐冻融循环（次）	经 15 次冻融循环试验后，涂层不起层、脱落，颜色与外观允许有轻微变化					经 15 次冻融循环试验后，涂层不起层、脱落，颜色与外观允许有轻微变化			
涂层厚度（mm）	15	20	25	32	40	3.0	5.5	7.0	10.0
耐火极限不低于（h）	1.0	1.5	2.0	2.5	3.0	0.5	1.0	1.5	2.0

（1）裸露网架钢结构、轻钢屋架及其他构件截面小、振动挠曲变化大的钢结构，当要求其耐火极限在 1.5h 以下时，宜选用薄涂型钢结构防火涂料，装饰要求较高的建筑宜首选超薄型钢结构防火涂料。

（2）室内隐蔽钢结构、高层等永久性建筑当要求其耐火极限在 1.5h 以上时，应选用厚涂型钢结构防火涂料。

(3) 露天钢结构，必须选用适合室外使用的钢结构防火涂料。

5.3.3　国内钢结构防火涂料生产厂家及产品情况（见表5.3-3）

国内钢结构防火涂料生产厂家及产品情况汇总表　　表5.3-3

生产厂家	型号	类别	主要技术性能						参考价格(元/t)	检测日期	备注
			耐火极限		密度(kg/m³)	抗压强度(MPa)	粘结强度(MPa)	导热系数[W/(m·K)]			
			(mm)	(min)							
福建福日特种材料有限公司	FR-958A	B	2.9	37	—	—	0.32	—		1	1代表检验日期为1995～1996年
	LG	H	27	180	332	0.3	0.08	0.123		2	
上海藤申防火建筑材料有限公司	TS-B	B	6.1	89	—	—	0.15	—		1	
洛阳广夏防火防水材料有限公司	ML-A	B	2.27	38	—	—	0.38	—		1	
上海汇丽（集团）二厂	HJ-1	B	5.3	72	—	—	0.21	—	13000	1	2代表检验日期为1996～1997年
	SJ-2	H	23.8	155	483	0.56	0.06	0.102	4400	1	
	SJ-2	H	11	108	439	0.38	—	—		2	
	SJ-1	H	21	183	637	1.3	0.14	0.191	4400	2	
浙江嵊州市防火涂料厂	CT-1	B	5.2	70	—	—	0.18	—	12500	1	
江苏兰陵化工（集团）涂料厂	LG	H	27.6	180	262	0.4	0.06	0.075		1	
	SC-1	B	5.5	143	—	—	0.27	—		2	
	SC-1	B	5.7	109	—	—	0.19	—		2	
	SF-1	B	2.07	150	—	—	1.77	—		2	

续表

生产厂家	型号	类别	主要技术性能						参考价格(元/t)	检测日期	备注
			耐火极限		密度(kg/m³)	抗压强度(MPa)	粘结强度(MPa)	导热系数[W/(m·K)]			
			(mm)	(min)							
大连海防新型防火涂料厂	SD-1	B	5.3	97	—	—	0.09			1	1代表检验日期为1995~1996年
	SD-2	H	27.6	136	456	0.5	0.07	0.102			
上海吕巷云母防火材料厂	SJ-1	H	24.9	150	685	2.0	0.21	0.162	4400	1	
	SJ-2	H	19.4	150	452	1.2	0.06	0.104	4400	1	
	SJ-2	H	24.3	195	452	1.2	0.06	0.104	4400	1	
山东淄博消防器材厂	LB	B	5.3	60	—	—	0.36	—		1	
山东临沂市东方化工厂	SLB	B	5.9	95	—	—	0.17	—			
中原油田第七化工厂	SDX-1	B	3.4	58	—	—	0.11	—			
北京城建天宁消防责任有限公司	TN-LG	H	39.5	162	448	0.33	0.05	0.108		1	2代表检验日期为1996~1997年
	TN-LB	B	5.8	121		1.2	0.39		10500	2	
德国Herberts(贺柏兹)公司	38320	B	0.64 0.89 2.63	45 59 63			0.19				
	38091	B	0.68 0.90 2.42	51 67 124			0.15				

续表

生产厂家	型号	类别	主要技术性能						参考价格（元/t）	检测日期	备注
			耐火极限		密度（kg/m³）	抗压强度（MPa）	粘结强度（MPa）	导热系数［W/（m·K）］			
			（mm）	（min）							
成都都江防火涂料厂	LB	B	7.4	2.05			0.19		1500	1	包玻璃布
	LB	B	5.4	75			0.18			2	
	LF	B	1.59	75			0.24		3500	1	
	LF	B	2.0	94			0.19			2	
	LF	B	1.74	65			0.19			2	
四川消科所实验厂	SCB	B	1.66	38			0.19		20000	1	包玻璃布
		B	1.71	69			0.52			2	
		B	2.69	147			0.52		14000	2	
	SWB	B	6.5	99			0.31			2	
	SWH	H	25	219	580	1.2	0.09	0.18	9000	2	
四川内江协安防火材料有限公司	NXGB-60A	B	5.2	92			0.89			1	
英国 Nulllifire Ltd	S605	B	0.22 2.24 3.6	33 106 168			0.55			1	
昆山市防火材料厂	A60-501	B	2.3	100			0.17			2	包玻璃布
	GJ-1	B	5.2	137			0.42				包玻璃布
广州泰堡防火材料有限公司	KFR-1	B	1.77			0.62				2	

续表

生产厂家	型号	类别	主要技术性能						参考价格(元/t)	检测日期	备注
			耐火极限		密度(kg/m³)	抗压强度(MPa)	粘结强度(MPa)	导热系数[W/(m·K)]			
			(mm)	(min)							
福建晋江华强防火涂料厂	BGW-90	B	6.0			0.22			19800	2	
北京追龙防火材料厂	BS-2	B	6.0			0.38				2	
上海梧柏特种涂料厂	GJ60-SW	B	3.8			0.21				2	
杭州灯塔防火材料有限公司	LB	B	5.9			0.17				2	
洛阳宝生防火材料厂	SJ-1	H	20.7	671	1.36	0.25	0.214			2	包钢丝网
中电宜兴节能工程公司	SJ-1 GJ-B	H B	23 5.9	613	1.3	0.21 0.37	0.223			2	
乌鲁木齐安市顺产业公司	XW	B	6.4	98		0.20				2	
北京市建筑涂料厂	SB-2	B	5.8	66		0.24			19800	2	包玻璃布

续表

生产厂家	型号	类别	主要技术性能						参考价格(元/t)	检测日期	备注
			耐火极限		密度(kg/m³)	抗压强度(MPa)	粘结强度(MPa)	导热系数[W/(m·K)]			
			(mm)	(min)							
北京环航表面技术工程合同	GJ-1	B	5.8	190		0.3		18000	2		包玻璃布
成都双流消防器材厂	GF GF	B B	2.62 2.49	90 33		0.08 0.08				2	
江苏建湖轻化厂	SJ-1	H	27.9	167	652	0.08	0.189			1998年5月	

注：1. 本表所列厂家、产品、主要技术性能取自国家防火建筑材料质量监督检验中心汇编1997年、1998年产品技术手册，均为合格产品。

2. 类别中B代表薄涂型（膨胀型），H代表厚涂型（隔热型）。

3. 表中所列部分产品参考价主要依据中国消防协会所编消防产品目录中所提供的数字。

5.4　常用钢结构防火板材的类型

5.4.1　常用钢结构防火板材的类型及性能

（1）类型

1）防火薄板　密度大（800～1800kg/m^3）；抗折强度高（10～50MPa）；导热系数大［0.2～0.4W/（m·K)］；使用厚度大多在6～15mm之间。

产品类型包括纤维增强水泥压力板（TK板、FC板等）、纤维增强硅酸钙板及玻璃布增强无机板等。

2）防火厚板 密度小（400kg/m^3）；导热系数低［0.08W/(m·K) 以下］；厚度在 20～50mm 之间。

产品主要有轻质硅酸钙防火板和膨胀蛭石防火板。

(2) 性能

各种防火板的主要防火性能见表 5.4-1。

各种防火板主要技术性能 **表 5.4-1**

项　目	外形尺寸 长×宽×厚 (mm)	密度 (kg/m^3)	标准构件 试验耐火 极限(h)	最高使用 温度 (℃)	导热系数 [W/(m·K)]
纸面石膏板	(1800～3600) × 1200× (9～12)	800	0.15 (9mm) 0.25 (12mm)	600	0.194
TK 板	1200×3000 × (800～1200) ×4～8	1700	<0.25 (8mm)	600	0.35
FC 板	3000×1200 × (4～6)	1800	<0.25 (6mm)	600	0.35
纤维增强 硅酸钙板	1800×900 × (6～10)	1000	0.25 (10mm)	600	0.28
无机玻璃 钢板	1000×2000 × (2～12)	1500～ 1700	/	600	0.24～0.45
蛭石板 (英国 vicuclad)	1000×610 × (20～65)	430	1 (20mm) 2 (30mm) 3 (50mm)	1000	0.113 (250℃时)
超轻硅酸钙板 (日本 KB 板)	1000×610 × (25～50)	400	2 (25mm) 3 (35mm)	1000	0.06
超轻硅酸钙板 (上海 XT 板)	600×300 × (20～60)	400	3 (40mm)	1000	0.05

5.4.2　国内各种防火板材生产厂家及产品（见表 5.4-2）

国内各种防火板材生产厂家及其产品情况汇总表　　表 5.4-2

生产厂家	产品名称	主要技术性能				参考价格（元）	备　注
		密度（kg/m^3）	抗折强度（MPa）	导热系数［W/（m·K）］	燃烧性能		
广东汕头金安新型建材厂	玻璃布增强无机板	1620	27		A		软化系数 0.78 受热线收缩 1%
重庆润泽开发总公司	玻璃布增强无机板	1060	14	0.27	A		比热 1.453kJ/（kg·K） 幅面 2400×1220×3
湖南南浔华虹特种通风设备厂	玻璃布增强无机板	1700	70	0.40	A	14/kg	幅面 2400×1220×（3～12）
江苏爱富希新型建材厂	FC 板	1800	28			17.42/m^2（6mm 厚）	幅面 2400×1200×（6～12）
北京市轻型建材公司	普通纸面石膏板	≤1000	横向 ≥490N 纵向 ≥245N	0.167		12～15/m^2（12mm 厚）	幅面 3000×1200×9～12
上海吉美新型建材厂	普通纸面石膏板	800		0.194		15/m^2（12mm 厚）	幅面 3000×1200×12
上海莘闵建材厂 上海申华轻板厂	纤维增强钙酸钙板	1000	6	0.28	A	10.08/m^2（6m/m 厚）	幅面 1800×900×（6～8）

续表

生产厂家	产品名称	主要技术性能				参考价格（元）	备注
		密度（kg/m^3）	抗折强度（MPa）	导热系数［W/（m·K）］	燃烧性能		
上海嘉华建材厂 上海嘉丰建材厂	TK板	Ⅰ类 1750 Ⅱ类 1500	≥14.71 ≥9.81		A	$10.5/m^2$ （6m/m厚）	幅面 1800×900×（4~8）
宁波无机轻板厂	膨胀蛭面板	529	0.9	0.12	A	$48/m^2$（20m/m厚）	23m/m厚耐火极限2h
上海七宝绝热材料厂	XT防火钙酸钙板	400	2.5	0.058	A	$180/m^2$（25m/m厚）	30m/m厚耐火极限3h 幅面 2400×1220×（6~12）
山东来州明发隔热材料公司	GF防火钙酸钙板	400	1.6	≤0.075	A		幅面 1000×500×（20~30）
吉林白山市天成集团公司	水泥刨花板	1200	12.1		B_1		氧指数70

注：1. 本表所列厂家、产品、主要技术性能主要取自国家防火建材质检中心汇编的产品技术手册。生产厂家较多仅列数家作为代表。

2. 在钢结构工程中防火板材也有选用难燃材料（B1级），除水泥刨花板外，还有难燃中密度纤维板、难燃胶合板。难燃胶合板主要生产厂家有北京木材厂、上海人造板厂等。

6 钢结构的除锈和防腐

6.1 有 关 规 定

6.1.1 钢结构除锈和防腐的有关规范和技术条件

(1)《工业建筑防腐蚀设计规范》(GB 50046)

(2)《钢结构、管道涂装技术规程》(YB/T 9256)

(3)《涂装前钢材表面锈蚀等级和除锈等级》(GB/T 8923)

(4)《钢结构工程施工质量验收规范》(GB 50205)

《钢结构设计规范》规定在设计文件中应注明所要求的钢材除锈等级和所要用的涂料（或涂层）及涂（镀）层厚度。

6.1.2 环境对钢结构侵蚀作用的分类（见表 6.1-1）

6.1.3 常用防腐涂料底、面漆配套与维护年限（见表 6.1-2）及镀锌钢板底、面漆配套（见表 6.1-3）

外界条件对冷弯薄壁型钢结构的侵蚀作用分类　　表 6.1-1

序号	地　　区	相对湿度（%）	对结构的侵蚀作用分类		
			室内（采暖房屋）	室内（非采暖房屋）	露　　天
1	农村、一般城市的商业区及住宅区	干燥，<60	无侵蚀性	无侵蚀性	弱侵蚀性
2		普通，60~75	同　上	弱侵蚀性	中等侵蚀性
3		潮湿，>75	弱侵蚀性	同　上	同　上

续表

序号	地区	相对湿度（%）	对结构的侵蚀作用分类		
			室内（采暖房屋）	室内（非采暖房屋）	露天
4	工业区、沿海地区	干燥，<60	同上	中等侵蚀性	同上
5		普通，60~75	同上	同上	同上
6		潮湿，>75	中等侵蚀性	同上	同上

注：1. 表中的相对湿度系指当地的年平均相对湿度，对于恒温恒湿或有相对湿度指标的建筑物，则按室内相对湿度采用；

2. 一般城市的商业区及住宅区泛指无侵蚀性介质的地区，工业区则包括受侵蚀性介质影响及散发轻微侵蚀性介质的地区。

常用防腐涂料底、面漆配套及维护年限　　表 6.1-2

侵蚀作用类别		表面处理	涂料类别	底、面漆配套涂料						维护年限（年）
				底漆	道数	膜厚（μm）	面漆	道数	膜厚（μm）	
室内	无侵蚀性	喷砂（丸）除锈，酸洗除锈，手工或半机械化除锈	第一类	Y53-31 红丹油性防锈漆	2	60				15~20
				Y53-32 铁红油性防锈漆	2	60	C04-2 各色醇酸磁漆	2	60	
	弱侵蚀性			F53-31 红丹酚醛防锈漆	2	60				
				F53-33 铁红酚醛防锈漆	2	60	C04-45 灰醇酸磁漆	2	60	10~15
				C53-31 红丹醇酸防锈漆	2	60				
室外	弱侵蚀性			C06-1 铁红醇酸底漆	2	60	C04-5 灰云铁醇酸磁漆	2	60	
				F53-40 云铁醇酸防锈漆	2	60				8~10

续表

侵蚀作用类别		表面处理	涂料类别	底、面漆配套涂料						维护年限（年）
				底　漆	道数	膜厚（μm）	面　漆	道数	膜厚（μm）	
室内	中等侵蚀性	酸洗磷化处理，喷砂（丸）除锈	第二类	H06-2 铁红环氧酯底漆	2	60	灰醇酸改性过氯乙烯磁漆	2	60	10～15
				铁红环氧改性M树脂底漆	2	60	灰醇酸改性氯化橡胶磁漆	2	60	
室外				H53-30 云铁环氧酯底漆	2	60	醇酸改性氯醋磁漆	2	60	5～7
							聚氨酯改性氯醋磁漆	4	60	

注：表中所列第一类或第二类中任何一种底漆可和同一类别中的任一种面漆配套使用。

镀锌钢板底、面漆配套　　　　**表 6.1-3**

侵蚀作用类别	表面处理	涂料类别	底、面漆配套涂料					
			底　漆	道数	膜厚（μm）	面　漆	道数	膜厚（μm）
无侵蚀性和弱侵蚀性	磷化底漆	第一类	F53-34 锌黄酚醛防锈漆	2	60	C04-2 各色醇酸磁漆	2	60
						C04-42 各色醇酸磁漆	2	60
						C43-31 醇酸船壳漆	2	60
			C53-33 锌黄醇酸防锈漆	2	60	同　上	同上	同上
			G06-4 锌黄过氯乙烯底漆	2	60	G04-2 各色过氯乙烯磁漆	2	60
						G04-9 各色过氯乙烯外用磁漆	2	60
						G52-31 各色过氯乙烯防腐漆	2	60

续表

侵蚀作用类别	表面处理	涂料类别	底、面漆配套涂料					
			底漆	道数	膜厚(μm)	面漆	道数	膜厚(μm)
无侵蚀性和弱侵蚀性	磷化底漆	第一类	H06-2 锌黄环氧酯底漆	2	60	C04-2 各色醇酸磁漆	2	60
						C04-42 各色醇酸磁漆	2	60
						G0-42 各色过氯乙烯磁漆	2	60
						G04-9 各色过氯乙烯外用磁漆	2	60
						G52-31 各色过氯乙烯防腐漆	2	60
中等侵蚀性	直接涂装	第二类	铁红环氧改性 M 树脂底漆 (EM)*	2	60	B113 丙烯酸磁漆	2	60
						B04-6 丙烯酸磁漆	2	60
						S-10-1 丙烯酸磁漆	2	60
						醇酸改性氯化橡胶磁漆	2	60

注：* 该底漆也可直接涂装合金铝板。

6.2 钢结构的防腐涂装设计

凡钢结构工程设计中，均应有防锈涂装设计的内容，防锈及涂装设计应考虑结构的主要性、环境侵蚀条件及使用寿命，以及施工条件与工程造价等因素，以合理地选用或确定钢材表面的锈蚀等级、除锈方法与等级、涂料与料装要求以及涂装施工的质量检验要求等。

6.2.1　钢材表面锈蚀和除锈等级（按 GB/T 8923）

（1）钢材表面锈蚀等级，分以下四级（见表 6.2-1）

锈 蚀 等 级　　表 6.2-1

A	全面地覆盖着氧化皮，而几乎没有铁锈
B	已发生锈蚀，并有部分氧化皮剥落
C	氧化皮因锈蚀而剥落，或者可以刮除，并有少量点锈
D	氧化皮因锈蚀而全面剥落，并普通发生点蚀

在弱侵蚀及中等侵蚀环境中的构件以及重要的承重结构和使用中很难维护的承重结构，不应采用原始腐蚀等级低于 B 级的钢材；不论何种构件，均不许采用原始锈蚀等级为 D 级的钢材。

（2）除锈等级（见表 6.2-2）

除 锈 等 级　　表 6.2-2

Sa1	轻度的喷射或抛射除锈
Sa2	彻底的喷射或抛射除锈
Sa2 $\frac{1}{2}$	非常彻底的喷射或抛射除锈
Sa3	使钢材表面洁净的喷射或抛射除锈
St2	彻底的手工和动力工具除锈
St3	非常彻底的手工和动力工具除锈
F1	火焰除锈

6.2.2　各种底漆或防锈漆要求的最低除锈等级（见表 6.2-3）

各种底漆或防锈漆要求最低的除锈等级　　表 6.2-3

涂 料 品 种	除 锈 等 级
油性酚醛、醇酸等底漆或防锈漆	St2
高氯化聚乙烯、氯化橡胶、氯磺化聚乙烯、环氧树脂、聚氨酯等底漆或防锈漆	Sa2
无机富锌、有机硅、过氯乙烯等底漆	Sa2 $\frac{1}{2}$

6.2.3 防锈涂料的选用

(1) 钢结构用底漆、中间漆与面漆的配套组合（见表6.2-4）。

钢结构用底漆、中间漆与面漆的配套组合　　表6.2-4

序号	底漆与中间漆	面　漆	最低除锈等级	适用环境构件
1	红丹系列（油性防锈漆、醇酸或酚醛防锈漆）底漆2遍 铁红系列（油性防锈漆、醇酸底漆、酚醛防锈漆）底漆2遍 云铁醇酸防锈漆底漆2遍	各色醇酸磁漆2~3遍	St2	无侵蚀作用构件
2	氯化橡胶底漆1遍	氯化橡胶面漆2~4遍	Sa2	1. 室内、外弱侵蚀作用的重要构件； 2. 中等侵蚀环境的各类承重结构
3	氯磺化聚乙烯底漆2遍+氯磺化聚乙烯中间漆1~2遍	氯磺化聚乙烯面漆2~3遍		
4	铁红环氧酯底漆1遍+环氧防腐漆2~3遍	环氧清（彩）漆1~2遍		
5	铁红环氧底漆1遍+环氧云铁中间漆1~2遍	氯化橡胶漆2遍		
6	聚氨酯底漆1遍+聚氨酯磁漆2~3遍	聚氨酯清漆1~3遍		
7	环氧富锌底漆1遍+环氧云铁中间漆2遍	氯化橡胶面漆2遍		
8	无机富锌底漆1遍+环氧云铁中间漆1遍	氯化橡胶面漆2遍	$Sa2\frac{1}{2}$	需特别加强防锈蚀的重要结构
9	无机富锌底漆2遍+环氧中间漆2~3遍（75~100μm）+（75~125μm）	脂肪族聚氨酯面漆2遍（50μm）		

注：1. 第4项匹配组合（环氧清漆面漆）不适用于室外曝晒环境。

2. 当要求较厚的涂层厚度（总厚度>150μm）时，第2、5及6项组合的中间漆或面漆宜采用厚浆型涂料。

3. 第8、9项无机富锌底漆要求除锈等级及施工条件更为严格，一般较少采用。

(2) 对一般涂装要求的构件，并采用手工级动力工具除锈时，可采用两道底漆、两道面漆；对涂装要求较高的构件，并采用喷射除锈时，宜采用2遍底漆、1～2遍中间漆及2遍面漆。漆膜总厚度不宜小于120μm（弱侵蚀）、150μm（中等侵蚀）、200μm（较强侵蚀的重要构件）；

(3) 在较强侵蚀环境中的重要承重构件或表面需特别加强防护防锈的重要承重构件，也可以采用表面热喷涂锌（铝或锌、铝复合）涂层、并加外封闭涂料的长效复合涂层；

(4) 冷弯薄壁型钢构件应按《冷弯薄壁型钢结构技术规范》的建议按表6.1-2选择底漆和面漆配套并要求按表中的维护年限进行维护。

(5) 压型钢板的防腐设计：

非临时工程用的压型钢板均应采用热镀锌板作基板；

镀锌压型钢板用于无侵蚀或弱侵蚀环境，其镀锌量分别不小于220kg/m^2（双面）及275kg/m^2（双面）；带彩涂层的镀锌压型钢板可用于无侵蚀、弱侵蚀与中等侵蚀环境，其镀锌量分别为180kg/m^2、220kg/m^{2}及275kg/m^2（均为双面）；

用于屋面压型钢板的钢基板厚度不应小于0.6mm，用于墙面的钢基板厚度不应小于0.5mm；压型钢板配套使用的钢质连接件及固定支架必须进行镀锌防护。

6.3　钢结构防腐涂料

6.3.1　防腐涂料代号表

(1) 涂料类别代号表（见表6.3-1）

(2) 辅助材料代号表（见表6.3-2）

(3) 涂料基本名称代号（见表6.3-3）

(4) 涂料产品序号代号表（见表6.3-4）

涂料类别代号表　　**表 6.3-1**

序号	代号	涂　料　类　别	序号	代号	涂　料　类　别
1	Y	油脂漆类	10	X	烯树脂漆类
2	T	天然树脂漆类	11	B	丙烯酸漆类
3	F	酚醛树脂漆类	12	Z	聚酯漆类
4	L	沥青漆类	13	H	环氧树脂漆类
5	C	醇酸树脂漆类	14	S	聚氨酯漆类
6	A	氨基树脂漆类	15	W	元素有机漆类
7	Q	硝基漆类	16	J	橡胶漆类
8	M	纤维素漆类	17	E	其他漆类
9	G	过氯乙烯漆类			

辅助材料代号表　　**表 6.3-2**

序号	代号	辅助材料名称	序号	代号	辅助材料名称
1	X	稀释剂	4	T	脱漆剂
2	F	防潮剂	5	H	固化剂
3	G	催干剂			

涂料基本名称代号* 　　**表 6.3-3**

代号	基本名称	代号	基本名称	代号	基本名称
00	清油	06	底漆	15	斑纹漆
01	清漆	07	腻子	16	锤纹漆
02	厚漆	09	大漆	17	皱纹漆
03	调和漆	12	乳胶漆	18	裂纹漆
04	磁漆	13	其他水溶性漆	19	晶纹漆
05	粉末涂料	14	透明漆	40	防污漆、防蛆漆
41	水线漆	53	防锈漆	63	涂布漆
42	甲板漆、甲板防滑漆	54	耐油漆	83	烟囱漆
50	耐酸漆	55	耐水漆	86	标志漆
51	耐碱漆	60	耐火漆	98	胶液
52	防腐漆	61	耐热漆	99	其他

注：*与建筑钢结构防腐涂料有关的名称代号。

涂料产品序号代号表　　**表 6.3-4**

涂料品种		代号	
		自干	烘干
清漆、底漆、腻子		1~29	30 以上
磁漆	有光	1~49	50~59
	半光	60~69	70~79
	无光	80~89	90~99
专业用漆	清漆	1~9	10~29
	有光磁漆	30~49	50~59
	半光磁漆	60~64	65~69
	无光磁漆	70~74	75~79
	底漆	80~89	90~99

6.3.2 钢结构防腐涂料的品种、性能、用途及施工参考

（1）油脂漆类（见表 6.3-5）

油脂漆类表　　**表 6.3-5**

型号与标准号	名称	组成	特性	用途	施工参考
Y00-1 Y00-2 Y00-3 ZBG 51011—87	清油（Y00-1 熟油、鱼油、520 清油、氧化清油、Y00-2 熟油、鱼油；Y00-3 混合清油）	由干性植物油或干性植物油加部分半干性植物油，并加催干剂调制而成。Y00-1 以亚麻仁油为主制成；Y00-2 以梓油为主制成；Y00-3 以各种植物油混合制成	比未经熬炼的植物油干燥快，漆膜柔软，易涂刷。Y00-1 易发黏	用于调制厚漆和红丹防锈漆，也可单独用于物体表面的涂覆，作防水、防腐和防锈之用	1. 调厚漆时，先将厚漆调匀，然后按比例加大清油（清油∶厚漆＝1∶2~1∶3），搅匀待黏度适宜即可。 2. 如干燥太慢或冷天，可加入 1% 的催干剂

续表

型号与标准号	名称	组成	特性	用途	施工参考
Y53-31 ZBG 51026—87	红丹油性防锈漆（711船舶专用防锈漆 Y53-1）	由干性植物油炼制后与红丹粉、体质颜料、催干剂、200号油漆溶剂或松节油调制而成	防锈性能好，但干燥较慢	主要用于大型钢铁表面作防锈打底之用	1. 因红丹与锌、铝易起电化学作用，该漆不能用在铝和锌板上。 2. 稀释剂可用 200 号溶剂油或松节油调整黏度
Y53-32 ZBG 51088—87	铁红油性防锈漆（Y53-2）	由干性植物油炼制后与氧化锌、氧化铁红和体质颜料，催干剂 200 号溶剂油或松节油调制而成	附着力较强，防锈性能较好，但次于红丹防锈漆，漆膜较软	主要用于室内外一般要求的钢结构表面作打底之用	稀释剂可用 200 号溶剂油或松节油调整黏度
Y53-36 企标	红丹油性防锈漆	将加有催干剂、溶剂的聚合油与红丹粉分装，使用时混合调匀	与 Y53-31 性能一样。但可避免红丹沉底结块	用途同 Y53-31	同 Y53-31

（2）天然树脂漆类（见表 6.3-6）

（3）酚醛树脂漆类（见表 6.3-7）

（4）沥青漆类（见表 6.3-8）

（5）醇酸树脂漆类（见表 6.3-9）

（6）过氯乙烯树脂漆类（见表 6.3-10）

（7）烯树脂漆类（见表 6.3-11）

（8）丙烯酸漆类（见表 6.3-12）

天然树脂漆类表　　表 6.3-6

型号与标准号	名　称	组　成	特　性	用　途	施工参考
T03-1 ZBG 51089—87	各色酯胶调合漆（磁性调合漆）	由干性植物油和多元醇松香酯炼制后，与颜料和体质颜色研磨，加入催干剂以200号溶剂油或松节油调制而成	干燥性能比油性调合漆好，有一定的耐水性	用于室内外一般金属、木质物件及建筑物表面的涂覆，作保护和装饰之用	1. 使用前必须把漆搅均，如有结皮，粗料应进行过滤。 2. 用 200 号溶剂油或松节油作稀释剂
T06-5 ZBG 51015—87	铁红、灰酯胶底漆（头道底漆、红灰、白灰酯胶底漆、绿灰底漆等）	由多元醇松香酯、松香钙皂、干性植物油、颜料、体质颜色、催干剂、200 号溶剂油或松节油调制而成	漆膜较硬，易打磨，并有较好的附着力	主要用于要求不高的钢铁、木质表面的底漆	1. 喷涂、刷涂均可，可用 200 号溶剂油或松节油稀释。 2. 配套面漆，可用调合漆、酚醛磁漆、醇酸磁漆或硝基磁漆等
T07-2 ZBG 51016—87	各色酯胶腻子（200，74，75）	由酯胶清漆、颜料、体质颜色、催干剂和溶剂等调制而成	具有良好的涂刮性和打磨性	用于填平钢铁、木质物体表面的凹坑、针孔和缝隙	1. 可用 200 号溶剂油或二甲苯进行稀释。 2. 使用时以薄为宜，每次涂刮不超过 500μm

（9）聚氨酯漆类（见表 6.3-13）

（10）环氧树脂漆类（见表 6.3-14）

酚醛树脂漆类表 表 6.3-7

型号与标准号	名称	组成	特性	用途	施工参考
F 04-11 ZBG 51023—87	各色纯酚醛磁漆(水陆两用漆)	由纯酚醛树脂、干性植物油、催干剂、200号溶剂油及二甲苯调制而成	漆膜较硬光泽较好,具有一般耐水和耐候性	用于涂装要求耐潮湿、干湿交替的金属和木质物体	1. 用 200 号溶剂油、二甲苯作稀释剂。 2. 配套底漆可用防锈漆、酚醛底漆
F 06-8 ZBG 51024—87	锌黄、铁红、灰酚醛底漆(1515)	由松香改性酚醛树脂、聚合植物油炼制后,与颜料和体质颜料研磨,加入催干剂以 200 号溶剂油及二甲苯调制而成	漆膜具有较好的附着力和防锈性能	锌黄色用于铝合金等轻金属表面,铁红和灰色用于钢铁金属表面	1. 采用 200 号溶剂油、二甲苯、松节油作稀释剂。 2. 配套漆为调合漆、醇酸磁漆、氨基烘漆、纯酚醛磁漆
F 06-9 ZBG 51025—87	锌黄、铁红纯酚醛底漆	由纯酚醛树脂、干性油、锌黄、铁红及体质颜料、催干剂,以二甲苯或松节油调制而成	具有一定防锈能力,耐水性好	锌黄纯酚醛底漆用于涂覆铝合金表面,铁红纯酚醛底漆用于涂覆钢铁表面	1. 用二甲苯、松节油作稀释剂。 2. 配套面漆为醇酸磁漆、氨基烘漆、纯酚醛磁漆
F 53-31 ZBG 51090—87	红丹酚醛防锈漆(磁性红丹防锈漆、红丹防锈漆, F53-1)	由松香改性酚醛树脂,多元醇松香酯,干性植物油、红丹、体质颜料、催干剂、200 号溶剂油或松节油调制而成	具有良好的防锈性能	适用于钢铁表面的涂覆,作防锈打底之用	1. 用 200 号溶剂油或松节油作稀释剂。 2. 不能单独使用(耐候性不好)要与其他面漆配套,配套面漆为酚醛磁漆,醇酸磁漆等

续表

型号与标准号	名称	组成	特性	用途	施工参考
F 53-32 ZBG 51027—87	灰酚醛底漆（灰防锈漆、0号、00号、1号、T13-28、F53-2）	由松香改性酚醛树脂、多元醇松香酯、干性植物油、氧化锌、碳黑、体质颜料、催干剂、200号溶剂油及松香油调制而成	具有较好的防锈性能	适用于钢铁表面涂覆	1. 以涂刷施工为主。 2. 用200号溶剂油或松节油作稀释剂
F 53-33 ZBG 51028—87	铁红酚醛防锈漆（磁性铁红防锈漆、铁红防锈漆、铁氧防锈漆F53-3）	由松香改性酚醛树脂、多元醇松香酯、干性植物油、氧化铁红、体质颜料、催干剂、以200号溶剂油或松香油调制而成	具有一般的防锈性能	用于防锈性能要求不高的钢铁构件表面涂覆，作为防锈打底之用	1. 用200号溶剂油或松节油作稀释剂。 2. 配套面漆为醇酸磁漆和醇酸漆等
F 53-34 ZBG 51005—87	锌黄酚醛防锈漆（锌黄防锈漆、725锌黄防锈漆F53-4）	由松香改性酚醛树脂、多元醇松香酯，干性植物油、锌黄、氧化锌、体质颜料、催干剂、200号溶剂油调制而成	具有良好的防锈性能	用于轻金属表面作为防锈打底之用	1. 用200号溶剂油或松节油作稀释剂。 2. 使用时要充分搅拌均匀
F 53-39 ZBG 51097—87	硼钡酚醛防锈漆（F53-9）	由松香改性酚醛树脂、多元醇松香酯、干性植物油、防锈颜料偏硼酸钡和其他颜料、催干剂、200号溶剂油或松节油调制而成的长油度防锈漆	在大气环境中具有良好的防锈性能	用于桥梁、火车、车辆、船壳、大型建筑钢结构表面，作为防锈打底之用	1. 用200号溶剂油或松节油作稀释剂。 2. 最好不单独使用，可与酚醛磁漆配套用

沥青漆类表 **表 6.3-8**

型号与标准号	名称	组成	特性	用途	施工参考
L 50-1 ZBG 51032—87	沥青耐酸漆（沥青抗酸漆 411、177、35）	由干性植物油、石油、石油沥青或天然沥青催干剂，200号溶剂油、二甲苯混合溶剂调制而成	具有耐硫酸腐蚀的性能并有良好附着力	主要用于需要防止硫酸浸蚀的金属表面	1. 用 200 号溶剂油稀释，也可用二甲苯与 200 号溶剂混合溶剂稀释。 2. 如贮存期过久或冷天，可适当加入 5% 以下的催干剂，以提高干性
L 01-6 ZBG 51029—87	沥青清漆（67 号、68 号）	由石油沥青（软化点 90 ~ 120℃）芳烃溶剂调制而成	具有较好的耐水、防潮、防腐蚀性能。但机械性能差，耐候性不好，不能涂于太阳光直射的物体表面	用于各种容器与机械等内表面涂覆、作防潮、耐水防腐之用	可用纯苯稀释至符合施工要求

醇酸树脂漆类表 **表 6.3-9**

型号与标准号	名称	组成	特性	用途	施工参考
C 01-1 ZBG 51033—87	醇酸清漆（4C、5C、6C、135T）	由干性植物油改性的中油度醇酸树脂、催干剂、200 号溶剂油（或松节油）与二甲苯的混合溶剂调制而成	漆膜具有较好的附着力和耐久性，能在室温下干燥，但耐水性稍差	用于室内外金属、木材表面涂层的罩光	1. 可用 200 号溶剂油（或松节油）与二甲苯的混合溶剂调整黏度。 2. 刷涂后漆膜可经 60 ~ 70℃烘干

续表

型号与标准号	名称	组成	特性	用途	施工参考
C 01-7 ZBG 50134—87	醇酸清漆（170、170A）	由植物油改性季戊四醇醇酸树脂，催干剂和有机溶剂调制而成的长油度醇酸清漆	能常温干燥，漆膜具有较好的柔软韧性和耐候性	可作各种涂有底漆、磁漆的金属材料及铝合金表面罩光涂层	可用200号溶剂油或松节油与二甲苯的混合溶剂调整施工黏度
C 04-42 ZBG 51036—87	各色醇酸磁漆（钢灰桥梁漆、头道、二道醇酸磁漆、中灰钢梁面漆、草绿醇酸客轮漆，885-1～885-8醇酸内船漆）	由植物油改性的季戊四醇醇酸树脂、颜料、催干剂及有机溶剂调制而成	具有良好的耐候性及附着力，其机械强度较好，能自然干燥，也可低温烘干	主要用于涂覆户外的钢铁表面	1. 可用X-6醇酸漆稀释剂调整黏度。 2. 配套底漆为醇酸底漆、醇酸二道底漆、环氧脂底漆、酚醛底漆等。 3. 漆膜经60～70℃烘烤后耐水性能显著提高
C 04-45 ZBG 51096—87	灰醇酸磁漆（分装）(66灰色户外面漆)	由植物油改性的季戊四醇醇酸树脂，片状铝锌金属浆，催干剂及混合溶剂调制而成	具有很低的水汽渗透性，对紫外线有较强的反射作用，耐候性优良	用于涂覆钢铁桥梁，高压线铁塔和户外钢铁构筑物的表面	喷涂或刷涂均可，以喷涂质量为最好

续表

型号与标准号	名　　称	组　　成	特　　性	用　　途	施工参考
C 06-1 ZBG 51010—87	铁红醇酸底漆（1614、138、138A）	由干性植物油改性醇酸树脂（中油或长油度与铁红、防锈颜料、体质颜料经研磨后，加入催干剂并以200号溶剂油及二甲苯调制而成）	具有良好的附着力和一定的防锈性能与硝基醇酸的面漆结合力好，在一般气候下耐久性好，湿热条件下耐久性差	用于黑色金属表面打底防锈	1. 用X-6醇酸漆作稀释剂。 2. 配套面漆为醇酸磁漆、氨基烘漆、沥青漆、过氯乙烯漆等
C 06-10 ZBG 51039—87	醇酸二道底漆（醇酸二道底浆、二道底漆175，185）	由植物油改性醇酸树脂，颜料及体质颜料研磨后加入催干剂及有机溶剂调制而成	适用于烘干也可在常温干燥，容易打磨，与腻子层及面漆结合力好	涂在已打磨的腻子层，以填平腻子层的砂孔、纹道	1. 用松节油作稀释剂，喷涂时用二甲苯作稀释剂。 2. 配合面漆为醇酸磁漆、氨基烘漆、沥青漆等
C 53-31 ZBG 51006—87	红丹醇酸防锈漆（红丹醇酸桥梁底漆，718红丹醇酸底漆、C53-1等）	由醇酸树脂，红丹粉、体质颜料、催干剂与溶剂调制而成	防锈性能好，干燥快，附着力强	用于钢铁结构表面作防锈打底漆	1. 不能直接用在锌、铝材质上。 2. 采用X-6醇酸稀释剂。 3. 与面漆配套使用，耐候性更好

过氯乙烯树脂漆类表　　表 6.3-10

型号与标准号	名　称	组　成	特　性	用　途	施工参考
C 06-4 ZBG 51065—87	锌黄、铁红过氯乙烯底漆（头道过氯乙烯底漆等）	由过氯乙烯树脂，醇酸树脂，增塑剂，体质颜料和有机溶剂调制而成	具有一定防锈性及耐化学性能，但附着力不好，如在60～65℃烘烤可增加附着力及其他各种性能	铁红、过氯乙烯底漆，适用车辆、机床及各种钢铁和木材表面打底，锌黄过氯乙烯底漆用于轻金属表面	用X-6过氯乙烯漆稀释剂调整黏度，如湿度大于70%的场地，需加适量F-2过氯烯漆防潮剂，以防漆膜变白
G 52-2 ZBG 51068—87	过氯乙烯防腐漆（过氯乙烯防腐涂料）	由过氯乙烯树脂，增塑剂，酯、酮、苯等混合溶剂调制成而成	具有良好的耐腐蚀性能，也可防火	与各色过氯乙烯防腐漆配套使用，涂于化工机械、设备、管道、建筑物等，也可单独使用，但附着力差	可用X-3过氯乙烯漆稀释剂。若现场湿度大于70%时可加入适量的F-2过氯乙烯防潮剂，以防漆膜发白
G 52-31 ZBG 51067—87	各色过氯乙烯防腐漆	由过氯乙烯树脂、醇酸树脂、各色颜料、增塑和有机溶剂等调制而成	具有优良的耐腐蚀性和耐潮性	用于各种化工机械、管道、设备、建筑等金属或木材表面上，可防酸、碱及其他化学药品的腐蚀	以X-3过氯乙烯稀释剂调整黏度，如现场湿度大于70%、可加入适量的F-2过氯乙烯防潮剂

烯树脂漆类表 **表 6.3-11**

型号与标准号	名　称	组　成	特　性	用　途	施工参考
X 06-1 ZBG 51007—87	乙烯磷化底漆(分装)(BJJ-02)	是聚乙烯醇缩丁醛树脂溶解于醇类溶剂中，与防锈颜料研磨而成，并与分开包装的磷化液按一定比例配套使用	作为有色及黑色金属底层的表面处理剂，能起磷化作用，可增加有机涂层和表面的附着力	该漆亦称洗涤底漆，适用于涂覆各种船舶、浮筒、桥梁、仪表以及其他各种金属构件和器材表面	1. 搅拌均匀的底漆放入非金属容器内，边搅拌边缓慢加入比例量的磷化液，放置 15 ~ 30min 后使用，须在 2h 内用完，否则易于胶凝。 2. 采用两包装，使用前将两部分混合均匀，比例为每 4 份底漆加 1 份磷化液

丙烯酸漆类表 **表 6.3-12**

型号与标准号	名　称	组　成	特　性	用　途	施工参考
B 01-5 ZBG 51074—87	丙烯酸清漆(HB01-5 丙烯酸清漆，9-32H 甲基丙烯酸酯清漆)	由甲基丙烯酸酯—甲基丙烯酸共聚树脂及硝化棉溶解于酯类、醇类、苯类的混合溶剂中，并加入增塑剂调制而成	能常温干燥，具有良好的耐候性和较好的附着力，耐汽油性比 B01-3 好，但耐热性较差，使用温度不应大于 150℃	适用于经阳极化处理的铝合金或其他金属表面的涂覆	可用 X-5 丙烯酸漆稀释剂，黏度过高，喷涂时会造成拉丝现象，若温度过高，溶剂挥发过快，影响流平性

续表

型号与标准号	名　称	组　成	特　性	用　途	施工参考
B 04-6 ZBG 51076—87	白丙烯酸磁漆（AC-1C11、AC-2C11）	由甲基丙烯酸酯—甲基丙烯酸共聚树脂、氨基树脂和脂类、醇类、苯类混合溶剂以及钛白粉、增韧剂调制而成	该漆能室温干燥、不泛黄，对湿热带气候具有良好的稳定性	用于涂覆各种金属表面及经阳极化处理后涂有底漆的硬铝表面	使用时用X-5丙烯酸稀释至黏度13～18s
B 06-2 ZBG 51078—87	锶黄丙烯酸底漆（HB 06-2黄丙烯酸酯底漆，AT-10C丙烯酸底漆）	由甲基丙烯酸和甲基丙烯酸共聚树脂、铬酸、锶、增韧剂、体质颜料、酯、醇、苯等混合溶剂调制而成	具有良好的耐腐蚀性，防霉、耐热和耐久性，并能常温干燥	用于不能高温干燥的金属设备及轻金属及轻金属零件的打底	1. 用X-5丙烯酸漆稀释剂稀释。 2. 若对漆膜有特别高的要求时，可先涂X06-1乙烯磷化底漆，再涂该漆，然后涂丙烯酸磁漆

聚氨酯漆类　　**表 6.3-13**

型号与标准号	名　称	组　成	特　性	用　途	施工参考
S 01-15 企标	聚氨酯清漆（分装）（7511聚氨酯清漆）	由合成脂肪酸，多元酸、多元醇制成含羟聚酯加溶剂成组分一，使用时按比例加入H-3聚氨酯漆固化剂组分二而成	自干，漆膜光亮，硬度高，具有良好的磨光性，耐候性	用于高级木器及金属表面装饰及防护涂装	施工时，可用X-10稀释剂调整施工黏度

续表

型号与标准号	名称	组成	特性	用途	施工参考
S 06-05 企标	各色聚氨酯底漆（分装）	由异氰酸酯三羟甲基丙烷加成物与聚酯色浆双组分按比例混合制成	具有良好的耐油、抗腐蚀性和良好的机械性能	用于耐油，又耐化学等设备的防腐蚀	施工时，可用 X-10 稀释剂调整施工黏度
S 52-31 企标	各色聚氨酯防腐漆（分装）	由环氧改性聚酯色浆与异氰酸酸酯三羟甲基丙烷预聚物双组分，按比例混合制成	附着力强，光泽好，耐寒，耐磨，耐化学腐蚀性优越	用于化工槽、罐及设备的防腐蚀	施工时，可用 X-10 稀释剂调整施工黏度

环氧树脂漆类表 **表 6.3-14**

型号与标准号	名称	组成	特性	用途	施工参考
H 04-10	环氧沥青磁漆（分装）（SQH 04-2 环氧沥青管道面漆）	由环氧树脂、煤焦沥青、颜料、体质颜料和混合有机溶剂制成组分一，使用时按比例加入聚酰胺固化剂组分二而成	该漆自干，漆膜耐水、耐潮、耐酸碱等腐蚀，并有一定的绝缘性，可与 H06-13 配套使用	用于地下管道外壁防腐，也可与玻璃纤维包扎配套使用，防腐性能优越	可用 X-7 稀释剂调整施工黏度
H 06-13	环氧沥青底漆（分装）（SQH 06-5 环氧沥青管道底漆）	由环氧树脂、煤焦沥青、颜料、体质颜料和混合有机溶剂制成组分一，使用时按比例加入聚酰胺固化剂组分二而成	干燥快、漆膜有良好的附着力和防腐蚀	适用管道等黑色金属防锈打底用，与 H04-10 配套使用	可用 X-7 稀释剂调整施工黏度

续表

型号与标准号	名　称	组　成	特　性	用　途	施工参考
H 06-2 ZBG 51048—87	铁红、锌黄、铁黑环氧脂底漆	由环氧树脂与植物油酸酯化后，分别与氧化铁红，氧化铁黑，锌黄等颜料和体质颜料研磨，并加入催干剂，以二甲苯、丁醇调制而成	漆膜坚硬耐久，附着力良好，若与磷化底漆配套使用，可提高漆膜的耐潮、耐盐和防腐性能	铁红、铁黑环氧脂底漆，锌黄环氧脂底漆适用于涂覆轻金属表面，还适用于沿海地区和湿热带气候的金属材料表面打底	可用二甲苯和丁醇混合溶剂稀释
H 07-05 ZBG 51050—87	各色环氧脂腻子（环氧腻子）	由环氧树脂、植物油酸、颜料、体质颜料、催干剂、二甲苯、丁醇等混合溶剂调制而成	腻子膜坚硬、耐潮性好，与底漆有良好的结合力，经打磨后表面光洁	供各种预先涂有底漆的金属表面填平之用	1. 用二甲苯作稀释剂。 2. 配套漆为 C 06-1 铁红醇酸底漆，环氧底漆、醇酸磁漆等
H 52-33	各色环氧防腐漆（分装）（冷固化环氧涂料）	由环氧树脂溶于丁醇、二甲苯与颜料、体质颜料研磨成的色浆和已二胺或已二胺环氧树脂加成物双组分按比例混合使用	附着力、耐盐水性良好，有一定的耐强溶剂和碱液腐蚀，漆膜坚韧耐久	适用于大型钢铁设备和管道防化学腐蚀的涂装	1. 可用 X-7 稀释剂调整施工黏度。 2. 甲、乙组分混合后，应在规定时间内用完
H 53-30	云铁环氧脂防锈漆（云铁环氧防锈漆）	由环氧树脂、颜料、体质颜料、催干剂和二甲苯等制成	自干、漆膜附着力好，耐水和防锈性良好	适用桥梁、铁塔、船壳、农机、车辆、管道以及露天贮罐等防锈打底	可用 X-7 稀释剂调整施工黏度

续表

型号与标准号	名称	组成	特性	用途	施工参考
H 53-31	红丹环氧脂防锈漆（H 53-1）	由环氧脂液与防锈颜料、体质颜料混合研磨并加入适量催干剂、溶剂混合而成	附着力好，防锈性好	供防锈要求较高的桥梁、船壳、工矿车辆打底	可用 X-7 稀释剂调整施工黏度

6.4 钢结构的热喷涂防腐

6.4.1 涂层材料

铝涂层

锌涂层

锌铝合金

铝镁合金

稀土铝合金

6.4.2 涂层厚度选择

（1）国际标准协会（ISO）推荐的涂层厚度见表 6.4-1。

国际标准协会（ISO）推荐的涂层厚度（μm）　　表 6.4-1

环境	金属							
	锌		铝		Al-Mg5		Zn-Al15	
	非涂装	涂装	非涂装	涂装	非涂装	涂装	非涂装	涂装
盐水	不推荐	100	200	150	250	200	不推荐	100
淡水	200	100	200	150	150	100	150	100
城市地带	100	50	150	100	150	100	100	50
工业地带	不推荐	100	200	100	200	100	150	100
大气海洋地带	150	100	200	100	250	200	150	100
干燥室内	50	50	100	100	100	100	50	50

(2) 复合涂层防护设计

1) 金属涂层+封闭涂料

2) 金属涂层+封闭涂料+面漆

3) 几种涂料的特点(见表6.4-2)

几种涂料的特点　**表6.4-2**

涂料种类	涂料的特点	涂料种类	涂料的特点
醇酸树脂	耐候,附着力强,不耐水和碱	聚氨酯	耐磨,耐腐蚀
乙烯基树脂	固体成分低,耐腐蚀性好	沥青涂料	耐水,耐酸,耐碱,价廉耐候性差
环氧树脂	耐磨,附着力强,耐候性差		

4) 设计举例

我国铁道行业标准《铁路钢桥保护涂装》(TB/T 1527—2004)有关内容介绍如下(见表6.4-3)。

钢梁涂装体系　**表6.4-3**

涂装体系	涂料(涂层)名称	每道干膜最小厚度(μm)	至少涂装道数	总干膜最小厚度(μm)	适用部位
1	特制红丹酚醛(醇酸)防锈底漆 灰铝粉石墨或灰云铁醇酸面漆	35 35	2 2	70 70	桥栏杆、扶手、人行道托架、墩台吊篮、围栏和桥梁检查车等桥梁附属钢结构
2	电弧喷铝层 环氧类封孔剂 棕黄聚氨酯盖板底漆 灰聚氨酯盖板面漆	— 20 50 40	— 1 2 4	200 20 100 160	钢桥明桥面的纵梁、上承板梁、箱型梁上盖板
3	无机富锌防锈防滑涂料 或电弧喷铝层	80 —	1 —	80 100	栓焊梁连接部分摩擦面
4	环氧沥青涂料 或环氧沥青厚浆涂料	60 120	4 2	240 240	非密封的箱形梁和箱形杆件内表面
5	特制环氧富锌防锈底漆 或水性无机富锌防锈底漆 棕红云铁环氧中间漆 灰铝粉石墨醇酸面漆	40 40 35	2 1 2	80 40 70	钢梁主体,用于气候干燥、腐蚀环境较轻的地区

续表

涂装体系	涂料（涂层）名称	每道干膜最小厚度（μm）	至少涂装道数	总干膜最小厚度（μm）	适用部位
6	特制环氧富锌防锈底漆 或水性无机富锌防锈底漆 棕红云铁环氧中间漆 灰色丙烯酸脂肪族聚氨酯面漆	40 40 35	2 1 2	80 40 70	钢梁主体，用于腐蚀环境较严重的地区
7	特制环氧富锌防锈底漆 或水性无机富锌防锈底漆 棕红云铁环氧中间漆 氟碳面漆	40 40 30	2 1 2	80 40 60	钢梁主体，用于酸雨、沿海等腐蚀环境严重、紫外线辐射强、有景观要求的地区

美国焊接学会标准 AWSC2.2—67 有关内容介绍如下(见表 6.4-4)。

表 6.4-4

腐蚀环境	涂层体系
农村大气环境	喷铝 100μm + 磷化底漆一道 + 铝粉乙烯面漆一道 喷锌 80μm + 磷化底漆一道 + 铝粉乙烯面漆一道
含盐、高湿度和工业大气（轻）	喷铝 100μm + 磷化底漆一道 + 铝粉乙烯面漆一道 喷铝 100μm + 磷化底漆一道 + 铝粉乙烯面漆二道
含盐、高湿度和工业大气（重）	喷铝 150μm + 磷化底漆一道 + 铝粉乙烯面漆二道

6.5 几种涂料系统的经济性对比

国内几种涂料系统的经济性对比（见表 6.5-1）。

国内几种涂料系统的经济性对比 **表 6.5-1**

涂层体系	涂层厚度（μm）	造价（元/m^2）	使用寿命（年）	平均维护费（元/年）
氟碳涂料	250	300	20	15
热喷铝涂层封闭及涂装	120 ± 50	180	30	6
环氧富锌底漆 环氧云铁中间漆 丙烯酸聚氨酯面漆	250	100	10	10
普通醇酸防腐涂层	150	60	4	15

7 钢—混凝土组合结构

7.1 钢管混凝土结构

7.1.1 基本要求

（1）钢管

1）圆钢管可采用螺旋缝焊接钢管、直缝焊接钢管或无缝钢管。

（A）一般情况宜采用螺旋缝焊接钢管，因为它容易达到焊缝与母材等强度的要求。

（B）当螺旋焊接管的常用规格不能满足要求，或管壁较厚时，可采用钢板卷成的直缝焊接钢管，且应采用对接坡口焊缝，不允许采用钢板搭接的角焊缝。

（C）无缝钢管的价格较高，且管壁相对较厚，仅当必要时方可采用。

2）焊接钢管必须采用双面或单面 V 形坡口全熔透对接焊缝，并达到与母材等强度的要求：直缝、环缝和螺旋形缝的焊缝质量均应符合《钢结构工程施工质量验收规范》（GB 50205—2001）一级焊缝的标准；现场安装分段接头处的受压环焊缝，应符合二级焊缝的标准。

3）钢管的钢材应采用屈强比 $f_y/f_u \leqslant 0.8$ 的 Q235 或 Q345 号钢，钢管壁厚不宜大于 25mm，以确保沿厚度方向的良好性能。用于加工制作钢管的钢板，尚应具有冷弯 180 度的合格保证。

4）钢管混凝土杆件的几何特征见表 7.1-8。

5）钢材的弹性模量和强度设计值见表 7.1-1。

钢材的弹性模量和强度设计值 表 7.1-1

钢 号	钢材厚度 t（mm）	屈服强度设计值 f_a（MPa）	弹性模量 E_a（MPa）
3 号钢（Q235）	<20	215	206×10^3
	21~40	200	
	41~50	190	
16Mn 钢（Q345）	<16	315	206×10^3
	17~25	300	
	26~36	290	
15MnV 钢（Q390）	<16	350	206×10^3
	17~25	335	
	26~36	320	

注：1. 3 号镇静钢的屈服强度设计值按表中数值提高 5%；
2. 钢材的剪变模量 G_a 可按表中 E_a 的 0.383 倍采用。

（2）混凝土

1）钢管内的混凝土强度等级，根据承载力的要求及与钢管钢号的匹配，可采用 C30~C80。一般情况下，Q235 钢，配 C30、C40 或 C50 级混凝土；Q345 钢，配 C40、C50 或 C60 级混凝土；Q390 钢，配 C50~C80 级混凝土。

2）由于钢管是封闭的，混凝土中的多余水分不能排出，混凝土的水灰比不宜过大。

为了减少钢管内混凝土的游离水分，采用振捣浇灌工艺时所使用的塑性混凝土，其水灰比不宜大于 0.4；采用泵送混凝土或抛落无振捣浇灌工艺时所使用的流动性混凝土，其水灰比不宜大于 0.45。

3）为了确保混凝土易于振捣密实，可以掺入引气量小的减水剂。

4）粗骨料的粒径宜不大于 25mm，压碎指标宜不大于 5%。

5）对于直径大于 500mm 的钢管混凝土柱，管内混凝土宜选用自补偿或微膨胀混凝土。

6）混凝土的强度标准值、强度设计值和弹性模量，见表7.1-2。

混凝土的弹性模量和强度设计值　　表 7.1-2

混凝土强度等级	抗压强度设计值 f_c（MPa）	抗拉强度设计值 f_t（MPa）	弹性模量 E_c（MPa）
C30	14.3	1.43	30.0×10^3
C35	16.7	1.57	31.5×10^3
C40	19.1	1.71	32.0×10^3
C45	21.1	1.80	33.5×10^3
C50	23.1	1.89	34.5×10^3
C55	25.3	1.96	35.5×10^3
C60	27.5	2.04	36.0×10^3
C65	29.7	2.09	36.5×10^3
C70	31.8	2.14	37.0×10^3
C75	33.8	2.18	37.5×10^3
C80	35.9	2.22	38.0×10^3

注：1. 混凝土强度等级系指以150mm的立方体试块，在28d龄期，用标准试验方法测得的具有95%保证率的抗压强度值（以MPa计）；

2. 混凝土的剪变模量 G_c 可按表中弹性模量的0.4倍采用。

（3）圆钢管混凝土杆件

1）含钢率

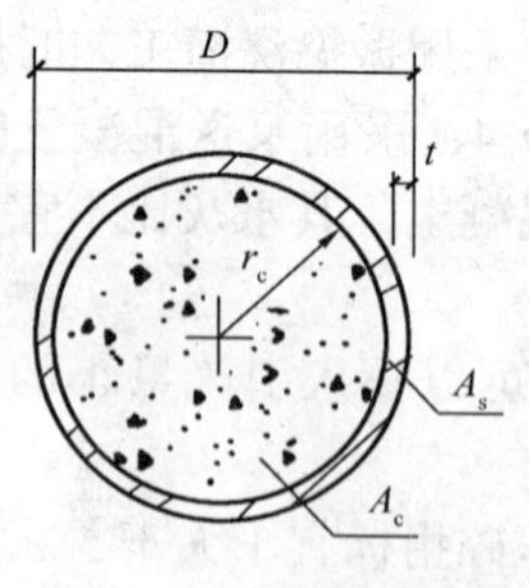

图 7.1-1 钢管混凝土杆件截面形式

钢管混凝土杆件的含钢率 ρ_s，是指钢管截面面积 A_s 与内填混凝土截面面积 A_c 的比值（图 7.1-1），即

$$\rho_s = A_s/A_c \approx 4t/D \qquad (7\text{-}1)$$

式中　D、t——分别为钢管的外直径和壁厚。

为了确保空钢管的局部稳定，含钢率 ρ_s 不应小于 4%，它相当于径厚比 $D/t=100$。钢管混凝土杆件几何特征值见

表 7.1-8。

对于 Q235 钢，宜取 $\rho_s = 4\% \sim 16\%$，对于 Q345 钢，宜取 $\rho_s = 4\% \sim 12\%$。

一般情况下，比较合适的含钢率为 $\rho_s = 6\% \sim 10\%$。

2）套箍指标

钢管混凝土杆件的套箍指标 θ，是指其钢管受压承载力设计值 $A_s f_s$ 与其内填混凝土受压承载力设计值 $A_c f_c$ 的比值，即

$$\theta = A_s f_s / A_c f_c = \rho_s f_s / f_c \tag{7-2}$$

式中 f_s——钢管的抗压强度设计值；

f_c——内填混凝土的抗压强度设计值。

非抗震设防结构，套箍指标 θ 值不应小于 0.5；抗震设防结构，θ 值不应小于 0.9，且宜取 $\theta \geqslant 1.0$。

3）长细比

（A）定义

钢管混凝土杆件（单肢）的长径比 ψ 和长细比 λ，分别按下列公式计算：

$$\psi = l_c / D \tag{7-3}$$

$$\lambda = l_c / i = 4 l_c / D \tag{7-4}$$

式中 l_c——杆件的计算长度；

D、i——钢管混凝土杆件的外直径和截面回转半径。

（B）非抗震设计

对于非抗震设计的结构，其钢管混凝土受压杆件的长径比或长细比不宜超过表 7.1-3 的限值。

钢管混凝土受压杆件的长径比 ψ 和长细比 λ 的限值 表 7.1-3

项　次	构 件 名 称	l_c/D	λ
1	轴心受压柱，偏心受压柱	20	80
2	桁架受压杆件	30	120
3	其他受压杆件	35	140

(C) 抗震设计

试验结果表明，在往复水平荷载作用下，当圆钢管混凝土柱的长细比小于表 7.1-4 的限值时，其侧移延性系数将不小于 5，满足抗震要求。

对于抗震设防结构，其钢管混凝土框架柱的长细比 λ 不应超过表 7.1-4 中的限值 $[\lambda]$。

抗震设防框架结构中圆钢管混凝土柱的长细比限值 $[\lambda]$

表 7.1-4

钢管钢材	管内混凝土	含钢率 ρ_s								
		0.04	0.06	0.08	0.10	0.12	0.14	0.16	0.18	0.20
Q235	C30	—	—	44	44	43	43	43	43	43
	C40	—	—	—	42	42	42	42	42	42
	C50	—	—	—	—	41	41	41	41	41
	C60	—	—	—	—	—	40	40	40	40
	C70	—	—	—	—	—	—	—	39	40
	C80	—	—	—	—	—	—	—	—	39
Q345	C30	41	40	39	39	38	38	37	37	37
	C40	—	39	38	38	37	37	37	37	37
	C50	—	—	37	37	37	36	36	36	36
	C60	—	—	—	36	36	36	36	35	35
	C70	—	—	—	—	35	35	35	35	35
	C80	—	—	—	—	—	34	34	34	34
Q390	C30	40	39	38	37	37	36	36	36	35
	C40	38	37	37	36	36	36	35	35	35
	C50	—	37	36	35	35	35	35	35	34
	C60	—	—	35	34	34	34	34	34	34
	C70				34	34	34	34	34	34
	C80					33	33	33	33	33

对于某些特殊的抗震设防结构（例如框支剪力墙结构中框支层的框架柱），需要具有更大的侧移延性系数和变形能力时，其钢管混凝土框架柱的长细比 λ 宜不超过表 7.1-5 中的限值 $[\lambda]$。

具有更大变形能力的圆钢管混凝土框架柱的长细比限值 [λ]

表 7.1-5

钢管钢材	管内混凝土	含钢率 ρ_s								
		0.04	0.06	0.08	0.10	0.12	0.14	0.16	0.18	0.20
Q235	C30	—	—	25	25	25	25	25	25	25
	C40	—	—	—	24	24	24	24	24	24
	C50	—	—	—	—	24	24	24	24	24
	C60	—	—	—	—	—	23	23	23	23
	C70	—	—	—	—	—	—	22	23	23
	C80	—	—	—	—	—	—	—	—	22
Q345	C30	24	23	23	22	22	22	22	22	21
	C40	—	22	22	22	22	21	21	21	21
	C50	—	—	21	21	21	21	21	21	21
	C60	—	—	—	21	21	21	21	21	21
	C70	—	—	—	—	20	20	20	20	20
	C80	—	—	—	—	—	20	20	20	20
Q390	C30	23	23	22	22	21	21	21	21	20
	C40	22	22	21	21	21	21	21	20	20
	C50	—	21	21	21	20	20	20	20	20
	C60	—	—	20	20	20	20	20	19	19
	C70	—	—	—	19	19	19	19	19	19
	C80	—	—	—	—	19	19	19	19	19

4）径厚比

钢管的径厚比 D/t 是指钢管外径 D 与壁厚 t 的比值。钢管的壁厚不应小于 8mm。

为防止钢管壁发生局部屈曲，圆钢管混凝土受压杆件的径厚比，不宜超出表 7.1-6 限值。轴心受压方形或矩形钢管的最大外缘尺寸与壁厚之比不应超过 $40\sqrt{235/f_y}$。

圆钢管混凝土受压杆件的钢管径厚比限值　　表 7.1-6

钢　号	Q235	Q345	Q390
径厚比 D/t	20 ~ 90	20 ~ 61	20 ~ 54

5）温度效应

当钢管混凝土构件的环境温度高于100℃时，应对构件采取隔热措施。

当环境温度为60～100℃时，若未采取隔热措施，构件的承载力应乘以温度影响系数 K_t；K_t 按表 7.1-7 的规定取值。

钢管混凝土构件承载力的温度影响系数 K_t　　表 7.1-7

环境温度（℃）	温度影响系数 K_t
60～70	0.91
71～80	0.87
81～100	0.82

钢管混凝土杆件几何特征　　表 7.1-8

尺寸（mm）		截面面积（cm^2）			截面特征		每米重量（kg/m）		含钢率
D	t	A_{sc}	其中 A_s	其中 A_c	I_{sc}（cm^4）	W_{sc}（cm^3）	钢管重	杆件重	ρ_s
102	4.0	81.7	12.3	69.4	531.3	104.2	9.7	27.0	0.177
108	4.0	91.6	13.1	78.5	667.9	123.7	10.3	29.9	0.167
114	4.0	102.0	13.8	88.2	829.0	145.4	10.9	32.9	0.156
121	4.0	115.0	14.7	100.3	1052.3	173.9	11.5	36.6	0.146
127	4.0	126.7	15.5	111.2	1277.0	201.1	12.1	39.9	0.139
127	4.5	126.7	17.3	109.4	1277.0	201.1	13.6	40.9	0.158
127	5.0	126.7	19.2	107.5	1277.0	201.1	15.0	41.9	0.178
133	4.0	139.0	16.2	122.8	1535.9	231.0	12.7	43.4	0.134
133	4.5	139.0	18.2	120.8	1535.9	231.0	14.3	44.5	0.150
133	5.0	139.0	20.1	118.9	1535.9	231.0	15.8	45.5	0.169
140	4.0	153.9	17.1	136.8	1885.8	269.4	13.4	47.6	0.125
140	4.5	153.9	19.1	134.8	1885.8	269.4	15.0	48.7	0.142
140	5.0	153.9	21.2	132.7	1885.8	299.4	16.6	49.8	0.160
146	4.0	167.4	17.8	149.6	2230.4	305.5	14.0	51.4	0.119
146	4.5	167.4	20.0	147.4	2230.4	305.5	15.7	52.6	0.136
146	5.0	167.4	22.1	145.3	2230.4	305.5	17.4	53.7	0.152
150	4.0	176.7	18.3	158.4	2485.0	331.3	14.4	54.0	0.115
150	4.5	176.7	20.6	156.1	2485.0	331.3	16.1	55.2	0.132
150	5.0	176.7	22.8	153.9	2485.0	331.3	17.9	56.4	0.148
150	5.5	176.7	25.0	151.7	2485.0	331.3	19.6	57.5	0.165
150	6.0	176.7	27.1	149.6	2485.0	331.3	21.3	58.7	0.181

续表

尺寸 (mm)		截面面积 (cm²)			截面特征		每米重量 (kg/m)		含钢率
			其中						
D	t	A_{sc}	A_s	A_c	I_{sc} (cm^4)	W_{sc} (cm^3)	钢管重	杆件重	ρ_s
152	4.0	181.5	18.6	162.9	2620.3	344.8	14.6	55.3	0.114
152	4.5	181.5	20.9	160.6	2620.3	344.8	16.4	56.5	0.130
152	5.0	181.5	23.1	158.4	2620.3	344.8	18.1	57.7	0.146
152	5.5	181.5	25.3	156.2	2620.3	344.8	19.9	58.9	0.162
152	6.0	181.5	27.5	154.0	2620.3	344.8	21.2	60.1	0.178
159	4.0	198.6	19.5	179.1	3137.3	394.7	15.3	60.1	0.109
159	4.5	198.6	21.8	176.8	3137.3	394.7	17.1	61.3	0.123
159	5.0	198.6	24.2	174.4	3137.3	394.7	19.0	62.6	0.139
159	5.5	198.6	26.5	172.1	3137.3	394.7	20.8	63.8	0.154
159	6.0	198.6	28.8	169.8	3137.3	394.7	22.6	65.1	0.170
168	4.0	221.7	20.6	201.1	3910.3	465.5	16.2	66.4	0.102
168	4.5	221.7	23.1	198.6	3910.3	465.5	18.1	67.8	0.116
168	5.0	221.7	25.6	196.1	3910.3	465.5	20.1	69.1	0.130
168	5.5	221.7	28.1	193.6	3910.3	465.5	22.0	70.4	0.145
168	6.0	221.7	30.5	191.2	3910.3	465.5	24.0	71.8	0.160
180	4.0	254.4	22.0	232.4	5153.0	572.5	17.4	75.4	0.095
180	4.5	254.4	24.8	229.6	5153.0	572.5	19.5	76.9	0.108
180	5.0	254.4	27.4	227.0	5153.0	572.5	21.6	78.3	0.121
180	5.5	254.4	30.2	224.2	5153.0	572.5	23.7	79.7	0.135
180	6.0	254.4	32.8	221.6	5153.0	572.5	25.7	81.2	0.148
180	6.5	254.4	35.4	219.0	5153.0	572.5	27.8	82.6	0.162
180	7.0	254.4	38.0	216.4	5153.0	572.5	29.9	84.0	0.176
194	4.0	295.6	23.9	271.7	6953.1	716.8	18.7	86.7	0.088
194	4.5	295.6	26.8	268.8	6953.1	716.8	21.0	88.2	0.100
194	5.0	295.6	29.7	265.9	6953.1	716.8	23.3	89.8	0.112
194	5.5	295.6	32.6	263.0	6953.1	716.8	25.6	91.3	0.124
194	6.0	295.6	35.4	260.2	6953.1	716.8	27.8	92.9	0.136
194	6.5	295.6	38.3	257.3	6953.1	716.8	30.1	64.4	0.149
194	7.0	295.6	41.1	254.5	6953.1	716.8	32.3	95.9	0.161
219	4.0	376.7	27.0	349.7	11291.4	1031.2	21.2	108.6	0.077
219	4.5	376.7	30.3	346.4	11291.4	1031.2	23.8	110.4	0.087
219	5.0	376.7	33.6	343.1	11291.4	1031.2	26.4	112.2	0.098
219	5.5	376.7	36.9	339.8	11291.4	1031.2	29.0	113.9	0.108
219	6.0	376.7	40.1	336.5	11291.4	1031.2	31.5	115.7	0.119
219	6.5	376.7	43.4	333.3	11291.4	1031.2	34.1	117.4	0.130
219	7.0	376.7	46.6	330.1	11291.4	1031.2	36.6	119.1	0.141
219	8.0	376.7	53.0	323.7	11291.4	1031.2	41.6	122.5	0.164

续表

尺寸 (mm)		截面面积 (cm²)			截面特征		每米重量 (kg/m)		含钢率
			其中						
D	t	A_{sc}	A_s	A_c	I_{sc} (cm^4)	W_{sc} (cm^3)	钢管重	杆件重	ρ_s
245	4.0	471.4	30.3	441.1	17686.2	1443.8	23.8	134.1	0.069
245	4.5	471.4	34.0	437.4	17686.2	1443.8	26.7	136.0	0.078
245	5.0	471.4	37.7	433.7	17686.2	1443.8	29.6	138.0	0.087
245	5.5	471.4	41.4	430.0	17686.2	1443.8	32.5	140.0	0.096
245	6.0	471.4	45.0	426.4	17686.2	1443.8	35.4	142.0	0.105
245	6.5	471.4	48.7	422.7	17686.2	1443.8	38.2	143.9	0.115
245	7.0	471.4	52.3	419.1	17686.2	1443.8	41.1	145.9	0.125
245	8.0	471.4	59.5	411.9	17686.2	1443.8	46.8	149.7	0.144
273	4.0	585.3	33.8	551.5	27265.9	1997.5	26.5	164.4	0.061
273	4.5	585.3	38.0	547.3	27265.9	1997.5	29.8	166.6	0.069
273	5.0	585.3	42.1	543.2	27265.9	1997.5	33.0	168.9	0.077
273	5.5	585.3	46.2	539.1	27265.9	1997.5	36.3	171.1	0.086
273	6.0	585.3	50.3	535.0	27265.9	1997.5	39.5	173.3	0.094
273	6.5	585.3	54.4	530.9	27265.9	1997.5	42.7	175.5	0.102
273	7.0	585.3	58.5	526.8	27265.9	1997.5	45.9	177.6	0.111
273	8.0	585.3	66.6	518.7	27265.9	1997.5	52.3	182.0	0.128
273	9.0	585.3	74.6	510.7	27265.9	1997.5	58.6	196.3	0.146
299	4.0	702.2	37.1	665.1	39233.2	2624.4	29.1	195.4	0.056
299	4.5	702.2	41.6	660.6	39233.2	2624.4	32.7	197.8	0.063
299	5.0	702.2	46.2	656.0	39233.2	2624.4	36.3	200.2	0.070
299	5.5	702.2	50.7	651.5	39233.2	2624.4	39.8	202.7	0.078
299	6.0	702.2	55.2	647.0	39233.2	2624.4	43.4	205.1	0.085
299	6.5	702.2	59.7	642.5	39233.2	2624.4	46.9	207.5	0.093
299	7.0	702.2	64.2	638.0	39233.2	2624.4	50.4	209.9	0.101
299	8.0	702.2	73.2	629.0	39233.2	2624.4	57.4	214.7	0.116
299	9.0	702.2	82.0	620.2	39233.2	2624.4	64.4	219.4	0.132
325	4.0	829.5	40.3	789.2	54765.0	3370.0	31.7	229.0	0.051
325	4.5	829.5	45.2	784.3	54765.0	3370.0	35.6	231.6	0.058
325	5.0	829.5	50.2	779.3	54765.0	3370.0	39.5	234.3	0.064
325	5.5	829.5	55.1	774.4	54765.0	3370.0	43.3	236.9	0.071
325	6.0	829.5	60.1	769.4	54765.0	3370.0	47.2	239.6	0.078
325	6.5	829.5	65.0	764.5	54765.0	3370.0	51.1	242.2	0.085
325	7.0	829.5	69.9	759.6	54765.0	3370.0	54.9	244.8	0.092
325	8.0	829.5	79.7	749.9	54765.0	3370.0	62.5	250.0	0.106
325	9.0	829.5	89.3	740.2	54765.0	3370.0	70.1	255.2	0.121
351	4.0	967.6	43.6	924.0	74507.2	4245.4	34.2	265.2	0.047
351	4.5	967.6	49.0	918.6	74507.2	4245.4	38.5	268.1	0.053
351	5.0	967.6	54.3	913.3	74507.2	4245.4	42.7	271.0	0.059

续表

尺寸 (mm)		截面面积 (cm²)			截面特征		每米重量 (kg/m)		含钢率
			其中						
D	t	A_{sc}	A_s	A_c	I_{sc} (cm^4)	W_{sc} (cm^3)	钢管重	杆件重	ρ_s
351	5.5	967.6	59.7	907.0	74507.2	4245.4	46.9	273.8	0.066
351	6.0	967.6	65.0	902.6	74507.2	4242.4	51.0	276.7	0.072
351	6.5	967.6	70.2	897.3	74507.2	4245.4	55.2	279.5	0.078
351	7.0	967.6	75.6	892.0	74507.2	4245.4	59.4	282.4	0.085
351	8.0	967.6	86.2	881.4	74507.2	4245.4	67.7	288.0	0.098
351	9.0	967.6	96.7	870.9	74507.2	4245.4	75.9	293.6	0.111
351	10.0	967.6	107.1	860.5	74507.2	4245.4	84.1	299.2	0.124
377	4.0	1116.3	46.9	1069.4	99159.7	5260.5	36.8	304.1	0.044
377	4.5	1116.3	52.7	1063.6	99159.7	5260.5	41.3	307.2	0.050
377	5.0	1116.3	58.4	1057.9	99159.7	5260.5	45.9	310.3	0.055
377	5.5	1116.3	64.2	1052.1	99159.7	5260.5	50.4	313.4	0.061
377	6.0	1116.3	69.9	1046.4	99159.7	5260.5	54.9	316.5	0.067
377	6.5	1116.3	75.7	1040.6	99159.7	5260.5	59.4	319.5	0.073
377	7.0	1116.3	81.4	1034.9	99159.7	5260.5	63.9	322.6	0.079
377	8.0	1116.3	92.7	1023.6	99159.7	5260.5	72.8	328.7	0.091
377	9.0	1116.3	104.0	1012.3	99159.7	5260.5	81.7	334.7	0.103
377	10.0	1116.3	115.3	1001.0	99159.7	5260.5	90.5	340.8	0.115
400	4.0	1256.7	49.8	1206.9	125663.7	6283.2	39.1	340.8	0.041
400	4.5	1256.7	55.9	1200.8	125663.7	6283.2	43.9	344.1	0.047
400	5.0	1256.7	62.0	1194.7	125663.7	6283.2	48.7	347.4	0.052
400	5.5	1256.7	68.2	1188.5	125663.7	6283.2	53.5	350.6	0.057
400	6.0	1256.7	74.3	1182.4	125663.7	6283.2	58.3	353.9	0.063
400	6.5	1256.7	80.4	1176.3	125663.7	6283.2	63.1	357.1	0.068
400	7.0	1256.7	86.4	1170.3	125663.7	6283.2	67.3	360.4	0.074
400	8.0	1256.7	98.5	1158.2	125663.7	6283.2	77.3	366.9	0.085
400	9.0	1256.7	110.6	1146.1	125663.7	6283.2	86.8	373.3	0.097
400	10.0	1256.7	122.5	1134.2	125663.7	6283.2	96.2	379.7	0.108
400	12.0	1256.7	146.3	1110.4	125663.7	6283.2	114.8	392.4	0.132
426	5.0	1425.3	66.1	1359.2	161662.1	7589.8	51.9	391.7	0.049
426	5.5	1425.3	72.7	1352.6	161662.1	7589.8	57.0	395.2	0.054
426	6.0	1425.3	79.2	1346.1	161662.1	7589.8	62.1	398.7	0.059
426	6.5	1425.3	85.7	1339.6	161662.1	7589.8	67.2	402.2	0.064
426	7.0	1425.3	92.1	1333.2	161662.1	7589.8	72.3	405.6	0.069
426	8.0	1425.3	105.1	1320.3	161662.1	7589.8	82.5	412.5	0.080
426	9.0	1425.3	117.9	1307.4	161662.1	7589.8	92.6	419.4	0.090
426	10.0	1425.3	130.7	1294.6	161662.1	7589.8	102.6	426.2	0.100
426	12.0	1425.3	156.1	1269.2	161662.1	7589.8	122.5	439.7	0.123
450	5.0	1590.4	69.9	1520.5	202188.9	8946.2	54.9	435.0	0.046

续表

尺寸 (mm)		截面面积 (cm^2)			截面特征		每米重量 (kg/m)		含钢率
			其中						
D	t	A_{sc}	A_s	A_c	I_{sc} (cm^4)	W_{sc} (cm^3)	钢管重	杆件重	ρ_s
450	5.5	1590.4	76.8	1513.6	201288.9	8946.2	60.3	438.7	0.051
450	6.0	1590.4	83.7	1506.7	201288.9	8946.2	65.7	442.4	0.056
450	6.5	1590.4	90.6	1499.8	201288.9	8946.2	71.1	446.1	0.060
450	7.0	1590.4	97.4	1493.0	201288.9	8946.2	76.5	449.7	0.065
450	8.0	1590.4	111.1	1479.3	201288.9	8946.2	87.2	457.0	0.075
450	9.0	1590.4	124.7	1465.7	201288.9	8946.2	97.9	464.3	0.085
450	10.0	1590.4	138.2	1452.2	201288.9	8946.2	108.5	471.6	0.095
450	12.0	1590.4	165.1	1425.3	201288.9	8946.2	129.6	485.9	0.116
450	14.0	1590.4	191.8	1398.7	201288.9	8946.2	150.5	500.2	0.137
478	5.0	1794.5	74.3	1720.2	256260.4	10722.2	58.3	488.4	0.043
478	5.5	1794.5	81.6	1712.9	256260.4	10722.2	64.1	492.3	0.048
478	6.0	1794.5	89.0	1605.5	256260.4	10722.2	69.8	496.2	0.055
478	6.5	1794.5	96.3	1698.2	256260.4	10722.2	75.6	500.1	0.057
478	7.0	1794.5	103.6	1690.9	256260.4	10722.2	81.3	504.0	0.061
478	8.0	1794.5	118.1	1676.4	256260.4	10722.2	92.7	511.8	0.070
478	9.0	1794.5	132.6	1661.9	256260.4	10722.2	104.1	519.6	0.080
478	10.0	1794.5	147.0	1647.5	256260.4	10722.2	115.4	527.3	0.089
478	12.0	1794.5	175.7	1618.8	256260.4	10722.2	137.9	542.6	0.109
478	14.0	1794.5	204.1	1990.4	256260.4	10722.2	160.2	557.3	0.128
500	5.0	1963.5	77.8	1885.7	306796.1	12271.8	61.0	532.5	0.041
500	5.5	1963.5	85.4	1878.1	306796.1	12271.8	67.1	536.6	0.045
500	6.0	1963.5	93.1	1870.4	306796.1	12271.8	73.1	540.7	0.050
500	6.5	1963.5	100.8	1862.7	306796.1	12271.8	79.1	544.8	0.054
500	7.0	1963.5	108.4	1855.1	306796.1	12271.8	85.1	548.9	0.058
500	8.0	1963.5	123.7	1839.8	306796.1	12271.8	97.1	557.0	0.067
500	9.0	1963.5	138.8	1824.7	306796.1	12271.8	109.0	565.1	0.076
500	10.0	1963.5	153.9	1809.6	306796.1	12271.8	120.8	573.8	0.085
500	12.0	1963.5	184.0	1779.5	306796.1	12271.8	144.4	589.3	0.103
500	14.0	1963.5	213.8	1749.7	306796.1	12271.8	167.8	605.2	0.122
500	16.0	1963.5	243.3	1720.2	306796.1	12271.8	191.0	621.0	0.141
529	6.0	2197.9	98.6	2099.3	384408.1	14533.3	77.4	602.2	0.047
529	6.5	2197.9	106.7	2091.2	384408.1	14533.3	83.8	606.5	0.051
529	7.0	2197.9	114.8	2083.1	384408.1	14533.3	90.1	610.9	0.055
529	8.0	2197.9	130.9	2066.9	384408.1	14533.3	102.8	619.5	0.063
529	9.0	2197.9	147.0	2050.8	384408.1	14533.3	115.4	628.1	0.072
529	10.0	2197.9	163.0	2034.8	384408.1	14533.3	128.0	636.7	0.080
529	12.0	2197.9	194.9	2003.0	384408.1	14533.3	153.0	653.7	0.097
529	14.0	2197.9	226.5	1971.4	384408.1	14533.3	177.8	670.6	0.115

续表

尺寸 (mm)		截面面积 (cm²)			截面特征		每米重量 (kg/m)		含钢率
			其中						
D	t	A_{sc}	A_s	A_c	I_{sc} (cm^4)	W_{sc} (cm^3)	钢管重	杆件重	ρ_s
529	16.0	2197.9	257.9	1940.0	384408.1	14533.3	202.4	687.4	0.133
550	6.0	2375.8	102.5	2273.3	449180.2	16333.8	80.5	648.8	0.045
550	6.5	2375.8	111.0	2264.8	449180.2	16333.8	87.1	653.3	0.049
550	7.0	2375.8	119.4	2256.4	449180.2	16333.8	93.7	657.8	0.053
550	8.0	2375.8	136.2	2239.6	449180.2	16333.8	106.9	666.8	0.061
550	9.0	2375.8	153.0	2222.8	449180.2	16333.8	120.1	675.8	0.069
550	10.0	2375.8	169.6	2206.2	449180.2	16333.8	133.2	684.7	0.077
550	12.0	2375.8	202.8	2173.0	449180.2	16333.8	159.2	702.5	0.093
550	14.0	2375.8	235.7	2140.1	449180.2	16333.8	185.1	720.1	0.110
550	16.0	2375.8	268.4	2107.4	449180.2	16333.8	210.7	737.6	0.127
550	18.0	2375.8	300.8	2075.0	449180.2	16333.8	236.2	754.9	0.145
550	20.0	2375.8	333.0	2042.8	449180.2	16333.8	261.4	772.1	0.163
600	8.0	2827.4	148.8	2678.6	636172.5	21205.7	116.8	786.5	0.055
600	9.0	2827.4	167.1	2660.3	636172.5	21205.7	131.2	796.3	0.063
600	10.0	2827.4	185.4	2642.0	636172.5	21205.7	145.5	806.0	0.070
600	12.0	2827.4	221.7	2605.7	636172.5	21205.7	174.0	825.5	0.085
600	14.0	2827.4	257.7	2569.7	636172.5	21205.7	202.3	844.7	0.100
600	16.0	2827.4	293.6	2533.8	636172.5	21205.7	230.4	863.9	0.116
600	18.0	2827.4	329.1	2498.3	636172.5	21205.7	258.4	882.9	0.131
600	20.0	2827.4	364.4	2463.0	636172.5	21205.7	286.1	901.8	0.148
600	22.0	2827.4	399.5	2427.9	636172.5	21205.7	313.6	920.6	0.165
630	8.0	3117.2	156.3	2960.9	773271.7	24548.3	122.7	862.9	0.053
630	9.0	3117.2	175.6	2941.6	773271.7	24548.3	137.8	873.2	0.060
630	10.0	3117.2	194.8	2922.4	773271.7	24548.3	152.9	883.5	0.067
630	12.0	3117.2	233.0	2884.2	773271.7	24548.3	182.9	904.0	0.081
630	14.0	3117.2	270.9	2846.3	773271.7	24548.3	212.7	924.3	0.095
630	16.0	3117.2	308.6	2808.6	773271.7	24548.3	242.3	944.4	0.110
630	18.0	3117.2	346.1	2771.1	773271.7	24548.3	271.7	964.5	0.125
630	20.0	3117.2	383.2	2734.0	773271.7	24548.3	300.9	984.4	0.140
630	22.0	3117.2	420.2	2697.0	773271.7	24548.3	329.9	1004.1	0.156
650	8.0	3318.3	161.3	3157.0	876240.5	26961.2	126.7	915.9	0.051
650	9.0	3318.3	181.2	3137.1	876240.5	26961.2	142.3	926.5	0.058
650	10.0	3318.3	201.1	3117.2	876240.5	26961.2	157.8	937.1	0.064
650	12.0	3318.3	240.5	3077.8	876240.5	26961.2	188.8	958.3	0.078
650	14.0	3318.3	279.7	3038.6	876240.5	26961.2	219.6	979.2	0.092
650	16.0	3318.3	318.7	2999.6	876240.5	26961.2	250.2	1000.1	0.106
650	18.0	3318.3	357.4	2960.9	876240.5	26961.2	280.5	1020.8	0.121
650	20.0	3318.3	395.8	2922.5	876240.5	26961.2	310.7	1041.4	0.135

续表

尺寸 (mm)		截面面积 (cm^2)			截面特征		每米重量 (kg/m)		含钢率
D	t	A_{sc}	其中		I_{sc}	W_{sc}	钢管重	杆件重	ρ_s
			A_s	A_c	(cm^4)	(cm^3)			
650	22.0	3318.3	434.0	2884.3	876240.5	26961.2	340.7	1061.8	0.150
650	24.0	3318.3	472.0	2846.3	876240.5	26961.2	370.5	1082.1	0.166
700	8.0	3848.4	173.9	3674.5	1178588.1	33673.9	136.5	1055.2	0.042
700	9.0	3848.4	195.4	3653.0	1178588.1	33673.9	153.4	1066.6	0.053
700	10.0	3848.4	216.8	3631.6	1178588.1	33673.9	170.2	1078.1	0.060
700	12.0	3848.4	259.4	3859.0	1178588.1	33673.9	203.6	1100.9	0.067
700	14.0	3848.4	301.7	3546.7	1178588.1	33673.9	236.8	1123.5	0.085
700	16.0	3848.4	343.8	3504.6	1178588.1	33673.9	269.9	1146.1	0.098
700	18.0	3848.4	385.7	3462.7	1178588.1	33673.9	302.7	1168.4	0.111
700	20.0	3848.4	427.3	3421.1	1178588.1	33673.9	335.4	1190.7	0.125
700	22.0	3848.4	468.6	3379.8	1178588.1	33673.9	367.9	1212.8	0.139
700	24.0	3848.4	509.7	3338.7	1178588.1	33673.9	400.1	1234.8	0.153
700	26.0	3848.4	550.5	3297.9	1178588.1	33673.9	432.2	1256.6	0.167
720	8.0	4071.5	178.9	3892.6	1319167.3	36643.5	140.5	1113.6	0.046
720	9.0	4071.5	201.0	3870.5	1319167.3	36643.5	157.8	1125.4	0.052
720	10.0	4071.5	223.1	3848.4	1319167.3	36643.5	175.1	1137.2	0.058
720	12.0	4071.5	266.9	3804.6	1319167.3	36643.5	209.5	1160.7	0.070
720	14.0	4071.5	310.5	3761.0	1319167.3	36643.5	243.8	1184.0	0.082
720	16.0	4071.5	353.9	3717.6	1319167.3	36643.5	277.8	1207.2	0.095
720	18.0	4071.5	397.0	3674.5	1319167.3	36643.5	311.6	1230.3	0.108
720	20.0	4071.5	439.8	3631.7	1319167.3	36643.5	345.3	1253.2	0.121
720	22.0	4071.5	482.4	3589.1	1319167.3	36643.5	378.7	1276.0	0.134
720	24.0	4071.5	524.8	3546.7	1319167.3	36643.5	411.9	1298.6	0.148
720	26.0	4071.5	566.9	3504.6	1319167.3	36643.5	445.0	1321.1	0.162
750	8.0	4417.9	186.5	4231.4	1553155.5	41417.5	146.4	1204.2	0.044
750	9.0	4417.9	209.5	4208.4	1553155.5	41417.5	164.5	1216.6	0.050
750	10.0	4417.9	232.5	4185.4	1553155.5	41417.5	182.5	1228.8	0.055
750	12.0	4417.9	278.2	4139.7	1553155.5	41417.5	218.4	1253.3	0.067
750	14.0	4417.9	323.7	4094.2	1553155.5	41417.5	254.1	1277.6	0.079
750	16.0	4417.9	368.9	4049.0	1553155.5	41417.5	289.6	1301.9	0.091
750	18.0	4417.9	413.9	4004.0	1553155.5	41417.5	324.9	1325.9	0.103
750	20.0	4417.9	458.7	3959.2	1553155.5	41417.5	360.1	1349.9	0.116
750	22.0	4417.9	503.2	3914.7	1553155.5	41417.5	395.0	1373.7	0.129
750	24.0	4417.9	547.4	3870.5	1553155.5	41417.5	429.7	1397.3	0.141
750	26.0	4417.9	591.4	3826.5	1553155.5	41417.5	464.2	1420.8	0.154
750	28.0	4417.9	635.1	3782.8	1553155.5	41417.5	498.6	1444.2	0.168
750	30.0	4417.9	678.6	3739.3	1553155.5	41417.5	532.7	1467.5	0.181

续表

尺 寸 (mm)		截面面积 (cm^2)			截 面 特 征		每米重量 (kg/m)		含钢率
D	t	A_{sc}	其 中		I_{sc} (cm^4)	W_{sc} (cm^3)	钢管重	杆件重	ρ_s
			A_s	A_c					
800	8.0	5026.6	199.1	4827.5	2010619.3	50265.5	156.3	1363.1	0.041
800	9.0	5026.6	223.6	4803.0	2010619.3	50265.5	175.6	1376.3	0.046
800	10.0	5026.6	248.2	4778.4	2010619.3	50265.5	194.8	1389.4	0.052
800	12.0	5026.6	297.1	4729.5	2010619.3	50265.5	233.2	1415.6	0.063
800	14.0	5026.6	345.7	4680.9	2010619.3	50265.5	271.4	1441.6	0.074
800	16.0	5026.6	394.1	4632.5	2010619.3	50265.5	309.4	1467.5	0.085
800	18.0	5026.6	442.2	4584.4	2010619.3	50265.5	347.1	1493.2	0.096
800	20.0	5026.6	490.1	4536.5	2010619.3	50265.5	384.7	1518.8	0.108
800	22.0	5026.6	537.7	4488.9	2010619.3	50265.5	422.1	1544.3	0.120
800	24.0	5026.6	585.1	4441.5	2010619.3	50265.5	459.3	1569.7	0.132
800	26.0	5026.6	632.2	4394.4	2010619.3	50265.5	496.3	1594.9	0.144
800	28.0	5026.6	679.1	4347.5	2010619.3	50265.5	533.1	1619.9	0.156
800	30.0	5026.6	725.7	4300.9	2010619.3	50265.5	569.1	1644.9	0.169
800	32.0	5026.6	772.1	4254.5	2010619.3	50265.5	606.1	1669.7	0.181
850	8.0	5674.5	211.6	5462.9	2562392.2	60291.6	166.1	1531.8	0.039
850	9.0	5674.5	237.8	5436.7	2562392.2	60291.6	186.7	1545.8	0.044
850	10.0	5674.5	263.9	5410.6	2562392.2	60291.6	207.2	1559.8	0.049
850	12.0	5674.5	315.9	5358.6	2562392.2	60291.6	248.0	1587.6	0.059
850	14.0	5674.5	367.7	5306.8	2562392.2	60291.6	288.6	1615.3	0.069
850	16.0	5674.5	419.2	5255.3	2562392.2	60291.6	329.1	1642.9	0.080
850	18.0	5674.5	470.5	5204.0	2562392.2	60291.6	369.3	1670.3	0.090
850	20.0	5674.5	521.5	5153.0	2562392.2	60291.6	409.4	1697.6	0.101
850	22.0	5674.5	572.3	5102.2	2562392.2	60291.6	449.2	1724.8	0.112
850	24.0	5674.5	622.8	5051.7	2562392.2	60291.6	488.9	1751.8	0.123
850	26.0	5674.5	673.1	5001.4	2562392.2	60291.6	528.3	1778.7	0.134
850	28.0	5674.5	723.1	4951.4	2562392.2	60291.6	567.6	1805.5	0.146
850	30.0	5674.5	772.8	4901.7	2562392.2	60291.6	606.7	1832.1	0.158
850	32.0	5674.5	822.3	4852.2	2562392.2	60291.6	645.5	1858.6	0.169
900	10.0	6361.7	279.6	6082.1	3220623.3	71569.4	219.5	1740.0	0.046
900	12.0	6361.7	334.7	6027.0	3220623.3	71569.4	262.8	1769.5	0.055
900	14.0	6361.7	389.3	5972.4	3220623.3	71569.4	305.9	1798.9	0.065
900	16.0	6361.7	444.3	5917.4	3220623.3	71569.4	348.8	1828.2	0.075
900	18.0	6361.7	498.7	5863.0	3220623.3	71569.4	391.5	1857.3	0.085
900	20.0	6361.7	552.9	5808.8	3220623.3	71569.4	434.0	1886.2	0.095
900	22.0	6361.7	606.8	5754.9	3220623.3	71569.4	476.4	1915.1	0.105
900	24.0	6361.7	660.5	5701.2	3220623.3	71569.4	518.5	1943.8	0.115

续表

尺　寸 (mm)		截面面积 (cm^2)			截面特征		每米重量 (kg/m)		含钢率
			其　中		I_{sc} (cm^4)	W_{sc} (cm^3)			
D	t	A_{sc}	A_s	A_c			钢管重	杆件重	ρ_s
900	26.0	6361.7	713.9	5647.8	3220623.3	71569.4	560.4	1972.4	0.126
900	28.0	6361.7	767.0	5594.7	3220623.3	71569.4	602.1	2000.8	0.137
900	30.0	6361.7	820.0	5541.7	3220623.3	71569.4	643.7	2029.1	0.147
900	32.0	6361.7	872.6	5489.1	3220623.3	71569.4	685.0	2057.3	0.159
900	34.0	6361.7	925.0	5436.7	3220623.3	71569.4	726.1	2085.3	0.170
950	10.0	7088.2	295.3	6792.9	3998198.2	84172.6	231.8	1930.0	0.044
950	12.0	7088.2	353.6	6734.6	3998198.2	84172.6	277.6	1961.2	0.053
950	14.0	7088.2	411.7	6676.5	3998198.2	84172.6	323.2	1992.3	0.062
950	16.0	7088.2	469.5	6618.7	3998198.2	84172.6	363.5	2023.2	0.071
950	18.0	7088.2	527.0	6561.2	3998198.2	84172.6	413.7	2054.0	0.080
950	20.0	7088.2	584.3	6503.9	3998198.2	84172.6	458.7	2084.7	0.090
950	22.0	7088.2	641.4	6446.8	3998198.2	84172.6	503.5	2115.2	0.100
950	24.0	7088.2	698.2	6390.0	3998198.2	84172.6	548.1	2145.6	0.109
950	26.0	7088.2	754.7	6333.5	3998198.2	84172.6	592.5	2175.8	0.119
950	28.0	7088.2	811.0	6277.2	3998198.2	84172.6	636.7	2206.0	0.129
950	30.0	7088.2	867.1	6221.1	3998198.2	84172.6	680.7	2235.9	0.139
950	32.0	7088.2	922.9	6165.3	3998198.2	84172.6	724.5	2265.8	0.150
950	34.0	7088.2	978.4	6109.8	3998198.2	84172.6	768.1	2295.5	0.160
1000	12.0	7854.0	372.5	7481.5	4908738.5	98174.8	292.4	2162.8	0.049
1000	14.0	7854.0	433.7	7420.3	4908738.5	98174.8	340.4	2195.5	0.058
1000	16.0	7854.0	494.6	7359.4	4908738.5	98174.8	388.3	2228.1	0.067
1000	18.0	7854.0	555.3	7298.7	4908738.5	98174.8	435.9	2260.6	0.076
1000	20.0	7854.0	615.8	7238.2	4908738.5	98174.8	483.4	2292.9	0.085
1000	22.0	7854.0	675.9	7178.1	4908738.5	98174.8	530.6	2325.1	0.094
1000	24.0	7854.0	735.9	7118.1	4908738.5	98174.8	577.7	2357.2	0.103
1000	26.0	7854.0	795.6	7058.4	4908738.5	98174.8	624.5	2389.1	0.112
1000	28.0	7854.0	855.0	6999.0	4908738.5	98174.8	671.2	2420.9	0.122
1000	30.0	7854.0	914.2	6939.8	4908738.5	98174.8	717.6	2452.6	0.131
1000	32.0	7854.0	973.1	6880.9	4908738.5	98174.8	763.9	2484.1	0.141
1000	34.0	7854.0	1031.8	6822.2	4908738.5	98174.8	810.0	2515.5	0.151
1000	36.0	7854.0	1090.3	6763.7	4908738.5	98174.8	855.9	2546.3	0.161
1050	12.0	8659.0	391.3	8267.7	5966602.4	113649.6	307.2	2374.1	0.047
1050	14.0	8659.0	455.7	8203.4	5966602.4	113649.6	357.7	2408.5	0.056
1050	16.0	8659.0	519.7	8139.3	5966602.4	113649.6	408.0	2442.8	0.064
1050	18.0	8659.0	583.6	8075.4	5966602.4	113649.6	458.1	2477.0	0.072
1050	20.0	8659.0	647.2	8011.8	5966602.4	113649.6	508.0	2511.0	0.081
1050	22.0	8659.0	710.5	7948.5	5966602.4	113649.6	557.7	2544.9	0.089
1050	24.0	8659.0	773.6	7885.4	5966602.4	113649.6	607.3	2578.6	0.098
1050	26.0	8659.0	836.4	7822.6	5966602.4	113649.6	656.6	2612.2	0.107
1050	28.0	8659.0	899.0	7760.0	5966602.4	113649.6	705.7	2645.7	0.116
1050	30.0	8659.0	961.3	7697.7	5966602.4	113649.6	754.6	2679.1	0.125
1050	32.0	8659.0	1023.4	7635.6	5966602.4	113649.6	803.4	2712.3	0.134
1050	34.0	8659.0	1085.2	7573.8	5966602.4	113649.6	851.9	2745.4	0.143
1050	36.0	8659.0	1146.8	7512.2	5966602.4	113649.6	900.2	2778.3	0.153

续表

尺寸 (mm)		截面面积 (cm^2)			截面特征		每米重量 (kg/m)		含钢率
			其中						
D	t	A_{sc}	A_s	A_c	I_{sc} (cm^4)	W_{sc} (cm^3)	钢管重	杆件重	ρ_s
1100	14.0	9503.3	477.6	9025.7	7186884.1	130670.6	375.0	2631.4	0.053
1100	16.0	9503.3	544.9	8958.4	7186884.1	130670.6	427.7	2667.3	0.061
1100	18.0	9503.3	611.9	8891.5	7186884.1	130670.6	480.3	2703.2	0.069
1100	20.0	9503.3	678.6	8824.7	7186884.1	130670.6	532.7	2738.9	0.077
1100	22.0	9503.3	745.1	8758.3	7186884.1	130670.6	584.9	2774.4	0.085
1100	24.0	9503.3	811.3	8692.0	7186884.1	130670.6	636.9	2809.9	0.093
1100	26.0	9503.3	877.3	8626.1	7186884.1	130670.6	688.6	2845.2	0.102
1100	28.0	9503.3	943.0	8560.3	7186884.1	130670.6	740.2	2880.3	0.110
1100	30.0	9503.3	1008.5	8494.9	7186884.1	130670.6	791.6	2915.4	0.119
1100	32.0	9503.3	1073.7	8429.6	7186884.1	130670.6	842.8	2950.2	0.127
1100	34.0	9503.3	1138.6	8364.7	7186884.1	130670.6	893.8	2985.0	0.136
1100	36.0	9503.3	1203.4	8300.0	7186884.1	130670.6	944.6	3019.6	0.145
1100	38.0	9503.3	1267.8	8235.5	7186884.1	130670.6	995.2	3054.1	0.154
1150	16.0	10386.9	570.0	9816.9	8585414.4	149311.6	447.5	2901.7	0.058
1150	18.0	10386.9	640.1	9746.8	8585414.4	149311.6	502.5	2939.2	0.066
1150	20.0	10386.9	710.0	9676.9	8585414.4	149311.6	557.3	2976.6	0.073
1150	22.0	10386.9	779.6	9607.3	8585414.4	149311.6	612.0	3013.8	0.081
1150	24.0	10386.9	849.0	9537.9	8585414.4	149311.6	666.5	3050.9	0.089
1150	26.0	10386.9	918.1	9468.8	8585414.4	149311.6	720.7	3087.9	0.097
1150	28.0	10386.9	987.0	9399.9	8585414.4	149311.6	774.8	3124.7	0.105
1150	30.0	10386.9	1055.6	9331.3	8585414.4	149311.6	828.6	3161.5	0.113
1150	32.0	10386.9	1123.9	9263.0	8585414.4	149311.6	882.3	3198.0	0.121
1150	34.0	10386.9	1192.0	9194.8	8585414.4	149311.6	935.8	3234.5	0.130
1150	36.0	10386.9	1259.9	9127.0	8585414.4	149311.6	989.0	3270.8	0.138
1150	38.0	10386.9	1327.5	9059.4	8585414.4	149311.6	1042.1	3306.9	0.147
1200	18.0	11309.7	668.4	10641.3	10178760.2	169646.0	524.7	3185.0	0.063
1200	20.0	11309.7	741.4	10568.3	10178760.2	169646.0	582.0	3224.1	0.070
1200	22.0	11309.7	814.2	10495.6	10178760.2	169646.0	639.1	3263.0	0.078
1200	24.0	11309.7	886.7	10423.1	10178760.2	169646.0	696.0	3301.8	0.085
1200	26.0	11309.7	958.9	10350.8	10178760.2	169646.0	752.8	3340.5	0.093
1200	28.0	11309.7	1030.9	10278.8	10178760.2	169646.0	809.3	3379.0	0.100
1200	30.0	11309.7	1102.7	10207.0	10178760.2	169646.0	865.6	3417.4	0.108
1200	32.0	11309.7	1174.2	10135.5	10178760.2	169646.0	921.7	3455.6	0.116
1200	34.0	11309.7	1245.5	10064.3	10178760.2	169646.0	977.7	3493.8	0.124
1200	36.0	11309.7	1316.5	9993.3	10178760.2	169646.0	1033.4	3531.7	0.132
1200	38.0	11309.7	1387.2	9922.5	10178760.2	169646.0	1089.0	3569.6	0.140
1200	40.0	11309.7	1457.7	9852.0	10178760.2	169646.0	1144.3	3607.3	0.148

续表

尺寸 (mm)		截面面积 (cm^2)			截面特征		每米重量 (kg/m)		含钢率
			其中						
D	t	A_{sc}	A_s	A_c	I_{sc} (cm^4)	W_{sc} (cm^3)	钢管重	杆件重	ρ_s
1250	18.0	12271.8	696.7	11575.2	11984224.9	191747.6	546.9	3440.7	0.060
1250	20.0	12271.8	772.8	11499.0	11984224.9	191747.6	606.7	3481.4	0.067
1250	22.0	12271.8	848.7	11423.1	11984224.9	191747.6	666.3	3522.0	0.074
1250	24.0	12271.8	924.4	11347.5	11984224.9	191747.6	725.6	3562.5	0.081
1250	26.0	12271.8	999.8	11272.1	11984224.9	191747.6	784.8	3602.8	0.089
1250	28.0	12271.8	1074.9	11196.9	11984224.9	191747.6	843.8	3643.0	0.096
1250	30.0	12271.8	1149.8	11122.0	11984224.9	191747.6	902.6	3683.1	0.103
1250	32.0	12271.8	1224.5	11047.4	11984224.9	191747.6	961.2	3723.1	0.111
1250	34.0	12271.8	1298.9	10973.0	11984224.9	191747.6	1019.6	3762.9	0.118
1250	36.0	12271.8	1373.0	10898.8	11984224.9	191747.6	1077.8	3802.5	0.126
1250	38.0	12271.8	1446.9	10825.0	11984224.9	191747.6	1135.8	3842.0	0.134
1250	40.0	12271.8	1520.5	10751.3	11984224.9	191747.6	1193.6	3881.4	0.141
1250	42.0	12271.8	1593.9	10677.9	11984224.9	191747.6	1251.2	3920.7	0.149
1300	18.0	13273.2	725.0	12548.3	14019848.1	215690.0	569.1	3706.2	0.058
1300	20.0	13273.2	804.2	12469.0	14019848.1	215690.0	631.3	3748.6	0.064
1300	22.0	13273.2	883.3	12389.9	14019848.1	215690.0	693.4	3790.9	0.071
1300	24.0	13273.2	962.1	12311.1	14019848.1	215690.0	755.2	3833.0	0.078
1300	26.0	13273.2	1040.6	12232.6	14019848.1	215690.0	816.9	3875.0	0.085
1300	28.0	13273.2	1118.9	12154.3	14019848.1	215690.0	878.3	3916.9	0.092
1300	30.0	13273.2	1196.9	12076.3	14019848.1	215690.0	939.6	3958.7	0.099
1300	32.0	13273.2	1274.7	11998.5	14019848.1	215690.0	1000.7	4000.3	0.106
1300	34.0	13273.2	1352.3	11921.0	14019848.1	215690.0	1061.5	4041.8	0.113
1300	36.0	13273.2	1429.6	11843.7	14019848.1	215690.0	1122.2	4083.1	0.121
1300	38.0	13273.2	1506.6	11766.6	14019848.1	215690.0	1182.7	4124.3	0.128
1300	40.0	13273.2	1583.4	11689.9	14019848.1	215690.0	1242.9	4165.4	0.135
1300	42.0	13273.2	1659.9	11613.3	14019848.1	215690.0	1303.0	4206.3	0.143
1300	44.0	13273.2	1736.2	11537.1	14019848.1	215690.0	1362.9	4247.2	0.150
1350	18.0	14313.9	753.2	13560.7	16304405.7	241546.8	591.3	3981.4	0.056
1350	20.0	14313.9	835.7	13478.2	16304405.7	241546.8	656.0	4025.6	0.062
1350	22.0	14313.9	917.8	13396.0	16304405.7	241546.8	720.5	4069.5	0.069
1350	24.0	14313.9	999.8	13314.1	16304405.7	241546.8	784.8	4113.4	0.075
1350	26.0	14313.9	1081.5	13232.4	16304405.7	241546.8	848.9	4157.1	0.082
1350	28.0	14313.9	1162.9	13151.0	16304405.7	241546.8	912.9	4200.6	0.088
1350	30.0	14313.9	1244.1	13069.8	16304405.7	241546.8	976.6	4244.0	0.095
1350	32.0	14313.9	1325.0	12988.9	16304405.7	241546.8	1040.1	4287.3	0.102
1350	34.0	14313.9	1405.7	12908.2	16304405.7	241546.8	1103.5	4330.5	0.109
1350	36.0	14313.9	1486.1	12827.8	16304405.7	241546.8	1166.6	4373.5	0.116
1350	38.0	14313.9	1566.3	12747.6	16304405.7	241546.8	1229.5	4416.4	0.123
1350	40.0	14313.9	1646.2	12667.7	16304405.7	241546.8	1292.3	4459.2	0.130
1350	42.0	14313.9	1725.9	12588.0	16304405.7	241546.8	1354.8	4501.8	0.137
1350	44.0	14313.9	1805.3	12508.6	16304405.7	241546.8	1417.1	4544.3	0.144

续表

尺寸 (mm)		截面面积 (cm²)			截面特征		每米重量 (kg/m)		含钢率
			其中						
D	t	A_{sc}	A_s	A_c	I_{sc} (cm^4)	W_{sc} (cm^3)	钢管重	杆件重	ρ_s
1400	20.0	15393.8	867.1	14526.7	18857409.9	269391.6	680.7	4312.3	0.060
1400	22.0	15393.8	952.4	14441.4	18857409.9	269391.6	747.6	4358.0	0.066
1400	24.0	15393.8	1037.5	14356.3	18857409.9	269391.6	814.4	4403.5	0.072
1400	26.0	15393.8	1122.3	14271.5	18857409.9	269391.6	881.0	4448.9	0.079
1400	28.0	15393.8	1206.9	14186.9	18857409.9	269391.6	947.4	4494.1	0.085
1400	30.0	15393.8	1291.2	14102.6	18857409.9	269391.6	1013.6	4539.2	0.092
1400	32.0	15393.8	1375.3	14018.5	18857409.9	269391.6	1079.6	4584.2	0.098
1400	34.0	15393.8	1459.1	13934.7	18857409.9	269391.6	1145.4	4629.1	0.105
1400	36.0	15393.8	1542.6	13851.2	18857409.9	269391.6	1211.0	4673.8	0.111
1400	38.0	15393.8	1626.0	13767.8	18857409.9	269391.6	1276.4	4718.3	0.118
1400	40.0	15393.8	1709.0	13684.8	18857409.9	269391.6	1341.6	4762.8	0.125
1400	42.0	15393.8	1791.8	13602.0	18857409.9	269391.6	1406.6	4807.1	0.132
1400	44.0	15393.8	1874.4	13519.4	18857409.9	269391.6	1471.4	4851.3	0.139
1400	46.0	15393.8	1956.7	13437.1	18857409.9	269391.6	1536.0	4895.3	0.146
1450	20.0	16513.0	898.5	15614.5	21699109.3	299298.1	705.3	4608.9	0.058
1450	22.0	16513.0	987.0	15526.0	21699109.3	299298.1	774.8	4656.3	0.064
1450	24.0	16513.0	1075.2	15437.8	21699109.3	299298.1	844.0	4703.5	0.070
1450	26.0	16513.0	1163.1	15349.9	21699109.3	299298.1	913.1	4750.5	0.076
1450	28.0	16513.0	1250.9	15262.1	21699109.3	299298.1	981.9	4797.5	0.082
1450	30.0	16513.0	1338.3	15174.7	21699109.3	299298.1	1050.6	4844.2	0.088
1450	32.0	16513.0	1425.5	15087.5	21699109.3	299298.1	1119.0	4890.9	0.094
1450	34.0	16513.0	1512.5	15000.5	21699109.3	299298.1	1187.3	4937.4	0.101
1450	36.0	16513.0	1599.2	14913.8	21699109.3	299298.1	1255.4	4983.8	0.107
1450	38.0	16513.0	1685.7	14827.3	21699109.3	299298.1	1323.2	5030.1	0.114
1450	40.0	16513.0	1771.9	14741.1	21699109.3	299298.1	1390.9	5076.2	0.120
1450	42.0	16513.0	1857.8	14655.2	21699109.3	299298.1	1458.4	5122.2	0.127
1450	44.0	16513.0	1943.5	14569.5	21699109.3	299298.1	1525.7	5168.0	0.133
1450	46.0	16513.0	2029.0	14484.0	21699109.3	299298.1	1592.7	5213.7	0.140
1550	22.0	18869.2	1056.1	17813.1	28333269.4	365590.6	829.0	5282.3	0.059
1550	24.0	18869.2	1150.6	17718.6	28333269.4	365590.6	903.2	5332.9	0.065
1550	26.0	18869.2	1244.8	17624.4	28333269.4	365590.6	977.2	5383.3	0.071
1550	28.0	18869.2	1338.8	17530.4	28333269.4	365590.6	1051.0	5433.6	0.076
1550	30.0	18869.2	1432.6	17436.6	28333269.4	365590.6	1124.6	5483.7	0.082
1550	32.0	18869.2	1526.1	17343.1	28333269.4	365590.6	1198.0	5533.7	0.088
1550	34.0	18869.2	1619.3	17249.9	28333269.4	365590.6	1271.2	5583.6	0.094
1550	36.0	18869.2	1712.3	17156.9	28333269.4	365590.6	1344.2	5633.4	0.100
1550	38.0	18869.2	1805.0	17064.2	28333269.4	365590.6	1417.0	5683.0	0.106
1550	40.0	18869.2	1897.5	16971.7	28333269.4	365590.6	1489.6	5732.5	0.112
1550	42.0	18869.2	1989.8	16879.4	28333269.4	365590.6	1562.0	5781.8	0.118
1550	44.0	18869.2	2081.7	16787.4	28333269.4	365590.6	1634.2	5831.0	0.124
1550	46.0	18869.2	2173.5	16695.7	28333269.4	365590.6	1706.2	5880.1	0.130
1550	48.0	18869.2	2265.0	16604.2	28333269.4	365590.6	1778.0	5929.1	0.136
1550	50.0	18869.2	2356.2	16513.0	28333269.4	365590.6	1849.6	5977.9	0.143

续表

尺寸 (mm)		截面面积 (cm²)			截面特征		每米重量 (kg/m)		含钢率
			其中						
D	t	A_{sc}	A_s	A_c	I_{sc} (cm⁴)	W_{sc} (cm³)	钢管重	杆件重	ρ_s
1600	24.0	20106.2	1188.3	18917.9	32169908.8	402123.9	932.8	5662.3	0.063
1600	26.0	20106.2	1285.7	18820.5	32169908.8	402123.9	1009.2	5714.4	0.068
1600	28.0	20106.2	1382.8	18723.4	32169908.8	402123.9	1085.5	5766.3	0.074
1600	30.0	20106.2	1479.7	18626.5	32169908.8	402123.9	1161.6	5818.2	0.079
1600	32.0	20106.2	1576.3	18529.9	32169908.8	402123.9	1237.4	5869.9	0.085
1600	34.0	20106.2	1672.7	18433.5	32169908.8	402123.9	1313.1	5921.4	0.091
1600	36.0	20106.2	1768.8	18337.4	32169908.8	402123.9	1388.5	5972.9	0.096
1600	38.0	20106.2	1864.7	18241.5	32169908.8	402123.9	1463.8	6024.2	0.102
1600	40.0	20106.2	1960.4	18145.8	32169908.8	402123.9	1538.9	6075.3	0.108
1600	42.0	20106.2	2055.7	18050.5	32169908.8	402123.9	1613.8	6126.4	0.114
1600	44.0	20106.2	2150.9	17955.3	32169908.8	402123.9	1688.4	6177.3	0.120
1600	46.0	20106.2	2245.7	17860.5	32169908.8	402123.9	1762.9	6228.0	0.126
1600	48.0	20106.2	2340.4	17765.8	32169908.8	402123.9	1837.2	6278.6	0.132
1600	50.0	20106.2	2434.7	17671.5	32169908.8	402123.9	1911.3	6329.1	0.138
1600	52.0	20106.2	2528.9	17577.3	32169908.8	402123.9	1985.2	6379.5	0.144
1650	22.0	21382.5	1125.2	20257.3	36383600.6	441013.3	883.3	5947.6	0.056
1650	24.0	21382.5	1226.0	20156.5	36383600.6	441013.3	962.4	6001.5	0.061
1650	26.0	21382.5	1326.5	20056.0	36383600.6	441013.3	1041.3	6055.3	0.066
1650	28.0	21382.5	1426.8	19955.7	36383600.6	441013.3	1120.0	6108.9	0.071
1650	30.0	21382.5	1526.8	19855.7	36383600.6	441013.3	1198.5	6162.5	0.077
1650	32.0	21382.5	1626.6	19755.9	36383600.6	441013.3	1276.9	6215.8	0.082
1650	34.0	21382.5	1726.1	19656.3	36383600.6	441013.3	1355.0	6269.1	0.088
1650	36.0	21382.5	1825.4	19557.1	36383600.6	441013.3	1432.9	6322.2	0.093
1650	38.0	21382.5	1924.4	19458.1	36383600.6	441013.3	1510.7	6375.2	0.099
1650	40.0	21382.5	2023.2	19359.3	36383600.6	441013.3	1588.2	6428.0	0.105
1650	42.0	21382.5	2121.7	19260.8	36383600.6	441013.3	1665.5	6480.7	0.110
1650	44.0	21382.5	2220.0	19162.5	36383600.6	441013.3	1742.7	6533.3	0.116
1650	46.0	21382.5	2318.0	19064.5	36383600.6	441013.3	1819.6	6585.7	0.122
1650	48.0	21382.5	2415.8	18966.7	36383600.6	441013.3	1896.4	6638.0	0.127
1650	50.0	21382.5	2513.3	18869.2	36383600.6	441013.3	1972.9	6690.2	0.133
1650	52.0	21382.5	2610.5	18771.9	36383600.6	441013.3	2049.3	6742.3	0.139
1700	24.0	22698.0	1263.7	21434.3	40998275.0	482332.6	992.0	6350.6	0.059
1700	26.0	22698.0	1367.3	21330.7	40998275.0	482332.6	1073.4	6406.0	0.064
1700	28.0	22698.0	1470.8	21227.2	40998275.0	482332.6	1154.6	6461.4	0.069
1700	30.0	22698.0	1573.9	21124.1	40998275.0	482332.6	1235.5	6516.6	0.075
1700	32.0	22698.0	1676.9	21021.2	40998275.0	482332.6	1316.3	6571.6	0.080
1700	34.0	22698.0	1779.5	20918.5	40998275.0	482332.6	1396.9	6626.5	0.085
1700	36.0	22698.0	1881.9	20816.1	40998275.0	482332.6	1477.3	6681.3	0.090
1700	38.0	22698.0	1984.1	20713.9	40998275.0	482332.6	1557.5	6736.0	0.096
1700	40.0	22698.0	2086.0	20612.0	40998275.0	482332.6	1637.5	6790.5	0.101
1700	42.0	22698.0	2187.7	20510.3	40998275.0	482332.6	1717.3	6844.9	0.107
1700	44.0	22698.0	2289.1	20408.9	40998275.0	482332.6	1796.9	6899.2	0.112
1700	46.0	22698.0	2390.2	20307.8	40998275.0	482332.6	1876.3	6953.3	0.118
1700	48.0	22698.0	2491.2	20206.8	40998275.0	482332.6	1955.6	7007.3	0.123
1700	50.0	22698.0	2591.8	20106.2	40998275.0	482332.6	2034.6	7061.1	0.129
1700	52.0	22698.0	2692.2	20005.8	40998275.0	482332.6	2113.4	7114.8	0.135
1700	54.0	22698.0	2792.4	19905.6	40998275.0	482332.6	2192.0	7168.4	0.140
1700	56.0	22698.0	2892.3	19805.7	40998275.0	482332.6	2270.4	7221.9	0.146

续表

尺寸 (mm)		截面面积 (cm^2)			截面特征		每米重量 (kg/m)		含钢率
			其中						
D	t	A_{sc}	A_s	A_c	I_{sc} (cm^4)	W_{sc} (cm^3)	钢管重	杆件重	ρ_s
1750	26.0	24052.8	1408.2	22644.6	46038598.4	526155.4	1105.4	6766.6	0.062
1750	28.0	24052.8	1514.8	22538.1	46038598.4	526155.4	1189.1	6823.6	0.067
1750	30.0	24052.8	1621.1	22431.8	46038598.4	526155.4	1272.5	6880.5	0.072
1750	32.0	24052.8	1727.1	22325.7	46038598.4	526155.4	1355.8	6937.2	0.077
1750	34.0	24052.8	1832.9	22219.9	46038598.4	526155.4	1438.9	6993.8	0.082
1750	36.0	24052.8	1938.5	22114.3	46038598.4	526155.4	1521.7	7050.3	0.088
1750	38.0	24052.8	2043.8	22009.0	46038598.4	526155.4	1604.4	7106.6	0.093
1750	40.0	24052.8	2148.8	21904.0	46038598.4	526155.4	1686.8	7162.8	0.098
1750	42.0	24052.8	2253.7	21799.2	46038598.4	526155.4	1769.1	7218.9	0.103
1750	44.0	24052.8	2358.2	21694.6	46038598.4	526155.4	1851.2	7274.8	0.109
1750	46.0	24052.8	2462.5	21590.3	46038598.4	526155.4	1933.1	7330.6	0.114
1750	48.0	24052.8	2566.6	21486.3	46038598.4	526155.4	2014.7	7386.3	0.119
1750	50.0	24052.8	2670.4	21382.5	46038598.4	526155.4	2096.2	7441.8	0.125
1750	52.0	24052.8	2773.9	21278.9	46038598.4	526155.4	2177.5	7497.2	0.130
1750	54.0	24052.8	2877.2	21175.6	46038598.4	526155.4	2258.6	7552.5	0.136
1750	56.0	24052.8	2980.2	21072.6	46038598.4	526155.4	2339.5	7607.6	0.141
1800	28.0	25446.9	1558.7	23888.2	51529973.5	572555.3	1223.6	7195.6	0.065
1800	30.0	25446.9	1668.2	23778.7	51529973.5	572555.3	1309.5	7254.2	0.070
1800	32.0	25446.9	1777.4	23669.5	51529973.5	572555.3	1395.2	7312.6	0.075
1800	34.0	25446.9	1886.3	23560.6	51529973.5	572555.3	1480.8	7370.9	0.080
1800	36.0	25446.9	1995.0	23451.9	51529973.5	572555.3	1566.1	7429.1	0.085
1800	38.0	25446.9	2103.5	23343.4	51529973.5	572555.3	1651.2	7487.1	0.090
1800	40.0	25446.9	2211.7	23235.2	51529973.5	572555.3	1736.2	7545.0	0.095
1800	42.0	25446.9	2319.6	23127.3	51529973.5	572555.3	1820.9	7602.7	0.100
1800	44.0	25446.9	2427.3	23019.6	51529973.5	572555.3	1905.4	7660.3	0.105
1800	46.0	25446.9	2534.8	22912.1	51529973.5	572555.3	1989.8	7717.8	0.111
1800	48.0	25446.9	2642.0	22804.9	51529973.5	572555.3	2073.9	7775.2	0.116
1800	50.0	25446.9	2748.9	22698.0	51529973.5	572555.3	2157.9	7832.4	0.121
1800	52.0	25446.9	2855.6	22591.3	51529973.5	572555.3	2241.6	7889.5	0.126
1800	54.0	25446.9	2962.0	22484.9	51529973.5	572555.3	2325.2	7946.4	0.132
1800	56.0	25446.9	3068.2	22378.7	51529973.5	572555.3	2408.5	8003.2	0.137
1800	58.0	25446.9	3174.1	22272.8	51529973.5	572555.3	2491.7	8059.9	0.143
1800	60.0	25446.9	3279.8	22167.1	51529973.5	572555.3	2574.7	8116.4	0.148

续表

尺寸 (mm)		截面面积 (cm^2)			截面特征		每米重量 (kg/m)		含钢率
D	t	A_{sc}	其中 A_s	A_c	I_{sc} (cm^4)	W_{sc} (cm^3)	钢管重	杆件重	ρ_s
1850	28.0	26880.3	1602.7	25277.5	57498539.3	621605.8	1258.1	7577.5	0.063
1850	30.0	26880.3	1715.3	25164.9	57498539.3	621605.8	1346.5	7637.8	0.068
1850	32.0	26880.3	1827.7	25052.6	57498539.3	621605.8	1434.7	7697.9	0.073
1850	34.0	26880.3	1939.7	24940.5	57498539.3	621605.8	1522.7	7757.8	0.078
1850	36.0	26880.3	2051.6	24828.7	57498539.3	621605.8	1610.5	7817.7	0.083
1850	38.0	26880.3	2163.2	24717.1	57498539.3	621605.8	1698.1	7877.4	0.088
1850	40.0	26880.3	2274.5	24605.7	57498539.3	621605.8	1785.5	7936.9	0.092
1850	42.0	26880.3	2385.6	24494.7	57498539.3	621605.8	1872.7	7996.4	0.097
1850	44.0	26880.3	2496.4	24383.8	57498539.3	621605.8	1959.7	8055.7	0.102
1850	46.0	26880.3	2607.0	24273.2	57498539.3	621605.8	2046.5	8114.8	0.107
1850	48.0	26880.3	2717.4	24162.9	57498539.3	621605.8	2133.1	8173.8	0.112
1850	50.0	26880.3	2827.4	24052.8	57498539.3	621605.8	2219.5	8232.7	0.118
1850	52.0	26880.3	2937.3	23943.0	57498539.3	621605.8	2305.8	8291.5	0.123
1850	54.0	26880.3	3046.8	23833.4	57498539.3	621605.8	2391.8	8350.1	0.128
1850	56.0	26880.3	3156.2	23724.1	57498539.3	621605.8	2477.6	8408.6	0.133
1850	58.0	26880.3	3265.2	23615.0	57498539.3	621605.8	2563.2	8467.0	0.138
1850	60.0	26880.3	3374.1	23506.2	57498539.3	621605.8	2648.6	8525.2	0.144
1900	30.0	28352.9	1762.4	26590.4	63971171.3	673380.8	1383.5	8031.1	0.066
1900	32.0	28352.9	1877.9	26475.0	63971171.3	673380.8	1474.2	8092.9	0.071
1900	34.0	28352.9	1993.2	26359.7	63971171.3	673380.8	1564.6	8154.6	0.076
1900	36.0	28352.9	2108.1	26244.7	63971171.3	673380.8	1654.9	8216.1	0.080
1900	38.0	28352.9	2222.9	26130.0	63971171.3	673380.8	1744.9	8277.5	0.085
1900	40.0	28352.9	2337.3	26015.5	63971171.3	673380.8	1834.8	8338.7	0.090
1900	42.0	28352.9	2451.6	25901.3	63971171.3	673380.8	1924.5	8399.8	0.095
1900	44.0	28352.9	2565.6	25787.3	63971171.3	673380.8	2014.0	8460.8	0.099
1900	46.0	28352.9	2679.3	25673.6	63971171.3	673380.8	2103.2	8521.6	0.104
1900	48.0	28352.9	2792.8	25560.1	63971171.3	673380.8	2192.3	8582.3	0.109
1900	50.0	28352.9	2906.0	25446.9	63971171.3	673380.8	2281.2	8642.9	0.114
1900	52.0	28352.9	3018.9	25333.9	63971171.3	673380.8	2369.9	8703.4	0.119
1900	54.0	28352.9	3131.7	25221.2	63971171.3	673380.8	2458.4	8763.7	0.124
1900	56.0	28352.9	3244.1	25108.7	63971171.3	673380.8	2546.6	8823.8	0.129
1900	58.0	28352.9	3356.4	24996.5	63971171.3	673380.8	2634.7	8883.9	0.134
1900	60.0	28352.9	3468.3	24884.6	63971171.3	673380.8	2722.6	8943.8	0.139
1900	62.0	28352.9	3580.0	24772.8	63971171.3	673380.8	2810.3	9003.5	0.145
1900	64.0	28352.9	3691.5	24661.4	63971171.3	673380.8	2897.8	9063.2	0.150

续表

尺寸 (mm)		截面面积 (cm²)			截面特征		每米重量 (kg/m)		含钢率
D	t	A_{sc}	其中 A_s	其中 A_c	I_{sc} (cm^4)	W_{sc} (cm^3)	钢管重	杆件重	ρ_s
1950	32.0	29864.8	1928.2	27936.6	70975481.0	727953.7	1513.6	8497.8	0.069
1950	34.0	29864.8	2046.6	27818.2	70975481.0	727953.7	1606.5	8561.1	0.074
1950	36.0	29864.8	2164.7	27700.1	70975481.0	727953.7	1699.3	8624.3	0.078
1950	38.0	29864.8	2282.6	27582.2	70975481.0	727953.7	1791.8	8687.4	0.083
1950	40.0	29864.8	2400.2	27464.6	70975481.0	727953.7	1884.1	8750.3	0.087
1950	42.0	29864.8	2517.5	27347.2	70975481.0	727953.7	1976.3	8813.1	0.092
1950	44.0	29864.8	2634.7	27230.1	70975481.0	727953.7	2068.2	8875.7	0.097
1950	46.0	29864.8	2751.5	27113.2	70975481.0	727953.7	2160.0	8938.3	0.101
1950	48.0	29864.8	2868.1	26996.6	70975481.0	727953.7	2251.5	9000.7	0.106
1950	50.0	29864.8	2984.5	26880.3	70975481.0	727953.7	2342.8	9062.9	0.111
1950	52.0	29864.8	3100.6	26764.1	70975481.0	727953.7	2434.0	9125.0	0.116
1950	54.0	29864.8	3216.5	26648.3	70975481.0	727953.7	2524.9	9187.0	0.121
1950	56.0	29864.8	3332.1	26532.7	70975481.0	727953.7	2615.7	9248.9	0.126
1950	58.0	29864.8	3447.5	26417.3	70975481.0	727953.7	2706.3	9310.6	0.130
1950	60.0	29864.8	3562.6	26302.2	70975481.0	727953.7	2796.6	9372.2	0.135
1950	62.0	29864.8	3677.4	26187.3	70975481.0	727953.7	2886.8	9433.6	0.140
1950	64.0	29864.8	3792.0	26072.7	70975481.0	727953.7	2976.7	9494.9	0.145
2000	34.0	31415.9	2100.0	29316.0	78539816.3	785398.2	1648.5	8977.5	0.072
2000	36.0	31415.9	2221.2	29194.7	78539816.3	785398.2	1743.7	9042.3	0.076
2000	38.0	31415.9	2342.2	29073.7	78539816.3	785398.2	1838.7	9107.1	0.081
2000	40.0	31415.9	2463.0	28952.9	78539816.3	785398.2	1933.5	9171.7	0.085
2000	42.0	31415.9	2583.5	28832.4	78539816.3	785398.2	2028.1	9236.2	0.090
2000	44.0	31415.9	2703.8	28712.1	78539816.3	785398.2	2122.5	9300.5	0.094
2000	46.0	31415.9	2823.8	28592.1	78539816.3	785398.2	2216.7	9364.7	0.099
2000	48.0	31415.9	2943.5	28472.4	78539816.3	785398.2	2310.7	9428.8	0.103
2000	50.0	31415.9	3063.1	28352.9	78539816.3	785398.2	2404.5	9492.7	0.108
2000	52.0	31415.9	3182.3	28233.6	78539816.3	785398.2	2498.1	9556.5	0.113
2000	54.0	31415.9	3301.3	28114.6	78539816.3	785398.2	2591.5	9620.2	0.117
2000	56.0	31415.9	3420.1	27995.9	78539816.3	785398.2	2684.7	9683.7	0.122
2000	58.0	31415.9	3538.6	27877.4	78539816.3	785398.2	2777.8	9747.1	0.127
2000	60.0	31415.9	3656.8	27759.1	78539816.3	785398.2	2870.6	9810.4	0.132
2000	62.0	31415.9	3774.8	27641.1	78539816.3	785398.2	2963.2	9873.5	0.137
2000	64.0	31415.9	3892.6	27523.4	78539816.3	785398.2	3055.7	9936.5	0.141
2000	66.0	31415.9	4010.1	27405.9	78539816.3	785398.2	3147.9	9999.4	0.146

注：A_{sc}——钢管混凝土横截面积；

A_s——钢管横截面积；

A_c——混凝土横截面积；

I_{sc}——钢管混凝土对其重心轴的惯性矩；

W_{sc}——钢管混凝土边缘的截面抵抗矩。

7.1.2　套箍指标设计法

（1）轴向受压承载力计算

1）钢管混凝土单肢柱的轴向受压承载力应满足下列要求：

$$N \leqslant N_u \tag{7-5}$$

式中　N——轴向压力设计值；

N_u——钢管混凝土单肢柱的轴向受压承载力设计值。

2）钢管混凝土单肢柱的轴向受压承载力设计值应按下列公式计算：

$$N_u = \varphi_l \varphi_e N_0 \tag{7-6}$$

当 $\theta \leqslant [\theta]$ 时，

$$N_0 = A_c f_c (1 + \alpha\theta) \tag{7-7}$$

当 $\theta > [\theta]$ 时，

$$N_0 = A_c f_c (1 + \sqrt{\theta} + \theta) \tag{7-8}$$

$$\theta = \frac{A_a f_a}{A_c f_c} \tag{7-9}$$

在任何情况下均应满足下列条件：

$$\varphi_l \varphi_e \leqslant \varphi_0 \tag{7-10}$$

上述式中　N_0——钢管混凝土轴心受压短柱的承载力设计值；

θ——钢管混凝土的套箍指标；

α——与混凝土强度等级有关的系数，按表 7.1-9 取值；

$[\theta]$——与混凝土强度等级有关的套箍指标界限值，按表 7.1-9 取值；

α、[θ] 取值表　　**表 7.1-9**

混凝土等级	≤C50	C55	C60	C65	C70	C75	≥C80
α	2.00	1.95	1.90	1.85	1.80	1.75	1.70
$[\theta]$	1.00	1.11	1.23	1.38	1.56	1.78	2.04

$$[\theta] = \frac{1}{(\alpha-1)^2} \tag{7-11}$$

A_a、f_a——钢管的横截面面积和抗拉、抗压强度设计值；

A_c、f_c——核心混凝土的横截面面积和抗压强度设计值；

φ_l——考虑长细比影响的承载力折减系数；

φ_e——考虑偏心率影响的承载力折减系数；

φ_0——按轴心受压柱考虑的 φ_l 值。

3）考虑偏心率影响的承载力折减系数应按下列公式计算：

当 $e_0/r_c \leqslant 1.55$ 时，取

$$\varphi_e = 1/(1 + 1.85e_0/r_c) \tag{7-12}$$

当 $e_0/r_c > 1.55$ 时，取

$$\varphi_e = 0.4/(e_0/r_c) \tag{7-13}$$

$$e_0 = M_2/N \tag{7-14}$$

上述式中 M_2——柱两端弯矩设计值之较大者；

N——轴向压力设计值；

e_0——柱端轴向压力偏心距之较大者；

r_c——核心混凝土横截面的半径。

4）考虑长细比影响的承载力折减系数应按下列公式计算：

当 $L_e/D \leqslant 4$ 时，取

$$\varphi_l = 1 \tag{7-15}$$

当 $L_e/D > 4$ 时，取

$$\varphi_l = 1 - 0.115\sqrt{L_e/D - 4} \tag{7-16}$$

式中 D——钢管的外直径；

L_e——柱的等效计算长度。

5）柱的等效计算长度应按下列公式计算：

$$L_e = \mu k L \tag{7-17}$$

式中 L——柱的实际长度；

μ——考虑柱端约束条件的计算长度系数，根据梁柱刚度的比值，按《钢管混凝土结构设计与施工规程》

（CECS 28：90）附录一确定(另见本手册表 7.1-18 ~ 表 7.1-23)；

k——考虑柱身弯矩分布梯度影响的等效长度系数。

6）考虑柱身弯矩分布梯度影响的等效长度系数，应按下列公式计算：

轴心受压柱和杆件［图 7.1-2（a）］

$$k = 1 \tag{7-18}$$

无侧移框架柱［图 7.1-2（b）、（c）］

$$k = 0.5 + 0.3\beta + 0.2\beta^2 \tag{7-19}$$

有侧移框架柱［图 7.1-2（d）］和悬臂柱（图 7.1-3）

$$k = 1 - 0.625 e_0 / r_c \tag{7-20}$$

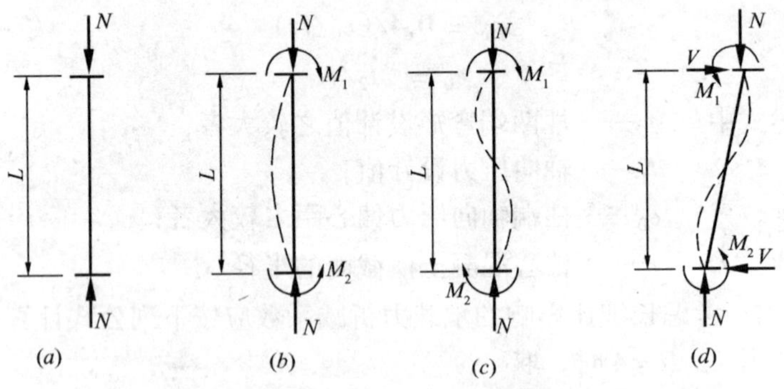

图 7.1-2　框架柱计算简图

（a）轴心受压；（b）无侧移单曲压弯；（c）无侧移双曲压弯；
（d）有侧移双曲压弯

当 $k < 0.5$ 时，取 0.5。

当自由端有力矩 M_1 作用时，

$$k = (1 + \beta_1)/2 \tag{7-21}$$

将式（7.1-20）与式（7.1-21）所得 k 值进行比较，取其中之较大值。

式中　β——柱两端弯矩设计值之较小者与较大者的比值（$|M_1| \leqslant |M_2|$），

$$\beta = M_1/M_2 \tag{7-22}$$

单曲压弯时 β 为正值，双曲压弯时 β 为负值；

β_1——悬臂柱自由端力矩设计值 M_1 与嵌固端弯矩设计值 M_2 的比值，当 β_1 为负值（双曲压弯）时，按反弯点所分割成的高度为 L_2 的子悬臂柱计算［图 7.1-3（b）］。

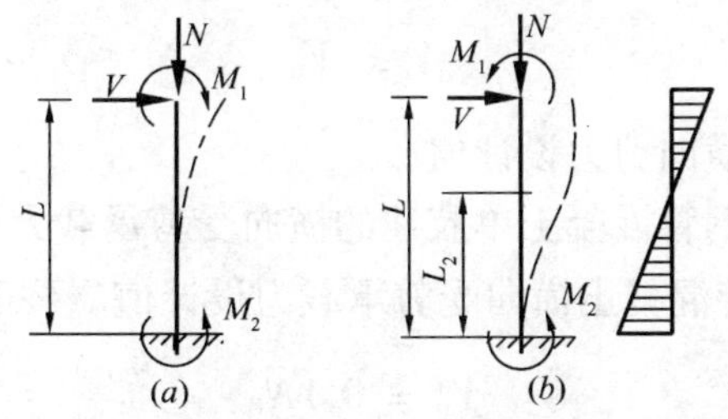

图 7.1-3 悬臂柱计算简图

（a）单曲压弯；（b）双曲压弯

上述无侧移框架系指框架中设有支撑架、剪力墙、电梯井等支撑结构，且支撑结构的抗侧移刚度等于或大于框架本身抗侧移刚度的 5 倍者。有侧移框架系指框架中未设上述支撑结构或支撑结构的抗侧移刚度小于框架本身抗侧移刚度的 5 倍者。嵌固端系指相交于柱的横梁的线刚度与柱的线刚度之比值不小于 4 者，或柱基础的长和宽均不小于柱直径的 4 倍者。

（2）轴向受拉承载力计算

1）钢管混凝土单肢柱的轴向受拉承载力应满足下列要求：

$$N \leqslant N_{tu} \tag{7-23}$$

式中 N——轴向拉力设计值；

N_{tu}——钢管混凝土单肢柱的轴向受拉承载力设计值。

2）钢管混凝土单肢柱的轴向受拉承载力设计值应按下列公式计算：

$$N_{tu} = A_a f_a/(1 + 2e_0/r_c) \tag{7-24}$$

$$e_0 = M/N \tag{7-25}$$

式中　e_0——轴向拉力的偏心距；

r_c——钢管的内半径；

M——柱端弯矩设计值；

N——轴向拉力设计值。

（3）横向受剪承载力计算

1）钢管混凝土单肢柱的横向受剪承载力应满足下列要求：

$$V \leqslant V_u \tag{7-26}$$

式中　V——横向剪力设计值；

V_u——钢管混凝土单肢柱的横向受剪承载力设计值。

2）　钢管混凝土横向受剪承载力设计值应按下列公式计算：

$$V_u = 0.1N_0 \tag{7-27}$$

式中　N_0——钢管混凝土轴心受压短柱的承载力设计值，按式（7-7）和式（7-8）计算。

（4）钢管混凝土格构柱的计算

1）由双肢或多肢钢管混凝土柱组成的格构柱（图 7.1-4），其承载力计算包括单肢承载力和整体承载力两部分。

2）格构柱的单肢承载力计算，首先应按桁架确定其单肢的轴向力，然后按压肢和拉肢分别进行承载力计算。压肢的承载力按本节（1）中的公式计算，其杆件长度在桁架平面内等于格构柱节间长度 L（图 7.1-4）；在垂直于桁架平面方向则为侧向支撑点的间距。拉肢的承载力，如同钢结构拉杆，不考虑混凝土的抗拉强度，按本节（2）中的公式计算。

3）格构柱缀件的构造和计算，按《钢结构设计规范》的有关条款和公式进行。格构柱的缀件，应能承受下列各项剪力中之较大者；

（A）实际作用于格构柱上的横剪力（剪力值可认为沿格构柱全长不变）；

（B）$V = N_0^* /85$　　(7-28)

式中N_0^*为按公式（7-31）确定的格构柱轴心受压短柱的承载力设计值。

4）格构柱的整体承载力应满足下列条件：

$$N \leqslant N_u^* \tag{7-29}$$

式中 N——格构柱的轴向压力设计值；

N_u^*——格构柱的整体承载力设计值。

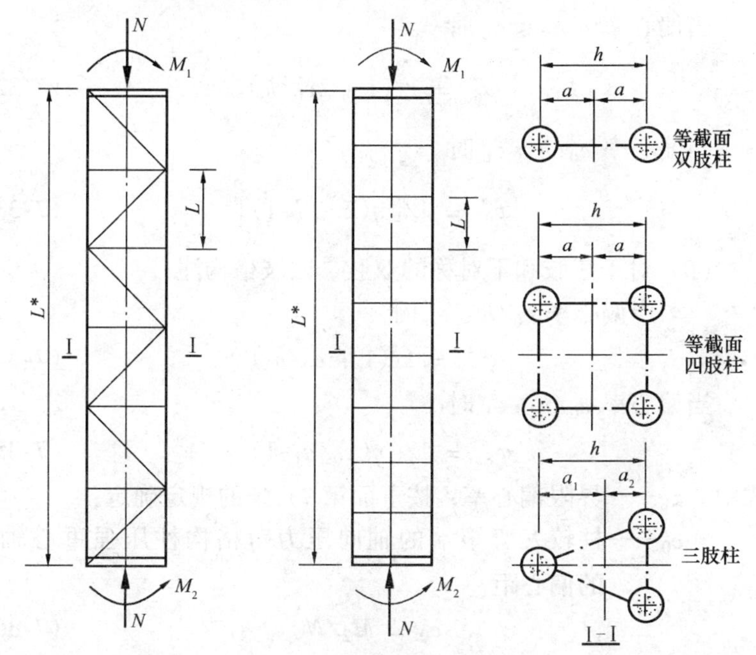

图 7.1-4 钢管混凝土格构柱

5）格构柱的整体承载力设计值应按下列公式计算：

$$N_u^* = \varphi_l^* \varphi_e^* N_0^* \tag{7-30}$$

$$N_0^* = \sum_1^i N_{0i} \tag{7-31}$$

式中 N_{0i}——格构柱各单肢柱的轴心受压短柱承载力设计值，按本节（1）中式（7-7）和式（7-8）确定；

φ_l^*——考虑长细比影响的整体承载力折减系数，按下面

第 8）条的公式确定；

φ_e^*——考虑偏心率影响的整体承载力折减系数，按下面第 6)、7）条的公式确定。

6）格构柱考虑偏心率影响的整体承载力折减系数，应按下列公式计算：

（A）对于对称的双肢和四肢的格构柱：

当偏心率 $e_0/h \leqslant \varepsilon_b$ 时

$$\varphi_e^* = 1/(1 + 2e_0/h) \tag{7-32}$$

当偏心率 $e_0/h > \varepsilon_b$ 时

$$\varphi_e^* = 1/[\eta(2e_0/h\text{-}1)] \tag{7-33}$$

（B）对于三肢和不对称的双肢、四肢格构注：

当偏心率 $e_0/h \leqslant \varepsilon_b$ 时

$$\varphi_e^* = 1/(1 + e_0/a_t) \tag{7-34}$$

当偏心率 $e_0/h > \varepsilon_b$ 时

$$\varphi_e^* = 1/[\eta(e_0/a_c\text{-}1)] \tag{7-35}$$

式中　ε_b——界限偏心率，按下面第 7）条的规定确定：

e_0——柱较大弯矩端的轴向压力对格构柱压强重心轴❶的偏心距。

$$e_0 = M_2/N \tag{7-36}$$

其中 M_2 为两端弯矩中之较大者；

h——在弯矩作用平面内的柱肢重心之间的距离；

a_t、a_c——弯矩单独作用下的受拉区柱肢重心和受压区柱肢重心至格构柱压强重心的距离（图 7.1-5)。

$$a_t = h\,N_0^c/\,N_0^* \tag{7-37}$$

$$a_c = h\,N_0^t/\,N_0^* \tag{7-38}$$

---

❶　所谓压强重心就是各柱肢轴心受压短柱承载力设计值的合力点。

其中N_0^c为受压区各柱肢短柱轴心受压承载力设计值的总和，N_0^t为受拉区各柱肢短柱轴心受压承载力设计值的总和。

$$N_0^* = N_0^c + N_0^t \tag{7-39}$$

η——拉区柱肢的压拉强度比，

$$\eta = (1 + \sqrt{\theta_t} + \theta_t)/\theta_t \tag{7-40}$$

其中 θ_t 为拉区柱肢的套箍指标，

$$\theta_t = A_a f_a/(A_c f_c) \tag{7-41}$$

7）格构柱的界限偏心率 ε_b 应按下列公式确定：

（A）对于对称的双肢和四肢格构柱

$$\varepsilon_b = 0.5 + \frac{\theta_t}{1 + \sqrt{\theta_t}} \tag{7-42}$$

（B）对于三肢和不对称的双肢、四肢格构柱

$$\varepsilon_b = \frac{2 N_0^t}{N_0^*}\left(0.5 + \frac{\theta_t}{1 + \sqrt{\theta_t}}\right) \tag{7-43}$$

8）格构柱考虑长细比影响的整体承载力折减系数 φ_l^* 应按下列公式计算：

（A）当 $\lambda^* \leqslant 16$ 时，取

$$\varphi_l^* = 1 \tag{7-44}$$

（B）当 $\lambda^* > 16$ 时，取

$$\varphi_l^* = 1-0.0575\sqrt{\lambda^* -16} \tag{7-45}$$

9）格构柱的换算长细比 λ^*，仿照《钢结构设计规范》按下列公式计算：

（A）双肢格构柱［图 7.1-6（a）］

当缀件为缀板时

$$\lambda^* = \sqrt{\lambda_y^2 + 16\left(\frac{L}{D}\right)^2} \tag{7-46}$$

当缀件为缀条时

$$\lambda^* = \sqrt{\lambda_y^2 + 27A_0/A_1y} \tag{7-47}$$

（B）四肢格构柱［图 7.1-6（b）］

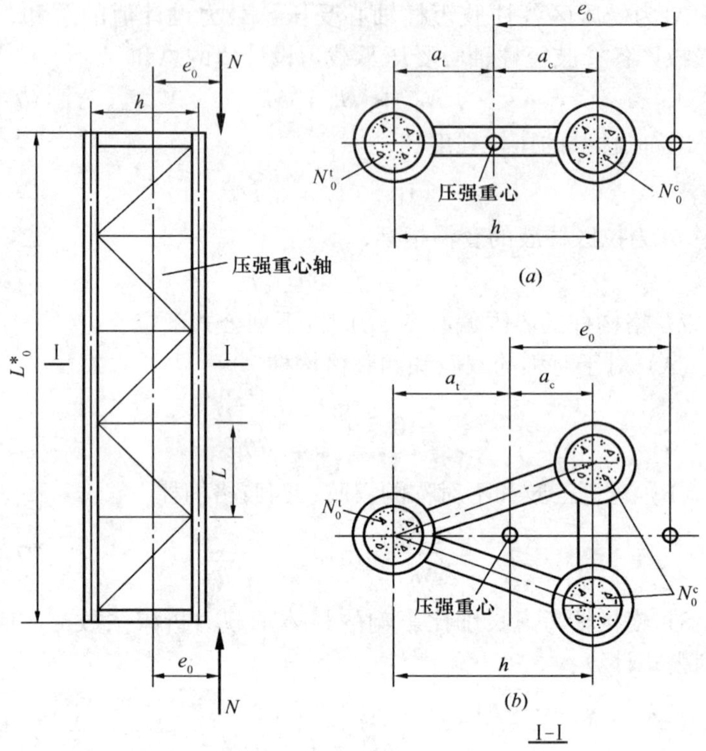

图 7.1-5　格构柱计算简图

（a）双肢柱；（b）三肢柱

当缀件为缀板时

$$\lambda_x^* = \sqrt{\lambda_x^2 + 16\left(\frac{L}{D}\right)^2} \tag{7-48}$$

$$\lambda_y^* = \sqrt{\lambda_y^2 + 16\left(\frac{L}{D}\right)^2} \tag{7-49}$$

当缀件为缀条时

$$\lambda_x^* = \sqrt{\lambda_x^2 + 40A_0/A_{1x}} \tag{7-50}$$

$$\lambda_y^* = \sqrt{\lambda_y^2 + 40A_0/A_{1y}} \tag{7-51}$$

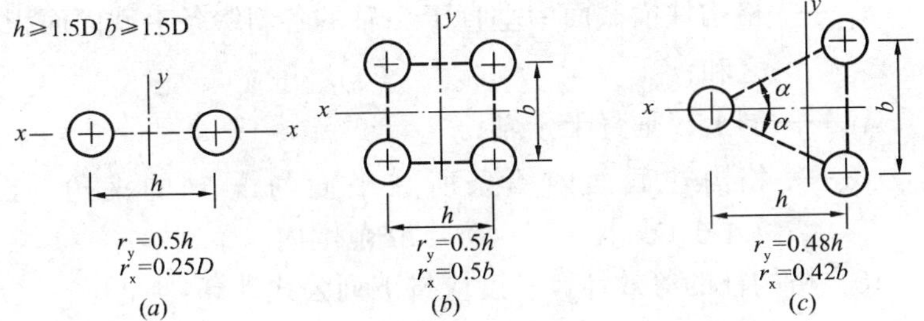

图 7.1-6 格构柱截面

缀件为缀条的三肢格构柱［图 7.1-6（c）］

$$\lambda_x^* = \sqrt{\lambda_x^2 + \frac{42A_0}{A_1(1.5 - \cos^2\alpha)}} \tag{7-52}$$

$$\lambda_y^* = \sqrt{\lambda_y^2 + \frac{42A_0}{A_1\cos^2\alpha}} \tag{7-53}$$

$$\lambda_x = \frac{L_e^*}{r_x} \tag{7-54}$$

$$\lambda_y = \frac{L_e^*}{r_y} \tag{7-55}$$

式中 L_e^*——格构柱的等效计算长度，按下面第 10)条和第 11)条的公式确定；

L——格构柱节间长度；

D——钢管外直径；

r_x——格构柱横截面换算面积对 x 轴的回转半径（图 7.1-6)；

r_y——同上，对 y 轴；

A_0——格构柱横截面所截各分肢换算截面面积之和，

$$A_0 = \sum_1^i A_{a_i} + \frac{E_c}{E_a}\sum_1^i A_{c_i} \tag{7-56}$$

其中 A_{a_i}、A_{c_i} 分别为第 i 分肢的钢管横截面面积和钢管内混凝土横截面面积；

A_{1x}——格构柱横截面中垂直于 x 轴的各斜缀条毛截面面积之和；

A_{1y}——同上，垂直于 y 轴；

α——格构柱截面内缀条所在平面与 x 轴的夹角［图 7.1-6（c）］，应在 40°～70°范围内。

10）格构柱的等效计算长度应按下列公式计算：

$$L_e^* = \mu k L^* \tag{7-57}$$

式中　L^*——格构柱或杆件的实际长度；

μ——柱的计算长度系数，与柱端约束条件有关，按《钢管混凝土结构设计与施工规程》（CECS 28:90）附录一确定（另见本手册表 7.1-18～表 7.1-23）；

k——考虑柱身弯矩分布梯度影响的等效长度系数，按下面第 11）条规定计算。

11）考虑柱身弯矩分布梯度影响的等效长度系数，应按下列公式计算（图 7.1-7）：

（A）轴心受压柱和杆件

$$k = 1 \tag{7-58}$$

（B）无侧移框架柱

$$k = 0.5 + 0.3\beta + 0.2\beta^2 \tag{7-59}$$

（C）有侧移框架柱和悬臂柱（图 7.1-8）

$$k = 1 - (e_0/h)/\varepsilon_b \tag{7-60}$$

当 $k < 0.5$ 时，取 0.5。

当自由端有力矩 M_1 作用时，

$$k = (1 + \beta_1)/2 \tag{7-61}$$

并与式（7-60）比较，取其中之较大者。

式中　β——柱两端弯矩设计值之较小者与较大者的比值（$|M_1| \leqslant |M_2|$），

$$\beta = M_1/M_2 \tag{7-62}$$

单曲压弯时 β 为正值，双曲压弯时 β 为负值；

β_1——悬臂柱自由端力矩设计值 M_1 与嵌固端弯矩设计值 M_2 的比值，当 β_1 为负值（双曲压弯）时，按反弯点所分割成的高度为 L_2^* 的子悬臂柱计算（图 7.1-8）。

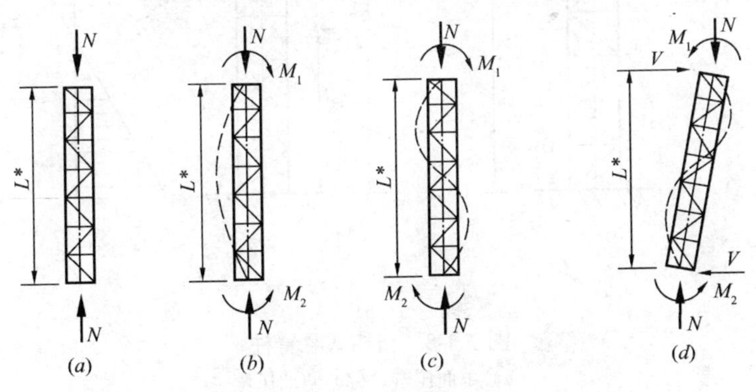

图 7.1-7 格构式框架柱

（a）轴心受压；（b）无侧移单曲压弯（$\beta \geqslant 0$）；

（c）无侧移双曲压弯（$\beta < 0$）；（d）有侧移双曲压弯（$\beta \leqslant 0$）

$|M_1| \leqslant |M_2| \qquad \beta = M_1/M_2$

12）单层厂房框架下端刚性固定的阶形格构柱，各阶柱段在框架平面的等效计算长度按下列公式确定：

$$L_{ei}^* = \mu_i H_i \tag{7-63}$$

式中 H_i——相应各阶柱段的长度；

μ_i——相应各阶柱段的计算长度系数，按下列规定确定：

（A）单阶柱

下段柱的计算长度系数 μ_2：当柱上端与横梁铰接时，等于按表 7.1-20（柱上端为自由的单阶柱）的数值乘以表 7.1-10 的折减系数；当柱上端与横梁刚接时，等于按表 7.1-21（柱上端可移动但不能转动的单阶柱）的数值乘以表 7.1-10 的折减系数。

上段柱的计算长度系数 μ_1，应按下式计算：

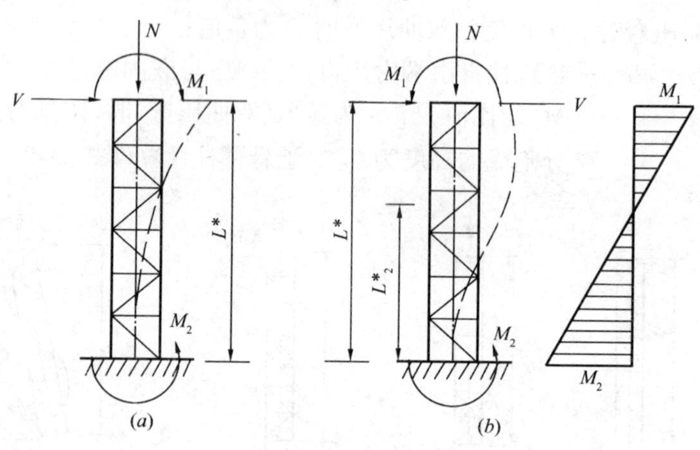

图 7.1-8　格构式悬臂柱

（a）单曲压弯；（b）双曲压弯

$$\mu_1 = \mu_2 / \eta_1 \tag{7-64}$$

式中　η_1——参数，按表 7.1-20 或表 7.1-21 中的公式计算。

单层厂房阶形柱计算长度的折减系数　　　**表 7.1-10**

<table>
<tr><th colspan="4">厂　房　类　型</th><th rowspan="2">折减系数</th></tr>
<tr><th>单跨或多跨</th><th>纵向温度区段内一个柱列的柱子数</th><th>屋面情况</th><th>厂房两侧是否有通长的屋盖纵向水平支撑</th></tr>
<tr><td rowspan="4">单　跨</td><td>等于或少于 6 个</td><td>—</td><td>—</td><td>0.9</td></tr>
<tr><td rowspan="3">多于 6 个</td><td rowspan="2"></td><td>无纵向水平支撑</td><td rowspan="3">0.8</td></tr>
<tr><td>有纵向水平支撑</td></tr>
<tr><td>大型屋面板屋面</td><td>—</td></tr>
<tr><td rowspan="3">多　跨</td><td rowspan="3">—</td><td rowspan="2">非大型屋面板屋面</td><td>无纵向水平支撑</td><td rowspan="3">0.7</td></tr>
<tr><td>有纵向水平支撑</td></tr>
<tr><td>大型屋面板屋面</td><td>—</td></tr>
</table>

注：有横梁的露天结构（如落锤车间等），其折减系数可采用 0.9。

(B) 双阶柱

下段柱的计算长度系数 μ_3：当柱上端与横梁铰接时，等于按表 7.1-22（柱上端为自由的双阶柱）的数值乘以表 7.1-10 的折减系数；当柱上端与横梁刚接时，等于按表 7.1-23（柱上端可移动但不转动的双阶柱）的数值乘以表 7.1-10 的折减系数。

上段柱和中段柱的计算长度系数 μ_1 和 μ_2，应按下列公式计算：

$$\mu_1 = \mu_3/\eta_1 \tag{7-65}$$

$$\mu_2 = \mu_3/\eta_2 \tag{7-66}$$

式中 η_1、η_2——参数，按表 7.1-22 或表 7.1-23 中的公式计算。

(5) 钢管混凝土局部受压计算

下面将以条文的形式，讲述钢管混凝土局部受压承载力的计算公式和方法，并辅以例题。

1) 中央区局部受压

(A) 钢管混凝土的局部受压应满足下列要求：

$$N_l \leqslant N_{ul} \tag{7-67}$$

式中 N_l——局部作用的轴向压力设计值；

N_{ul}——钢管混凝土柱的局部受压承载力设计值。

(B) 钢管混凝土柱在中央部位受压时（图 7.1-9）局部受压承载力设计值应按下列公式计算：

$$N_{ul} = N_0\sqrt{\frac{A_l}{A_c}} \tag{7-68}$$

式中 N_0——局部受压区段钢管混凝土轴心受压短柱的承载力设计值，按式（7-7）和式（7-8）计算：

A_l——局部受压面积；

A_c——钢管内核心混凝土的横截面面积。

当局压区尚有非局压荷载 N' 时，这无异于混凝土的原始强度降低了 $\sigma = N'/A_c$，因此应将式(7-68)中的 N_0 改为($N_0 - N'$)。

当局部受压承载力不足时，可将局压区段（高度为 1 倍管径

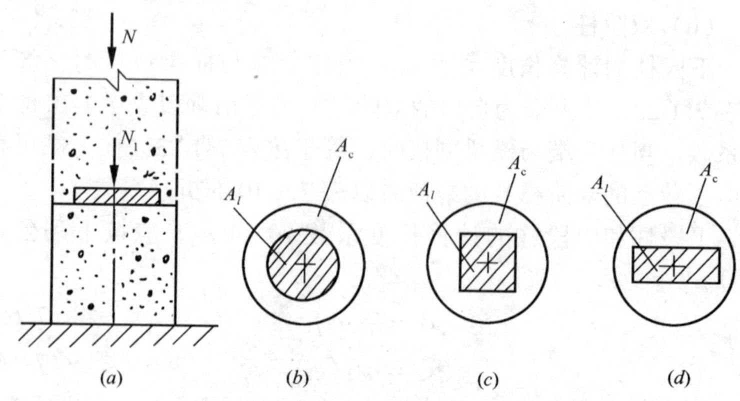

图 7.1-9　中央部位局部受压

的范围）的钢管壁加厚，或在钢管内增配螺旋箍筋予以加强（图 7.1-10）。

（C）配有螺旋箍筋加强的钢管混凝土（图 7.1-10）在局部受压下的承载力设计值应按下列公式计算：

$$N_{ul} = N_0\sqrt{\frac{A_l}{A_c}} + N_{sp}\sqrt{\frac{A_l}{A_{cor}}} \tag{7-69}$$

$$N_{sp} = \frac{2\pi d_{cor}}{S} A_{sp} f_y \tag{7-70}$$

上述各式中　N_{sp}——由螺旋箍筋所提供的轴压承载力设计值；

A_{cor}——螺旋箍筋所包围的核心混凝土横截面面积；

d_{cor}——螺旋箍圈的直径；

S——螺旋箍筋的间距；

A_{sp}——螺旋箍筋单肢的横截面面积；

其余同第（B）条。

2）组合界面附近局部受压

钢管混凝土柱在其组合界面附近受压时（图 7.1-11），局部受压承载力设计值应按下列公式计算：

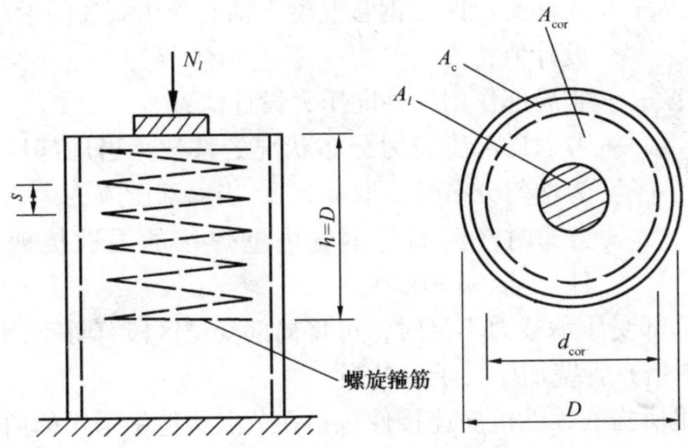

图 7.1-10　配有螺旋箍筋的钢管混凝土局部受压

（A）当 $A_l/A_c \geqslant 1/3$ 时，

$$N_{ul} = (N_0 - N')\omega\sqrt{\frac{A_l}{A_c}} \tag{7-71}$$

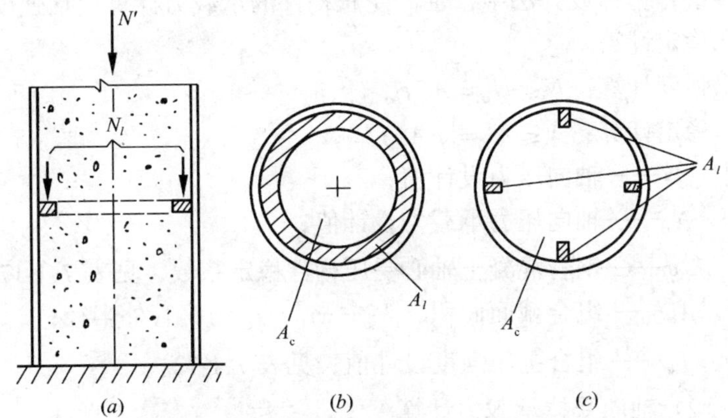

图 7.1-11　组合界面附近局部受压

（B）当 $A_l/A_c < 1/3$ 时，

$$N_{ul} = (N_0 - N')\omega\sqrt{3}\cdot\frac{A_l}{A_c} \tag{7-72}$$

式中　N_0——局部受压区段钢管混凝土轴心受压短柱的承载力设计值；

N'——非局部作用的轴向压力设计值；

ω——考虑局部压应力分布状况的系数，当局部压应力为均匀分布时，取 $\omega = 1$；当局部压应力为非均匀分布时（例如与钢管内壁焊接的柔性抗剪连接件），取 $\omega = 0.75$。

当局部受压承载力不足时，可将局部受压区段（等于钢管直径的 1.5 倍）管壁加厚，予以补强。

这里所指的柔性抗剪连接件包括在节点构造中采用的内加强环、环形隔板、钢筋环和栓钉等。内衬管段和穿心牛腿可视为刚性抗剪连接件。

7.1.3　组合指标设计法

（1）轴向受压承载力计算

组合指标设计法中，轴向受压构件的承载力计算包括强度计算和稳定计算。

强度计算：$N \leqslant N_u = A_{sc} f_{sc}$　（7-73）

稳定计算：$N \leqslant N_u = \varphi A_{sc} f_{sc}$　（7-74）

式中　N——轴向压力设计值；

N_u——轴向压力承载力设计值；

φ——钢管混凝土轴心受压构件稳定系数，见表 7.1-17；

A_{sc}——组合截面面积，$A_{sc} = \pi r_0^2$，r_0 为钢管外半径；

f_{sc}——组合抗压强度设计值，见表 7.1-12。

（2）轴向受拉承载力计算

钢管混凝土单肢柱的轴心拉力设计值 N 应满足下式要求：

$$N \leqslant N_{tu} = kfA_s \quad (7\text{-}75)$$

式中　N_{tu}——抗拉承载力设计值；

k——钢材抗拉强度提高系数，$k = 1.1$；

A_s——钢管截面面积；

f——钢材抗拉强度设计值。

(3) 受剪承载力计算

横向剪力设计值 V 应满足下式要求：

$$V \leqslant V_u = \gamma_v f_{sc}^v A_{sc} \tag{7-76}$$

式中 f_{sc}^v——组合抗剪强度设计值，见表 7.1-13；

V_u——抗剪承载力设计值；

γ_v——抗剪截面塑性发展系数，当 $\xi_0 \geqslant 0.85$ 时，$\gamma_v = 0.85$，当 $\xi_0 < 0.85$ 时，$\gamma_v = 1.0$；

ξ_0——设计套箍系数，$\xi_0 = \alpha f / f_c$，f 和 f_c 分别为钢材和混凝土的抗压强度设计值；

α——含钢率，$\alpha = A_s / A_c$，A_s 和 A_c 分别为钢材和混凝土的截面面积。

(4) 受弯承载力计算

弯矩设计值 M 应满足下式要求：

$$M \leqslant M_u = \gamma_m W_{sc} f_{sc} \tag{7-77}$$

式中 W_{sc}——组合截面抗弯模量，$W_{sc} = \pi \gamma_0^3 / 4$；

M_u——抗弯承载力设计值；

γ_m——抗弯截面塑性发展系数，当 $\xi_0 \geqslant 0.85$ 时，$\gamma_m = 1.4$，当 $\xi_0 < 0.85$ 时，$\gamma_m = 1.2$。

(5) 复杂应力状态的构件设计

采用组合指标设计法的钢管混凝土构件在多种应力的作用下，可按下列相关公式计算。

1) 构件的强度承载力设计公式：

(A) 当 $N/A_{sc} < 0.2 f_{sc} \sqrt{1-(V/V_u)^2}$ 时，

$$\left(\frac{N}{N_u} + \frac{M}{M_u}\right)^{1.4} + \left(\frac{V}{V_u}\right)^2 \leqslant 1 \tag{7-78}$$

(B) 当 $N/A_{sc} \geqslant 0.2 f_{sc} \sqrt{1-(V/V_u)^2}$ 时，

$$\left(\frac{N}{N_u}+\frac{M}{1.071M_u}\right)^{1.4}+\left(\frac{V}{V_u}\right)^2\leqslant 1 \tag{7-79}$$

(C) 轴心力为拉力时，

$$\left(\frac{N}{N_{tu}}+\frac{M}{M_u}\right)^{1.4}+\left(\frac{V}{V_u}\right)^2\leqslant 1 \tag{7-80}$$

2）构件的稳定承载力设计公式：

当 $N/A_{sc}<0.2\varphi f_{sc}\sqrt{1-(V/V_u)^2}$时，

$$\left(\frac{N}{\varphi N_u}+\frac{\beta_m M}{(1-0.4N/N_E)M_u}\right)^{1.4}+\left(\frac{V}{V_u}\right)^2\leqslant 1 \tag{7-81}$$

当 $N/A_{sc}\geqslant 0.2\varphi f_{sc}\sqrt{1-(V/V_u)^2}$时，

$$\left(\frac{N}{\varphi N_u}+\frac{\beta_m M}{1.071(1-0.4N/N_E)M_u}\right)^{1.4}+\left(\frac{V}{V_u}\right)^2\leqslant 1 \tag{7-82}$$

以上式中　N、M、V——分别为荷载作用引起的构件中的轴向力、最大弯矩和剪力的设计值；

β_m——弯矩沿构件长度方向变化时的等效弯矩系数，按《钢结构设计规范》的规定取值；

N_u、N_{tu}、M_u、V_u——分别为钢管混凝土的轴心受压、轴心受拉、抗弯和抗剪承载力设计值。

当 $N/A_{sc}\geqslant 0.2f_{sc}\sqrt{1-(V/V_u)^2}$ 时和 $N/A_{sc}\geqslant 0.2\varphi f_{sc}\cdot\sqrt{1-(V/V_u)^2}$时，构件截面抗弯塑性发展系数 γ_m 值应乘以 1.071。

(6) 钢管混凝土格构柱设计

钢管混凝土格构柱的计算原则同套箍指标设计法。格构柱的缀材分为缀条和缀板，又称为平腹杆和斜腹杆，常用空钢管制作。各柱肢截面相同时，其对虚轴的换算长细比列入表 7.1-11。

格构式构件的换算长细比 **表 7.1-11**

截面形式	腹杆类别	计算公式	柱肢截面
双肢柱	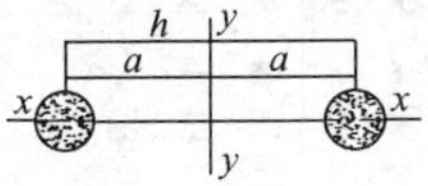 平腹杆 斜腹杆	$\lambda_{oy}=\sqrt{\lambda_y^2+17\lambda_1^2}$ $\lambda_{oy}=\sqrt{\lambda_y^2+67.5\frac{A_s}{A_w}}$	
三肢柱	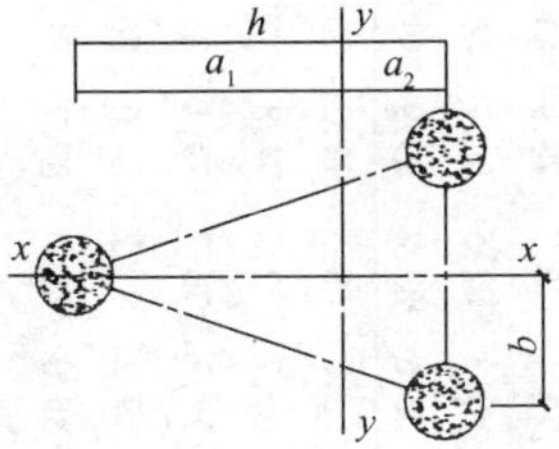 斜腹杆	$\lambda_{oy}=\sqrt{\lambda_y^2+200\frac{A_s}{A_w}}$	内外柱肢截面相同
		$\lambda_{oy}=\sqrt{\lambda_y^2+13.5\frac{2.5\sum_{i=1}^{m}A_{si}}{A_w}}$	内外柱肢截面不同
四肢柱	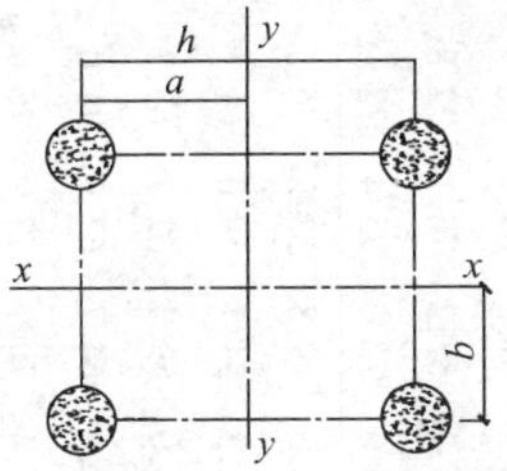 斜腹杆	$\lambda_{oy}=\sqrt{\lambda_y^2+135\frac{A_s}{A_w}}$ $\lambda_{ox}=\sqrt{\lambda_x^2+135\frac{A_s}{A_w}}$	内外柱肢截面相同
		$\lambda_{oy}=\sqrt{\lambda_y^2+13.5\frac{2.5\sum_{i=1}^{m}A_{si}}{A_w}}$ $\lambda_{ox}=\sqrt{\lambda_x^2+13.5\frac{2.5\sum_{i=1}^{m}A_{si}}{A_w}}$	内外柱肢截面不同

注：λ_y、λ_x——分别为整个构件对 y-y 轴和 x-x 轴的长细比；

λ_1——单肢一个节间的长细比；

A_s——一根柱肢的钢管截面积；

A_w——一根腹杆空钢管的面积。

表 7.1-11 中的构件长细比 λ_y、λ_x 和 λ_1 可分别按下列公式计算：

$$\lambda_y = l_{oy}/\sqrt{I_y/\Sigma A_{sc}};\lambda_x = l_{ox}/\sqrt{I_x/\Sigma A_{sc}} \tag{7-83}$$

组合轴压强度设计值 f_{sc}（N/mm^2）（第一组钢材）　**表 7.1-12**

钢材	混凝土	α																
		0.04	0.05	0.06	0.07	0.08	0.09	0.10	0.11	0.12	0.13	0.14	0.15	0.16	0.17	0.18	0.19	0.20
Q235	C30	27.7	30.0	32.2	34.4	36.5	38.6	40.7	42.7	44.6	46.5	48.4	50.2	52.0	53.7	55.4	57.0	58.6
	C40	33.1	35.4	37.5	39.7	41.8	43.8	45.8	47.7	49.6	51.4	53.2	54.9	56.6	58.3	59.8	61.3	62.8
	C50	37.9	40.2	42.4	44.5	46.6	48.6	50.5	52.5	54.3	56.1	57.9	59.6	61.2	62.8	64.4	65.9	67.3
	C60	43.4	45.6	47.8	49.9	52.0	54.0	55.9	57.8	59.6	61.4	63.2	64.8	66.5	68.0	69.5	71.0	72.4
	C70	49.4	51.7	53.8	55.9	58.0	60.6	61.9	63.8	65.6	67.4	69.1	70.8	72.4	73.9	75.4	76.9	78.2
	C80	49.4	51.7	53.8	55.9	58.0	60.6	61.9	63.8	65.6	67.4	69.1	70.8	72.4	73.9	75.4	76.9	78.2
Q345	C30	32.9	36.4	39.7	43.0	46.1	49.2	52.2	55.0	57.8	60.5	63.1	65.6	67.9	70.2	72.4	74.5	76.5
	C40	38.3	41.7	44.9	48.1	51.2	54.1	56.9	59.7	62.3	64.8	67.2	69.5	71.6	73.7	75.7	77.5	79.2
	C50	43.1	46.5	49.7	52.9	55.9	58.8	61.6	64.3	66.8	69.3	71.6	73.9	76.0	78.0	79.9	81.6	83.3
	C60	48.5	51.9	55.1	58.2	61.2	64.1	66.9	69.5	72.0	74.4	76.7	78.9	81.0	82.9	84.7	86.4	88.0
	C70	54.6	57.9	61.1	64.2	67.2	70.1	72.8	75.4	77.9	80.3	82.5	84.7	86.7	88.6	90.4	92.0	93.6
	C80	60.0	63.3	66.5	69.6	72.6	75.4	78.1	80.7	83.2	85.6	87.8	89.9	91.9	93.8	95.5	97.1	93.6
Q390	C30	35.0	38.8	42.6	46.3	49.8	53.2	56.5	59.7	62.8	65.7	68.5	71.2	73.8	76.3	78.6	89.9	83.0
	C40	40.3	44.1	47.8	51.3	54.7	58.0	61.1	64.1	67.0	69.7	72.3	74.8	77.1	79.3	81.4	83.3	85.1
	C50	45.1	48.9	52.5	56.0	59.4	62.7	65.7	68.7	71.5	74.2	76.7	79.1	81.3	83.4	85.4	87.2	88.9
	C60	50.5	54.3	57.9	61.4	64.7	67.9	71.0	73.9	76.6	79.2	81.7	84.0	86.2	88.2	90.1	91.9	93.4
	C70	56.5	60.3	63.9	67.4	70.7	73.9	76.9	79.7	82.5	85.0	87.5	89.7	91.9	93.8	95.7	97.4	98.9
	C80	62.0	65.7	69.3	72.8	76.1	79.2	82.2	85.0	87.7	90.3	92.7	94.9	97.0	98.9	100.7	102.4	103.9

组合抗剪强度设计值 f_{sc}^{v}（N/mm^2）（第一组钢材） 表 7.1-13

钢材	混凝土	含钢率 α																
		0.04	0.05	0.06	0.07	0.08	0.09	0.10	0.11	0.12	0.13	0.14	0.15	0.16	0.17	0.18	0.19	0.20
Q235	C30	10.0	11.2	12.3	13.4	14.5	15.6	16.7	17.8	18.9	19.9	21.0	22.1	23.1	24.2	25.2	26.2	27.2
	C40	11.6	12.7	13.9	15.0	16.1	17.1	18.2	19.3	20.3	21.3	22.4	23.4	24.4	25.4	26.3	27.3	28.2
	C50	13.0	14.1	15.3	16.4	17.5	18.6	19.6	20.7	21.7	22.8	23.8	24.8	25.8	26.7	27.7	28.6	29.6
	C60	14.5	15.7	16.9	18.0	19.1	20.2	21.3	22.3	23.3	24.4	25.4	26.4	27.3	28.3	29.3	30.2	31.1
	C70	16.2	17.4	18.6	19.7	20.9	22.2	23.1	24.1	25.2	26.2	27.2	28.2	29.2	30.1	30.5	32.0	32.9
	C80	17.7	18.9	20.2	21.3	22.5	23.6	24.7	25.7	26.8	27.8	28.9	29.8	30.8	31.8	32.7	32.7	34.6
Q345	C30	12.5	14.2	15.9	17.6	19.2	20.9	22.5	24.1	25.7	27.2	28.7	30.2	31.7	33.1	34.6	35.9	37.3
	C40	14.0	15.7	17.4	19.0	20.6	22.2	23.8	25.3	26.8	28.2	29.6	31.0	32.4	33.7	34.9	36.2	37.4
	C50	15.4	17.1	18.8	20.4	22.0	23.6	25.1	26.6	28.0	29.5	30.9	32.2	33.5	34.8	36.0	37.2	38.4
	C60	17.0	18.7	20.4	22.0	23.6	25.1	26.7	28.1	29.6	31.0	32.3	33.7	34.9	36.2	37.4	38.5	39.7
	C70	18.7	20.5	22.2	23.8	25.4	26.9	28.4	29.8	31.3	32.7	34.1	35.4	36.7	37.9	39.1	40.2	41.3
	C80	20.3	22.0	23.7	25.4	27.0	28.5	30.0	31.5	32.9	34.3	35.7	37.0	38.2	39.5	40.6	41.8	42.9
Q390	C30	13.4	15.4	17.4	19.2	21.0	22.9	24.7	26.5	28.2	30.0	31.6	33.3	34.9	36.5	38.0	39.5	41.0
	C40	15.0	16.9	18.7	20.6	22.4	24.1	25.8	28.5	29.2	30.8	32.3	33.8	35.3	36.7	38.1	39.4	46.7
	C50	16.4	18.3	20.1	22.0	23.7	25.5	27.1	28.8	30.4	32.0	33.5	34.9	36.3	37.7	39.0	40.3	41.5
	C60	17.9	19.8	21.7	23.5	25.3	27.0	28.7	30.3	31.9	33.4	34.9	36.4	37.7	39.0	40.3	41.5	42.7
	C70	19.6	21.6	23.5	25.3	27.1	28.8	30.4	31.9	33.6	35.1	36.6	38.0	39.4	40.6	41.9	43.1	44.3
	C80	21.2	23.2	25.1	26.9	28.7	30.4	32.0	33.6	35.2	36.7	38.2	39.5	40.9	42.2	43.4	44.6	45.9

组合轴压弹性模量 E_{sc}值（N/mm^2）（第一组钢材） **表 7.1-14**

钢材	混凝土	含钢率 α																
		0.04	0.05	0.06	0.07	0.08	0.09	0.10	0.11	0.12	0.13	0.14	0.15	0.16	0.17	0.18	0.19	0.20
Q235	C30	30896	33139	35346	37517	39653	41753	43816	45845	47837	49793	51714	53599	55448	57261	59038	60780	62485
	C40	38197	40423	42609	44755	46862	48929	50956	52944	54892	56800	58699	60498	62287	64036	65746	67417	69047
	C50	43790	46007	48183	50317	52410	54461	56471	58440	60366	62252	64095	65898	67658	69378	71055	72691	74286
	C60	50248	52458	54626	56750	58832	60871	62866	64819	66728	68595	70418	72199	73936	75631	77282	78891	80456
	C70	57206	59431	61566	63701	65836	67880	69817	71757	73653	75505	77313	79076	80796	82471	84102	85689	87232
	C80	63701	65925	58060	70106	72242	74240	76246	78178	80064	81906	83703	85455	87162	88824	90441	92012	93539
Q345	C30	27822	30471	33060	35590	38061	40471	42822	45114	47346	49519	51632	53686	55680	57614	59489	61305	63060
	C40	33426	36046	38600	41088	43510	45867	48157	50381	52540	54633	56659	58620	60515	62344	64106	65803	67435
	C50	37725	40331	42869	45337	47736	50067	52328	54520	56644	58698	60683	62600	64447	66226	67935	69575	71147
	C60	42695	45290	47813	50265	52646	54955	57193	59359	61454	63477	65429	67309	69118	70855	72521	74115	75638
	C70	48104	50703	53110	55623	57989	60282	65501	64647	66719	68718	70644	72496	74275	75980	77612	79170	80655
	C80	53045	55643	58050	60450	62935	65217	67423	69555	71612	73594	75501	77334	79092	80775	82383	83916	85375
Q390	C30	27409	30232	32983	35665	38275	40816	43285	45685	48013	50272	52459	54577	56623	58599	60505	62340	64105
	C40	32590	35378	38088	40720	43274	45750	48147	50467	52708	54872	56957	58964	60894	62745	64518	66212	67829
	C50	36568	39340	42031	44639	47166	49611	51974	54256	56455	58573	60610	62565	64438	66229	67938	69566	71112
	C60	41169	43928	46602	49191	51696	54116	56451	58702	60867	62949	64945	66857	68684	70427	72085	73658	75147
	C70	46168	48903	51570	54145	56632	59032	61346	63572	65712	67764	69730	71609	73400	75105	76723	78253	79697
	C80	50747	53481	56025	58730	61205	63592	65891	68100	70221	72254	74198	76053	77820	79449	81088	82590	84002

注：表内中间值可采用插入法求得。

$k_2 = E_{sc}^{M}/E_{sc}$比值表　　表 7.1-15

混凝土 / α	C30	C40	C50	C60	C70	C80
0.04	1.187	1.173	1.163	1.156	1.150	1.144
0.05	1.223	1.207	1.195	1.187	1.183	1.173
0.06	1.255	1.238	1.225	1.216	1.208	1.200
0.07	1.285	1.266	1.252	1.243	1.233	1.225
0.08	1.312	1.292	1.277	1.267	1.257	1.248
0.09	1.337	1.316	1.301	1.290	1.279	1.270
0.10	1.360	1.338	1.322	1.311	1.300	1.290
0.11	1.381	1.359	1.342	1.331	1.319	1.309
0.12	1.401	1.378	1.361	1.349	1.337	1.327
0.13	1.419	1.396	1.378	1.366	1.354	1.343
0.14	1.436	1.412	1.394	1.382	1.370	1.359
0.15	1.451	1.427	1.410	1.397	1.385	1.373
0.16	1.466	1.442	1.424	1.411	1.399	1.387
0.17	1.479	1.455	1.437	1.424	1.411	1.400
0.18	1.492	1.467	1.449	1.436	1.424	1.411
0.19	1.503	1.479	1.461	1.447	1.435	1.423
0.20	1.514	1.490	1.471	1.458	1.445	1.433

注：中间值可采用插值法求得。

$k_3 = G_{sc}/E_{sc}$比值表 表 7.1-16

钢材	混凝土	α																
		0.04	0.05	0.06	0.07	0.08	0.09	0.10	0.11	0.12	0.13	0.14	0.15	0.16	0.17	0.18	0.19	0.20
Q235	C30	0.275	0.283	0.290	0.297	0.302	0.308	0.313	0.317	0.322	0.326	0.330	0.344	0.338	0.342	0.346	0.350	0.354
	C40	0.261	0.269	0.276	0.282	0.288	0.293	0.298	0.302	0.306	0.311	0.315	0.318	0.322	0.326	0.329	0.333	0.337
	C50	0.254	0.261	0.268	0.274	0.279	0.284	0.289	0.293	0.297	0.301	0.305	0.309	0.312	0.316	0.320	0.323	0.326
	C60	0.246	0.254	0.260	0.266	0.271	0.276	0.280	0.284	0.288	0.292	0.296	0.300	0.303	0.307	0.310	0.313	0.317
	C70	0.239	0.246	0.252	0.258	0.264	0.268	0.272	0.277	0.280	0.284	0.288	0.291	0.295	0.298	0.302	0.305	0.308
	C80	0.234	0.241	0.247	0.252	0.258	0.262	0.266	0.270	0.274	0.278	0.281	0.285	0.288	0.292	0.295	0.298	0.301
Q345	C30	0.288	0.296	0.303	0.309	0.314	0.318	0.322	0.326	0.330	0.334	0.337	0.340	0.343	0.346	0.349	0.351	0.354
	C40	0.275	0.282	0.289	0.294	0.299	0.303	0.307	0.311	0.315	0.318	0.321	0.324	0.327	0.330	0.332	0.335	0.337
	C50	0.267	0.274	0.280	0.285	0.290	0.294	0.298	0.302	0.305	0.309	0.312	0.314	0.317	0.320	0.323	0.325	0.328
	C60	0.259	0.266	0.272	0.277	0.282	0.286	0.290	0.293	0.297	0.300	0.303	0.305	0.308	0.311	0.313	0.316	0.318
	C70	0.252	0.259	0.265	0.270	0.274	0.278	0.282	0.286	0.289	0.292	0.295	0.297	0.300	0.303	0.305	0.307	0.310
	C80	0.247	0.254	0.258	0.263	0.268	0.272	0.276	0.279	0.282	0.285	0.288	0.291	0.294	0.296	0.298	0.301	0.303
Q390	C30	0.290	0.297	0.303	0.307	0.311	0.315	0.318	0.321	0.323	0.326	0.328	0.330	0.332	0.333	0.335	0.336	0.338
	C40	0.277	0.283	0.289	0.293	0.297	0.300	0.303	0.306	0.308	0.310	0.312	0.314	0.316	0.318	0.319	0.321	0.322
	C50	0.269	0.275	0.280	0.285	0.288	0.292	0.294	0.297	0.299	0.301	0.303	0.305	0.307	0.308	0.310	0.311	0.313
	C60	0.261	0.267	0.272	0.276	0.280	0.283	0.286	0.289	0.291	0.293	0.295	0.297	0.298	0.300	0.301	0.302	0.304
	C70	0.254	0.260	0.265	0.269	0.273	0.276	0.279	0.281	0.283	0.285	0.287	0.289	0.290	0.292	0.293	0.295	0.296
	C80	0.249	0.255	0.259	0.263	0.267	0.270	0.273	0.275	0.277	0.279	0.281	0.283	0.284	0.286	0.287	0.288	0.289

注：表内中间值可采用插入法求得。

稳定系数 φ 值　　表 7.1-17

$\lambda=4L_0/d$		10	20	30	40	50	60	70	80
钢材	Q235	1.00	0.998	0.989	0.972	0.946	0.912	0.860	0.819
	Q345	1.00	0.998	0.987	0.996	0.935	0.895	0.844	0.783
	Q390	1.00	0.998	0.987	0.966	0.934	0.892	0.840	0.778
$\lambda=4L_0/d$		90	100	110	120	130	140	150	
钢材	Q235	0.760	0.692	0.617	0.521	0.444	0.383	0.333	
	Q345	0.712	0.632	0.541	0.455	0.387	0.334	0.291	
	Q390	0.705	0.622	0.529	0.444	0.379	0.327	0.284	

注：表内中间值可采用插入法求得。

无侧移框架柱的计算长度系数 μ **表 7.1-18**

K_2	K_1														
	0	0.05	0.1	0.2	0.3	0.4	0.5	1	2	3	4	5	10	20	∞
0	1.000	0.990	0.981	0.964	0.949	0.935	0.922	0.875	0.820	0.791	0.773	0.760	0.732	0.716	0.699
0.05	0.990	0.981	0.971	0.955	0.940	0.926	0.914	0.867	0.814	0.784	0.766	0.754	0.726	0.711	0.694
0.1	0.981	0.971	0.962	0.946	0.931	0.918	0.906	0.860	0.807	0.778	0.760	0.748	0.721	0.705	0.689
0.2	0.964	0.955	0.946	0.930	0.916	0.903	0.891	0.846	0.795	0.767	0.749	0.737	0.711	0.696	0.679
0.3	0.949	0.940	0.931	0.916	0.902	0.889	0.878	0.834	0.784	0.756	0.739	0.728	0.701	0.687	0.671
0.4	0.935	0.926	0.918	0.903	0.889	0.877	0.866	0.823	0.774	0.747	0.730	0.719	0.693	0.678	0.663
0.5	0.922	0.914	0.906	0.891	0.878	0.866	0.855	0.813	0.765	0.738	0.721	0.710	0.685	0.671	0.656
1	0.875	0.867	0.860	0.846	0.834	0.823	0.813	0.774	0.729	0.704	0.688	0.677	0.654	0.640	0.626
2	0.820	0.814	0.807	0.795	0.784	0.774	0.765	0.729	0.686	0.663	0.648	0.638	0.615	0.603	0.590
3	0.791	0.784	0.778	0.767	0.756	0.747	0.738	0.704	0.663	0.640	0.625	0.616	0.593	0.581	0.568
4	0.773	0.766	0.760	0.749	0.739	0.730	0.721	0.688	0.648	0.625	0.611	0.601	0.580	0.568	0.555
5	0.760	0.754	0.748	0.737	0.728	0.719	0.710	0.677	0.638	0.616	0.601	0.592	0.570	0.558	0.546
10	0.732	0.726	0.721	0.711	0.701	0.693	0.685	0.654	0.615	0.593	0.580	0.570	0.549	0.537	0.524
20	0.716	0.711	0.705	0.696	0.687	0.678	0.671	0.640	0.603	0.581	0.568	0.558	0.537	0.525	0.512
∞	0.699	0.694	0.689	0.679	0.671	0.663	0.656	0.626	0.590	0.568	0.555	0.546	0.524	0.512	0.500

注：1. 表中的计算长度系数 μ 值系按下式算得：

$$\left[\left(\frac{\pi}{\mu}\right)^2+2(K_1+K_2)-4K_1K_2\right]\frac{\pi}{\mu}\cdot\sin\frac{\pi}{\mu}-2\left[(K_1+K_2)\left(\frac{\pi}{\mu}\right)^2+4K_1K_2\right]\cos\frac{\pi}{\mu}+8K_1K_2=0$$

K_1、K_2——分别为相交于柱上端、柱下端的横梁线刚度之和与柱线刚度之和的比值。

2. 当横梁与柱铰接时，取横梁线刚度为零。

3. 对底层框架柱：当柱与基础铰接时，取 $K_2=0$；当柱与基础刚接时，取 $K_2=\infty$。

有侧移框架柱的计算长度系数 μ 表 7.1-19

K_2	K_1														
	0	0.05	0.1	0.2	0.3	0.4	0.5	1	2	3	4	5	10	20	∞
0	∞	6.02	4.46	3.42	3.01	2.78	2.64	2.33	2.17	2.11	2.08	2.07	2.03	2.02	2.00
0.05	6.02	4.16	3.47	2.86	2.58	2.42	2.31	2.07	1.94	1.90	1.87	1.86	1.83	1.82	1.80
0.1	4.46	3.47	3.01	2.56	2.33	2.20	2.11	1.90	1.79	1.75	1.73	1.72	1.70	1.63	1.67
0.2	3.42	2.86	2.56	2.23	2.05	1.94	1.87	1.70	1.60	1.57	1.55	1.54	1.52	1.51	1.50
0.3	3.01	2.58	2.33	2.05	1.90	1.80	1.74	1.58	1.49	1.46	1.45	1.44	1.42	1.41	1.40
0.4	2.78	2.42	2.20	1.94	1.80	1.71	1.65	1.50	1.42	1.39	1.37	1.37	1.35	1.34	1.33
0.5	2.64	2.31	2.11	1.87	1.74	1.65	1.59	1.45	1.37	1.34	1.32	1.32	1.30	1.29	1.28
1	2.33	2.07	1.90	1.70	1.58	1.50	1.45	1.32	1.24	1.21	1.20	1.19	1.17	1.17	1.16
2	2.17	1.94	1.79	1.60	1.49	1.42	1.37	1.24	1.16	1.14	1.12	1.12	1.10	1.09	1.08
3	2.11	1.90	1.75	1.57	1.46	1.39	1.34	1.21	1.14	1.11	1.10	1.09	1.07	1.06	1.06
4	2.08	1.87	1.73	1.55	1.45	1.37	1.32	1.20	1.12	1.10	1.08	1.08	1.06	1.05	1.04
5	2.07	1.86	1.72	1.54	1.44	1.37	1.32	1.19	1.12	1.09	1.08	1.07	1.05	1.04	1.03
10	2.03	1.83	1.70	1.52	1.42	1.35	1.30	1.17	1.10	1.07	1.06	1.05	1.03	1.03	1.02
20	2.02	1.82	1.68	1.51	1.41	1.34	1.29	1.17	1.09	1.06	1.05	1.04	1.03	1.02	1.01
∞	2.00	1.80	1.67	1.50	1.40	1.33	1.28	1.16	1.08	1.06	1.04	1.03	1.02	1.01	1.00

注：1. 表中的计算长度系数 μ 值系按下式算得：

$$\left[36K_1K_2-\left(\frac{\pi}{\mu}\right)^2\right]\sin\frac{\pi}{\mu}+6(K_1+K_2)\frac{\pi}{\mu}\cdot\cos\frac{\pi}{\mu}=0$$

K_1、K_2——分别为相交于柱上端、柱下端的横梁线刚度之和与柱线刚度之和的比值。

2. 当横梁与柱铰接时，取横梁线刚度为零。

3. 对底层框架柱：当柱与基础铰接时，取 $K_2=0$；当柱与基础刚接时，取 $K_2=\infty$。

柱上端为自由的单阶柱下段的计算长度系数 μ　　表 7.1-20

简图	η_1	K_1																	
		0.06	0.08	0.10	0.12	0.14	0.16	0.18	0.20	0.22	0.24	0.26	0.28	0.3	0.4	0.5	0.6	0.7	0.8
	0.2	2.00	2.01	2.01	2.01	2.01	2.01	2.01	2.02	2.02	2.02	2.02	2.02	2.02	2.03	2.04	2.05	2.06	2.07
	0.3	2.01	2.02	2.02	2.02	2.03	2.03	2.03	2.04	2.04	2.05	2.05	2.05	2.06	2.08	2.10	2.12	2.13	2.15
	0.4	2.02	2.03	2.04	2.04	2.05	2.06	2.07	2.07	2.08	2.09	2.09	2.10	2.11	2.14	2.18	2.21	2.25	2.28
	0.5	2.04	2.05	2.06	2.07	2.09	2.10	2.11	2.12	2.13	2.15	2.16	2.17	2.18	2.24	2.29	2.35	2.40	2.45
I_1, H_1, I_2, H_2	0.6	2.06	2.08	2.10	2.12	2.14	12.16	2.18	2.19	2.21	2.23	2.25	2.26	2.28	2.36	2.44	2.52	2.59	2.66
	0.7	2.10	2.13	2.16	2.18	2.21	2.24	2.26	2.29	2.31	2.34	2.36	2.38	2.41	2.52	2.62	2.72	2.81	2.90
	0.8	2.15	2.20	2.24	2.27	2.31	2.34	2.38	2.41	2.44	2.47	2.50	2.53	2.56	2.70	2.82	2.94	3.06	3.16
	0.9	2.24	2.29	2.35	2.39	2.44	2.48	2.52	2.56	2.60	2.63	2.67	2.71	2.74	2.90	3.05	3.19	3.32	3.44
	1.0	2.36	2.43	2.48	2.54	2.59	2.64	2.69	2.73	2.77	2.82	2.86	2.90	2.94	3.12	3.29	3.45	3.59	3.74
	1.2	2.69	2.76	2.83	2.89	2.95	3.01	3.07	3.12	3.17	3.22	3.27	3.32	3.37	3.59	3.80	3.99	4.17	4.34
$K_1=\frac{I_1}{I_2}\cdot\frac{H_2}{H_1}$；	1.4	3.07	3.14	3.22	3.29	3.36	3.42	3.48	3·55	3.61	3.66	3.72	3.78	3.83	4.09	4.33	4.56	4.77	4.97
	1.6	3.47	3.55	3.63	3.71	3.78	3.85	3.92	3.99	4.07	4.12	4.18	4.25	4.31	4.61	4.88	5.14	5.38	5.62
$\eta_1=\frac{H_1}{H_2}\sqrt{\frac{N_1}{N_2}\cdot\frac{I_2}{I_1}}$；	1.8	3.88	3.97	4.05	4.13	4.21	4.29	4.37	4.44	4.52	4.59	4.66	4.73	4.80	5.13	5.44	5.73	6.00	6.26
	2.0	4.29	4.39	4.48	4.57	4.65	4.74	4.82	4.90	4.99	5.07	5.14	5.22	5.30	5.66	6.00	6.32	6.63	6.92
N_1——上段柱的轴心力；	2.2	4.71	4.81	4.91	5.00	5.10	5.19	5.28	5.37	5.46	5.54	5.63	5.71	5.80	6.19	6.57	6.92	7.26	7.58
N_2——下段柱的轴心力。	2.4	5.13	5.24	5.34	5.44	5.54	5.64	5.74	5.84	5.93	6.03	6.12	6.21	6.30	6.73	7.14	7.52	7.89	8.24
	2.6	5.55	5.66	5.77	5.88	5.99	6.10	6.20	6.31	6.41	6.51	6.61	6.71	6.80	7.27	7.71	8.13	8.52	8.90
	2.8	5.97	6.09	6.21	6.33	6.44	6.55	6.67	6.78	6.89	6.99	7.10	7.21	7.31	7.81	8.28	8.73	9.16	9.57
	3.0	6.39	6.52	6.64	6.77	6.89	7.01	7.13	7.25	7.37	7.48	7.59	7.71	7.82	8.35	8.86	9.34	9.80	10.24

注：表中的计算长度系数 μ 值系按下式算得：

$$\eta_1 K_1 \cdot \tan\frac{\pi}{\mu} \cdot \tan\frac{\pi\eta_1}{\mu} - 1 = 0$$

柱上端可移动但不转动的单阶柱下段的计算长度系数 μ 表 7.1-21

简图	η_1	K_1																	
		0.06	0.08	0.10	0.12	0.14	0.16	0.18	0.20	0.22	0.24	0.26	0.28	0.3	0.4	0.5	0.6	0.7	0.8
	0.2	1.96	1.94	1.93	1.91	1.90	1.89	1.88	1.86	1.85	1.84	1.83	1.82	1.81	1.76	1.72	1.68	1.65	1.62
	0.3	1.96	1.94	1.93	1.92	1.91	1.89	1.88	1.87	1.86	1.85	1.84	1.83	1.82	1.77	1.73	1.70	1.66	1.63
I_1 H_1	0.4	1.96	1.95	1.94	1.92	1.91	1.90	1.89	1.88	1.87	1.86	1.85	1.84	1.83	1.79	1.75	1.72	1.68	1.66
	0.5	1.96	1.95	1.94	1.93	1.92	1.91	1.90	1.89	1.88	1.87	1.86	1.85	1.85	1.81	1.77	1.74	1.71	1.69
	0.6	1.97	1.96	1.95	1.94	1.93	1.92	1.91	1.90	1.90	1.89	1.88	1.87	1.87	1.83	1.80	1.78	1.75	1.73
I_2 H_2	0.7	1.97	1.97	1.96	1.95	1.94	1.94	1.93	1.92	1.92	1.91	1.90	1.90	1.89	1.86	1.84	1.82	1.80	1.78
	0.8	1.98	1.98	1.97	1.96	1.96	1.95	1.95	1.94	1.94	1.93	1.93	1.93	1.92	1.90	1.88	1.87	1.86	1.84
	0.9	1.99	1.99	1.98	1.98	1.98	1.97	1.97	1.97	1.97	1.96	1.96	1.96	1.96	1.95	1.94	1.93	1.92	1.92
	1.0	2.00	2.00	2.00	2.00	2.00	2.00	2.00	2.00	2.00	2.00	2.00	2.00	2.00	2.00	2.00	2.00	2.00	2.00
	1.2	2.03	2.04	2.04	2.05	2.06	2.07	2.07	2.08	2.08	2.09	2.10	2.10	2.11	2.13	2.15	2.17	2.18	2.20
$K_1=\dfrac{I_1}{I_2}\cdot\dfrac{H_2}{H_1}$;	1.4	2.07	2.09	2.11	2.12	2.14	2.16	2.17	2.18	2.20	2.21	2.22	2.23	2.24	2.29	2.33	2.37	2.40	2.42
	1.6	2.13	2.16	2.19	2.22	2.25	2.27	2.30	2.32	2.34	2.36	2.37	2.39	2.41	2.48	2.54	2.59	2.63	2.67
$\eta_1=\dfrac{H_1}{H_2}\sqrt{\dfrac{N_1}{N_2}\cdot\dfrac{I_2}{I_1}}$;	1.8	2.22	2.27	2.31	2.35	2.39	2.42	2.45	2.48	2.50	2.53	2.55	2.57	2.59	2.69	2.76	2.83	2.88	2.93
	2.0	2.35	2.41	2.46	2.50	2.55	2.59	2.62	2.66	2.69	2.72	2.75	2.77	2.80	2.91	3.00	3.08	3.14	3.20
	2.2	2.51	2.57	2.63	2.68	2.73	2.77	2.81	2.85	2.89	2.92	2.95	2.98	3.01	3.14	3.25	3.33	3.41	3.47
N_1——上段柱的轴心力;	2.4	2.63	2.75	2.81	2.87	2.92	2.97	3.01	3.05	3.09	3.13	3.17	3.20	3.24	3.38	3.50	3.59	3.68	3.75
N_2——下段柱的轴心力。	2.6	2.87	2.94	3.00	3.06	3.12	3.17	3.22	3.27	3.31	3.35	3.39	3.43	3.46	3.62	3.75	3.86	3.95	4.03
	2.8	3.06	3.14	3.20	3.27	3.33	3.38	3.43	3.48	3.53	3.58	3.62	3.66	3.70	3.87	4.01	4.13	4.23	4.32
	3.0	3.26	3.34	3.41	3.47	3.54	3.60	3.65	3.70	3.75	3.80	3.85	3.89	3.93	4.12	4.27	4.40	4.51	4.61

注：表中的计算长度系数 μ 值系按下式算得：

$$\tan\frac{\pi\eta_1}{\mu}+\eta_1K_1\cdot\tan\frac{\pi}{\mu}=0$$

单肢长细比：$\lambda_1 = l_1/\sqrt{I_{sc}/A_{sc}}$ （7-84）

$$I_y = \sum_1^m (I_{sc} + \alpha^2 A_{sc});\ I_x = \sum_1^m (I_{sc} + b^2 A_{sc}) \tag{7-85}$$

式中　$A_{sc} = \pi r_0^2$——一根柱肢的截面面积；

$I_{sc} = \pi r_0^4/4$——一根柱肢的截面惯性矩；

a 和 b——分别为柱肢中心到虚轴 $y-y$ 和 $x-x$ 的距离；

l_1——柱肢节间距离；

m——柱肢数；

r_0——钢管外半径。

钢管混凝土格构式轴心受压构件除按式（2-48）验算整体稳定承载力外（这时式中的稳定系数是根据换算长细比查表确定），尚应验算稳定承载力。当符合下列条件时，可不验算单肢稳定承载力。

平腹杆格构式构件：$\lambda_1 \leqslant 40$，且 $\lambda_1 \leqslant 0.5\lambda_{max}$；

斜腹杆格构式构件：$\lambda_1 \leqslant 0.7\lambda_{max}$；

式中　λ_{max}——构件在 $x-x$ 和 $y-y$ 轴方向长细比的较大值。

格构式钢管混凝土轴心受压构件的腹杆所受剪力按下式计算：

$$V = \Sigma A_{sc} f_{sc}/85 \tag{7-86}$$

（7）钢管混凝土杆件刚度

1）轴压刚度

钢管混凝土杆件在正常使用状态下的轴压刚度取 $E_{sc}A_{sc}$，E_{sc}为组合轴压弹性模量，按表 7.1-14 取值。

2）抗剪刚度

钢管混凝土杆件在正常使用状态下的抗剪刚度取 $G_{sc}A_{sc}$，G_{sc}为组合剪切模量，$G_{sc} = K_3 E_{sc}$，K_3 为系数，按表 7.1-16 取值。

3）抗弯刚度

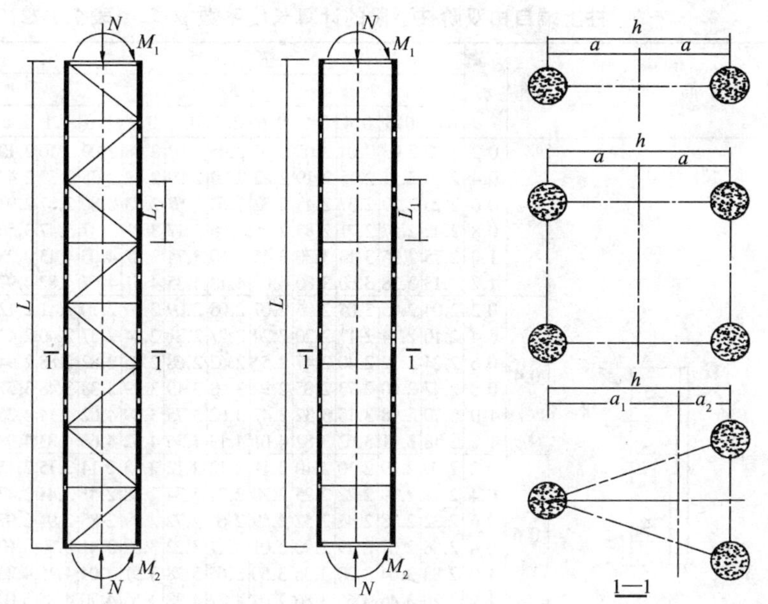

图 7.1-12 钢管混凝土格构柱

钢管混凝土杆件的抗弯刚度 $E_{sc}^{M}I_{sc}^{0}$ 按下式计算：

$$E_{sc}^{M}I_{sc}^{0} = E_{sc}^{M}(0.6625 + 0.9375\alpha)I_{sc} \qquad (7\text{-}87)$$

式中 E_{sc}^{M}——钢管混凝土杆件的组合抗弯模量，$E_{sc}^{M} = K_2 E_{sc}$；

K_2——系数，按表 7.1-15 取值；

I_{sc}^{0}——杆件有效惯性矩；

I_{sc}——杆件截面惯性矩，$I_{sc} = \frac{\pi}{4}r_0^4$，$r_0$ 为钢管外半径。

4）抗侧移刚度

钢管混凝土框架柱的抗侧移刚度 B，可按下式计算：

$$B = \gamma E_{sc}^{M}I_{sc}^{0} \qquad (7\text{-}88)$$

式中 γ——柱刚度折减系数，单肢钢管混凝土柱，取 $\gamma = 1.0$。

柱上端自由双阶柱下段的计算长度系数 μ　　表 7.1-22

简图

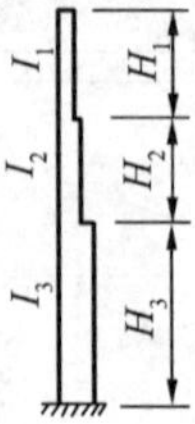

$$K_1 = \frac{I_1}{I_3} \cdot \frac{H_3}{H_1};$$

$$K_2 = \frac{I_2}{I_3} \cdot \frac{H_3}{H_2};$$

$$\eta_1 = \frac{H_1}{H_3}\sqrt{\frac{N_1}{N_3} \cdot \frac{I_3}{I_1}};$$

$$\eta_2 = \frac{H_2}{H_3}\sqrt{\frac{N_2}{N_3} \cdot \frac{I_3}{I_2}};$$

N_1——上段柱的轴心力；
N_2——中段柱的轴心力；
N_3——下段柱的轴心力。

η_1	η_2	$K_1 = 0.05$										
		K_2										
		0.2	0.3	0.4	0.5	0.6	0.7	0.8	0.9	1.0	1.1	1.2
0.2	0.2	2.02	2.03	2.04	2.05	2.05	2.06	2.07	2.08	2.09	2.10	2.10
	0.4	2.08	2.11	2.15	2.19	2.22	2.25	2.29	2.32	2.35	2.39	2.42
	0.6	2.20	2.29	2.37	2.45	2.52	2.60	2.67	2.73	2.80	2.87	2.93
	0.8	2.42	2.57	2.71	2.83	2.95	3.06	3.17	3.27	3.37	3.47	3.56
	1.0	2.75	2.95	3.13	3.30	3.45	3.60	3.74	3.87	4.00	4.13	4.25
	1.2	3.13	3.38	3.60	3.80	4.00	4.18	4.35	4.51	4.67	4.82	4.97
0.4	0.2	2.04	2.05	2.05	2.06	2.07	2.08	2.09	2.09	2.10	2.11	2.12
	0.4	2.10	2.14	2.17	2.20	2.24	2.27	2.31	2.34	2.37	2.40	2.43
	0.6	2.24	2.32	2.40	2.47	2.54	2.62	2.68	2.75	2.82	2.88	2.94
	0.8	2.47	2.60	2.73	2.85	2.97	3.08	3.19	3.29	3.38	3.48	3.57
	1.0	2.79	2.98	3.15	3.32	3.47	3.62	3.75	3.89	4.02	4.14	4.26
	1.2	3.18	3.41	3.62	3.82	4.01	4.19	4.36	4.52	4.68	4.83	4.98
0.6	0.2	2.09	2.09	2.10	2.10	2.11	2.12	2.12	2.13	2.14	2.15	2.15
	0.4	2.17	2.19	2.22	2.25	2.28	2.31	2.34	2.38	2.41	2.44	2.47
	0.6	2.32	2.38	2.45	2.52	2.59	2.66	2.72	2.79	2.85	2.91	2.97
	0.8	2.56	2.67	2.79	2.90	3.01	3.11	3.22	3.32	3.41	3.50	3.60
	1.0	2.88	3.04	3.20	3.36	3.50	3.65	3.78	3.91	4.04	4.16	4.26
	1.2	3.26	3.46	3.66	3.86	4.04	4.22	4.38	4.55	4.70	4.85	5.00
0.8	0.2	2.29	2.24	2.22	2.21	2.21	2.22	2.22	2.22	2.23	2.23	2.24
	0.4	2.37	2.34	2.34	2.36	2.38	2.40	2.43	2.45	2.48	2.51	2.54
	0.6	2.52	2.52	2.56	2.61	2.67	2.73	2.79	2.85	2.91	2.96	3.02
	0.8	2.74	2.79	2.88	2.98	3.08	3.17	3.27	3.36	3.46	3.55	3.63
	1.0	3.04	3.15	3.28	3.42	3.56	3.69	3.82	3.95	4.07	4.19	4.31
	1.2	3.39	3.55	3.73	3.91	4.08	4.25	4.42	4.58	4.73	4.88	5.02
1.0	0.2	2.69	2.57	2.51	2.48	2.46	2.45	2.45	2.44	2.44	2.44	2.44
	0.4	2.75	2.64	2.60	2.59	2.59	2.59	2.60	2.62	2.63	2.65	2.67
	0.6	2.86	2.78	2.77	2.79	2.83	2.87	2.91	2.96	3.01	3.06	3.10
	0.8	3.04	3.01	3.05	3.11	3.19	3.27	3.35	3.44	3.52	3.60	3.69
	1.0	3.29	3.32	3.41	3.52	3.64	3.76	3.89	4.01	4.13	4.24	4.35
	1.2	3.60	3.69	3.83	3.99	4.15	4.31	4.47	4.62	4.77	4.92	5.06
1.2	0.2	3.16	3.00	2.92	2.87	2.84	2.81	2.80	2.79	2.78	2.77	2.77
	0.4	3.21	3.05	2.98	2.94	2.92	2.90	2.90	2.90	2.90	2.91	2.92
	0.6	3.30	3.15	3.10	3.08	3.08	3.10	3.13	3.15	3.18	3.22	3.26
	0.8	3.43	3.32	3.30	3.33	3.37	3.43	3.49	3.56	3.63	3.71	3.78
	1.0	3.62	3.57	3.60	3.68	3.77	3.87	3.98	4.09	4.20	4.31	4.42
	1.2	3.88	3.88	3.98	4.11	4.25	4.39	4.54	4.68	4.83	4.97	5.10
1.4	0.2	3.66	3.46	3.36	3.29	3.25	3.23	3.20	3.19	3.18	3.17	3.16
	0.4	3.70	3.50	3.40	3.35	3.31	3.29	3.27	3.26	3.26	3.26	3.26
	0.6	3.77	3.58	3.49	3.45	3.43	3.42	3.42	2.43	3.45	3.47	3.49
	0.8	3.87	3.70	3.64	3.63	3.64	3.67	3.70	3.75	3.81	3.86	3.92
	1.0	4.02	3.89	3.87	3.90	3.96	4.04	4.12	4.22	4.31	4.41	4.51
	1.2	4.23	4.15	4.19	4.27	4.39	4.51	4.64	4.77	4.91	5.04	5.17

续表

简图

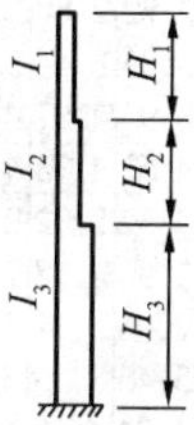

$$K_1 = \frac{I_1}{I_3} \cdot \frac{H_3}{H_1};$$

$$K_2 = \frac{I_2}{I_3} \cdot \frac{H_3}{H_2};$$

$$\eta_1 = \frac{H_1}{H_3}\sqrt{\frac{N_1}{N_3} \cdot \frac{I_3}{I_1}};$$

$$\eta_2 = \frac{H_2}{H_3}\sqrt{\frac{N_2}{N_3} \cdot \frac{I_3}{I_2}};$$

N_1——上段柱的轴心力；
N_2——中段柱的轴心力；
N_3——下段柱的轴心力。

η_1	η_2	$K_1=0.10$										
		K_2										
		0.2	0.3	0.4	0.5	0.6	0.7	0.8	0.9	1.0	1.1	1.2
0.2	0.2	2.03	2.03	2.04	2.05	2.06	2.07	2.08	2.08	2.09	2.10	2.11
	0.4	2.09	2.12	2.16	2.19	2.23	2.26	2.29	2.33	2.36	2.39	2.42
	0.6	2.21	2.30	2.38	2.46	2.53	2.60	2.67	2.74	2.81	2.87	2.93
	0.8	2.44	2.58	2.71	2.84	2.96	3.07	3.17	3.28	3.37	3.47	3.56
	1.0	2.76	2.96	3.14	3.30	3.46	3.60	3.74	3.88	4.01	4.13	4.25
	1.2	3.15	3.39	3.61	3.81	4.00	4.18	4.35	3.52	4.68	4.83	4.98
0.4	0.2	2.07	2.07	2.08	2.08	2.09	2.10	2.11	2.12	2.12	2.13	2.14
	0.4	2.14	2.17	2.20	2.23	2.26	2.30	2.33	2.36	2.39	2.42	2.46
	0.6	2.28	2.36	2.43	2.50	2.57	2.64	2.71	2.77	2.84	2.90	2.96
	0.8	2.53	2.65	2.77	2.88	3.00	3.10	3.21	3.31	3.40	3.50	3.59
	1.0	2.85	3.02	3.19	3.34	3.49	3.64	3.77	3.91	4.03	4.16	4.28
	1.2	3.24	3.45	3.65	3.85	4.03	4.21	4.38	4.54	4.70	4.85	4.99
0.6	0.2	2.22	2.19	2.18	2.17	2.18	2.18	2.19	2.19	2.20	2.20	2.21
	0.4	2.31	2.30	2.31	2.33	2.35	2.38	2.41	2.44	2.47	2.49	2.52
	0.6	2.48	2.49	2.54	2.60	2.66	2.72	2.78	2.84	2.90	2.96	3.02
	0.8	2.72	2.78	2.87	2.97	3.07	3.17	3.27	3.36	3.46	3.55	3.64
	1.0	3.04	3.15	3.26	3.42	3.56	3.70	3.83	3.95	4.08	4.20	4.31
	1.2	3.40	3.56	3.74	3.91	4.09	4.26	4.42	4.58	4.73	4.88	5.03
0.8	0.2	2.63	2.49	2.43	2.40	2.38	2.37	2.37	2.36	2.36	2.37	2.37
	0.4	2.71	2.59	2.55	2.54	2.54	2.55	2.57	2.59	2.61	2.63	2.65
	0.6	2.86	2.76	2.76	2.78	2.82	2.86	2.91	2.96	3.01	3.07	3.12
	0.8	3.06	3.02	3.06	3.13	3.20	3.29	3.37	3.46	3.54	3.63	3.71
	1.0	3.33	3.75	3.44	3.55	3.67	3.79	3.90	4.03	4.15	4.26	4.37
	1.2	3.65	3.73	3.86	4.02	4.18	4.34	4.49	4.64	4.79	4.94	5.08
1.0	0.2	3.18	2.95	2.84	2.77	2.73	2.70	2.68	2.67	2.66	2.65	2.65
	0.4	3.24	3.03	2.93	2.88	2.85	2.84	2.84	2.84	2.85	2.86	2.87
	0.6	3.36	3.16	3.09	3.07	3.08	3.09	3.12	3.15	3.19	3.23	3.27
	0.8	3.52	3.37	3.34	3.36	3.41	3.46	3.53	3.60	3.67	3.75	3.82
	1.0	3.74	3.64	3.67	3.74	3.83	3.93	4.03	4.14	4.25	4.35	4.46
	1.2	4.00	3.97	4.05	4.17	4.31	4.45	4.59	4.73	4.87	5.01	5.14
1.2	0.2	3.77	3.47	3.32	3.23	3.17	3.12	3.09	3.97	3.05	3.04	3.03
	0.4	3.82	3.53	3.39	3.31	3.26	3.22	3.20	3.19	3.19	3.19	3.19
	0.6	3.91	3.64	3.51	3.45	3.42	3.42	3.42	3.43	3.45	3.48	3.50
	0.8	4.04	3.80	3.71	3.68	3.69	3.72	3.76	3.81	3.86	3.92	3.98
	1.0	4.21	4.02	3.97	3.99	4.05	4.12	4.20	4.29	4.39	4.48	4.58
	1.2	4.43	4.30	4.31	4.38	4.48	4.60	4.72	4.85	4.98	5.11	5.24
1.4	0.2	4.37	4.01	3.82	3.71	3.63	3.58	3.54	3.51	3.49	3.47	3.45
	0.4	4.41	4.06	3.88	3.77	3.70	3.66	3.63	3.60	3.59	3.58	3.57
	0.6	4.48	4.15	3.98	3.89	3.83	3.80	3.79	3.78	3.79	3.80	3.81
	0.8	4.59	4.28	4.13	4.07	4.04	4.04	4.06	4.08	4.12	4.16	4.21
	1.0	4.74	4.45	4.35	4.32	4.34	4.38	4.43	4.50	4.58	4.66	4.74
	1.2	4.92	4.69	4.63	4.65	4.72	4.80	4.90	5.10	5.13	5.24	5.36

续表

简图	η_1	η_2	$K_1=0.20$										
			K_2										
			0.2	0.3	0.4	0.5	0.6	0.7	0.8	0.9	1.0	1.1	1.2
	0.2	0.2	2.04	2.04	2.05	2.06	2.07	2.08	2.08	2.09	2.10	2.11	2.12
		0.4	2.10	2.13	2.17	2.20	2.24	2.27	2.30	2.34	2.37	2.40	2.43
		0.6	2.23	2.31	2.39	2.47	2.54	2.61	2.68	2.75	2.82	2.88	2.94
		0.8	2.46	2.60	2.73	2.85	2.97	3.08	3.18	3.29	3.38	3.48	3.57
		1.0	2.79	2.98	3.15	3.32	3.47	3.61	3.75	3.89	4.02	4.14	4.26
		1.2	3.18	3.41	3.62	3.82	4.01	4.19	4.36	4.52	4.68	4.83	4.98
	0.4	0.2	2.15	2.13	2.13	2.14	2.14	2.15	2.15	2.16	2.17	2.17	2.18
		0.4	2.24	2.24	2.26	2.29	2.32	2.35	2.38	2.41	2.44	2.47	2.50
		0.6	2.40	2.44	2.50	2.56	2.63	2.69	2.76	2.82	2.88	2.94	3.00
		0.8	2.66	2.74	2.84	2.95	3.05	3.15	3.25	3.35	3.44	3.53	3.62
		1.0	2.98	3.12	3.25	3.40	3.54	3.68	3.81	3.94	4.07	4.19	4.30
		1.2	3.35	3.53	3.71	3.90	4.08	4.25	4.41	4.57	4.73	4.87	5.02
	0.6	0.2	2.57	2.42	2.37	2.34	2.33	2.32	2.32	2.32	2.32	2.32	2.33
		0.4	2.67	2.54	2.50	2.50	2.51	2.52	2.54	2.56	2.58	2.61	2.63
		0.6	2.83	2.74	2.73	2.76	2.80	2.85	2.90	2.96	3.01	3.06	3.12
		0.8	3.06	3.01	3.05	3.12	3.20	3.29	3.38	3.46	3.55	3.63	3.72
		1.0	3.34	3.35	3.44	3.56	3.68	3.80	3.92	4.04	4.15	4.27	4.38
		1.2	3.67	3.74	3.88	4.03	4.19	4.35	4.50	4.65	4.80	4.94	5.08
	0.8	0.2	3.25	2.96	2.82	2.74	2.69	2.66	2.64	2.62	2.61	2.61	2.60
		0.4	3.33	3.05	2.93	2.87	2.84	2.83	2.83	2.83	2.84	2.85	2.87
		0.6	3.45	3.21	3.12	3.10	3.10	3.12	3.14	3.18	3.22	3.26	3.30
		0.8	3.63	3.44	3.39	3.41	3.45	3.51	3.57	3.64	3.71	3.79	3.86
		1.0	3.86	3.73	3.73	3.80	3.88	3.98	4.08	4.18	4.29	4.39	4.50
		1.2	4.13	4.07	4.13	4.24	4.36	4.50	4.64	4.78	4.91	5.05	5.18
	1.0	0.2	4.00	3.60	3.39	3.26	3.18	3.13	3.08	3.05	3.03	3.01	3.00
		0.4	4.06	3.67	3.48	3.37	3.30	3.26	3.23	3.21	3.21	3.20	3.20
		0.6	4.15	3.79	3.63	3.54	3.50	3.48	3.49	3.50	3.51	3.54	3.57
		0.8	4.29	3.97	3.84	3.80	3.79	3.81	3.85	3.90	3.95	4.01	4.07
		1.0	4.48	4.21	4.13	4.13	4.17	4.23	4.31	4.39	4.48	4.57	4.66
		1.2	4.70	4.49	4.47	4.52	4.60	4.71	4.82	4.94	5.07	5.19	5.31
	1.2	0.2	4.76	4.26	4.00	3.83	3.72	3.65	3.59	3.54	3.51	3.48	3.46
		0.4	4.81	4.32	4.07	3.91	3.82	3.75	3.70	3.67	3.65	3.63	3.62
		0.6	4.89	4.43	4.19	4.05	3.98	3.93	3.91	3.89	3.89	3.90	3.91
		0.8	5.00	4.57	4.36	4.26	4.21	4.20	4.21	4.23	4.26	4.30	4.34
		1.0	5.15	4.76	4.59	4.53	4.53	4.55	4.60	4.66	4.73	4.80	4.88
		1.2	5.34	5.00	4.88	4.87	4.91	4.98	5.07	5.17	5.27	5.38	5.49
	1.4	0.2	5.53	4.94	4.62	4.42	4.29	4.19	4.12	4.06	4.02	3.98	3.95
		0.4	5.57	4.99	4.68	4.49	4.36	4.27	4.21	4.16	4.13	4.10	4.08
		0.6	5.64	5.07	4.78	4.60	4.49	4.42	4.38	4.35	4.33	4.32	4.32
		0.8	5.74	5.19	4.92	4.77	4.69	4.64	4.62	4.62	4.63	4.65	4.67
		1.0	5.86	5.35	5.12	5.00	4.95	4.94	4.96	4.99	5.03	5.09	5.15
		1.2	6.02	5.55	5.36	5.29	2.28	5.31	5.37	5.44	5.52	5.61	5.71

I_1　H_1　I_2　H_2　I_3　H_3

$$K_1=\frac{I_1}{I_3}\cdot\frac{H_3}{H_1};$$

$$K_2=\frac{I_2}{I_3}\cdot\frac{H_3}{H_2};$$

$$\eta_1=\frac{H_1}{H_3}\sqrt{\frac{N_1}{N_3}\cdot\frac{I_3}{I_1}};$$

$$\eta_2=\frac{H_2}{H_3}\sqrt{\frac{N_2}{N_3}\cdot\frac{I_3}{I_2}};$$

N_1——上段柱的轴心力；
N_2——中段柱的轴心力；
N_3——下段柱的轴心力。

续表

简图	η_1	η_2	$K_3=0.30$										
			K_2										
			0.2	0.3	0.4	0.5	0.6	0.7	0.8	0.9	1.0	1.1	1.2
	0.2	0.2	2.05	2.05	2.06	2.07	2.08	2.09	2.09	2.10	2.11	2.12	2.13
		0.4	2.12	2.15	2.18	2.21	2.25	2.28	2.31	2.35	2.38	2.41	2.44
		0.6	2.25	2.33	2.41	2.48	2.56	2.63	2.69	2.76	2.83	2.89	2.95
		0.8	2.49	2.62	2.75	2.87	2.98	3.09	3.20	3.30	3.39	3.49	3.58
		1.0	2.82	3.00	3.17	3.33	3.48	3.63	3.76	3.90	4.02	4.15	4.27
		1.2	3.20	3.43	3.64	3.83	4.02	4.20	4.37	4.53	4.69	4.84	4.99
	0.4	0.2	2.26	2.21	2.20	2.19	2.19	2.20	2.20	2.21	2.21	2.22	2.23
		0.4	2.36	2.33	2.33	2.35	2.38	2.40	2.43	2.46	2.49	2.51	2.54
		0.6	2.54	2.54	2.58	2.63	2.69	2.75	2.81	2.87	2.93	2.99	3.04
		0.8	2.79	2.83	2.91	3.01	3.10	3.20	2.30	3.39	3.48	3.57	3.66
		1.0	3.11	3.20	3.32	3.46	3.59	3.72	3.85	3.98	4.10	4.22	4.33
		1.2	3.47	3.60	3.77	3.95	4.12	4.28	4.45	4.60	4.75	4.90	5.04
	0.6	0.2	2.93	2.68	2.57	2.52	2.49	2.47	2.46	2.45	2.45	2.45	2.45
		0.4	3.02	2.79	2.71	2.67	2.66	2.66	2.67	2.69	2.70	2.72	2.74
		0.6	3.17	2.98	2.93	2.93	2.95	2.98	3.02	3.07	3.11	3.16	3.21
		0.8	3.37	3.24	3.23	3.27	3.33	3.41	3.48	3.56	3.64	3.72	3.80
		1.0	3.63	3.56	3.60	3.69	3.79	3.90	4.01	4.12	4.23	4.34	4.45
		1.2	3.94	3.92	4.02	4.15	4.29	4.43	4.58	4.72	4.87	5.01	5.14
	0.8	0.2	3.78	3.38	3.18	3.06	2.98	2.93	2.89	2.86	2.84	2.83	2.82
		0.4	3.85	3.47	3.28	3.18	3.12	3.09	3.07	3.06	3.06	3.06	3.06
		0.6	3.96	3.61	3.46	3.39	3.36	3.35	3.36	3.38	3.41	3.44	3.47
		0.8	4.12	3.82	3.70	3.67	3.68	3.72	3.76	3.82	3.88	3.94	4.01
		1.0	4.32	4.07	4.01	4.03	4.08	4.16	4.24	4.33	4.43	4.52	4.62
		1.2	4.57	4.38	4.38	4.44	4.54	4.66	4.78	4.90	5.03	5.16	5.29
	1.0	0.2	4.68	4.15	3.86	3.69	3.57	3.49	3.43	3.38	3.35	3.32	3.30
		0.4	4.73	4.21	3.94	3.78	3.68	3.61	3.57	3.54	3.51	3.50	3.49
		0.6	4.82	4.33	4.08	3.95	3.87	3.83	3.80	3.80	3.80	3.81	3.83
		0.8	4.94	4.49	4.28	4.18	4.14	4.13	4.14	4.17	4.20	4.25	4.29
		1.0	5.10	4.70	4.53	4.48	4.48	4.51	4.56	4.62	4.70	4.77	4.85
		1.2	5.30	4.95	4.84	4.83	4.88	4.96	5.05	5.15	5.26	5.37	5.48
	1.2	0.2	5.58	4.93	4.57	4.35	4.20	4.10	4.01	3.95	3.90	3.86	3.83
		0.4	5.62	4.98	4.64	4.43	4.29	4.19	4.12	4.07	4.03	4.01	3.98
		0.6	5.70	5.08	4.75	4.56	4.44	4.37	4.32	4.29	4.27	4.26	4.26
		0.8	5.80	5.21	4.91	4.75	4.66	4.61	4.59	4.59	4.60	4.62	4.65
		1.0	5.93	5.38	5.12	5.00	4.95	4.94	4.95	4.99	5.03	5.09	5.15
		1.2	6.10	5.59	5.38	5.31	5.30	5.33	5.39	5.46	5.54	5.63	5.73
	1.4	0.2	6.49	5.72	5.30	5.03	4.85	4.72	4.62	4.54	4.48	4.43	4.38
		0.4	6.53	5.77	5.35	5.10	4.93	4.80	4.71	4.64	4.59	4.55	4.51
		0.6	6.59	5.85	5.45	5.21	5.05	4.95	4.87	4.82	4.78	4.76	4.74
		0.8	6.68	5.96	5.59	5.37	5.24	5.15	5.10	5.08	5.06	5.06	5.07
		1.0	6.79	6.10	5.76	5.58	5.48	5.43	5.41	5.41	5.44	5.47	5.51
		1.2	6.93	6.28	5.98	5.84	5.78	5.76	5.79	5.83	5.89	5.95	6.03

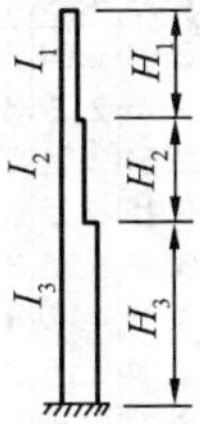

I_1 H_1 I_2 H_2 I_3 H_3

$$K_1=\frac{I_1}{I_3}\cdot\frac{H_3}{H_1};$$

$$K_2=\frac{I_2}{I_3}\cdot\frac{H_3}{H_2};$$

$$\eta_1=\frac{H_1}{H_3}\sqrt{\frac{N_1}{N_3}\cdot\frac{I_3}{I_1}};$$

$$\eta_2=\frac{H_2}{H_3}\sqrt{\frac{N_2}{N_3}\cdot\frac{I_3}{I_2}};$$

N_1——上段柱的轴心力；

N_2——中段柱的轴心力；

N_3——下段柱的轴心力。

注：表中的计算长度系数 μ 值按下式算得：$\frac{\eta_1 K_1}{\eta_2 K_2}\cdot\tan\frac{\pi\eta_1}{\mu}\tan\frac{\pi\eta_2}{\mu}+\eta_1 K_1\cdot\tan\frac{\pi\eta_1}{\mu}\cdot\tan\frac{\pi}{\mu}+\eta_2 K_2\cdot\tan\frac{\pi\eta_2}{\mu}\cdot\tan\frac{\pi}{\mu}-1=0$。

柱顶可移动但不转动的双阶柱下段的计算长度系数 μ　　　　表 7.1-23

η_1	η_2	$K_1=0.05$										
		K_2										
		0.2	0.3	0.4	0.5	0.6	0.7	0.8	0.9	1.0	1.1	1.2
0.2	0.2	1.99	1.99	2.00	2.00	2.01	2.02	2.02	2.03	2.04	2.05	2.06
	0.4	2.03	2.06	2.09	2.12	2.16	2.19	2.22	2.25	2.29	3.32	2.35
	0.6	2.12	2.20	2.28	2.36	2.43	2.50	2.57	2.64	2.71	2.77	2.83
	0.8	2.28	2.43	2.57	2.70	2.82	2.94	3.04	3.15	3.25	3.34	3.43
	1.0	2.53	2.76	2.96	3.13	3.29	3.44	3.59	3.72	3.85	3.98	4.10
	1.2	2.86	3.15	3.39	3.61	3.80	3.99	4.16	4.33	4.49	4.64	4.79
0.4	0.2	1.99	1.99	2.00	2.01	2.01	2.02	2.03	2.04	2.04	2.05	2.06
	0.4	2.03	2.06	2.09	2.13	2.16	2.19	2.23	2.26	2.29	2.32	2.35
	0.6	2.12	2.20	2.28	2.36	2.44	2.51	2.58	2.64	2.71	2.77	2.84
	0.8	2.29	2.44	2.58	2.71	2.83	2.94	3.05	3.15	3.25	3.35	3.44
	1.0	2.54	2.77	2.96	3.14	3.30	3.45	3.59	3.73	3.85	3.98	4.10
	1.2	2.87	3.15	3.40	3.61	3.81	3.99	4.17	4.33	4.49	4.65	4.79
0.6	0.2	1.99	1.98	2.00	2.01	2.02	2.03	2.04	2.04	2.05	2.06	2.07
	0.4	2.04	2.07	2.10	2.14	2.17	2.20	2.23	2.27	2.30	2.33	2.36
	0.6	2.13	2.21	2.29	2.37	3.45	2.52	2.59	2.65	2.72	2.78	2.84
	0.8	2.30	2.45	2.59	2.72	2.84	2.95	3.06	3.16	3.26	3.35	3.44
	1.0	2.56	2.78	2.97	3.15	3.31	3.46	3.60	3.73	3.86	3.99	4.11
	1.2	2.89	3.17	3.41	3.62	3.82	4.00	4.17	4.34	4.50	4.65	4.80
0.8	0.2	2.00	2.01	2.02	2.02	2.03	2.04	2.05	2.05	2.06	2.07	2.08
	0.4	2.05	2.08	2.12	2.15	2.18	2.21	2.25	2.28	2.31	2.34	2.37
	0.6	2.15	2.23	2.31	2.39	2.46	2.53	2.60	2.67	2.73	2.79	2.85
	0.8	2.32	2.47	2.61	2.73	2.85	2.96	3.07	3.17	3.27	3.36	3.45
	1.0	2.59	2.80	2.99	3.16	3.32	3.47	3.61	3.74	3.87	3.99	4.11
	1.2	2.92	3.19	2.42	3.63	3.83	4.01	4.18	4.35	4.51	4.66	4.81
1.0	0.2	2.02	2.02	2.03	2.04	2.05	2.05	2.06	2.07	2.08	2.09	2.09
	0.4	2.07	2.10	2.14	2.17	2.20	2.23	2.26	2.30	2.33	2.36	2.39
	0.6	2.17	2.26	2.33	2.41	2.48	2.55	2.62	2.68	2.75	2.81	2.87
	0.8	2.36	2.50	2.63	2.76	2.87	2.98	3.08	3.19	3.28	3.38	3.47
	1.0	2.62	2.83	3.01	3.18	3.34	3.48	3.62	3.75	3.88	4.01	4.12
	1.2	2.95	3.21	3.44	3.65	3.82	4.02	4.20	4.36	4.52	4.67	4.81
1.2	0.2	2.04	2.05	2.06	2.06	2.07	2.08	2.09	2.09	2.10	2.11	2.12
	0.4	2.10	2.13	2.17	2.20	2.23	2.26	2.29	2.32	2.35	2.38	2.41
	0.6	2.22	2.29	2.37	2.44	2.51	2.58	2.64	2.71	2.77	2.83	2.89
	0.8	2.41	2.54	2.67	2.78	2.90	3.00	3.11	3.20	3.30	3.39	3.48
	1.0	2.68	2.87	3.04	3.21	3.36	3.50	3.64	3.77	3.90	4.02	4.14
	1.2	3.00	3.25	3.47	3.67	3.86	4.04	4.21	4.37	4.53	4.68	4.83
1.4	0.2	2.10	2.10	2.10	2.11	2.11	2.12	2.13	2.13	2.14	2.15	2.15
	0.4	2.17	2.19	2.21	2.24	2.27	2.30	2.33	2.36	2.39	2.41	2.44
	0.6	2.29	2.35	2.41	2.48	2.55	2.61	2.67	2.74	2.80	2.86	2.91
	0.8	2.48	2.60	2.71	2.82	2.93	3.03	3.13	3.23	3.32	3.41	3.50
	1.0	2.74	2.92	3.08	3.24	2.39	3.53	3.66	3.79	3.92	4.04	4.15
	1.2	3.06	3.29	3.50	3.70	3.89	4.06	4.23	4.39	4.55	4.70	4.84

简　图

I_1　H_1　I_2　H_2　I_3　H_3

$$K_1=\frac{I_1}{I_3}\cdot\frac{H_3}{H_1};$$

$$K_2=\frac{I_2}{I_3}\cdot\frac{H_3}{H_2};$$

$$\eta_1=\frac{H_1}{H_3}\sqrt{\frac{N_1}{N_3}\cdot\frac{I_3}{I_1}};$$

$$\eta_2=\frac{H_2}{H_3}\sqrt{\frac{N_2}{N_3}\cdot\frac{I_3}{I_2}};$$

N_1——上段柱的轴心力；
N_2——中段柱的轴心力；
N_3——下段柱的轴心力。

续表

简图	η_1	η_2	$K_1=0.10$										
			K_2										
			0.2	0.3	0.4	0.5	0.6	0.7	0.8	0.9	1.0	1.1	1.2
	0.2	0.2	1.96	1.96	1.97	1.97	1.98	1.98	1.99	2.00	2.00	2.01	2.02
		0.4	2.00	2.02	2.05	2.08	3.11	2.14	2.17	2.20	2.23	2.26	2.29
		0.6	2.07	2.14	2.22	2.29	2.36	2.43	2.50	2.56	2.63	2.69	2.75
		0.8	2.20	2.35	2.48	2.61	2.73	2.84	2.94	3.05	3.14	3.24	3.33
		1.0	2.41	2.64	2.83	3.01	3.17	3.32	3.46	3.59	3.72	3.85	3.97
		1.2	2.70	2.99	3.23	3.45	3.65	3.84	4.01	4.18	4.34	4.49	4.64
	0.4	0.2	1.96	1.97	1.97	1.98	1.98	1.99	2.00	2.00	2.01	2.02	2.03
		0.4	2.00	2.03	2.06	2.09	2.12	2.15	2.18	2.21	2.24	2.27	2.30
		0.6	2.08	2.15	2.23	2.30	2.37	2.44	2.51	2.57	2.64	2.70	2.76
		0.8	2.21	2.36	2.49	2.62	2.73	2.85	2.95	3.05	3.15	3.24	3.34
		1.0	2.43	2.65	2.84	3.02	3.18	3.33	3.47	3.60	3.73	3.85	3.97
		1.2	2.71	3.00	3.24	3.46	3.66	3.85	4.02	4.19	4.34	4.49	4.64
	0.6	0.2	1.97	1.98	1.98	1.99	2.00	2.00	2.01	2.02	2.02	2.03	2.04
		0.4	2.01	2.04	2.07	2.10	2.13	2.16	2.19	2.22	2.26	2.29	2.32
		0.6	2.09	2.17	2.24	2.32	2.39	2.46	2.52	2.59	2.65	2.71	2.77
		0.8	2.23	2.38	2.51	2.64	2.75	2.86	2.97	3.07	3.16	3.26	3.35
		1.0	2.45	2.68	2.86	3.03	3.19	3.34	3.48	3.61	3.74	3.86	3.98
		1.2	2.74	3.02	3.26	3.48	3.67	3.86	4.03	4.20	4.35	4.50	4.65
	0.8	0.2	1.99	1.99	2.00	2.01	2.01	2.02	2.03	2.04	2.04	2.05	2.06
		0.4	2.03	2.06	2.09	2.12	2.15	2.19	2.22	2.25	2.28	2.31	2.34
		0.6	2.12	2.19	2.27	2.34	2.41	2.48	2.55	2.61	2.67	2.73	2.79
		0.8	2.27	2.41	2.54	2.66	2.78	2.89	2.99	3.09	3.18	3.28	3.37
		1.0	2.49	2.70	2.89	3.06	3.21	3.36	3.50	3.63	3.76	3.88	4.00
		1.2	2.78	3.05	3.29	3.50	3.69	3.88	4.05	4.21	4.37	4.52	4.66
	1.0	0.2	2.01	2.02	2.03	2.04	2.04	2.05	2.06	2.07	2.07	2.08	2.09
		0.4	2.06	2.10	2.13	2.16	2.19	2.22	2.25	2.28	2.31	2.34	2.37
		0.6	2.16	2.24	2.31	2.38	2.45	2.51	2.58	2.64	2.70	2.76	2.82
		0.8	2.32	2.46	2.58	2.70	2.81	2.92	3.02	3.12	3.21	3.30	3.39
		1.0	2.55	2.75	2.93	3.09	3.25	3.39	3.53	3.66	3.78	3.90	4.02
		1.2	2.84	3.10	3.32	3.53	3.72	3.90	4.07	4.23	4.39	4.54	4.68
	1.2	0.2	2.07	2.08	2.08	2.09	2.09	2.10	2.11	2.11	2.12	2.13	2.13
		0.4	2.13	2.16	2.18	2.21	2.24	2.27	2.30	2.33	2.35	2.38	2.41
		0.6	2.24	2.30	2.37	2.43	2.50	2.56	2.63	2.68	2.74	2.80	2.86
		0.8	2.41	2.53	2.64	2.75	2.86	2.96	3.06	3.15	3.24	3.33	3.42
		1.0	2.64	2.82	2.98	3.14	3.29	3.43	3.56	3.69	3.81	3.93	4.04
		1.2	2.92	3.16	3.37	3.57	3.76	3.93	4.10	4.26	4.41	4.56	4.70
	1.4	0.2	2.20	2.18	2.17	2.17	2.17	2.18	2.18	2.19	2.19	2.20	2.20
		0.4	2.26	2.26	2.27	2.29	2.32	2.34	2.37	2.39	2.42	2.44	2.47
		0.6	2.37	2.41	2.46	2.51	2.57	2.63	2.68	2.74	2.80	2.85	2.91
		0.8	2.53	2.62	2.72	2.82	2.92	3.01	3.11	3.20	3.29	3.37	3.46
		1.0	2.75	2.90	3.05	3.20	3.34	3.47	3.60	3.72	3.84	3.96	4.07
		1.2	3.02	3.23	3.43	3.62	3.80	3.97	4.13	4.39	4.44	4.59	4.73

简图说明：

I_1, H_1; I_2, H_2; I_3, H_3

$$K_1=\frac{I_1}{I_3}\cdot\frac{H_3}{H_1};$$

$$K_2=\frac{I_2}{I_3}\cdot\frac{H_3}{H_2};$$

$$\eta_1=\frac{H_1}{H_3}\sqrt{\frac{N_1}{N_3}\cdot\frac{I_3}{I_1}};$$

$$\eta_2=\frac{H_2}{H_3}\sqrt{\frac{N_2}{N_3}\cdot\frac{I_3}{I_2}};$$

N_1——上段柱的轴心力；

N_2——中段柱的轴心力；

N_3——下段柱的轴心力。

续表

η_1	η_2	$K_1=0.20$ K_2: 0.2	0.3	0.4	0.5	0.6	0.7	0.8	0.9	1.0	1.1	1.2
0.2	0.2	1.94	1.93	1.93	1.93	1.93	1.93	1.94	1.94	1.95	1.95	1.96
	0.4	1.96	1.98	1.99	2.02	2.04	2.07	2.09	2.12	2.15	2.17	2.20
	0.6	2.02	2.07	2.13	2.19	2.26	2.32	2.38	2.44	2.50	2.56	2.62
	0.8	2.12	2.23	2.35	2.47	2.58	2.68	2.78	2.88	2.98	3.07	3.15
	1.0	2.28	2.47	2.65	2.82	2.97	3.12	3.26	3.39	3.51	3.63	3.75
	1.2	2.50	2.77	3.01	3.22	3.42	3.60	3.77	3.93	4.09	4.23	4.38
0.4	0.2	1.93	1.93	1.93	1.93	1.94	1.94	1.95	1.95	1.96	1.96	1.97
	0.4	1.97	1.98	2.00	2.03	2.05	2.08	2.11	2.13	2.16	2.19	2.22
	0.6	2.03	2.08	2.14	2.21	2.27	2.33	2.40	2.46	2.52	2.58	2.63
	0.8	2.13	2.25	2.37	2.48	2.59	2.70	2.80	2.90	2.99	3.08	3.17
	1.0	2.29	2.49	2.67	2.83	2.99	3.13	3.27	3.40	3.53	3.64	3.76
	1.2	2.52	2.79	3.02	3.23	3.43	3.61	3.78	2.94	4.10	4.24	4.39
0.6	0.2	1.95	1.95	1.95	1.95	1.96	1.96	1.97	1.97	1.98	1.98	1.99
	0.4	1.98	2.00	2.02	2.05	2.08	2.10	2.13	2.16	2.19	2.21	2.24
	0.6	2.04	2.10	2.17	2.23	2.30	2.36	2.42	2.48	2.54	2.60	2.66
	0.8	2.15	2.27	2.39	2.51	2.62	2.72	2.82	3.92	3.01	3.10	3.19
	1.0	2.32	2.52	2.70	2.86	3.01	3.16	3.29	3.42	3.55	3.66	3.78
	1.2	2.55	2.82	3.05	3.26	3.45	3.63	3.80	3.96	4.11	4.26	4.40
0.8	0.2	1.97	1.97	1.98	1.98	1.99	1.99	2.00	2.01	2.01	2.02	2.03
	0.4	2.00	2.03	2.06	2.08	2.11	2.14	2.17	2.20	2.22	2.25	2.28
	0.6	2.08	2.14	2.21	2.27	2.34	2.40	2.46	2.52	2.58	2.64	2.69
	0.8	2.19	2.32	2.44	2.55	2.66	2.76	2.86	2.96	3.05	3.13	3.22
	1.0	2.37	2.57	2.74	2.90	3.05	3.19	3.33	3.45	3.58	3.69	3.81
	1.2	2.61	2.87	3.09	3.30	3.49	3.66	3.83	3.99	4.14	4.29	4.42
1.0	0.2	2.01	2.02	2.03	2.03	2.04	2.05	2.05	2.06	2.07	2.07	2.08
	0.4	2.06	2.09	2.11	2.14	2.17	2.20	2.23	2.25	2.28	2.31	2.33
	0.6	2.14	2.21	2.27	2.34	2.40	2.46	2.52	2.58	2.63	2.69	2.74
	0.8	2.27	2.39	2.51	2.62	2.72	2.82	2.91	3.00	3.09	3.18	3.26
	1.0	2.46	2.64	2.81	2.96	3.10	3.24	3.37	3.50	3.61	3.73	3.84
	1.2	2.69	2.94	3.15	3.35	3.53	3.71	3.87	4.02	4.17	4.32	4.46
1.2	0.2	2.13	2.12	2.12	2.13	2.13	2.14	2.14	2.15	2.15	2.16	2.16
	0.4	2.18	2.19	2.21	2.24	2.26	2.29	2.31	2.34	2.36	2.38	2.41
	0.6	2.27	2.32	2.37	2.43	2.49	2.54	2.60	2.65	2.70	2.76	2.81
	0.8	2.41	2.50	2.60	2.70	2.80	2.89	2.98	3.07	3.15	3.23	3.32
	1.0	2.59	2.74	2.89	3.04	3.17	3.30	3.43	3.55	3.66	3.78	3.89
	1.2	2.81	3.03	3.23	3.42	3.59	3.76	3.92	4.07	4.22	4.36	4.49
1.4	0.2	2.35	2.31	2.29	2.28	2.27	2.27	2.27	2.27	2.27	2.28	2.28
	0.4	2.40	2.37	2.37	2.38	2.39	2.41	2.43	2.45	2.47	2.49	2.51
	0.6	2.48	2.49	2.52	2.56	2.61	2.65	2.70	2.75	2.80	2.85	2.89
	0.8	2.60	2.66	2.73	2.82	2.90	2.98	3.07	3.15	3.23	3.31	3.38
	1.0	2.77	2.88	3.01	3.14	3.26	3.38	3.50	3.62	3.23	3.84	3.94
	1.2	2.97	3.15	3.33	3.50	3.67	3.83	3.98	4.13	4.27	4.41	4.54

简图：

I_1, I_2, I_3; H_1, H_2, H_3

$$K_1=\frac{I_1}{I_3}\cdot\frac{H_3}{H_1};$$

$$K_2=\frac{I_2}{I_3}\cdot\frac{H_3}{H_2};$$

$$\eta_1=\frac{H_1}{H_3}\sqrt{\frac{N_1}{N_3}\cdot\frac{I_3}{I_1}};$$

$$\eta_2=\frac{H_2}{H_3}\sqrt{\frac{N_2}{N_3}\cdot\frac{I_3}{I_2}};$$

N_1——上段柱的轴心力；
N_2——中段柱的轴心力；
N_3——下段柱的轴心力。

续表

η_1	η_2	$K_1=0.30$										
		K_2										
		0.2	0.3	0.4	0.5	0.6	0.7	0.8	0.9	1.0	1.1	1.2
0.2	0.2	1.92	1.91	1.90	1.89	1.89	1.89	1.90	1.90	1.90	1.90	1.91
	0.4	1.95	1.95	1.96	1.97	1.99	2.01	2.04	2.06	2.08	2.11	2.13
	0.6	1.99	2.03	2.08	2.13	2.18	2.24	2.29	2.35	2.41	2.46	2.52
	0.8	2.07	2.16	2.27	2.37	2.47	2.57	2.66	2.75	2.84	2.93	3.01
	1.0	2.20	2.37	2.53	2.69	2.83	2.97	3.10	3.23	3.35	3.46	3.57
	1.2	2.39	2.63	2.85	3.05	3.24	3.42	3.58	3.74	3.89	4.03	4.17
0.4	0.2	1.92	1.91	1.91	1.90	1.90	1.91	1.91	1.91	1.92	1.92	1.92
	0.4	1.95	1.96	1.97	1.99	2.01	2.03	2.05	2.08	2.10	2.12	2.15
	0.6	2.00	2.04	2.09	2.14	2.20	2.26	2.31	2.37	2.42	2.48	2.53
	0.8	2.08	2.18	2.28	2.39	2.49	2.59	2.68	2.77	2.86	2.95	3.03
	1.0	2.22	2.39	2.55	2.71	2.85	2.99	3.12	3.24	3.36	3.48	3.59
	1.2	2.41	2.65	2.87	3.07	3.26	3.43	3.60	3.75	3.90	4.04	4.18
0.6	0.2	1.93	1.93	1.92	1.92	1.93	1.93	1.93	1.94	1.94	1.95	1.95
	0.4	1.96	1.97	1.99	2.01	2.03	2.06	2.08	2.11	2.13	2.16	2.18
	0.6	2.02	2.06	2.12	2.17	2.23	2.29	2.35	2.40	2.46	2.51	2.57
	0.8	2.11	2.21	2.32	2.42	2.52	2.62	2.71	2.80	2.89	2.98	3.06
	1.0	2.25	2.42	2.59	2.74	2.88	3.02	3.15	3.27	3.39	3.50	3.61
	1.2	2.44	2.69	2.91	3.11	3.29	3.46	3.62	3.78	3.93	4.07	4.20
0.8	0.2	1.96	1.95	1.96	1.96	1.97	1.97	1.98	1.98	1.99	1.99	2.00
	0.4	1.99	2.01	2.03	2.05	2.08	2.10	2.13	2.15	2.18	2.21	2.23
	0.6	2.05	2.10	2.16	2.22	2.28	2.34	2.40	2.45	2.51	2.56	2.61
	0.8	2.15	2.26	2.37	2.47	2.57	2.67	2.76	2.85	2.94	2.02	3.10
	1.0	2.30	2.48	2.64	2.79	2.93	3.07	3.19	3.31	3.43	3.54	3.65
	1.2	2.50	2.74	2.96	3.15	3.33	3.50	3.66	3.81	3.96	4.10	4.23
1.0	0.2	2.01	2.02	2.02	2.03	2.04	2.04	2.05	2.06	2.06	2.07	2.07
	0.4	2.05	2.08	2.10	2.13	2.16	2.18	2.21	2.23	2.26	2.28	2.31
	0.6	2.13	2.19	2.25	2.30	2.36	2.42	2.47	2.53	2.58	2.63	2.68
	0.8	2.24	2.35	2.45	2.55	2.65	2.74	2.83	2.92	3.00	3.08	3.16
	1.0	2.40	2.57	2.72	2.86	3.00	3.13	3.25	3.37	3.48	3.59	3.70
	1.2	2.60	2.83	3.03	3.22	3.39	3.56	3.71	3.86	4.01	4.14	4.28
1.2	0.2	2.17	2.16	2.16	2.16	2.16	2.16	2.17	2.17	2.18	2.18	2.19
	0.4	2.22	2.22	2.24	2.26	2.28	2.30	2.32	2.34	2.36	2.39	2.41
	0.6	2.29	2.33	2.38	2.43	2.48	2.53	2.58	2.62	2.67	2.72	2.77
	0.8	2.41	2.49	2.58	2.67	2.75	2.84	2.92	3.00	3.08	3.16	3.23
	1.0	2.56	2.69	2.83	2.96	3.09	3.21	3.33	3.44	3.55	3.66	3.76
	1.2	2.74	2.94	3.13	3.30	3.47	3.63	3.78	3.92	4.06	4.20	4.33
1.4	0.2	2.45	2.40	2.37	2.35	2.35	2.34	2.34	2.34	2.34	2.34	2.34
	0.4	2.48	2.45	2.44	2.44	2.45	2.46	2.48	2.49	2.51	2.53	2.55
	0.6	2.55	2.54	2.56	2.60	2.63	2.67	2.71	2.75	2.80	2.84	2.88
	0.8	2.64	2.68	2.74	2.81	2.89	2.96	3.04	3.11	3.18	3.25	3.33
	1.0	2.77	2.87	2.98	3.09	3.20	3.32	3.43	3.53	3.64	3.74	3.84
	1.2	2.94	3.09	3.26	3.41	3.57	3.72	3.86	4.00	4.13	4.26	4.39

简图：

I_1　H_1　I_2　H_2　I_3　H_3

$$K_1=\frac{I_1}{I_3}\cdot\frac{H_3}{H_1};$$

$$K_2=\frac{I_2}{I_3}\cdot\frac{H_3}{H_2};$$

$$\eta_1=\frac{H_1}{H_3}\sqrt{\frac{N_1}{N_3}\cdot\frac{I_3}{I_1}};$$

$$\eta_2=\frac{H_2}{H_3}\sqrt{\frac{N_2}{N_3}\cdot\frac{I_3}{I_2}};$$

N_1——上段柱的轴心力；

N_2——中段柱的轴心力；

N_3——下段柱的轴心力。

注：表中的计算长度系数 μ 值系按下式算得：$\frac{\eta_1 K_1}{\eta_2 K_2}\cdot\cot\frac{\pi\eta_1}{\mu}\cdot\cot\frac{\pi\eta_2}{\mu}+\frac{\eta_1 K_1}{(\eta_2 K_2)^2}\cdot\cot\frac{\pi\eta_1}{\mu}\cdot\cot\frac{\pi}{\mu}+\frac{1}{\eta_2 K_2}\cdot\cot\frac{\pi\eta_2}{\mu}\cdot\cot\frac{\pi}{\mu}-1=0$。

7.2　钢—混凝土组合楼盖结构

组合楼盖包括组合梁结构与组合楼板结构（以下简称组合板)。组合梁系指钢梁与钢筋混凝土板或组合板，通过抗剪连接件的组合；组合板系指压型钢板与混凝土通过各种不同剪力连接形式的组合。

7.2.1　材料

（1）压型钢板

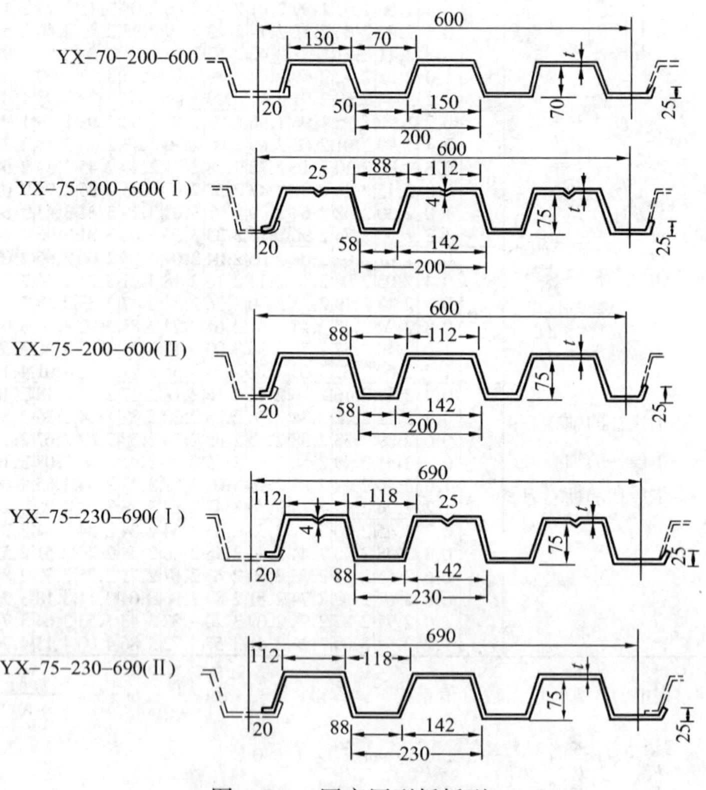

图 7.2-1　国产压型板板型

压型钢板可采用Q215和Q235薄钢板，其化学成分和物理性能必须符合国家标准《碳素结构钢》（GB/T 700）的规定。

压型钢板应采用镀锌卷板；镀锌层两面总计不小于275g/m^2，基板厚度为0.5～2.0mm。

国产压型钢板板型（见图7.2-1），其规格及各种参数（见表7.2-1）。

（2）钢梁

组合梁的钢材宜采用Q235、Q345和Q390钢。钢梁钢材的强度设计值，根据钢材厚度分组，查表7.1-1。

国产压型钢板规格与参数　　　　**表7.2-1**

板型	板厚(mm)	重量(kg/m)		断面性能1m宽			
		未镀锌	镀锌Z27	全截面		有效宽度	
				惯性距 I(cm^4/m)	截面系数 W(cm^3/m)	惯性距 I(cm^4/m)	截面系数 W(cm^3/m)
YX-75-230-690(Ⅰ)	0.8	9.96	10.6	117	29.3	82	18.8
	1.0	12.4	13.0	145	36.3	110	26.2
	1.2	14.9	15.5	173	43.2	140	34.5
	1.6	19.7	20.3	226	56.4	204	54.1
	2.3	28.1	28.7	316	79.1	316	79.1
YX-75-230-690(Ⅱ)	0.8	9.96	10.6	117	29.3	82	18.8
	1.0	12.4	13.0	146	36.5	110	26.2
	1.2	14.8	15.4	174	43.4	140	34.5
	1.6	19.7	20.3	228	57.0	204	54.1
	2.3	28.0	28.6	318	79.5	318	79.5
YX-75-200-690(Ⅰ)	1.2	15.7	16.3	168	38.4	137	35.9
	1.6	20.8	21.3	220	50.2	200	48.9
	2.3	29.5	30.2	306	70.1	306	70.1
YX-75-200-600(Ⅱ)	1.2	15.6	16.3	169	38.7	137	35.9
	1.6	20.7	21.3	220	50.7	200	48.9
	2.3	29.5	30.2	309	70.6	309	70.6
YX-70-200-600	0.8	10.5	11.1	110	26.6	76.8	20.5
	1.0	13.1	13.6	137	33.3	96	25.7
	1.2	15.7	16.2	164	40.0	115	30.6
	1.6	20.9	21.5	219	53.3	153	40.8

(3) 抗剪连接件

组合楼盖的抗剪连接件有栓钉、槽钢及弯筋等。栓钉应采用优质 DL 钢，其化学成分及机械性能（见表 7.2-2a），其外形尺寸见表 7.2-2b 和图 7.2-2。

栓钉的化学成分及机械性能　　表 7.2-2a

机械性能			化学成分（%）			
屈服点（N/mm^2）	极限抗拉强度（N/mm^2）	伸长率（%）	C	Mn	P	S
240 以上	410 ~ 520	20 以上	0.20 以下	0.30 ~ 0.90	0.01 以下	0.04 以下

栓钉外形尺寸

栓钉标准外形尺寸如图 7.2-2 所示，并见表 7.2-2b 的说明。

栓钉规格表　　表 7.2-2b

公称直径（mm）	13	16	19	22
栓钉杆直径（mm）	13	16	19	22
大头直径（mm）	22	29	32	35
大头厚度（mm）	12	12	12	12
熔化长度（mm）	4	5	5	6
熔后长度（mm）	70 ~ 170	70 ~ 200	80 ~ 200	90 ~ 200

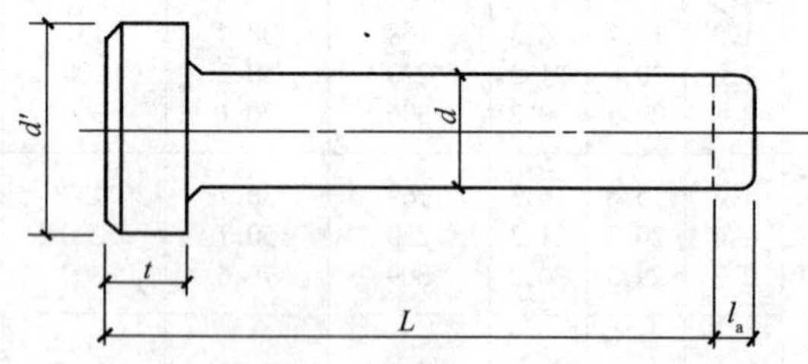

图 7.2-2　栓钉外形尺寸

d'—大头直径；t—大头厚度；d—栓钉杆直径；

L—焊后长度；l_a—焊熔长度

每个焊钉均应配用耐热、稳弧的陶瓷环。陶瓷环的形式尺寸与公差（见表 7.2-3）。

陶瓷环的规格、尺寸与公差 **表 7.2-3**

焊钉直径 d（mm）	配用瓷环的尺寸与公差					规格
	d_F	公差	d_{F1}	d_{F2}	h	
8	8.3		12.0	14.5	10	F_1 型瓷环：用于普通栓焊 F_1 型
10	10.3	+0.2 −0.00	17.5	20.0	11	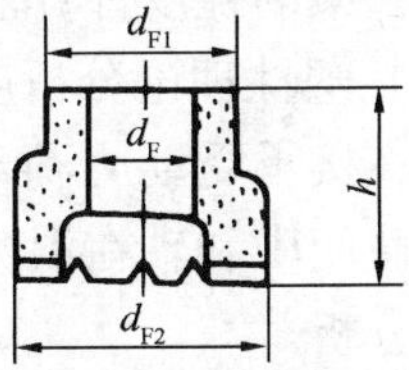
13	13.3		18.0	23	12	
16	16.3		24.5	27	14	
19	19.5		27.0	31.5	18	
22	22.5		32.0	36.5	18.5	
						F_2 型瓷环：用于穿透栓焊 F_2 型
13	13.3	+0.2	23.5	27	16	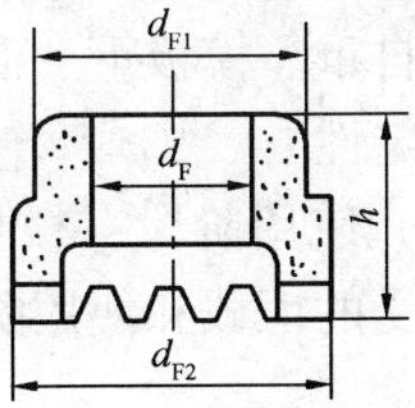
16	16.3	−0.00	26	30	18	
19	19.5		31	36	18	

7.2.2 基本设计原则

（1）组合板

组合板的设计应考虑以下两个阶段的不同要求：

1）施工阶段：此时压型钢板作为浇筑混凝土的底模，应对其强度与变形进行验算；

2）使用阶段：此时组合板在全部荷载作用下，应对其截面的强度与变形进行计算。若压型钢板仅作为模板，则此时不应考虑其承载作用。而对其上浇筑的混凝土板可按常规的钢筋混凝土楼板设计方法进行设计，此时的楼板厚度仅考虑压型钢板上翼所浇筑的混凝土厚度。

(2) 组合梁

1) 组合梁截面的理论分析

(A) 弹性理论分析应用范围：

承受动力荷载且须进行疲劳计算的组合梁；

钢梁宽厚比较大（超过表 7.2-4 中限值），且组合截面中和轴在钢梁腹板内通过的组合梁；

组合梁的挠度计算。

(B) 塑性理论分析应用范围：

不直接承受动力荷载，钢梁板件宽厚比符合表 7.2-4 要求，且组合截面中和轴在混凝土板内或板托内通过时，组合梁可按塑性理论分析。

2) 分阶段设计

(A) 施工阶段：楼板混凝土未达到强度设计值以前，钢梁按承受自重、模板重、混凝土板重量及施工活荷载计算应力、挠度及稳定性。

(B) 使用阶段：楼板混凝土达到强度设计值以后，组合梁按所承受的恒载和使用阶段的可变荷载进行截面计算。

板件宽厚比　　　　**表 7.2-4**

截面形式	翼　缘	腹　　板
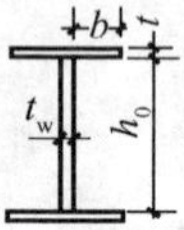 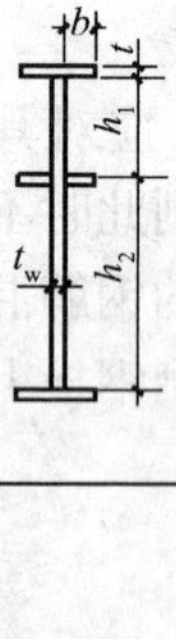	$\frac{b}{t} \leqslant 9\sqrt{\frac{235}{f_y}}$	当$\frac{N}{Af} < 0.37$时 $\frac{h_0}{t_w}\left(\frac{h_1}{t_w}、\frac{h_2}{t_w}\right) \leqslant \left(72 - 100\frac{N}{Af}\right)\sqrt{\frac{235}{f_y}}$ 当$\frac{N}{Af} \geqslant 0.37$时 $\frac{h_0}{t_w}\left(\frac{h_1}{t_w} \cdot \frac{h_2}{t_w}\right) \leqslant 35\sqrt{\frac{235}{f_y}}$

续表

截面形式	翼 缘	腹 板
[截面图：b、b_0、b、t、t_w、h_0]	$\frac{b_0}{t} \leqslant 30\sqrt{\frac{235}{f_y}}$	与前项工字形截面的腹板相同

注：N——构件轴心压力；

A——钢梁毛截面面积；

f——塑性设计时采用的钢材抗拉、抗压和抗弯强度设计值，按一般钢材规定的设计值乘以折减系数 0.9；

h_0——腹板有效高度，当腹板有纵向加劲肋时，将 h_0 分成 h_1、h_2。h_1、h_2 分别与腹板厚度 t_w 之比，不得大于表中腹板栏内的公式算出的数值。

7.2.3 组合板的计算

(1) 组合板上作用有局部荷载时，组合板的有效工作宽度不应超过按下列公式计算的 b_{em}值。

1) 抗弯计算时：

简支板 $$b_{em} = b_m + 2L_p[1 - L_H/L] \tag{7-89}$$

连续板 $$b_{em} = b_m + \{4L_p[1 - L_p/L]\}/3 \tag{7-90}$$

2) 抗剪计算时：

$$b_{em} = b_m + L_p[1 - L_P/L] \tag{7-91}$$

式中 L——组合板跨度；

L_p——荷载作用点至组合板支座的较近距离。当跨度内有多个集中荷载时，L_p 应取产生较小 b_{em}值的相应荷载作用点至较近支承点的距离；

b_m——集中荷载在组合板中的分布宽度（图 7.2-3），

$$b_m = b_p + 2(h_c + h_f) \tag{7-92}$$

式中 b_p——荷载宽度；

h_c——压型钢板肋顶上混凝土厚度；

h_f——地板饰面厚度（若无饰面 $h_f = 0$）。

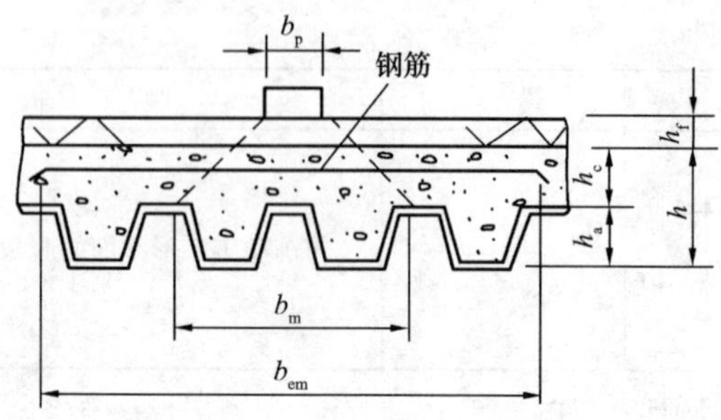

图 7.2-3　集中荷载分布的有效宽度

（2）施工阶段，对作为浇筑混凝土模板的压型钢板，当计算其抗弯承载力时，可采用弹性分析方法。其强边（顺肋）方向的正、负弯矩和挠度按单向板计算，不考虑弱边（垂直肋）方向的正、负弯矩。

(3) 使用阶段计算时，当压型钢板上浇筑的混凝土厚度 $h_c = 5 \sim 10$cm时，可按以下规定进行实用设计：

1）组合板强边方向的正弯矩和挠度，均按全部荷载作用的强边方向单向板计算；此时，不论其实际支承情况如何，均按简支板考虑；

2）强边方向的负弯矩，按嵌固端考虑；

3）弱边方向的正、负弯矩均不考虑。

对组合板的方向异性，根据弹性理论分析，按以下规定考虑：

当 $0.5 < \lambda_e < 2.0$ 时，按双向板计算；

当 $\lambda_e \leqslant 0.5$ 或 $\lambda_e \geqslant 2.0$ 时，按单向板计算；

$$\lambda_e = \mu L_x / L_y \tag{7-93}$$

$$\mu = \sqrt[4]{I_x / L_y} \tag{7-94}$$

式中　μ——板的各向异性系数；

L_x——组合板强边（顺肋）方向的跨度；

L_y——组合板弱边（垂直肋）方向的跨度；

I_x、I_y——分别为组合板强、弱边方向的截面惯性矩（计算 I_y 时，只考虑压型钢板肋顶上混凝土厚度 h_c）。

(4) 双向组合板周边的支承条件，可按以下情况确定：

1）当跨度大致相等，且相邻跨是连续的，楼板周边可视为固定边；

2）当组合板上浇的混凝土板不连续或相邻跨度相差较大，应将楼板周边视为简支边。

(5) 对于各向异性双向板弯矩，可将板形状按有效边长比 λ_e 加以修正后视作各向同性板弯矩：

1）强边方向弯矩，取等于弱边方向跨度乘以系数 μ 后所得各向同性板在短边方向的弯矩［图 7.2-4（a）］；

2）弱边方向弯矩，取等于强边方向跨度乘以系数 $1/\mu$ 后所得各向同性板的长边方向的弯矩［图 7.2-4（b）］。

(6) 设计四边支承双向板时，强边方向按组合板设计，弱边方向只按上浇的混凝土板（$h = h_c$）设计。

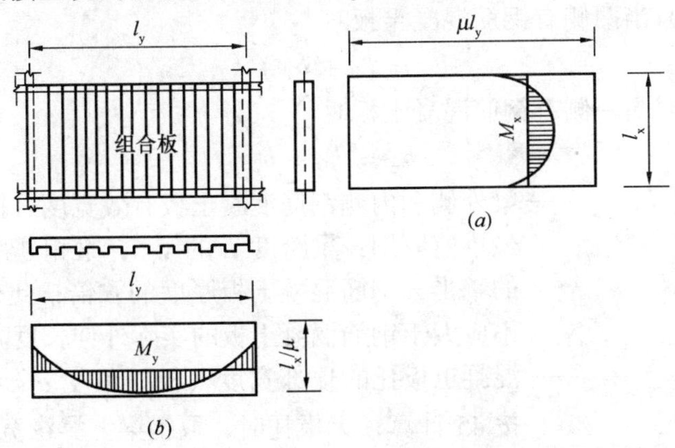

图 7.2-4　各向异性板的计算简图

（a）强边方向；（b）弱边方向

(7) 当压型钢板跨中变形 ω 大于 20mm 时，确定混凝土自重应考虑“坑凹”效应，在全跨增加混凝土厚度 0.7ω，或增设支撑。

压型钢板及组合板的计算可参考《钢与混凝土组合结构计算构造手册》(严正庭等编，中国建筑工业出版社出版)。

7.2.4　组合梁截面的弹性计算

（1）钢筋混凝土板的计算宽度（图7.2-5）

钢筋混凝土板的计算宽度可按式（7.2-7）或式（7.2-8）计算：

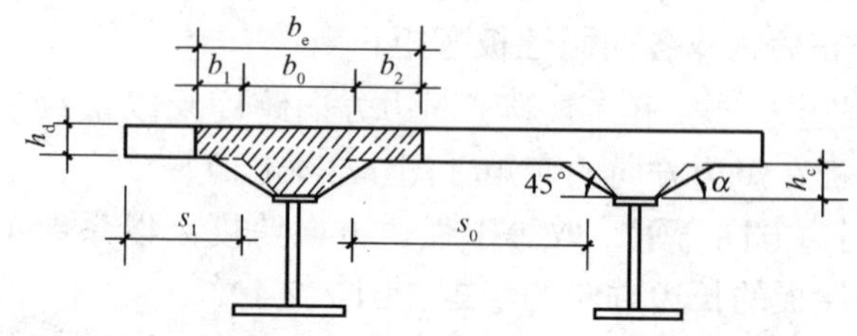

图7.2-5　钢筋混凝土板的计算宽度

1）当两侧有钢筋混凝土板时

$$b_e = b_0 + b_1 + b_2 \tag{7-95}$$

2）当一侧有钢筋混凝土板时

$$b_e = b_0 + b_2 \tag{7-96}$$

式中　b_1、b_2——梁外侧和内侧钢筋混凝土板有效宽度（按下述最小值取用：梁跨度 L 的1/6，梁相邻净距 s_0 的一半，钢筋混凝土板厚度的6倍；此外，b_1 不应大于钢筋混凝土板的实际外伸长度)；

b_0——混凝土板托的顶部宽度（板托角度 $\alpha < 45°$时，按45°计算；无板托时，取钢梁上翼缘宽)。

（2）钢与混凝土弹性模量比

为便于计算，将钢材弹性模量、混凝土强度等级C20～C60的弹性模量以及钢与混凝土弹性模量比值见表7.2-5。

（3）荷载短期效应设计时的截面特征

计算组合梁截面特征前，首先要计算钢梁截面的特征。根据组合梁的受力特点，组合梁的钢梁（图 7.2-6）一般采用上窄、下宽的工字形截面，其截面特征值，可按下列公式进行计算：

钢与混凝土弹性模量比 **表 7.2-5**

混凝土强度等级	C20	C25	C30	C35	C40	C45	C50	C55	C60
E	20.6								
E_c	2.55	2.80	3.00	3.15	3.25	3.35	3.45	3.55	3.60
α_E	8.08	7.36	6.87	6.54	6.34	6.15	5.97	5.80	5.72

注：表中 E——钢材弹性模量（10kN/mm²）；
E_c——混凝土弹性模量（10kN/mm²）；
α_E——钢与混凝土弹性模量比。

钢梁截面面积为

$$A = bt + hs + BT \tag{7-97}$$

钢梁中和轴至钢梁顶面的距离为

$$y_t = [0.5bt^2 + hs(0.5h + t) + BT(t + h + 0.5T)]/A \tag{7-98}$$

钢梁的截面惯性矩为

$$I = \frac{1}{12}(bt^3 + sh^3 + BT^3) + bt(y_t - 0.5t)^2 + sh(0.5h + t - y_t)^2 + BT(0.5T + h + t - y_t)^2 \tag{7-99}$$

钢梁上翼缘的弹性抵抗矩为

$$W_1 = \frac{I}{y_t} \tag{7-100}$$

钢梁下翼缘的弹性抵抗矩为

$$W_2 = \frac{I}{t + h + T - y_t} \tag{7-101}$$

式中 b——钢梁上翼缘宽度；
t——钢梁上翼缘厚度；
h——钢梁腹板高度；
s——钢梁腹板厚度；

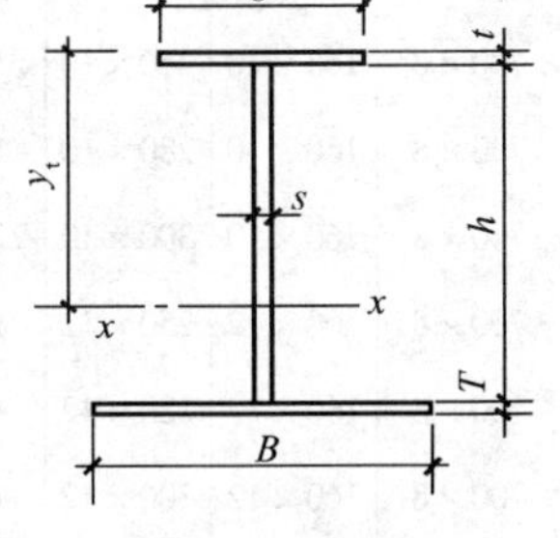

图 7.2-6 组合梁的钢梁截面

B——钢梁下翼缘宽度；

T——钢梁下翼缘厚度。

按上列公式计算钢梁截面特征值比较麻烦费时，为了便于计算，将 $h = 600 \sim 1200$mm 高度的钢梁截面特征值编成表格（见表7.2-6），以便查阅。

钢梁截面特征表　　表 7.2-6

$h \times s$ (mm)	$b \times t$ (mm)	$B \times T$ (mm)	A ($\times 10^3 mm^2$)	g (N/m)	$x-x$			
					y_t (mm)	I ($\times 10^6 mm^4$)	W_1 ($\times 10^3 mm^3$)	W_2 ($\times 10^3 mm^3$)
600×8	160×10	200×10	8.40	659.4	324.5	477.15	1470	1615
600×8	160×10	220×10	8.60	675.1	331.3	493.63	1490	1710
600×8	160×10	250×10	8.90	698.7	340.8	516.97	1517	1852
600×8	160×10	280×10	9.20	722.2	349.8	538.79	1540	1994
600×8	160×10	300×10	9.40	737.9	355.4	552.56	1555	2088
600×8	160×12	250×12	9.72	763.0	346.0	593.51	1715	2135
600×8	160×12	280×12	10.08	791.3	355.7	619.20	1741	2308
600×8	160×12	300×12	10.32	810.1	361.8	635.33	1756	2423
600×8	160×12	320×12	10.56	829.0	367.6	650.72	1770	2538
600×8	160×12	350×12	10.92	857.2	375.9	672.55	1789	271.1
700×8	160×12	200×10	9.20	722.2	375.4	680.19	1812	1974
700×8	160×10	220×10	9.40	737.9	382.7	702.77	1837	2083
700×8	160×10	250×10	9.70	761.5	392.9	734.88	1870	2247
700×8	160×10	280×10	10.00	785.0	402.6	765.07	1900	2410
700×8	160×10	300×10	10.20	800.7	408.7	784.20	1919	2519
700×8	160×12	250×12	10.52	825.8	398.5	838.22	2103	2576
700×8	160×12	280×12	10.88	854.1	409.1	873.74	2136	2775
700×8	160×12	300×12	11.12	872.9	415.8	896.15	2155	2908
700×8	160×12	320×12	11.36	891.8	422.2	917.61	2174	3040

续表

h × s (mm)	h × t (mm)	B × T (mm)	A (×10³mm²)	g (N/m)	x − x			
					y_t (mm)	I (×10⁶mm⁴)	W_1 (×10³mm³)	W_2 (×10³mm³)
700×8	160×12	350×12	11.72	920.0	431.3	948.15	2199	3239
800×8	160×10	200×10	10.00	785.0	426.2	929.23	2180	2360
800×8	160×10	220×10	10.20	800.7	433.8	958.87	2210	2483
800×8	160×10	250×10	10.50	824.3	444.7	1001.22	2251	2668
800×8	160×10	280×10	10.80	847.8	455.0	1041.21	2288	2853
800×8	160×10	300×10	11.00	863.5	461.5	1066.66	2311	2976
800×8	1.60×12	250×12	11.32	888.6	450.7	1135.40	2519	3042
800×8	160×12	280×12	11.68	916.9	462.1	1182.47	2559	3267
800×8	160×12	300×12	11.92	935.7	469.2	1212.26	2548	3417
800×8	160×12	320×12	12.16	954.6	476.1	1240.89	2606	3567
800×8	160×12	350×12	12.52	982.8	485.9	1281.76	2638	3791
900×8	160×10	250×10	11.30	887.1	496.2	1320.00	2660	3115
900×8	160×10	280×10	11.60	910.6	507.1	1371.25	2704	3321
900×8	160×10	300×10	11.80	926.3	514.0	1403.97	2732	3458
900×8	160×10	250×12	11.80	926.3	514.2	1406.39	2735	3449
900×8	160×10	280×12	12.16	954.6	526.1	1462.78	2780	3695
900×8	160×10	300×12	12.40	973.4	533.7	1498.55	2808	3859
900×8	160×10	320×12	12.64	992.2	540.9	1532.97	2834	4023
900×8	160×10	350×12	13.00	1020.5	551.3	1582.22	2870	4268
1000×8	160×10	250×10	12.10	949.9	547.6	1695.23	3096	3588
1000×8	160×10	280×10	12.40	973.4	558.9	1759.20	3148	3815
1000×8	160×10	300×10	12.60	989.1	566.1	1800.15	3180	3966
1000×8	160×12	250×12	12.92	1014.2	554.3	1903.31	3434	4052
1000×8	160×12	280×12	13.28	1042.5	566.9	1978.62	3490	4328
1000×8	160×12	300×12	13.52	1061.3	574.9	2026.60	3525	4512
1000×8	160×12	320×12	13.76	1080.2	582.6	2072.91	3558	4696
1000×8	160×12	350×12	14.12	1108.4	593.7	2139.42	3604	4972
1100×10	160×10	300×10	15.60	1224.6	609.8	2487.42	4079	4875

续表

$h\times s$ (mm)	$h\times t$ (mm)	$B\times T$ (mm)	A ($\times10^3$mm^2)	g (N/m)	$x-x$			
					y_t (mm)	I ($\times10^6$mm^4)	W_1 ($\times10^3$mm^3)	W_2 ($\times10^3$mm^3)
1100×10	160×12	250×12	15.92	1249.7	599.7	2607.53	4348	4974
1100×10	160×12	280×12	16.28	1278.0	611.2	2702.09	4421	5269
1100×10	160×12	300×12	16.52	1296.8	618.5	2762.85	4467	5466
1100×10	160×12	320×12	16.76	1315.7	625.7	2821.86	4510	5663
1100×10	160×12	350×12	17.12	1343.9	636.0	2907.29	4571	5958
1100×10	160×14	300×14	17.44	1369.0	626.6	3038.94	4850	6061
1100×10	160×14	320×14	17.72	1391.0	634.4	3106.30	4896	6293
1100×10	160×14	350×14	18.14	1424.0	645.7	3203.45	4961	6642
1100×10	160×14	380×14	18.56	1457.0	656.4	3296.20	5021	6990
1100×10	160×14	400×14	18.84	1478.9	663.3	3355.73	5059	7222
1100×10	200×16	350×16	19.80	1554.3	633.6	3758.78	5932	7542
1100×10	200×16	380×16	20.28	1592.0	645.2	3871.48	6000	7954
1100×10	200×16	400×16	20.60	1617.1	652.7	3943.69	6042	8228
1100×10	200×16	420×16	20.92	1642.2	659.9	4013.70	6082	8502
1100×10	200×16	450×16	21.40	1679.9	670.3	4114.78	6139	8912
1100×10	200×18	400×18	21.80	1711.3	660.3	4298.48	6510	9036
1100×10	200×18	420×18	22.16	1739.6	667.9	4375.63	6551	9348
1100×10	200×18	450×18	22.70	1782.0	678.8	4486.76	6610	9814
1200×10	160×12	300×12	17.52	1375.3	670.1	3408.05	5086	6153
1200×10	160×12	320×12	17.76	1394.2	677.5	3479.12	5135	6366
1200×10	160×12	350×12	18.12	1422.4	688.3	3582.20	5205	6686
1200×10	160×14	300×14	18.44	1447.5	678.5	3736.16	5506	6799
1200×10	160×14	320×14	18.72	1469.5	686.6	3817.33	5559	7051
1200×10	160×14	350×14	19.14	1502.5	698.4	3934.64	5634	7429
1200×10	160×14	380×14	19.56	1535.5	709.6	4046.90	5703	7806
1200×10	160×14	400×14	19.84	1557.4	716.8	4119.11	5747	8058
1200×10	200×16	350×16	20.80	1632.8	686.2	4590.86	6691	8411
1200×10	200×16	380×16	21.28	1670.5	698.3	4726.59	6769	8856

续表

$h\times s$ (mm)	$h\times t$ (mm)	$B\times T$ (mm)	A ($\times10^3mm^2$)	g (N/m)	$x-x$			
					y_t (mm)	I ($\times10^6mm^4$)	W_1 ($\times10^3mm^3$)	W_2 ($\times10^3mm^3$)
1200×10	200×16	400×16	21.60	1695.6	706.1	4813.73	6818	9153
1200×10	200×16	420×16	21.92	1720.7	713.6	4898.32	6864	9450
1200×10	200×16	450×16	22.40	1758.4	724.6	5020.68	6929	9894
1200×10	220×18	400×18	23.16	1818.1	703.2	5411.23	7695	10156
1200×10	220×18	420×18	23.52	1846.3	711.2	5508.50	7745	10497
1200×10	220×18	450×18	24.06	1888.7	722.8	5648.95	7815	11007
1200×10	220×18	480×18	24.60	1931.1	733.9	5783.23	7881	11517
1200×10	220×18	500×18	24.96	1959.4	741.0	5869.53	7921	11857
1200×10	220×20	450×20	25.40	1993.9	730.5	6116.60	8373	12004
1200×10	220×20	480×20	26.00	2041.0	742.0	6262.88	8441	12576
1200×10	220×20	500×20	26.40	2072.4	749.4	6356.71	8482	12957

当计算组合截面中钢梁的应力时，将混凝土板的计算宽度除以钢与混凝土的弹性模量比值 α_E 换算成钢截面。当计算混凝土板的应力时，应将钢梁截面乘以 α_E 换算成混凝土截面，计算组合梁的截面特征。

计算组合梁截面特征时，应按中和轴在混凝土板内及在混凝土板下两种情况分别计算：

1）当中和轴在板下时（图 7.2-7）

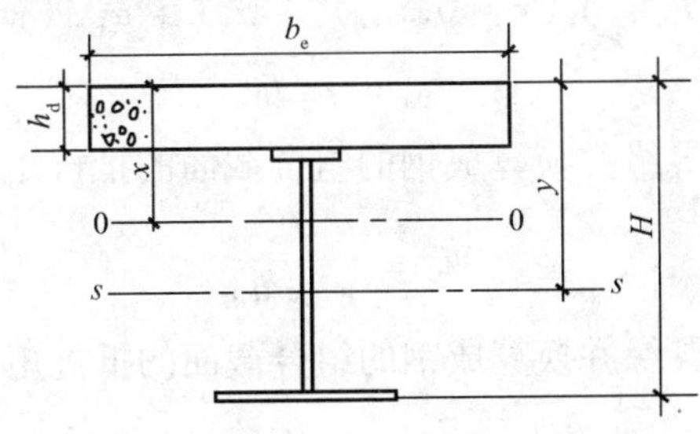

图 7.2-7 组合梁截面中和轴在板下

换算成钢的组合截面面积为

$$A_0 = \frac{b_e h_d}{\alpha_E} + A = \frac{A_c}{\alpha_E} + A \tag{7-102}$$

换算成混凝土的组合截面积为

$$A_{0c} = b_e h_d + \alpha_E A = A_c + \alpha_E A \tag{7-103}$$

换算成钢截面时，组合截面中和轴至混凝土板顶面的距离为

$$x = \frac{\frac{b_e h_d^2}{2\alpha_E} + A \cdot y}{A_0} \tag{7-104}$$

换算成混凝土截面时，组合截面中和轴至混凝土板顶面的距离为：

$$x_{0c} = \frac{\frac{b_e h_d^2}{2} + \alpha_E A \cdot y}{A_{0c}} \tag{7-105}$$

混凝土板的截面惯性矩为

$$I_c = \frac{b_e}{12} h_d^3 \tag{7-106}$$

换算成钢截面时，组合截面惯性矩为

$$I_c = \frac{I_c}{\alpha_E} + \frac{A_c}{\alpha_E}(x - 0.5h_d)^2 + I + A(y - x)^2 \tag{7-107}$$

换算成混凝土截面时，组合截面惯性矩为

$$I_{0c} = I_c + A_c(x - 0.5h_d)^2 + \alpha_E I + \alpha_E A(y - x)^2 \tag{7-108}$$

$$I_{0c} = \alpha_E I_0 \tag{7-109}$$

对钢梁上翼缘并换算成钢的组合截面的抵抗矩为

$$W_0^t = \frac{I_0}{x - h_d} \tag{7-110}$$

对钢梁下翼缘并换算成钢的组合截面的抵抗矩为

$$W_0^b = \frac{I_0}{H - x} \tag{7-111}$$

对混凝土板顶面并换算成混凝土的组合截面抵抗矩为

$$W_{0c}^{t} = \frac{I_{0c}}{x} = \frac{\alpha_E I_0}{x} \tag{7-112}$$

式中　h_d——混凝土板的厚度；

A_c——混凝土板的截面面积；

A——钢梁的截面面积；

y——钢梁截面中和轴至混凝土板顶面的距离；

α_E——钢与混凝土弹性模量比；

H——组合截面的高度。

2）当中和轴在板内时（图 7.2-8）

换算成钢的组合截面面积为

$$A_0 = \frac{b_e \cdot x}{\alpha_E} + A = \frac{A_c}{\alpha_E} + A \tag{7-113}$$

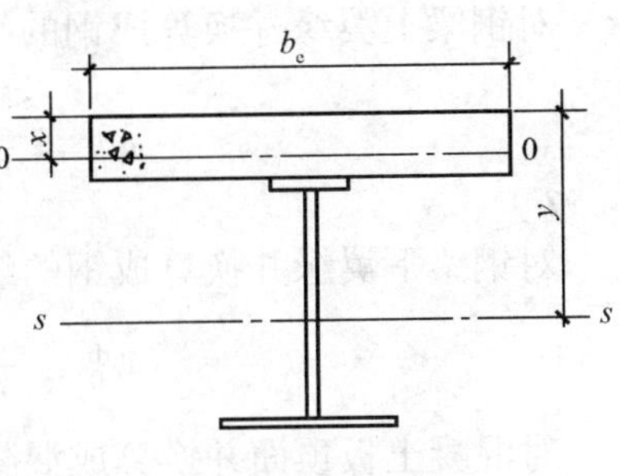

图 7.2-8　组合梁截面中和轴在板内

换算成混凝土的组合截面面积为

$$A_{oc} = b_e \cdot x + \alpha_E \cdot A = A_c + \alpha_E \cdot A \tag{7-114}$$

换算成钢截面时，组合截面中和轴至混凝土板顶面的距离为

$$x = \frac{\dfrac{b_e \cdot x^2}{2\alpha_E} + A \cdot y}{A_0} \tag{7-115}$$

换算成混凝土截面时，组合截面中和轴至混凝土板顶面的距离为

$$x_{0c} = \frac{\dfrac{b_e \cdot x^2}{2} + \alpha_E \cdot A \cdot y}{A_{oc}} \tag{7-116}$$

混凝土板的截面惯性矩为

$$I_c = \frac{b_e}{12} \cdot x^3 \tag{7-117}$$

换算成钢的组合截面惯性矩为

$$I_0 = \frac{I_c}{\alpha_E} + \frac{b_e x^3}{4\alpha_E} + I + A(y - x)^2 \tag{7-118}$$

换算成混凝土的组合截面惯性矩为

$$I_{0c} = I_c + \frac{b_e x^3}{4} + \alpha_E I + \alpha_E A(y - x)^2 \tag{7-119}$$

$$I_{0c} = \alpha_e I_0$$

对钢梁上翼缘并换算成钢的组合截面的抵抗矩为

$$W_0^t = \frac{I_0}{h_d - x} \tag{7-120}$$

对钢梁下翼缘并换算成钢的组合截面的抵抗矩为

$$W_0^b = \frac{I_0}{H - x} \tag{7-121}$$

对混凝土板顶面并换算成混凝土的组合截面的抵抗矩为

$$W_{0c} = \frac{I_{0c}}{x} = \frac{\alpha_E I_0}{x} \tag{7-122}$$

当楼板采用压型钢板与混凝土组合板或非组合板，如压型钢板的肋与钢梁平行时，在计算板的有效截面，可考虑压型钢板顶面以下的混凝土。如二者相互垂直时，则压型钢板顶面以下的混凝土可不予考虑。

（4）考虑永久荷载长期影响设计时的截面特征

由于混凝土徐变的影响，组合梁在永久荷载作用下，混凝土板的应力有所降低，钢梁的应力有所提高。考虑永久荷载的长期影响，最简便的方法是将混凝土板计算宽度除以 $2\alpha_E$ 换算成钢截面。在这种情况下，组合截面中和轴多数在混凝土板下面，此时换算成钢的组合截面面积为

$$A_0^c = \frac{A_c}{2\alpha_E} + A \tag{7-123}$$

换算成钢的组合截面中和轴至混凝土板顶面的距离为

$$x^{c} = \frac{1}{A_0^{c}}\left(\frac{b_e h_d^2}{4\alpha_E} + Ay\right) \tag{7-124}$$

换算成钢的组合截面的惯性矩为

$$I_0^{c} = \frac{I_c}{2\alpha_E} + \frac{b_e h_d}{2\alpha_E}(x^{c} - 0.5h_d)^2 + I + A(y - x^{c})^2 \tag{7-125}$$

式中 y——钢梁截面中和轴至混凝土板顶面的距离。

换算成混凝土的组合截面的惯性矩为

$$\begin{aligned} I_{0c}^{c} &= I_c + b_e h_d(x^{c} - 0.5h_d)^2 + 2\alpha_E I + 2\alpha_E A(y_c - x)^2 \\ &= 2\alpha_E I_0^{c} \end{aligned} \tag{7-126}$$

对钢梁上翼缘并换算成钢的组合截面的抵抗矩为

$$W_0^{tc} = \frac{I_0^{c}}{x^{c} - h_d} \tag{7-127}$$

对钢梁下翼缘并换算成钢的组合截面的抵抗矩为

$$W_0^{bc} = \frac{I_0^{c}}{H - x^{c}} \tag{7-128}$$

7.2.5 组合梁截面的塑性计算

(1) 组合梁的弯曲承载能力

1) 塑性中和轴在混凝土板内时，即 $Af \leqslant b_e h_d f_c$(图 7.2-9)。

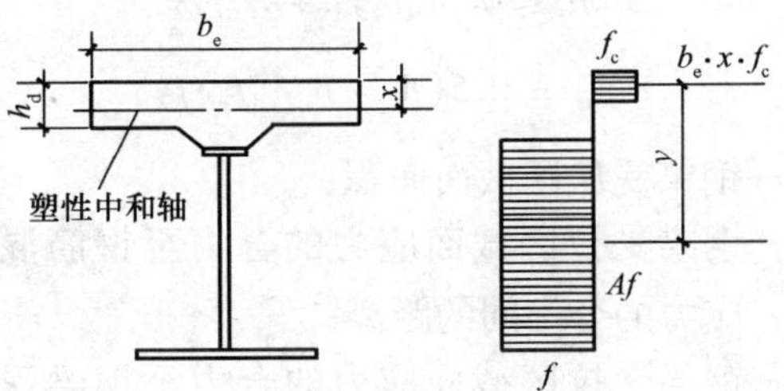

图 7.2-9 塑性中和轴在钢筋混凝土板内的组合梁截面及应力图形

$$M = b_e x f_c y \tag{7-129}$$

$$x = \frac{Af}{b_e f_c} \tag{7-130}$$

式中　M——全部荷载产生的弯矩设计值；

A——钢梁的截面面积；

x——组合梁截面塑性中和轴至混凝土板顶面的距离；

y——钢梁截面应力的合力至混凝土受压区截面应力的合力间的距离；

f——钢材的抗拉及抗压强度设计值；

f_c——混凝土抗压强度设计值。

2）塑性中和轴在钢梁截面内，即 $Af > b_e h_d f_c$（图 7.2-10）。

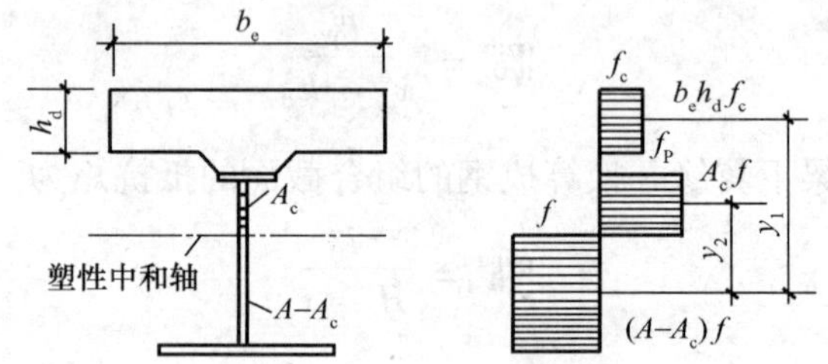

图 7.2-10　塑性中和轴在钢梁内的组合梁截面及应力图形

$$M \leqslant b_e h_d f_c y_1 + A_c f y_2 \tag{7-131}$$

$$A_c = 0.5(A - b_c h_d f_c / f) \tag{7-132}$$

式中　A_c——钢梁受压区截面面积；

y_1——钢梁受拉区截面应力的合力至钢筋混凝土板截面应力的合力间的距离；

y_2——钢梁受拉区截面应力的合力至钢梁受压区截面应力的合力间的距离。

塑性中和轴在钢梁截面内，按下列公式计算组合梁截面塑性中和轴至混凝土板顶面的距离 x 及组合梁的抗弯强度设计值 M：

塑性中和轴在钢梁上翼缘内，即 $h_d < x < h_d + t$：

当 $b_e h_d f_c < Af < b_e h_d f_c + 2btf$

$$x = h_d + \frac{Af_p - b_e h_d f_c}{2bf} \tag{7-133}$$

$$M = f[Ad_c - bx(x - h_d)] \tag{7-134}$$

塑性中和轴在钢梁腹板内，即 $x > h_d + t$:

当 $f(A - 2bt) > b_e h_d f_c$

$$x = h_d + t + \frac{f(A - 2bt) - b_e h_d f_c}{2sf} \tag{7-135}$$

$$M = f[Ad_c - bt(h_d + t) - s(x + t)(x - h_d - t)] \tag{7-136}$$

式中 b——钢梁上翼缘宽度；

t——钢梁上翼缘厚度；

s——钢梁的腹板厚度。

(2) 组合梁的剪力计算

组合梁截面上的全部剪力假定仅由钢梁腹板承受，按下列公式进行计算：

$$V \leqslant h_w \cdot t_w \cdot f_v \tag{7-137}$$

式中 h_w——钢梁的腹板高度；

t_w——钢梁的腹板厚度；

f_v——钢材抗剪强度设计值。

7.2.6 组合梁的整体稳定和局部稳定计算

(1) 施工阶段计算

钢梁级按第 4 章第 4 节第 2 条和第 3 条的规定分别验算整体稳定、腹板的局部稳定和梁的变形。

(2) 使用阶段计算

简支组合梁不需计算梁的整体稳定性，连续组合梁只要支座处受压翼缘和腹板的宽厚比，满足表 7.2-6 的要求，可不计算组合梁的整体稳定性。

组合梁腹板的局部稳定必须按《钢结构设计规范》（GB 50017—2003）的有关规定（见本书第 2.4.1 条）设置加劲肋并验算腹板的局部稳定。

7.3　抗剪连接件设计

7.3.1　连接件的抗剪承载力

（1）圆柱头焊钉连接件

一个圆柱头焊钉连接件的抗剪承载力设计值见表 7.3-1。

当楼层或平台采用压型钢板时，用圆柱头焊钉作连接件，其抗剪设计承载力应分别按下列情况予以折减：

1）当压型钢板的凸肋平行于支承梁时［图 7.3-1（a）］，圆柱头焊钉抗剪设计承载力按表 7.3-1 选用，但当 $B'/l<1.5$ 时，抗剪设计承载力应乘以≤1 的折减系数 α_h。

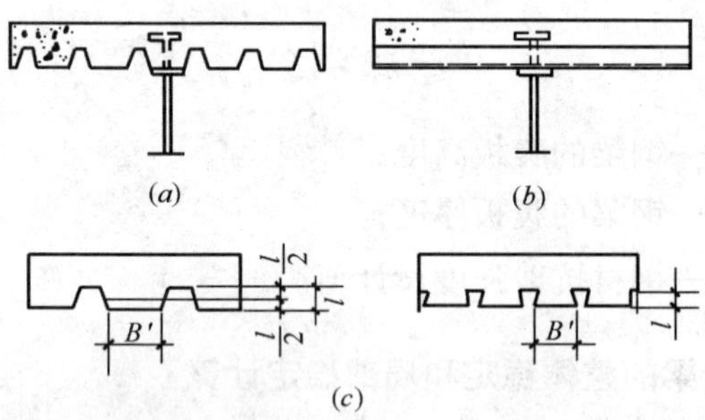

图 7.3-1　采用压型钢板的组合楼层

（a）凸肋平行于支承梁；（b）凸肋垂直于支承梁；

（c）压型钢板的两种截面形式

圆柱头焊钉的抗剪承载力设计值 **表 7.3-1**

直径(mm)	截面面积(mm^2)	混凝土强度等级	一个圆柱头焊钉抗剪设计承载力(kN)		在下列间距(mm)沿梁每米单排圆柱头焊钉的抗剪设计承载力(kN)									
			$0.7A_s\gamma_f$	$0.43A_s\sqrt{E_cf_c}$	150	175	200	250	300	350	400	450	500	600
8	50.3	C20 C30 C40	11.8	10.9 14.5 17.2	50	43	38	30	25	22	19	17	15	13
10	78.5	C20 C30 C40	18.4	17.0 22.6 26.9	79	68	59	47	39	34	30	26	24	20
13	132.7	C20 C30 C40	31.0	28.8 38.3 45.4	133	114	100	80	67	57	50	44	40	33
16	201.1	C20 C30 C40	47.2	43.7 58.0 68.8	202	173	151	121	101	87	76	67	61	50
19	283.5	C20 C30 C40	66.3	61.6 81.8 97.0	284	244	213	171	142	122	107	95	85	71
22	380.1	C20 C30 C40	88.9	82.5 109.6 130.1	381	327	286	229	191	163	143	127	114	95

注：f——圆柱头焊钉的抗拉强度设计值，取 $f=215\text{N/mm}^3$；

E_c——混凝土弹性模量；

γ——焊钉材料抗拉强度最小值与屈服强度之比；

f_c——混凝土轴心抗压强度设计值；

A_s——圆柱头焊钉的钉杆截面面积。

$$\alpha_h = 0.6\frac{B'}{l}\left(\frac{L'-l}{l}\right)$$

式中 B'——混凝土凸肋的平均宽度，但当肋的上部宽度比下部宽度窄时，应以上部宽度计算；

l——混凝土凸肋高度；

L'——圆柱头焊钉全长，但不大于 $l+75$mm。

2）当压型钢板的凸肋垂直于支承梁时［图 7.3-1（b）］时，用圆柱头焊钉作连接件，其抗剪承载力设计值应乘≤1 的折减系数 α_{p}。

$$\alpha_{\mathrm{p}}=\frac{0.85}{\sqrt{n_{\mathrm{r}}}}\times\frac{B'}{l}\left(\frac{L'-l}{l}\right)$$

式中　n_{r}——在梁的一个截面处，一个肋中的圆柱头焊钉数，当多于 3 个时，在计算中仍按 3 个考虑。

对于连续组合梁，连接件的抗剪承载力设计值尚应乘以系数 0.90（中间支座两侧）；对于悬臂梁，应乘以系数 0.8。

（2）槽钢连接件

一个槽钢连接件的抗剪承载力设计值见表 7.3-2。

槽钢连接件的抗剪承载力设计值　　表 7.3-2

槽钢型号	混凝土强度等级	一个槽钢的抗剪设计承载力（kN）	在下列间距（mm）沿梁每米槽钢的抗剪设计承载力（kN）									
			150	175	200	250	300	350	400	450	500	600
6.3	C20	130	817	743	650	520	433	371	325	289	260	217
	C30	173	1151	987	863	691	576	493	432	384	345	288
	C40	205	1366	1171	1025	820	683	585	512	455	410	342
8	C20	138	919	993	689	551	460	393	345	306	276	230
	C30	183	1221	1046	916	732	610	523	458	407	366	305
	C40	217	1449	1242	1087	869	724	621	543	483	435	362
10	C20	146	976	837	732	586	488	418	366	325	293	244
	C30	194	1296	1111	972	778	648	556	486	432	389	324
	C40	231	1539	1319	1154	923	769	659	577	513	462	385
12 12.6	C20	154	1028	882	771	617	514	441	386	343	309	257
	C30	205	1366	1171	1025	820	683	586	512	455	410	342
	C40	243	1621	1389	1216	973	811	695	608	540	486	405

注：表中槽钢长度按 100mm 计算。当槽钢长不为 100mm 时，其抗剪设计承载力按比例增减。

（3）弯起钢筋连接件

一个弯起钢筋连接件的承载力设计值见表 7.3-3。

弯起钢筋连接件的抗剪承载力设计值 表 7.3-3

直径（mm）	截面面积（mm^2）	钢筋强度设计值（N/mm^2）	一个弯起钢筋的抗剪设计承载力（kN）	在下列间距（mm）沿梁每米单排弯起钢筋的抗剪设计承载力（kN）									
				150	175	200	250	300	350	400	450	500	600
12	113.1	210 300	23.8 33.9	158 234	136 200	119 175	95 140	79 117	68 100	59 88	53 78	48 70	40 58
14	153.9	210 300	32.3 46.2	215 318	185 273	162 239	129 191	108 159	92 136	81 119	72 106	65 95	54 80
16	201.1	210 300	42.2 60.3	282 416	241 356	211 312	169 249	141 208	121 178	106 156	94 139	84 125	70 104
18	254.5	210 300	53.4 76.4	356 526	305 451	267 395	214 316	178 263	153 225	134 197	119 175	169 158	89 131
20	314.2	210 300	66.0 94.3	440 649	377 557	330 487	264 390	220 325	180 278	165 244	147 216	132 195	110 162
22	380.1	210 300	79.8 114.0	532 786	456 673	399 589	319 471	266 393	228 337	200 295	177 262	160 236	133 196

注：表中 210N/mm^2 及 300N/mm^2 的钢筋强度设计值分别为 HPB235、HRB335 钢筋强度设计值。

7.3.2 组合梁抗剪连接件的配置与计算

每一个区段或每个分区内所需连接件的配置可按下述方法计算：

（1）抗剪连接件计算的弹性设计方法

如图 7.3-2 所示，设在组合梁上第 i 个连接件处，连接件间距为 u_i，荷载引起的竖向剪力为 V_i。由材料力学可知，在混凝土翼板与钢梁叠合面上该处的单位长度的纵向剪力 V_{il} 为

$$V_{il} = V_i S / I_{sc} \tag{7-138}$$

式中 S——混凝土翼板的换算截面对整个换算截面形心轴的面积矩；

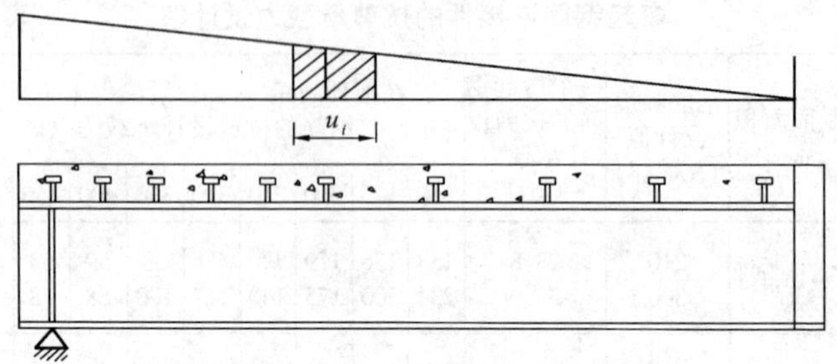

图 7.3-2　组合梁中连接件的纵向受剪

I_{sc}——整个换算截面对自身形心轴的惯性矩。

由于该处连接件的间距为 u_i，所以该连接件所承受的纵向剪力 V_{il}^{c}（即一个抗剪连接件所承受的纵向剪力）为：

$$V_{il}^{c} = V_{il}u_i = V_l S u_i / I_{sc} \tag{7-139}$$

V_{il}^{c} 相当于图 7.3-2 中的阴影区面积 Ω。

抗剪连接件按弹性设计方法，对于永久荷载及准永久荷载引起的剪力，应该采用徐变后换算截面的几何特征；对于可变荷载中短期作用引起的剪力，应该采用弹性换算截面的几何特征。

1）求连接件所承受的纵向剪力 V_{il}^{c}。已知在第 i 个连接件处，永久荷载及准永久荷载设计值引起的剪力 V_G，可变荷载中短期作用设计值引起的剪力 V_Q，连接件间距 u_i，弹性换算截面的几何特征 S 及 I_{sc}，徐变后换算截面的几何特征 S_l 及 $I_{sc,l}$，根据式(7-139）的原理，其强度应满足以下条件：

$$V_{il}^{c} = \frac{V_G S_l u_i}{I_{sc,l}} + \frac{V_Q S u_i}{I_{sc}} \leqslant N_v^c \tag{7-140}$$

式中　N_v^c——计算截面处连接件的抗剪设计承载力，当该截面处一排设置不止一个连接件时，应为该排连接件设计承载力之和。

2）求连接件的间距 u_i。已知永久荷载及准永久荷载设计值引起的剪力 V_G，可变荷载中短期作用设计值引起的剪力 V_Q，弹性换算截面的几何特征 S 及 I_{sc}，徐变后换算截面的几何特征 S_l

及 $I_{sc,l}$，以及截面上一排连接件的抗剪设计承载力 N_v^c，要求确定连接件的间距 u_i。

根据式（7-139），由 V_G 求所需的连接件间距

$$u_{Gi} = \frac{[V_v^c] I_{sc,l}}{V_G S_l}$$

同理，由 V_Q 求所需的连接件间距

$$u_{Qi} = \frac{[V_v^c] I_{sc}}{V_G S}$$

由以下关系式决定应采用的连接件间距 u_i

$$\frac{1}{u_i} = \frac{1}{u_{Gi}} + \frac{1}{u_{Qi}} \tag{7-141}$$

一般可将梁的剪力区划分为 2～3 个区段，如图 7.3-3 所示。但其中第一区段长度不宜小于 1/10 梁跨，每个区段的连接件间距均匀相等且均按该区段的最大剪力确定（$n_i = V_{i\max}/N_v^c$）。此外，连接件的间距尚应满足构造要求。

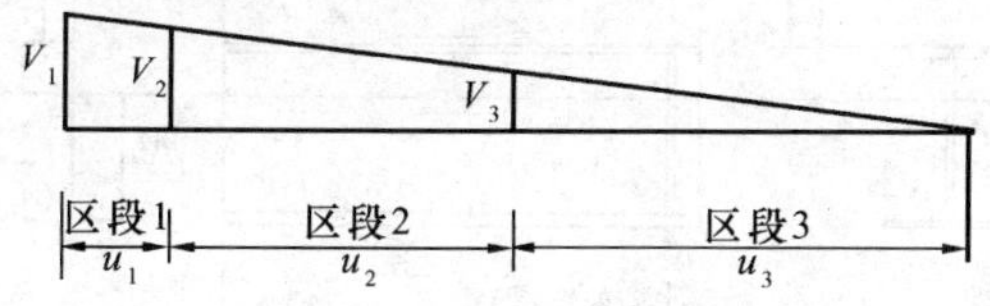

图 7.3-3　连接件的排列分区

（2）抗剪连接件计算的塑性设计方法

首先确定最大弯矩点与相邻零弯矩点之间在叠合面上总的纵向剪力 V_l，然后根据 V_l 值确定该区段内所需的连接件的总数及其合理布置。

组合梁最大弯矩点与相邻零弯矩点之间叠合面上总的纵向剪力 V_l 的确定：对于单跨简支梁，它的零弯矩截面是支座截面，在外载作用下，跨中某个截面弯矩最大。按照塑性中和轴位置的不同，该区段内总的纵向剪力 V_l 的表达式可以有以下两种情况：

1）塑性中和轴位于混凝土翼板（包括板托）内，即塑性中

和轴位于叠合面之上时，如图 7.3-4 所示。根据图 7.3-4 所示的平衡条件，有

$$V_l = Af \tag{7-142}$$

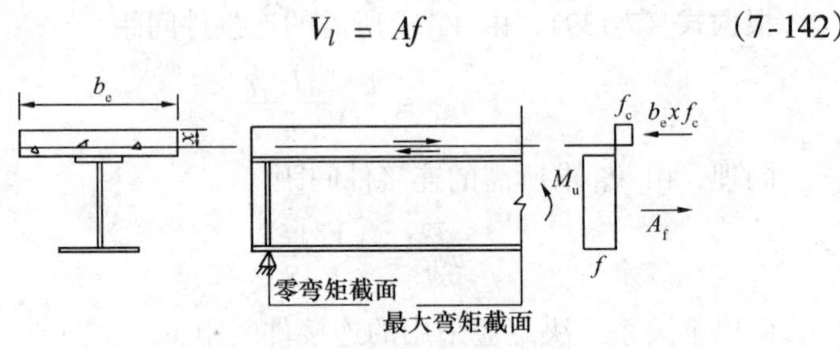

图 7.3-4　塑性中和轴位于混凝土翼板内

2）塑性中和轴位于钢梁内，即塑性中和轴位于叠合面之下时，如图 7.3-5 所示。根据图 7.3-5 所示的平衡条件，有

$$V_l = b_c h_{c1} f_c \tag{7-143}$$

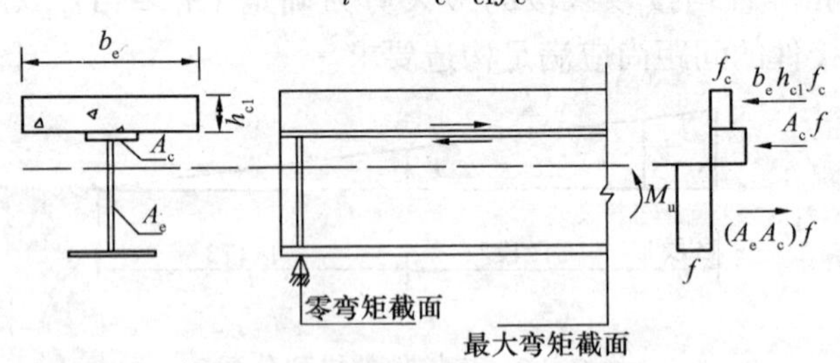

图 7.3-5　塑性中和轴位于钢梁内

组合梁最大弯矩点与相邻零弯矩点之间叠合面上连接件总个数的确定及布置：最大弯矩点至相邻零弯矩点之间叠合面上的纵向剪力由其间的连接件平均承担，由于在极限状态时连接件塑性滑移内力重分布的结果，各个连接件受力基本相等。所以，所需的连接件总数 n 将由下式确定：

$$n = V_l / N_v^c \tag{7-144}$$

$$n_1 = \frac{A_1}{A_1 + A_2} n, n_2 = \frac{A_2}{A_1 + A_2} n,$$

式中 N_v^c——一个连接件的抗剪设计承载力。

n——总数。

按上式求得的连接件总数 n 可以均匀地布置在最大弯矩点与相邻零弯矩点两点之间的区段内。当两点之间有较大的集中力作用时，则将连接件总数按各段剪力图面积分配，再各自均匀布置，如图 7.3-6 所示。

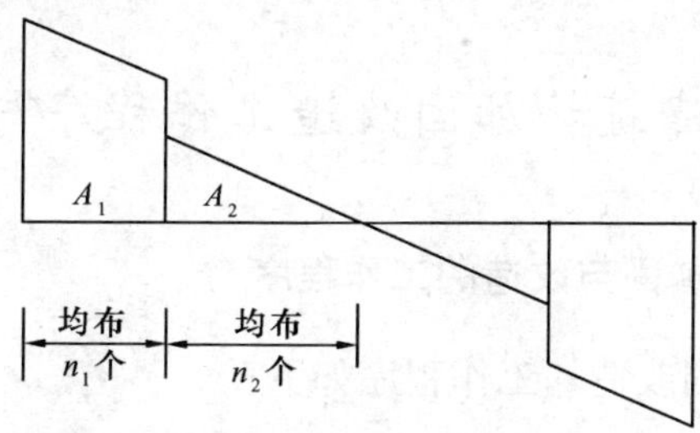

图 7.3-6 有集中力作用时的连接件布置

8 建筑物结构加固改造

8.1 建筑物加固改造工作程序与原则

8.1.1 建筑物加固与改造的工作程序

建筑物加固改造的工作程序如下：

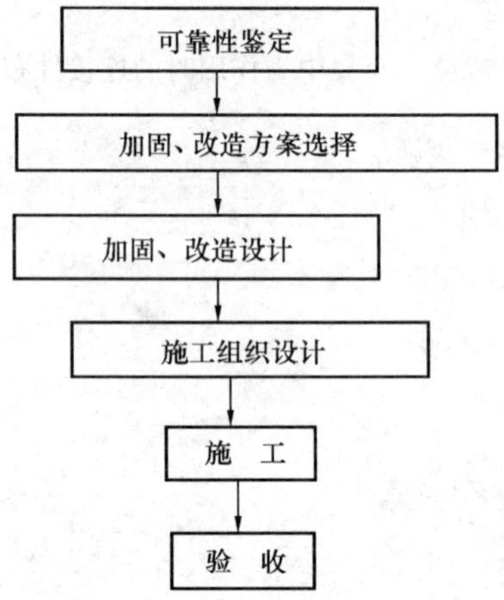

（1）可靠性鉴定

可靠性鉴定是已有建筑物加固和改造的基础。鉴定一般步骤：

1）建筑物的宏观调查；

2）根据现状及用户的要求，确定鉴定的项目和内容；

3）实地检测，包括：结构形式、构件截面尺寸、受力状况、计算简图、材料强度、外观状况、裂缝位置及宽度、变形大小、钢筋配置及构造、有否锈蚀、混凝土质量、地基沉降和墙面开裂、是否应采取临时加固措施等情况；

4）分析计算，得出建筑物的承载能力指标及耐久性等级；

5）与相关标准比较，确定建筑物的可靠性鉴定结论。

(2) 加固、改造方案选择

方案应尽可能达到：加固效果好，对使用功能影响小，技术可靠，方便施工，节约投资，外观整齐。

(3) 加固、改造设计

建筑物加固、改造设计包括：构件的承载力验算、节点构造处理和施工图绘制三部分。

在承载力验算中，应特别注意的是：新加部分结构构件与原结构构件的协同工作问题。一般说来，新加部分的应力滞后于原结构；加固改造结构的构造处理不仅应满足新加固构件自身的构造要求，还应考虑其与原结构构件的连接问题。

(4) 施工组织设计与施工

多数加固改造工程的施工是在负荷或部分负荷的情况下进行的，因此，结构和人员的安全应特别注意。在可能的条件下，采取卸载，加临时支撑，以减小原构件中的应力。

拆除和清理原有构件时，特别注意是否有与原检测情况不符之处或其他意外情况发生，工程技术人员应在场，如有特殊情况发生，立即采取措施。

(5) 验收

加固改造工程竣工后，应由使用单位及其他相关单位组织专业人员验收。

8.1.2 建筑物加固与改造的一般原则

在加固和改造工程中，虽然其加固和改造方法各不相同，但均应遵照以下原则。

(1) 制定方案的总体效应原则

在制定建筑物的加固和改造方案时，除考虑可靠性鉴定结论和委托方提出的内容及项目之外，还应考虑加固和构造的总体效应。而不能采用“头痛医头，脚痛医脚”的方法。

(2) 材料的选用和取值原则

1）加固设计时，原结构的材料强度按下列规定采用：

如原结构材料种类和性能与原设计一致，按原设计（或规范）取用；

如原结构无材料强度资料时，可通过实测评定材料强度等级，再按现行规范取值。

2）材料要求

加固用钢材一般选用 HPB235 级或 HRB335 级；

加固用水泥宜选用普通硅酸盐水泥，强度等级不应低于 32.5。

混凝土强度等级，应比原结构的混凝土提高一级，且加固上部结构构件的混凝土不应低于 C20 级；加固混凝土不应掺入粉煤灰、火山灰和高炉炉渣等混合材料。

粘结材料及化学灌浆材料的粘结强度，应高于被粘结结构混凝土的抗拉和抗剪强度。一般宜采用成品。当工程单位自行配制时，应试配并检验其与混凝土间的粘结强度。

(3) 荷载计算原则

对加固结构承受的荷载，应做实地调查和取值。一般情况下，当原结构是按 TJ 9—74 荷载规范取值者，在鉴定阶段，对结构验算仍按原规范取值；一经确定需要加固，则加固验算应按《建筑结构荷载规范》（GB 50009—2001）规定取值。对于在现行的《建筑结构荷载规范》（GB 50009—2001）中未作规定的永久荷载，可据实际情况抽样实测确定。抽样数不得少于 5 个，以其平均值的 1.1 倍作为其荷载标准值。

(4) 承载力验算原则

承载力验算时，结构的计算简图应根据结构的实际受力状况和结构的实际尺寸确定。构件的截面面积应采用实际有效截面面积，即考虑到结构的损伤、缺陷、锈蚀等不利影响。验算时，应考虑到结构在加固时的实际受力程度及加固部分的应力滞后特点，以及加固部分与原结构协同工作的程度，并对加固部分的材料强度设计值进行适当折减；还应考虑到实际荷载偏心、结构变形、局部损伤、温度作用等造成的附加内力。当加固后使结构的重量增大时，尚应对相关结构及建筑物的基础进行验算。

(5) 与抗震设防结合的原则

我国作为一个多地震国家，6度以上地震区几乎遍及全国各地。1976年以前建造的建筑物几乎没有考虑地震设防，1989年以前的抗震设计规范也只是7度以上地震区才设防。在加固和改造这些建筑物时，为使其遇地震时具有相应的安全储备，在对它们作结构承载力和耐久性加固处理方案时，应与抗震加固方案结合提出综合处理方案。

(6) 其他原则

对于由高温、腐蚀、冻融、振动、地基不均匀沉降等原因造成的结构损坏，可在加固设计中提出相应处理措施，随后再进行加固。

结构的加固应综合考虑其经济性，尽量不损伤原结构，并保留其有利用价值的结构构件，避免不必要的构件拆除和更换。

8.2 混凝土结构加固

8.2.1 混凝土结构的加固方法

(1) 方法选择

混凝土结构加固方法较多，见表8.2-1，其应根据可靠性鉴定结果、结构功能降低及加固原因、结构特点、具体条件、新功能要求等进行选择。

混凝土结构常用加固方法的特点及适用范围　　表8.2-1

加固方法	主要特点	适用范围
加大截面法	传统加固方法。以同种材料增大构件截面面积，提高结构承载能力	梁、板、柱、墙等一般结构

续表

加固方法	主 要 特 点	适 用 范 围
外包钢加固法	截面尺寸和外观影响很小，承载能力提高较大，施工简便，现场工作量较小，受力较为可靠	大型结构及大跨结构
外部粘钢加固法	国际上较先进的加固方法。简单、快速，对生产和生活影响很小	正常环境下的一般受弯、受拉构件，及中轻级工作制吊车梁
预应力加固法	卸荷、加固及改变结构受力三者合而为一的加固方法。承载力、抗裂性及刚度可同时得以提高	大跨结构及大型结构
增设支点加固法	增设支承点，减小结构跨度和内力，相应提高结构总体承载能力	梁、板及桁架等
托梁拔柱技术	不拆或少拆上部结构情况下，拆除、更换、接长柱子的技术	改变使用功能及增大室内空间的旧房改造
增设支撑体系及剪力墙加固法	增强结构抗水平荷载能力和侧向刚度及稳定性	抗侧力加固
增设拉结连系加固法	于房屋周边、纵向、横向、竖向增设相应的拉结连系，增强结构整体稳定性，防止偶然事故下发生连续倒塌	装配式结构抗连续倒塌及抗震加固
裂缝修补技术	恢复或部分恢复结构因裂缝所丧失的承载能力、耐久性、防水性及美观等	各种混凝土结构

（2）卸荷加固的原结构应力水平指标限值

为保证和提高结构加固的实际效果，加固时原结构的应力水平指标 $\beta = S_k/R_k$（β——混凝土加固结构原构件在加固时的应力水平指标；S_k——荷载效应标准值；R_k——结构抗力标准值）不得超过表 8.2-2 限值 β_b，否则必须进行卸荷加固，使 $\beta \leqslant \beta_b$。

必须卸荷加固的原结构应力水平指标限值 β_b　　表 8.2-2

受力特征	结构破损情况	
	裂缝及变形在规范允许范围之内	裂缝及变形超出规范规定
轴心受压、偏心受压、斜截面受剪、受扭、局部受压	0.95	0.80
受弯、轴心受拉、偏心受拉	1.00	0.90

(3) 裂缝修补胶浆配方

环氧树脂浆液配方见表 8.2-3，甲基丙烯酸酯类浆液配方见表 8.2-4。

环氧树脂浆液配方　　表 8.2-3

材料名称	规　格	配合比（重量比）				
		1	2	3	4	5
环氧树脂	6101 号或 6105 号	100	100	100	100	100
糠醛	工　业	—	20～25	—	50	50
丙酮	工　业	—	20～25	—	60	60
邻苯二甲酸二丁酯	工　业	—	—	10	—	—
甲苯	工　业	30～40	—	50	—	—
苯酚	工　业	—	—	—	—	10
乙二胺	工　业	8～10	15～20	8～10	20	20
使用功能		1d 后固化，流动性稍差	2d 后为弹性体，流动性较好	1d 后固化，流动性较好	6d 后为弹性体，流动性很好	7d 后为弹性体，流动性很好

甲基丙烯酸酯类浆液配方　　表 8.2-4

材料名称	代　号	配合比（重量比）		
		1	2	3
甲基丙烯酸甲酯	MMA	100	100	100
醋酸乙烯	—	18	—	0～15
丙烯酸	—	—	10	0～10

续表

材料名称	代　号	配合比（重量比）		
		1	2	3
过氧化二苯甲酰	BPO	1.5	1.0	1～1.5
对甲苯亚磺酸	TSA	1.0	1.0～2.0	0.5～1.0
二甲基苯胺	DMA	1.0	0.5～1.0	0.5～1.5

（4）必需修补与无需修补的裂缝宽度限值（见表8.2-5）。

必需修补与无需修补的裂缝宽度限值　　表8.2-5

<table>
<tr><th rowspan="3">修补否</th><th rowspan="3">裂缝对钢筋腐蚀影响程度</th><th colspan="3">按耐久性考虑</th><th>按防水性考虑</th></tr>
<tr><th colspan="3">环境因素</th><th rowspan="2">—</th></tr>
<tr><th>恶劣的</th><th>中等的</th><th>优良的</th></tr>
<tr><td rowspan="3">（A）必需修补的裂缝宽度（mm）</td><td>大</td><td rowspan="2">>0.4</td><td>>0.4</td><td>>0.6</td><td rowspan="3">>0.2</td></tr>
<tr><td>中</td><td>>0.6</td><td>>0.8</td></tr>
<tr><td>小</td><td>>0.6</td><td>>0.8</td><td>>1.0</td></tr>
<tr><td rowspan="3">（B）无需修补的裂缝宽度（mm）</td><td>大</td><td rowspan="2">≤0.1</td><td rowspan="2">≤0.2</td><td>≤0.2</td><td rowspan="3">≤0.05</td></tr>
<tr><td>中</td><td rowspan="2">≤0.3</td></tr>
<tr><td>小</td><td>≤0.2</td><td>≤0.3</td></tr>
</table>

8.3　砌体结构加固

8.3.1　砖砌体常见裂缝问题及原因

砌体工程中常见裂缝问题有以下几个方面：

（1）荷载作用产生的裂缝

砖砌体常见因荷载作用产生的裂缝有：受压、受弯、稳定性、局部受压、受拉和受剪裂缝。

表8.3-1中列出了较典型的裂缝的形态。由于荷载作用下产生的裂缝出现，表明砌体承载力安全度不足，应立即进行加固。

砖砌体的荷载裂缝形态　表 8.3-1

裂缝种类	裂缝形态及简要说明	图　示
受压裂缝	裂缝通常顺压力方向。当单砖的断裂在同一层多次出现时，说明该墙在竖向荷载下已经无安全储备；当竖向裂缝连续长度超过 4 皮砖时，说明该部位砖墙已接近破坏；如果这种裂缝在某墙上的间距 ≤ 240mm，则此墙体有发生倒塌的危险	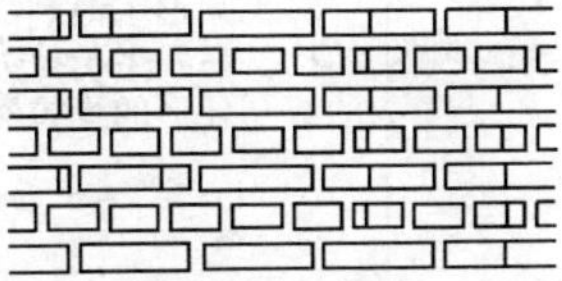 有多处单砖断裂　裂缝有 4 皮砖长
受弯或大偏心受压裂缝	当偏心距较大时，砌体会产生较大的弯曲变形，在远离压力作用一侧，可能会出现垂直于荷载方向的裂缝	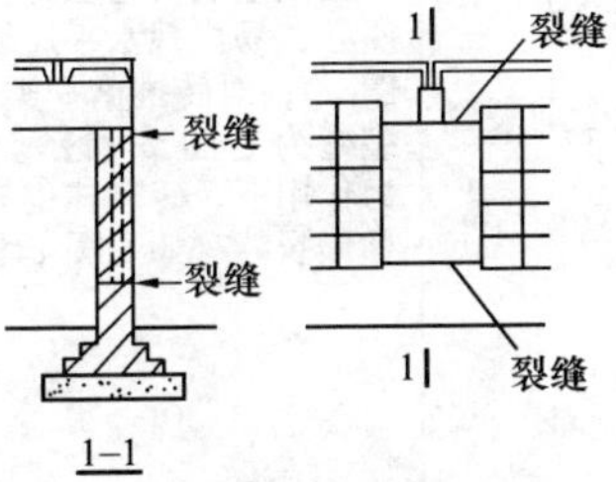 裂缝 裂缝 1-1 1 裂缝 1 裂缝 偏心受压时的受拉裂缝
稳定性裂缝	当长细比超过规定限值时，砖砌体会发生弯矩作用平面内较大的弯曲，且在弯曲区段的中点，往往出现水平方向裂缝	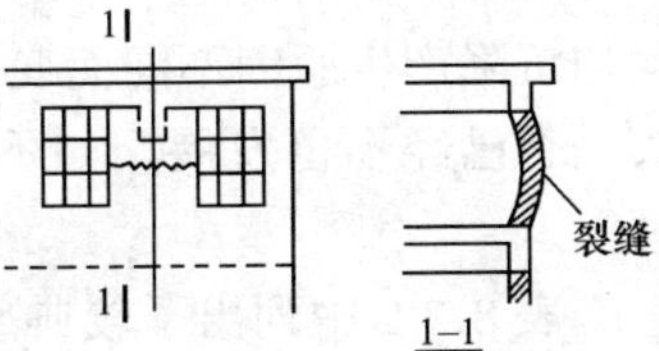 1 1 裂缝 1-1
局部受压裂缝	当梁底部没有设置垫块时，在梁底部的砌体上易发生竖向的局部受压裂缝	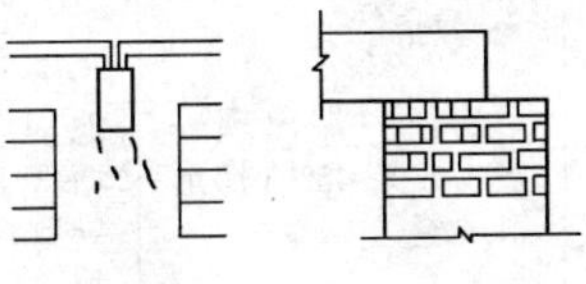

续表

裂缝种类	裂缝形态及简要说明	图　示
受拉裂缝	对于圆形水池、散装筒仓等结构，易发生与拉力方向垂直的或马牙形的受拉裂缝	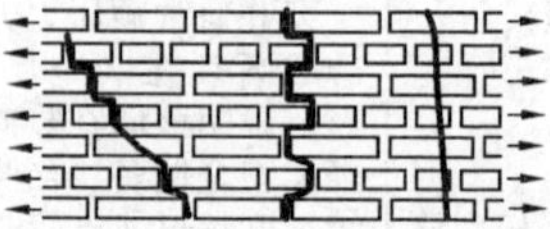
受剪裂缝	在挡土墙及无拉杆拱的边支座处，易出现水平通缝（如右图 a）；对砖挑檐一类的构件，裂缝为右图 b 所示。在水平力作用下，砖砌体也易发生阶梯形裂缝（如右图 c 和 d）	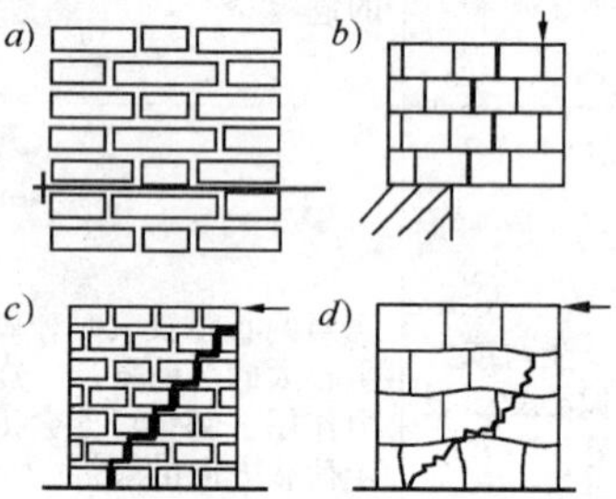 a)　b)　c)　d)

（2）沉降产生的裂缝

沉降产生的裂缝一般为呈 45°的斜裂缝。裂缝出现位置随不均匀沉降产生原因不同而变化。沉降产生的裂缝处理前，应鉴定其是否已经不再发展。如不再发展，选择合适处理方法进行处理。

表 8.3-2 中列出了较典型的裂缝的形态。

典型沉降裂缝　　**表 8.3-2**

	裂缝情况	产生原因	图　示
1	房屋一端出现一条或数条 45°阶梯形斜裂缝	房屋的一端建在软土地基（如原为河谷、池塘等）或较差地基上，导致该端下沉量较大所致	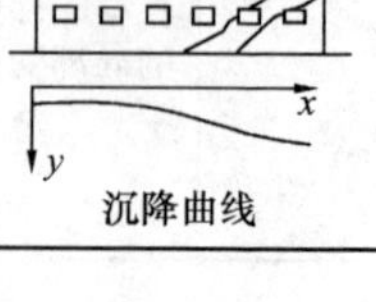 x　y　沉降曲线

续表

	裂缝情况	产生原因	图示
2	房屋纵墙中部底边出现正八字形、下宽上窄的斜裂缝	房屋中部处在软土地基上，使整个房屋尤如一根两端支承的梁，导致纵墙中间下边受拉并产生下宽上窄的斜裂缝	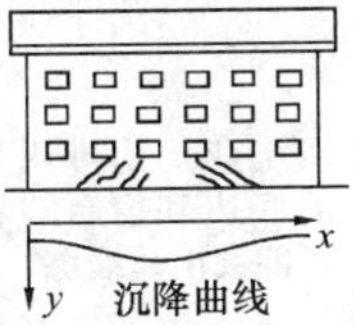 x y 沉降曲线
3	房屋纵墙中部出现的倒八字形斜裂缝	房屋中部建在坚硬的地基上，使整个房屋尤如一根两边悬挑的伸臂梁，导致两边下沉较多	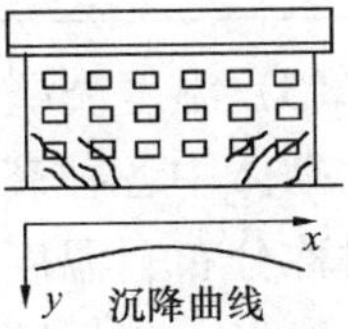 x y 沉降曲线
4	对于不等高房屋，在层数变化的窗间墙出现45°斜裂缝	高低层荷载不同，而基础未作恰当处理，导致沉降量不均匀	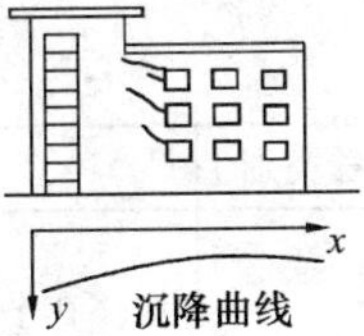 x y 沉降曲线
5	新建房附近的旧房墙面出现向新建房屋面倾斜的斜裂缝	旧房受到新建房地基沉降的影响，或新建房地基大开挖所引起	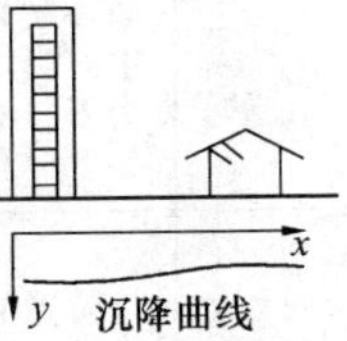 x y 沉降曲线
6	在窗台上出现上宽下窄的裂缝	多半是由于基础刚度小，使荷载较大的窗间墙沉降较大所造成。这种裂缝在房屋端开间的窗台上较易出现	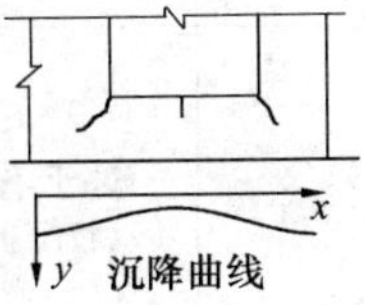 x y 沉降曲线

续表

	裂缝情况	产生原因	图　示
7	工业厂房外纵墙的底边和窗台口都可能会出现裂缝	柱基础沉降较大，而基础梁与地面的距离又较小，使墙体尤如一根倒支的连续梁。柱附近的墙体下沉量大，使其下边受拉而开裂。两柱中间的墙体下沉量小，使窗台口出现裂缝	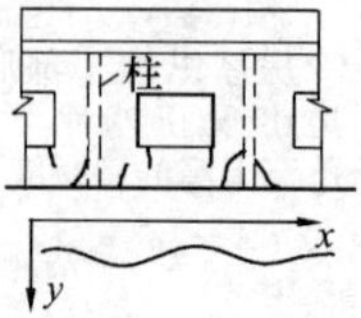 柱 x y

(3) 温度裂缝

砌体中各种裂缝中，以温度裂缝所占比例大些。温度裂缝一般对称分布；温度裂缝始自顶层为多，向下部发展较少；温度裂缝一般经一年后即可稳定而不扩展。

表 8.3-3 中列出较典型的温度裂缝的形态。

常见温度裂缝的形态　　**表 8.3-3**

裂缝类别	出现部位及生成原因	图　示
正八字形缝	多在平屋面顶层内外纵（横）墙面的两肩对称地产生。由于混凝土的膨胀系数（10×10^{-6}）较砖墙（5×10^{-6}）大一倍，因此在温度变化时墙体受到钢筋混凝土平屋盖膨胀力导致裂缝产生。当墙体一端受到限制时，八字形裂缝转换为斜裂缝	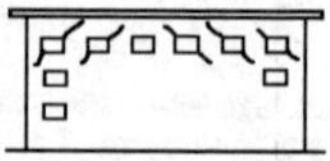
倒八字形缝	位置同上，是由于基础及墙体对屋盖冷缩变形的约束作用产生的。夏季施工的房屋较易出现这种裂缝	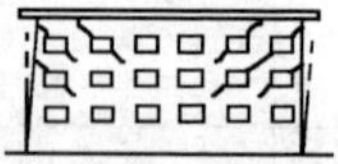
错层水平缝	对于有错层的房屋，其山墙因受房屋伸长（或收缩）的作用，会产生水平剪切裂缝	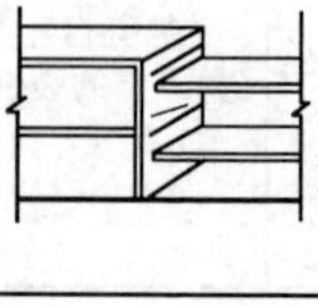

续表

裂缝类别	出现部位及生成原因	图 示
包角缝	在平屋面顶层圈梁以下四角易出现水平裂缝或斜裂缝。它是由屋盖的热胀（或冷缩）作用所致	
梁头垂直缝	外廊梁、板两端的砖墙因收缩作用而产生竖向裂缝，它在冬季达到最大	

8.4 建筑地基基础加固

8.4.1 基本规定

（1）建筑地基基础加固前，应先对地基基础进行鉴定，明确加固目的，方可进行设计和施工。

（2）建筑地基基础加固设计步骤：

1）根据加固目的，初步选择采用加固地基、加固基础或加强上部结构刚度和加固地基基础相结合的方案；

2）对初步选择加固的方案，分别从预期效果、施工难易、材料来源、运输条件、安全性、对邻近建筑及环境影响大小、机具条件、工期和造价等方面进行比选，确定最佳方案；

3）施工承包方、施工人员应明确和掌握加固目的、原理、技术要求、质量标准。施工中严密监测和控制，发现异常，及时妥善处理；

4）施工完毕后，应进行工程质量检验和验收；

5）对重要的工程，施工过程中及施工完毕后，应进行沉降观测至稳定为止。

8.4.2 地基的鉴定

建筑地基的鉴定内容、步骤见表 8.4-1。

建筑地基的鉴定内容、步骤　　表 8.4-1

项　目	说　明	备　注
资料收集	(1) 场地岩土工程勘察数据；既有建筑地基基础和上部结构设计资料和设计图；隐蔽工程记录，竣工图等； (2) 建筑物现状；实际使用荷载；沉降量，沉降差，倾斜，扭曲和裂损状况； (3) 相邻建筑物现状；地下工程和管线状况； (4) 分析收集到的资料，提出地基检验方法	(1) 勘探孔尽量靠近基础； (2) 重要工程应进行基础下荷载试验； (3) 提出地基综合评价； (4) 提出地基加固的方法和建议
地基检验方法	(1) 钻探，井探，槽探，地球物理； (2) 室内物理力学性质实验； (3) 荷载实验，静力触探，标准贯入，圆锥动力触探，十字板剪切实验等	

8.4.3 地基基础的加固方法

（1）加固方法见表 8.4-2。

地基基础的加固方法　　表 8.4-2

项　目	适 用 范 围	备　注
基础补强注浆加固法	基础因受不均匀沉降、冻胀或其他原因引起的基础裂损的加固	(1) 单独基础每边钻孔不少于2个； (2) 条形基础分段施工
加大基础底面积加固法	既有建筑地基承载力不足或基础底面积尺寸有加大要求时	(1) 新旧基础结合牢固； (2) 条形基础分段施工； (3) 基础构造符合现行规范； (4) 可采取改变基础形式的方法，如独立改条形、条形改十字交叉等

续表

项　目	适用范围	备　注
加深基础加固法	既有建筑地基浅层有较好的土层，且地下水位较低时可将原基础加深至具有较高承载力的持力土层，以满足承载力和变形要求	(1) 较适宜条形基础； (2) 条形基础分段施工； (3) 新旧基础顶紧（微膨胀混凝土填缝捣实）
基础补强注浆加固法	基础因受不均匀沉降冻胀或其他原因引起的基础裂损的加固	(1) 单独基础每边钻孔不少于2个； (2) 条形基础分段施工
加大基础底面积加强加固法	既有建筑地基承载力不足或基础底面积尺寸有加大要求时	(1) 新旧基础结合牢固； (2) 条形基础分段施工； (3) 基础构造符合现行规范； (4) 可采取改变基础形式的方法，如独立改条形、条形改十字交叉等
加深基础加强加固法	既有建筑地基浅层有较好的土层，且地下水位较低时可将原基础加深至具有较高承载力的持力土层，以满足承载力和变形要求	(1) 较适宜条形基础； (2) 条形基础分段施工； (3) 新旧基础顶紧（微膨胀混凝土填缝捣实）
锚杆静压桩加强加固法	适用于淤泥、淤泥质土、黏性土、粉土、人工填土等地基土	(1) 单桩承载力可通过静载试验确定； (2) 桩位尽量靠近墙、柱； (3) 确保抬梁有效； (4) 做好施工准备，严格按设计施工
树根桩加强加固法	适用于淤泥、淤泥质土、黏性土、粉土、人工填土、砂土、碎石土等地基土上既有建筑的修复、增层、古建整修、地下铁道的穿越等加固工程	(1) 单桩承载力可通过静载试验确定； (2) 确保原基础有效； (3) 留检验试块； (4) 应对竖向承载力、桩深质量进行检验

续表

项　　目	适 用 范 围	备　　注
坑式静压桩加强加固法	适用于淤泥、淤泥质土、黏性土、粉土、人工填土等地基土上既有建筑的修复、增层、古建整修；且地下水位较低的状况	(1) 单桩承载力可通过静载试验确定； (2) 确保原基础有效； (3) 留检验试块； (4) 应对竖向承载力、桩深质量进行检验
石灰桩加强加固法	适用于处理地下水位以下的黏性土、粉土、松散粉细砂、淤泥、淤泥质土、杂填土、饱和黄土等地基及基础周围土体的加固	(1) 施工前试验其适用性； (2) 符合《建筑地基处理技术规范》要求； (3) 选择合适成孔法； (4) 应对复合地基承载力进行检测
注浆加固法	适用于黏性土、粉土、砂土、人工填土等地基加固。还用于防渗堵漏、提高地基土的强度和变形模量以及控制地层沉降	(1) 施工前配浆试验及试注； (2) 对既有建筑进行加固时注意观测，防止产生由注浆引起的附加沉降
高压喷射注浆法	适用于淤泥、淤泥质土、黏性土、粉土、人工填土、砂土、黄土、碎石土等地基	应符合《建筑地基处理技术规范》要求
灰土挤密桩法	适用于处理地下水位以上湿陷黄土、素填土、杂填土等等地基	应符合《建筑地基处理技术规范》要求
深层搅拌法	适用于淤泥、淤泥质土、高含水量的黏性土等地基	应符合《建筑地基处理技术规范》要求

续表

项目		适用范围	备注
硅化法	双液硅化法	适用于地基土的渗透系数大于 2.0m/d 的粗颗粒土	(1) 应符合《建筑地基处理技术规范》要求； (2) 双液：水玻璃和氯化钙
	单液硅化法	适用于地基土的渗透系数 0.1～2.0m/d 的湿陷性黄土	(1) 应符合《建筑地基处理技术规范》要求； (2) 单液：水玻璃； (3) 对自重湿陷性黄土，宜采用无压力单液硅化法
碱液法		适用于处理非自重湿陷性黄土地基	应符合《建筑地基处理技术规范》要求

8.4.4 地基基础事故的补救

(1) 设计、施工或使用不当引起事故的补救见表 8.4-3。

设计、施工或使用不当引起事故的补救　　表 8.4-3

序号	建筑物损坏原因	相应补救措施
1	建筑物体型复杂，荷载差异较大，引起不均匀沉降	可据损坏程度，选用：局部卸荷；增加上部结构或基础刚度；加深基础；锚杆静压桩；树根桩；注浆加固
2	局部软弱土层或暗塘、沟，引起建筑物差异沉降过大	可选用：锚杆静压桩；树根桩；旋喷桩加固
3	基础承受荷载过大或加荷速率过快，引起建筑物大量沉降或不均匀沉降	可选用：卸除部分荷载；加大基础底面积或加深基础
4	大面积地面荷载引起桩基、墙基不均匀沉降、地面凹陷或柱墙断裂	可选用：锚杆静压桩，或树根桩加固
5	地质条件复杂，荷载分布不均，引起建筑物倾斜	可采取纠偏措施

续表

序号	建筑物损坏原因	相应补救措施
6	1）对非自重湿陷黄土场地，湿陷土层不厚、湿陷变形已趋稳定或估计再次浸水所产生的湿陷量不大时	可选用：上部结构加固措施
	2）对非自重湿陷黄土场地，湿陷土层较厚、湿陷变形较大或估计再次浸水所产生的湿陷量较大时	可选用：石灰桩，灰土挤密桩，坑式静压桩，锚杆静压桩，树根桩硅化法或碱液法。加固深度宜达到基础压缩层下限
	3）对自重湿陷黄土场地	可选用：灰土井，坑式静压桩，锚杆静压桩，灌注桩，树根桩法加固。加固深度宜穿透全部湿陷土层
7	对于建造在人工填土地基上出现损坏的建筑，可采取的补救措施	
	1）对素填土地基由于浸水而引起过大的不均匀沉降，造成建筑物破坏	可选用：树根桩，石灰桩，坑式静压桩，锚杆静压桩，注浆加固等。加固深度应穿透素填土层
	2）对杂填土地基上损坏的建筑	可选用：树根桩，旋喷桩，坑式静压桩，锚杆静压桩，石灰桩或注浆加固等。可据损坏程度加强上部结构刚度和基础刚度
	3）对冲填土地基上损坏的建筑	可按本表1~6款选用加强加固方法
8	对于建造在膨胀土地基上出现损坏的建筑，可采取的补救措施	
	1）对建筑物损坏轻微，且胀缩等级为Ⅰ、Ⅱ级的膨胀土地基	可选用：加宽散水；建筑物周围种植草皮
	2）对建筑物损坏中等，且胀缩等级为Ⅰ、Ⅱ级的膨胀土地基	可选用：加宽散水；加强结构刚度
	3）对建筑物损坏严重，且胀缩等级为Ⅰ、Ⅱ级的膨胀土地基	可选用：树根桩，坑式静压桩，锚杆静压桩，加深基础等方法。桩端或基底应埋置在非膨胀土层中或深入到大气影响深度以下的土层
	4）对建造在坡地上损坏的建筑	除可选用相应加固地基基础等方法外，尚应在坡地周围采取保湿措施，防止多向失水造成的危害

续表

序号	建筑物损坏原因	相应补救措施
9	对于建造在岩土组合地基上出现损坏的建筑，可采取的补救措施	
	1）由于岩土交界部位出现过大的差异沉降而损坏的建筑	可据损坏程度，选用：局部加深基础；坑式静压桩；旋喷桩；锚杆静压桩；树根桩等加固措施
	2）由于局部软弱地基，出现过大的差异沉降而损坏的建筑	可据损坏程度，选用：局部加深基础或桩基加固等措施
	3）由于局部基岩出露或存在大块孤石，而损坏的建筑	可凿除局部基岩、孤石，铺设褥垫，或采用在土层部分加深基础或桩基加固等措施

9 地基与基础

9.1 基本规定

9.1.1 地基基础设计等级

根据地基复杂程度、建筑物规模、功能特征以及由于地基问题可能造成建筑物破坏或影响正常使用的程度，将地基基础设计分为三个设计等级，见表 9.1-1。

地基基础设计等级 **表 9.1-1**

设计等级	建筑和地基类型
甲 级	(1) 重要的工业与民用建筑物； (2) 30 层以上的高层建筑； (3) 体型复杂，层数相差超过 10 层的高低层连成一体建筑物； (4) 大面积的多层地下建筑物（如地下车库、商场、运动场等）； (5) 对地基变形有特殊要求的建筑物； (6) 复杂地质条件下的坡上建筑物（包括高边坡）； (7) 对原有工程影响较大的新建建筑物； (8) 场地和地基条件复杂的一般建筑物； (9) 位于复杂地质条件及软土地区的二层及二层以上地下室的基坑工程
乙 级	除甲级、丙级以外的工业与民用建筑物
丙 级	场地和地基条件简单、荷载分布均匀的七层及七层以下民用建筑及一般工业建筑物；次要的轻型建筑物

9.1.2 地基基础计算的内容和要求

地基基础计算的内容和要求见表9.1-2，可不作地基变形计算设计等级为丙级的建筑物见表9.1-3。

地基基础计算的内容和要求 **表9.1-2**

序号	内容	建筑物名称	荷载效应组合
1	地基承载力	各等级建筑物	标准组合
2	地基变形	(1) 甲乙级建筑物； (2) 表9.1-3以外的丙级建筑物； (3) 有下列情况之一的表9.1-3内的丙级建筑物： 1) 地基承载力特征值小于130kPa时，且体型复杂的建筑； 2) 在基础上及其附近有地面堆载或相邻基础荷载差异较大，可能引起地基产生过大的不均匀沉降时； 3) 软弱地基上的建筑物存在偏心荷载； 4) 相邻建筑距离过近，可能发生倾斜时； 5) 地基内有厚度较大或厚薄不均匀的填土，其自重固结未完成时	准永久组合（不应计入风荷载和地震作用）
3	地基稳定性	(1) 经常受水平荷载作用的高层建筑、高耸结构； (2) 建造在斜坡上或边坡附近的建筑物和构筑物； (3) 挡土墙及其类似结构； (4) 基坑工程	基本组合（分项系数均为1.0）

可不作地基变形计算设计等级为丙级的建筑物范围 **表9.1-3**

地基主要受力层情况	地基承载力特征值 f_{ak}（kPa）	$60 \leqslant f_{ak} < 80$	$80 \leqslant f_{ak} < 100$	$100 \leqslant f_{ak} < 130$	$130 \leqslant f_{ak} < 160$	$160 \leqslant f_{ak} < 200$	$200 \leqslant f_{ak} < 300$
	各土层坡度（%）	≤5	≤5	≤10	≤10	≤10	≤10
建筑类型	砌体承重结构、框架结构（层数）	≤5	≤5	≤5	≤6	≤6	≤7

续表

<table>
<tr><td rowspan="2">地基主要受力层情况</td><td colspan="3">地基承载力特征值 f_{ak}（kPa）</td><td>$60 \leqslant f_{ak} < 80$</td><td>$80 \leqslant f_{ak} < 100$</td><td>$100 \leqslant f_{ak} < 130$</td><td>$130 \leqslant f_{ak} < 160$</td><td>$160 \leqslant f_{ak} < 200$</td><td>$200 \leqslant f_{ak} < 300$</td></tr>
<tr><td colspan="3">各土层坡度（%）</td><td>≤5</td><td>≤5</td><td>≤10</td><td>≤10</td><td>≤10</td><td>≤10</td></tr>
<tr><td rowspan="7">建筑类型</td><td rowspan="4">单层排架结构（6m柱距）</td><td rowspan="2">单跨</td><td>吊车额定起重量(t)</td><td>5～10</td><td>10～15</td><td>15～20</td><td>20～30</td><td>30～50</td><td>50～100</td></tr>
<tr><td>厂房跨度(m)</td><td>≤12</td><td>≤18</td><td>≤24</td><td>≤30</td><td>≤30</td><td>≤30</td></tr>
<tr><td rowspan="2">多跨</td><td>吊车额定起重量(t)</td><td>3～5</td><td>5～10</td><td>10～15</td><td>15～20</td><td>20～30</td><td>30～75</td></tr>
<tr><td>厂房跨度(m)</td><td>≤12</td><td>≤18</td><td>≤24</td><td>≤30</td><td>≤30</td><td>≤30</td></tr>
<tr><td colspan="2">烟囱</td><td>高度(m)</td><td>≤30</td><td>≤40</td><td>≤50</td><td colspan="2">≤75</td><td>≤100</td></tr>
<tr><td colspan="2" rowspan="2">水塔</td><td>高度(m)</td><td>≤15</td><td>≤20</td><td>≤30</td><td colspan="2">≤30</td><td>≤30</td></tr>
<tr><td>容积(m^3)</td><td>≤50</td><td>50～100</td><td>100～200</td><td>200～300</td><td>300～500</td><td>500～1000</td></tr>
</table>

注：1. 地基主要受力层系指条形基础底面下深度为 $3b$（b 为基础底面宽度），独立基础下为 $1.5b$，且厚度均不小于 5m 的范围（二层以下一般的民用建筑除外）；

2. 地基主要受力层中如有承载力特征值小于 130kPa 的土层时，表中砌体承重结构的设计，应符合《建筑地基基础设计规范》（GB 50007—2002）第七章的有关要求；

3. 表中砌体承重结构和框架结构均指民用建筑，对于工业建筑可按厂房高度、荷载情况折合成与其相当的民用建筑层数；

4. 表中吊车额定起重量、烟囱高度和水塔容积的数值系指最大值。

9.2　岩土的分类

9.2.1　建筑地基岩土的分类

作为建筑地基的岩土，可分为岩石、碎石土、砂土、粉土、黏性土和人工填土，见表 9.2-1。

建筑地基岩土分类标准及特性指标 **表 9.2-1**

岩土类别	分类标准及特性指标	备　注
岩　石	颗粒间联结牢固，呈整体或具有节理裂隙的岩体	
碎石土	粒径大于 2mm 的颗粒含量超过全重 50%的土	分为漂石、块石、卵石、碎石、圆砾、角砾
砂　土	粒径大于 2mm 的颗粒含量不超过全重的 50%，粒径大于 0.075mm 的颗粒超过全重 50%的土	分为砾砂、粗砂、中砂、细砂、粉砂
粉　土	塑性指数 $I_p \leqslant 10$ 且粒径大于 0.075mm 的颗粒含量不超过全重 50%的土	
黏性土	塑性指数 $I_p > 10$ 的土	

9.2.2 岩石坚硬程度及岩体完整程度的划分

岩石坚硬程度的定性划分见表 9.2-2，岩体完整程度的划分见表 9.2-3，岩石按风化程度分类见表 9.2-4。

岩石坚硬程度的定性划分 **表 9.2-2**

名称		定性鉴定	代表性岩石	饱和单轴抗压强度标准值 f_{rk}（MPa）
硬质岩	坚硬岩	锤击声清脆，有回弹，震手，难击碎； 基本无吸水反应	未风化～微风化的花岗岩、闪长岩、辉绿岩、玄武岩、安山岩、片麻岩、石英岩、硅质砾岩、石英砂岩、硅质石灰岩等	$f_{rk} > 60$
	较硬岩	锤击声较清脆，有轻微回弹，稍震手，较难击碎； 有轻微吸水反应	1. 微风化的坚硬岩； 2. 未风化～微风化的大理岩、板岩、石灰岩、钙质砂岩等	$60 \geqslant f_{rk} > 30$

续表

名称		定性鉴定	代表性岩石	饱和单轴抗压强度标准值 f_{rk}（MPa）
软质岩	较软岩	锤击声不清脆，无回弹，较易击碎；指甲可刻出印痕	1. 中风化的坚硬岩和较硬岩；2. 未风化～微风化的凝灰岩、千枚岩、砂质泥岩、泥灰岩等	$30 \geqslant f_{rk} > 15$
	软岩	锤击声哑，无回弹，有凹痕，易击碎；浸水后，可捏成团	1. 强风化的坚硬岩和较硬岩；2. 中风化的较软岩；3. 未风化～微风化的泥质砂岩、泥岩等	$15 \geqslant f_{rk} > 5$
极软岩		锤击声哑，无回弹，有较深凹痕，手可捏碎；浸水后，可捏成团	1. 风化的软岩；2. 全风化的各种岩石；3. 各种半成岩	$f_{rk} \leqslant 5$

岩体完整程度的划分 **表 9.2-3**

名称	结构面组数	控制性结构面平均间距（m）	代表性结构类型	完整性指数
完整	1～2	>1.0	整状结构	>0.75
较完整	2～3	0.4～1.0	块状结构	0.75～0.55
较破碎	>3	0.2～0.4	镶嵌状结构	0.55～0.35
破碎	>3	<0.2	碎裂状结构	0.35～0.15
极破碎	无序	—	散体状结构	<0.15

注：完整性指数为岩体纵波波速与岩块纵波波速之比的平方。选定岩体、岩块测定波速时应有代表性。

岩石按风化程度分类 **表 9.2-4**

风化程度	野 外 特 征	风化程度参数指标	
		波速比 K_v	风化系数 K_f
未风化	岩质新鲜，偶见风化痕迹	0.9~1.0	0.9~1.0
微风化	结构基本未变，仅节理面有渲染或略有变色，有少量风化裂隙	0.8~0.9	0.8~0.9
中等风化	结构部分破坏，沿节理面有次生矿物，风化裂隙发育，岩体被切割成岩块。用镐难挖，岩芯钻方可钻进	0.6~0.8	0.4~0.8
强风化	结构大部分破坏，矿物成分显著变化，风化裂隙很发育，岩体破碎，用镐可挖，干钻不易钻进	0.4~0.6	<0.4
全风化	结构基本破坏，但尚可辨认，有残余结构强度，可用镐挖，干钻可钻进	0.2~0.4	—
残积土	组织结构全部破坏，已风化成土状，锹镐易挖掘，干钻易钻进，具可塑性	<0.2	—

注：1. 波速比 K_v 为风化岩石与新鲜岩石压缩波速度之比；

2. 风化系数 K_f 为风化岩石与新鲜岩石饱和单轴抗压强度之比；

3. 岩石风化程度，除按表列野外特征和定量指标划分外，也可根据当地经验划分；

4. 花岗岩类岩石，可采用标准贯入试验划分，$N \geqslant 50$ 为强风化，$50 > N \geqslant 30$ 为全风化，$N < 30$ 为残积土；

5. 泥岩和半成岩，可不进行风化程度划分。

对地下洞室和边坡工程，尚应确定岩体的结构类型。岩体结构类型的划分应按表 9.2-5 执行。

岩体按结构类型划分　　表 9.2-5

岩体结构类型	岩体地质类型	结构体形状	结构面发育情况	岩土工程特征	可能发生的岩土工程问题
整状体结构	巨块状岩浆岩和变质岩，巨厚层沉积岩	巨块状	以层面和原生、构造节理为主，多呈闭合型，间距大于 1.5m，一般为1~2组，无危险结构	岩体稳定，为视为均质弹性各向同性体	局部滑动或坍塌，深埋洞室的岩爆
块状结构	厚层状沉积岩，块状岩浆岩和变质岩	块状 柱状	有少量贯穿性节理裂隙，结构面间距 0.7~1.5m。一般为2~3组，有少量分离体	结构面互相牵制，岩体基本稳定，接近弹性各向同性体	
层状结构	多韵律薄层、中厚层状沉积岩，副变质岩	层状 板状	有层理、片理、节理，常有层间错动	变形和强度受层面控制，可视为各向异性弹塑性体，稳定性较差	可沿结构面滑塌，软岩可产生塑性变形
碎裂状结构	构造影响严重的破碎岩层	碎块状	断层、节理、片理、层理发育,结构面间距 0.25 ~ 0.50m，一般 3 组以上，由许多分离体	整体强度很低，并受软弱结构面控制，呈弹塑性体，稳定性很差	易发生规模较大的岩体失稳，地下水加剧失稳
散体状结构	断层破碎带，强风化及全风化带	碎屑状	构造和风化裂隙密集，结构面错综复杂，多充填黏性土，形成无序小块和碎屑	完整性遭极大破坏，稳定性极差，接近松散体介质	易发生规模较大的岩体失稳，地下水加剧失稳

9.2.3 碎石土

碎石土可分为漂石、块石、卵石、碎石和圆砾及角砾（见表9.2-6）。

碎石土的密实度可分为松散、稍密、中密、密实（见表9.2-7）。

碎石土的分类 **表 9.2-6**

土的名称	颗粒形状	粒组含量
漂石 块石	圆形及亚圆形为主 棱角形为主	粒径大于200mm的颗粒含量超过全重50%
卵石 碎石	圆形及亚圆形为主 棱角形为主	粒径大于20mm的颗粒含量超过全重50%
圆砾 角砾	圆形及亚圆形为主 棱角形为主	粒径大于2mm的颗粒含量超过全重50%

注：分类时应根据粒组含量栏从上到下以最先符合者确定。

碎石土的密实度 **表 9.2-7**

重型圆锥动力触探锤击数 $N_{63.5}$	密 实 度	重型圆锥动力触探锤击数 $N_{63.5}$	密 实 度
$N_{63.5} \leqslant 5$	松 散	$10 < N_{63.5} \leqslant 20$	中 密
$5 < N_{63.5} \leqslant 10$	稍 密	$N_{63.5} > 20$	密 实

注：1. 本表适用于平均粒径小于等于50mm且最大粒径不超过100mm的卵石、碎石、圆砾、角砾。对于平均粒径大于50mm或最大粒径大于100mm的碎石土，可按表9.2-8或表9.2-9鉴别其密实度；

2. 表内 $N_{63.5}$为经综合修正后的平均值。

碎石土密实度按 N_{120}分类 **表 9.2-8**

超重型动力触探锤击数 N_{120}	密实度
$N_{120} \leqslant 3$	松散
$3 < N_{120} \leqslant 6$	稍密
$6 < N_{120} \leqslant 11$	中密
$11 < N_{120} \leqslant 14$	密实
$N_{120} > 14$	很密

碎石土密实度野外鉴别方法　**表 9.2-9**

密实度	骨架颗粒含量和排列	可挖性	可钻性
密　实	骨架颗粒含量大于总重的 70%，呈交错排列，连续接触	锹镐挖掘困难，用撬棍方能松动，井壁一般较稳定	钻进极困难，冲击钻探时，钻杆、吊锤跳动剧烈，孔壁较稳定
中　密	骨架颗粒含量等于总重的 60% ~ 70%，呈交错排列，大部分接触	锹镐可挖掘，井壁有掉块现象，从井壁取出大颗粒处，能保持颗粒凹面形状	钻进较困难，冲击钻探时，钻杆、吊锤跳动不剧烈，孔壁有坍塌现象
稍　密	骨架颗粒含量等于总重的 55% ~ 60%，排列混乱，大部分不接触	锹可以挖掘，井壁易坍塌，从井壁取出大颗粒后，砂土立即坍落	钻进较容易，冲击钻探时，钻杆稍有跳动，孔壁易坍塌
松　散	骨架颗粒含量小于总重的 55%，排列十分混乱，绝大部分不接触	锹易挖掘，井壁极易坍塌	钻进很容易，冲击钻探时，钻杆无跳动，孔壁极易坍塌

注：1. 骨架颗粒系指与表 9.2-6 相对应粒径的颗粒；
　　2. 碎石土的密实度应按表列各项要求综合确定。

9.2.4　砂土

砂土可分为砾砂、粗砂、中砂、细砂和粉砂（见表 9.2-10）。

砂土的密实度可分为松散、稍密、中密、密实（见表 9.2-11）。用原位测试中的标准贯入试验测定。

砂 土 的 分 类　**表 9.2-10**

土的名称	粒组含量
砾　砂	粒径大于 2mm 的颗粒含量占全重 25% ~ 50%
粗　砂	粒径大于 0.5mm 的颗粒含量超过全重 50%
中　砂	粒径大于 0.25mm 的颗粒含量超过全重 50%
细　砂	粒径大于 0.075mm 的颗粒含量超过全重 85%
粉　砂	粒径大于 0.075mm 的颗粒含量超过全重 50%

注：分类时应根据粒组含量栏从上到下以最先符合者确定。

砂土的密实度 表 9.2-11

标准贯入试验锤击数 N	密实度
$N \leqslant 10$	松散
$10 < N \leqslant 15$	稍密
$15 < N \leqslant 30$	中密
$N > 30$	密实

注：当用静力触探探头阻力判定砂土的密实度时，可根据当地经验确定。

9.2.5 黏性土

黏性土为塑性指数 I_p 大于 10 的土，分为黏土、粉质黏土（见表 9.2-12）。

黏性土的状态，可分为坚硬、硬塑、可塑、软塑、流塑（见表 9.2-13）。

黏性土的分类 表 9.2-12

塑性指数 I_p	土的名称	塑性指数 I_p	土的名称
$I_p > 17$	黏土	$10 < I_p \leqslant 17$	粉质黏土

注：塑性指数由相应于 76g 圆锥体沉入土样中深度为 10mm 时测定的液限计算而得。

黏性土的状态 表 9.2-13

液性指数 I_L	状态	液性指数 I_L	状态
$I_L \leqslant 0$	坚硬	$0.75 < I_L \leqslant 1$	软塑
$0 < I_L \leqslant 0.25$	硬塑	$I_L > 1$	流塑
$0.25 < I_L \leqslant 0.75$	可塑		

注：当用静力触探探头阻力或标准贯入试验锤击数判定黏性土的状态时，可根据当地经验确定。

9.2.6 粉土

粉土为介于砂土与黏性土之间，塑性指数 $I_p \leqslant 10$，且粒径大于 0.075mm 的颗粒含量不超过全重 50% 的土。粉土湿度的分类见表 9.2-14，粉土密实度的分类见表 9.2-15。

粉土湿度的分类　表 9.2-14

含水量 w	湿　度
$w<20$	稍湿
$20\leqslant w\leqslant 30$	湿
$w>30$	很湿

粉土密实度的分类　表 9.2-15

孔隙比 e	密实度
$e<0.75$	密实
$0.75\leqslant e\leqslant 0.90$	中密
$e>0.9$	稍密

注：当有经验时，也可用原位测试或其他方法划分粉土的密实度。

9.2.7　其他几种特殊性岩土

(1) 土的分类名称与指标、说明（见表 9.2-16）。

土的分类名称与指标、说明　表 9.2-16

名　称	分类指标及说明	
淤　泥	天然含水量大于液限（$w>w_L$），天然孔隙比大于或等于 1.5 的黏性土（$e\geqslant 1.5$）	
淤泥质土	天然含水量大于液限（$w>w_L$），天然孔隙比小于 1.5 但大于或等于 1.0 的黏性土（或粉土）为淤泥质土	
红黏土	碳酸盐岩系的岩石经红土化作用形成的高塑性黏土，其液限一般大于 50（$w_L>50$）	
次生红黏土	红黏土经再搬运后仍保留其基本特征，液限大于 45（$w_L>45$）	
人工填土	素填土	由碎石土、砂土、粉土、黏性土等组成的填土
	压实填土	素填土经压实或夯实即为压实填土
	杂填土	含有建筑垃圾、工业废料、生活垃圾等杂物的填土
	冲填土	由水力冲填泥砂形成的填土
膨胀土	具有显著的吸水膨胀和失水收缩特性，其自由膨胀率大于或等于 40%的黏性土	
湿陷性土	浸水后产生附加沉降，其湿陷系数大于或等于 0.015 的土	
多年冻土	含有固态水，且冻结状态持续 2 年或 2 年以上的土	
盐渍岩土	岩土中易溶盐含量大于 0.3%，并具有溶陷、盐胀、腐蚀等工程特性为盐渍岩土	

续表

名称	分类指标及说明
混合土	由细粒土和粗粒土混杂且缺乏中间粒径的土； 当碎石土中粒径小于0.075mm的细粒土质量超过总质量的25%时，应为粗粒混合土； 当粉土或黏性土中粒径大于2mm的粗粒土质量超过总质量的25%时，应为细粒混合土
风化岩和残积土	岩石在风化营力作用下，其结构、成分和性质已产生不同程度的变异，应为风化岩。已完全风化成土而未经搬运的应为残积土
污染土	由于致污物质侵入改变了物理力学性状的土 (污染土的定义是基于岩土工程意义给出的，不包含环境评价意义。本污染土条目不适用于受核污染的土)

（2）岩土的场地勘察要求及工程评价（见表9.2-17）。

岩土的场地勘察要求及工程评价　　表9.2-17

名　称	项　目	说　　明
软土(含淤泥、淤泥质土、泥炭、泥炭质土)	勘察要求	软土勘察除应符合常规要求外，尚应查明下列内容： (1) 成因类型、成层条件、分布规律、层理特征、水平向和垂直向的均匀性； (2) 地表硬壳层的分布与厚度、下伏硬土层或基岩的埋深和起伏； (3) 固结历史、应力水平和结构破坏对强度和变形的影响； (4) 微地貌形态和暗埋的塘、浜、沟、坑、穴的分布、埋深及其填土的情况； (5) 开挖、回填、支护、工程降水、打桩、沉井等对软土应力状态、强度和压缩性的影响； (6) 当地的工程经验

续表

名　称	项　目	说　　明
软土(含淤泥、淤泥质土、泥炭、泥炭质土)	工程评价	软土的岩土工程评价应包括下列内容： (1) 判定地基产生失稳和不均匀变形的可能性；当工程位于池塘、河岸、边坡附近时，应验算其稳定性； (2) 软土地基承载力应根据室内试验、原位测试和当地经验，并结合下列因素综合确定： 1) 软土成层条件、应力历史、结构性、灵敏度等力学特性和排水条件； 2) 上部结构的类型、刚度、荷载性质和分布，对不均匀沉降的敏感性； 3) 基础的类型、尺寸、埋深和刚度等； 4) 施工方法和程序 (3) 当建筑物相邻高低层荷载相差较大时，应分析其变形差异和相互影响；当地面有大面积堆载时，应分析对相邻建筑物的不利影响； (4) 地基沉降计算可采用分层总和法或土的应力历史法，并应根据当地经验进行修正，必要时，应考虑软土的次固结效应； (5) 提出基础形式和持力层的建议；对于上为硬层，下为软土的双层土地基应进行下卧层验算
红黏土	勘察要求	红黏土的工程地质测绘和调查除按有关规范要求进行外，着重查明下列内容： (1) 不同地貌单元红黏土的分布、厚度、物质组成、土性等特征及其差异； (2) 下伏基岩岩性、岩溶发育特征及其与红黏土土性、厚度变化的关系； (3) 地裂分布、发育特征及其成因，土体结构特征，土体中裂隙的密度、深度、延展方向及其发育规律； (4) 地表水体和地下水的分布、动态及其与红黏土状态垂向分带的关系； (5) 现有的建筑物开裂原因分析，当地勘察、设计、施工经验等

续表

<table>
<tr><th>名　称</th><th>项　目</th><th>说　　明</th></tr>
<tr><td rowspan="2">红黏土</td><td>分　类</td><td>
(1) 红黏土的状态除按液性指数判定外，尚可按表 A 判定；
红黏土的状态分类　　表 A
<table>
<tr><th>状　态</th><th>含水比 α_w</th></tr>
<tr><td>坚硬
硬塑
可塑
软塑
流塑</td><td>$\alpha_w \leqslant 0.55$
$0.55 < \alpha_w \leqslant 0.70$
$0.70 < \alpha_w \leqslant 0.85$
$0.85 < \alpha_w \leqslant 1.00$
$\alpha_w > 1.00$</td></tr>
</table>
注：$\alpha_w = w / w_L$
(2) 红黏土的结构可根据其裂隙发育特征按表 B 分类；
(3) 红黏土的复浸水特性可按表 C 分类；
(4) 红黏土的地基均匀性可按表 D 分类
红黏土的结构分类　　表 B
<table>
<tr><th>土体结构</th><th>裂隙发育特征</th></tr>
<tr><td>致密状的
巨块状的
碎块状的</td><td>偶见裂隙（<1 条/m）
较多裂隙（1~2 条/m）
富裂隙（>5 条/m）</td></tr>
</table>
红黏土的复浸水特性分类　　表 C
<table>
<tr><th>类 别</th><th>I_r 与 I'_r 关系</th><th>复浸水特性</th></tr>
<tr><td>Ⅰ</td><td>$I_r \geqslant I'_r$</td><td>收缩后复浸水膨胀，能恢复到原位</td></tr>
<tr><td>Ⅱ</td><td>$I_r < I'_r$</td><td>收缩后复浸水膨胀，不能恢复到原位</td></tr>
</table>
注：$I_r = w_L / w_P$，$I'_r = 1.4 + 0.0066 w_L$
红黏土的地基均匀性分类　　表 D
<table>
<tr><th>地基均匀性</th><th>地基压缩层范围内岩土组成</th></tr>
<tr><td>均匀地基</td><td>全部由红黏土组成</td></tr>
<tr><td>不均匀地基</td><td>由红黏土和岩石组成</td></tr>
</table>
</td></tr>
<tr><td>工程评价</td><td>
(1) 建筑物应避免跨越地裂密集带或深长地裂地段；
(2) 轻型建筑物的基础埋深应大于大气影响急剧层的深度；炉窑等高温设备的基础应考虑地基土的不均匀收缩变形；开挖明渠时应考虑土体干湿循环的影响；在石芽出露的地段，应考虑地表水下渗形成的地面变形；
(3) 选择适宜的持力层和基础形式，在满足上述第（2）款要求的前提下，基础宜浅埋，利用浅部硬壳层，并进行下卧层承载力的验算；不能满足承载力和变形要求时，应建议进行地基处理或采用桩基础；
(4) 基坑开挖时宜采取保湿措施，边坡应及时维护，防止失水干缩
</td></tr>
</table>

续表

名　称	项　目	说　明
填　土	勘察要求	(1) 调查地形和地物的变迁，填土的来源，堆积年限和堆积方式； (2) 查明填土的分布、厚度、物质成分、颗粒级配、均匀性、密实性、压缩性和湿陷性； (3) 判定地下水对建筑材料的腐蚀性
	工程评价	(1) 阐明填土的成分、分布和堆积年代，判定地基的均匀性、压缩性和密实度；必要时应按厚度、强度和变形特性分层或分区评价； (2) 对堆积年限较长的素填土、冲填土和由建筑垃圾或性能稳定的工业废料组成的杂填土，当较均匀和较密实时可作为天然地基；由有机质含量较高的生活垃圾和对基础有腐蚀性的工业废料组成的杂填土，不宜作为天然地基； (3) 填土地基承载力应按现行国家标准《岩土工程勘察规范》(GB 50021) 的规定综合确定； (4) 当填土底面的天然坡度大于 20% 时，应验算其稳定性
膨胀岩土	勘察要求	(1) 查明膨胀岩土的岩性、地质年代、成因、产状、分布以及颜色、节理、裂缝等外观特征； (2) 划分地貌单元和场地类型，查明有无浅层滑坡、地裂、冲沟以及微地貌形态和植被情况； (3) 调查地表水的排泄和积聚情况以及地下水类型、水位和变化规律； (4) 搜集当地降水量、蒸发力、气温、地温、干湿季节、干旱持续时间等气象资料，查明大气影响深度； (5) 调查当地建筑经验
	工程评价	(1) 对建在膨胀岩土上的建筑物，其基础埋深、地基处理、桩基设计、总平面布置、建筑和结构措施、施工和维护，应符合现行国家标准《膨胀土地区建筑技术规范》(GBJ 112) 的规定； (2) 一级工程的地基承载力应采用浸水载荷试验方法确定；二级工程宜采用浸水载荷试验；三级工程可采用饱和状态下不固结不排水三轴剪切试验计算或根据已有经验确定； (3) 对边坡及位于边坡上的工程，应进行稳定性验算；验算时应考虑坡体内含水量变化的影响；均质土可采用圆弧滑动法，有软弱夹层及层状膨胀岩土应按最不利的滑动面验算；具有胀缩裂缝和地裂缝的膨胀土边坡，应进行沿裂缝滑动的验算

续表

<table>
<tr><th>名　称</th><th>项　目</th><th>说　明</th></tr>
<tr><td rowspan="2">湿陷性土</td><td>勘察要求</td><td>湿陷性土场地勘察除应遵守现行国家标准《岩土工程勘察规范》（GB 50021）的规定外，尚应附合下列要求：
（1）勘探点的间距应按现行国家标准《岩土工程勘察规范》（GB 50021）规定取小值。对湿陷性土分布极不均匀的场地应加密勘探点；
（2）控制性勘探孔深度应穿透湿陷性土层；
（3）应查明湿陷性土的年代、成因、分布和其中的夹层、包含物、胶结物的成分和性质；
（4）湿陷性碎石土和砂土，宜采用动力触探试验和标准贯入试验确定力学特性；
（5）不扰动土试样应在探井中采取；
（6）不扰动土试样除测定一般物理力学性质外，尚应作土的湿陷性和湿化试验；
（7）对不能取得不扰动土试样的湿陷性土，应在探井中采用大体积法测定密度和含水量；
（8）对于厚度超过 2m 的湿陷性土，应在不同深度处分别进行浸水载荷试验，并应不受相邻试验的浸水影响</td></tr>
<tr><td>工程评价</td><td>（1）湿陷性土的湿陷程度划分应符合表 E 的规定；
（2）湿陷性土的地基承载力宜采用载荷试验或其他原位测试确定；
（3）对湿陷性土边坡，当浸水因素引起湿陷性土本身或其与下伏地层接触面的强度降低时，应进行稳定性评价；
湿陷程度分类　　表 E
<table>
<tr><th rowspan="2">试验条件
湿陷程度</th><th colspan="2">附加湿陷量 ΔF_s（cm）</th></tr>
<tr><th>承压板面积 0.50m²</th><th>承压板面积 0.25m²</th></tr>
<tr><td>轻　微</td><td>$1.6 < \Delta F_s \leqslant 3.2$</td><td>$1.1 < \Delta F_s \leqslant 2.3$</td></tr>
<tr><td>中　等</td><td>$3.2 < \Delta F_s \leqslant 7.4$</td><td>$2.3 < \Delta F_s \leqslant 5.3$</td></tr>
<tr><td>强　烈</td><td>$\Delta F_s > 7.4$</td><td>$\Delta F_s > 5.3$</td></tr>
</table>
注：对能用取土器取得不扰动试样的湿陷性粉砂，其试验方法和评定标准按现行国家标准《湿陷性黄土地区建筑规范》（GB 50025）执行。</td></tr>
</table>

续表

<table>
<tr><th>名　称</th><th>项　目</th><th>说　明</th></tr>
<tr><td>湿陷性土</td><td>工程评价</td><td>(4) 湿陷性土地基的湿陷等级应按表F判定
湿陷性土地基的湿陷等级　表F
<table>
<tr><th>总湿陷量 Δ_s (cm)</th><th>湿陷性土总厚度 (m)</th><th>湿陷等级</th></tr>
<tr><td rowspan="2">$5 < \Delta_s \leqslant 30$</td><td>$> 3$</td><td>Ⅰ</td></tr>
<tr><td>$\leqslant 3$</td><td rowspan="2">Ⅱ</td></tr>
<tr><td rowspan="2">$30 < \Delta_s \leqslant 60$</td><td>$> 3$</td></tr>
<tr><td>$\leqslant 3$</td><td rowspan="2">Ⅲ</td></tr>
<tr><td rowspan="2">$\Delta_s > 60$</td><td>> 3</td></tr>
<tr><td>$\leqslant 3$</td><td>Ⅳ</td></tr>
</table>
</td></tr>
<tr><td rowspan="3">多年冻土</td><td>勘察要求</td><td>多年冻土勘察应根据多年冻土的设计原则、多年冻土的类型和特征进行，并应查明下列内容：
(1) 多年冻土的分布范围及上限深度；
(2) 多年冻土的类型、厚度、总含水量、构造特征、物理力学和热学性质；
(3) 多年冻土层上水、层间水和层下水的赋存形式、相互关系及其对工程的影响；
(4) 多年冻土的融沉性分级和季节融化层土的冻胀性分级；
(5) 厚层地下冰、冰椎、冰丘、冻土沼泽、热融滑塌、热融湖塘、融冻泥流等不良地质作用的形态特征、形成条件、分布范围、发生发展规律及其对工程的危害程度</td></tr>
<tr><td>工程评价</td><td>(1) 多年冻土的地基承载力，应区别保持冻结地基和容许融化地基，结合当地经验用载荷试验或其他原位测试方法综合确定，对次要建筑物可根据邻近工程经验确定；
(2) 除次要工程外，建筑物宜避开饱冰冻土、含土冰层地段和冰椎、冰丘、热融湖、厚层地下冰，融区与多年冻土区之间的过渡带，宜选择坚硬岩层、少冰冻土和多冰冻土地段以及地下水位或冻土层上水位低的地段和地形平缓的高地</td></tr>
<tr><td>融沉性分类</td><td>根据融化下沉系数 δ_0 的大小，多年冻土可分为不融沉、弱融沉、融沉、强融沉和融陷五级，并应符合表G的规定。冻土的平均融化下沉系数 δ_0 可按下式计算：
$$\delta_0 = \frac{h_1 - h_2}{h_1} = \frac{e_1 - e_2}{1 + e_1} \times 100(\%)$$
式中　h_1、e_1——冻土试样融化前的高度 (mm) 和孔隙比；
h_2、e_2——冻土试样融化后的高度 (mm) 和孔隙比</td></tr>
</table>

续表

名　称	项　目	说　明
多年冻土	融沉性分　类	多年冻土的融沉性分类 表 G（见下表）

多年冻土的融沉性分类 **表 G**

土的名称	总含水量 w_0（%）	平均融沉系数 δ_0	融沉等级	融沉类别	冻土类型
碎石土，砾、粗、中砂（粒径小于0.075mm的颗粒含量不大于15%）	$w_0 < 10$	$\delta_0 \leqslant 1$	Ⅰ	不融沉	少冰冻土
	$w_0 \geqslant 10$	$1 < \delta_0 \leqslant 3$	Ⅱ	弱融沉	多冰冻土
碎石土，砾、粗、中砂（粒径小于0.075mm的颗粒含量大于15%）	$w_0 < 12$	$\delta_0 \leqslant 1$	Ⅰ	不融沉	少冰冻土
	$12 \leqslant w_0 < 15$	$1 < \delta_0 \leqslant 3$	Ⅱ	弱融沉	多冰冻土
	$15 \leqslant w_0 < 25$	$3 < \delta_0 \leqslant 10$	Ⅲ	融沉	富冰冻土
	$w_0 \geqslant 25$	$10 < \delta_0 \leqslant 25$	Ⅳ	强融沉	饱冰冻土
粉砂、细砂	$w_0 < 14$	$\delta_0 \leqslant 1$	Ⅰ	不融沉	少冰冻土
	$14 \leqslant w_0 < 18$	$1 < \delta_0 \leqslant 3$	Ⅱ	弱融沉	多冰冻土
	$18 \leqslant w_0 < 28$	$3 < \delta_0 \leqslant 10$	Ⅲ	融沉	富冰冻土
	$w_0 \geqslant 28$	$10 < \delta_0 \leqslant 25$	Ⅳ	强融沉	饱冰冻土
粉土	$w_0 < 17$	$\delta_0 \leqslant 1$	Ⅰ	不融沉	少冰冻土
	$17 \leqslant w_0 < 21$	$1 < \delta_0 \leqslant 3$	Ⅱ	弱融沉	多冰冻土
	$21 \leqslant w_0 < 32$	$3 < \delta_0 \leqslant 10$	Ⅲ	融沉	富冰冻土
	$w_0 \geqslant 32$	$10 < \delta_0 \leqslant 25$	Ⅳ	强融沉	饱冰冻土
粘性土	$w_0 < w_p$	$\delta_0 \leqslant 1$	Ⅰ	不融沉	少冰冻土
	$w_p \leqslant w_0 < w_p + 4$	$1 < \delta_0 \leqslant 3$	Ⅱ	弱融沉	多冰冻土
	$w_p + 4 \leqslant w_0 < w_p + 15$	$3 < \delta_0 \leqslant 10$	Ⅲ	融沉	富冰冻土
	$w_p + 15 \leqslant w_0 < w_p + 35$	$10 < \delta_0 \leqslant 25$	Ⅳ	强融沉	饱冰冻土
含土冰层	$w_0 \geqslant w_p + 35$	$\delta_0 > 25$	Ⅳ	融陷	含土冰层

注：1. 总含水量 w_0 包括冰和未冻水；

2. 本表不包括盐渍化冻土、冻结泥炭化土、腐殖土、高塑性黏土。

续表

名称	项目	说明
盐渍岩土	分类	盐渍岩可分为石膏盐渍岩，芒硝盐渍岩等。盐渍土可按表 H 和表 I 分类

盐渍土按含盐化学成分分类　　表 H

盐渍土名称	$\frac{c\ (Cl^{-1})}{2c\ (SO_4{}^{2-})}$	$\frac{2c\ (CO_3^{2-})\ +c\ (HCO_3^-)}{c\ (Cl^-)\ +2c\ (SO_4^{2-})}$
氯盐渍土	>2	—
亚氯盐渍土	2~1	—
亚硫酸盐渍土	1~0.3	—
硫酸盐渍土	<0.3	—
碱性盐渍土	—	>0.3

注：表中 $c(Cl^-)$为氯离子在 100g 土中所含毫摩数，其他离子同。

盐渍土按含盐量分类　　表 I

盐渍土名称	平均含盐量（%）		
	氯及亚氯盐	硫酸及亚硫酸盐	碱性盐
弱盐渍土	0.3~1.0	—	—
中盐渍土	1~5	0.3~2.0	0.3~1.0
强盐渍土	5~8	2~5	1~2
超盐渍土	>8	>5	>2

名称	项目	说明
盐渍岩土	勘察要求	盐渍岩土的勘探测试应符合下列规定： (1) 除应遵守现行国家标准《岩土工程勘察规范》(GB 50021) 规定外，勘探点布置尚应满足查明盐渍岩土分布特征的要求； (2) 采取岩土试样宜在干旱季节进行，对用于测定含盐离子的扰动土取样，宜符合表 J 的规定；

盐渍土扰动土试样取样要求　　表 J

勘察阶段	深度范围 (m)	取土试样间距 (m)	取样孔占勘探孔总数的百分数(%)
初步勘察	<5	1.0	100
	5~10	2.0	50
	>10	3.0~5.0	20
详细勘察	<5	0.5	100
	5~10	1.0	50
	>10	2.0~3.0	30

注：浅基取样深度到 10m 即可。

续表

名　称	项　目	说　明
盐渍岩土	勘察要求	(3) 工程需要时，应测定有害毛细水上升的高度； (4) 应根据盐渍土的岩性特征，选用载荷试验等适宜的原位测试方法，对于溶陷性盐渍土尚应进行浸水载荷试验确定其溶陷性； (5) 对盐胀性盐渍土宜现场测定有效盐胀厚度和总盐胀量，当土中硫酸钠含量不超过1%时，可不考虑盐胀性； (6) 除进行常规室内试验外，尚应进行溶陷性试验和化学成分分析，必要时可对岩土的结构进行显微结构鉴定； (7) 溶陷性指标的测定可按湿陷性土的湿陷试验方法进行
	工程评价	(1) 岩土中含盐类型、含盐量及主要含盐矿物对岩土工程特性的影响； (2) 岩土的溶陷性、盐胀性、腐蚀性和场地工程建设的适宜性； (3) 盐渍土地基的承载力宜采用载荷试验确定，当采用其他原位测试方法时，应与载荷试验结果进行对比； (4) 确定盐渍岩地基的承载力时，应考虑盐渍岩的水溶性影响； (5) 盐渍岩边坡的坡度宜比非盐渍岩的软质岩石边坡适当放缓，对软弱夹层、破碎带应部分或全部加以防护； (6) 盐渍岩土对建筑材料的腐蚀性评价应按现行国家标准《岩土工程勘察规范》(GB 50021) 有关规定执行
混合土	勘察要求	混合土的勘察应符合下列要求： (1) 查明地形和地貌特征，混合土的成因、分布，下卧土层或基岩的埋藏条件； (2) 查明混合土的组成、均匀性及其在水平方向和垂直方向上的变化规律； (3) 勘探点的间距和勘探孔的深度除应满足现行国家标准《岩土工程勘察规范》的有关要求外，尚应适当加密加深； (4) 应有一定数量的探井，并应采取大体积土试样进行颗粒分析和物理力学性质测定； (5) 对粗粒混合土宜采用动力触探试验，并应有一定数量的钻孔或探井检验； (6) 现场载荷试验的承压板直径和现场直剪试验的剪切面直径都应大于试验土层最大粒径的5倍，载荷试验的承压板面积不应小于 $0.5m^2$，直剪试验的剪切面面积不宜小于 $0.25m^2$
	工程评价	(1) 混合土的承载力应采用载荷试验、动力触探试验并结合当地经验确定； (2) 混合土边坡的容许坡度值可根据现场调查和当地经验确定。对重要工程应进行专门试验研究

续表

名称	项目	说明
风化岩和残积土	勘察要求	风化岩和残积土的勘察应着重查明下列内容： （1）母岩地质年代和岩石名称； （2）按表9.2-4划分岩石的风化程度； （3）岩脉和风化花岗岩中球状风化体（孤石）的分布； （4）岩土的均匀性、破碎带和软弱夹层的分布； （5）地下水赋存条件
	工程评价	（1）对于厚层的强风化和全风化岩石，宜结合当地经验进一步划分为碎块状、碎屑状和土状；厚层残积土可进一步划分为硬塑残积土和可塑残积土，也可根据含砾或含砂量划分为黏性土、砂质黏性土和砾质黏性土； （2）建在软硬互层或风化程度不同地基上的工程，应分析不均匀沉降对工程的影响； （3）基坑开挖后应及时检验，对于易风化的岩类，应及时砌筑基础或采取其他措施，防止风化发展； （4）对岩脉和球状风化体（孤石），应分析评价其对地基（包括桩基）的影响，并提出相应的建议
污染土	勘察要求	（1）查明污染前后土的物理力学性质、矿物成分和化学成分等； （2）查明污染源、污染物的化学成分、污染途径、污染史等； （3）查明污染土对金属和混凝土的腐蚀性； （4）查明污染土的分布，按照有关标准划分污染等级； （5）查明地下水的分布、运动规律及其与污染作用的关系； （6）提出污染土的力学参数，评价污染土地基的工程特性； （7）提出污染土的处理意见
	工程评价	（1）划分污染程度并进行分区； （2）评价污染土的变化特征和发展趋势； （3）判定污染土、水对金属和混凝土的腐蚀性； （4）评价污染土作为拟建工程场地和地基的适宜性，提出防治污染和污染土处理的建议

9.3 地 基 计 算

9.3.1 基础埋置深度

(1) 基本要求

1) 基础埋置深度应按下列条件确定:

(A) 建筑物的用途，有无地下室、设备基础和地下设施;

(B) 基础的形式和构造;

(C) 作用在地基上的荷载大小和性质;

(D) 工程地质和水文地质条件;

(E) 相邻建（构）筑物的基础埋深;

(F) 地基土冻胀和融陷的影响。

2) 在满足地基稳定和变形要求的前提下，基础宜浅埋，当上层地基的承载力大于下层土时，宜利用上层土作持力层。除岩石地基外，基础埋深不宜小于 0.5m。

3) 高层建筑筏形和箱形基础的埋置深度应满足地基承载力、变形和稳定性要求。

在抗震设防区，除岩石地基外，天然地基上的箱形和筏形基础，其埋置深度不宜小于建筑物高度的 1/15；桩箱或桩筏基础的埋置深度（不计桩长）不宜小于建筑物高度的 1/18 ~ 1/20。

位于岩石地基上的高层建筑，其基础埋置深度应满足抗滑要求。

4) 基础宜埋置在地下水位以上，当必须埋置在地下水位以下时，应采取地基土在施工时不受扰动的措施。

当基础埋置在易风化的岩层上时，基坑开挖后立即铺筑垫层。

5) 当存在相邻建筑物时，新建建筑物的基础埋置深度不宜大于原有建筑基础。当埋深大于原有的建筑物基础时，两基础间应保持一定净距，其数值应根据原有建筑荷载大小、基础形式和土质情况确定。

(2) 季节性冻土地基基础埋深

1) 地基土的冻胀性分类，按表 9.3-1 可分为不冻胀、弱冻胀、冻胀、强冻胀和特强冻胀。

地基土的冻胀性分类　　表 9.3-1

土的名称	冻前天然含水量 w（%）	冻结期间地下水位距冻结面的最小距离 h_w（m）	平均冻胀率 η（%）	冻胀等级	冻胀类别
碎（卵）石，砾、粗、中砂（粒径小于 0.075mm 颗粒含量大于 15%），细砂（粒径小于 0.075mm 颗粒含量大于 10%）	$w \leqslant 12$	>1.0	$\eta \leqslant 1$	Ⅰ	不冻胀
		$\leqslant 1.0$	$1 < \eta \leqslant 3.5$	Ⅱ	弱冻胀
	$12 < w \leqslant 18$	>1.0			
		$\leqslant 1.0$	$3.5 < \eta \leqslant 6$	Ⅲ	冻　胀
	$w > 18$	>0.5			
		$\leqslant 0.5$	$6 < \eta \leqslant 12$	Ⅳ	强冻胀
粉　砂	$w \leqslant 14$	>1.0	$\eta \leqslant 1$	Ⅰ	不冻胀
		$\leqslant 1.0$	$1 < \eta \leqslant 3.5$	Ⅱ	弱冻胀
	$14 < w \leqslant 19$	>1.0			
		$\leqslant 1.0$	$3.5 < \eta \leqslant 6$	Ⅲ	冻　胀
	$19 < w \leqslant 23$	>1.0			
		$\leqslant 1.0$	$6 < \eta \leqslant 12$	Ⅳ	强冻胀
	$w > 23$	不考虑	$\eta > 12$	Ⅴ	特强冻胀
粉　土	$w \leqslant 19$	>1.5	$\eta \leqslant 1$	Ⅰ	不冻胀
		$\leqslant 1.5$	$1 < \eta \leqslant 3.5$	Ⅱ	弱冻胀
	$19 < w \leqslant 22$	>1.5			
		$\leqslant 1.5$	$3.5 < \eta \leqslant 6$	Ⅲ	冻　胀
	$22 < w \leqslant 26$	>1.5			
		$\leqslant 1.5$	$6 < \eta \leqslant 12$	Ⅳ	强冻胀
	$26 < w \leqslant 30$	>1.5			
		$\leqslant 1.5$	$\eta \leqslant 12$	Ⅴ	特强冻胀
	$w > 30$	不考虑			

续表

土的名称	冻前天然含水量 w（%）	冻结期间地下水位距冻结面的最小距离 h_w（m）	平均冻胀率 η（%）	冻胀等级	冻胀类别
黏性土	$w \leqslant w_p + 2$	> 2.0	$\eta \leqslant 1$	Ⅰ	不冻胀
		$\leqslant 2.0$	$1 < \eta \leqslant 3.5$	Ⅱ	弱冻胀
	$w_p + 2 < w \leqslant w_p + 5$	> 2.0			
		$\leqslant 2.0$	$3.5 < \eta \leqslant 6$	Ⅲ	冻　胀
	$w_p + 5 < w \leqslant w_p + 9$	> 2.0			
		$\leqslant 2.0$	$6 < \eta \leqslant 12$	Ⅳ	强冻胀
	$w_p + 9 < w \leqslant w_p + 15$	> 2.0			
		$\leqslant 2.0$	$\eta > 12$	Ⅴ	特强冻胀
	$w > w_p + 15$	不考虑			

注：1. w_p——塑限含水量（%）；

w——在冻土层内冻前天然含水量的平均值；

2. 盐渍化冻土不在表列；

3. 塑性指数大于22时，冻胀性降低一级；

4. 粒径小于0.005mm的颗粒含量大于60%时，为不冻胀土；

5. 碎石类土当充填物大于全部质量的40%时，其冻胀性按充填物土的类别判断；

6. 碎石土、砾砂、粗砂、中砂（粒径小于0.075mm颗粒含量不大于15%）、细砂（粒径小于0.075mm颗粒含量不大于10%）均按不冻胀考虑。

地基的冻胀性类别应根据冻土层的平均冻胀率 η 的大小决定。

2）季节性冻土地基的设计冻深

（A）季节性冻土地基的设计冻深 z_d 应按下式计算：

$$z_d = z_0 \cdot \psi_{zs} \cdot \psi_{zw} \cdot \psi_{ze} \tag{9-1}$$

式中　z_d——设计冻深。若当地有多年实测资料时，也可：$z_d =$

$h'-\Delta z$，h'和Δz分别为实测冻土层厚度和地表冻胀量；

z_0——标准冻深。系采用在地表平坦、裸露、城市之外的空旷场地中不少于10年实测最大冻深的平均值。当无实测资料时，按《建筑地基基础设计规范》（GB 50007—2002）附录F采用；

ψ_{zs}——土的类别对冻深的影响系数，按表9.3-2；

ψ_{zw}——土的冻胀性对冻深的影响系数，按表9.3-3；

ψ_{ze}——环境对冻深的影响系数，按表9.3-4。

土的类别对冻深的影响系数　　表9.3-2

土的类别	影响系数 ψ_{zs}	土的类别	影响系数 ψ_{zs}
黏性土	1.00	中、粗、砾砂	1.30
细砂、粉砂、粉土	1.20	碎石土	1.40

土的冻胀性对冻深的影响系数　　表9.3-3

冻胀性	影响系数 ψ_{zw}	冻胀性	影响系数 ψ_{zw}
不冻胀	1.00	强冻胀	0.85
弱冻胀	0.95	特强冻胀	0.80
冻胀	0.90		

环境对冻深的影响系数　　表9.3-4

周围环境	影响系数 ψ_{ze}	周围环境	影响系数 ψ_{ze}
村、镇、旷野	1.00	城市市区	0.90
城市近郊	0.95		

注：环境影响系数一项，当城市市区人口为20～50万时，按城市近郊取值；当城市市区人口大于50万小于或等于100万时，按城市市区取值；当城市市区人口超过100万时，按城市市区取值，5km以内的郊区应按城市近郊取值。

（B）中国季节性冻土标准冻深线图

参见《建筑地基基础设计规范》（GB 50007—2002）附录F。

3）当建筑基础底面之下允许有一定厚度的冻土层，可用下式计算基础的最小埋深：

$$d_{min} = z_d - h_{max} \tag{9-2}$$

式中 h_{max}——基础底面下允许残留冻土层的最大厚度，按表9.3-5查取。

当有充分依据时，基底下允许残留冻土层厚度也可根据当地经验确定。

建筑基底下允许残留冻土层厚度 h_{max}（m） 表**9.3-5**

冻胀性	基础形式	采暖情况 \ 基底平均压力（kPa）	90	110	130	150	170	190	210
弱冻胀土	方形基础	采暖	—	0.94	0.99	1.04	1.11	1.15	1.20
		不采暖	—	0.78	0.84	0.91	0.97	1.04	1.10
	条形基础	采暖	—	>2.50	>2.50	>2.50	>2.50	>2.50	>2.50
		不采暖	—	2.20	2.50	>2.50	>2.50	>2.50	>2.50
冻胀土	方形基础	采暖	—	0.64	0.70	0.75	0.81	0.86	—
		不采暖	—	0.55	0.60	0.65	0.69	0.74	—
	条形基础	采暖	—	1.55	1.79	2.03	2.26	2.50	—
		不采暖	—	1.15	1.35	1.55	1.75	1.95	—
强冻胀土	方形基础	采暖	—	0.42	0.47	0.51	0.56	—	—
		不采暖	—	0.36	0.40	0.43	0.47	—	—
	条形基础	采暖	—	0.74	0.88	1.00	1.13	—	—
		不采暖	—	0.56	0.66	0.75	0.84	—	—
特强冻胀土	方形基础	采暖	0.30	0.34	0.38	0.41	—	—	—
		不采暖	0.24	0.27	0.31	0.34	—	—	—
	条形基础	采暖	0.43	0.52	0.61	0.70	—	—	—
		不采暖	0.33	0.40	0.47	0.53	—	—	—

注：1. 本表只计算法向冻胀力，如果基侧存在切向冻胀力，应采取防切向力措施；
2. 本表不适用于宽度小于0.6m的基础，矩形基础可取短边尺寸按方形基础计算；
3. 表中数据不适用于淤泥、淤泥质土和欠固结土；
4. 表中基底平均压力数值为永久荷载标准值乘以0.9，可以内插。

9.3.2 承载力计算

（1）基础底面的压力，应符合下式要求：

当轴心荷载作用时

$$p_k \leqslant f_a \tag{9-3}$$

式中 p_k——相应于荷载效应标准组合时，基础底面处的平均压力值；

f_a——修正后的地基承载力特征值。

当偏心荷载作用时，除符合式（9-3）要求外，尚应符合下式要求：

$$p_{kmax} \leqslant 1.2f_a \tag{9-4}$$

式中 p_{kmax}——相应于荷载效应标准组合时，基础底面边缘的最大压力值。

（2）基础底面的压力，可按下列公式确定：

1）当轴心荷载作用时

$$p_k = \frac{F_k + G_k}{A} \tag{9-5}$$

式中 F_k——相应于荷载效应标准组合时，上部结构传至基础顶面的竖向力值；

G_k——基础自重和基础上的土重；

A——基础底面面积。

2）当偏心荷载作用时

$$p_{kmax} = \frac{F_k + G_k}{A} + \frac{M_k}{W} \tag{9-6}$$

$$p_{kmin} = \frac{F_k + G_k}{A} - \frac{M_k}{W} \tag{9-7}$$

式中 M_k——相应于荷载效应标准组合时，作用于基础底面的力矩值；

W——基础底面的抵抗矩；

p_{kmin}——相应于荷载效应标准组合时，基础底面边缘的最小压力值。

当偏心距 $e > b/6$ 时（图 9.3-1），p_{kmax}应按下式计算：

$$p_{kmax} = \frac{2(F_k + G_k)}{3la} \quad (9\text{-}8)$$

式中 l——垂直于力矩作用方向的基础底面边长；

a——合力作用点至基础底面最大压力边缘的距离；

b——力矩作用方向基础底面边长。

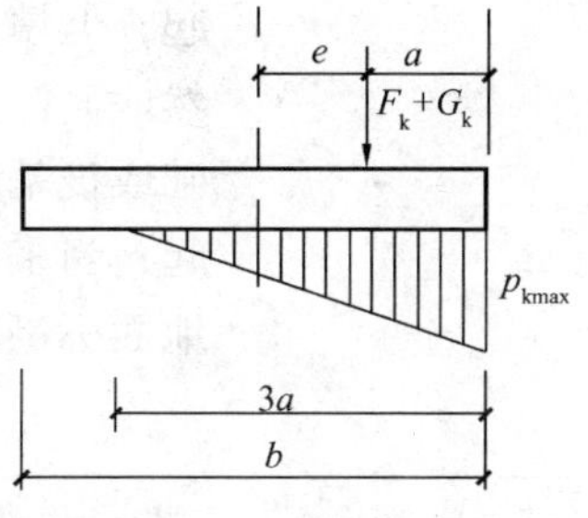

图 9.3-1 偏心荷载（$e > b/6$）下基底压力计算示意

（3）地基承载力特征值可由载荷试验或其他原位测试、公式计算、并结合工程实践经验等方法综合确定。

（4）当基础宽度大于 3m 或埋置深度大于 0.5m 时，从载荷试验或其他原位测试、经验值等方法确定的地基承载力特征值，尚应按下式修正：

$$f_a = f_{ak} + \eta_b \gamma(b - 3) + \eta_d \gamma_m (d - 0.5) \quad (9\text{-}9)$$

式中 f_a——修正后的地基承载力特征值；

f_{ak}——地基承载力特征值；

η_b、η_d——基础宽度和埋深的地基承载力修正系数，按基底下土的类别查表 9.3-6 取值；

γ——基础底面以下土的重度，地下水位以下取浮重度；

b——基础底面宽度（m），当基宽小于 3m 按 3m 取值，大于 6m 按 6m 取值；

γ_m——基础底面以上土的加权平均重度，地下水位以下取浮重度；

d——基础埋置深度（m），一般自室外地面标高算起。在填方整平地区，可自填土地面标高算起，但填土在上部结构施工后完成时，应从天然地面标高算起。对于地下室，如采用箱形基础或筏基时，基础埋置深度自室外地面标高算起；当采用独立基础或条形基础时，应从室内地面标高算起。

承载力修正系数　　表 9.3-6

土的类别		η_b	η_d
淤泥和淤泥质土		0	1.0
人工填土 e 或 I_L 大于等于 0.85 的黏性土		0	1.0
红黏土	含水比 $\alpha_w > 0.8$	0	1.2
	含水比 $\alpha_w \leqslant 0.8$	0.15	1.4
大面积压实填土	压实系数大于 0.95、黏粒含量 $\rho_c \geqslant 10\%$ 的粉土最大干密度大于 $2.1t/m^3$ 的级配砂石	0 0	1.5 2.0
粉土	黏粒含量 $\rho_c \geqslant 10\%$ 的粉土	0.3	1.5
	黏粒含量 $\rho_c < 10\%$ 的粉土	0.5	2.0
e 及 I_L 均小于 0.85 的黏性土		0.3	1.6
粉砂、细砂（不包括很湿与饱和时的稍密状态）		2.0	3.0
中砂、粗砂、砾砂和碎石土		3.0	4.4

注：1. 强风化和全风化的岩石，可参照所风化成的相应土类取值，其他状态下的岩石不修正；

2. 地基承载力特征值按《建筑地基基础设计规范》（GB 50007—2002）附录 D 深层平板载荷试验确定时 η_d 取 0。

（5）当偏心距 e 小于或等于 0.033 倍基础底面宽度时，根据土的抗剪强度指标确定地基承载力特征值可按下式计算，并应满足变形要求：

$$f_a = M_b \gamma b + M_d \gamma_m d + M_c c_k \tag{9-10}$$

式中　f_a——由土的抗剪强度指标确定的地基承载力特征值；

M_b、M_d、M_c——承载力系数、按表 9.3-7 确定；

b——基础底面宽度，大于6m时按6m取值，对于砂土小于3m时按3m取值；

c_k——基底下一倍短边宽深度内土的黏聚力标准值。

承载力系数 M_b、M_d、M_c **表 9.3-7**

土的内摩擦角标准值 φ_k（°）	M_b	M_d	M_c
0	0	1.00	3.14
2	0.03	1.12	3.32
4	0.06	1.25	3.51
6	0.10	1.39	3.71
8	0.14	1.55	3.93
10	0.18	1.73	4.17
12	0.23	1.94	4.42
14	0.29	2.17	4.69
16	0.36	2.43	5.00
18	0.43	2.72	5.31
20	0.51	3.06	5.66
22	0.61	3.44	6.04
24	0.80	3.87	6.45
26	1.10	4.37	6.90
28	1.40	4.93	7.40
30	1.90	5.59	7.95
32	2.60	6.35	8.55
34	3.40	7.21	9.22
36	4.20	8.25	9.97
38	5.00	9.44	10.80
40	5.80	10.84	11.73

注：φ_k——基底下一倍短边宽深度内土的内摩擦角标准值。

（6）岩石地基承载力特征值，可按《建筑地基基础设计规范》（GB 50007—2002）附录H岩基载荷试验方法确定。对完整、较完整和较破碎的岩石地基承载力特征值，可根据室内饱和单轴抗压强度按下式计算：

$$f_a = \psi_r \cdot f_{rk} \tag{9-11}$$

式中 f_a——岩石地基承载力特征值（kPa）；

f_{rk}——岩石饱和单轴抗压强度标准值（kPa），可按《建筑地基基础设计规范》（GB 50007—2002）附录J确定；

ψ_r——折减系数。根据岩体完整程度以及结构面的间距、宽度、产状和组合，由地区经验确定。无经验时，对完整岩体可取0.5；对较完整岩体可取0.2～0.5；对较破碎岩体可取0.1～0.2。

注：1. 上述折减系数值未考虑施工因素及建筑物使用后风化作用的继续；
2. 对于黏土质岩，在确保施工期及使用期不致遭水浸泡时，也可采用天然湿度的试样，不进行饱和处理。

对破碎、极破碎的岩石地基承载力特征值，可根据地区经验取值，无地区经验时，可根据平板载荷试验确定。

（7）几个城市、地区杂填土和素填土承载力经验值（表9.3-8～表9.3-12），表中数据仅供参考，实际应用时，其承载力特征值可据该地区经验或标准取值，如无地区经验和标准时，可用载荷试验确定。

表中部分数据年代已经久远，实际参考应用时，应以当地政府有关部门公布最新数据为准。

部分地区杂填土承载力经验值　　表9.3-8

地区	资料来源	杂填土类型	工程地质特征	地基承载力（kPa）
苏州市	《苏州市常用土壤分类及其地基强度》（草案）（1971年）	房渣土（含碎砖瓦块40%以上）	松，很湿—湿（堆积时间10年以内） 稍密，湿—很湿 中密，湿	需人工处理 80 100
		碎砖夹填土（含碎砖瓦块20%～40%）	松，很湿 稍密，湿—很湿 软塑，中密，湿	需人工处理 80 100

续表

地　区	资料来源	杂填土类型	工程地质特征	地基承载力（kPa）
福州地区	“福州地区第四纪土分类表”（1965年）	瓦砾填土	填垫10年以上，湿—饱和，$w < w_L$，瓦砾含量15%～60%，有机质含量小于10%	70～120
江苏省	江苏省建筑设计院	房渣土	$e_0 = 0.82 \sim 1.23$	60～80
武汉市	武汉市城市规划设计院等（1965年）	砖渣土	堆填10年以上，土质较均匀，砖渣含量超过50%	100～120
大连市	大连市建筑设计院等（1967年）	新炉渣土 老炉渣土	$\gamma_d = 8.5kN/m^3$，$e_0 = 1.71$ $\gamma_d = 9.5kN/m^3$，$e_0 = 1.42$	50 100
沈阳市	辽宁省建筑设计院	房渣土	堆填10年以上，砖瓦占40%以上	100
本溪市	原冶金部沈阳勘察公司	高炉渣 建筑垃圾 纯工业垃圾	堆填10年以上 密实 密实	500 200 100
哈尔滨市	哈尔滨市勘测大队	炉灰土	密实	80
杭州市	杭州市勘测大队	房渣土	堆填几十年	80
		工业垃圾	均匀、小块、稍密 均匀、小块、中密—密	100 100～150
南京市	南京市勘察大队	建筑垃圾	堆填几十年	100
济南市	山东省建筑设计院	房渣土	堆填百年以上	80～120

北京地区素填土承载力标准值（一）　　　　表 9.3-9

E_s（MPa）	11	9	7	5	3	1.5
f_{ka}（kPa）	150	135	120	105	90	70

注：1. 适用于自重压密已完成，饱和度 $S_t = 0.75$ 的均匀素填土；

2. 摘自《北京地区建筑地基基础勘察设计规范》(DBJ 01—501—92)。

北京地区素填土承载力标准值（二）　　　　表 9.3-10

N_{10}	5	9	14	20	26	31
f_{ka}（kPa）	70	90	105	120	135	150

西安市素填土承载力标准值　　　　表 9.3-11

N_{10}	15 ~ 20	18 ~ 25	23 ~ 30	27 ~ 35	32 ~ 40	35 ~ 50
f_{kae}(kPa)	1.25 ~ 1.1540 ~ 70	1.20 ~ 1.1060 ~ 90	1.15 ~ 90100 ~ 150	1.15 ~ 10 80 ~ 120	0.95 ~ 0.80 130 ~ 180	< 0.80 150 ~ 200

注：饱和度 $S_t > 0.60$ 取下限，$S_t < 0.50$ 取上限。

成都地区素填土地基承载力 f_0　　　　表 9.3-12

填土内主要成分	e	F_0（kPa）	E_s（MPa）	有机物
粉质黏土（比较均匀）	0.5	230	12.0	少于 8%
	0.7	200	10.0	少于 8%
	0.9	150	8.0	少于 8%
	1.0	130	7.0	少于 8%

注：本表适用于基础宽度为 0.6 ~ 1.0m，基础埋深为 1.5 ~ 2.0m，当不在上述范围内，应进行修正。

(8) 软弱下卧层验算

当地基受力层范围内有软弱下卧层时，应按下式验算：

$$p_z + p_{cz} \leqslant f_{az} \tag{9-12}$$

式中 p_z——相应于荷载效应标准组合时，软弱下卧层顶面处的附加压力值；

p_{cz}——软弱下卧层顶面处土的自重压力值；

f_{az}——软弱下卧层顶面处经深度修正后地基承载力特征值。

对条形基础和矩形基础，式（9-12）中的 p_z 值可按下列公式简化计算：

条形基础

$$p_z = \frac{b(p_k - p_c)}{b + 2z\tan\theta} \tag{9-13}$$

矩形基础

$$p_z = \frac{lb(p_k - p_c)}{(b + 2z\tan\theta)(l + 2z\tan\theta)} \tag{9-14}$$

式中 b——矩形基础或条形基础底边的宽度；

l——矩形基础底边的长度；

p_c——基础底面处土的自重压力值；

z——基础底面至软弱下卧层顶面的距离；

θ——地基压力扩散线与垂直线的夹角，可按表 9.3-13 采用。

地基压力扩散角 θ **表 9.3-13**

E_{s1}/E_{s2}	z/b	
	0.25	0.50
3	6°	23°
5	10°	25°
10	20°	30°

注：1. E_{s1}为上层土压缩模量；E_{s2}为下层土压缩模量；

2. $z/b < 0.25$ 时取 $\theta = 0°$，必要时，宜由试验确定；$z/b > 0.50$ 时 θ 值不变。

9.3.3 变形计算

（1）建筑物的地基变形允许值

建筑物的地基变形计算值，不应大于地基变形允许值。

建筑物的地基变形允许值，按表 9.3-14 采用。对表中未包括的建筑物，其地基变形允许值应根据上部结构对地基变形的适应能力和使用上的要求确定。

（2）计算地基变形时，应符合下列规定：

建筑物的地基变形允许值　　**表 9.3-14**

变形特征		地基土类别	
		中、低压缩性土	高压缩性土
砌体承重结构基础的局部倾斜		0.002	0.003
工业与民用建筑相邻柱基的沉降差 （1）框架结构 （2）砌体墙填充的边排柱 （3）当基础不均匀沉降时不产生附加应力的结构		 $0.002l$ $0.0007l$ $0.005l$	 $0.003l$ $0.001l$ $0.005l$
单层排架结构（柱距为 6m）柱基的沉降量（mm）		（120）	200
桥式吊车轨面的倾斜（按不调整轨道考虑） 纵向 横向		 0.004 0.003	
多层和高层建筑的整体倾斜	$H_g \leqslant 24$ $24 < H_g \leqslant 60$ $60 < H_g \leqslant 100$ $H_g > 100$	0.004 0.003 0.0025 0.002	
体型简单的高层建筑基础的平均沉降量（mm）		200	
高耸结构基础的倾斜	$H_g \leqslant 20$ $20 < H_g \leqslant 50$ $50 < H_g \leqslant 100$ $100 < H_g \leqslant 150$ $150 < H_g \leqslant 200$ $200 < H_g \leqslant 250$	0.008 0.006 0.005 0.004 0.003 0.002	
高耸结构基础的沉降量（mm）	$H_g \leqslant 100$ $100 < H_g \leqslant 200$ $200 < H_g \leqslant 250$	400 300 200	

注：1. 本表数值为建筑物地基实际最终变形允许值；

2. 有括号者仅适用于中压缩性土；

3. l 为相邻柱基的中心距离（mm）；H_g 为自室外地面起算的建筑物高度（m）；

4. 倾斜指基础倾斜方向两端点的沉降差与其距离的比值；

5. 局部倾斜指砌体承重结构沿纵向 6～10m 内基础两点的沉降差与其距离的比值。

1）由于建筑地基不均匀、荷载差异很大、体型复杂等因素引起的地基变形，对于砌体承重结构应由局部倾斜值控制；对于框架和单层排架结构应由相邻柱基的沉降差控制；对于多层或高层建筑和高耸结构应由倾斜值控制；必要时尚应控制平均沉降量。

2）地面有大面积堆载或基础周围有局部堆载，沉降计算应计入地面沉降引起的附加沉降，特别是软土地基。

3）分期建设的建筑物，应分别预估相邻建筑物在施工和使用期间的地基变形值，防止产生同步有害的差异沉降。

4）计算多层砌体承重结构的沉降时，应考虑相邻荷载的影响。可采用角点法计算。

当基础面积系数（基础底面积总和与房屋基础外包面积之比）大于0.5时，可按基础外包面积计算基底附加压力和相应沉降，不再考虑相邻荷载的影响。

5）当高层建筑的基础不规则时，可采用分块集中方法计算基底压力，分块大小应由计算精度确定，并按刚性基础的变形协调原则进行调整。

6）当建筑物设有地下室且埋深较深时，变形计算应考虑深基坑开挖后，地基土回弹受荷后再压缩引起的沉降值以及其他施工因素对计算压缩指标的影响。该部分回弹变形量，可按现行国家标准《建筑地基基础设计规范》（GB 50007）的有关规定计算。

7）在必要情况下，需要预估建筑物在施工和使用期间的地基变形值。一般多层建筑物在施工期间完成的沉降量，应按各地区规定和工程经验确定，如该地区无规定或无工程经验时，可参照现行国家标准《建筑地基基础设计规范》（GB 50007）的规定采用。

一般多层建筑物在施工期间完成的沉降量见表9.3-15。

8）对于高压缩性土地基，当基底压力取值较高，或估计到施工期间结构刚度的形成来不及适应低级变形等特殊情况，应对施工期间加载速率提出控制要求。一般可按地基沉降速率进行控制，施工高峰期间的地基沉降速率，宜按地区规定和工程经验，并同时结合地基当时的实际荷载水平（低于或接近于承载力标准值）和实际沉降速率及其变化趋势（减速、等速或加速）而确定。

一般多层建筑物在施工期间完成的沉降量　　**表 9.3-15**

土的类别		已完成最终沉降量的百分比
砂土		80%以上
黏土	低压缩性黏土	50%～80%
	中压缩性黏土	20%～50%
	高压缩性黏土	5%～20%

注：地基土的压缩性可按 P_1 为 100kPa，P_2 为 200kPa 时相对应的压缩系数值 $a_{1\text{-}2}$ 划分为低、中、高压缩性，并按以下要求进行评价：

当 $a_{1\text{-}2}<0.1\text{MPa}^{-1}$时，为低压缩性土；

当 $0.1\text{MPa}^{-1}\leqslant a_{1\text{-}2}<0.5\text{MPa}^{-1}$时，为中压缩性土；

当 $a_{1\text{-}2}\geqslant 0.5\text{MPa}^{-1}$时，为高压缩性土。

9）在同一整体大面积基础上建有多栋高层和低层建筑，应该按照上部结构、基础与地基共同作用进行变形计算。

（3）一般的民用建筑地基沉降量，可按现行国家标准《建筑地基基础设计规范》（GB 50007）的规定，采用土的压缩模量进行计算。对采用筏形和箱形基础的高层建筑，可采用土的压缩模量或变形模量进行计算。

（4）箱形和筏形基础的沉降量和整体倾斜值应根据建筑物的使用要求及其对相邻建筑物可能造成的影响按地区经验确定。但横向整体倾斜的计算值 α_T 在非抗震设计时宜附合下式要求：

$$\alpha_T \leqslant B/100H_g \tag{9-15}$$

式中　B——箱形或筏形基础宽度；

H_g——建筑物高度，指室外地面至檐口的高度。

（5）地基最终变形量计算

计算地基变形时，地基内的应力分布，可采用各向同性均质线性变形体理论。其最终变形量可按下式计算：

$$s = \psi_s s' = \psi_s \sum_{i=1}^{n} \frac{p_0}{E_{si}}(z_i \bar{\alpha}_i - z_{i-1}\bar{\alpha}_{i-1}) \qquad (9\text{-}16)$$

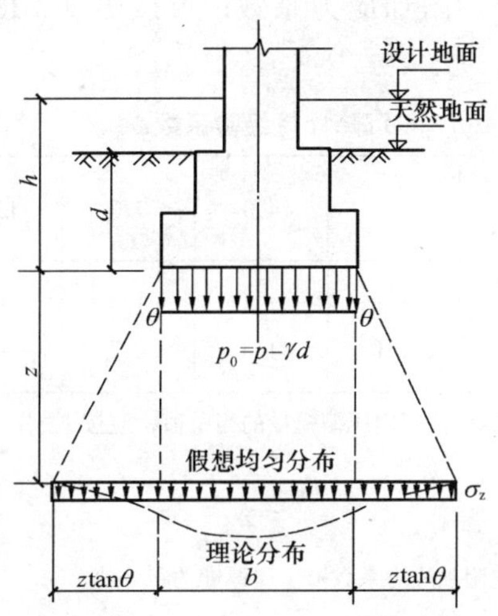

图 9.3-2　扩散角法计算土中附加应力示意图

式中　s——地基最终变形量（mm）；

s'——按分层总和法计算出的地基变形量；

ψ_s——沉降计算经验系数，根据地区沉降观测资料及经验确定，无地区经验时可采用表 9.3-16 的数值；

n——地基变形计算深度范围内所划分的土层数（图 9.3-3）；

p_0——对应于荷载效应准永久组合时的基础底面处的附加压力（kPa）（图 9.3-2）；

E_{si}——基础底面下第 i 层土的压缩模量（MPa），应取土的自重压力至土的自重压力与附加压力之和的压力段计算；

z_i、z_{i-1}——基础底面至第 i 层土、第 $i-1$ 层土底面的距离（m）；

$\overline{\alpha}_i$、$\overline{\alpha}_{i-1}$——基础底面计算点至第 i 层土、第 $i-1$ 层土底面范围内平均附加应力系数，可按表 9.3-18 ~ 表 9.3-22 采用。

沉降计算经验系数 ψ_s　　　　**表 9.3-16**

$\overline{E}_s$（MPa） 基底附加压力	2.5	4.0	7.0	15.0	20.0
$P_o \geqslant f_{ak}$	1.4	1.3	1.0	0.4	0.2
$p_o \leqslant 0.75 f_{ak}$	1.1	1.0	0.7	0.4	0.2

注：$\overline{E}_s$ 为变形计算深度范围内压缩模量的当量值，应按下式计算：

$$\overline{E}_s = \frac{\Sigma A_i}{\Sigma \dfrac{A_i}{E_{si}}}$$

式中　A_i——第 i 层土附加应力系数沿土层厚度的积分值。

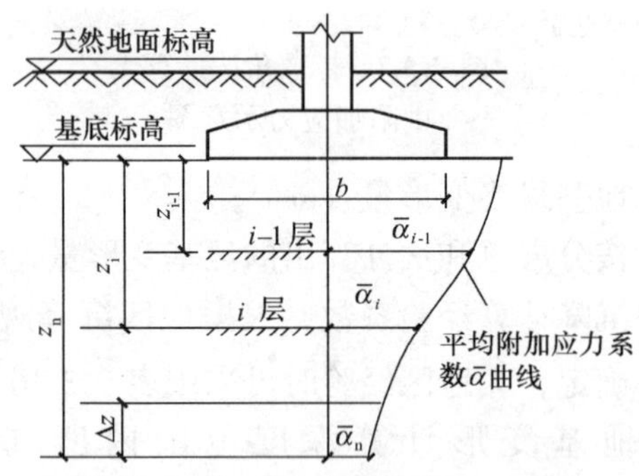

图 9.3-3　基础沉降计算的分层示意

（6）地基变形计算深度 z_n（图 9.3-3），应符合下式要求：

$$\Delta s'_n \leqslant 0.025 \sum_{i=1}^{n} \Delta s'_i \tag{9-17}$$

式中 $\Delta s'_i$——在计算深度范围内，第 i 层土的计算变形值；

$\Delta s'_n$——在由计算深度向上取厚度为 Δz 的土层计算变形值，Δz 见图 9.3-3 并按表 9.3-17 确定。

Δz **表 9.3-17**

b（m）	$b \leqslant 2$	$2 < b \leqslant 4$	$4 < b \leqslant 8$	$8 < b$
Δz（m）	0.3	0.6	0.8	1.0

如确定的计算深度下部仍有较软土层时，应继续计算。

（7）当无相邻荷载影响，基础宽度在 1～30m 范围内时，基础中点的地基变形计算深度也可按下列简化公式计算：

$$z_n = b\ (2.5 - 0.4\ln b) \tag{9-18}$$

式中 b——基础宽度（m）。

在计算深度范围内存在基岩时，z_n 可取至基岩表面；当存在较厚的坚硬黏性土层，其孔隙比小于 0.5、压缩模量大于 50MPa，或存在较厚的密实砂卵石层，其压缩模量大于 80MPa 时，z_n 可取至该层土表面。

（8）计算地基变形时，应考虑相邻荷载的影响，其值可按应力叠加原理，采用角点法计算。

（9）当建筑物地下室基础埋置较深时，需要考虑开挖基坑地基土的回弹，该部分回弹变形量可按下式计算：

$$s_c = \psi_c \sum_{i=1}^{n} \frac{p_c}{E_{ci}} (z_i\overline{\alpha}_i - z_{i-1}\overline{\alpha}_{i-1}) \tag{9-19}$$

式中 s_c——地基的回弹变形量；

ψ_c——考虑回弹影响的沉降计算经验系数，ψ_c 取 1.0；

p_c——基坑底面以上土的自重压力（kPa），地下水位以下应扣除浮力；

E_{ci}——土的回弹模量，按《土工试验方法标准》（GB/T 50123—1999）确定。

（10）附加应力系数 α、平均附加应力系数 $\overline{\alpha}$

1）矩形面积上均布荷载作用下角点的附加应力系数 α、平均附加应力系数 $\overline{\alpha}$（表 9.3-18、表 9.3-19）。

矩形面积上均布荷载作用下角点附加应力系数 α　表 9.3-18

z/b	l/b											
	1.0	1.2	1.4	1.6	1.8	2.0	3.0	4.0	5.0	6.0	10.0	条形
0.0	0.250	0.250	0.250	0.250	0.250	0.250	0.250	0.250	0.250	0.250	0.250	0.250
0.2	0.249	0.249	0.249	0.249	0.249	0.249	0.249	0.249	0.249	0.249	0.249	0.249
0.4	0.240	0.242	0.243	0.243	0.244	0.244	0.244	0.244	0.244	0.244	0.244	0.244
0.6	0.223	0.228	0.230	0.232	0.232	0.233	0.234	0.234	0.234	0.234	0.234	0.234
0.8	0.200	0.207	0.212	0.215	0.216	0.218	0.220	0.220	0.220	0.220	0.220	0.220
1.0	0.175	0.185	0.191	0.195	0.198	0.200	0.203	0.204	0.204	0.204	0.205	0.205
1.2	0.152	0.163	0.171	0.176	0.179	0.182	0.187	0.188	0.189	0.189	0.189	0.189
1.4	0.131	0.142	0.151	0.157	0.161	0.164	0.171	0.173	0.174	0.174	0.174	0.174
1.6	0.112	0.124	0.133	0.140	0.145	0.148	0.157	0.159	0.160	0.160	0.160	0.160
1.8	0.097	0.108	0.117	0.124	0.129	0.133	0.143	0.146	0.147	0.148	0.148	0.148
2.0	0.084	0.095	0.103	0.110	0.116	0.120	0.131	0.135	0.136	0.137	0.137	0.137
2.2	0.073	0.083	0.092	0.098	0.104	0.108	0.121	0.125	0.126	0.127	0.128	0.128
2.4	0.064	0.073	0.081	0.088	0.093	0.098	0.111	0.116	0.118	0.118	0.119	0.119
2.6	0.057	0.065	0.072	0.079	0.084	0.089	0.102	0.107	0.110	0.111	0.112	0.112
2.8	0.050	0.058	0.065	0.071	0.076	0.080	0.094	0.100	0.102	0.104	0.105	0.105
3.0	0.045	0.052	0.058	0.064	0.069	0.073	0.087	0.093	0.096	0.097	0.099	0.099
3.2	0.040	0.047	0.053	0.058	0.063	0.067	0.081	0.087	0.090	0.092	0.093	0.094
3.4	0.036	0.042	0.048	0.053	0.057	0.061	0.075	0.081	0.085	0.086	0.088	0.089
3.6	0.033	0.038	0.043	0.048	0.052	0.056	0.069	0.076	0.080	0.082	0.084	0.084
3.8	0.030	0.035	0.040	0.044	0.048	0.052	0.065	0.072	0.075	0.077	0.080	0.080

续表

z/b	l/b											
	1.0	1.2	1.4	1.6	1.8	2.0	3.0	4.0	5.0	6.0	10.0	条形
4.0	0.027	0.032	0.036	0.040	0.044	0.048	0.060	0.067	0.071	0.073	0.076	0.076
4.2	0.025	0.029	0.033	0.037	0.041	0.044	0.056	0.063	0.067	0.070	0.072	0.073
4.4	0.023	0.027	0.031	0.034	0.038	0.041	0.053	0.060	0.064	0.066	0.069	0.070
4.6	0.021	0.025	0.028	0.032	0.035	0.038	0.049	0.056	0.061	0.063	0.066	0.067
4.8	0.019	0.023	0.026	0.029	0.032	0.035	0.046	0.053	0.058	0.060	0.064	0.064
5.0	0.018	0.021	0.024	0.027	0.030	0.033	0.043	0.050	0.055	0.057	0.061	0.062
6.0	0.013	0.015	0.017	0.020	0.022	0.024	0.033	0.039	0.043	0.046	0.051	0.052
7.0	0.009	0.011	0.013	0.015	0.016	0.018	0.025	0.031	0.035	0.038	0.043	0.045
8.0	0.007	0.009	0.010	0.011	0.013	0.014	0.020	0.025	0.028	0.031	0.037	0.039
9.0	0.006	0.007	0.008	0.009	0.010	0.011	0.016	0.020	0.024	0.026	0.032	0.035
10.0	0.005	0.006	0.007	0.007	0.008	0.009	0.013	0.017	0.020	0.022	0.028	0.032
12.0	0.003	0.004	0.005	0.005	0.006	0.006	0.009	0.012	0.014	0.017	0.022	0.026
14.0	0.002	0.003	0.003	0.004	0.004	0.005	0.007	0.009	0.011	0.013	0.018	0.023
16.0	0.002	0.002	0.003	0.003	0.003	0.004	0.005	0.007	0.009	0.010	0.014	0.020
18.0	0.001	0.002	0.002	0.002	0.003	0.003	0.004	0.006	0.007	0.008	0.012	0.018
20.0	0.001	0.001	0.002	0.002	0.002	0.002	0.004	0.005	0.006	0.007	0.010	0.016
25.0	0.001	0.001	0.001	0.001	0.001	0.002	0.002	0.003	0.004	0.004	0.007	0.013
30.0	0.001	0.001	0.001	0.001	0.001	0.001	0.002	0.002	0.003	0.003	0.005	0.011
35.0	0.000	0.000	0.001	0.001	0.001	0.001	0.001	0.002	0.002	0.002	0.004	0.009
40.0	0.000	0.000	0.000	0.000	0.001	0.001	0.001	0.001	0.001	0.002	0.003	0.008

注：l——基础长度（m）；b——基础宽度（m）；z——计算点离基础底面垂直距离（m）。

2）矩形面积上三角形分布荷载作用下的附加应力系数 α、平均附加应力系数 $\overline{\alpha}$（表 9.3-20）。

矩形面积上均布荷载作用下角点的平均附加应力系数 $\overline{\alpha}$　　表 9.3-19

z/b \ l/b	1.0	1.2	1.4	1.6	1.8	2.0	2.4	2.8	3.2	3.6	4.0	5.0	10.0
0.0	0.2500	0.2500	0.2500	0.2500	0.2500	0.2500	0.2500	0.2500	0.2500	0.2500	0.2500	0.2500	0.2500
0.2	0.2496	0.2497	0.2497	0.2498	0.2498	0.2498	0.2498	0.2498	0.2498	0.2498	0.2498	0.2498	0.2498
0.4	0.2474	0.2479	0.2481	0.2483	0.2483	0.2484	0.2485	0.2485	0.2485	0.2485	0.2485	0.2485	0.2485
0.6	0.2423	0.2437	0.2444	0.2448	0.2451	0.2452	0.2454	0.2455	0.2455	0.2455	0.2455	0.2455	0.2456
0.8	0.2346	0.2372	0.2387	0.2395	0.2400	0.2403	0.2407	0.2408	0.2409	0.2409	0.2410	0.2410	0.2410
1.0	0.2252	0.2291	0.2313	0.2326	0.2335	0.2340	0.2346	0.2349	0.2351	0.2352	0.2352	0.2353	0.2353
1.2	0.2149	0.2199	0.2229	0.2248	0.2260	0.2268	0.2278	0.2282	0.2285	0.2286	0.2287	0.2288	0.2289
1.4	0.2043	0.2102	0.2140	0.2164	0.2180	0.2191	0.2204	0.2211	0.2215	0.2217	0.2218	0.2220	0.2221
1.6	0.1939	0.2006	0.2049	0.2079	0.2099	0.2113	0.2130	0.2138	0.2143	0.2146	0.2148	0.2150	0.2152
1.8	0.1840	0.1912	0.1960	0.1994	0.2018	0.2034	0.2055	0.2066	0.2073	0.2077	0.2079	0.2082	0.2084
2.0	0.1746	0.1822	0.1875	0.1912	0.1938	0.1958	0.1982	0.1996	0.2004	0.2009	0.2012	0.2015	0.2018
2.2	0.1659	0.1737	0.1793	0.1833	0.1862	0.1883	0.1911	0.1927	0.1937	0.1943	0.1947	0.1952	0.1955
2.4	0.1578	0.1657	0.1715	0.1757	0.1789	0.1812	0.1843	0.1862	0.1873	0.1880	0.1885	0.1890	0.1895
2.6	0.1503	0.1583	0.1642	0.1686	0.1719	0.1745	0.1779	0.1799	0.1812	0.1820	0.1825	0.1832	0.1838
2.8	0.1433	0.1514	0.1574	0.1619	0.1654	0.1680	0.1717	0.1739	0.1753	0.1763	0.1769	0.1777	0.1784
3.0	0.1369	0.1449	0.1510	0.1556	0.1592	0.1619	0.1658	0.1682	0.1698	0.1708	0.1715	0.1725	0.1733
3.2	0.1310	0.1390	0.1450	0.1497	0.1533	0.1562	0.1602	0.1628	0.1645	0.1657	0.1664	0.1675	0.1685
3.4	0.1256	0.1334	0.1394	0.1441	0.1478	0.1508	0.1550	0.1577	0.1595	0.1607	0.1616	0.1628	0.1639
3.6	0.1205	0.1282	0.1342	0.1389	0.1427	0.1456	0.1500	0.1528	0.1548	0.1561	0.1570	0.1583	0.1595
3.8	0.1158	0.1234	0.1293	0.1340	0.1378	0.1408	0.1452	0.1482	0.1502	0.1516	0.1526	0.1541	0.1554

续表

z/b \ l/b	1.0	1.2	1.4	1.6	1.8	2.0	2.4	2.8	3.2	3.6	4.0	5.0	10.0
4.0	0.1114	0.1189	0.1248	0.1294	0.1332	0.1362	0.1408	0.1438	0.1459	0.1474	0.1485	0.1500	0.1516
4.2	0.1073	0.1147	0.1205	0.1251	0.1289	0.1319	0.1365	0.1396	0.1418	0.1434	0.1445	0.1462	0.1479
4.4	0.1035	0.1107	0.1164	0.1210	0.1248	0.1279	0.1325	0.1357	0.1379	0.1396	0.1407	0.1425	0.1444
4.6	0.1000	0.1070	0.1127	0.1172	0.1209	0.1240	0.1287	0.1319	0.1342	0.1359	0.1371	0.1390	0.1410
4.8	0.0967	0.1036	0.1091	0.1136	0.1173	0.1204	0.1250	0.1283	0.1307	0.1324	0.1337	0.1357	0.1379
5.0	0.0935	0.1003	0.1057	0.1102	0.1139	0.1169	0.1216	0.1249	0.1273	0.1291	0.1304	0.1325	0.1348
5.2	0.0906	0.0972	0.1026	0.1070	0.1106	0.1136	0.1183	0.1217	0.1241	0.1259	0.1273	0.1295	0.1320
5.4	0.0878	0.0943	0.0996	0.1039	0.1075	0.1105	0.1152	0.1186	0.1211	0.1229	0.1243	0.1265	0.1292
5.6	0.0852	0.0916	0.0968	0.1010	0.1046	0.1076	0.1122	0.1156	0.1181	0.1200	0.1215	0.1238	0.1266
5.8	0.0828	0.0890	0.0941	0.0983	0.1018	0.1047	0.1094	0.1128	0.1153	0.1172	0.1187	0.1211	0.1240
6.0	0.0805	0.0866	0.0916	0.0957	0.0991	0.1021	0.1067	0.1101	0.1126	0.1146	0.1161	0.1185	0.1216
6.2	0.0783	0.0842	0.0891	0.0932	0.0966	0.0995	0.1041	0.1075	0.1101	0.1120	0.1136	0.1161	0.1193
6.4	0.0762	0.0820	0.0869	0.0909	0.0942	0.0971	0.1016	0.1050	0.1076	0.1096	0.1111	0.1137	0.1171
6.6	0.0742	0.0799	0.0847	0.0886	0.0919	0.0948	0.0993	0.1027	0.1053	0.1073	0.1088	0.1114	0.1149
6.8	0.0723	0.0779	0.0826	0.0865	0.0898	0.0926	0.0970	0.1004	0.1030	0.1050	0.1066	0.1092	0.1129
7.0	0.0705	0.0761	0.0806	0.0844	0.0877	0.0904	0.0949	0.0982	0.1008	0.1028	0.1044	0.1071	0.1109
7.2	0.0688	0.0742	0.0787	0.0825	0.0857	0.0884	0.0928	0.0962	0.0987	0.1008	0.1023	0.1051	0.1090
7.4	0.0672	0.0725	0.0769	0.0806	0.0838	0.0865	0.0908	0.0942	0.0967	0.0988	0.1004	0.1031	0.1071
7.6	0.0656	0.0709	0.0752	0.0789	0.0820	0.0846	0.0889	0.0922	0.0948	0.0968	0.0984	0.1012	0.1054
7.8	0.0642	0.0693	0.0736	0.0771	0.0802	0.0828	0.0871	0.0904	0.0929	0.0950	0.0966	0.0994	0.1036

续表

z/b \ l/b	1.0	1.2	1.4	1.6	1.8	2.0	2.4	2.8	3.2	3.6	4.0	5.0	10.0
8.0	0.0627	0.0678	0.0720	0.0755	0.0785	0.0811	0.0853	0.0886	0.0912	0.0932	0.0948	0.0976	0.1020
8.2	0.0614	0.0663	0.0705	0.0739	0.0769	0.0795	0.0837	0.0869	0.0894	0.0914	0.0931	0.0959	0.1004
8.4	0.0601	0.0649	0.0690	0.0724	0.0754	0.0779	0.0820	0.0852	0.0878	0.0893	0.0914	0.0943	0.0938
8.6	0.0588	0.0636	0.0676	0.0710	0.0739	0.0764	0.0805	0.0836	0.0862	0.0882	0.0898	0.0927	0.0973
8.8	0.0576	0.0623	0.0663	0.0696	0.0724	0.0749	0.0790	0.0821	0.0846	0.0866	0.0882	0.0912	0.0959
9.2	0.0554	0.0599	0.0637	0.0670	0.0697	0.0721	0.0761	0.0792	0.0817	0.0837	0.0853	0.0882	0.0931
9.6	0.0533	0.0577	0.0614	0.0645	0.0672	0.0696	0.0734	0.0765	0.0789	0.0809	0.0825	0.0855	0.0905
10.0	0.0514	0.0556	0.0592	0.0622	0.0649	0.0672	0.0710	0.0739	0.0763	0.0783	0.0799	0.0829	0.0880
10.4	0.0496	0.0537	0.0572	0.0601	0.0627	0.0649	0.0686	0.0716	0.0739	0.0759	0.0775	0.0804	0.0857
10.8	0.0479	0.0519	0.0553	0.0581	0.0606	0.0628	0.0664	0.0693	0.0717	0.0736	0.0751	0.0781	0.0834
11.2	0.0463	0.0502	0.0535	0.0563	0.0587	0.0609	0.0644	0.0672	0.0695	0.0714	0.0730	0.0759	0.0813
11.6	0.0448	0.0486	0.0518	0.0545	0.0569	0.0590	0.0625	0.0652	0.0675	0.0694	0.0709	0.0738	0.0793
12.0	0.0435	0.0471	0.0502	0.0529	0.0552	0.0573	0.0606	0.0634	0.0656	0.0674	0.0690	0.0719	0.0774
12.8	0.0409	0.0444	0.0474	0.0499	0.0521	0.0541	0.0573	0.0599	0.0621	0.0639	0.0654	0.0682	0.0739
13.6	0.0387	0.0420	0.0448	0.0472	0.0493	0.0512	0.0543	0.0568	0.0589	0.0607	0.0621	0.0649	0.0707
14.4	0.0367	0.0398	0.0425	0.0448	0.0468	0.0486	0.0516	0.0540	0.0561	0.0577	0.0592	0.0619	0.0677
15.2	0.0349	0.0379	0.0404	0.0426	0.0446	0.0463	0.0492	0.0515	0.0535	0.0551	0.0565	0.0592	0.0650
16.0	0.0332	0.0361	0.0385	0.0407	0.0425	0.0442	0.0469	0.0492	0.0511	0.0527	0.0540	0.0567	0.0625
18.0	0.0297	0.0323	0.0345	0.0364	0.0381	0.0396	0.0422	0.0442	0.0460	0.0475	0.0487	0.0512	0.0570
20.0	0.0269	0.0292	0.0312	0.0330	0.0345	0.0359	0.0383	0.0402	0.0418	0.0432	0.0444	0.0468	0.0524

矩形面积上三角形
分布荷载作用下的附加应力系数
α 与平均附加应力系数 $\bar{\alpha}$

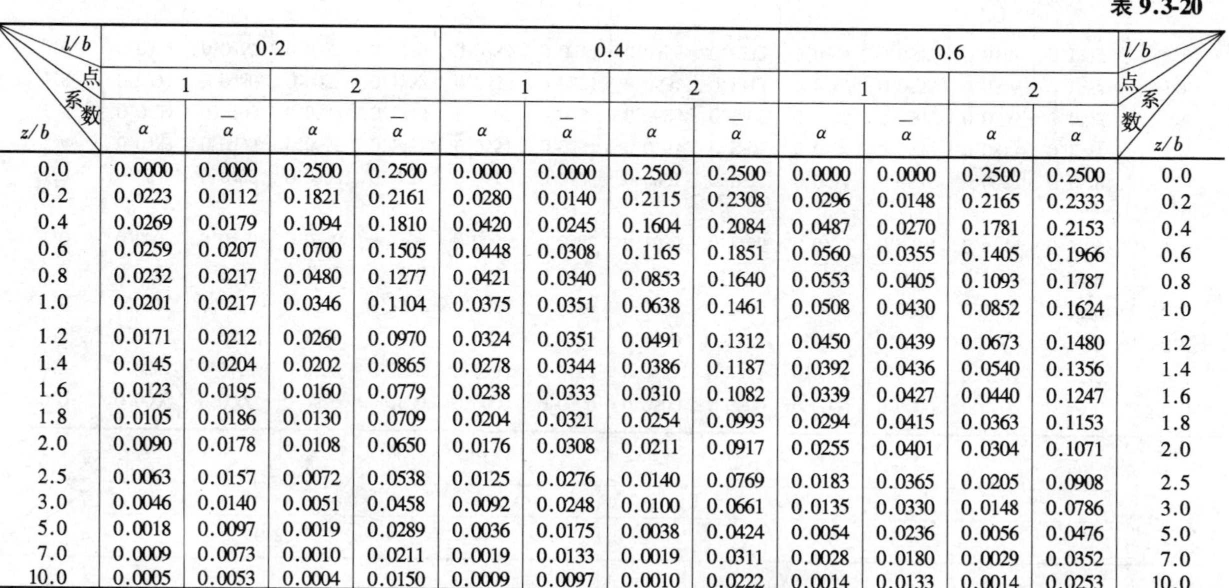

表 9.3-20

l/b	0.2				0.4				0.6				l/b
点	1		2		1		2		1		2		点
系数 / z/b	α	$\bar{\alpha}$	α	$\bar{\alpha}$	α	$\bar{\alpha}$	α	$\bar{\alpha}$	α	$\bar{\alpha}$	α	$\bar{\alpha}$	系数 / z/b
0.0	0.0000	0.0000	0.2500	0.2500	0.0000	0.0000	0.2500	0.2500	0.0000	0.0000	0.2500	0.2500	0.0
0.2	0.0223	0.0112	0.1821	0.2161	0.0280	0.0140	0.2115	0.2308	0.0296	0.0148	0.2165	0.2333	0.2
0.4	0.0269	0.0179	0.1094	0.1810	0.0420	0.0245	0.1604	0.2084	0.0487	0.0270	0.1781	0.2153	0.4
0.6	0.0259	0.0207	0.0700	0.1505	0.0448	0.0308	0.1165	0.1851	0.0560	0.0355	0.1405	0.1966	0.6
0.8	0.0232	0.0217	0.0480	0.1277	0.0421	0.0340	0.0853	0.1640	0.0553	0.0405	0.1093	0.1787	0.8
1.0	0.0201	0.0217	0.0346	0.1104	0.0375	0.0351	0.0638	0.1461	0.0508	0.0430	0.0852	0.1624	1.0
1.2	0.0171	0.0212	0.0260	0.0970	0.0324	0.0351	0.0491	0.1312	0.0450	0.0439	0.0673	0.1480	1.2
1.4	0.0145	0.0204	0.0202	0.0865	0.0278	0.0344	0.0386	0.1187	0.0392	0.0436	0.0540	0.1356	1.4
1.6	0.0123	0.0195	0.0160	0.0779	0.0238	0.0333	0.0310	0.1082	0.0339	0.0427	0.0440	0.1247	1.6
1.8	0.0105	0.0186	0.0130	0.0709	0.0204	0.0321	0.0254	0.0993	0.0294	0.0415	0.0363	0.1153	1.8
2.0	0.0090	0.0178	0.0108	0.0650	0.0176	0.0308	0.0211	0.0917	0.0255	0.0401	0.0304	0.1071	2.0
2.5	0.0063	0.0157	0.0072	0.0538	0.0125	0.0276	0.0140	0.0769	0.0183	0.0365	0.0205	0.0908	2.5
3.0	0.0046	0.0140	0.0051	0.0458	0.0092	0.0248	0.0100	0.0661	0.0135	0.0330	0.0148	0.0786	3.0
5.0	0.0018	0.0097	0.0019	0.0289	0.0036	0.0175	0.0038	0.0424	0.0054	0.0236	0.0056	0.0476	5.0
7.0	0.0009	0.0073	0.0010	0.0211	0.0019	0.0133	0.0019	0.0311	0.0028	0.0180	0.0029	0.0352	7.0
10.0	0.0005	0.0053	0.0004	0.0150	0.0009	0.0097	0.0010	0.0222	0.0014	0.0133	0.0014	0.0253	10.0

续表

l/b	0.8				1.0				1.2				l/b
点	1		2		1		2		1		2		点
系数 z/b	α	$\bar{\alpha}$	α	$\bar{\alpha}$	α	$\bar{\alpha}$	α	$\bar{\alpha}$	α	$\bar{\alpha}$	α	$\bar{\alpha}$	系数 z/b
0.0	0.0000	0.0000	0.2500	0.2500	0.0000	0.0000	0.2500	0.2500	0.0000	0.0000	0.2500	0.2500	0.0
0.2	0.0301	0.0151	0.2178	0.2339	0.0304	0.0152	0.2182	0.2341	0.0305	0.0153	0.2184	0.2342	0.2
0.4	0.0517	0.0280	0.1844	0.2175	0.0531	0.0285	0.1870	0.2184	0.0539	0.0288	0.1881	0.2187	0.4
0.6	0.0621	0.0376	0.1520	0.2011	0.0654	0.0388	0.1575	0.2030	0.0673	0.0394	0.1602	0.2039	0.6
0.8	0.0637	0.0440	0.1232	0.1852	0.0688	0.0459	0.1311	0.1883	0.0720	0.0470	0.1355	0.1899	0.8
1.0	0.0602	0.0476	0.0996	0.1704	0.0666	0.0502	0.1086	0.1746	0.0708	0.0518	0.1143	0.1769	1.0
1.2	0.0546	0.0492	0.0807	0.1571	0.0615	0.0525	0.0901	0.1621	0.0664	0.0546	0.0962	0.1649	1.2
1.4	0.0483	0.0495	0.0661	0.1451	0.0554	0.0534	0.0751	0.1507	0.0606	0.0559	0.0817	0.1541	1.4
1.6	0.0424	0.0490	0.0547	0.1345	0.0492	0.0533	0.0628	0.1405	0.0545	0.0561	0.0696	0.1443	1.6
1.8	0.0371	0.0480	0.0457	0.1252	0.0435	0.0525	0.0534	0.1313	0.0487	0.0556	0.0596	0.1354	1.8
2.0	0.0324	0.0467	0.0387	0.1169	0.0384	0.0513	0.0456	0.1232	0.0434	0.0547	0.0513	0.1274	2.0
2.5	0.0236	0.0429	0.0265	0.1000	0.0284	0.0478	0.0318	0.1063	0.0326	0.0513	0.0365	0.1107	2.5
3.0	0.0176	0.0392	0.0192	0.0871	0.0214	0.0439	0.0233	0.0931	0.0249	0.0476	0.0270	0.0976	3.0
5.0	0.0071	0.0285	0.0074	0.0576	0.0088	0.0324	0.0091	0.0624	0.0104	0.0356	0.0108	0.0661	5.0
7.0	0.0038	0.0219	0.0038	0.0427	0.0047	0.0251	0.0047	0.0465	0.0056	0.0277	0.0056	0.0496	7.0
10.0	0.0019	0.0162	0.0019	0.0308	0.0023	0.0186	0.0024	0.0336	0.0028	0.0207	0.0028	0.0359	10.0

续表

l/b 点 系数 z/b	1.4				1.6				1.8				l/b 点 系数 z/b
	1		2		1		2		1		2		
	α	$\bar{\alpha}$	α	$\bar{\alpha}$	α	$\bar{\alpha}$	α	$\bar{\alpha}$	α	$\bar{\alpha}$	α	$\bar{\alpha}$	
0.0	0.0000	0.0000	0.2500	0.2500	0.0000	0.0000	0.2500	0.2500	0.0000	0.0000	0.2500	0.2500	0.0
0.2	0.0305	0.0153	0.2185	0.2343	0.0306	0.0153	0.2185	0.2343	0.0306	0.0153	0.2185	0.2343	0.2
0.4	0.0543	0.0289	0.1886	0.2189	0.0545	0.0290	0.1889	0.2190	0.0546	0.0290	0.1891	0.2190	0.4
0.6	0.0684	0.0397	0.1616	0.2043	0.0690	0.0399	0.1625	0.2046	0.0694	0.0400	0.1630	0.2047	0.6
0.8	0.0739	0.0476	0.1381	0.1907	0.0751	0.0480	0.1396	0.1912	0.0759	0.0482	0.1405	0.1915	0.8
1.0	0.0735	0.0528	0.1176	0.1781	0.0753	0.0534	0.1202	0.1789	0.0766	0.0538	0.1215	0.1794	1.0
1.2	0.0698	0.0560	0.1007	0.1666	0.0721	0.0568	0.1037	0.1678	0.0738	0.0574	0.1055	0.1684	1.2
1.4	0.0644	0.0575	0.0864	0.1562	0.0672	0.0586	0.0897	0.1576	0.0692	0.0594	0.0921	0.1585	1.4
1.6	0.0586	0.0580	0.0743	0.1467	0.0616	0.0594	0.0780	0.1484	0.0639	0.0603	0.0806	0.1494	1.6
1.8	0.0528	0.0578	0.0644	0.1381	0.0560	0.0593	0.0681	0.1400	0.0585	0.0604	0.0709	0.1413	1.8
2.0	0.0474	0.0570	0.0560	0.1303	0.0507	0.0587	0.0596	0.1324	0.0533	0.0599	0.0625	0.1338	2.0
2.5	0.0362	0.0540	0.0405	0.1139	0.0393	0.0560	0.0440	0.1163	0.0419	0.0575	0.0469	0.1180	2.5
3.0	0.0280	0.0503	0.0303	0.1008	0.0307	0.0525	0.0333	0.1033	0.0331	0.0541	0.0359	0.1052	3.0
5.0	0.0120	0.0382	0.0123	0.0690	0.0135	0.0403	0.0139	0.0714	0.0148	0.0421	0.0154	0.0734	5.0
7.0	0.0064	0.0299	0.0066	0.0520	0.0073	0.0318	0.0074	0.0541	0.0081	0.0333	0.0083	0.0558	7.0
10.0	0.0033	0.0224	0.0032	0.0379	0.0037	0.0239	0.0037	0.0395	0.0041	0.0252	0.0042	0.0409	10.0

续表

z/b \ 系数 \ 点 \ l/b	2.0				3.0				4.0				l/b \ 点 \ 系数 \ z/b
	1		2		1		2		1		2		
	α	$\bar{\alpha}$	α	$\bar{\alpha}$	α	$\bar{\alpha}$	α	$\bar{\alpha}$	α	$\bar{\alpha}$	α	$\bar{\alpha}$	
0.0	0.0000	0.0000	0.2500	0.2500	0.0000	0.0000	0.2500	0.2500	0.0000	0.0000	0.2500	0.2500	0.0
0.2	0.0306	0.0153	0.2185	0.2343	0.0306	0.0153	0.2186	0.2343	0.0306	0.0153	0.2186	0.2343	0.2
0.4	0.0547	0.0290	0.1892	0.2191	0.0548	0.0290	0.1894	0.2192	0.0549	0.0291	0.1894	0.2192	0.4
0.6	0.0696	0.0401	0.1633	0.2048	0.0701	0.0402	0.1638	0.2050	0.0702	0.0402	0.1639	0.2050	0.6
0.8	0.0764	0.0483	0.1412	0.1917	0.0773	0.0486	0.1423	0.1920	0.0776	0.0487	0.1424	0.1920	0.8
1.0	0.0774	0.0540	0.1225	0.1797	0.0790	0.0545	0.1244	0.1803	0.0794	0.0546	0.1248	0.1803	1.0
1.2	0.0749	0.0577	0.1069	0.1689	0.0774	0.0584	0.1096	0.1697	0.0779	0.0586	0.1103	0.1699	1.2
1.4	0.0707	0.0599	0.0937	0.1591	0.0739	0.0609	0.0973	0.1603	0.0748	0.0612	0.0982	0.1605	1.4
1.6	0.0656	0.0609	0.0826	0.1502	0.0697	0.0623	0.0870	0.1517	0.0708	0.0626	0.0882	0.1521	1.6
1.8	0.0604	0.0611	0.0730	0.1422	0.0652	0.0628	0.0782	0.1441	0.0666	0.0633	0.0797	0.1445	1.8
2.0	0.0553	0.0608	0.0649	0.1348	0.0607	0.0629	0.0707	0.1371	0.0624	0.0634	0.0726	0.1377	2.0
2.5	0.0440	0.0586	0.0491	0.1193	0.0504	0.0614	0.0559	0.1223	0.0529	0.0623	0.0585	0.1233	2.5
3.0	0.0352	0.0554	0.0380	0.1067	0.0419	0.0589	0.0451	0.1104	0.0449	0.0600	0.0482	0.1116	3.0
5.0	0.0161	0.0435	0.0167	0.0749	0.0214	0.0480	0.0221	0.0797	0.0248	0.0500	0.0256	0.0817	5.0
7.0	0.0089	0.0347	0.0091	0.0572	0.0124	0.0391	0.0126	0.0619	0.0152	0.0414	0.0154	0.0642	7.0
10.0	0.0046	0.0263	0.0046	0.0403	0.0066	0.0302	0.0066	0.0462	0.0084	0.0325	0.0083	0.0485	10.0

续表

l/b 点 系数 z/b	6.0				8.0				10.0				l/b 点 系数 z/b
	1		2		1		2		1		2		
	α	$\bar{\alpha}$	α	$\bar{\alpha}$	α	$\bar{\alpha}$	α	$\bar{\alpha}$	α	$\bar{\alpha}$	α	$\bar{\alpha}$	
0.0	0.0000	0.0000	0.2500	0.2500	0.0000	0.0000	0.2500	0.2500	0.0000	0.0000	0.2500	0.2500	0.0
0.2	0.0306	0.0153	0.2186	0.2343	0.0306	0.0153	0.2186	0.2343	0.0306	0.0153	0.2186	0.2343	0.2
0.4	0.0549	0.0291	0.1894	0.2192	0.0549	0.0291	0.1894	0.2192	0.0549	0.0291	0.1894	0.2192	0.4
0.6	0.0702	0.0402	0.1640	0.2050	0.0702	0.0402	0.1640	0.2050	0.0702	0.0402	0.1640	0.2050	0.6
0.8	0.0776	0.0487	0.1426	0.1921	0.0776	0.0487	0.1426	0.1921	0.0776	0.0487	0.1426	0.1921	0.8
1.0	0.0795	0.0546	0.1250	0.1804	0.0796	0.0546	0.1250	0.1804	0.0796	0.0546	0.1250	0.1804	1.0
1.2	0.0782	0.0587	0.1105	0.1700	0.0783	0.0587	0.1105	0.1700	0.0783	0.0587	0.1105	0.1700	1.2
1.4	0.0752	0.0613	0.0986	0.1606	0.0752	0.0613	0.0987	0.1606	0.0753	0.0613	0.0987	0.1606	1.4
1.6	0.0714	0.0628	0.0887	0.1523	0.0715	0.0628	0.0888	0.1523	0.0715	0.0628	0.0889	0.1523	1.6
1.8	0.0673	0.0635	0.0805	0.1447	0.0675	0.0635	0.0806	0.1448	0.0675	0.0635	0.0808	0.1448	1.8
2.0	0.0634	0.0637	0.0734	0.1380	0.0636	0.0638	0.0736	0.1380	0.0636	0.0638	0.0738	0.1380	2.0
2.5	0.0543	0.0627	0.0601	0.1237	0.0547	0.0628	0.0604	0.1238	0.0548	0.0628	0.0605	0.1239	2.5
3.0	0.0469	0.0607	0.0504	0.1123	0.0474	0.0609	0.0509	0.1124	0.0476	0.0609	0.0511	0.1125	3.0
5.0	0.0283	0.0515	0.0290	0.0833	0.0296	0.0519	0.0303	0.0837	0.0301	0.0521	0.0309	0.0839	5.0
7.0	0.0186	0.0435	0.0190	0.0663	0.0204	0.0442	0.0207	0.0671	0.0212	0.0445	0.0216	0.0674	7.0
10.0	0.0111	0.0349	0.0111	0.0509	0.0128	0.0359	0.0130	0.0520	0.0139	0.0364	0.0141	0.0526	10.0

3）圆形面积上均布荷载作用下中点的附加应力系数 α、平均附加应力系数 $\overline{\alpha}$（表 9.3-21）。

圆形面积上均布荷载作用下中点的附加应力系数 α 与平均附加应力系数 $\overline{\alpha}$　　表 9.3-21

z/r	圆形		z/r	圆形	
	α	$\overline{\alpha}$		α	$\overline{\alpha}$
0.0	1.000	1.000	2.6	0.187	0.560
0.1	0.999	1.000	2.7	0.175	0.546
0.2	0.992	0.998	2.8	0.165	0.532
0.3	0.976	0.993	2.9	0.155	0.519
0.4	0.949	0.986	3.0	0.146	0.507
0.5	0.911	0.974	3.1	0.138	0.495
0.6	0.864	0.960	3.2	0.130	0.484
0.7	0.811	0.942	3.3	0.124	0.473
0.8	0.756	0.923	3.4	0.117	0.463
0.9	0.701	0.901	3.5	0.111	0.453
1.0	0.647	0.878	3.6	0.106	0.443
1.1	0.595	0.855	3.7	0.101	0.434
1.2	0.547	0.831	3.8	0.096	0.425
1.3	0.502	0.808	3.9	0.091	0.417
1.4	0.461	0.784	4.0	0.087	0.409
1.5	0.424	0.762	4.1	0.083	0.401
1.6	0.390	0.739	4.2	0.079	0.393
1.7	0.360	0.718	4.3	0.076	0.386
1.8	0.332	0.697	4.4	0.073	0.379
1.9	0.307	0.677	4.5	0.070	0.372
2.0	0.285	0.658	4.6	0.067	0.365
2.1	0.264	0.640	4.7	0.064	0.359
2.2	0.245	0.623	4.8	0.062	0.353
2.3	0.229	0.606	4.9	0.059	0.347
2.4	0.210	0.590	5.0	0.057	0.341
2.5	0.200	0.574			

4）圆形面积上三角形分布荷载作用下边点的附加应力系数 α、平均附加应力系数 $\overline{\alpha}$（表 9.3-22）。

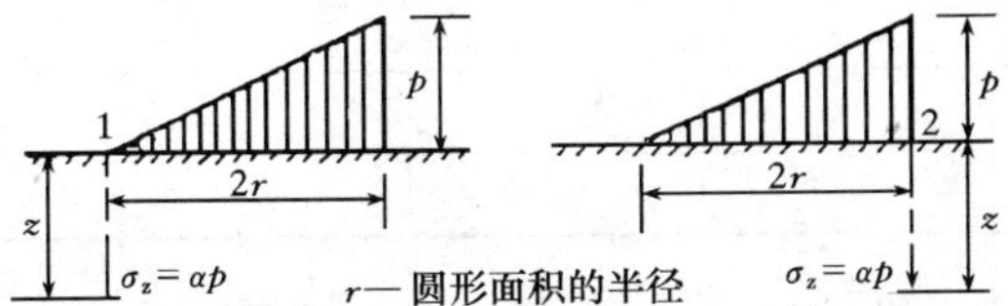

圆形面积上三角形分布荷载作用下边点的附加应力系数 α 与平均附加应力系数 $\bar{\alpha}$　　表 9.3-22

z/r　系数　点	1		2	
	α	$\bar{\alpha}$	α	$\bar{\alpha}$
0.0	0.000	0.000	0.500	0.500
0.1	0.016	0.008	0.465	0.483
0.2	0.031	0.016	0.433	0.466
0.3	0.044	0.023	0.403	0.450
0.4	0.054	0.030	0.376	0.435
0.5	0.063	0.035	0.349	0.420
0.6	0.071	0.041	0.324	0.406
0.7	0.078	0.045	0.300	0.393
0.8	0.083	0.050	0.279	0.380
0.9	0.088	0.054	0.258	0.368
1.0	0.091	0.057	0.238	0.356
1.1	0.092	0.061	0.221	0.344
1.2	0.093	0.063	0.205	0.333
1.3	0.092	0.065	0.190	0.323
1.4	0.091	0.067	0.177	0.313
1.5	0.089	0.069	0.165	0.303
1.6	0.087	0.070	0.154	0.294
1.7	0.085	0.071	0.144	0.286
1.8	0.083	0.072	0.134	0.278
1.9	0.080	0.072	0.126	0.270
2.0	0.078	0.073	0.117	0.263
2.1	0.075	0.073	0.110	0.255
2.2	0.072	0.073	0.104	0.249
2.3	0.070	0.073	0.097	0.242
2.4	0.067	0.073	0.091	0.236
2.5	0.064	0.072	0.086	0.230
2.6	0.062	0.072	0.081	0.225
2.7	0.059	0.071	0.078	0.219
2.8	0.057	0.071	0.074	0.214
2.9	0.055	0.070	0.070	0.209
3.0	0.052	0.070	0.067	0.204
3.1	0.050	0.069	0.064	0.200

续表

点 系数 z/r	1		2	
	α	$\bar{\alpha}$	α	$\bar{\alpha}$
3.2	0.048	0.069	0.061	0.196
3.3	0.046	0.068	0.059	0.192
3.4	0.045	0.067	0.055	0.188
3.5	0.043	0.067	0.053	0.184
3.6	0.041	0.066	0.051	0.180
3.7	0.040	0.065	0.048	0.177
3.8	0.038	0.065	0.046	0.173
3.9	0.037	0.064	0.043	0.170
4.0	0.036	0.063	0.041	0.167
4.2	0.033	0.062	0.038	0.161
4.4	0.031	0.061	0.034	0.155
4.6	0.029	0.059	0.031	0.150
4.8	0.027	0.058	0.029	0.145
5.0	0.025	0.057	0.027	0.140

(11) 稳定性计算

地基稳定性计算，按《建筑地基基础设计规范》（GB 50007—2002）规定，采用圆弧滑动面法进行计算。最危险的滑动面上诸力对滑动中心所产生的抗滑力矩与滑动力矩的比值应满足下面公式的要求：

$$M_R/M_S \geqslant 1.2 \tag{9-20}$$

式中 M_S——滑动力矩；

M_R——抗滑力矩。

位于稳定土坡坡顶上的建筑，当垂直于坡顶边缘线的基础底面边长小于或等于 3m 时，其基础底面外边缘线至坡顶的水平距离（图 9.3-4）应符合下式要求，但不得小于 2.5m。

条形基础

$$a \geqslant 3.5b - \frac{d}{\tan\beta} \tag{9-21}$$

矩形基础

$$a \geqslant 2.5b - \frac{d}{\tan\beta} \tag{9-22}$$

式中 a——基础底面外边缘线至坡顶的水平距离；

b——垂直于坡顶边缘线的基础底面边长；

d——基础埋置深度；

β——边坡坡角。

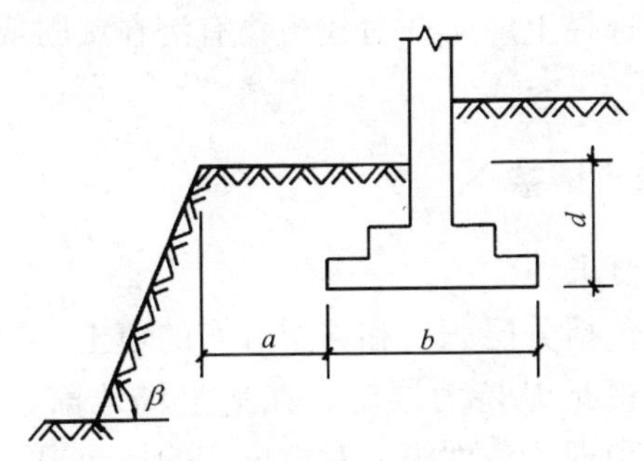

图 9.3-4 基础底面外边缘线至坡顶的水平距离示意

当基础底面外边缘线至坡顶的水平距离不满足式（9-21）、式（9-22）的要求时，可根据基底平均压力按式（9-20）确定基础距坡顶边缘的距离和基础埋深。

当边坡坡角大于45°、坡高大于8m时，尚应按式（9-20）验算坡体稳定性。

9.4 山区地基

9.4.1 一般规定

（1）山区（包括丘陵地带）地基的设计，应考虑下列因素：

1）建设场区内，在自然条件下，有无滑坡现象，有无断层破碎带；

2）挖方、填方、堆载和卸载等对山坡稳定性的影响；

3）建筑地基的不均匀性；

4）岩溶、土洞的发育程度；

5）出现崩塌、泥石流等不良地质现象的可能性；

6）地面水、地下水对建筑地基和建设场区的影响。

(2) 在山区建设应对场区作出必要的工程地质和水文地质评价。建设场地选择上应避开对建筑物有潜在威胁或直接危害的地段。

9.4.2　压实填土地基

(1) 一般要求

压实填土包括分层压实和分层夯实的填土。当利用压实填土作为建筑工程的地基持力层时，在平整场地前，应根据结构类型、填料性能和现场条件等，对拟压实的填土提出质量要求。未经检验查明以及不符合质量的压实填土，均不得作为建筑工程的地基持力层。

(2) 压实填土的质量控制

压实填土的质量以压实系数 λ_c 控制，并应根据结构类型和压实填土所在部位按表 9.4-1 确定。

压实填土的质量控制　　表 9.4-1

结构类型	填土部位	压实系数 λ_c	控制含水量（%）
砌体承重结构和框架结构	在地基主要受力层范围内	≥0.97	$w_{op}\pm2$
	在地基主要受力层范围以下	≥0.95	
排架结构	在地基主要受力层范围内	≥0.96	
	在地基主要受力层范围以下	≥0.94	

注：1. 压实系数 λ_c 为压实填土的控制干密度 ρ_d 与最大干密度 ρ_{dmax} 的比值，w_{op} 为最优含水量；

2. 地坪垫层以下及基础底面标高以上的压实填土，压实系数不应小于 0.94。

(3) 压实填土的边坡允许值

压实填土的边坡允许值，应根据其厚度、填料性质等因素，按表 9.4-2 确定。

压实填土的边坡允许值 表 9.4-2

填料类别	压实系数 λ_c	边坡允许值（高宽比）			
		填土厚度 H（m）			
		$H\leqslant5$	$5<H\leqslant10$	$10<H\leqslant15$	$15<H\leqslant20$
碎石、卵石	0.94～0.97	1:1.25	1:1.50	1:1.75	1:2.00
砂夹石（其中碎石、卵石占全重 30%～50%）		1:1.25	1:1.50	1:1.75	1:2.00
土夹石（其中碎石、卵石占全重 30%～50%）	0.94～0.97	1:1.25	1:1.50	1:1.75	1:2.00
粉质黏土、黏粒含量 $\rho_c\geqslant10\%$的粉土		1:1.50	1:1.75	1:2.00	1:2.25

注：当压实填土厚度大于 20m 时，可设计成台阶进行压实填土的施工。

9.4.3 土质边坡与重力式挡土墙

（1）土质边坡的坡度允许值

边坡的坡度允许值，应根据当地经验，参照同类土层的稳定坡度确定。当土质良好且均匀、无不良地质现象、地下水不丰富时，可按表 9.4-3 确定。

土质边坡坡度允许值 表 9.4-3

土的类别	密实度或状态	坡度允许值（高宽比）	
		坡高在 5m 以内	坡高为 5～10m
碎石土	密实	1:0.35～1:0.50	1:0.50～1:0.75
	中密	1:0.50～1:0.75	1:0.75～1:1.00
	稍密	1:0.75～1:1.00	1:1.00～1:1.25
黏性土	坚硬	1:0.75～1:1.00	1:1.00～1：1.25
	硬塑	1:1.00～1:1.25	1:1.25～1：1.50

注：1. 表中碎石土的充填物为坚硬或硬塑状态的黏性土；

2. 对于砂土或充填物为砂土的碎石土，其边坡坡度允许值均按自然休止角确定。

(2) 重力式挡土墙

1) 重力式挡土墙构造要求及计算见表9.4-4，挡土墙基础嵌入岩层尺寸见表9.4-7。

重力式挡土墙构造要求及计算　　表9.4-4

项　目	内　　容
构造要求	1. 重力式挡土墙适用于高度小于6m、地层稳定、开挖土石方时不会危及相邻建筑物安全的地段。 2. 重力式挡土墙可在基底设置逆坡。对于土质地基，基底逆坡坡度不宜大于1:10；对于岩质地基，基底逆坡坡度不宜大于1:5。 3. 块石挡土墙的墙顶宽度不宜小于400mm；混凝土挡土墙的墙顶宽度不宜小于200mm。 4. 重力式挡墙的基础埋置深度，应根据地基承载力、水流冲刷、岩石裂隙发育及风化程度等因素进行确定。在特强冻胀、强冻胀地区应考虑冻胀的影响。在土质地基中，基础埋置深度不宜小于0.5m；在软质岩地基中，基础埋置深度不宜小于0.3m。 5. 重力式挡土墙应每间隔10~20m设置一道伸缩缝。当地基有变化时宜加设沉降缝。在挡土结构的拐角处，应采取加强的构造措施
主动土压力计算	$$E_a=\psi_c\frac{1}{2}\gamma h^2 k_a \quad (9\text{-}23)$$ 式中　E_a——主动土压力； ψ_c——主动土压力增大系数，土坡高度小于5m时宜取1.0；高度为5~8m时宜取1.1；高度大于8m时宜取1.2； γ——填土的重度； h——挡土结构的高度； k_a——主动土压力系数
抗滑移稳定性验算	$$\frac{(G_n+E_{an})\mu}{E_{at}-G_t}\geqslant 1.3 \quad (9\text{-}24)$$ $G_n=G\cos\alpha_0$ $G_t=G\sin\alpha_0$ $E_{at}=E_a\sin(\alpha-\alpha_0-\delta)$ $E_{an}=E_a\cos(\alpha-\alpha_0-\delta)$ 式中　G——挡土墙每延米自重； α_0——挡土墙基底的倾角； α——挡土墙墙背的倾角； δ——土对挡土墙墙背的摩擦角，可按表9.4-5选用； μ——土对挡土墙基底的摩擦系数，由试验确定，也可按表9.4-6选用。 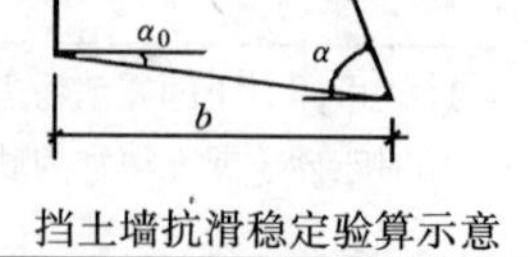 挡土墙抗滑稳定验算示意

续表

<table>
<tr><th>项目</th><th>内容</th></tr>
<tr><td>抗倾覆稳定性验算</td><td>$$\frac{Gx_0+E_{az}x_f}{E_{ax}z_f}\geqslant 1.6 \quad (9\text{-}25)$$
$$E_{ax}=E_a\sin(\alpha-\delta)$$
$$E_{az}=E_a\cos(\alpha-\delta)$$
$$x_f=b-z\cot\alpha$$
$$z_f=z-b\tan\alpha_0$$
式中 z——土压力作用点离墙踵的高度；
x_0——挡土墙重心离墙趾的水平距离；
b——基底的水平投影宽度

挡土墙抗倾覆稳定验算示意</td></tr>
<tr><td>整体滑动稳定性验算</td><td>可采用圆弧滑动面法</td></tr>
<tr><td>地基承载力验算</td><td>除应符合《建筑地基基础设计规范》（GB 50007—2002）的规定外，基底合力的偏心距不应大于0.25倍基础的宽度</td></tr>
</table>

土对挡土墙墙背的摩擦角 δ　　表 9.4-5

挡土墙情况	摩擦角 δ
墙背平滑，排水不良	$(0\sim0.33)\ \varphi_k$
墙背粗糙，排水良好	$(0.33\sim0.50)\ \varphi_k$
墙背很粗糙，排水良好	$(0.50\sim0.67)\ \varphi_k$
墙背与填土间不可能滑动	$(0.67\sim1.00)\ \varphi_k$

注：φ_k 为墙背填土的内摩擦角标准值。

土对挡土墙基底的摩擦系数 μ　　表 9.4-6

土的类别		摩擦系数 μ
黏性土	可塑	0.25～0.30
	硬塑	0.30～0.35
	坚硬	0.35～0.45

续表

土 的 类 别	摩擦系数 μ
粉土	0.30～0.40
中砂、粗砂、砾砂	0.40～0.50
碎石土	0.40～0.60
软质岩	0.40～0.60
表面粗糙的硬质岩	0.65～0.75

注：1. 对易风化的软质岩和塑性指数 I_p 大于 22 的黏性土，基底摩擦系数应通过试验确定；

2. 对碎石土，可根据其密实程度、填充物状况、风化程度等确定。

挡土墙基础嵌入岩层尺寸　　表 9.4-7

基 底 岩 层	d（m）	l（m）	示 意 图
石灰岩、砂岩及玄武岩等	0.25	0.25～0.50	
页岩、砂岩交互层等	0.60	0.6～1.5	
松软的岩石，如千枚岩等	1.0	1.0～2.0	
砂夹砾石等	不小于 1.0	1.5～2.5	

2）挡土墙主动土压力系数 k_a

（A）《建筑地基基础设计规范》中挡土墙主动土压力系数 k_a 的计算

（a）挡土墙在土压力作用下，其主动土压力系数应按下列公式计算：

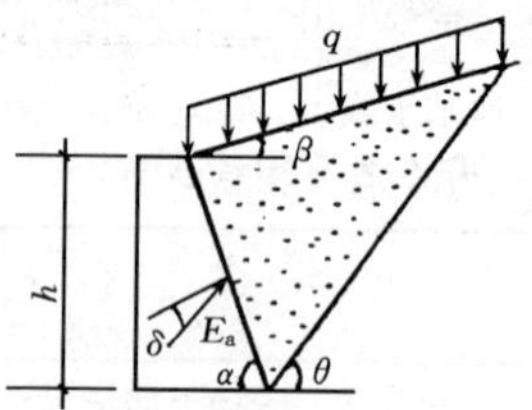

图 9.4-1　计算简图

$$k_a = \frac{\sin(\alpha+\beta)}{\sin^2\alpha\sin^2(\alpha+\beta-\varphi-\delta)}\{k_q[\sin(\alpha+\beta)\sin(\alpha-\delta) + \sin(\varphi+\delta)\sin(\varphi-\beta)] + 2\eta\sin\alpha\cos\varphi\cos(\alpha+\beta-\varphi-\delta) - 2[(k_q\sin(\alpha+\beta)\sin(\varphi-\beta)+\eta\sin\alpha\cos\varphi)(k_q\sin(\alpha-\delta)\sin(\varphi+\delta)+\eta\sin\alpha\cos\varphi)]^{1/2}\} \tag{9-26}$$

$$k_q = 1 + \frac{2q}{\gamma h}\frac{\sin\alpha\cos\beta}{\sin(\alpha+\beta)} \tag{9-27}$$

$$\eta = \frac{2c}{\gamma h} \tag{9-28}$$

式中　q——地表均布荷载（以单位水平投影面上的荷载强度计）。

（b）对于高度小于或等于 5m 的挡土墙，当排水条件符合《建筑地基基础设计规范》（GB 50007—2002）第 6.6.1 条，填土符合下列质量要求时，其主动土压力系数可按附图 9.4-2 查得。当地下水丰富时，应考虑水压力的作用。

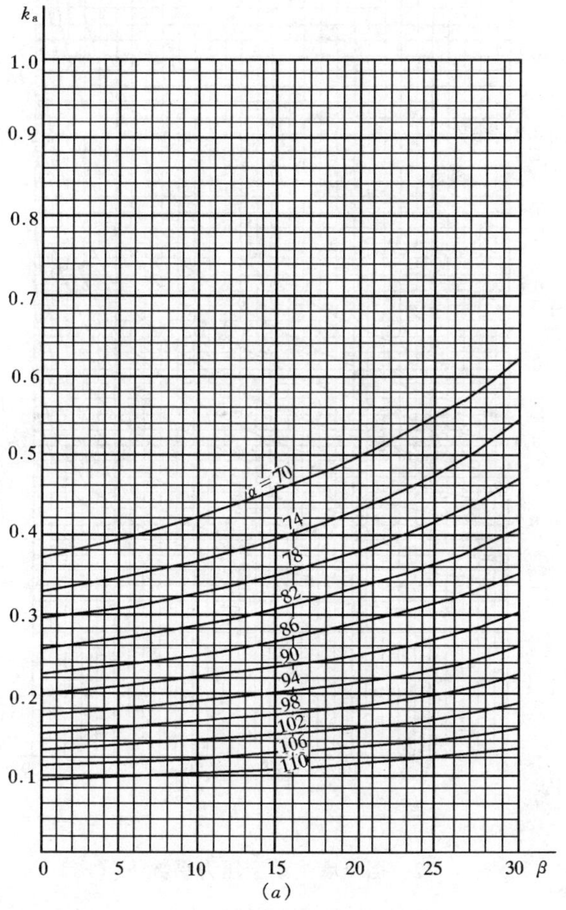

图 9.4-2　挡土墙主动土压力系数 k_a（一）

（a）Ⅰ类土土压力系数$\left(\delta=\frac{1}{2}\varphi,\ q=0\right)$

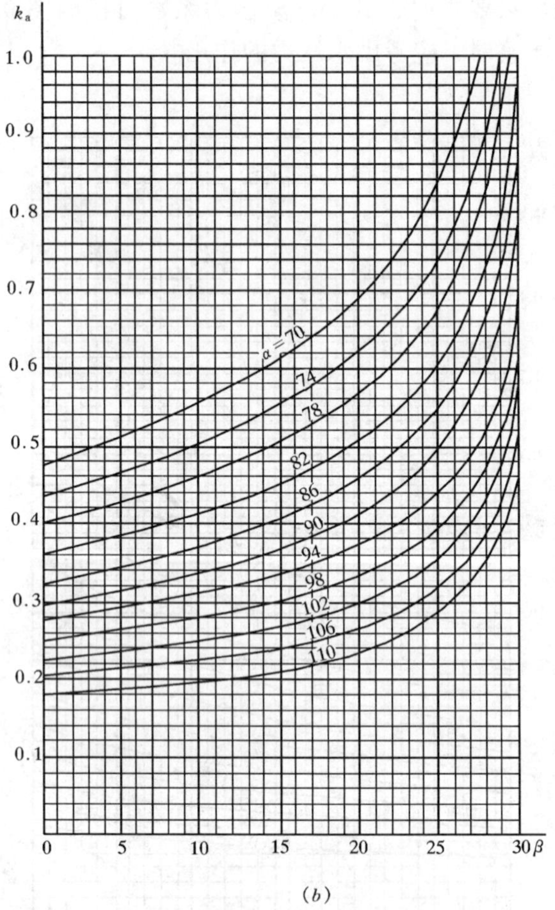

(b)

图 9.4-2　挡土墙主动土压力系数 k_a（二）

（b）Ⅱ类土土压力系数$\left(\delta=\frac{1}{2}\varphi,\ q=0\right)$

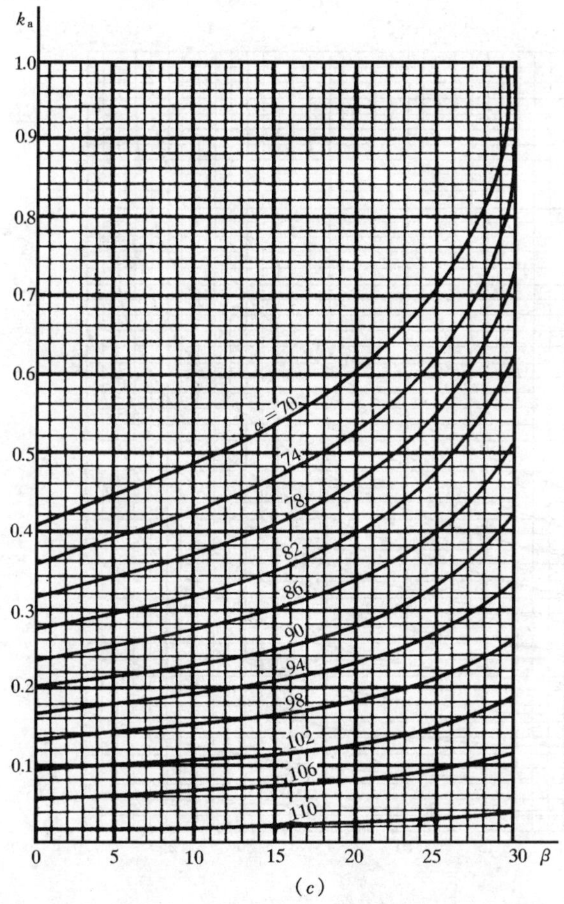

（*c*）

图 9.4-2　挡土墙主动土压力系数 k_a（三）

（*c*）Ⅲ类土土压力系数$\left(\delta=\frac{1}{2}\varphi,\ q=0,\ H=5\text{m}\right)$

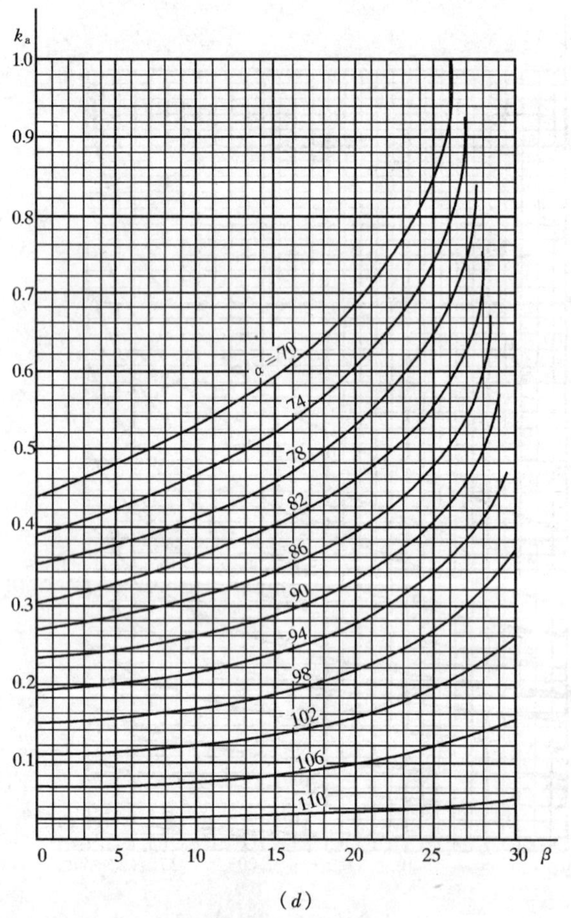

(*d*)

图 9.4-2 挡土墙主动土压力系数 k_a（四）

（*d*）Ⅳ类土土压力系数$\left(\delta=\frac{1}{2}\varphi,\ q=0,\ H=5\text{m}\right)$

图中土类填土质量应满足下列要求：

①Ⅰ类　碎石土，密实度应为中密，干密度应大于或等于 $2.0t/m^3$；

②Ⅱ类　砂土，包括砾砂、粗砂、中砂，其密实度应为中密，干密度应大于或等于 $1.65t/m^3$；

③Ⅲ类　黏土夹块石，干密度应大于或等于 $1.90t/m^3$；

④Ⅳ类　粉质黏土，干密度应大于或等于 $1.65t/m^3$；

(B)《地基与基础》（顾晓鲁等主编，中国建筑工业出版社出版）推荐的主动土压力系数表

$$K_a = \frac{\cos^2(\varphi - \eta)}{\cos^2\eta\cos(\delta + \eta)\left[1 + \sqrt{\dfrac{\sin(\delta + \varphi)\sin(\varphi - \beta)}{\cos(\delta + \eta)\cos(\eta - \beta)}}\right]^2} \tag{9-29}$$

式中　γ、φ——分别是填土的重度（kN/m^3）和内摩擦角；

h——挡土墙高度（m）；

η——墙背的倾斜角，即墙背与垂线的夹角。以垂线为准，反时针为正（叫俯斜）；顺时针为负（叫仰斜）；

β——墙后填土表面的倾斜角；

δ——土对墙背的摩擦角，它与填土性质、墙背粗糙程度、排水条件、填土表面轮廓和它上面有无超载等有关，应由试验确定。一般情况下可取下列数值：墙背粗糙和排水良好，取 $\delta = \left(\frac{1}{3} \sim \frac{1}{2}\right)\varphi$；墙背很粗糙且排水良好，取 $\delta = \left(\frac{1}{2} \sim \frac{2}{3}\right)\varphi$；墙背光滑而排水不良，取 $\delta = \left(0 \sim \frac{1}{3}\right)\varphi$；墙背与填土间不可能滑动（如砌体砌筑的阶梯形挡土墙），取 $\delta = \left(\frac{2}{3} \sim 1\right)\varphi$；

K_a——主动土压力系数，可由表 9.4-8 确定。

主动土压力系数 K_a 值　　表 9.4-8

$\delta=0°$

η	β \ φ	20°	25°	30°	35°	40°	45°	50°
0°	0°	0.490	0.406	0.333	0.271	0.217	0.172	0.132
	5°	0.524	0.431	0.352	0.284	0.227	0.178	2.137
	10°	0.569	0.462	0.374	0.300	0.238	0.186	0.142
	15°	0.639	0.505	0.402	0.319	0.251	0.194	0.147
	20°	0.883	0.573	0.441	0.344	0.267	0.204	0.154
	25°		0.821	0.505	0.379	0.288	0.217	0.162
	30°			0.750	0.436	0.318	0.235	0.172
10°	0°	0.560	0.478	0.407	0.343	0.288	0.238	0.194
	5°	0.601	0.510	0.431	0.362	0.302	0.249	0.202
	10°	0.655	0.550	0.461	0.384	0.318	0.261	0.211
	15°	0.737	0.603	0.498	0.411	0.337	0.274	0.221
	20°	1.015	0.685	0.548	0.444	0.360	0.291	0.231
	25°		0.977	0.628	0.491	0.391	0.311	0.245
	30°			0.925	0.566	0.433	0.337	0.262
20°	0°	0.648	0.569	0.498	0.434	0.375	0.322	0.274
	5°	0.700	0.611	0.532	0.461	0.397	0.340	0.288
	10°	0.768	0.663	0.572	0.492	0.421	0.358	0.302
	15°	0.868	0.730	0.621	0.529	0.450	0.380	0.318
	20°	1.205	0.834	0.688	0.576	0.484	0.405	0.337
	25°		1.196	0.791	0.639	0.527	0.435	0.358
	30°			1.169	0.740	0.586	0.474	0.385
-10°	0°	0.433	0.344	0.270	0.209	0.158	0.117	0.083
	5°	0.461	0.364	0.284	0.218	0.164	0.120	0.085
	10°	0.500	0.389	0.301	0.229	0.171	0.125	0.088
	15°	0.562	0.425	0.322	0.243	0.180	0.130	0.090
	20°	0.785	0.482	0.353	0.261	0.190	0.136	0.094
	25°		0.703	0.405	0.287	0.205	0.144	0.098
	30°			0.614	0.331	0.226	0.155	0.104
-20°	0°	0.380	0.287	0.212	0.153	0.106	0.070	0.043
	5°	0.405	0.302	0.222	0.159	0.110	0.072	0.044
	10°	0.439	0.323	0.234	0.166	0.114	0.074	0.045
	15°	0.494	0.352	0.250	0.175	0.119	0.076	0.046
	20°	0.707	0.401	0.274	0.188	0.125	0.080	0.047
	25°		0.603	0.316	0.206	0.134	0.084	0.049
	30°			0.498	0.239	0.147	0.090	0.051

续表

$\delta = 5°$

η	β \ φ	20°	25°	30°	35°	40°	45°	50°
0°	0°	0.465	0.387	0.319	0.260	0.210	0.166	0.129
	5°	0.500	0.412	0.337	0.274	0.219	0.173	0.133
	10°	0.547	0.444	0.360	0.289	0.230	0.180	0.138
	15°	0.620	0.488	0.388	0.308	0.243	0.189	0.144
	20°	0.886	0.558	0.428	0.333	0.259	0.199	0.150
	25°		0.825	0.493	0.369	0.280	0.212	0.158
	30°			0.753	0.428	0.311	0.229	0.168
10°	0°	0.536	0.460	0.393	0.333	0.280	0.233	0.191
	5°	0.579	0.493	0.418	0.352	0.294	0.243	0.199
	10°	0.636	0.534	0.448	0.374	0.311	0.255	0.207
	15°	0.725	0.589	0.486	0.401	0.330	0.269	0.217
	20°	1.035	0.676	0.538	0.436	0.354	0.286	0.228
	25°		0.996	0.622	0.484	0.385	0.306	0.242
	30°			0.943	0.563	0.428	0.333	0.259
20°	0°	0.627	0.553	0.485	0.424	0.368	0.318	0.271
	5°	0.682	0.597	0.520	0.452	0.391	0.335	0.285
	10°	0.755	0.650	0.562	0.484	0.416	0.355	0.300
	15°	0.866	0.723	0.614	0.523	0.445	0.376	0.316
	20°	1.250	0.835	0.684	0.571	0.480	0.402	0.335
	25°		1.240	0.794	0.639	0.525	0.434	0.357
	30°			1.212	0.746	0.587	0.474	0.385
-10°	0°	0.406	0.324	0.256	0.199	0.151	0.112	0.080
	5°	0.434	0.344	0.269	0.208	0.157	0.116	0.082
	10°	0.474	0.369	0.286	0.219	0.164	0.120	0.085
	15°	0.537	0.405	0.308	0.232	0.172	0.125	0.087
	20°	0.776	0.463	0.339	0.250	0.183	0.131	0.091
	25°		0.695	0.390	0.276	0.197	0.139	0.095
	30°			0.607	0.321	0.218	0.149	0.100
-20°	0°	0.352	0.267	0.199	0.144	0.101	0.067	0.041
	5°	0.376	0.282	0.208	0.150	0.104	0.068	0.042
	10°	0.410	0.302	0.220	0.157	0.108	0.070	0.043
	15°	0.466	0.331	0.236	0.165	0.112	0.073	0.044
	20°	0.688	0.380	0.259	0.178	0.119	0.076	0.045
	25°		0.586	0.300	0.196	0.127	0.080	0.047
	30°			0.484	0.228	0.140	0.085	0.049

续表

$\delta = 10°$

η	β \ φ	20°	25°	30°	35°	40°	45°	50°
0°	0°	0.447	0.373	0.309	0.253	0.204	0.163	0.127
	5°	0.483	0.398	0.327	0.266	0.214	0.169	0.131
	10°	0.531	0.431	0.350	0.282	0.225	0.177	0.136
	15°	0.609	0.476	0.379	0.301	0.238	0.185	0.141
	20°	0.897	0.549	0.420	0.326	0.254	0.195	0.148
	25°		0.834	0.487	0.363	0.275	0.209	0.156
	30°			0.762	0.423	0.306	0.226	0.166
10°	0°	0.520	0.448	0.384	0.326	0.275	0.230	0.189
	5°	0.566	0.482	0.409	0.346	0.290	0.240	0.197
	10°	0.626	0.524	0.440	0.369	0.307	0.253	0.206
	15°	0.721	0.582	0.480	0.396	0.326	0.267	0.216
	20°	1.064	0.674	0.534	0.432	0.351	0.284	0.227
	25°		1.024	0.622	0.482	0.382	0.304	0.241
	30°			0.969	0.564	0.427	0.332	0.258
20°	0°	0.615	0.543	0.478	0.419	0.365	0.316	0.271
	5°	0.674	0.589	0.515	0.448	0.388	0.334	0.285
	10°	0.752	0.646	0.558	0.482	0.414	0.354	0.300
	15°	0.872	0.723	0.613	0.522	0.444	0.377	0.317
	20°	1.308	0.844	0.687	0.573	0.481	0.403	0.337
	25°		1.298	0.806	0.643	0.528	0.436	0.360
	30°			1.268	0.758	0.594	0.478	0.388
-10°	0°	0.385	0.309	0.245	0.191	0.146	0.109	0.078
	5°	0.414	0.329	0.258	0.200	0.152	0.112	0.080
	10°	0.455	0.354	0.275	0.211	0.159	0.116	0.082
	15°	0.520	0.390	0.297	0.224	0.167	0.121	0.085
	20°	0.773	0.450	0.328	0.242	0.177	0.127	0.088
	25°		0.692	0.380	0.268	0.191	0.135	0.093
	30°			0.605	0.313	0.212	0.146	0.098
-20°	0°	0.330	0.252	0.188	0.137	0.096	0.064	0.039
	5°	0.354	0.267	0.197	0.143	0.099	0.066	0.040
	10°	0.388	0.286	0.209	0.149	0.103	0.068	0.041
	15°	0.445	0.315	0.225	0.158	0.108	0.070	0.042
	20°	0.675	0.364	0.248	0.170	0.114	0.073	0.044
	25°		0.575	0.288	0.188	0.122	0.077	0.045
	30°			0.475	0.220	0.135	0.082	0.047

续表

$\delta = 15°$

η	β \ φ	20°	25°	30°	35°	40°	45°	50°
0°	0°	0.434	0.363	0.301	0.248	0.201	0.160	0.125
	5°	0.471	0.389	0.320	0.261	0.211	0.167	0.130
	10°	0.522	0.423	0.343	0.277	0.222	0.174	0.135
	15°	0.603	0.470	0.373	0.297	0.235	0.183	0.140
	20°	0.914	0.546	0.415	0.323	0.251	0.194	0.147
	25°		0.850	0.485	0.360	0.273	0.207	0.155
	30°			0.777	0.422	0.305	0.225	0.165
10°	0°	0.511	0.441	0.378	0.323	0.273	0.228	0.189
	5°	0.559	0.476	0.405	0.343	0.288	0.240	0.197
	10°	0.623	0.520	0.437	0.366	0.305	0.252	0.206
	15°	0.723	0.581	0.478	0.395	0.325	0.267	0.216
	20°	1.103	0.679	0.535	0.432	0.351	0.284	0.228
	25°		1.062	0.628	0.484	0.383	0.305	0.242
	30°			1.005	0.571	0.430	0.334	0.260
20°	0°	0.611	0.540	0.476	0.419	0.366	0.317	0.273
	5°	0.673	0.588	0.514	0.449	0.389	0.336	0.287
	10°	0.757	0.649	0.560	0.484	0.416	0.357	0.303
	15°	0.889	0.731	0.618	0.526	0.448	0.380	0.321
	20°	1.383	0.862	0.697	0.579	0.486	0.408	0.341
	25°		1.372	0.825	0.655	0.536	0.442	0.365
	30°			1.341	0.778	0.606	0.487	0.395
-10°	0°	0.371	0.298	0.237	0.186	0.142	0.106	0.076
	5°	0.400	0.318	0.251	0.195	0.148	0.110	0.078
	10°	0.442	0.344	0.267	0.205	0.155	0.114	0.081
	15°	0.509	0.380	0.289	0.219	0.163	0.119	0.084
	20°	0.776	0.441	0.320	0.237	0.174	0.125	0.087
	25°		0.695	0.374	0.263	0.188	0.133	0.091
	30°			0.607	0.308	0.209	0.143	0.097
-20°	0°	0.314	0.240	0.180	0.132	0.093	0.062	0.038
	5°	0.338	0.255	0.189	0.137	0.096	0.064	0.039
	10°	0.372	0.275	0.201	0.144	0.100	0.066	0.040
	15°	0.429	0.303	0.216	0.152	0.104	0.068	0.041
	20°	0.667	0.352	0.239	0.164	0.110	0.071	0.042
	25°		0.568	0.280	0.182	0.119	0.075	0.044
	30°			0.470	0.214	0.131	0.080	0.046

续表

$\delta=20°$

η	β \ φ	20°	25°	30°	35°	40°	45°	50°
0°	0°		0.357	0.297	0.245	0.199	0.160	0.125
	5°		0.384	0.317	0.259	0.209	0.166	0.130
	10°		0.419	0.340	0.275	0.220	0.174	0.135
	15°		0.467	0.371	0.295	0.234	0.183	0.140
	20°		0.547	0.414	0.322	0.251	0.193	0.147
	25°		0.874	0.487	0.360	0.273	0.207	0.155
	30°			0.798	0.425	0.306	0.225	0.166
10°	0°		0.438	0.377	0.322	0.273	0.229	0.190
	5°		0.475	0.404	0.343	0.289	0.241	0.198
	10°		0.521	0.438	0.367	0.306	0.254	0.208
	15°		0.586	0.480	0.397	0.328	0.269	0.218
	20°		0.690	0.540	0.436	0.354	0.286	0.230
	25°		1.111	0.639	0.490	0.388	0.309	0.245
	30°			1.051	0.582	0.437	0.333	0.264
20°	0°		0.543	0.479	0.422	0.370	0.321	0.277
	5°		0.594	0.520	0.454	0.395	0.341	0.202
	10°		0.659	0.568	0.490	0.423	0.363	0.309
	15°		0.747	0.629	0.535	0.456	0.387	0.327
	20°		0.891	0.715	0.592	0.496	0.417	0.349
	25°		1.467	0.854	0.673	0.549	0.453	0.374
	30°			1.434	0.807	0.624	0.501	0.406
−10°	0°		0.291	0.232	0.182	0.140	0.105	0.076
	5°		0.311	0.245	0.191	0.146	0.108	0.078
	10°		0.337	0.262	0.202	0.153	0.113	0.080
	15°		0.374	0.284	0.215	0.161	0.117	0.083
	20°		0.437	0.316	0.233	0.171	0.124	0.086
	25°		0.703	0.371	0.260	0.186	0.131	0.090
	30°			0.614	0.306	0.207	0.142	0.096
−20°	0°		0.231	0.174	0.128	0.090	0.061	0.038
	5°		0.246	0.183	0.133	0.094	0.062	0.038
	10°		0.266	0.195	0.140	0.097	0.064	0.039
	15°		0.294	0.210	0.148	0.102	0.067	0.040
	20°		0.344	0.233	0.160	0.108	0.069	0.042
	25°		0.566	0.274	0.178	0.116	0.073	0.043
	30°			0.468	0.210	0.129	0.079	0.045

续表

$\delta = 25°$

η	β \ φ	20°	25°	30°	35°	40°	45°	50°
	0°			0.296	0.245	0.199	0.160	0.126
	5°			0.316	0.259	0.209	0.167	0.130
	10°			0.340	0.275	0.221	0.175	0.136
20°	15°			0.372	0.296	0.235	0.184	0.141
	20°			0.417	0.324	0.252	0.195	0.148
	25°			0.494	0.363	0.275	0.209	0.157
	30°			0.828	0.432	0.309	0.228	0.168
	0°			0.379	0.325	0.276	0.232	0.193
	5°			0.408	0.346	0.292	0.244	0.201
	10°			0.443	0.371	0.311	0.258	0.211
	15°			0.488	0.403	0.333	0.273	0.222
	20°			0.551	0.443	0.360	0.292	0.235
10°	25°			0.658	0.502	0.396	0.315	0.250
	30°			1.112	0.600	0.448	0.346	0.270
					1.034	0.537	0.392	0.295
						0.944	0.471	0.335
							0.845	0.403
								0.739
	0°			0.488	0.430	0.377	0.329	0.284
	5°			0.530	0.463	0.403	0.349	0.300
	10°			0.582	0.502	0.433	0.372	0.318
	15°			0.648	0.550	0.469	0.399	0.337
	20°			0.740	0.612	0.512	0.430	0.360
20°	25°			0.894	0.699	0.569	0.469	0.387
	30°			1.553	0.846	0.650	0.520	0.421
					1.494	0.788	0.594	0.466
						1.414	0.721	0.532
							1.316	0.647
								1.201
	0°			0.228	0.180	0.139	0.104	0.075
	5°			0.242	0.189	0.145	0.108	0.078
	10°			0.259	0.200	0.151	0.112	0.080
-10°	15°			0.281	0.213	0.160	0.117	0.083
	20°			0.314	0.232	0.170	0.123	0.086
	25°			0.371	0.259	0.185	0.131	0.090
	30°			0.620	0.307	0.207	0.142	0.096
	0°			0.170	0.125	0.089	0.060	0.037
	5°			0.179	0.131	0.092	0.061	0.038
	10°			0.191	0.137	0.096	0.063	0.039
-20°	15°			0.206	0.146	0.100	0.066	0.040
	20°			0.229	0.157	0.106	0.069	0.041
	25°			0.270	0.175	0.114	0.072	0.043
	30°			0.470	0.207	0.127	0.078	0.045

注：表中数据及公式摘自《地基与基础》（第三版），顾晓鲁．钱鸿缙、刘惠珊、汪时敏主编，中国建筑工业出版社，2003年5月。

3）重力式挡土墙截面选用表

设计重力式挡土墙，截面可按表9.4-9～表9.4-14及表9.4-15～表9.4-17选用，重力式挡土墙选用表附图见图9.4-3。

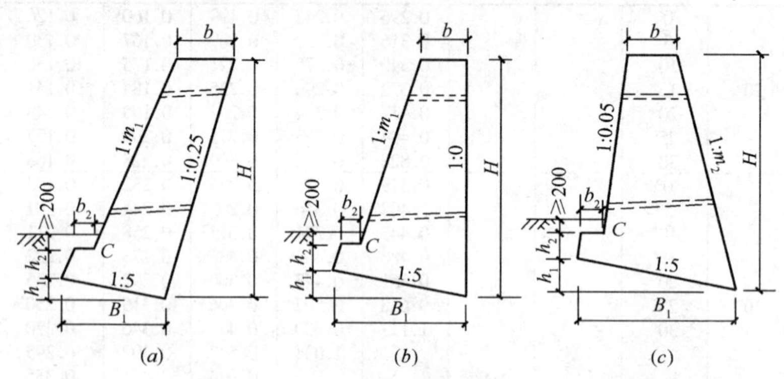

图9.4-3　重力式挡土墙选用表附图

（*a*）仰斜式；（*b*）直立式；（*c*）俯斜式

适用范围：

（A）选用表适用于工业与民用建筑场地和道路工程的非抗震和抗震重力式挡土墙。

抗震挡土墙的抗震设防分两类：

（a）抗震措施设防：适用于抗震设防烈度为6、7度，当用于抗震烈度为8度时，墙高 $H \leqslant 4$m。

（b）8度抗震设防：适用于抗震设防烈度为8度，其墙高 $H > 4$m。

（B）适用于一般场地土，当地基为液化土、湿陷性黄土、盐渍土等特殊土时，应按有关规定结合当地经验，经妥善处理后方可使用。

（C）当路肩行驶车辆时，其总重量不应超过250kN，车辆换算的等代荷载不得超过20kPa。

（D）不适用于浸水、滑坡防治或泥石流的挡土墙。

非抗震及措施抗震设防重力式挡土墙尺寸表（1） **表 9.4-9**

设计资料		仰斜式挡土墙　措施设防　填料内摩擦角 $\varphi=30°$　基底摩擦系数 $\mu=0.30$													
		$q=3.5$kPa							$q=20$kPa						
墙高 H（m）		2	3	4	5	6	7	8	2	3	4	5	6	7	8
截面尺寸（mm）	b	500	700	920	940	1070	1300	1430	910	1080	1290	1370	1490	1730	1860
	B_1	480	840	1060	1570	1800	2130	2370	860	1200	1420	1970	2200	2530	2770
	b_2	0	180	200	240	260	280	300	0	180	200	240	260	280	300
	h_1	100	170	210	310	360	420	470	170	240	280	390	440	500	550
	h_2	0	450	500	600	650	700	750	0	450	500	600	650	700	750
	m_1	0.25	0.25	0.25	0.35	0.35	0.35	0.35	0.25	0.25	0.25	0.35	0.35	0.35	0.35
参数	θ（度）	38.4	38.4	38.4	38.4	38.4	38.4	38.4	38.4	38.4	38.4	38.4	38.4	38.4	38.4
	p_1（kPa）	80	99	131	96	126	132	163	75	110	149	130	151	162	193
	p_2（kPa）	25	33	48	79	84	115	120	28	27	36	41	71	96	102

续表

设计资料		仰斜式挡土墙　措施设防　填料内摩擦角 $\varphi=30°$　基底摩擦系数 $\mu=0.40$、0.50													
		$q=3.5$kPa							$q=20$kPa						
墙高 H（m）		2	3	4	5	6	7	8	2	3	4	5	6	7	8
截面尺寸（mm）	b	500	540	700	670	750	870	1000	760	880	1040	940	1070	1200	1330
	B_1	480	820	1040	1270	1500	1730	2070	1050	1140	1360	1560	1800	2030	2270
	b_2	0	180	200	240	260	280	300	350	180	200	240	260	280	300
	h_1	100	160	210	250	300	340	410	210	230	270	310	360	400	450
	h_2	0	450	500	600	650	700	750	350	450	500	600	650	700	750
	m_1	0.25	0.30	0.30	0.35	0.35	0.35	0.35	0.25	0.30	0.30	0.35	0.35	0.35	0.35
参数	θ（度）	38.4	38.4	38.4	38.4	38.4	38.4	38.4	38.4	38.4	38.4	38.4	38.4	38.4	38.4
	p_1（kPa）	81	117	155	130	123	141	158	43	126	170	130	152	172	193
	p_2（kPa）	23	1	3	41	71	88	105	31	1	0	44	58	71	86

注：如下图所示，表中参数 θ、p_1、p_2 的含义为：

θ——通过墙踵垂直面和破裂面的夹角（度）；

p_1——无筋扩展基础墙趾处压力（kPa）；

p_2——无筋扩展基础墙踵处压力（kPa）。

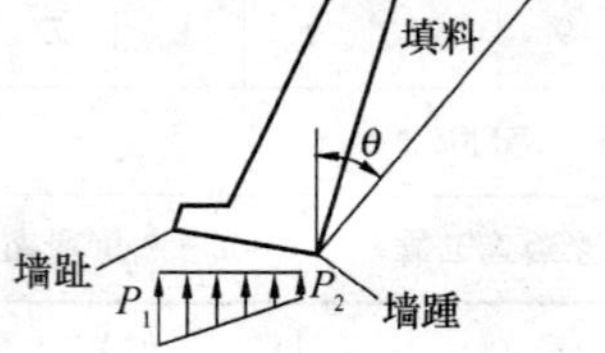

非抗震及措施抗震设防重力式挡土墙尺寸表（2） **表 9.4-10**

设计资料		仰斜式挡土墙　措施设防　填料内摩擦角 $\varphi=35°$　基底摩擦系数 $\mu=0.30$													
		$q=3.5kPa$							$q=20kPa$						
墙高 H（m）		2	3	4	5	6	7	8	2	3	4	5	6	7	8
截面尺寸（mm）	b	500	510	680	720	960	1100	1220	670	790	970	1150	1280	1410	1540
	B_1	480	660	830	1370	1700	1930	2160	630	920	1110	1770	2000	2230	2470
	b_2	0	180	200	240	260	280	300	0	180	220	240	260	280	300
	h_1	100	130	170	270	340	380	430	130	180	260	350	400	440	490
	h_2	0	450	500	600	650	700	750	0	450	500	600	650	700	750
	m_1	0.25	0.25	0.25	0.35	0.35	0.35	0.35	0.25	0.25	0.25	0.35	0.35	0.35	0.35
参数	θ（度）	35.7	35.7	35.7	35.7	35.7	35.7	35.7	35.7	35.7	35.7	35.7	35.7	35.7	35.7
	p_1（kPa）	74	114	146	155	174	207	224	93	129	166	160	197	233	270
	p_2（kPa）	32	12	28	13	52	11	53	13	7	16	22	22	21	20

续表

设计资料		仰斜式挡土墙　措施设防　填料内摩擦角 $\varphi = 35°$　基底摩擦系数 $\mu = 0.40$、0.50													
		$q = 3.5$kPa							$q = 20$kPa						
墙高 H（m）		2	3	4	5	6	7	8	2	3	4	5	6	7	8
截面尺寸（mm）	b	500	500	530	510	640	770	900	550	690	810	830	960	1090	1220
	B_1	480	650	880	1170	1400	1630	1970	750	960	1140	1460	1690	1930	2170
	b_2	0	180	200	240	260	280	300	150	180	200	240	260	280	300
	h_1	100	130	180	230	280	320	390	150	190	230	290	330	380	430
	h_2	0	450	500	600	650	700	750	350	450	500	600	650	700	750
	m_1	0.25	0.25	0.30	0.35	0.35	0.35	0.35	0.30	0.30	0.30	0.35	0.35	0.35	0.35
参数	θ（度）	35.7	35.7	35.7	35.7	35.7	35.7	35.7	35.7	35.7	35.7	35.7	35.7	35.7	35.7
	p_1（kPa）	74	119	148	150	166	191	210	81	121	165	161	123	205	226
	p_2（kPa）	32	6	4	6	24	22	59	3	4	1	11	23	35	49

注：同表9.4-9注。

非抗震及措施抗震设防重力式挡土墙尺寸表（3） **表 9.4-11**

设计资料		直立式挡土墙　措施设防　填料内摩擦角 $\varphi=30°$　基底摩擦系数 $\mu=0.30$													
		$q=3.5$kPa							$q=20$kPa						
墙高 H（m）		2	3	4	5	6	7	8	2	3	4	5	6	7	8
截面尺寸（mm）	b	500	570	720	1000	1180	1400	1600	900	1030	1200	1600	1700	1940	2200
	B_1	780	1160	1510	2500	3000	3400	3800	1170	1610	1940	3200	3600	4100	4600
	b_2	0	180	200	240	260	280	300	0	180	200	240	260	280	300
	h_1	160	230	300	500	600	680	740	230	320	390	640	720	820	920
	h_2	0	450	500	600	650	700	750	0	450	500	600	650	700	750
	m_1	0.15	0.15	0.16	0.28	0.28	0.25	0.26	0.15	0.15	0.15	0.31	0.30	0.30	0.30
参数	θ（度）	33.1	33.1	33.1	33.1	33.1	33.1	33.1	33.1	33.1	33.1	33.1	33.1	33.1	33.1
	p_1（kPa）	94	120	160	180	173	235	293	88	114	162	144	181	211	239
	p_2（kPa）	0	3	2	0	3	0	0	14	23	18	13	6	0	10

续表

设计资料		直立式挡土墙　措施设防　填料内摩擦角 $\varphi=30°$　基底摩擦系数 $\mu=0.40$、0.50													
		$q=3.5kPa$							$q=20kPa$						
墙高 H（m）		2	3	4	5	6	7	8	2	3	4	5	6	7	8
截面尺寸（mm）	b	500	500	500	870	950	1000	1100	690	660	670	1280	1500	1740	1780
	B_1	780	1180	1550	2400	2700	3100	3500	1110	1490	1880	2700	3100	3600	3900
	b_2	0	180	200	240	260	280	300	150	180	200	240	260	280	300
	h_1	160	240	310	480	540	620	700	220	300	380	540	620	720	780
	h_2	0	450	500	600	650	700	750	350	450	500	600	650	700	750
	m_1	0.15	0.18	0.23	0.27	0.28	0.28	0.29	0.15	0.24	0.28	0.26	0.25	0.25	0.26
参数	θ（度）	33.1	33.1	33.1	33.1	33.1	33.1	33.1	33.1	33.1	33.1	33.1	33.1	33.1	33.1
	p_1（kPa）	94	114	145	221	219	368	448	86	124	155	207	256	280	378
	p_2（kPa）	0	3	2	0	0	0	0	0	0	0	0	0	0	0

注：同表9.4-9注。

非抗震及措施抗震设防重力式挡土墙尺寸表（4） **表 9.4-12**

设计资料		直立式挡土墙　措施设防　填料内摩擦角 $\varphi = 35°$　基底摩擦系数 $\mu = 0.30$													
		$q = 3.5$kPa							$q = 20$kPa						
墙高 H（m）		2	3	4	5	6	7	8	2	3	4	5	6	7	8
截面尺寸（mm）	b	500	500	500	720	780	1000	1100	670	750	810	1290	1500	1530	1600
	B_1	780	1100	1410	2200	2600	3100	3500	1080	1340	1670	2700	3100	3400	3800
	b_2	0	180	200	240	260	280	300	150	180	200	240	260	280	300
	h_1	160	220	280	440	520	620	700	220	270	330	540	620	680	760
	h_2	0	450	500	600	650	700	750	350	450	500	600	650	700	750
	m_1	0.15	0.15	0.19	0.26	0.27	0.28	0.29	0.15	0.15	0.18	0.26	0.25	0.25	0.25
参数	θ（度）	30.3	30.3	30.3	30.3	30.3	30.3	30.3	30.3	30.3	30.3	30.3	30.3	30.3	30.3
	p_1（kPa）	79	108	144	149	181	201	248	74	130	169	160	197	246	280
	p_2（kPa）	15	11	6	0	0	0	0	17	2	0	0	0	0	0

续表

设计资料		直立式挡土墙 措施设防 填料内摩擦角 $\varphi=35°$ 基底摩擦系数 $\mu=0.30$、0.40													
		$q=3.5kPa$							$q=20kPa$						
墙高 H（m）		2	3	4	5	6	7	8	2	3	4	5	6	7	8
截面尺寸（mm）	b	500	500	500	560	630	680	650	500	500	500	1020	1110	1190	1250
	B_1	780	1100	1410	2100	2500	2900	3300	990	1360	1720	2400	2800	3200	3600
	b_2	0	180	200	240	260	280	300	150	180	200	240	260	280	300
	h_1	160	220	280	420	500	580	660	220	270	340	480	560	640	720
	h_2	0	450	500	600	650	700	750	350	450	500	600	650	700	750
	m_1	0.15	0.15	0.19	0.26	0.29	0.30	0.32	0.19	0.25	0.28	0.25	0.26	0.27	0.28
参数	θ（度）	30.3	30.3	30.3	30.3	30.3	30.3	30.3	30.3	30.3	30.3	30.3	30.3	30.3	30.3
	p_1（kPa）	79	108	144	167	201	236	275	85	118	149	215	252	329	379
	p_2（kPa）	15	11	6	0	0	0	0	2	1	1	0	0	0	0

注：同表9.4-9注。

非抗震及措施抗震设防重力式挡土墙尺寸表（5）

表 9.4-13

设计资料		俯斜式挡土墙　措施设防　填料内摩擦角 $\varphi=30°$　基底摩擦系数 $\mu=0.30$													
		$q=3.5\text{kPa}$							$q=20\text{kPa}$						
墙高 H（m）		2	3	4	5	6	7	8	2	3	4	5	6	7	8
截面尺寸（mm）	b	500	530	590	900	980	1160	1330	920	1020	1180	1500	1680	1870	2030
	B_1	1110	1390	1920	3200	3700	4300	4900	1310	1880	2270	3800	4400	5000	5600
	b_2	220	280	310	370	400	430	470	0	280	310	370	400	430	470
	h_1	220	280	380	640	740	860	980	260	380	450	760	880	1000	1120
	h_2	350	450	500	670	800	900	950	0	450	500	670	800	900	950
	m_1	0.15	0.15	0.21	0.35	0.35	0.35	0.35	0.15	0.15	0.15	0.35	0.35	0.35	0.35
参数	θ（度）	29.8	29.8	28.6	26	26	26	26	29.8	29.8	29.8	26	26	26	26
	p_1（kPa）	61	115	155	208	253	297	339	99	111	161	206	251	296	339
	p_2（kPa）	20	3	0	0	0	0	0	7	25	17	0	0	0	0

续表

设计资料		俯斜式挡土墙　措施设防　填料内摩擦角 $\varphi=30°$　基底摩擦系数 $\mu=0.40$、0.50													
		$q=3.5kPa$							$q=20kPa$						
墙高 H（m）		2	3	4	5	6	7	8	2	3	4	5	6	7	8
截面尺寸（mm）	b	500	500	500	500	500	550	820	590	500	540	1000	980	1060	1330
	B_1	1090	1400	1900	2700	3200	3700	4400	1380	1870	2430	3300	3700	4200	4900
	b_2	0	280	310	370	400	430	470	0	280	310	370	400	430	470
	h_1	220	280	400	540	640	740	880	280	370	490	660	740	840	980
	h_2	0	450	500	670	800	900	950	0	450	500	670	800	900	950
	m_1	0.25	0.16	0.25	0.35	0.35	0.35	0.35	0.35	0.32	0.35	0.35	0.35	0.35	0.35
参数	θ（度）	27.8	29.6	27.8	26	26	26	26	26	26.5	26	26	26	26	26
	p_1（kPa）	91	116	151	286	354	422	360	106	131	171	265	356	426	376
	p_2（kPa）	0	1	1	0	0	0	0	0	2	1	0	0	0	0

注：同表9.4-9注。

非抗震及措施抗震设防重力式挡土墙尺寸表（6） **表 9.4-14**

设计资料		俯斜式挡土墙 措施设防 填料内摩擦角 $\varphi=35°$ 基底摩擦系数 $\mu=0.30$													
		$q=3.5kPa$							$q=20kPa$						
墙高 H（m）		2	3	4	5	6	7	8	2	3	4	5	6	7	8
截面尺寸（mm）	b	500	510	680	500	570	750	820	670	790	970	1100	1200	1260	1390
	B_1	480	660	830	2800	3300	3900	4400	630	920	1110	3400	3900	4400	4900
	b_2	0	180	200	370	400	430	470	0	180	200	370	400	430	470
	h_1	100	130	170	560	660	780	880	130	180	220	680	780	880	980
	h_2	0	450	500	670	800	900	950	0	450	500	670	800	900	950
	m_1	0.25	0.25	0.25	0.35	0.35	0.35	0.35	0.25	0.25	0.25	0.35	0.35	0.35	0.35
参数	θ（度）	35.7	35.7	35.7	23.1	23.1	23.1	23.1	35.7	35.7	35.7	23.1	23.1	23.1	23.1
	p_1（kPa）	74	114	146	218	272	309	360	93	129	166	218	271	324	376
	p_2（kPa）	32	12	28	0	0	0	0	13	7	16	0	0	0	0

续表

设计资料		俯斜式挡土墙　措施设防　填料内摩擦角 $\varphi=35°$　基底摩擦系数 $\mu=0.40$、0.50													
		$q=3.5kPa$							$q=20kPa$						
墙高 H（m）		2	3	4	5	6	7	8	2	3	4	5	6	7	8
截面尺寸（mm）	b	500	500	530	500	500	500	550	550	690	810	600	600	650	1060
	B_1	480	650	880	2500	2900	3400	3700	750	960	1140	2900	3300	3800	4200
	b_2	0	180	200	370	400	430	470	150	180	200	370	400	430	470
	h_1	100	130	180	500	580	680	740	150	190	230	580	660	760	840
	h_2	0	450	500	670	800	900	950	350	450	500	670	800	900	950
	m_1	0.25	0.25	0.25	0.38	0.35	0.38	0.35	0.30	0.30	0.30	0.35	0.35	0.35	0.35
参数	θ（度）	35.7	35.7	35.7	23.1	23.1	23.1	23.1	35.7	35.7	35.7	23.1	23.1	23.1	23.1
	p_1（kPa）	74	119	148	292	392	449	442	81	121	165	310	410	469	426
	p_2（kPa）	32	6	4	0	0	0	0	3	4	1	0	0	0	0

注：同表9.4-9注。

表 9.4-15

8 度抗震设防重力式挡土墙尺寸表（1）

设 计 资 料		仰斜式挡土墙 8 度设防 基底摩擦系数 $\mu=0.30$ $q=3.5\text{kPa}$								仰斜式挡土墙 8 度设防 $\mu=0.40$、0.50 $q=3.5\text{kPa}$							
		填料内摩擦角 $\varphi=30°$				$\varphi=35°$				$\varphi=30°$				$\varphi=35°$			
墙高 H（m）		5	6	7	8	5	6	7	8	5	6	7	8	5	6	7	8
截面尺寸（mm）	b	1150	1280	1510	1650	830	960	1090	1220	940	1070	1300	1430	620	750	870	1000
	B_1	1770	2000	2330	2570	1470	1700	1930	2170	1570	1800	2130	2360	1270	1500	1730	1970
	b_2	240	260	280	300	240	260	280	300	240	260	280	300	240	260	280	300
	h_1	350	400	460	510	290	340	380	430	310	360	420	470	250	300	340	390
	h_2	600	650	700	750	600	650	700	750	600	650	700	750	600	650	700	750
	m_1	0.35				0.35				0.35				0.35			
参 数	θ（度）	40.7				37.7				40.7				37.7			
	p_1（kPa）	90	124	139	174	115	111	137	162	133	174	184	261	154	182	210	237
	p_2（kPa）	90	93	115	115	51	93	103	112	44	38	64	22	8	15	22	30

续表

设计资料		仰斜式挡土墙 8度设防 $\mu=0.30$ $q=20kPa$								仰斜式挡土墙 8度设防 $\mu=0.40$、0.50 $q=20kPa$							
		$\varphi=30°$				$\varphi=35°$				$\varphi=30°$				$\varphi=35°$			
墙高 H（m）		5	6	7	8	5	6	7	8	5	6	7	8	5	6	7	8
截面尺寸（mm）	b	1580	1820	1940	2180	1150	1280	1410	1540	1260	1500	1620	1750	1040	1070	1200	1330
	B_1	2170	2500	2730	3070	1770	2000	2230	2460	1870	2200	2430	2670	1670	1800	2030	2260
	b_2	240	260	280	300	240	260	280	300	240	260	280	300	240	260	280	300
	h_1	430	500	540	610	350	400	440	490	370	440	480	530	330	360	400	450
	h_2	600	650	700	750	600	750	700	750	600	650	700	750	600	650	700	750
	m_1	0.35				0.35				0.35				0.35			
参数	θ（度）	40.7				37.7				40.7				37.7			
	p_1（kPa）	138	143	176	194	126	152	180	207	178	197	239	174	148	209	241	271
	p_2（kPa）	50	86	89	108	56	64	72	79	9	27	22	115	30	3	6	11

注：同表9.4-9注。

表 9.4-16

8 度抗震设防重力式挡土墙尺寸表（2）

设计资料		直立式挡土墙 8 度设防 基底摩擦系数 $\mu=0.30$ $q=3.5$kPa								直立式挡土墙 8 度设防 $\mu=0.40$、0.50 $q=3.5$kPa							
		填料内摩擦角 $\varphi=30°$				$\varphi=35°$				$\varphi=30°$				$\varphi=35°$			
墙高 H（m）		5	6	7	8	5	6	7	8	5	6	7	8	5	6	7	8
截面尺寸（mm）	b	1350	1800	1820	2100	1000	1110	1200	1430	1000	1270	1360	1600	720	790	850	890
	B_1	2800	3200	3800	4300	2400	2800	3250	3700	2400	2900	3300	3800	2200	2600	3000	3400
	b_2	240	260	280	300	240	260	280	300	240	260	280	300	240	260	280	300
	h_1	600	650	700	750	600	650	700	750	600	650	700	750	600	650	700	650
	h_2	560	640	760	860	480	560	650	740	480	580	660	760	440	520	600	680
	m_1	0.27	0.26	0.27		0.25	0.26	0.27		0.25		0.26		0.27	0.28	0.29	0.30
参数	θ（度）	30.3				30.3				30.3				30.3			
	p_1（kPa）	142	193	207	240	146	181	217	242	218	206	325	352	174	214	254	296
	p_2（kPa）	12	3	11	10	2	0	0	0	0	0	0	0	0	0	0	0

续表

设计资料		直立式挡土墙 8度设防 $\mu=0.30$ $q=20kPa$								直立式挡土墙 8度设防 $\mu=0.40$、0.50 $q=20kPa$							
		$\varphi=30°$				$\varphi=35°$				$\varphi=30°$				$\varphi=35°$			
墙高 H（m）		5	6	7	8	5	6	7	8	5	6	7	8	5	6	7	8
截面尺寸（mm）	b	1850	2000	2180	2450	1470	1630	1820	1990	1530	1740	1950	2080	1230	1270	1360	1430
	B_1	3600	4100	4600	5200	3000	3400	3800	4100	3100	3600	4000	4400	2600	2900	3300	3700
	b_2	240	260	280	300	240	260	280	300	240	260	280	300	240	260	280	300
	h_1	600	650	700	750	600	650	700	750	600	650	700	750	600	650	700	750
	h_2	720	820	920	1040	600	680	760	820	620	720	800	880	570	670	750	830
	m_1	0.35				0.29	0.28	0.27	0.25	0.30		0.29	0.28	0.25		0.26	0.27
参数	θ（度）	30.3				30.3				30.3				30.3			
	p_1（kPa）	136	166	196	221	149	185	223	277	177	229	259	310	202	275	319	362
	p_2（kPa）	23	22	22	29	7	2	0	0	0	0	0	0	0	0	0	0

注：同表9.4-9注。

8 度抗震设防重力式挡土墙尺寸表（3） **表 9.4-17**

设计资料		俯斜式挡土墙 8 度设防 基底摩擦系数 $\mu=0.30$ $q=3.5$kPa								俯斜式挡土墙 8 度设防 $\mu=0.40$、0.50 $q=3.5$kPa							
		填料内摩擦角 $\varphi=30°$				$\varphi=35°$				$\varphi=30°$				$\varphi=35°$			
墙高 H（m）		5	6	7	8	5	6	7	8	5	6	7	8	5	6	7	8
截面尺寸（mm）	b	1200	1480	1660	1930	900	980	1160	1330	800	880	1060	1120	500	500	550	720
	B_1	3500	4200	4800	5500	3200	3700	4300	4900	3100	3600	4200	4700	2700	3200	3700	4300
	b_2	370	400	430	470	370	400	430	470	370	400	430	470	370	400	430	470
	h_1	700	840	960	1100	640	740	860	980	620	720	840	940	540	640	740	860
	h_2	670	800	900	950	670	800	900	950	670	800	900	950	670	800	900	950
	m_1	0.35				0.35				0.35				0.35			
参数	θ（度）	26.0				23.1				26.0				23.1			
	p_1（kPa）	194	233	280	317	198	253	291	339	239	308	358	427	286	354	432	453
	p_2（kPa）	0	0	0	0	0	0	0	0	0	0	0	0	0	0	0	0

续表

设计资料		俯斜式挡土墙 8度设防 $\mu=0.30$ $q=20kPa$								俯斜式挡土墙 8度设防 $\mu=0.40$、0.50 $q=20kPa$							
		$\varphi=30°$				$\varphi=35°$				$\varphi=30°$				$\varphi=35°$			
墙高 H（m）		5	6	7	8	5	6	7	8	5	6	7	8	5	6	7	8
截面尺寸（mm）	b	1900	2290	2570	2740	1600	1680	1870	2040	1400	1480	1660	1730	1000	1100	1160	1230
	B_1	4200	5000	5700	6300	3900	4400	5000	5600	3700	4200	4800	5300	3300	3800	4200	4800
	b_2	370	400	430	470	370	400	430	470	370	400	430	470	370	400	430	470
	h_1	840	1000	1140	1260	780	880	1000	1120	740	840	960	1060	660	760	840	960
	h_2	670	800	900	950	670	800	900	950	670	800	900	950	670	800	900	950
	m_1	0.35				0.35				0.35				0.35			
参数	θ（度）	26				23.1				26				23.1			
	p_1（kPa）	198	233	272	318	198	251	296	339	241	308	360	429	265	332	426	439
	p_2（kPa）	0	0	0	0	0	0	0	0	0	0	0	0	0	0	0	0

注：同表9.4-9注。

9.4.4 软弱地基与大面积地面荷载

（1）软弱地基

软弱地基系指主要由淤泥、淤泥质土、冲填土、杂填土或其他高压缩性土层构成地基。

1）建筑物的下列部位，宜设置沉降缝：

①建筑平面的转折部位；

②高度差异或荷载差异处；

③长高比过大的砌体承重结构或钢筋混凝土框架结构的适当部位；

④地基土的压缩性有显著差异处；

⑤建筑结构或基础类型不同处；

⑥分期建造房屋的交界处。

2）沉降缝应有足够的宽度，缝宽可按表 9.4-18 选用。

房屋沉降缝的宽度 **表 9.4-18**

房屋层数	沉降缝宽度（mm）
二～三	50～80
四～五	80～120
五层以上	不小于 120

3）相邻建筑物基础间的净距，可按表 9.4-19 选用。

相邻建筑物基础间的净距（m） **表 9.4-19**

影响建筑的预估平均沉降量 s（mm） \ 被影响建筑的长高比	$2.0 \leqslant \frac{L}{H_f} < 3.0$	$3.0 \leqslant \frac{L}{H_f} < 5.0$
70～150	2～3	3～6
160～250	3～6	6～9
260～400	6～9	9～12
>400	9～12	≥12

注：1. 表中 L 为建筑物长度或沉降缝分隔的单元长度（m）；H_f 为自基础底面标高算起的建筑物高度（m）；

2. 当被影响建筑的长高比为 $1.5 < L/H_f < 2.0$ 时，其间净距可适当缩小。

（2）大面积地面荷载

地面荷载系指生产堆料、工业设备等地面堆载和天然地面上的大面积填土荷载。

地面堆载应均衡，堆载量不应超过地基承载力特征值。

堆载不宜压在基础上。大面积的填土，宜在基础施工前3个月完成。

对于在使用过程中允许调整吊车轨道的单层钢筋混凝土工业厂房和露天车间的天然地基设计，除应遵守有关规范规定外，尚应符合下式要求：

$$s'_g \leqslant [s'_g] \tag{9-30}$$

式中 s'_g——由地面荷载引起柱基内侧边缘中点的地基附加沉降量计算值，可按《建筑地基基础设计规范》(GB 50007—2002)附录N计算；

$[s'_g]$——由地面荷载引起柱基内侧边缘中点的地基附加沉降允许值，可按表9.4-20采用。

地基附加沉降量允许值 $[s'_g]$（mm） **表 9.4-20**

b \ a	6	10	20	30	40	50	60	70
1	40	45	50	55	55			
2	45	50	55	60	60			
3	50	55	60	65	70	75		
4	55	60	65	70	75	80	85	90
5	65	70	75	80	85	90	95	100

注：表中 a 为地面荷载的纵向长度（m）；b 为车间跨度方向基础底面边长（m）。

（3）地基处理

1）一般规定

经处理后的地基，当按承载力确定基础底面积及埋深而需要对地基承载力特征值进行修正时，基础宽度的地基承载力修正系数取零，基础埋深的地基承载力修正系数取1.0；在受力范围内仍存在软弱下卧层时，应验算软弱下卧层的地基承载力。

对受较大水平荷载或建造在斜坡上的建筑物或构筑物，以及油罐和堆料场等，地基处理后应进行地基稳定性验算。

地基处理后，建筑物的地基变形应满足现行有关规范的要求，并在施工期间进行沉降观测，必要时在使用期间继续观测，用以评价地基加固效果和作为使用维护的依据。

复合地基应满足建筑物、构筑物承载力和变形要求。

地基土为某些特殊土时，设计应综合考虑土体的特殊性质。

2）软弱地基处理方法

软弱地基处理方法见表9.4-21。

3）软弱地基处理检验

软弱地基处理检验见表9.4-22。

软弱地基处理方法分类表 **表9.4-21**

编号	分类	处理方法	原理及作用	适用范围
1	换填垫层法	砂石垫层，素土垫层，灰土垫层，工业废渣垫层	以砂石、素土、灰土和矿渣等强度较高的材料，置换地基表层软弱土，提高持力层的承载力，扩散应力，减少沉降量	适用于处理淤泥、淤泥质土、湿陷性黄土、素填土、杂填土地基及暗沟、暗塘等的浅层处理
2	预压法	天然地基预压，砂井预压，塑料排水带预压，真空预压，降水预压	在地基中增设竖向排水体，加速地基的固结和强度增长，提高地基的稳定性；加速沉降发展，使基础沉降提前完成	适用于处理淤泥、淤泥质土和冲填土等饱和黏性土地基
3	强夯法和强夯置换法	强力夯实（动力固结）	利用强夯的夯击能，在地基中产生强烈的冲击能和动应力，迫使土动力固结密实。强夯置换墩兼具挤密、置换和加快土层固结的作用	适用于碎石土、砂土、低饱和度的粉土、黏性土、湿陷性黄土、杂填土等地基。强夯置换墩可应用于淤泥等黏性软弱土层，但墩底应穿透软土层到达较硬土层
4	振冲法	振冲置换法 振冲挤密法	采用专门的技术措施，以砂、碎石等置换软弱土地基中部分软弱土，对桩间土进行挤密。与未处理部分土组成复合地基，从而提高地基承载力，减少沉降量	适用于处理砂土、粉土、粉质黏土、素填土和杂填土等地基。不加填料振冲加密适用于处理粉粒含量不大于10%的中砂、粗砂地基

续表

编号	分　类	处理方法	原理及作用	适用范围
5	砂石桩法	振动成桩法 锤击成桩法	通过振动成桩或锤击成桩，减少松散砂土的孔隙比，或在黏性土中形成桩土复合地基，从而提高地基承载力，减少沉降量，或部分消除土的液化性	适用于挤密松散砂土、素填土和杂填土等地基
6	水泥粉煤灰碎石桩法	长螺旋钻孔灌注成桩，长螺旋钻孔、管内泵压混合料成桩、振动沉管灌注成桩	水泥、粉煤灰及碎石拌和形成混合料，成孔后灌入形成桩体，与桩间土形成复合地基。采用振动沉管成孔时对桩间土具有挤密作用。桩体强度高，相当于刚性柱	适用于黏性土、粉土、黄土、砂土、素填土等地基。对淤泥质土应通过现场试验确定其适用性
7	夯实水泥土桩法	人工洛阳铲成孔、螺旋钻机成孔、沉管成孔、冲击成孔	采用各种成孔机械成孔，向孔中填入水泥与土混合料夯实形成桩体，构成桩土复合地基。采用沉管和冲击成孔时对桩间土有挤密作用	适用于处理地下水位以上的粉土、素填土、杂填土、黏性土等地基。处理深度不超过 10m
8	水泥土搅拌法	用水泥或其他固化剂、外渗剂进行深层搅拌形成桩体。分干法和湿法	深层搅拌法是利用深层搅拌机，将水泥浆或水泥粉与土在原位拌和，搅拌后形成柱状水泥土体，可提高地基承载力，减少沉降，增加稳定性和防止渗漏、建成防渗帷幕	适用于处理淤泥、淤泥质土、粉土、饱和黄土、素填土、黏性土以及无流动地下水的饱和松散砂土等地基
9	高压喷射注浆法	单管法 二重管法 三重管法	将带有特殊喷嘴的注浆管，通过钻孔置入到处理土层的预定深度，然后将浆液（常用水泥浆）以高压冲切土体。在喷射浆液的同时，以一定速度旋转、提升，即形成水泥土圆柱体；若喷嘴提升而不旋转，则形成墙状固结体加固后可用以提高地基承载力，减少沉降，防止砂土液化、管涌和基坑隆起，形成防渗帷幕	适用于处理淤泥、淤泥质土、黏性土、粉土、黄土、砂土、人工填土等地基。当土中含有较多的大粒径块石、坚硬黏性土、大量植物根茎或有过多的有机质时，应根据现场试验结果确定其适用程度，对既有建筑物可进行托换工程

续表

编号	分 类	处理方法	原 理 及 作 用	适 用 范 围
10	石灰桩法	人工洛阳铲成孔、螺旋钻机成孔、沉管成孔	人工或机械在土体中成孔，然后灌入生石灰块，经夯压形成的一根桩体。通过挤密、吸水、反应热、离子交换、胶凝及置换作用，并形成复合地基，提高超载力，减少沉降量	适用于处理饱和黏性土、淤泥、淤泥质土、素填土、杂填土地基等地基
11	土或灰土挤密桩法	沉管（振动、锤击）成孔、冲击成孔	采用沉管、冲击或爆扩等方法挤土成孔，分层夯填素土或灰土成桩。对桩间土挤密，与地基土组成复合地基，从而提高地基承载力，减少沉降量。部分或全部消除地基土湿陷性	适用于处理地下水位以上的湿陷性黄土、素填土和杂填土等地基
12	柱锤冲扩法	冲击成孔 填料冲击成孔 复打成孔	采用柱状锤冲击成孔，分层灌入填料、分层夯实成桩，并对桩间土进行挤密，通过挤密和置换提高地基承载力，形成复合地基	适用于处理杂填土、素填土、粉土、黏性土、黄土等地基。对地下水位以下饱和松软土层应通过现场试验确定其适用性
13	单液硅化法和碱液法	主要用于既有建筑物下地基加固	在沉降不均匀、地基受水浸湿引起湿陷的建（构）筑物下地基中通过压力灌注或溶液自渗方式灌入硅酸钠溶液或氢氧化钠溶液，使土颗粒之间胶结，提高水稳性，消除湿陷性，提高承载力	适用于地下水位以上渗透系数为0.1～0.2m/d的湿陷性黄土等地基。在自重湿陷性黄土场地，对Ⅱ级湿陷性地基，当采用碱液法时，应通过试验确定其适用性

软弱地基处理检验　表 9.4-22

项　目	质量检验及控制内容
换填垫层法	（1）对粉质黏土、灰土、粉煤灰和砂石垫层可用贯入仪检验垫层质量。 （2）对砂石、矿渣垫层可用重型动力触探检验垫层质量。 （3）压实系数的检验可采用环刀法、灌砂法、灌水法或其他方法。 （4）竣工验收采用载荷试验检验垫层承载力时，每个单体工程不宜少于 3 点；对于大型工程则应按工程的数量或工程的面积确定检验点数
预压法	对粉质黏土、灰土、粉煤灰和砂石垫层可用贯入仪检验垫层质量；但尚应测量泵上及膜下真空度，并应在真空预压加固区边缘埋设测斜仪，测量土体沿深度的侧向位移
强夯法和强夯置换法	（1）检查施工过程中的测试数据和施工记录。 （2）强夯施工结束后，间隔一定时间方能对地基质量进行检验。 1）对于碎石土和砂土地基，其间隔时间可取 1～2 周； 2）对于低饱和度的粉土和黏性土地基，其间隔时间可取 2～4 周。 （3）质量检验的方法，宜根据土性选用载荷试验、标准贯入试验等原位测试和室内土工试验。 （4）一般建筑物，场地简单，荷载试验点不应少于 3 处；重要建筑物，场地复杂，应增加检验点数
振冲法	（1）振冲施工结束后，除砂土地基外，应间隔一定时间方能对地基质量进行检验。 1）对于粉质黏土地基，其间隔时间可取 3～4 周； 2）对于粉土地基，其间隔时间可取 2～3 周。 （2）对不加填料振冲加密处理的砂土地基，竣工验收承载力检验应采用标准贯入、动力触探、载荷试验等方法。 （3）检验点应选择在有代表性或地基土质软差的地段
砂石桩法	（1）施工结束后，应间隔一定时间方能进行质量检验。 1）对于饱和黏性土应待孔隙水压力基本消散后进行，其间隔时间不宜少于 4 周； 2）对于粉土、砂土和杂填土地基，其间隔时间不宜少于 1 周。 （2）质量检验可采用单桩载荷试验，桩体可采用动力触探试验检测。 （3）桩间土可采用标准贯入、静力触探、动力触探或其他原位测试等方法检测。 （4）竣工验收质量检验应采用单桩复合地基或多桩复合地基载荷试验。试验桩数不少于总桩数 0.5%，且每个单体建筑不得少于 3 点

续表

项 目	质量检验及控制内容
水泥土搅拌法	(1) 成桩7天后，采用浅部开挖桩头，目测检查搅拌均匀性，量测桩径，检查量为总桩数的5%。 (2) 成桩后3天内，可采用轻型动力触探（N_{10}）检查桩身均匀性。检验数量为总桩数的1%，且不少于3根。 (3) 竖向承载水泥土搅拌桩地基的竣工验收应采用单桩载荷试验、单桩或多桩复合地基载荷试验检验其承载力。载荷试验宜在28天后进行，检验桩数为总桩数的0.5%～1%，且每单体工程不应少于3点。 (4) 基槽开挖后，应检验桩位、桩数与桩顶质量
高压喷射注浆法	(1) 开挖验桩。 (2) 钻孔检查。 (3) 标准贯入试验。 (4) 载荷试验。 (5) 检测点的数量为总孔数的1%，并不应少于3点。质量检验宜在注浆结束28天后进行
夯实水泥土桩法	(1) 施工质量抽样检验，样本数不少于总桩数的2%。 (2) 竣工验收承载力检验，应采用单桩复合地基载荷试验方法，检验总桩数的0.5%～1%，且每个单体工程不应少于3点。 (3) 对重要或大型工程，必要时尚应进行多桩复合地基载荷试验方法
水泥粉煤灰碎石桩法	(1) 施工质量检验主要检查施工记录、混合料坍落度、桩数、桩位偏差、褥垫层厚度、夯填度、桩体试块抗压强度等。 (2) 竣工验收质量检验，应采用单桩、多桩复合地基载荷试验。一般宜在施工结束28天后进行。检验数宜为总桩数0.5%～1%，单体工程检验数不应少于3个，还应抽取不少于总桩数的10%的桩检测桩身结构完整性
石灰桩法	(1) 施工质量检测宜在施工7～10天后进行，检测内容：桩间土加固效果、桩身质量及复合地基载荷试验。检测方法：静力触探、动力触探、标准贯入试验。 (2) 竣工验收检验宜在施工28天后进行，应采用单桩、多桩复合地基荷载试验，每200m^{2}设一检测点，且每项单体工程不得少于3点
土挤密桩法和灰土挤密桩法	(1) 成桩后应及时抽样检验土挤密桩或灰土挤密桩处理地基的质量。一般工程检查施工记录、检测全部处理深度内桩体和桩间土的干密度。重要工程还应测定全部处理深度内桩间土的压缩性和湿陷性。 (2) 竣工验收质量检验，应采用复合地基载荷试验检测复合地基的承载力，检验数不应少于总桩数的0.5%，且每项单体工程不应少于3点

续表

项　目	质量检验及控制内容
柱锤冲扩桩法	（1）施工过程随时检查施工记录及现场施工情况。 （2）施工结束 7～14 天内，可采用重型动力触探对桩身及桩间土进行抽样检验，对处理后桩身质量及复合地基承载力作出评价。检验点数可按总桩数的 2%计，每一单体工程桩身及桩间土总检验点数不应少于 6 点。基槽开挖后，应检查桩位、桩径、桩数、桩顶密实度及槽底土质。 （3）竣工验收承载力检验，应进行单桩或多桩复合地基载荷试验，试验应在成桩 14 天后进行，检验总桩数的 5%，且每一单体工程不应少于 3 点
单液硅化法和碱液法	（1）单液硅化法，硅酸钠溶液灌注完毕 7～10 天后对加固的地基土进行检验。 1）施工记录； 2）竣工验收应采用动力触探或其他原位测试，在加固土的全部深度内进行检测，确定其承载力及均匀性；必要时应在加固土的全部深度内，每隔 1 米取土样进行室内试验，测定其压缩性和湿陷性。 （2）碱液法，做好施工记录，施工中每间隔 1～3 天应对既有建筑物的附加沉降进行观测。 竣工验收应在加固施工完毕 28 天后进行，开挖或钻孔取样，对加固土体进行无侧限抗压强度试验和水稳性试验。取样部位应在加固土土体中部，试块数不少于 3 个，28 天龄期的无侧限抗压强度平均值不得低于设计值的 90%。试块浸在水中无崩解。当需要查明加固土体的外型和完整性时，可对有代表性加固土体进行开挖，量测其有效加固半径和加固深度。 （3）地基经碱液加固后应继续进行沉降观测，观测时间不得少于半年

4）换填垫层法的三个数据表

（A）垫层的压力扩散角 θ

垫层的压力扩散角 θ（°），宜通过试验确定，当无试验资料时，可按表 9.4-23 采用。

压力扩散角 θ（°） **表 9.4-23**

换填材料 / z/b	中砂、粗砂、砾砂、圆砾、角砾、石屑、卵石、碎石	粉质黏土	灰 土
0.25	20	6	28
≥0.50	30	23	

注：1. 当 $z/b<0.25$，除灰土取 $\theta=28°$外，其余材料均取 $\theta=0°$，必要时，宜由试验确定；

2. 当 $0.25<z/b<0.25$ 时，θ 可用内插法求得。

（B）垫层的压实标准

垫层的压实标准可参照表 9.4-24 选用，垫层的承载力宜通过现场载荷试验确定。当无试验资料时，对一般工程可按表 9.4-25 选用，并应进行下卧层承载力的验算。

各种垫层的压实标准 **表 9.4-24**

施工方法	垫层材料类别	压实系数
碾压或振密	碎石、卵石	0.94～0.97
	砂夹石（其中碎石、卵石占全重的 30%～50%）	
	土夹石（其中碎石、卵石占全重的 30%～50%）	
	中砂、粗砂、砾砂、角砾、圆砾、石屑	
	粉质黏土	
	灰 土	0.95
	粉煤灰	0.90～0.95

注：1. 压实系数为土的控制干密度与最大干密度的比值，土的最大干密度宜采用击实试验确定，碎石或卵石的最大干密度可取 2.0～2.2t/m³；

2. 当采用轻型击实试验时，压实系数宜取高值，采用重型击实试验时，压实系数宜取低值；

3. 矿渣垫层的压实指标为最后 2 遍压实的压陷差小于 2mm。

（C）垫层的承载力（见表 9.4-25）

各种垫层的承载力　　表 9.4-25

施工方法	垫层材料类别	承载力特征值（kPa）	压实系数
碾压或振密	碎石、卵石	200～300	0.94～0.97
	砂夹石（其中碎石、卵石占全重的 30%～50%）	200～250	
	土夹石（其中碎石、卵石占全重的 30%～50%）	150～200	
	中砂、粗砂、砾砂	150～200	
	灰　土	200～250	0.95

5）强夯法的有效加固深度

强夯法的有效加固深度应根据现场试夯或当地经验确定。在缺乏试验资料或经验时可按表 9.4-26 预估。

强夯法的有效加固深度（m）　　表 9.4-26

单击夯击能（kN·m）	碎石土、砂土类	粉土、黏性土等
1000	5.0～6.0	4.0～5.0
2000	6.0～7.0	5.0～6.0
3000	7.0～8.0	6.0～7.0
4000	8.0～9.0	7.0～8.0
5000	9.0～9.5	8.0～8.5
6000	9.5～10.0	8.5～9.0
8000	10.0～10.5	9.0～9.5

注：强夯的有效加固深度应从起夯面算起。

强夯的单位夯击能，应根据地基土类别、结构类型、荷载大小和要求处理深度等综合考虑，并通过现场试夯确定。在一般情况下，碎石和砂土可取 1000～5000kN·m/m^2，粉土和黏性土可取 1500～6000kN·m/m^2。

9.5　基础设计

9.5.1　无筋扩展基础

无筋扩展基础台阶宽高比的允许值见表 9.5-1，基础用砖、石材及砂浆材料的最低强度等级见表 9.5-2。

无筋扩展基础台阶宽高比的允许值　　表 9.5-1

基础材料	质量要求	台阶宽高比的允许值		
		$p_k \leqslant 100$	$100 < p_k \leqslant 200$	$200 < p_k \leqslant 300$
混凝土基础	C15 混凝土	1:1.00	1:1.00	1:1.25
毛石混凝土基础	C15 混凝土	1:1.00	1:1.25	1:1.50
砖基础	砖不低于 MU10、砂浆不低于 M5	1:1.50	1:1.50	1:1.50
毛石基础	砂浆不低于 M5	1:1.25	1:1.50	—
灰土基础	体积比为 3:7 或 2:8 的灰土，其最小干密度： 粉土 1.55t/m^3 粉质黏土 1.50t/m^3 黏土 1.45t/m^3	1:1.25	1:1.50	—
三合土基础	体积比 1:2:4～1:3:6（石灰:砂:骨料），每层约虚铺 220mm，夯至 150mm	1:1.50	1:2.00	—

注：1. p_k 为荷载效应标准组合时基础底面处的平均压力值（kPa）；
2. 阶梯形毛石基础的每阶伸出宽度，不宜大于 200mm；
3. 当基础由不同材料叠合组成时，应对接触部分作抗压验算；
4. 基础底面处的平均压力值超过 300kPa 的混凝土基础，尚应进行抗剪验算。

基础用砖、石材及砂浆材料的最低强度等级　　表 9.5-2

地基土的潮湿程度	烧结普通砖、蒸压灰砂砖		混凝土砌块	石材	水泥砂浆
	严寒地区	一般地区			
稍潮湿的	MU10	MU10	MU7.5	MU30	M5
很潮湿的	MU15	MU10	MU7.5	MU30	M7.5
含水饱和的	MU20	MU15	MU10	MU40	M10

注：1. 在冻胀地区，地面以下或防潮层以下的砌体，不宜采用多孔砖，如采用时，其孔洞应用水泥砂浆灌实。当采用混凝土砌块砌体时，其孔洞采用强度等级不低于 Cb20 的混凝土灌实；
2. 对安全等级为一级或设计使用年限大于 50 年的房屋，表中材料强度等级应至少提高一级。

9.5.2 扩展基础

（1）墙下钢筋混凝土条形基础

1）适用范围

（A）混凝土强度等级 C20，C25；

（B）普通钢筋：HPB235，HRB335；

（C）按一类环境，混凝土保护层厚度 40mm（有垫层）。

2）制表公式

$$F_k = B(f_a - \overline{\gamma}d) \tag{9-31}$$

$$H_0 \geqslant \left(\frac{(f_a - \overline{\gamma}d)(B - b_2)}{2(f_a + 519f_t - \overline{\gamma}d)} + 0.05\right) \times 10^3 \tag{9-32}$$

$$A_s = \frac{(f_a - \overline{\gamma}d)(B - b_1)^2}{5.333f_y(H_0 - 50)} \times 10^6 \tag{9-33}$$

式中 F_k——相应于荷载效应标准组合时，基础顶面由上部结构传下的竖向力标准值（kN/m）；

f_a——埋深 d 时，修正后的地基承载力特征值（kN/m²），表 9.5-1 中 f_a 为 $d = 1.5$m 时所对应的地基承载力特征值；

$\overline{\gamma}$——基础与土的加权平均重度，本节表按 $\overline{\gamma} = 20$kN/m³ 编制；

d——基础埋置深度（m），本节表按基础埋深为 1.5m 编制；

B——基础宽度（m）；

H_0——基础高度（mm）；

A_s——基础底部每延米的钢筋截面面积（mm²/m）。

3）使用说明

（A）本节表基础的抗冲切高度和配筋计算按由永久荷载效应控制的组合编制，当由非永久荷载效应控制的组合决定时，应另行计算。制表时取 $b_1 = 0.24$m，$b_2 = 0.37$m，如图 9.5-1 所示；

（B）当基础埋深 $d \neq 1.5$m，可按 $[f_a - \overline{\gamma}(d - 1.5)]$ 作为 f_a 查表 9.5-3 确定 B、H_0 及 A_s；

（C）本节表按 HPB235 钢筋编制，当采用 HRB335 钢筋时，应将 A_s 乘以 0.7；

（D）受力钢筋最小直径不宜小于 10mm，间距不宜大于

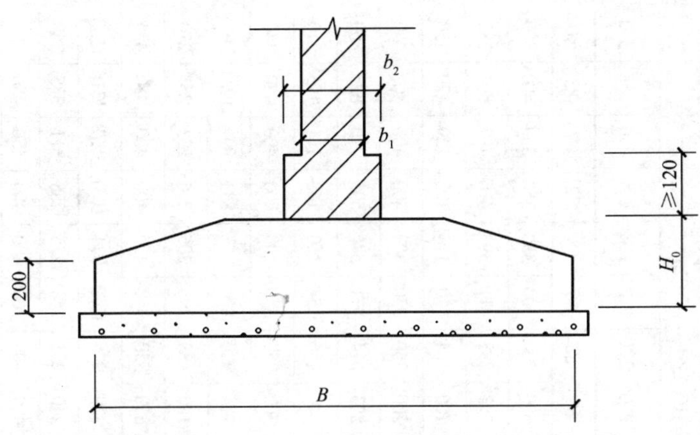

图 9.5-1 墙下钢筋混凝土条形基础

200mm，也不宜小于 100mm；

（E）纵向分布筋的直径不小于 8mm，间距不宜大于 300mm，每延米分布钢筋的截面面积应不小于每延米受力钢筋截面面积的 1/10。

4）应用举例

【例 9.5-1】 墙体传至基础顶面处的轴向力标准值 F_k = 250kN/m，为永久性荷载效应控制的组合，基础埋深 3.0m，埋深 3.0m 处修正后地基承载力特征值 f_a = 150kN/m²，C20 混凝土，HRB335 钢筋，求基础宽度 B、基础高度 H_0 及基础底部钢筋截面面积 A_s。

【解】 采用钢筋混凝土条形基础

$[f_a - 20(d-1.5)] = 150 - 20\times(3-1.5) = 120\text{kN/m}^2$

查表 4-1-1，$B = 2.8$m，$H_0 = 450$mm

HPB235 钢筋时，$A_s = 1316\text{mm}^2/\text{m}$

HRB335 钢筋时，$A_s = 1316\times0.7 = 921\text{mm}^2/\text{m}$

配筋Φ 12@120。

5）墙下钢筋混凝土条形基础选用表

墙下钢筋混凝土条形基础选用表见表 9.5-3。

墙下钢筋混凝土条形基础选用表 表 9.5-3

F_k（kN/m） H_0（mm） A_s（mm^2） HPB235 C20

f_a(kN/m²) \ B(m)		0.8	0.9	1.0	1.1	1.2	1.3	1.4	1.5	1.6	1.7	1.8	1.9	2.0	2.1	2.2	2.3	2.4	2.6	2.8	3.0
60	F_k	24	26	30	33	36	38	41	45	48	51	53	56	60	62	66	68	72	77	83	90
	H_0	250	250	250	250	250	250	250	250	250	250	250	300	300	300	300	350	350	350	400	400
	A_s	393	393	393	393	393	393	393	393	393	393	393	393	393	393	411	393	416	497	501	582
80	F_k	40	44	50	55	60	64	69	75	80	85	89	94	100	104	110	114	120	129	139	150
	H_0	250	250	250	250	250	250	250	250	250	300	300	300	300	350	350	400	400	400	400	450
	A_s	393	393	393	393	393	393	393	393	412	393	434	492	553	514	571	541	595	710	835	850
100	F_k	56	62	70	77	84	90	97	105	112	119	125	132	140	146	154	160	168	181	195	210
	H_0	250	250	250	250	250	250	250	300	300	300	300	300	300	350	350	400	400	400	450	450
	A_s	393	393	393	393	393	393	420	396	462	532	608	688	774	720	800	757	833	994	1023	1190
120	F_k	72	80	90	99	108	116	125	135	144	153	161	170	180	188	198	206	216	233	251	270
	H_0	250	250	250	250	250	250	300	300	350	350	350	350	350	350	350	400	400	400	450	450
	A_s	393	393	393	393	393	451	432	510	495	570	651	738	829	926	1029	974	1071	1278	1316	1530
150	F_k	96	107	120	132	144	155	167	180	192	204	215	227	240	251	264	275	288	311	335	360
	H_0	250	250	250	250	250	300	300	350	350	400	400	400	400	400	400	400	400	450	450	450
	A_s	393	393	393	396	493	481	576	567	660	652	744	843	948	1059	1176	1299	1428	1491	1755	2040

续表

F_k (kN/m)　H_0 (mm)　A_s (mm²)　HPB235　C20

f_a(kN/m²) \ B(m)		0.8	0.9	1.0	1.1	1.2	1.3	1.4	1.5	1.6	1.7	1.8	1.9	2.0	2.1	2.2	2.3	2.4	2.6	2.8	3.0
180	F_k	120	134	150	165	180	194	209	225	240	255	269	284	300	314	330	344	360	389	419	450
	H_0	250	250	250	250	250	300	300	350	350	400	400	400	400	400	400	450	450	450	500	500
	A_s	393	393	393	495	617	601	720	708	825	815	931	1054	1185	1323	1470	1420	1562	1864	1950	2267
200	F_k	136	152	170	187	204	220	237	255	272	289	305	322	340	356	374	390	408	441	475	510
	H_0	250	250	250	250	300	300	350	350	350	400	400	400	450	450	450	450	450	500	500	550
	A_s	393	393	438	561	559	682	680	803	935	924	1055	1195	1175	1312	1457	1610	1770	1878	2210	2312
225	F_k	156	175	195	214	234	253	272	292	312	331	350	370	390	409	429	448	468	506	545	585
	H_0	250	250	250	250	300	300	350	350	400	400	400	400	450	450	450	450	500	500	550	550
	A_s	393	393	502	643	641	782	780	921	920	1060	1210	1370	1348	1505	1672	1847	1805	2154	2282	2652
250	F_k	176	197	220	242	264	285	307	330	352	374	395	417	440	461	484	505	528	571	615	660
	H_0	250	250	250	300	300	350	350	400	400	450	450	450	450	450	500	500	500	550	550	600
	A_s	393	427	567	581	724	735	881	891	1038	1046	1195	1353	1521	1698	1676	1852	2036	2188	2574	2720
300	F_k	216	242	270	297	324	350	377	405	432	459	485	512	540	566	594	620	648	701	755	810
	H_0	250	250	300	300	350	350	400	400	450	450	450	450	500	500	550	550	600	650	700	750
	A_s	393	525	556	713	740	902	926	1093	1114	1284	1466	1660	1659	1853	1852	2046	2044	2237	2430	2623

续表

f_a(kN/m²) \ B(m)		0.8	0.9	1.0	1.1	1.2	1.3	1.4	1.5	1.6	1.7	1.8	1.9	2.0	2.1	2.2	2.3	2.4	2.6	2.8	3.0
		F_k (kN/m) H_0 (mm) A_s (mm²) HPB235 C25																			
60	F_k	24	26	30	33	36	38	41	45	48	51	53	56	60	62	66	68	72	77	83	90
	H_0	250	250	250	250	250	250	250	250	250	250	250	300	300	300	300	350	350	350	400	400
	A_s	393	393	393	393	393	393	393	393	393	393	393	393	393	393	411	393	416	497	501	582
80	F_k	40	44	50	55	60	64	69	75	80	85	89	94	100	104	110	114	120	129	139	150
	H_0	250	250	250	250	250	250	250	250	250	300	300	300	300	350	350	400	400	400	400	450
	A_s	393	393	393	393	393	393	393	393	412	393	434	492	553	514	571	541	595	710	835	850
100	F_k	56	62	70	77	84	90	97	105	112	119	125	132	140	146	154	160	168	181	195	210
	H_0	250	250	250	250	250	250	250	300	300	300	300	300	300	350	350	400	400	400	450	450
	A_s	393	393	393	393	393	393	420	396	462	532	608	688	774	720	800	757	833	994	1023	1190
120	F_k	72	80	90	99	108	116	125	135	144	153	161	170	180	188	198	206	216	233	251	270
	H_0	250	250	250	250	250	250	300	300	350	350	350	350	350	350	350	400	400	400	450	450
	A_s	393	393	393	393	393	451	432	510	495	570	651	738	829	926	1029	974	1071	1278	1316	1530
150	F_k	96	107	120	132	144	155	167	180	192	204	215	227	240	251	264	275	288	311	335	360
	H_0	250	250	250	250	250	300	300	350	350	400	400	400	400	400	400	400	400	450	450	450
	A_s	393	393	393	396	493	481	576	567	660	652	744	843	948	1059	1176	1299	1428	1491	1755	2040

续表

F_k (kN/m)　H_0 (mm)　A_s (mm^2)　HPB235　C25

f_a(kN/m^2) \ B(m)		0.8	0.9	1.0	1.1	1.2	1.3	1.4	1.5	1.6	1.7	1.8	1.9	2.0	2.1	2.2	2.3	2.4	2.6	2.8	3.0
180	F_k	120	134	150	165	180	194	209	225	240	255	269	284	300	314	330	344	360	389	419	450
	H_0	250	250	250	250	250	300	300	350	350	400	400	400	400	400	400	450	450	450	500	500
	A_s	393	393	393	495	617	601	720	708	825	815	931	1054	1185	1323	1470	1420	1562	1864	1950	2267
200	F_k	136	152	170	187	204	220	237	255	272	289	305	322	340	356	374	390	408	441	475	510
	H_0	250	250	250	250	300	300	350	350	350	400	400	400	450	450	450	450	450	500	500	550
	A_s	393	393	438	561	559	682	680	803	935	924	1055	1195	1175	1312	1457	1610	1770	1878	2210	2312
225	F_k	156	175	195	214	234	253	272	292	312	331	350	370	390	409	429	448	468	506	545	585
	H_0	250	250	250	250	300	300	350	350	400	400	400	400	450	450	450	450	500	500	550	550
	A_s	393	393	502	643	641	782	780	921	920	1060	1210	1370	1348	1505	1672	1847	1805	2154	2282	2652
250	F_k	176	197	220	242	264	285	307	330	352	374	395	417	440	461	484	505	528	571	615	660
	H_0	250	250	250	300	300	350	350	400	400	450	450	450	450	450	500	500	500	550	550	600
	A_s	393	427	567	581	724	735	881	891	1038	1046	1195	1353	1521	1698	1676	1852	2036	2188	2574	2720
300	F_k	216	242	270	297	324	350	377	405	432	459	485	512	540	566	594	620	648	701	755	810
	H_0	250	250	300	300	350	350	400	400	450	450	450	450	500	500	550	550	600	650	700	750
	A_s	393	525	556	713	740	902	926	1093	1114	1284	1466	1660	1659	1853	1852	2046	2044	2237	2430	2623

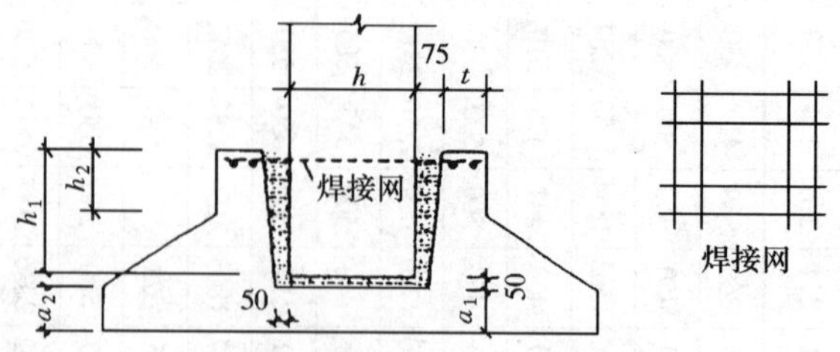

图 9.5-2　预制钢筋混凝土柱独立基础示意

注：$a_2 \geqslant a_1$

（2）杯口基础（图 9.5-2）

1）柱的插入深度，可按表 9.5-4 选用，并应满足《建筑地基基础设计规范》（GB 50007—2002）第 8.2.3 条钢筋锚固长度的要求及吊装时柱的稳定性。

柱的插入深度 h_1（mm）　　**表 9.5-4**

矩形或工字形柱				双肢柱
$h<500$	$500 \leqslant h<800$	$800 \leqslant h \leqslant 1000$	$h>1000$	
$h \sim 1.2h$	h	$0.9h$ 且 $\geqslant 800$	$0.8h$ 且 $\geqslant 1000$	$(1/3 \sim 2/3)\ h_a$ $(1.5 \sim 1.8)\ h_b$

注：1. h 为柱截面长边尺寸；h_a 为双肢柱全截面长边尺寸；h_b 为双肢柱全截面短边尺寸；

2. 柱轴心受压或小偏心受压时，h_1 可适当减小，偏心距大于 $2h$ 时，h_1 应适当加大。

2）基础的杯底厚度和杯壁厚度，可按表 9.5-5 选用。

基础的杯底厚度和杯壁厚度　　**表 9.5-5**

柱截面长边尺寸 h（mm）	杯底厚度 a_1（mm）	杯壁厚度 t（mm）
$h<500$	$\geqslant 150$	$150 \sim 200$
$500 \leqslant h<800$	$\geqslant 200$	$\geqslant 200$
$800 \leqslant h<1000$	$\geqslant 200$	$\geqslant 300$
$1000 \leqslant h<1500$	$\geqslant 250$	$\geqslant 350$
$1500 \leqslant h<2000$	$\geqslant 300$	$\geqslant 400$

注：1. 双肢柱的杯底厚度值，可适当加大；

2. 当有基础梁时，基础梁下的杯壁厚度，应满足其支承宽度的要求；

3. 柱子插入杯口部分的表面应凿毛，柱子与杯口之间的空隙，应用比基础混凝土强度等级高一级的细石混凝土充填密实，当达到材料设计强度的 70% 以上时，方能进行上部吊装。

3）当柱为轴心受压或小偏心受压且 $t/h_2 \geqslant 0.65$ 时，或大偏心受压且 $t/h_2 \geqslant 0.75$ 时，杯壁可不配筋；当柱为轴心受压或小偏心受压且 $0.5 \leqslant t/h_2 < 0.65$ 时，杯壁可按表 9.5-6 构造配筋；其他情况下，应按计算配筋。

杯壁构造配筋 **表 9.5-6**

柱截面长边尺寸（mm）	$h < 1000$	$1000 \leqslant h < 1500$	$1500 \leqslant h \leqslant 2000$
钢筋直径（mm）	8 ~ 10	10 ~ 12	12 ~ 16

注：表中钢筋置于杯口顶部，每边两根（图 9.5-2）。

（3）高杯口基础

高杯口基础的示意图如图 9.5-3 所示，其杯壁厚度见表 9.5-7。

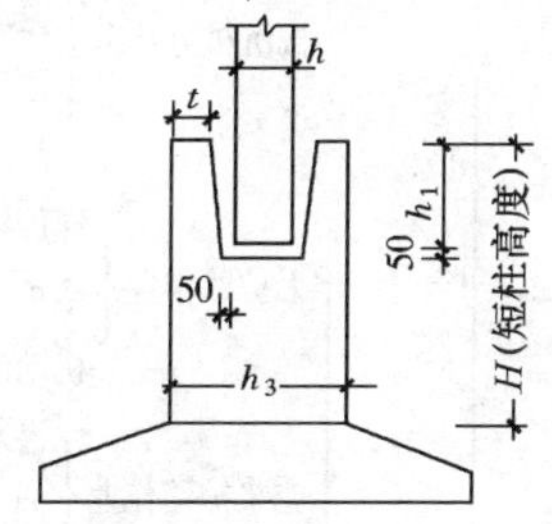

图 9.5-3 高杯口基础

高杯口基础的杯壁厚度 t **表 9.5-7**

h（mm）	t（mm）	h（mm）	t（mm）
$600 < h \leqslant 800$	$\geqslant 250$	$1000 < h \leqslant 1400$	$\geqslant 350$
$800 < h \leqslant 1000$	$\geqslant 300$	$1400 < h \leqslant 1600$	$\geqslant 400$

9.5.3 桩基础

（1）桩的分类（图 9.5-4）

（2）单桩竖向承载力

《建筑桩基技术规范》（JGJ 94—94）公式

当根据土的物理指标与承载力参数之间的经验关系确定单桩

桩的分类
按受力情况分
端承桩
摩擦桩
按施工方法分
预制桩
按材料分
木桩
混凝土
普通混凝土
方桩
三角桩
空心桩
预应力混凝土
方桩
管桩
钢材
钢管桩
异形钢板桩
工字形钢桩
按沉桩方法分
锤击沉桩（打入桩）
振动沉桩
预钻孔打入桩
静压桩
灌注桩
无护壁作业
螺旋钻孔灌注桩
钻扩孔灌注桩
机动洛阳铲成孔灌注桩
泥浆护壁作业
潜水钻成孔灌注桩
冲击钻成孔灌注桩
旋转钻成孔灌注桩
交替护壁作业
振动成孔灌注桩
锤击成孔灌注桩
贝诺特桩
弗朗基桩
爆扩成孔作业
机扩桩
爆扩桩
按功能分
受压桩
横向受荷柱
锚桩
抗拔桩
护坡桩

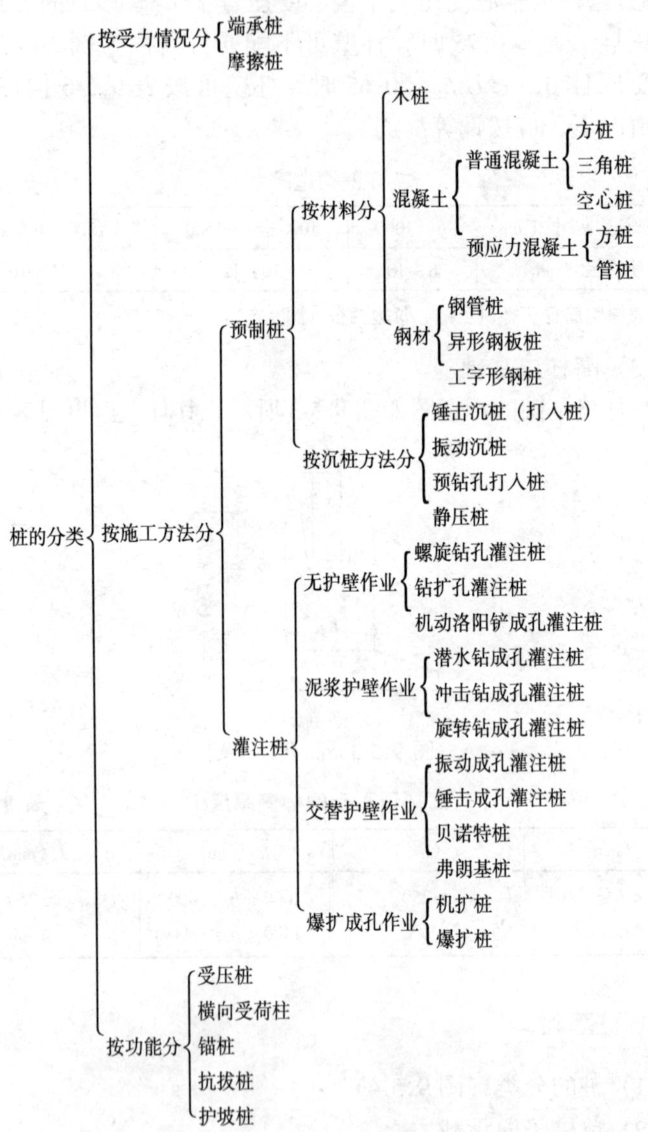

图 9.5-4　桩的分类

竖向极限承载力标准值 Q_{uk}时，按式（9-34）计算：

$$Q_{uk} = u_p \Sigma q_{sik} l_i + q_{pk} A_p \tag{9-34}$$

式中 q_{sik}、q_{pk}——桩侧第 i 层土的极限侧阻力标准值和极限端阻力标准值，当无当地经验值时，可根据成桩方法与工艺按表 9.5-8、表 9.5-9 取值。

桩的极限侧阻力标准值 q_{pk}（kPa）　　表 9.5-8

土的名称	土的状态	混凝土预制桩	水下钻（冲）孔桩	沉管灌注桩	干作业钻孔桩
填土		20~28	18~26	15~22	18~26
淤泥		11~17	10~16	9~13	10~16
淤泥质土		20~28	18~26	15~22	18~26
黏性土	$I_L > 1$	21~36	20~34	16~28	20~34
	$0.75 < I_L \leqslant 1$	36~50	34~48	28~40	34~48
	$0.50 < I_L \leqslant 0.75$	50~66	48~84	40~52	48~62
	$0.25 < I_L \leqslant 0.5$	66~82	64~78	52~63	62~76
	$0 < I_L \leqslant 0.25$	82~91	78~88	63~72	76~86
	$I_L \leqslant 0$	91~101	88~98	72~80	86~96
红黏土	$0.75 < a_w \leqslant 1$	13~32	12~30	10~25	12~30
	$0.5 < a_w \leqslant 0.7$	32~74	30~70	25~68	30~70
粉土	$e > 0.9$	22~44	20~40	16~32	20~40
	$0.7 \leqslant e \leqslant 0.9$	42~64	40~60	32~50	40~66
	$e < 0.7$	64~85	60~80	50~37	60~80
粉细砂	稍密	22~42	22~40	16~32	20~40
	中密	42~63	40~60	32~50	40~60
	密实	63~85	60~80	50~67	60~80
中砂	中密	54~74	50~72	42~58	50~70
	密实	74~95	72~90	58~75	70~90
粗砂	中密	74~95	74~95	58~75	70~90
	密实	95~116	95~116	75~92	90~110
砾砂	中密、密实	116~138	116~135	92~110	110~130

注：1. 对于尚完成自重固结的填土和以生活垃圾为主的杂填土，不计算其侧阻力；

2. 含水比 $a_w = w/w_L$；

3. 对于预制桩，根据土层埋深 h，将 q_{sk}乘以下表修正系数。

土层埋深 h（m）	<5	10	20	≥30
修正系数	0.8	1.0	1.1	1.2

桩的极限端阻力标准值 q_{pk}（kPa）　　表 9.5-9

土的名称	土的状态 \ 桩型	预制桩入土深度（m）				水下钻（冲）孔桩入土深度（m）			
		$h\leqslant 9$	$9<h\leqslant 16$	$16<h\leqslant 30$	$h>30$	5	10	15	$h>30$
黏性土	$0.75<I_L\leqslant 1$	210～840	630～1300	1100～1700	1300～1900	100～150	150～250	250～300	300～450
	$0.50<I_L\leqslant 0.75$	840～1700	1500～2100	1900～2500	2300～3200	200～300	350～450	450～550	550～750
	$0.25<I_L\leqslant 0.50$	1500～2300	2300～3000	2700～3600	3600～4400	400～500	700～800	800～900	900～1000
	$0<I_L\leqslant 0.25$	2500～3800	3800～5100	5100～5900	5900～6800	750～850	1000～1200	1200～1400	1400～1600
粉土	$0.75<e\leqslant 0.9$	840～1700	1300～2100	1900～2700	2500～3400	250～350	300～500	450～650	650～850
	$e<0.75$	1500～2300	2100～3000	2700～3600	3600～4400	550～800	650～900	750～1000	850～1000
粉砂	稍　密	800～1600	1500～2100	1900～2500	2100～3000	200～400	350～500	450～600	600～700
	中密、密实	1400～2200	2100～3000	3000～3800	3800～4600	400～500	700～800	800～900	900～1100
细砂	中密、密实	2500～3800	3600～4800	4400～5700	5300～6500	550～350	900～1000	1000～1200	1200～1500
中砂		3600～5100	5100～6300	3600～7200	7000～8000	850～950	1300～1400	1600～1700	1700～1900
粗砂		5700～7400	7400～8400	8400～9500	9500～10300	1400～1500	2000～2200	2300～2400	2300～2500
砾砂	中密、密实	6300～10500				1500～2500			
角砾、圆砾		7400～11600				1800～2800			
碎石、卵石		8400～12700				2000～3000			

续表

土的名称	土的状态 \ 桩型	沉管灌注桩入土深度（m）				干作业钻孔桩入土深度（m）		
		5	10	15	>15	5	10	15
黏性土	$0.75 < I_L \leqslant 1$	400 ~ 600	600 ~ 750	750 ~ 1000	1000 ~ 1400	200 ~ 400	400 ~ 700	700 ~ 950
	$0.50 < I_L \leqslant 0.75$	670 ~ 1100	1200 ~ 1500	1500 ~ 1800	1800 ~ 2000	420 ~ 630	740 ~ 950	950 ~ 1200
	$0.25 < I_L \leqslant 0.50$	1300 ~ 2200	2300 ~ 2700	2700 ~ 3000	3000 ~ 3500	850 ~ 1100	1500 ~ 1700	1700 ~ 1900
	$0 < I_L \leqslant 0.25$	2500 ~ 2900	3500 ~ 3900	4000 ~ 4500	4200 ~ 5000	1600 ~ 1800	2200 ~ 2400	2600 ~ 2800
粉土	$0.75 < e \leqslant 0.9$	1200 ~ 1600	1600 ~ 2000	1800 ~ 2100	2100 ~ 2600	600 ~ 1000	1000 ~ 1400	1400 ~ 1600
	$e < 0.75$	1800 ~ 2200	2200 ~ 2500	2500 ~ 3000	3000 ~ 3500	1200 ~ 1700	1400 ~ 1900	1600 ~ 2100
粉砂	稍　密	800 ~ 1300	1300 ~ 1800	1800 ~ 2000	2000 ~ 2400	500 ~ 900	1000 ~ 1400	1500 ~ 1700
	中密、密实	1300 ~ 1700	1800 ~ 2400	2400 ~ 2800	2800 ~ 3600	850 ~ 1000	1500 ~ 1700	1700 ~ 1900
细砂	中密、密实	1800 ~ 2200	3000 ~ 3400	3500 ~ 3900	4000 ~ 4900	1200 ~ 1400	1900 ~ 2100	2200 ~ 2400
中砂		2800 ~ 3200	4400 ~ 5000	5200 ~ 5500	5500 ~ 7000	1800 ~ 2000	2800 ~ 3000	3300 ~ 3500
粗砂		4500 ~ 5000	6700 ~ 7200	7700 ~ 8200	8400 ~ 9000	2900 ~ 3200	4200 ~ 4600	4900 ~ 5200
砾砂	中密、密实	5000 ~ 8400				3200 ~ 5300		
角砾、圆砾		5900 ~ 9200						
碎石、卵石		6700 ~ 10000						

注：1. 砂土和碎石类土中桩的极限端阻力取值，要综合考虑土的密实度、桩端进入持力层的深度比 h_b/d，土愈密实，h_b/d 愈大，取值愈高。

2. 表中沉管灌注桩系指带预制桩尖沉管灌柱桩。

(3) 水平荷载下桩的分类（见表9.5-10）

水平荷载下桩的分类标准　　　　表9.5-10

单桩分类	长　桩	中长桩	短　桩
m法	$l \geqslant \frac{4.0}{\alpha}$	$\frac{4.0}{\alpha} > l \geqslant \frac{2.5}{\alpha}$	$l < \frac{2.5}{\alpha}$
张氏法	$l \geqslant \frac{3.0}{\beta}$	$\frac{3.0}{\beta} > l \geqslant \frac{1.4}{\beta}$	$l < \frac{1.4}{\beta}$
计算类型	弹性桩[图9.5-5(*b*)]		刚性桩[图9.5-5(*a*)]

注：表中 α、β 值，分别为 $\alpha = \sqrt[5]{\frac{mb_0}{EI}}(\mathrm{m}^{-1})$；$\beta = \sqrt[4]{\frac{E_x}{4EI}}$（式中 E_x 为土的横向弹性模量）；l—桩长。

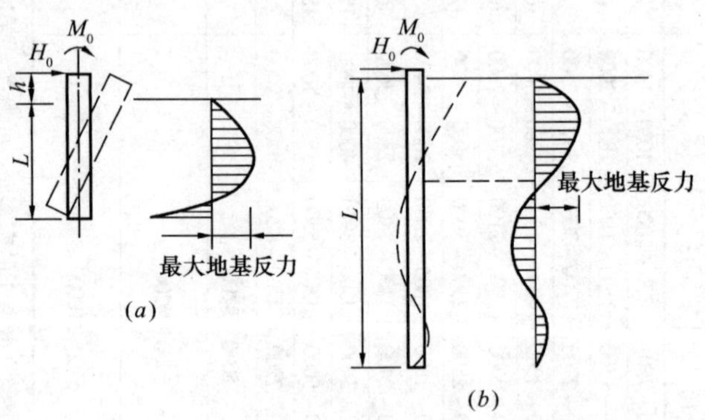

图9.5-5　单桩水平受力与变形情况

（*a*）刚性桩；（*b*）弹性桩

(4) 桩身截面计算宽度（见表9.5-11）

桩身截面计算宽度 b_0（m）　　　　表9.5-11

截面宽度 b 或直径 d（m）	圆　桩	方　桩
>1	0.9（$d+1$）	$b+1$
≤1	0.9（$1.5d+0.5$）	$1.5b+0.5$

(5)"m"法

假定 k_x 随深度成正比例地增加，即 $k_x = mZ$，称为"m"法。这是我国铁道部门提出的方法，建筑工程桩基设计中亦使用此法。

按“m”法计算时，地基水平抗力系数的比例常数 m 值，应根据试验确定，如无试验资料时，可参照表 9.5-12 选用。

地基土横向抗力系数的比例系数 m 值　　表 9.5-12

序号	地基土类别	预制桩、钢桩		灌注桩	
		m（MN/m^4）	相应单桩在地面处水平位移（mm）	m（MN/m^4）	相应单桩在地面处水平位移（mm）
1	淤泥，淤泥质土，饱和湿陷性黄土	2～4.5	10	2.5～6	6～12
2	流塑（$I_L>1$）、软塑（$0.75<I_L\leqslant 1$）状黏性土、$e>0.9$ 粉土，松散粉细砂，松散、稍密填土	4.5～6.0	10	6～14	4～8
3	可塑（$0.25<I_L<0.75$）状黏性土、$e=0.7\sim0.9$ 粉土，湿陷性黄土，中密填土，稍密细砂	6.0～10	10	14～35	3～6
4	硬塑（$0<I_L<0.25$）坚硬（$I_L\leqslant 0$）状黏性土，湿陷性黄土，$e<0.7$ 粉土，中密的中粗砂，密实老填土	10～22	10	35～100	2～5
5	中密、密实的砾砂碎石类土			100～300	1.5～3

注：1. 当桩顶横向位移大于表列数值或当灌注桩配筋率较高（>0.65%）时，m 值应适当降低；当预制桩的横向位移小于 10mm 时，m 值可适当提高；

2. 当横向荷载为长期或经常出现的荷载时，应将表列数值乘以 0.4 降低采用。

（6）桩基竖向承载力抗力分项系数

γ_s、γ_p、γ_{sp}、γ_c分别为桩侧阻分项抗力系数、桩端阻分项抗力系数、桩侧阻端阻综合分项抗力系数、承台底土抗力分项系数，按表9.5-13采用。侧阻、端阻群桩效应系数 η_s、η_p 及桩侧桩端阻综合群桩效应系数 η_{sp}见表9.5-14。

桩基竖向承载力抗力分项系数　　表9.5-13

桩型与工艺	$\gamma_s=\gamma_p=\gamma_{sp}$		γ_c
	静载试验法	经验参数法	
预制桩、钢管桩	1.60	1.65	1.70
大直径灌注桩（清底干净）	1.60	1.65	1.65
泥浆护壁钻（冲）孔灌注桩	1.62	1.67	1.65
干作业钻孔灌注桩（$d<0.8$m）	1.65	1.70	1.65
沉管灌柱桩	1.70	1.75	1.70

注：1. 根据静力触探方法确定预制桩、钢管桩承载力时，取 $\gamma_s=\gamma_p=\gamma_{sp}=1.60$；
　　2. 抗拔桩的侧阻抗力分项系数 γ_s 可取表列数值。

（7）群桩效应系数

桩侧阻群桩效应系数 η_s、桩端阻群桩效应系数 η_p 及根据单桩静载试验确定单桩竖向极限承载力时的桩侧阻端阻综合群桩效应系数 η_{sp}可按表9.5-14确定。

侧阻、端阻群桩效应系数 η_s、η_p 及桩侧阻端阻综合群桩效应系数 η_{sp}　　表9.5-14

效应系数	土名称	黏　性　土				粉土、砂土			
	B_c/l \ S_a/d	3	4	5	6	3	4	5	6
η_s	≤0.20	0.80	0.90	0.96	1.00	1.20	1.10	1.05	1.00
	0.40	0.80	0.90	0.96	1.00	1.20	1.10	1.05	1.00
	0.60	0.79	0.90	0.96	1.00	1.09	1.10	1.05	1.00
	0.80	0.73	0.85	0.94	1.00	0.93	0.97	1.03	1.00
	≥1.00	0.67	0.78	0.86	0.93	0.78	0.82	0.89	0.95
η_p	≤0.20	1.64	1.35	1.18	1.00	1.26	1.18	1.11	1.06
	0.40	1.68	1.40	1.23	1.11	1.32	1.25	1.20	1.15
	0.60	1.72	1.44	1.27	1.16	1.37	1.31	1.26	1.22
	0.80	1.75	1.48	1.31	1.20	1.41	1.36	1.32	1.28
	≥1.00	1.79	1.52	1.35	1.24	1.44	1.40	1.36	1.33

续表

效应系数	土名称	黏性土				粉土、砂土			
	B_c/l \ S_a/d	3	4	5	6	3	4	5	6
η_{sp}	≤0.20	0.93	0.97	0.99	1.01	1.21	1.11	1.06	1.01
	0.40	0.93	0.97	1.00	1.02	1.22	1.12	1.07	1.02
	0.60	0.93	0.98	1.01	1.02	1.13	1.13	1.08	1.03
	0.80	0.89	0.95	0.99	1.03	1.01	1.03	1.07	1.04
	≥1.00	0.84	0.89	0.94	0.97	0.88	0.91	0.96	1.00

注：1. B_c、l 分别为承台宽度和桩的入土长度，S_a 为桩距，当不规则布桩时，按等效桩距确定；
2. 当 $S_a/d>6$ 时，取 $\eta_s=\eta_p=\eta_{sp}=1$；两向桩距 S_a 不等时，S_a/d 取均值；
3. 当桩侧为成层土时，η_s 可按主要土层或分别按各土层类别取值；
4. 对于孔隙比 $e>0.8$ 的非饱和黏性土和松散粉土、砂类土中的挤土群桩，表列系数可提高5%；对于密实粉土、砂类土中的群桩，表列系数宜降低5%。

进行桩基计算时，对桩基承台和承台上土自重的计算，其自重荷载分项系数在其效应对结构不利时取1.2；有利时取1.0。

(8) 灌注桩的最小中心距、长径比、允许偏差（见表9.5-15～表9.5-17）

确定桩的最小中心距应考虑：

(A) 不因桩距过小而严重影响群桩效率；

(B) 不因桩距太大而导致承台尺寸过大；

(C) 桩间土体不致因桩距过小而发生过大的隆起和对邻桩产生过大的侧向挤压力。设计时应符合表9.5-15规定。

桩的最小中心距　　表9.5-15

土类与成桩工艺		排数不少于3排且桩数不少于9根的摩擦型桩基	其他情况
非挤土和部分挤土灌注桩		3.0d	2.5d
挤土灌注桩	穿越非饱和土	3.5d	3.0d
	穿越饱和软土	4.0d	3.5d
挤土预制桩		3.5d	3.0d
打入式敞口管桩和H型钢桩		3.5d	3.0d

注：d—圆桩直径或方桩边长。

桩的长径比　　表 9.5-16

桩　型	穿越一般黏性土、砂土	穿越淤泥、自重湿陷性黄土	桩　型	穿越一般黏性土、砂土	穿越淤泥、自重湿陷性黄土
端承桩	$l/d \leqslant 60$	$l/d \leqslant 40$	摩擦桩	不　限	不　限

灌注桩的平面位置和垂直度的允许偏差　　表 9.5-17

序号	成孔方法		桩径允许偏差（mm）	垂直度允许偏差（%）	桩位允许偏差（mm）	
					1～3 根、单排桩基垂直于中心线方向和群桩基础的边桩	条形桩基沿中心线方向和群桩基础的中间桩
1	泥浆护壁钻孔桩	$D \leqslant 1000$mm	±50	<1	$D/6$，且不大于 100	$D/4$，且不大于 150
		$D > 1000$mm	±50		$100 + 0.01H$	$150 + 0.01H$
2	套管成孔灌注桩	$D \leqslant 500$mm	−20	<1	70	150
		$D > 500$mm			100	150
3	干成孔灌注桩		−20	<1	70	150
4	人工挖孔桩	混凝土护壁	+50	<0.5	50	150
		钢套管护壁	+50	<1	100	200

注：1. 桩径允许偏差的负值是指个别断面；
2. 采用复打、反插法施工的桩，其桩径允许偏差不受上表限制；
3. H 为施工现场地面标高与桩顶设计标高的距离，D 为设计桩径。

（9）预制桩锤重选择

预制桩锤重选择参考表 9.5-18。

锤重选择参考表　　表 9.5-18

锤　型		柴油锤（t）					
		20	25	35	45	60	72
锤的动力性能	冲击部分重（t）	2.0	2.5	3.5	4.5	6.0	7.2
	总重（t）	4.5	6.5	7.2	9.6	15.0	18.0
	冲击力（kN）	2000	2000～2500	2500～4000	4000～5000	5000～7000	7000～10000
	常用冲程（m）	1.8～2.3					

续表

锤型			柴油锤（t）					
			20	25	35	45	60	72
桩的截面尺寸		预制方桩、预应力管桩的边长或直径（cm）	25～35	35～40	40～45	45～50	50～55	55～60
		钢管桩直径（cm）	ϕ40			ϕ60	ϕ90	ϕ90～100
持力层	黏性土 粉土	一般进入深度（m）	1～2	1.5～2.5	2～3	1.5～3.5	3～4	3～5
		静力触探比贯入阻力 P_s 平均值（MPa）	3	4	5	>5	>5	>5
持力层	砂土	一般进入深度（m）	0.5～1	0.5～1.5	1～2	1.5～2.5	2～3	2.5～3.5
		标准贯入击数 N（未修正）	15～25	20～30	30～40	40～45	45～50	50
锤的常用控制贯入度（cm/10击）				2～3		3～5	4～8	
设计单桩极限承载力（kN）			400～1200	800～1600	2500～4000	3000～5000	5000～7000	7000～10000

注：1. 本表仅供选锤用；

2. 本表适用于20～60m长预制钢筋混凝土桩及40～60m长钢管桩，且桩尖进入硬土层有一定深度。

(10) 预应力管桩

1) 预应力管桩的桩尖有开口型、十字型和圆锥型三种。其适用条件如表9.5-19所示。

桩靴类型　　表9.5-19

名称	结构图	透视图	备注
A 开口平底桩靴			打入进入土层中较易保持好进桩直线性，容易穿过厚砂层，构造简单（可利用端头板作桩靴），挤土效应较小
B 封底十字刃桩靴			较易保持桩直线性，穿进硬层性能较好，适用于打穿坚硬地层，如卵石层以至强风化岩层

续表

名 称	结构图	透视图	备 注
C 闭口钝圆 锥形桩靴			适用于一般砂地层

2）预应力管桩的抗弯性能如表 9.5-20 所示。

抗 弯 性 能 **表 9.5-20**

外径（mm）	型 号	抗裂弯矩（kN·m）	极限弯矩（kN·m）
300	A	23	34
	AB	28	45
	B	33	59
350	A	35	52
	AB	42	70
	B	50	90
400	A	52	77
	AB	63	104
	B	75	135
450	A	72	107
	AB	88	145
	B	104	187
500	A	99	148
	AB	121	200
	B	144	258
550	A	125	188
	AB	154	254
	B	182	328
600	A	164	246
	AB	210	332
	B	239	430

3）预应力管桩桩身竖向承载力设计值计算公式为 $R_p = 0.3\ (f_{ce} - \sigma_{pe})A$，按此公式计算得到的桩身竖向承载力设计值如表 9.5-21 所列。

管桩桩身竖向承载力设计值（kN） **表 9.5-21**

外径 D（mm）	壁厚（mm）	A（mm^2）	C60/C70/C80
300	60	45239	746/882/1017
	70	50579	834/986/1138
	80	55292	912/1078/1244
350	60	54663	902/1066/1230
	70	61575	1015/1200/1385
	80	67858	1119/1323/1526
400	80	80424	1327/1568/1809
	90	87650	1446/1709/1972
	100	94247	1555/1837/2120
450	80	92991	1534/1813/2092
	90	101787	1679/1984/2290
	100	109955	1814/2144/2474
500	90	115924	1912/2260/2608
	100	125663	2073/2450/2827
	110	134774	2223/2628/3032
550	90	130062	2146/2536/2926
	100	141371	2332/2756/3180
	110	152053	2508/2965/3421
600	100	157079	2591/3063/3534
	110	169331	2794/3302/3810
	120	180955	2985/3528/4071

4）预应力管桩持力层若为遇水软化岩层，而施打（压）后持力层可能进水时，应在终桩后立即往桩孔中灌混凝土，高度不小于 1.5m。

5）对于抗拔桩，应将桩身预应力钢筋全部锚入承台内。

6）预应力管桩现场施工方法有（柴油）锤打法和静力压桩法，柴油打桩锤及静力压桩机的选用见表 9.5-22 及表 9.5-23。

选择筒式柴油打桩锤参考表　　　　**表 9.5-22**

柴油锤型号	25#	32#～36#	40#～50#	60#～62#	72#	80#
冲击体质量（t）	2.5	3.2 3.5 3.6	4.0 4.5 4.6 5.0	6.0 6.2	7.2	8.0
锤体总质量（t）	5.6～6.2	7.2～8.2	9.2～11.0	12.5～15.0	18.4	17.4～20.5
常用冲程（m）	1.5～2.2	1.6～3.2	1.8～3.2	1.9～3.6	1.8～2.5	2.0～3.4
适用管桩规格	ϕ300	ϕ300 ϕ400	ϕ400 ϕ500	ϕ500 ϕ550 ϕ600	ϕ550 ϕ600	ϕ600 ϕ800
单桩竖向承载力设计值适用范围（kN）	600～1200	800～1600	1300～2400	1800～3300	2200～3800	2600～4500
桩尖可进入的岩土层	密实砂层 坚硬土层 全风化岩	密实砂层 坚硬土层 强风化岩	强风化岩	强风化岩	强风化岩	强风化岩
常用控制贯入度（mm/10击）	20～40	20～50	20～50	20～50	30～70	30～80

选择静力压桩机参考表 表 9.5-23

项目 \ 压桩机型号		160~180	240~280	300~360	400~460	500~600
最大压桩力（kN）		1600~1800	2400~2800	3000~3600	4000~4600	5000~6000
适用管桩	最小桩径（mm）	300	300	400	400	500
	最大桩径（mm）	400	500	500	550	600
适用方桩	最小边长（mm）	300	350	400	400	450
	最大边长（mm）	400	450	450	500	550
单桩极限承载力（kN）		1000~2000	1700~3000	2100~3800	2800~4600	3500~5500
桩端持力层		中密~密实砂层、硬塑~坚硬黏土层，残积土层	密实砂层、坚硬黏土层、全风化岩层	密实砂层、坚硬黏土层、全风化岩层	密实砂层、坚硬黏土层、全风化岩层、强风化岩层	密实砂层、坚硬黏土层、全风化岩层、强风化岩层
桩端持力层标贯值（N）		20~25	20~35	30~40	30~50	30~55
穿透中密~密实砂层厚度（m）		约2	2~3	3~4	5~6	5~8

（11）成桩工艺选择

成桩工艺可按表 9.5-24 参考选用。

成桩工艺选择参考表

表 9.5-24

桩类			桩径		桩长（m）	穿越土层											桩端进入持力层				地下水位		对环境影响		孔底有无挤密
			桩身（mm）	扩大端（mm）		一般黏性土及其填土	淤泥和淤泥质土	粉土	砂土	碎石土	季节性冻土膨胀土	黄土：非自重湿陷性黄土	黄土：自重湿陷性黄土	中间有硬夹层	中间有砂夹层	中间有砾石夹层	硬黏性土	密实砂土	碎石土	软质岩石和风化岩石	以上	以下	振动和噪音	排浆	
非挤土成桩法	干作业法	长螺旋钻孔灌注桩	300～600	—	≤12	○	×	○	△	×	○	○	△	×	△	×	○	○	×	×	○	×	无	无	无
		短螺旋钻孔灌注桩	300～800	—	≤30	○	×	○	△	×	○	○	×	×	△	×	○	○	×	×	○	×	无	无	无
		钻孔扩底灌注桩	300～600	800～1200	≤30	○	×	○	×	×	○	○	×	×	△	×	○	○	×	×	○	×	无	无	无
		机动洛阳铲成孔灌注桩	300～500	—	≤20	○	×	△	×	×	○	○	△	△	×	△	○	○	×	×	○	×	无	无	无
		人工挖孔扩底灌注桩	1000～2000	1600～4000	≤40	○	△	△	×	×	○	○	○	○	△	△	○	×	×	○	○	△	无	无	无
非挤土成桩法	泥浆护壁法	潜水钻成孔灌注桩	500～800	—	≤50	○	○	○	△	×	△	△	×	×	△	×	○	○	△	×	○	○	无	有	无
		反循环钻成孔灌注桩	600～1200	—	≤80	○	○	○	△	×	△	○	×	○	○	×	○	○	△	○	○	○	无	有	无
		迴旋钻成孔灌注桩	600～1200	—	≤80	○	○	○	△	×	△	○	×	○	○	×	○	○	△	○	○	○	无	有	无
		机挖异型灌注桩	400～600	—	≤20	○	△	○	×	×	△	○	×	△	△	×	○	○	△	△	△	○	无	有	无
		钻孔扩底灌注桩	600～1200	1000～1600	≤20	○	○	○	×	×	△	○	×	○	○	×	○	×	×	△	○	○	无	有	无
	套管护壁法	贝诺托灌注桩	800～1600	—	≤50	○	○	○	○	○	△	○	×	○	○	○	○	○	○	○	○	○	有	有	无
		短螺旋钻孔灌注桩	300～800	—	≤20	○	○	○	○	×	△	○	×	△	△	△	○	○	△	×	○	○	无	无	无

续表

桩类			桩径		桩长(m)	穿越土层											桩端进入持力层				地下水位		对环境影响		孔底有无挤密
			桩身(mm)	扩大端(mm)		一般黏性土及其填土	淤泥和淤泥质土	粉土	砂土	碎石土	季节性冻土膨胀土	黄土 非自重湿陷性黄土	黄土 自重湿陷性黄土	中间有硬夹层	中间有砂夹层	中间有砾石夹层	硬黏性土	密实砂土	碎石土	软质岩石和风化岩石	以上	以下	振动和噪音	排浆	
部分挤土成桩法		冲击成孔灌注桩	600~1200	—	≤50	○	△	△	△	○	△	×	×	○	○	○	○	○	○	○	○	○	有	有	无
		钻孔压注成型灌注桩	300~1000	—	≤30	○	△	△	△	×	○	○	○	△	△	×	○	○	×	△	○	△	无	有	无
		组合桩	≤600	—	≤30	○	○	○	○	×	○	○	△	○	○	△	○	○	○	△	○	○	有	无	无
		预钻孔打入式预制桩	≤500	—	≤60	○	○	○	△	×	○	○	○	○	○	△	○	○	△	△	○	○	有	无	有
		混凝土（预应力混凝土）管桩	≤600	—	≤60	○	○	○	△	×	△	○	△	△	△	△	○	○	○	△	○	○	有	无	有
		H型钢桩	规格	—	≤50	○	○	○	○	○	△	×	×	○	○	○	△	△	○	○	○	○	有	无	无
		敞口钢管桩	600~900	—	≤50	○	○	○	○	△	△	○	○	○	○	○	○	○	○	○	○	○	有	无	有
挤土成桩法	挤土灌注桩	振动沉管灌注桩	270~400	—	≤24	○	○	○	△	×	○	○	○	×	△	×	○	○	×	×	○	○	有	无	有
		锤击沉管灌注桩	300~500	—	≤24	○	○	○	△	×	○	○	○	△	△	△	○	○	△	×	○	○	有	无	有
		锤击振动沉管灌注桩	270~400	—	≤20	○	○	△	△	×	△	○	○	○	○	△	○	○	○	○	○	○	有	无	有

续表

桩类			桩径		桩长（m）	穿越土层											桩端进入持力层				地下水位		对环境影响		孔底有无挤密
			桩身（mm）	扩大端（mm）		一般黏性土及其填土	淤泥和淤泥质土	粉土	砂土	碎石土	季节性冻土膨胀土	黄土：非自重湿陷性黄土	黄土：自重湿陷性黄土	中间有硬夹层	中间有砂夹层	中间有砾石夹层	硬黏性土	密实砂土	碎石土	软质岩石和风化岩石	以上	以下	振动和噪音	排浆	
挤土成桩法	挤土灌注桩	平底大头灌注桩	350～400	550×450～500×50	≤15	○	○	△	×	×	△	△	△	×	△	×	○	△	×	×	○	○	有	无	有
		沉管灌注同步桩	≤400	—	≤20	○	○	○	△	×	○	○	○	×	△	×	○	△	×	×	○	○	有	无	有
		夯压成型灌注桩	325、377	460～700	≤24	○	○	○	△	△	○	○	○	×	△	×	○	△	×	×	○	○	有	无	有
		干振灌注桩	350	—	≤10	○	○	○	△	△	△	○	△	×	△	△	△	△	×	×	○	×	有	无	无
		爆扩灌注桩	≤350	≤1000	≤12	○	×	×	×	×	△	○	○	×	△	×	○	×	×	×	○	×	有	无	有
		弗兰克桩	≤600	≤1000	≤20	○	○	○	△	△	○	○	○	△	○	△	○	○	△	×	○	○	有	无	有
	挤土预制桩	打入实心混凝土预制桩、闭口钢管桩、混凝土管桩	≤500×500≤600	—	≤50	○	○	○	△	△	△	○	○	○	○	○	○	○	△	△	○	○	有	无	有
		静压桩	100×100	—	≤40	○	○	△	△	×	×	○	△	△	△	×	○	○	×	×	○	○	无	无	有

注：表中符号○表示比较合适；△表示有可能采用；×表示不宜采用。

(12) 承台尺寸及形式

1) 承台的尺寸应满足抗冲切、抗剪切、抗弯强度和上部结构的要求。

2) 承台最小宽度不应小于 500mm。承台边缘至桩中心的距离不宜小于桩的直径或边长（桩截面），且桩外边缘至承台边缘距离一般不应小于 150mm。对于条形承台，桩外边缘至承台边缘不应小于 75mm。

3) 墙下条形承台的厚度不应小于 300mm。柱下独立承台的边缘厚度不应小于 300mm，其余构造要求与柱下钢筋混凝土独立基础相同。

4) 承台形式。

(A) 墙下条形承台的布桩可沿墙中心线单排或双排成对、双排交错布置（图 9.5-6）。空旷、高大的建筑物如食堂、礼堂等，不宜采取单排布桩。

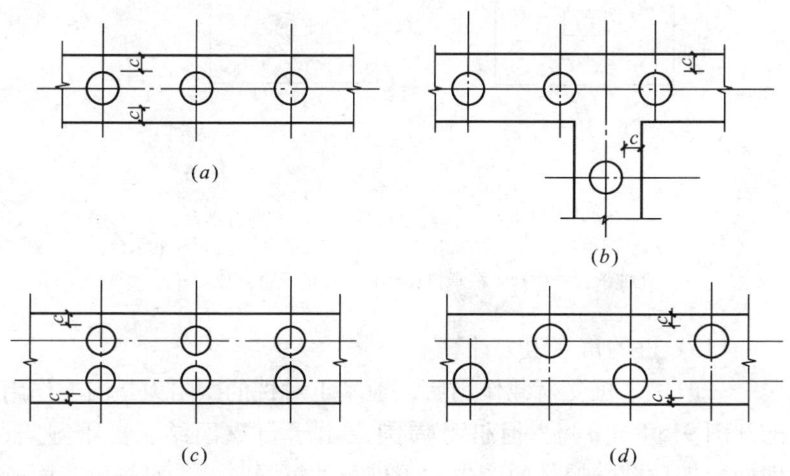

图 9.5-6 墙下条形承台梁布桩
(a) 沿墙轴线单排布置；
(b) 横墙较多的多层建筑在纵横墙交叉处单排布置；(c) 双排成对布置；
(d) 双排交错布置。图中 c—桩外边缘至承台梁边缘距离，不应小于 75mm

（B）柱下独立承台平面可为方形、矩形、圆形或多边形。当受轴心荷载时，布桩可用行列式或梅花式，桩距为等距；当承受偏心荷载时，布桩可采用不等距，但须重心轴对称，见图9.5-7。柱下桩基承台中桩数，当采用一般直径桩（非大直径桩）时，一般宜不少于3根桩。

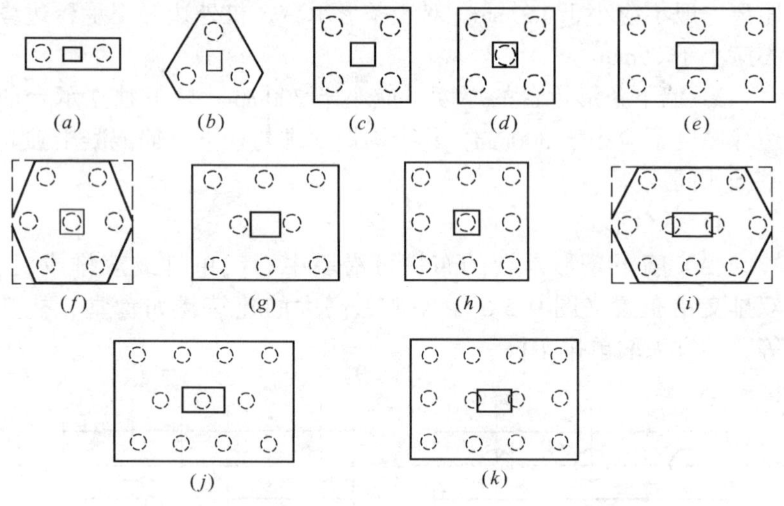

图9.5-7　承台常用形式

（a）二桩承台；（b）三桩承台；（c）四桩承台；（d）五桩承台；（e）六桩承台；（f）七桩承台；（g）八桩承台；（h）九桩承台；（i）十桩承台；（j）十一桩承台；（k）十二桩承台

（13）桩的负摩阻力计算

一般说来桩受荷载作用后，地基土对桩的摩阻力是向上作用的［图9.5-8（a）］。但桩身周围土由于自重固结、自重湿陷、地面附加荷载等原因而产生大于桩身的沉降时，土对桩侧表面所产生的摩阻力向下［图9.5-8（b）］，此时的摩阻力称为负摩阻力。它不但不是桩承载力的一部分，反而变成施加在桩上的外加荷载，使桩的承载能力大大降低。当桩身某一深度处桩土位移量相等时，该处桩侧摩阻力为零，称其为中性点。中性点是正、负摩阻力的分界点，中性点深度 l_n 可参照表 9.5-25 确定。

中性点深度 l_n **表 9.5-25**

持力层性质	黏性土、粉土	中密以上砂	砾石、卵石	基 岩
l_n/l_0	0.5～0.6	0.7～0.8	0.9	1.0

注：1. l_n、l_0 分别为中性点深度和桩周沉降变形土层下限深度；

2. 桩穿越自重湿陷性黄土时，l_n 按表列值增大 10%（持力层为基岩者除外）。

通常对于以下情况需考虑桩侧负摩阻力的影响：

1）桩穿越较厚松散填土、自重湿陷性黄土、欠固结土层进入相对较硬土层时；

2）桩周存在软弱土层，邻近桩侧地面承受局部较大的长期荷载，或地面大面积堆载（包括填土）时；

3）由于降低地下水位，使桩周土中有效应力增大，并产生显著压缩沉降时。

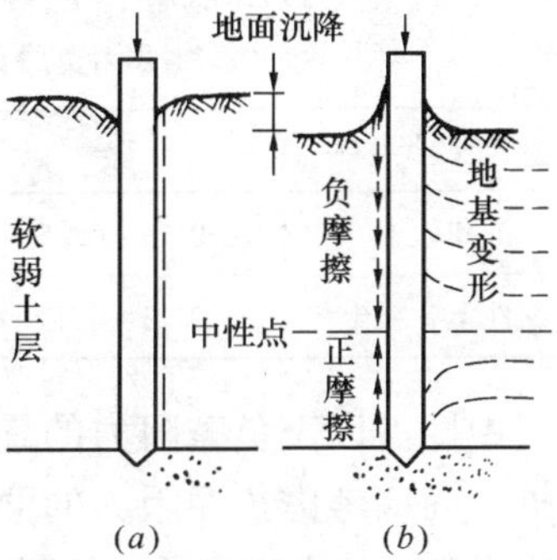

图 9.5-8 桩侧负摩阻力示意

影响负摩阻力的因素甚多，诸如桩侧与桩端土的变形与强度性质、土层的应力历史、地面堆载的大小与范围、降低地下水的范围与深度、桩顶荷载施加时间与发生负摩阻力时间之间的关系、桩的类型与成桩工艺等。因此，精确计算桩侧负摩阻力是复杂而困难的。迄今国内外学者提出的计算方法与公式都是近似的和经验性的。《建筑桩基技术规范》（JGJ 94—94）建议无实测资料时，桩侧负摩阻力标准值可按下式计算：

$$q_{si}^{n} = \zeta_n \sigma_i' \tag{9-35}$$

式中 q_{si}^{n}——第 i 层土桩侧负摩阻力标准值；

ζ_n——桩周土负摩阻力系数，可按表 9.5-26 取值；

σ_i'——桩周第 i 层土平均竖向有效应力；$\sigma_i' = p + \gamma_i' \cdot z_i$；

γ_i'——第 i 层土层底以上桩周土按厚度计算的加权平均

有效重度；

z_i——自地面起算的第 i 层土中点深度；

p——地面均布荷载。

对于砂类土也可按下式估算桩侧负摩阻力标准值：

$$q_{si}^{n} = 3 + N_i/5 \tag{9-36}$$

式中　N_i——桩周第 i 层土经钻杆长度修正后的平均标准贯入试验击数。

负摩阻力系数 ζ_n　　**表 9.5-26**

土　类	ζ_n	土　类	ζ_n
饱和软土	0.15～0.25	砂　土	0.35～0.50
黏性土、粉土	0.25～0.40	自重湿陷性黄土	0.20～0.35

中性点以上负摩阻力的累计值称为下拉荷载。对于桩群中的基桩，尚应考虑负摩阻力的群桩效应，乘以相应的负摩阻力群桩效应系数 η_n 予以折减。其群桩效应系数可按等效圆法计算，即根据单桩单位长度的负摩阻力由相应长度范围内土体的重量等效。可导得：

$$\eta_n = s_{ax} \cdot s_{ay} \Big/ \left[\pi d \left(\frac{q_{sn}}{\gamma_m{}'} + \frac{d}{4} \right) \right] \tag{9-37}$$

式中　s_{ax}，s_{ay}——分别为纵、横向桩的中心距；

q_{sn}——中性点以上桩的平均负摩阻力标准值；

$\gamma_m{}'$——中性点以上桩周土加权平均有效重度。

此外，对于单桩基础或按上式计算的 $\eta_n > 1$ 时，取 $\eta_n = 1$。

基桩的下拉荷载为：

$$Q_g^n = \eta_n \cdot u \sum_{l=1}^{n} q_{si}^n l_i \tag{9-38}$$

式中　n——中性点以上土层数；

l_i——中性点以上各土层的厚度。

在桩基设计中，若考虑桩周土沉降引起的桩侧负摩阻力对桩基承载力和沉降量的影响时，应根据工程具体情况按下列规定验算。

根据《建筑桩基技术规范》(JGJ 94—94)，对于摩擦型基桩，当出现负摩阻力对基桩施加下拉荷载时，由于持力层压缩性较大，随之引起桩的沉降，使土对桩的相对位移减小，负摩阻力降低，直至转化为零。因此，一般可近似视中性点以上侧阻力为零，故可按下式计算：

$$\gamma_0 N \leqslant R \tag{9-39}$$

对于端承型桩基，由于桩端持力层较硬，受下拉荷载作用后不致产生沉降或沉降量很小，因此除应满足式（9-39）外，尚应考虑负摩阻力引起基桩的下拉荷载 Q_g^n，按下式验算基桩承载力：

$$(\gamma_0 N + 1.27 Q_g^n) \leqslant 1.6R \tag{9-40}$$

9.5.4 基坑工程

（1）支护结构选型（见表 9.5-27）

支护结构选型表 **表 9.5-27**

支护形式	适 用 条 件
排 桩	（1）适用于各种安全等级的基坑工程； （2）内支撑-排桩支护结构可用于各种土层的基坑工程； （3）锚杆-排桩支护结构宜用于非软土地层的基坑工程； （4）当地下水位高于基坑底面时，应根据基坑周边环境情况采取降水或截水措施
地下连续墙	（1）适用于各种安全等级的基坑工程； （2）内支撑-连续墙支护结构可用于各种土层的基坑工程； （3）锚杆-连续墙支护结构宜用于非软土地层的基坑工程； （4）当地下水位高于基坑底面时，根据土方开挖的需要可在基坑内采取降水措施
水泥土墙	（1）基坑侧壁安全等级宜为二、三级； （2）水泥土桩施工范围内地基土承载力不宜大于 150kPa； （3）基坑深度不宜大于 6m

续表

支护形式	适　用　条　件
土钉墙	（1）基坑侧壁安全等级宜为二、三级的非软土场地； （2）基坑深度不宜大于12m； （3）普通土钉墙一般适应于地下水位以上或经人工降水后的人工填土、黏性土和粉土，不宜用于含水丰富的粉细砂层、砂卵石层和淤泥质土； （4）当地下水位高于基坑底面时，应根据基坑周边环境情况采取降水或截水措施
逆作拱墙	（1）基坑侧壁安全等级宜为二、三级； （2）场地具备起拱条件，拱墙轴线的矢跨比不宜小于1/8； （3）淤泥和淤泥质土场地不宜采用； （4）基坑深度不宜大于12m； （5）当地下水位高于基坑底面时，应根据基坑周边环境情况采取降水或截水措施
降　水	地下水位高于基坑底面、降水不危及基坑及周边环境安全时，可采用降水方法控制地下水位，以满足施工要求
回　灌	基坑周边被保护对象与基坑具有一定距离，但单独降水有可能危及基坑及周边环境安全时，可在降水井与被保护对象之间设置回灌井，以控制被保护对象处的地下水位，一般回灌井与降水井的距离不宜小于6m
截　水	基坑周边被保护对象与基坑距离较近，降水会危及基坑及周边环境安全时，应采用截水帷幕控制基坑外被保护对象地基中的地下水位

（2）排桩、地下连续墙支护结构嵌固深度。

排桩、地下连续墙支护结构嵌固深度确定方法见表9.5-28。

排桩、地下连续墙支护结构嵌固深度确定方法　表 9.5-28

受力形式（支点数量）	控制条件	嵌固深度计算方法	嵌固深度最小限值 h_{dmin}
悬臂式（无支点）结构	支护结构抗倾覆稳定性	极限平衡法	$0.3h$
单支点结构	支护结构抗倾覆稳定性	等值梁法	$0.3h$
多支点结构	支护结构整体稳定性	圆弧滑动简单条分法	$0.2h$

注：表中 h 为基坑开挖深度。

（3）排桩、地下连续墙支护结构计算内容（见表 9.5-29）。

排桩、地下连续墙支护结构计算内容　表 9.5-29

受力型式	计 算 内 容	计 算 方 法
悬臂式结构	弯矩、剪力、位移	弹性支点法、极限平衡法（不能计算位移）
单支点结构	弯矩、剪力、支点力、位移	弹性支点法、等值梁法（不能计算位移）
多支点结构	弯矩、剪力、支点力、位移	弹性支点法

（4）圆截面支护桩配筋方式［如图 9.5-9 所示（a）~（d）计四种］。

（5）圆截面桩配筋（见表 9.5-30 ~ 表 9.5-33，M_1 ~ M_4 为图 9.5-9 中四种配筋方式的受弯承载力）

ϕ600 桩受弯承载力（kN·m）

（钢筋：HRB335 级，混凝土保护层：50mm）　表 9.5-30

A_s（mm²）		1000	1500	2000	2500	3000	3500	4000	4500	5000	5500
配筋率 ρ（%）		0.35	0.53	0.71	0.88	1.06	1.24	1.41	1.59	1.77	1.95
C20	M_1	76	110	142	173	204	233	262	290	318	345
	M_2	89	134	179	223	268	313	355	396	438	478
	M_3	93	140	186	233	279	326	371	415	458	501
	M_4	101	151	201	251	297	342	386	429	471	512
C25	M_1	78	112	146	178	209	239	269	298	326	354
	M_2	89	134	179	223	268	313	358	402	443	485
	M_3	93	140	186	233	279	326	372	419	464	507
	M_4	101	151	201	251	302	348	393	438	482	524

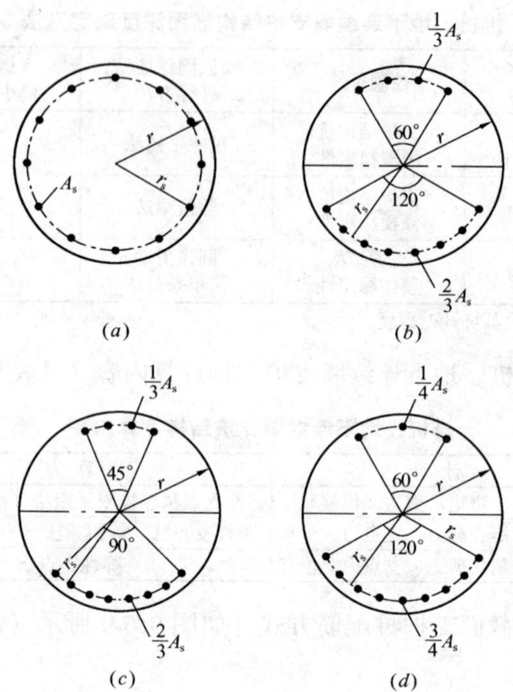

图 9.5-9　圆截面支护桩常用的配筋方式

φ800 桩受弯承载力（kN·m）

（钢筋：HRB335 级，混凝土保护层：50mm）　　**表 9.5-31**

A_s（mm²）		2000	3000	4000	5000	6000	7000	8000	9000	10000	11000
配筋率 ρ（%）		0.40	0.60	0.80	0.99	1.19	1.39	1.59	1.79	1.99	2.19
C20	M_1	206	298	386	471	554	635	714	792	868	944
	M_2	245	368	490	613	736	866	983	1098	1212	1324
	M_3	255	383	511	639	766	907	1030	1151	1270	1388
	M_4	276	414	552	690	816	939	1059	1176	1290	1401
C25	M_1	210	304	394	482	567	650	732	812	891	968
	M_2	245	368	490	613	736	858	981	1111	1227	1342
	M_3	255	383	511	639	766	894	1022	1164	1286	1407
	M_4	276	414	552	690	829	956	1081	1202	1322	1438

ϕ1000 桩受弯承载力（kN·m）

（钢筋：HRB335 级，混凝土保护层：50mm） **表 9.5-32**

A_s（mm^2）		3000	4000	6000	8000	9000	10000	12000	14000	16000	18000
配筋率 ρ（%）		0.38	0.51	0.76	1.02	1.15	1.27	1.53	1.78	2.04	2.29
C20	M_1	393	512	740	959	1065	1170	1376	1577	1774	1968
	M_2	467	623	935	1246	1402	1558	1896	2192	2484	2772
	M_3	487	650	975	1300	1462	1625	1986	2298	2605	2908
	M_4	526	701	1052	1410	1572	1731	2043	2344	2636	2919
C25	M_1	399	521	755	979	1089	1196	1408	1614	1817	2016
	M_2	467	623	935	1246	1402	1558	1870	2218	2516	2811
	M_3	487	650	975	1300	1462	1625	1950	2323	2637	2947
	M_4	526	701	1052	1402	1595	1760	2082	2395	2700	2997

ϕ1200 桩受弯承载力（kN·m）

（钢筋：HRB335 级，混凝土保护层：50mm） **表 9.5-33**

A_s（mm^2）		4000	6000	8000	10000	12000	14000	16000	18000	20000	22000
配筋率 ρ（%）		0.35	0.53	0.71	0.88	1.06	1.24	1.41	1.59	1.77	1.95
C20	M_1	638	928	1207	1478	1741	1999	2252	2501	2747	2989
	M_2	756	1134	1512	1890	2268	2646	3097	3463	3825	4183
	M_3	789	1183	1578	1972	2366	2761	3246	3630	4010	4387
	M_4	851	1276	1701	2126	2568	2960	3344	3719	4086	4445
C25	M_1	647	943	1229	1507	1777	2042	2302	2558	2810	3058
	M_2	756	1134	1512	1890	2268	2646	3024	3402	3868	4233
	M_3	789	1183	1578	1972	2366	2761	3155	3550	4053	4438
	M_4	851	1276	1701	2126	2552	3007	3403	3791	4173	4547

注：1. 以上表格中纵向受力钢筋是按照Ⅱ级钢筋（抗拉强度设计值为 310MPa）计算的，如果采用其他级别的钢筋，可按照等强代换的原则换算钢筋面积，即在使用以上表格时将 A_s、ρ 项乘以系数（$310/f_y$），f_y 为实配纵筋的抗拉强度设计值（原《全国民用建筑工程设计技术措施结构分册》（2003）注）；

2. 表中钢筋强度等级系按原表摘录、未作修改（编者注）。

(6) 坑壁坡度允许值与坑壁最大坡度

坑壁坡度允许值见表9.5-34，基坑坑壁的最大坡度（适用于5m以内）见表9.5-35，基坑坑壁坡度（适用于5m以内）见表9.5-36。

坑壁坡度允许值　　表9.5-34

土的类别	密实度或状态	坡度允许值（垂直：水平）	
		坑深在5m以内	坑深：5～10m
碎石土	密　实	1:0.35～1:0.50	1:0.5～1:0.75
	中　密	1:0.30～1:0.75	1:0.75～1:1.00
	稍　密	1:0.75～1:1.00	1:1.00～1:1.25
黏性土	坚　硬	1:0.75～1:1.00	1:1.00～1:1.25
	可　塑	1:1.00～1:1.25	1:1.25～1:1.50

注：1. 表中碎石土的充填物为坚硬或硬塑状态的黏性土；

2. 对于砂土或充填物为砂土的碎石土，其坡度允许值均按其天然休止角确定。

基坑坑壁的最大坡度（适用于5m以内）　　表9.5-35

土　的　种　类	边　坡　坡　度（高宽比）		
	人　工　挖　土	机　械　挖　土	
		在坑（槽）底挖土	在坑（槽）上挖土
砂　　土	1:1.00	1:0.75	1:1.00
粉　　土	1:0.67	1:0.50	1:0.75
粉质黏土	1:0.50	1:0.33	1:0.75
黏　　土	1:0.33	1:0.25	1:0.67
土夹卵石	1:0.67	1:0.50	1:0.75
干 黄 土	1:0.25	1:0.10	1:0.33

注：1. 如人工挖土不把土抛于基坑（槽）上边而随时把土运走，则应采用机械在（坑）槽底挖土的坡度；

2. 表中砂土不包括细砂和粉砂；干黄土不包括黄土状土；

3. 在个别情况下，如有足够资料和经验或采用多斗挖沟机，均可不受本表的限制。

基坑坑壁坡度（适用于5m以内） 表9.5-36

坑壁土	坡壁坡度（高宽比）		
	基坑顶缘无载重	基坑顶缘有静载	基坑顶缘有动载
砂 土	1:1.00	1:1.25	1:1.50
碎石土	1:0.75	1:1.00	1:1.25
粉 土	1:0.67	1:0.75	1:1.00
粉质黏土	1:0.33	1:0.50	1:0.75
黏土带有石块	1:0.25	1:0.33	1:0.67
未风化页岩	1:0	1:0.1	1:0.25
岩 石	1:0	1:0	1:0

注：在山坡上开挖基坑，如地质不良时，应注意防止滑坍。

9.5.5 检验与监测

(1) 地基与基础的检验（见表9.5-37）。

地基与基础检验 表9.5-37

项 目	内 容
基槽检验	基槽检验可用触探或其他方法，当发现与勘察报告和设计文件不一致，或遇到异常情况时，应结合地质条件提出处理意见。 当遇有下列情况时，应列为验槽重点： 1）当持力层的顶板标高有较大的起伏变化时； 2）当基础范围内存在两种以上不同成因类型的土层时； 3）当基础范围内存在局部异常土质或坑穴、古井、老地基或古迹遗址时； 4）当基础范围内遇有断层破碎带、软弱岩脉以及湮废河、湖、沟、塘泽等不良地质条件时； 5）当基础在冬、雨期等不良气候条件下施工，基底土质可能受到影响时
压实填土检验	应分层取样检验土的干密度和含水量。每50~100m^{2}面积内应有一个检验点，据检验结果求得的压实系数，不得低于表9.4-1的规定，对碎石土干密度不得低于2.0t/m^2。 一般情况下宜按20~50cm分层进行检验

续表

项　　目	内　　容
复合地基检验	除应进行静荷载试验外，尚应进行竖向增强体及周边土的质量检验
预制打入桩静力压桩检验	提供经确认的施工过程有关参数。施工完成后尚应进行桩顶标高、桩位偏差等检验
混凝土灌注桩检验	提供经确认的施工过程有关参数，即原材料的力学性能检验报告、试件留置数量及制作养护方法、混凝土抗压强度试验报告、钢筋笼制作质量检验报告等。施工完成后尚应进行桩顶标高、桩位偏差等检验
人工挖孔桩端持力层检验	人工挖孔桩终孔时，应进行桩端持力层检验。单柱单桩的大直径嵌岩桩，应视岩性检验桩底下 $3d$ 或 5000mm 深度范围内有无空洞、破碎带、软弱夹层等不良地质构造
施工完成后的工程桩检验	施工完成后的工程桩均应进行桩身质量及竖向承载力检验。检验措施，技术必须可靠，检验桩数符合相应规范要求
地下连续墙检验	提供经确认的有关成墙记录和报告。地下连续墙完成后尚应进行质量检验，检验槽段数不得小于同条件下总槽段数的 20%
抗浮锚杆检验	应进行抗拔力检验，检验数量不得小于锚杆总数的 3%，且不得少于 6 根

（2）地基与基础的监测（见表 9.5-38）。

地基与基础监测　　　　**表 9.5-38**

项　　目	内　　容
大面积填方、填海等地基处理工程	1）应对地面沉降进行长期监测； 2）施工过程中应对土体变形、孔隙水压力等进行监测
施工降水	当施工场地周边环境要求监控时，应对地下水位变化和降水对周边环境的影响进行监测
预应力锚杆	1）施工完成后，应对锁定的预应力进行监测； 2）监测锚杆数量不得少于总数的 10%，且不得少于 6 根

续表

<table>
<tr><th>项 目</th><th>内 容</th></tr>
<tr><td>基坑开挖</td><td>1）根据设计要求进行监测。监测内容包括：支护结构的内力和变形，地下水位变化及周边建（构）筑物、地下管线等市政设施的沉降和位移；
2）监测项目可按表选择；
3）基坑开挖对邻近建（构）筑物的变形监控应考虑基坑开挖造成的附加沉降与原有沉降的叠加。
基坑监测项目选择表
<table>
<tr><th>监测项目
地基基础设计等级</th><th>支护结构水平位移</th><th>监控范围内建（构）筑物沉降与地下管线变 形</th><th>上方分层开挖标高</th><th>地下水位</th><th>锚杆拉力</th><th>支撑轴力或变形</th><th>立柱变形</th><th>桩墙内力</th><th>基坑底隆起</th><th>土体侧向变形</th><th>孔隙水压力</th><th>土压力</th></tr>
<tr><td>甲 级</td><td>✓</td><td>✓</td><td>✓</td><td>✓</td><td>✓</td><td>✓</td><td>✓</td><td>✓</td><td>✓</td><td>✓</td><td>△</td><td>△</td></tr>
<tr><td>乙 级</td><td>✓</td><td>✓</td><td>✓</td><td>✓</td><td>✓</td><td>△</td><td>△</td><td>△</td><td>△</td><td>△</td><td>△</td><td>△</td></tr>
</table>
注：1. 地基基础设计等级根据表 9.1-1 确定；
2. ✓为必测项目，△为宜测项目</td></tr>
<tr><td>边坡工程</td><td>1）施工过程中，应严格记录气象条件、挖方、填方、堆载等情况。爆破开挖时，应监控爆破对周边环境的影响；
2）工程完工后，尚应对边坡的水平位移和竖向位移进行监测，监测时间直到变形稳定为止，且不得少于 3 年</td></tr>
<tr><td>挤土桩</td><td>当周边环境保护要求严格，布桩较密时，应对打桩过程中造成的土体隆起和位移，邻桩桩顶标高及桩位、孔隙水压力等进行监测</td></tr>
<tr><td>施工及使用期间须进行变形观测的建筑物</td><td>1）地基基础设计等级为甲级的建筑物；
2）复合地基或软弱地基上的设计等级为乙级的建筑物；
3）加层、扩建的建筑物；
4）受邻近深基坑开挖施工影响或受场地地下水等环境因素变化影响的建筑物；
5）需要积累建筑经验或进行设计反分析的工程</td></tr>
</table>

(3) 各类地基验收标准

1) 灰土地基

灰土的最大虚铺厚度见表9.5-39。

灰土最大虚铺厚度 表9.5.39

序	夯实机具	质量(t)	厚度(mm)	备注
1	石灰、木夯	0.04～0.08	200～250	人力送夯，落距400～500mm，每夯搭接半夯
2	轻型夯实机械	—	200～250	蛙式或柴油打夯机
3	压路机	机重6～10	200～300	双轮

施工结束后，应检验灰土地基的承载力。灰土地基的质量验收标准应符合表9.5-40的规定。

灰土地基质量检验标准 表9.5-40

项	序	检查项目	允许偏差或允许值		检查方法
			单位	数值	
主控项目	1	地基承载力	设计要求		按规定方法
	2	配合比	设计要求		按拌和时的体积比
	3	压实系数	设计要求		现场实测
一般项目	1	石灰粒径	mm	≤5	筛分法
	2	土料有机质含量	%	≤5	试验室焙烧法
	3	土颗粒粒径	mm	≤15	筛分法
	4	含水量（与要求的最优含水量比较）	%	±2	烘干法
	5	分层厚度偏差（与设计要求比较）	mm	±50	水准仪

2) 砂和砂石地基

砂和砂石地基每层铺筑厚度及最优含水量见表9.5-41。

砂和砂石地基每层铺筑厚度及最优含水量　　表 9.5-41

序	压实方法	每层铺筑厚度（mm）	施工时的最优含水量（%）	施工说明	备注
1	平振法	200～250	15～20	用平板式振捣器往复振捣	不宜使用干细砂或含泥量较大的砂所铺筑的砂地基
2	插振法	振捣器插入深度	饱和	（1）用插入式振捣器； （2）插入点间距可根据机械振幅大小决定； （3）不应插至下卧黏性土层； （4）插入振捣完毕后，所留的孔洞，应用砂填实	不宜使用细砂或含泥量较大的砂所铺筑的砂地基
3	水撼法	250	饱和	（1）注水高度应超过每次铺筑面层； （2）用钢叉摇撼捣实，插入点间距为 100mm； （3）钢叉分四齿，齿的间距 80mm，长 300mm，木柄长 90mm	
4	夯实法	150～200	8～12	（1）用木夯或机械夯； （2）木夯重 40kg，落距 400～500mm； （3）一夯压半夯全面夯实	
5	碾压法	250～350	8～12	6～12t 压路机往复碾压	适用于大面积施工的砂和砂石地基

注：在地下水位以下的地基其最下层的铺筑厚度可比上表层增加 50mm。

施工结束后，应检验砂石地基的承载力。砂和砂石地基的质量验收标准应符合表 9.5-42 的规定。

砂及砂石地基质量检验标准　　　表 9.5-42

项	序	检查项目	允许偏差或允许值		检查方法
			单位	数值	
主控项目	1	地基承载力	设计要求		按规定方法
	2	配合比	设计要求		检查拌和时的体积比或重量比
	3	压实系数	设计要求		现场实测
一般项目	1	砂石料有机质含量	%	≤5	焙烧法
	2	砂石料含泥量	%	≤5	水洗法
	3	石料粒径	mm	≤100	筛分法
	4	含水量（与最优含水量比较）	%	±2	烘干法
	5	分层厚度（与设计要求比较）	mm	±50	水准仪

3）土工合成材料地基

土工合成材料地基的质量验收标准应符合表 9.5-43 的规定。

土工合成材料地基质量检验标准　　　表 9.5-43

项	序	检查项目	允许偏差或允许值		检查方法
			单位	数值	
主控项目	1	土工合成材料强度	%	≤5	置于夹具上做拉伸试验（结果与设计标准相比）
	2	土工合成材料延伸率	5	≤3	置于夹具上做拉伸试验（结果与设计标准相比）
	3	地基承载力	设计要求		按规定方法
一般项目	1	土工合成材料搭接长度	mm	≥300	用钢尺量
	2	土石料有机质含量	%	≤5	焙烧法
	3	层面平整度	mm	≤20	用 2m 靠尺
	4	每层铺设厚度	mm	±25	水准仪

4）粉煤灰地基

粉煤灰地基的质量检验标准应符合表 9.5-44 的规定。

粉煤灰地基质量检验标准 **表 9.5-44**

项	序	检 查 项 目	允许偏差或允许值		检查方法
			单位	数值	
主控项目	1	压实系数	设计要求		现场实测
	2	地基承载力	设计要求		按规定方法
一般项目	1	粉煤灰粒径	mm	0.001～2.000	过筛
	2	氧化铝及二氧化硅含量	%	≥70	试验室化学分析
	3	烧失量	%	≤12	试验室烧结法
	4	每层铺筑厚度	mm	±50	水准仪
	5	含水量（与最优含水量比较）	%	±2	取样后试验室确定

5）强夯地基

强夯地基的质量检验标准应符合表 9.5-45 的规定。

强夯地基质量检验标准 **表 9.5-45**

项	序	检 查 项 目	允许偏差或允许值		检查方法
			单位	数值	
主控项目	1	地基强度	设计要求		按规定方法
	2	地基承载力	设计要求		按规定方法
一般项目	1	夯锤落距	mm	±300	钢索设标志
	2	锤重	kg	±100	称重
	3	夯击遍数及顺序	设计要求		计数法
	4	夯点间距	mm	±500	用钢尺量
	5	夯击范围（超出基础范围距离）	设计要求		用钢尺量
	6	前后两遍间歇时间	设计要求		

6）注浆地基

注浆地基的常用浆液类型见表 9.5-46。

常用浆液类型　表 9.5-46

浆　液		浆液类型	浆　液		浆液类型
粒状浆液 （悬液）	不稳定粒状浆液	水泥浆	化学浆液 （溶液）	无机浆液	硅酸盐
		水泥砂浆		有机浆液	环氧树脂类
	稳定粒状浆液	黏土浆			甲基丙烯酸酯类
		水泥黏土浆			丙烯酰胺类
					木质素类
					其　他

注浆地基的质量检验标准应符合表 9.5-47 的规定。

注浆地基质量检验标准　表 9.5-47

项	序	检　查　项　目		允许偏差或允许值		检查方法
				单位	数值	
主控项目	1	原材料检验	水泥	设计要求		查产品合格证书或抽样送检
			注浆用砂：粒径 细度模数 含泥量及有机物含量	mm %	＜2.5 ＜2.0 ＜3	试验室试验
			注浆用黏土：塑性指数 粘粒含量 含砂量 有机物含量	% % %	＞14 ＞25 ＜5 ＜3	试验室试验
			粉煤灰：细度	不粗于同时使用的水泥		试验室试验
			烧失量	%	＜3	
			水玻璃：模数	2.5～3.3		抽样送检
			其他化学浆液	设计要求		查产品合格证书或抽样送检
	2	注浆体强度		设计要求		取样检验
	3	地基承载力		设计要求		按规定方法

续表

项	序	检查项目	允许偏差或允许值		检查方法
			单位	数值	
一般项目	1	各种注浆材料称量误差	%	<3	抽查
	2	注浆孔位	mm	±20	用钢尺量
	3	注浆孔深	mm	±100	量测注浆管长度
	4	注浆压力（与设计参数比）	%	±10	检查压力表读数

7）预压地基

不同型号塑料排水带厚度应符合表9.5-48。塑料排水带的性能应符合表9.5-49。

不同型号塑料排水带的厚度（mm）　　表9.5-48

型号	A	B	C	D
厚度	>3.5	>4.0	>4.5	>6

塑料排水带的性能　　表9.5-49

<table>
<tr><th colspan="2">项目</th><th>单位</th><th>A型</th><th>B型</th><th>C型</th><th colspan="2">条件</th></tr>
<tr><td colspan="2">纵向通水量</td><td>cm^3/s</td><td>≥15</td><td>≥25</td><td>≥40</td><td colspan="2">侧压力</td></tr>
<tr><td colspan="2">滤膜渗透系数</td><td>cm/s</td><td colspan="3">$\geqslant 5\times10^{-4}$</td><td colspan="2">试件在水中浸泡24h</td></tr>
<tr><td colspan="2">滤膜等效孔径</td><td>μm</td><td colspan="3"><75</td><td colspan="2">以 D_{98} 计，D 为孔径</td></tr>
<tr><td colspan="2">复合体抗拉强度（干态）</td><td>kN/10cm</td><td>≥1.0</td><td>≥1.3</td><td>≥1.5</td><td colspan="2">延伸率10%时</td></tr>
<tr><td rowspan="2">滤膜抗拉强度</td><td>干态</td><td rowspan="2">N/cm</td><td>≥15</td><td>≥25</td><td>≥30</td><td colspan="2">延伸率10%时</td></tr>
<tr><td>湿态</td><td>≥10</td><td>≥20</td><td>≥25</td><td colspan="2">延伸率15%时，试件在水中浸泡24h</td></tr>
<tr><td colspan="2">滤膜重度</td><td colspan="2">N/m^2</td><td colspan="2">—</td><td>0.8</td><td>—</td></tr>
</table>

注：1. A型排水带适用于插入深度小于15m；
2. B型排水带适用于插入深度小于25m；
3. C型排水带适用于插入深度小于35m。

预压地基和塑料排水带的质量检验标准应符合表9.5-50的规定。

预压地基和塑料排水带质量检验标准　　　表 9.5-50

项	序	检 查 项 目	允许偏差或允许值 单位	允许偏差或允许值 数值	检 查 方 法
主控项目	1	预压荷载	%	≤2	水准仪
	2	固结度（与设计要求比）	%	≤2	根据设计要求采用不同的方法
	3	承载力或其他性能指标	设计要求		按规定方法
一般项目	1	沉降速率（与控制值比）	%	±10	水准仪
	2	砂井或塑料排水带位置	mm	±100	用钢尺量
	3	砂井或塑料排水带插入深度	mm	±200	插入时用经纬仪检查
	4	插入塑料排水带时的回带长度	mm	≤500	用钢尺量
	5	塑料排水带或砂井高出砂垫层距离	mm	≥200	用钢尺量
	6	插入塑料排水带的回带根数	%	<5	目测

注：如真空预压，主控项目中预压载荷的检查为真空度降低值<2%。

8）振冲地基

振冲地基的质量检验标准应符合表 9.5-51 的规定。

振冲地基质量检验标准　　　表 9.5-51

项目	序号	检 查 项 目	允许偏差或允许值 单位	允许偏差或允许值 数值	检 查 方 法
主控项目	1	填料粒径	设计要求		抽样检查
	2	密实电流（黏性土） 密实电流（砂性土或粉土） （以上为功率 30kW 振冲器） 密实电流（其他类型振冲器）	A A A_0	50~55 40~50 1.5~2.0	电流表读数 电流表读数，A_0 为空振电流
	3	地基承载力	设计要求		按规定方法

续表

项目	序号	检查项目	允许偏差或允许值		检查方法
			单位	数值	
一般项目	1	填料含泥量	%	<5	抽样检查
	2	振冲器喷水中心与孔径中心偏差	mm	≤50	用钢尺量
	3	成孔中心与设计孔位中心偏差	mm	≤100	用钢尺量
	4	桩体直径	mm	<50	用钢尺量
	5	孔深	mm	±200	量钻杆或重锤测

9）高压喷射注浆地基

1m 桩长喷射桩水泥用量见表 9.5-52。高压喷射注浆地基的质量检验标准应符合表 9.5-53 的规定。

1m 桩长喷射桩水泥用量表　　表 9.5-52

桩径(mm)	桩长(m)	强度等级为 32.5 普硅水泥单位用量	喷射施工方法		
			单管	二重管	三管
ϕ600	1	kg/m	200~250	200~250	—
ϕ800	1	kg/m	300~350	300~350	—
ϕ900	1	kg/m	350~400(新)	350~400	—
ϕ1000	1	kg/m	400~450(新)	400~450(新)	700~800
ϕ1200	1	kg/m	—	500~600(新)	800~900
ϕ1400	1	kg/m	—	700~800(新)	900~1000

注：1."新"系指采用高压水泥浆泵，压力为 36~40MPa，流量 80~110L/min 的新单管法和二重管法；

2. 水压比为 0.7~1.0 较妥，为确保施工质量，施工机具必须配置准确的计量仪表。

高压喷射注浆地基质量检验标准　　　　表 9.5-53

项	序	检　查　项　目	允许偏差或允许值		检查方法
			单位	数值	
主控项目	1	水泥及外掺剂质量	符合出厂要求		查产品合格证书或抽样送检
	2	水泥用量	设计要求		查看流量表及水泥浆水灰比
	3	桩体强度或完整性检验	设计要求		按规定方法
	4	地基承载力	设计要求		按规定方法
一般项目	1	钻孔位置	mm	≤50	用钢尺量
	2	钻孔垂直度	%	≤1.5	经纬仪测钻杆或实测
	3	孔深	mm	±200	用钢尺量
	4	注浆压力	按设定参数指标		查看压力表
	5	桩体搭接	mm	>200	用钢尺量
	6	桩体直径	mm	≤50	开挖后用钢尺量
	7	桩身中心允许偏差		≤0.2D	开挖后桩顶下500mm处用钢尺量，D为桩径

10）水泥土搅拌桩地基

水泥土搅拌桩地基的质量检验标准应符合表 9.5-54 的规定。

水泥土搅拌桩地基质量检验标准　　　　表 9.5-54

项	序	检　查　项　目	允许偏差或允许值		检查方法
			单位	数值	
主控项目	1	水泥及外掺剂质量	设计要求		查产品合格证书或抽样送检
	2	水泥用量	参数指标		查看流量计
	3	桩体强度	设计要求		按规定办法
	4	地基承载力	设计要求		按规定办法

续表

项	序	检查项目	允许偏差或允许值		检查方法
			单位	数值	
一般项目	1	机头提升速度	m/min	≤0.5	量机头上升距离及时间
	2	桩底标高	mm	±200	测机头深度
	3	桩顶标高	mm	+100 -50	水准仪（最上部500mm不计入）
	4	桩位偏差	mm	<50	用钢尺量
	5	桩径		<0.04D	用钢尺量，D为桩径
	6	垂直度	%	≤1.5	经纬仪
	7	搭接	mm	>200	用钢尺量

11）土和灰土挤密桩复合地基

土和灰土挤密桩地基的质量检验标准应符合表9.5-55的规定。

土和灰土挤密桩地基质量检验标准　　表9.5-55

项	序	检查项目	允许偏差或允许值		检查方法
			单位	数值	
主控项目	1	桩体及桩间土干密度	设计要求		现场取样检查
	2	桩长	mm	+500	测桩管长度或垂球测孔深
	3	地基承载力	设计要求		按规定的方法
	4	桩径	mm	-20	用钢尺量
一般项目	1	土料有机质含量	%	≤5	试验室焙烧法
	2	石灰粒径	mm	≤5	筛分法
	3	桩位偏差		满堂布桩≤0.40D 条基布桩≤0.25D	用钢尺量，D为桩径
	4	垂直度	%	≤1.5	用经纬仪测桩管
	5	桩径	mm	-20	用钢尺量

注：桩径允许偏差负值是指个别断面。

12）水泥粉煤灰碎石桩复合地基

水泥粉煤灰碎石桩复合地基的质量检验标准应符合表9.5-56的规定。

水泥粉煤灰碎石桩复合地基质量检验标准　　表9.5-56

项	序	检查项目	允许偏差或允许值		检查方法
			单位	数值	
主控项目	1	原材料	设计要求		查产品合格证书或抽样送检
	2	桩径	mm	-20	用钢尺量或计算填料量
	3	桩身强度	设计要求		查28d试块强度
	4	地基承载力	设计要求		按规定的办法
一般项目	1	桩身完整性	按桩基检测技术规范		按桩基检测技术规范
	2	桩位偏差		满堂布桩≤0.40D 条基布桩≤0.25D	用钢尺量，D为桩径
	3	桩垂直度	%	≤1.5	用经纬仪测桩管
	4	桩长	mm	+100	测桩管长度或垂球测孔深
	5	褥垫层夯填度	≤0.9		用钢尺量

注：1. 夯填度指夯实后的褥垫层厚度与虚体厚度的比值；
　　2. 桩径允许偏差负值是指个别断面。

13）夯实水泥土桩复合地基

夯实水泥土桩复合地基的质量检验标准应符合表9.5-57的规定。

夯实水泥土桩复合地基质量检验标准　　表9.5-57

项	序	检查项目	允许偏差或允许值		检查方法
			单位	数值	
主控项目	1	桩径	mm	-20	用钢尺量
	2	桩长	mm	+500	测桩孔深度
	3	桩体干密度	设计要求		现场取样检查
	4	地基承载力	设计要求		按规定的方法

续表

项	序	检查项目	允许偏差或允许值		检查方法
			单位	数值	
一般项目	1	土料有机质含量	%	≤5	焙烧法
	2	含水量（与最优含水量比）	%	±2	烘干法
	3	土料粒径	mm	≤20	筛分法
	4	水泥质量	设计要求		查产品质量合格证书或抽样送检
	5	桩位偏差		满堂布桩≤0.40D 条基布桩≤0.25D	用钢尺量，D为桩径
	6	桩孔垂直度	%	≤1.5	用经纬仪测桩管
	7	褥垫层夯填度	≤0.9		用钢尺量

注：见表9.5-52。

14）砂桩地基

砂桩地基的质量检验标准应符合表9.5-58的规定。

砂桩地基的质量检验标准　　表9.5-58

项	序	检查项目	允许偏差或允许值		检查方法
			单位	数值	
主控项目	1	灌砂量	%	≥95	实际用砂量与计算体积比
	2	地基强度	设计要求		按规定方法
	3	地基承载力	设计要求		按规定方法
一般项目	1	砂料的含泥量	%	≤3	试验室测定
	2	砂料的有机质含量	%	≤5	焙烧法
	3	桩位	mm	≤50	用钢尺量
	4	砂桩标高	mm	±150	水准仪
	5	垂直度	%	≤1.5	经纬仪检查桩管垂直度

15）静力压桩

静力压桩的质量检验标准应符合表9.5-59的规定。

静力压桩质量检验标准　　表 9.5-59

项	序	检查项目	允许偏差或允许值 单位	允许偏差或允许值 数值	检查方法
主控项目	1	桩体质量检验	按基桩检测技术规范		按基桩检测技术规范
	2	桩位偏差	见表 9.5-60		用钢尺量
	3	承载力	按基桩检测技术规范		按基桩检测技术规范
一般项目	1	成品桩质量：外观 外形尺寸 强度	表面平整，颜色均匀，掉角深度<10mm，蜂窝面积小于总面积 0.5% 见表 9.5-63 满足设计要求		直观 见表 9.5-63 查产品合格证书或钻芯试压
	2	硫磺胶泥质量（半成品）	设计要求		查产品合格证书或抽样送检
	3	接桩　电焊接桩：焊缝质量	见表 9.5-65		见表 9.5-65
		电焊结束后停歇时间	min	>1.0	秒表测定
		硫磺胶泥接桩：胶泥浇筑时间	min	<2	秒表测定
		浇筑后停歇时间	min	>7	秒表测定
	4	电焊条质量	设计要求		查产品合格证书
	5	压桩压力（设计有要求时）	%	±5	查压力表读数
	6	接桩时上下节平面偏差 接桩时节点弯曲矢高	mm	<10 <1/1000l	用钢尺量 用钢尺量，l 为两节桩长
	7	桩顶标高	mm	±50	水准仪

16）先张法预应力管桩

先张法预应力管桩的质量检验应符合表 9.5-61 的规定。

预制桩（钢桩）桩位的允许偏差（mm）　　表 9.5-60

项	项　目	允许偏差	项	项　目	允许偏差
1	盖有基础梁的桩： （1）垂直基础梁的中心线 （2）沿基础梁的中心线	 100 + 0.01H 150 + 0.01H	3	桩数为 4 ~ 16 根桩基中的桩	1/2 桩径或边长
2	桩数为 1 ~ 3 根桩基中的桩	100	4	桩数大于 16 根桩基中的桩： （1）最外边的桩 （2）中间桩	 1/3 桩径或边长 1/2 桩径或边长

注：H 为施工现场地面标高与桩顶设计标高的距离。

先张法预应力管桩质量验收标准　　表 9.5-61

项	序	检　查　项　目		允许偏差或允许值		检　查　方　法
				单位	数值	
主控项目	1	桩体质量检验		按基桩检测技术规范		按基桩检测技术规范
	2	桩位偏差		见表 9.5-60		用钢尺量
	3	承载力		按基桩检测技术规范		按基桩检测技术规范
一般项目	1	成品桩质量	外观	无蜂窝、露筋、裂缝、色感均匀、桩顶处无孔隙		直观
			桩径 管壁厚度 桩尖中心线 顶面平整度 桩体弯曲	mm mm mm mm	± 5 ± 5 < 2 10 < 1/1000l	用钢尺量 用钢尺量 用钢尺量 用水平尺量 用钢尺量，l 为桩长
	2	接桩：焊缝质量		见表 9.5-65		见表 9.5-65
		电焊结束后停歇时间 上下节平面偏差 节点弯曲矢高		min mm	> 1.0 < 10 > 1/1000l	秒表测定 用钢尺量 用钢尺量，l 为两节桩长
	3	停锤标准		设计要求		现场实测或查沉桩记录
	4	桩顶标高		mm	± 50	水准仪

17）混凝土预制桩

桩预制时的钢筋骨架的质量检验标准应符合表 9.5-62 的规定。

预制桩钢筋骨架质量检验标准（mm）　　表 9.5-62

项	序	检查项目	允许偏差或允许值	检查方法
主控项目	1	主筋距桩顶距离	±5	用钢尺量
	2	多节桩锚固钢筋位置	5	用钢尺量
	3	多节桩预埋铁件	±3	用钢尺量
	4	主筋保护层厚度	±5	用钢尺量
一般项目	1	主筋间距	±5	用钢尺量
	2	桩尖中心线	10	用钢尺量
	3	箍筋间距	±20	用钢尺量
	4	桩顶钢筋网片	±10	用钢尺量
	5	多节桩锚固钢筋长度	±10	用钢尺量

钢筋混凝土预制桩的质量检验标准应符合表 9.5-63 的规定。

钢筋混凝土预制桩的质量检验标准　　表 9.5-63

项	序	检查项目	允许偏差或允许值		检查方法
			单位	数值	
主控项目	1	桩体质量检验	按基桩检测技术规范		按基桩检测技术规范
	2	桩位偏差	见表 9.5-60		用钢尺量
	3	承载力	按基桩检测技术规范		按基桩检测技术规范

续表

项	序	检 查 项 目	允许偏差或允许值		检 查 方 法
			单位	数值	
一般项目	1	砂、石、水泥、钢材等原材料（现场预制时）	符合设计要求		查出厂质保文件或抽样送检
	2	混凝土配合比及强度（现场预制时）	符合设计要求		检查称量及查试块记录
	3	成品桩外形	表面平整，颜色均匀，掉角深度<10mm，蜂窝面积小于总面积0.5%		直观
	4	成品桩裂缝（收缩裂缝或起吊、装运、堆放引起的裂缝）	深度<20mm，宽度<0.25mm，横向裂缝不超过边长的一半		裂缝测定仪，该项在地下水有侵蚀地区及锤击数超过500击的长桩不适用
	5	成品桩尺寸：横截面边长 桩顶对角线差 桩尖中心线 桩身弯曲矢高 桩顶平整度	mm mm mm mm	±5 <10 <10 <1/1000l <2	用钢尺量 用钢尺量 用钢尺量 用钢尺量，l为桩长 用水平尺量
	6	电焊接桩： 焊缝质量 电焊结束后停歇时间 上下节平面偏差 节点弯曲矢高	见表9.5-65 min mm	 >1.0 <10 <1/1000l	见表9.5-65 秒表测定 用钢尺量 用钢尺量，l为两节桩长
	7	硫磺胶泥接桩： 胶泥浇筑时间 浇筑后停歇时间	min min	<2 >7	秒表测定 秒表测定
	8	桩顶标高	mm	±50	水准仪
	9	停锤标准	设计要求		现场实测或查沉桩记录

18）钢桩

施工前应检查进入现场的成品钢桩，成品钢桩的质量标准应符合表 9.5-64 的规定。

成品钢桩质量检验标准　　　表 9.5-64

项	序	检查项目	允许偏差或允许值		检查方法
			单位	数值	
主控项目	1	钢桩外径或断面尺寸：桩端 桩身		±0.5%D ±1D	用钢尺量，D 为外径或边长
主控项目	2	矢高		$<1/1000l$	用钢尺量，l 为桩长
一般项目	1	长度	mm	+10	用钢尺量
一般项目	2	端部平整度	mm	≤2	用水平尺量
一般项目	3	H 钢桩的方正度　$h>300$ $h<300$	mm mm	$T+T'\leqslant 8$ $T+T'\leqslant 6$	用钢尺量，h、T、T' 见图示
一般项目	4	端部平面与桩中心线的倾斜值	mm	≤2	用水平尺量

钢桩施工质量检验标准应符合表 9.5-64 和表 9.5-65 的规定。

钢桩施工质量检验标准　　　表 9.5-65

项	序	检查项目	允许偏差或允许值		检查方法
			单位	数值	
主控项目	1	桩位偏差	见本节表 9.5-60		用钢尺量
主控项目	2	承载力	按基桩检测技术规范		按基桩检测技术规范

续表

<table>
<tr><th rowspan="2">项</th><th rowspan="2">序</th><th rowspan="2">检 查 项 目</th><th colspan="2">允许偏差或允许值</th><th rowspan="2">检 查 方 法</th></tr>
<tr><th>单位</th><th>数值</th></tr>
<tr><td rowspan="12">一般项目</td><td rowspan="8">1</td><td>电焊接桩焊缝：
(1) 上下节端部错口</td><td></td><td></td><td></td></tr>
<tr><td>(外径≥700mm)</td><td>mm</td><td>≤3</td><td>用钢尺量</td></tr>
<tr><td>(外径＜700mm)</td><td>mm</td><td>≤2</td><td>用钢尺量</td></tr>
<tr><td>(2) 焊缝咬边深度</td><td>mm</td><td>≤0.5</td><td>焊缝检查仪</td></tr>
<tr><td>(3) 焊缝加强层高度</td><td>mm</td><td>2</td><td>焊缝检查仪</td></tr>
<tr><td>(4) 焊缝加强层宽度</td><td>mm</td><td>2</td><td>焊缝检查仪</td></tr>
<tr><td>(5) 焊缝电焊质量外观</td><td colspan="2">无气孔，无焊瘤，无裂缝</td><td>直观</td></tr>
<tr><td>(6) 焊缝探伤检验</td><td colspan="2">满足设计要求</td><td>按设计要求</td></tr>
<tr><td>2</td><td>电焊结束后停歇时间</td><td>min</td><td>＞1.0</td><td>秒表测定</td></tr>
<tr><td>3</td><td>节点弯曲矢高</td><td></td><td>＜1/1000l</td><td>用钢尺量，l 为两节桩长</td></tr>
<tr><td>4</td><td>桩顶标高</td><td>mm</td><td>±50</td><td>水准仪</td></tr>
<tr><td>5</td><td>停锤标准</td><td colspan="2">设计要求</td><td>用钢尺量或沉桩记录</td></tr>
</table>

19）混凝土灌注桩

混凝土灌注桩的质量检验标准应符合表 9.5-66 和表 9.5-67 的规定。

混凝土灌注桩钢筋笼质量检验标准（mm）　　表 9.5-66

项	序	检 查 项 目	允许偏差或允许值	检 查 方 法
主控项目	1	主筋间距	±10	用钢尺量
	2	长　度	±100	用钢尺量
一般项目	1	钢筋材质检验	设计要求	抽样送检
	2	箍筋间距	±20	用钢尺量
	3	直　径	±10	用钢尺量

混凝土灌注桩质量检验标准　　表 9.5-67

<table>
<tr><th rowspan="2">项</th><th rowspan="2">序</th><th rowspan="2">检查项目</th><th colspan="2">允许偏差或允许值</th><th rowspan="2">检查方法</th></tr>
<tr><th>单位</th><th>数值</th></tr>
<tr><td rowspan="5">主控项目</td><td>1</td><td>桩位</td><td colspan="2">见表 9.5-68</td><td>基坑开挖前量护筒，开挖后量桩中心</td></tr>
<tr><td>2</td><td>孔深</td><td>mm</td><td>+300</td><td>只深不浅，用重锤测，或测钻杆、套管长度，嵌岩桩应确保进入设计要求的嵌岩深度</td></tr>
<tr><td>3</td><td>桩体质量检验</td><td colspan="2">按基桩检测技术规范。如钻芯取样，大直径嵌岩桩应钻至桩尖下 50cm</td><td>按基桩检测技术规范</td></tr>
<tr><td>4</td><td>混凝土强度</td><td colspan="2">设计要求</td><td>试件报告或钻芯取样送检</td></tr>
<tr><td>5</td><td>承载力</td><td colspan="2">按基桩检测技术规范</td><td>按基桩检测技术规范</td></tr>
<tr><td rowspan="6">一般项目</td><td>1</td><td>垂直度</td><td colspan="2">见表 9.5-68</td><td>测套管或钻杆，或用超声波探测，干施工时吊垂球</td></tr>
<tr><td>2</td><td>桩径</td><td colspan="2">见表 9.5-68</td><td>井径仪或超声波检测，干施工时用钢尺量，人工挖孔桩不包括内衬厚度</td></tr>
<tr><td>3</td><td>泥浆比重（黏土或砂性土中）</td><td colspan="2">1.15～1.20</td><td>用比重计测，清孔后在距孔底 50cm 处取样</td></tr>
<tr><td>4</td><td>泥浆面标高（高于地下水位）</td><td>m</td><td>0.5～1.0</td><td>目测</td></tr>
<tr><td>5</td><td>沉渣厚度：端承桩
摩擦桩</td><td>mm
mm</td><td>≤50
≤150</td><td>用沉渣仪或重锤测量</td></tr>
<tr><td>6</td><td>混凝土坍落度：
水下灌注
干施工</td><td>
mm
mm</td><td>
160～220
70～100</td><td>坍落度仪</td></tr>
</table>

续表

项	序	检查项目	允许偏差或允许值		检查方法
			单位	数值	
一般项目	7	钢筋笼安装深度	mm	±100	用钢尺量
	8	混凝土充盈系数	>1		检查每根桩的实际灌注量
	9	桩顶标高	mm	+30 -50	水准仪，需扣除桩顶浮浆层及劣质桩体

灌注桩的平面位置和垂直度的允许偏差　　表 9.5-68

序号	成孔方法		桩径允许偏差（mm）	垂直度允许偏差（%）	桩位允许偏差（mm）	
					1~3根、单排桩基垂直于中心线方向和群桩基础的边桩	条形桩基沿中心线方向和群桩基础的中间桩
1	泥浆护壁钻孔桩	$D \leqslant 1000$mm	±50	<1	$D/6$，且不大于100	$D/4$，且不大于150
		$D > 1000$mm	±50		$100+0.01H$	$150+0.01H$
2	套管成孔灌注桩	$D \leqslant 500$mm	-20	<1	70	150
		$D > 500$mm			100	150
3	千成孔灌注桩		-20	<1	70	150
4	人工挖孔桩	混凝土护壁	+50	<0.5	50	150
		钢套管护壁	+50	<1	100	200

注：1. 桩径允许偏差的负值是指个别断面；
2. 采用复打、反插法施工的桩，其桩径允许偏差不受本表限制；
3. H 为施工现场地面标高与桩顶设计标高的距离，D 为设计桩径。

20）基桩检测

（A）检测工作程序

检测工作程序按图 9.5-10 所示进行。

（B）基桩检测方法与检测目的（见表 9.5-70）。

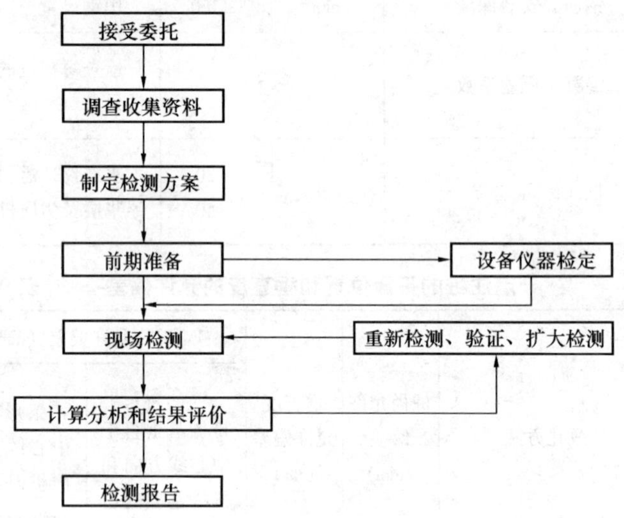

图 9.5-10　检测工作程序流程框图

（C）检测开始时间

检测开始时间应符合下列规定：

（a）当采用低应变法或声波透射法检测时，受检桩混凝土强度至少达到设计强度 70%，且不小于 15MPa；

（b）当采用钻芯法检测时，受检桩的混凝土龄期达到 28d 或预留同条件养护试块强度达到设计强度；

（c）承载力检测前的休止时间除满足（b）项规定的混凝土强度外，对无成熟的地区经验时，尚不应少于表 9.5-69 规定的时间。

（D）施工后，宜先进行工程桩的桩身完整性检测，后进行承载力检测。当基础埋深较大时，桩身完整性检测应在基坑开挖至基底标高后进行。当发现检测数据异常时应查找原因，重新检测。

承载力检测前基桩的休止时间 表 9.5-69

土的类别		休止时间 (d)
砂土		7
粉土		10
黏性土	非饱和	15
	饱和	25

注：对于泥浆护壁灌注桩，宜适当延长休止时间。

基桩检测方法及检测目的 表 9.5-70

检测方法	检测目的
单桩竖向抗压静载试验	确定单桩竖向抗压极限承载力；判断竖向抗压承载力是否满足设计要求；通过桩身内力及变形测试，测定桩侧、桩端阻力；验证高应变法的单桩竖向抗压承载力检测结果
单桩竖向抗拔静载试验	确定单桩竖向抗拔极限承载力；判定竖向抗拔承载力是否满足设计要求；通过桩身内力与变形测试，测定桩的抗拔摩阻力
单桩水平载荷试验	确定单桩水平临界和极限承载力，推求土抗力参数；判定水平承载力是否满足设计要求；通过桩身内力及变形测试，测定桩身弯矩
钻芯法	检测灌注桩桩长、桩身混凝土强度、桩底沉渣厚度，判定或鉴别桩端岩土形状，判定桩身完整性类别
低应变法	检测桩身缺陷及其位置，判定桩身完整性类别
高应变法	判定竖向承载力是否满足设计要求；检测桩身缺陷及其位置，判定桩身完整性类别；分析桩侧和桩端阻力
声波透射法	检测灌注桩桩身缺陷及其位置，判定桩身完整性类别

(4) 土方工程施工质量验收标准

土方开挖工程质量检验标准应符合表 9.5-71 的规定。

土方开挖工程质量检验标准（mm）　　表 9.5-71

项	序	项目	允许偏差或允许值					检验方法
			柱基基坑基槽	挖方场地平整		管沟	地（路）面基层	
				人工	机械			
主控项目	1	标高	-50	±30	±50	-50	-50	水准仪
	2	长度、宽度（由设计中心线向两边量）	+200 -50	+300 -100	+500 -150	+100	—	经纬仪，用钢尺量
	3	边坡	设计要求					观察或用坡度尺检查
一般项目	1	表面平整度	20	20	50	20	20	用 2m 靠尺和楔形塞尺检查
	2	基底土性	设计要求					观察或土样分析

注：地（路）面基层的偏差只适用于直接在挖、填方上做地（路）面的基层。

填土施工时的分层厚度及压实遍数应符合表 9.5-72 的规定。

填土施工时的分层厚度及压实遍数　　表 9.5-72

压实机具	分层厚度(mm)	每层压实遍数	压实机具	分层厚度(mm)	每层压实遍数
平碾	250～300	6～8	柴油打夯机	200～250	3～4
振动压实机	250～350	3～4	人工打夯	<200	3～4

填方施工结束后，应检查标高、边坡坡度、压实程度等，检验标准应符合表 9.5-73 的规定。

填土工程质量检验标准（mm） 表 9.5-73

项	序	检查项目	允许偏差或允许值					检查方法
			柱基基坑基槽	场地平整		管沟	地(路)面基础层	
				人工	机械			
主控项目	1	标高	－50	±30	±50	－50	－50	水准仪
	2	分层压实系数	设计要求					按规定方法
一般项目	1	回填土料	设计要求					取样检查或直观鉴别
	2	分层厚度及含水量	设计要求					水准仪及抽样检查
	3	表面平整度	20	20	30	20	20	用靠尺或水准仪

（5）基坑工程施工质量验收标准

基坑（槽）、管沟土方工程验收必须确保支护结构安全和周围环境安全为前提。当设计有指标时，以设计要求为依据，如无设计指标时应按表 9.5-74 的规定执行。

基坑变形的监控值（cm） 表 9.5-74

基坑类别	围护结构墙顶位移监控值	围护结构墙体最大位移监控值	地面最大沉降监控值
一级基坑	3	5	3
二级基坑	6	8	6
三级基坑	8	10	10

注：1. 符合下列情况之一，为一级基坑：

（1）重要工程或支护结构做主体结构的一部分；

（2）开挖深度大于 10m；

（3）与临近建筑物，重要设施的距离在开挖深度以内的基坑；

（4）基坑范围内有历史文物、近代优秀建筑、重要管线等需严加保护的基坑；

2. 三级基坑为开挖深度小于 7m，且周围环境无特别要求时的基坑；

3. 除一级和三级外的基坑属二级基坑；

4. 当周围已有的设施有特殊要求时，尚应符合这些要求。

重复使用的钢板桩的检验标准应符合表 9.5-75 的规定，混凝土板桩制作标准应符合表 9.5-76 的规定。

重复使用的钢板桩检验标准　　表 9.5-75

序	检 查 项 目	允许偏差或允许值		检 查 方 法
		单位	数值	
1	桩垂直度	%	<1	用钢尺量
2	桩身弯曲度		<2%l	用钢尺量，l 为桩长
3	齿槽平直度及光滑度	无电焊渣或毛刺		用 1m 长的桩段做通过试验
4	桩长度	不小于设计长度		用钢尺量

混凝土板桩制作标准　　表 9.5-76

项	序	检 查 项 目	允许偏差或允许值		检 查 方 法
			单位	数值	
主控项目	1	桩长度	mm	+10 0	用钢尺量
	2	桩身弯曲度		<0.1%l	用钢尺量，l 为桩长
一般项目	1	保护层厚度	mm	±5	用钢尺量
	2	模截面相对两面之差	mm	5	用钢尺量
	3	桩尖对桩轴线的位移	mm	10	用钢尺量
	4	桩厚度	mm	+10 0	用钢尺量
	5	凹凸槽尺寸	mm	±3	用钢尺量

加筋水泥土桩的质量检验标准应符合表 9.5-77 的规定。

加筋水泥土桩质量检验标准　　表 9.5-77

序	检 查 项 目	允许偏差或允许值		检 查 方 法
		单位	数值	
1	型钢长度	mm	±10	用钢尺量
2	型钢垂直度	%	<1	经纬仪
3	型钢插入标高	mm	±30	水准仪
4	型钢插入平面位置	mm	10	用钢尺量

锚杆及土钉墙支护工程质量检验应符合表9.5-78的规定。

锚杆及土钉墙支护工程质量检验标准　　　　表9.5-78

项	序	检查项目	允许偏差或允许值		检查方法
			单位	数值	
主控项目	1	锚杆土钉长度	mm	+30	用钢尺量
	2	锚杆锁定力	设计要求		现场实测
一般项目	1	锚杆或土钉位置	mm	±100	用钢尺量
	2	钻孔倾斜度	°	±1	测钻机倾角
	3	浆体强度	设计要求		试样送检
	4	注浆量	大于理论计算浆量		检查计量数据
	5	土钉墙面厚度	mm	±10	用钢尺量
	6	墙体强度	设计要求		试样送检

钢或混凝土支撑系统工程质量检验标准应符合表9.5-79的规定。

钢及混凝土支撑系统工程质量检验标准　　　　表9.5-79

项	序	检查项目	允许偏差或允许值		检查方法
			单位	数值	
主控项目	1	支撑位置：标高 平面	mm mm	30 100	水准仪 用钢尺量
	2	预加顶力	kN	±50	油泵读数或传感器
一般项目	1	围图标高	mm	30	水准仪
	2	立柱桩	参见《建筑地基基础工程施工质量验收规范》(GB 50202—2002)第5章		参见《建筑地基基础工程施工质量验收规范（GB 50202—2002）第5章
	3	立柱位置：标高 平面	mm mm	30 50	水准仪 用钢尺量
	4	开挖超深（开槽放支撑不在此范围）	mm	<200	水准仪
	5	支撑安装时间	设计要求		用钟表估测

地下墙的钢筋笼检验标准应符合表 9.5-66 的规定。其他标准应符合表 9.5-80 的规定。

地下墙质量检验标准　　表 9.5-80

项	序	检查项目		允许偏差或允许值		检查方法
				单位	数值	
主控项目	1	墙体强度		设计要求		查试件记录或取芯试压
	2	垂直度：永久结构			1/300	测声波测槽仪或成槽机上的监测系统
		临时结构			1/150	
一般项目	1	导墙尺寸	宽度	mm	$W+40$	用钢尺量，W 为地下墙设计厚度
			墙面平整度	mm	<5	用钢尺量
			导墙平面位置	mm	±10	用钢尺量
	2	沉渣厚度：永久结构		mm	≤100	重锤测或沉积物测定仪测
		临时结构		mm	≤200	
	3	槽深		mm	+100	重锤测
	4	混凝土坍落度		mm	180~220	坍落度测定器
	5	钢筋笼尺寸		见表 9.5-66		见表 9.5-66
	6	地下墙表面平整度	永久结构	mm	<100	此为均匀黏土层，松散及易坍土层由设计决定
			临时结构	mm	<150	
			插入式结构	mm	<20	
	7	永久结构时的预埋件位置	水平向	mm	≤10	用钢尺量
			垂直向	mm	≤20	水准仪

沉井（箱）的质量检验标准应符合表 9.5-81 的要求。

沉井（箱）的质量检验标准 **表 9.5-81**

项	序	检查项目	允许偏差或允许值		检查方法
			单位	数值	
主控项目	1	混凝土强度	满足设计要求（下沉前必须达到70%设计强度）		查试件记录或抽样送检
	2	封底前，沉井（箱）的下沉稳定	mm/8h	<10	水准仪
	3	封底结束后的位置： 刃脚平均标高（与设计标高比）	mm	<100	水准仪
		刃脚平面中心线位移		<1%H	经纬仪，H 为下沉总深度，H < 10m 时，控制在 100mm 之内
		四角中任何两角的底面高差		<1%l	水准仪，l 为两角的距离，但不超过 300mm，l < 10m 时，控制在 100mm 之内
一般项目	1	钢材、对接钢筋、水泥、骨料等原材料检查	符合设计要求		查出厂质保书或抽样送检
	2	结构体外观	无裂缝，无风窝、空洞、不露筋		直观
	3	平面尺寸：长与宽 曲线部分半径 两对角线差 预埋件	% % % mm	±0.5 ±0.5 1.0 20	用钢尺量，最大控制在 100mm 之内 用钢尺量，最大控制在 50mm 之内 用钢尺量 用钢尺量
	4	下沉过程中的偏差：高差	%	1.5～2.0	水准仪，但最大不超过 1m
		下沉过程中的偏差：平面轴线		<1.5%H	经纬仪，H 为下沉深度，最大应控制在 300mm 之内，此数值不包括高差引起的中线位移
	5	封底混凝土坍落度	cm	18～22	坍落度测定器

注：主控项目 3 的三项偏差可同时存在，下沉总深度，系指下沉前后刃脚之高差。

对不同土质应用不同的降水形式，表 9.5-82 为常用的降水形式。

降水类型及适用条件　　　　表 9.5-82

降水类型＼适用条件	渗透系数(cm/s)	可能降低的水位深度(m)	降水类型＼适用条件	渗透系数(cm/s)	可能降低的水位深度(m)
轻型井点多级轻型井点	$10^{-2} \sim 10^{-5}$	3～6 6～12	电渗井点	$<10^{-6}$	宜配合其他形式降水使用
喷射井点	$10^{-3} \sim 10^{-6}$	8～20	深井井管	$\geqslant 10^{-5}$	>10

降水与排水施工的质量检验标准应符合表 9.5-83 的规定。

降水与排水施工质量检验标准　　　　表 9.5-83

序	检查项目	允许值或允许偏差		检查方法
		单位	数值	
1	排水沟坡度	‰	1～2	目测：坑内不积水，沟内排水畅通
2	井管（点）垂直度	%	1	插管时目测
3	井管（点）间距（与设计相比）	%	≤150	用钢尺量
4	井管（点）插入深度（与设计相比）	mm	≤200	水准仪
5	过滤砂砾料填灌（与计算值相比）	mm	≤5	检查回填料用量
6	井点真空度：轻型井点 喷射井点	kPa kPa	>60 >93	真空度表 真空度表
7	电渗井点阴阳极距离：轻型井点 喷射井点	mm mm	80～100 120～150	用钢尺量 用钢尺量

9.5.6　工程地质图例及符号

（1）地层符号

1）地层年代表（表9.5-84）

地质年代表 **表9.5-84**

地质年代、地层单位及其代号			构造运动
代（界）	纪（系）	世（统）	
新生代 Kz	第四纪 Q	全新世 Q_4	
		更新世 Q_P：晚更新世 Q_3	
		更新世 Q_P：中更新世 Q_2	
		更新世 Q_P：早更新世 Q_1	喜玛拉雅运动
	第三纪 R：晚第三纪 N	上新世 N_2	
		中新世 N_1	
	第三纪 R：早第三纪 E	渐新世 E_3	
		始新世 E_2	燕山运动
		古新世 E_1	
中生代 Mz	白垩纪 K	晚白垩世 K_2	
		早白垩世 K_1	
	侏罗纪 J	晚侏罗世 J_3	
		中侏罗世 J_2	印支运动
		早侏罗世 J_1	
	三叠纪 T	晚三叠世 T_3	
		中三叠世 T_2	
		早三叠世 T_1	海西运动（华力西运动）
古生代 Pz：晚古生代 Pz_2	二叠纪 P	晚二叠世 P_2	
		早二叠世 P_1	
	石炭纪 C	晚石炭世 C_3	
		中石炭世 C_2	
		早石炭世 C_1	
	泥盆纪 D	晚泥盆世 D_3	
		中泥盆世 D_2	加里东运动
		早泥盆世 D_1	
古生代 Pz：早古生代 Pz_1	志留纪 S	晚志留世 S_3	
		中志留世 S_2	
		早志留世 S_1	
	奥陶纪 O	晚奥陶世 O_3	
		中奥陶世 O_2	
		早奥陶世 O_1	
	寒武纪∈	晚寒武世 $\in_3$	
		中寒武世 $\in_2$	蓟县运动
		早寒武世 $\in_1$	

续表

地质年代、地层单位及其代号					构造运动
代（界）			纪（系）	世（统）	
元古代 P_t	晚元古代 Pt_2	震旦亚代 Z	震旦纪 Z_z		
			青白口纪 Z_g		
			蓟县纪 Z_j		
			长城纪 Z_c		吕梁运动
	早元古代 Pt_1				五台运动
太古代 A_r					鞍山运动
地球初期发展阶段					

注：1. 表中只列出地质时代单位。地层单位则把代、纪、世改为界、系、统，同时把早、中、晚字样改为下、中、上或下、上。如早寒武世、中寒武世、晚寒武世所形成的地层则称为下寒武统、中寒武统、上寒武统，其余类推；

2. 更新世可以分为早更新世 Q_1、中更新世 Q_2、晚更新世 Q_3。

2）第四纪分层符号

Q_4	全新统	Q_2	中更新统
Q_3	上更新统	Q_1	下更新统

3）第四纪地层的成因类型符号

Q^{el}	残积层	Q^{fgl}	冰水沉积层
Q^{dl}	坡积层	Q^{f}	沼泽沉积层
Q^{al}	冲积层	Q^{l}	湖泊沉积层
Q^{pl}	洪积层	Q^{m}	海相沉积层
Q^{c}	崩积层	Q^{mc}	海陆交互相沉积层
Q^{del}	滑坡堆积层	Q^{l}	生物堆积层
Q^{sef}	泥石流堆积层	Q^{v}	火山堆积层
Q^{eol}	风积层	Q^{me}	人工填筑土

Q^{gl}	冰积层	Q^{pr}	成因不明的第四纪沉积层

注：1. 两种成因混合而成的沉（堆）积层，可采用混合符号，例如冲积与洪积混合层，可用 Q^{al+pl}表示；

2. 地层与成因的符号可以合起来使用，例如由冲积形成的第四纪上更新统，可用 Q_3^{al} 表示。

4）地层时代符号及着色

Q	第四系　黄色	S	志留系　靛青色
R	第三系　橙色	O	奥陶系　深蓝色
N	上第三系　淡橙色	∈	寒武系　橄榄绿色
E	下第三系　深橙色	Z	震旦系　蓝灰色
K	白垩系　草绿色	K_z	新生界
J	侏罗系　蓝色	M_z	中生界
T	三叠系　紫色	P_z	古生界
P	二叠系　棕色	P_t	元古界
C	石炭系　灰色	A_r	太古界
D	泥盆系　褐色	M	时代不明的变质岩层

注：跨统、跨系和时代不确定的地层单位，在用符号表示时，分别不同情况采用连号或加号，例如：

C_{2+3}	表示整个中石炭统和上石炭统的总和	∈+O	表示寒武系和奥陶系的总和
$C_{2\sim3}$	表示包括中石炭统和上石炭统的邻接部分		

（2）岩石符号

1）沉积岩

C_g	砾岩	S_h	页岩

符号	名称	符号	名称
B_t	角砾岩	M_s	泥灰岩
S_s	砂岩	L_s	石灰岩

2）岩浆岩

符号	名称	符号	名称
γ	花岗岩	ζ	英安岩
γ_ρ	花岗伟晶岩	τ	粗面岩
λ_x	流纹斑岩、石英斑岩	α	安山岩
γ_x	花岗斑岩	δ_μ	闪长玢岩等
λ	流纹岩	α_μ	安山玢岩
γ_δ	花岗闪长岩	δ_α	石英闪长岩
δ	闪长岩	ε	霞石正长岩
ξ	正长岩	β_μ	辉绿岩（玢岩）
υ	辉长岩	β	玄武岩、粗玄岩
ψ_1	辉岩	υ_λ	浮石、黑曜石
σ	橄榄岩	υ_β	火山岩流

3）变质岩

符号	名称	符号	名称
S_c	片岩	G_n	片麻岩
C_1	绿泥片岩	Q_u	石英岩
P_h	千枚岩	M_b	大理岩
S_b	板岩		

（3）土和岩石图例

1）土的图例

填筑土

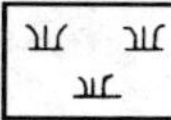
草皮

种植土

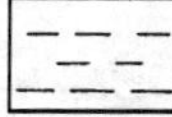
黏土（轻、重）

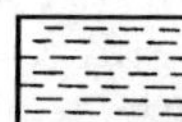
粉土

粉质砂土

亚砂土（粗、细、粉质）

亚黏土（粉质轻、粉质量、轻、重）

泥炭土

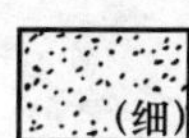

粉、细、中、粗、砾砂

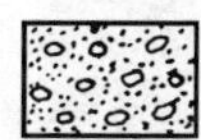
圆砾土

角砾土

卵石土

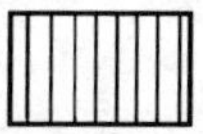
黄土

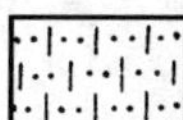
黄土状砂性土

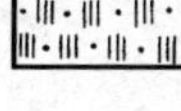
黄土状粉性土

黄土质黏土

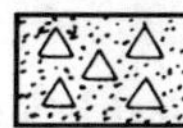
碎石土

漂石土

块石土

砂姜石

淤泥

冰碛层

冰层（断面图用）

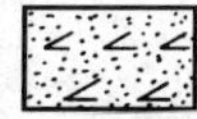
石膏土

盐渍土

2）沉积岩

砾岩

角砾岩

砂岩

页岩

泥灰岩

石灰岩

炭质灰岩

角砾状灰岩

岩溶化石灰岩

白云质灰岩

白云岩

泥质砂岩

泥岩（黏土岩）

炭质页岩

燧石灰岩

石膏

岩盐

蛋白土

白垩

煤层

含结核层

3) 岩浆岩

花岗岩

花岗斑岩

流纹岩

粗面岩

安山岩

辉长岩

花岗闪长岩

辉石岩

闪长岩

橄榄岩

正长岩

玄武岩

二长岩

蛇纹岩

闪长斑岩

浮岩

凝灰岩

黑曜岩

4) 变质岩

片岩

大理岩

千枚岩

白云大理岩

板岩

硅质灰岩

绿泥片岩

石英岩

片麻岩

构造角砾岩

角页岩

压碎岩

花岗片麻岩

糜棱岩

混合岩

角闪片岩

石英片岩

二云片岩

(4) 地质构造图例

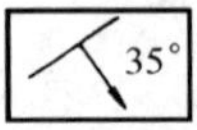

层理产状　35°
节理产状　20°
垂直地层（箭头指顶面）
垂直节理 
水平地层
张开节理产状　80°
倒转地层　30°
正断层的产状（齿侧为下落部分，虚线为推断部分）　70°
劈理产状　70°
逆断层的产状（齿侧为下落部分，虚线为推断部分）　30°
片理、叶理产状　20°
逆掩断层的产状（齿侧为落部分，虚线为推断部分）　20°
背斜及其枢纽倾俯角　11°
平移断层　80°
向斜及其枢纽倾俯角　11°
断层破碎带（断面图用，箭头表示上下盘移动方向） 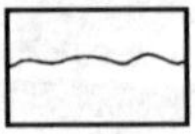
穹窿构造
不整合接触线
盆地构造

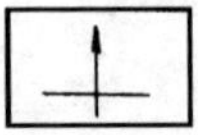

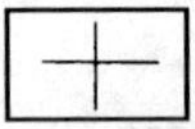

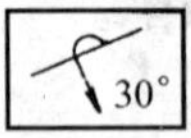

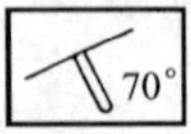

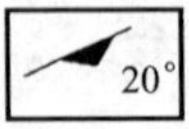

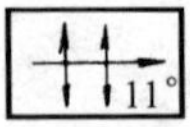

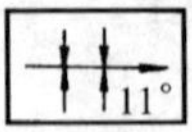

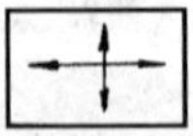

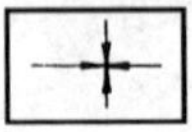

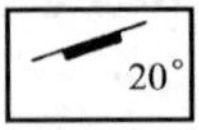

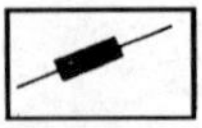

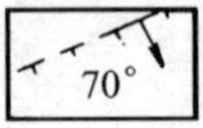

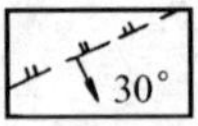

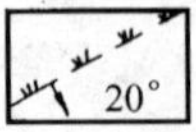

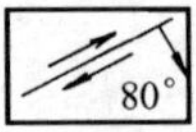

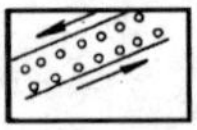

(5) 地貌及不良地质图例

V形谷、峡谷 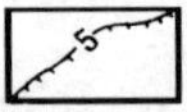
箱形谷、U形谷
河流阶地（数字为相对高度）　5
河岸冲刷 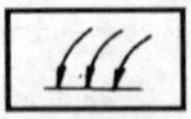
冲沟
坡面冲刷 
坡面剥落
暗河（上为进口，下为出口） 
古滑坡
溶槽　溶沟 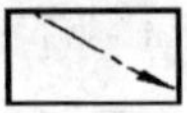
错落
干谷

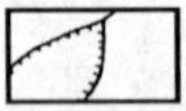

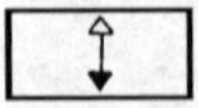

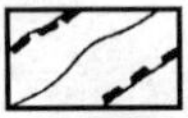

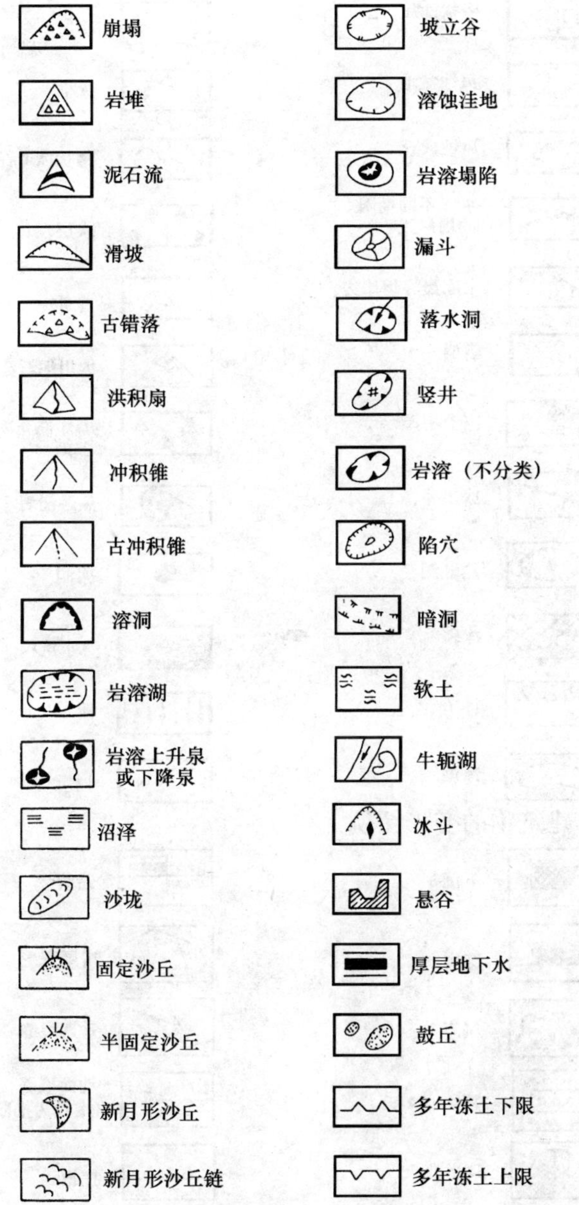
崩塌
坡立谷
岩堆
溶蚀洼地
泥石流
岩溶塌陷
滑坡
漏斗
古错落
落水洞
洪积扇
竖井
冲积锥
岩溶（不分类）
古冲积锥
陷穴
溶洞
暗洞
岩溶湖
软土
岩溶上升泉
或下降泉
牛轭湖
沼泽
冰斗
沙垅
悬谷
固定沙丘
厚层地下水
半固定沙丘
鼓丘
新月形沙丘
多年冻土下限
新月形沙丘链
多年冻土上限

图例	名称	图例	名称
	格状沙丘		冰丘
	 风蚀盆地		冰椎
	 风蚀残丘		槽状冰川谷
	 水库不同期限的坍岸线		冰层
	 水库最终坍岸线		 雪崩谷
	雪崩		 冰川泥石流
	冻土沼泽		 爆炸性充冰鼓丘
	冰川鳍脊		 热融滑坍
	热融湖		冰洞
	冰碛		 冰水沉积
	冰塔		新雪
	冰湖		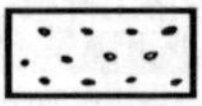 粒雪

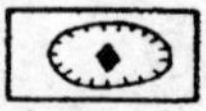

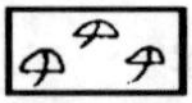

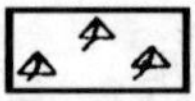

(6) 建筑物的变形图例

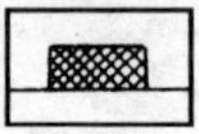

图例	名称	图例	名称
	下沉		错断
	冻害		 房屋变形
	塌方		 垂直裂缝
	翻浆		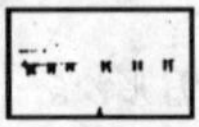 地面裂缝（虚线为推断裂缝）
	隧道滴水		搓板

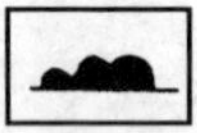

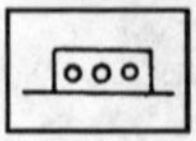

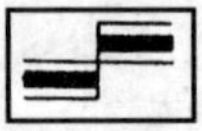

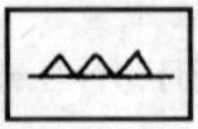

(7) 水文地质图例

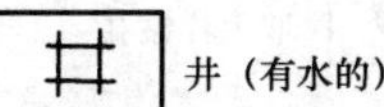
井（有水的）

抽水（提水）试验井

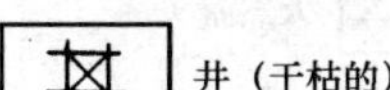
井（干枯的）

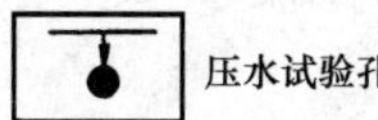
压水试验孔

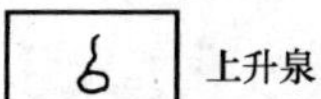
上升泉

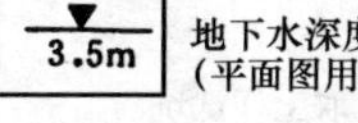

地下水深度（平面图用）

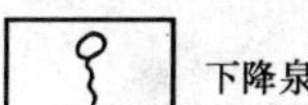
下降泉

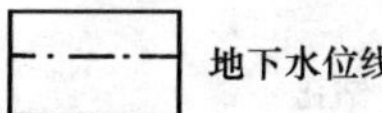
地下水位线

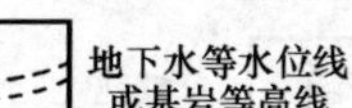
地下水等水位线或基岩等高线

抽水（提水）试坑

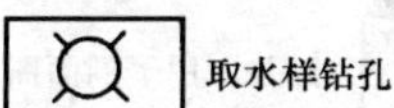
取水样钻孔

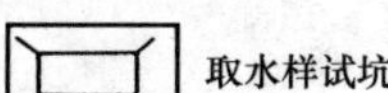
取水样试坑

(8) 料场图例

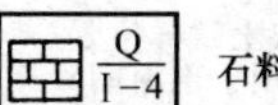

石料

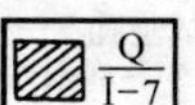

黏土

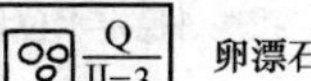

卵漂石

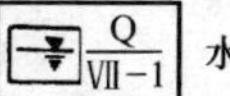

水

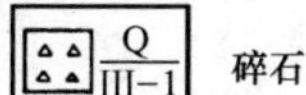

碎石

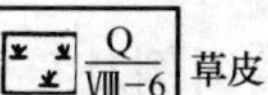

草皮

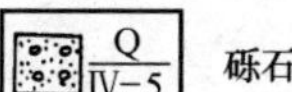

砾石

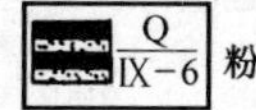

粉煤灰

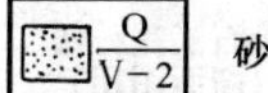

砂

钢碴

(9) 地质勘探图例

- 观测路线
- 取土样钻孔
- 观测点
- 天然露头
- 试坑
- 清除表土
- 取土样试坑
- 植物化石产地
- 钻孔
- 动物化石产地
- 荷载试验地点
- 钎探孔
- 电探点
- 探井（用于剖面图）
- 钻孔（用于剖面图）
- 静力触探试验孔（1-平面图；2-剖面图）
- 动力触探试验孔（1-平面图；2-剖面图）
- 取土试样位置（用于剖面图）
- 大型直剪试验点
- 5　51.32 / 17.50　46.16：孔号 | 孔口标高；孔深 | 稳定水位标高
- 轻型钻机钻孔

(10) 地质界线图例及符号

- 不良地质界线
- 工程地质分区界线
- 岩层分界线（平面图用）
- Ⅱ　工程地质分区编号
- 岩层分界线（断面图用，虚线为推断部分）
- Ⅲ　土石工程分级（断面图用）
- 岩层风化带分界线（断面图用）
- Ⅱ—Ⅱ　地质剖面线及编号

（11）地震图例

Ⅴ11 地震烈度（罗马字表示基本烈度数）

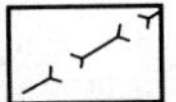

地震烈度分界线

震中

注：图例及符号摘自《公路工程地质勘察规范》（JTJ 064—98）。

10 后锚固建筑锚栓连接

10.1 分　　类

后锚固建筑锚栓分类见表 10.1-1。

后锚固建筑锚栓分类表　　**表 10.1-1**

序号	类　型
1	膨胀型锚栓——扭矩控制式；位移控制式
2	扩孔型锚栓——预扩孔普通锚栓；自扩孔专用锚栓
3	粘结型锚栓
4	化学植筋

10.2 适用范围

锚栓的适用范围应满足表 10.2-1 的规定。

锚栓的适用范围　　**表 10.2-1**

锚栓类型	锚栓受力性质及被连接结构类型 / 有无抗震设防要求	受拉、边缘受剪（$<10h_{ef}$）、拉剪组合		受压、中心受剪（$c \geqslant 10h_{ef}$）压剪组合之结构构件及非结构构件
		结构构件及生命线工程非结构构件	非结构构件	
膨胀型锚栓	有抗震设防要求	不适用	适　用	适　用
	无抗震设防要求	不适用	适　用	适　用

续表

<table>
<tr><td rowspan="2" colspan="2">锚栓类型 ＼ 锚栓受力性质及被连接结构类型 / 有无抗震设防要求</td><td colspan="2">受拉、边缘受剪（<$10h_{ef}$）、拉剪组合</td><td rowspan="2">受压、中心受剪（$c \geqslant 10h_{ef}$）压剪组合之结构构件及非结构构件</td></tr>
<tr><td>结构构件及生命线工程非结构构件</td><td>非结构构件</td></tr>
<tr><td rowspan="2">扩孔型锚栓</td><td>有抗震设防要求</td><td>在保证仅发生锚固系统延性破坏，方可有条件应用</td><td>适　用</td><td>适　用</td></tr>
<tr><td>无抗震设防要求</td><td>有条件应用</td><td>适　用</td><td>适　用</td></tr>
<tr><td rowspan="2">粘结型锚栓</td><td>有抗震设防要求</td><td>不适用</td><td>适　用</td><td>适　用</td></tr>
<tr><td>无抗震设防要求</td><td>不适用</td><td>适　用</td><td>适　用</td></tr>
<tr><td rowspan="2">满足锚固深度要求的化学植筋及螺杆</td><td>有抗震设防要求</td><td>≤8度地区适用</td><td>适　用</td><td>适　用</td></tr>
<tr><td>无抗震设防要求</td><td>适　用</td><td>适　用</td><td>适　用</td></tr>
</table>

注：1. 有条件应用是指该锚栓的锚固性能除满足相应产品标准及工程实际要求外，还应有充分的试验依据、可靠的构造措施和工程经验，并经国家指定的机构技术认证许可；

2. 非结构构件包括建筑非结构构件（如非承重墙、幕墙、吊顶、装饰构件、广告牌、储物柜架等）及建筑附属机电设备的支架（如电梯、照明和应急电源、通信设备、管道系统、采暖和空调系统、烟火监测和消防系统、公用天线等）等。对于玻璃幕墙、电梯导轨、烟火监测和消防系统支架等锚固连接，其破坏后果严重，列入生命线工程非结构构件。

10.3 材　料

（1）建筑锚栓

1）碳素钢和合金钢锚栓的材料性能等级应按所用钢材的抗拉强度标准值 f_{stk} 及屈强比 f_{yk}/f_{stk} 确定，相应的性能指标见表 10.3-1。

碳素钢和合金钢建筑锚栓的性能指标　　表 10.3-1

<table>
<tr><td colspan="2">材料性能等级</td><td>3.6</td><td>4.6</td><td>4.8</td><td>5.6</td><td>5.8</td><td>6.8</td><td>8.8</td></tr>
<tr><td>抗拉强度标准值</td><td>f_{stk}（MPa）</td><td>300</td><td colspan="2">400</td><td colspan="2">500</td><td>600</td><td>800</td></tr>
<tr><td>屈服强度标准值</td><td>f_{yk} 或 $f_{s0.2k}$（MPa）</td><td>180</td><td>240</td><td>320</td><td>300</td><td>400</td><td>480</td><td>640</td></tr>
<tr><td>伸长率</td><td>δ_5（%）</td><td>25</td><td>22</td><td>14</td><td>20</td><td>10</td><td>8</td><td>12</td></tr>
</table>

注：材料性能等级 3.6 表示：$f_{stk}=300$（MPa），$f_{yk}/f_{stk}=0.6$。

2）不锈钢锚栓的材料性能等级应按所用钢材的抗拉强度标准值 f_{stk} 及屈服强度标准值 f_{yk} 确定，相应的性能指标见表 10.3-2。

不锈钢（奥氏体 A_1、A_2、A_4）建筑锚栓的性能指标　　表 10.3-2

性能等级	螺纹直径（mm）	抗拉强度标准值 f_{stk}（MPa）	屈服强度标准值 f_{yk}（MPa）	伸长值 δ
50	≤39	500	210	$0.6d$
70	≤20	700	450	$0.4d$
80	≤20	800	600	$0.3d$

注：锚栓伸长量 δ 按 GB 3098.6—86 标准 7.1.3 款方法测定。

3）化学植筋的钢筋及螺杆，宜采用 HRB400 级和 HRB335 级带肋钢筋及 Q235 和 Q345 钢螺杆。钢筋的强度指标按《混凝土结构设计规范》（GB 50010—2002）规范规定采用。

4）锚栓钢材弹性模量可为 $E_s = 2.0 \times 10^5$MPa。

（2）基材混凝土

1）基材混凝土强度等级宜在 C20 ~ C60 之间。

2）混凝土强度设计值和弹性模量按《混凝土结构设计规范》确定。

3）严重风化的混凝土、结构抹灰层和装饰层等不得作为锚固基层。

（3）锚固胶

1）锚固胶分类：

（A）按化学组成分为有机型（聚氨酯、不饱和树脂、环氧树脂、丙烯酸树脂及其他树脂）和无机型；

（B）按组合方式分为复合胶浆、粘结胶浆或两者的混合物（含填料）及添加剂；

（C）按施工使用形态分为管装式（玻璃、塑料及纸管）、机械注入式和现场配制灌注式。

2）粘结型锚栓及化学植筋所用环氧基固胶的性能指标应满

足表 10.3-3 的要求。

环氧基固胶性能指标 **表 10.3-3**

项　目	性　能　指　标	试　验　方　法
物理性能	粘度（25℃）4500～75000mPa·s 安装温度在－5℃～40℃内能正常固化	《胶粘剂粘度测定方法》（GB 2794—81）
胶体强度及变形性能	抗压强度标准值 $f_{bc,k} \geqslant 60N/mm^2$ 抗拉强度标准值 $f_{bt,k} \geqslant 18N/mm^2$ 受拉弹性模量 $E \geqslant 5.2 \times 10^3 N/mm^2$ 受拉极限变形 $\varepsilon_u \geqslant 0.01$	《塑料压缩试验方法》（GB 1041—79） 《塑料拉伸试验方法》（GB 1040—79）
钢-钢粘结强度	抗剪强度标准值 $f_{bv,k} \geqslant 14N/mm^2$ 抗拉强度标准值 $f_{bt,k} \geqslant 20N/mm^2$ 不均匀扯离强度标准值 $f_{bp,k} \geqslant 20kN/m$	《胶粘剂拉伸剪切强度测定方法》(GB 7124—86) 《胶粘结剂拉伸强度试验方法》(GB 6329—86) 《金属粘结不均匀扯离强度试验方法》(HB 5166)
钢-混凝土粘结强度	钢-混凝土的粘结抗拉，其破坏应发生在混凝土中，不允许发生在胶层	用带拉杆之 50×50×5 钢块两块，轴对称粘结于 70×70×50 的 C50 混凝土块大面，固化后进行拉伸试验
耐温性能	－45～80℃瞬态温度下及－35～60℃稳态温度下，$f_{bv,k} \geqslant 14MPa$	GB 7124—86
冻融性能	在－25～25℃范围内，经受 50 次冻融循环后，$f_{bv,k} \geqslant 14MPa$	GB 7124—86
耐老化性能	人工老化试验 ≥ 3000h，$f_{bv,k} \geqslant 14MPa$	GB 7124—86 及《色漆和清漆—人工气候老化和人工辐射暴露—滤过的氙弧射》（GB/T 4865—1997）

3）其他品种的锚固胶，其锚固性能应通过专门的试验确定。

4）对获准使用的锚固胶，除说明书规定可以掺入定量的掺和剂（填料）外，其他产品在现场施工中不宜再加入掺和剂（填料）。

10.4 建筑锚栓安全等级

（1）建筑锚栓的锚固设计应根据锚固连接破坏后果的严重程度按表 10.4-1 划分为二个安全等级。

锚固设计安全等级　表 10.4-1

安全等级	破坏后果	锚固类型
一级	很严重	重要的锚固
二级	严重	一般的锚固

10.5　建筑锚栓构造要求

（1）混凝土结构的最小厚度

混凝土结构作为锚固体的基材，其结构最小厚度应满足下列规定：

1）对于膨胀型锚栓及扩孔型锚栓，$h \geqslant 1.5h_{ef}$且 $h > 100$mm。

2）对于粘结型锚栓及植筋，$h \geqslant h_{ef} + 2d_0$ 且 $h > 100$mm，式中 h_{ef}为锚栓或植筋的埋置深度，d_0 为钻孔直径。

（2）锚栓布置

锚栓布置应避开装饰层及抹灰层，应锚固在坚实的混凝土基层内，宜深入有钢筋环绕的结构核心区内，不应锚固在混凝土保护层内，当有抹灰层或装饰层时，应清除后再安装。

（3）群锚锚栓间距、边距及锚板厚度

1）群锚锚栓间距 s_{min}及边距 c_{min}最小值（图 10.5-1）应由生产厂家通过国家授权的检测机构的检验分析后给定，否则不应小于表 10.5-1 的规定。

群锚锚栓间距 s_{min}及边距 c_{min}最小值　表 10.5-1

锚固类型	s_1 及 s_2	c_1 及 c_2
膨胀型锚栓	$\geqslant 10d_{nom}$	$\geqslant 12d_{nom}$
扩孔型锚栓	$\geqslant 8d_{nom}$	$\geqslant 10d_{nom}$
粘结型锚栓、植筋	$\geqslant 5d$	$\geqslant 5d$

注：表中 d_{nom}为锚栓外径。

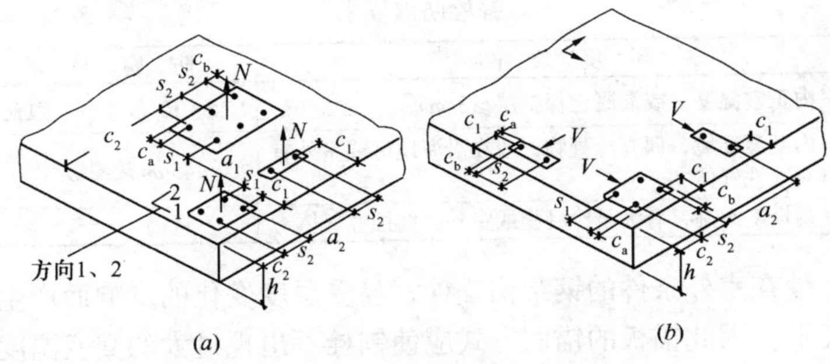

图 10.5-1　群锚锚栓间距及边距

（a）锚栓受拉；（b）靠近混凝土边缘的锚栓受剪

2）锚栓中心至锚板边缘的距离 c_a 和 c_b 值不应小于 $2d_0$，且不应大于 $4d_0$ 或 $8t$ 的较小值，d_0 为锚栓孔径，t 为锚板厚度。

3）根据锚固连接结合面受力变形后仍保持平面的基本假定，在确定锚板厚度时，除应满足锚板的强度外，尚应适当增强其刚度（如加设加劲肋）以减小锚板出平面的弯曲变形。

（4）确保基材结构抗力的附加要求

锚栓在基材结构中所产生的附加剪力 $V_{Sd,a}$ 及锚栓与外荷载共同作用所产生的组合剪力 V_{Sd} 应满足下列规定：

$$V_{Sd,a} \leqslant 0.16 f_t \cdot b \cdot h_0 \tag{10-1}$$

$$V_{Sd} \leqslant V_{Rd,b} \tag{10-2}$$

式中　$V_{Rd,b}$——基材构件受剪承载力设计值；

f_t——基材混凝土轴心抗拉强度设计值；

b——基材构件截面宽度；

h_0——构件截面有效高度。

（5）外露层锚固连接件的防腐

1）一切外露的后锚固连接件，应考虑环境的腐蚀作用及火灾的不利影响，应有可靠的防腐、防火措施。

2）外露锚栓的防腐应满足表 10.5-2 规定。

（6）锚栓的温度影响

锚栓防腐要求　表 10.5-2

环境条件	防腐要求
室内正常湿度，或混凝土保护层≥3cm 厚	5～10μm 镀锌、镀铜
室内潮湿环境，偶有冷凝物，或在沿海地区或室外有少量腐蚀性气体	≥45μm 热浸镀锌
室内极度潮湿，有大量冷凝物或室外有腐蚀性气体	不锈钢

处在室外条件的钢结构锚栓，易受温度变化的影响而产生温度变形。因此锚板的锚固方式应使锚栓不出现过大的交变温度应力，在使用条件下，应控制受力最大锚栓的温度应力变幅 $\Delta\sigma=\sigma_{max}-\sigma_{min}\leqslant 100MPa$。

锚栓和植筋锚固连接所处的环境温度应符合锚栓和锚固胶产品的规定，其锚固连接的防火要求应满足国家标准中有关防火规范的规定。对于粘结型锚栓和植筋应注意环境温度对锚固胶的软化、冷脆和老化等不利影响。当植筋需要后焊接时，要特别注意焊接部位的高温对锚固胶的不利影响，离开基面的钢筋预留长度 $\geqslant 20d$，且≥200mm。

10.6　锚固抗震要求

（1）锚栓选用

有抗震设防要求的锚固连接所用锚栓应选用化学植筋、专用开裂粘结型锚栓和能防止膨胀片松弛的扩孔型锚栓或扭矩控制式膨胀型锚栓，不应选用锥体与套筒分离的位移控制式膨胀型锚栓。

（2）锚栓布置

抗震设计中锚栓的布置除应遵守第 10.5 节有关规定外，宜布置在混凝土结构的受压区和非开裂区，不应布置在素混凝土区及裂缝宽度 $W_{max}\geqslant 0.3mm$ 的受拉区。对于高烈度区一级抗震的重要承重结构的锚固连接，宜布置在有纵横钢筋环绕的区域；严禁在抗震结构可能出现弯曲屈服及很大非弹性变形的部位如框架梁端和柱端箍筋加密区布置锚栓。

(3) 锚栓最小有效锚固深度

抗震锚固连接锚栓的最小有效锚固深度宜满足表 10.6-1 的规定，当有充分试验依据及可靠工程经验并经国家指定机构认证许可时可不受其限制。

锚栓最小有效锚固深度 h_{ef}/d　　　表 10.6-1

锚栓类型	设防烈度	基材裂否	Ⅰ类：锚栓受拉、边缘受剪、拉剪复合受力之结构构件连接及生命线工程非结构构件连接					Ⅱ类：非结构构件连接及受压、中心受剪、压剪复合受力之结构构件连接				
			C20	C30	C40	C50	C60	C20	C30	C40	C50	C60
化学植筋及螺杆	≤6	未裂	12	11	10	9		11	10	9	8	
	7～8		13	12	11	10		12	11	10	9	
	≤6	开裂	26	22	19	17	15	24	20	17	15	14
	7～8		29	24	21	18	16	26	22	19	17	15
粘结型锚栓	≤6	未裂	不宜采用					11	10	9	8	
	7～8							12	11	10	9	
	≤6	开裂						24	20	17	15	14
	7～8							26	22	19	17	15
扩孔型锚栓	≤6		8					4				
	7		10					5				
	8							6				
膨胀型锚栓	≤6		不宜采用					5				
	7							6				
	8							7				

注：植筋及螺杆系指 HRB335 级钢材，锚栓系指 5.6 级钢材，对于非 HRB335 级和 5.6 级钢材，锚固深度应作相应增减；d 为锚栓或植筋、螺杆的直径。

10.7　建筑锚栓的产品规格及性能

表中所列数据由于取自不同生产厂家，在产品规格、适用范围、承载能力、构造要求，是否用于结构构件或非结构构件可能有些差异，所以在选用时，应以原产品说明书为准，本章所列表格仅供参考。

(1) 扭矩控制式膨胀型锚栓的产品规格、适用范围及性能

表 10.7-1

扭矩控制式膨胀锚栓—后继膨胀重荷螺杆锚栓 FAZ（欧洲技术认证许可组织认证许可，认证号：ETA—00/0001）

产品制造商：
慧鱼（太仓）建筑锚栓有限公司

适用范围：锚栓配置有优质不锈钢 A4 制的膨胀套环，它具有高强弹簧的后继膨胀功能，能保证最佳的可控后膨胀，双层的膨胀片设计使荷载分布更均匀，有利于小边距安装。适用于≥C15 的开裂和未开裂混凝土以及质密的天然石材。可用于钢结构，玻璃幕墙，内外墙石板干挂，机电设备及管道支架固定等

FAZ 型号	材质	f_{stk} (N/mm²)	f_{yk} (N/mm²)	钻头 d_0 (mm)	穿透式安装需要的最小钻孔深度(含固定件厚度) h_0 (mm)	锚固深度 h_{ef} (mm)	螺杆应力截面 A_s (mm²)	安装扭矩 T_{inst} (N·m)	固定件最大厚度 t_{fix} (mm)	固定件中钻孔直径 (mm)
FAZ8/10	电镀锌钢 gvz	700	650	8	75	45	22.9 (M8)	20	10	≤9
FAZ8/10GS				8	75	45			10	≤9
FAZ8/30				8	95	45			30	≤9
FAZ8/50				8	115	45			50	≤9
FAZ8/100				8	165	45			100	≤9
FAZ8/150				8	215	45			150	≤9
FAZ10/10				10	90	60	38.5 (M10)	45	10	≤12
FAZ10/10GS				10	90	60			10	≤12
FAZ10/30				10	110	60			30	≤12
FAZ10/50				10	130	60			50	≤12
FAZ10/80				10	160	60			80	≤12
FAZ10/100				10	180	60			100	≤12
FAZ10/150				10	230	60			150	≤12

续表

FAZ 型号	材质	f_{stk} (N/mm²)	f_{yk} (N/mm²)	钻头 d_0 (mm)	穿透式安装需要的最小钻孔深度(含固定件厚度) h_0(mm)	锚固深度 h_{ef} (mm)	螺杆应力截面 A_s (mm²)	安装扭矩 T_{inst} (N·m)	固定件最大厚度 t_{fix} (mm)	固定件中钻孔直径 (mm)
FAZ12/10	电镀锌钢 gvz	700	600	12	105	70	56.7 (M12)	80	10	≤14
FAZ12/10GS				12	105	70			10	≤14
FAZ12/30				12	125	70			30	≤14
FAZ12/50				12	145	70			50	≤14
FAZ12/80				12	170	70			80	≤14
FAZ12/100				12	195	70			100	≤14
FAZ12/150				12	245	70			150	≤14
FAZ12/200				12	295	70			200	≤14
FAZ16/25				16	140	85	105.7 (M16)	110	25	≤18
FAZ16/50				16	165	85			50	≤18
FAZ16/100				16	215	85			100	≤18
FAZ16/150				16	265	85			150	≤18
FAZ16/150GS				16	265	85			150	≤18
FAZ16/200				16	315	85			200	≤18
FAZ16/200GS				16	315	85			200	≤18
FAZ16/250				16	365	85			250	≤18
FAZ16/300				16	415	85			300	≤18
FAZ20/30		600	480	20	160	100	158.4 (M20)	200	30	≤22
FAZ20/60				20	190	100			60	≤22
FAZ20/150				20	280	100			150	≤22
FAZ24/30		540	500	24	185	125	237.8 (M24)	270	30	≤26
FAZ24/60				24	215	125			60	≤26

注：FAZ—GS 为带大的垫圈。

续表

扭矩控制式膨胀锚栓—后继膨胀重荷螺杆锚栓 FAZ				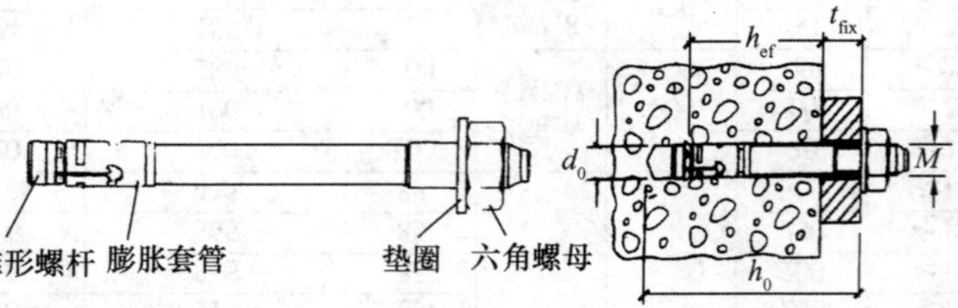 锥形螺杆 膨胀套管 垫圈 六角螺母 h_{ef} t_{fix} d_0 M h_0				
				FAZ8	FAZ10	FAZ12	FAZ16	FAZ20	FAZ24
承载力设计值		$\Psi_{ucr,N}=1.54$	$\Psi_{ucr,p}$	1.29	1.44	1.35	1.44	1.26	1.33
拉力	钢破坏	$N^1_{R,s}$ (kN)	gvz	12.6	21	28.1	52.9	63.3	91.7
	混凝土锥体破坏	$N^0_{R,c}$ (kN)	C15	3.3	5.6	7.5	11	15.1	21.1
			C25	4.3	7.2	9.7	14.1	19.4	27.2
			C35	5	8.6	11.5	16.8	22.8	32.2
			C45	5.8	9.7	13	19	26.1	36.4
			C55	6.3	10.7	14.4	21	28.8	40.3
	穿出破坏	$N^1_{R,p}$ (kN)	C15	3.4	5.2	7.3	10.8	14.6	21.1
			C25	4.4	6.7	9.4	13.9	18.9	27.2
			C35	5.3	7.9	11.2	16.4	22.3	32.2
			C45	5.9	8.9	12.7	18.6	25.3	36.4
			C55	6.6	9.9	14.0	20.6	28.0	40.3
	劈裂破坏	$N^0_{R,sp}$ (kN)	$N^0_{R,sp}=\alpha\times N^0_{R,c}\times\Psi_{h,sp}$						
			α	0.57	1.0				

剪力	钢破坏	$V^1_{R,s}$（kN）	gvz	8.7	13.3	20	26.7	41.6	57.3
剪力	混凝土边缘破坏	$V^0_{R,c}$（kN）	C15	2.3	3.7	5.1	8	11	17.3
			C25	2.9	4.8	6.6	10.4	14.2	22.3
			C35	3.4	5.7	7.8	12.3	16.7	26.3
			C45	3.9	6.5	8.9	13.9	19	30
			C55	4.3	7.2	9.9	15.3	21	33
剪力	混凝土作用力反向破坏	$V^1_{R,cp}$（kN）	C15	3.3	11.2	15.0	21.9	30.1	42.1
			C25	4.3	14.5	19.4	28.1	38.9	54.3
			C35	5	17.2	23	33.4	45.7	64.3
			C45	5.7	19.4	26	37.8	52.2	72.9
			C55	6.3	21.4	28.7	41.8	57.7	80.7
弯矩		$M^1_{R,s}$（N·m）	gvz	17.3	34.7	61.3	155.3	311.2	404
间距与厚度									
拉力	混凝土破坏	（cm）	$s_{cr,N}$	14	18	21	26	30	38
			$c_{cr,N}$	7	9	10.5	13	15	19
		未开裂混凝土	s_{min}	5	5.5	6.5	7.5	9.5	12
		未开裂混凝土	$c\geqslant$	6	9	12	17	20	20
		未开裂混凝土	c_{min}	5	5.5	6.5	9.5	13	15
		未开裂混凝土	$s\geqslant$	7	12	15	18.5	24.5	27
		开裂混凝土	s_{min}	5	5.5	6.5	7.5	9.5	12
		开裂混凝土	$c\geqslant$	6	8	9.5	12.5	16	16.5
		开裂混凝土	C_{min}	5	5.5	6.5	7.5	10	12
		开裂混凝土	$s\geqslant$	7	9	12	17.5	22	22
构件最小厚度			h	10	12	14	17	20	25

注：1. 穿出破坏，只在未开裂混凝土是决定性；

2. 当锚栓位于受压区或一切方向上的边距为 $c\geqslant1.5c_{cr,sp}$，$c_{cr,sp}=c_{cr,N}$（$1.29c_{cr,N}$），锚栓间距 $s_{cr,sp}=s_{cr,N}$（$1.29s_{cr,N}$）及构件厚度 $h\geqslant 2h_{ef}$，或锚固区配有足够的限制裂缝宽度（$W_{max}\leqslant0.3$mm）的钢筋时，可以认为将不发生劈裂破坏。括号内 $c_{cr,sp}$和 $s_{cr,sp}$值用于 FAZ8。

表 10.7-2

扭矩控制式膨胀锚栓—后继膨胀重荷套管锚栓 FH（欧洲技术认证许可组织认证许可，认证号：ETA—99/0003）												
产品制造商：慧鱼（太仓）建筑锚栓有限公司					适用范围：锚栓具有可靠后膨胀功能，在安装防旋套管时，能阻止锚栓转动，并调整空隙，双层膨胀片设计，使锚栓均匀将荷载传到基材上，适用于≥C15 的开裂和未开裂混凝土以及质密的天然石材，可用于钢结构，玻璃幕墙，内外墙石板干挂，机电设备及管道支架固定等							
FH 型号	材质	f_{stk} (N/mm²)		f_{yk} (N/mm²)		钻头 d_0(mm)	穿透式安装需要的最小钻孔深度（含固定件厚度）h_0(mm)	锚固深度 h_{ef} (mm)	螺杆应力截面 A_s(mm²)		安装扭矩 T_{inst} (N·m)	固定件最大厚度 t_{fix} (mm)	固定件中钻孔直径 (mm)
		螺杆	套管	螺杆	套管				螺杆	套管			
FH10/10B	电镀锌钢 gvz	800	390	640	330	10	80	50	20.1 (M6)	36	10	10	≤12
FH10/25B						10	95	50				25	≤12
FH10/50B						10	120	50				50	≤12
FH10/100B						10	170	50				100	≤12
FH12/10B						12	90	60	36.6 (M8)	44	25	10	≤14
FH12/25B						12	105	60				25	≤14
FH12/50B						12	130	60				50	≤14
FH12/100B						12	180	60				100	≤14
FH15/10B						15	100	70	58 (M10)	75	40	10	≤18
FH15/25B						15	115	70				25	≤18
FH15/50B						15	140	70				50	≤18
FH15/100B						15	190	70				100	≤18

续表

FH 型号	材质	f_{stk} (N/mm²) 螺杆	f_{stk} (N/mm²) 套管	f_{yk} (N/mm²) 螺杆	f_{yk} (N/mm²) 套管	钻头 d_0(mm)	穿透式安装需要的最小钻孔深度(含固定件厚度) h_0(mm)	锚固深度 h_{ef} (mm)	螺杆应力截面 A_s(mm²) 螺杆	螺杆应力截面 A_s(mm²) 套管	安装扭矩 T_{inst} (N·m)	固定件最大厚度 t_{fix} (mm)	固定件中钻孔直径 (mm)
FH18×800/10B	电镀锌钢gvz	800	390	640	330	18	115	80	84.3 (M12)	114	80	10	≤20
FH18×80/25B						18	130	80				25	≤20
FH18×80/50B						18	155	80				50	≤20
FH18×80/100B						18	205	80				100	≤20
FH18×100/10B						18	135	100				10	≤20
FH18×100/25B						18	150	100				25	≤20
FH18×100/50B						18	175	100				50	≤20
FH18×100/100B						18	225	100				100	≤20
FH24/10B			490		400	24	160	125	157 (M16)	220	120	10	≤26
FH24/25B						24	175	125				25	≤26
FH24/50B						24	200	125				50	≤26
FH24/100B						24	250	125				100	≤26
FH10/10BA4	不锈钢A4	700	530	450	240	10	80	50	20.1 (M6)	36	10	10	≤12
FH10/25BA4						10	95	50			10	25	≤12
FH10/50BA4						10	120	50			10	50	≤12
FH12/10BA4						12	90	60	36.6 (M8)	44	25	10	≤14
FH12/25BA4						12	105	60			25	25	≤14
FH12/50BA4						12	130	60			25	50	≤14
FH12/100BA4						12	180	60			25	100	≤14

续表

FH 型号	材质	f_{stk} (N/mm²)		f_{yk} (N/mm²)		钻头 d_0(mm)	穿透式安装需要的最小钻孔深度（含固定件厚度）h_0(mm)	锚固深度 h_{ef} (mm)	螺杆应力截面 A_s(mm²)		安装扭矩 T_{inst} (N·m)	固定件最大厚度 t_{fix} (mm)	固定件中钻孔直径 (mm)
		螺杆	套管	螺杆	套管				螺杆	套管			
FH15/10BA4	不锈钢A4	700	530	450	240	15	100	70	58 (M10)	75	40	10	≤18
FH15/25BA4						15	115	70			40	25	≤18
FH15/50BA4						15	140	70			40	50	≤18
FH15/100BA4						15	190	70			40	100	≤18
FH18×100/10BA4						18	135	100	84.3 (M12)	114	80	10	≤20
FH18×100/25BA4						18	150	100			80	25	≤20
FH18×100/50BA4						18	175	100			80	50	≤20
FH18×100/100BA4						18	225	100			80	100	≤20

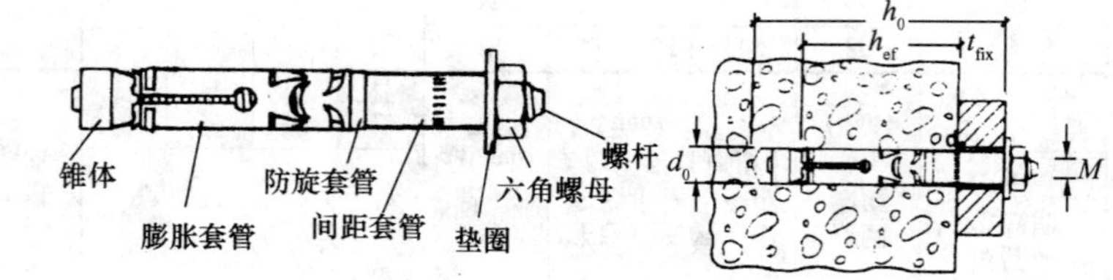

续表

扭矩控制式膨胀锚栓—后继膨胀重荷套管锚栓 FH				FH10	FH12	FH15	FH18×80	FH18×100	FH24
	承载力设计值	$\Psi_{ucr,N}=1.54$	$\Psi_{ucr,p}$	1.79	1.19	1.42	(1)	1.27	(1)
拉力	钢破坏	$N^1_{R,s}$ (kN)	gvz	10.7	19.3	30.7	44.7	44.7	83.3
			A4[(2)]	7.5	13.7	21.7	—	31.6	—
	混凝土锥体破坏	$N^0_{R,c}$ (kN)	C15	4	5.6	7.5	9.7	15.1	21.1
			C25	5.2	7.2	9.7	12.5	19.4	27.2
			C35	6.1	8.6	11.5	14.8	23	32.2
			C45	6.9	9.7	13	16.8	26.1	36.4
			C55	7.7	10.7	14.4	18.6	28.8	40.3
	穿出破坏	$N^1_{R,p}$ (kN)	C15	3.4	6.3	8.2	—	12.9	—
			C25	4.4	8.1	10.6	—	16.7	—
			C35	5.3	9.6	12.5	—	19.7	—
			C45	5.9	10.9	14.2	—	22.4	—
			C55	6.6	12.1	15.7	—	24.7	—
	劈裂破坏	$N^0_{R,sp}$ (kN)	$N^0_{R,sp}=0.33\times N^0_{R,c}\times\Psi_{h,sp}$						
剪力	钢破坏	$V^1_{R,s}$ (kN)	gvz	9	15.7	25.3	37.3	37.3	78
			A4[(2)]	7.5	11.2	18.3	—	27.1	—
	混凝土边缘破坏	$V^0_{R,c}$ (kN)	C15	2.2	3	4.2	5.7	9	14.5
			C25	2.8	3.9	5.4	7.3	11.6	18.8
			C35	3.3	4.6	6.5	8.7	13.7	22.3
			C45	3.8	5.2	7.4	9.9	15.5	25.2
			C55	4.1	5.7	8.1	10.9	17.2	27.9

续表

扭矩控制式膨胀锚栓—后继膨胀重荷套管锚栓 FH				FH10	FH12	FH15	FH18×80	FH18×100	FH24
承载力设计值		$\Psi_{ucr,N}=1.54$	$\Psi_{ucr,p}$	1.79	1.19	1.42	(1)	1.27	(1)
剪力	混凝土作用力反向破坏	$V^0_{R,cp}$（kN）	C15	4	11.2	15	19.4	30.1	42.1
			C25	5.2	14.5	19.4	25	38.9	54.3
			C35	6.1	17.1	23	29.6	46	64.3
			C45	6.9	19.4	26	33.6	52.2	72.9
			C55	7.7	21.4	28.7	37.2	57.7	80.7
弯矩		$M^1_{R,s}$（N·m）	gvz	8	20	40	69.3	69.3	177.3
			A4(2)	3.9	9.5	19.1	—	33.5	—
间距与厚度									
拉力	混凝土破坏	（cm）	$s_{cr,N}$	15	18	21	24	30	38
			$c_{cr,N}$	7.5	9	10.5	12	15	19
			s_{min}	5	6	7	8	8	12.5
			用于 $c\geqslant$	10	12	19	24	20	12.5
			c_{min}	5	6	8	8	8	12.5
			用于 $s\geqslant$	10	10	18	24	24	12.5
构件最小厚度			h	10	13	14	16	20	25

注：1. 穿出破坏不是决定性的；

2. 不锈钢 A4 建议用于未开裂混凝土；

3. 当锚栓位于受压区或一切方向上的边距为 $c\geqslant 1.5c_{cr,sp}$，$c_{cr,sp}=1.67c_{cr,N}$，锚栓间距 $s_{cr,sp}=1.67s_{cr,N}$及构件厚度 $h\geqslant 2h_{ef}$，或锚固区配有足够的限制裂缝宽度（$w_{max}\leqslant 0.3$mm）的钢筋时，可以认为将不发生劈裂破坏。

表 10.7-3

扭矩控制式膨胀锚栓—重荷螺杆锚栓 FBN（欧洲技术认证许可组织认证许可，认证号：ETA—98/0011）

产品制造商：
慧鱼（太仓）建筑锚栓有限公司

适用范围：锚栓具有可靠的膨胀功能，适用于≥C15 的未开裂混凝土以及质密的天然石材，可用于钢结构，玻璃幕墙，内外墙石板干挂，机电设备及管道支架固定等

FBN 型号	材质	f_{stk} (N/mm^2)	f_{yk} (N/mm^2)	钻头 d_0 (mm)	穿透式安装需要的最小钻孔深度(含固定件厚度) h_0(mm)	锚固深度 h_{ef} (mm)	螺杆应力截面 A_s (mm^2)	安装扭矩 T_{inst} (N·m)	固定件最大厚度 t_{fix} (mm)	固定件中钻孔直径 (mm)
FBN8/10 + 23	电镀锌钢 gvz	600	520	8	73	48	23.8 (M8)	15	10	≤9
FBN8/30 + 43				8	93	48			30	≤9
FBN8/50 + 63				8	113	48			50	≤9
FBN8/100 + 113				8	163	48			100	≤9
FBN10/5				10	65	42	37.4 (M10)	30	5	≤12
FBN10/15 + 23				10	83	50/42			15/23	≤12
FBN10/35 + 43				10	109	50/42			35/43	≤12
FBN10/50 + 58				10	118	50/42			50/58	≤12
FBN10/100 + 108				10	168	50/42			100/108	≤12
FBN10/140 + 148				10	208	50/42			140/148	≤12
FBN10/160 + 168				10	228	50/42			160/168	≤12
FBN12/5		650	580	12	75	50	54.1 (M12)	50	5	≤14
FBN12/15 + 35				12	105	70/50			15/35	≤14
FBN12/30 + 50				12	120	70/50			30/50	≤14
FBN12/45 + 65				12	135	70/50			45/65	≤14

续表

FBN 型号	材质	f_{stk} (N/mm²)	f_{yk} (N/mm²)	钻头 d_0 (mm)	穿透式安装需要的最小钻孔深度(含固定件厚度) h_0(mm)	锚固深度 h_{ef} (mm)	螺杆应力截面 A_s (mm²)	安装扭矩 T_{inst} (N·m)	固定件最大厚度 t_{fix} (mm)	固定件中钻孔直径 (mm)
FBN12/80 + 100GS	电镀锌钢 gvz	650	580	12	170	70/50	54.1 (M12)	50	80/100	≤14
FBN12/100 + 120				12	190	70/50			100/120	≤14
FBN12/100 + 120GS				12	190	70/50			100/120	≤14
FBN12/120 + 140GS				12	210	70/50			120/140	≤14
FBN12/140 + 160GS				12	230	70/50			140/160	≤14
FBN12/160 + 180GS				12	250	70/50			160/180	≤14
FBN12/200 + 220GS				12	290	70/50			200/220	≤14
FBN12/250 + 270GS				12	340	70/50			250/270	≤14
FBN16/10		530	420	16	98	64	103.9 (M16)	100	10	≤18
FBN16/25 + 45				16	133	84/64			25/45	≤18
FBN16/50 + 70				16	158	84/64			50/70	≤18
FBN16/100 + 120				16	208	84/64			100/120	≤18
FBN16/100 + 120GS				16	208	84/64			100/120	≤18
FBN16/140 + 160GS				16	248	84/64			140/160	≤18
FBN16/160 + 180GS				16	268	84/64			160/180	≤18
FBN16/200 + 220GS				16	308	84/64			200/220	≤18
FBN16/250 + 270GS				16	358	84/64			250/270	≤18
FBN16/300 + 320GS				16	408	84/64			300/320	≤18
FBN20/20		550		20	151	100	188.7 (M20)	200	20	≤22
FBN20/60				20	191	100			60	≤22
FBN20/120				20	251	100			120	≤22
FBN20/250				20	381	100			250	≤22

注：FBN—GS 为带大的垫圈。

续表

扭矩控制式膨胀锚栓—重荷螺杆锚栓 FBN				锥形螺杆 膨胀套管 垫圈 六角螺母							
				FBN8	FBN10		FBN12		FBN16		FBN20
锚固深度		h_{ef}（mm）		48	42	50	50	70	64	84	100
承载力设计值		$\Psi_{ucr,N}=1.4$，$\Psi_{ucr,p}=1.4$									
拉力	钢　破　坏	$N^1_{R,s}$（kN）	gvz	9.5	15.5	15.5	23.6	23.6	35	35	64.3
	混凝土锥体破坏	$N^0_{R,c}$（kN）	C15	3.1	2.4	3.3	4	7.5	6.3	10.7	15.1
			C25	4	3.1	4.3	5.2	9.7	8.2	13.8	19.4
			C35	4.7	3.7	5.1	6.1	11.5	11.1	16.3	23
			C45	5.3	4.2	5.8	6.9	13	12.5	18.5	26.1
			C55	5.9	4.6	6.4	7.7	14.4	13.8	20.4	28.8
	穿出破坏	$N^1_{R,p}$（kN）	C15	3.1	3.3	4.1	—	7.7	7.7	10.8	14.8
			C25	4.0	4.3	5.3	—	9.9	9.9	13.9	19.1
			C35	4.7	5.1	6.3	—	11.7	11.7	16.4	22.6
			C45	5.3	5.8	7.1	—	13.3	13.3	18.6	25.6
			C55	5.9	6.4	7.9	—	14.7	14.7	20.6	28.3
	劈裂破坏	$N^0_{R,sp}$（kN）	$N^0_{R,sp}=\alpha\times N^0_{R,c}\times\Psi_{h,sp}$								
			α	0.53	0.33		0.22	0.33			

续表

	锚固深度	h_{ef}（mm）		48	42	50	50	70	64	84	100
	承载力设计值	$\Psi_{ucr,N}=1.4$，$\Psi_{ucr,p}=1.4$									
剪力	钢破坏	$V^1_{R,s}$（kN）	gvz	7.3	11.3	11.3	18	18	23.7	23.7	51.1
	混凝土边缘破坏	$V^0_{R,c}$（kN）	C15	2.4	2.0	2.7	2.9	5.1	4.8	7.6	11
			C25	3.1	2.6	3.5	3.8	6.6	6.2	9.8	14.2
			C35	3.7	3.1	4.2	4.4	7.8	7.4	11.6	16.7
			C45	4.1	3.5	4.8	5	8.9	8.3	13.2	19
			C55	4.6	3.9	5.3	5.6	9.2	9.2	14.6	21
	混凝土作用力反向破坏	$V^0_{R,cp}$（kN）	C15	3.7	2.9	4	4	15	12.7	21.4	30.1
			C25	4.8	3.7	5.2	5.2	19.4	16.3	27.6	38.9
			C35	5.7	4.5	6.1	6.1	23	19.3	32.6	46
			C45	6.4	5	6.9	6.9	26	21.9	37	52.2
			C55	7.1	5.6	7.7	7.7	28.7	24.2	40.9	57.7
	弯矩	$M^1_{R,s}$（N·m）	gvz	14.7	30	30	56.7	56.7	134.4	134.4	272.5
	间距与厚度										
拉力	混凝土破坏	（cm）	$s_{cr,N}$	14.4	12.6	15	15	21	19.2	25.2	30.0
			$c_{cr,N}$	7.2	6.3	7.5	7.5	10.5	9.6	12.6	15
			s_{min}	5	4.5	5.5	10	7.5	14	9	17
			c_{min}	5	5.5	6.5	10.0	9.0	10	10.5	15
	构件最小厚度		h	10	10	10	10	14	13	17	20

注：1. 穿出破坏不是决定性的；

2. 当锚栓位于受压区或一切方向上的边距为 $c \geqslant 1.5c_{cr,sp}$，$c_{cr,sp}=1.67c_{cr,N}$（$1.33c_{cr,N}$），[$2c_{cr,N}$]，锚栓间距 $s_{cr,sp}=1.67s_{cr,N}$，（$1.33s_{cr,N}$），[$2s_{cr,N}$] 及构件厚度 $h \geqslant 2h_{ef}$，或锚固区配有足够的限制裂缝宽度（$w_{max} \leqslant 0.3$mm）的钢筋时，可以认为将不发生劈裂破坏。括号（ ）内 $c_{cr,sp}$和 $s_{cr,sp}$值用于 FBN8，括号 [ ] 内 $c_{cr,sp}$和 $s_{cr,sp}$值用于 FBN12/50。

表 10.7-4

扭矩控制式膨胀锚栓—重荷螺杆锚栓 HST/HST-R

产品制造商：喜利得公司

使用范围：具有后续膨胀功能。防火及 A4 钢防腐蚀。适用于开裂或未开裂混凝土，振动和地震负荷

HST 型号	材质	f_{stk} (N/mm²)	f_{yk} (N/mm²)	钻头直径 d_0 (mm)	钻孔深度 h_1 (mm)	锚固深度 h_{ef} (mm)	螺杆应力面积 A_s (mm²)		最大安装扭矩 T_{inst} (N·m)	固定件最大厚度 t_{fix} (mm)	固定件孔径 (mm)
							螺纹部位	胀锥部位			
HST M8/10	镀锌钢	740	530	8	65	46	36.6	23.3	25	10	9
HST M8/30										30	
HST M8/50										50	
HST M10/10		530	450	10	80	58	58.0	39.6	45	10	12
HST M10/30										30	
HST M10/50										50	
HST M12/20		640	500	12	95	68	84.3	55.4	60	20	14
HST M12/50										50	
HST M12/90										90	
HST M12/120										120	

续表

HST型号	材质	f_{stk} （N/mm^2）	f_{yk} （N/mm^2）	钻头直径 d_0 （mm）	钻孔深度 h_1 （mm）	锚固深度 h_{ef} （mm）	螺杆应力面积 A_s （mm^2）		最大安装扭矩 T_{inst} （N·m）	固定件最大厚度 t_{fix}(mm)	固定件孔径 （mm）
							螺纹部位	胀锥部位			
HST M16/25	镀锌钢	450	360	16	115	82	157.0	103.8	125	25	18
HST M16/50										50	
HST M16/100										100	
HST M16/140										140	
HST M16/180										180	
HST M20/30				20	140	101	245.0	165.0	240	30	22
HST M20/60										60	
HST M24/30		530	375	24	170	125	353.0	236.0	300	30	26
HST M24/60										60	
HST-R M8/10	不锈钢	750	400	8	65	46	36.6	23.5	25	10	9
HST-R M8/30										30	
HST-R M8/50										50	
HST-R M10/10				10	80	58	58.0	40.5	45	10	12
HST-R M10/30										30	
HST-R M10/50										50	
HST-R M12/20				12	95	68	84.3	56.5	60	20	14
HST-R M12/50										50	
HST-R M12/90										90	
HST-R M12/120										120	

续表

HST 型号	材质	f_{stk} (N/mm²)	f_{yk} (N/mm²)	钻头直径 d_0 (mm)	钻孔深度 h_1 (mm)	锚固深度 h_{ef} (mm)	螺杆应力面积 A_s (mm²) 螺纹部位	螺杆应力面积 A_s (mm²) 胀锥部位	最大安装扭矩 T_{inst} (N·m)	固定件最大厚度 t_{fix} (mm)	固定件孔径 (mm)
HST-R M16/25	不锈钢	650	350	16	115	82	157.0	105.5	125	25	18
HST-R M16/50										50	
HST-R M16/100										100	
HST-R M16/140										140	
HST-R M16/180										180	
HST-R M20/30				20	140	101	245.0	167.0	240	30	22
HST-R M20/60										60	
HST-R M24/30				24	170	125	353.0	240.5	300	30	26
HST-R M24/60										60	

扭矩控制式膨胀锚栓—重荷螺杆锚栓 HST/HST-R				M8	M10	M12	M16	M20	M24
特征承载力									
拉力	钢材破坏	$N_{Rk,s}$ (kN)	镀锌钢	18	26	37	48	75	127
			分项系数 γ_{Ms}	1.41	1.41	1.41	1.6	1.6	1.41
			不锈钢	18	31	43	69	109	156
			分项系数 γ_{Ms}	2.25	2.25	2.25	2.23	2.23	2.23
	混凝土锥体破坏	$N^0_{Rk,c}$ (kN)	C25	11.2	15.9	20.2	26.7	36.5	50.3
			C35	13.3	18.8	23.9	31.6	43.2	59.5
			C45	15.1	21.3	27.1	35.9	49.0	67.5
			C55	16.7	23.6	29.9	39.6	54.2	74.6
		分项系数 γ_{Mc}		2.16					

续表

扭矩控制式膨胀锚栓—重荷螺杆锚栓 HST/HST-R				M8	M10	M12	M16	M20	M24
特征承载力									
拉力	穿出破坏	开裂混凝土 $N^0_{Rk,p}$（kN）	C25	5	9	12	20	30	40
			C35	6.1	11.0	14.6	24.4	36.6	48.8
			C45	7.1	12.7	16.9	28.2	42.3	56.4
			C55	7.8	14.0	18.6	31.0	46.5	62.0
		未开裂混凝土 $N_{Rk,p}$（kN）	C25	12	15	22	34	50	66
			C35	14.6	18.3	26.8	41.5	61.0	80.5
			C45	16.9	21.2	31.0	47.9	70.5	93.1
			C55	18.6	23.3	34.1	52.7	77.5	102.3
		分项系数 γ_{Mp}		2.16					
剪力	钢材破坏 $V_{Rk,s}$（kN）	镀锌钢		13	19	27	35	55	94
		分项系数 γ_{Ms}		1.5	1.5	1.5	1.33	1.33	1.5
		不锈钢		14	22	32	51	80	115
		分项系数 γ_{Ms}		1.88	1.88	1.88	1.86	1.86	1.86
	混凝土边缘破坏 K_V（N）	C25		9.0	10.1	11.0	12.5	13.9	15.3
		C35		10.7	12.0	13.0	14.8	16.5	18.1
		C45		12.1	13.6	14.8	16.7	18.7	20.6
		C55		13.4	15.0	16.4	18.5	20.6	22.7
		分项系数 γ_{Mc}		1.8					
	混凝土撬坏 $V^0_{Rk,cp}$	系数 k		1.0	1.0	2.0	2.0	2.0	2.0
		分项系数 γ_{Mcp}		2.16					

续表

扭矩控制式膨胀锚栓—重荷螺杆锚栓 HST/HST-R				M8	M10	M12	M16	M20	M24
特征承载力									
弯　矩	$M^0_{Rk,s}$（N·m）	镀　锌　钢		27	48	84	150	292	595
		分项系数 γ_{Ms}		1.5	1.5	1.5	1.33	1.33	1.5
		不　锈　钢		27	56	98	216	422	730
		分项系数 γ_{Ms}		1.88	1.88	1.88	1.86	1.86	1.86
受拉混凝土锥体破坏间距	临界边距	$c_{cr,N}$（mm）		70	90	100	125	150	190
	临界间距	$s_{cr,N}$（mm）		140	180	200	250	300	380
	最 小 边 距	未开裂混凝土	c_{min}（mm）	50	60	70	80	100	125
			$s \geq$（mm）	75	100	130	175	225	240
		开裂混凝土	c_{min}（mm）	55	65	75	110	140	170
			$s \geq$（mm）	115	155	170	215	270	295
	最 小 间 距	未开裂混凝土	s_{min}（mm）	50	60	70	80	100	125
			$c \geq$（mm）	65	80	100	125	160	180
		开裂混凝土	s_{min}（mm）	50	60	70	80	100	125
			$c \geq$（mm）	90	115	130	180	225	255
受拉混凝土劈裂破坏间距	临 界 边 距	$c_{cr,sp}$（mm）		70	90	100	125	150	190
	临 界 间 距	$s_{cr,sp}$（mm）		140	180	200	250	300	380
最小基材厚度		h_{min}（mm）		100	120	140	160	200	250

注：1. 表中除镀锌钢与不锈钢性能参数不同特别说明外，其余均使用同一参数；
2. 表中数值为系统试验认证结果。

表 10.7-5

扭矩控制式膨胀锚栓—螺杆锚栓 HSA

产品制造商：喜利得公司

使用范围：穿透式固定，具有后续膨胀功能，适用未开裂混凝土

HSA 型号	材质	f_{stk} (N/mm²)	f_{yk} (N/mm²)	钻头直径 d_0 (mm)	螺杆应力面积 A_s (mm)²		最大安装扭矩 T_{inst} (N.m)	固定件孔径 (mm)	浅埋			标准埋深		
					螺牙部位	胀锥部位			锚固深度 h_{ef} (mm)	固定件最大厚度 t_{fix} (mm)	钻孔深度 h_1 (mm)	锚固深度 h_{ef} (mm)	固定件最大厚度 t_{fix} (mm)	钻孔深度 h_1 (mm)
HSA M8/57	镀锌钢	630	580	8	36.6	25.5	15	9	35	5	50	48	—	65
HSA M8/75										23			10	
HSA M8/92										40			27	
HSA M8/115										63			50	
HSA M8/137										85			72	

HSA M10/68	镀锌钢	630	580	10	58.0	43.6	30	12	42	5	60	50	—	70
HSA M10/90										25			20	
HSA M10/108										45			37	
HSA M10/120										57			50	
HSA M10/140										77			70	
HSA M12/80		600	500	12	84.3	61.5	50	14	50		70	70	—	95
HSA M12/100										25			5	
HSA M12/120										45			25	
HSA M12/150										75			55	
HSA M12/180										105			85	
HSA M12/220										145			125	
HSA M12/240										165			145	
HSA M12/300										225			205	
HSA M16/100		450	360	16	157.0	114.0	100	18	64	5	90	84	—	115
HSA M16/120										25			5	
HSA M16/140										45			25	
HSA M16/190										95			75	
HSA M20/125		450	360	20	245.0	182.7	200	22	78	10	105	103	—	130
HSA M20/170										55			30	

续表

扭矩控制式膨胀锚栓—螺杆锚栓 HSA 特征承载力				M8	M10	M12	M16	M20
拉力	钢材破坏	$N_{Rk,s}$（kN）		16	28	40	66	95
		分项系数 γ_{Ms}		1.73	1.63	1.63	1.51	1.49
	混凝土锥体破坏	标准埋深 $N^0_{Rk,c}$（kN）	C25	12.0	12.7	21.1	27.7	37.6
			C35	14.6	15.5	25.6	33.7	45.8
			C45	16.1	17.1	28.3	37.2	50.5
			C55	17.8	18.9	31.3	41.1	55.8
		分项系数 γ_{Mc}		2.16	2.16	2.52	1.80	1.80
		浅埋 $N^0_{Rk,c}$（kN）	C25	7.5	9.8	12.7	18.4	24.8
			C35	8.8	11.6	15.1	21.8	29.3
			C45	10.0	13.1	17.1	24.7	33.3
			C55	11.1	14.5	18.9	27.3	36.8
		分项系数 γ_{Mc}		1.80	2.16	2.52	1.80	1.80
	未开裂混凝土穿出破坏	标准埋深 $N^0_{Rk,p}$（kN）	C25	12	12	25	35	50
			C35	14.6	14.6	30.4	42.6	60.8
			C45	16.1	16.1	33.5	47.0	67.1
			C55	17.8	17.8	37.1	51.9	74.2
		分项系数 γ_{Mp}		2.16	2.16	2.52	1.80	1.80
		浅埋 $N^0_{Rk,p}$（kN）	C25	9	12	16	25	35
		分项系数 γ_{Mp}		1.80	2.16	2.52	1.80	1.80
	钢材破坏	$V_{Rk,s}$（kN）		10	16	23	39	61
		分项系数 γ_{Ms}		1.53	1.62	1.62	1.47	1.47

剪力	混凝土边缘破坏 $V^0_{Rk,c}$ (kN)	标准埋深系数 K_v (N)	C25	9.1	9.8	11.1	12.5	14.0
			C35	10.8	11.6	13.1	14.8	16.5
			C45	12.9	13.9	15.7	17.7	19.8
			C55	14.1	15.2	17.2	19.4	21.6
		浅埋系数 K_v (N)	C25	8.5	9.5	10.4	11.9	13.2
			C35	10.1	11.2	12.3	14.1	15.6
			C45	12.1	13.4	14.7	16.8	18.7
			C55	13.2	14.7	16.1	18.4	20.5
		分项系数 γ_{Mc}		1.80				
	混凝土撬坏 $V^0_{Rk,cp}$ (kN)	系数 k	标埋	1.0	1.0	2.0	2.0	2.0
			浅埋	1.0	1.0	1.0	2.0	2.0
		分项系数 γ_{Mcp}		1.8				
弯矩		$M^0_{Rk,s}$ (N·m)		19	41	72	166	325
		分项系数 γ_{Ms}		1.53	1.62	1.62	1.47	1.47
混凝土锥体破坏	临界边距	$c_{cr,N}$ (mm)		72/53*	75/65*	105/100*	126/100*	155/117*
	临界间距	$s_{cr,N}$ (mm)		144/105*	150/126*	210/150*	252/192*	309/234*
	最小边距	c_{min} (mm)		60/45*	65/65*	90/100*	105/100*	125/115*
	最小间距	s_{min} (mm)		50/35*	55/55*	75/100*	90/100*	105/100*
受拉混凝土劈裂破坏	临界边距	$c_{cr,sp}$ (mm)		120/88*	135/113*	189/135*	227/173*	278/211*
	临界间距	$s_{cr,sp}$ (mm)		240/176*	270/226*	378/270*	454/346*	556/422*
最小基材厚度		h_{min} (mm)		100	100	140/100*	170/130*	210/160*

注：1. 表中带 * 号数值用于浅埋锚栓；

2. 表中数值为系统试验认证结果。

表 10.7-6

扭矩控制式膨胀锚栓—重荷锚栓 HSL-TZ 系列

产品制造商：喜利得公司

使用范围：具有后续膨胀功能，适用于开裂或未开裂混凝土

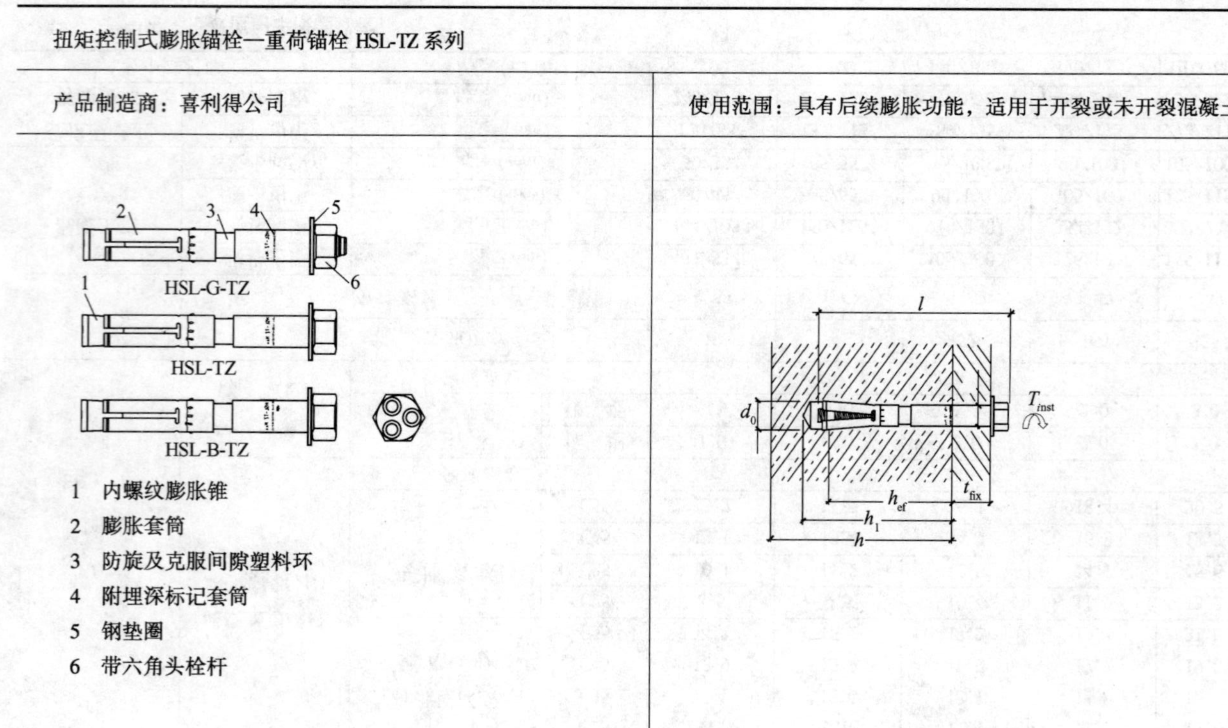

1 内螺纹膨胀锥

2 膨胀套筒

3 防旋及克服间隙塑料环

4 附埋深标记套筒

5 钢垫圈

6 带六角头栓杆

HSL-TZ 型号	材质	f_{stk} (N/mm^2)	f_{yk} (N/mm^2)	钻头直径 d_0 (mm)	螺杆应力面积 A_s (mm^2)	最大安装扭矩 T_{inst} (N·m)	固定物孔径 (mm)	锚固深度 h_{ef} (mm)	安装件最大厚度 t_{fix} (mm)	钻孔深度 h_1 (mm)	最大克服间隙 (mm)
HSL-TZ M8/20	8.8级镀锌钢	800	640	12	36.6	25	14	50	20	80	4
HSL-TZ M8/40									40		
HSL-TZ M10/20				15	58.0	50	17	60	20	90	5
HSL-TZ M10/40									40		
HSL-TZ M12/25				18	84.3	80	20	80	25	105	8
HSL-TZ M12/50									50		
HSL-TZ M16/25				24	157	120	26	100	25	125	9
HSL-TZ M16/50									50		
HSL-TZ M20/30		830		28	245	200	31	125	30	160	12
HSL-TZ M20/60									60		

注：HSL-G-TZ、HSL-B-TZ 除考虑特殊安装需要而设计的特殊构造与 HSL-TZ 不同外，其他技术参数均相同。

续表

扭矩控制式膨胀锚栓—重型锚栓 HSL-TZ 系列				M8	M10	M12	M16	M20
承载力标准值								
拉力	钢材破坏	$N_{Rk,s}$（kN）		29.3	46.4	67.4	126.0	196.0
		分项系数 γ_{Ms}		1.5				
	混凝土锥体破坏	$N^0_{Rk,c}$（kN）	C25	12.4	16.3	25.0	35.0	48.9
			C35	14.6	19.2	29.6	41.4	57.9
			C45	16.6	21.8	33.6	47.0	65.6
			C55	18.4	24.1	37.1	51.9	72.6
		分项系数 γ_{Mc}		2.16				
	穿出破坏	未开裂混凝土 $N_{Rk,p}$（kN）	C25	12.8	17.9	30.6	45.9	66.3
			C35	15.1	21.2	36.2	54.3	78.4
			C45	17.2	24.0	41.1	61.6	89.0
			C55	19.0	26.5	45.4	68.1	98.3
		开裂混凝土 $N^0_{Rk,p}$（kN）	C25	7.5	10.5	18.0	27.0	39.0
			C35	8.9	12.4	21.3	31.9	46.1
			C45	10.1	14.1	24.1	36.2	52.3
			C55	11.1	15.6	26.7	40.0	57.8
		分项系数 γ_{Mp}		2.16				

剪力	钢材破坏	$V_{Rk,s}$（kN）		14.6	23.2	33.7	62.8	98.0
		分项系数 γ_{Ms}		1.25				
	混凝土边缘破坏	系数 K_v（N）	C25	8.0	9.0	10.0	11.1	12.1
			C35	9.5	10.7	11.9	13.2	14.3
			C45	10.8	12.1	13.5	14.9	16.2
			C55	12.0	13.4	14.9	16.5	17.9
	混凝土撬坏	系数 k		1.0	2.0	2.0	2.0	2.0
		分项系数 γ_{Mcp}		1.8				
弯　矩	$M^0_{Rk,s}$（N·m）			30.0	59.8	104.7	265.9	538.8
	分项系数 γ_{Ms}			1.25				
混凝土锥体破坏	临界边距	$c_{cr,N}$（mm）		75	90	120	150	185
	临界间距	$s_{cr,N}$（mm）		150	180	240	300	375
	最小边距	c_{min}（mm）		69	79	94	113	143
	最小间距	s_{min}（mm）		62	71	85	102	129
混凝土劈裂破坏	临界边距	$c_{cr,sp}$（mm）		75	90	120	150	185
	临界间距	$s_{cr,sp}$（mm）		150	180	240	300	375
最小基材厚度		h_{min}（mm）		120	140	160	180	220

注：表中数值为系统试验认证结果。

（2）位移控制式膨胀型锚栓的产品规格、适用范围及性能

表 10.7-7

位移控制式敲击式锚栓 EA（drop. in）（德国建筑技术研究院通用建筑监督认证许可，认证号：Z-21. 1-1619）

产品制造商：慧鱼（太仓）建筑锚栓有限公司

适用范围：适用于≥C15开裂和未开裂的混凝土，在开裂混凝土中固定轻钢龙骨。内螺纹锚栓，钻孔深度小，可用于管道，栏杆及幕墙内衬结构的固定等

EA型号	材质	f_{stk}（套管）（N/mm²）	f_{yk}（套管）（N/mm²）	钻头 d_0（mm）	锚固深度 h_{ef}（mm）	A_s（mm²）		安装扭矩 T_{inst}（Nm）	旋入深度（mm）		固定件中钻孔直径（mm）
						套管	螺钉		e_{min}	e_{max}	
EAM6	电镀锌钢gvz	560	440	8	25	24.9	20.1	4	6	11	≤7
EAM8		560	440	10	30	30.2	36.6	8	8	13	≤9
EAM8×40		560	440	10	40	30.2	36.6	8	8	13	≤9
EAM10		510	410	12	40	38.3	58	15	10	17	≤12
EAM12		510	410	15	50	69.4	84.3	35	12	18	≤14
EAM16		460	375	20	65	113.6	157	60	16	21	≤18
EAM20		460	375	25	80	182.2	245	120	20	30	≤22
EAM6A4	不锈钢A4	540	355	8	25	24.9	20.1	4	6	11	≤7
EAM8A4		540	355	10	30	30.2	36.6	8	8	13	≤9
EAM10A4		540	355	12	40	38.3	58	15	10	17	≤12
EAM12A4		540	355	15	50	69.4	84.3	35	12	18	≤14
EAM16A4		540	355	20	65	113.6	157	60	16	21	≤18

位移控制式敲击式锚栓 EA（drop.in）			EAM6	EAM8	EAM8×40	EAM10	EAM12	EAM16	EAM20
特征间距	s_{cr}	[cm]	10	12	15	15	18	24	28
最小间距	s_{min}	[cm]	8	10	12	12	14	18	22
最小边距	c_{min}	[cm]	12	12	15	15	18	24	28
最小构件厚度	h	[cm]	10	10	12	12	15	20	24

注：螺钉可由客户自行配置，因此表中未列出螺钉强度

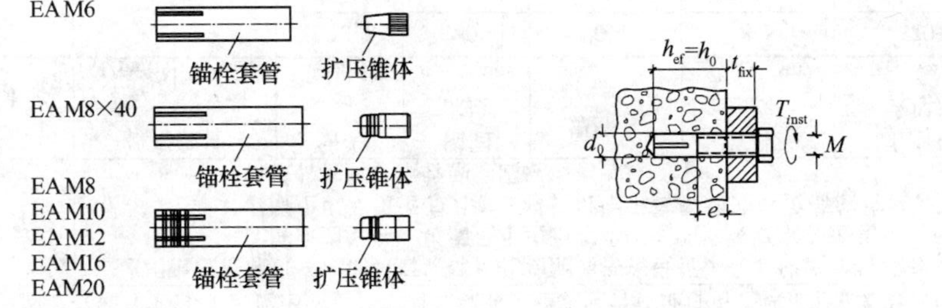

(3) 预扩孔型普通锚栓的产品规格、适用范围及性能

表 10.7-8

预扩孔型螺杆锚栓 FZA 及内螺纹锚栓 FZA-Ⅰ（德国建筑技术研究院通用建筑监督认证许可，认证号：Z-21. 1-1646）

产品制造商：慧鱼（太仓）建筑锚栓有限公司	适用范围：通过专用的具有底部扩孔功能的钻头进行钻孔，使锚栓与基材实现凸型结合，达到无膨胀力安装，可满足小边距和小间距的安装要求，适用于≥C15 的开裂和未开裂混凝土以及质密的天然石材，可用于高震动冲击负荷的构件，钢结构，玻璃幕墙，机械，柱脚，钢管架等固定

	FZA 型号	材质	锥形螺杆		钻头 d_0 (mm)	锚固深度 h_{ef} (mm)	螺杆 A_s (mm²)	安装扭矩 T_{inst} (Nm)	固定件最大厚度 t_{fix} (mm)	固定件中钻孔直径 (mm)
			f_{stk} (N/mm²)	f_{yk} (N/mm²)						
FZA	FZA10×40M6/10	电镀锌钢 gvz	800	640	10	40	20.1	8.5	10	≤7
	FZA12×40M8/15				12	40	36.6	20	15	≤9
	FZA12×50M8/15				12	50	36.6	20	15	≤9
	FZA14×40M10/25				14	40	58	40	25	≤12
	FZA14×60M10/20				14	60	58	40	20	≤12
	FZA18×80M12/25				18	80	84.3	60	25	≤14
	FZA22×100M16/60				22	100	157	130	60	≤18
	FZA22×125M16/60				22	125	157	130	60	≤18
	FZA10×40M6/10A4	不锈			10	40	20.1	8.5	10	≤7
	FZA10×40M6/35A4				10	40	20.1	8.5	35	≤7
	FZA12×40M8/15A4				12	40	36.6	20	15	≤9
	FZA12×50M8/15A4				12	50	36.6	20	15	≤9
	FZA12×50M8/50A4				12	50	36.6	20	50	≤9

	FZA14×40M10/25A4	钢	700	450	14	40	58	40	25	≤12
	FZA14×60M10/20A4	A4			14	60	58	40	20	≤12
	FZA14×60M10/50A4				14	60	58	40	50	≤12
	FZA18×80M12/25A4				18	80	84.3	60	25	≤14
	FZA18×80M12/55A4				18	80	84.3	60	55	≤14
	FZA22×100M16/60A4				22	100	157	130	60	≤18
	FZA22×125M16/60A4				22	125	157	130	60	≤18
FZA-Ⅰ	FZA12×40M6Ⅰ	电镀锌钢 gvz	690	470	12	40	24.9（20.1）	8.5	8/13*	≤7
	FZA14×60M8Ⅰ				14	60	33.3（36.6）	15	11/17*	≤9
	FZA18×80M10Ⅰ		640	375	18	80	42.1（58）	30	13/21*	≤12
	FZA22×100M12Ⅰ				22	100	98.5（84.3）	60	15/25*	≤14
	FZA22×125M12Ⅰ				22	125	98.5（84.4）	60	15/25*	≤14
	FZA12×40M6Ⅰ A4	不锈钢 A4	540	355	12	40	24.9（20.1）	8.5	8/13*	≤7
	FZA12×50M6Ⅰ A4				12	50	24.9（20.1）	8.5	8/13*	≤7
	FZA14×60M8Ⅰ A4				14	60	33.3（36.6）	15	11/17*	≤9
	FZA18×80M10Ⅰ A4				18	80	42.1（58）	30	13/21*	≤12
	FZA22×100M12Ⅰ A4				22	100	98.5（84.3）	60	15/25*	≤14
	FZA22×125M12Ⅰ A4				22	125	98.5（84.3）	60	15/25*	≤14

注：表中（ ）内数字为 FZA-Ⅰ所配螺钉的 A_s，螺钉可由客户自行配置，带＊者表示螺钉旋入深度 e_{min}/e_{max}值（mm）。

续表

预扩孔型螺杆锚栓 FZA（高科技柱锥式锚栓）				FZA 锥形螺杆 扩充套管 垫圈 六角螺母 FZA d_0 M h_{ef} t_{fix}							
				10×40 M6	12×40 M8	14×40 M10	12×50 M8	14×60 M10	18×80 M12	22×100 M16	22×125 M16
承载力设计值				$\Psi_{ucr,N}=1.54$							
拉力	钢材破坏	$N_{R,s}^{1}$ (kN)	gvz	10.8	19.5	30.9	19.5	30.9	45	83.8	83.8
			A4	7.5	13.8	21.8	13.8	21.8	31.6	58.9	58.9
	混凝土锥体破坏	$N_{R,c}^{0}$ (kN)	C15	2.2	2.7	2.7	3.4	5.4	9.7	15.1	21.1
			C25	2.9	3.4	3.4	4.4	7.3	12.5	19.4	27.2
			C35	3.4	4.1	4.1	5.1	8.6	14.8	23.0	32.2
			C45	3.9	4.6	4.6	5.8	9.7	16.8	26.1	36.4
			C55	4.3	5.1	5.1	6.5	10.7	18.5	28.8	40.3
	劈裂破坏	$N_{R,sp}^{0}$ (kN)		$N_{R,sp}^{0}=0.53\times N_{R,c}^{0}\times\Psi_{h,sp}$							
	钢材破坏	$V_{R,s}^{1}$ (kN)	gvz	6.4	11.8	18.6	11.8	18.6	27	50.3	50.3
			A4	4.5	8.3	13.1	8.3	13.1	19	35.3	35.3

剪力	混凝土边缘破坏	$V_{R,c}^0$ (kN)	C15	1.9	2.0	2.1	2.1	4.1	7.3	11.3	16.9
			C25	2.4	2.6	2.7	2.7	5.4	9.4	14.6	21.7
			C35	2.9	3.0	3.2	3.2	6.3	11.1	17.2	25.8
			C45	3.3	3.6	3.6	3.6	7.2	12.6	19.6	29.1
			C55	3.6	3.8	4.0	4.0	7.9	13.9	21.6	32.3
	混凝土作用力反向破坏	$V_{R,cp}^0$ (kN)	C15	3.5	3.5	3.5	5.2	11.2	19.4	30.1	42.1
			C25	4.5	4.5	4.5	6.8	14.5	25	38.9	54.3
			C35	5.3	5.3	5.3	7.9	17	29.6	46.0	64.3
			C45	6	6	6	9	19.4	33.6	52.2	72.9
			C55	6.6	6.6	6.6	10	21.4	37.1	57.7	80.7
弯矩		$M_{R,s}^1$ (N·m)	gvz	10.2	25	49.8	25	49.8	87.3	222	222
			A4	7.2	17.6	35.1	17.6	35.1	61.4	156.1	156.1
间距与厚度											
拉力	混凝土破坏	(cm)	$s_{cr,N}$	12.0	12.0	12.0	15.0	18.0	24.0	30.0	38.0
			$c_{cr,N}$	6.0	6.0	6.0	7.5	9.0	12.0	15.0	19.0
			s_{min}	5.0	5.0	5.0	5.0	6.0	8.0	10.0	12.5
			c_{min}	5.0	5.0	5.0	5.0	6.0	8.0	10.0	12.5
构件最小厚度			h	10.0	10.0	10.0	10.0	11.0	15.0	20.0	25.0

注：1. 受拉穿出破坏不是决定性的；

2. 当锚栓位于受压区或在一切方向上的边距为 $c \geqslant 1.5c_{cr,sp}$，$c_{cr,sp} = 1.33c_{cr,N}$，锚栓间距 $s_{cr,sp} = 1.33s_{cr,N}$及构件厚度 $h \geqslant 2h_{ef}$，或锚固区配有足够的限制裂缝宽度（$w_{max} \leqslant 0.3$mm）的钢筋时，可以认为将不发生劈裂破坏。

续表

预扩孔型内螺纹锚栓 FZA-Ⅰ（高科技柱锥式锚栓）				FZA-Ⅰ 内螺纹锥形螺杆 扩充套管 FZA-Ⅰ d_0 M h_{ef} e t_{fix}					
				12×40M6Ⅰ	12×50M6Ⅰ	14×60M8Ⅰ	18×80M10Ⅰ	22×100M12Ⅰ	22×125M12Ⅰ
承载力设计值				$\Psi_{ucr,N}=1.54$					
拉力	钢材破坏	$N^1_{R,s}$ (kN)	gvz	9.8	—	13.1	13.2	30.8	30.8
			A4	7.3	7.3	9.8	12.4	29.2	29.2
	混凝土锥体破坏	$N^0_{R,c}$ (kN)	C15	2.7	3.4	5.6	9.7	15.1	21.1
			C25	3.4	4.4	7.3	12.5	19.4	27.2
			C35	4.1	5.1	8.6	14.8	23.0	32.2
			C45	4.6	5.8	9.7	16.8	26.1	36.4
			C55	5.1	6.5	10.7	18.5	28.8	40.3
	劈裂破坏	$N^0_{R,sp}$ (kN)		$N^0_{R,sp}=0.53\times N^0_{R,c}\times\Psi_{h,sp}$					
	钢材破坏	$V^1_{R,s}$ (kN)	gvz	6.4	—	11.8	18.6	27.0	27.0
			A4	4.5	4.5	8.3	13.1	19.0	19.0

剪力	混凝土边缘破坏	$V^0_{R,c}$ (kN)	C15	2.0	2.9	4.1	7.3	11.3	16.9
			C25	2.6	3.8	5.4	9.4	14.6	21.7
			C35	3.0	4.4	6.3	11.1	17.2	25.8
			C45	3.4	5.0	7.2	12.6	19.6	29.1
			C55	3.8	5.6	7.9	13.9	21.6	32.3
	混凝土作用力反向破坏	$V^0_{R,cp}$ (kN)	C15	3.5	5.2	11.2	19.4	30.1	42.1
			C25	4.5	6.8	14.5	25	38.9	54.3
			C35	5.3	7.9	17	29.6	46.0	64.3
			C45	6	9	19.4	33.6	52.2	72.9
			C55	6.7	10	21.4	37.1	57.7	80.7
弯矩		$M^1_{R\cdot s}$ (N·m)	gvz	10.2	—	25.0	49.8	87.3	87.3
			A4	7.2	7.2	17.6	35.1	61.1	61.1
间距与厚度									
拉力	混凝土破坏	(cm)	$s_{cr,N}$	12.0	15.0	18.0	24.0	30.0	38.0
			$c_{cr,N}$	6.0	7.5	9.0	12.0	15.0	19.0
			s_{min}	5.0	5.0	6.0	8.0	10.0	12.5
			c_{min}	5.0	5.0	6.0	8.0	10.0	12.5
构件最小厚度			h	10.0	10.0	11.0	15.0	20.0	25.0

注：1. 数据适用于强度等级是 8.8 或 A4-70 的螺钉；

2. 受拉穿出破坏不是决定性的；

3. 当锚栓位于受压区或一切方向上的边距为 $c \geqslant 1.5c_{cr,sp}$，$c_{cr,sp} = 1.33c_{cr,N}$，锚栓间距 $s_{cr,sp} = 1.33s_{cr,N}$及构件厚度 $h \geqslant 2h_{ef}$，或锚固区配有足够的限制裂缝宽度（$w_{max} \leqslant 0.3$mm）的钢筋时，可以认为将不发生劈裂破坏。

表 10.7-9

<table>
<tr><td colspan="12">预扩孔型穿透式锚栓 FZA-D（德国建筑技术研究院通用建筑监督认证许可，认证号：Z-21，1-489）</td></tr>
<tr><td colspan="2">产品制造商：慧鱼（太仓）建筑锚栓有限公司</td><td colspan="10">适用范围：通过专用的具有底部扩孔功能的钻头钻孔，使锚栓与基材实现凸型结合达到无膨胀力安装，可满足小边距和小间距的安装要求，适用于≥C15 的开裂和未开裂混凝土以及质密的天然石材可用于高震动冲击负荷的构件，钢结构，玻璃幕墙，机械，柱脚，钢管架等固定</td></tr>
<tr><td rowspan="2">FZA-D 型号</td><td rowspan="2">材质</td><td colspan="2">f_{stk}（N/mm^2）</td><td colspan="2">f_{yk}（N/mm^2）</td><td rowspan="2">钻头 d_0（mm）</td><td rowspan="2">锚固深度 h_{ef}（mm）</td><td colspan="2">A_s（mm^2）</td><td rowspan="2">安装扭矩 T_{inst}（N·m）</td><td rowspan="2">固定件最大厚度 t_{fix}（mm）</td><td rowspan="2">固定件中钻孔直径（mm）</td></tr>
<tr><td>螺杆</td><td>套管</td><td>螺杆</td><td>套管</td><td>螺杆</td><td>套管</td></tr>
<tr><td>FZA12×50M8D/10</td><td rowspan="5">电镀锌钢 gvz</td><td rowspan="5">800</td><td rowspan="5">390</td><td rowspan="5">640</td><td rowspan="5">310</td><td>12</td><td>40</td><td rowspan="3">36.6</td><td rowspan="3">61.6</td><td>20</td><td>10</td><td>≤14</td></tr>
<tr><td>FZA12×60M8D/10</td><td>12</td><td>50</td><td>20</td><td>10</td><td>≤14</td></tr>
<tr><td>FZA12×80M8D/30</td><td>12</td><td>50</td><td>20</td><td>30</td><td>≤14</td></tr>
<tr><td>FZA14×80M10D/20</td><td>14</td><td>60</td><td rowspan="2">58</td><td rowspan="2">72.2</td><td>40</td><td>20</td><td>≤16</td></tr>
<tr><td>FZA14×100M10D/40</td><td>14</td><td>60</td><td>40</td><td>40</td><td>≤16</td></tr>
</table>

FZA18×100M12D/20	电镀锌钢 gvz	800	390	640	310	18	80	84.3	131.9	60	20	≤20
FZA18×130M12D/50						18	80			60	50	≤20
FZA22×125M16D/25						22	100	157	160.3	130	25	≤24
FZA12×50M8D/10A4	不锈钢 A4	700	500	450	200	12	40	36.6	61.6	20	10	≤14
FZA12×60M8D/10A4						12	50			20	10	≤14
FZA12×80M8D/30A4						12	50			20	30	≤14
FZA14×80M10D/20A4						14	60	58	72.2	40	20	≤16
FZA14×100M10D/40A4						14	60			40	40	≤16
FZA18×100M12D/20A4						18	80	84.3	131.9	60	20	≤20
FZA18×130M12D/50A4						18	80			60	50	≤20
FZA22×125M16D/25A4						22	100	157	160.3	130	25	≤24

续表

预扩孔型穿透式锚栓 FZA-D（高科技柱锥式重荷锚栓）				FZA-D 锥形螺杆 扩充套管 垫圈 六角螺母 FZA-D d_0 M h_{ef} t_{fix}				
				12×50 M8D/10	12×60M8D/10 12×80M8D/30	14×80M10D/20 14×100M10D/40	18×100M12D/20 18×130M12D/50	22×125 M16D/25
承载力设计值				$\Psi_{ucr,N}=1.54$				
拉力	钢材破坏	$N_{R,s}^{1}$（kN）	gvz	19.5	19.5	30.9	45.0	83.75
			A4	13.8	13.8	21.8	31.6	58.9
	混凝土锥体破坏	$N_{R,c}^{0}$（kN）	C15	2.7	3.4	5.6	9.7	15.1
			C25	3.4	4.4	7.2	12.5	19.4
			C35	4.1	5.1	8.5	14.8	23.0
			C45	4.6	5.8	9.7	16.8	26.1
			C55	5.1	6.5	10.7	18.5	28.8
	劈裂破坏	$N_{R,sp}^{0}$（kN）		$N_{R,sp}^{0}=0.53\times N_{R,c}^{0}\times\Psi_{h,sp}$				
	钢材破坏	$V_{R,s}^{1}$（kN）	gvz	17.0	17.0	23.8	37.0	60.3
			A4	11.4	11.4	16.3	24.9	41.2

剪力	混凝土边缘破坏	$V^0_{R,c}$ (kN)	C15	2.0	2.9	4.1	7.3	11.3
			C25	2.6	3.8	5.4	9.4	14.6
			C35	3.0	4.4	6.3	11.1	17.2
			C45	3.4	5.0	7.2	12.6	19.6
			C55	3.8	5.6	7.9	13.9	21.6
	混凝土作用力反向破坏	$V^0_{R,cp}$ (kN)	C15	3.5	5.2	11.2	19.4	30.1
			C25	4.5	6.8	14.5	25	38.9
			C35	5.3	7.9	17	29.6	46.0
			C45	6	9	19.4	33.6	52.2
			C55	6.7	10	21.4	37.1	57.7
弯矩		$M^1_{R\cdot s}$ (N·m)	gvz	77.0	77.0	124.8	254.6	484.1
			A4	51.2	51.2	83.4	169.3	325.2
间距与厚度								
拉力	混凝土破坏	(cm)	$s_{cr,N}$	12.0	15.0	18.0	24.0	30.0
			$c_{cr,N}$	6.0	7.5	9.0	12.0	15.0
			s_{min}	5.0	5.0	6.0	8.0	10.0
			c_{min}	5.0	5.0	6.0	8.0	10.0
构件最小厚度			h	10.0	10.0	11.0	15.0	20.0

注：1. 锥形螺杆和套管共同承受 $V^1_{R,s}$；

2. 受拉穿出破坏不是决定性的；

3. 当锚栓位于受压区或在一切方向上的边距为 $c \geqslant 1.5c_{cr,sp}$，$c_{cr,sp}=1.33c_{cr,N}$，锚栓间距 $s_{cr,sp}=1.33s_{cr,N}$及构件厚度$\geqslant 2h_{ef}$，或锚固区配有足够的限制裂缝宽度（$w_{max} \leqslant 0.3$mm）的钢筋时，可以认为将不发生劈裂破坏。

表 10.7-10

预扩孔型浅埋式重荷锚栓 FZEA（德国建筑技术研究院通用建筑监督认证许可，认证号：Z-21，1-958）

产品制造商：	适用范围：
慧鱼（太仓）建筑锚栓有限公司	锚栓是在没有膨胀应力作用下被安装在圆锥形钻孔中，并经凸型结合实现锚固，可达到最小的边距和间距，h_{ef}值小，适用于≥C15 的开裂和未开裂混凝土以及质密的天然石材的薄构件。可用于钢结构，玻璃幕墙，机械，柱脚，钢管架等固定

FZEA 型号	材质	膨胀套管		钻头 d_0（mm）	锚固深度 h_{ef}（mm）	螺杆 A_s（mm^2）		安装扭矩 T_{inst}（Nm）	旋入深度 mm		固定件中钻孔直径（mm）
		f_{stk}（N/mm^2）	f_{yk}（N/mm^2）			套管	螺杆		e_{min}	e_{max}	
FZEA10×40M8	电镀锌钢 gvz	560	440	10	40	32.2①	36.6	8.5	11	17	≤9
FZEA12×40M10		510	410	12	40	42.1	58	15	13	19	≤12
FZEA14×40M12		510	410	14	40	51.3	84.3	30	15	21	≤14
FZEA10×40M8A4	不锈钢 A4	540	355	10	40	32.2①	36.6	8.5	11	17	≤9
FZEA12×40M10A4		540	355	12	40	42.1	58	15	13	19	≤12
FZEA14×40M12A4		540	355	14	40	51.3	84.3	30	15	21	≤14

注：①锚栓窄纹区域

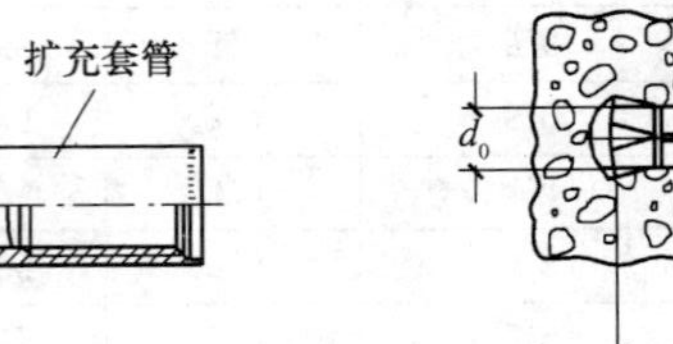

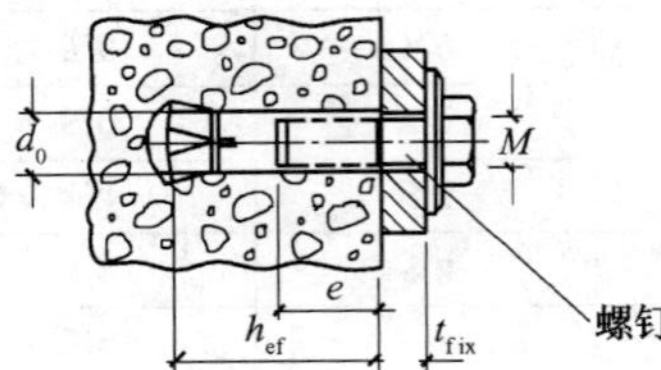

预扩孔型浅埋式重荷锚栓 FZEA				10×40M8	12×40M10	14×40M12
承载力设计值		$\Psi_{ucr,N}=1.54$				
拉力	钢材破坏[①]	$N^1_{R,s}$（kN）	gvz	11.8	14.4	17.5
			A4	9.5	12.4	15.2
	混凝土锥体破坏	$N^0_{R,c}$（kN）	C15	2.2	2.7	2.7
			C25	2.9	3.4	3.4
			C35	3.4	4.1	4.1
			C45	3.9	4.6	4.6
			C55	4.3	5.1	5.1
	劈裂破坏	$N^0_{R,sp}$（kN）	$N^0_{R,sp}=0.53\times N^0_{R,c}\times\Psi_{h,sp}$			
剪力	钢材破坏[①]	$V^1_{R,s}$（kN）	gvz	7.1	8.7	10.5
			A4	5.8	7.5	9.1
	混凝土边缘破坏	$V^0_{R,c}$（N）	C15	1.9	2.0	2.1
			C25	2.4	2.6	2.7
			C35	2.9	3.0	3.2
			C45	3.3	3.4	3.6
			C55	3.6	3.8	4.0

续表

预扩孔型浅埋式重荷锚栓 FZEA				10×40M8	12×40M10	14×40M12
承载力设计值		$\Psi_{ucr,N}=1.54$				
剪力	混凝土作用力反面破坏	$V^0_{R,cp}$（kN）	C15	2.6	2.7	2.7
			C25	3.5	3.4	3.4
			C35	4.1	4.1	4.1
			C45	4.7	4.6	4.6
			C55	5.1	5.1	5.1
弯矩		$M^1_{R,s}$（N·m）	gvz	25.0	49.8	76.8
			A4	17.6	35.1	61.4
间距与厚度						
拉力	混凝土破坏	（cm）	$s_{cr,N}$	12	12	12
			$c_{cr,N}$	6	6	6
			s_{min}	5.0	5.0	5.0
			c_{min}	5.0	5.0	5.0
构件最小厚度			h	10.0	10.0	10.0

注：1. 数据适用于螺钉的强度等级是 8.8 或 A4-70;

2. 受拉穿出破坏不是决定性的;

3. 当锚栓位于受压区或在一切方向上的边距为 $c\geqslant1.5c_{cr,sp}$，$c_{cr,sp}=1.33c_{cr,N}$，锚栓间距 $s_{cr,sp}=1.33s_{cr,N}$及构件厚度 $h\geqslant2h_{ef}$，或锚固区配有足够的限制裂缝宽度（$w_{max}\leqslant0.3$mm）的钢筋时，可以认为将不发生劈裂破坏。

(4) 自扩孔型专用锚栓的产品规格、适用范围及性能

表 10.7-11

自扩孔型锚栓 HDA											
产品制造商：喜利得公司					使用范围：具有高承载力和防火性能。适用于开裂或未开裂混凝土，振动和疲劳负荷						
h_1 安装标记 d_f h_{ef} h_{min} t_{fix} HDA-P 型					h_1 安装标记 d_f h_{ef} h_{min} t_{fix} HDA-T 型						
锚栓型号	材质	f_{stk} (N/mm²)	f_{yk} (N/mm²)	钻头直径 d_0 (mm)	钻孔深度 h_1 (mm)	锚固深度 h_{ef} (mm)	螺杆应力面积 A_s (mm)	最大安装扭矩 T_{inst} (N·m)	固定件厚度 t_{fix} (mm)		固定件孔径 (mm)
									最大	最小	
HDA-T20-M10×100/20	8.8级钢材	800	640	20	107	100	58	50	20	0	12
HDA-T22-M12×125/30				22	134.5	125	84.3	80	30	0	14
HDA-T22-M12×125/50									50		
HDA-T30-M16×190/40				30	203	190	157	120	40	0	18
HDA-T30-M16×190/60									60		
HDA-P20-M10×100/20				20	107	100	58	50	20	10	21
HDA-P22-M12×125/30				22	134.5	125	84.3	80	30	10	23
HDA-P22-M12×125/50									50		
HDA-P30-M16×190/40				30	203	190	157	120	40	15	32
HDA-P30-M16×190/60									60		

续表

<table>
<tr><td colspan="4">自扩孔型锚栓 HDA
特征承载力</td><td colspan="2">M10</td><td colspan="2">M12</td><td colspan="4">M16</td></tr>
<tr><td rowspan="14">拉力</td><td rowspan="2">钢材破坏</td><td>$N_{Rk,s}$（kN）</td><td>镀锌钢</td><td colspan="2">46</td><td colspan="2">67</td><td colspan="4">126</td></tr>
<tr><td colspan="2">分项系数 γ_{Ms}</td><td colspan="8">1.50</td></tr>
<tr><td rowspan="7">混凝土锥体破坏</td><td rowspan="7">$N^0_{Rk,c}$（kN）</td><td>C25</td><td colspan="2">41.5</td><td colspan="2">58.0</td><td colspan="4">108.7</td></tr>
<tr><td>C30</td><td colspan="2">45.5</td><td colspan="2">63.5</td><td colspan="4">119.1</td></tr>
<tr><td>C35</td><td colspan="2">50.5</td><td colspan="2">70.6</td><td colspan="4">132.2</td></tr>
<tr><td>C45</td><td colspan="2">55.7</td><td colspan="2">77.8</td><td colspan="4">145.8</td></tr>
<tr><td>C50</td><td colspan="2">58.7</td><td colspan="2">82.0</td><td colspan="4">153.7</td></tr>
<tr><td>C55</td><td colspan="2">61.6</td><td colspan="2">86.0</td><td colspan="4">161.2</td></tr>
<tr><td>C60</td><td colspan="2">64.3</td><td colspan="2">89.9</td><td colspan="4">168.4</td></tr>
<tr><td></td><td colspan="2">分项系数 γ_{Mc}</td><td colspan="8">1.8</td></tr>
<tr><td rowspan="5">穿出破坏</td><td rowspan="4">开裂混凝土
$N^0_{Rk,p}$（kN）</td><td>C25</td><td colspan="2">25</td><td colspan="2">35</td><td colspan="4">75</td></tr>
<tr><td>C35</td><td colspan="2">30.5</td><td colspan="2">42.7</td><td colspan="4">91.5</td></tr>
<tr><td>C50</td><td colspan="2">35.25</td><td colspan="2">49.35</td><td colspan="4">105.75</td></tr>
<tr><td>C60</td><td colspan="2">38.75</td><td colspan="2">54.25</td><td colspan="4">116.25</td></tr>
<tr><td colspan="2">分项系数 γ_{Mp}</td><td colspan="8">1.80</td></tr>
<tr><td rowspan="5">剪力</td><td rowspan="5">钢材破坏</td><td>HDA－P</td><td>$V_{Rk,s}$（kN）</td><td colspan="2">22</td><td colspan="2">30</td><td colspan="4">62</td></tr>
<tr><td colspan="2">分项系数 γ_{Ms}</td><td colspan="8">1.25</td></tr>
<tr><td rowspan="2">HDA－T</td><td>t_{fix}（mm）</td><td>10≤＜15</td><td>15≤≤20</td><td>10≤＜15</td><td>15≤≤50</td><td>15≤＜20</td><td>20≤＜25</td><td>25≤＜30</td><td>30≤≤60</td></tr>
<tr><td>$V_{Rk,s}$（kN）</td><td>65</td><td>70</td><td>80</td><td>100</td><td>140</td><td>155</td><td>170</td><td>190</td></tr>
<tr><td colspan="2">分项系数 γ_{Ms}</td><td colspan="8">1.50</td></tr>
</table>

续表

自扩孔型锚栓 HDA				M10	M12	M16
特征承载力						
剪力	混凝土边缘破坏	系数 K_V（N）	C25	12.7	13.7	15.2
			C35	15.1	16.2	18.0
			C50	18.0	19.4	21.5
			C60	19.7	21.3	23.5
		分项系数 γ_{Mc}		1.80		
	混凝土撬坏	系数 k		2.0	2.0	2.0
		分项系数 γ_{Mcp}		1.80		
弯矩	HDA－P	$M^2_{Rk,s}$（N·m）		60	105	266
		分项系数 γ_{Ms}		1.25		
混凝土锥体破坏	临界边距	$c_{cr,N}$（mm）		150	190	285
	临界间距	$s_{cr,N}$（mm）		300	375	570
	最小边距	c_{min}（mm）	开裂混凝土	80	100	150
			非开裂混凝土	80	100	150
	最小间距	s_{min}（mm）	开裂混凝土	100	125	190
			非开裂混凝土	100	125	190
混凝土劈裂破坏	临界边距	$c_{cr,sp}$（mm）		150	190	285
	临界间距	$s_{cr,sp}$（mm）		300	375	570
最小基材厚度		h_{min}（mm）		200	250	380

注：1. 表中所给数值为系统试验认证结果；

2. 在未开裂混凝土中，穿出破坏不是决定性破坏模式，设计中无需计算。

(5) 粘结型锚栓的产品规格、适用范围及性能

表 10.7-12

<table>
<tr><td colspan="12">1. 高强化学粘结型普通螺杆锚栓 R；2. 注射式化学粘结锚栓—高强乙烯基树脂砂浆 FISV 360S（德国建筑技术研究院通用建筑监督认证许可，认证号：Z-21.3-1615 和 Z-21.3-1675）</td></tr>
<tr><td colspan="3" rowspan="2">产品制造商：
慧鱼(太仓)建筑锚栓有限公司</td><td rowspan="2">适用
范围：</td><td colspan="8">1. 适用于≥C15 的未开裂混凝土，无膨胀安装，对间距和边距要求小。可用于钢结构，幕墙内衬结构，机械，柱脚，管架等固定；</td></tr>
<tr><td colspan="8">2. 适用于≥C15 的混凝土或素混凝土中的螺杆锚固，无膨胀安装，对间距和边距要求小，配用安装附件，可用于空心基材上的锚固，可用于钢结构，幕墙内衬结构，机械，柱脚，管架等固定</td></tr>
<tr><td rowspan="2">螺 杆 型 号</td><td rowspan="2">材质</td><td rowspan="2">f_{stk} (N/mm²)</td><td rowspan="2">f_{yk} (N/mm²)</td><td colspan="2">配用化学胶管型号</td><td rowspan="2">钻头 d_0 (mm)</td><td rowspan="2">锚固深度=最小钻孔深度 $h_{ef}=h_0$ (mm)</td><td rowspan="2">螺杆应力截面 A_s (mm²)</td><td rowspan="2">安装扭矩 T_{inst} (N·m)</td><td rowspan="2">固定件最大厚度 t_{fix} (mm)</td><td rowspan="2">固定件中钻孔直径 (mm)</td></tr>
<tr><td>1</td><td>2</td></tr>
<tr><td>RGM8×110</td><td rowspan="4">电镀锌钢 gvz</td><td rowspan="4">520</td><td rowspan="4">420</td><td>RM8</td><td rowspan="4">FISV 360S</td><td>10</td><td>80</td><td>36.6</td><td>10</td><td>20</td><td>≤9</td></tr>
<tr><td>RGM10×130</td><td>RM10</td><td>12</td><td>90</td><td>58.0</td><td>20</td><td>30</td><td>≤12</td></tr>
<tr><td>RGM12×160</td><td>RM12</td><td>14</td><td>110</td><td>84.3</td><td>40</td><td>35</td><td>≤14</td></tr>
<tr><td>RGM16×190</td><td>RM16</td><td>18</td><td>125</td><td>157.0</td><td>80</td><td>45</td><td>≤18</td></tr>
</table>

续表

螺杆型号	材质	f_{stk} (N/mm²)	f_{yk} (N/mm²)	配用化学胶管型号 1	配用化学胶管型号 2	钻头 d_0 (mm)	锚固深度=最小钻孔深度 $h_{ef}=h_0$ (mm)	螺杆应力截面 A_s (mm²)	安装扭矩 T_{inst} (N·m)	固定件最大厚度 t_{fix} (mm)	固定件中钻孔直径 (mm)
RGM20×260	电镀锌钢 gvz	520	420	RM20	FIS V 360 S	25	170	245.0	150	65	≤22
RGM26×300*				RM24		28	210	353.0	200	65	≤26
RGM30×380*				RM30		35	280	561.0	400	65	≤33
RGM8×110 A4	电镀钢 A4	700	450	RM8		10	80	36.6	10	20	≤9
RGM10×130 A4				RM10		12	90	58.0	20	30	≤12
RGM12×160 A4				RM12		14	110	84.3	40	35	≤14
RGM16×190 A4				RM16		18	125	157.0	80	45	≤18
RGM20×260 A4				RM20		25	170	245.0	150	65	≤22
RGM24×300* A4		500	250	RM24		28	210	353.0	200	65	≤26
RGM30×380* A4				RM30		35	280	561.0	400	65	≤33

注：* 有内六角；根据需要可提供加长螺杆 RGM。

续表

1. 高强化学粘结型普通螺杆锚栓 R 2. 注射式化学粘结锚栓； —高强乙烯基树脂砂浆 FISV360S				RGM 螺杆　螺杆　垫圈　六角螺母　1. RM化学胶管　d_0　M　$h_{ef}=h_0$　t_{fix}						
				R-M8	R-M10	R-M12	R-M16	R-M20	R-M24	R-M30
载力设计值				$\Psi_{ucr,N}=1.4$						
拉力	钢破坏	$N^1_{R,s}$ (kN)	gvz	12.8	20.3	29.5	54.9	85.8	123.6	196.3
			A4	13.8	13.4	31.6	58.9	91.9	73.6	—
	混凝土锥体破坏	$N^0_{R,c}$ (kN)	C15	3.2	5.0	7.9	10.8	20.0	28.4	37.7
			C25	4.6	7.2	11.3	15.4	28.6	40.5	53.8
			C35	5.0	7.7	12.1	17.6	33.6	46.0	60.6
			≥C45	5.2	8.1	12.8	19.5	37.9	50.7	66.5
	劈裂破坏	$N^0_{R,sp}$ (kN)		$N^0_{R,sp}=0.22\times N^0_{R,c}\times\Psi_{h,sp}$						
剪力	钢破坏	$V^1_{R,s}$ (kN)	gvz	7.7	12.2	17.7	33.0	51.4	74.2	117.8
			A4	8.3	13.1	19.0	35.3	55.2	44.2	—

续表

载力设计值				$\Psi_{ucr,N}=1.4$						
剪力	混凝土边缘破坏	$V^0_{R,c}$ (kN)	C15	3.3	4.3	6.3	8.5	15.8	23.3	40.6
			C25	4.3	5.5	8.1	10.9	20.3	30.1	52.6
			C35	5.1	6.5	9.6	12.9	24.0	35.7	62.2
			C45	5.8	7.4	11.0	14.7	27.2	40.4	70.5
			≥C55	6.4	8.2	12.1	16.2	30.2	44.6	77.8
	混凝土作用力反向破坏	$V^0_{R,cp}$ (kN)	C15	7.6	11.9	18.9	25.8	47.8	67.8	90.1
			C25	11.0	17.2	26.9	36.9	68.2	96.8	128.4
			C35	11.9	18.4	28.9	42.1	80.2	109.8	144.8
			≥C45	12.4	19.4	30.6	46.7	90.6	121.1	158.9
弯矩		$M^1_{R,s}$ (N·m)	gvz	16.4	32.7	57.3	145.7	283.9	491.2	983.9
			A4	17.6	35.1	61.4	156.1	304.3	292.3	—
间距与厚度										
拉力	混凝土破坏	(cm)	$s_{cr,N}$	16.0	18.0	22.0	25.0	34.0	42.0	56.0
			$c_{cr,N}$	8.0	9.0	11.0	12.5	17.0	21.0	28.0
			s_{min}	8.0	9.0	11.0	12.5	17.0	21.0	28.0
			c_{min}	4.0	5.0	6.0	6.5	8.5	10.5	14.0
构件最小厚度			h	13.0	14.0	16.0	17.5	22.0	26.0	33.0

注：1. 受拉拔出破坏不是决定性的；

2. 当锚栓位于受压区或在一切方向上的边距 $c \geqslant 1.5c_{cr,sp}$，$c_{cr,sp}=2c_{cr,N}$，$s_{cr,sp}=2s_{cr,N}$及构件厚度$\geqslant 2h_{ef}$或锚固区配有足够的限制裂缝宽度（$w_{max} \leqslant 0.3mm$）的钢筋时，可以认为将不发生劈裂破坏。

表 10.7-13

化学粘结锚栓 HVA	
产品制造商：喜利得公司	使用范围：对基材不产生膨胀压力，适用于未开裂混凝土，小间距、小边距及潮湿环境

螺杆型号	材质	f_{stk} (N/mm²)	f_{yk} (N/mm²)	药剂包 HVU	钻头直径 (mm)	钻头深度 h_1 (mm)	锚固深度 h_{ef} (mm)	螺杆应力面积 A_s (mm²)	最大安装扭矩 T_{inst} (N·m)	固定件最大厚度 t_{fix} (mm)	固定件孔径 mm 建议	固定件孔径 mm 最大
HAS M8×110/14	5.8级钢材	500	400	M8×80	10	80	80	32.8	18	14	9	11
HAS M10×130/21				M10×90	12	90	90	52.3	35	21	12	13
HAS M12×160/28				M12×110	14	110	110	76.2	60	28	14	15
HAS M16×190/38				M16×125	18	125	125	144	120	38	18	29
HAS M20×240/48				M20×170	24	170	170	225	260	48	22	25
HAS M24×290/54				M24×210	28	210	210	324	450	54	26	29

续表

螺杆型号	材质	f_{stk} (N/mm²)	f_{yk} (N/mm²)	药剂包 HVU	钻头直径 (mm)	钻头深度 h_1 (mm)	锚固深度 h_{ef} (mm)	螺杆应力面积 A_s (mm²)	最大安装扭矩 T_{inst} (N·m)	固定件最大厚度 t_{fix} (mm)	固定件孔径 mm	
											建议	最大
HAS M27×340/60	8.8级钢材	800	640	M27×240	30	240	240	427	650	60	30	31
HAS M30×380/70				M30×270	35	270	270	519	950	70	33	36
HAS M33×420/80				M33×300	37	300	300	647	1200	80	36	38
HAS M36×460/90				M36×330	40	330	330	759	1500	90	39	41
HAS M39×510/100				M39×360	42	360	360	913	1800	100	42	43
HAS－RM8×110/14	A4-70不锈钢	700	450	M8×80	10	80	80	32.8	18	14	9	11
HAS－RM10×130/21				M10×90	12	90	90	52.3	35	21	12	13
HAS－RM12×160/28				M12×110	14	110	110	76.2	60	28	14	15
HAS－RM16×190/38				M16×125	18	125	125	144	120	38	18	29
HAS－RM20×240/48				M20×170	24	170	170	225	260	48	22	25
HAS－RM24×290/54				M24×210	28	210	210	324	450	54	26	29

注：锚固深度 $h_{ef}=h_1$。

续表

化学粘结锚栓 HVA				M8	M10	M12	M16	M20	M24	M27	M30	M33	M36	M39
特征承载力														
拉力	钢材破坏 $V_{Rk,s}$（kN）	镀锌钢	5.8 级	16.4	26.1	38.1	72.2	112.7	162.2	—	—	—	—	—
			8.8 级							341.7	415.2	517.8	607.4	730.4
		分项系数 γ_{Ms}		1.50										
		不锈钢		23.0	36.7	53.5	101.0	157.6	226.3	—	—	—	—	—
		分项系数 γ_{Ms}		1.87										
	混凝土锥体破坏	$N^0_{Rk,c}$（kN）	C25	22.2	29.8	42.8	62.4	113.2	163.1	199.6	262.0	307.8	365.9	419.3
			C35	25.0	33.5	48.1	70.2	127.3	183.5	224.5	294.8	346.3	411.6	471.7
			C50	27.8	37.3	53.5	78.0	141.5	203.9	249.5	327.5	384.7	457.4	524.1
			C60	30.6	41.0	58.8	85.8	155.6	224.2	274.4	360.3	423.2	503.1	576.5
		分项系数 γ_{Mc}		2.16										
剪力	钢材破坏 $V_{Rk,s}$（kN）	镀锌钢	5.8 级	9.9	15.8	22.9	43.3	67.5	97.3	—	—	—	—	—
			8.8 级	—	—	—	—	—	—	205.0	249.1	310.5	364.4	438.3
		分项系数 γ_{Ms}		1.25										
		不锈钢		13.7	22.0	32.0	60.5	94.5	36.0	—	—	—	—	—
		分项系数 γ_{Ms}		1.56										
	混凝土边缘破坏	标准埋深系数 K_V（N）	C25	1.01	11.0	12.1	13.6	15.4	17.0	18.1	19.1	20.1	21.0	21.9
			C30	11.0	12.1	13.3	14.9	16.9	18.6	19.8	20.9	22.0	23.0	24.0
			C35	11.9	13.1	14.4	16.1	18.3	20.1	21.4	22.6	23.8	24.9	25.9
			C45	13.5	14.8	16.3	18.2	20.7	22.8	24.3	25.7	27.0	28.2	29.4
			C50	14.3	15.6	17.2	19.2	21.8	24.1	25.6	27.0	28.4	29.7	31.0
			C55	15.0	16.4	18.0	20.1	22.9	25.2	26.8	28.4	29.8	31.2	32.5
			C60	15.6	17.1	18.8	21.0	23.9	26.4	28.0	29.6	31.1	32.6	34.0
		分项系数 γ_{Mc}		1.80										
	混凝土撬坏	系数 k		2.0										
		分项系数 γ_{Mcp}		2.16										

续表

化学粘结锚栓 HVA				M8	M10	M12	M16	M20	M24	M27	M30	M33	M36	M39
特征承载力														
弯矩	$M^0_{Rk,s}$ [N·m]	镀锌钢	5.8 级	15.9	32.0	56.3	146.4	286.2	494.4	—	—	—	—	—
			8.8 级	—	—	—	—	—	—	1195.2	1601.3	2229.1	2833.0	3705.6
		分项系数 γ_{Ms}		1.25										
		不锈钢		22.3	44.8	78.9	205.0	400.7	692.2	—	—	—	—	—
		分项系数 γ_{Ms}		1.56										
混凝土锥体破坏	临界边距	$c_{cr,N}$（mm）		80	90	110	125	170	210	240	270	300	330	360
	临界间距	$s_{cr,N}$（mm）		160	180	220	250	340	420	480	540	600	660	720
	最小边距	c_{min}（mm）		40	45	55	65	85	105	120	135	150	165	180
	最小间距	s_{min}（mm）		40	45	55	65	85	105	120	135	150	165	180
混凝土劈裂破坏	临界边距	$c_{cr,sp}$（mm）		80	90	110	125	170	210	240	270	300	330	360
	临界间距	$s_{cr,sp}$（mm）		160	180	220	250	340	420	480	540	600	660	720
最小基材厚度		h_{min}（mm）		100	120	140	170	220	270	300	340	380	410	450

注：1. 表中除镀锌钢与不锈钢性能参数不同特别说明外，其余均使用同一参数；

2. 表中所给数值为系统试验认证结果；

3. 拔出破坏对 HVA 锚栓不是决定性破坏模式，设计中无需计算。

（6）化学植筋的粘结剂规格、性能及构造要求

表 10.7-14

注射式化学粘结钢筋—高强乙烯基树脂砂浆 FISV 360S（FIPS）						
产品制造商： 慧鱼（太仓）建筑锚栓有限公司	适用范围：适用于≥C20各种钢筋混凝土结构的钢筋后锚固，常温下不发生蠕变，高抗酸碱性，抗老化。可用于结构改造，加层，抗震加固等植筋					
HRB335：$f_{stk}=490\text{N/mm}^2$（设计强度），$f_{yk}=335\text{N/mm}^2$（标准强度）						
钢筋直径	钢孔直径	钢筋屈服时锚固深度 h_{ef}（mm）				
d（mm）	d_0（mm）	C20	C30	C40	C50	C60
10	14	148	105	105	105	105
12	16	193	137	137	137	137
14	18	243	172	172	172	172
16	22	266	189	189	189	189
18	25	316	224	224	224	224
20	28	371	263	263	263	263

钢筋

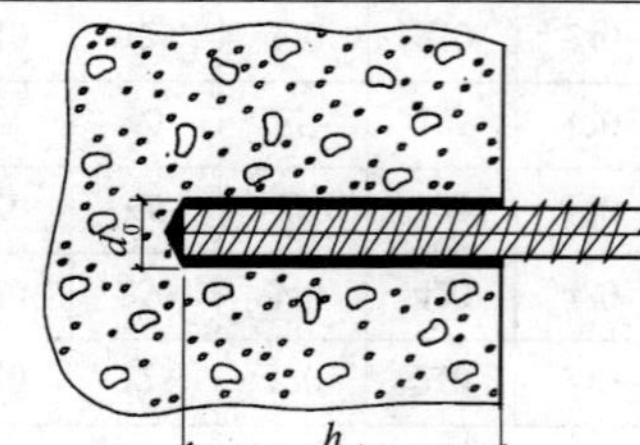

22	30	448	318	318	318	318
25	32	606	430	430	430	430
28	36	750	532	532	532	532
32	40	921	653	653	653	653
36	45	1036	735	735	735	735
40	50	1152	817	817	817	817
HRB400：$f_{stk}=570N/mm^2$（设计强度），$f_{yk}=400N/mm^2$（标准强度）						
钢筋直径	钻孔直径	钢筋屈服时锚固深度 h_{ef}（mm）				
d（mm）	d_0（mm）	C20	C30	C40	C50	C60
10	14	178	126	126	126	126
12	16	231	164	164	164	164
14	18	290	206	206	206	206
16	22	320	227	227	227	227
18	25	379	269	269	269	269
20	28	446	316	316	316	316
22	30	539	382	382	382	382
25	32	728	516	516	516	516
28	36	900	638	638	638	638
32	40	1105	784	784	784	784
36	45	1244	882	882	882	882
40	50	1382	980	980	980	980

注：植筋设计锚固深度的规定：(1) 如钢筋直径≤22mm，则在表中所列计算锚固深度基础上增加1倍钢筋直径；(2) 考虑材料质量差异性的影响，在表中所列计算锚固深度基础上增加1倍钢筋直径；(3) 实际施工中如采用水钻成孔，则在表中所列计算锚固深度基础上增加1倍钢筋直径；(4) 以上规定在实际应用中并不一定独立存在，要予以综合考虑。

表 10.7-15

化学粘结锚筋：HIT HY150 植筋

产品制造商：喜利得公司	使用范围：在 $w_{max} \leqslant 0.3mm$ 的钢筋混凝土结构中植入 HRB335 及 HRB400 钢筋

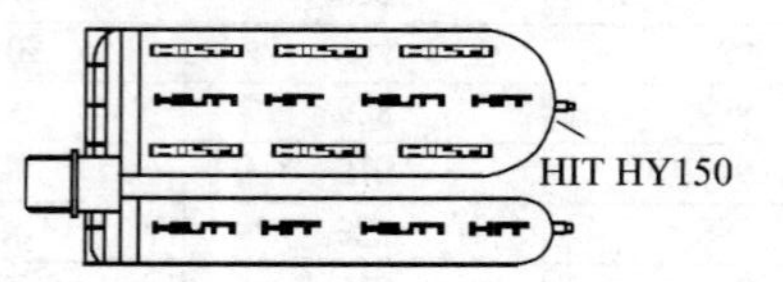

HIT HY150 植筋（HRB335）$f_{stk}=490N/mm^2$（设计强度）、$f_{yk}=335N/mm^2$（标准强度）

钢筋直径	钻孔直径	钢筋屈服时锚固长度 l_b（mm）					
d（mm）	D_0（mm）	C15	C20	C30	C40	C50	C60
10	14	146	127	106	106	106	106
12	16	197	171	139	139	139	139
14	18	253	219	179	175	175	175
16	22	299	259	214	214	214	214
18	25	355	307	258	256	256	256
20	28	414	358	300	300	300	300
22	30	483	419	346	346	346	346
25	32	604	524	428	419	419	419

28	37	705	611	513	496	496	496
32	40	886	767	627	606	606	606
36	42	1094	948	774	724	724	724
40	48	1264	1094	894	847	847	847

HIT HY150 植筋（HRB400）$f_{stk}=570N/mm^2$（设计强度）、$f_{yk}=400N/mm^2$

钢筋直径 d（mm）	钻孔直径 D_0（mm）	钢筋屈服时锚固长度 l_b（mm）					
		C15	C20	C30	C40	C50	C60
10	14	175	151	126	126	126	126
12	16	235	204	166	166	166	166
14	18	302	261	213	210	210	210
16	22	357	309	256	256	256	256
18	25	423	267	305	305	305	305
20	28	494	428	358	358	358	358
22	30	577	500	413	413	413	413
25	32	722	625	510	500	500	500
28	37	842	729	595	593	593	593
32	40	1058	916	748	724	724	724
36	42	1306	1131	924	864	864	864
40	48	1509	1307	1067	1012	1012	1012

植筋破坏只有三种模式，即钢筋破坏、钢筋与胶界面破坏和胶与混凝土之间的界面破坏，其中钢筋破坏的抗力值计算公式为 $N_{yk}=1/4\times d^2\times\pi\times f_{yk}$；钢筋与胶界面破坏的抗力值经验计算公式为：$N_{bd}=25\times\pi\times l_{b,inst}\times\sqrt{d}$；胶与混凝土界面破坏的抗力值经验计算公式为 $N_{cd}=3.95\times\pi\times l_{b,inst}\times\sqrt{f_{cu,k}\times D_0}$。由上面三式则可推导出控制钢筋破坏设计时的钢筋基本锚固长度：$l_b=\max\{0.01\times d^{1.5}\times f_{yk},\ 0.064\times d^2\times f_{yk}/\sqrt{f_{cu,k}\cdot D_0}\}$。式中符号单位为：$l_b$、$d$、$D_0$ 单位为 mm；f_{yk}、$f_{cu,k}$ 单位为 N/mm^2。$f_{cu,k}$ 为混凝土立方体抗压强度标准值。

植筋需要锚固长度 $l_{b,req}=l_b\times\dfrac{A_{s,req}}{A_{s,ac}}\geqslant l_{b,min}$。

式中　$A_{s,req}$——植筋计算需要截面面积；

$A_{s,ac}$——实际配置的植筋截面面积；

$l_{b,min}$——植筋最小锚固长度。

植筋构造要求：

1）最小锚固长度

受拉锚固：$l_{b,min}=\max\{0.3l_b;\ 10\times d;\ 100\}$（mm）

受压锚固：$l_{b,min}=\max\{0.6l_b;\ 10\times d;\ 100\}$（mm）

2）搭接长度 l_{sp}

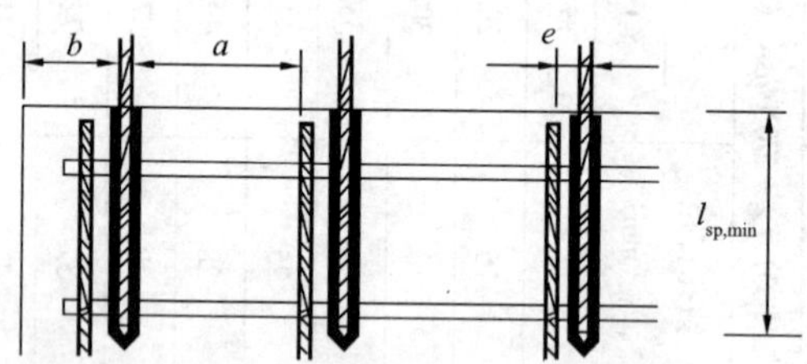

当所植钢筋与原有钢筋为受拉或受压搭接时应按前表规定的锚固长度 l_b 乘以下表中给出的增大系数 α，即 $l_{sp}=\alpha\times l_b$。

最小搭接长度 $l_{sp,min}$ 应满足表 10.7-16 的要求。

钢筋搭接时的增大系数 α 及搭接长度 $l_{sp,min}$　　**表 10.7-16**

钢筋搭接率		<30%	≥30%	≥30%
钢筋净间距		≥10d	≥10d	<10d
钢筋边距		≥5d	≥5d	<5d
α	受拉搭接	1.0	1.4	2.0
	受压搭接	1.0		
$l_{sp,min}$	受拉搭接	$\max\begin{cases}0.3l_b\\15\times d\\200mm\end{cases}$	$\max\begin{cases}0.42l_b\\15\times d\\200mm\end{cases}$	$\max\begin{cases}0.6l_b\\15\times d\\200mm\end{cases}$
	受压搭接	$\max\begin{cases}0.3l_b\\15\times d\\200mm\end{cases}$		

3）在搭接部位的植筋与原有钢筋间距 e，应符合下列构造要求：

（A）$e\leqslant 4d$；

（B）若 $e>4d$，则植筋的搭接长度应增加（$e-4d$）；

（C）植筋与较远的原有钢筋的净间距 a 应不小于 $2d$，且不小于 20mm。

11 预埋件设计

11.1 预埋件受弯剪承载力表

（1）适用范围

1）本表（表 11.1-1）适用于由锚板和对称布置的双排直锚筋组成的受弯剪的预埋件（图 11.1-1）。

2）锚板采用 Q235B·F 钢板，锚筋采用 HRB335 级钢筋，锚筋均为等间距布置。锚筋与锚板采用 T 型焊。

（2）使用说明

1）本表已考虑锚板弯曲变形。当选用更厚锚板时，本表略偏于安全。

2）混凝土按 C20 计算。当混凝土高于 C20 时，本表偏于

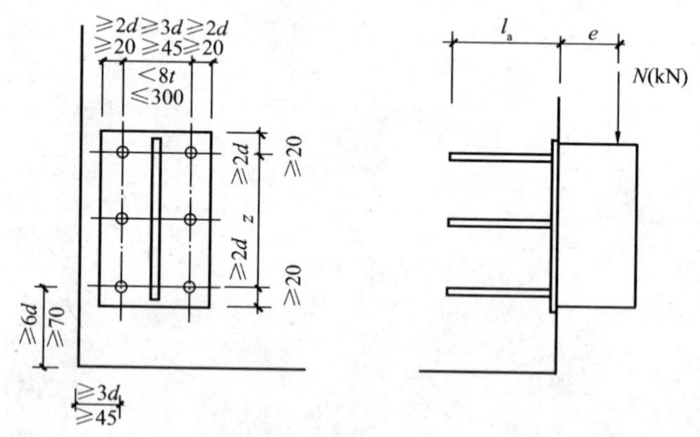

图 11.1-1

安全。

3）受弯剪预埋件存在如下规律：

(A) 双排三层（6根）锚筋的埋件较锚筋及锚板尺寸（z值）均相同的双排两层（4根）锚筋的埋件承载力大35%；

(B) 双排四层（8根）锚筋的埋件较锚筋及锚板尺寸（z值）均相同的双排两层（4根）锚筋的埋件承载力大70%；

故当采用本表以外的锚筋时，可按上述原则换算。

4) 由本表查得的承载力均为已乘重要性系数 γ_0 后的设计值。

【例 11.1-1】 已知：柱混凝土C30，柱侧钢牛腿（图 11.1-2）承受竖向荷载设计值 $N=200$kN（已乘重要性系数 γ_0）。

求：设计该预埋件。

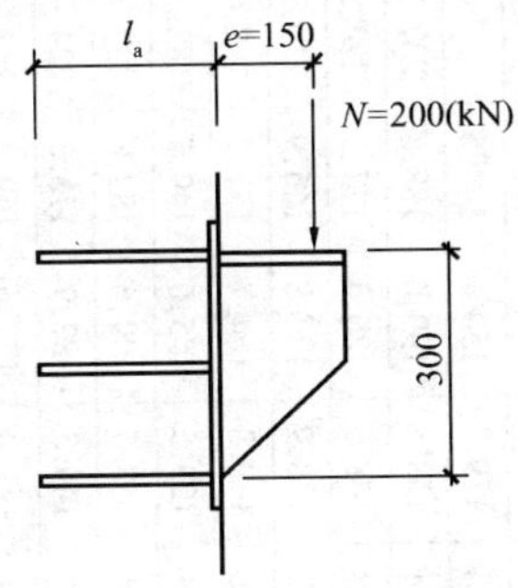

图 11.1-2

【解】 近似取最外层锚筋中心线之间的距离为钢牛腿高度，即 $z=300$mm，查表 11.1-1 得，当混凝土 C20，$e=150$mm，锚筋用 6Φ22（双排三层），锚板 $t=14$mm，则：

$$[N]=205.1>N=200\text{kN}$$

满足承载力要求。

锚筋竖向在 $z=300$mm 范围内等间距布置，锚筋水平间距及锚板尺寸，按图 11.1-1 构造确定。

预埋件受弯剪承载力设计值（kN）混凝土：C20 **表 11.1-1**

z (mm)	e (mm)	锚筋 锚板（mm）													
		6Φ12 $t=8$	8Φ12 $t=8$	6Φ14 $t=10$	8Φ14 $t=10$	6Φ16 $t=10$	8Φ16 $t=10$	6Φ18 $t=12$	8Φ18 $t=12$	6Φ20 $t=12$	8Φ20 $t=12$	6Φ22 $t=14$	8Φ22 $t=14$	6Φ25 $t=16$	8Φ25 $t=16$
300	0	99.6	125.5	128.5	161.8	158.5	199.6	188.8		218.5		246.8		284.5	
	50	91.3	115.0	118.4	149.1	146.4	184.4	175.4		203.6		231.1		268.3	
	100	81.3	106.2	109.8	138.3	136.0	171.3	163.7		190.5		217.3		253.9	
	150	78.3	98.6	102.4	129.0	127.0	160.0	153.5		179.1		205.1		240.9	
	200	73.1	92.0	95.9	120.8	119.2	150.1	144.5		168.9		194.2		229.2	
350	0	99.6	125.5	128.5	161.8	158.5	199.6	188.8	237.7	218.5		246.8		284.5	
	50	92.4	116.4	119.8	150.8	148.0	186.4	177.2	223.1	205.6		233.2		270.5	
	100	86.2	108.5	112.2	141.2	138.9	174.8	166.9	210.1	194.1		221.1		257.8	
	150	80.8	101.7	105.5	132.8	130.8	164.7	157.7	198.6	183.8		210.2		246.3	
	200	76.0	95.6	99.5	125.3	123.5	155.6	149.5	188.3	174.6		200.3		235.7	
400	0	99.6	125.5	128.5	161.8	158.5	199.6	188.8	237.7	218.5	275.1	246.8	310.7	284.5	
	50	93.3	117.5	120.8	152.1	149.3	187.9	178.5	224.8	207.1	260.8	234.8	295.7	272.2	
	100	87.7	110.4	114.0	143.5	141.0	177.6	169.3	213.2	196.8	247.9	224.0	282.1	260.9	
	150	82.7	104.2	107.9	135.9	133.7	168.3	161	202.8	187.5	236.2	214.2	269.7	250.5	
	200	78.3	98.6	102.4	129.0	127.0	160.0	153.5	193.3	179.1	225.5	205.1	258.3	240.9	
450	0	99.6	125.5	128.5	161.8	158.5	199.6	188.8	237.7	218.5	275.1	246.8	310.7	284.5	358.3
	50	93.9	118.3	121.6	153.1	150.2	189.2	179.6	226.2	208.3	262.3	236.1	297.3	273.5	344.4
	100	88.9	111.9	115.4	145.3	142.8	179.8	171.3	215.7	199.0	250.6	226.3	285.0	263.3	331.6
	150	84.3	106.2	109.8	138.3	136.0	171.3	163.7	206.2	190.5	239.9	217.3	273.7	253.9	319.7
	200	80.2	101.0	104.8	131.9	129.9	163.6	156.8	197.4	182.7	230.1	209.0	263.2	245.1	308.6

11.2 预埋件受拉弯剪承载力表

(1) 适用范围

1) 本表(表 11.2-1 ~ 表 11.2-8)适用于由锚板和对称布置的双排直锚筋组成的受拉弯剪的预埋件。

2) 锚板采用 Q235B·F 钢板,锚筋采用 HPB235 或 HRB335 级钢筋,锚筋均为等间距布置。锚筋与锚板采用 T 型焊。

(2) 使用说明

1) 本表已考虑锚板弯曲变形。当采用更厚锚板时,本表略偏于安全。

2) 混凝土按 C20 计算。当混凝土高于 C20 时,本表偏于安全。

3) 由本表查得的承载力均为已乘重要性系数 γ_0 后的设计值。

【例 11.2-1】 已知:板混凝土 C20,板下通过 L50×5 吊挂 $N = 20$kN(设计值,已乘重要性系数 γ_0)。

求:设计该预埋件。

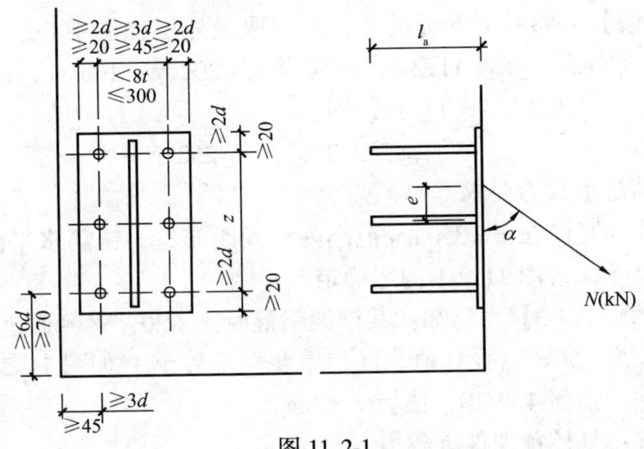

图 11.2-1

【解】 板下吊重,N 与锚板垂直,埋件受拉即 $\alpha = 90°$,查表 11.2-1,当 $e = 0$ 时,选 $z = 70$mm,4ϕ8,$t = 6$mm,则:

$$[N] = 26.6\text{kN} > N = 20\text{kN}$$

满足承载力要求。

锚筋及锚板其他尺寸，按图 11.2-1 构造确定。

【例 11.2-2】　已知：某柱间支撑与混凝土柱连接，如图 11.2-2。柱混凝土 C25。

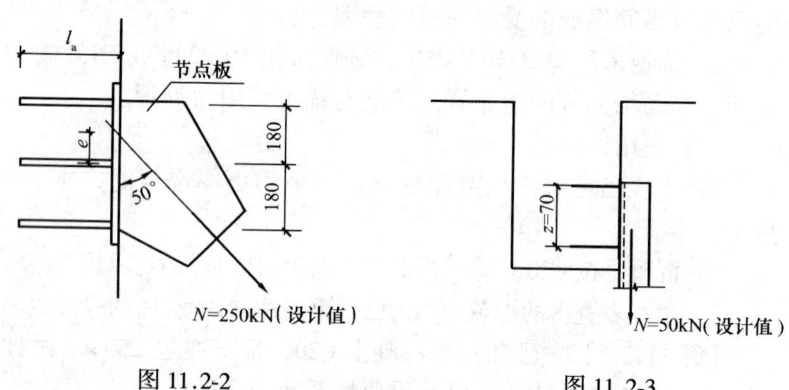

图 11.2-2　　　　图 11.2-3

求：设计该预埋件。

【解】　参考节点板尺寸，近似取最外层锚筋中心线之间距离 $z = 350$mm，查表 11.2-6，当混凝土 C20，$e = 100$mm，$\alpha = 50°$，6 Φ 25（双排 3 层），$t = 16$，则：

$$[N] = 252.3 > N = 250\text{kN}$$

满足承载力要求。

锚筋竖向在 $z = 350$mm 范围内等间距布置，锚筋水平间距及锚板尺寸，按图 11.2-1 构造确定。

【例 11.2-3】　已知：某框架梁混凝土 C30，梁侧通过 L50×5 吊挂 $N = 50$kN（设计值，已乘重要性系数 γ_0）如图 11.2-3。初定埋件：锚筋 4 Φ 10，锚板 $t = 8$mm。

求：复核预埋件承载力。

【解】 由 $z = 70$mm，$e = 0$，$\alpha = 0°$，查表 11.2-1，当锚筋采用 4 Φ 10，锚板采用 $t = 8$mm，则：

$$[N] = 54.0 > N = 50\text{kN}$$

满足承载力要求。

预埋件受拉弯剪承载力设计值（kN）（mm）混凝土：C20　表 11.2-1

e（mm）	α（°）	z = 70mm		z = 100mm				
		4ϕ10 t = 8	4Φ10 t = 8	4ϕ10 t = 8	4Φ10 t = 8	4Φ12 t = 8	4Φ14 t = 10	4Φ16 t = 10
0	0	45.1	54.0	45.1	54.0	73.8	95.2	117.4
	10	38.6	47.3	38.6	47.3	64.8	84.3	104.4
	20	34.6	43.3	34.6	43.3	59.4	77.8	96.6
	30	32.2	41.1	32.2	41.1	56.4	74.4	92.6
	40	31.1	40.2	31.1	40.2	55.2	73.3	91.5
	50	30.9	40.6	30.9	40.6	55.8	74.6	93.3
	60	31.7	42.3	31.7	42.3	58.2	78.2	98.1
	70	33.5	45.6	33.5	45.6	62.8	85.0	106.9
	80	36.8	51.2	36.8	51.2	70.5	96.3	121.6
	90	42.2	60.3	42.2	60.3	83.2	115.1	146
50	0	45.1	54.0	45.1	54.0	73.8	95.2	117.4
	10	36.1	44.6	36.8	45.4	62.2	81.2	100.6
	20	30.8	39.1	31.8	40.3	55.2	72.7	90.3
	30	27.6	35.7	28.8	37.2	51.0	67.6	84.3
	40	25.7	33.9	27.1	35.5	48.8	65.1	81.4
	50	22.7	32.4	26.3	35.1	48.2	64.7	81.1
	60	20.1	28.7	24.4	34.8	48.1	66.2	83.2
	70	18.5	26.4	22.5	32.1	44.3	61.2	77.7
	80	17.7	25.2	21.4	30.6	42.3	58.4	74.1
	90	17.4	24.8	21.1	30.2	41.6	57.5	73.0
100	0	45.1	54.0	45.1	54.0	73.8	95.2	117.4
	10	33.8	42.3	35.1	43.7	59.8	78.2	97.0
	20	27.7	35.6	29.5	37.6	51.6	68.1	84.8
	30	21.9	31.3	46.1	34.0	46.6	62.0	77.5
	40	17.0	24.3	21.9	31.3	43.2	58.6	73.3
	50	14.3	20.4	18.4	26.2	36.2	50.1	63.5
	60	12.6	18.1	16.3	23.2	32.0	44.3	56.2
	70	11.6	16.6	15.0	21.4	29.5	40.8	51.8
	80	11.1	15.9	14.3	20.4	28.2	38.9	49.4
	90	10.9	15.6	14.1	20.1	27.7	38.4	48.7

续表

e（mm）	α（°）	z = 70mm		z = 100mm				
		4ϕ10 t = 8	4Φ10 t = 8	4ϕ10 t = 8	4Φ10 t = 8	4Φ12 t = 8	4Φ14 t = 10	4Φ16 t = 10
150	0	45.1	54.0	45.1	54.0	73.8	95.2	117.4
	10	31.9	40.1	33.6	42.0	57.6	75.5	93.7
	20	23.4	32.7	27.5	35.3	48.5	64.1	79.9
	30	16	22.8	21.1	30.2	41.6	57.3	71.6
	40	12.4	17.8	16.4	23.5	32.4	44.7	56.8
	50	10.4	14.9	13.8	19.7	27.2	37.5	47.6
	60	9.2	13.2	12.2	17.4	24.0	33.2	42.1
	70	8.5	12.1	11.2	16	22.1	30.6	38.8
	80	8.1	11.6	10.7	15.3	21.1	29.2	37.1
	90	8.0	11.4	10.6	15.1	20.8	28.8	36.5
200	0	45.1	54.0	45.1	54.0	73.8	95.2	117.4
	10	30.2	38.2	32.3	40.5	55.6	72.9	90.6
	20	18.4	26.3	24.7	33.3	45.7	60.6	75.6
	30	12.6	18.0	16.9	24.1	33.3	46.0	58.4
	40	9.8	14.0	13.1	18.8	25.9	35.8	45.4
	50	8.2	11.7	11.0	15.7	21.7	30.0	38.1
	60	7.3	10.4	9.8	13.9	19.2	26.6	33.7
	70	6.7	9.6	9.0	12.8	17.7	24.5	31.1
	80	6.4	9.1	8.6	12.2	16.9	23.4	29.6
	90	6.3	9.0	8.4	12.1	16.6	23.0	29.2

预埋件受拉弯剪承载力设计值（kN）（mm）混凝土：C20 表 11.2-2

e（mm）	α（°）	z = 150mm							
		4ϕ10 t = 8	6ϕ10 t = 8	4Φ10 t = 8	6Φ10 t = 8	4Φ12 t = 8	6Φ12 t = 8	4Φ14 t = 10	4Φ16 t = 10
0	0	45.1	60.9	54.0	72.8	73.8	99.6	95.2	117.4
	10	38.6	52.9	47.3	64.8	64.8	88.7	84.3	104.4
	20	34.6	48.0	43.3	59.9	59.4	82.2	77.8	96.6
	30	32.2	45.2	41.1	57.4	56.4	78.8	74.4	92.6
	40	31.1	44.0	40.2	56.7	55.2	77.9	73.3	91.5
	50	30.9	44.2	40.6	57.8	55.8	79.4	74.6	93.3
	60	31.7	45.7	42.3	60.8	58.2	83.7	78.2	98.1
	70	33.5	48.9	45.6	66.3	62.8	91.3	85.0	106.9
	80	36.8	54.4	51.2	75.4	70.5	103.8	96.3	121.6
	90	42.2	63.3	60.3	90.5	83.2	124.9	115.1	146.0
50	0	45.1	60.9	54.0	72.8	73.8	99.6	95.2	117.4
	10	37.3	51.2	46.0	63.0	63.1	86.3	82.2	101.8
	20	32.7	45.3	41.2	57.0	56.5	78.2	74.3	92.4
	30	29.9	41.8	38.4	53.5	52.7	73.5	69.7	86.9
	40	28.3	39.9	37.0	52.0	50.8	71.4	67.7	84.5
	50	27.7	39.4	36.7	52.0	50.5	71.5	67.7	84.7
	60	27.9	40.0	37.6	53.7	51.8	73.9	69.8	87.7
	70	27.0	38.7	38.5	55.3	53.1	76.3	73.5	93.2
	80	25.7	36.9	36.7	52.8	50.7	72.8	70.1	88.9
	90	25.3	36.4	36.2	52.0	49.9	71.7	69.0	87.6
100	0	45.1	60.9	54.0	72.8	73.8	99.6	95.2	117.4
	10	36.2	49.6	44.8	61.3	61.4	84.0	80.2	99.3
	20	31.0	43.0	39.3	54.3	54	74.5	71.1	88.4
	30	27.9	38.9	36	50.2	49.5	68.9	65.7	81.9
	40	26.0	36.6	34.2	47.9	47.0	65.9	62.8	78.5
	50	23.6	33.3	33.5	47.3	46.1	65.0	61.9	77.7
	60	20.9	29.5	29.8	42.1	41.2	58.1	56.9	72.2
	70	19.3	27.2	27.5	38.8	38.0	53.5	52.5	66.6
	80	18.4	25.9	26.2	37.0	36.2	51.1	50.1	63.5
	90	18.1	25.5	25.9	36.5	35.7	50.3	49.3	62.6

续表

e（mm）	α（°）	z = 150mm							
		4ϕ10 t = 8	6ϕ10 t = 8	4 Φ 10 t = 8	6 Φ 10 t = 8	4 Φ 12 t = 8	6 Φ 12 t = 8	4 Φ 14 t = 10	4 Φ 16 t = 10
150	0	45.1	60.9	54.0	72.8	73.8	99.6	95.2	117.4
	10	35.1	48.1	43.7	59.7	59.8	81.8	78.2	97.0
	20	29.5	40.8	37.6	51.9	51.6	71.2	68.1	84.8
	30	26.1	36.4	34	47.2	46.6	64.8	62.0	77.5
	40	21.9	30.6	31.3	43.7	43.2	60.3	58.6	73.3
	50	18.4	25.7	26.2	36.7	36.2	50.6	50.1	63.5
	60	16.3	22.7	23.2	32.4	32	44.7	44.3	56.2
	70	15.0	20.9	21.4	29.9	29.5	41.2	40.8	51.8
	80	14.3	20.0	20.4	28.5	28.2	39.3	38.9	49.4
	90	14.1	19.7	20.1	28.1	27.7	38.7	38.4	48.7
200	0	45.1	60.9	54.0	72.8	73.8	99.6	95.2	117.4
	10	34.1	46.7	42.6	58.2	58.3	79.7	76.4	94.7
	20	28.1	38.8	36.0	49.7	49.5	68.2	65.4	81.5
	30	23.0	32.0	32.1	44.5	44.1	61.2	58.8	73.5
	40	17.9	24.9	25.6	35.5	35.3	49.0	48.8	61.9
	50	15.0	20.9	21.5	29.8	29.6	41.1	41.0	52.0
	60	13.3	18.5	19.0	26.4	26.2	36.4	36.2	46.0
	70	12.3	17.0	17.5	24.3	24.2	33.5	33.4	42.4
	80	11.7	16.2	16.7	23.2	23.1	32.0	31.9	40.4
	90	11.5	16.0	16.5	22.8	22.7	31.5	31.4	39.8

预埋件受拉弯剪承载力设计值（kN）（mm）混凝土：C20　表 11.2-3

e (mm)	α (°)	z = 200mm										
		4φ10 $t=8$	6φ10 $t=8$	4Φ10 $t=8$	6Φ10 $t=8$	4Φ12 $t=8$	6Φ12 $t=8$	4Φ14 $t=10$	6Φ14 $t=10$	4Φ16 $t=10$	6Φ16 $t=10$	4Φ18 $t=12$
0	0	45.1	60.9	54.0	72.8	73.8	99.6	95.2	128.5	117.4	158.5	139.8
	10	38.6	52.9	47.3	64.8	64.8	88.7	84.3	115.3	104.4	142.7	125.5
	20	34.6	48.0	43.3	59.9	59.4	82.2	77.8	107.6	96.6	133.5	117.0
	30	32.2	45.2	41.1	57.4	56.4	78.8	74.4	103.8	92.6	129.1	112.8
	40	31.1	44.0	40.2	56.7	55.2	77.9	73.3	103.2	91.5	128.7	112.2
	50	30.9	44.2	40.6	57.8	55.8	79.4	74.6	105.9	93.9	132.4	115.1
	60	31.7	45.7	42.3	60.8	58.2	83.7	78.2	112.2	98.1	140.6	122.0
	70	33.5	48.9	45.6	66.3	62.8	91.3	85.0	123.4	106.9	155.0	134.0
	80	36.8	54.4	51.2	75.4	70.5	103.8	96.3	141.7	121.6	178.8	153.8
	90	42.2	63.3	60.3	90.5	83.2	124.9	115.1	172.6	146.0	219.0	187.3
50	0	45.1	60.9	54.0	72.8	73.8	99.6	95.2	128.5	117.4	158.5	139.8
	10	37.6	51.6	46.3	63.4	63.5	86.9	82.7	113.1	102.4	140.0	123.3
	20	33.2	46.0	41.7	57.7	57.2	79.1	75.2	103.8	93.4	128.9	113.3
	30	30.4	42.6	39.0	54.5	53.6	74.7	70.9	98.7	88.3	122.9	107.8
	40	29.0	40.9	37.7	53.1	51.8	72.9	69.0	96.9	86.2	120.9	106.0
	50	28.4	40.5	37.6	53.4	51.7	73.3	69.3	98.0	86.7	122.7	107.3
	60	28.8	41.3	38.7	55.3	53.3	76.1	71.7	102.4	90.1	128.4	112.2
	70	30.0	43.3	41.1	59.3	56.6	81.7	76.8	110.6	96.7	139.2	121.4
	80	28.6	41.3	40.8	59.1	56.3	81.5	77.9	112.7	98.8	142.9	126.8
	90	28.1	40.7	40.2	58.2	55.5	80.3	76.7	110.9	97.3	140.8	124.9
100	0	45.1	60.9	54.0	72.8	73.8	99.6	95.2	128.5	117.4	158.5	139.8
	10	36.8	50.4	45.4	62.1	62.2	85.1	81.2	110.9	110.6	137.4	121.1
	20	31.8	44.1	40.3	55.6	55.2	76.3	72.7	100.3	90.3	124.6	109.8
	30	28.8	40.3	37.2	51.8	51.0	71.1	67.6	94.1	84.3	117.3	103.3
	40	27.1	38.2	35.5	49.9	48.8	68.5	65.1	91.2	81.4	114.0	100.3
	50	26.3	37.3	35.1	49.5	48.2	68.1	64.7	91.2	81.1	114.3	100.6

续表

e (mm)	α (°)	z = 200mm										
		4ϕ10 $t=8$	6ϕ10 $t=8$	4Φ10 $t=8$	6Φ10 $t=8$	4Φ12 $t=8$	6Φ12 $t=8$	4Φ14 $t=10$	6Φ14 $t=10$	4Φ16 $t=10$	6Φ16 $t=10$	4Φ18 $t=12$
100	60	24.4	34.6	34.8	49.5	48.1	68.3	66.2	94.1	83.2	118.2	103.9
	70	22.5	31.9	32.1	45.6	44.3	62.9	61.2	87.0	77.7	110.4	99.7
	80	21.4	30.5	30.6	43.5	42.3	60.1	58.4	83.0	74.1	105.3	95.1
	90	21.1	30.0	30.2	42.9	41.6	59.1	57.5	81.8	73.0	103.7	93.6
150	0	45.1	60.9	54.0	72.8	73.8	99.6	95.2	128.5	117.4	158.5	139.8
	10	35.9	49.2	44.5	60.9	61.0	83.4	79.7	108.8	98.7	134.9	119.1
	20	30.6	42.4	38.9	53.7	53.4	73.7	70.3	97.0	87.5	120.6	106.5
	30	27.4	38.2	35.5	49.4	48.7	67.8	64.7	89.9	80.8	112.1	99.1
	40	25.5	35.8	33.6	47.0	46.2	64.6	61.7	86.2	77.2	107.8	95.3
	50	22.0	31.0	31.5	44.3	43.5	61.1	60.1	84.5	76.1	107.0	94.6
	60	19.5	27.4	27.9	39.2	38.4	54.1	53.1	74.7	67.4	94.8	86.5
	70	18.0	25.3	25.7	36.1	35.4	49.8	49.0	68.9	62.1	87.4	79.7
	80	17.1	24.1	24.5	34.5	33.8	47.5	46.7	65.7	59.3	83.4	76.1
	90	16.9	23.8	24.1	33.9	33.3	46.8	46.0	64.7	58.4	82.1	74.9
200	0	45.1	60.9	54.0	72.8	73.8	99.6	95.2	128.5	117.4	158.5	139.8
	10	35.1	48.1	43.7	59.7	59.8	81.8	78.2	106.8	97.0	132.5	117.1
	20	29.5	40.8	37.6	51.9	51.6	71.2	68.1	93.9	84.8	116.8	103.4
	30	26.1	36.4	34.0	47.2	46.6	64.8	62.0	86.1	77.5	107.4	95.2
	40	21.9	30.6	31.3	43.7	43.2	60.3	58.6	81.7	73.3	102.3	90.7
	50	18.4	25.7	26.2	36.7	36.2	50.6	50.1	69.9	63.5	88.7	81.5
	60	16.3	22.7	23.2	32.4	32.0	44.7	44.3	61.8	56.2	78.5	72.1
	70	15.0	20.9	21.4	29.9	29.5	41.2	40.8	57.0	51.8	72.3	66.4
	80	14.3	20.0	20.4	28.5	28.2	39.3	38.9	54.4	49.4	69.0	63.4
	90	14.1	19.7	20.1	28.1	27.7	38.7	38.4	53.6	48.7	68.0	62.4

预埋件受拉弯剪承载力设计值（kN）（mm）混凝土：C20 **表 11.2-4**

e (mm)	α (°)	z = 250mm														
		4ϕ10 t = 8	6ϕ10 t = 8	8ϕ10 t = 8	4 Φ 10 t = 8	6 Φ 10 t = 8	8 Φ 10 t = 8	4 Φ 12 t = 8	6 Φ 12 t = 8	8 Φ 12 t = 8	4 Φ 14 t = 10	6 Φ 14 t = 10	4 Φ 16 t = 10	6 Φ 16 t = 10	4 Φ 18 t = 12	6 Φ 18 t = 12
0	0	45.1	60.9	76.7	54.0	72.8	91.7	73.8	99.6	125.5	95.2	128.5	117.4	158.5	139.8	188.8
	10	38.6	52.9	67.2	47.3	64.8	82.1	64.8	88.7	112.5	84.3	115.3	104.4	142.7	125.5	171.4
	20	34.6	48.0	61.4	43.3	59.9	76.4	59.4	82.2	104.8	77.8	107.6	96.6	133.5	117	161.4
	30	32.2	45.2	58.1	41.1	57.4	73.6	56.4	78.8	101.0	74.4	103.8	92.6	129.1	112.8	157.1
	40	31.1	44.0	56.8	40.2	56.7	73.1	55.2	77.9	100.3	73.3	103.2	91.5	128.7	112.2	157.6
	50	30.9	44.2	57.3	40.6	57.8	74.9	55.8	79.4	102.8	74.6	105.9	93.3	132.4	115.1	163.1
	60	31.7	45.7	59.6	42.3	60.8	79.2	58.2	83.7	108.8	78.2	112.2	98.1	140.6	122.0	174.5
	70	33.5	48.9	64.2	45.6	66.3	86.8	62.8	91.3	119.5	85.0	123.4	106.9	155	134	193.9
	80	36.8	54.4	71.8	51.2	75.4	99.4	70.5	103.8	137	96.3	141.7	121.6	178.8	153.8	226
	90	42.2	60.3	84.4	60.3	90.5	120.6	83.2	124.9	166.5	115.1	172.6	146	219	187.3	280.9
50	0	45.1	60.9	76.7	54.0	72.8	91.7	73.8	99.6	125.5	95.2	128.5	117.4	158.5	139.8	188.8
	10	37.8	51.9	65.8	46.5	63.7	80.7	63.7	87.2	110.6	83	113.5	102.8	140.5	123.7	168.9
	20	33.4	46.4	59.2	42	58.1	74.1	57.6	79.7	101.6	75.7	104.5	94.0	129.8	114	157.2
	30	30.8	43.1	55.4	39.4	55.0	70.5	54.1	75.5	96.7	71.5	99.7	89.1	124.1	108.8	151.3
	40	29.4	41.5	53.5	38.2	53.8	69.2	52.5	73.9	95.0	69.8	98.1	87.2	122.4	107.2	150.2
	50	28.9	41.2	53.3	38.2	54.2	70.0	52.5	74.5	96.2	70.3	99.5	88.0	124.5	108.8	153.7
	60	29.3	42.1	54.8	39.4	56.4	73.2	54.2	77.5	100.6	73	104.2	91.6	130.7	114	162.5
	70	30.7	44.5	58.2	42.0	60.6	79.1	57.8	83.4	108.8	78.3	113.0	98.6	142.1	123.8	178.1
	80	30.6	44.5	58.3	43.7	63.6	83.3	60.4	87.8	115	83.5	121.3	105.9	153.9	135.8	197.5
	90	30.2	43.8	57.4	43.1	62.6	82	59.5	86.4	113.2	82.2	119.5	104.3	151.6	133.8	194.5

续表

e (mm)	α (°)	z = 250mm														
		4ϕ10 t = 8	6ϕ10 t = 8	8ϕ10 t = 8	4 Φ 10 t = 8	6 Φ 10 t = 8	8 Φ 10 t = 8	4 Φ 12 t = 8	6 Φ 12 t = 8	8 Φ 12 t = 8	4 Φ 14 t = 10	6 Φ 14 t = 10	4 Φ 16 t = 10	6 Φ 16 t = 10	4 Φ 18 t = 12	6 Φ 18 t = 12
100	0	45.1	60.9	76.7	54	72.8	91.7	73.8	99.6	125.5	95.2	128.5	117.4	158.5	139.8	188.8
	10	37.1	50.9	64.6	45.8	62.6	79.4	62.7	85.8	108.8	81.8	111.8	101.3	138.4	122	166.6
	20	32.3	44.8	57.2	40.8	56.4	71.9	56.0	77.4	98.6	73.6	101.6	91.5	126.3	111.2	153.2
	30	29.5	41.2	52.8	37.9	52.8	67.6	52.0	72.5	92.8	68.9	95.9	85.9	119.4	105	145.9
	40	27.8	39.2	50.5	36.4	51.1	65.7	50.0	70.2	90.2	66.6	93.4	83.2	116.7	102.5	143.4
	50	27.1	38.5	49.8	36.0	51.0	65.8	49.6	70.1	90.4	66.4	93.8	83.2	117.5	103.2	145.4
	60	27.1	38.7	50.2	36.8	52.5	68.0	50.7	72.2	93.5	68.3	97.3	85.8	122.1	107.1	152.1
	70	25.0	35.7	46.3	35.7	51.0	66.1	49.2	70.3	91.3	68.0	97.2	86.3	123.4	110.7	158.3
	80	23.8	34.0	44.2	34.0	48.6	63.1	47.0	67.1	87.1	64.9	92.8	82.3	117.7	105.7	151.0
	90	23.5	33.5	43.5	33.5	47.9	62.1	46.2	66.1	85.8	63.9	91.4	81.1	115.9	104.0	148.7
150	0	45.1	60.9	76.7	54.0	72.8	91.7	73.8	99.6	125.5	95.2	128.5	117.4	158.5	139.8	188.8
	10	36.4	49.9	63.4	45.1	61.6	78.1	61.7	84.4	107.0	80.6	110.1	99.8	136.4	120.3	164.2
	20	31.3	43.4	55.4	39.7	54.8	69.9	54.5	75.2	95.8	71.7	98.9	89.2	123.0	108.5	149.4
	30	28.2	39.5	50.6	36.5	50.8	65.0	50.1	69.7	89.2	66.4	92.4	82.9	115.1	101.5	140.9
	40	26.4	37.2	47.8	34.7	48.7	62.5	47.7	66.9	85.9	63.7	89.2	79.7	111.4	98.3	137.3
	50	25.1	35.4	45.7	34.1	48.2	62.0	46.9	66.2	85.3	63.0	88.8	79.0	111.2	98.1	137.9
	60	22.2	31.3	40.4	31.7	44.8	57.8	43.7	61.8	79.7	60.4	85.4	76.6	108.4	98.3	139.0
	70	20.4	28.9	37.3	29.2	41.3	53.2	40.3	56.9	73.5	55.7	78.7	70.6	99.9	90.6	128.1
	80	19.5	27.6	35.6	27.8	39.4	50.8	38.4	54.3	70.1	53.1	75.1	67.4	95.3	86.4	122.3
	90	19.2	27.1	35.0	27.4	38.8	50	37.8	53.5	69.0	52.3	74.0	66.4	93.8	85.1	120.4

续表

e (mm)	α (°)	z = 250mm														
		4ϕ10 t = 8	6ϕ10 t = 8	8ϕ10 t = 8	4Φ10 t = 8	6Φ10 t = 8	8Φ10 t = 8	4Φ12 t = 8	6Φ12 t = 8	8Φ12 t = 8	4Φ14 t = 10	6Φ14 t = 10	4Φ16 t = 10	6Φ16 t = 10	4Φ18 t = 12	6Φ18 t = 12
200	0	45.1	60.9	76.7	54.0	72.8	91.7	73.8	99.6	125.5	95.2	128.5	117.4	158.5	139.8	188.8
	10	35.8	49.0	62.2	44.3	60.6	76.9	60.8	83.1	105.3	79.4	108.4	98.4	134.4	118.7	162.0
	20	30.4	42.1	53.6	38.6	53.3	67.9	53.0	73.2	93.2	69.9	96.3	86.9	119.8	105.9	145.8
	30	27.1	37.8	48.5	35.2	48.9	62.5	48.3	67.2	85.9	64.2	89.1	80.1	111.1	98.3	136.2
	40	25.2	35.4	45.4	33.2	46.5	59.6	45.7	63.9	81.9	61.0	85.3	76.4	106.7	94.3	131.6
	50	21.2	29.8	38.2	30.3	42.5	54.6	41.8	58.7	75.4	57.8	81.1	73.3	102.9	93.5	131.2
	60	18.8	26.3	33.8	26.8	37.6	48.3	37.0	51.9	66.7	51.1	71.7	64.8	91.0	83.2	116.8
	70	17.3	24.3	31.2	24.7	34.7	44.5	34.1	47.8	61.5	47.1	66.1	59.7	83.9	76.7	107.6
	80	16.5	23.2	29.7	23.6	33.1	42.5	32.5	45.6	58.6	44.9	63.1	57.0	80.0	73.1	102.7
	90	16.2	22.8	29.3	23.2	32.6	41.9	32	44.9	57.8	44.3	62.1	56.1	78.8	72.0	101.1

预埋件受拉弯剪承载力设计值（kN）（mm）混凝土：C20 **表 11.2-5**

e (mm)	α (°)	z = 300mm											
		6ϕ10 t = 8	8ϕ10 t = 8	6Φ10 t = 8	8Φ10 t = 8	6Φ12 t = 8	8Φ12 t = 8	6Φ14 t = 10	8Φ14 t = 10	6Φ16 t = 10	6Φ18 t = 12	6Φ20 t = 12	6Φ22 t = 14
0	0	60.9	76.7	72.8	91.7	99.6	125.5	128.5	161.8	158.5	188.8	218.5	246.8
	10	52.9	67.2	64.8	82.1	88.7	112.5	115.3	146.2	142.7	171.4	199.2	226.8
	20	48.0	61.4	59.9	76.4	82.2	104.8	107.6	137.1	133.5	161.4	188.4	215.9
	30	45.2	58.1	57.4	73.6	78.8	101.0	103.8	132.9	129.1	157.1	183.9	212.2
	40	44.0	56.8	56.7	73.1	77.9	100.3	103.2	132.8	128.7	157.6	185.2	215.0

续表

e (mm)	α (°)	z = 300mm											
		6ϕ10 $t=8$	8ϕ10 $t=8$	6 ⏀ 10 $t=8$	8 ⏀ 10 $t=8$	6 ⏀ 12 $t=8$	8 ⏀ 12 $t=8$	6 ⏀ 14 $t=10$	8 ⏀ 14 $t=10$	6 ⏀ 16 $t=10$	6 ⏀ 18 $t=12$	6 ⏀ 20 $t=12$	6 ⏀ 22 $t=14$
0	50	44.2	57.3	57.8	74.9	79.4	102.8	105.9	136.9	132.4	163.1	192.3	224.8
	60	45.7	59.6	60.8	79.2	83.7	108.8	112.2	145.9	140.6	174.5	206.6	243.3
	70	48.9	64.2	66.3	86.8	91.3	119.5	123.4	161.4	155.0	193.9	230.7	274.2
	80	54.4	71.8	75.4	99.4	103.8	137.0	141.7	186.8	178.8	226.0	270.5	325.3
	90	63.3	84.4	90.5	120.6	124.9	166.5	172.6	230.1	219.0	280.9	339.3	415.5
50	0	60.9	76.7	72.8	91.7	99.6	125.5	128.5	161.8	158.5	188.8	218.5	246.8
	10	52.0	66.1	63.9	81.0	87.5	110.9	113.8	144.2	140.9	169.3	197.0	224.4
	20	46.6	59.6	58.4	74.5	80.1	102.1	105.0	133.8	130.4	157.9	184.4	211.6
	30	43.5	55.8	55.4	71.0	76.0	97.4	100.3	128.4	124.9	152.2	178.4	206.2
	40	41.9	54.0	54.3	69.8	74.5	95.9	98.9	127.1	123.4	151.4	178.1	207.1
	50	41.6	53.9	54.8	70.8	75.3	97.3	100.5	129.8	125.7	155.2	183.3	214.7
	60	42.7	55.5	57.1	74.1	78.5	101.9	105.5	136.8	132.3	164.4	194.9	230
	70	45.2	59.1	61.5	80.3	84.6	110.5	114.6	149.5	144.1	180.6	215.0	256.1
	80	46.9	61.6	67.0	88.0	92.5	121.4	127.9	167.8	162.2	207.3	248.3	299.1
	90	46.2	60.7	66	86.7	91.1	119.6	125.9	165.3	159.8	205.0	247.6	303.2
100	0	60.9	76.7	72.8	91.7	99.6	125.5	128.5	161.8	158.5	188.8	218.5	246.8
	10	51.2	65.0	63.0	79.8	86.3	109.4	112.4	142.4	139.1	167.3	194.7	222.0
	20	45.3	57.9	57.0	72.6	78.2	99.6	102.6	130.7	127.4	154.5	180.6	207.5
	30	41.8	53.7	53.5	68.6	73.5	94.1	97.1	124.2	120.9	147.6	173.2	200.5
	40	39.9	51.5	52.0	66.8	71.4	91.8	94.9	121.9	118.5	145.6	171.5	199.8

续表

e (mm)	α (°)	z = 300mm											
		6ϕ10 $t=8$	8ϕ10 $t=8$	6 ⌀ 10 $t=8$	8 ⌀ 10 $t=8$	6 ⌀ 12 $t=8$	8 ⌀ 12 $t=8$	6 ⌀ 14 $t=10$	8 ⌀ 14 $t=10$	6 ⌀ 16 $t=10$	6 ⌀ 18 $t=12$	6 ⌀ 20 $t=12$	6 ⌀ 22 $t=14$
100	50	39.4	50.9	52.0	67.2	71.5	92.3	95.7	123.4	119.7	148.1	175.0	205.4
	60	40.0	52.0	53.7	69.6	73.9	95.8	99.5	128.8	124.8	155.4	184.4	218.1
	70	38.7	50.4	55.3	71.9	76.3	99.3	105.5	137.2	133.9	168.9	201.4	240.2
	80	36.9	48.1	52.8	68.7	72.8	94.7	100.7	131.0	127.7	163.9	197.9	242.4
	90	36.4	47.3	52	67.6	71.7	93.3	99.1	129	125.8	161.4	194.9	238.7
150	0	60.9	76.7	72.8	91.7	99.6	125.5	128.5	161.8	158.5	188.8	218.5	246.8
	10	50.4	64.0	62.1	78.8	85.1	107.9	110.9	140.6	137.4	165.4	192.5	219.7
	20	44.1	56.3	55.6	70.9	76.3	97.2	100.3	127.7	124.6	151.3	176.9	203.6
	30	40.3	51.7	51.8	66.3	71.1	91.0	94.1	120.3	117.3	143.4	168.3	195.1
	40	38.2	49.1	49.9	64.1	68.5	88.0	91.2	117.1	114.0	140.3	165.3	193.0
	50	37.3	48.2	49.5	63.9	68.1	87.8	91.2	117.5	114.3	141.6	167.5	196.9
	60	34.6	44.8	49.5	64.0	68.3	88.3	94.1	121.7	118.2	147.4	175.0	207.3
	70	31.9	41.3	45.6	59.0	62.9	81.4	87.0	112.5	110.4	141.6	171.0	209.5
	80	30.5	39.4	43.5	56.3	60.1	77.7	83.0	107.4	105.3	135.1	163.2	199.9
	90	30.0	38.8	42.9	55.4	59.1	76.5	81.8	105.7	103.7	133.1	160.7	196.8
200	0	60.9	76.7	72.8	91.7	99.6	125.5	128.5	161.8	158.5	188.8	218.5	246.8
	10	49.6	63.0	61.3	77.7	84.0	106.4	109.5	138.8	135.7	163.5	190.4	217.4
	20	43.0	54.8	54.3	69.2	74.5	94.9	98.0	124.8	121.9	148.1	173.4	199.7
	30	38.9	49.8	50.2	64.2	68.9	88.1	91.3	116.6	113.8	139.3	163.7	190.1
	40	36.6	47.0	47.9	61.5	65.9	84.5	87.8	112.7	109.8	135.3	159.6	186.7

续表

e (mm)	α (°)	z = 300mm											
		6φ10 t = 8	8φ10 t = 8	6 Φ 10 t = 8	8 Φ 10 t = 8	6 Φ 12 t = 8	8 Φ 12 t = 8	6 Φ 14 t = 10	8 Φ 14 t = 10	6 Φ 16 t = 10	6 Φ 18 t = 12	6 Φ 20 t = 12	6 Φ 22 t = 14
200	50	33.3	42.9	47.3	60.9	65.0	83.7	87.2	112.2	109.3	135.6	160.5	189.1
	60	29.5	38.0	42.1	54.2	58.1	74.8	80.3	103.4	101.9	130.7	157.9	193.4
	70	27.2	35.0	38.8	50.0	53.5	69.0	74.0	95.3	93.9	120.5	145.5	178.2
	80	25.9	33.4	37.0	47.7	51.1	65.8	70.6	91.0	89.6	115.0	138.8	170.0
	90	25.5	32.9	36.5	47.0	50.3	64.8	69.5	89.6	88.2	113.2	136.7	167.4

预埋件受拉弯剪承载力设计值（kN）（mm）混凝土：C20 **表 11.2-6**

e (mm)	α (°)	z = 350mm											
		8φ10 t = 8	8φ10 t = 8	6 Φ 12 t = 8	8 Φ 12 t = 8	6 Φ 14 t = 10	8 Φ 14 t = 10	6 Φ 16 t = 10	8 Φ 16 t = 10	6 Φ 18 t = 12	6 Φ 20 t = 12	6 Φ 22 t = 14	6 Φ 25 t = 16
0	0	76.7	91.7	99.6	125.5	128.5	161.8	158.5	199.6	188.8	218.5	246.8	284.5
	10	67.2	82.1	88.7	112.5	115.3	146.2	142.7	180.9	171.4	199.2	226.8	264.2
	20	61.4	76.4	82.2	104.8	107.6	137.1	133.5	170.1	161.4	188.4	215.9	253.8
	30	58.1	73.6	78.8	101.0	103.8	132.9	129.1	165.2	157.1	183.9	212.2	251.6
	40	56.8	73.1	77.9	100.3	103.2	132.8	128.7	165.6	157.6	185.2	215	257.1
	50	57.3	74.9	79.4	102.8	105.9	136.9	132.4	171.1	163.1	192.3	224.8	271.3
	60	59.6	79.2	83.7	108.8	112.2	145.9	140.6	182.8	174.5	206.6	243.3	296.8
	70	64.2	86.8	91.3	119.5	123.4	161.4	155.0	202.7	193.9	230.7	274.2	338.8
	80	71.8	99.4	103.8	137.0	141.7	186.8	178.8	235.7	226.0	270.5	325.3	409.2
	90	84.4	120.6	124.9	166.5	172.6	230.1	219.0	291.9	280.9	339.3	415.5	537.2

续表

e (mm)	α (°)	z = 350mm											
		8ϕ10 t = 8	8ϕ10 t = 8	6 Φ 12 t = 8	8 Φ 12 t = 8	6 Φ 14 t = 10	8 Φ 14 t = 10	6 Φ 16 t = 10	8 Φ 16 t = 10	6 Φ 18 t = 12	6 Φ 20 t = 12	6 Φ 22 t = 14	6 Φ 25 t = 16
50	0	76.7	91.7	99.6	125.5	128.5	161.8	158.5	199.6	188.8	218.5	246.8	284.5
	10	66.2	81.1	87.6	111.1	114.0	144.5	141.2	178.9	169.6	197.3	224.7	262.0
	20	59.8	74.8	80.4	102.5	105.4	134.3	130.8	166.6	158.4	184.9	212.2	249.9
	30	56.1	71.3	76.4	97.9	100.8	129.0	125.5	160.5	152.9	179.2	207.0	246.0
	40	54.4	70.3	75.0	96.5	99.5	127.9	124.1	159.5	152.2	179.0	208.2	249.6
	50	54.4	71.4	75.8	98.0	101.3	130.8	126.6	163.5	156.3	184.5	216.0	261.5
	60	56.1	74.8	79.2	102.8	106.4	138.1	133.4	173.1	165.8	196.5	231.8	283.5
	70	59.8	81.1	85.5	111.7	115.8	151.1	145.6	189.9	182.4	217.1	258.5	320.3
	80	64.2	91.7	96.1	126.4	131.3	172.5	165.8	217.8	209.7	251.2	302.5	381.3
	90	63.2	90.3	94.8	124.6	131.0	172.2	166.2	218.5	213.2	257.5	315.4	407.8
100	0	76.7	91.7	99.6	125.5	128.5	161.8	158.5	199.6	188.8	218.5	246.8	284.5
	10	65.3	80.2	86.6	109.8	112.8	142.9	139.6	176.9	167.9	195.4	222.7	259.9
	20	58.4	73.2	78.7	100.3	103.3	131.5	128.3	163.3	155.5	181.6	208.7	246.1
	30	54.3	69.2	74.2	95.0	98.0	125.4	122.0	156.1	148.9	174.7	202.1	240.6
	40	52.2	67.6	72.2	92.9	96.0	123.4	119.9	154.0	147.2	173.3	201.9	242.6
	50	51.7	68.2	72.5	93.7	97.0	125.1	121.4	156.6	150.1	177.3	208.0	252.3
	60	52.9	70.8	75.1	97.4	101.1	131.0	126.9	164.3	157.9	187.3	221.4	271.4
	70	53.7	76.2	80.5	104.8	109.0	142.0	137.2	178.6	172.1	205.1	244.5	303.7
	80	51.3	73.3	77.5	101.1	107.2	139.7	136.0	177.3	174.5	210.7	258.1	333.7
	90	50.5	72.1	76.4	99.6	105.6	137.6	133.9	174.6	171.8	207.5	254.2	328.6

续表

e (mm)	α (°)	z = 350mm											
		8ϕ10 $t=8$	8ϕ10 $t=8$	6 Φ 12 $t=8$	8 Φ 12 $t=8$	6 Φ 14 $t=10$	8 Φ 14 $t=10$	6 Φ 16 $t=10$	8 Φ 16 $t=10$	6 Φ 18 $t=12$	6 Φ 20 $t=12$	6 Φ 22 $t=14$	6 Φ 25 $t=16$
150	0	76.7	91.7	99.6	125.5	128.5	161.8	158.5	199.6	188.8	218.5	246.8	284.5
	10	64.4	79.2	85.6	108.5	111.5	141.3	138.1	175.0	166.2	193.5	220.7	257.8
	20	57.0	71.6	77.1	98.2	101.3	128.9	125.8	160.2	152.6	178.4	205.2	242.4
	30	52.5	67.2	72.1	92.3	95.4	122.0	118.8	151.9	145.2	170.4	197.4	235.4
	40	50.1	65.2	69.7	89.6	92.8	119.1	115.9	148.7	142.5	167.9	195.9	235.9
	50	49.4	65.2	69.5	89.7	93.1	120.0	116.6	150.2	144.3	170.6	200.5	243.7
	60	48.6	67.3	71.5	92.6	96.3	124.7	120.9	156.4	150.7	178.9	211.8	260.3
	70	44.7	63.9	68.1	88.2	94.1	121.9	119.3	154.7	153.1	184.9	226.5	288.7
	80	42.7	61.0	64.9	84.2	89.8	116.3	113.9	147.6	146.1	176.5	216.1	279.4
	90	42.0	60.1	64.0	82.9	88.4	114.6	112.1	145.4	143.9	173.8	212.8	275.2
200	0	76.7	91.7	99.6	125.5	128.5	161.8	158.5	199.6	188.8	218.5	246.8	284.5
	10	63.5	78.3	84.6	107.3	110.3	139.8	136.7	173.1	164.6	191.6	218.7	255.7
	20	55.6	70.2	75.5	96.2	99.3	126.4	123.4	157.1	149.9	175.4	201.9	238.8
	30	50.9	65.4	70.1	89.7	92.9	118.7	115.7	147.9	141.6	166.3	192.9	230.5
	40	48.2	63.0	67.3	86.5	89.7	115.2	112.2	143.9	138.1	162.8	190.3	229.5
	50	47.0	62.6	66.7	86.0	89.5	115.2	112.1	144.3	138.9	164.4	193.5	235.7
	60	41.6	59.4	63.5	82.0	87.8	113.3	111.4	143.8	142.9	171.3	203.1	250.0
	70	38.3	54.8	58.5	75.6	80.9	104.4	102.7	132.5	131.7	159.1	194.8	251.9
	80	36.6	52.2	55.9	72.1	77.2	99.7	98.0	126.4	125.7	151.8	185.9	240.3
	90	36.0	51.5	55.0	71.0	76.0	98.1	96.5	124.5	123.8	149.5	183.1	236.7

预埋件受拉弯剪承载力设计值（kN）（mm）混凝土：C20 表 11.2-7

e (mm)	α (°)	z = 400mm											
		6ϕ12 t = 8	8ϕ12 t = 8	6 Φ 14 t = 10	8 Φ 14 t = 10	6 Φ 16 t = 10	8 Φ 16 t = 10	6 Φ 18 t = 12	8 Φ 18 t = 12	6 Φ 20 t = 12	8 Φ 20 t = 12	6 Φ 22 t = 14	6 Φ 25 t = 16
0	0	99.6	125.5	128.5	161.8	158.5	199.6	188.8	237.7	218.5	275.1	246.8	284.5
	10	88.7	112.5	115.3	146.2	142.7	180.9	171.4	217.1	199.2	252.3	226.8	264.2
	20	82.2	104.8	107.6	137.1	133.5	170.1	161.4	205.5	188.4	239.7	215.9	253.8
	30	78.8	101	103.8	132.9	129.1	165.2	157.1	200.9	183.9	235.1	212.2	251.6
	40	77.9	100.3	103.2	132.8	128.7	165.6	157.6	202.5	185.2	237.8	215.0	257.1
	50	79.4	102.8	105.9	136.9	132.4	171.1	163.1	210.6	192.3	248.2	224.8	271.3
	60	83.7	108.8	112.2	145.9	140.6	182.8	174.5	226.5	206.6	268.0	243.3	296.8
	70	91.3	119.5	123.4	161.4	155.0	202.7	193.9	253.3	230.7	301.2	274.2	338.8
	80	103.8	137.0	141.7	186.8	178.8	235.7	226.0	297.7	270.5	356.1	325.3	409.2
	90	124.9	166.5	172.6	230.1	219	291.9	380.9	374.6	339.3	452.4	415.5	537.2
50	0	99.6	125.5	128.5	161.8	158.5	199.6	188.8	237.7	218.5	275.1	246.8	284.5
	10	87.8	111.3	114.2	144.7	141.3	179.1	169.9	215.1	197.5	250.1	225.0	262.3
	20	80.6	102.8	105.7	134.6	131.2	167.1	158.8	202.1	185.4	235.9	212.7	250.4
	30	76.7	98.3	101.2	129.5	125.9	161.1	153.4	196.1	179.8	229.7	207.7	246.7
	40	75.3	96.9	99.9	128.5	124.7	160.3	152.9	196.3	179.8	230.8	209.0	250.5
	50	76.3	98.6	101.8	131.5	127.3	164.4	157.1	202.7	185.4	239.1	217.1	262.7
	60	79.7	103.5	107.1	139.0	134.3	174.2	166.8	216.2	197.7	256.1	233.2	285.1
	70	86.2	112.6	116.7	152.3	146.7	191.4	183.7	239.6	218.7	285.0	260.4	322.5
	80	97.0	127.6	132.5	174.2	167.3	219.8	211.6	278.0	253.5	332.8	305.2	384.6
	90	97.7	128.6	135.1	177.8	171.4	225.6	219.9	289.4	265.5	349.6	325.2	420.4

续表

e (mm)	α (°)	z = 400mm											
		6φ12 t = 8	8φ12 t = 8	6Φ14 t = 10	8Φ14 t = 10	6Φ16 t = 10	8Φ16 t = 10	6Φ18 t = 12	8Φ18 t = 12	6Φ20 t = 12	8Φ20 t = 12	6Φ22 t = 14	6Φ25 t = 16
100	0	99.6	125.5	128.5	161.8	158.5	199.6	188.8	237.7	218.5	275.1	246.8	284.5
	10	86.9	110.1	113.1	143.3	140	177.4	168.3	213.2	195.8	248.0	223.2	260.4
	20	79.1	100.8	103.8	132.2	128.9	164.1	156.2	198.8	182.4	232.1	209.6	247
	30	74.7	95.7	98.7	126.3	122.9	157.2	149.9	191.6	175.8	224.6	203.3	241.9
	40	72.9	93.8	96.9	124.5	120.9	155.3	148.4	190.5	174.7	224.1	203.4	244.3
	50	73.3	94.7	98.0	126.5	122.7	158.2	151.6	195.3	179.0	230.6	209.9	254.5
	60	76.1	98.7	102.4	132.7	128.4	166.4	159.8	206.9	189.5	245.2	223.9	274.3
	70	81.7	106.5	110.6	144.2	139.2	181.3	174.6	227.2	208.0	270.5	247.9	307.7
	80	81.5	106.4	112.7	147.1	142.9	186.7	183.4	239.5	221.5	289.2	271.2	350.7
	90	80.3	104.8	110.9	144.9	140.8	183.8	180.6	235.8	218.1	284.8	267.1	345.4
150	0	99.6	125.5	128.5	161.8	158.5	199.6	188.8	237.7	218.5	275.1	246.8	284.5
	10	86.0	109.0	112.0	141.9	138.7	175.7	166.9	211.3	194.2	245.9	221.4	258.6
	20	77.7	99.0	102.0	129.9	126.7	161.3	153.7	195.5	179.6	228.5	206.5	243.7
	30	72.9	93.3	96.3	123.2	120.0	153.4	146.6	187.3	172.0	219.6	199.1	237.3
	40	70.6	90.8	94.0	120.7	117.3	150.6	144.2	185.0	169.9	217.8	198.1	238.3
	50	70.6	91.1	94.5	121.9	118.3	152.5	146.4	188.5	173.1	222.8	203.2	246.9
	60	72.8	94.3	98.1	127.0	123.1	159.3	153.3	198.3	182.0	235.2	215.3	264.4
	70	72.5	94.1	100.2	130.1	127.1	165.0	163.1	211.8	196.9	255.8	236.6	294.1
	80	69.2	89.8	95.6	124.1	121.3	157.5	155.6	202.1	187.9	244.0	230.1	297.5
	90	68.1	88.4	94.1	122.2	119.4	155.1	153.2	199.0	185.1	240.3	226.6	293

续表

e (mm)	α (°)	z = 400mm											
		6ϕ12 t = 8	8ϕ12 t = 8	6 Φ 14 t = 10	8 Φ 14 t = 10	6 Φ 16 t = 10	8 Φ 16 t = 10	6 Φ 18 t = 12	8 Φ 18 t = 12	6 Φ 20 t = 12	8 Φ 20 t = 12	6 Φ 22 t = 14	6 Φ 25 t = 16
200	0	99.6	125.5	128.5	161.8	158.5	199.6	188.8	237.7	218.5	275.1	246.8	284.5
	10	85.1	107.9	110.9	140.6	137.4	174.1	165.4	209.5	192.5	243.8	219.7	256.7
	20	76.3	97.2	100.3	127.7	124.6	158.6	151.3	192.4	176.9	225.0	203.6	240.5
	30	71.1	91.0	94.1	120.3	117.3	149.9	143.4	183.1	168.3	214.9	195.1	232.9
	40	68.5	88.0	91.2	117.1	114.0	146.3	140.3	179.9	165.3	211.9	193.0	232.7
	50	68.1	87.8	91.2	117.5	114.3	147.2	141.6	182.2	167.5	215.4	196.9	239.6
	60	68.3	88.3	94.1	121.7	118.2	152.8	147.4	190.4	175.0	226.0	207.3	255.1
	70	62.9	81.4	87.0	112.5	110.4	142.7	141.6	183.1	171.0	221.2	209.5	270.8
	80	60.1	77.7	83.0	107.4	105.3	136.2	135.1	174.8	163.2	211.1	199.9	258.4
	90	59.1	76.5	81.8	105.7	103.7	134.1	133.1	172.1	160.7	207.9	196.8	254.5

预埋件受拉弯剪承载力设计值（kN）（mm）混凝土：C20 **表 11.2-8**

e (mm)	α (°)	z = 450mm													
		6 Φ 12 t = 8	8 Φ 12 t = 8	6 Φ 14 t = 10	8 Φ 14 t = 10	6 Φ 16 t = 10	8 Φ 16 t = 10	6 Φ 18 t = 12	8 Φ 18 t = 12	6 Φ 20 t = 12	8 Φ 20 t = 12	6 Φ 22 t = 14	8 Φ 22 t = 14	6 Φ 25 t = 16	8 Φ 25 t = 16
0	0	99.6	125.5	128.5	161.8	158.5	199.6	188.8	237.7	218.5	275.1	246.8	310.7	284.5	358.3
	10	88.7	112.5	115.3	146.2	142.7	180.9	171.4	217.1	199.2	252.3	226.8	287.1	264.2	334.3
	20	82.2	104.8	107.6	137.1	133.5	170.1	161.4	205.5	188.4	239.7	215.9	274.6	253.8	322.5
	30	78.8	101	103.8	132.9	129.1	165.2	157.1	200.9	183.9	235.1	212.2	271.0	251.6	321.0
	40	77.9	100.3	103.2	132.8	128.7	165.6	157.6	202.5	185.2	237.8	215.0	275.8	257.1	329.4

续表

e (mm)	α (°)	z = 450mm													
		6 Φ 12 $t=8$	8 Φ 12 $t=8$	6 Φ 14 $t=10$	8 Φ 14 $t=10$	6 Φ 16 $t=10$	8 Φ 16 $t=10$	6 Φ 18 $t=12$	8 Φ 18 $t=12$	6 Φ 20 $t=12$	8 Φ 20 $t=12$	6 Φ 22 $t=14$	8 Φ 22 $t=14$	6 Φ 25 $t=16$	8 Φ 25 $t=16$
0	50	79.4	102.8	105.9	136.9	132.4	171.1	163.1	210.6	192.3	248.2	224.8	289.7	271.3	349.2
	60	83.7	108.8	112.2	145.9	140.6	182.8	174.5	226.5	206.6	268.0	243.3	315.2	296.8	383.9
	70	91.3	119.5	123.4	161.4	155.0	202.7	193.9	253.3	230.7	301.2	274.2	357.6	338.8	441.2
	80	103.8	137.0	141.7	186.8	178.8	235.7	226.0	297.7	270.5	356.1	325.3	428.0	409.2	537.8
	90	124.9	166.5	172.6	230.1	219	291.9	280.9	374.6	339.3	452.4	415.5	554.0	537.2	716.3
50	0	99.6	125.5	128.5	161.8	158.5	199.6	188.8	237.7	218.5	275.1	246.8	310.7	284.5	358.3
	10	87.9	111.4	114.3	144.9	141.5	179.3	170.0	215.4	197.7	250.4	225.2	285.1	262.5	332.1
	20	80.8	103.0	105.9	134.9	131.4	167.4	159.0	202.5	185.7	236.3	213.0	270.9	250.8	318.6
	30	76.9	98.5	101.4	129.9	126.2	161.6	153.8	196.7	180.2	230.3	208.1	265.8	247.2	315.3
	40	75.6	97.3	100.3	129.0	125.1	160.8	153.4	197.0	180.4	231.5	209.7	268.9	251.3	321.8
	50	76.6	99.1	102.3	132.1	127.9	165.1	157.8	203.5	186.2	240.1	217.9	280.7	263.6	339.0
	60	80.1	104.1	107.6	139.7	134.9	175.1	167.6	217.3	198.6	257.4	234.3	303.2	286.4	370.1
	70	86.7	113.3	117.4	153.2	147.6	192.6	184.8	241.0	220	286.8	261.8	340.9	324.2	421.6
	80	97.8	128.6	133.5	175.5	168.5	221.5	213.1	280.0	255.2	335.2	307.3	403.3	387.2	507.6
	90	100.1	132.0	138.4	182.4	175.6	231.4	225.3	296.9	272.1	358.6	333.2	439.2	430.8	567.8

续表

e (mm)	α (°)	z = 450mm													
		6 Φ 12 t = 8	8 Φ 12 t = 8	6 Φ 14 t = 10	8 Φ 14 t = 10	6 Φ 16 t = 10	8 Φ 16 t = 10	6 Φ 18 t = 12	8 Φ 18 t = 12	6 Φ 20 t = 12	8 Φ 20 t = 12	6 Φ 22 t = 14	8 Φ 22 t = 14	6 Φ 25 t = 16	8 Φ 25 t = 16
100	0	99.6	125.5	128.5	161.8	158.5	199.6	188.8	237.7	218.5	275.1	246.8	310.7	284.5	358.3
	10	87.1	110.4	113.3	143.6	140.3	177.8	168.7	213.6	196.2	248.5	223.6	283.0	260.8	330.0
	20	79.4	101.3	104.2	132.7	129.4	164.8	156.7	199.5	183.1	232.9	210.2	267.3	247.8	314.7
	30	75.2	96.3	99.2	127.0	123.5	158.0	150.7	192.6	176.6	225.7	204.3	260.8	242.9	309.8
	40	73.4	94.4	97.5	125.4	121.7	156.4	149.4	191.8	175.8	225.6	204.6	262.3	245.6	314.5
	50	74.0	95.6	98.9	127.6	123.7	159.6	152.8	196.9	180.4	232.5	211.5	272.2	256.3	329.4
	60	76.9	99.8	103.4	134.1	129.7	168.1	161.3	208.9	191.3	247.6	225.9	292.1	276.7	357.2
	70	82.6	107.8	111.9	145.9	140.8	183.5	176.5	229.8	210.3	273.6	250.6	325.8	310.8	403.6
	80	84.9	111.0	117.3	153.4	148.8	194.7	191.0	249.8	230.6	301.6	282.4	369.4	365.2	477.6
	90	83.6	109.3	115.5	151.1	146.6	191.7	188.1	246.0	227.1	297.1	278.2	363.8	359.6	470.3
150	0	99.6	125.5	128.5	161.8	158.5	199.6	188.8	237.7	218.5	275.1	246.8	310.7	284.5	358.3
	10	86.3	109.4	112.4	142.4	139.1	176.3	167.3	212.0	194.7	246.6	222.0	281.0	259.2	327.9
	20	78.2	99.6	102.6	130.7	127.4	162.3	154.5	196.6	180.6	229.7	207.5	263.8	244.8	311.0
	30	73.5	94.1	97.1	124.2	120.9	154.7	147.6	188.7	173.2	221.3	200.5	255.9	238.8	304.5
	40	71.4	91.8	94.9	121.9	118.5	152.2	145.6	186.8	171.5	219.9	199.8	256.1	240.3	307.5

续表

e (mm)	α (°)	z = 450mm													
		6 Φ 12 t = 8	8 Φ 12 t = 8	6 Φ 14 t = 10	8 Φ 14 t = 10	6 Φ 16 t = 10	8 Φ 16 t = 10	6 Φ 18 t = 12	8 Φ 18 t = 12	6 Φ 20 t = 12	8 Φ 20 t = 12	6 Φ 22 t = 14	8 Φ 22 t = 14	6 Φ 25 t = 16	8 Φ 25 t = 16
150	50	71.5	92.3	95.7	123.4	119.7	154.4	148.1	190.7	175	225.3	205.4	264.2	249.4	320.3
	60	73.9	95.8	99.5	128.8	124.8	161.6	155.4	201.1	184.4	238.5	218.1	281.7	267.6	345.3
	70	76.3	99.3	105.5	137.2	133.9	174.1	168.9	219.6	201.4	261.7	240.2	311.9	298.5	387.1
	80	72.8	94.7	100.7	131.0	127.7	166.1	163.9	213.2	197.9	257.4	242.4	315.3	313.4	407.6
	90	71.7	93.3	99.1	129.0	125.8	163.6	161.4	209.9	194.9	253.5	238.7	310.5	308.6	401.4
200	0	99.6	125.5	128.5	161.8	158.5	199.6	188.8	237.7	218.5	275.1	246.8	310.7	284.5	358.3
	10	85.5	108.4	111.4	141.2	138.0	174.8	166.0	210.3	193.3	244.7	220.5	279.1	257.5	325.8
	20	76.9	98.0	101.0	128.7	125.5	159.8	152.3	193.8	178.1	226.5	204.9	260.4	242.0	307.3
	30	71.9	92.0	95.1	121.6	118.5	151.4	144.8	184.9	169.9	217.0	196.9	251.3	234.9	299.4
	40	69.4	89.2	92.4	118.7	115.5	148.2	142.0	182.1	167.3	214.5	195.3	250.1	235.1	300.8
	50	69.2	89.2	92.7	119.4	116.0	149.5	143.7	184.9	169.9	218.6	199.7	256.7	242.8	311.7
	60	71.1	92.1	95.8	124.0	120.3	155.6	150.0	193.8	178.0	230.0	210.8	272.1	259.1	334.0
	70	66.8	86.6	92.4	119.7	117.2	151.9	150.4	194.9	181.7	235.3	222.5	288.2	287.1	371.9
	80	63.8	82.6	88.2	114.2	111.9	144.9	143.5	185.9	173.3	224.5	212.3	275.0	274.4	355.5
	90	62.8	81.4	86.8	112.5	110.2	142.7	141.3	183.1	170.7	221.1	209.1	270.8	270.3	350.1

11.3 吊 环

(1) 吊环形式

吊环可做成图 11.3-1 所示的形式。

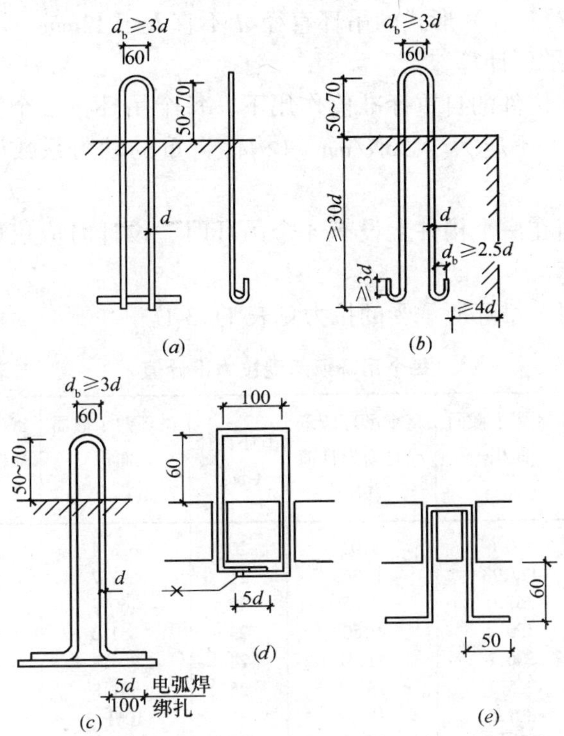

图 11.3-1 吊环的形式及构造要求

(a)、(c) 末端有横向短钢筋吊环;(b) 普通吊环;(d)、(e) 活动吊环

(2) 吊环的制作及构造要求

1) 预制构件的吊环应采用 HPB235 级钢筋制作,严禁使用冷加工钢筋。

2）直径不大于 30mm 的吊环，可用冷作（冷弯或冷冲）成型；直径大于 30mm 的吊环应采用保证钢筋韧性不致降低的成型工艺，如热弯、冷作后热处理等。

3）吊环应满足图 11.3-1 所示的构造要求，吊环埋入混凝土的深度不应小于 $30d$，并应焊接或绑扎在钢筋骨架上。对于图 11.3-1（d）、（e）形式的吊环直径 d 不宜大于 12mm。

（3）吊环计算

1）在构件的自重标准值作用下，每个吊环按 2 个截面计算的吊环应力不应大于 50N/mm^2（构件自重的动力系数已考虑在内）。

2）当在一个构件上设有 4 个吊环时，设计时应仅取 3 个吊环进行计算。

3）每个吊环所承受的拉力见表 11.3-1。

每个吊环所承受拉力设计值　　表 11.3-1

吊环直径（mm）	吊环两个截面面积（mm^2）	每个吊环所承受拉力设计值（kN）	吊环直径（mm）	吊环两个截面面积（mm^2）	每个吊环所承受拉力设计值（kN）
8	100.6	5.03	20	628.4	31.4
9	127.23	6.36	21	692.7	34.6
10	157.0	7.85	22	760.2	38.0
11	190.0	9.50	23	831.0	41.5
12	226.2	11.31	24	904.8	45.2
13	265.5	13.27	25	981.8	49.1
14	307.8	15.39	26	1061.9	53.1
15	353.43	17.67	27	1145.0	57.3
16	402.2	20.11	28	1231.5	61.6
17	454.0	22.70	30	1413.8	70.7
18	509.0	25.45	32	1608.5	80.4
19	567.1	28.35	34	1815.8	90.8

注：表中数值系锚固长度为 $30d$ 时所承受拉力的设计值。

参 考 文 献

1. 中华人民共和国国家标准. 钢结构设计规范（GB 50017—2003）. 北京：中国计划出版社，2003
2. 钢结构设计手册编委会编. 钢结构设计手册. 第3版. 北京：中国建筑工业出版社，2004
3. 中国钢结构协会编. 建筑钢结构施工手册. 北京：中国计划出版社，2002
4. 严正廷，严捷编. 预埋件设计手册. 北京：中国建筑工业出版社，1996
5. 中华人民共和国国家标准. 钢结构工程施工质量验收规范（GB 50205—2001）. 北京：中国计划出版社，2002
6. 中华人民共和国国家标准. 冷弯薄壁型钢结构技术规范（GB 50018—2002）. 北京：中国计划出版社，2002
7. 冷弯薄壁型钢结构设计手册编写组编. 冷弯薄壁型钢结构设计手册. 北京：中国建筑工业出版社，1996
8. 侯兆欣，蔡昭昀，李秀川等主编. 轻型钢结构建筑节点构造。北京：机械工业出版社，2003
9. 中国建筑标准设计研究院. 压型钢板、夹心板屋面及墙体建筑构造（01J925—1），北京：中国建筑标准设计研究院，2002
10. 王建国，刘琳编. 建筑涂料与涂装. 北京：中国建筑工业出版社，2002
11. 沈春林编. 建筑涂料手册. 北京：中国建筑工业出版社，2002
12. 建筑装饰材料手册编写组编. 建筑装饰材料手册. 北京：机械工业出版社，2002
13. 李国强，蒋首超，林桂祥著. 钢结构防火计算与设计. 北京：中国建筑工业出版社，1999
14. 中华人民共和国国家标准. 建筑设计防火规范（GBJ 16—87）（2001年版）. 北京：中国计划出版社，2001
15. 中华人民共和国国家标准. 高层民用建筑设计防火规范（GB 50045—95）（2005年版）. 北京：中国计划出版社，2005
16. 中华人民共和国国家标准. 钢结构防火涂料（GB 14907—2002）. 北京：中国标准出版社，2002
17. 中国工程建设标准化协会标准. 钢结构防火涂料应用技术规范（CECS

24:90)．北京：中国计划出版社，1990
18. 中华人民共和国国家标准．涂料产品分类、命名和型号（GB/T 2705—92)．北京：中国标准出版社，1992
19. 中华人民共和国国家标准．工业建筑防腐蚀设计规范（GB 50046—95)．北京：中国计划出版社，1995
20. 中华人民共和国国家标准．涂装前钢材表面锈蚀等级和除锈等级（GB 8923—88)．北京：中国标准出版社，1988
21. 中华人民共和国国家标准．多功能钢铁表面处理液通用技术条件（GB/T 12612—90)．北京：中国标准出版社，1990